普通高等教育“十一五”规划教材

Putong Gaodeng Jiaoyu

十一五

Shiyiwu

Guihua Jiaocai

土木工程施工

UMU GONGCHENG SHIGONG

主编 牛季收

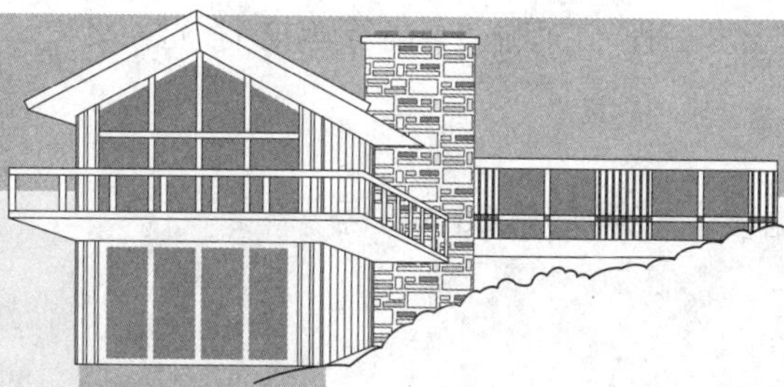

郑州大学出版社

内容简介

本教材是根据高等学校土木工程专业本科教育中的土木工程施工课程教学大纲编写的，重点介绍了各专业工程的施工工艺及工艺原理，施工方案及施工方法，施工组织及管理，流水理论及网络技术，施工组织设计的内容及编制，各专业工程的质量控制及施工安全措施，具有国内外先进水平的特殊工艺施工。全书注重理论联系实际，注重各专业知识的融合，较好地处理了深度和广度的关系。

本书可作为土木工程专业及相关专业各层次的教材，亦可供土建类工程技术人员的学习参考。

图书在版编目(CIP)数据

土木工程施工/牛季收主编. —郑州:郑州大学出版社,2007.7(2014.7重印)
普通高等教育“十一五”规划教材
ISBN 978-7-81106-361-5

Ⅰ.土… Ⅱ.牛… Ⅲ.土木工程-工程施工-高等学校-教材
Ⅳ.TU7

中国版本图书馆CIP数据核字(2007)第067146号

郑州大学出版社出版发行
郑州市大学路40号　　邮政编码:450052
出版人:王　锋　　发行电话:0371-66966070
全国新华书店经销
新乡市凤泉印务有限公司印制
开本:787 mm×1 092 mm　1/16
印张:33.75
字数:820千字
版次:2007年7月第1版　　印次:2014年7月第7次印刷

书号:ISBN 978-7-81106-361-5　　定价:48.00元

编写指导委员会

The compilation directive committee

本书作者

Authors

主　编　牛季收

副主编　祝彦知

编　者　（以姓氏笔画为序）

于英霞　马长波　牛季收

许　波　朱芳振　肖伟艳

汪留松　李莉华　杨海鹰

张春丽　祝彦知

序

Preface

近年来,我国高等教育事业快速发展,取得了举世瞩目的成就。随着高等教育改革的不断深入,高等教育工作重心正在由规模发展向提高质量转移,教育部实施了高等学校教学质量与教学改革工程,进一步确立了人才培养是高等学校的根本任务,质量是高等学校的生命线,教学工作是高等学校各项工作的中心的指导思想,把深化教育教学改革,全面提高高等教育教学质量放在了更加突出的位置。

教材是体现教学内容和教学要求的知识载体,是进行教学的基本工具,是提高教学质量的重要保证。教材建设是教学质量与教学改革工程的重要组成部分。为加强教材建设,教育部提倡和鼓励学术水平高、教学经验丰富的教师,根据教学需要编写适应不同层次、不同类型院校,具有不同风格和特点的高质量教材。郑州大学出版社按照这样的要求和精神,组织土建学科专家,在全国范围内,对土木工程、建筑工程技术等专业的培养目标、规格标准、培养模式、课程体系、教学内容、教学大纲等,进行了广泛而深入的调研,在此基础上,分专业召开了教育教学研讨会、教材编写论证会、教学大纲审定会和主编人会议,确定了教材编写的指导思想、原则和要求。按照以培养目标和就业为导向,以素质教育和能力培养为根本的编写指导思想,科学性、先进性、系统性和适用性的编写原则,组织包括郑州大学在内的五十余所学校的学术水平高、教学经验丰富的一线教师,吸收了近年来土建教育教学经验和成果,编写了本、专科系列教材。

教育教学改革是一个不断深化的过程,教材建设是一个不断推陈出新、反复锤炼的过程,希望这些教材的出版对土建教育教学改革和提高教育教学质量起到积极的推动作用,也希望使用教材的师生多提意见和建议,以便及时修订、不断完善。

2006 年 7 月

前言

为了满足国家建设发展的需要，我国高等教育进行了专业结构调整，国家教育部颁布了新的专业目录，将建筑工程专业拓宽为土木工程专业，涵盖了原有的交通土建、城镇建设、桥梁工程等8个专业的内容。近几年来土木工程专业使用的教材大都是在原建筑工程专业教材的基础上扩展的教材，虽满足了土木工程专业的教学，但存在着涉及各专业知识面窄、系统性差等缺点，不能真正体现“厚基础，宽专业”的办学思想。为此，特集中一批有土木工程教学经验的专家学者，本着“探索、科学、先进、适用”的原则编写了这本教材。

土木工程施工是土木工程专业的一门主要专业课，它在培养学生独立分析和解决土木工程施工中有关施工技术与组织计划的基本能力方面，起着重要作用。本学科是研究土木工程施工中主要工种工程的施工技术与组织的基本规律，以及各专业方向(建筑工程、桥梁工程、道路工程等)的专业施工技术的学科，它具有涉及面广、综合性大、实践性强、社会性广、发展迅速的特点。工程施工中许多技术问题的解决和管理系统的建立，均要涉及有关学科的综合运用，因此本书在编写过程中，结合工程实际，力求专业面宽、知识面广、适用面大、系统性强，同时也力求符合新规范、新标准和有关技术规程；着眼于解决土木工程施工的关键和施工组织的主要矛盾；综合介绍了施工工艺管理和工艺操作要点，阐明了各工种工程的施工方法和特殊工艺施工的技术。本书取材上力图反映国内外先进技术水平和管理水平；文字上深入浅出，图文并茂，通俗易懂；在保证全面、系统的同时，体现适用性、完整性和时代特征。

本书由平顶山工学院牛季收任主编，中原工学院祝彦知任副主编，参与编写的有：中原工学院祝彦知（第1章第1至6节）；许昌学院汪留松（第2章）；河南工业大学杨海鹰（第3,10章）；河南财经学院肖伟艳（第4章）；河南理工大学许波（第5,12章）；黄淮学院马长波（第6,7章）；郑州大学朱芳振（第8,11章）；华北水利水电学院李莉华（第9章）；河南科技大学于英霞（第13,14章）；平顶山工学院牛季收（第15,16章）；河南工业大学张春丽（第1章第7节）。

本书在编写过程中，参考了近几年来出版的土木工程施工教材、施工手册和论著，在此表示诚挚的谢意！同时感谢郑州大学出版社崔青峰等同仁的大力支持和帮助。

由于时间仓促，涉及专业多，虽经编者努力，但书中内容难免有不妥之处，敬请各位读者批评指正，不胜感激！

编者

2007年6月

目录 CONTENTS

第 1 章　土方工程

在土木工程施工过程中，首先遇到的工作就是场地平整和基坑开挖，对较为深大的基坑工程，施工过程的成败与否对整个土木工程的建造过程影响甚大，有时甚至是关键性的。因此，在实际工程施工过程中，将一切土的开挖、填筑、运输等过程统称为土方工程。它包括开挖过程中的基坑降水、排水、坑壁支护等辅助过程。

土方工程具有如下施工特点：①工程量大，劳动力或机械设备用量大且施工工期较长。新建一个大型的工业企业，其场地平整、房屋及设备基础、厂区道路及管线的土方量往往可达到几十万至数百万立方米以上。②由于受地质、水文、气候、地下障碍物等因素影响，施工难度较大，在地面建筑物密集的城市闹市区进行土方工程施工，还会受到施工环境的影响。③工程事故多，特别是深大基坑，若基坑降水、排水、坑壁支护等施工措施选择不当，极易出现事故。

因此，在组织施工前，要首先对施工所在地进行详细的调查研究，了解各类土壤的种类和工程性质、土方工程的施工工期、质量要求及施工条件，掌握施工地区的地形、地质、水文、气象等资料，以便编制切实可行的施工组织设计，拟定合理的施工方案。同时，为了尽可能地减轻繁重的体力劳动，提高劳动生产率，加快工程进度，降低工程成本，在组织土方工程施工时，应尽可能采用先进的施工工艺和施工组织，实现土方工程施工综合机械化。

1.1　土的分类和性质

1.1.1　土的工程分类

土的种类繁多，其工程性质直接影响到开挖方案、施工方法、劳动量消耗、施工工期及工程建设费用等。因此正确识别土的种类并掌握有关的物理力学性质对于土方工程施工尤为重要。

土的工程分类方法也很多，如按土的沉积年代、颗粒级配、土的密实度、液性指数等进行分类。不同的分类目的和依据会得出不同的类别名称。

1）根据土体颗粒级配或塑性指数，可将土体分为碎石类土、砂土和黏性土。碎石类土根据其颗粒形状与级配又可分为漂石土、块石土、卵石土、碎石土、圆砾土、角砾土。砂土根据其颗粒级配又分为砾砂、粗砂、中砂、细砂、粉砂。黏性土根据塑性指数 I_p 又分为黏土、亚黏土和轻亚黏土。

2)根据土的沉积年代,黏性土分为老黏土、一般黏性土和新近沉积的黏性土。不同的黏性土,其强度和压缩性也不相同。

3)根据土所具有的特殊性质尚可分出特殊性土,如软土、人工填土、黄土、膨胀土、红黏土、盐渍土和冻土等具有特殊性质的土。

4)新的《建筑地基基础设计规范》(GB 50007－2002)将地基土分为岩石、碎石土、砂土、粉土、黏性土和人工填土。其中黏性土根据塑性指数 I_p 又分为黏土和粉质黏土。对于天然含水率大于液限、天然孔隙比大于或等于1.5的黏性土称为淤泥。当天然孔隙比小于1.5但大于或等于1.0的土称为淤泥质土。

根据土体开挖的难易程度将土体分为八类,如表1.1所示。

表1.1　土的工程分类

土的分类	土的类别	土的名称	密度(kg/m³)	开挖方法及工具
一类土(松软土)	Ⅰ	砂土;亚砂土;冲积砂土层、种植土泥炭(淤泥)	600～1 500	用锹、锄头挖掘
二类土(普通土)	Ⅱ	亚黏土;潮湿的黄土;夹有碎石、卵石的砂;种植土、填筑土及亚砂土	1 100～1 600	用锹、锄头挖掘;少许用镐翻松
三类土(坚土)	Ⅲ	软及中等密实黏土;重亚黏土;干黄土及含碎石、卵石的黄土;亚黏土;压实的填筑土	1 750～1 900	主要用镐,少许用锹、锄头挖掘,部分用撬棍
四类土(砂砾坚土)	Ⅳ	重黏土及含碎石、卵石的黏土;粗卵石;密实的黄土;天然级配砂石;软泥炭岩及蛋白石	1 900	先用镐、撬棍,然后用锹挖掘,部分用锲子及大锤
五类土(软石)	Ⅴ～Ⅵ	硬石炭纪黏土;中等密实的页岩、泥炭岩、密实的石灰岩;风化花岗岩、片麻岩	1 100～2 700	用镐或撬棍、大锤挖掘,部分使用爆破方法
六类土(次坚石)	Ⅶ～Ⅸ	泥灰岩;砂岩;砾岩;坚实的页岩、泥炭岩、密实的石灰岩;风化花岗岩、片麻岩	2 200～2 900	用爆破方法开挖、部分用镐
七类土(坚石)	Ⅹ～Ⅻ	大理岩、辉绿岩;玢岩;粗、中粒花岗岩;坚实的白云岩、砂岩、砾岩、片麻岩、石灰岩;风化痕迹的安山岩、玄武岩	2 500～3 100	用爆破方法开挖
八类土(特坚石)	XⅣ～XⅥ	安山岩;玄武岩;花岗片麻岩;坚实的细粒花岗岩;闪长岩、石英岩、辉长岩、辉绿岩、玢岩	2 700～3 300	用爆破方法开挖

1.1.2　土的基本性质

与土方工程施工密切联系的土体的主要工程性质有:土的密度(重度)、含水率、渗透性和土的可松性。

1.1.2.1　**土的密度**

与土方工程施工有关的主要是土的天然密度 ρ、干密度 ρ_d 以及最大干密度。天然密度是指土在天然状态下单位体积的质量,它与土的密实程度和含水率有关。土的密度一般用环刀法测定,用一个体积已知的环刀切入土样中,上下端用刀削平,称出质量,减去环刀的质量,与环刀的体积相比,即得到土的天然密度。

土的干密度指单位体积土中固体颗粒的质量,即土体孔隙内无水时的单位土重。干密度在一定程度上反映了土颗粒排列的紧密程度,可用作填土压实质量的控制指标,土的干密度在土力学中用击实实验测定。

1.1.2.2　**土的含水率**

土的含水率是指土中水的质量与土的固体颗粒之间的质量比,以百分数表示,如式 1.1 所示。

$$w = \frac{G_1 - G_2}{G_2} \times 100\% \tag{1.1}$$

式中　G_1——含水状态土的质量;

G_2——烘干后土的质量(土经 105℃烘干后的质量)。

土的含水率表示土的干湿程度,土的含水率在 5% 以内称为干土;土的含水率在 5% ~30% 以内称为潮湿土;土的含水率大于 30% 称为湿土。土的含水率测定方法是把土样称量后放入烘箱内进行烘干(100℃ ~105℃),直至重量不再减少为止。若第一次称量为含水状态土的质量 G_1,第二次称量为烘干后土的质量 G_2,利用公式(1.1)可计算出土的含水率。

1.1.2.3　**土的渗透性**

由于土体本身具有连续的孔隙,当任意两点之间存在水头差的作用时,水就会透过土体孔隙在两点之间发生孔隙内的流动,这一流动过程称为渗透。土体允许水透过的性能称为土的渗透性。土的渗透性是指土体被水透过的性质,水流通过土中孔隙的难易程度。土的渗透性是用渗透性系数 k 表示。

早在 1856 年,法国学者达西(Darcy)进行了一项经典性实验,利用图 1.1 所示的试验装置,对砂土的渗透性进行了研究,发现在层流状态下,水的渗透速度与试样两端水面间的水位差成正比,而与渗径长度成反比。于是,他把渗透速度表示为

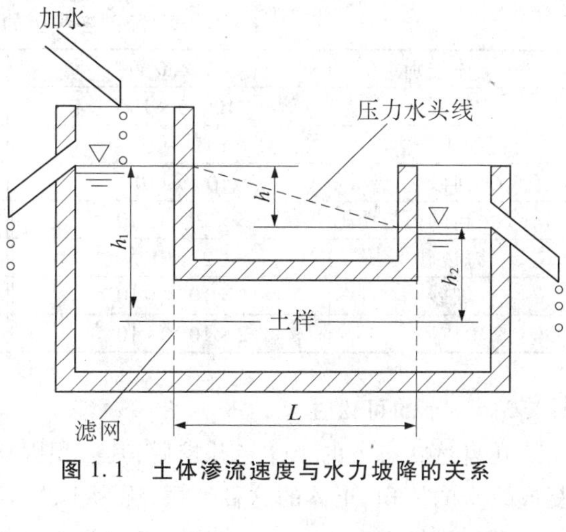

图 1.1　土体渗流速度与水力坡降的关系

$$v = k\frac{h}{L} = ki \tag{1.2}$$

或渗流量为

$$q = vA = kiA \tag{1.3}$$

这就是著名的达西渗透定律。

式中 v——假想渗透速度(cm/s 或 m/s);其过水面积是土样的整个断面积,并包括土颗粒骨架的所占的部分面积;

q——渗流量(cm^3/s 或 m^3/s);

$i=\frac{h}{L}$——水力坡降,它是沿渗流方向单位距离的水头损失;

h——为试样两端的水位差(cm 或 m),即水头损失,$h=h_1-h_2$,h_1 和 h_2 分别为土样上下游面的水头;

L——渗径长度(cm 或 m);

k——反映土的透水性能的比例系数,称为土的渗透系数(cm/s 或 m/s),其物理意义是当水力坡降等于 1 时的渗透速度;它不仅取决于土体的性质,而且还与流经土孔隙流体的特性等因素有关;

A——试样截面积(cm^2 或 m^2)。

从式(1.2)可知,砂土的渗透速度与水力坡降呈线性关系,但是,对密实的黏土,由于吸着水具有较大的黏滞阻力,因此,只有当水力坡降达到某一数值时,克服了吸着水的黏滞阻力以后,才能发生渗透。我们将这一开始发生渗透时的水力坡降称为黏性土的起始水力坡降。试验资料表明,黏性土不但存在起始水力坡降,而且当水力坡降超过起始水力坡降后,渗透速度与水力坡降的规律还偏离达西定律而呈非线性关系。

可以采用实验室室内测定和野外现场测定的方法对土的渗透性进行测定。一般而言,现场试验比室内试验所得到的成果要准确可靠得多。对于重要工程常需进行现场测定。由于室内实验测定渗透系数具有简单易做,且能研究渗透系数与孔隙比等参数之间的关系的特性,因而无论现场实验进行与否,室内测定土的渗透系数是通常采用的方法。由表 1.2 可以看出,对于不同种类的土体,渗透系数的差别很大。

表 1.2 各种土的渗透系数值

土体类别	k(cm/s)	土体类别	k(cm/s)
粗砾	$10\sim5\times10^{-1}$	砂壤土	$10^{-3}\sim10^{-4}$
砂质砾	$10^{-1}\sim10^{-2}$	黄土(砂质)	$10^{-3}\sim10^{-4}$
河砂	$10^{-1}\sim10^{-2}$	黄土(泥质)	$10^{-5}\sim10^{-6}$
粗砂	$5\times10^{-2}\sim10^{-2}$	黏壤土	$10^{-4}\sim10^{-6}$
海边砂	2×10^{-2}	淤泥土	$10^{-6}\sim10^{-7}$
细砂	$5\times10^{-3}\sim10^{-3}$	黏土	$10^{-6}\sim10^{-8}$
粉质砂	$2\times10^{-3}\sim10^{-4}$	均匀肥黏土	$10^{-8}\sim10^{-10}$

1.1.2.4 土的可松性

在自然状态下的土体经开挖后,其体积因松散而增加,以后虽经回填压实,仍不能恢复成原来的体积,土体的这种性质,称为土的可松性。

土的可松性对土方平衡调配,基坑开挖时留弃土方量及运输工具的选择有直接影响。

土的可松性的大小用可松性系数表示,分为最初可松性系数 K_S 和最终可松性系数 K_S'。

(1)最初可松性系数 K_S　自然状态下的土,经开挖成松散状态后,其体积的增加,用最初可松性系数表示为:

$$K_S = \frac{V_2}{V_1} \tag{1.4}$$

式中　V_1——土在自然状态下的体积;

V_2——土经开挖成松散状态下的体积。

(2)最终可松性系数 K_S'　自然状态下的土,经开挖成松散状态后,回填夯实后,仍不能恢复到原自然状态下体积,夯实后的体积与原自然状态下体积之比,用最终可松性系数表示为:

$$K_S' = \frac{V_3}{V_1} \tag{1.5}$$

式中　V_1——土在自然状态下的体积;

V_3——土经回填压实后的体积。

各类土的可松性系数参见表 1.3。土的可松性对土方的平衡调配、基坑开挖时留、弃土量及运输工具数量的计算均有直接的影响。

表 1.3　各种土的可松性系数

土的类别	K_S	K_S'	土的类别	K_S	K_S'
一类土	1.08 ~ 1.17	1.01 ~ 1.03	四类土	1.26 ~ 1.45	1.06 ~ 1.20
二类土	1.14 ~ 1.24	1.02 ~ 1.05	五类土	1.30 ~ 1.50	1.10 ~ 1.30
三类土	1.24 ~ 1.30	1.04 ~ 1.07	六类土	1.45 ~ 1.50	1.28 ~ 1.30

例 1.1　某住宅楼外墙下基础采用砖砌条形基础,基础平均截面面积为 2.8 m^2。基坑深度 2.0 m,底面宽度为 1.5 m,地基土为亚黏土,外墙基础总长为 190 m。计算基槽土的挖、填方量和弃土量(基槽边坡 $1:m = 1:0.5$;$K_S = 1.30$;$K_S' = 1.05$)。

解　挖方量为:

$$V_1 = \frac{1.5 + (1.5 + 2 \times 2 \times 0.5)}{2} \times 2 \times 190 = 950\ m^3$$

填方量为:

$$V_2 = \frac{950 - 2.8 \times 190}{1.05} = 398.10\ m^3$$

弃土量为:

$$V_3 = (950 - 398.10) \times 1.30 = 717.47\ m^3$$

1.2　土方量计算与调配

大型工程项目通常都要进行场地设计平面,进行场地平整。所谓场地平整,就是要根据建筑设计要求,将拟建的建筑物场地范围内高低不平的地形改造成满足人们生产、生活所要求的平面。如满足后续建筑场地与已有建筑场地的标高对应关系,满足整个场地的排水要求等。场地平整前,首先要确定拟建场地的设计标高,计算挖方和填方工程量,确定挖方和填方的平衡调配方案。然后根据工程施工规模、施工工期、现有的机械设备条件,进行土方机械选择,拟定合理的施工方案。

场地平整的基本原则是总挖方量等于总填方量,即场地内挖填平衡。

1.2.1 土方量计算的基本方法

对较大面积的场地平整,如何正确地选择设计标高十分重要。选择设计标高应当着重考虑以下因素:满足生产工艺和运输的要求;尽量利用地形,以尽可能减少挖填方工程量;场地内挖填方平衡,土方运输费用为最少;有一定的泄水坡度,满足排水要求。因此,必须根据具体工程的实际情况进行科学合理地设计。

场地设计标高的确定一般有两种方法:

1)按挖填方平衡原则确定设计标高:适用于拟建场地的高差起伏不大,对场地设计标高无特殊要求的小型场地平整情况。

2)用最小二乘法原理求最佳设计平面:应用最小二乘法原理,不仅可满足土方挖填平衡的要求,还可做到土方的总工程量最小,实现场地设计平面的最优化。

1.2.1.1 按挖填方平衡原则确定设计标高

(1)初步确定场地设计标高

场地设计标高的确定可按如下步骤进行:

1)划分场地方格网;

2)计算或实测各角点的原地形标高;

3)计算场地设计标高;

4)泄水坡度调整。

首先将拟平整场地划分成边长为的若干方格网,并根据地形图将每个方格的角点原地形标高标在图上。原地形标高可利用等高线用插入法求得或在实地测量得到。

按照挖填方土方量相等的原则(图 1.2),场地的设计标高可按下式计算:

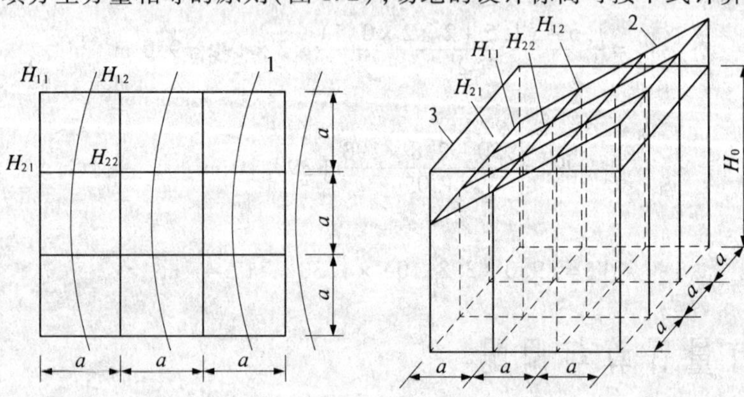

图 1.2 场地设计标高计算示意图

(a) 方格网划分;(b) 场地设计标高示意图

1. 等高线;2. 自然平面;3. 设计平面

$$H_0Ma^2 = \sum_1^M \left(a^2 \frac{H_{11} + H_{12} + H_{21} + H_{22}}{4}\right) \tag{1.6}$$

则有

$$H_0 = \sum_1^M \left(\frac{H_{11} + H_{12} + H_{21} + H_{22}}{4M}\right) \tag{1.7}$$

式中　H_0—— 所计算场地的设计标高(m)；

a—— 方格网边长(m)；

M—— 方格网数；

$H_{11}, H_{12}, H_{21}, H_{22}$—— 任一方格的四个角点的标高(m)。

由于相邻方格具有公共的角点标高，在一个方格网中，一些角点系四个相邻方格的公共角点，其标高需要累加四次，一些角点则系三个相邻方格的公共角点，其标高需要累加三次；而某些角点标高仅需要累加两次，又如方格网四角的角点标高仅需要加一次。因此上式可以改写成为

$$H_0 = \frac{\sum H_1 + 2\sum H_2 + 3\sum H_3 + 4\sum H_4}{4M} \tag{1.8}$$

式中　H_1—— 一个方格仅有的角点标高(m)；

H_2—— 二个方格共有的角点标高(m)；

H_3—— 三个方格共有的角点标高(m)；

H_4—— 四个方格共有的角点标高(m)。

(2) 场地设计标高的调整

按上述公式(1.8) 计算的场地设计标高 H_0 仅系一理论值，还需要考虑以下因素进行调整。

1) 土的可松性影响计算

由于土体具有可松性，按理论计算的 H_0 施工，填土会有剩余，为此需要适当提高设计标高。

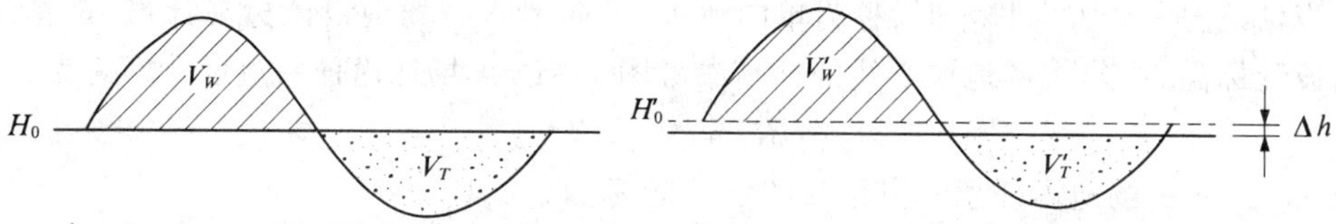

(a) 理论设计标高　　(b) 调整设计标高

图 1.3　设计标高调整计算示意图

由图 1.3 可以看出，设 Δh 为考虑土的可松性而引起的设计标高的增加值，则总挖方体积 V_w 应减少 $F_w\Delta h$，设计标高调整后的总挖方体积 V'_w应为

$$V'_w = V_w - F_w\Delta h \tag{1.9}$$

式中　V'_w—— 设计标高调整后的总挖方体积；

V_w—— 设计标高调整前的总挖方体积；

F_w—— 设计标高调整前的挖方区总面积。

设计标高调整后，总填方体积则变为

$$V'_T = V'_wK'_S = (V_w - F_w\Delta h)K'_S \tag{1.10}$$

式中 V'_T—— 设计标高调整后的总填方体积；

K'_S—— 土的最终可松性系数。

此时，由于填方区的标高也应当与挖方区的标高一样提高 Δh，则有

$$\Delta h = \frac{V'_T - V_T}{F_T} = \frac{(V_w - F_w\Delta h)K'_S - V_T}{F_T} \tag{1.11}$$

式中 V_T—— 调整前的总填方体积；

F_T—— 调整前的填方区总面积。

移项并化简(1.11)式可得

$$\Delta h = \frac{V_W(K'_S - 1)}{F_T + F_W K'_S} \tag{1.12}$$

因此，在考虑土的可松性的情况下，场地设计标高应调整为：

$$H'_0 = H_0 + \Delta h \tag{1.13}$$

2）由于设计标高以上的各种填方工程的用量而引起设计标高的降低，或者由于设计标高以下的各种挖方工程的挖土量而引起的标高提高。

3）根据经济比较结果，如采用场外取土或弃土施工方案，则应当考虑因此而引起的土方量的变化，需将设计标高进行调整。

场地设计平面的调整工作是繁重的，如修改设计标高，则必须重新计算土方工程量。

(3) 最终确定场地各方格角点的设计标高

按上述调整后的设计标高进行场地平整，整个场地表面将处于同一个水平面，但实际上由于排水要求，场地表面均有一定的泄水坡度，因此还要根据场地泄水坡度要求，计算出场地内实际施工的设计标高。

平整场地坡度，一般标明在图纸上，如设计无要求，一般取不小于2‰的坡度，根据设计图纸或现场情况，泄水坡度分单向泄水和双向泄水。

1）单向泄水

当场地向一个方向排水时，称为单向泄水。单向泄水时场地设计标高计算，是将已调整的设计标高 H_0 作为场地中心线的标高参考图1.4(a)，场地内任一点设计标高为：

$$H_n = H_0 \pm li \tag{1.14}$$

式中 H_n—— 场地内任意一方格点的设计标高。

l—— 该方格角点至场地中心线 H_0—H_0 的距离；

i—— 场地泄水坡度(一般不小于2%)；

± —— 该点比 H_0—H_0 线高则取"+"号，反之取"-"号。

2）双向泄水

场地向两个方向排水，称为双向泄水[图1.4(b)]。双向泄水时设计标高计算，是将已调整的设计标高 H_0 作为场地的中心点，场地内任意一个方向角点的设计标高 H_n 为

$$H_n = H_0 \pm l_x i_x \pm l_y i_y \tag{1.15}$$

式中 l_x, l_y—— 该点于 $x - x, y - y$ 方向上距场地中心点的距离(m)；

i_x, i_y—— 场地在 $x - x, y - y$ 方向的泄水坡度；

± —— 该点比 H_0—H_0 线高则取"+"号，反之取"-"号。

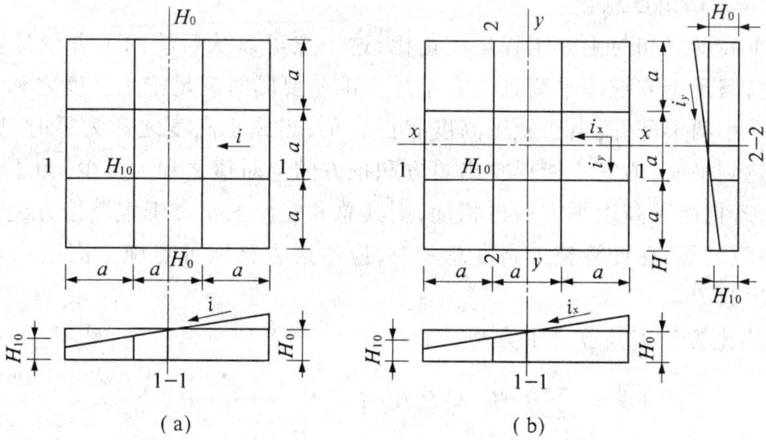

图 1.4　场地泄水坡度示意图

(a) 单向泄水;(b) 双向泄水

1.2.1.2　**用最小二乘法原理求最佳设计平面**

当进行大型场区竖向规划设计时,如何把天然地面改造成满足生产要求的设计平面,首先应当满足建筑规划及生产工艺方面的要求,并尽可能使拟建场地挖填方平衡和总的土方量最小。

当场地地形比较复杂时,一般需要设计成多平面场地,此时可根据工艺方面的要求和地形特点,预先把场地划分成几个平面,分别计算出最佳设计单平面的各个参数。然后适当修正各设计单平面交界处的标高,使场地各单平面之间的变化平缓且连续。因此,确定单平面的最佳设计平面是竖向规划设计的基础。

如图 1.5 所示,任何一个平面在平面直角坐标系中都可以用三个参数 c, i_x, i_y 来确定。在这个平面上任何一点 i 的标高 H'_i 可根据下式求出

$$H'_i = c + x_i i_x + y_i i_y \tag{1.16}$$

式中　x_i——i 点在 x 方向的坐标;

y_i——i 点在 y 方向的坐标;

i_x, i_y——设计平面沿坐标 x、y 的坡度。

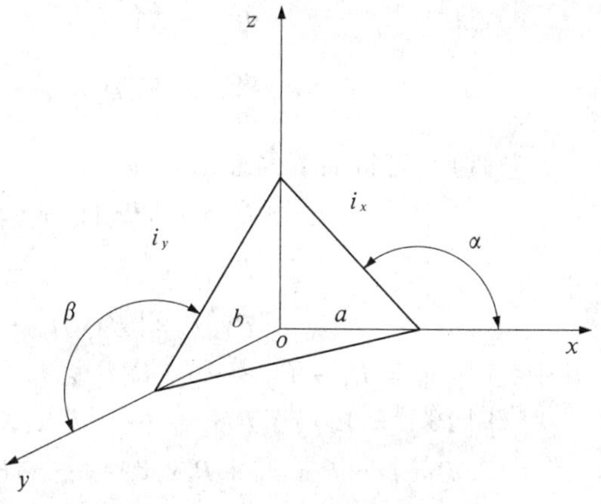

图 1.5　一个平面的空间位置

与前述方法类似,首先将施工场地划分成若干方格网,并将原地形标高 H_i 标于图上,设最佳设计平面的方程为式(1.16)的形式,则该场地方格网角点的施工高度为

$$h_i = H'_i - H_i = c + x_i i_x + y_i i_y - H_i \quad (i = 1, \cdots, n) \tag{1.17}$$

式中　h_i——方格网各角点的施工高度;

H'_i——方格网各角点的设计平面标高;

H_i——方格网各角点的原地形标高;

土木工程施工

n—— 方格角点总数。

由于施工高度之和与土方工程量成正比，这一点可以从后续的土方量计算公式中获得认识。因此，满足土方挖填平衡且土方量最少即是要同时满足施工高度之和为零和施工高度平方和最小两个条件。由于施工高度有正有负，当施工高度之和为零时，则表明该场地土方填挖达到平衡，但它不能反映出填方和挖方的绝对值之和为多少。为了不使施工高度互相抵消，若把施工高度平方后再相加，则其总和能反映土方工程填挖方绝对值之和的大小。但要注意的是，在计算施工高度总和时，应考虑方格网各点施工高度在计算土方量时被应用的次数 P_i。

若令 σ 为土方施工高度之平方和，则有

$$\sigma = \sum_{i=1}^{n} P_i H_i^2 = P_1 H_1^2 + P_2 H_2^2 + \cdots + P_n H_n^2 \tag{1.18}$$

将式(1.17) 代入上式，则有

$$\begin{aligned}\sigma = {} & P_1(c + x_1 i_x + y_1 i_y - H_1)^2 + P_2(c + x_2 i_x + y_2 i_y - H_2)^2 + \cdots + \\ & P_n(c + x_n i_x + y_n i_y - H_n)^2\end{aligned} \tag{1.19}$$

当 σ 为最小时，该设计平面既能使土方工程量最小，又能保证填挖方量相等（填挖方不平衡时，上式所得数值不可能最小）。这就是用最小二乘法求最佳设计平面的方法。

为使 σ 最小，将上式分别对参数 c, i_x, i_y 求偏导数，并令其为零，可获得最佳设计平面参数 c, i_x, i_y：

$$\left.\begin{aligned}\frac{\partial \sigma}{\partial c} &= \sum_{i=1}^{n} P_i(c + x_i i_x + y_i i_y - H_i) = 0 \\ \frac{\partial \sigma}{\partial i_x} &= \sum_{i=1}^{n} P_i x_i(c + x_i i_x + y_i i_y - H_i) = 0 \\ \frac{\partial \sigma}{\partial i_y} &= \sum_{i=1}^{n} P_i y_i(c + x_i i_x + y_i i_y - H_i) = 0\end{aligned}\right\} \tag{1.20}$$

整理后，可得如下的准则方程

$$\left.\begin{aligned}[P]c + [Px]i_x + [Py]i_y - [Pz] &= 0 \\ [Px]c + [Pxx]i_x + [Pxy]i_y - [Pxz] &= 0 \\ [Py]c + [Pxy]i_x + [Pyy]i_y - [Pyz] &= 0\end{aligned}\right\} \tag{1.21}$$

其中 $[P] = P_1 + P_2 + \cdots + P_n$；

$[Px] = P_1 x_1 + P_2 x_2 + \cdots + P_n x_n$；

$[Pxx] = P_1 x_1 x_1 + P_2 x_2 x_2 + \cdots + P_n x_n x_n$；

$[Pxy] = P_1 x_1 y_1 + P_2 x_2 y_2 + \cdots + P_n x_n y_n$；

其余类推。

联立求解方程组(1.21)，可求得最佳设计平面（此时尚未考虑工艺、运输等要求）的三个参数 c, i_x, i_y。然后即可根据方程式(1.17) 算出各角点的施工高度 h_i。

在实际计算时，可采用列表法进行计算。最后一列和 $[PH]$ 可用于检验计算结果，当 $[PH] = 0$ 时，则表明计算无误。

在场区设计平面计算时，常有如下几种情况：

(1) 当已知 c 时,用式(1.21)的第二、第三式联立求解,即可求得坡度 i_x,i_y。

(2) 当已知 i_x(或 i_y)时,用式(1.21)的第一、第三(或二)式联立求解,可得坡度 c 和 i_y(或 i_x)。

(3) 若要求场区为水平面(即 $i_x = i_y = 0$),则由公式(1.21)式中的第一式,可得

$$c = \frac{[Pz]}{[P]} \tag{1.22}$$

若用四方棱柱体法计算土方量,则有表1.4:

表1.4 最佳设计平面计算表

1	2	3	4	5	6	7	8	9	10	11	12	13	14	15
点号	x	y	z	P	Px	Py	Pz	Pxx	Pxy	Pyy	Pxz	Pyz	H	PH
①	…	…	…	…	…	…	…	…	…	…	…	…	…	…
②	…	…	…	…	…	…	…	…	…	…	…	…	…	…
③	…	…	…	…	…	…	…	…	…	…	…	…	…	…
…	…	…	…	…	…	…	…	…	…	…	…	…	…	…
…	…	…	…	…	…	…	…	…	…	…	…	…	…	…
				$[P]$	$[Px]$	$[Py]$	$[Pz]$	$[Pxx]$	$[Pxy]$	$[Pyy]$	$[Pxz]$	$[Pyz]$		$[PH]$

$$[Pz] = P_1z_1 + P_2z_2 + \cdots + P_nz_n = \sum H_1 + 2\sum H_2 + 3\sum H_3 + 4\sum H_4$$

$$[P] = 4M$$

从而有

$$H_0 = c = \frac{[Pz]}{[P]} = \frac{\sum H_1 + 2\sum H_2 + 3\sum H_3 + 4\sum H_4}{4M} \tag{1.23}$$

如用三角棱柱体法计算土方量,则有

$$[Pz] = P_1z_1 + P_2z_2 + \cdots + P_nz_n = \sum H_1 + 2\sum H_2 + \cdots + 8\sum H_8$$

$$[P] = 6M$$

所以有

$$H_0 = c = \frac{[Pz]}{[P]} = \frac{\sum H_1 + 2\sum H_2 + \cdots + 8\sum H_8}{6M} \tag{1.24}$$

式中 H_0—— 为水平面时场地的设计标高;

H_1—— 为一个方格共有的角点标高;余之类推;

M—— 方格数。

(4) 当已知 i_x 和 i_y 时(即必须保持 x、y 轴两个方向规定的坡度),由公式(1.21)中的第一式即可求得:

$$c = \frac{[Pz] - [Px]i_x - [Py]i_y}{[P]} \tag{1.25}$$

因之即可求出各点的施工高度。

上述场地的设计平面均有一些特殊要求,它与无任何限制条件下求得的最佳设计平

面相比，总土方量一般要比后者大。

1.2.2 场地平整土方量的计算

场地平整土方量的计算方法通常有方格网法和横断面法等。方格网法多适用于地形较为平坦、面积较大的场地，而断面法多用于地形起伏变化较大的场地平整土方量计算。

1.2.2.1 方格网法

方格网法即是根据方格网角点的自然地面标高和实际采用的设计标高，算出相应的角点填挖高度(施工高度)。然后计算每一方格的土方量，并计算出场地边坡的土方量。这样即可求得整个场地的填、挖土方总量。其具体步骤如下：

(1) 划分方格网，计算各方格角点的施工高度

根据已有的地形图(一般用1∶500的地形图)，将欲计算的场地划分为若干个方格网，可根据地形变化程度确定方格边长，一般为10 m × 10 m、20 m × 20 m、30 m × 30 m或40 m × 40 m不等。将相应设计标高和自然标高分别标注在方格网右上角和右下角。然后根据每个方格角点的自然地面标高和实际采用的设计标高，算出相应的角点的填挖高度，将各角点的施工高度(挖或填)标注在方格网的左上角，其中挖方为(-)，填方为(+)。各方格角点的施工高度应按下式计算：

$$h_0 = H'_n - H_n \tag{1.26}$$

式中 h_n—— 角点施工高度，即挖填高度。其中挖方为(-)，填方为(+)；

H'_n—— 角点的设计标高(若无泄水坡度时，即为场地的实际标高)；

H_n—— 角点的自然地面标高，也就是地形图上，各方格角点实际标高，当地形平坦时，按地形图用插入法求得，当地面坡度变化起伏较大时，用经纬仪测出。

(2) 计算零点位置，标出零线

当同一方格的四个角点的施工高度全为“+”或全为“-”时，说明该方格内的土方则全部为填方或全部为挖方，如果一个方格中一部分角点的施工高度为“+”，而另一部分为“-”时，说明此方格中的土方一部分为填方，而另一部分为挖方，这时必定存在不挖不填的点，这样的点叫零点，把一个方格中的所有零点都连接起来，形成直线或曲线，这道线叫零线，即挖方与填方的分界线。

计算零点的位置，是根据方格角点的施工高度用几何法求出，如图1.6所示，D点为挖方，C点为填方，则有$\Delta AOC \backsim \Delta DOB$可得

$$\frac{x}{h_1} = \frac{a-x}{h_2}$$

整理上式，有

$$x = \frac{ah_1}{h_1 + h_2} \tag{1.27}$$

式中 h_1，h_2—— 相邻两角点填、挖方施工高度(以绝对值代入)(m)；

a—— 方格边长(m)；

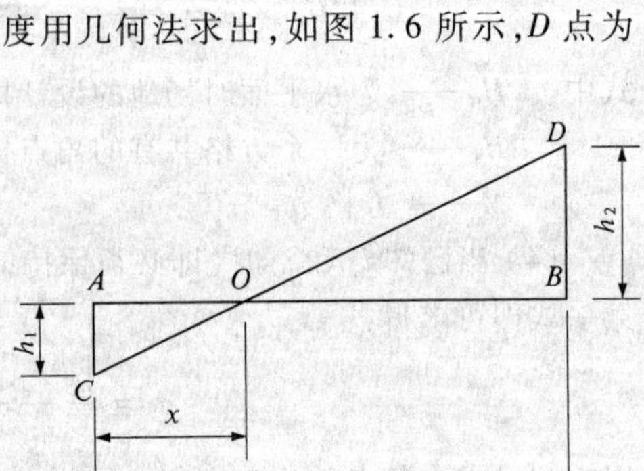

图1.6 零点位置计算

x—— 零点距角点 A 的距离(m)。

(3) 计算土方工程量

场地土方量计算可采用四方棱柱体法或三角棱柱体法。

1) 四方棱柱法

用四棱柱体法计算时,可根据方格角点的施工高度,划分为三种类型。

① 方格四个角点全部为挖或填方时(图 1.7),其挖方或填方体积为:

$$V = \frac{a^2}{4}(h_1 + h_2 + h_3 + h_4) \quad (1.28)$$

式中　h_1, h_2, h_3, h_4——分别方格四个角点挖或填的施工高度,以绝对值代入(m);

V—— 为挖方或填方的体积。

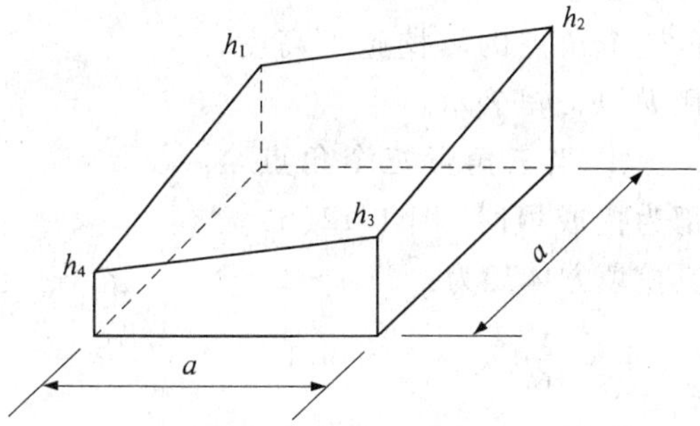

图 1.7　全挖(全填) 方格

② 方格四个角点中,部分是挖方,部分是填方时(图 1.8),其挖方或填方体积分别为:

$$V_{挖} = \frac{a^2}{4}\left(\frac{h_1^2}{h_1 + h_4} + \frac{h_2^2}{h_2 + h_3}\right) \quad (1.29)$$

$$V_{填} = \frac{a^2}{4}\left(\frac{h_4^2}{h_1 + h_4} + \frac{h_3^2}{h_2 + h_3}\right) \quad (1.30)$$

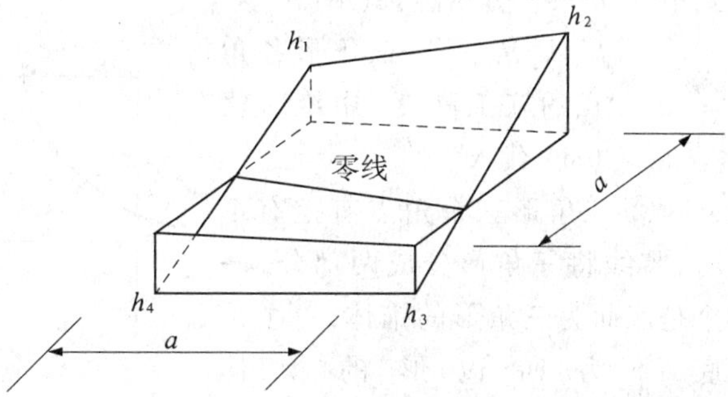

图 1.8　两挖两填方格

③ 方格三个角点为挖方,另一个角点为填方时(图 1.9),其填方部分土方体积为:

$$V_{填} = V_4 = \frac{a^2}{6} \times \frac{h_4^3}{(h_1 + h_4)(h_3 + h_4)} \quad (1.31)$$

其挖方部分体积为:

$$V_{挖} = V_{1,2,3} = \frac{a^2}{6}(2h_1 + h_2 + 2h_3 - h_4) + V_4 \quad (1.32)$$

当使用以上各式进行计算时,注意 h_1, h_2, h_3, h_4 系顺时针连续排列。第二种类型中 h_1, h_2 同号;h_3, h_4 同号。第三种类型中 h_1, h_2, h_3 同号;h_4 为异号。

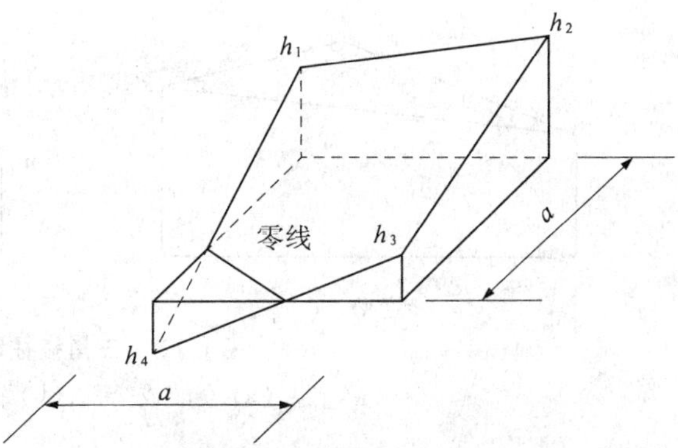

图 1.9　三挖一填(或三填一挖) 方格

当方格的一个角点为挖方,相对的角点为填方,另两个角点为零点时(零线为方格的对角线),如图 1.10 所示,其挖(填) 方土方量 V 为

$$V = \frac{1}{6}a^2h \quad (1.33)$$

2）三角棱柱体法

计算计算时先把方格网顺地形等高线将各个方格划分成三角形（图 1.11）每个三角形的三个角点的填挖施工高度，用 h_1, h_2, h_3 表示。

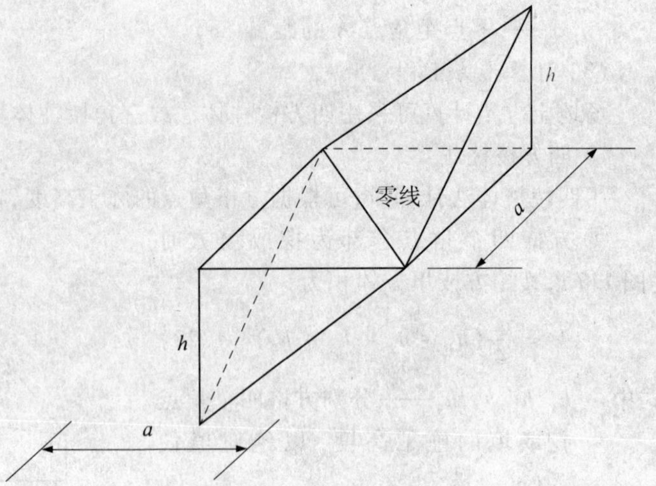

图 1.10　一挖一填方格

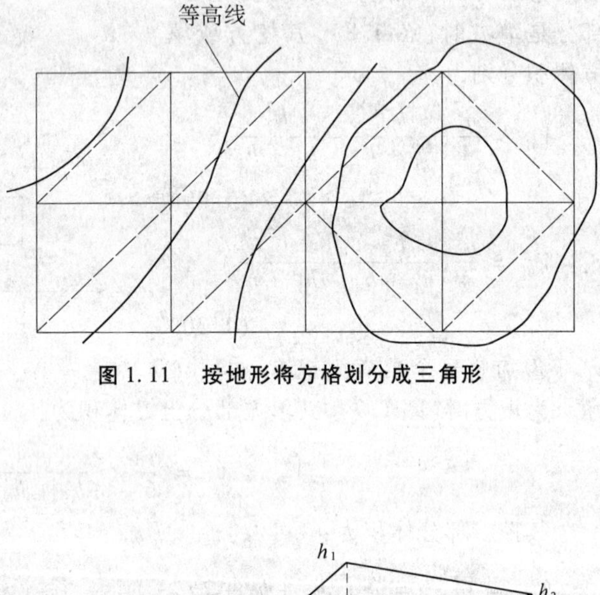

图 1.11　按地形将方格划分成三角形

① 当三角形三个角点全部为挖或填时［图 1.12(a)］，其挖填方体积为：

$$V = \frac{a^2}{6}(h_1 + h_2 + h_3) \quad (1.34)$$

式中　a—— 方格边长(m)；

h_1, h_2, h_3—— 三角形各角点的施工高度，用绝对值(m) 代入。

② 三角形三个角点有挖有填时，零线将三角形分成两部分，一个是底面为三角形的锥体，一个是底面为四边形的楔体［图 1.12(b)］。

其锥体部分的体积为：

$$V_{锥} = \frac{a^2}{6}\frac{h_3^3}{(h_1 + h_3)(h_2 + h_3)} \quad (1.35)$$

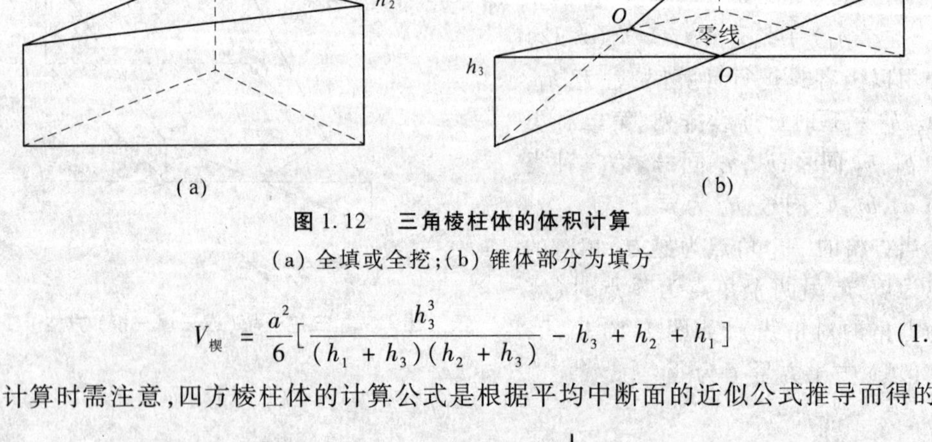

图 1.12　三角棱柱体的体积计算

(a) 全填或全挖；(b) 锥体部分为填方

$$V_{楔} = \frac{a^2}{6}\left[\frac{h_3^3}{(h_1 + h_3)(h_2 + h_3)} - h_3 + h_2 + h_1\right] \quad (1.36)$$

计算时需注意，四方棱柱体的计算公式是根据平均中断面的近似公式推导而得的，当方格中地形不平时，误差较大，但计算简单，宜于手工计算。三角棱柱体的计算公式是根据立体几何体积计算公式推导出来的，当三角形顺着等高线进行划分时，精确度较高，但计算繁杂，适宜用计算机计算。

1.2.2.2　**横断面法**

在地形起伏变化较大的地区，或挖填深度较大，断面又不规则的地区，采用横断面法比较方便。其计算的方法和步骤如下：

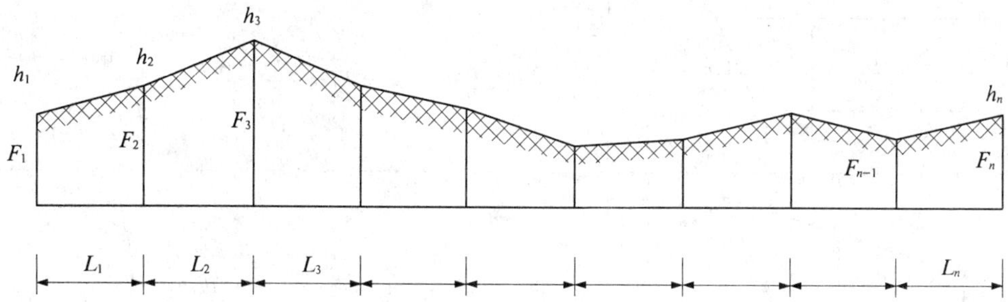

图 1.13　断面法

(1)断面划分　沿场地取若干个相互平行的断面(可利用地形图定出或实地测量定出)，各断面间的距离可以不等，一般可用 10 m 或 20 m，在平坦地区可更大一些，但最大不大于 100 m。将所取的每个断面(包括边坡断面)，划分为若干个三角形和梯形，如图 1.13 所示。

(2)画横截面图形　按比例绘制每个横截面的自然地面和设计地面的轮廓线。自然地面轮廓线与设计地面轮廓线之间的面积即为挖方和填方的截面。

(3)计算横断面面积　计算横断面的方法有两种：

1)求积仪法　即用求积仪量出横截面面积的方法。当地面用米厘方格纸绘出后，即可用求积仪量出面积。

2)积距法　使横断面转九十度来看，将横断面分成若干等高的三角形或梯形，再按照表 1.5 横截面计算公式计算每个截面的挖、填方截面面积。

(4)计算土方量　断面面积求出后，即可计算土方体积。根据横截面面积按下式近似计算土方量

$$V = \frac{F_1 + F_2}{2}L \tag{1.37}$$

式中　V—— 土方体积(m^3)；

F_1, F_2—— 两端的横断面面积(m^2)；

L—— 两断面间的距离(m)。

设各断面面积分别为 $F_1, F_2, \cdots, F_n$ 相邻两断面间的距离依次为 $L_1, L_2, \cdots, L_n$，则所求总的土方体积为

$$V = \frac{1}{2}(F_1 + F_2)L_1 + \frac{1}{2}(F_2 + F_3)L_2 + \cdots + \frac{1}{2}(F_{n-1} + F_n)L_n \tag{1.38}$$

表 1.5　常用横截面计算公式

横截面图式	横截面面积计算公式
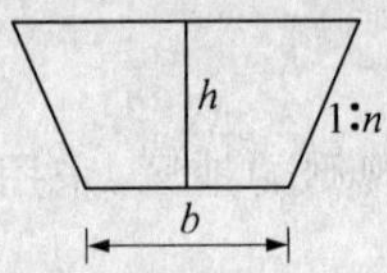	$A = h(b + nh)$
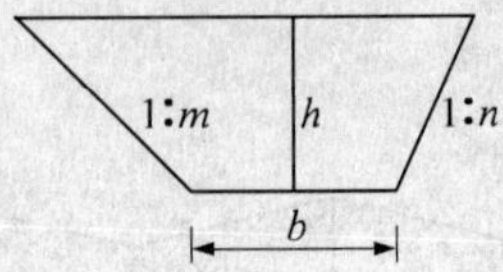	$A = h[b + \frac{h(m + n)}{2}]$
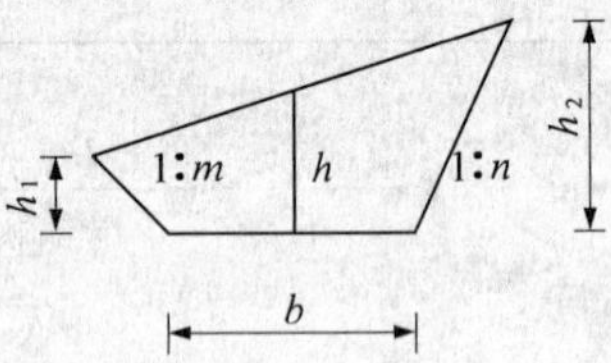	$A = b\frac{h_1 + h_2}{2} + nh_1h_2$
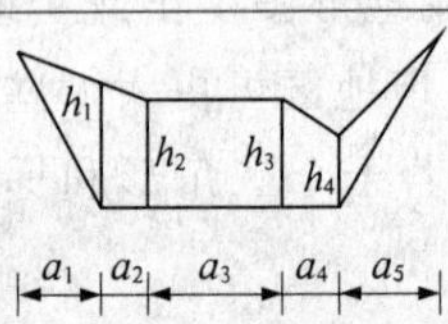	$A = h_1\frac{a_1 + a_2}{2} + h_2\frac{a_2 + a_3}{2} + h_3\frac{a_3 + a_4}{2} + h_4\frac{a_4 + a_5}{2}$
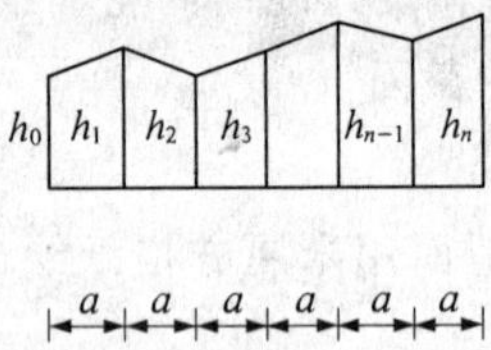	$A = \frac{a}{2}(h_0 + 2h + h_n)$ $h = h_1 + h_2 + h_3 + \cdots + h_n$

1.2.3　土方调配

土方工程量计算完成后即可进行土方调配。土方调配就是指对挖土的利用、堆弃和填土三者之间的关系进行综合协调处理。显然，土方调配是土方规划设计的一个重要内容。

土方调配包括：划分调配区；计算土方调配区之间的平均运距；确定土方的最优调配方案；绘制土方调配图表。

1.2.3.1　土方调配的原则

对土方进行平衡和调配时，应掌握以下原则：

1）应该使土方总运输费用最小。土方调配应力求基本达到挖、填方平衡和运距最短，减少重复挖运。但实际工程中往往难以同时满足上述要求，因此必须根据场地和周围地形条件综合考虑，必要时可以在填方区周围就近取土或在挖方区周围就近弃土，这样反而更经济合理。取土或弃土须本着不占或少占农田和可耕地，并有利于改地造田的原则进行安排。

2）分区调配应与全场调配相协调。避免只顾局部平衡，任意挖填而破坏全局平衡。

3）便于机具调配、机械施工。土方工程施工应选择恰当的调配方向与运输路线，土方运输无对流和乱流现象，使土方机械和运输车辆的功效得到充分发挥。

4）调配区划分应尽可能与大型地下建筑物的施工相结合，以避免土方重复开挖。

5）考虑近期施工与后期利用相结合的原则。当工程分批施工时，先期工程的土方余额应结合后期工程的需要而考虑其利用数量和堆放位置，以便就近调配。堆放位置应尽可能为后期工程创造条件，力求避免重复挖运。先期工程有土方欠额时，也可由后期工程地点挖取。

总之，进行土方调配时，必须根据工程和现场情况、有关技术资料与进度要求、土方施工方法与运输方法，综合考虑上述几项原则，并经计算比较，选择出经济合理的最佳调配方案。

1.2.3.2　土方调配的方法和步骤

土方调配可采用如下的方法和步骤：

(1) 划分调配区。在平面图上先划出挖填区的分界线，并在挖方区和填方区适当划出若干调配区，其大小应满足土方机械的操作要求。

(2) 计算各调配区的土方量，并标明在图上。

(3) 确定调配区间平均运距。运距的计算一般是指挖方区重心到填方区重心之间的距离，再加上施工机械前进、后退和转弯必需的最短距离。当用铲运机或推土机在场地中运作平整时，挖方调配区和填方调配区土方重心之间的距离就是该填挖方调配区之间的平均运距。当填、挖方调配区之间的距离较远，采用汽车、自行式铲运机或其他运土工具沿工地道路或规定路线运土时，其运距应按照实际情况进行计算。

对于第一种情况，要确定平均运距，先要确定土方重心，为了方便计算，一般假定调配区平面的几何中心即为其体积的重心。可取施工场地或方格网中纵横两边为坐标轴，分别按下式求出各区土方的重心位置：

$$X_0 = \frac{\sum V \cdot x}{\sum V};Y_0 = \frac{\sum V \cdot y}{\sum V} \tag{1.39}$$

式中　X_0, Y_0——挖或填方调配区的重心坐标；

V——每个方格的土方量；

x, y——每个方格的重心坐标。

重心求出后，平均运距可通过计算或作图，按比例尺量出标在图上。

(4) 土方最优调配方案的确定。用比例尺量出每对调配区的平均运输距离（l_1, l_2, l_3……）。编制时可编制多个调配方案，比较不同划分调配区方案的总运输量 $Q = l_1V_1 + l_2V_2 + l_3V_3 + \cdots\cdots$。而以最小者为经济调配方案。

最优调配方案的确定，还可以以运筹学中的线性规划理论为基础，采用“表上作业法”进行求解。现结合示例介绍如下：

已知某场地有四个挖方区和三个填方区，其相应的挖填方量和各对调配区的运距如

表 1.6 所示。利用“表上作业法”进行调配的步骤为:

1)用“最小元素法”编制初始调配方案

即先在运距表(小方格)中找一个最小数值,如 $C_{22}=C_{43}=40$(任取其中一个,现取 C_{43}),于是先确定 X_{43} 的值,使其尽可能地大,即取 $X_{43}=\max(400,500)=400$。由于 A_4 挖方区的土方全部调到 B_3 填方区,所以 X_{41} 和 X_{42} 都等于零。此时,将 400 填入 X_{43} 格内,同时将 X_{41} 和 X_{42} 格内画上一个“×”号,然后在没有填上数字和“×”号的方格内再选一个运距最小的方格,即 $C_{22}=40$,便可确定 $X_{22}=500$,同时使 $X_{21}=X_{23}=0$。此时,又将 500 填入 X_{22} 格内,并在 X_{21}、X_{23} 格内画上“×”。重复上述步骤,依次确定其余 X_j 的数值,最后得出表 1.6 所示的初始调配方案。

表 1.6 土方初始调配方案

挖方区	填方区			
	B_1	B_2	B_3	挖方量(m³)
A_1	50 (500)	70 ×	100 ×	500
A_2	70 ×	40 (500)	90 ×	500
A_3	60 (300)	110 (100)	70 (100)	500
A_4	80 ×	100 ×	40 (400)	400
填方量(m³)	800	600	500	1900

2)最优方案的判别

由于利用“最小元素法”编制初始调配方案,也就优先考虑了就近调配的原则,所以求得的总运输量是较小的。但这并不能保证其总运输量最小,因此还需要进行最优方案的判别。只要所有检验数 $\lambda_{ij}\geqslant0$,则初始方案即为最优解。“表上作业法”中求检验数 λ_{ij} 的方法有“闭回路法”和“位势法”,其实质是一样的,都是求检验数 λ_{ij} 来判别。“位势法”较“闭回路法”简便,因此,这里只介绍用“位势法”求检验数。

首先将初始方案中有调配数方格的 C_{ij} 列出,然后按下式求出两组位势数 $u_i(i=1,2,\cdots,m)$ 和 $v_j(j=1,2,\cdots,n)$

$$C_{ij}=u_i+v_j \tag{1.40}$$

式中 C_{ij}——平均运距(或单位土方运价或施工费用);

u_i,v_j——位势数。

位势数求出以后,便可根据下式计算各空格的检验数:

$$\lambda_{ij}=C_{ij}-u_i-v_j \tag{1.41}$$

如果所求出的检验数均为正数,则说明该方案是最优方案,否则该方案就不是最优方案,尚需进一步调整。

例如,本例两组位势数如表 1.7 所示。

表 1.7　平均运距和位势数

填方区 / 挖方区	位势数 u_i \ v_j	B_1 $v_1=50$	B_2 $v_2=100$	B_3 $v_3=60$
A_1	$u_1=0$	50 0		
A_2	$u_2=-60$		40 0	
A_3	$u_3=10$	60 0	110 0	70 0
A_4	$u_4=-20$			40

先令 $u_1=0$，则有

$v_1=C_{11}-u_1=50-0=50$；$v_2=110-10=100$；$u_2=40-100=-60$

$u_3=60-50=10$；$v_3=70-10=60$；$u_4=40-60=-20$

本例中各空格的检验数如表 1.8 所示。如 $\lambda_{21}=70-(-60)-50=80$（在表 1.8 中只写"+"或"−"，可不必填入数值。

表 1.8　位势、运距和检验数表

填方区 / 挖方区	位势数 u_i \ v_j	B_1 $v_1=50$	B_2 $v_2=100$	B_3 $v_3=60$
A_1	$u_1=0$	0	70 −	100 +
A_2	$u_2=-60$	70 +	0	90 +
A_3	$u_3=10$	0	0	0
A_4	$u_4=-20$	80 +	100 +	0

从表 1.8 中已知，在表中出现了负的检验数，这说明初始方案不是最优方案，需要进一步调整。

3）方案的调整

①在所有负检验数中选一个（一般可选最小的一个，本例中为 C_{12}），把它所对应的变量 X_{12} 作为调整的对象。

②找出 X_{12} 的闭回路：

从 X_{12} 出发，沿水平或者竖直方向前进，遇到适当的有数字的方格作 90°转弯，然后依次继续前进再回到出发点，形成一条闭回路（表 1.9）。

表 1.9　X_{12} 的闭回路表

挖方区＼填方区	B_1	B_2	B_3
A_1	500 ←	X ↑	
A_2	↓	500	
A_3	300 →	100	100
A_4			400

③从空格 X_{12} 出发，沿着闭回路（方向任意）一直前进，在各奇数次转角点的数字中，挑出一个最小的（本表即为 500，100 中选 100），将它由 X_{12} 调到 X_{12} 方格中（即空格中）。

④将 100 填入 X_{12} 方格中，被挑出的 X_{12} 为 0（变为空格）；同时将闭回路上其他奇数次转角上的数字都减去 100，偶数次转角上数字都增加 100，使得填、挖方区的土方量仍然保持平衡，这样调整后，便可得表 1.10 的新方案。

表 1.10　调整后的调配方案

挖方区＼填方区	位势数 u_i＼v_j	B_1	B_2	B_3	挖方量（m³）
		$v_1=50$	$v_2=70$	$v_3=60$	
A_1	$u_1=0$	50 400	70 100	100 +	500
A_2	$u_2=-30$	70 +	40 500	90 +	500
A_3	$u_3=10$	60 400	110 +	70 100	500
A_4	$u_4=-20$	80 +	100 +	40 400	400
填方量（m³）		800	600	500	1900

对新调配方案，仍然用“位势法”进行检验，看其是否为最优方案，若检验数中仍有负数出现就仍按上述步骤调整，直到求得最优方案为止。

表 1.10 中所有检验数均为正号，故该方案即为最优方案。其土方的在总运输量为：

$Z = 400 \times 50 + 100 \times 70 + 500 \times 40 + 400 \times 60 + 100 \times 70 + 400 \times 40 = 94\ 000\ m^3$。

4）土方调配图

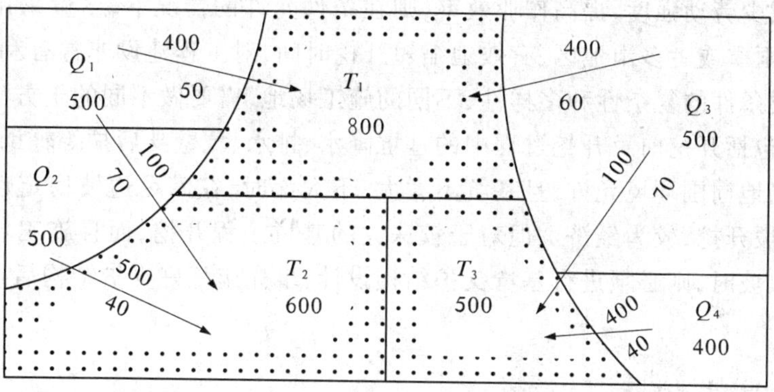

(a)

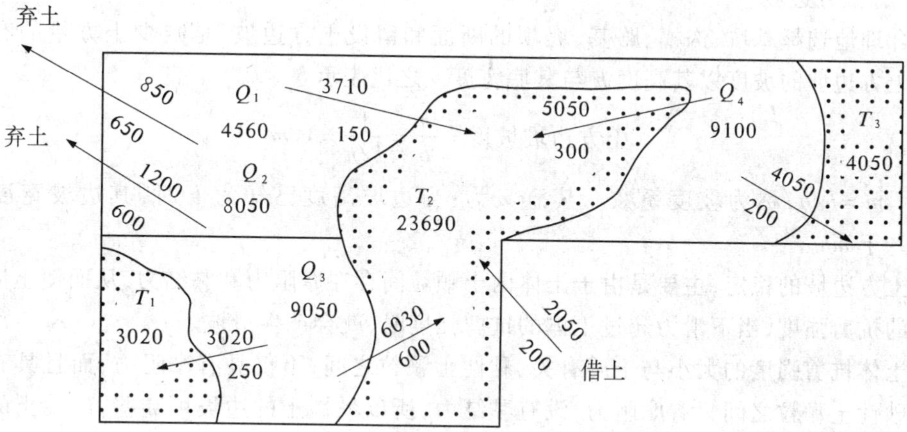

(b)

图 1.14　土方调配示意图

(a)场地内挖填平衡调配图；(b)有弃土和借土的调配图

注：箭头上面的数字表示土方量(m^3)，箭头下面的数字表示运距(m)

Q 为挖方区；T 为填方区

最后将调配方案绘成土方调配图（图 1.14）。在土方调配图上应注明挖填调配区、调配方向、土方数量以及每对挖填调配区之间平均运距。图 1.14(a)为本例的土方调配，仅考虑场内的挖填平衡即可解决。

图 1.14(b)亦为四个挖方区、三个填方区，挖填方量虽然相等，但由于地形狭长，运距较远，故采取就近弃土和就近借土的平衡调配方案更为经济。

1.3 土方工程的准备工作

在平整过的场地上，利用建设单位提供的基点坐标经过定位放线之后，就以进行基坑开挖。基坑开挖方法则取决于基坑深度、周围环境、土体的物理力学性质等诸多因素。为了尽可能的减少劳动强度、提高作业效率，则在条件允许的情况下，尽量采用机械开挖土方，尤其是在雨季或者多雨地区，有效地缩短开挖时间，对工程建设非常有利。

由于地质条件的复杂性和多样性，不同的施工场地，需要做不同的土方工程施工前的准备工作，它包括开挖前及开挖过程中的基坑降水、排水、坑壁支后护等辅助过程。

当施工场地周围环境允许，且基坑不太大、不太深时，在满足边坡稳定性要求的前提下，基坑宜放坡开挖，较为经济。但对于较深大的基坑工程开挖，而且施工场地周围环境要求不允许放坡时，则必须进行基坑支护结构设计，事先施工好支护结构后再进行基坑土方开挖。

1.3.1 边坡支护

1.3.1.1 土方边坡及其稳定

(1)土方边坡

合理地选择基坑、沟槽、路基、堤坝的断面和留设土方边坡，是减少土方量的有效措施。土方边坡的坡度以其高度 h 与其底宽度 b 之比表示

$$\text{土方边坡坡度} = \frac{h}{b} = \frac{1}{b/h} = 1:m \tag{1.42}$$

式中 $m = b/h$，称为坡度系数。其意义为：当边坡高度已知为 h 时，其边坡宽度则等于 mh。

土方边坡的稳定，主要是由于土体内土颗粒间存在摩阻力和黏结力，从而使土体具有一定的抗剪强度，当下滑力超过土体的抗剪强度时，就会产生滑坡。

土体抗剪强度的大小与土质有关，黏性土颗粒之间，不仅具有摩阻力，而且具有黏结力。砂性土颗粒之间只有摩阻力，没有黏结力，所以黏性土的边坡可陡些，砂性土的边坡则应平缓些。

土方边坡大小应根据土质、开挖深度、开挖方法、施工工期、地下水位、坡顶荷载及气候条件等因素确定。边坡可做成直线形、折线形或阶梯形，如图 1.15 所示。

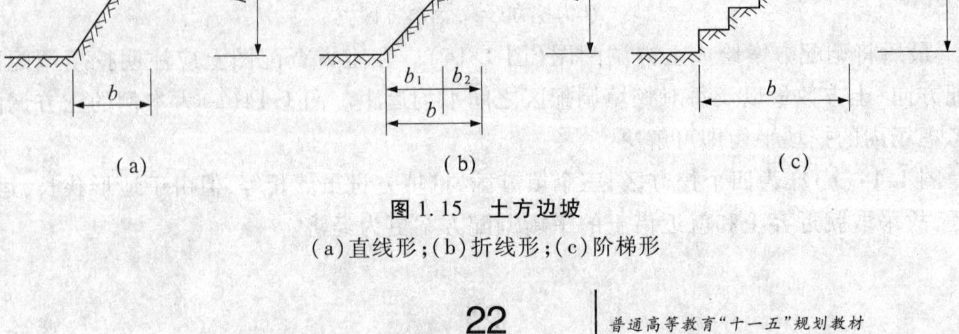

图 1.15 土方边坡

(a)直线形；(b)折线形；(c)阶梯形

土方边坡坡度一般在设计文件上有规定，若设计文件上无规定，可按照《建筑地基基础工程施工质量验收规范》(GB 50202－2002)第 6.2.3 的规定执行(表 1.11)。

表 1.11　临时性挖方边坡坡度值

土的类别		边坡值(高:宽)
砂土(不包括细砂、粉砂)		1:1.25～1:1.50
一般性黏土	硬	1:0.75～1:1.00
	硬、塑	1:1.00～1:1.25
	软	1:1.50 或更缓
碎石类土	充填坚硬、硬塑黏性土	1:0.50～1:1.00
	充填砂土	1:1.00～1:1.50

注：①设计有要求时，应符合设计标准。

②如采用降水或其他加固措施，可不受本表限制，但应计算复核。

③开挖深度，对软土不应超过 4 m，对硬土不应超过 8 m。

(2)土方边坡的稳定

基坑开挖后，如果边坡土体中的剪应力大于土的抗剪强度，则边坡就会滑动失稳。实际工程中，一旦土体失去平衡，土体就会塌方，这不仅会造成人身安全事故，同时会影响工期，并且会对周围环境造成严重破坏。

1)边坡稳定分析

造成土体边坡失稳的原因从力学角度分析大致有两种：一是土坡内的应力平衡状态被破坏，如路堑或基坑开挖，土体自身重力场发生变化从而改变原有状态下的应力平衡；另一种是边坡土体内的抗剪强度因外部因素的影响而降低，如降雨时雨水下渗、土坡附近打桩与爆破等人为活动都会引起土体本身强度的降低，从而引起边坡失稳。

在实际工程中，研究边坡稳定性是为了设计安全而合理的土坡断面。若边坡太陡可能会失稳，而边坡太缓则则造成土方量增加或过多的占用土地。显然，分析边坡稳定有其重要的工程应用价值与理论价值。

土坡的稳定性是用其稳定安全系数 K_S 表示的，其定义如下

$$K_S = \frac{\tau_f}{\tau} \tag{1.43}$$

式中　τ_f——土体滑动面上的抗剪强度；

τ——土体滑动面上的剪应力。

若 $K_S > 1.0$ 表示边坡稳定；$K_S = 0$ 表示边坡处于极限平衡状态；$0 < K_S < 1$ 则边坡处于不稳定状态。

从理论上来讲，目前研究土体边坡稳定主要有以下两类方法：一是利用弹性、塑性或弹塑性理论确定土体的应力状态；二是假定土体沿着一定的滑动面滑动而进行极限平衡分析。在极限平衡法中常用的有瑞典圆弧滑动法(亦称 Fellenius 法)、瑞典条分法和改进的条分法(又称毕肖甫法)，条分法由于能适应复杂的几何形状、各种土质和孔隙水压力，

因而成为比较常用的方法。

边坡稳定分析属于土力学中的稳定问题,详细的研究内容在土力学课程中已经讲授,此处不再详细讲述。

2)边坡失稳的原因分析

造成土坡塌方的主要原因有以下几个方面:

①边坡过陡,使得土体的稳定性不够,而引起塌方现象;尤其是在土质差,开挖深度大坑槽中,常会遇到这种情况。

②由于地下水、雨水的渗入,使得基坑土体泡软、含水率增大及抗剪强度降低。

③荷载影响。

由于基坑上边缘附近大量堆载或停放机具、材料,或由于动荷载的作用,使土体中的剪应力超过土体的抗剪强度。

3)预防边坡失稳的措施

为了充分保证土坡的安全与稳定,针对上述各种造成土坡塌方的原因,可采取如下防护措施:

①在条件允许的情况下,放足边坡。边坡的留设应符合规范要求,其坡度的大小应根据土壤性质、水文地质条件、施工方法、开挖深度、工期的长短等因素综合考虑。一般情况下,黏性土的边坡可陡些,砂性土则应当平缓些;井点降水或机械在坑底施工时边坡可陡些,明沟排水、人工挖土或机械在坑上边挖土时则应平缓些。

②合理安排土方运输车辆的行走路线及弃土地点,防止坡顶集中堆载及振动。必要时可采用钢丝网细石混凝土(或砂浆)护坡面层加固。当必须在坡顶或坡面上堆土时,应进行坡体稳定性验算,严格控制堆放的土方量。

③边坡开挖时,应由上到下,分步开挖,依次进行。边坡开挖后,应立即对边坡进行防护处理。施工过程中应经常检查平面位置、水平标高、边坡坡度、降、排水系统,并随时观测周围的环境变化。

1.3.1.2 支护结构的破坏形式

基坑支护结构破坏原因归纳起来主要有以下几条:

(1)整体失稳

在松软的地层中,当基坑平面尺寸较大,由于作为支护结构的板桩墙插入深度不够,或施工时几何形状和相互连接不符合要求。支撑位置不当,支撑与围檩系统结合不牢等原因,围护墙产生位移过大的前倾或后仰,导致基坑外土体大滑坡,支护结构系统整体失稳破坏(图1.16)。

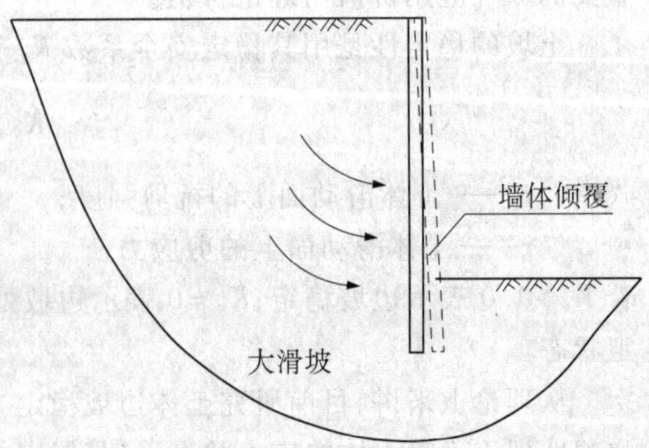

图1.16 整体失稳

(2)基坑隆起

在软弱的黏性土层中开挖基坑,当基坑内土体不断挖去,围护墙内外土面的高差引起的体系不平衡力相当于等于墙外在基坑开挖水平面上作用一附加荷载。挖探增大，荷载也增大。若墙体入土深度不足，则会使基坑内土体大量隆起，基坑外土体过量沉陷，支撑系统应力陡增，导致支撑结构整体失稳破坏(图 1.17)。

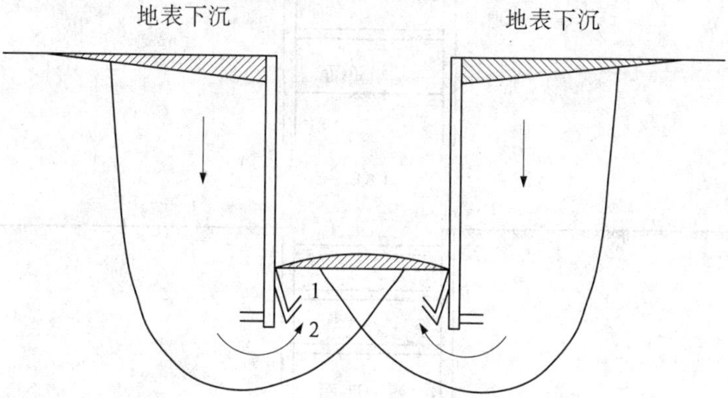

图 1.17　坑底隆起

1. 向内挤进；2. 坑底隆起

(3)管涌及流砂

含水砂层中的基坑支护结构，在基坑开挖过程中，围护墙内外形成水头差，当动水压的渗流速度超过临界流速或水梯度超过临界梯度时，就会引起管涌及流砂现象。基坑底部和墙体外面大量的砂随地下水涌入基坑，导致地面塌陷，同时使墙体产生过大位移，引起整个支护系统崩塌。有时开挖面下有薄不透水层，薄不透水层下是一层有承压水头的砂层，当薄不透水层抵挡不住水头压力，在渗流作用下被切割成小块脱离原位，也会造成支护结构的崩塌破坏(图 1.18)。

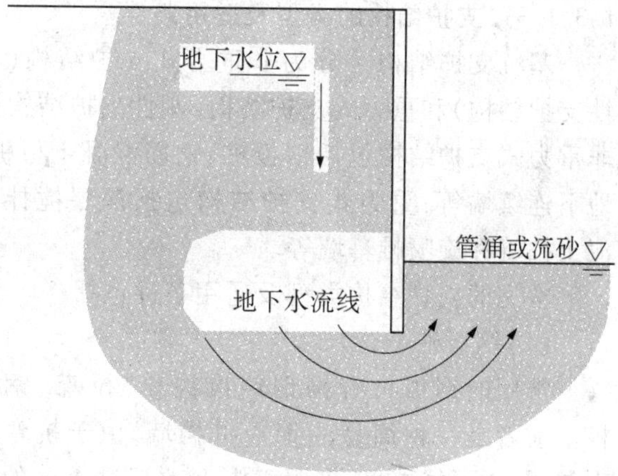

图 1.18　管涌或流砂

(4)支撑强度不足或压屈

当设置的支撑间距过大或数量太少，强度不足或刚度不够时，在较大的侧向土压力作用下，发生支撑破坏或压屈、引起围护墙变形过大，导致支护结构破坏(图 1.19)。

(5)墙体破坏

墙体强度不够或连接构造不好，在土压力、水压力作用下，产生的最大弯矩超过墙体抗弯强度，产生强度破坏(图 1.20)。

(6)支护结构平面变形超过限度

由于支护结构平面变形过大，或是降水造成周围土体沉降，使基坑外围的土体发生垂直或水平位移。有时，这种变形对支护结构本身尚未带来妨碍和危害，但对邻近建筑物或地下管线造成有害影响，造成建筑物下沉、倾斜、开裂，或造成上下水管、煤气管；供电和通信电缆变形、张拉或断裂。

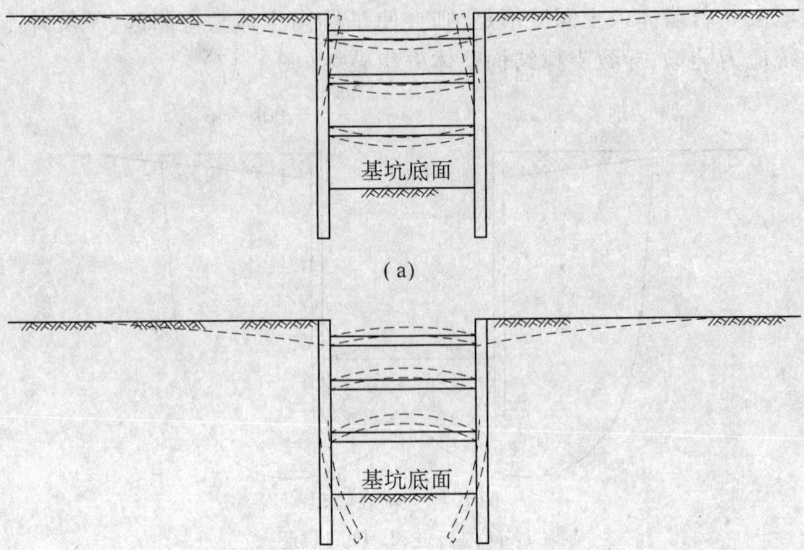

(a)

(b)

图 1.19　支撑强度不足或压屈

(a)支撑强度不足;(b)支撑压屈

1.3.1.3　支护结构的类型及适用条件

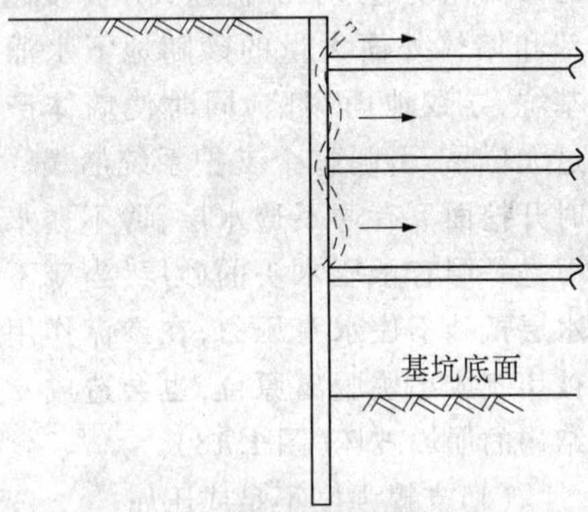

图 1.20　墙体强度不足

基坑支护结构可分为非重力式支护结构(柔性支护结构)和重力式支护结构(刚性支护结构)。非重力式支护结构包括钢板桩、钢筋混凝土板桩、地下连续墙等;重力式支护结构包括深层搅拌水泥土挡墙和旋喷帷幕墙等。

常见的支护结构类型及适用条件包括:

(1)钢板桩

常用的钢板桩有槽钢钢板桩和"拉森"钢板桩。前者是一种简易的钢板桩挡墙,由于抗弯能力较弱,亦不能挡水,多用于深度不超过 4 m 的基坑,并在顶部设一道拉锚或支撑。"拉森"钢板桩刚度大,而且通过锁口相互咬合,基本不透水,可用于开挖 5 ~7 m 的基坑。由于一次性投资较大,支护工程完毕后,要将桩拔出,否则很不经济。拔出后按摊销计算,比灌注桩节省。

钢板桩用打入或振动法施工,但是由于钢板桩柔性较大,在基坑较深时,支撑或拉锚工程量大,对坑内施工会带来一定的困难,而且施工完毕后拔出时由于带土,如处理不当会引起土层移动,严重时会给施工的结构或周围的设施带来危害,应予以充分注意。

(2)钢筋混凝土板桩

钢筋混凝土板桩是预制的钢筋混凝土构件,用打入法就位,并且相互嵌入。这种板桩有较大的刚度和不透水性,一般是一次性的。

(3)钻孔灌注排桩

是目前深基坑支护结构中应用较多的一种。钻孔灌注桩作为挡土结构，桩与桩之间用旋喷桩或压力注浆进行防渗处理，排桩顶部浇注一根钢筋混凝土圈梁，将桩排联成整体。这种支护结构又可分为悬臂式、内支撑式和锚固式三种：

1）悬臂式　悬臂式支护结构的挡土深度视地质条件和桩径而异。其特点是场地开阔，挖土效率高，比较经济。

2）内支撑式　在基坑内加钢质支撑或钢筋混凝土支撑等。内支撑有竖向斜支撑和水平支撑两大类。斜支撑适用于支护结构高度不大，所需支撑力不大的情况，一般为单层，水平支撑可单层设置，也可多层设置。

3）锚固式　钻孔灌注桩与土层锚杆、锚定板等联合使用，可用于较深基坑。其特点为开挖效率高，施工方便，但水泥及钢材用量相对较多。

灌注桩挡墙的刚度较大，抗弯能力强，变形相对较小。但由于灌注桩之间难以做到完全相切，桩之间留有 100 ~ 200 mm 的间隙，挡水效果差，在地下水位高的软土地区需将它与深层搅拌水泥土桩结合应用，前者抗弯，后者做成防水帷幕起挡水作用。或者在灌注桩之间用树根桩或注浆止水。

（4）水泥土深层搅拌桩挡墙

国内常用深层搅拌法形成重力式挡墙，一般形成格状。这类挡土结构的优点是不设支撑，不渗水，并且只需水泥，不需要钢材，造价低。但为了满足稳定性要求，一般宽度很大。

深层搅拌法是利用特制的深层搅拌机在边坡土体需要加固的范围内，将软土与固化剂强制拌和，使软土硬结成具有整体性、水稳性和足够强度的水泥加固土，又称为水泥土搅拌桩。

深层搅拌法利用的固化剂为水泥浆或水泥砂浆，水泥的掺量为加固土重的 7% ~ 15%，水泥砂浆的配合比为 1∶1 或 1∶2。

深层搅拌水泥土桩挡墙，宜用 P·O42.5 水泥，掺灰量应不小于 10%，以 12% ~ 15% 为宜，横截面宜连续，形成如图 1.21 所示的栅格状结构或者封闭的实体结构。

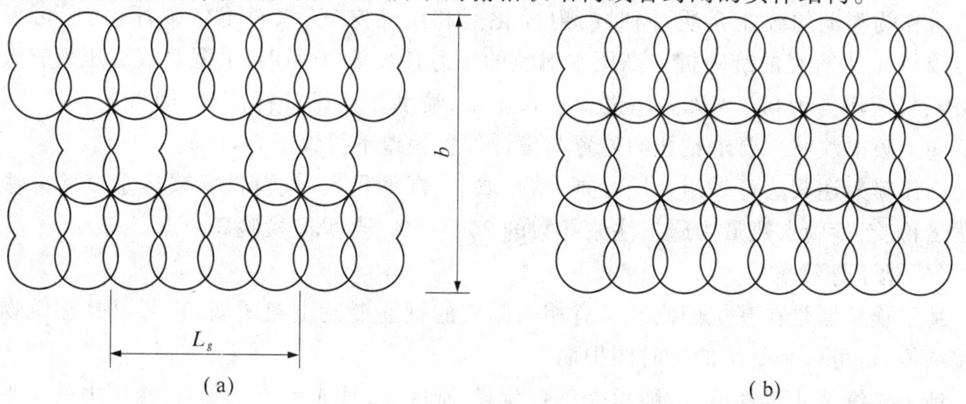

图 1.21　深层搅拌桩布置方式

（a）格栅状布置；（b）块状布置

L_g. 格栅间距；b. 搅拌桩组合宽度

深层搅拌机是深层搅拌水泥土桩施工的主要机械。目前国内应用的搅拌机有中心管喷浆方式和叶片喷浆方式。前者的输浆方式中的水泥浆是从两根搅拌轴之间的另一根管子输出,不影响搅拌均匀度,可适用于多种固化剂;后者是使水泥浆从叶片上若干个小孔喷出,使水泥浆与土体混合较均匀,适用于大直径叶片和连续搅拌,但因喷浆孔小易堵塞,它只能使用纯水泥浆而不能采用其他固化剂。

深层搅拌水泥土桩挡墙属重力式支护结构,主要由抗倾覆、抗滑移和抗剪强度控制截面和入土深度。目前这种支护的体积都较大,为此可采取下列措施:

1)卸荷　如条件允许可将顶部的土挖去一部分,以减少主动土压力。

2)加筋　可在新搅拌的水泥土桩内压入竹筋等,有助于提高其稳定性。但加筋与水泥土的共同作用问题有待研究。

3)起拱　将水泥土挡墙作成拱行,在拱脚处设钻孔灌注桩,可大大提高支护能力,减小挡墙的截面。或对于边长大的基坑,于边长中部适当起拱以减少变形。目前这种型式的水泥土挡墙已在工程中应用。

4)挡墙变厚度　对于矩形基坑,由于边脚效应,在角部的主动土压力有所减小。为此于角部可将水泥土挡墙的厚度适当减薄,以节约投资。

(5)旋喷桩挡墙

旋喷桩挡墙又叫高压喷射注浆法。旋喷桩挡墙是利用工程钻机钻孔至设计标高后,将钻杆从地基深处逐渐上提,同时利用安装在钻杆端部的特殊喷嘴,向周围土体喷射固化剂,将软土与固化剂强制混合,使其胶结硬化后在地基中形成直径均匀的圆柱体。该固化后的圆柱体称为旋喷桩。桩体相连形成帷幕墙,用作支护结构。

高压喷射注浆法的施工工艺是:钻机就位→钻孔→插管→喷射注浆→拔管冲洗。

高压喷射注浆法采用高压发生设备及钻机,对于坚硬土层则采用地质钻机。其喷射方法分为单管法、二重管法和三重管法。单管法以水泥浆作为喷流的载能介质,由于水泥浆的稠度和黏滞力较大,形成的旋喷直径较小,约为0.6~1.2 m。二重管法以水泥浆作为喷流的载能介质,同时喷射压缩空气,可形成1.0~1.6 m较大直径的旋喷桩。三重管法以水作为喷流的载能介质,同时喷射固化剂和压缩空气,水对土体破坏力大,可形成1.5~2.5 m大直径的旋喷桩。高压水射流的压力宜大于20 MPa,水泥浆液流压力宜大于1 MPa,气流压力为0.7 MPa。注浆管贯入土中,喷嘴达到设计标高时,即可提升注浆管,由下向上喷射注浆。要求钻孔的位置与设计位置偏差不得大于50 mm。

高压喷射注浆法可采用开挖检查、钻孔取芯、标准贯入、载荷试验或压水试验方法进行质量检验,检验点数量为施工注浆孔数的2%~5%,至少应检验2个点。

(6)地下连续墙

地下连续墙是在基坑四周筑具有相当厚度的钢筋混凝土封闭墙,它可以是建筑物的外墙结构,也可以是基坑的临时围护墙。

地下连续墙止水性能好,能承受垂直荷载,刚度大,且能承受土压力、水压力的水平荷载。因此地下连续墙具有挡土、抗渗和承重的性能,是深基坑支护的多功能结构。

地下连续墙施工工艺即是在工程开挖土方之前,用特制的挖槽机械在泥浆护壁的情况下每次开挖一定长度(一个单元槽段)的沟槽,待开挖至设计深度并清除沉淀下来的泥渣后，将在地面上加工好的钢筋骨架（一般称为钢筋笼）用起重机械吊放入充满泥浆的沟槽内，用导管向沟槽内浇筑混凝土，由于混凝土是由沟槽底部开始逐渐向上浇筑，所以随着混凝土的浇筑即将泥浆置换出来，待混凝土浇筑至设计标高后，一个单元槽即施工完毕。各个单元槽之间由特制的接头连接，形成连续的地下钢筋混凝土墙。

地下连续墙的适用范围较广，基本上适用于所有土质，特别是对软土地层更有利于施工。当基坑深度较大且邻近的建（构）筑物、道路和地下管线相距甚近时，则是首先考虑的支护方案。

这种结构常用于较深的基坑，如地铁、车站或多层地下停车场等。其刚度与强度都较好，但造价较高。

（7）拉锚

拉锚是通过钢筋或钢丝绳一端固定在支护板上的腰梁上，另一端固定在锚碇上，中间设置法兰螺丝以调整拉杆长度。

当土质较好时，可埋设混凝土梁或横木做锚碇；当土质不好时，则在锚碇前打短桩。拉锚的间距及拉杆直径要经过计算确定。拉锚式支撑在坑壁上只能设置一层，锚碇应设置在坑壁上主动滑移面之外。当需要设多层拉杆时，可采用土层锚杆支护。

（8）锚杆支护

1）锚杆支护的构造

锚固支护结构的土层锚杆通常由锚头、锚头垫座、支护结构、钻孔，防护套管，拉杆（拉索），锚固体、锚底板（有时无）等组成。

2）锚杆支护的类型

①一般灌浆锚杆　钻孔后放入受拉杆件，然后用砂浆泵将水泥浆或水泥砂浆注入孔内，经养护后，即可承受拉力。

②高压灌浆锚杆　其与一般灌浆锚杆的不同点是在灌浆阶段对水泥砂浆施加一定的压力，使水泥砂浆在压力下压入孔壁四周的裂缝并在压力下固结，从而使锚杆具有较大的抗拔力。

③预应力锚杆　先对锚固段进行一次压力灌浆，然后对锚杆施加预应力后锚固并在非锚固段进行不加压二次灌浆也可一次灌浆（加压或不加压）后施加预应力。这种锚杆可穿过松软地层而锚固在稳定土层中，并使结构物减小变形。我国目前大都采用预应力锚杆。

④扩孔锚杆　用特制的扩孔钻头扩大锚固段的钻孔直径，或用爆扩法扩大钻孔端头，从而形成扩大的锚固段或端头，可有效提高锚杆的抗拔力。扩孔锚杆主要用在松软地层中。

另外，还有重复灌浆锚杆，可回收锚筋锚杆等。

在灌浆材料上，可使用水泥浆、水泥砂浆、树脂材料、化学浆液等作为锚固材料。

3）锚杆支护施工

土层锚杆施工包括：施工准备工作、钻孔、安放拉杆、灌浆和张拉锚固等工序。

钻孔机械按工作原理可分为有旋转式钻孔机、冲击式钻孔机和旋转冲击式钻孔机三类。主要根据土质、钻孔深度和地下水情况进行选择。

土层锚杆钻孔的特点及应达到的要求是:① 孔壁要求平直,以便安放钢拉杆和灌注水泥浆;② 孔壁不得坍陷和松动,否则影响钢拉杆安放和土层锚杆的承载能力;③钻孔时不得使用膨润土循环泥浆护壁,以免在孔壁上形成泥皮,降低锚固体与土壁向的摩阻力。

因土层锚杆的钻孔多数有一定的倾角,因此孔壁的稳定性较差。另由于土层锚杆的长细比很大,孔洞很长,保证钻孔的准确方向和直线性较困难,易偏斜和弯曲。

土层锚杆用的拉杆,常用的有钢管、粗钢筋、钢丝束和钢绞线。主要根据土层锚杆的承载能力和现有材料的情况来选择,承载能力较小时,多用粗钢筋,承载能力较大时,我国多用钢绞线。

压力灌浆是土层锚杆施工中的一个重要工序。施工时应将有关数据记录下来,以备将来查用。

灌浆的浆液为水泥砂浆(细砂)或水泥浆,选定最佳水灰比亦很重要;要使水泥浆有足够的流动性,以便用压力泵将其顺利注入钻孔和钢拉杆周围。同时还应使灌浆材料收缩小和耐久性好,所以一般常用的水灰比为 0.4 ~0.45。

灌浆方法有一次灌浆法和二次灌浆法两种。一次灌浆法只用一根灌浆管,利用 2DN-15/40 型等泥浆泵进行灌浆,灌浆管端距孔底 20 cm 左右,待浆液流出孔口时,用水泥袋纸等捣塞入孔口,并用湿黏土封堵孔口,严密捣实,再以 2 ~4 MPa 的压力进行补灌,要稳压数分钟灌浆才告结束。

二次灌浆法要用两根灌浆管,第一次灌浆用灌浆管的管端距离锚杆末端 50 mm 左右,管底出口处用黑胶布等封住,以防沉放时土进入管口。第二次灌浆用灌浆管的管端距离锚杆末端 1 000 mm 左右,管底出口处亦用黑胶布封位,且从管端 500 m 处开始向上每隔 2 m 左右作出 1 m 长的花管,花管的孔眼为 ϕ8 mm,花管做几段视锚固段长度而定。

土层锚杆灌浆后,待锚固体强度达到 80% 设计强度以上,便可对锚杆进行张拉和锚固。张拉前先在支护结构上安装围檩。张拉用设备与预应力结构张拉所用者相同。

从我国目前情况看,钢拉杆为变形钢筋者,其端部加焊一螺丝端杆,用螺母锚固。钢拉杆为光圆钢筋者,可直接在其端部攻丝,用螺母锚固。如用精轧钢纹钢筋,可直接用螺母锚固。张拉粗钢筋用一般千斤顶。

钢拉杆和钢丝束者,锚具多为镦头锚,亦用一般千斤顶张拉。

预加应力的锚杆,应结合工程具体情况正确估算预应力损失。

1.3.1.4 支护结构计算方法

(1)设计计算原则

基坑围护结构的设计按两种状态即承载极限状态和正常使用极限状态进行设计。

1)承载极限状态

承载极限状态也称应力极限状态。以悬臂桩为例,其承载极限状态包括以下几种情况:

①抗剪切破坏 要求满足下式

$$\tau_p \leqslant [\tau_p] \tag{1.44}$$

式中 τ_p——桩所承受的剪应力;

$[\tau_p]$——支护结构的抗剪强度。

②抗倾覆破坏的极限状态　要求满足下式：

$$E_p \geqslant E_a \tag{1.45}$$

式中　E_p——支护结构所承受的被动土压力；

E_a——支护结构所承受的主动土压力。

③抗滑动破坏的极限状态　要求满足下式：

$$\tau_S \leqslant [\tau_S] \tag{1.46}$$

式中　τ_s——滑动面上地基土所受到的剪应力；

$[\tau_s]$——地基土的抗剪强度。

④抗弯破坏的极限状态　要求满足下式：

$$M \leqslant [M] \tag{1.47}$$

式中　M——支护结构截面所受的弯矩；

$[M]$——抗弯强度。

2）正常使用极限状态

正常使用极限状态又称变形极限状态。若支护结构在土或水的侧向压力作用下产生位移，则地面必然会产生沉降，从而影响在建工程或邻近建（构）筑物的正常使用。如果侧向位移过大，还会引起周围建筑物下沉、倾斜、开裂、门窗变形以及地下管线设施受损，造成断电、断水、断气等。

近年来，国家冶金部和建设部先后颁布了《建筑基坑工程技术规范》（YB 9258－97）和《建筑基坑支护技术规程》（JGJ 120－99）等强制性行业标准。上海市、北京市和深圳市等地区根据自身的特定条件分别制定了地区性的基坑工程标准。表1.12为上海地铁

表 1.12　基坑变形控制保护等级标准

保护等级	地面最大沉降量及围护墙水平位移控制要求	环境保护要求
特级	1. 地面最大沉降量≤0.1%H 2. 围护墙最大水平位移≤0.14%H 3. Ks≥2.2	基坑周围10 m范围内设有地铁、共同沟、煤气管、大型压力总水管等重要建筑及设施必须确保安全
一级	1. 地面最大沉降量≤0.2%H 2. 围护墙最大水平位移≤0.3%H 3. Ks≥2.0	离基坑周围H范围内设有重要干线、水管、大型在使用的构筑物、建筑物
二级	1. 地面最大沉降量≤0.5%H 2. 围护墙最大水平位移≤0.7%H 3. Ks≥1.5	离基坑周围H范围内设有较重要支线管道和建筑物、设施
三级	1. 地面最大沉降量≤1%H 2. 围护墙最大水平位移≤1.4%H 3. Ks≥1.2	离基坑周围30 m范围内设有需保护的建筑设施和管线、构筑物

注：H为基坑开挖深度，K_S为抗隆起安全系数，按圆弧滑动公式算出。

总公司提出的基坑变形控制保护等级标准。按照上海软土层深基坑工程经验资料,上海地铁总公司根据周围环境保护要求,将基坑变形控制分作4个等级,并提出地面最大沉降量和围护墙水平位移控制要求。

(2)设计计算方法

基坑围护结构的计算方面基本上可归纳为三种基本方法,即极限平衡法、土抗力法和平面(或三维)有限元法。

极限平衡法假定作用在结构前后墙上的土压力分别达到被动土压力和主动土压力,在此基础上再作简化,把超静定的问题作为静定问题求解。国内多采用等值梁法和静力平衡法。这种方法的缺点在于假定支撑为不动支点,不考虑施工过程支撑设置前后支撑力的变化。在使用中需凭经验判断和结合工程经验对土压力和计算结果进行修正,但这种方法简单快捷,已为我国许多工程技术人员所习用。对于按变形控制要求设计的基坑,仅凭此方法是不够的,还要结合其他方法对基坑进行变形分析。

土抗力法又称竖向弹性地基梁的基床系数法等。这种方法能较好的反映基坑开挖和回填过程各种因素和复杂情况对围护结构受力的影响。对于重要基坑,地层软弱、环保要求高的基坑、多支点支护结构或空间效应明显的围护结构,宜采用土抗力法。土抗力法的计算精度主要取决于计算参数的取值,如基床系数、土压力分布、支撑的松弛系数等,需根据地区经验加以完善。此外,在淤泥质地层中,由于难以反映土的流变性,计算的水平位移可能偏小。

平面(或三维)有限元法的计算参数难以准确取值及计算工作量大,因此尚无直接用此方法的计算结果作为设计依据的实例,而把它作为一种辅助的计算手段。当基坑周围有重要的建筑物或构筑物时,如为保证基坑附近的正常运营,必须对基坑开挖引起的地面结构的沉降和倾斜严加限制,此时需采用平面(或三维)有限元法计算分析。

1.3.3 施工降水与排水

在基坑或沟槽开挖过程中,当开挖基坑或沟槽基底低于地下水位时,由于土的含水层被切断,地下水会不断地渗入坑内。在雨季施工时,地面水也会不断地流入坑、槽内。如果不采取有效的降水措施,及时把流入坑槽内的水排走或把地下水位降低,不仅会使施工条件恶化,而且地基土被水浸泡后,容易造成边坡塌方并使地基承载力下降。另外,当基坑下遇有承压含水层时,若不降低减压,则基底可能被冲溃破坏。因此,为了保证工程质量和施工安全,在基坑或沟槽开挖前或开挖过程中,做好施工降水与排水工作,保持开挖土体的干燥是十分重要的。

施工中开挖基坑或沟槽时,流入坑槽内的水有地面水和地下水两种。排除地面水(包括雨水、施工用水、生活用水等)一般采取在基坑周围设置排水沟、截水沟或筑土堤等方法,并尽量利用原有的排水系统,使临时性排水设施与永久性设施相结合。

基坑或沟槽降水方法有集水井降水法和井点降水法。

1.3.3.1 集水井降水法

集水井降水法一般适用于降水深度较小且土层为粗粒土层或渗水量小的黏土层。当基坑开挖较深,又采用刚性土壁支护结构挡土并形成止水帷幕时,基坑内降水也多采用集水井降水法。当井点降水仍有局部区域降水深度不足时,也可辅以集水井降水法。

(1)定义　集水井降水法(图 1.22)是在基坑或沟槽开挖时,在坑底设置集水井,并沿坑底的周围或中央开挖排水沟,使水在重力作用下流入集水井内,然后用水泵抽出坑外。

(2)设置　四周的排水沟及集水井一般应设置在基础范围以外,地下水流的上游,如基坑面积较大时,可在基础下设置盲沟。盲沟连通至集水井,可将基础下涌出的水排出基坑。

集水井的间距主要根据土的含水率、渗透系数、基坑平面形状及水泵能力确定,一般集水井每隔 20 ~ 40 m 设置一个;基坑四个角应各设一个。

集水井直径或宽度一般为 0.6 ~ 0.8 m,其深度随挖土是深度增大而加深,并保持深度低于挖土面 0.7 ~ 1.0 m。

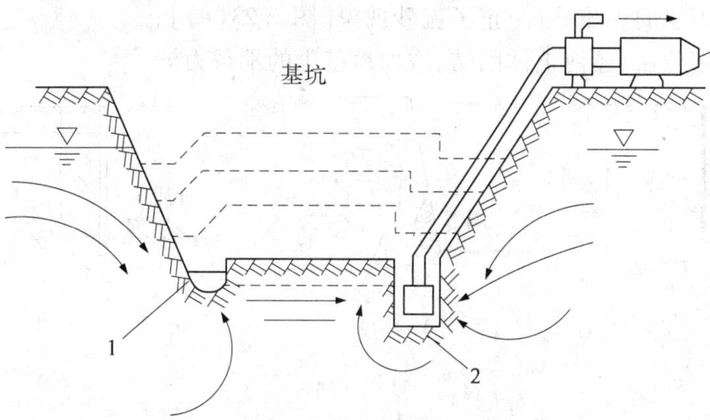

图 1.22　集水井降水法

1. 排水沟;2. 集水井;3. 水泵

集水井井壁可用砖垒砌,也可用竹筐、木板等加固,并在井底铺设碎石滤水层,以免在抽水时将泥砂抽出。排水沟宽为 0.4 ~ 0.6 m,深为 0.4 ~ 0.6 m,并有一定的坡度(2‰左右)。盲沟置于基础底板下,基础施工完毕后无法看见所以叫盲沟。盲沟相当于看不见的排水沟,盲沟的尺寸同排水沟。

集水井降水法常用的水泵有离心泵和潜水泵两种。

集水井降水法所需设备简单,施工方便,特别适用于粗粒土层降水。当土质为细砂或粉砂时,采用集水井降水法降低地下水位时,坑下土有时会形成流动状态而随着地下水流入基坑,形成流砂。从而引发边坡坍塌,坑底凸起,造成施工条件恶化,无法继续土方工程施工。

产生流砂现象的主要原因是由于地下水的水力坡度大,即动水压力大,而且动水压力的方向(与水流方向一致)与土的重力方向相反,土不仅受水的浮力,而且受动水压力的作用,有向上举的趋势。当动水压力等于或大于土的浮容重时,土颗粒处于悬浮状态,并随地下水一起流入基坑,即发生流砂现象。

(3)流砂的防治原则与方法

流砂的防治原则:一是减小或平衡动水压力;二是截住地下水流;三是改变动水压力的方向。

防治方法主要有:①枯水期施工;②打板桩;③水中挖土;④人工降低地下水位;⑤地

下连续墙法;⑥抛大石块,抢速度施工。

1.3.3.2 井点降水法

井点降水就是在基坑开挖前,预先沿基坑四周埋设一定数量的滤水管(井),在基坑开挖前和开挖过程中,利用真空原理,利用抽水设备不断的抽出地下水,使地下水位降低到坑底以下。施工过程中抽水应不间断的进行,直至基础工程施工完毕回填土完成为止。

井点降水的作用主要有以下几个方面:

1)防止地下水涌入坑内[图 1.23(a)];

2)防止边坡由于地下水的渗流而引起的塌方[图 1.23(b)];

3)使坑底的土层消除了地下水位差引起的压力,因此防止了管涌[图 1.23(c)];

4)降水后,降低了深基坑围护结构的水平荷载[图 1.23(d)];

5)消除了地下水的渗流,也防止了流砂现象[图 1.23(e)];

6)降低地下水位后,还使土体固结,增加地基土的承载力。

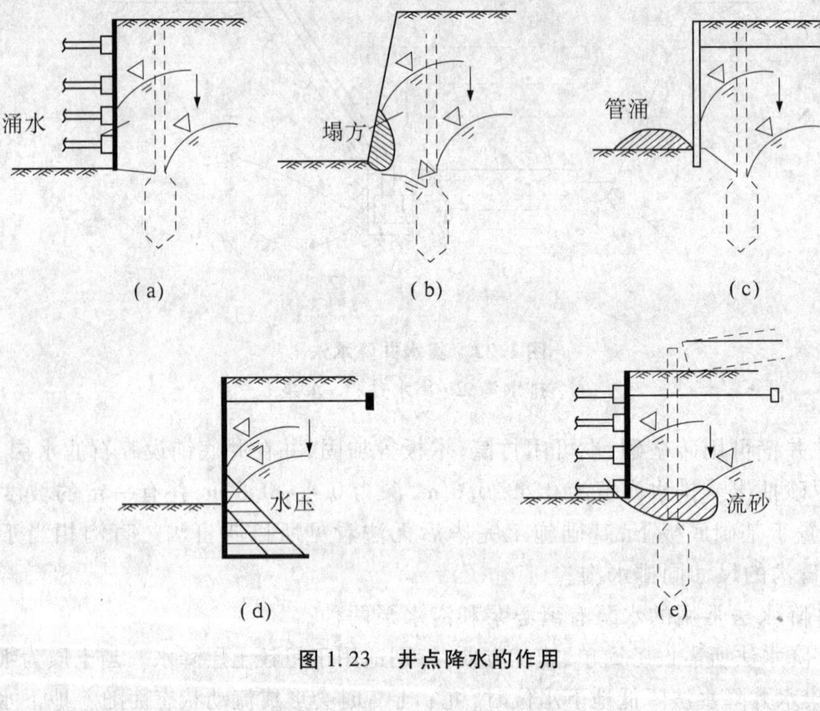

图 1.23 井点降水的作用

(1)井点降水的种类与适用范围

井点降水法所采用的井点类型主要有:轻型井点、喷射井点、电渗井点、管井井点和深井井点。施工时选用可根据土的渗透系数、降水深度、设备条件及经济比较等因素来确定。各类井点的适用范围具体可参见表 1.13。

(2) 轻型井点

轻型井点就是沿基坑四周将许多直径较小的井点管埋入蓄水层内,井点管上端通过弯连管与集水总管相连,通过总管利用抽水设备将地下水从井点管内不断抽出,使原有的地下水位降至坑底以下。此种方法适用于土体渗透系数在 0.1 ~50 m/d 的土层,降水深度参见表 1.13。

表 1.13　各类井点的适用范围

井点类别	土层渗透系数($m\cdot d^{-1}$)	降低水位深度(m)
一级轻型井点	0.1～50	3～6
多级轻型井点	0.1～50	6～12(由井点层数而定)
喷射井点	0.1～2	8～20
电渗井点	<0.1	根据选用的井点确定
管井井点	20～200	3～5
深井井点	10～250	>15

1)轻型井点设备

轻型井点设备有管路系统和抽水设备组成,主要包括有井点管(下端为滤管)、集水总管、弯联管及抽水设备等,如图 1.24 所示。

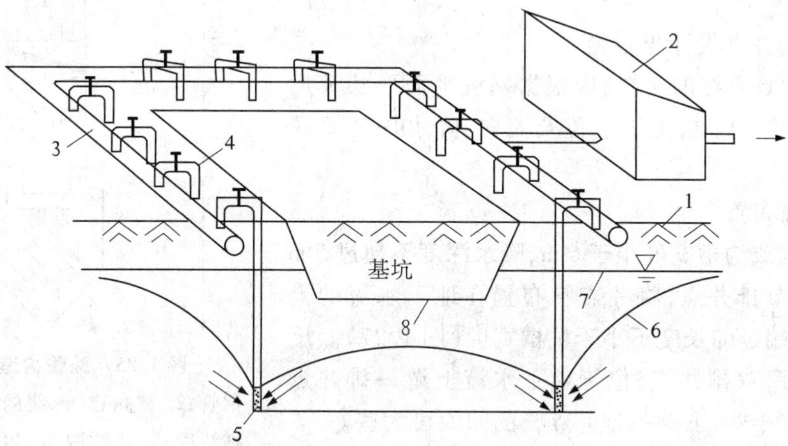

图 1.24　轻型井点降水示意图

1. 地面;2. 水泵;3. 总管;4. 井点管;5. 滤管;6. 降落后的地下水位;7. 原地下水位;8. 基坑底面

井点管为直径 38～55 mm、长 5 m、6 m 或 7 m 的钢管,下端配有滤管和一个锥形铸铁塞头,其构造如图 1.25 所示。滤管长 1.0～1.5 m,管壁上钻有 12～18 mm 成梅花形排列的滤孔;管壁外包两层滤网,内层为 30～50 孔/cm^2 的黄铜丝或尼龙丝布的细滤网,外层为 3～10 孔/cm^2 粗滤网或棕皮。为了避免滤孔淤塞,在管壁与滤网间用塑料管或梯形铅丝绕成螺旋状隔开,滤网外面再绕一层粗铁丝保护网。

集水总管为直径 75～100 mm 的无缝钢管,分段连接,每段长 4 m,其上装有与井点管连接的短接头,间距为 0.8～1.2 m。总管应有 2.5‰～5‰坡向泵房的坡度。总管与井点管用 90°弯头或塑料管连接。

常用的抽水设备有干式真空泵、射流泵和隔膜泵井点设备。干式真空泵抽水设备是由真空泵、离心泵和水气分离器(又称集水箱)等组成。如图 1.26 所示。现就其工作原理简介如下。

抽水时先开动真空泵19，将水气分离器10内部抽成一定程度的真空，在真空泵吸力作用下，地下水经滤管1、井管2吸上，经弯管和阀门进入总管5，再经过滤管8(进一步过滤泥砂)进入水气分离器10。水气分离器内有一浮筒11沿中间导杆升降，当箱内的水使浮筒上升，箱内的水达到一定高度时，即可开动离心泵24将水排出。浮筒则可关闭阀12，避免水被吸入真空泵。副水气分离器16也是为了避免将空气中水分吸入真空泵。为了真空泵进行冷却，特设一冷却循环水泵23。

一套抽水设备的负荷长度(即集水管总长度)为100 m左右。常用的W5、W6干式真空泵，其最大负荷长度分别为80 m和100 m，有效负荷长度为60 m和80 m。

2)轻型井点设计与布置

轻型井点系统的布置，应根据基坑平面形状及尺寸、基坑深度、土质、地下水位及流向、降水深度要求等确定。

①平面布置

当基坑或沟槽宽度小于6 m，降水深度不超过5 m时，可采用单排井点，将井点管布置在地下水流的上游一侧，两端延伸长度不小于坑槽宽度(图1.27)。反之，则应采用双排井点，位于地下水流上游一排井点管的间距应小些，下游一排井点管的间距可大些。

当基坑面积较大时，则采用环状井点(图1.28)。井点管距离基坑壁不应小于1.0~1.5 m，间距一般为0.8~1.6 m。有时为了施工需要，可留出一段(最好在地下水下游方向)不封闭。

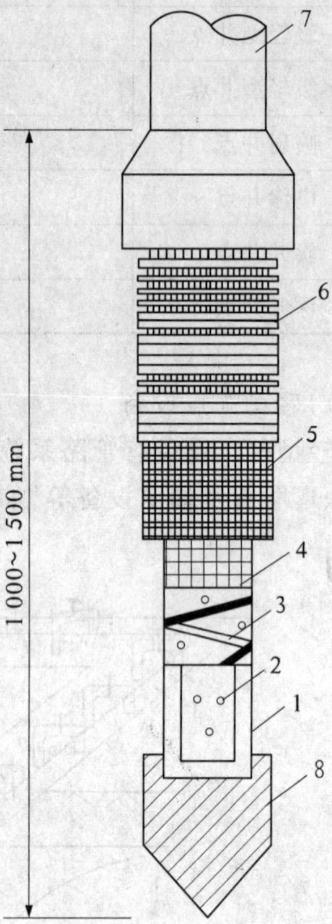

图1.25　滤管构造图

1. 钢管；2. 滤孔；3. 缠绕的塑料管；4. 细滤网；5. 粗滤网；6. 粗铁丝保网；7. 井点管；8. 铸铁头

②高程布置

轻型井点降水深度，从理论上讲可达10.3 m，考虑管路系统及抽水设备的水头损失以后，一般不大于6 m。在布置井点管时，应参考井点的标准长度以及井点管露出地面的长度(一般为0.2~0.3 m)，而且滤管必须在透水层内。

井点管埋置深度 H_A(不包括滤管)，可按下式计算(如图1.28)：

$$H_A \geqslant H_1 + h_1 + iL \tag{1.48}$$

式中 H_1——井点管埋设面至基坑底面的距离(m)；

h_1——基坑底面至降低后的地下水位线的距离(m)，一般为0.5~1.0 m；

i——水力坡度，环状井点为1/10，单排井点为1/4，双排井点1/7；

L——井点管至基坑中心的水平距离(m)。

H_A 算出后，为了安全考虑，一般比计算值再增加 $l/2$ 深度(l 为滤管长度)。如 H 值小

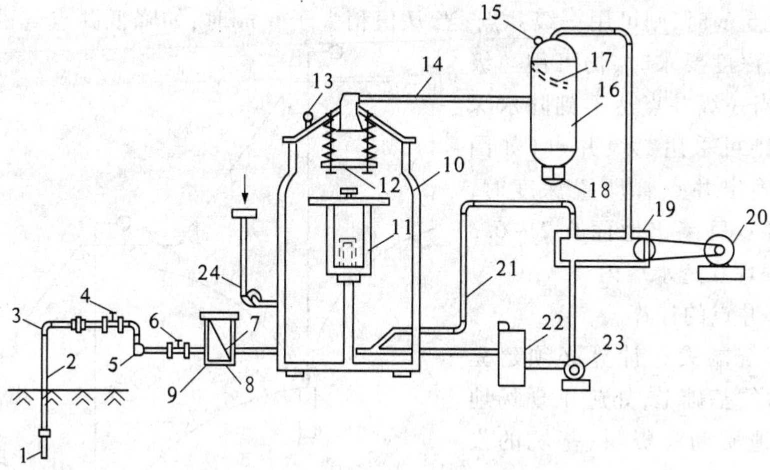

图 1.26　轻型井点设备工作原理

1. 滤管;2. 静点管;3. 弯管;4. 阀门;5. 集水总管;6. 阀门;7. 滤网;8. 过滤室;9. 海砂孔;10. 水气分离器;11. 浮筒;12. 阀门;13. 真空计;14. 进水管;15. 真空计;16. 副水气分离器;17. 挡水板;18. 放水口;19. 真空泵;20. 电动机;21. 冷却水管;22. 冷却水塔;23. 循环水泵;24. 离心水泵

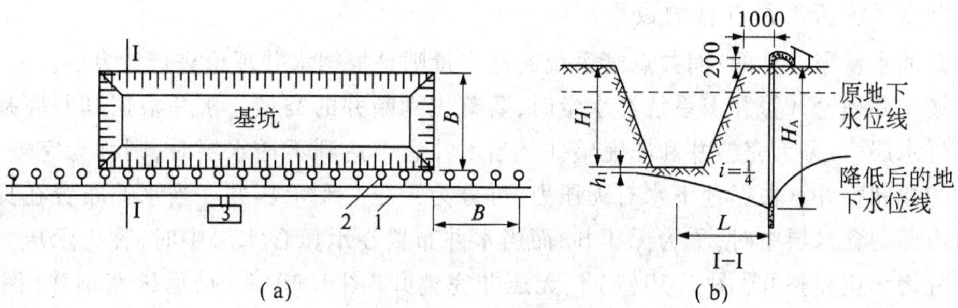

图 1.27　单排井点布置

(a)平面布置;(b)高程布置

1. 总管;2. 井点管;3. 抽水设备

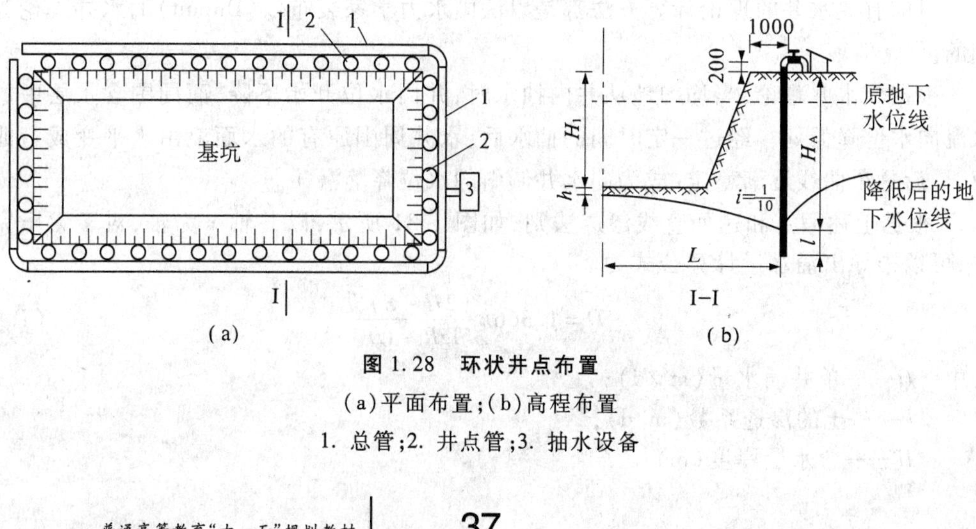

图 1.28　环状井点布置

(a)平面布置;(b)高程布置

1. 总管;2. 井点管;3. 抽水设备

于降水深度 6 m 时，则可用一级井点；当 H 值稍大于 6 m 时，如降低井点管的埋置面后，可满足降水深度要求时，仍可用一级井点降水；当一级井点达不到降水深度要求时，则可采用二级井点（如图 1.29）。在确定井点管埋置深度时，还应考虑井点管路出地面 0.2～0.3 m，滤管必须埋在透水层内。

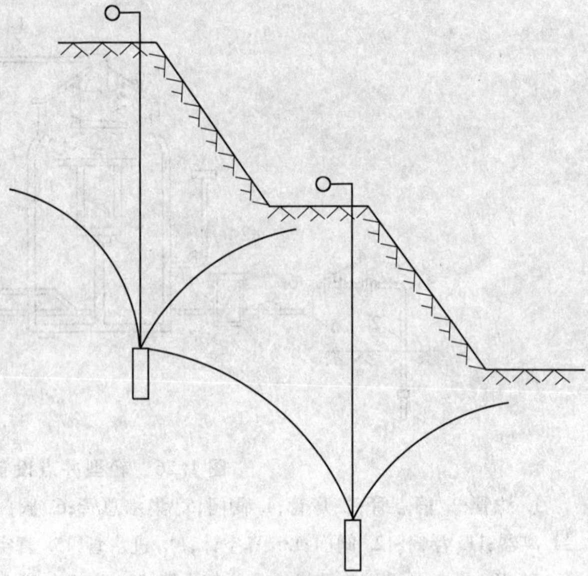

图 1.29　二级井点

3）轻型井点的计算

井点系统的设计计算必须建立在可靠资料的基础上，如施工现场地形图，水文地质勘察资料、基坑的设计资料等。

设计内容除井点系统的布置外，还需确定井点的数量、间距、井点设备的选择等。

①井点系统的涌水量计算

井点系统所需井点管的数量，是根据其涌水量来计算的；而井点管系统的涌水量则是根据水井理论进行计算的。

按水井理论计算井点系统涌水量时，要首先判断井的类型。水井根据其井底是否达到不透水层，可分为完整井和非完整井。当水井底部达到不透水层时，则称为完整井，否则称为非完整井。根据地下水有无压力，可分为无压井和承压井。当水井布置在具有潜水自由面的含水层中时，称为无压井；而当水井布置在承压含水层中时，称为承压井。因此井分为无压完整井［图 1.30（a）］、无压非完整井［图 1.30（b）］、承压完整井［图 1.30（c）］、承压非完整井［图 1.30（d）］四大类。

水井类型不同，其涌水量计算的方法亦不相同。下面我们分析无压完整井的涌水量计算问题。

目前有关水井的理论计算方法都是以法国水力学家裘布依（Dupuit）的水井理论为基础的。

根据该水井理论，当均匀地从井内抽水时，井内水位开始下降，而周围含水层中的潜水流向水位降低处。经过一定时间的抽水后，水井周围原有的水面就由水平变成弯曲水面，最后这个曲线逐渐稳定，成为向水井倾斜的水位降落漏斗。

根据上述假定和达西直线渗透法则，如图 1.31 所示，以井轴 x 为轴，对于无压完整井，可以推导出涌水量计算公式为

$$Q = 1.366k\frac{(2H-S)S}{\lg R - \lg r} \tag{1.49}$$

式中　Q——单井涌水量（m^3/d）；

k——土的渗透系数（m/d）；

H——含水层厚度（m）；

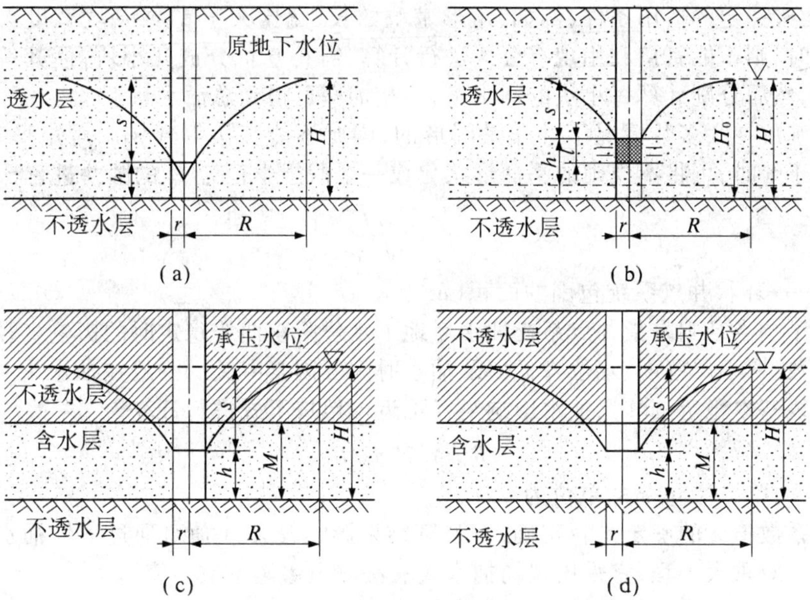

图 1.30　水井的分类

(a)无压完整井；(b)无压非完整井；(c)承压完整井；(d)承压非完整井

S——水井处降水深度(m)；

R——水井的抽水影响半径(m)

r——井点的半径(m)。

上述裘布依公式的计算与实际有一定的出入,这是由于在过水断面处的水力坡度并非恒定值,在靠近井的四周误差较大。但对于离井有相当距离处,其误差是很小的。

公式(1.49)是无压完整单井涌水量的计算公式。但在实际的井点系统中,各井点管是布置在基坑周围,许多井点同时抽水,即群井共同工作,其涌水量不能用各井点管内涌水量进行简单相加求得。群井涌水量的计算是把由各井点管组成的群井系统,视为一口大的单井,设该井为圆形的,并假设在群井抽水时,每一井点管(视为单井)在大圆井外侧的影响范围不变,仍为 R,则有 $R'=R+x_0$。可以推导出无压完整群井井点(即环状井点系统)的涌水量计算公式为

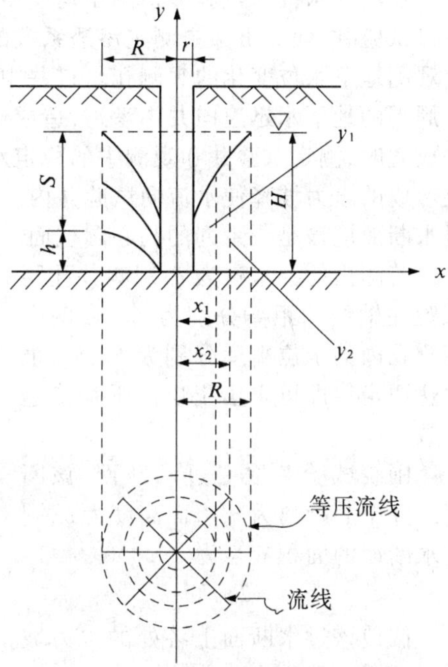

图 1.31　无压完整井水位降落曲线

$$Q=1.366k\frac{(2H-S)S}{\lg R'-\lg x_0} \qquad (1.50)$$

式中　R'——群井降水影响半径(m),$R'=R+x_0$；

x_0——环状井点系统的假想圆半径(m)；

S——井点管处水位降落值(m)。

应用上述公式计算时,必须首先确定 x_0、R 和 k 值。由于目前计算轻型井点所用的计

算公式，均有一定的适用条件，例如，矩形基坑的长、宽比大于5、或基坑宽度大于2倍的抽水半径时，则不能直接利用现有公式进行计算，需将基坑分成几小块，使其符合公式的计算条件，然后分别计算每小块的涌水量，再相加即可得到总涌水量。

由于基坑在大多数情况下并非是圆形的，因此不能直接得到 x_0。对矩形基坑的长、宽比不大于5时，可将不规则的平面形状化成一个假想半径为 x_0 的圆井进行计算

$$x_0 = \sqrt{\frac{F}{\pi}} \tag{1.51}$$

式中　F——环状井点系统包围的面积(m^2)。

抽水影响半径则是指井点系统抽水后地下水位降落曲线稳定时的影响半径。它与土的渗透系数、含水层厚度、水位降低值及抽水时间等因素有关。一般在抽水1~5 d后，水位降落曲线基本稳定，此时，抽水影响半径可近似地按下式进行计算

$$R = 1.95S\sqrt{Hk} \tag{1.52}$$

式中，S、H 的单位为 m；k 的单位为 m/d。

渗透系数值 k 的确定是否正确，对计算结果影响较大，k 值可通过现场抽水试验或实验室测定。对重大工程，宜采用现场抽水实验法测定渗透系数 k 值。

现场进行土的渗透系数的测定通常采用井水抽水试验或井水注水试验两种方法，其基本原理是相似的。下面主要介绍抽水试验确定渗透系数 k 值的基本方法。

现场井水抽水试验多适用于均质粗粒土体，其试验示意图如图1.32所示，在现场打一口试验井，使其贯穿要测定渗透系数的砂土层，然后在距井中心不同距离处设置两个以上观测地下水位变化的观测孔。自井中以不变的速率连续进行抽水，抽水的过程中将使井周围的地下水迅速向井中渗透，造成试验井周围的地下水水位下降。当稳定的渗流条件成立时，测定试验井和观测中的稳定水位，可以画出测压管水位变化图形。测压管水头差形成的水力坡降使水流向试验井内。假定水流的流向是水平的，则流向试验井的渗流过水断面应该是一系列的同心圆柱面。

若测出的抽水量为 q，观测井孔距试验井轴线的距离分别为 r_1、r_2，两个观测孔内的水位高度分别为 h_1、h_2，根据达西定律即可求出土层的平均渗透系数。

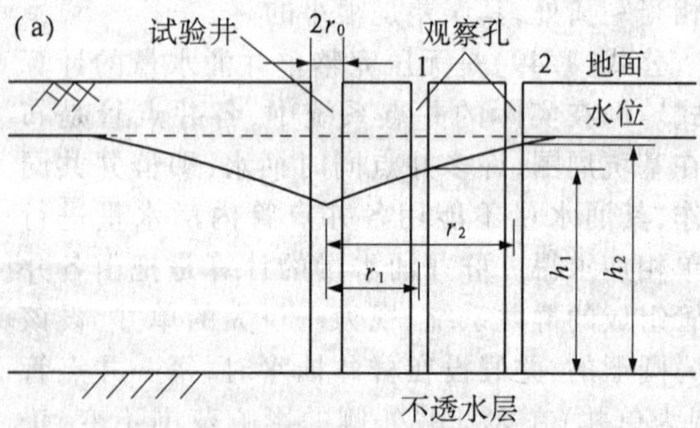

图1.32　现场抽水试验示意图

围绕试验井取一过水断面，该断面距井中心距离为 r，水面高度为 h，则过水断面的面积应当为

$$A = 2\pi rh$$

假使该过水断面上各处的水力坡降为常数，且等于地下水位在该处的坡降，则有

$$i = \frac{dh}{dr}$$

根据达西定律，单位时间自试验井内抽出的水量即单位渗水量 q 为

$$q = Aki = 2\pi rhk\frac{dh}{dr}$$

于是可得

$$q\frac{dr}{r}=2\pi hkdh$$

对上式等式两边进行积分，得

$$q\int_{r_1}^{r_2}\frac{dr}{r}=2\pi k\int_{r_1}^{r_2}hdh$$

从而可得土的渗透系数为

$$k=\frac{q\ln(r_2/r_1)}{\pi(h_2^2-h_1^2)} \tag{1.53}$$

例 1.2　如图 1.32 所示，在现场进行抽水试验测定砂土层的渗透系数。抽水井管穿过 10 m 厚的砂土层进入不透水层，在距离井管中心 20 m 和 60 m 处设置两处观测孔。已知抽水前土中静止地下水位在地面下 2.5 m 处，抽水后渗流稳定时，从抽水井测得流量 $q=5.56\times10^{-3}\text{m}^3/\text{s}$，同时从两个观测孔测得水位分别下降了 1.95 m 及 0.62 m，试求砂土层的渗透系数。

解　两个观测孔的水头分别为

$$r_1=20\ \text{m},\quad h_1=10-2.5-1.95=5.55\ \text{m}$$

$$r_2=60\ \text{m},\quad h_1=10-2.5-0.62=6.88\ \text{m}$$

故由公式(1.53)可以求得渗透系数为

$$k=\frac{q\ln(\frac{r_2}{r_1})}{\pi(h_2^2-h_1^2)}=\frac{5.56\times10^{-3}\ln(\frac{60}{20})}{\pi(6.88^2-5.55^2)}=1.17\times10^{-4}\text{m/s}$$

在实际工程中往往会遇到无压非完整井的井点系统，这时地下水不仅从井的侧面流入，而且还从井底渗入，导致涌水量要比无压完整井大。为了简化计算，仍可采用无压完整井的环状井点系统涌水量计算公式。此时，仅将式中 H 换成有效深度 H_0，实际应用时，H_0 可以查表 1.14，当算得的 H_0 大于实际含水层的厚度 H 时，则仍取 H 值，视为无压完整井。

表 1.14　含水层有效厚度的计算

$S'/(S'+l)$	0.2	0.3	0.5	0.8
H_0	$1.2(S'+l)$	$1.5(S'+l)$	$1.7(S'+l)$	$1.85(S'+l)$

对于承压完整环状井点，如果地下水的运动为层流，含水层上下两个不透水层是水平的，若含水层厚度为 M，且井中水深 $H>M$ 时，则涌水量计算公式为：

$$Q=2.73k\frac{MS}{\lg R-\lg x_0} \tag{1.54}$$

式中　M——承压含水层的厚度(m)；

x_0——环状井点系统的假想圆半径(m)。

②确定井管数量及间距

确定井管数量要先确定单根井管的出水量。单根井管的最大出水量为

$$q=65\pi dl\sqrt[3]{k} \tag{1.55}$$

式中　d——滤管直径(m)；

l——滤管的长度(m)；

k——渗透系数(m/d)。

井点管最少数量为

$$n = 1.1 \times \frac{Q}{q} \tag{1.56}$$

井点管最大间距为

$$D = \frac{L}{n} \tag{1.57}$$

式中　L——总管长度(m)；

1.1——考虑井点堵塞等因素，井点管备用系数。

求出的管距应大于 $15d$、小于 2 m，并应与总管接头的间距(0.8 m、1.2 m、1.6 m 等)相吻合。

③抽水设备选择

一般多采用真空泵井点抽水设备，型号为 W_5、W_6 型。其中采用 W_5 型总管长度≤100 m，井点管数量约 80 根；采用 W_6 型总管长度≤120 m，井点管数量约 100 根。水泵一般也配套固定型号，但使用时还应验算水泵的流量是否大于井点系统的涌水量(一般应大于 10% ~20%)，水泵的扬程是否能克服集水箱中的真空吸力，以免抽不出水来。

4)井点管的埋设与使用

轻型井点的安装程序是按设计布置方案，先排放总管，然后再用弯联管把井点管与总管连接，最后安装抽水设备。

井点管的埋设可以用冲水管冲孔，或钻孔(孔径一般为 300 mm)后将井点管沉入，以保证井管四周有一定厚度的砂滤层，冲孔深度宜比滤管底深 0.5 m，冲孔孔径上下一致，砂滤层宜用粗砂，以免堵塞管的网眼。砂滤层灌好后，距地面 0.5 ~1.0 m 深度内，应用黏土封口捣实，防止漏气。

井点管埋设完毕后，即可接通总管和抽水设备进行试抽水，检查无漏气、漏水现象，出水是否正常。

轻型井点使用时，应保证连续不断抽水，若时抽时停，漏网易于堵塞；中途停抽，地下水回升，也会引起边坡塌方等事故。正常的出水规律为“先大后小，先浑后清”。

井点降水时，尚应对附近的建筑物进行沉降观测。如发现沉陷过大，则应及时采取防护措施。

(3) 喷射井点

当基坑开挖较深，降水深度要求大于 6 m 时，采用一般轻型井点不能满足要求，而采用多级轻型井点又不经济时，则宜采用喷射井点降水，其降水深度可达 8 ~20 m。

喷射井点设备由喷射井管、高压水泵及进水、排水管路组成(图 1.33)，喷射井管由内管和外管组成，在内管下端装有喷射扬水器与滤管相连，当高压水经内外管之间的环型空间由喷嘴喷出时，地下水即被吸入而压出地面。

(4)电渗井点

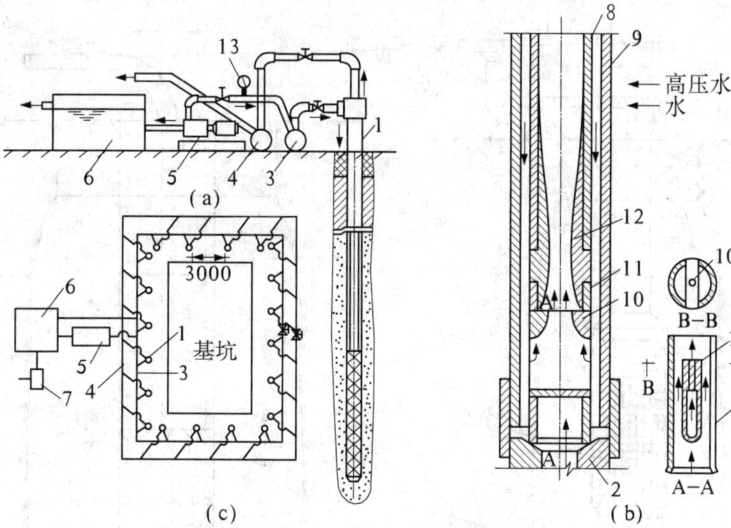

图 1.33　喷射井点设备装置

1. 喷射井管;2. 滤管;3. 进水总管;4. 排水总管;5. 高压水泵;6. 集水池;7. 水泵;8. 内管;9. 外管;10. 喷嘴;11. 混合室;12. 扩散管;13. 压力表

电渗井点适用于土壤渗透系数小于 0.1 m/d,用一般井点不可能降低地下水位的含水层中,尤其宜用于淤泥排水。

电渗井点排水的原理如图 1.34 所示,以井点管作负极,以打入的钢筋或钢管做正极,当通以直流电后,土颗粒即自负极向正极移动,水则自正极向负极被集中排出。土颗粒的移动称电泳现象,水的移动称电渗现象,故称电渗井点。

(5)管井井点

管井井点(图 1.35)是沿基坑每隔一定距离(20 ~ 50 m)设置一个管井,每个管井单独用一台水泵不断抽水来降低地下水位。在土的渗透系数大于 20 m/d,地下水量大的土层中,宜采用管井井点。

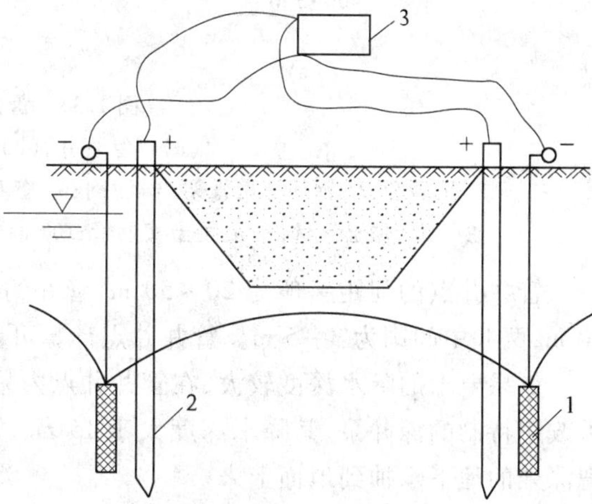

图 1.34　电渗井点

1. 井点管;2. 电极;3. 60V 的直流电源

管井井点有管井、吸水管及水泵组成,如图 1.35 所示。管井可用钢管和混凝土管。钢管管井采用直径为 200 ~ 250 mm 的钢管,其过滤部分采用钢筋焊接骨架外缠镀锌铁丝并包滤网,长度 2 ~ 3 m,见图 1.35(a),混凝土管管井,内径 400 mm,分实壁管与过滤管两部分,过滤管的孔隙率为 20% ~25%,见图 1.35(b),吸水管采用直径为 50 ~ 100 mm的钢管或胶管,其下端应沉入管井抽吸水的最低水位以下。为启动水泵和防止在水泵运转中突然停泵时发生水倒流,在吸水管底部应装逆止阀。

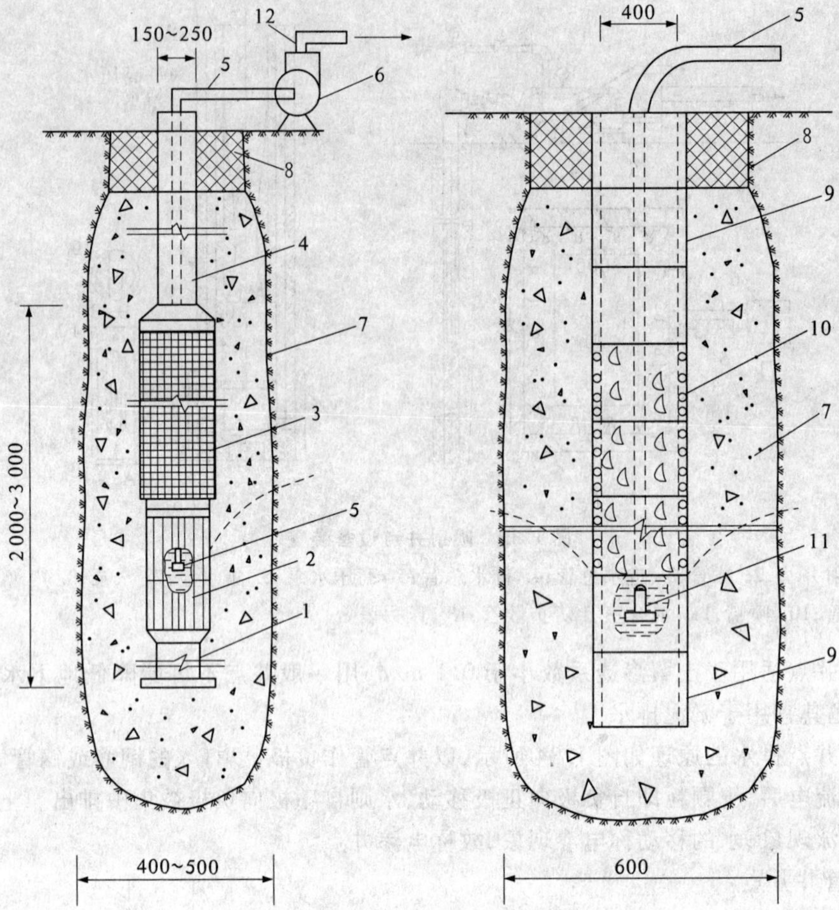

(a)　　　　　　　　(b)

图 1.35　管井井点

(a)钢管管井；(b)混凝土管井

1. 沉砂管；2. 钢筋焊接骨架；3. 滤网；4. 管身；5. 吸水管；6. 离心泵；7. 小砾石过滤层；8. 黏土封口；9. 混凝土实壁管；10. 混凝土过滤管；11. 潜水泵；12. 出水管

管井井点的间距一般为 20 ~ 50 m，管井的深度为 8 ~ 15 m。井内水位降低可达 6 ~ 10 m，两井中间则为 3 ~ 5 m。管井井点计算可参照轻型井点进行。

如果要求的降水深度较大，在管井井点内采用一般离心泵或潜水泵不能满足要求时，可改用特制的深井泵，其降水深度大于 15 m，故又称深井泵法。此法是依靠水泵的扬程把深处的地下水抽到地面上来。

1.4　土方工程施工

1.4.1　土方工程的开挖

基坑土方工程开挖常用的方法有直接分层开挖、内支撑分层开挖、盆式开挖、岛式开挖及逆作法等。按有无支护结构可分为放坡开挖、无支护结构和有支护结构的基坑开挖。

1.4.1.1　放坡开挖

放坡开挖适合于基坑四周空旷、有足够的放坡场地,周围没有建筑设施或地下管线的情况,一般情况下在软土地区开挖深度不超过 4 m 的基坑,当场地允许,经验算能保证土体边坡的稳定性要求时,可采用无支护结构的放坡开挖。对于开挖深度超过 4 m 的基坑,在土质较好、地下水位较低和场地允许的情况下,当有条件放坡开挖时,边坡宜设计成阶梯型边坡,分阶段开挖,每级平台宽度不小于 1.5 m。

当对于较深基坑进行放坡开挖时,边坡的稳定可采用条分法进行验算。

如土质较差且基坑施工工期较长时,边坡坡面宜采用钢丝网喷浆或高分子聚合材料覆盖进行护坡。

另外,放坡开挖还应当采取措施降低地下水位和防止坑外水倒灌基坑。

放坡开挖施工方便,可采用反铲挖掘机和正铲挖掘机等施工机械进行开挖。挖掘机作业时没有障碍,工效高,可根据设计要求分层开挖或一次挖至坑底;基坑开挖后主体结构施工作业空间大,施工工期短。

1.4.1.2　有支护结构的基坑开挖

基坑支护结构可分为无内支撑的支护结构和有内支撑的支护结构。其中无内支撑的支护结构又可分为悬臂式[图 1.36(a)]、拉锚式[图 1.36(b)、(c)]、重力式[图 1.36(d)]土钉墙式[图 1.36(e)]等几种。

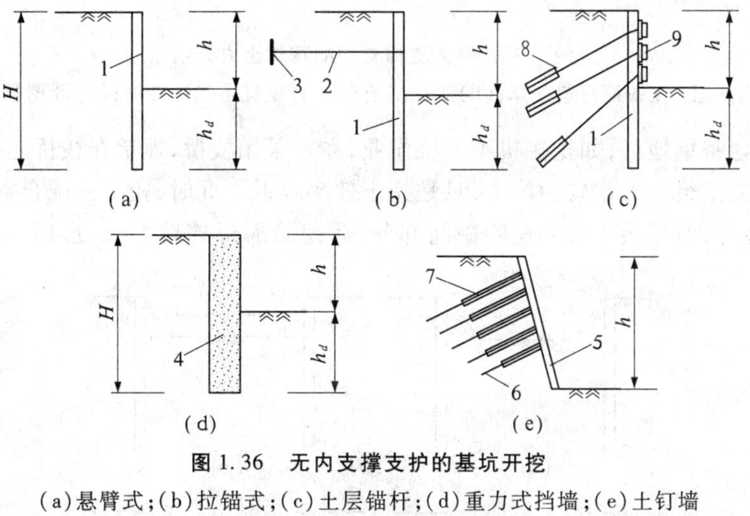

图 1.36　无内支撑支护的基坑开挖

(a)悬臂式;(b)拉锚式;(c)土层锚杆;(d)重力式挡墙;(e)土钉墙

1. 支护结构;2. 拉锚;3. 锚碇;4. 重力式挡墙;5. 喷射砼面层;6. 土钉;7. 注浆;8. 土层锚杆;9. 混凝土板或钢横撑;h. 基坑开挖深度;h_d. 支护结构或挡墙插入深度;H. 支护结构或挡墙高度

对于无内支撑基坑土方开挖可垂直向下开挖,因此,不需要在基坑边留出很大的场地,便于在基坑边较狭小、土质又较差的条件下施工。同时,在地下结构施工完成后,相应的土方回填工作量小。

在基坑较深、土质较差的情况下,一般支护结构需要在基坑内设置支撑。

有内支撑的基坑土方开挖比较困难,这种基坑的开挖重要的是要与支护结构相配合。

土方开挖顺序必须与支护结构设计工况一致。要严格遵守“先撑后挖”和“分层、分块、对称、限时”的原则进行开挖。

挖土与坑内支撑的施工要相互协调，当每一工况挖土至设计标高后，要求迅速安装钢支撑或者浇注混凝土支撑，待其能承受设计荷载时，方可按下一工况要求继续向下开挖。除非在设计允许的情况下，挖掘机严禁在支撑上行走。在挖土过程中，并严禁挖掘机械碰撞支撑、立柱、降水井点和工程桩。图 1.37 是一个两道支撑的基坑工程土方开挖及支撑设置的施工过程示意图，从中可见在有内支撑支护的基坑工程中进行土方施工，其施工过程较为复杂。

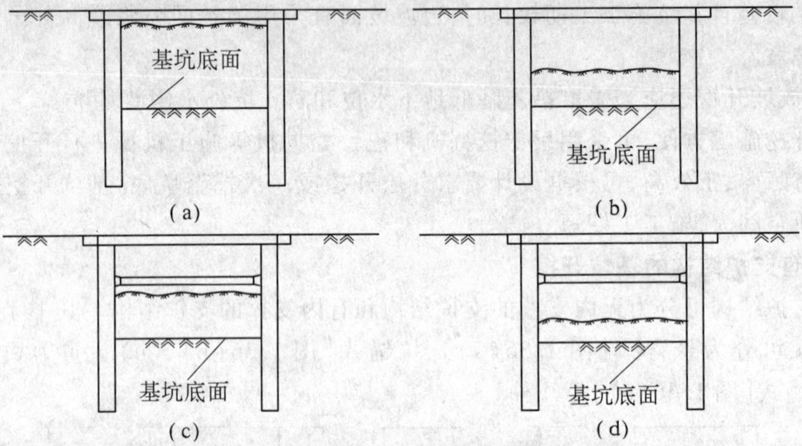

图 1.37　有内支撑支护的基坑土方开挖

(a)浅层挖土、设备第一道支撑；(b)第二层挖土；(c)设置第二道支撑；(d)开挖第三层土

在建筑物密集地区，如挖掘机不下坑作业，亦可采用栈桥、抓铲在栈桥上抓土装车，这种挖土方案施工组织工作较为简单，只是挖土效率较低。此时，挖土亦配合支撑的安装或浇筑，逐层进行，但每层土皆先挖除中间部分，后挖除靠近挡墙部分，形成“盆式”开挖方

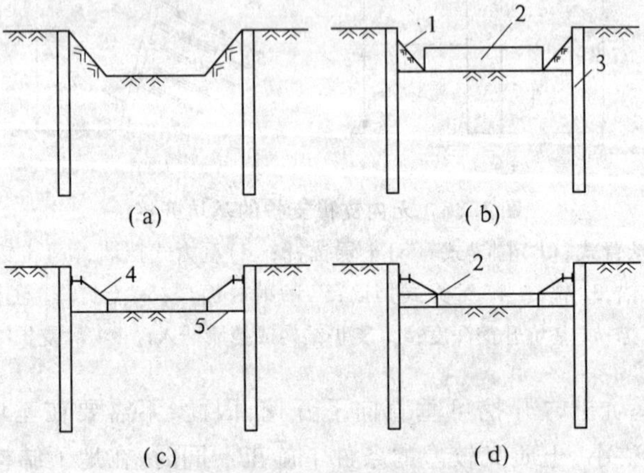

图 1.38　盆式基坑土方开挖方法

(a)中心开挖；(b)中心地下结构施工；(c)边缘土方开挖与支撑设置；(d)边缘地下结构施工

1. 边坡留土；2. 基础底板；3. 支护墙；4. 支撑；5. 基坑底

式(图 1.38)。盆式开挖方法支撑用量小、费用低、而且盆式部位土方开挖方便,这在基坑面积很大的情况下尤其显出其优越性,因此,在大面积基坑开挖施工中非常适用。若从时空效应分析,"盆式"开挖方式对支护结构档墙的受力是有利的,能减少其变形。

当基坑面积较大,而且地下室底板设计有后浇带或可以留设施工缝时,还可采用岛式基坑开挖方法,如图 1.39 所示。

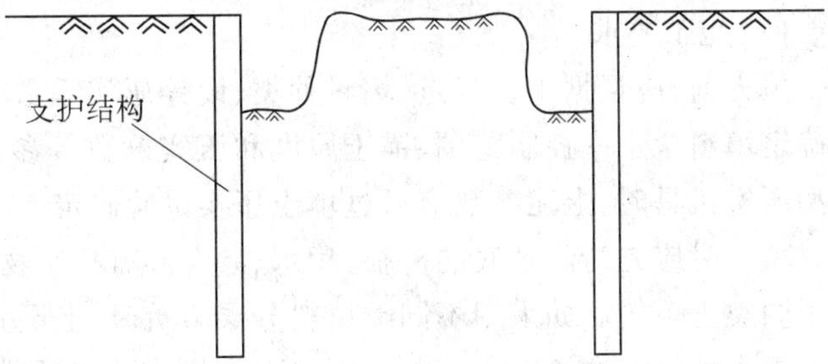

图 1.39　岛式基坑土方开挖方法

这种方法与盆式开挖类似,但施工顺序是先开挖边缘部分的土方,将基坑中央的土方暂时留置,留置的中央土方具有反压作用,可以有效地防止坑底土的隆起,有利于支护结构的稳定。必要时还可以在留土区与挡土墙之间架设支撑。在边缘土方开挖到基底以后,先浇注该区域的底板,以形成底部支撑,然后再开挖中央部分的土方。

另外,对于基坑土方开挖,特别是对于有支护结构的深基坑工程,必须重视信息化施工,即在土方开挖过程中,应注意对支护结构、周围环境进行观测,如出现异常情况应及时采取处理措施,待恢复正常后方可恢复施工。

1.4.2　土方工程的回填

我们知道,土体是由矿物颗粒、水溶液和气体组成的三相体系。具有弹性、塑性和黏滞性。由于土体是由分散颗粒组成的组合体,颗粒之间没有紧密的连接,在外力作用下或在自然条件下遇到浸水和冻溶都会产生变形。为了保证填土的强度和稳定性,必须正确选择回填土料和填筑施工方法,以满足填土压实的质量要求。

1.4.2.1　土料选择与处理

选择填方土料应符合设计要求。实际选择土料时应选择强度高、压缩性小、水稳定性好、便于施工的土、石料。如设计无要求时,应符合下列规定:

1)碎石类土、砂土(使用细、粉砂时应取得设计单位同意)和爆破石碴,可用作表层以下的填料;

2)含水率符合压实要求的黏性土,可用作各层填料;碎块草皮和有机质含量大于 8%的土,仅能用于无压实要求的填方工程;

3)淤泥和淤泥质土一般不能用作填料,但在软土或沼泽地区,经过处理其含水率符合压实要求后,可用于填方中的次要部位;

4)含盐量符合规定的盐渍土,一般可以使用,但填料中不得含有盐晶、盐块或含盐植物的根茎。

5)碎石类土、砂土或爆破石碴可用作表层下的填料,其最大粒径不得超过每层铺填厚度的 2/3(当使用振动碾时,不得超过每层铺填厚度的 3/4)。铺填时,大块料不应集中,且不得填在分段接头处或填方与山坡连接处。填方内有打桩或其他特殊工程时,块

(漂)石填料的最大粒径不应超过设计要求。

填土土料含水率的大小,直接影响到夯实(碾压)质量。所以填土施工时应严格控制含水率,施工前应进行检验,以得到符合密实度要求的最优含水率和最少夯实(或碾压)遍数。含水率过小,夯实(碾压)不实;含水率过大,则易成橡皮土。

1.4.2.2 填筑要求

(1)施工要求

填方前,应根据工程特点、填料种类、设计压实系数、施工条件等合理选择压实机具,并确定填料含水率控制范围、铺土厚度和压实遍数等参数。对于重要的填方工程或采用新型压实机具时,上述参数应通过填土压实试验确定。

填土时应先清除基底的树根、积水、淤泥和有机杂物,并分层回填、压实。填土应尽量采用同类土填筑。如采用不同类填料分层填筑时,上层宜填筑透水性较小的填料,下层宜填筑透水性较大的填料。填方基土表面应作成适当的排水坡度,边坡不得用透水性较小的填料封闭。填方施工应接近水平的分层填筑。当填方位于倾斜的地面时,应先将斜坡挖成阶梯状,然后分层填筑以防填土横向移动。

分段填筑时,每层接缝处应作成斜坡形,碾迹重叠 0.5 ~ 1.0 m。上、下层错缝距离不应小于 1 m。

(2)填土压实的质量检查

填土压实后要达到一定的密实度要求。填土的密实度要求和质量指标通常以压实系数 λ_c 表示。压实系数是土的施工控制干密度 ρ_d 和土的最大干密度 $\rho_{d\max}$ 的比值。压实系数一般根据工程结构性质、使用要求以及土的性质确定。如未做规定,可采用表 1.15 中的数值。

填土必须具有一定的密实度,以避免建筑物的不均匀沉陷。填土密实度以设计规定的控制干密度 ρ_d 或规定压实系数 λ_c,作为检查标准。利用填土作为地基时,设计规范规定了各种结构类型、各种填土部位的压实系数值表 1.15。各种填土的最大干密度乘以设计的压实系数即得到施工控制干密度。即 $\rho_d = \lambda_c \rho_{d\max}$。

表 1.15 填土压实系数

结构类型	填土部位	压实系数(λ_c)
砌体承重结构和框架结构	在地基主要持力层范围内	>0.96
	在地基主要持力层范围以下	0.93 ~ 0.96
简支结构和排架结构	在地基主要持力层范围内	0.94 ~ 0.97
	在地基主要持力层范围以下	0.91 ~ 0.93
一般工程	基础四周或两侧一般回填土	0.9
	室内地坪、管道地沟回填土	0.9
	一般堆放物件场地回填土	0.85

填土压实后的实际干密度,应有 90% 以上符合设计要求,其余 10% 的最低值与设计

值的差不得大于 0.08 g/cm^3，且差值应较为分散。

填土压实后土的实际干密度的测定：可采用环刀法取样，其取样组数为：基坑回填每 20～50 m^3 取样一组（每个基坑不少于一组）；基槽或管沟回填每层按长度 20～50 m^3 取样一组；室内填土每层按 100～500 m^2 取样一组；场地平整填方每层按 400～900 m^2 取样一组。取样部位应在每层压实后的下半部。试样取出后，先测出土的湿密度并测定其含水率，然后计算土的实际干密度 ρ_0，如下公式所示

$$\rho_0 = \frac{\rho}{1 + 0.01w} \tag{1.58}$$

其中　ρ——土的湿密度（g/cm^3）；

w——土的含水率（%）。

如用上式算得土的实际干密度 $\rho_0 \geqslant \rho_d$，则压实合格；若 $\rho_0 < \rho_d$，则压实不够，应采取相应措施，提高压实质量。

1.4.2.3　填土的压实方法

如图 1.40 所示，填土压实方法有碾压法、夯实法和振动压实法三种。

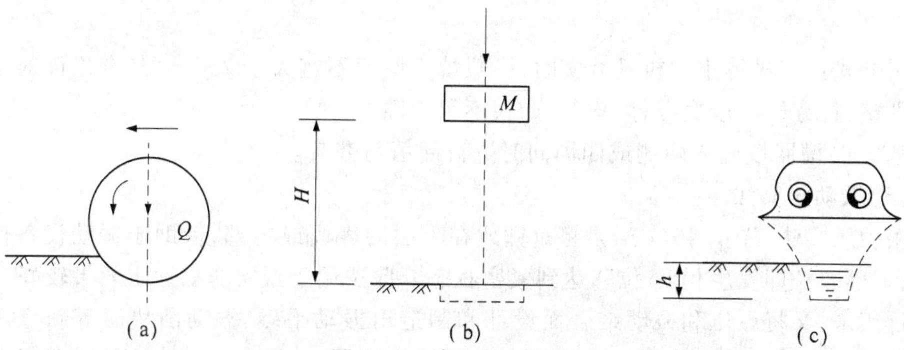

图 1.40　填土压实方法

(a)碾压；(b)夯实；(c)振动

平整场地等大面积土方工程采用碾压法，对较小面积的填土工程可采用夯实法和振动压实法。此外还可利用运土工具压实。

(1)碾压法

碾压法［图 1.40(a)］是由沿着表面滚动的鼓筒或轮子的压力压实土壤。一切拖动和自动的碾压机具，如平滚碾、羊足碾和气胎碾等的工作都属于同一原理。

主要适用于用于大面积填土。常用碾压工具有：

1)平碾　适用于碾压黏性和非黏性土。平碾又叫压路机，它是一种以内燃机为动力的自行式压路机，按碾轮的数目，有两轮两轴式和三轮两轴式两种。

平碾按重量可分为：轻型(5 t 以下)、中型(5～10 t 以下)、重型(10～15 t)，在建筑工地上多用中型或重型光面压路机。

平碾的运行速度决定其生产率，在压实填方时，碾压速度不宜过快，一般碾压速度不超过 2 km/h。

2)羊足碾　羊足碾和平碾不同，它是碾轮表面上装有许多羊蹄形的碾压凸脚，一般用拖拉机牵引作业。

羊足碾有单桶和双桶之分,桶内根据要求可分为空桶、装水、装砂,以提高单位面积的压力,增加压实效果。由于羊足碾单位面积压力较大,压实效果、压实深度均较同重量的光面压路机高,但工作时羊足碾的羊蹄压入土中,又从土中拔出,致使上部土翻松,不宜用于无黏性土、砂及面层的压实。一般羊足碾适用于压实中等深度的粉质黏土、粉土、黄土等。

(2)夯实法

夯实法[图1.40(b)]是利用夯锤自由下落的冲击力来夯实土壤,主要用于小面积的回填土。夯实机具类型较多,有木夯、石夯、蛙式打夯机以及利用挖土机或起重机装上夯板后的夯土机等。其中蛙式打夯机轻巧灵活,构造简单,在小型土方工程中应用最广。夯实法的优点是可以夯实较厚的土层。采用重型夯土机(如1 t以上的重锤)时,其夯实厚度可达1~1.5 m。但对木夯、石夯或蛙式打夯机等夯土工具,其夯实厚度则较小,一般均在200 mm以内。

人力打夯前应将填土初步整平,打夯要按一定方向进行,一夯压半夯,夯夯相接,行行相连,两遍纵横交叉,分层夯打。夯实基槽及地坪时,行夯路线应由四边开始,然后再夯向中间。

用蛙式打夯机等小型机具夯实时,一般填土厚度不宜大于25 cm,打夯之前对填土应初步平整,打夯机应依次夯打,均匀分布,不留间隙。

基(坑)槽回填应在两侧或四周同时进行回填与夯实。

(3)振动压实法

振动压实法[图1.40(c)]是将重锤放在土层的表面或内部,借助于振动设备使重锤振动,土壤颗粒即发生相对 位移达到紧密状态。此法用于振实非黏性土效果较好。

近年来,又将碾压和振动结合而设计和制造出振动平碾、振动凸块碾等新型压实机械,振动平碾适用于填料为爆破碎石碴、碎石类土、杂填土或粉土的大型填方;振动凸块碾则适用于粉质黏土或黏土的大型填方。当压实爆破石碴或碎石类土时,可选用8~15 t重的振动平碾,铺土厚度为0.6~1.5 m,宜静压、后振压,碾压遍数应由现场试验确定,一般为6~8遍。

1.4.2.4 影响填土压实质量的因素

影响填土压实质量的因素很多,主要有压实功、土的含水率和铺土厚度等因素。

(1)压实功的影响

填土压实后的密度与压实机械在其上所施加的功有一定的关系。土的密度与所消耗的功的关系见图1.41。

当土的含水率一定,在开始压实时,土的密度急剧增加,待到接近土的最大密度时,压实功虽然增加许多,而土的密度则变化甚小。在实际施工中,对于砂土只需碾压2~3遍,对亚砂土只需3~4遍,对亚黏土或黏土只需5~6遍。

(2)含水率的影响

土的含水率对填土压实有很大影响,较干燥的土,由于土颗粒之间的摩阻力大,填土不易被夯实。而含水率较大,超过一定限度,土颗粒间的空隙全部被水充填而呈饱和状态,填土也不易被压实,容易形成橡皮土。只有当土具有适当的含水率,土颗粒之间的摩阻力,由于水的润滑作用而减少,土才易被压实,见图 1.42。

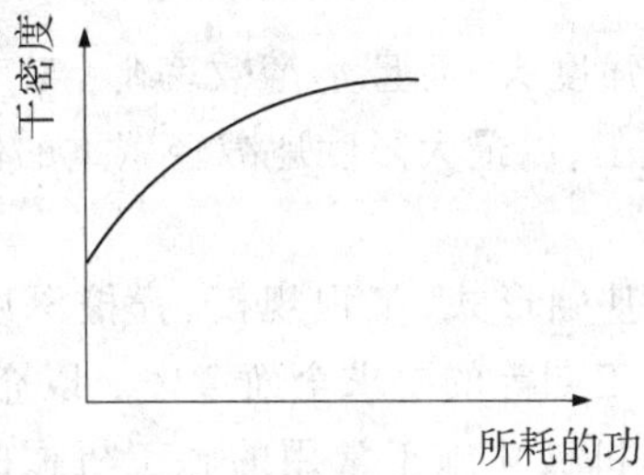

图 1.41　土的干密度与压实功的关系

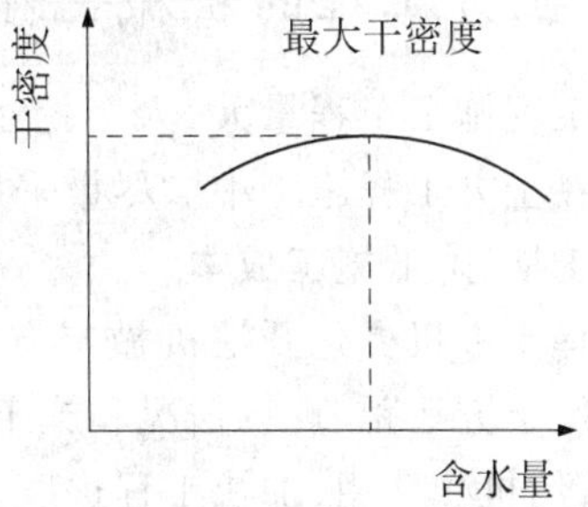

图 1.42　土的干密度与含水率的关系

为了保证填土在压实过程中具有最优的含水率,当土过湿时,应予翻松晾晒或掺入同类干土及其他吸水性材料。如土料过干,则应预先洒水湿润。土的含水率一般以手握成团,落地开花为宜。土的最优含水率和最大干密度参考表 1.16。

表 1.16　土的最优含水率和最大干密度参考表

项次	土的种类	变动范围		项次	土的种类	变动范围	
		最优含水率(%)	最大干密度(g/cm^3)			最优含水率(%)	最大干密度(g/cm^3)
1	砂土	8 ~ 12	1.80 ~ 1.88	3	粉质黏土	12 ~ 15	1.85 ~ 1.95
2	黏土	19 ~ 23	1.58 ~ 1.70	4	粉土	16 ~ 22	1.61 ~ 1.80

(3)铺土厚度的影响

土在压实功的作用下,其应力随深度增加而逐渐减少,在压实过程中,土的密实度也是表层大,而随深度加深而逐渐减少,超过一定深度后,虽经反复碾压,土的密实度仍与未压实前一样。各种不同压实机械的压实影响深度与土的性质、含水率有关,所以,填方每层铺土的厚度,应根据土质、压实的密实度要求和压实机械性能确定。填方每层的铺土厚度和压实遍数参见表 1.17。

表 1.17　填方每层的铺土厚度和压实遍数

项次	压实机具	分层厚度(mm)	每层压实遍数
1	平碾(8 ~ 12 t)	200 ~ 300	6 ~ 8
2	羊足碾(5 ~ 16 t)	200 ~ 350	6 ~ 16
3	蛙式打夯机(200 kg)	200 ~ 250	3 ~ 4
4	振动碾(8 ~ 15 t)	60 ~ 130	6 ~ 8
5	振动压路机 2 t,振动力 98 kN	120 ~ 150	10
6	推土机	200 ~ 300	6 ~ 8
7	拖拉机	200 ~ 300	8 ~ 16
8	人工打夯	不大于 200	3 ~ 4

1.4.3 土方工程的机械化施工

土方工程施工工程量大,人工挖土不仅劳动强度大,而且生产效率低、工期长、成本高。因此在土方工程施工中应尽量采用机械化施工,以最大限度地减轻繁重的体力劳动,缩短施工工期,降低施工成本。

要选择土方机械化开挖机械与方式,应根据基础形式、工程规模、开挖深度、地质条件、土方量、土方运距、现场情况和施工机具条件、工期等的要求全面考虑。以充分发挥机械效率,节约机械费用,加快工程进度。土方工程机械化施工常用的施工机械的种类有:推土机、铲运机、平土机、松土机、挖土机、夯实机等,在土木工程施工中,尤其以推土机、铲运机和单斗挖土机应用最广,也最具有代表性,本节重点讲解推土机、铲运机和单斗挖土机的机械性能、适用范围及施工方法。

1.4.3.1 推土机施工

(1)推土机的特点与适用范围

推土机(图1.43),按铲刀的操作机构不同可分为索式和液压式两种。索式推土机的铲刀系借其本身自重切入土中,因此在硬土中切土深度较小。液压式推土机使铲刀强制切入土中,故切土深度较大;此外,还可调整铲刀的切土角度,灵活性好,是目前较为常用的一种推土机。

推土机的特点是:构造简单,操作灵活,运转方便,所需工作面较小,功率较大,行驶速度较快,易于转移,能爬30°的缓坡。主要适用于挖土深度不大的场地平整,铲土并能运送至弃土区;开挖深度不大于1.5 m的基坑;回填基坑或沟槽;堆筑高度在1.5 m以内的路基、堤坝;平整其他机械卸置的土堆;推送松散的硬土、岩石和冻土;配合铲运机施工,为挖土机清理余土和创造工作面等。推土机的运距宜在100 m以内,经济运距为40～60 m。

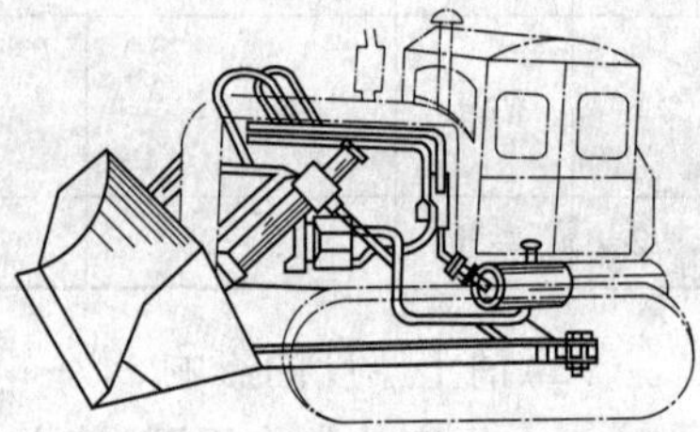

图1.43 推土机

此外,将推土机的铲刀卸下后,还能牵引其他无动力的土方施工机械,如拖式铲运机、松土机、羊足碾等,进行土方其他施工过程的施工。

(2)提高推土机生产率的方法

1)下坡推土　推土机顺地面坡势沿下坡方向推土,借助机械往下的重力作用,能增大铲刀切土深度和运土数量,并可提高推土机的推土能力和缩短工期,一般可提高生产率30%～40%。但推土坡度应控制在以内。

2)并列推土　对于大面积的施工区域,可同时用2～3台推土机并列推土。在推土过程中保持两铲刀相距15～30 cm;倒车时,则分别按先后次序退回。这样可减少土的散失而增大推土量。一般采用两机并列推土可增大推土量15%～30%,采用三机并列可增大推土量30%～40%。但平均运距不宜超过50～75 m,亦不宜小于20 m。

3)分批集中,一次推送　在较硬的土中开挖,由于切土的深度不大,宜采用多次铲土、分批集中、一次推送的方法。以便铲刀前保持满载,有效地利用推土机的功率,缩短匀停时间。

4)槽形推土　推土机接连多次在一条作业线切土和推运,使地面逐渐形成一条浅槽,可有效地减少土从推土刀两侧漏散,一般可提高 10% ~30% 的推土量。

此外,对于推运疏松土壤,且运距较大时,还应在铲刀两侧安装挡板,以增加铲刀前土壤的体积,减少土壤向两侧散失。在土层较硬的情况下,可在铲刀前面装置活动松土齿,当推土机倒退回程时,即可将土翻松。这样,便可减少切土时阻力,从而可提高切土运行速度。

1.4.3.2　铲运机施工

(1)铲运机的适用范围

铲运机有自行式和拖式铲运机两种。如图 1.44 所示,自行式铲运机的行驶和工作都靠本身的动力设备,不需要其他机械的牵引和操纵。拖式铲运机是由拖拉机牵引,工作时亦靠拖式机上的卷扬机或油泵进行操纵。所以,拖式铲运机又分为液压式或索式两种。

铲运机适宜在一 ~ 三类土中直接开挖和运输。常用于大面积的场地平整,开挖大型基坑、沟槽,以及填筑路基、堤坝。坚硬土开挖时要用助铲,自行铲运机的铲斗容量为 2.5 ~8 m^3,自行式铲运机的经济运距为 800 ~1 500 m。

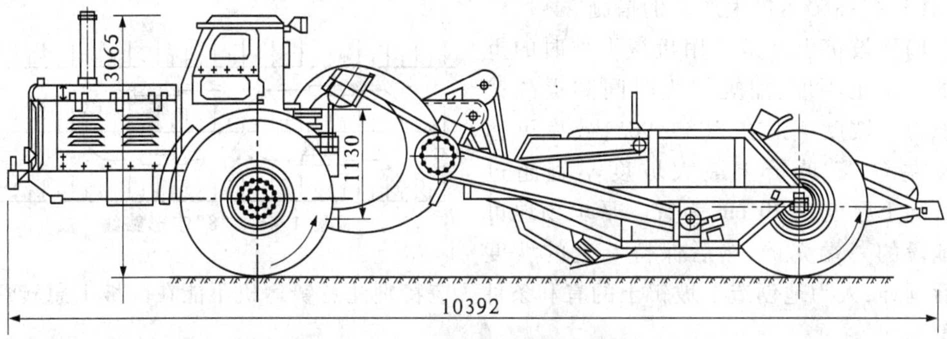

图 1.44　C3 -6 型自行式铲运机外型图

(2)铲运机的运行路线

铲运机的运行路线对提高生产效率影响很大,应根据填、挖方区的分布情况及具体条件进行合理选择。一般有以下两种形式:

1)环形路线　如图 1.45(a)所示的环形路线,适用于地形起伏不大,施工区段又较短(50 ~100 m)和填方不高(0.1 ~1.5 m)的路堤、基坑及场地平整工程。当填、挖交替,且相互之间的距离又不大时,则可采用图 1.45(b)所示的环形路线。这样,可进行多次铲土和卸土,从而减少了铲运机转弯次数,相应提高了工作效率。

当采用环形路线时,铲运机应每隔一定时间按顺、反时针的方向交换行驶,以免长期沿一侧转弯,导致机件的单侧磨损。

2)"8"字路线　在地形起伏较大,施工地段狭长的情况下,宜采用"8"字路线(图 1.46)。因铲运机在上下坡时是斜向行驶,所以坡度平缓;一个循环中两次转弯方向不同,故机械磨损均匀;一个循环完成两次铲土和卸土,减少了转弯次数及空车行驶距离,从而亦可缩短运行时间,提高生产率。

必须指出,铲运机应避免在转弯时铲土,否则的话,因铲刀受力不均匀容易引起翻车事故。因此,为了充分发挥铲运机的效能,保证能在直线段上铲土并装满土斗,要求铲土区应有足够的最小铲土长度。

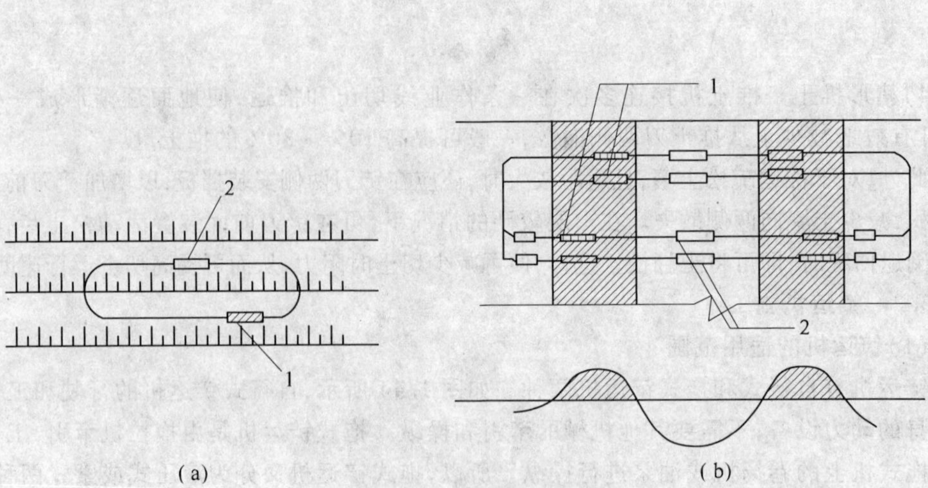

图 1.45　环形路线

(a)环形路线;(b)大环形路线

1. 铲土;2. 卸土

(3)提高铲运机生产率的措施

1)下坡铲土　是利用机械下坡时的重力加大切土深度、缩短铲土时间和提高铲土能力。坡度一般在 30°~90°,效率可达 25% 左右,下坡铲土最大坡度不宜超过 15°,铲土厚度以 20 cm 为宜。平坦场地可取地段的一端先铲,然后保持一定的坡度向后延伸,人为地创造下坡铲土的有利条件。应特别注意铲运机不能在陡坡上急转弯,以免翻车。

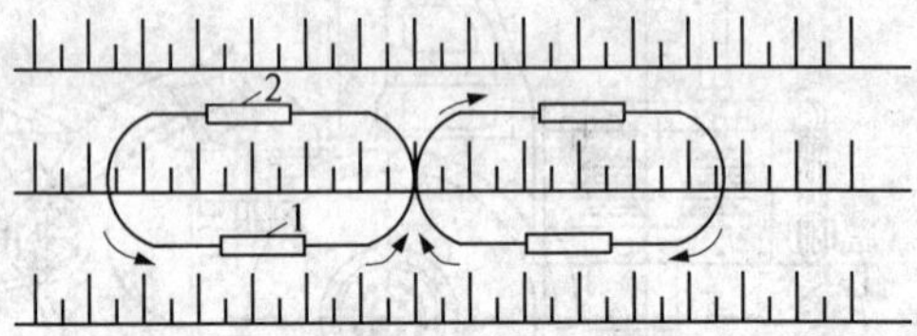

图 1.46　"8"字形路线

2)推土机助铲　用自动铲运机完成长距离运输工作和挖运较坚硬的土时,用推土机顶推铲运斗,强制切土,一般可提高生产效率 30% 以上。助铲法施工的场地宽度不宜小于 20 m,长度不宜小于 40 m,采用一台推土机配合 3~4 台铲运机助铲时,铲运机的半周程距离不应小于 250 m。在一台推土机配合多台铲运机助铲时,应注意合理布置铲土次序助铲的行驶路线,充分发挥助铲机械的效率。

3)双联铲运法　当拖式铲运机的动力有富裕时,可在拖拉机后面串联两个铲斗进行双联铲运。对坚硬土层,可用双联单铲,即一个土斗铲满后,再铲另一土斗;对松软土层,则可用双联双铲,即两个土斗同时铲土。

4)挂大斗铲运　指在土质松软地区,可改挂大型铲土斗,以充分利用拖拉机的牵引力来提高工效。

5)跨铲法　即预留土埂,间隔铲土,以减少土壤散失;铲除土埂时,又可减少铲土阻力,加快速度。土埂高度一般不大于 30 cm,宽度以不大于拖拉机履带净距为宜。

1.4.3.3　单斗挖土机施工

如图 1.47 所示,单斗挖土机有正铲、反铲、拉铲和抓铲等多种,用以挖掘基坑、沟槽、清理和平整场地;当更换工作装置后,还可进行装卸、起重、打桩等其他作业,是土木工程建设中常用的机械设备。

单斗挖土机有液压传动和机械传动两种。液压传动能无级调速且调速范围大;快速作用时惯性小,并且可作高速反转;传动平稳,可以减少强烈的冲击和振动;结构简单,机身轻、尺寸小;附有不同的装置,能一机多用,工效高,经济效果好;操作省力,容易实现自动化控制。因此,必须大力发展和采用大中小型、多功能的液压挖掘机。

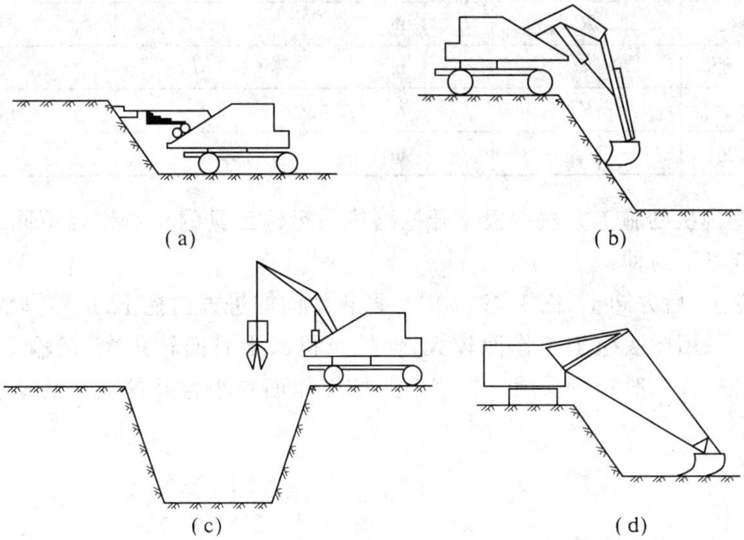

图 1.47　单斗挖土机工作装置的类型

(a)正铲;(b)反铲;(c)抓铲;(d)拉铲

(1)正铲挖土机

正铲挖掘机有履带式和轮胎式两种,斗容量有 0.25,0.5,0.75,1,2 m^3 不等。

1)正铲挖掘机的性能　一般只用于开挖停机面上的土方,所以只适宜在土质较好,无地下水的地区使用,并需要设置进出口通道。而且务必配备相当数量的自卸汽车。汽车道路且需要设置在正铲斗的回转半径之内。图 1.48 即为正铲单斗液压挖土机的简图及主要工作运动状态。其机身可以回转 360°,动臂可以升降,斗柄可以伸缩,铲斗可以转动,而且当更换工作装置后还可以进行其他作业。国产正铲挖土机的工作性能见下表 1.18。

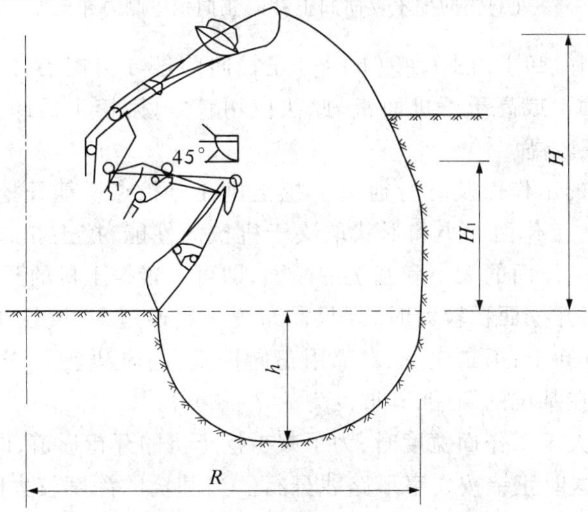

图 1.48　液压正铲工作尺寸

表 1.18　正铲液压挖掘机的主要技术参数

技术参数	符号	单位	WY100	WY60
铲斗容量	q	m^3	1.0	0.6
最大挖土半径	R	m	8.0	7.78
最大挖土高度	h	m	7.0	6.34
最大挖土深度	H	m	2.9	4.36
最大卸土高度	H_1	m	2.5	4.05

2)正铲挖掘机的施工方法　根据开挖路线与运输工具的相对位置不同,正铲挖土和卸土的方式有以下两种:

①正向挖土、后方卸土[图 1.49(a)]　即正铲向前进方向挖土,运输车辆在位于正铲的后面装土。采用此法挖土工作面较大,但挖土机卸土时回转角大,运输车辆要倒车开入,运输不方便,故一般较少采用。常用于开挖工作面狭小且开挖较深的基坑、沟槽和路堑等工程。

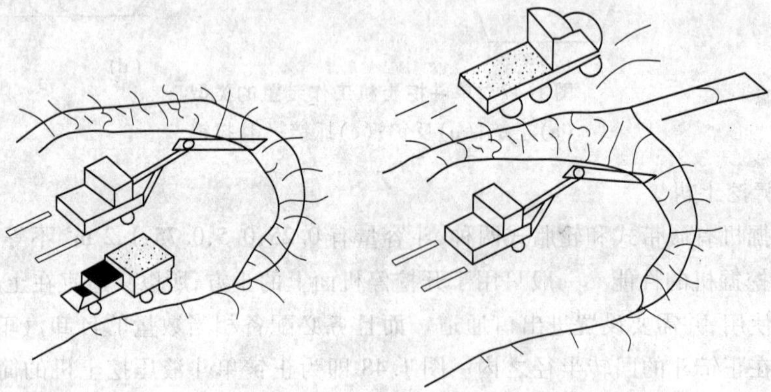

(a)　　　　(b)

图 1.49　正铲挖土机和卸土方式

(a)正向挖土反向卸土;(b)正向挖土侧向卸土

②正向挖土、侧向卸土[图 1.49(b)]　正铲向前进方向挖土,汽车则停在正铲的侧面卸土(可在停机面上或高于停机面)。此法应用较广,因挖土机卸土时回转角小,运输方便,故其生产效率较高。

3)正铲挖掘机的工作面及开行通道　挖土机在停机点所能开挖的土方面称为工作面,一般称“掌子”。工作面大小和形状取决于机械的性能,挖土和卸土的方式以及土体性质等因素。根据工作面的大小和基坑的断面,即可布置挖土机的开行通道。例如:当基坑开挖深度较小,而开挖面积较大时,则只需布置一层通道即可(图 1.50)。第一次开行采用正向挖土,后方卸土;第二次、三次都用正向挖土、侧向卸土,一次挖到底。进出口通道的位置一般可设在基坑的两端,其坡度为 1:7 ~ 1:10。

当基坑宽度稍大于工作面宽度时,为了减少挖土机的开行通道,即可采用加宽工作面的方法(图 1.51),这时正铲按之字形路线开行。当基坑的深度较大时,则通道可布置成多层,如图 1.52 所示,即为三层通道的布置。

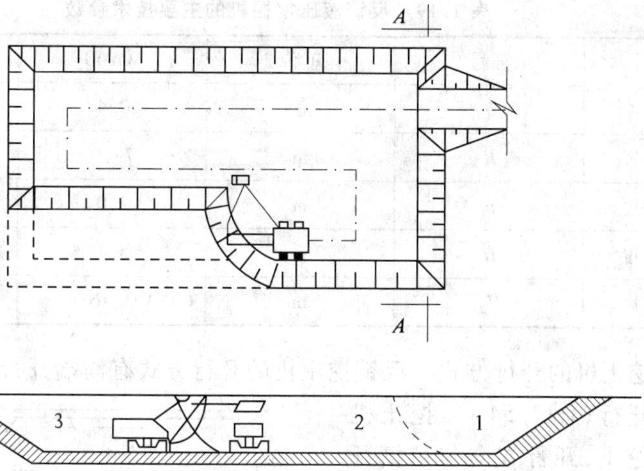

图 1.50　正铲开挖基坑

1、2、3. 通道断面及开挖顺序

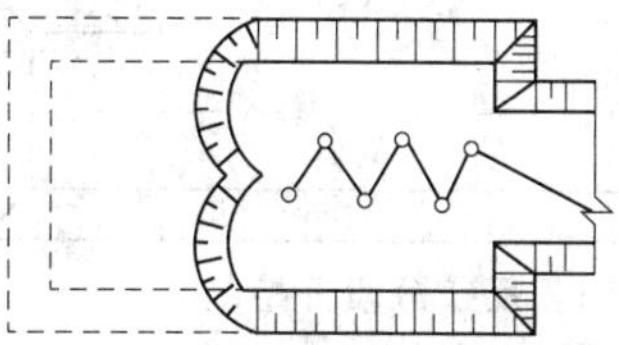

图 1.51　加宽工作面

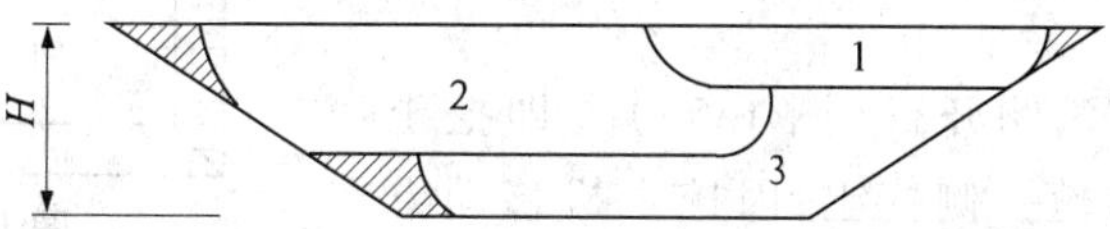

图 1.52　三层通道布置

1、2、3. 通道

(2)反铲挖土机

1)反铲挖土机的性能和适用范围　反铲挖土机适用于开挖一至三类的砂土或黏土。主要用于开挖停机面以下的土体,不需设置进出口通道。一般反铲的最大挖土深度为 4 ~6 m,经济合理的挖土深度为 3 ~5 m,适用于开挖小型基坑、基槽和管沟。尤其适用于开挖独立柱基,以及泥泞的或地下水位较高的土体。

反铲挖土机也需要配备运土汽车进行运输,其性能和工作尺寸如图 1.53 和表 1.19 所示。

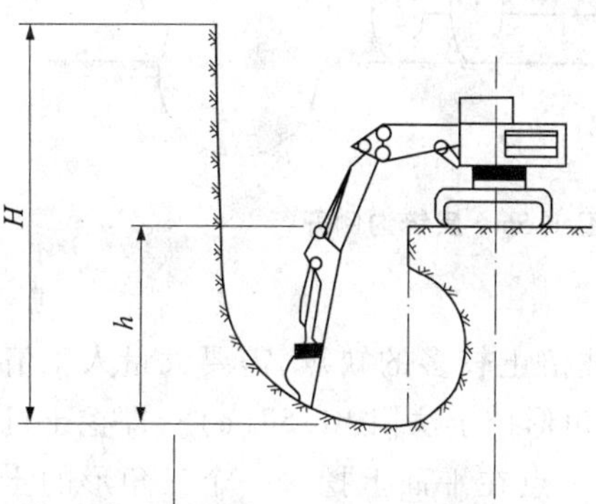

图 1.53　液压反铲工作尺寸

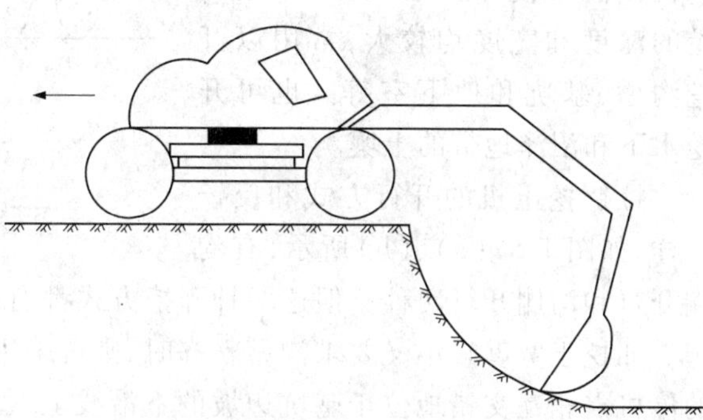

图 1.54　反铲沟端开行

表 1.19　反铲液压挖掘机的主要技术参数

技术参数	符号	单位	WY40	WY60
铲斗容量	q	m^3	0.4	0.6
最大挖土半径	R	m	7.19	8.17
最大挖土高度	h	m	4.0	4.2
最大挖土深度	H	m	5.1	7.93
最大卸土高度	H_2	m	3.76	6.36

2)反铲挖土机的开行方式　反铲挖土机的开行方式有沟端开行和沟侧开行两种。

①沟端开行(图 1.54)　挖土机在基槽一端挖土,开行方向与基槽开挖方向一致．其优点是挖土方便,挖土深度和宽度较大。当开挖大面积的基坑时,可采用图 1.55 所示的分段开挖方法。

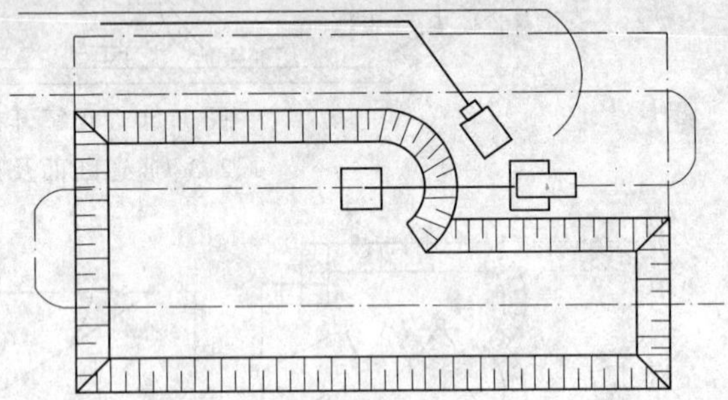

图 1.55　反铲分段开挖基坑

②沟侧开行(图 1.56)　即挖土机在沟槽一侧挖土,因挖土机移动方向与挖土方向相垂直,所以稳定性较差,而且挖土的深度和宽度均较小。但当土方可就近堆在沟旁时,此法能弃土于距离沟较远的地方。

(3)拉铲挖土机

拉铲挖土机的工作装置简单,可直接由起重机改装,其特点为铲斗悬挂在钢丝绳下而无刚性的斗柄上。由于拉铲支杆较长,铲斗在自重作用下落至地面时,借助于自身的机械能可使斗齿切入土中,故开挖的深度和宽度均较大,常用以开挖沟槽、基坑和地下室等。也可开挖水下和沼泽地带的土壤。

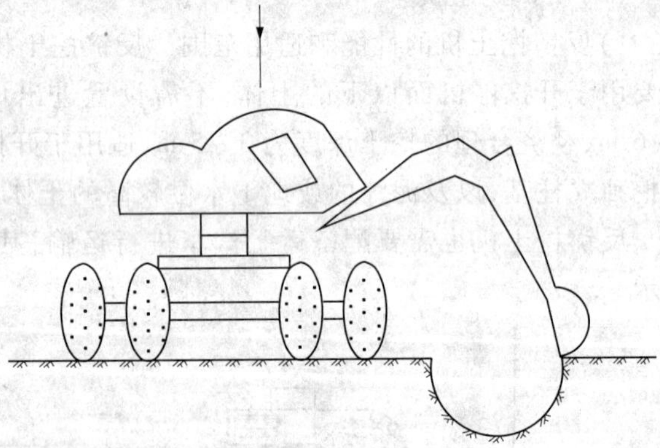

图 1.56　反铲沟侧开行

拉铲挖土机的开行方式和反铲一样,如图 1.57(a)、(b)所示,有沟端开行和沟侧开行两种。但这两种开挖方式都有边坡留土较多的缺点,需要大量人工清理。如挖土宽度较小又要求沟壁整齐时,则可采用三角形挖土法[图 1.57(c)],即挖土机的停机点相互交错地位于基坑边坡的下沿线上,每停一点在平面上挖去一个三角形的土壤。这种方法可使边坡余土大大减少,而由于挖、卸土时回转角度较小,所以说生产率很高。

(4)抓铲挖土机

抓铲挖土机一般由正、反铲液压挖土机更换工作装置(去掉铲斗换上抓斗而成,图 1.58)或由履带式起重机改装。可用来挖掘独立柱基的基坑和沉井,以及其他的挖方工程,最适合于水中开挖。

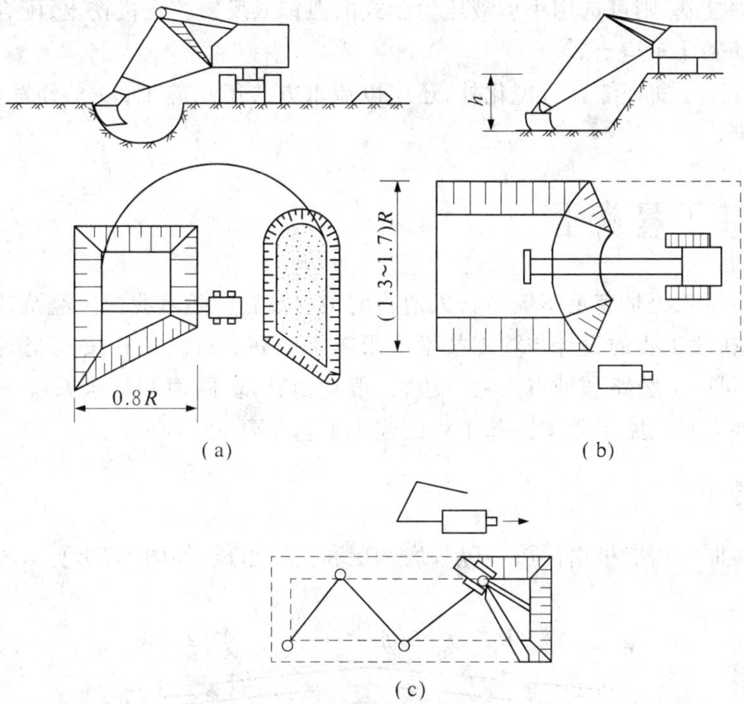

图 1.57　拉铲开行方式

(a)沟侧开行;(b)沟端开行;(c)三角型挖土

1.4.3.4　土方工程综合机械化施工

土方工程综合机械化施工,就是以土方工程中某施工过程为主导,按其工程量大小、土质条件及工期要求,适量选择土方机械;并以此为依据,合理配备完成其他辅助施工过程的机械,做到整个土方施工过程中均能实现机械化施工。为了充分发挥施工机械的效能,主导机械与辅助机械所配备的数量及生产率应尽可能一致。

例如,针对大型基坑的开挖,当弃土的距离较远时,可选择正铲、反铲或拉铲挖土,以自卸汽车相配合运土。这时就应以挖土机的生产率为依据,结合运输车辆的载重量、行驶速度、运距等因素来确定运输车辆的数量。运输车辆的数量既要保证挖土机能连续工作,又要求本身又无停歇等候装车

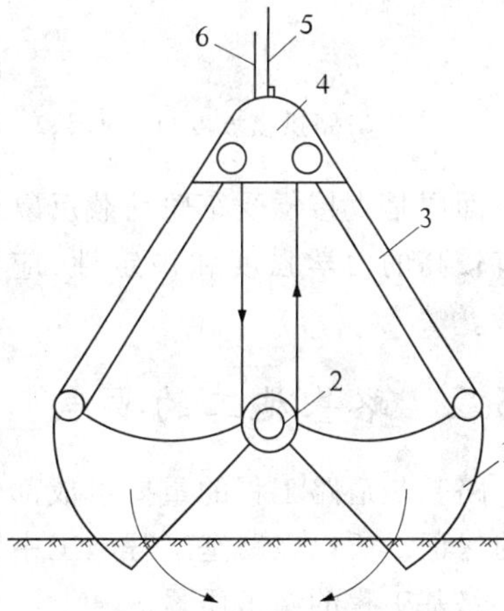

图 1.58　抓铲土斗工作示意图

1. 土斗;2. 中心铰;3. 拉杆;4. 顶铰;5. 升降索;6. 取土索

现象。

又如,在进行场地平整时,则可根据施工场地地形条件、工程量、工期等要求,全面组织铲运机(或推土机、挖土机)来开挖土体;用松土机来松土、装载机装土、自卸汽车运土;用推土机平整土体;用碾压机械进行压实。

对于独立柱基,则可选用小型液压轮胎式的抓铲或反铲挖土机挖土,配合自卸汽车或装载机和机动翻斗车运土。

土方工程除了实现综合机械化外,还应以流水方式组织施工,以充分发挥机械效能,加速工程进度。

1.5 路基工程施工

道路和桥梁工程是满足车辆与行人通行的工程设施。随着我国民经济建设的迅速发展,对道路和桥梁工程的设计与施工技术要求越来越高。道路工程按其交通性质和所在的位置,主要可分为公路和城市道路工程,一般均由路基、路面和排水系统等几个部分组成。本节主要介绍道路工程中路基工程的施工工艺与要点。

1.5.1 概述

典型的路面结构层可由面层、基层、底基层和垫层组成,如图 1.59 所示。

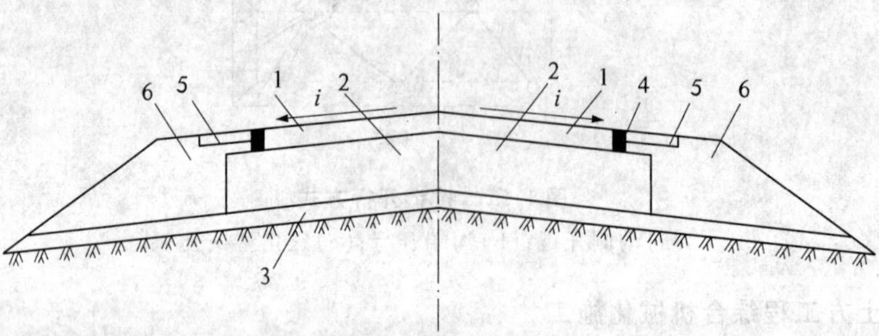

图 1.59 路面结构图

i. 路拱横坡度;1. 面层;2. 基层;3. 垫层;4. 路缘石;5. 加固路肩;6. 土路肩

面层是直接承受车轮荷载反复作用和自然因素影响的结构层,因此要求面层材料应具有较高的力学强度和稳定性,应当耐磨、平整、不透水;表面还应满足良好的抗滑性要求。

1.5.2 路基施工的要点

路基是道路工程的重要组成部分,由于它是道路工程的基础,同时也是道路工程稳定性的保证。所以在路基工程施工中,必须严格按照有关的施工规范与规程要求进行,才能确保路基工程的施工质量。

1.5.2.1 路基的分类与构造

若根据与原地面的位置关系划分,路基可分为路堤、路堑和零填,如图 1.60 所示。图 1.60(a)为高出地面的路基,我们称之为路堤,需要填方。图 1.60(b)为低于原地面的路基,我们称之为路堑,需要挖方。而图1.60(c)为零填路基。

若根据所处的地形不同进行分类,路基又可分为陡坡路堤、半填半挖和过水路基。根据路基填筑材料的不同(包括挖方所挖除的土质不同),路基又可划分为土质路堤、石质路基和由颗粒料填筑的路基。

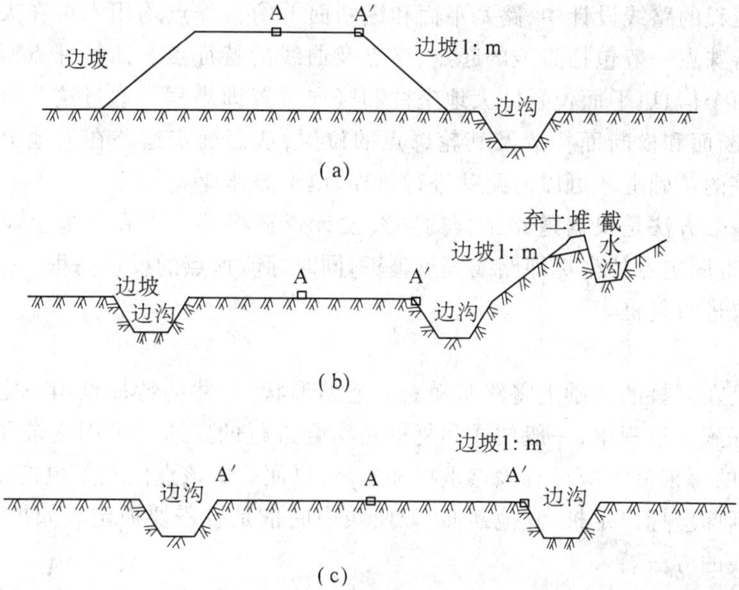

图1.60　路基的形式

(a)路堤;(b)路堑;(c)零填路基

路基的主要构造包括中轴线、边缘、边坡、护坡道、边沟和截水沟等。如图1.61表示填方路基的构造,构造与施工的关系十分密切。施工中中轴线或边缘线的位置决定了路基平面位置。高等级道路应以中轴线为准,其他道路则可以路基边缘线为准。为了施工方便,也可一律以中轴线为准,但应路线设计的要求相适应。在施工中应特别注意路基中轴线、路基边缘、坡脚或坡口,这些路基上的特殊位置都是施工时的依据。路基纵断面上填方路基的填高和挖方路基的挖深,施工中应严格控制。而路基边坡及其坡度也是影响路基的外观和稳定性的重要因素,也是施工中重要控制指标。

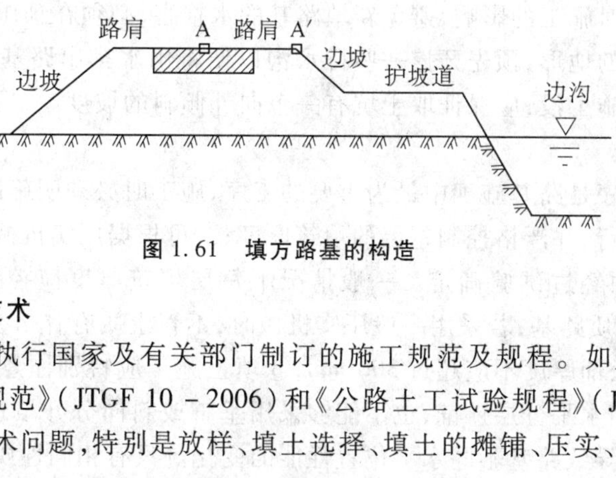

图1.61　填方路基的构造

1.5.2.2　路基施工技术

路基施工应严格执行国家及有关部门制订的施工规范及规程。如交通部所制订的《公路路基施工技术规范》(JTGF 10 - 2006)和《公路土工试验规程》(JTJ 051 - 93)等。对于路基施工中的技术问题,特别是放样、填土选择、填土的摊铺、压实、标高控制和质量监测等问题均应按照上列规范规定处理。

无论是路堤还是路堑工程施工都是由复桩、放样、填土等一系列工作组成,下面进一步讨论各工艺技术本身,以便对路基工程的各施工工艺有深刻的了解。

(1)复桩

在道路工程的路线设计中,路基平面和纵断面上的特殊点均用木桩在大地上确定其位置。这些特殊点一般包括直线的起点、终点及曲线的特征点。而特殊点所表示的路线位置包含了两个信息:平面位置即大地坐标和竖向位置即高程。通过这些桩点可确定道路的平面、纵断面和横断面构成及其轮廓点的位置,从而确定道路在大地上的位置及形状。即在复桩的基础上才可以对路基进行放样、填土等作业。

复桩的一般方法是根据道路工程的路线设计资料将特征点在大地上以木桩形式表示,并表明木桩固定点的坐标即路线该点坐标,同时标明该点的设计高程。一般可使用经纬仪和水准仪进行复桩。

(2)放样

放样即是在复桩的基础上将路基横断面上的形状、尺寸的特征点用一定的方法标示出来。在实际施工过程中,一般放样和复桩是结合进行的。通常可用定桩和拉线的方法放样,所标定的每根桩上应标有该点坐标和标高,以便确定该点的施工填挖高度。每一施工段的两端断面应标出定桩,其他断面,如曲线中间依是否需要而定。如果是人工施工,也可采用拉线的方法。

定桩和拉线所表示的路线尺寸要素主要包括路基中轴线、路基边缘、坡脚位置、护坡道边缘、边沟边缘等。

放样中应严格控制路基中轴线位置即一定断面上它的高程、路基宽度、路基边缘平滑变化、路基边坡坡率及坡面的顺适。

由于放样是一项较为复杂细致的工序,在进行道路施工时必须参照有关道路施工技术细则进行。

(3)预压并做好地面排水

杂草清除和预压工序对高等级道路路基施工是至关重要的,应严格按照专门的路基施工技术进行操作。

考虑到雨天对施工的影响,避免新填路基的水损害,必须在预压时做好地基表面的排水。可根据现场的地形,预先开挖一些排水沟以便将雨水排出路基范围。对于利用扩大边沟取土的路基施工段,应保证取土坑有一个向外倾斜的坡度。

(4)摊铺填土

摊铺填土工序是路基施工中最为重要的工序,施工时必须明确以下几点:①填方路基施工必须分层进行,并严格控制每层的填筑厚度;②可根据压实机械能量的大小确定填筑压实厚度,但必须经过试验确定。一般情况下每层填筑厚度应控制在压实厚度不大于300 mm。对于土质路基,若采用一般压实机械时,不管土质有什么变化,只要是适合作路基填料,其每层松铺厚度不应超过300 mm;③填土施工应特别注意不同土质的土料不能混合填筑,而应当水平分层摊铺,也不能够采用垂直或斜向分开填筑,否则会因不同土的压实性能不同而导致路基不同水平位置性能的变化。只有相同性质的土才可竖向分填。

随着道路等级的提高应越来越重视摊铺填土这一工序,因为路面等级越高,其对路基性能的要求越高,更应严格控制填土高度。随着大功率压路机、振动路碾及冲击压实机械的相继出现,或多或少地促进了填筑工艺的发展。对这些不同技术的应用则应根据专门道路施工技术要求进行研究。

(5)填土整平

填土整平是路基施工中一个较为简单和容易控制的工艺,每层填土完成后均应该采用机械或人工整平表面特别是最后一层填土。

路基的质量控制指标有表面平整和拱度两项,应通过每层填土表面整平来达到技术要求。而不能仅靠最后一层表面的整平来企图达到平整度和拱度要求。

1.5.3　路基压实

路基工程质量的一个重要指标是压实度,规范对于不同等级道路路基都规定了相应的压实度。另外,压路机、路碾的压实作用是有一定范围的,为了达到工程质量要求,对于不同土质压实质量分析的结果表明,在使用一般压实机械的情况下,只要松铺厚度不超过300 mm,其压实度都能满足要求。这样得到的压实厚度也就是200 mm左右。所以,不管填方路基的填高是多少,施工时都要按照这一技术要求做好施工中的分层填土和分层碾压,以便使路基能获得符合要求的压实度,从而保证填方路基的施工质量。

路基工程的施工质量很大程度上取决于施工时碾压质量的好坏,特别是填土路基,其压实度完全依赖碾压和碾压过程中的有关因素。所以,路基压实工序是路基施工中的关键工序。由于路基是分层施工的,因此碾压也是分层碾压的。即重复下述过程:

摊铺填土并整平→碾压→质量监测→填上一层土并整平→碾压→质量检测→直至完成。

填土碾压主要包括以下几个方面的问题:

(1)碾压顺序

为使路基填土达到要求的压实度,压实必须按照正确的顺序进行。所谓顺序就是碾压过程中不同能量压路机配合使用的顺序。根据力学以及土体特性的关系应采取稳压→轻压→中压→重压(包括振动碾压的顺序),可尽快打到要求的压实度。

1)稳压　填土摊铺平整后应先进行稳压,所谓稳压,就是利用履带式拖拉机或推土机提供的较小压力对填土体进行碾压,以避免原来松散的填土被路碾推移而无法碾压成型。稳压以后才可以进入轻压阶段。

2)轻压　在经过稳压的填土表面利用轻碾碾压若干遍。轻压所使用的压路机一般是钢光轮压路机,整机质量在10 t以内。当路碾所提供的压力不足以克服越来越大的碾压阻力时,碾压就转入了中压。

3)中压　中压所采用的路碾是整机质量10~12 t的光轮压路机。目的是克服轻压不能克服的碾压阻力,使土进一步压实,避免出现上部密实下部松散的现象。

4)重压和振动碾压　当土体碾压阻力较大而又达到要求的密实状态时,就必须采用整机质量15 t或更大的路碾,或者采用带振动的重碾。目的是为了克服较大的土体碾压阻力,最终使土体达到要求的压实度。一般重碾都具有振动功能,是否启用振动功能则要按路基施工规范的规定进行。

这样一个先轻后重的碾压原则,是根据消除碾压过程中逐渐增长的土体阻力以避免出现上密下松的现象确定的。

(2)路碾的行走方式和行驶速度

行走方式是指碾机的外侧履带或外侧后大轮在碾压过程中的行走方式。由于在压实过程中路碾只能沿路基纵向往复运动,因此行走方式还包含整个碾压机具在路基宽度范围内如何移动。

1)整机的移动路线　由于碾压是往复进行的,为了在碾压后路基表面有一个正确的设计形式,并使土体密实,要求碾压沿路基施工宽度的左右两侧向中心移动。

2)压路机的行驶速度　压路机应当根据不同的碾压遍数要求、不同的土质和含水率要求而采用不同的行驶速度。在实际施工过程中应结合实际情况并按照路基施工规范的要求来确定。

(3)碾压遍数

压路机压一遍就是碾轮与碾压范围内所有表面至少接触了一次。亦即碾机从两侧移动至中心则相当于碾压一遍。碾压遍数应当根据实际碾压效果并通过试验加以确定,也可遵照施工规范执行。

(4)碾压含水率的控制

碾压含水率是指在不同等级碾压时的土体的含水率,土体的含水率直接影响到碾压效果。根据土力学原理,不同等级碾压效果同碾压时土体含水率的关系如图 1.62 所示。对于一定的土都有相应的碾压等级的最佳含水率。为了取得最好的压实度,在增大压实功时应减小含水率。

如何确定碾压含水率是一个极为复杂的问题,其中关键是在掌握碾压土的相应击实要求下获得最大密度的最佳含水率。而相应的击实要求可根据道路等级按道路工程施工规范确定。在路基碾压过程中可以根据该土的最佳含水率与现场实际含水率的差距以及不同压实等级改变土的含水率。在较重等级碾压中应使该土含水率略小些,否则可大些。碾压过程中出现了问题,应该在压实理论的指导下,根据具体情况协调压实功、含水率和压实效果三者之间的关系。

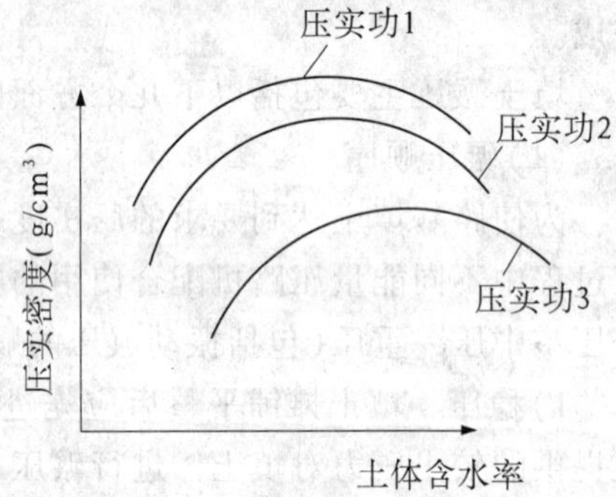

图 1.62　一般土体压实曲线图

路基施工前必须通过标准试验来确定可能的压实土相应道路等级的最大干密度和相应的最佳含水率。同时,在施工过程当中应仔细测定压实土的实际含水率,以便在出现碾压问题时采取相应的对策,通常是解决含水率过大的问题。

(5)路基施工质量检测

按照公路工程质量评定标准的规定,不同类型路基施工完毕后均应进行工程质量检验。质量检测仅限于路基工程中实测项目的检测。土方路基和石方路基的质量检测要求见表 1.20 和表 1.21。

表 1.20　土方路基实测项目

<table>
<tr><td rowspan="2">项次</td><td rowspan="2" colspan="3">检查项目</td><td colspan="2">规定值或允许偏差</td><td rowspan="2">检查方法和频率</td><td rowspan="2">规定分</td></tr>
<tr><td>高速(或一般)公路</td><td>其他公路</td></tr>
<tr><td rowspan="4">1</td><td rowspan="4">压实度%</td><td>零填及路堑</td><td>0~300 mm</td><td>95</td><td>93</td><td rowspan="4">按附录 B 检查密度法:每 200 m 每压实层测 4 处</td><td rowspan="4">30</td></tr>
<tr><td rowspan="3">路堤(mm)</td><td>0~800</td><td>95</td><td>93</td></tr>
<tr><td>800~1 500</td><td>93</td><td>90</td></tr>
<tr><td>>1 500</td><td>90</td><td>90</td></tr>
<tr><td>2</td><td colspan="3">弯沉(0.01 mm)</td><td colspan="2">不大于设计计算值</td><td>按附录 H 检查</td><td>15</td></tr>
<tr><td>3</td><td colspan="3">纵断高程(mm)</td><td>+10,-20</td><td>+10,-30</td><td>水准仪:每 200 m 测 4 点</td><td>10</td></tr>
<tr><td>4</td><td colspan="3">中线偏位(mm)</td><td>50</td><td>100</td><td>经纬仪:每 200 m 测 4 点弯道加 HY、YH 两点</td><td>10</td></tr>
<tr><td>5</td><td colspan="3">宽度(mm)</td><td colspan="2">不小于设计值</td><td>米尺:每 200 m 测 4 处</td><td>10</td></tr>
<tr><td>6</td><td colspan="3">平整度(mm)</td><td>20</td><td>30</td><td>3 m 直尺:每 200 m 测 4 处 3 尺</td><td>15</td></tr>
<tr><td>7</td><td colspan="3">横坡(%)</td><td>±0.5</td><td>±0.5</td><td>水准仪:
每 200 m 测 4 个断面</td><td>5</td></tr>
<tr><td>8</td><td colspan="3">边坡</td><td colspan="2">不陡于设计值</td><td>抽查每 200 m 测 4 处</td><td>5</td></tr>
</table>

注:表中附录指《公路工程质量评定标准》附录。

表 1.21　石方路基实测项目

<table>
<tr><td rowspan="2">项次</td><td rowspan="2" colspan="2">检查项目</td><td colspan="2">规定值或允许偏差</td><td rowspan="2">检查方法和频率</td><td rowspan="2">规定分</td></tr>
<tr><td>高速(或一般)公路</td><td>其他公路</td></tr>
<tr><td>1</td><td colspan="2">压实度(%)</td><td colspan="2">厚度和碾压遍数符合要求</td><td>查施工记录</td><td>30</td></tr>
<tr><td>2</td><td colspan="2">纵断高程(mm)</td><td>+10,-30</td><td>+10　-50</td><td>水准仪:每 200 m 测 4 点</td><td>10</td></tr>
<tr><td>3</td><td colspan="2">中线偏位(mm)</td><td>50</td><td>100</td><td>经纬仪:每 200 m 测 4 点弯道加 HY、YH 两点</td><td>10</td></tr>
<tr><td>4</td><td colspan="2">宽度(mm)</td><td colspan="2">不小于设计值</td><td>米尺:每 200 m 测 4 处</td><td>10</td></tr>
<tr><td>5</td><td colspan="2">平整度(mm)</td><td>30</td><td>50</td><td>3 m 直尺:每 200 m 测 4 处 3 尺</td><td>15</td></tr>
<tr><td>6</td><td colspan="2">横坡(%)</td><td>±0.5</td><td>±0.5</td><td>水准仪:
每 200 m 测 4 个断面</td><td>10</td></tr>
<tr><td rowspan="2">7</td><td rowspan="2">边坡</td><td>坡度</td><td colspan="2">不陡于设计值</td><td rowspan="2">每 200 m 抽查 4 处</td><td rowspan="2">15</td></tr>
<tr><td>平顺度</td><td colspan="2">符合设计</td></tr>
</table>

1.6 软土地基加固

当建(构)筑物的地基存在着强度不足,压缩性过大或不均匀时,为保证建(构)筑物的安全与正常使用,必须考虑对地基进行人工处理。

《建筑地基处理技术规范》(JGJ 79－2002)规定,软弱地基主要是指由淤泥、淤泥质土、冲填土、杂填土或其他高压缩性土层所构成的地基。通常软弱土也包括泥炭、松散的粉细砂等。软土多具有强度低、压缩性高和渗透性差的缺点,且具有显著的结构性和流变性等特点。因此,在一般情况下,软土地基上的建(构)筑物沉降量大、沉降稳定时间长。软土地基处理的目的是利用换填、夯实、挤密、排水、胶结、加筋和化学注浆等方法对地基土进行加固,用以改良地基土的工程特性,主要包括:①提高地基的抗剪切强度;②降低地基的压缩性;③改善地基的透水特性。一种是增加地基土的透水性加快固结,另一种是降低透水性或减少其水压力(基坑抗渗透)。

本节主要介绍常见的软弱地基加固与施工方法以及加固施工注意事项。

1.6.1 常见的加固施工方法

根据地基加固的原理,可采取"换、压、夯、拌、挤"等加固方法。

1.6.1.1 换填法

(1)换填法原理与作用

换填法是将基础底面以下处理范围内的软弱土层的部分或全部挖去,然后分层换填强度较大的砂(碎石、素土、灰土、高炉干渣、粉煤灰)或其他性能稳定、无侵蚀性等材料,并压(夯、振)实后作为地基垫层(持力层),又称换土垫层法或开挖垫层法。

机械碾压、重锤夯实、平板振动可作为压(夯、振)实垫层的不同机具对待,这些施工方法不但可处理分层回填土,又可加固地基表层土。

按回填材料不同,垫层可分为:砂垫层、砂石垫层、碎石垫层、素土垫层、灰土垫层、二灰垫层、干渣垫层和粉煤灰垫层等。

《建筑地基处理技术规范》(JGJ 79－2002)中规定:换填法适用于淤泥、淤泥质土、湿陷性黄土、素填土、杂填土地基及暗沟、暗塘等的浅层处理。

虽然不同材料的垫层,其应力分布稍有差异,但从试验结果分析其极限承载力还是比较接近的;通过沉降观测资料发现,不同材料垫层的特点基本相似,故可将各种材料的垫层设计都近似的按砂垫层的计算方法进行计算。下面以砂垫层为例讨论换填法的作用与原理。

换填法的主要作用主要作用是:

1)提高基础底面以下地基的承载力　浅基础的地基承载力与持力层的抗剪强度有关。如果以抗剪强度较高的砂或其他填筑材料代替软弱的土,可提高地基的承载力,避免地基破坏。

2)减少沉降量　一般地基浅层部分沉降量在总沉降量中所占的比例是比较大的。由土体侧向变形引起的沉降,理论上也是浅层部分占的比例较大,如以密实砂或其他填筑材料代替上部软弱土层,就可以减少这部分的沉降量。由于砂垫层或其他垫层对应力的扩散作用,使作用在下卧层土上的压力较小,这样也会相应减少下卧层土的沉降量。

3)加速软弱土层的排水固结　建筑物的不透水基础直接与软弱土层相接触时,在荷载的作用下,软弱土层地基中的水被迫绕基础两侧排出,因而使基底下的软弱土不易固结,形成较大的孔隙水压力,还可能导致由于地基强度降低而产生塑性破坏的危险。砂垫层和砂石垫层等垫层材料透水性大,软弱土层受压后,垫层可作为良好的排水面,可以使基础下面的孔隙水压力迅速消散,加速垫层下软弱土层的固结和提高其强度,避免地基土塑性破坏。

4)防止冻胀　因为粗颗粒的垫层材料孔隙大,不易产生毛细管现象,因此可以防止寒冷地区土中结冰所造成的冻胀。这时,砂垫层的底面应满足当地冻结深度的要求。

5)消除膨胀土的胀缩作用　在膨胀土地基上可选用砂、碎石、块石、煤渣、二灰或灰土等材料作为垫层以消除胀缩作用,但垫层厚度应依据变形计算确定,一般不少于0.3 m,且垫层宽度应大于基础宽度,而基础的两侧宜用与垫层相同的材料回填。

(2)垫层设计

对垫层的设计,即要求有足够的厚度以置换可能被剪切破坏的软弱土层,又要求有足够大宽度以防止砂垫层向两侧挤出。

1)垫层厚度的确定　如图 1.63 所示,垫层厚度 z 应根据垫层底部下卧土层的承载力确定,并符合下式要求:

$$p_z + p_{cz} \leqslant f_{az} \tag{1.59}$$

式中　p_z——垫层底面处的附加应力设计值(kPa);

p_{cz}——垫层底面处土的自重应力值(kPa);

f_{az}——经深度修正后垫层底面处土层的地基承载力设计值(kPa)。

垫层底面处的附加压力值 P_z 可按压力扩散角进行简化计算:

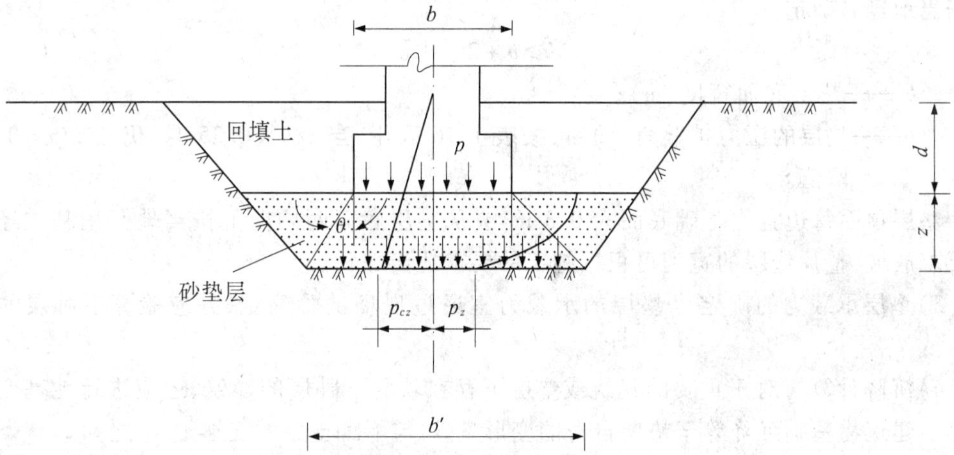

图 1.63　垫层内应力分布

条形基础:

$$p_z = \frac{b(p - p_c)}{b + 2z \cdot \text{tg}\theta} \tag{1.60}$$

矩形基础：
$$p_z=\frac{b\cdot l(p-p_c)}{(b+2z\cdot \text{tg}\theta)(l+2z\cdot \text{tg}\theta)} \tag{1.61}$$

式中 b —— 矩形基础或条形基础底面的宽度(m)；

l —— 矩形基础底面的长度(m)；

p —— 基础底面压力的设计值(kPa)；

p_c—— 基础底面处土的自重压力值(kPa)；

z —— 基础底面下垫层的厚度(m)；

θ —— 垫层的压力扩散角(°)，可按表 1.22 采用。

具体计算时，一般可根据垫层的承载力确定出基础宽度，再根据下卧土层的承载力确定出垫层的厚度。可先假设一个垫层的厚度，然后按式(1.59)进行验算，直至满足要求为止。

表 1.22 压力扩散角 θ(°)

换填材料 / z/b	中砂、粗砂、砾砂、圆砾、角砾卵石、碎石	黏性土和粉土 ($8<I_p<14$)	灰土
0.25	20	6	28
≥0.50	30	23	

注：当 $z/b<0.25$ 时，除灰土仍取 $\theta=30°$ 外，其余材料均取 $\theta=0°$；

当 $0.25<z/b<0.5$ 时，θ 值可内插求得。

I_p 为塑性指数。

2)垫层宽度的确定 垫层的底面宽度应以满足基础底面应力扩散和防止垫层向两侧挤出为原则进行设计。关于宽度计算，目前还缺乏可靠的方法。一般可按下式计算或根据当地经验确定。

$$b'\geqslant b+2\cdot z\text{tg}\theta \tag{1.62}$$

式中 b'——垫层底面宽度(m)；

θ——垫层的压力扩散角(°)，可按表 1.16 采用；当 $z/b<0.25$ 时，仍按 $z/b=0.25$ 取值。

垫层顶面每边宜比基础底面大 0.3 m，或从垫层底面两侧向上按当地开挖基坑经验的要求放坡，整片垫层的宽度可根据施工的要求适当加宽。

3)垫层承载力的确定 垫层的承载力宜通过现场试验确定，并应验算下卧层的承载力。

4)沉降计算 对于重要的建筑或垫层下存在软弱下卧层的建筑，还应进行地基变形计算。建筑物基础沉降等于垫层自身的变形量 S_1 与下卧土层的变形量 S_2 之和。

对超出原地面标高的垫层或换填材料的密度高于天然土层密度的垫层，宜早换填并考虑其附加的荷载对建造的建筑物及邻近建筑物的影响。

(3)垫层材料选择

1)砂石 应选用级配良好的中粗砂，含泥量不超过3%，并应除去树皮、草皮等杂质。

若用细砂,应掺入 30% ~50% 的碎石,碎石最大粒径不宜大于 50 mm。

2)黏土(均质土)　土料中有机质含量不得超过 5%,亦不得含有冻土或膨胀土。当含有碎石时,其粒径不宜大于 50 mm。

3)灰土　体积比宜为 2∶8 或 3∶7。土料宜用黏性土及塑性指数大于 4 的粉土,不得含有松软杂质,并应过筛,其颗粒不得大于 15 mm。石灰宜用新鲜的消石灰,其颗粒不得大于 5 mm。

4)素土　素土土料中有机质含量不得超过 5%,亦不得含有冻土或膨胀土,不得夹有砖、瓦和石块等渗水材料,碎石粒径不得大于 50 mm。

5)粉煤灰　可分为湿排灰和调湿灰。可用于道路、堆场和中、小型建筑、构筑物换填垫层。粉煤灰垫层上宜覆土 30 cm。

6)干渣　干渣垫层材料可根据工程的具体条件选用分级干渣、混合干渣或原状干渣。小面积垫层一般用 8 ~40 mm 与 40 ~60 mm 的分级干渣,或 60 mm 的混合干渣;大面积铺垫时,可采用混合干渣或原状干渣,原状干渣最大粒径不大于 200 mm 或不大于碾压分层虚铺厚度的 2/3。

用于垫层的干渣技术条件应符合下列规定:稳定性合格;松散密度不小于 1.1 t/m^3;泥土与有机质含量不大于 5%。对于一般场地平整,干渣质量可不受上述指标限制。

1.6.1.2　预压法

预压法是先在地基范围的地面上,有条件的进行预压一段时间,使地基的固结沉降基本完成,以提高地基的承载力,减少沉降量。为了在较短的时间内取得较好的预压效果,对天然地基,可先在地基中设置砂井(袋装砂井或塑料排水带)等竖向排水体,以改善预压层的排水条件。常用的预压处理方法有砂井堆载预压法、袋装砂井堆载预压法、塑料排水带堆载预压法和真空预压法。

该法常用于解决软黏土地基的沉降和稳定问题,可使地基的沉降在加载预压期间基本完成或大部分完成,使建筑物在使用期间不致产生过大的沉降和沉降差。同时,可增加地基土的抗剪强度,从而提高地基的承载力和稳定性。

(1)砂井堆载预压法

如图 1.64 所示,砂井堆载预压法是在预压层的表面铺设砂层,并用砂井穿越该土层,以利排水固结。竖向砂井在平面上可布置成正三角形(梅花形)或正方形,以正三角形排列较为紧凑和有效。砂井直径一般为 300 ~400 mm,间距为井径的 6 ~9 倍。砂井的布置范围一般比建筑物基础范围稍大为好。扩大的范围可由基础的轮廓线向外增大大约 2 ~4 m。

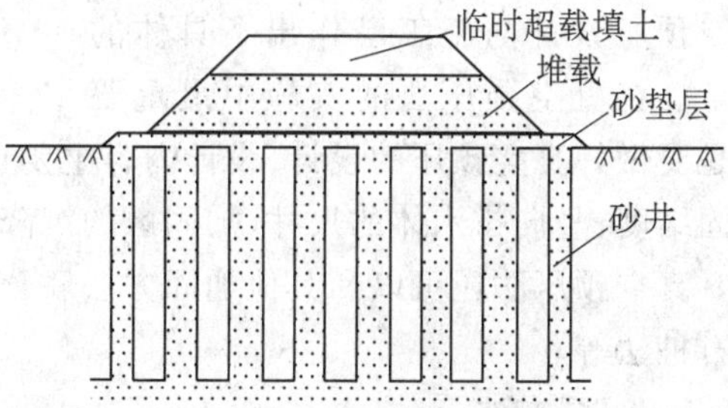

图 1.64　砂井堆载预压法

制作砂井的砂宜用中粗砂,砂的粒径必须能保证砂井具有良好的透水性。砂井粒度要不被黏土颗粒堵塞。砂应是洁净的,不应有草根等杂物,其含泥量不能超过 3%。

为了使砂井排水有良好的通道,必须在砂井顶部铺设砂垫层,以连通各砂井将水排到工程场地以外。砂垫层采用中粗砂,含泥量应小于 3%。

砂垫层应形成一个连续的、有一定厚度的排水层,以免地基沉降时被切断而使排水通道堵塞。陆上施工时,砂垫层厚度一般取 0.5 m 左右;水下施工时,一般为 1 m 左右。砂垫层的宽度应大于堆载宽度或建筑物的底宽,并伸出砂井区外边线 2 倍砂井直径。在砂料贫乏地区,可采用连通砂井的纵横砂沟代替整片砂垫层。

(2)袋装砂井堆载预压法

袋装砂井堆载预压法是将砂先装入聚丙烯编织布或玻璃纤维布、黄麻片、再生布等所制成的砂袋中,再将砂带置于井中。井径一般为 70 ~ 120 mm,间距为 1.5 ~ 2.0 m。该法不会砂井缩颈、短颈现象,透水性好,费用低,施工速度快。

(3)塑料排水带堆载预压法

塑料排水带堆载预压法是将塑料排水带用插排机将其插入软土层中,组成垂直和水平排水体系,然后堆载预压,土中孔隙水沿塑料带的沟槽上升溢出地面,从而使地基沉降固结。

(4)真空预压法

真空预压法是 1952 年由瑞典皇家地质学院 W. Kjellman 教授提出的,其基本原理是利用大气压力作为预压荷载,勿需堆载加荷。它是在地基表面砂垫层上覆盖一层不透气的塑料薄膜或橡胶布,四周密封,并与大气隔绝,然后用真空设施进行抽气,使土中孔隙水产生负压力,将土中的水和空气逐渐吸出,从而使土体固结(图 1.65)。

为了加速排水固结,也可在加固部位设置砂井、袋装砂井或塑料排水带等竖向排水系统。

真空预压法与加载预压法相比较有如下优点:①不需要堆载材料,节省运输与造价;②场地清洁,噪音小;③不需分期加荷,工期短;④可在很软的地基上使用。

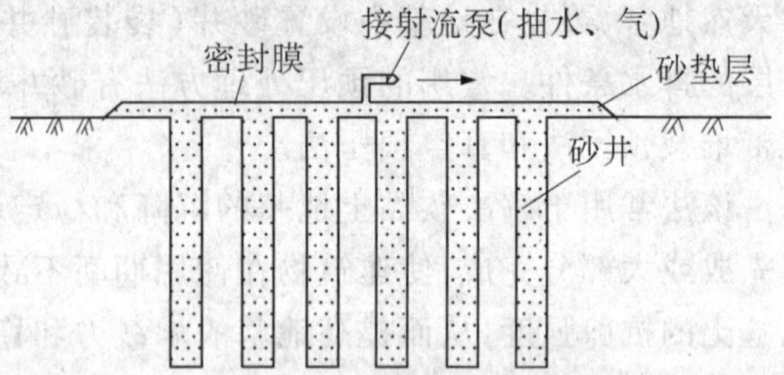

图 1.65　真空预压法示意图

在《建筑地基处理技术规范》中,对真空预压设计与施工已作出了具体的规定。在真空预压法的实施中最重要的是要做好真空预压的设计,设计内容主要包括:密封膜的真空度;加固土层要求达到平均固结度;竖向排水体的尺寸、加固区的沉降;工艺设计等。

真空预压法还可以和其他加固方法联合使用,如真空联合堆载预压法;真空预压联合碎石桩法等。

1.6.1.3　强夯法

强夯是法国 Menard 技术公司于 1969 年首创的一种地基加固方法,它通过一般 10 ~ 40 t 的重锤和 10 ~ 40 m 的落距,对地基土施加很大的冲击能,在地基土中所出现的冲击波和动应力,可提高地基土的强度、降低土的压缩性、改善砂土的抗液化条件、消除湿陷性黄土的湿陷性等。同时,夯击能还可提高土层的均匀程度,减少将来可能出现的差异沉降。

强夯置换法是采用在夯坑内回填块石、碎石等粗颗粒材料,用夯锤夯击形成连续的强夯置换墩。具有加固效果显著、施工工期短和施工费用低等优点。

当前,应用强夯法和强夯置换法处理的工程范围极为广泛,有工业与民用建筑、仓库、油罐、储仓、公路和铁路路基、飞机场跑道及码头等。总之,强夯法在某种程度上比机械的、化学的和其他力学的加固方法更为广泛和有效。

强夯法适用于处理碎石土、砂土、低饱和度的粉土与黏性土、湿陷性黄土、素填土和杂填土等地基。强夯置换法适用于高饱和度的粉土与软塑～流塑的黏性土等地基上对变形控制要求不严的工程,同时应在设计前通过现场试验确定其适用性和处理效果。

工程实践表明,强夯法具有施工简单、加固效果好、使用经济等优点,因而被世界各国工程界所重视。对各类土强夯处理都取得了良好的技术经济效果。但对饱和软土的加固效果,必须给予排水的出路。为此,强夯法加袋装砂井(或塑料排水带)是一个在软黏土地基上进行综合处理的加固途径。

(1)加固机理

强夯法是利用强大的夯击能给地基一冲击力,并在地基中产生冲击波,在冲击力作用下,夯锤对上部土体进行冲切,土体结构破坏,形成夯坑,并对周围土进行动力挤压。

目前,强夯法加固地基有三种不同的加固机理:动力密实、动力固结和动力置换,它取决于地基土的类别和强夯施工工艺。

1)动力密实　采用强夯加固多孔隙、粗颗粒、非饱和土是基于动力密实的机理,即用冲击型动力荷载,使土体中的孔隙减小,土体变得密实,从而提高地基土强度。非饱和土的夯实过程,就是土中的气相(空气)被挤出的过程,其夯实变形主要是由于土颗粒的相对位移引起。实际工程表明,在冲击动能作用下,地面会立即产生沉降,一般夯击一遍后,其夯坑深度可达 0.6～1.0 m,夯坑底部形成一层超压密硬壳层,承载力可比夯前提高 2～3 倍。非饱和土在中等夯击能量 1 000～2 000 kN·m 的作用下,主要是产生冲切变形,在加固深度范围内气相体积大大减少,最大可减少 60%。

2)动力固结　用强夯法处理细颗粒饱和土时,则是借助于动力固结的理论,即巨大的冲击能量在土中产生很大的应力波,破坏了土体原有的结构,使土体局部发生液化并产生许多裂隙,增加了排水通道,使孔隙水顺利逸出,待超孔隙水压力消散后,土体固结。由于软土的触变性,强度得到提高。

静力固结理论与动力固结理论的模型间区别主要表现为以下四个主要特性,见表 1.23。

表 1.23　静力固结和动力固结理论对比

静力固结理论	动力固结理论
①不可压缩的液体	①含有少量气泡的可压缩液体
②固结时液体排出所通过的小孔,其孔径是不变的	②固结时液体排出所通过的小孔,其孔径是变化的
③弹簧刚度是常数	③弹簧刚度为变数
④活塞无摩阻力	④活塞有摩阻力

3)动力置换　动力置换可分为整式置换和桩式置换。整式置换是采用强夯将碎石整体挤入淤泥中,其作用机理类似于换土垫层。桩式置换是通过强夯将碎石填筑土体中,

部分碎石桩(或墩)间隔地夯入软土中,形成桩式(或墩式)的碎石墩(或桩)。其作用机理类似于振冲法等形成的碎石桩,它主要是靠碎石内摩擦角和墩间土的侧限来维持桩体的平衡,并与墩间土起复合地基的作用。

(2)强夯法的设计

1)有效加固深度　有效加固深度既是选择地基处理方法的重要依据,又是反映处理效果的重要参数。一般可按下列公式估算有效加固深度,或按表1.24预估:

$$H=\alpha\sqrt{\frac{M\cdot h}{10}} \tag{1.63}$$

式中　H——有效加固深度(m);

M——夯锤重(kN);

h——落距(m);

α——折减系数,与土质、锤型、能级、施工工艺有关,须根据所处理地基土的性质而定,对黏性土可取0.5,砂性土取0.7,对黄土可取0.35~0.5。

表1.24　强夯的有效加固深度(m)

单击夯击能(kN·m)	碎石土、砂土等粗颗粒土	粉土、黏性土、湿陷性黄土等细颗粒土
1 000	5.0~6.0	4.0~5.0
2 000	6.0~7.0	5.0~6.0
3 000	7.0~8.0	6.0~7.0
4 000	8.0~9.0	7.0~8.0
5 000	9.0~9.5	8.0~8.5
6 000	9.5~10.0	8.5~9.0
8 000	10.0~10.5	9.0~9.5

注:强夯的有效加固深度应从最初起夯面算起。

2)夯锤和落距　单击夯击能为夯锤重与落距的乘积。一般说夯击时最好锤重和落距大,则单击能量大,夯击击数少,夯击遍数也相应减少,加固效果和技术经济较好。整个加固场地的总夯击能量(即锤重×落距×总夯击数)除以加固面积称为单位夯击能。强夯的单位夯击能应根据地基土类别、结构类型、荷载大小和要求处理的深度等综合考虑,并可通过试验确定。在一般情况下,对粗颗粒土可取1 000~3 000 kN·m/m^2,对细颗粒土可取1 500~4 000 kN·m/m^2。

但对饱和黏性土所需的能量不能一次施加,否则土体会产生侧向挤出,强度反而有所降低,且难于恢复。根据需要可分几遍施加,两遍间可间歇一段时间,这样可逐步增加土的强度,改善土的压缩性。

在设计中,根据需要加固的深度初步确定采用的单击夯击能,然后再根据机具条件因地制宜地确定锤重和落距。

一般国内夯锤可取10~25 t。夯锤材质最好用铸钢,也可用钢板为外壳内灌混凝土的锤。夯锤的平面一般为圆形,夯锤中设置若干个上下贯通的气孔,孔径可取250~300 mm,它可减小起吊夯锤时的吸力;又可减少夯锤着地前的瞬时气垫的上托力。锤底面积宜按土的性质确定,锤底静压力值可取25~40 kPa,对砂性土和碎石填土,一般锤底面积为 2～4 m^2；对一般第四纪黏性土建议用 3～4 m^2；对于淤泥质土建议采用 4～6 m^2；对于黄土建议采用 4.5～5.5 m^2。同时应控制夯锤的高宽比，以防止产生偏锤现象，如黄土，高宽比可采用 1∶2.5～1∶2.8。

夯锤确定后，根据要求的单点夯击能量，就能确定夯锤的落距。国内通常采用的落距是 8～25 m。对相同的夯击能量，常选用大落距的施工方案，这是因为增大落距可获得较大的接地速度，能将大部分能量有效地传到地下深处，增加深层夯实效果，减少消耗在地表土层塑性变形的能量。

3）夯击点布置及间距

①夯击点布置　夯击点布置一般为三角形或正方形。强夯处理范围应大于建筑物基础范围，具体的放大范围，可根据建筑物类型和重要性等因素考虑决定。对一般建筑物，每边超出基础外缘的宽度宜为设计处理深度的 1/2～2/3，并不宜小于 3 m。

②夯击点间距　夯击点间距（夯距）的确定，一般根据地基土的性质和要求处理的深度而定。第一遍夯击点间距可取夯锤直径的 2.5～3.5 倍，第二遍夯击点位于第一遍夯击点之间，以后各遍夯击点间距可适当减小。以保证使夯击能量传递到深处和保护夯坑周围所产生的辐射向裂隙为基本原则。

4）夯击击数与遍数

①夯击击数　每遍每夯点的夯击击数应按现场试夯得到的夯击击数和夯沉量关系曲线确定，且应同时满足下列条件。（a）最后两击的夯沉量不宜大于下列数值：当单击夯击能小于 4 000 kN · m 时为 50 mm；当单击夯击能为 4 000～6 000 kN · m 时为 100 mm；当单击夯击能大于 6 000 kN · m 时为 200 mm；（b）夯坑周围地面不应发生过大隆起；（c）不因夯坑过深而发生起锤困难。

总之，各夯击点的夯击数，应使土体竖向压缩最大，而侧向位移最小为原则，一般为 4～10击。

②夯击遍数　夯击遍数应根据地基土的性质和平均夯击能确定。可采用点夯 2～3 遍，对于渗透性较差的细颗粒土，必要时夯击遍数可适当增加。最后再以低能量满夯 2 遍，满夯可采用轻锤或低落距锤多次夯击，锤印彼此搭接。

5）垫层铺设　强夯前要求拟加固的场地必需具有一层稍硬的表层，使其能支承起重设备；并便于对所施工的“夯击能”得到扩散；同时也可加大地下水位与地表面的距离，因此有时必需铺设垫层。对场地地下水位在 −2 m 深度以下的砂砾石土层，可直接施行强夯，无需铺设垫层；对地下水位较高的饱和黏性土与易液化流动的饱和砂土，都需要铺设砂、砂砾或碎石垫层才能进行强夯，否则土体会发生流动。垫层厚度随场地的土质条件、夯锤重量及其形状等条件而定。当场地土质条件好，夯锤小或形状构造合理，起吊时吸力小者，也可减少垫层厚度。垫层厚度一般为 0.5～2.0 m。铺设的垫层不能含有黏土。

6）间歇时间　各遍间的间歇时间取决于加固土层中孔隙水压力消散所需要的时间。对砂性土，孔隙水压力的峰值出现在夯完后的瞬间，消散时间只有 2～4 min，故对渗透性较大的砂性土，两遍夯间的间歇时间很短，亦即可连续夯击。对黏性土，由于孔隙水压力消散较慢，故当夯击能逐渐增加时，孔隙水压力亦相应地叠加，其间歇时间取决于孔隙水压力的消散情况，一般为 3～4 周。目前国内有的工程对黏性土地基的现场埋设了袋装砂井（或塑料排水带），以便加速孔隙水压力的消散，缩短间歇时间。有时根据施工流水顺序先后，两遍间也能达到连续夯击的目的。

(3)施工工艺与质量检验

强夯法施工的主要设备包括:夯锤、起重机和脱钩装置等。

西欧国家所用的起重设备大多为大吨位的履带式起重机,稳定性好,行走方便;最近日本采用轮胎式起重机进行强夯作业,亦取得了满意结果;国外除使用现成的履带吊外,还制造了常用的三足架和轮胎式强夯机,用于起吊 40 t 夯锤,落距可达 40 m,国外所用履带吊都是大吨位的吊机,通常在 100 t 以上。

我国绝大多数强夯工程只具备小吨位起重机的施工条件,所以只能使用滑轮组起吊夯锤,利用自动脱钩的装置,使锤形成自由落体。拉动脱钩器的钢丝绳,其一端拴在桩架的盘上,以钢丝绳的长短控制夯锤的落距,夯锤挂在脱钩器的钩上,当吊钩提升到要求的高度时,张紧的钢丝绳将脱钩器的伸臂拉转一个角度,致使夯锤突然下落。有时为防止起重臂在较大的仰角下突然释重而有可能发生后倾,可在履带起重机的臂杆端部设置辅助门架,或采取其它安全措施,防止落锤时机架倾覆。自动脱钩装置应具有足够的强度,且施工时要求灵活。

强夯法施工时还要用到一些辅助机械,如推土机、静力光面压路机、蛙式打夯机等。

强夯施工的施工工艺如下:

1)试夯后清理并平整施工场地,进行场地测量放线,埋设水准点标桩和各夯点标桩;

2)标出第一遍夯点位置,并测量场地高程;

3)起重机就位,使夯锤对准夯点位置;

4)测量夯前锤顶高程;

5)将夯锤起吊到预定高度,待夯锤脱钩自由下落后,放下吊钩,测量锤顶高程,若发现因坑底倾斜而造成夯锤歪斜时,应及时将坑底整平;

6)重复步骤5),按设计规定的夯击次数及控制标准,完成一个夯点的夯击;

7)重复步骤3)~6),完成第一遍全部夯点的夯击;

8)用推土机将夯坑填平,并测量场地标高;

9)停歇规定时间,待孔隙水压力消散后,按上述步骤逐次完成全部夯击遍数,最后用低能量满夯,将场地表层松土夯实,并测量夯后场地标高。

强夯施工结束后应间隔一定时间方能对地基加固质量进行检验。对碎石土和砂土地基,其间隔时间可取 1~2 周;对粉土和黏性土地基可取 2~4 周。强夯置换地基间隔时间可取 4 周。

质量检验方法可采用:①室内试验;②"十"字板试验;③ 动力触探试验(包括标准贯入试验);④静力触探试验;⑤旁压仪试验;⑥载荷试验;⑦波速试验。

强夯法检测点位置可分别布置在夯坑内、夯坑外和夯击区边缘。其数量应根据场地复杂程度和建筑物的重要性确定。对简单场地上的一般建筑物,每个建筑物地基的检验点不应少于 3 处;对复杂场地或重要建筑物地基应增加检验点数。检验深度应不小于设计处理的深度。强夯置换施工中可采用超重型或重型圆锥动力触探检查置换墩着底情况。强夯置换地基载荷试验检验和置换墩着底情况检验数量均不应少于墩点数的 1%,且不应少于 3 点。

强夯处理后的地基竣工验收时,承载力检验应采用原位测试和室内土工试验。强夯置换后的地基竣工验收时,承载力检验除应采用单墩载荷试验检验外,尚应采用动力触探等有效手段查明置换墩着底情况及承载力与密度随深度的变化,对饱和粉土地基允许采用单墩复合地基载荷试验代替单墩载荷试验。

1.6.1.4　水泥土搅拌法

根据施工方法的不同,水泥土搅拌法分为水泥浆搅拌和粉体喷射搅拌两种。前者是用水泥浆和地基土搅拌,后者是用水泥粉或石灰粉和地基土搅拌。

水泥土搅拌法分为深层搅拌法(以下简称湿法)和粉体喷搅法(以下简称干法)。水泥土搅拌法适用于处理正常固结的淤泥与淤泥质土、粉土、饱和黄土、素填土、黏性土以及无流动地下水的饱和松散砂土等地基。当地基土的天然含水率小于30%(黄土含水率小于25%)、大于70%或地下水的 pH 值小于4时不宜采用干法。冬期施工时,应注意负温对处理效果的影响。湿法的加固深度不宜大于20 m;干法不宜大于15 m。水泥土搅拌桩的桩径不应小于500 mm。

(1)加固机理

水泥加固土的物理化学反应过程与混凝土的硬化机理不同,混凝土的硬化主要是在粗填充料(比表面不大、活性很弱的介质)中进行水解和水化作用,所以凝结速度较快。而在水泥加固土中,由于水泥掺量很小,水泥的水解和水化反应完全是在具有一定活性的介质——土的围绕下进行,所以水泥加固土的强度增长过程比混凝土缓慢。

普通硅酸盐水泥主要是氧化钙、二氧化硅、三氧化二铝、三氧化二铁及三氧化硫等组成,由这些不同的氧化物分别组成了不同的水泥矿物:硅酸三钙、硅酸二钙、铝酸三钙、铁铝酸四钙、硫酸钙等. 用水泥加固软土时,水泥颗粒表面的矿物很快与软土中的水发生水解和水化反应,生成氢氧化钙、含水硅酸钙、含水铝酸钙及含水铁酸钙等化合物。

当水泥的各种水化物生成后,有的自身继续硬化,形成水泥石骨架;有的则与其周围具有一定活性的黏土颗粒发生反应。

从水泥土的加固机理分析,由于搅拌机械的切削搅拌作用,实际上不可避免地会留下一些未被粉碎的大小土团。在拌入水泥后将出现水泥浆包裹土团的现象,而土团间的大孔隙基本上已被水泥颗粒填满。所以,加固后的水泥土中形成一些水泥较多的微区,而在大小土团内部则没有水泥。只有经过较长的时间,土团内的土颗粒在水泥水解产物渗透作用下,才逐渐改变其性质。因此在水泥土中不可避免地会产生强度较大和水稳性较好的水泥石区和强度较低的土块区。两者在空间相互交替,从而形成一种独特的水泥土结构。可见,搅拌越充分,土块被粉碎得越小,水泥分布到土中越均匀,则水泥土结构强度的离散性越小,其宏观的总体强度也最高。

(2)设计计算

1)单桩竖向承载力的设计计算

水泥土搅拌桩的单桩竖向承载力取决于桩身强度和地基土的情况,单桩竖向承载力的标准值应通过现场载荷试验确定。如无试验资料,初步设计时也可按下列二式进行计算,并取其中的较小值。

$$R_a = \eta f_{cu} A_p \tag{1.64}$$

$$R_a = u_p \sum_{i=1}^{n} q_{si} l_i + \alpha q_p A_p \tag{1.65}$$

式中 f_{cu}——与搅拌桩桩身水泥土配比相同的室内加固土试块(边长为70.7 mm的立方体,也可采用边长为50 mm的立方体)在标准养护条件下90 d龄期的立方体无侧限抗压强度平均值(kPa);

η——桩身强度折减系数,干法可取0.20~0.30;湿法可取0.25~0.33;

u_p——桩的周长(m);

n——桩长范围内所划分的土层数;

q_{si}——桩周第 i 层土的侧阻力标准值。对淤泥可取5~8 kPa;对淤泥质土可取8~12 kPa;对软塑状态的黏性土可取12~15 kPa;对可塑状态的黏性土可以取12~18 kPa;

l_i——桩长范围内第 i 层土的厚度(m);

q_p——桩端地基土未经修正的承载力标准值(kPa),可按现行国家标准《建筑地基基础设计规范》(GB 50007-2002)的有关规定确定;

α——桩端天然地基土的承载力折减系数,可取0.4 ~ 0.6,承载力高时取低值。

2)复合地基的设计计算

加固后水泥土搅拌桩复合地基承载力标准值应通过现场复合地基载荷试验确定,也可按下式计算:

$$f_{spk} = m \cdot \frac{R_a}{A_p} + \beta(1-m)f_{sk} \tag{1.66}$$

式中 f_{spk}——复合地基承载力标准值(kPa);

m——面积置换率;

A_p——桩的截面积(m^2);

f_{sk}——桩间天然地基土承载力标准值(kPa),可取天然地基承载力标准值;

β——桩间土承载力折减系数,当桩端土未经修正的承载力特征值大于桩周土的承载力特征值的平均值时,可取0.1~0.4,差值大时取低值;当桩端土未经修正的承载力特征值小于或等于桩周土的承载力特征值的平均值时,可取0.5~0.9,差值大时或设置褥垫层时均取高值;

R_a——单桩竖向承载力特征值(kN)。

根据设计要求的单桩竖向承载力特征值 R_a 和复合地基承载力特征值 f_{spk} 计算搅拌桩的置换率 m 和总桩数 n':

$$m = \frac{f_{spk} - \beta \cdot f_{sk}}{\dfrac{R_a}{A_p} - \beta \cdot f_{sk}} \tag{1.67}$$

$$n' = \frac{m \cdot A}{A_p} \tag{1.68}$$

式中 A——地基加固的面积(m^2)。

竖向承载搅拌桩复合地基应在基础和桩之间设置褥垫层。褥垫层厚度可取200~

300 mm。其材料可选用中砂、粗砂、级配砂石等，最大粒径不宜大于 20 mm。

当搅拌桩处理范围以下存在软弱下卧层时，应按现行国家标准《建筑地基基础设计规范》（GB 50007－2002）的有关规定进行下卧层承载力验算。

3）水泥土搅拌桩沉降验算

竖向承载搅拌桩复合地基的变形包括搅拌桩复合土层的平均压缩变形 S_1 与桩端下未加固土层的压缩变形 S_2：

①搅拌桩复合土层的压缩变形 S_1 可按下式计算：

$$S_1 = \frac{(p_z + p_{zl})l}{2E_{sp}} \tag{1.69}$$

式中　p_z——搅拌桩复合土层顶面的附加压力值（kPa）；

p_{zl}——搅拌桩复合土层底面的附加压力值（kPa）；

E_{sp}——搅拌桩复合土层的压缩模量（kPa）；

E_p——搅拌桩的压缩模量，可取（100～120）f_{cu}（kPa）。对桩较短或桩身强度较低者可取低值，反之可取高值；

E_S——桩间土的压缩模量（kPa）。

②桩端以下未加固土层的压缩变形

桩端以下未加固土层的压缩变形 S_2 可按现行国家标准《建筑地基基础设计规范》（GB 50007－2002）的有关规定进行计算。

4）复合地基设计

软土地区的建筑物，都是在满足强度要求的条件下以沉降进行控制的，应采用以下设计思路：

①根据地层结构采用适当的方法进行沉降计算，由建筑物对变形的要求确定加固深度，即选择施工桩长；

②根据土质条件、固化剂掺量、室内配比试验资料和现场工程经验选择桩身强度和水泥掺入量及有关施工参数。根据工程经验，当水泥掺入比为 12% 左右时，桩身强度一般可达 1.0～1.5 MPa；

③根据桩身强度的大小及桩的断面尺寸，由（1.63）式计算单桩承载力；

④根据单桩承载力及土质条件，由（1.64）式计算有效桩长；

⑤根据单桩承载力、有效桩长和上部结构要求达到的复合地基承载力，由（1.66）式计算桩土面积置换率；

⑥根据桩土面积置换率和基础型式进行布桩，桩可只在基础平面范围内布置。

（3）施工工艺

水泥土搅拌法施工现场事先应予以平整，必须清除地上和地下的障碍物。遇有明浜、池塘及洼地时应抽水和清淤，回填黏性土料并予以压实，不得回填杂填土或生活垃圾。

水泥土搅拌桩施工前应根据设计进行工艺性试桩，数量不得少于 2 根。当桩周为成层土时，应对相对软弱土层增加搅拌次数或增加水泥掺量。

搅拌头翼片的枚数、宽度、与搅拌轴的垂直夹角、搅拌头的回转数、提升速度应相互匹配，以确保加固深度范围内土体的任何一点均能经过 20 次以上的搅拌。

竖向承载搅拌桩施工时,停浆(灰)面应高于桩顶设计标高 300 ~ 500 mm。在开挖基坑时,应将搅拌桩顶端施工质量较差的桩段用人工挖除。

施工中应保持搅拌桩机底盘的水平和导向架的竖直,搅拌桩的垂直偏差不得超过1%;桩位的偏差不得大于 50 mm;成桩直径和桩长不得小于设计值。

水泥土搅拌法施工步骤由于湿法和干法的施工设备不同而略有差异。如图 1.66 所示,其主要步骤应为:

①搅拌机械就位、调平。

②预搅下沉至设计加固深度。

③边喷浆(粉)、边搅拌提升直至预定的停浆(灰)面。

④重复搅拌下沉至设计加固深度。

⑤根据设计要求,喷浆(粉)或仅搅拌提升直至预定的停浆(灰)面。

⑥关闭搅拌机械。在预(复)搅下沉时,也可采用喷浆(粉)的施工工艺,但必须确保全桩长上下至少再重复搅拌一次。

(4)质量检验

水泥土搅拌桩的质量控制应贯穿在施工的全过程,并应坚持全程的施工监理。施工过程中必须随时检查施工记录和计量记录,并对照规定的施工工艺对每根桩进行质量评定。检查重点是:水泥用量、桩长、搅拌头转数和提升速度、复搅次数和复搅深度、停浆处理方法等。

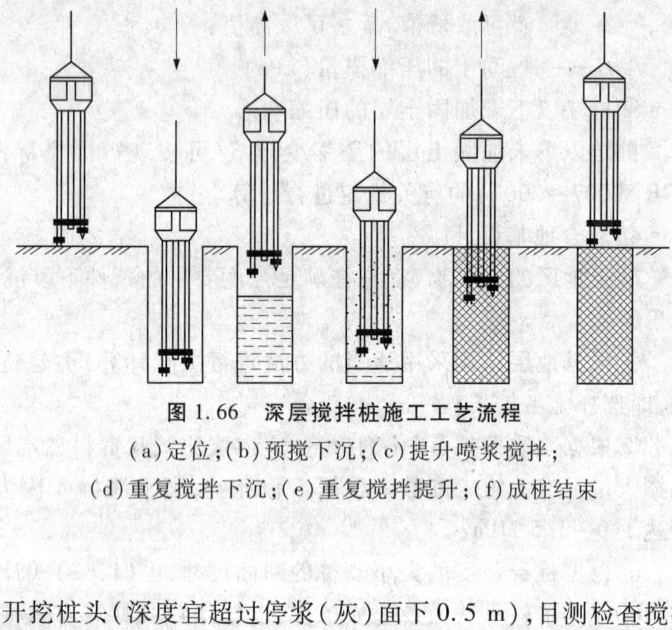

图 1.66 深层搅拌桩施工工艺流程

(a)定位;(b)预搅下沉;(c)提升喷浆搅拌;

(d)重复搅拌下沉;(e)重复搅拌提升;(f)成桩结束

水泥土搅拌桩的施工质量检验可采用以下方法:

1)成桩 7 d 后,采用浅部开挖桩头(深度宜超过停浆(灰)面下 0.5 m),目测检查搅拌的均匀性,量测成桩直径。检查量为总桩数的5%。

2)成桩后 3 d 内,可用轻型动力触探检查每米桩身的均匀性。检验数量为施工总桩数的1%,且不少于3 根。

竖向承载水泥土搅拌桩地基竣工验收时,承载力检验应采用复合地基载荷试验和单桩载荷试验。

载荷试验必须在桩身强度满足试验荷载条件时,并宜在成桩 28 d 后进行。检验数量为桩总数的 0.5% ~1%,且每项单体工程不应少于 3 点。

经触探和载荷试验检验后对桩身质量有怀疑时,应在成桩 28 d 后,用双管单动取样器钻取芯样作抗压强度检验,检验数量为施工总桩数的 0.5%,且不少于 3 根。

对相邻桩搭接要求严格的工程,应在成桩 15 d 后,选取数根桩进行开挖,检查搭接情况。

基槽开挖后,应检验桩位、桩数与桩顶质量,如不符合设计要求,应采取有效补强措施。

1.6.1.5　**深层挤密法**

挤密法按填入材料的不同,可分为砂桩、石灰桩、灰土桩和碎石桩等。其加固施工方法是先用带桩帽的工具式钢管打入土中,挤压土体形成桩孔,然后拔除桩管,再在桩孔中灌入砂石或灰土、素土、灰土等填充料进行捣实,或者随着填充料的灌入逐渐拔出桩管。这种方法最适于加固松软饱和土地基,其工作原理就是挤密土体,排水固结,以提高地基的承载力,所以也称为挤密桩。

图 1.67 所示即为水泥粉煤灰碎石桩的施工工艺。这种桩的填充料是水泥、石屑、碎石、粉煤灰和水的拌和物,是一种低强度混凝土桩,具有较好的技术性能和经济效果,不但能提高地基的承载力,还可将荷载传递到深层地基中去。

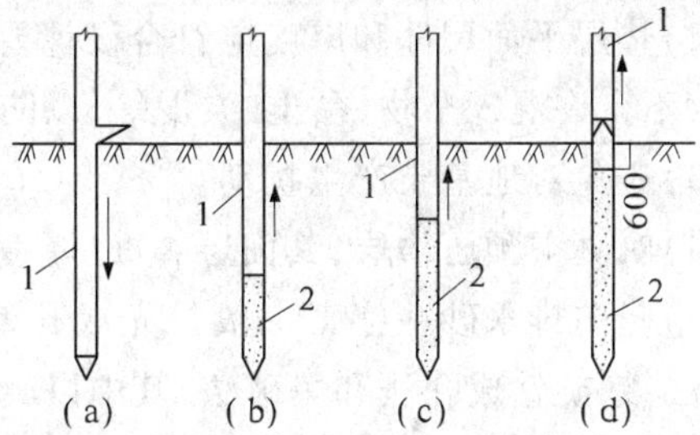

图 1.67　水泥粉煤灰碎石桩的施工工艺流程

(a)打入桩管;(b)、(c)灌水泥、粉煤灰、碎石振动拔管;(d)成桩

1. 桩管;2. 水泥、粉煤灰、碎石桩

此外,根据地基土质不同,亦可采用振动成孔器或振冲器成孔后灌入砂石挤密土壤。

1.6.2　加固施工注意事项

1.6.2.1　**换填法施工注意事项**

1)当垫层底部存在古井、古墓、洞穴、旧建筑物基础、暗浜等软硬不均匀的部位时,应先予清理,再用砂石或好土逐层回填夯实,经检查合格后,再铺填垫层。

2)施工时严禁扰动下卧的淤泥和淤泥质土层,防止践踏、受冻、浸泡或者暴晒过久。在卵石或碎石垫层的底部宜设置 150 ~ 300 mm 厚的砂层,以防止下卧淤泥和淤泥质土层表面的局部破坏。如淤泥和淤泥质土层过小,在碾压荷载下抛石能挤入该土层底面时,可先在软弱土层面上堆填块石、片石等,然后将其压入以置换或挤出软弱土。

3)砂石垫层的底面宜铺设在同一标高上。如果深度不同,基底土层面应挖成阶梯或斜坡搭接,并按先浅后深的顺序施工,搭接处应夯压密实。垫层竣工后应及时施工基础、回填基坑。

4)当地下水位高于基坑底面时,宜采取降排水措施,注意边坡稳定,以防止坍土混入砂石垫层中。

5)素土垫层及灰土料垫层施工时,其施工含水率应控制在范围内。可通过室内击实实验确定,或根据当地经验取用。

6)素土垫层施工时,不得在柱基、墙角及承重间墙下接缝,上下两层的缝距不得小于 0.5 m,接缝处应夯压密实,灰土、二灰土应拌和均匀并应当日铺填压实,灰土压实后 3 d 内不得受水浸泡,冬季应防冻。

垫层的质量检验应分层进行,对砂石垫层可用环刀法或贯入测定法检验垫层质量。

1.6.2.2　**预压法施工注意事项**

1)水平砂垫层的施工方法应根据地基土表面的承载情况进行选择。当地基土表层有硬壳层,可承受一般机械运行时,可用机械铺砂,采用分堆摊铺法或顺序推进摊铺法。当地基较软不能承受机械运行时,可选用人力车或轻型皮带输送机由外向里或一边向另一边铺设,或采用荆笆或其他透水性好,具有足够抗拉强度的编织物、土工聚合物等,也可使用水力吹填法,形成砂填层以改善软土的持力条件。

2)垫层平面尺寸和厚度应符合设计要求,厚度误差不超过10%。与竖向排水体连接要好,不允许混入杂物、黏土、淤泥等,以防堵塞排水通道。

3)避免对地基土产生扰动。

4)对真空预压垫层,其面层4 cm厚度范围内不得有带棱角的硬物。

5)竖向排水砂井施工一般是先成孔,再灌砂形成砂井。砂井成孔的方法有套管法、射水法、螺旋钻成孔法和爆破法,其中以套管法和射水法应用较广泛。施工时应做好清孔工作,孔内泥浆会降低砂料的渗透性,对排水不利。同时应做好泥浆排放工作,避免影响水平排水垫层的排水性能。为满足砂井施工质量要求,要求保持砂井连续和密实,并且不出现颈缩现象,且尽量减少对周围土体的扰动。

1.6.2.3 强夯法施工注意事项

1)强夯施工时所产生的振动,对邻近建筑物或设备产生有害影响时,应采取防振措施。一般强夯振动的影响范围为10~15 m,在此范围内应采取防振措施,如设置防振沟,沟底宽一般大于50 cm,沟深应大于邻近建筑物基础地面标高。

2)应按规定的起锤高度、锤击数控制指标施工,也可采取试夯后确定的沉降量控制。

3)地基土中含水率对强夯加固效果有直接影响,一般当土体的含水率越近塑限时强夯效果最好,若表土过干应采取加水等相应措施,适当增加含水率。若地基土含水率过多,可能会形成橡皮土,可通过铺设砂垫层或采用人工降低地下水位等措施进行处理。

4)夯锤上部排气孔如遇堵塞,应立即疏通。

5)强夯时会有石块、土块等飞击,应注意安全。

6)雨季施工,夯击坑内或夯击过的场地有积水时,必须及时排除。

1.6.2.4 水泥土搅拌法施工注意事项

1)根据实际施工经验,水泥土搅拌法在施工到顶端0.3~0.5 m时,因上覆压力小,搅拌质量差。因此,其场地整平标高应比设计确定的基底标高再高出0.3~0.5 m,桩制作时仍施工到地面,待开挖基坑时,再将上部0.3~0.5 m的桩身质量较差的桩段挖去,而对基础埋深较大时,取下限;反之,则取上限。

2)施工前应确定搅拌机械的灰浆输浆量、灰浆经输浆管到达搅拌机喷浆口的时间和起吊设备提升速度等施工参数;并根据设计要求通过成桩试验,确定搅拌桩的配比等各项参数和施工工艺。宜用流量泵控制输浆速度,使注浆泵出口压力保持在0.4~0.6 MPa,并使搅拌机提升速度与输浆同步。

3)制备好的浆液不得离析,泵送必须连续。拌制浆液的罐数,固化剂和外掺剂的用量以及泵送浆液的时间等应有专人记录。喷浆量及搅拌深度必须采用经国家计量部门认证的监测仪器进行自动记录。

4)预拌下沉时不宜冲水,当遇到较硬土层下沉太慢时,方可适量冲水,但应考虑冲水成桩对桩身强度的影响。

5)在送灰过程中如发现压力突然下降,灰罐加不上压力等异常情况,应停止提升,原地搅拌,并及时查明原因。若由于灰罐内水泥粉体已喷完或容器、管道漏气所致,应将钻具下沉到一定深度后,重新加灰复打,以保证成桩质量。

6)设计上要求搭接的桩体,必须连续施工,一般相邻桩的施工间隔时间不超过 8 h。若因停电、机械故障而超过允许时间,应征得设计单位同意,采取适当的补救措施。

7)桩体施工中,若发现钻机不正常的振动、晃动、倾斜、移位等现象,应立即停钻检查。必要时应提钻重打。

8)对地下水位较深,基底标高较高的场地;或喷灰量较大,停灰面较高的场地,施工时应加水或施工后及时在地面加水,以使桩头部分水泥充分水解水化反应,以防桩头呈疏松状态。

9)在建(构)筑物旧址或回填建筑垃圾地区施工时,应预先进行桩位探测,并清除已探明的障碍物。

根据以往施工经验,总结认为控制水泥土搅拌桩施工质量的主要指标有水泥用量、提升速度、喷浆(粉)的均匀性和连续性等。施工中常见的问题与处理方法如下表 1.25 所示。

表 1.25　水泥搅拌桩施工中常见的问题与处理方法

序号	常见问题	发生原因	处理方法
1	预拌下沉困难,电流值高,电机跳闸	①电压偏低;②土质硬,阻力太大;③遇大石块、树根等障碍物	①调高电压;②适量冲水或浆液下沉;③挖去障碍物
2	搅拌机下不到预定深度,但电流不高	土质黏性大,搅拌机自重不够	增加搅拌机自重或开动加压装置
3	喷浆未达到设计桩顶面(或底部桩端)标高,集料斗浆液已排空	①投料不准确;②灰浆泵磨损漏浆;③灰浆泵输浆量偏大	①重新标定投料量;②检修灰浆泵;③重新标定灰浆输浆量
4	喷浆到设计位置集料斗中剩浆液过多	①拌浆加水过量;②输浆管部分阻塞	①重新标定拌浆用水量;②清洗输浆管路
5	输浆管堵塞爆裂	①输浆管内有水泥结块;②喷浆口球阀间隙太小	①拆洗输浆管;②使喷浆口球阀间隙适当
6	搅拌钻头和混合土同步搅拌	①灰浆浓度过大;②搅拌叶片角度不适当	①重新标定浆液水灰比;②调整叶片角度或更换钻头

1.7 石方爆破

土木工程施工

虽然早在17世纪就已经有了利用黑火药开采矿石的记载,其后又有许多专家学者对爆破技术进行了研究,然而爆破工程技术的大力发展和推广应用,却是在19世纪以末随着许多新品种工业炸药的发明才兴旺起来的。在我国则是随着新中国的成立而迅速发展起来的。据估计,我国每年耗用的工业炸药约80万t左右,主要应用于煤矿、金属矿、建材矿山、铁路与公路工程、水利工程的修建。

爆破工程是以工程建设为目的的爆破技术,它作为工程施工的一种辅助手段,直接为国民经济建设服务。爆破工程与其他爆破(如军用爆破)不同,他是以破坏的形式达到新的建设目的。

1.7.1 爆破方法及技术

爆破就是炸药产生剧烈的化学反应,在瞬间释放出大量的高温、高压气体,冲击和压缩周围的介质,使其受到不同程度的破坏。

工程爆破的目的是在破坏中求建设,是为特定的工程项目而进行的,爆破的结果必须满足该工程的设计要求,同时还必须保证其周围的人和建筑物的安全。因此,这就要求爆破工程师除了应用一般的爆破方法进行爆破施工外,还必须掌握一定的技术手段。在研究爆破方法和爆破技术之前,首先给出爆炸和炸药的基本概念。

1.7.1.1 爆炸和炸药的基本概念

(1)爆炸现象

1)爆炸现象的定义

一般地说,压力急剧释放的现象都可称为爆炸。火药的快速燃烧、炸药爆轰都是爆炸、从核爆到锅炉、煤气罐爆裂,岩爆也都是爆炸。

2)爆炸现象的主要特点

①在极短时间内产生高温、高压气体的骤然膨胀;②在爆炸点周围介质中发生急剧的压力突跃;③伴有声、光现象。

3)爆炸现象的分类

根据其本质的不同可分为三类:①物理爆炸;②化学爆炸;③核爆炸。

(2)形成化学爆炸的四个必要条件

1)爆炸过程必须放出大量的热能。

2)化学反应过程必须是高速的。

3)化学反应过程应能生成大量的气体产物。

4)反应能自行传播。

(3)炸药的分类

1)按组分来分

①单质炸药　TNT、黑索今等。

②混合炸药　铵梯炸药、铵油炸药等。

2)按感度、威力来分

①起爆药　起爆药的特点是感度高,威力小,仅做起爆用,主要有:(a)雷汞,雷汞为灰白色细晶体,最早的起爆药,雷管因此而得名;(b)氮化铅,为白色针状晶体,稳定性好,多用于军工品中;(c)二硝基重氮酚,又称 DDNP,黄褐色细晶体,民爆器材中得用最多。

②猛炸药　猛炸药的特点是感度小、威力大,作为炮孔、弹体主装药,被起爆后对介质做功,威力大。猛炸药可分为单质猛炸药和混合猛炸药两大类:

主要的单质猛炸药有(每种炸药中都含 C、H、O、N 四元素):(a)三硝基甲苯(TNT),为黄色鳞片状晶体,爆速 7 000 m/s,用于雷管和弹体装药;(b)黑索金(RDX),为白色晶体,爆速 8 300 m/s,用于雷管、导爆索和弹体装药;(c)特屈儿,为淡黄色晶体,国外多用;(d)太安,特性同 RDX,国外多用;(e)硝化甘油(NG),为油状液体,有毒。

主要的混合猛炸药有:铵梯类炸药、铵油类炸药、铵松蜡炸药、浆状炸药、水胶炸药、乳化炸药、重铵油炸药等工业炸药。

混合炸药特点是:C,H,O,N 四元素不存在于炸药的某一个组分中,而存在于混合炸药总体中。

③黑火药(发射药)　为弱性炸药,反应速度较慢,易溶于水,吸湿性强,受潮后不能使用;对撞击和摩擦的敏感性强,易燃烧,遇火星即可点燃。适用于内部药包爆破松软岩石和土层、开采料石和制作导火索。在有瓦斯或矿尘危险的工作面不准使用。

1.7.1.2　爆破漏斗及药量计算

爆破时最靠近药包处的介质受到的压力最大,对于塑性土壤,便被压缩成孔腔;对于坚硬的岩石,便会被粉碎,这个范围称为压缩圈或破碎圈。在压缩圈以外的介质受到的作用力虽然弱些,但足以使结构破坏,分裂成各种形状的碎块,这个范围称之为破坏圈或松动圈。在破坏圈以外的介质,因作用力只能使之产生震动现象,故称为震动圈。以上爆破作用范围,可用一些同心圆表示,称为破坏作用圈,如图 1.68 破坏圈所示。

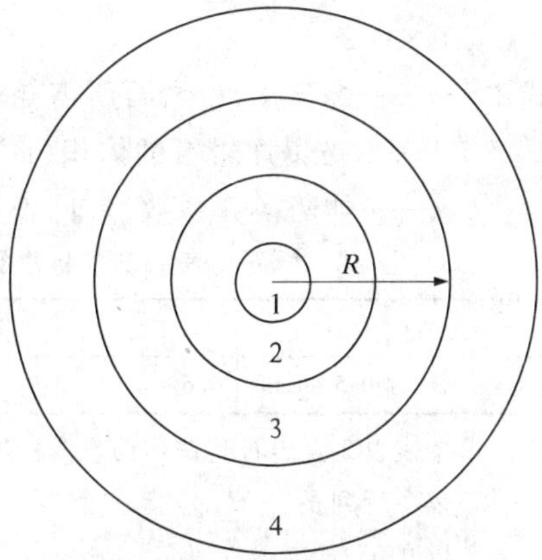

图 1.68　爆破作用圈

1. 药包;2. 压缩圈或破碎圈;3. 破坏圈或松动圈;4. 震动圈;R. 爆破作用半径

在压缩圈和破坏圈内为破坏范围,其半径称为破坏半径或药包的爆破作用半径。如果药包埋置深度大于爆破作用半径,爆破作用不能达到地表时,称为内部药包[图 1.69(a)]。若药包埋置深度接近破坏圈或松动圈的外围,但爆破作用不可能使碎块产生抛掷运动,只能引起介质的松动,则称为松动药包[图 1.69(b)]。反之,如果药包爆炸时,而将部分或大部分介质抛掷出去,则称为抛掷药包[图 1.69(c)]。

在抛掷过程中,部分或大部分介质抛掷出去后,会在地面形成一个爆破坑,其形状如漏斗,称之为爆破漏斗,如图 1.69(c)所示。一般可用爆破作用指数 $n = r/W$ 来说明爆破漏斗的大小和爆破介质的多少。不同爆破类型的划分,就是以爆破作用指数 n 为依据的(表 1.26)。而炸药量的计算又是以标准爆破漏斗为理论依据。

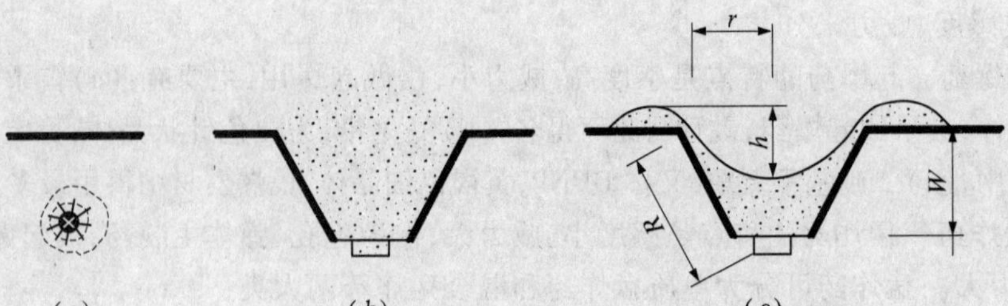

图 1.69　药包种类

(a)内部药包;(b)松动药包;(c)抛掷药包

r. 漏斗半径;R. 爆破作用半径;h. 漏斗可见深度;W. 最小抵抗线

表 1.26　按 n 划分的爆破类型

	爆破类型	n	特点
1	外部爆破	≤0.2	药包置于岩石表面
2	松动爆破	$0<n<0.75$	爆后岩石基本不被抛出
3	标准抛掷爆破	1	$r=w$,爆后部分岩石被抛出
4	加强抛掷爆破	>1	$r>w$,爆后绝大部分岩石被抛出
5	减弱抛掷爆破	0.75 ~ 1	$r<w$,爆后绝大部分岩石不能从漏斗中抛出

假定用药量的多少是与漏斗内的介质体积成正比,则计算炸药量 Q 的基本公式为:

$$Q = eqV \tag{1.70}$$

式中　q——爆破 1 m^3 岩石所需耗药量(kg/m^3),可参见表 1.27;

V——被爆炸岩石的体积(m^3);

e——炸药换算系数,参见表 1.28。

表 1.27　标准抛掷爆破药包的炸药单位消耗量 q 值

土的类别	一	二	三	四	五	六	七	八
q(kg/m^3)	0.5 ~ 1.00	0.6 ~ 1.10	0.9 ~ 1.30	1.2 ~ 1.50	1.4 ~ 1.65	1.6 ~ 1.85	1.8 ~ 2.60	2.1 ~ 3.25

注:(1)本表以 2 号岩石硝铵炸药作为标准计算,当用其他炸药时,须乘以换算系数 e 值;

(2)表中所列的 q 值,是指一个自由面的情况,如果二个自由面应乘以 0.83;三个自由面应乘以 0.67;

(3)表中 q 值是在药孔堵塞良好,即堵塞系数(实际堵塞长度与计算堵塞长度之比)为 1 的情况下定出的。如果堵塞不良,应视具体情况乘以 1 ~ 2 的堵塞系数。

表 1.28　炸药换算系数值表

炸药名称	型号	e 值	炸药名称	型号	e 值
岩石硝铵炸药	2 号	1	胶质炸药	35% 普通	1.06
露天硝铵炸药	1 号、2 号	1.14	铵油炸药		1.14 ~ 1.36
胶质炸药	62% 普通	0.89	TNT		1.05 ~ 1.14
胶质炸药	62% 耐冻	0.89	黑火药		1.14 ~ 1.42

当标准抛掷爆破时，因 $r = W$，又由于

$$V=\frac{1}{3}\pi r^2 W=\frac{1}{3}\pi W^3 \approx W^3$$

所以由式 1.70，可得药包的炸药量为

$$Q = eqW^3 \tag{1.71}$$

当加强或减弱抛掷爆破时，其炸药包的炸药量为

$$Q = (0.4 + 0.6\,n^3)\,eqW^3 \tag{1.72}$$

当仅要求松动爆破时，其炸药包的炸药量为

$$Q = 0.33eqW^3 \tag{1.73}$$

当为内部爆破时，其药包的炸药量为

$$Q = 0.2eqW^3 \tag{1.74}$$

式中　$0.4 + 0.6\,n^3$、0.33 和 0.2 为实验爆破系数。

尚应指出，其实际用药量还应根据岩石硬度、临空面的多少、炸药的性能以及施工经验等因素综合考虑，并通过试爆调整决定。

1.7.1.3　爆破方法

爆破方法按药包形状和装药方式与装药空间形式的不同可分为如下两大类。

(1)按药包形状分类

按药包形状分类即按药包的爆炸作用及其特性进行分类，大致可分为四种。

1)集中药包法　当药包的最长边不超过最短边长的 4 倍时，称为集中药包。从理论上讲，这种药包的形状应是球形体，起爆点从球体的中心开始，爆炸波按辐射状以球面形式向外扩张，即爆炸作用以均匀的分布状态作用到周围的介质上。然而在实际工程中几乎不可能将药包加工成这种形状，因此，习惯上是把药包做成正立方体或长方体形状。通常把集中药包的爆破叫做药室法或药壶法。

2)延长药包法　又称为柱状药包法。即当药包的最长边大于最短边长或直径的 4 倍时，成为延长药包。工程实践中通常使用的延长药包的长度要大于 17 ~ 18 倍的药包直径。在实际应用中，深孔法、炮眼法和药室爆破中的条形药包爆破法都属于延长药包法。延长药包起爆后，爆炸冲击波以柱面波的形式向四周传播并作用到周围介质中。

3)平面药包法　当药包的直径大于其厚度的 3 ~ 4 倍时，称为平面药包。这种药包的爆破方法则不同于前述两种方法，它不需要钻孔也不需要掏挖硐室，而是直接将炸药敷设在介质表面，因此爆炸作用只是在介质接触药包的表面上，大多数能量都散失到空气中，所产生的爆轰波可以近似为平面冲击波。

4)形状药包法　即是将炸药做成特定形状的药包，用以达到某种特定的爆破作用。应用最广泛的是聚能爆破法，把药包外壳的一端加工成圆锥或抛物面形的凹穴，使爆轰波按圆锥或抛物面形的凹穴的表面聚集在它的焦点或轴线上，形成高能射流，击穿与它接触的介质某一特定部位。这种药包在军事上用作穿甲弹以穿透坦克的甲板或其他军事目标；在工程上被用来切割金属板材、大块的二次破碎以及在冻土中穿孔等。

(2)按装药方式与装药空间形式的不同分类

按装药方式与装药空间形式的不同可分为以下四种爆破方法。

1)药室法　是土石方挖掘工程中经常采用的爆破方法。它的优点是,需要的施工机具比较简单,并不受气候及地理条件的限制,工程数量越大越能显示出高工效。一般来说,药室法爆破根据在岩体内开挖药室体积的大小,还可分为大型药室法、小型药室法和条形药室法三种,每个药室装入的炸药的容量,小到几百公斤,大到几百吨,条形药室的容量可大到几千吨,我国曾进行过几次千吨和万吨级的大爆破。

2)浅孔爆破法　通常根据钻孔孔径和深度的不同,把孔深大于5 m,孔径大于50 mm的炮孔叫做深孔爆破。反之称为浅孔爆破或炮眼法爆破,一般孔深为0.5 ~5 m,直径为28 ~50 mm,孔眼可用风钻或人工打设。从装药结构看这是属于延长药包一类,是工程爆破中应用最广、数量最大的一种爆破方法,它可以适应各种地形或施工条件比较狭窄的工作面上作业。如岩层厚度不大的一般场地平整、开挖管沟、基坑(槽)、平整边坡、开采石料、冻土松动、大块岩石的二次爆破以及洞库工程等。

①炮眼布置的一般原则为:

(a)炮眼布置应选择在有较大、较多的临空面,如果没有这种条件,可以有计划的改造地形,创造临空面,通常在有两个临空面临空面以上的地形,炮位距各临空面的距离最好相等;

(b)炮眼布置应避免选择在岩层裂缝处或是岩层变化的分界线上;

(c)根据岩层地形,选择合理的最小抵抗线,一般爆破的最小抵抗线长度不宜超过炮眼的深度;

(d)开挖管沟、坑、槽时,其炮眼深度不得超过沟宽的0.5倍,如沟、槽深度沟宽的0.5倍时,则必须进行分层爆破;

(e)在平缓场地采用多排炮眼爆破时,为了达到均匀破碎的目的,排距之间炮眼必须作梅花形交错布置,炮眼方向与坡面一般为45°。

②炮眼深度与最小抵抗线的确定　炮眼深度是随着岩石的软硬性质来确定的,一般炮眼深度 L 为:

$$L=\begin{cases}(1.1\sim1.5)H & \text{坚硬岩石}\\ H & \text{中硬岩石}\\ (0.85\sim0.95)H & \text{松软岩石}\end{cases} \tag{1.75}$$

抵抗线 W 也是随着岩石硬度和爆破厚度来确定的,如图1.70所示,一般取为

$$W=(0.6\sim0.8)H \tag{1.76}$$

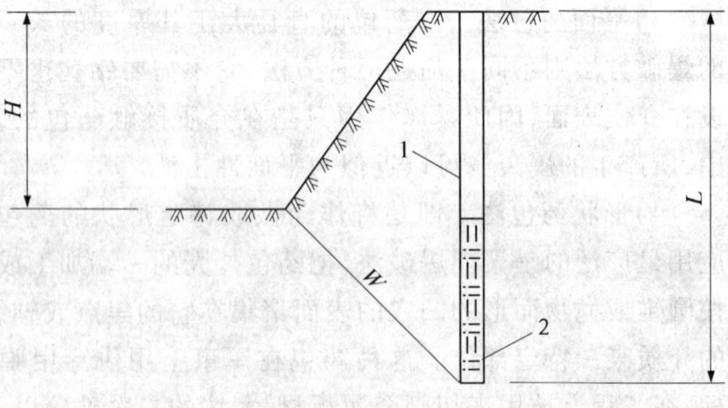

图1.70　炮眼深度与计算抵抗线的位置

1. 堵塞物;2. 炸药;L. 炮眼深度;W. 最小抵抗线

③炮眼距离的确定　炮眼孔距的确定是根据具体爆破要求,以及按照不同的起爆方法来确定的。炮眼布置一般为交错梅花形,依次逐排起爆,如图

1.71 所示。

当采用火花起爆时，一般眼距 a 为

$$a=(1.4\sim2.0)W \tag{1.77}$$

当采用电力起爆时，一般眼距 a 为

$$a=(0.8\sim2.0)W \tag{1.78}$$

炮眼的排距 b 可采用第一排炮眼计算的最小抵抗线 W；若第一排各炮眼的最小抵抗线计算不同时，则取其平均值。炮眼爆破时，排距计算一般采用

$$b=(0.8\sim1.2)W \tag{1.79}$$

④炸药量的计算　如在爆破作业中布置多排炮眼时，则每一炮眼抛掷爆破的炸药量可按下式计算

$$Q=qabL \tag{1.80}$$

采用松动爆破时，则用以下公式

$$Q=0.33qabL \tag{1.81}$$

式中　a——眼距；

b——排距；

L——钻孔深度。

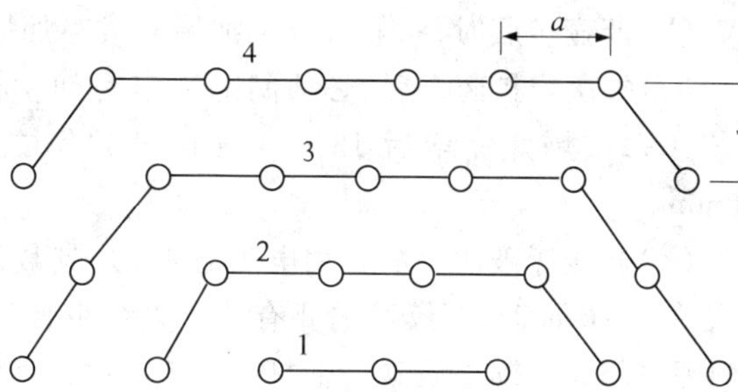

图 1.71　爆破顺序示意图

a. 眼距；b. 排距

在实际工作中，钻凿炮眼较多时，一般均不去一一计算，而都是根据经验确定，装药长度一般控制在炮眼深度的 1/3 ~ 1/2 左右。

3）药壶爆破法（又称葫芦炮）　即是在主药包没有装入炮眼前，先用少量炸药将炮眼底部逐步扩大成圆壶型，以求达到装入较多药量的爆破方法。其优点是：减少钻眼工作量，多装炸药，同时把延长药包变为集中药包，大大提高了爆破效果，一般多用于露天爆破中等硬度的岩石。随着现代机械化施工水平的提高，药壶爆破的运用面有所缩小，但仍为某些特殊条件的工程所采用。

①炮眼布置　炮眼宜用交错梅花形布置，如岩石梯段很高，坡角过大时，可用药壶法和一般炮眼法混合爆破。在梯段上部用药壶炮，而在岩石底部打一倾斜的炮眼，使二个炮眼的底部间距等于最小抵抗线。当采用混合排炮形式时，排列方法是药壶法与炮眼法交错成梅花形的布置。一般用电雷管起爆，炮眼间距眼距为：

$$a=(1.2\sim1.7)W \tag{1.82}$$

排距为：

$$b=(0.8\sim2.0)W \tag{1.83}$$

选择以上炮眼布置，可以增加岩石破碎的均匀性，发挥最大的爆破效果。

②药包量计算　药壶爆破法的炸药量计算，可按式（1.73）进行计算。

由式（1.72），炸扩药壶用的装药量 Q_1 可按下式计算：

$$Q_1=\frac{Q}{P} \tag{1.84}$$

式中　Q——按式（1.73）计算的药包重量；

P——炸扩系数,对四～五类岩石为 10～25;五～六类岩石为 5～10;六～八类岩石为 1～5。

根据经验,一般在第一次扩大药壶时的用药量为 0.15～0.2 kg,以后逐次增加,中等岩石第二次扩大用药量为 0.3～0.4 kg,以后每次递增 0.15～0.20 kg,但最大用药量不得超过 1.5 kg,以免在扩大时使药壶坍塌。

③施工注意事项

(a)药壶扩底所需装的炸药量,应视岩石软硬、节理发育情况等特性,通过试验确定。否则因药量设置过多,会把炮眼炸坏;过少则不能爆出药壶来;

(b)药壶扩底时,一般可以不加堵塞或略加堵塞;

(c)每次炸扩药壶后,必须间隔一定时间。在一般情况下,当采用硝酸铵类炸药时,必须在每次爆炸完毕后 15 min 才能开始第二次装药;如采用其他炸药时,则应间隔 30 min。

(d)药壶爆破法一般宜用电力起爆,并应敷设两套爆破线路,如用火花起爆,当药壶深度在 3～6 m 时,起爆筒内要有两个火线雷管(防止其中一个瞎炮),并且要同时点爆。

例 1.3 在黏土质砂岩上打一个 1.8 m 深的钻眼炮孔,眼孔直径为 0.35 mm。使用露天铵梯炸药卷,要求松动爆破时岩石不飞掷,求所需炸药量?

解 由表 1.1 可知黏土质砂岩为六类土,并参照表 1.27 取 $q=1.5\ \mathrm{kg/m^3}$。

炮眼内装药长度 L 一般为炮眼深度 h 的 1/3～1/2,并任何情况下不得大于 2/3。现假设药包长度 $L=120$ cm,则堵塞物长度 l 为:

$$l=W-L=1.80-1.20=0.6\ \mathrm{m}$$

代入公式(1.73)得

$$Q=0.33\ qW^3e=0.33\times1.5\times1.8^3=2.9\ \mathrm{kg}$$

若此炮眼采用其他品种炸药时,换算系数 e 不为 1,须乘以换算系数值。

4)裸露药包法 主要用以炸除建筑施工场地露出来的孤石、大块岩石的二次爆破,以及某些改建爆破工程。是一种最简单、最方便的爆破施工方法。进行裸露药包法爆破施工不需钻孔,直接将炸药敷设在被爆破物体表面并加以简单覆盖即可。虽然它的炸药爆炸能量利用率低,应用数量不大,使用的机会也不多,但至今仍不失其使用价值。

1.7.1.4 爆破技术

常用的爆破技术主要有以下几种:

(1)定向爆破

使爆破后的土石块按预定的方向飞散、抛掷和堆积,或者使被爆破的建筑物按设计方向倒塌和堆积,都属于定向爆破范畴。土石方的定向抛掷要求药包的最小抵抗线或经过改造后的临空面而形成的最小抵抗线的方向指向所需抛掷、堆积的方向;建筑物的定向倒塌则需要利用力学计算布置药包,以求达到设计目的。

定向爆破的关键技术问题是要准确地控制爆破时所要破坏的范围以及抛掷和堆积的方向与位置,有时还要求堆积成待建构筑物的 形(如定向爆破筑坝),以便大大减少工程费用和加快建设速度。对大量土石方的定向爆破通常采用药室法或条形药室法;对于建筑物拆除的定向倒塌爆破,除了合理布置炮孔位置外,还必须从力学原理上考虑爆破时各部位的起爆时差、受力状态以及对周围建筑物的危害程度等一系列复杂问题。

(2)预裂、光面爆破

预裂和光面爆破的爆破作用机理基本相同,目的在于爆破后获得平整的岩面,以保护围岩不受到破坏。二者的不同之处在于,预裂爆破是要在完整的岩体内,在爆破开挖前施行预先的爆破,使沿着开挖部分和不需要开挖的保留部分的分界线裂开一道缝隙,用以隔断爆破作用对保留岩体的破坏,并在工程完毕后出现新的光滑面。光面爆破则是当爆破接近开挖边界线时,预留一圈保护层(又叫光面层),然后对此保护层进行密集钻孔和弱装药的爆破,以求得到光滑平整的坡面和轮廓面。

(3)微差爆破

微差爆破是在相邻炮孔或排孔间以及深孔内以毫秒级的时间间隔顺序起爆的一种方法。由于相邻炮孔起爆的时间间隔很短,先爆孔为相邻的后爆孔增加了新的自由面,以及由于爆炸应力波在岩体中的相互叠加作用和岩块之间的碰撞,使爆破的岩体破碎质量、爆破成形质量均较好,从而可以降低大块率,降低炸药单耗与地震效应,减小后冲,提高施工效率。微差爆破技术目前在露天及地下开挖和城市控制爆破中已经普遍采用,大型药室法爆破的定向爆破筑坝也开始应用。

(4)聚能爆破

聚能爆破与一般的爆破有所不同,它只能将炸药爆炸的能量的一部分按照物理学的聚焦原理在某一点或线上,从而在局部产生超过常规爆破的能量,击穿或切断需要加工的工作对象,完成工程任务。由于这种原因,聚能爆破不能提高炸药的能量利用率,而且需要高能的炸药才能更显示聚能效应。

聚能爆破技术的应用要比一般的工程爆破要求严格,必须按一定的几何形状设计和加工聚能穴或槽的外壳,并且要使用高威力的炸药。目前聚能爆破技术已经由军事上的穿甲弹逐渐扩大到工程爆破的范畴,例如利用聚能在冻土内穿孔等。

(5)其他特殊条件下的爆破技术

爆破工作者有时会遇到某种不常见的特殊问题,用常规施工方法难以奏效,或因时间紧迫以及工作条件恶劣而不能进行正常施工,这时则需要根据自己所掌握的爆破作用原理与工程爆破知识,大胆设想采用新的爆破方法,解决所面临工程问题。

对于爆破工作者而言,掌握上述几种爆破方法并不困难,但要学会灵活运用这些方法去解决爆破工程中的各种复杂的工程问题。

1.7.2　安全措施

爆破作业要做到安全生产,应认真贯彻执行爆破安全规程及其有关安全规定。切实作好爆破作业前后各个施工工序的操作检查与处理,杜绝各种安全事故的发生。

1.7.2.1　爆破材料的管理

(1)爆破材料贮存

因爆破材料贮存不当而造成的爆炸事故已有不少,必须引起足够的重视,在爆破材料贮存过程中应当遵守以下几点:

1)爆破材料的贮存仓库必须干燥、通风,库内温度应保持在18℃~30℃之间,在其周围5 m内的范围内,须清除一切树木和草皮。库内应有消防设施,炸药和雷管须分开贮存,不同性质的炸药也不要贮存在一起,尤其是硝化甘油类的炸药必须单独贮存,对仓库要设有专人警卫并应拟定保管、消防等有关制度。

2)爆破材料贮存仓库与住宅区、工厂、铁路、桥梁、公路干线等建筑物的安全距离不得小于表1.29的规定。

3)库房内堆放的成箱炸药,宜堆摆在木垫板上,堆放高度不得超过1.7 m(成箱的硝化甘油炸药只准堆放二层),宽度不得超过2 m。堆与堆之间应有不小于1.3 m宽的通道,药堆与墙壁间的距离不应小于0.3 m。

4)炸药和雷管两库房分开贮存的安全距离不得小于表1.29的规定。

表1.29 爆破材料仓库的安全距离

项目	单位	炸药库容量(吨)				
		0.25	0.5	2.0	8.0	16.0
距有爆炸性的工厂	m	200	250	300	400	500
距民房、工厂、集镇、火车站等	m	200	250	300	400	450
距铁路线	m	50	100	150	200	250
距公路干线	m	40	60	80	100	120

5)爆破材料必须建立领、退、用的登记制度,库内只准使用安全照明设备,雷管库内只准使用绝缘外壳的手电筒。库房应设有避雷装置,接地电阻不大于10 Ω。

6)施工现场临时仓库爆破材料的贮存数量,应不超过下列规定:炸药不超过3 t;雷管和导火索不超过10 000个。雷管应放在专用的木箱内,箱子须放在距离炸药不少于2 m的地方。

(2)爆破材料的运输

1)爆破材料的装、卸均应轻拿轻放,堆放时要平稳整齐,硝铵炸药不得与黑色火药在同一车厢、船舱内装运,两者也不准和雷管、传爆线同装。运输爆破材料的车、船应遮盖、捆紧,除押运人员外他人不得乘坐。在雨天运输时,必须作好防雨、防滑等措施。

2)爆破材料应使用专车或专船运输,而且必须要有熟悉爆炸物性能的专人押运,不许使用自卸汽车等不合要求的车辆运输,如使用柴油车运输时,应有防火措施。

3)运输爆破材料的车辆,如遇中途停车时,必须离开房屋、桥梁、铁路等建筑物200 m以上距离。

1.7.2.2 爆破作业的安全距离

爆破对人员、生产设备以及各种构筑物等的危害因素很多,根据建筑工程施工现场的特点,现主要介绍爆破飞石和爆破地震对建筑物的影响,因此在组织进行爆破作业前,必须正确地计算安全距离,以防意外事故的发生。

(1)爆破飞石的安全距离

可按下式进行计算

$$R = 20Kn^2 W \tag{1.85}$$

式中　R——飞石安全距离(m);

n——最大一个药包的爆炸作用指数,$n = r/W$;r 为爆破漏斗半径,W 为最小抵抗线长度(m);

K——与岩石性质、地形等有关的系数,一般取 1.0 ~ 1.5。

为了保证绝对安全,按上式计算结果乘上系数 3 ~ 4,,爆破飞石的最小安全距离符合现行爆破安全规程的要求。

(2)爆破震动时对建筑物影响的安全距离

一般可按下式进行计算

$$R_c = K_c \alpha^3 \sqrt{Q} \tag{1.86}$$

式中　R_c——爆破作业点至建筑物的安全距离(m);

α——依爆破作用指数而定的系数,见表 1.30;

K_c——根据建筑物地基土石性质而定的系数,见表 1.31。

表 1.30　系数 α 的值

爆破条件	α	备注
药壶爆破 $n \leqslant 0.5$	1.2	在地面上爆破时,地面震动作用不予考虑
爆破指数 $n = 1$	1.0	
爆破指灵敏 $n = 2$	0.8	
爆破指数 $n \geqslant 3$	0.7	

表 1.31　系数 K_c 的数值

被保护建筑物的地基性质	K_c	备注
坚硬致密岩石	3.0	药包在水中或含水土壤中爆破时,系数值应增加 0.5 ~ 1 倍
坚硬裂缝较多岩石	5.0	
松软岩石	6.0	
砾石、碎石土壤	7.0	
密实土壤	8.0	
黏土	9.0	

(3)建筑物防震技术措施

1)分散爆破点,采用群炮爆破时要求不同时起爆各药包,就会降低地震波对建筑物的影响,如果采用迟发雷管起爆,延缓时间在 2 秒以上,就可按每次起爆的药包重量计算;

2)减少一次爆破的炸药量,选择较小的爆破作用指数值,必要时可采用低猛度炸药和降低装药的集中度来进行爆破;

3)合理布置药包或炮位眼孔的位置,一般来说与爆破抛掷方向震动强度最大,侧向为次,抛掷方向的震动较小;建筑物高于爆破点震动较大,反之则较小;

4)为了减轻爆破震动时对基岩的影响,一般可采用分层递减开挖厚度的方法,或在最后留其厚度不小于 20 ~ 30 cm 的保护层,然后用人工或风镐(铲)清除。

1.7.2.3　瞎炮的检查和处理

(1)产生瞎炮的原因

1)由于爆破材料内部的缺陷,例如电雷管导电性较差,不合要求,炸药逾期过久,受潮失效;

2)操作技术上的原因,例如电爆线(网)路错接、漏电、短路、局部漏电、或起爆体制作不合要求;

3)在炮眼装药或回填过程中,炸药与雷管分离而被发现;导火索、电爆线(网)路受到损坏断路;

4)起爆电流不足或电压不稳;网路计算有错误,每组支路线的电阻不平衡;

5)岩石内部有较大裂缝、孔隙;炮孔内有渗水,或防水处理不当,药包和雷管受潮失效。

(2)瞎炮的处理方法

检查瞎炮的主要方法是一听、二看、三判断:

1)如发现炮眼外的电线电阻、导火索或电爆线(网)路不合要求,经校正后,方可重新起爆;

2)当炮眼不深时(一般在50 cm以内),可以用裸露爆破法处理;

3)如炮眼较深时,可用木制或竹制工具,小心的将炮眼上部的堵塞物掏出,如系硝酸铵类炸药,可用水浸泡并冲洗出整个药包,然后再从新装入起爆药包起爆;

4)距炮眼近旁60 cm处,钻一平衡炮眼,然后装药起爆销毁原瞎炮。钻平衡炮眼的方法,可将瞎炮的堵塞物掏出,插入一木制炮棍作为炮眼方向的标志;

5)如炮眼底还有剩药,则可以在原炮眼内重新加装起爆药起爆;

6)在处理瞎炮时,不准把带有雷管的药包从炮眼内拉出来,或者拉住电雷管少年宫的导线,把电雷管从药包里提出来。

思考题

1. 简述土方工程的特点。进行土方规划时应考虑什么原则?
2. 影响土方施工的工程性质有哪些?有什么影响?
3. 为什么要对设计标高进行调整?如何调整?
4. 简要分析土壁塌方的原因以及预防塌方的措施。
5. 基坑降水方法有哪几种?各适用于何种情况?
6. 常用的支护结构形式有哪几种,各适用于何种情况?
7. 简述轻型井点的布置方案和设计步骤。
8. 影响填土压实的主要因素有哪些?如何检查填土压实的质量?
9. 常用的土方机械有哪些?简述其工作特点及适用范围。
10. 典型的路面结构由哪几部分组成?路基施工的要点是什么?
11. 常见的地基加固处理方法有哪几种?并简述其施工注意事项。
12. 爆破施工中常用哪几种爆破方法?试比较其优缺点及适用范围。
13. 爆破施工中应采取哪些施工安全措施?

习题

1. 某基础工程基坑长50 m,宽40 m,基坑深7.0 m,基坑开挖时四面放坡,边坡坡度

1∶0.5。已知基础混凝土体积为 3 200 m^3，土体最初可松性系数 $K_S=1.14$，最终可松性系数 $K_S'=1.05$。试计算：(1)挖土土方量；(2)回填土方量；(3)若多余土方，外运土方量。

2. 某建筑场地方格网及各顶点标高如图 1.72 所示，方格网边长为 20 m×20 m，试用四方棱柱体法确定场地的最佳设计平面(c,i_x,i_y)及各方格顶点的施工高度。

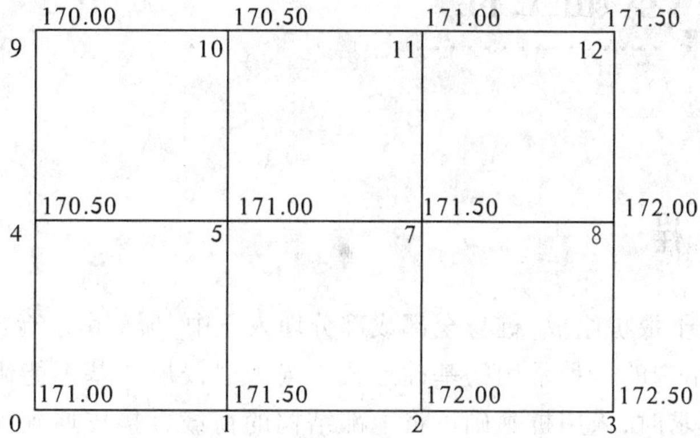

图 1.72　习题 2 图

3. 某基础底部尺寸为 30 m×40 m，埋深为 −4.5 m，基坑底部尺寸每边比基础底部放宽 1 m，地面标高为 ±0.000 m，地下水位为 −1.000 m。已知 −10.000 m 以上为粉质黏土，渗透系数为 5 m/d，−10.000 m 以下为不透水的黏土层。基坑开挖为四边放坡，边坡为 1∶0.5。采用轻型井点降水，滤管长度为 1 m。试求：

(1)确定该井点系统的平面与高程布置；

(2)计算基坑涌水量；

(3)确定井点管的间距。

第2章 基础工程

2.1 桩基工程

桩基通常由若干根桩组成,桩身全部或部分埋入土中,顶部由承台或梁将各单桩联成一体,以承受上部结构的一种常用的基础形式。当天然浅层地基不能满足建筑物对其强度和变形方面的要求时,采用桩基础可将上部结构的荷载直接传递到深处承载力较大的土层上,或将软弱土挤密,以提高土层的密实度和承载力,从而保证建筑物的整体稳定性和减少地基沉降。同时,采用桩基础,通常可以减少土方量、节省降排水设施、改善施工条件,具有良好的经济效果。

桩的分类方式很多,按其承载性状可分为摩擦型桩和端承型桩(图2.1);按成桩时挤土状况可分为非挤土桩、部分挤土桩和挤土桩;按施工方法分为预制桩和灌注桩两类。

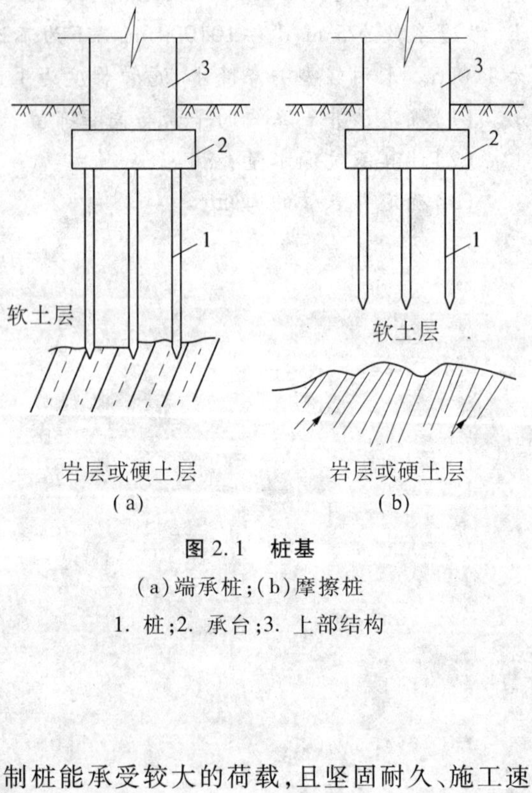

图2.1 桩基

(a)端承桩;(b)摩擦桩

1. 桩;2. 承台;3. 上部结构

预制桩是在工厂或施工现场预先制成各种材料和形式的桩(如木桩、混凝土方桩、预应力混凝土管桩、钢管或型钢的钢桩等),然后用沉桩设备将桩打入、压入或振入土中,或有的用高压水冲沉入土中。

灌注桩是在施工现场的桩位上用机械或人工成孔,然后在孔内灌注混凝土(或钢筋混凝土)而成。根据成孔方法的不同分为钻孔、挖孔、冲孔灌注桩,套管成孔灌注桩和爆扩成孔灌注桩。

2.1.1 钢筋混凝土预制桩施工

在各种类型的预制桩中,由于混凝土预制桩能承受较大的荷载,且坚固耐久、施工速度快,被广泛应用,其中以钢筋混凝土预制方桩最为常用。

下面以钢筋混凝土方桩为例介绍预制桩的制作及沉桩工艺。

2.1.1.1　钢筋混凝土预制桩的制作

预制桩的制作分为现场制作和工厂预制。较短的桩在预制厂生产,较长的桩在打桩现场或附近就地制作。所用的混凝土强度等级不宜低于 C30。混凝土方桩的截面边长多为 250 ~ 500 mm。桩的制作长度主要取决于运输条件及装架高度,一般不超过 30 m。如超过 30 m,可将桩分成几段预制,在打桩过程中接桩。

施工前应首先做好场地布置,并对场地压实平整,避免产生不均匀沉降。为节省场地,现场预制桩可采用叠浇法制作,桩的重叠层数取决于地面允许荷载和施工条件,一般不宜超过 4 层。桩与桩间应做好隔离层,桩与邻桩、底模之间的接触面不得发生黏结,桩在拆模式不得损坏棱角。上层桩的混凝土浇筑,必须在下层桩的混凝土达到设计强度的 30% 以后,方可进行。

钢筋混凝土预制桩的钢筋骨架的主筋连接宜采用对焊,同一截面内的接头数量不得超过 50% ,同一根钢筋两个接头的距离应大于 $30d_0$(主筋直径),且不小于 500 mm。预制桩的钢筋骨架的允许偏差应符合《地基与基础工程施工及验收规范》(GB 50202 - 2002)的规定,如超出规范允许的偏差,桩容易被打坏。在桩顶和桩尖处箍筋应加密,桩顶设置钢筋网片(图 2.2)。如为多节桩,上节桩和下节桩尽量在同一纵轴线上制作,使上下钢筋和桩身减少偏差。桩的预制先后次序应与打桩次序对应,以缩短养护时间。

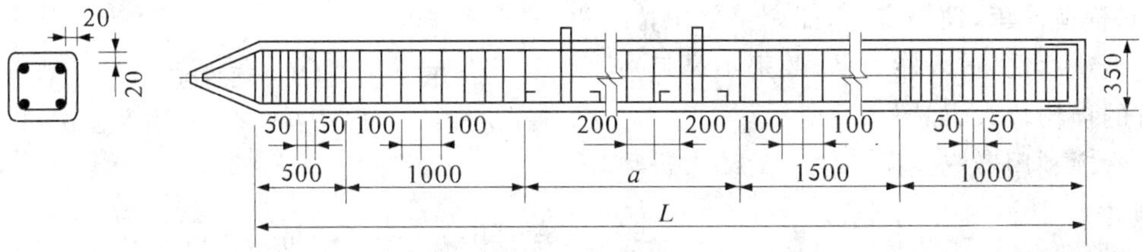

图 2.2　钢筋混凝土预制桩(尺寸单位:mm)

预制桩的混凝土浇筑工作应由桩顶向桩尖连续浇筑,严禁中断。制作完成后,应洒水养护不少于 7 d。锤击的预制桩的粗骨料粒径宜为 5 ~ 40 mm。制作的桩的表面应平整、密实,桩顶和桩尖处不得有蜂窝、麻面、裂缝和掉角。桩的制作偏差不应超过《地基与基础工程施工及验收规范》(GB 50202 - 2002)的有关规定。

2.1.1.2　桩的起吊、搬运和堆放

当桩的混凝土强度达到设计强度的 70% 方可起吊;达到 100% 方可运输和打桩。如提前起吊,必须采取措施并经验算合格方可进行。

桩在起吊和搬运时,必须平稳,并且不得损坏。吊点应符合设计要求,满足吊桩弯矩最小的原则,一般吊点的设置如图 2.3 所示。

打桩前,桩从制作处运到现场前以备打桩,并应根据打桩顺序随打随运,以避免二次搬运。桩的运输方式,在运距不大时,可用起重机吊运;当运距较大时,可采用轻便轨道小平台车运输,如图 2.4 所示。短桩可采用汽车或拖拉机运输。

桩运到现场后(包括现场预制的桩),应提供合格证,并按规定进行检查。堆放桩的地面必须平整、坚实,以免因产生不均匀沉降而损坏桩体。堆放层数不宜超过 4 层。垫木的位置应与吊点位置相同,各层垫木应位于同一垂直线上,最下层的垫木应适当加宽。不

同规格的桩,应分别堆放。

2.1.1.3　**预制桩沉桩施工**

(1)锤击法

锤击法是利用桩锤的冲击克服土对桩的阻力,使桩沉到预定深度或达到持力层。这是最常用的一种沉桩方法。

1)锤击法施工设备

打桩设备主要包括桩锤、桩架和动力装置三部分。根据地基土质情况,桩的种类、尺寸以及动力供应条件等因素综合确定。

①桩锤　桩锤是对桩施加冲击,将桩打入土中的主要机具。桩锤主要有落锤、蒸汽锤、柴油锤和液压锤,目前应用最多的是柴油锤。

落锤为一铸铁块,重量一般为0.5～2.0 t,构造简单,使用方便,能调整落距,但锤击速度慢,贯入能力低,效率不高且对桩的损伤较大,如图2.5所示。

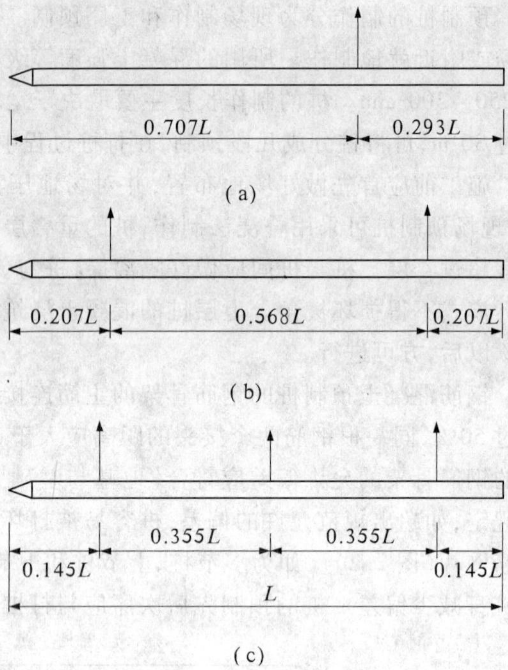

图2.3　桩的合理吊点

(a)一点起吊;(b)两点起吊;(c)三点起吊

汽锤利用蒸汽或压缩空气为动力进行锤击。根据其工作情况可分为单动汽锤(图2.6)与双动汽锤(图2.7)。常用单动汽锤重为3～10 t,当蒸汽或压缩空气进入汽缸内活塞上部空间时,由于活塞杆不动,迫使汽缸上升,当它达到一定高度,停止供气同时排出缸内气体,使汽缸下落击桩。这种桩锤落距短,打桩速度及冲击力大,效率较高,适宜于打各种类型的桩。双动汽锤,重量一般为0.6～6 t。锤固定在桩头上不动,当气体从活塞上下交替进入和排出汽缸时,迫使活塞杆来回上升和压下,带动冲击部分进行打桩工作。这种桩锤冲击次数多、冲击力大、效率高,不仅适用于一般打桩工程,而且还可用于打斜桩、水下打桩和拔桩。

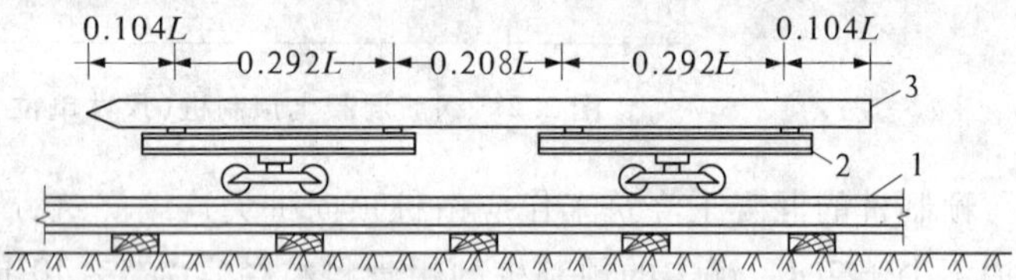

图2.4　用平台车及轻便铁轨运桩

1. 铁轨;2. 平台车;3. 桩

柴油锤利用燃油爆炸的能量,推动活塞往复运动产生冲击进行锤击打桩,其工作原理见图2.8(筒式柴油锤)。柴油锤结构简单、使用方便,不需从外部供应能源。但在过软的土中由于贯入度过大,燃油不易爆发,往往桩锤反跳不起来,会使工作循环中断。在城市中施工,会因施工产生的噪音和空气污染等而受到一定限制。柴油锤冲击部分的重量有2.0,2.5,3.5,4.5,6.0,7.2 t等。每分钟锤击次数约40～80次。可以用于大型混凝土桩和钢管桩等。

液压锤的冲击缸体通过液压油提升与降落，冲击缸体下部充满氮气。当冲击缸体下落时，首先是冲击头对桩施加压力，接着是通过压缩的氮气对桩施加压力，使冲击缸体对桩施加压力的过程延长，因此，每一击能获得更大的贯入度。液压锤不排出任何废气，无噪音，冲击频率高，并适合水下打桩，是理想的冲击式打桩设备，但构造复杂，造价较高。

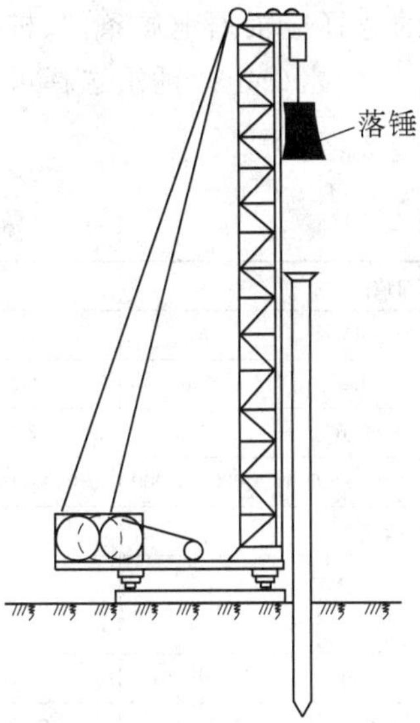

图 2.5　落锤

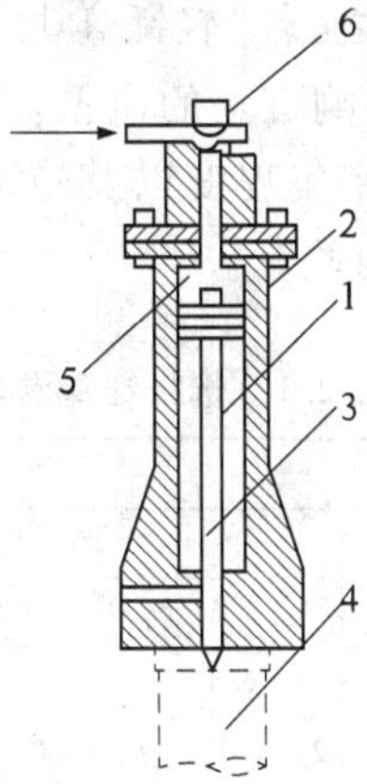

图 2.6　单动汽锤

1. 汽缸；2. 活塞；3. 活塞杆；
4. 桩；5. 活塞上部空间；6. 换向阀门

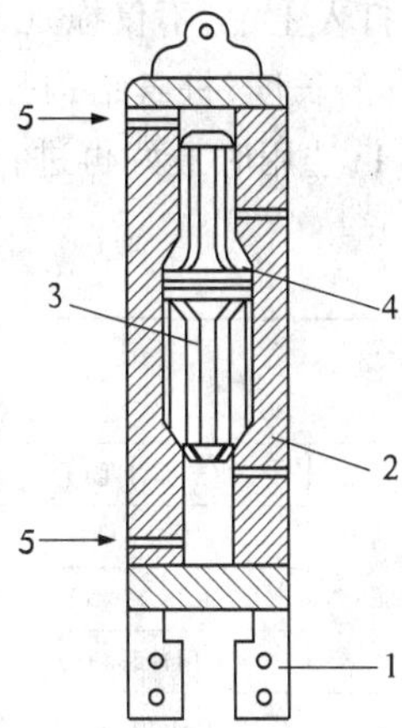

图 2.7　双动汽锤

1. 桩帽；2. 汽缸；3. 活塞；
4. 活塞杆；5. 进汽阀

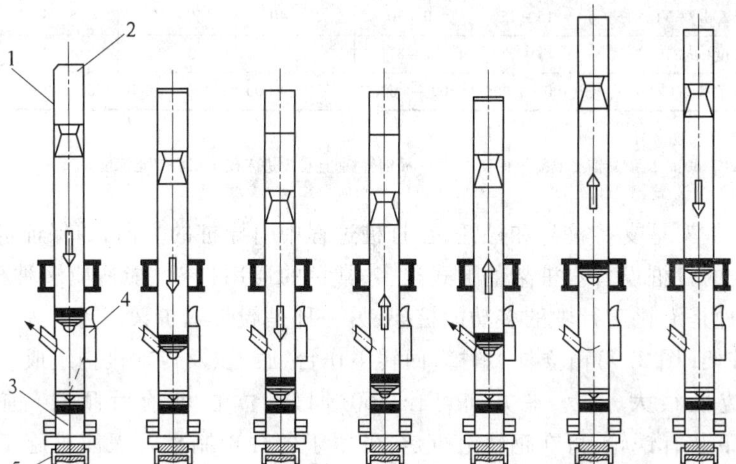

图 2.8　筒式柴油锤工作原理

(a)喷油；(b)压缩；(c)冲击；(d)爆发；(e)排气；(f)吸气；(g)降落

1. 汽缸；2. 上活塞；3. 下活塞；4. 燃油泵；5. 桩帽；6. 桩

用锤击法沉桩时,为保证锤重具有足够的冲击能,锤重应大于或等于桩重。实践证明,当锤重大于桩重的1.5~2倍时,能取得良好的效果,但桩锤亦不能过重,过重易将桩打坏;当桩重大于2 t时,可采用比桩轻的桩锤,但亦不能小于桩重的75%。这是因为在施工中,宜采用"重锤低击",即锤的重量大而落距小,这样,桩锤不易产生回跃,不致损坏桩头,且桩易打入土中,效率高;反之,若"轻锤高击",则桩锤易产生回跳,易损坏桩头,桩难以打入土中,不仅拖延工期,更影响桩基的质量。桩锤的选择应根据地质条件、桩的类型、桩的长度、桩身结构强度、桩群密集程度以及施工条件等因素确定。锤重选择可参考表2.1,选用时最好再进行锤击应力验算。

表2.1 选择锤重参考表

锤型			柴油锤					
			20	25	35	45	60	72
锤的动力性能	冲击部分重(t)		2.0	2.5	3.5	4.5	6.0	7.2
	总重(t)		4.5	6.5	7.2	9.6	15.0	18.0
	冲击力(kN)		2 000	2 000~2 500	2 500~4 000	4 000~5 000	5 000~7 000	7 000~10 000
	常用冲程(m)		1.8~2.3					
桩的截面	混凝土预制桩的边长或直径(cm)		25~35	35~40	40~45	45~50	50~55	55~60
	钢管桩的直径(cm)		40			60	90	90~100
持力层	黏性土粉土	一般进入深度(m)	1.0~2.0	1.5~2.5	2.0~3.0	2.5~3.5	3.0~4.0	3.0~5.0
		静力触探比贯入度平均值(Pa)	3	4	5	>5		
	砂土	一般进入深度(m)	0.5~1.0	0.5~1.5	1.0~2.0	1.5~2.5	2.0~3.0	2.5~3.5
		标准贯入击数N(未修正)	15~25	20~30	30~40	40~45	45~50	50
常用的控制贯入度(cm/10击)				2~3		3~5	4~8	
设计单桩极限承载力(kN)			400~1 200	800~1 600	2 500~4 000	3 000~5 000	5 000~7 000	7 000~10 000

注:(1)本表仅供选锤用;

(2)本表适用于20~60 m长预制钢筋混凝土桩及40~60 m钢管桩,且桩尖进入硬土层有一定深度。

②桩架　桩架是支持桩身和桩锤,在打桩过程中引导桩的方向,并保证桩锤能沿着所要求方向冲击的打桩设备。桩架的形式很多,常用的通用桩架(能适应多种桩锤)有两种基本形式:一种是沿轨道行驶的多功能桩架;另一种是履带式桩架。

多功能桩架(图2.9)由立柱、斜撑、回转工作台、底盘、及传动机构组成。这种桩架的机动性和适应性很大,在水平方向可作360°回转,立柱可前后倾斜(前斜5°、后斜18.5°),底盘下装有铁轮,可在钢轨上行走,可用于各种预制桩及灌注桩施工。缺点是机构较庞大,现场组装和拆迁比较麻烦。

履带式桩架(图2.10)以履带式起重机为底盘、增加立柱和斜撑后改装而成。由于行走时不需要轨道,故其机动性能较多功能桩架灵活,移动方便,可适应各种预制桩及灌注桩施工。

③动力装置　动力装置的配置取决于所选的桩锤。当选用蒸汽锤时,则需配备蒸汽

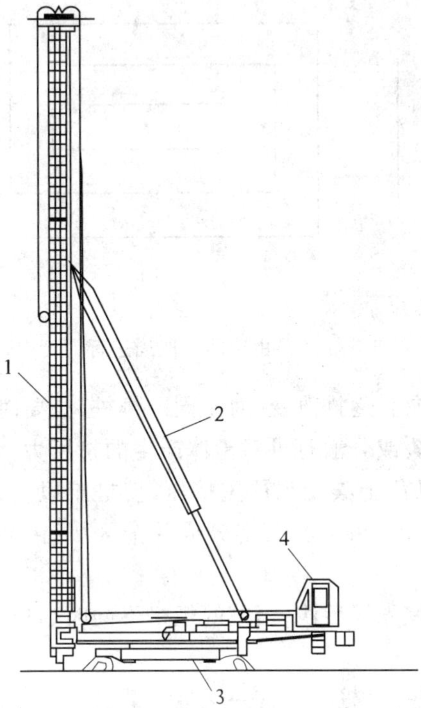

图 2.9 多功能桩架

1. 立柱;2. 斜撑;3. 底盘;4. 工作台

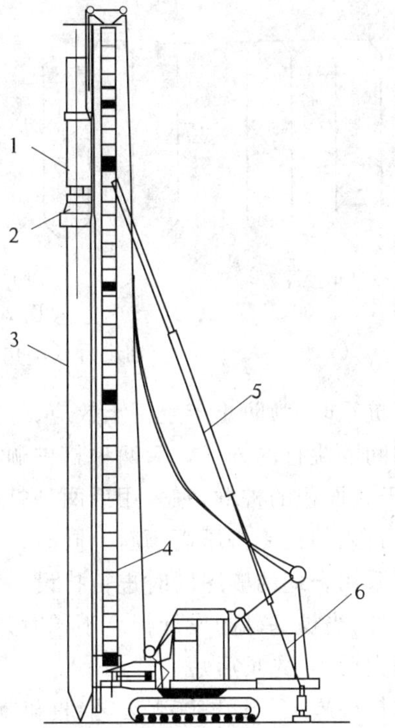

图 2.10 履带式桩架

1. 桩锤;2. 桩帽;3. 桩;4. 立柱;5. 斜撑;6. 车体

锅炉和卷扬机。

2)打桩施工

①打桩前的准备工作　清除妨碍施工的地上和地下的障碍物,平整施工场地,做好排水工作;

定位放线,在不受打桩影响的地点设置水准点设置不少于 2 个。在施工过程中可据此检查桩位的偏差以及桩的入土深度;

安装供电、供水系统,准备施工机具,对桩进行质量检验;

安装打桩机并进行打桩试验,检验打桩设备和打桩工艺是否符合要求。按照规范的规定,试桩不得少于 2 根;

确定打桩顺序。打桩顺序合理与否,直接影响打桩速度和打桩质量,同时对周围环境也会产生一定的影响。因此,应结合地形、地质及地基土挤压情况和桩的布置密度、工作性能、工期要求等综合考虑后予以确定,以确保桩基质量,减少桩架的移动和转向,加快打桩速度。

通常打桩的顺序有:由一侧向单一方向进行[图 2.11(a)];自中间向两个方向对称进行[图 2.11(b)];自中间向四周进行[图 2.11(c)]。第一种打桩顺序,装架单向移动,打桩效率高,但这种打法使土壤向一个方向挤压,而导致土壤挤压不均匀,即会产生挤土效应。因而后打的桩难以打入到设计深度,最终将引起建筑物不均匀沉陷,所以,这种打桩顺序适用于桩的中心距不小于4倍桩径,即桩不太密集时的打桩施工。当桩的中心距小

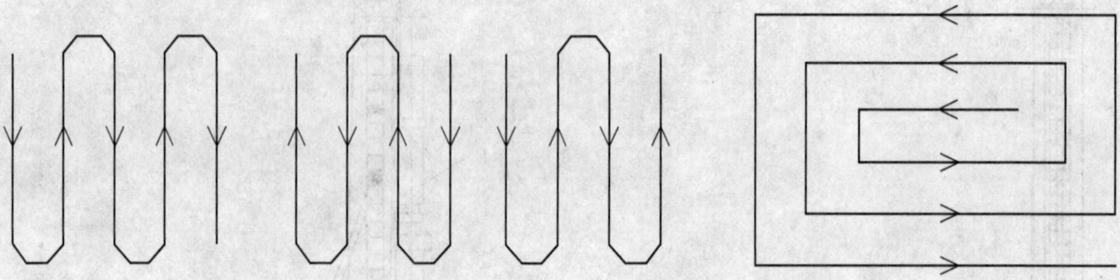

(a)　　　　　　　　(b)　　　　　　　　(c)

图 2.11　打桩顺序

(a)由一侧向单一方向进行;(b)由中间向两个方向进行;(c)由中间向四周进行

于4倍桩径时,为防止产生挤土效应,打桩推进方向宜逐排改变,对于同一排桩,必要时还可采用间隔跳打的方式。后两种打桩顺序可以减缓或分散打桩对土体产生的挤压力。所以,对于大面积的桩群,宜采用后两种打桩顺序,以免土壤受到严重挤压,使桩难以打入,或使先打入的桩受挤压而倾斜。同时,根据具体情况,可以将桩群分成几个区域,由多台打桩机采用合理的顺序同时进行打设。

此外,当桩基础的设计标高不同时,打桩顺序宜先深后浅;当桩的规格不同时,打桩顺序宜先大后小、先长后短。

②打桩施工　打桩施工工艺:桩机就位→吊桩→打桩→接桩→送桩→截桩。

打桩机就位时桩架应垂直平稳,导杆中心线与打桩方向一致,并检查桩位是否正确,校核无误后将其固定。打桩机就位后,将桩锤和桩帽吊起,其高度应超过桩身,然后吊桩并送至导杆内,垂直对准桩位保证垂直度偏差不超过0.5%,然后固定桩帽和桩锤,使桩、桩帽、桩锤在同一铅垂线上,确保桩能垂直下沉。为防止损伤桩顶,在桩锤和桩帽之间应加弹性衬垫,桩帽和桩顶周围四周应有5~10 mm的间隙。将桩锤缓落到桩顶上,在桩锤的重量作用下,使桩缓缓送下插入土中一定深度,达到稳定位置,再次校正桩位及垂直度。

打桩开始时,应先用小落距轻打,待桩入土1~2 m后,再按要求的落距锤击。锤击时,应使锤跳动正常。桩的入土速度应均匀,锤击间隔时间不要过长,要连续打入,否则,由于土的触变性,会使继续打桩时的摩擦力增大,桩难以打入。打桩时,应防止锤击偏心,以免桩产生偏位、倾斜,或打坏桩头、折断桩身。

桩正常下沉时,桩锤回弹小,贯入度变化有规律。若桩锤回弹大,则说明锤太轻。如贯入度突然减小,回弹增大,且在减小落距,加快锤击后,桩仍不下沉,则说明桩下有障碍物。如贯入度突然增大,则表明桩尖、桩身可能遭到破坏,或接桩不直、接头破坏,或下遇软弱土层、洞穴等。在打桩过程中,遇有贯入度剧变,桩身突然发生倾斜、移位或有严重回弹,桩顶或桩身出现严重裂缝或破碎等异常情况时,应暂停打桩,并及时与有关单位研究处理。

当设计桩较长时,需分段施打,并在现场接桩。常用的接桩方法有:焊接法接合、管式接合、硫磺砂浆钢筋接合和管桩螺栓接合,如图2.12所示,其中以焊接接桩应用最多。采用焊接接桩时,接桩的预埋铁件表面应清洁,上、下节桩之间如有间隙应用铁片填实焊牢,焊缝应连续饱满,并采取措施减少焊接变形。接桩时,上、下节桩的中心线偏差不得大于10 mm,节点弯曲矢高不得大于1‰桩长。

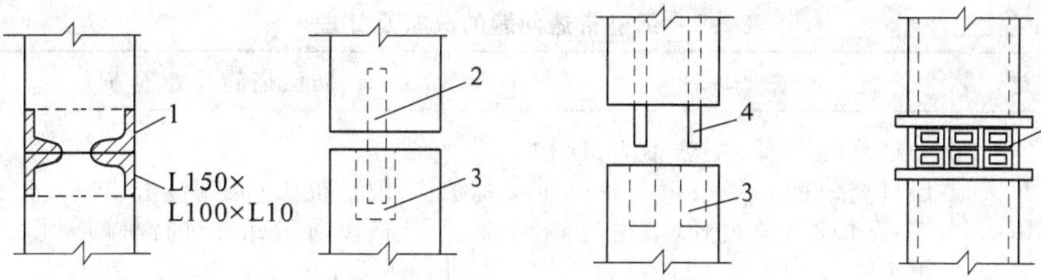

图 2.12　桩的接头形式

(a)焊接接合;(b)管式接合;(c)硫磺砂浆锚筋接合;(d)管柱螺栓接合

1. 角钢与主筋焊接;2. 预埋钢管;3. 预留孔洞;4. 预埋钢管;5. 预埋法兰

当桩顶标高低于自然地面,则需用送桩管将桩送入土中时,桩与送桩管的纵轴线应在同一直线上,拔出送桩管后,桩孔应及时回填或加盖。

打桩完毕后,按设计要求的桩顶标高,将桩头或无法打入的桩身凿去,但不得打裂桩顶标高以下的桩身混凝土,并保证桩顶嵌入承台内的长度不小于 50 mm,当桩主要承受水平力时,不小于 100 mm。

③打桩质量控制及打桩记录　打桩的质量检查主要包括桩位、沉桩标高与最后贯入度是否满足设计要求,以及桩顶、桩身是否打坏和对周围环境有无造成严重危害等。

桩的垂直偏差应控制在 1% 以内,平面位置偏差不大于 100 ~ 150 mm。

打桩的控制,对于端承型桩,以最后贯入度控制(施工中一般采用最后三振,每振 10 击的平均入土深度作为标准)为主,以标高作为参考;对于摩擦型桩,则应以标高为主,以最后贯入度作为参考。设计与施工中的控制贯入度是以合格的试桩数据为准,如无试桩资料,可参考类似土的贯入度,由设计确定。最后贯入度控制的测量应在下列正常条件下进行:桩顶没有破坏,锤击没有偏心,锤的落距符合规定,桩帽和弹性垫层正常。

打桩系隐蔽工程,施工过程中应做好观测和记录。要观测桩的入土速度,锤的落距,每分钟锤击次数,当桩下沉接近设计标高时,即应进行标高和贯入度的观测,各项观测数据应计入打桩记录表,表格格式及记录的内容可参见《地基与基础工程施工及验收规范》(GB 50202-2002)。

④沉桩常遇问题的分析及处理　在打桩过程中应注意观察,一旦发生贯入度突变、桩身突然倾斜、移位或有严重回弹、桩顶或桩身出现严重裂缝等情况,应暂停施工,并及时研究处理。

打桩施工中常遇的问题及其原因,以及处理的方法见表 2.2。

(2)静力压桩

静力压桩是利用无振动、无噪音的静压力,将预制桩逐节压入土中的一种沉桩方法。它主要适用于软弱土层和周围环境对振动和噪音有限制的情况。静力压桩机分为机械式和液压式两种类型,目前应用较多的是液压式静力压桩机,其静压力一般为 400 ~ 500 kN,最高可达 5 000 kN,如图 2.13 所示。

表 2.2　沉桩常遇问题的分析及处理

常遇问题	主要原因	防治措施及处理方法
桩头打坏	桩头强度低,配筋不当,保护层过厚,桩顶不平;锤与桩不垂直,有偏心;锤过轻;落锤过高,锤击过久,使桩头受冲击力不均匀,桩帽顶部变形大,凸凹不平	加桩垫,锲平桩头;低锤慢击或垂直度纠正等处理;严格按质量标准进行桩的制作,桩帽变形进行纠正
桩身扭转或位移	桩尖不对称;桩身不正直	可用棍撬、慢锤低击纠正;偏差不大,可不处理
桩身倾斜或位移	桩尖不正,桩头不平;遇横向障碍物压边,土层有陡的倾斜角;桩帽与桩身不在同一直线上,桩距太近,邻桩打桩土体挤压	偏差过大,应拔出移位再打或作补桩;入土不深(<1 m)偏差不大时,可用木架顶正,再慢锤打入纠正;障碍物不深时,可挖除回填后再打或作补桩处理
桩身破裂	桩质量不符合设计要求,遇硬土层时硬性施打	加钢夹箍用螺栓拧紧后焊固补强。如符合贯入度要求,可不作处理
桩涌起	遇流砂或较软土层,或饱和淤泥层	将浮起量大的桩重新打入,经静载荷试验,不合要求的桩进行复打或重打
桩急剧下沉	遇软土层、土洞;接头破裂或桩尖劈裂;桩身弯曲或有严重的横向裂缝;落锤过高,接桩不垂直	将桩拔起检查改正重打,或在靠近原桩位补桩处理;加强沉桩前的检查,不符合要求及时更换或处理
桩不易沉入或达不到设计标高	遇旧埋设物,坚硬土夹层或砂夹层,打桩间隔时间过长,摩阻力增大,定错桩位	遇障碍物或硬土层,用钻孔机钻透后再打入,或边射水边打入;根据地质资料正确选择桩长
桩身跳动,桩锤回弹	桩尖遇树根或坚硬土层,桩身弯曲,接桩过长;锤落过高	检查原因,采取措施穿过或避开障碍物;如入土不深应拔起避开或换桩重打
接桩处松脱开裂	连接处表面清理不干净,有杂质、油污;连接铁件不平或法兰平面不平,有较大间隙,造成焊接不牢或螺栓拧不紧,硫磺胶泥配比不当,未按操作规程熬制,接桩处有曲折	接桩表面杂质、油污清除干净,连接铁件不符合要求的经修正后再用,上下两节桩应在同一直线上,焊接或螺栓拧紧后锤击几下检查合格后再施打;硫磺胶泥严格按操作规程操作,配合比应先经试验

静力压桩的施工,一般采用分段压入,逐段接长的方法,其施工顺序为:

测量定位→压桩机就位→吊桩、插桩→桩身对中调直→静压桩→接桩→再静压沉桩→送桩→终止压桩→截桩,如图 2.14 所示。

压桩过程中,要保持桩轴心受压,接桩时也应保证上下接桩的轴线一致。各工序应连续进行，如中途必须停歇时，应尽量缩短停歇时间，并考虑将桩尖停歇在软弱土层中，以减小再压时的启动阻力。

当桩尖遇到夹砂层时，压桩阻力可能突然增大，甚至超过压桩能力。此时，压桩机应以最大的压桩力，采用忽开忽停的方法，使桩有可能缓慢穿过砂层。

当桩快要达到设计标高时，不能过早停压，否则，在补压时常可能发生压不下或压入过低的情况。理想的做法是，压桩接近设计标高时，注意严格控制，一次压入成功。

(3)水冲沉桩(射水沉桩)

水冲沉桩是将射水管附着在桩身上，射水管下端设有喷嘴，沉桩时利用高压水流将桩尖附近的土体冲松液化，以减小桩下沉的阻力和桩表面与土壤之间的摩擦力，使桩在自重和锤击作用下顺利沉入土中，如图 2.15 所示。射水沉桩的设备包括：射水嘴、射水管、连接软管、高压水泵。射水嘴有圆形、梅花形和扁形等形式，它的作用是将水泵送来的高压水流经过缩小直径以增加流速和压力，可起到强力冲刷的效果。射水管上端用橡皮软管连于高压(耐压 2.0 MPa 以上)水泵上，管子用滑车组吊起，可顺着桩身上下升降，能在任何高度上冲刷土体。射水管分为内射水管[图 2.15(a)]和外射水管[图 2.15

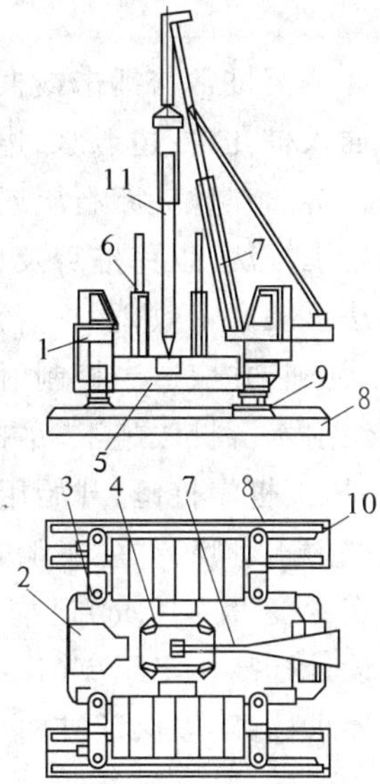

图 2.13　液压式静力压桩机

1. 操纵室；2. 电气控制台；3. 液压系统；4. 导向架；5. 配重；6. 夹持装置；7. 吊桩把杆；8. 支腿平台；9. 横向行走与回转装置；10. 纵向行走装置；11. 桩

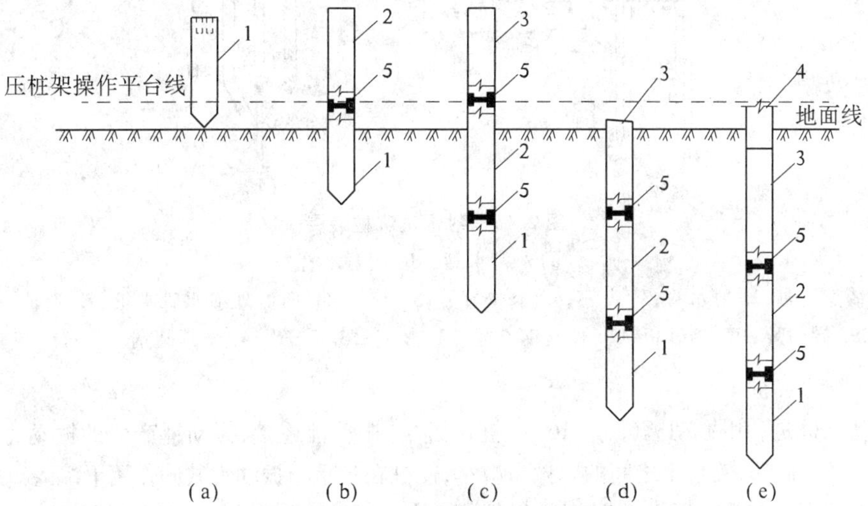

图 2.14　静力压桩工作程序

(a)准备压第一段；(b)接第二段桩；(c)接第三段桩；(d)整根桩压平至地面；(e)采用送桩压桩完毕

1. 第一段桩；2. 第二段桩；3. 第三段桩；4. 送桩；5. 接桩处

(b)]。下沉空心桩，一般用单管内射水。下沉实心桩，将射水管对称地装在桩的两侧。高压水泵用电动离心式，水压 0.5～2.0 MPa，出水量 0.2～2.0 m^3/min。水冲法所需用射水管的数目、直径、水压及消耗水量等数值，一般根据桩的断面、土的种类及入土深度等数据而定。

水冲法沉桩常与锤击或振动配合使用，常见的施工方法有：先用射水管冲桩孔，然后将桩身插入桩孔中；边射水，边锤击(或振动)；射水与锤击交替进行；以锤击或振动为主，射水为辅等。在砂夹卵石层或坚硬土层中射水沉桩时，一般采用以射水为主，锤击或振动为辅的施工方法，以免桩身及桩头被打坏或振坏，并可加快下沉速度(据实测资料统计，比锤击法可提高工效 2～4 倍)。在黏性土和亚黏土中射水沉桩时，一般以锤击或振动为主，射水为辅，并应适当控制射水时间和水量。

利用射水沉桩法施工，吊插桩时要注意及时引送输水胶管，防止拉断与脱落；桩插正立稳后，压上桩帽桩锤，开始用较小水压，使桩靠自重下沉。初期控制桩身下沉不应过快，以免阻塞射水管嘴，并注意随时控制和校正桩的垂直度。下沉渐趋缓慢时，可开锤轻击。沉至一定深度(8～10 m)已能保持桩身稳定度后，可逐步加大水压和锤的冲击动能。沉桩至距设计标高一定距离(1～1.5 m)停止射水，拔出射水管，进行锤击或振动，使桩下沉至设计要求标高，以保证桩的承载力。

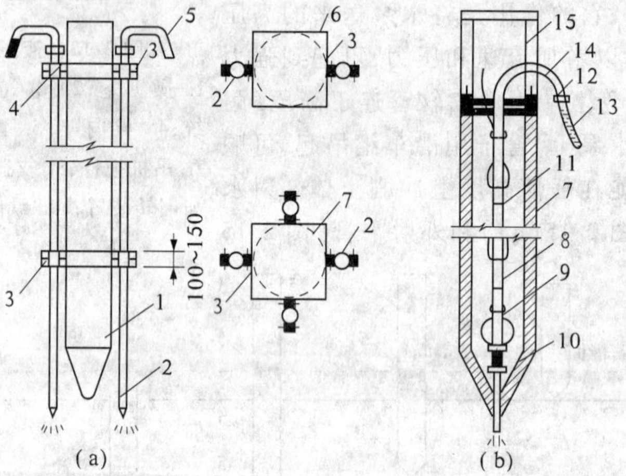

图 2.15　射水法沉桩装置

(a)外射水管；(b)内射水管

1. 预制实心桩；2. 射水管；3. 夹箍；4. 木楔打紧；5. 胶管；6. 两侧外射水管夹箍；7. 管桩；8. 射水管；9. 导向环；10. 挡砂板；11. 保险钢丝绳；12. 变管；13. 胶管；14. 电焊圆钢加强；15. 钢送桩

(4)振动沉桩

振动沉桩是利用振动锤(图 2.16)沉桩，桩顶与振动锤连接，振动锤产生的振动力通过桩身使土体强迫振动，桩与土之间的摩擦力减小，使桩在自重与振动力共同作用下沉入土中。

沉桩过程中，每次振动的时间应根据土质情况及振动机能力大小并通过实地试验确定，一般不超过 10～15 min。振动时间过短，则对土的结构尚未彻底破坏，桩难以下沉；振动时间过长，则振动机零件容易磨损。可以通过调整振动桩锤的振动频率使其与桩体自身频率一致而产生共振，从而提高打桩效率和减轻对周围环境的影响。

振动沉桩施工对端承桩应控制最后三次振动，每次 5 min 或 10 min，以每分钟平均贯入度满足设计要求为准；摩擦桩则以桩尖进入持力层深度为准。

振动沉桩适用于黏土、松散砂土及黄土和软土。尤其在砂土中施工效率最高。钢板桩较多用振动沉桩。

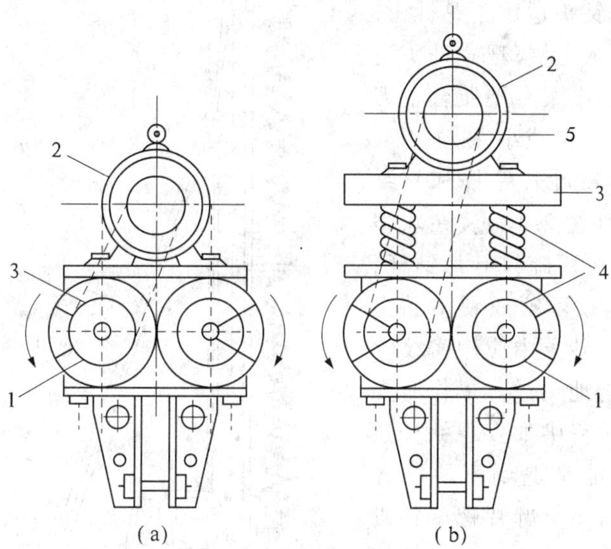

图 2.16　振动桩锤构造

(a)刚性式；(b)柔性式

1. 激振器；2. 电动机；3. 传动带；4. 弹簧；5. 加荷板；

2.1.2　钢筋混凝土灌注桩施工

混凝土及钢筋混凝土灌注桩(简称灌注桩)是直接在桩位上就地成孔，然后在孔内安放钢筋笼、灌注混凝土而成。根据成孔工艺不同，分为干作业成孔的灌注桩、泥浆护壁成孔的灌注桩、套管成孔的灌注桩和爆扩成孔的灌注桩等。灌注桩施工工艺近年来发展很快，还出现夯扩沉管灌注桩、钻孔压浆成桩等一些新工艺。

灌注桩能适应各种地层的变化，无需接桩，施工时无振动、无挤土、噪音小，宜在建筑物密集地区使用。但其操作要求严格，施工后需较长的养护期方可承受荷载，成孔时有大量土渣或泥浆排出。

灌注桩的成孔深度控制对摩擦型桩中的摩擦桩应以设计桩长控制；对端承摩擦桩除应达到设计标高外，还应保证桩端进入持力层的深度。这类桩采用锤击沉管法施工时，桩管入土深度控制以标高为主，以贯入度控制为辅。对端承型桩，如采用钻(冲)、挖成孔时，必须保证桩端进入设计持力层的深度。端承型桩采用锤击沉管法施工时，桩管入土深度控制以贯人度为主，以控制标高为辅。

2.1.2.1　干作业成孔灌注桩

干作业成孔灌注桩适用于地下水位较低、在成孔深度内无地下水的土质，勿需护壁可直接取土成孔。目前常用螺旋钻机成孔，对短桩亦有用洛阳铲成孔的。

螺旋钻机成孔灌注桩是利用动力旋转钻杆，使钻头的螺旋叶片旋转削土，土块沿螺旋叶片上升排出孔外(图2.17)。

螺旋钻孔机的钻头是钻进取土的关键装置,它有多种类型,分别适用于不同土质,常用的有锥头、平底钻头及耙式钻头(图2.18)。锥式钻头适用于黏性土;平底钻头适用于松散土层;耙式钻头适用于杂填土,其钻头边镶有硬质合金刀头,能将碎砖等硬块切削成小 颗粒。

钻杆通常有疏纹叶片钻杆和密纹叶片钻杆两种类型(图2.18)。在软塑土层,含水率大时,可用疏纹叶片钻杆,以便较快地钻进。在可塑或硬塑黏土中,或含水率较小的砂土中应用密纹叶片钻杆,缓慢地均匀地钻进。操作时要求钻杆垂直,钻孔过程中如发现钻杆摇晃或难钻进时,可能是遇到石块等异物,应立即停机检查。全叶片螺旋钻机成孔直径一 般为300~600 mm,钻孔深度为8~20 m。钻进速度应根据电流值变化及时调整。在钻进过程中,应随时清理孔口积土,遇到塌孔、缩孔等异常情况,应及时研究解决。

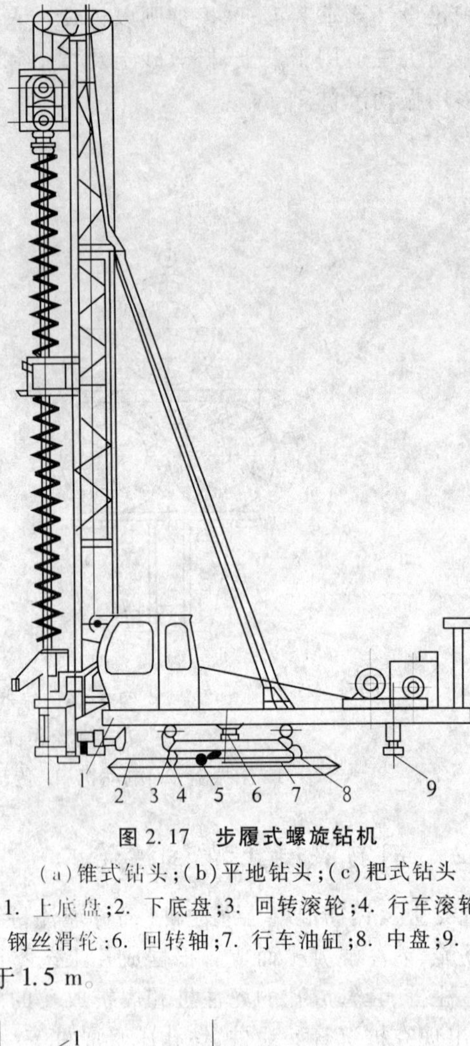

图2.17 步履式螺旋钻机

(a)锥式钻头;(b)平地钻头;(c)耙式钻头

1. 上底盘;2. 下底盘;3. 回转滚轮;4. 行车滚轮;5. 钢丝滑轮;6. 回转轴;7. 行车油缸;8. 中盘;9. 支盘

孔内残留虚土应及时清理,钢筋笼应一次绑扎好,放入孔内后再次测量虚土厚度。混凝土应连续浇筑,每次浇筑高度不得大于1.5 m。

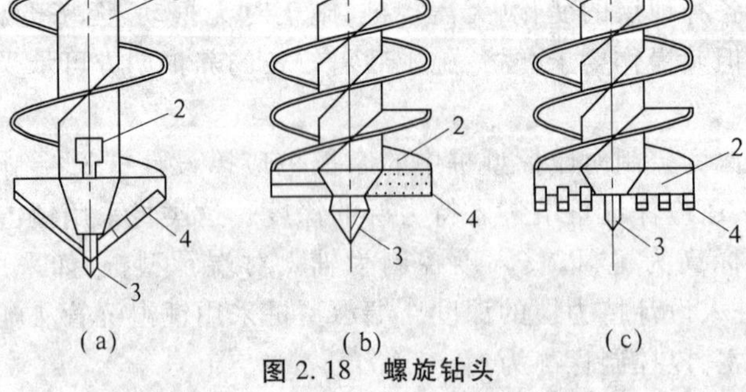

图2.18 螺旋钻头

(a)锥式钻头;(b)平地钻头;(c)耙式钻头

1. 螺旋钻杆;2. 切削片;3. 导向尖;4. 合金刀

2.1.2.2 泥浆护壁成孔灌注桩

泥浆护壁成孔灌注桩是先用钻机进行钻孔,同时在孔中注入泥浆(或清水)以保护孔壁并排出土渣而成孔，然后安放钢筋骨架，进行水下灌注混凝土而成桩。无论土层中地下水位高或低，泥浆护壁成孔皆适用。

在成孔过程中，泥浆具有保护孔壁、防止塌孔、排出土渣以及冷却与润滑钻头的作用，因此，泥浆一般需专门配制。当在黏土中成孔时，也可用孔内钻渣原土自造泥浆。

成孔机械有回转钻机、潜水钻机、冲击钻等，其中以回转钻机应用最多。

(1)回转钻机成孔

回转钻机是由动力装置带动钻机的回转装置转动，并带动带有钻头的钻杆转动，由钻头切削土壤。切削形成的土渣，通过泥浆循环排出桩孔。根据泥浆循环方式的不同，分为正循环和反循环。根据桩型、钻孔深度、土层情况、泥浆排放条件、允许沉渣厚度等进行选择，但对孔深大于 30 m 的端承型桩，宜采用反循环。

正循环回转钻机成孔的工艺如图 2.19(a)所示。由空心钻杆内部通入泥浆或高压水，从钻杆底部喷出，携带钻下的土渣沿孔壁向上流动，由孔口将土渣带出流入泥浆池。

反循环回转机成孔的工艺如图 2.19(b)所示。泥浆带渣流动的方向与正循环回转机成孔的情形相反。反循环工艺的泥浆上流的速度较快，能携带较大的土渣。

在陆地上杂填土或松软土层中钻孔时，应在桩位孔口处埋设护筒，以起定位、保护孔口、维持水头等作用。护筒通常用 3 ~ 5 mm 厚的钢板制作，内径应比钻头直径大100 mm，埋入土中深度通常不宜小于 1.0 ~ 1.5 m，护筒周围用黏土填实，以防漏水。在护筒顶部应开设 1 ~ 2 个溢浆口。在钻孔过程中，应保持护筒内泥浆液面高于地下水位 1 m 以上，防止塌孔。

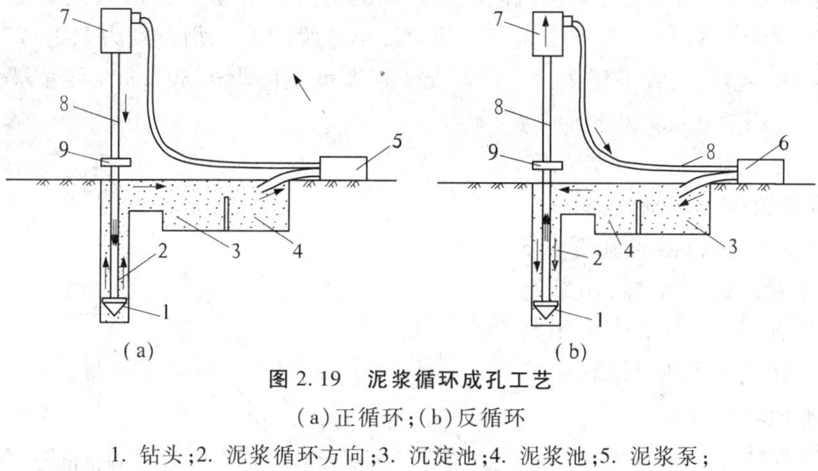

图 2.19　泥浆循环成孔工艺

(a)正循环；(b)反循环

1. 钻头；2. 泥浆循环方向；3. 沉淀池；4. 泥浆池；5. 泥浆泵；6. 砂石泵；7. 水龙头；8. 钻杆；9. 钻机回转装置

在黏土中钻孔，可采用自造泥浆护壁；在砂土中钻孔，则应注入制备泥浆，泥浆的性能指标参见表 2.3。一般注入的泥浆比重控制在 1.1 左右，排出泥浆的比重宜为 1.2 ~ 1.4。钻孔达到要求的深度后，测量沉渣厚度，进行清孔。以原土造浆的钻孔，清孔可用射水法，此时钻具只转不进，待泥浆比重降到 1.1 左右即认为清孔合格；注入制备泥浆的钻孔，可采用换浆法清孔，至换出泥浆的比重小于 1.15 时方为合格。

钻孔灌注桩的桩孔钻成并清孔后，应尽快吊放钢筋骨架并灌注混凝土。在无水或少

表 2.3　膨润土泥浆的性能指标

项次	项目	性能指标	检验方法
1	相对密度	1.05~1.25	泥浆密度计
2	黏度	18~25 s	500/700 mL 漏斗法
3	含砂率	<4%	含砂量计
4	胶体率	>98%	量杯法
5	失水量	<30 mL/30 min	失水量仪
6	泥皮厚度	1~3 mm/30 min	失水量仪
7	静切力	1 min　2~3 Pa 10 min　5~10 Pa	静切力计
8	稳定性	<0.03 g/cm^2	

水的浅桩孔中灌注混凝土时，应分层浇筑振实，每层高度一般为 0.5~0.6 m，不得大于 1.5 m。混凝土坍落度在一般黏性土中宜用 50~70 mm；砂类土中用 70~90 mm；黄土中用 60~90 mm。

当桩孔中存在地下水时，混凝土的灌注通常采用垂直导管灌注法。导管灌注法是将密封连接的钢管作为水下混凝土的灌注通道，混凝土倾落时沿竖向导管下落。导管的作用是隔离环境水，使其不与混凝土接触。导管底部以适当的深度埋在灌入的混凝土拌和物内，导管内的混凝土在一定的落差压力作用下，压挤下部管口的混凝土，迫使其在已浇的混凝土层内部流动、扩散，以完成混凝土的浇筑工作，形成连续密实的混凝土桩身(图 2.20)。

钢筋骨架固定之后，应抓紧浇筑混凝土。混凝土强度不应小于 C20，混凝土选用的粗集料粒径不宜大于 30 mm，且不得大于钢筋间最小净距的 1/3，坍落度为 160~220 mm，含砂率宜为 40%~45%，宜采用中砂。钢筋保护层厚度不应小于 50 mm。导管最大外径应比钢筋笼内径小 100 mm 以上。

灌筑混凝土前，先将导管吊入桩孔内，导管顶部高于泥浆面 3~4 m并连接漏斗，底部距桩孔低 0.3~0.5 m，导管内设隔水栓，用细钢丝悬吊在导管下口，隔水栓可用预制混凝土块四周加橡皮封圈、橡胶球胆或软木球。

图 2.20　水下浇筑混凝土示意图

1. 翻斗车；2. 料斗；3. 储料漏斗；4. 导管；5. 护筒

灌筑混凝土时，先在漏斗内灌入足够量的混凝土，保证混凝土下落后能将导管下端埋入不小于 1500 mm，然后剪断铁丝，隔水栓下落，混凝土在自重的作用下，随隔水栓冲出导管下口，并把导管底部埋入混凝土内，用橡胶球胆或木球做的隔水栓浮出水面后可回收重复使用，然后连续灌筑混凝土，当导管埋入混凝土达 2 ~2.5 m 时,即可提升导管,提升速度不宜过快,应保持导管埋在混凝土内 1 m以上,这样连续灌注,一直到桩顶为止。

水下灌注混凝土至桩顶时,应适当超过桩顶设计标高,以保证在凿除含有泥浆的桩段后,桩顶标高和质量能符合设计要求。

施工后的灌注桩应保证内在质量、平面位置及垂直度都需满足规范的规定。

(2)潜水钻机成孔

潜水钻机是一种旋转式钻孔机械,其动力、变速机构和钻头连在一起,加以密封,因而可以下放至孔中地下水位以下进行切削土壤成孔(图 2.21)。用正循环工艺输入泥浆,进行护壁和将钻下的土渣排出孔外。

潜水钻机成孔,亦需先埋设护筒,其他施工过程皆与回转钻机成孔相似。

(3)冲击钻成孔

冲击钻主要用于在岩土层中成孔,成孔时将冲锥式钻头提升一定高度后以自由下落的冲击力来破碎岩层,然后用掏渣筒来掏取孔内的渣浆(图 2.22)。

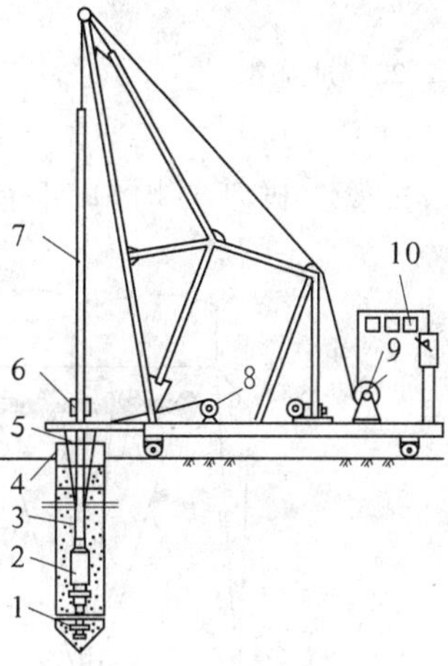

图 2.21　潜水钻机

1. 钻头;2. 潜水钻机;3. 电缆;4. 护筒;
5. 水管;6. 滚轮支点;7. 钻杆;
8. 电缆盘;9. 卷扬机;10. 控制箱

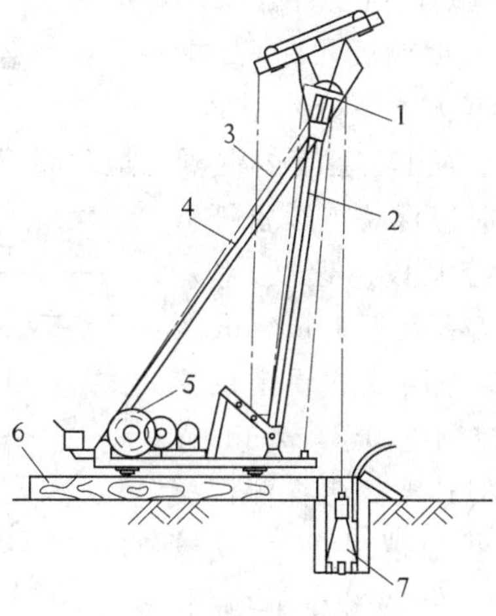

图 2.22　冲击钻机

1. 滑轮;2. 主杆;3. 拉索;4. 斜撑;
5. 卷扬机;6. 垫木;7. 钻头

(4)冲抓锥成孔

冲抓锥成孔是将冲抓锥头提升到一定高度,锥头内有重铁块和活动抓片,下落时松开卷扬机刹车,抓片张开,锥头自由下落冲入土中,然后开动卷扬机拉升锥头,此时抓片闭合抓土,将冲抓锥整体提升至地面卸土,依次循环成孔,如图 2.23 所示。冲抓锥成孔适用于松散土层。

2.1.2.3　套管成孔灌注桩

套管成孔灌注桩是利用锤击打桩法或振动沉桩,将带有钢筋混凝土桩靴(又叫桩尖)或带有活瓣式桩靴(图 2.24)的钢套管沉入土中,然后边拔管边灌注混凝土而成。若配有钢筋时,则在浇筑混凝土前先吊放钢筋骨架。利用锤击沉桩设备沉管、拔管时,称为锤击沉管灌注桩;利用激振器的振动沉管、拔管时,称为振动沉管灌注桩。图 2.25 为沉管灌注桩施工过程示意图。

(1)锤击沉管灌注桩

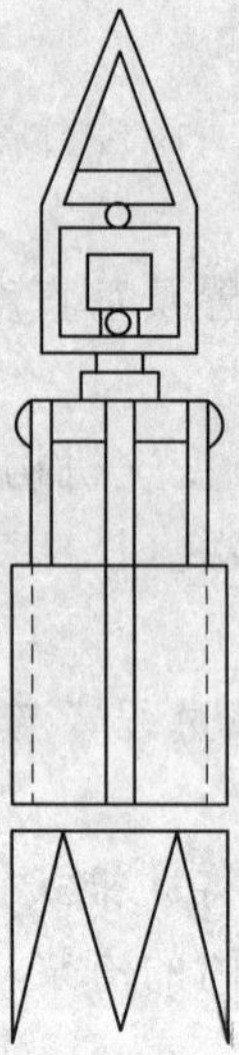

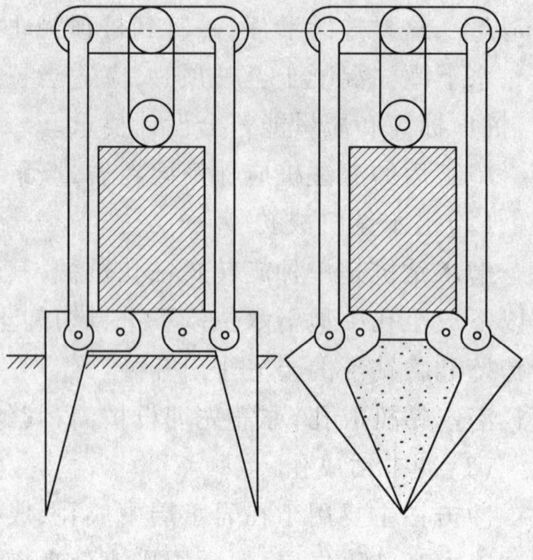

(a) (b)

图 2.23 冲抓锥

(a)抓土;(b)提土

锤击灌注桩施工时,用桩架吊起钢套管,关闭活瓣或对准预先设在桩位处的预制混凝土桩靴,套入桩靴。套管与桩靴连接处要垫以麻、草绳,以防止地下水渗入管内。然后缓缓放下套管,压进土中。套管上端扣上桩帽,检查套管与桩锤是否在一垂直线上,套管偏斜≤0.5%时,即可起锤沉套管。先用低锤轻击,观察后如无偏移,才正常施打,直至符合设计要求的贯入度或沉入标高,并检查管内有无泥浆或水进入,即可灌注混凝土。套管内混凝土应尽量灌满,然后开始拔管。拔管要均匀,不宜拔管过高。拔管时应保持连续密锤低击不停。控制拔出速度,对一般土层,以不大于 1 m/min 为宜;在软弱土层及软硬土层交界处,应控制在 0.8 m/min 以内。拔管时还要经常探测混凝土落下的扩散情况,注意使管内的混凝土保持略高于地面,这样一直到全管拔出为止。桩的中心距小于 5 倍桩管外径或小于 2 m 时,均应跳打。中间空出的桩须待邻桩混凝土达到设计强度的 50% 以后方可施打。以防止因挤土效应而使前面的桩发生桩身断裂。

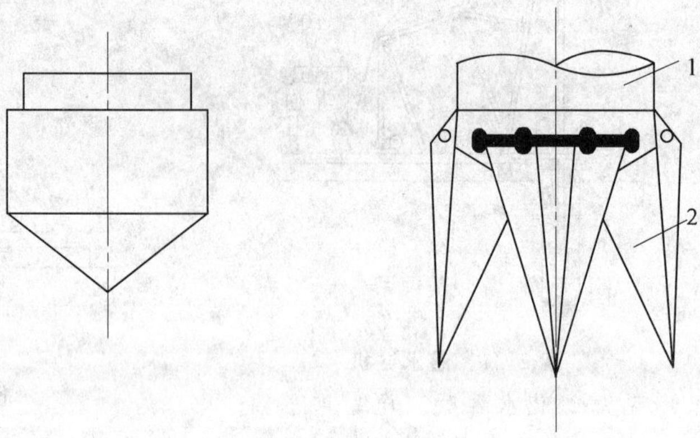

(a) (b)

图 2.24 桩靴示意图

(a)钢筋混凝土桩靴;(b)钢活瓣桩靴

1. 桩管;2. 活瓣

为了提高桩的质量和承载能力,常采用复打扩大灌注桩。其施工顺序如下:在第一次灌注桩施工完毕,拔出套管后,清除管外壁上的污泥和桩孔周围地面的浮土,立即在原桩位再埋预制桩靴或合好活瓣第二次复打沉套管,使未凝固的混凝土向四周挤压扩大桩径,然后第二次灌注混凝土。拔管方法与初打时相同。施工时要注意:前后两次沉管的轴线应复合;复打施工必须在第一次灌注的混凝土初凝之前进行,也有采用内夯管进行夯扩的施工方法。复打施工时要注意:前后两次沉管的轴线应重合;复打施工必须在第一次灌注的混凝土初凝之前进行。复打法第一次灌注混凝土前不能放置钢筋笼,如配有钢筋,应在第二次灌注混凝土前放置。

由于复打,可使灌注桩的桩径比钢桩套桩管管径扩大达 80%,而单打法只能使桩径较钢桩管的管径扩大约 30%。再由于未凝固的混凝土受到钢桩管的冲击及挤压而朝径向胀开,也提高了混凝土的密实度,提高了桩的承载力。

根据实际需要,可采用全部复打或局部复打等处理办法,如图 2. 26 所示。

锤击灌注桩宜用于一般黏性土、淤泥质土、砂土和人工填土地基。

(2)振动沉管灌注桩

振动灌注桩采用振动锤或振动冲击锤沉管,其设备见图 2. 27。施工前,先安装好桩机,将桩管下端活瓣合起来或套入桩靴,对准桩位,徐徐放下套管,压入土中,勿使偏斜,即可开动激振器沉管。桩管受振后与土体之间摩阻力减小,同时利用振动锤自重在套管上加压,套管即能沉入土中。沉管时,必须严格控制最后的贯入速度,其值按设计要求,或根据试桩和当地的施工经验确定。

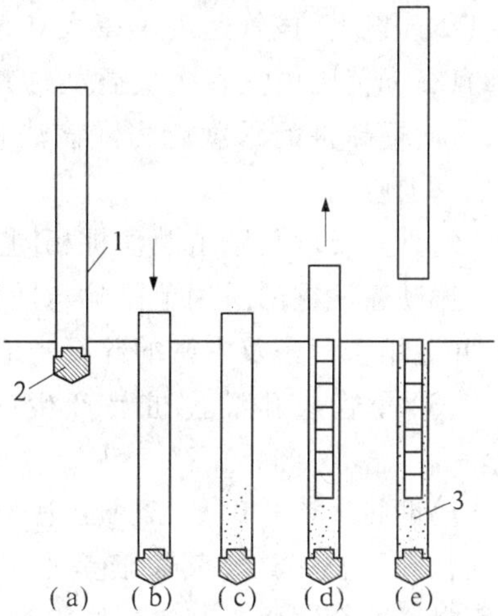

图 2. 25　沉管灌注桩施工过程

(a)就位;(b)沉套管;(c)初灌混凝土;(d)放置钢筋笼、灌注混凝土;(e)拔管成桩

1. 钢管;2. 桩靴;3. 桩

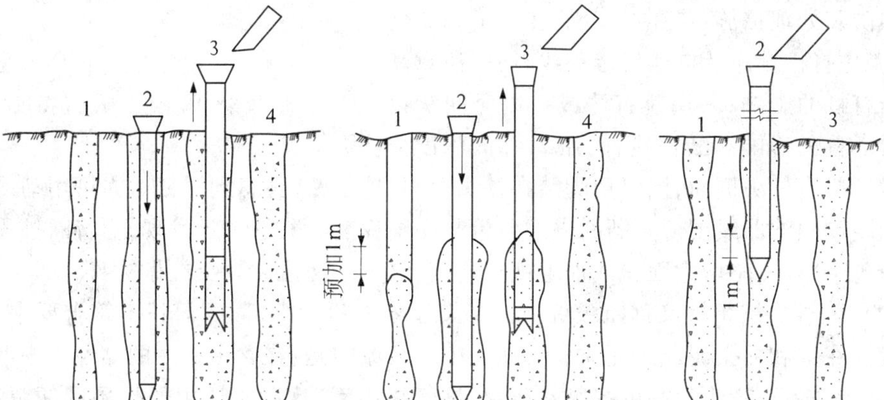

图 2. 26　复打法示意图

(a)全部复打;(b)、(c)局部复打

1. 单打桩;2. 沉管;3. 第二次浇筑混凝土;4. 复打桩

振动灌注桩可采用单打法、反插法或复打法施工。

单打施工时,在沉入土中的套管内灌满混凝土,开动激振器,振动 5 ~ 10 s,开始拔管,边振边拔。每拔 0. 5 ~ 1 m,停拔振动 5 ~ 10 s,如此反复,直到套管全部拔出。在一般土层内拔管速度宜为 1. 2 ~ 1. 5 m/min,在较软弱土层中,不得大于 0. 8 m/min。

反插法施工时,在套管内灌满混凝土后,先振动再开始拔管,每次拔管高度 0. 5 ~ 1. 0 m,向下反插深度 0. 3 ~ 0. 5 m。如此反复进行并始终保持振动,直至套管全部拔出地面。在拔管过程中应分段添加混凝土,保持管内混凝土面始终不低于地表面,或高于地下水位1~1.5 m以上,拔管速度不得大0.5 m/min,在桩尖约1.5 m范围内宜多次反插,以扩大桩的端部截面,从而提高桩的承载能力。该法宜在较差的软土地基上应用。

复打法要求与锤击灌注桩相同。

振动灌注桩的适用范围除与锤击灌注桩相同外,并适用于稍密及中密的碎石土地基。

(3)套管成孔灌注桩易产生的质量问题及处理

1)断桩　断桩一般常见于地面下1~3 m的不同软硬层交接处。其裂痕呈水平或略倾斜,一般都贯通整个截面。其主要原因有:桩距过小,邻桩施打时土的挤压所产生的水平横向推力和隆起上拔力的影响;软硬土层间传递水平力大小不同,对桩产生剪应力;桩身混凝土终凝不久,强度弱,承受不了外力的影响。

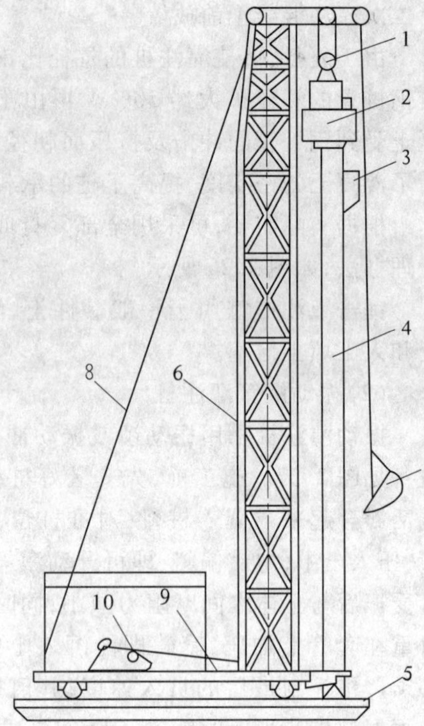

图2.27　振动沉管灌注桩设备

1. 滑轮组;2. 振动器;3. 漏斗;4. 桩管;5. 吊斗;6. 枕木;7. 机架;8. 拉索;9. 架底;10. 卷扬机

预防及处理措施:桩的中心距宜大于3.5倍桩径;考虑打桩顺序及桩架行走路线时,应注意减少对新打桩的影响;采用跳打法或控制时间法以减少对邻桩的影响。断桩检查,在2~3m深度内可用木锤敲击桩头侧面,同时用脚踏在桩头上,如桩已断,会感到浮振。亦可用动测法,由波形曲线和频波曲线图形判断断桩的质量与完整程度。断桩一旦发现,应将断桩段拔出,将孔清理干净后,略增大面积或加上铁箍连接,再重新灌注混凝土补做桩身。

2)缩颈桩　缩颈桩又称瓶颈桩。桩在某部分桩颈缩小,截面面积不符合要求。缩颈桩常发生在饱和的淤泥或淤泥质软土地基中。其原因是:在含水率大的黏性土中沉管时,强烈扰动和挤压,产生很高的孔隙水压力,桩管拔出后,这种水压力便作用到新灌注的混凝土桩上,产生不同程度的颈缩现象;拔管过快,混凝土量少,或和易性差,使混凝土出管时扩散差等。

预防及处理措施:采用复打法施工。在施工过程中应保持混凝土在管中有足够高度。

3)吊脚桩　即桩底部混凝土隔空,或混凝土中混进泥砂而形成松软层。原因是桩靴强度不够,沉管时被破坏变形,水或泥砂进入套管,或活瓣未及时打开。

处理措施:将桩管拔出,纠正桩靴或将砂回填桩孔后重新沉管。

4)桩靴进水进泥　常发生在地下水位高或饱和淤泥或粉砂土层中。原因是桩靴活瓣闭合不严、预制桩靴被打坏或活瓣变形。

预防及处理措施:拔出桩管,清除泥砂,整修桩靴活瓣,用砂回填后重打。地下水位高时,可待桩管沉至地下水时,先灌入0.5 m厚的水泥砂浆作封底,再灌1 m高混凝土增压,然后再继续沉管。

5)有隔层　原因是钢套管和管径较小;混凝土骨料粒径过大、和易性差;拔管速度太快。

预防及处理措施:施工时严格控制混凝土的坍落度≥5 ~ 7 cm,骨料粒径≤30 cm;拔管速度在淤泥中≤0.8 m/min,拔管时宜密振慢拔。

2.1.2.4　爆扩成孔灌注桩

爆扩成孔灌注桩是用钻孔爆扩成孔,孔底放入炸药,再灌入适量的混凝土,然后引爆,使孔底形成扩大头。放置钢筋笼,浇筑桩身混凝土制成的桩(图 2.28)。

爆扩成孔灌注桩在黏性土层中使用效果较好,但在软土及砂土中不易成型。桩长(H)一般为 3 ~6 m,最长不超过 10 m。扩大头直径 D 为 2.5 ~3.5d。这种桩具有成孔简单、节省劳力和成本低等优点。但检查质量不便,施工质量要求严格。

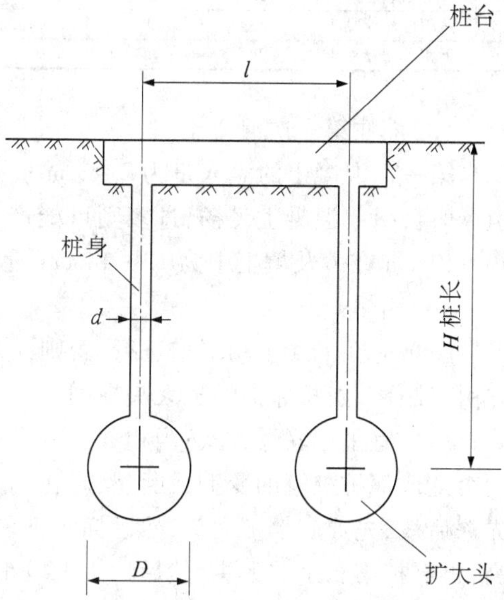

图 2.28　爆扩桩示意图

扩大头爆扩的工作包括计算用药量、安放药包、灌注第一次混凝土、通电引爆、检查扩大头直径和捣实扩大头混凝土等。

(1)炸药用量

爆扩桩施工中使用的炸药宜用硝铵炸药和电雷管。用药量与扩大头尺寸和土质有关,施工前应在现场做爆扩成型试验后确定,亦可按下式估算:

$$D = K\sqrt[3]{Q} \tag{2.1}$$

式中　Q——炸药用量(kg),参考表 2.4 选用;

D——扩大头直径(m);

K——土质影响系数,参考表 2.5 选用。

(2)药包安放

药包须用塑料薄膜等防水材料紧密包扎,并用防水材料封闭以防浸水受潮出现瞎炮。药包宜做成扁平状,每个药包在中心处并联放置两个雷管。药包放于孔底正中,上面填盖 15 ~20 cm 厚的砂,以保护药包,避免被混凝土冲破。

表 2.4　爆扩大头用药量参考表

扩大头直径(m)	0.6	0.7	0.8	0.9	1.0	1.1	1.2
炸药用量(kg)	0.30 ~0.45	0.45 ~0.60	0.60 ~0.75	0.75 ~0.90	0.90 ~1.10	1.10 ~1.30	1.30 ~1.50

注:(1)表内数值适用于地面以下深度 3.5 ~9.0 m 的黏性土,土质松软时取小值,坚硬时取大值;

(2)在地面以下 2.0 ~3.0 m 的土层中爆扩时,用药量应较表值减少 20 ~30%;

(3)在砂类土中爆扩时用药量应较表值增加 10%。

土木工程施工

表 2.5 土质影响系数 K 值表

项次	土的类别	变形模量 E (MPa)	天然地基计算强度 R_H(MPa)	土质影响系数 K	项次	土的类别	变形模量 E (MPa)	天然地基计算强度 R_H(MPa)	土质影响系数 K
1	坡积黏土	50	0.40	0.7 ~ 0.9	7	沉积可塑亚黏土	8	0.20	1.03 ~ 1.21
2	坡积黏土、亚黏土	14	—	0.8 ~ 0.9	8	黄土类亚黏土	—	0.12 ~ 0.14	1.19
3	亚黏土	13.4	—	1.0 ~ 1.1	9	卵石层	—	0.60	1.07 ~ 1.18
4	冲积黏土	12	0.15	1.25 ~ 1.30	10	松散角砾			0.04 ~ 0.99
5	残积可塑亚黏土	13	0.2 ~ 0.25	1.15 ~ 1.30	11	稍湿亚黏土			0.8 ~ 1.0
6	沉积可塑亚黏土	24	0.25	1.02					

(3)灌注第一次混凝土

第一次混凝土的灌入量为 2 ~ 3 m 桩孔深,或为扩大头体积的 50%。混凝土量过少,引爆时会引起混凝土飞扬,过多则可能产生"拒落"事故。混凝土的坍落度,在黏土中为 10 ~ 12 cm 在砂及填土中为 12 ~ 14 cm,骨料粒径不宜大于 25 mm。

(4)引爆

引爆应在混凝土初凝前进行,否则易出现混凝土拒落。为了保证施工质量,应严格遵守引爆顺序,当相邻桩的扩大头在同一标高,若桩距大于爆扩影响间距时,可采用单爆方式;反之,宜采用联爆方式;当相邻的扩大头不在同一标高,引爆顺序必须是先浅后深,否则会造成深桩桩身的变型或断裂;当在同一根桩柱上有两个扩大头时,引爆的顺序只能是先深后浅,先炸底部扩大头,然后插入下段钢筋骨架,灌筑下段混凝土至第二个扩大头标高,再爆扩第二个扩大头,然后插入上段钢筋骨架,灌筑上部混凝土。

(5)灌筑桩身混凝土

扩大头底部混凝土捣实后,随即放置钢筋骨架,并分层灌筑、分层捣实桩身混凝土。混凝土应连续灌筑完毕,不留施工缝,应保证扩大头与桩身形成整体浇筑的混凝土。混凝土浇筑完毕后,应用草袋覆盖并洒水养护。在干燥的砂类土地区,还需对桩的周围浇水养护。

2.1.3 水域钻孔桩施工

桥梁等基础的施工通常在水域中进行,水域钻孔时也应在桩孔口预先埋设护筒,埋设护筒前先筑岛,当水深小于 3 m 时,为减少筑岛填土量,可适当提高护筒顶面标高(图 2.29)。如岛底河床为淤泥或软土,宜挖除换以砂土;若排淤换土工作量大,则可用长护

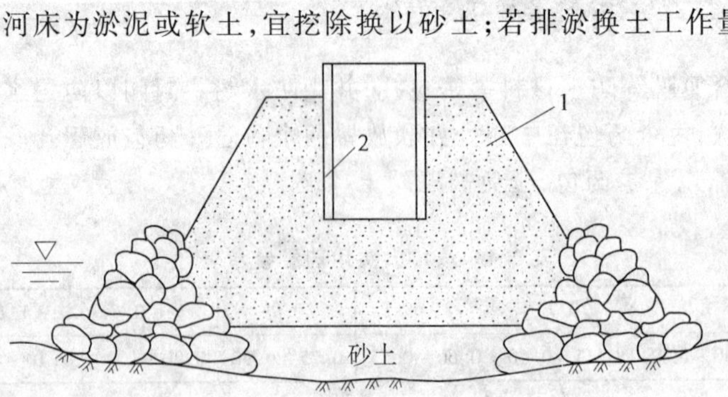

图 2.29 围堰筑岛埋设护筒

1. 夯填黏土;2. 护筒

筒,使其沉入河底土层中。在水深超过 3 m 的深水区,宜搭设工作平台(可为支架平台、浮船、钢板桩围堰、木排、浮运薄壳沉井等),下沉护筒的定位导向架与下沉护筒见图 2.30。

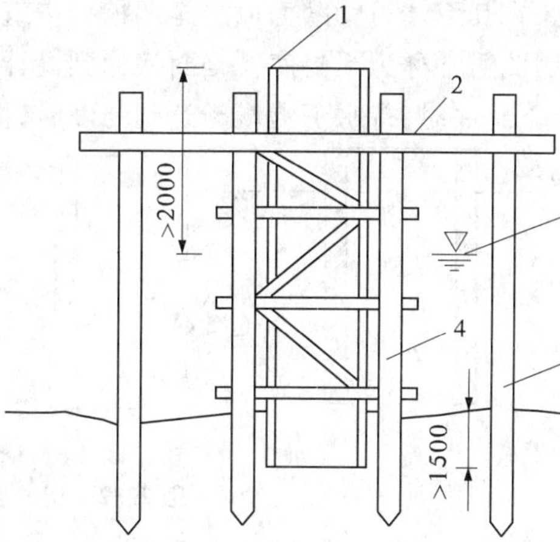

图 2.30　搭设平台固定护筒

1. 护筒;2. 工作平台;3. 施工水位;4. 导向架;5. 支架

成孔的方法和成孔后桩身钢筋混凝土的施工工艺及质量标准与旱地钻孔灌注桩相同。

2.2　沉井施工

2.2.1　概述

沉井是以现场浇筑、挖土下沉方式没入土中的深基础。由于其断面尺寸大、承载力高而多作为大、重型结构物的基础,在桥梁、水闸及港口等工程中应用广泛,同时以其施工方便、对邻近建筑物影响小且内部空间可被利用等特点,已成为工业建筑物尤其是软土中地下建筑物的主要基础类型之一。

沉井的类型较多。按沉井所用材料不同可分为:砖石沉井、素混凝土沉井、钢筋混凝土沉井。按沉井的横截面形状分为:单孔沉井、单排孔沉井和多排孔沉井,如图 2.31 所示。

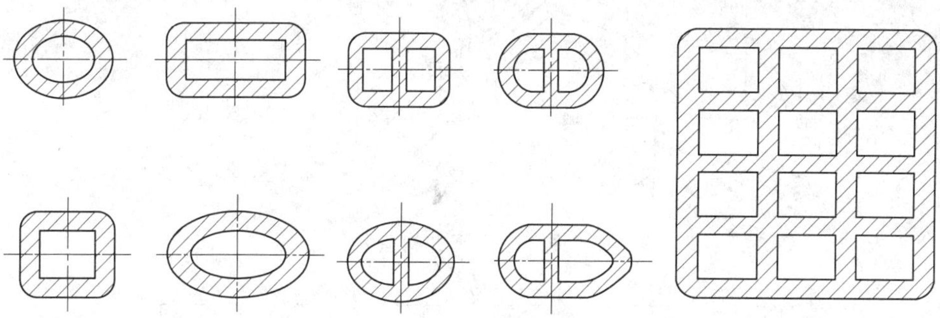

图 2.31　沉井横断面形状

(a)单孔沉井;(b)单排孔沉井;(c)多排孔沉井

按沉井竖直截面形状分为:柱形沉井、阶梯形沉井和锥形沉井,如图 2.32 所示。

沉井主要由刃脚、井壁、内隔墙或竖向框架、凹槽、底板及顶板组成(图 2.33)。刃脚位于井壁的最下端,其形状似刀刃(图 2.34)。刃脚的作用是在沉井下沉时,减少土的阻力,以便于切入土中,故要求刃脚应具备足够的强度,以免产生挠曲或被破坏。井壁即沉井的外壁,是沉井的主要部分,为使其能抵抗四周的土压力和水压力并在自重作用下顺利下沉,沉井要有足够的强度和重量。由于使用或结构上的需要,在沉井井筒内设置隔墙,从而使沉井的刚度也得到了加强。凹槽位于刃脚内侧上方,其作用在于沉井封底时使井壁与封底混凝土连接在一起,以使封底底面反力更好的传递给井壁。待沉井下沉到设计标高后,在其下端刃脚踏面以上至凹槽处浇筑混凝土,形成封底。封底可防止地下水涌入井内,因此通常称为干封底。当封底达到设计强度后,在凹槽处浇筑钢筋混凝土底板。若采用水下封底时,待水下混凝土达到强度时,抽干水后再浇注钢筋混凝土底板。

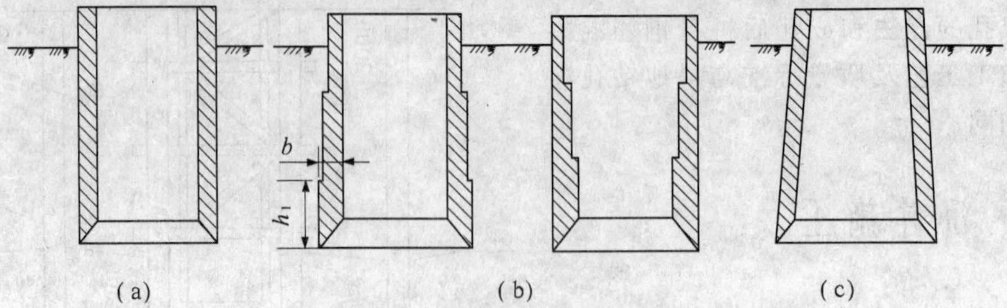

图 2.32　沉井竖向剖面形式

(a)柱形孔沉井;(b)阶梯形沉井;(c)锥形沉井

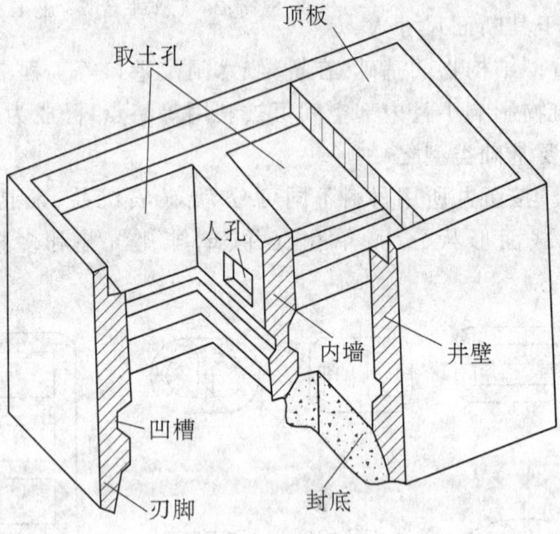

图 2.33　沉井构造

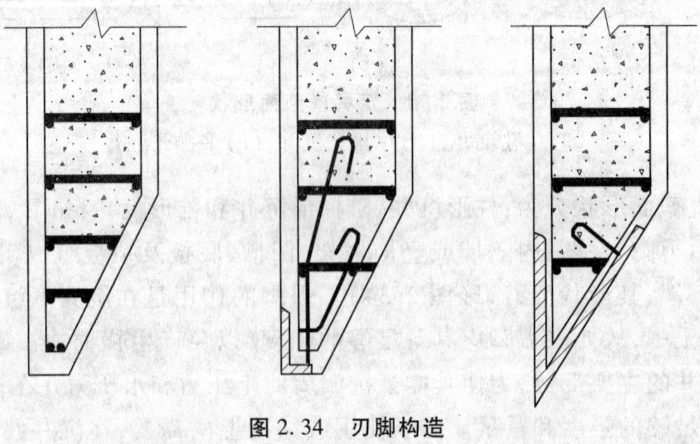

图 2.34　刃脚构造

2.2.2　沉井施工

沉井的施工方法主要取决于施工场地的工程地质及水文地质条件和所具备的技术力量、施工机具及设备。下面介绍一般沉井的施工工艺。

2.2.2.1　准备工作

(1)平整场地

沉井施工场地要仔细平整,平整范围宽于沉井外侧 1 ~ 3 m。天然地面土质较硬时,可只将地表杂物清除并整平,否则应在基坑处铺填砂垫层,如图 2.35 所示,以免沉井在开始浇制时产生较大的不均匀沉降。砂垫层的厚度一般不小于 0.5 m,并应方便抽取垫木。

(2)放线定位

在制作沉井之前,对于沉井的平面位置应仔细测量,把沉井的中轴线和外轮廓线放好,定位要准确,经验收合格后方能施工。

2.2.2.2　沉井制作

通常沉井在原位制作,如果土层不均匀,应首先在经平整放线定位的场地上铺一层砂垫层,厚 0.5 m 左右,然后在沉井刃脚处对称地安置适当的垫木(图 2.35)。垫木的作用是支撑第一节沉井的重量,并按垫木定位支设模板和绑扎钢筋。垫木一般为枕木或方木,其数量、尺寸和间距由计算确定。垫木之间的空隙用砂土填实,以便于抽取垫木,使沉井下沉。若土层均匀,也可不放置垫木,直接铺筑一层与沉井井壁宽度相适应的混凝土,代替砂垫层和垫木。

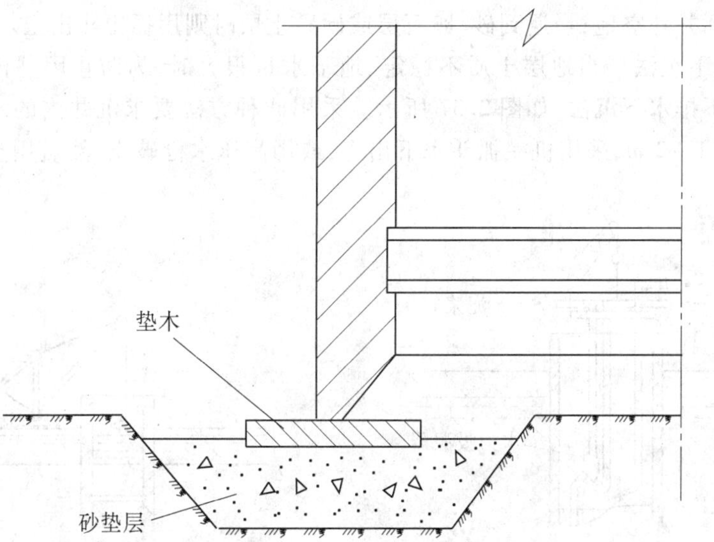

图 2.35　基坑砂垫层剖面

当地基为可塑或硬塑状的均匀黏性土时,可采用土模法制作沉井。在定位放线部位,按设计刃脚的尺寸仔细开挖黏性土基槽,以黏性土作为天然模板,代替砂垫层、垫木及人工制作刃脚木模。此方法可节省时间和费用。

为防止制作沉井时发生倾斜,在浇筑沉井混凝土时,应对称浇筑,均匀进行。当沉井采取分节制作时，在第一节沉井的混凝土达到设计强度的70%后，方可浇筑其上一节沉井的混凝土。

2.2.2.3　**沉井的下沉**

当沉井第一节混凝土或砌筑砂浆达到设计强度以后，其余各节混凝土或砌筑砂浆达到设计强度的70%后，方可下沉。

(1)拆除垫木

拆除垫木应对称进行、力求平稳，以免造成沉井倾斜。垫木拆除的一般顺序是：对矩形沉井，先拆内隔墙下的，再拆短边井壁下的，最后拆长边下的；长边下垫木应隔根抽出，然后以四角处的定位垫木为中心由远及近对称抽出，最后抽定位垫木。在每次抽出垫木以后，刃角下空位应立即用砂填实。

(2)取土下沉

根据沉井所遇到土层的土质条件及透水性能，常见沉井下沉的方法有下列几种：

1)人工挖土法　此法主要用于无地下水或地下水量不大的小型沉井。为能使沉井均匀竖直下沉，防止出现倾斜，应分层、均匀、对称地挖土，而且不宜从沉井刃脚踏面下挖土，否则，容易形成局部沉井悬空，影响沉井正常下沉。对于软弱土质，挖土时应在沉井刃脚周围保留土堤，使沉井挤土下沉，利于预防沉井倾斜。

2)排水下沉法　当沉井所穿越的土层较稳定，不会因排水而产生大量流砂出现塌陷时，采用排水挖土下沉施工，如图2.36所示。当土质为砂土或软黏土时，可先用高压水枪把沉井内泥土冲散(水枪水压一般为2.5～3.0 MPa)，稀释成泥浆，然后用水力吸泥机将泥浆吸出，排到井外空地；当遇到砂、卵石层或硬黏土层时则用抓土斗出土。

3)不排水下沉法　当地层土质不稳定、地下水量很大时，为防止因井内排水而产生流砂，可采用不排水下沉法，如图2.37所示。采用此种方法要求沉井内的水位始终保持高于井外水位1～2 m，采用机械抓斗水下出土，或用高压水枪破土，然后用空气吸泥机将泥水排出。

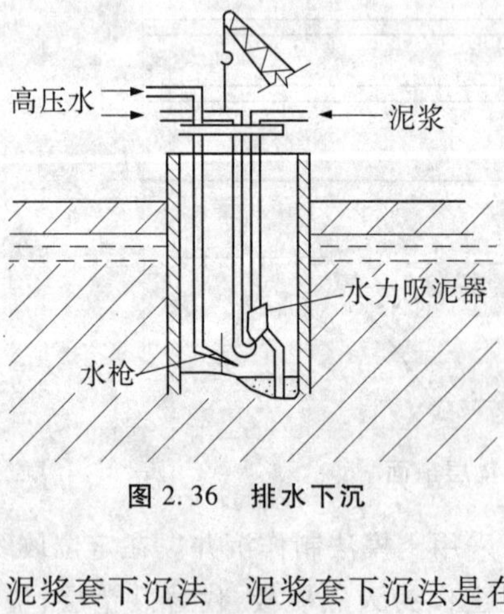

图2.36　排水下沉

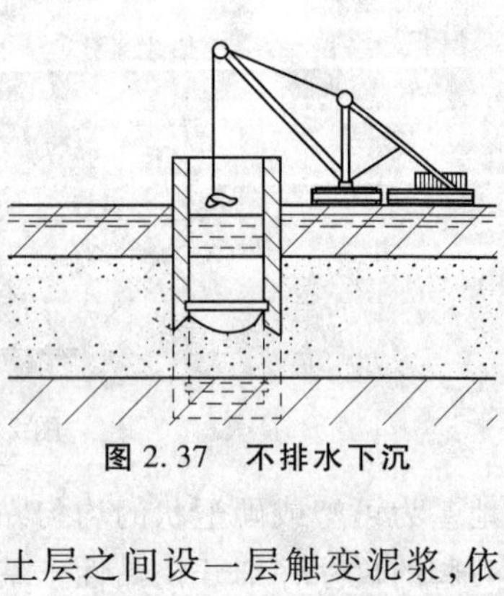

图2.37　不排水下沉

4)泥浆套下沉法　泥浆套下沉法是在沉井壁与土层之间设一层触变泥浆，依靠泥浆的润滑作用减小土体对沉井的阻力，使沉井平稳顺利下沉。另外，由于泥浆大大减少了土层对井壁的阻力，据此，在相同条件下可以减轻沉井自重。

(3)沉井接筑

当第一节沉井下沉到预定深度时,可停止挖土下沉,然后立模浇制,接长井壁及内隔墙,再沉再接。每次接筑的最大高度一般不宜超过5 m,且应尽量对称、均匀地浇筑,以防倾斜。

(4)测量监控

为保证沉井均匀下沉,必须重视沉井下沉的测量监控,尤其对于平面尺寸大或深度大的沉井更为重要。通常大中型沉井每班至少测量两次,发现倾斜应立即采取相应措施,及时纠正。

(5)沉井封底

当沉井下沉至设计标高后,停止挖土并进行沉降观测,当8 h内下沉量不超过10 mm时,即可封底。通常沉井封底分为干封法和水下封底法。

1)干封法 将沉井底部土面全部挖至设计标高,并在中间局部深挖以形成集水井。用水泵在集水井中连续抽水,使地下水位面降至沉井底面以下,然后用掺有早强剂的混凝土将集水井以外的全部底板一次浇筑,待底板混凝土达到设计强度后,用掺有速凝剂的混凝土迅速将集水井封死。

2)水下封底法 将基底土渣清除干净,如为软土应铺碎石垫层。安装水下浇筑混凝土的钢导管,导管管段的接头应密封良好。水下浇筑混凝土的强度等级应比设计强度提高10%~15%。水灰比不宜大于0.6,并有良好的和易性,初期坍落度宜为14~16 cm,以后应为16~22 cm。每立方米混凝土中水泥用量一般为300~400 kg。浇筑混凝土时,导管插入混凝土的深度不小于1 m。沉井全部底面的混凝土应连续浇筑、一次完成。

由于干封法成本低、施工快,且易于保证质量,因而应优先采用。只有当抽取地下水可能遇到流砂无法采用干封法时,可选用水下封底法。

2.2.3 沉井纠偏

由于施工场地的工程地质条件的复杂性和施工条件的多变性,即使在沉井施工之前做了必要的准备工作,但在施工过程中仍然可能遇到一些问题。

(1)沉井难沉

沉井难沉指井内的土挖出后,井下沉过慢或不下沉,甚至将刃角下掏空还不下沉。遇到这类情况,应先调查分析其原因,并采取相应措施。如因沉井外壁摩擦力过大造成难沉,可采用在井壁外侧挖土、用水管射水冲刷或灌注膨润土等方法已减小其摩擦力,有时也可以采用施加荷重等办法迫使其下沉。如遇大块石等障碍物,必要时可用小型爆破清除。若水下无法清理障碍物,可由潜水员进行水下清理。

(2)沉井突沉

在软土地基中沉井施工,常发生突然下沉现象。突沉的原因主要是土对井壁的侧摩擦力较小,当刃脚下土被挖除后沉井失去支撑而剧烈下沉。突沉容易使沉井产生倾斜或超沉,尤其是当下沉接近设计标高时,更应注意防止突沉。可以通过控制刃角下的挖土深度,对称均匀挖土,以及通过加大刃脚踏面宽度和设置底梁等措施予以防止。

(3)沉井倾斜

沉井倾斜是沉井下沉过程中经常出现的问题,应当注意防止并及时纠正。沉井倾斜应以预防为主,加强测量工作,发现倾斜应及时分析产生原因,迅速采取措施。常见纠正沉井倾斜的方法是:对于下沉少的一侧加快挖土,或在沉井顶部施加荷载,以及用高压水冲刷刃脚底部等。而对于下沉多的一侧,则停止挖土,并用用钢缆套在沉井顶部向下沉少的一侧扳拉。

2.3 墩式基础

2.3.1 概述

墩式基础是指在地基中钻孔或冲孔并灌注混凝土而形成的短粗形深基础。在外形上和工作方式上与灌注桩很相似,直径通常在 1 ~ 5 m 之间,长径比不大于 30,故亦称大直径短桩。由于墩身直径很大,具有很高的强度和刚度,并且通常直接支承在岩石或密实土层上,因而工程上多为一柱一墩。墩式基础在桥梁及建筑工程中有着广泛的应用,尤其在高层建筑及重型结构物设计中,单墩支撑单桩的方案越来越多。

墩基础在人工开挖时,可直接检查成孔质量,易于清除孔底虚土,施工时无噪音、无振动,且可多人进行若干个墩的同时开挖,底部扩孔易于施工。

墩按受力情况分为摩擦墩与端承墩两种基本类型,如图 2.38(a)、(b)所示。当以承受水平荷载为主时,称为水平受力墩,如图 2.38(c)所示。

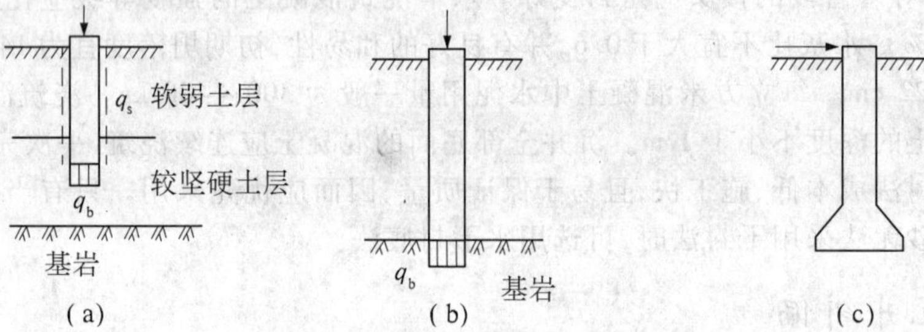

图 2.38 墩按受力情况分类

(a)摩擦墩;(b)端承墩;(c)水平受力墩

按墩身轴向截面形状可分为柱形墩、锥形墩与齿形墩三种类型,如图 2.39(a)、(b)、(c)所示。柱形墩设计计算容易、形状简单、施工方便,应用普遍;锥形墩受力性能较好,但成孔施工较柱形墩复杂;齿形墩能加大墩的侧壁阻力,主要适用于墩侧有较硬黏性土层的情况。

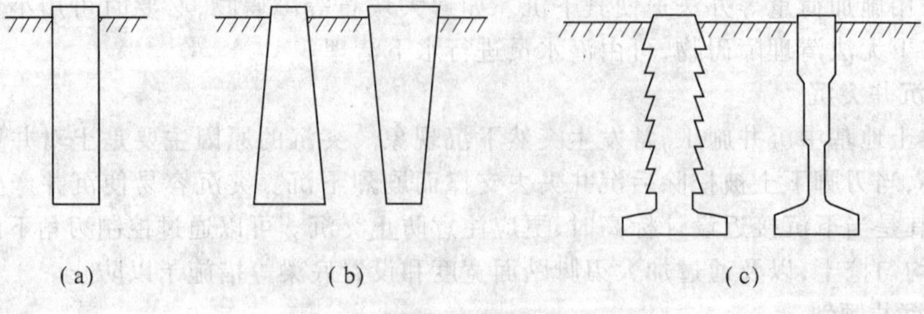

图 2.39 墩按竖向剖面形式分类

(a)柱形墩;(b)锥形墩;(c)齿形墩

按墩底形式分为直底墩、扩底墩和嵌岩墩,如图2.40(a)、(b)、(c)所示。直底墩常用于墩底为坚硬土层或岩层、墩承载力较易满足的情况;当上部竖向荷载较大,且墩底土层较硬时,常将墩底部尺寸加大,形成扩底墩;当墩底支撑于岩层上,为避免由于水平荷载而导致墩底的滑动,可将墩端部嵌入岩层,形成嵌岩墩。

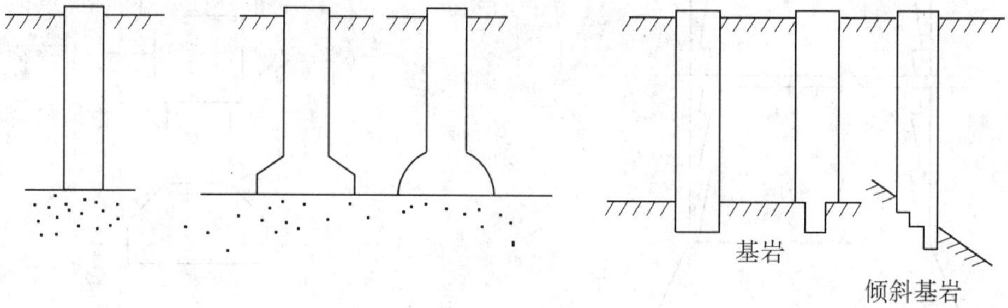

(a) (b) (c)

图2.40 墩按墩底形式分类

(a)直底墩;(b)扩底墩;(c)嵌底墩(嵌岩墩)

2.3.2 墩式基础施工

墩基的施工方法主要取决于工程地质条件、施工机具和设备条件以及施工技术力量等,以人工挖孔施工最为常见。为防止塌方造成事故,挖孔时需制作护圈,每开挖一段则浇筑一段护圈,护圈多为现浇钢筋混凝土;否则对每一墩身则需事先施工围护,然后才能开挖。人工开挖还需注意通风、照明和排水。

在地下水位高的软土地区开挖墩身,要注意隔水。否则,在开挖墩身时水涌入大量排水,会使地下水位大量下降,有可能造成附近周围地面的下沉,影响附近已有的建筑物和管线等的安全。

2.3.2.1 施工前的准备工作

(1)施工机具准备

1)锹、镐、土筐等挖土工具。必要时,还需准备风镐等。

2)电动葫芦和提土桶:用于孔内的垂直运输。

3)潜水泵:用于抽出孔中的积水。

4)鼓风机和输风管:用于向孔内输送新鲜空气。

5)低压照明灯、对讲机和电铃等。

(2)清理平整场地

1)修建临时进场道路,清除堆料场地和施工操作现场的杂物并进行平整。

2)安排或修建临时建筑物、设施等。

2.3.2.2 施工工艺

(1)放线定位

在整平的施工场地,按设计要求放出建筑物轴线及边线,在设计墩位处设置标志即定位。为避免墩轴线偏差过大,造成返工现象,放线时应认真反复核对设计图纸。

(2)挖土成孔

人工挖孔施工的方法有多种，最常用的有现浇混凝土圈衬砌法和多级套筒法两种，如图 2.41 所示。现介绍第一种方法，其施工工艺如图 2.42 所示。

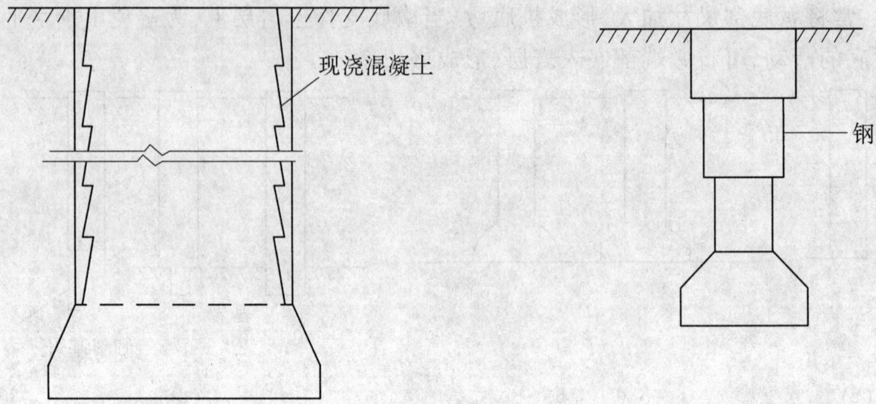

(a) 现浇混凝土圈衬砌法　　(b) 多级套筒法

图 2.41　人工挖孔法

1) 挖土。通常采取分段开挖，每段高度一般为 0.5 ~ 1.0 m(若土质较好可适当加大)，开挖孔径为设计墩基直径加 2 倍护壁的厚度。

2) 支设护壁模板。模板高度取决于开挖施工段的高度，一般为 1 m，由 4 块至 8 块活动弧形钢模板(或木模板)组合而成。

3) 在模板顶放置操作平台。平台可用角钢和钢板制成半圆形，用来临时放置混凝土和浇筑混凝土时作为操作平台。

4) 浇筑护壁混凝土。第一节护壁厚宜增加 100 ~ 150 mm，上下节护壁用钢筋拉结。浇筑混凝土时应仔细捣实，保证护壁具有防止土壁塌陷和阻止水向孔内渗透的双重作用。

5) 拆除模板继续下一段的施工。当护壁混凝土强度达到 1.2 MPa，常温下约为 24 h 方可拆除模板。当第一施工段挖土完成后，按上述步骤继续向下开挖，直至达到设计深度并按设计的直径进行扩底。

(3) 验孔清底

1) 墩基成孔基本完成后，应对孔径位置、大小、是否偏斜等方面进行检验，并检查孔壁土层或护壁是否稳定或可能损坏，

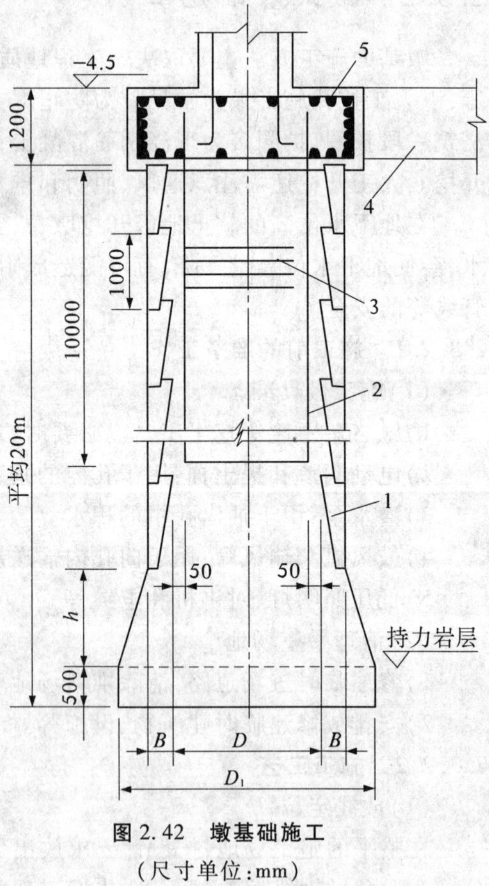

图 2.42　墩基础施工

(尺寸单位：mm)

1. 护壁；2. 主筋；3. 箍筋；4. 地梁；5. 桩帽

发现问题及时进行补救处理。

2)排出孔底积水。

3)检查孔底标高、孔内沉渣及核实墩底土层情况。对孔底沉渣,应首选清除,条件不便时,可采用重锤夯实或水泥浆加固。

(4)安放钢筋

验孔清底后即可按设计要求放置钢筋笼。安放钢筋笼时要注意平稳起吊,准确对位,严格控制倾斜等偏差,同时避免碰撞孔壁。钢筋笼的悬吊设施要可靠,防止自由下落到孔底。

(5)浇筑混凝土

混凝土应保证良好的和易性,其坍落度一般控制在 10 ~ 20 cm 之间。混凝土应通过导管下料,导管下口距浇筑面应小于 2 m,混凝土宜采用插入式振捣器分层振捣密实。混凝土浇筑一般应在达到墩顶标高后超灌至少 0.5 m。

2.3.3　质量标准

中心线平面偏差不宜大于 5 cm,墩垂直偏差应控制在 0.3% L(L 为墩身的实际长度)以内,墩身直径不得小于设计尺寸。

对于墩端部持力层内存在局部软弱夹层时应予清除,其面积超过墩端截面 10% 时,应当继续下挖。当挖到比较完整的岩石后,应判断其是否还有软弱层。可采用小型钻机在向下钻约 5 m 深,并且对钻取的土样进行鉴别,查清确无软弱下卧层后方可终孔。

2.4　围堰施工

2.4.1　概述

施工围堰属于临时性结构,其主要作用是确保主体工程及附属设施在修建过程中不受水流侵袭,保证正常施工条件。临时围堰的修筑应根据主体工程所在的位置、现场情况和实际需要进行合理布置,对施工期间各影响(雨水、潮汐、风浪、季节等)和航行、灌溉等有关因素综合考虑。

围堰按用途分为:墩台施工围堰、河宽限制上下游围堰以及驳岸挡墙施工围堰等几种。

(1)墩台施工围堰

河流中修筑墩台或其他构筑物时,为了保证主航道的顺利通航,一般采用墩台基础在围堰内施工(图 2.43)。

(2)河宽限制上下游围堰

在河流宽度不大的河流上修筑中、小桥梁时,由于地形受到限制,又要维持水流与正常通航,往往采用设置临时引渠的办法,将水流引开,以便于主要结构物的施工(图 2.44)。

(3)驳岸挡土墙施工围堰

在河流修筑挡土墙、驳岸时,应注意防止水流侵袭,以保证施工的顺利进行(图2.45)。

按构造和材料围堰可分为:土围堰、土袋围堰、木桩土围堰、竹笼围堰和钢板桩围堰等。

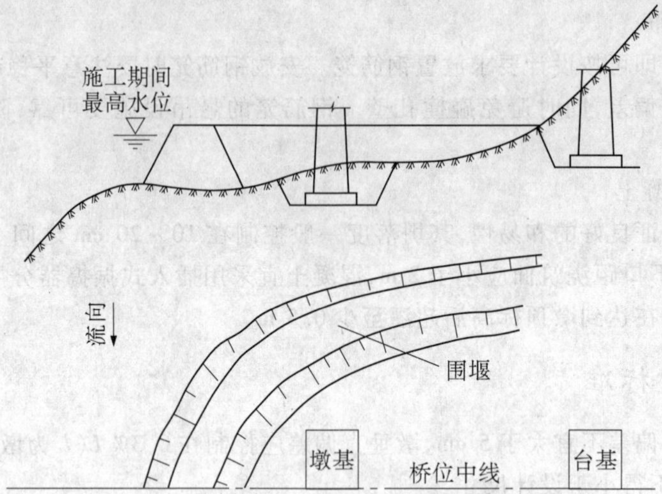

图2.43 墩台施工围堰

2.4.2 围堰施工

(1)土围堰和土袋围堰

土围堰通常用黏性土填筑,无黏性土时,也可用砂土类填筑,但须加宽堰身以加大渗流长度,砂土颗粒越大堰身越要加厚(图2.46)。围堰断面应根据使用土质条件,渗水程度及水压力作用下的稳定确定。若堰外流速较大时,可在外侧用草袋柴排防护。筑堰的顺序一般由河流的上游开始修筑,到水流的下游合拢。当堰底河床上有树根、石块、杂物时,在土围堰施工时应予以清除。

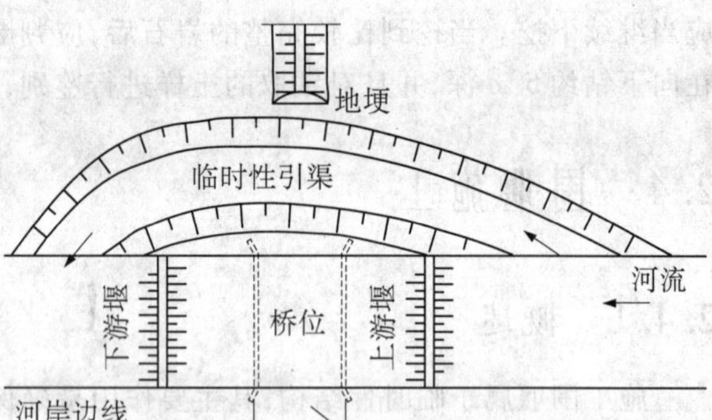

图2.44 河宽限制上下游围堰

土袋围堰是将土袋堆码在水中而形成的围堰(图2.47)。施工时,应使土袋的上层和下层之间相互错缝,并尽量堆码整齐;有时需要潜水工配合进行施工,并整理坡脚。

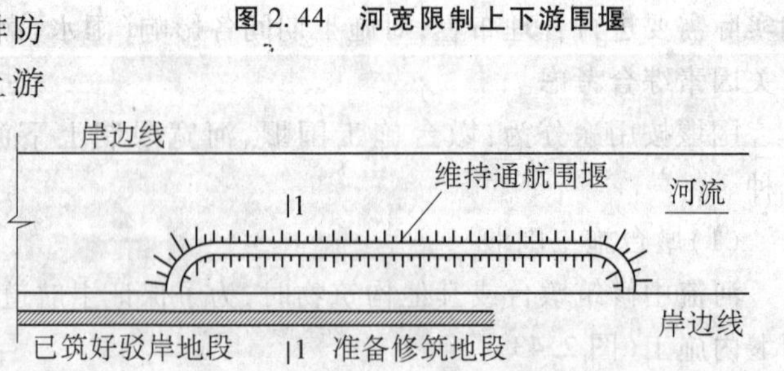

图2.45 驳岸挡土墙施工围堰

土围堰适用于水深在 1.5 m 以内、水流速在 0.5 m/s 以内，且河床土质渗水性较小的地方。土袋围堰则适用于在河流水深在 3.0 m 以内、水流速度在 1.5 m/s 以内的河流、且河床的土质渗水性较小的河床上修筑。

(2)单行板桩围堰和双行板桩围堰

通过向河床打入单行木板桩，并在河背的一边加设支撑以加固板桩而形成的围堰，工程上称之为单行板桩围堰(图 2.48)。单行板桩围堰可以节省部分围堰用土量，但是增加了打、拔桩的工作量。由于在板桩的外侧有了支撑，从而使坑内的工作面增加，利于施工。

双行板桩围堰是通过向河床打入两排木板桩，并在围堰的外侧临河面设支撑而形成的围堰(图 2.49)。

单行板桩围堰适用于河流水深达到 3 ~ 4 m 的土质河床上；而双行板桩围堰则适用于水深达到 4 m 以上，并且河床土质比较松软的情况。

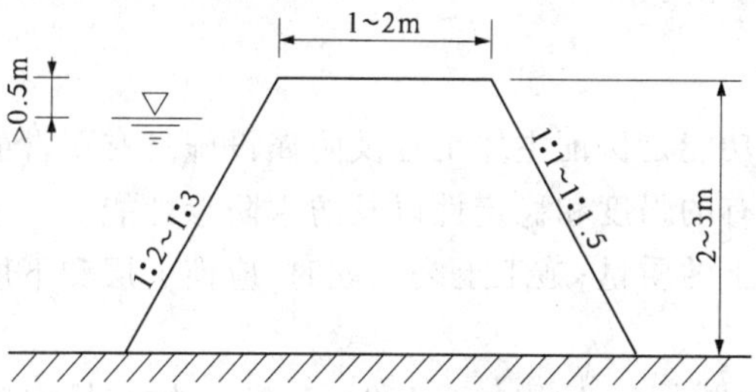

图 2.46　土围堰

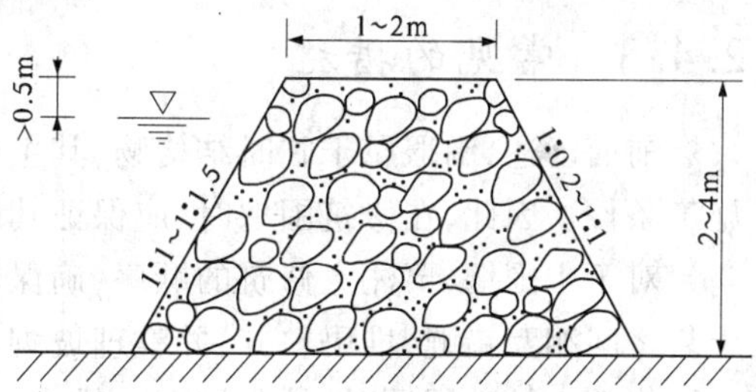

图 2.47　土袋围堰

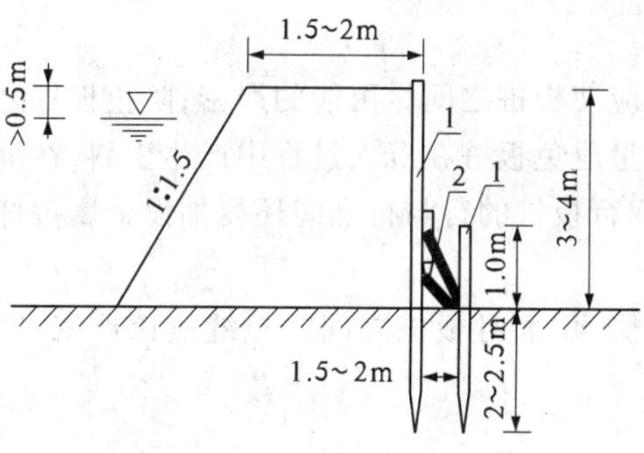

图 2.48　单行板桩围堰

1. 木板桩；2. 斜桩

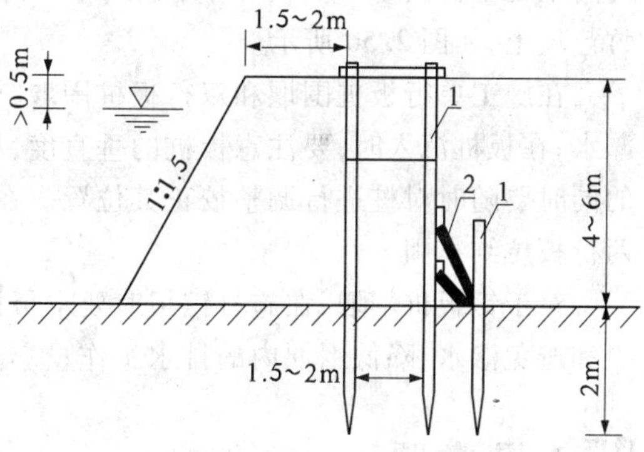

图 2.49　双行板桩围堰

1. 木板桩；2. 斜桩

(3)木桩土围堰

木桩土围堰是在所要修筑围堰的河床上，首先打入两排木桩，在木桩的内侧设置一层竹笆，然后在桩与桩之间填土后形成的围堰(图 2.50)。

木桩土围堰适用于水深在 3 ~ 5 m，水流速度在 1.5 m/s 以上的河床。

(4)钢板桩围堰

钢板桩围堰是将钢板打人河床之中，然后在钢板之间填土形成的围堰(图 2.51)。

钢板桩围堰适用于水流速较大，水流较深的河床。钢板可以拔出另行使用，可以作为结构工程的组成部分加以利用。

此外，还可用竹笼片石围堰和木笼片石围堰做水中围堰，其结构由内外两层装片石的竹(木)笼中间填黏土心墙组成。

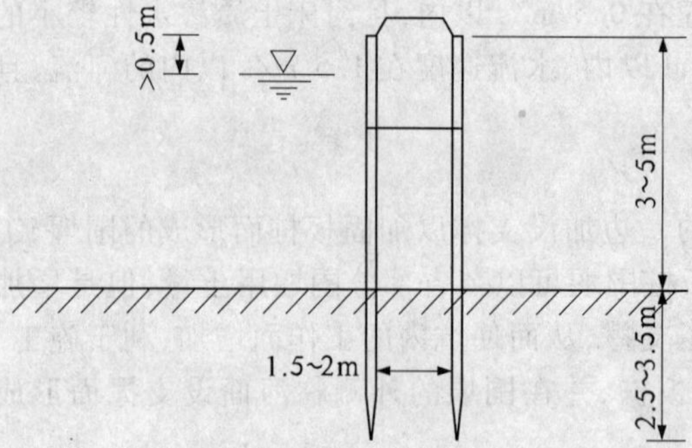

图 2.50　木桩土围堰

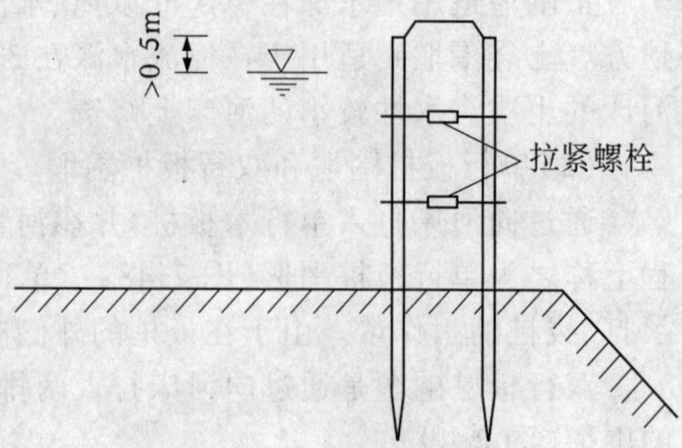

图 2.51　钢板桩围堰

2.4.3　常见的措施

前面已述，围堰属于临时结构物，其主要功能是保证主体工程及附属设施具有正常的施工条件。因此，在修筑围堰时，应保证其应有的强度和稳定性以及防水防渗性能。

对于土围堰，要注意修筑的顺序，确保填土的质量；施工土袋围堰时，应使上层和下层土袋之间相互错缝，堆码整齐，并整理坡脚。

修筑木桩土围堰时，桩与桩在一排中的间距一般不得大于 1.0 ~ 1.5 m，排与排之间的间距也不得大于 1.5 ~ 2 m，并且用金属螺栓或 8 号钢丝将两排木桩拉紧，然后再插入竹笆填土，如图 2.50 所示。

在施工单行板桩围堰和双行板桩围堰时，应使板桩之间尽可能的严密，防止板桩之间漏水；在板桩沉入时，要注意板桩的垂直度，尽量避免板桩在沉人过程中产生歪斜，在沉入的同时要随时对桩进行调整校正其位置。在双行板桩的行与行之间还要加设金属拉杆将两行板拉结牢固。

对于钢板桩围堰，在施打钢板时要求板桩竖直，而且板桩之间的接缝应该严密，以减少和避免渗水，降低围堰内的排水工作量。

思考题

1. 预制混凝土桩的制作、起吊、运输与对方有哪些基本要求？
2. 简述打桩设备的基本组成与技术要求，工程中如何选择锤重？
3. 试分析打桩顺序、桩距对打桩质量的影响。
4. 端承桩与摩擦桩的质量控制有何不同？
5. 什么是沉管灌注桩的复打法？起什么作用？
6. 灌注桩常易发生那些质量问题？如何预防与处理？
7. 墩式基础有哪些特点？有哪些用途？
8. 沉井下沉过程中常见的问题有哪些？如何处理？
9. 试述围堰的种类及其使用条件。

第 3 章　砌筑工程

3.1　砌筑工程概述

砌筑工程是指用砂浆将砖、石及砌块等块体材料砌筑成设计所需要的各种构件的工程,也称为砌体工程。

以砖、石为主要材料砌体结构施工在我国有着悠久的历史,“秦砖汉瓦”在古代建筑中有着重要的地位,它具有取材方便、施工工序简单、造价低廉的特点,而且保温隔热、耐火,可以同时具备承重与维护双重功效。现阶段,砌体施工仍然是建筑行业中最重要、最常见的施工内容之一;砖、石材、中小型砌块等砌体广泛应用于砖混结构和其他结构中,如以墙体承重为主的住宅楼等的围护墙,以及钢筋混凝土框架结构的填充墙等。

砌体工程所需的主要材料是块体和砂浆,砌体施工中常用的砌筑块体包括砖、石材、中小型砌块等;砂浆根据不同的组分进行分类。

3.1.1　砌体材料

3.1.1.1　砌筑块体

(1)砖

根据使用材料和制作方法不同,砌筑用砖可以分为烧结普通砖、烧结多孔砖、烧结空心砖、非烧结普通砖、粉煤灰砖和蒸压灰砂砖等。

1)烧结普通砖　常用的烧结普通砖是以黏土、页岩、煤矿石、粉煤灰为主要原料,经焙烧而形成的实心或孔洞率不大于 15% 的砖,其外形几何尺寸为 240 mm × 115 mm × 53 mm。在施工时,要求砖的外观应具备尺寸准确、边角完整,无严重缺角、翘曲、裂缝现象。

按照力学性能,普通烧结砖的强度等级是以其抗压强度为主要指标,同时也考虑抗折强度因素进行确定的;普通烧结砖可以分为 MU10,MU15,MU20,MU25,MU30 五个强度等级,其抗压强度、抗折强度均应满足相应强度等级的要求。

2)烧结多孔砖　烧结多孔砖是用黏土、页岩、煤矸石为主要原料,经焙烧而成的承重多孔砖,其孔洞尺寸应符合规范要求。多孔砖规格为:

代号 M 砖为 190 mm × 190 mm × 90 mm;

代号 P 砖为 240 mm × 115 mm × 90 mm。

烧结多孔砖根据力学性能分为 MU10,MU15,MU20,MU25,MU30 五个强度等级,其抗压强度、抗折强度均应满足相应强度等级的要求。

3)烧结空心砖　烧结空心砖的原材料组分与烧结多孔砖相同,但其孔洞率较大,经常大于 35 %,因此烧结空心砖主要用于砌筑非承重构件。

烧结空心砖的长度有 240,290 mm;宽度有 140,180,190 mm;高度有 90,115 mm。

4)非烧结普通砖　非烧结普通砖是以黏土为主要原料,掺入少量胶凝材料,经粉碎、搅拌、压制成型、自然养护而成的,又称为免烧砖。

免烧砖规格为 240 mm × 115 mm × 53 mm,有 MU7.5,MU10,MU15 三个强度等级。

5)粉煤灰砖　粉煤灰砖是以粉煤灰、石灰为主要原料,掺入适量石膏和骨料,经压制成型、养护而成的实心砖,其规格为 240 mm × 115 mm × 53 mm,有 MU7.5,MU10,MU15,MU20 四个强度等级。

6)蒸压灰砂砖　蒸压灰砂砖是以石灰和砂为主要原料,经压制成型、蒸汽养护而成的实心砖,其规格为 240 mm × 115 mm × 53 mm,有 MU10,MU15,MU20,MU25 四个强度等级。

(2)石材

砌筑用石材可分为毛石和料石两种。

毛石是指其形状不规则的石材,包括乱毛石和平毛石两种类型。乱毛石是指其形状不规则的石材;平毛石是指形状不规则,但其中有两个平面大致平行的石材。毛石应呈块状,中部厚度不小于 150 mm。

料石是指经过加工、其形状大致规则的石材,根据加工的平整度可分为毛料石、粗料石、半细料石和细料石四种。料石的宽度和厚度均不宜小于 200 mm,长度不宜大于厚度的 4 倍。料石有 MU100,MU80,MU60,MU50,MU40,MU30,MU20,MU15,MU10 九个强度等级。

(3)中小型砌块

砌块一般指混凝土空心砌块、加气混凝土砌块、粉煤灰砌块和轻骨料混凝土砌块。

混凝土空心砌块是以水泥、砂、石和水混合配置而成,有竖向方孔,其规格为 390 mm × 190 mm × 190 mm,如图 3.1 所示。混凝土空心砌块按力学性能分为 MU15,MU10,MU7.5,MU5,MU3.5 五个强度等级。

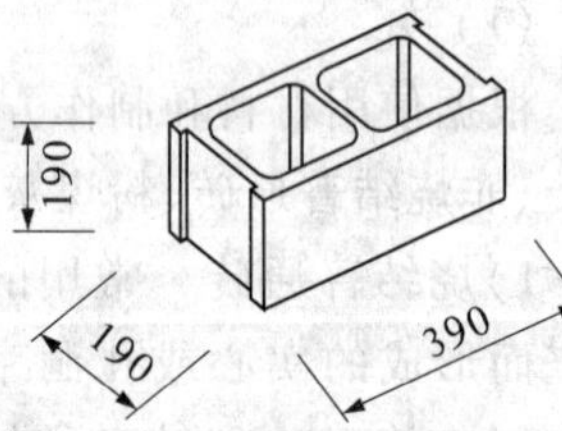

图 3.1　混凝土空心砌块

加气混凝土砌块砌块是以水泥、矿渣、砂、石灰等为主要材料,加入发气剂经搅拌成型、蒸压养护而成的实心砌块。加气混凝土砌块规格一般有两个系列:

A 系列:长度为 600 mm;宽度从 75 mm 开始,75,100,125 mm……,按 25 mm 模数递增;高度为 200,250,300 mm。

B 系列:长度为 600 mm;宽度从 60 mm 开始,60,120,180 mm……,按 60 mm 模数递增;高度为 240,300 mm。

3.1.1.2　砂浆

根据不同的用途,砂浆可分为砌筑砂浆和粉刷用的抹灰砂浆。砌筑砂浆的作用是填充砌筑块体间的缝隙,使块体受力更加科学;砌筑砂浆可将块体黏结形成一整体,能加强砌体结构的整体性,共同承担上部荷载;砂浆填满砌块间的缝隙还有利于砌体结构的保温、隔热,避免墙体渗漏等。

根据不同的组分,砌筑砂浆可以分为水泥砂浆、混合砂浆、石灰砂浆。有时为了改善砂浆的某些特性,会在砂浆搅拌时接入某些添加剂,砂浆种类的选择及其等级确定应按设计要求。

通常水泥砂浆和混合砂浆用于砌筑潮湿环境和强度要求较高的砌体,但对于基础工程、地下工程及经常遇水的池槽等工程如地下室、管沟,砌筑时一般只用水泥砂浆。石灰砂浆宜用于砌筑干燥环境中以及强度要求不高的砌体,不宜用于潮湿环境的砌体如基础工程等。

(1)原材料要求

砂浆所用水泥的品种、强度质量等级应符合设计要求,如水泥强度质量等级不明或水泥出厂日期超过三个月(快硬水泥为一个月),应进行复查,并按照复查结果选用。不同品种、不同质量等级(标号)的水泥不得混合使用。

砂一般宜采用中砂,并应过筛,不得含有杂物。对于水泥砂浆和强度等级不小于M5的混合砂浆,其含泥量不应超过5%,对于小于M5的混合砂浆,其含泥量不应超过10%。

生石灰熟化成为石灰膏时应用网过滤,熟化时间不得少于7 d。应防止干燥、冻结和污染,严禁使用脱水硬化的石灰膏,不得使用未熟化结束的石灰。

(2)砂浆的强度等级

砂浆强度等级是以在标准状态(温度20℃ ±5℃及正常的湿度条件下)养护28 d的试块的抗压强度为准确定的。砂浆的强度等级包括M20,M15,M10,M7.5,M5,M2.5六个。

砂浆试块应在搅拌机出料口随机取样、制作。一组试块应在同一盘砂浆中取样制作;同盘砂浆只能做一组试块。

砂浆的抽样频率应符合下列规定:

1)每一工作班每台搅拌机的取样不得少于一组;

2)每一楼层的每一分项工程取样不得少于一组;

3)每一楼层或250 m^3 砌体中同强度等级和品种的砂浆取样不得少于3组。基础砌体可按一个楼层计算。

(3)砂浆的拌制与使用

砂浆应采用砂浆搅拌机来搅拌。搅拌水泥砂浆时,一般应先将砂与水泥投入,干拌均匀后,再加入水搅拌均匀。搅拌水泥混合砂浆时,一般先将砂和水泥投入,干拌均匀后,再投入掺和料,加水搅拌均匀;掺用外加剂时,应将外加剂按规定浓度溶于水中,然后与砂浆一起搅拌,不得将外加剂直接投入搅拌的砂浆中;如采用二次投料法,则先加入部分砂、水和掺和料进行搅拌,将掺和料打散、拌匀后,在投入其余的砂子和全部的水泥进行搅拌,并确保搅拌均匀,混合充分。

砂浆搅拌时间,应自投料完成开始计算,并满足相应的规定:水泥砂浆和水泥混合砂浆不得少于2 min;如掺有外加剂,则应根据外加剂的要求,适当延长搅拌时间。过分延长搅拌时间将会影响砂浆搅拌机的工作效率。

搅拌完成后和使用时,砂浆应盛在相应的容器中,尽量减少砂浆水分的流失;如果在使用时发现砂浆出现泌水现象,在使用前应重新拌和。

砂浆搅拌机的搅拌及出料应随砌体工程施工速度快慢进行相应的调整,尽量做到砂浆随拌随用。砂浆搅拌完成后到使用,水泥砂浆一般不应超过 3 h,水泥混合砂浆一般不应超过 4 h;如气温较高,超过 30℃时,应分别提前一小时用完。

为了砌筑方便,砂浆通常需要具有良好的和易性,以有利于工人操作,方便施工、易于保证质量,提高砌体强度和劳动生产率。砂浆的和易性主要取决于砂浆的稠度和保水性,可在砂浆搅拌时加入外加剂以改善砂浆的某些特性。砂浆稠度的选择主要根据墙体材料、砌筑部位及气候条件而确定。一般实心砖墙和柱,砂浆的流动性宜选 70 ~ 100 mm;而砌筑平拱过梁、毛石及砌块的流动性宜为 50 ~ 70 mm。

如果砂浆搅拌不均匀,如掺和料未打散开、水泥分布不充分,加料顺序颠倒,掺和料掺加量偏多或材料计量不准确,砂浆的使用时间超过规定等,都会影响砂浆的强度等级;如果砂浆搅拌时不注意,可能会造成砂浆强度出现较大波动,低于设计强度标准值。因此,在搅拌砂浆时,应应建立严格的材料计量制度和材料计量校验、维修、保管制度;对掺和料应调和成标准稠度进行称量计算,在折算成标准容积,以减少计量误差。

3.1.2 现场材料运输

3.1.2.1 概述

砌筑工程中不仅需要运输大量的砖(石或砌块)、砂浆、钢筋,而且还要运送各种预制构件、脚手架杆件和扣件(包括脚手板)等物;这些建筑材料和建筑构配件必须按要求及时准确地运送到施工现场作业面,而且在运送过程中还需要考虑很多问题,如施工的流水作业问题、工序搭接问题、建筑物或构筑物的特点、材料的运输安全问题、材料的运输量和建筑材料的特点问题等。搅拌的混凝土和砂浆如果运输时间过长,就会凝固,无法使用;如果运输条件太差,在运输过程中出现离析现象同样会影响材料的质量而无法使用,因此应充分考虑建筑物的特点、工期、运输量、材料的运输要求等,综合选择既满足使用方便的要求又相对比较经济的运输方案。

3.1.2.2 垂直运输设备

常用的垂直运输机械包括塔式起重机、汽车式起重机、物料提升架、施工电梯和小型物料提升设备等。

(1)塔式起重机

塔式起重机具有提升、回转、水平运输等功能,不仅是重要的吊装设备,而且也是重要的垂直运输设备。其特点是生产效率高,既可进行垂直运输,又可同时进行水平布料,运输速度快,节省人力,特别适用于工程平面大、工期要求紧的项目,在可能的情况下,宜优先选择。

按固定方式划分,塔式起重机包括固定式、轨道式、附墙式、内爬式;

按吊臂构造划分,塔式起重机包括整体式、伸缩式、折叠式;

按变幅方式划分,塔式起重机包括小车移动式、臂杆伸缩式、臂杆仰俯式;

按架设方式划分,塔式起重机包括自升式、分段架设式、整体架设式、快速拆除式;

按起重性能划分,塔式起重机包括轻型(起重量≤80 t · m)、中型(80 t · m < 起重量

≤250 t · m)、重型(250 t · m < 起重量 ≤1 000 t · m)和超重型(起重量 >1 000 t · m)。

(2)汽车式起重机

汽车式起重机具有塔式起重机的优点,同时汽车式起重机由于可以移动,因此比塔式起重机的水平运输更加方便;但汽车式起重机的垂直运输高度受到汽车载重量、吊臂长度等因素的影响,适用范围受到限制。

(3)物料提升架

物料提升架包括井式提升架(简称"井架")、龙门式提升架(简称"龙门架")、塔式提升架(简称"塔架")和独杆升降台等。它们共同的特点是:

1)提升采用卷扬机,且卷扬机与架分离安装;

2)安全设备一般只设防冒顶、防冲座、停层保险装置,因而只允许用于物料提升,严禁载人;

3)用于 10 层以下时,多用揽风绳固定;用于 10 层以上时,应采用附墙方式固定,可在顶端设液压顶升构造,便于安装标准节,提高井架等架子的高度,增加垂直运输高度。

井架是砌筑工程中垂直运输的常用设备之一,通常带有一起重臂和吊盘,起重臂起重能力为 5 ~10 kN,在其外伸工作范围内也可进行小面积的水平运输,吊盘的载重能力为 10 ~15 kN,经常用于运送手推车或其他散装材料,搭设高度一般为 40 m 左右,但需要设置缆风绳或与正在施工的建筑物或构筑物的主体结构有可靠的连接以保持井架的安全和稳定,如图 3.2 所示为某一钢井架的安装示意图。

龙门架是由两根三角形或巨型截面格构立柱及横梁组成门式架,在龙门架上设置滑轮、导轨、吊盘、缆风绳(或与主体结构有可靠的连接)等。龙门架构造简单、制作方便,常用于多层建筑的垂直运输,起吊高度为 15 ~30 m,起重量为 6 ~52 kN;一般只能进行材料、机具和小型预制构件的垂直运输等,而对水平运输却力不从心,如图 3.3 所示。

井架和龙门架的吊盘应有可靠的辈全装置,以防止吊盘在运行过程中和停车装、卸料时发生坠落事故,在井架和龙门架的顶部还应安装限位器,以防止吊盘冲顶等。

(4)施工升降机

施工升降机又称为施工电梯,分客货两用电梯和专门供货电梯等,是高层建筑施工中主要的垂直运输设备之一,它附着遮建筑物上并与建筑物或构筑物的主体结构有可靠的连接,随建筑物升高。施工升降机应有可靠的限速装置、制动装置、断绳保护开关和塔形缓冲弹簧等安全装置,适用于高层建筑物。施工升降机垂直运输速度快,起重供应能力大,垂直运输高度大,但水平运输无法实现。因此,施工升降机多适用于高层塔式建筑,且应合理安排好与之相对应的水平运输。

(5)小型物料提升设备

如垂直运输量小、建筑材料或建筑构件、配件较轻,可以采用小型物料提升设备。此类提升设备由小型机具(一般起重量在 1 000 kN 以内)如电动葫芦、手扳葫芦、倒链、滑轮、小型卷扬机等与相应的提升架、悬挂架等构成,形成墙头吊、悬臂吊、摇头扒杆吊、台灵吊等。此类小型物料提升设备一般适用于多层建筑施工或作为辅助垂直运输设备。

(6)混凝土泵

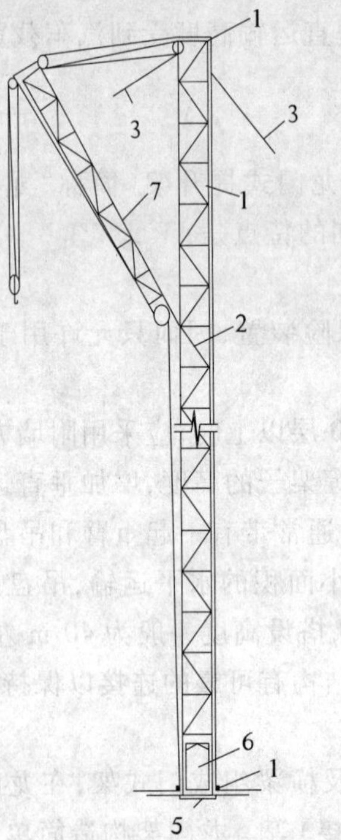

图 3.2　钢井架

1. 井架;2. 钢丝网;3. 缆风绳;4. 滑轮;
5. 垫梁;6. 吊盘　7. 辅助吊臂

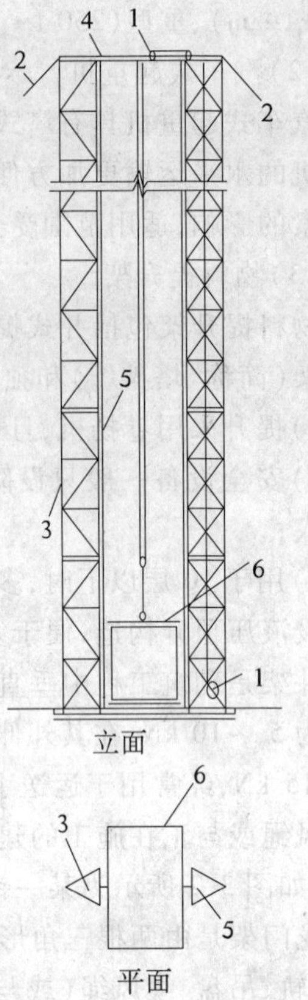

图 3.3　龙门架

1. 滑轮;2. 缆风绳;3. 立柱;
4. 横梁;5. 导轨;6. 吊盘

混凝土泵是水平和垂直运送混凝土的专用设备,它可以通过混凝土泵车将混凝土直接输送到工作面,甚至可以直接浇捣混凝土构件。采用混凝土泵运送混凝土可以节省大量的人力和垂直运输设备台班,而且混凝土的质量容易保证,减少了由于运输时间长造成凝固、运输条件差使混凝土产生离析的现象,用于超高层建筑工程时优越性更明显。采用混凝土泵运送混凝土时,混凝土的坍落度较大,混凝土内石子粒径较小,施工时往往采用商品混凝土,与设计提前进行协调。混凝土输送泵按照工作方式分为固定式和移动式两种,按泵的工作原理分为挤压式和栓塞式。

3.1.2.3　垂直运输设备选择要求

施工现场作业面材料运输问题往往是影响建筑施工进度和质量的瓶颈,在进行施工方案选择时,既要考虑建筑物的特点、工期,也要考虑材料的供应量和建筑材料及构、配件的特点,综合选择合理的垂直运输机械,如果只追求机械台班最小化,可能所选择的垂直运输机械在使用时就可能出现问题。一般在进行垂直运输机械选择时,应考虑以下内容:

(1)垂直运输的覆盖面和供应面

以塔臂正常使用时起重或布料最远幅度为半径,塔臂所扫过的覆盖面积称为塔吊的覆盖面;借助于水平运输的手段,垂直运输材料供应所能达到的经济合理的范围,称为垂直运输的供应面。建筑工程的全部工作面均应处于垂直运输设备的覆盖面和供应面之内。

(2)水平运输手段

在施工过程中既要垂直运输,也应考虑水平运输;在考虑垂直运输时,必须同时考虑施工现场的水平运输方案。砌筑工程中水平运输经常采用的是除垂直运输采用塔式起重机外其他的垂直运输机械所对应选择的水平运输设备,散料一般采用双轮手推车或机动翻斗车。运输过程中应防止砖、石、砌块等的缺角、烂面等破损以及砂浆的分层、离析等现象发生,预制楼板通常采用杠杆车运输。作业面上的水平运输条件较差,应尽量减少水平运输的距离,合理选择施工路线,尽量少在墙体上预留施工洞。

(3)提升高度

所选择的垂直运输设备的提升能力应至少比实际需要的提升高度大至少 3 m,以防止提升设备冲顶,确保安全。

(4)供应能力

塔吊的供应能力等于吊量(每次可正常吊运材料的体积、重量等)乘以吊次;其他垂直运输设备的吊次应按垂直运输设备和水平运输设备的运次低值进行考虑,然后在再乘以 0.5 ~0.7 系数进行折减。

(5)安全保障

安全保障是现场管理的头等大事,无论施工方案多经济,如果存在严重的安全隐患,也不应采用,现场安全应常抓不懈,将现场的“安全第一”管理理念落实到实处。安全保障是现场运输的首要问题,从运输设备的选择、使用、操作、维护、保养及拆除等,每道环节都应重视,都必须严格按照国家安全条例和施工规范认真执行。特别应注意垂直运输设备在安装完成后,应经劳动安全有关部门检查、验收等,并取得使用合格证后,该垂直运输设备才可以正式投入使用;设备应由经过国家考核并取得相应资质的专门人员操作和管理,严禁违章作业和超载使用;严禁设备带病运转等。

现场材料运输设备是专门用于运送材料的运输工具,严禁人员乘坐;如运输设备可以客货两用,也不得客货混装,应分别运输,确保人员安全。

在进行垂直运输设备选择时,还应注意设备的装设条件、设备的充分利用条件、设备的效能发挥情况等。

3.1.3　砌筑用脚手架工程

3.1.3.1　概述

脚手架工程是施工现场为工人操作、安全防护及解决楼层间少量垂直运输和水平运输用脚手架材料(杆件、扣件和配件)搭设而成的临时设施,可作为工作人员操作和临时堆放部分建筑材料的平台,它是施工现场不可缺少的设施。脚手架应具备以下功能:

1)保证工程作业面能够满足连续施工的要求;

2)满足多层作业、流水施工、多工种之间的配合要求;

3)能够满足施工操作所需的空间,并满足操作方便;

4)能够满足施工所需少量运料和堆料的要求。

5)应能对高处作业人员起到保护作用,确保施工人员的人身安全。

在砌筑工程中，随着墙体高度的上升，工人砌筑增加时的操作时间会逐渐增加。当墙体达到一定高度时，为砌筑方便，加快施工进度，就必须搭设或再增高脚手架，这时所对应的墙体高度称为“一步架高”，也称为墙体直接可砌筑高度，“一步架高”一般按 1.2 ~ 1.4 m计算。

3.1.3.2 脚手架的分类

按照不同的特点，可以将脚手架分类不同。

脚手架按设置形式可分为单排脚手架、双排脚手架、多排脚手架、满堂脚手架、满高脚手架、特形脚手架等；

按用途可分为结构工程作业脚手架(也称结构脚手架、砌筑脚手架)、装修工程作业脚手架(也称装修脚手架)、支撑或承重脚手架、防护用脚手架等；

按固定方式可分为落地式脚手架、悬挑式脚手架、附墙悬挂式脚手架、附着升降式脚手架、水平移动式脚手架等；

按平立杆连接方式可分为承插式脚手架、扣件式脚手架、销栓式脚手架等。

按搭设的位置可分为外脚手架和内脚手架。

按所用的材料可分为竹脚手架、木脚手架、钢管脚手架和金属脚手架等。

3.1.3.3 脚手架搭设

由于脚手架上面所承受的荷载非常复杂，既要满足施工人员的操作，又要在上面堆积一定数量的材料，而且有时还可能受到振动荷载，需要工人操作、材料堆放和运输等多种受力状态要求，必须具有足够的强度；较大的变形会影响施工人员的操作，给工人心理造成恐慌；较大的变形也不利于材料的堆放，脚手架搭设时必须具备足够的刚度；由于脚手架是由脚手架杆用连接材料或脚手架扣件连接而成，如果设计考虑不周或搭设时工人操作不到位，可能会造成脚手架的稳定性不满足要求，产生局部或整体失稳情况，必须特别注意其稳定性。为保证脚手架的整体稳定性，经常将脚手架与结构主体相连，必须注意连接的可靠性。

建设工程中已有数次因为脚手架的强度、刚度、稳定性未满足要求，而出现脚手架的整体或局部垮塌的严重工程事故，在脚手架设计时应特别注意。

(1)脚手架搭设基本要求

1)脚手架应具有足够的强度、刚度及稳定性；确保使用期间在各种施工荷载作用和气候变化的条件下不垮塌、不倾斜、不晃动、不变形。

2)脚手架应有一定宽度和高度，满足工人操作方便和材料堆放、运输的要求。一般脚手架的宽度为 1.5 ~ 2.0 m；

3)脚手架设计应因地制宜，就地取材，经济合理，满足施工验收规范要求。

4)脚手架应考虑搭拆简单，施工方便，搬运灵活，材料能周转使用。

(2)脚手架安装时应注意问题

在安装前，应根据建筑物的类型及环境条件、脚手架的作用及使用时间等，精心选择脚手架搭设方案，认真反复核对，确保安装方案正确。在脚手架安装时应注意：

1)必须确保搭设场地地面平整、土体夯实牢靠，立杆支撑处应增加相应的垫木或刚性垫块；如有必要应采取相应的加固措施，防止脚手架产生过大的不均匀沉降；脚手架的

搭设区域应考虑相应的排水设施,以避免搭设区积水;

2)搭设前,必须对进入现场的脚手架材料及配件进行严格认真检查、维护,严格禁止使用不合格的脚手架材料和配件。

3)脚手架在搭设时应按照施工组织设计进行放线,确定立管位置,铺设垫板或设置底座;脚手架的搭设一般从一角开始依次竖起立杆,将立杆与纵、横向扫地杆连接固定,同样完成上面内容,注意按要求进行斜撑与剪刀撑的搭设。脚手架搭设时必须有统一指挥,严格按照搭设程序搭建。

4)单双排脚手架在搭设时应注意立杆应尽量的密,一般两杆间距不大于小于2 000 mm。

5)立杆上的对接扣件应交错布置,两根相邻立柱的对接扣件应尽量错开,错开间距不应小于500 mm;立杆的搭接长度不应小于1 000 mm,不少于2个旋转扣件固定。

6)脚手架与工程主体结构应有可靠的连接,装设连墙件或其他支撑杆件时,应注意掌握撑拉的松紧程度,避免引起杆件和整架的显著变形。

7)脚手板应铺设平稳牢固,必要时需绑扎牢固、搭接长度必须满足要求,严禁出现未固定的探头板;

8)在脚手架搭设时,应注意设计合理,选材满足要求,工人持证上岗,操作规范,满足国家规范标准;工人在架上进行搭接时,应严格按照脚手架设计和相应的施工规范操作作业,如确需改变原设计或脚手架的构架结构,必须提请技术主管人员解决;工人在作业面作业时,宜在作业面上铺设必要数量的脚手板,并临时固定;工人必须佩带安全帽、挂安全带;不得单人进行重杆配件及其他易引起人失去平衡、脱手、碰撞、滑跌等不安全的作业。

9)其他有关脚手架搭设规定等。

(3)脚手架安全防(围)护规定

1)每层距地(楼)面≥2.5 m时,在其外侧边缘必须设置档护高度1.1 m的档护栏杆和档脚板,且栏杆间的净空高度应尽量≤0.5 m;

2)邻街脚手架,架高≥25 m的外脚手架以及在脚手架高空影响范围内同时进行其他工艺施工或有行人通过脚手架时,外立面应应采用全封闭、半封闭以及通道防护棚等适合的防护措施,封闭维护材料应采用密目安全网、塑料编织布或其他材料;

3)上下脚手架的楼梯、坡道等都应设置相应的扶手、栏杆或其他安全防(围)护措施,并清除通道中间的障碍,确保上下人员的安全。

(4)脚手架使用时应注意问题

工人在脚手架上施工,一般属于高空作业,一旦出现问题,可能就会造成严重的安全事故;现阶段我国大力加强安全管理,减少或杜绝安全事故的发生,作为容易发生安全问题的脚手架,必须对工人加强安全教育,要求施工人员严格遵守施工操作规范,决不能有丝毫的侥幸心理和半分的粗心大意,在脚手架上施工应该注意以下问题:

1)脚手架的作业层在每 m^2 架面上的施工负荷(材料、机具和人员)不得超过规定值或施工设计值。在架板上堆放的标准砖不得多于单排立码三层;砂浆和容器的总重量不得超过1.5kN,使用人力在架上搬运和安装的构件自重不超过2.5 kN。

2)在架面上堆放的材料应码放整齐稳固,不影响施工人员操作和人员通行,严禁人员在脚手架上奔跑、退行或倒退拉车。

3)作业人员在架上最大作业高度应以可进行正常操作为宜,禁止在架板上加垫器物以增加作业高度。工人在架上作业时,应特别注意自我安全和其他人员的安全,避免碰撞和高空坠物,严禁在架上嬉戏;严禁酒后上架。

4)人员上下脚手架必须从安全通道进入,严禁攀爬脚手架上下。

5)作业中,禁止随意拆除脚手架的基本构件、连接扣件和连墙件等。确需临时拆除时,必须经技术主管人员同意,并采取相应的加固措施;待完成相应工作时应及时恢复。

6)每班工人上下架作业时,应先检查架有无安全问题。如发现异常或危险情况应及时停止作业并通知架上所有人员撤离,解决问题后方可继续施工。

7)在每步架作业完成后,必须将架上剩余材料和其他物品移至必要处或室内,每日收工前应自觉清理架面,将垃圾清出,避免产生高空坠物,严禁上下抛掷物品和向下倾倒垃圾。

8)在作业期间应及时清理安全网内的物品。

(5)脚手架的拆除规定

脚手架的拆除应按确定的拆除程序进行。拆除时,凡已松开连接的杆件与配件应及时拆除运走,避免误扶、误靠和高空坠物;拆除的杆件和配件应采用安全的方式运下,严禁向下抛掷;连墙件应在上面全部可拆的杆件全部拆除后方可拆除;在拆除过程中,员工应相互配合,协调合作,较重的杆件和配件应禁止单人独自进行,防止脱手和失去平衡等。

(6)脚手架连墙设置规定

当脚手架架高≥6.0 m时,必须设置均匀分布的墙体连接点,其设置应符合以下规定:

1)如采用落地式钢管脚手架,当架高≤20 m,按不超过50 m^2 设置一个墙体连接点;且连接点的竖向间距≤6.0 m;当架高>20 m,按不超过30 m^2 设置一个墙体连接点;且连接点的竖向间距≤4.0 m;

2)脚手架上部未设置墙体连接点的竖向自由高度不得大于6 m;

3)当设计位置及其附近不能设置墙体连接点时,应采用其他可行的刚性措施予以弥补。

3.2 砖砌体

3.2.1 概述

砖砌体工程所用的主要材料是砖及砌筑砂浆。

为了保持砂浆的流动性,便于施工,减少施工时砖从砂浆中吸收过多的水分而影响工程施工质量和工人的砌筑进度,在砌筑时砖的含水率一般应满足一定的要求;通常普通黏土砖、空心砖砌筑时最佳的含水率是10% ~15%,而灰砂砖、粉煤灰砖其含水率为5% ~8%。一般可提前半天到一天时间对砖进行浇水润湿,气候干燥时,宜提前洒水润湿,严禁砌筑时临时浇水。临时浇水过多会使砌体表面形成一层水膜,在砌筑时会使砌体走样或滑动,影响砌体的垂直度等砌筑质量。

在施工现场检查砖的含水率的最简单的方法是现场取样，将砖切断，在砖截面周边的湿水深度如果能达到 15 ~ 20 mm，即可认为砖的含水率满足要求。

3.2.2　砖砌体的施工工艺

3.2.2.1　施工工艺

砖砌体的施工工艺通常有抄（找）平、放（弹）线、摆砖样、立皮数杆、盘角（立、砌盘头角）、挂线、砌筑、勾缝、楼层轴线标高引测及检查等。

（1）抄平、放线

为了保证建筑物平面尺寸和各层标高的正确性，砌筑砌体前，必须准确地确定出基础或各层楼面的标高和墙柱的轴线的位置，以作为砌筑时的控制依据，并用水泥砂浆或 C10 混凝土找平。

1）基础抄平、放线　将基础垫层表面清扫干净，用水准仪复核垫层顶表面标高。如垫层顶标高误差不大于 30 mm，可用水泥砂浆找平，若垫层顶标高误差大于 30 mm，宜采用细石混凝土找平。

利用龙门板或轴线定位桩，在基础垫层上表面放出基础中心线，然后根据设计图纸放出基础宽度线。

2）底层抄平、放线　标高复核及轴线放出经检查无误后，可以将相对标高 ±0.000 及各轴线引测到该建筑物的外墙面上，以作为向上控制标高和引测轴线的依据。

当基础砌筑至 ±0.000 标高以下 60 mm（一皮砖厚）时，再次用水准仪检测砖基础的标高，可通过局部增加防潮层厚度来调整墙体标高；然后用经纬仪将龙门板、轴线定位桩上的轴线放到防潮层上面。经认真复核轴线尺寸无误后，根据轴线位置再确定出上部墙体的边线，并根据设计图纸确定出相应门窗洞口的位置。

3）楼层抄平、放线　楼层的标高抄平控制一般利用钢尺从下层的 50 线向上引测确定本层的 50 线；通过本层的 50 线来控制本层各构件的标高；也可用皮数杆进行传递。

楼层的轴线控制一般可以利用经纬仪或铅锤，将底层的控制轴线引到各楼层墙上，轴线引测是放线的关键，必须按照图纸要求尺寸，在楼层上用钢尺复核各控制轴线间的尺寸；准确无误后根据各控制轴线放出各墙、柱的定位轴线，然后放出墙、柱边缘线，划出门窗洞口位置等。

（2）摆砖样

为提高砌砖效率和砌筑质量，在砌筑墙体前应按选定的组砌方法，首先在墙基顶面放线位置试摆砖样（生摆，不铺设砂浆）。摆砖样的目的是在规范允许的范围内，通过调整砖的竖向灰缝厚度，尽量使门窗垛符合砖的模数，以尽量减少砍砖数量（对设计尺寸与实际砖模数偏差较小的，可以通过调整砖竖缝）并保证砖及砖缝排列整齐、均匀。摆砖样对于清水墙砌筑尤为重要。

（3）立皮数杆

皮数杆是用于控制每皮砖砌筑时的竖向尺寸以及各构件标高的方木标志杆，如图 3.4。皮数杆上画有标准每皮砖和灰缝的厚度；另外还可以表示出门窗洞口、过梁、楼板等构件的标高，以控制本层构件的标高。

一般地，皮数杆高度约为 2 m，可立于墙的转角处；如果墙体过长，可每隔 12 ~ 15 m 再多立一根，皮数杆设立时需用水准仪测定控制、校正标高。

(4)盘角

盘角又可称谓立头角、砌头角等，先砌筑墙角。盘角时高度方向一般每次不宜超过五皮砖，应随砌随盘。盘角是确定墙身两面横平竖直的主要依据，盘角时还应和皮数杆相对应，检查无误后方可挂线，根据挂线来砌筑中间墙体。

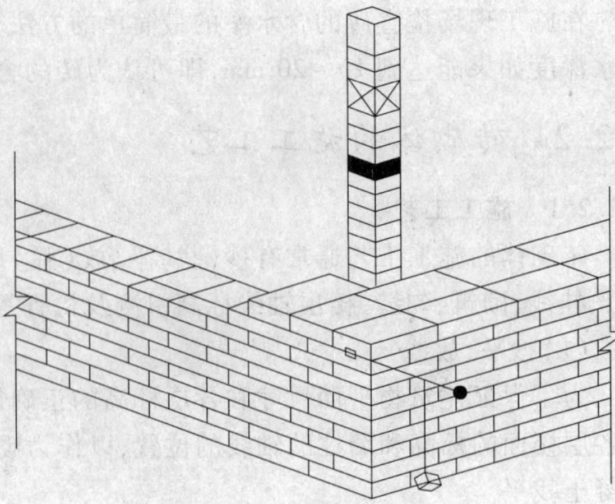

图 3.4　立皮数杆的作法

在盘角时应特别注意砖的竖向灰缝应错开。严禁砌成通缝墙体。

(5)挂线

挂线是盘角后结合皮数杆连接墙体两端的连线，施工中一般采用麻绳线或棉线等。挂线的目的是在墙体两端的同一皮砖顶面处于同一标高。挂线后，可以保证墙体中间的同一皮砖的顶面标高相同。因此可以控制每皮砖的标高和每道水平灰缝的厚度，使得铺灰厚度一致，做到砖体排列均匀，砂浆灰缝厚薄一致，提高砖砌体的砌筑质量。对于三七墙以下，一般采用一边挂线砌筑；三七墙体以上，则采用双面挂线砌筑。通常墙体将挂线的一面叫做正手面，墙体不挂线的一面叫背手面，一般正手面墙体的砌筑效果会好于背手面的砌筑效果。

墙体挂线时，应每砌筑一皮或两皮砖向上提一次。

在控制某一道墙体灰缝和标高的同时，应注意建筑物同层其他各墙体同一皮砖也应控制在同一标高上。如果同一层墙体，同一层砖的标高不能在同一高度处交圈的现象称为“螺丝”墙。在施工时应减少出现螺丝墙的概率。为预防出现“螺丝”墙，在砌筑前应首先测定所砌筑部位基面标高误差，通过调整灰缝厚度来调整墙体标高。标高误差宜分配在一步架的各层砖缝中，操作时挂线两端应相互呼应，并经常检查与皮数杆是否对应。

(6)砌筑

砖墙砌体时，应注意挑选砖的表面，尽量使暴露在外的砖面完整、规则、统一。

砖的砌筑操作方法很多，与各地的操作习惯、使用工具有关，一般常用的有“三一砌法”，即一刀灰、一块砖、一挤揉。其优点是灰缝容易饱满、砂浆与砖的黏接效果好，墙面整洁。

如采用铺浆法砌筑时，应注意铺设砂浆的长度一般不宜超过 750 mm，当气温达到 30℃时，铺浆长度不宜超过 500 mm。如果铺灰长度过长，砌筑速度跟不上，砂浆内的水被砖砖吸收，砂浆过稠，砌筑时就不易被挤揉开，挤浆困难，就不易将铺刮后的无浆处挤满，造成砂浆的饱满度降低，从而影响砌筑质量。

砖砌体组砌既要注意组砌形式正确，也要特别注意砖的竖向灰缝上下错开，砖内外搭砌,严禁产生竖向灰缝通缝现象,砖柱不得采用包心砌法;目的是将砖承受的荷载尽快的传递到更多的砖上,减少因局部过分集中而产生局部破坏,从而导致整个构件的破坏。240 mm 厚承重墙体的每层墙体的最上一层砖及梁垫下面、砖砌台阶的水平面上及挑出层,均应用整砖顶砌。多孔砖的孔洞应垂直与受压面砌筑。

砌筑时灰缝厚度不宜过大。一般水平灰缝厚度宜控制在 8 ~ 12 mm,竖向灰缝宽度一般为 10 mm。竖向灰缝宜采用挤浆法或刮浆法,严禁采用水冲浆灌缝。

应注意,在进行砌体基础施工时,如果基础底面标高不同时,应从低处砌起,并应由高处向低处搭砌。当无设计要求时,搭接长度不应小于基础扩大部分的高度。

在墙体上留设施工洞口,洞口侧边距交接处墙面尺寸不得小于 500 mm,洞口净宽度不得超过 1 000 mm,如为抗震设防烈度为 9 度时的地区,建筑物砖墙体上临时施工洞口的位置应会同设计单位确定。临时洞口应及时做好补砌工作。

在砌筑门窗洞口时,应按照规定留设木砖,木砖的数量应根据施工规范要求确定,木砖还应进行防腐处理。空心砖留设木砖位置应采用普通黏土砖补砌。

在施工时,应根据施工方案要求,合理搭设脚手架。某些建筑物,如仓库等有气密性要求的,规定墙体上严禁留设脚手架;其他建筑物或构筑物,应根据要求合理留设脚手架眼。不得留设脚手架眼的部位有:空斗墙、半砖墙和砖柱;砖过梁上与过梁成 60°角围成的墙体范围内;宽度小于 1 000 mm 的窗间墙;梁或梁垫下及其左右各 500 mm 范围内;门窗洞口两侧 180 mm 和转角处 420 mm 范围内。

留设的脚手架眼,在脚手架拆除后应及时补好。在补脚手架眼时,应首先将脚手架眼内杂物清除干净。用水充分湿润后用砂浆和砖块填充密实,并确保砂浆干燥后不会产生裂缝;否则墙面容易在此处漏水。

(7)勾缝

勾缝是清水墙砌筑时的最后一道工序;侧表面将来不再进行粉刷的墙体称为清水墙,清水墙砌筑完成后,应进行勾缝。勾缝的作用是使砖灰缝饱满、均匀,使墙面清洁、整齐美观。

勾缝的方法一般包括原浆勾缝和加浆勾缝两种:原浆勾缝是利用原砌筑墙体用砂浆随砌随勾;加浆勾缝是墙体砌筑完成,用 1:1 水泥砂浆勾缝,也有采用加色砂浆勾缝的。勾缝应做到横平竖直,深浅一致,缝隙压实光滑,搭接自然。

勾缝完成后,应将墙面清扫干净。

3.2.2.2　组砌形式

通常将一块砖的六个面中最大的那两个面称为“大面”,其次大的两个面称为“条面”,最小的两个面成为“丁面”。砌筑时,大面朝向墙外侧的叫做立砖,条面朝外的叫条砖或顺砖,顶面朝外的叫做丁砖。

根据砖墙体的厚度可以将砖墙分为半砖墙(或称为 120 墙)、一砖墙(240 墙)、一砖半(370 墙)和两砖墙(490 墙)等。

根据砌筑墙体的密实性,可将墙体分为空斗墙和实心砖墙,其中空斗墙一般不宜做承重墙。

按组砌方式,在墙体厚度不小于 240 mm 时,砌筑方法又可分为一顺一丁、三顺一丁、梅花丁和其他砌法等。在砌筑时应特别注意砖的竖向灰缝应相互错开 1/4 砖长,即 60

mm。一般情况下，在砌筑工程中应尽量采用梅花丁、一顺一丁的砌筑方法。

(1)梅花丁

梅花丁是在同一皮砖采用沿墙长度方向顺、丁各一交替向前，同时向上交替组砌的砌筑方式上下两皮砖的竖向灰缝应错开 1/4 砖长。采用此种砌筑方法砌筑的砌体构件，砖砌体构件的受力效果最好，如图 3.5 所示。

(2)一顺一丁

一顺一丁是最常用的一种砌筑方法，工人在砌筑时一皮顺砖、一皮丁砖交替向上组砌而成，如图 3.6 所示。

图 3.5　梅花丁砌法

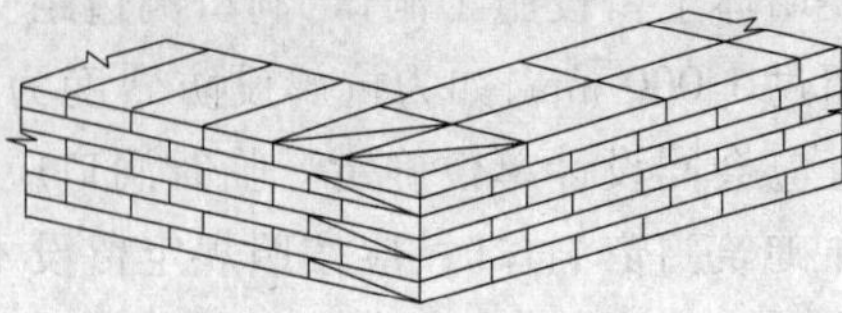

图 3.6　一顺一丁砌法

(3)三顺一丁

三顺一丁是砌筑三皮顺砖然后再砌筑一皮丁砖交替向上组砌而成的墙体。如图 3.7 所示，上下顺砖搭接长度为 1/2 砖长，丁砖与顺砖搭接 1/4 砖长。由图中可以看出，墙体中的顺砖皮数越多，砖墙两边的两排顺砖间的连接就越差，整体墙体的承重能力就会大大降低；因此要求最多可以做到三顺一丁。特别应注意，砌筑时采用的丁砖不仅可以将荷载传递到两顺砖上，同时还有拉接作用，减少顺砖向墙体外鼓现象，以提高其承载能力，所以在砌筑时丁砖不能够采用断砖。

(4)其他砌法

1)全顺砌筑　全顺砌筑，一般适用于半砖墙的砌筑。在砌筑时，应注意每皮砖的搭接为 1/2 砖的厚度。如图 3.8 所示。

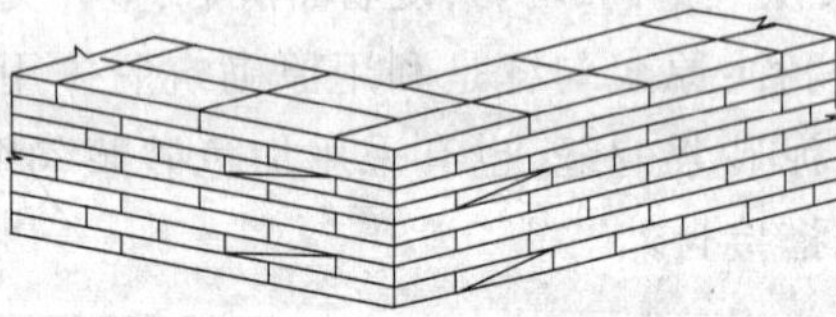

图 3.7　三顺一丁砌法

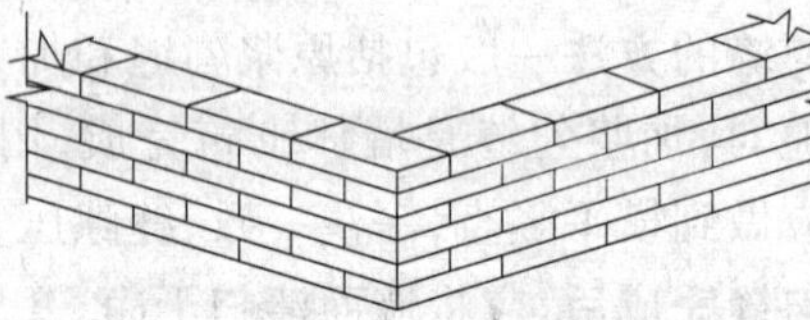

图 3.8　全顺砌法

2)全丁砖　全丁砖是指在砌筑过程中，会沿墙体长度方向，全部为丁砌。如砌筑烟囱、圆形水井等。

3.2.2.3　**多孔砖和空心砖墙组砌**

多孔砖和空心砖的砌筑原则相同，即灰缝厚薄均匀一致，竖向灰缝错开砌筑，尽量使上下两皮砖竖向灰缝间距最大。规格为 190 mm×190mm×90 mm 多孔砖砌筑形式如图 3.9 所示。

规格为 240 mm×115 mm×90 mm 的承重多孔砖，一般采用梅花丁或一顺一丁方式砌筑。如图 3.10 所示。

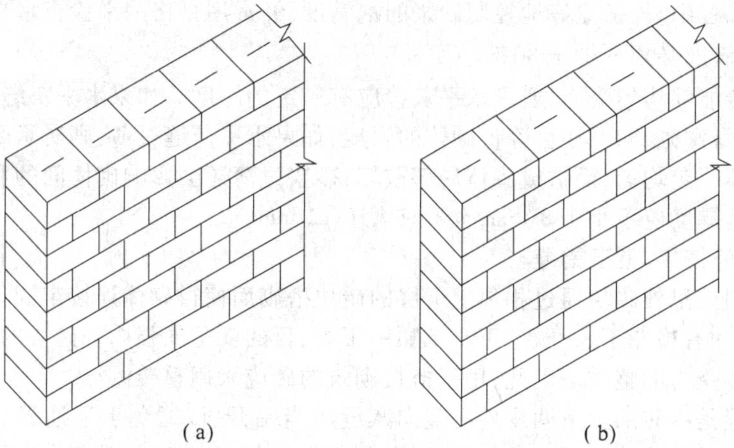

图 3.9　190×190×90 mm 多孔砖砌筑形成

(a)整砖顺砌；(b)梅花丁砌筑

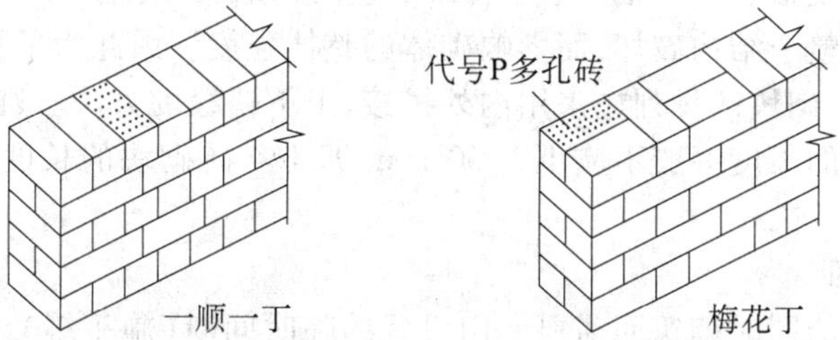

图 3.10　240×115×90 mm 多孔砖砌筑形式

3.2.3　质量要求

砌筑工程的基本质量要求：横平竖直、砂浆饱满、灰缝均匀、内外搭接、上下错缝、接槎牢固。

3.2.3.1　横平竖直

砌体施工时应注意水平灰缝平直，砌筑时必须立皮数杆、挂线砌筑；竖向灰缝应按照砌筑工艺要求垂直对齐，否则称为游丁走缝，会影响墙体的外观质量。

墙体在砌筑过程中，应随时检查墙体的水平度和垂直度，一般要求做到“三皮一吊线，五皮一靠尺”。为减少灰缝受压变形引起砌体结构的不均匀沉降而对墙体质量造成影响，一般要求日砌筑墙体高度不宜超过 1.8 m；当施工时可能会遇到大风时，日砌筑高度不宜超过 1.2 m。

3.2.3.2　砂浆饱满、灰缝均匀

砖砌块属于脆性材料，其抗压能力较好，抗拉、抗剪能力比较差，因此应尽量使砖块体处于均匀受压状态，以减少产生拉力和剪力可能。这就要求在砌筑砌体结构时，块体间的水平灰缝砂浆饱满、厚薄均匀；砌体灰缝砂浆的饱满度对砌体的传力均匀性、砌体之间连接的可靠性和砌体的强度影响很大；上层砌体的重量主要通过砌体之间的水平灰缝传递到下层砌体上，如果砂浆的饱满度差，就会改变砖的受力状态而产生弯剪应力，砖就很容易折断破坏，从而造成整个砌体结构的破坏；因此砌筑施工时必须砂浆饱满。

在实际工程中，为了更好地控制砂浆的饱满度，经常用百格网来检查水平灰缝的饱满度，砂浆的饱满度必须不少于 80%。

为了使砖能够均匀受力，要求水平灰缝应有一定的厚度。如果水平灰缝过厚，容易使砖块浮滑，墙身侧倾，同时还会降低砌体的强度；如果水平灰缝过薄，则砖承受砂浆传递的上部压力就不一定均匀，而造成砌体局部破坏；砂浆过薄还会影响砌体间的黏接力。一般要求水平灰缝厚度应不小于 8 mm，也不宜大于 12 mm。

3.2.3.3 内外搭接、上下错缝

搭接是同层里外砖块通过相邻上下层的砖块搭砌而使得砌体连接牢固。施工中的砌筑方法，常用的有梅花丁、一顺一丁和三顺一丁等，目的就是加强内外砖块的搭接，使整个墙体形成统一受力的整体。因此，用于搭接砌筑的砖应采用整砖。

上下错缝是指砖的上下两皮砖的竖向灰缝应当错开，以避免上下通缝。砖砌体一般主要承受竖向受压荷载。试验表明，在竖向荷载作用下，一般砌体的竖向灰缝很容易首先开裂；如竖向荷载继续加大，则砌体结构中的某些砌块发生断裂，形成上下数皮砖的"通缝"；使得整个砌体变成很多小的"砖柱"，如果竖向荷载再增加，小"砖柱"变形进一步加大，然后失稳破坏，整个结构破坏，而影响砌体的整体强度。因此为了提高砌体的整体性、稳定性和承载能力，砌块的排列应采用内外搭接、上下错缝的方法。避免上下数皮砖出现连续的通缝。错缝的长度一般不应小于 60 mm，即 1/4 砖砌块的长度。另外在砌筑中还应尽量少砍砖。

3.2.3.4 接槎牢固

当相邻砌体不能同时砌筑而需要专门设置的临时间断（施工缝）时，应考虑留槎和接槎。砖砌体在转角处和墙体交接处应同时砌筑，不应留槎。如不能同时砌筑而必须留设施工缝的，应注意尽量留设斜槎，应注意斜槎长度不应小于接槎墙体高度的 2/3。这种留设方法操作方便，接槎时砂浆饱满，易保证工程质量。

接槎应便于先后砌筑砌体间的连接。接槎方式是否合理，对施工缝处砌体的质量和墙体的整体性有极大的影响，特别是在地震区可能会影响到建筑物的抗震能力。如果留斜槎确实有困难，除转角外可以留直槎，而且必须是留设阳槎，同时应在墙体内设置拉接钢筋，如图 3.11 所示；墙体留直槎时应特别注意不得留设阴槎。

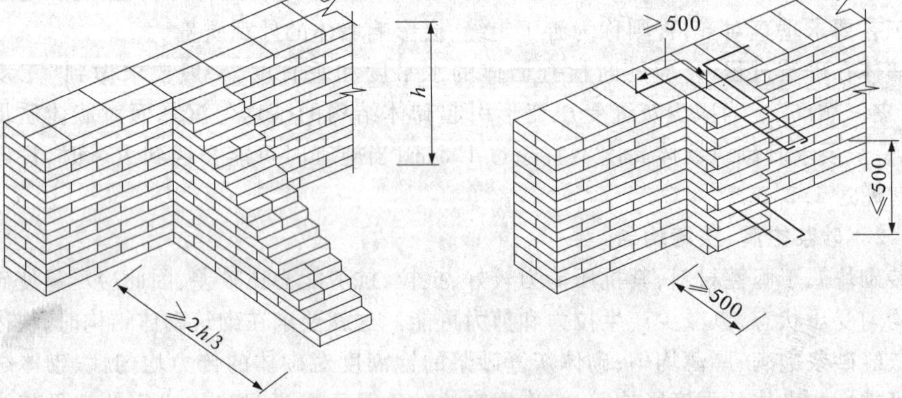

图 3.11 砌体接槎

(a)斜槎；(b)直槎

墙体拉接钢筋的间距沿墙高度方向按每不超过 500 mm 设置一道，钢筋长度深入两侧墙中每边不少于 500 mm（对于抗震烈度大于 6 度地区，不应小于 1 000 mm），埋入墙中长度从墙的留槎处算起。末端应有不小于 90°的弯钩。每道拉接钢筋的根数，一般按墙厚每增加 120 mm 增设一根直径 6 mm 的钢筋；如厚度小于 240 mm 的墙体，钢筋也至少设置两根。

在补槎时应注意首先将留槎处的表面清理干净，浇水润湿，填实砂浆，保证灰缝饱满，厚薄均匀，接缝平直。

对于框架结构等房屋的填充墙在砌筑时，墙体的拉接钢筋应与框架中的预埋拉接钢筋连接起来，填充墙体与框架柱接槎处应采用砖和砂浆塞紧。墙体砌筑到框架梁底时，应用砖斜砌挤紧框架梁底，斜砖的角度宜为 60°左右。

3.2.3.5　注意砌体结构的防潮

为防止潮气从基础沿砖砌体向上渗入室内影响室内生活环境，通常在砖墙体和砖柱内设置的一道封闭潮气的水平隔离带，这个隔离层就叫做砖砌体的防潮层。砖砌体的防潮层一般设计在室内地面以下距离室内地面 60 mm 的标高处，一般标高为 -0.060 m。砖砌体的防潮层应是沿墙体和柱水平截面同一标高设计，与室内地面一起形成一个封闭系统，阻止潮气上渗，应注意防潮层连续性和封闭性。防潮层可以采用以下几种做法：

1）利用油毡在防潮层标高处沿墙和柱截面满铺一道，用于防潮。此方法的优点是油毡具有一定的可变形能力，当墙体发生变形时此防潮层仍可以起到防潮作用，因此也称为柔性防潮层；但此种方法油毡的强度较低，施工时很容易被扎破而失去防潮效果，而且墙和柱上设置一道油毡，很大程度上削弱了墙和柱体的上下整体性，对结构产生不利的影响。

2）在防潮层标高处，沿墙和柱水平截面满铺 20 mm 厚 1∶2 水泥砂浆掺 5% 的防水粉一道。这种方法的优点是基本上不削弱墙和柱体的上下整体性，而且还可以利用防潮层的厚度来适当调节墙体和柱子的水平标高；但此种方法砂浆干燥后质地较脆，因此也称为刚性防潮层；当墙体发生变形时，砂浆防潮层很容易开裂而降低防潮的功能。

3）利用地圈梁来代替防潮层。此方法是利用钢筋混凝土地圈梁来兼做防潮层，将结构所需要的地圈梁设置在防潮层标高处。此方法的优点是将结构的构件与建筑设计有机结合起来，而且地圈梁既可适当调节墙体的变形，一般又不会因为墙、柱有微小变形而减弱防潮的功能，因此是比较理想的处理方法；但此方法对地圈梁的标高及密实度有特别的要求，结构设计和建筑设计应密切合作，此方法现在施工中用的最多。

3.2.4　砖柱、砖过梁

3.2.4.1　砖柱

砖柱是利用砖与砂浆砌筑而成的柱体，其截面常见的有方形、矩形、多边形、圆形等。

砖柱砌筑同样也应立皮数杆，而且砌筑时应特别注意摆砖样，选择合理的组砌形式。应做到柱面上下皮砖竖向灰缝相互错开 1/2 砖长以上，柱心无通天缝，严禁先砌筑四周再填中心的包心砌法。如图 3.12 所示。

砌筑砖柱时，应注意在砖柱上不得留设脚手架眼。

如果是墙的砖垛，注意砖垛应与墙体同时砌筑，砌筑方法同墙体和砖柱，不能先砌筑

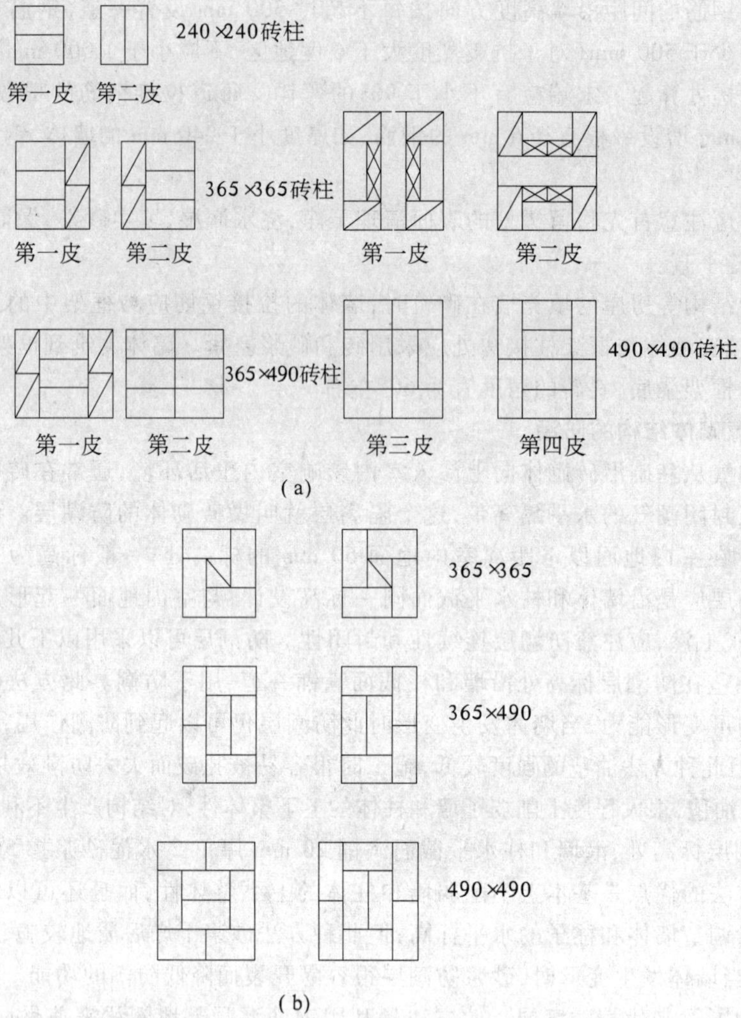

图 3.12　砖柱组砌形式

(a)矩形的正确砌法;(b)矩形柱的错误砌法(包心组砌)

墙后砌垛或先砌砖垛后砌筑砖墙。如图 3.13 所示为一砖墙附砖垛分皮砌法。

3.2.4.2　砖过梁

砖过梁包括砖拱过梁和钢筋砖过梁。

(1)砖拱过梁

砖拱过梁是用砖和砂浆砌筑而成的过梁,包括砖砌平拱过梁和砖砌弧拱过梁。

砖砌平拱过梁砌筑时,拱脚两端砌成斜面,斜面斜度为 1/4 ~ 1/5,拱脚处退进 20 ~ 30 mm。拱底支模在梁跨中应起拱 1%,在模板上画出砖及砂浆的砌筑方式,并使过梁的砖的块数为单数。砌筑时从两边向中间砌筑,采用满刀灰法,竖向灰缝应上宽下窄呈楔形,下缝不得小于 5 mm,上缝不得大于 15 mm,中间的一块砖应挤紧。

砖砌弧拱做法基本同砖砌平拱。特别注意,拱下模板应等到砂浆强度的 50% 以上后,方可以拆除。如图 3.14 为砖砌平拱过梁和图 3.15 为砌筑弧拱过梁。

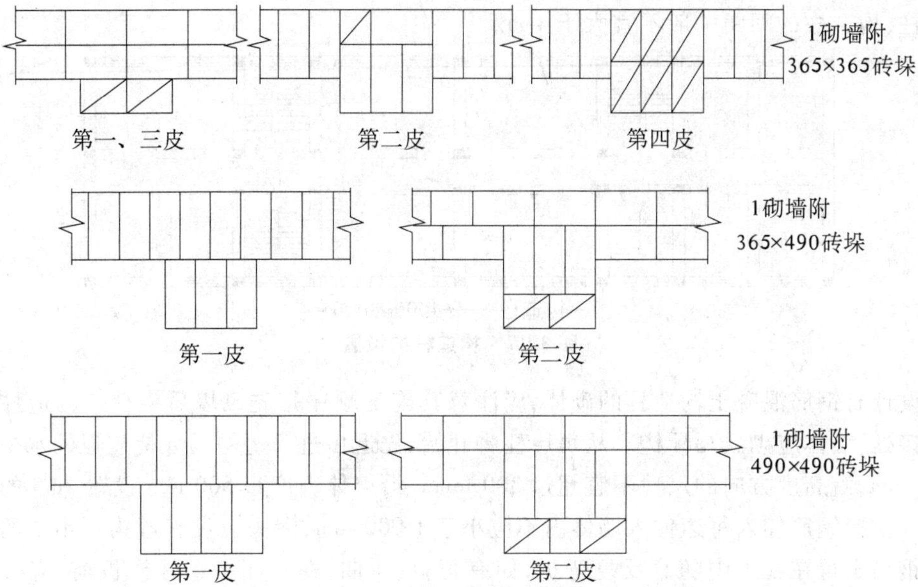

图3.13 一砖墙附砖垛分皮砌法

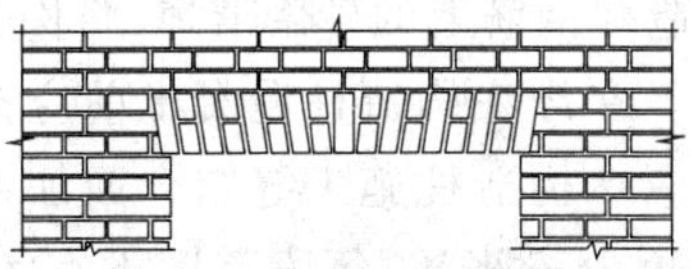

图3.14 砖砌平拱过梁

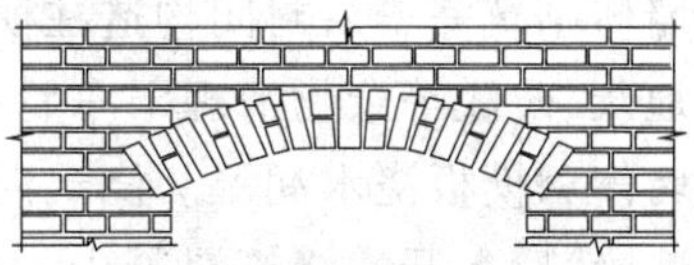

图3.15 砖砌弧拱过梁

(2)钢筋砖过梁

钢筋砖过梁是用普通砖与砂浆砌成,底部配有钢筋。在过梁范围内,砖的强度等级不得低于MU10,砂浆的强度等级不低于M2.5,砌筑时宜采用一顺一丁或梅花丁。钢筋直径不小于5 mm,间距不大于120 mm,钢筋的配置应根据设计确定;钢筋伸入墙体内的长度不小于240 mm,端头并设有弯钩。埋钢筋的砂浆层厚度不宜小于30 mm。如图3.16为钢筋砖过梁。

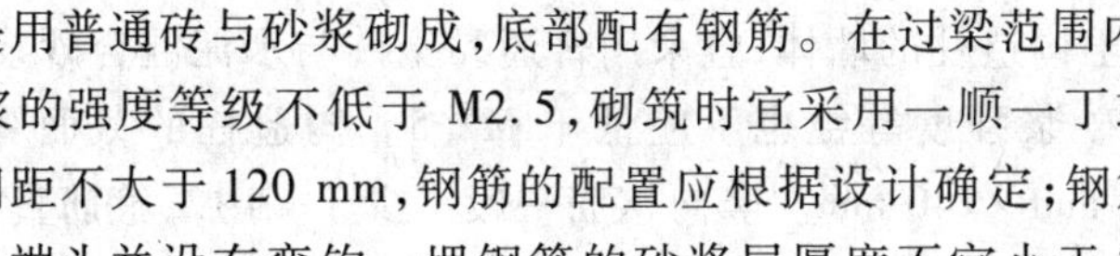

图3.16 钢筋砖过梁

3.2.5 构造柱与马牙槎

设置钢筋混凝土构造柱是提高多层砖混结构抗震能力的一种措施。当多层砖混结构超过《建筑抗震设计规范》(GB 50011-2001)规定的高度限值时,如设置钢筋混凝土构造柱,则在受到相当于设计烈度的地震影响下不致严重损坏,如图3.17所示为某砌体结构的构造柱设置平面图。构造柱的设置应在纵横墙的交接处、墙体端部和较大洞口边设置构造柱,构造柱的间距一般不宜大于 4 m。

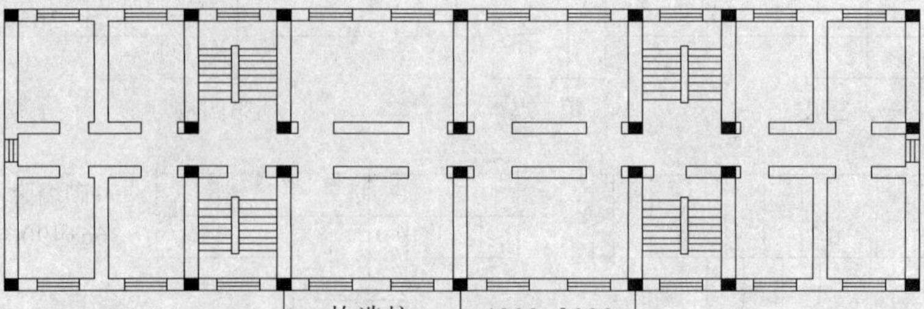

图 3.17　构造柱的设置

设计有钢筋混凝土构造柱的砌体,应注意其施工顺序是先砌墙后浇柱。构造柱与墙体连接处,墙体应砌成马牙槎。从每层柱脚开始,先退后进。每一马牙槎进退的水平尺寸为 60 mm,沿高度方向的尺寸不宜超过 300 mm。沿墙体高度每 500 mm 设置 2ϕ6 的拉接钢筋。拉接钢筋伸入每边伸入墙体内不应小于 1 000 mm,端头应设有弯钩。预留的墙体拉接钢筋不得在施工中随意反复弯折,如有歪斜、弯曲,在封闭构造柱模板前,应校正到位,并绑扎牢固。如图 3. 18 所示为构造柱与墙体的连接。

在墙体砌筑完毕后封闭构造柱模板前,应将构造柱钢筋上的砂浆清掉,将构造柱模板内的落地灰、砖渣等杂物清理干净后才能封闭模板。在浇注构造柱混凝土前应提前将构造柱的墙体和模板浇水润湿。浇筑混凝土开始前,应在构造柱施工缝结合面加入适量的水泥砂浆,然后在开始浇筑混凝土。构造柱混凝土可分段浇注,每段高度不宜大于 2 m。在施工条件较好并能确保浇筑密实的情况下,也可以每层一次浇成。浇筑时,应注意避免振动器振动砖墙。

设置钢筋混凝土构造柱的墙体,宜采用普通黏土砖与水泥混合砂浆砌筑,砖的强度等级不应低于 MU10,砂浆强度等级也不应低于 M2. 5。构造柱的截面一般宽度同墙体厚度,尺寸不小于 240 mm × 240 mm。竖向钢筋一般不少于 4Φ12,箍筋直径不少于 ϕ6,间距不大于 250 mm。构造柱必须与圈梁连接,在构造柱与圈梁相交接处上下各 500 mm 或每层构造柱长度的 1/6 中的大值范围内,构造柱的箍筋应加密,加密区箍筋间距不大于 100 mm。如图 3. 19 所示为构造柱与圈梁的连接。构造柱一般不单独设置基础,而是从墙下钢筋混凝土柔性基础或地圈梁底部生根。如图 3. 20 所示为构造柱的根部设置。

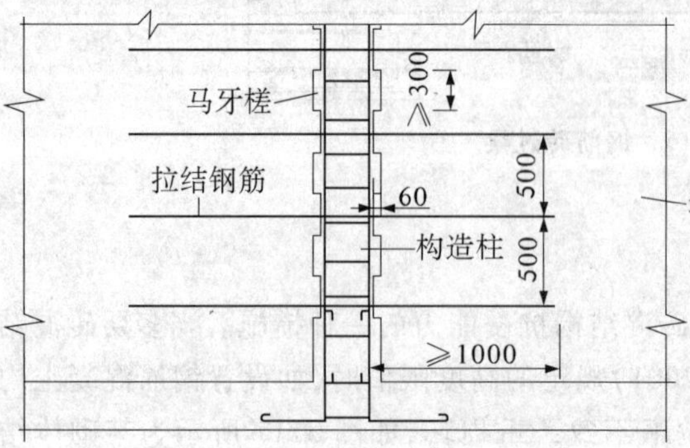

图 3. 18　构造柱与墙体的拉接

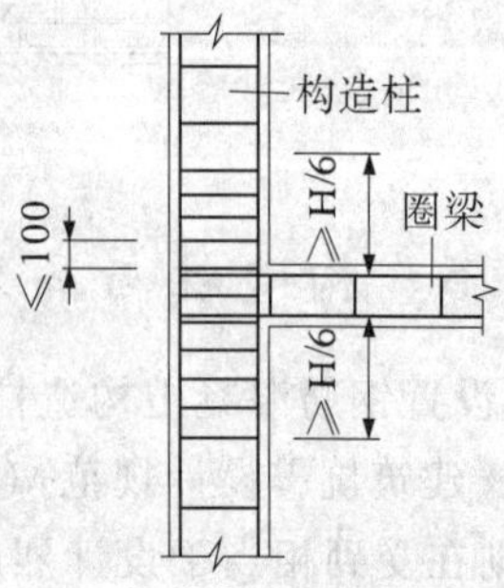

图 3. 19　构造柱与圈梁的连接

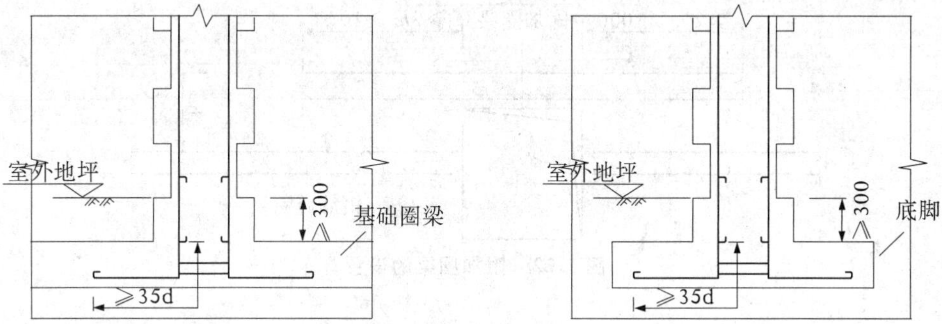

图 3.20　构造柱根部

3.2.6　圈梁

为了加强砖混结构房屋的整体稳定性,减少由于地基的不均匀沉降或地震等较大振动荷载等对房屋造成的不利影响,提高整个砖混结构房屋的抗变形能力,并可适当局部调整荷载传递路线,在砖混结构中沿墙体通常设置并在同一标高上封闭的梁,称为圈梁。圈梁可分为钢筋砖圈梁和钢筋混凝土圈梁。

钢筋砖圈梁是利用在墙体中通长布置上下布置两道钢筋,两道钢筋间距为 4 ~6 皮砖以共同形成钢筋砖圈梁,如图 3.21 所示。钢筋砖圈梁每道钢筋砖圈梁要求钢筋沿墙体通长布置,直径不低于 φ6,钢筋间距不大于 120 mm,对 240 mm厚墙体一般至少布置 3 根。对砌筑钢筋砖圈梁部分的砖标号应不低于 MU10,砂浆强度等级不低于 M5。

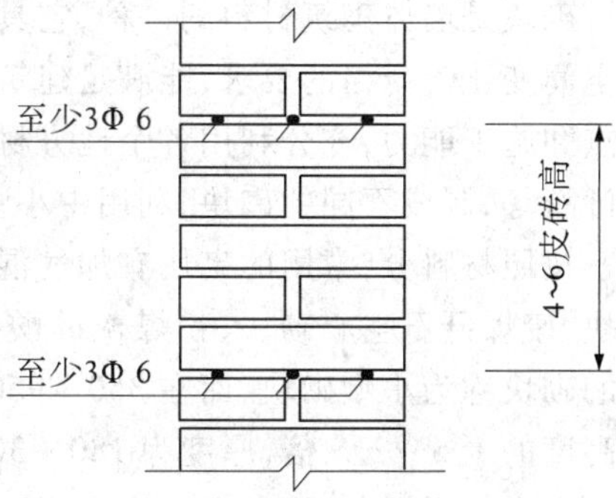

图 3.21　钢筋砖圈梁断面

钢筋混凝土圈梁的宽度一般同墙体的厚度;如果墙体厚度≥240 mm,则圈梁的宽度不宜小于墙体厚度的 2/3。圈梁高度≥120 mm,纵向钢筋不少于 4φ10,钢筋的搭接接头按受拉钢筋考虑,箍筋直径≥φ6,间距不大于 300 mm。混凝土的强度等级≥C20。钢筋混凝土圈梁应设置在楼盖标高处,尽量与楼盖结构连接成整体。以加强楼盖结构的水平刚度。

圈梁应沿外墙、内纵墙和主要横墙通长设置。每道圈梁应在同一标高内形成封闭系统;如果圈梁由于门窗等洞口被切断不能形成封闭系统时,应在洞口上部设置截面不小于圈梁的附加圈梁,附加圈梁与圈梁的搭接长度应大于两者标高差值的 2 倍。且不小于 1 000 mm。如图 3.22 所示为附加圈梁的设置。

如果圈梁与门窗洞口的过梁在同一标高,位置重叠,出现圈梁代过梁情况,此处的圈梁首先保留原圈梁的配筋,然后再按过梁计算梁的受力状态进行设计,将过梁所需要的钢筋数量加到圈梁中。

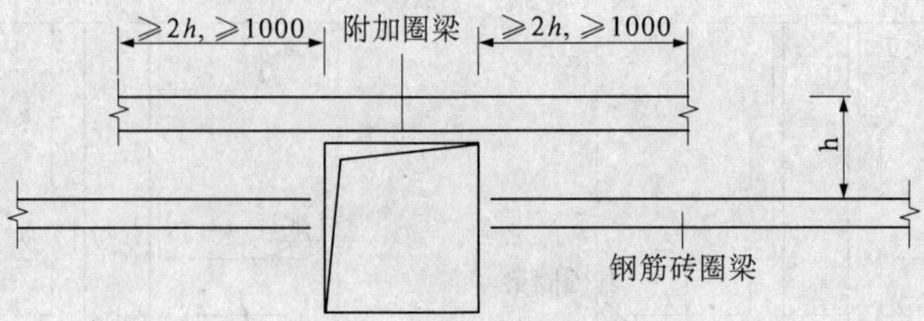

图 3.22　附加圈梁的设置

3.3　砌块砌体

3.3.1　概述

砖砌体施工的优点是操作简单,施工方便,但生产普通实心黏土砖需要大量的农田土;另外,砖墙砌筑时工艺麻烦,施工速度慢。为了缓解这些矛盾,我们可以利用砌块代替普通黏土砖砌筑墙体。

砌块是墙体砌筑材料的一种,它具有建筑适用性强、砌筑方便、灵活,对建筑物的平面和空间变化无严格的要求,能满足建筑设计的要求。砌块根据不同地区的自然条件、气候特点和施工能力,充分利用各个地方材料和工业废料作为原料,如碎石、火山灰渣、炉渣、煤矸石等,制成不同的砌块,利用中小型施工机械进行施工。

按照材料分,常用的砌块有加气混凝土砌块,粉煤灰硅酸盐砌块,混凝土空心中、小型砌块,废煤矸石空心砌块、粉煤灰硅酸盐空心中心砌块等。通常将高度在 180 ~ 350 mm 高的砌块称为小型砌块,而在 350 ~ 950 mm 高的砌块称为中型砌块。砌块的长度一般约为高度的 1.5 ~ 2.5 倍,厚度为 180 ~ 300 mm,每块砌块重量约为 50 ~ 200 kg。

在砌块进场前,堆放场地应进行平整、对于土质较差的地方还应该打夯,并做好地面的排水工作。由于砌块规格型号比较多、尺寸有差别,因此砌块进入施工现场前应首先规划好不同材料的对方位置,既节省现场平面位置,也要注意现场运输、安装方便。现场布置时,应根据的砌块规格、标号等分别整齐堆放,还要考虑方便施工。

小型砌块的堆放高度不宜超过 1.6 m。混凝土空心中型砌块堆放高度以一皮为宜。不宜超过二皮,开口断应向下布置。粉煤灰砌块应上下皮交叉叠放,堆置高度不宜超过 3.0 m。

3.3.2　砌块施工

由于中、小型砌块体积较大、重量较重,施工现场不如砖砌块可以随意搬运,砌块较重时多采用专用的设备进行吊装砌筑,要求必须准确安装就位,因此在吊装前必须事先确定好砌块的安装位置,这就需要在施工前应首先绘制砌块排列图纸。如图 3.23 所示为某砌体结构的砌块排列图。

3.3.2.1　砌块排列图

砌块排列图应按每片纵、横墙体分别绘制。砌块排列图纸要求在立面图中绘制出纵、

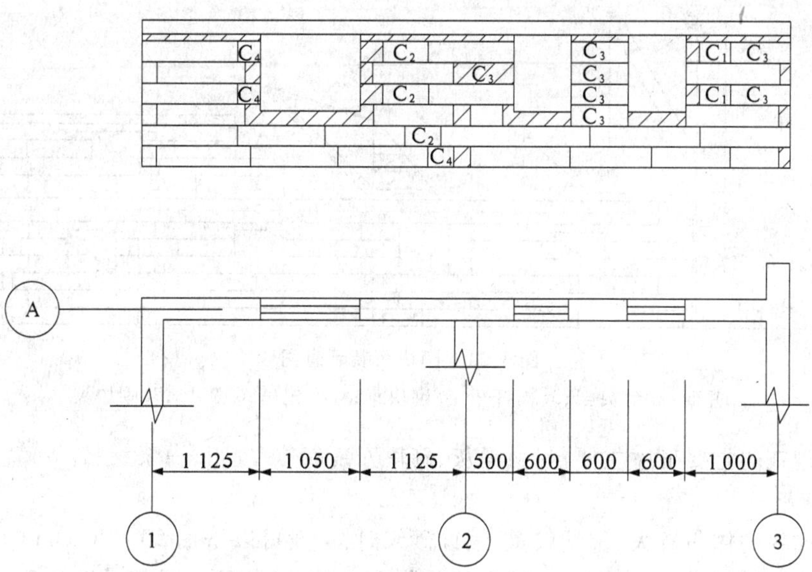

图 3.23　砌块排列图

横墙,标出楼板、主梁、楼梯、孔洞等的位置。做到:

1)应尽量采用主规格砌块,减少镶砖。

2)砌块应错缝搭接,小型砌块上下搭接长度不得小于 90 mm;中型砌块上下搭接长度不得小于块高的 1/3,且不应小于 150 mm;如搭接长度不足时,应在水平灰缝内设置 $2\phi^{b}4$ 的钢筋网片,但竖向通缝仍不得超过 2 皮砌块。

3)外墙转角处及纵横墙体交接处,应交错搭砌;局部必须镶砖时,应尽量使砖的数量最少,且镶砖位置应分散布置。

4)水平灰缝一般为 10 ~ 20 mm,有配筋的水平灰缝为 20 ~ 25 mm,竖向灰缝宽度为,当竖向灰缝的宽度大于 40 mm,应用与砌块同强度的细石混凝土填实,当竖向灰缝大于 130 mm 时,应用黏土砖镶砌。

5)当楼层高度不是砌块包括灰缝的整体模数倍数时,应用黏土砖镶砌。

3.3.2.2　砌块安装的方法

由于砌块体积较大,重量较重,砌块的安装方式在施工前应首先确定。砌块的安装通常采用的方式有两种:

1)用轻型塔吊完成砌块和预制构件的垂直和水平运输,用台灵架将运至工作面的砌块安装就位。此方法施工速度较快,适用于工程量大的建筑,如图 3.24 所示为砌块吊装示意图。

2)用带起重臂的井架进行砌块和预制构件的垂直运输,用砌块车进行水平运输,用台灵架安装砌块。此方案适用于工程量小的建筑。

3.3.2.3　砌块砌筑施工

砌块砌筑前应清除砌块表面的污物及杂质,并对砌块的外观进行检查。砌块砌筑时应从转角处或定位砌块处开始,按照施工段依次进行,应遵循先远后近、先下后上、先外后内,在相邻施工段间留阶梯形斜槎。

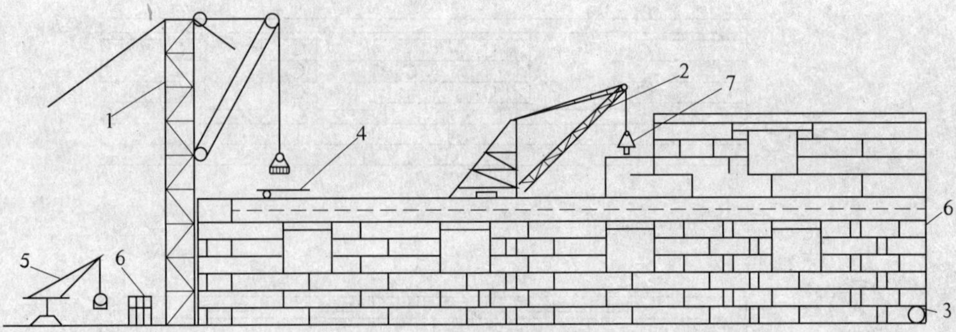

图 3.24 砌块吊装示意图

1.井架;2.台灵架;3.杠杆车;4.砌块车;5.少先吊;6.砌块;7.砌块夹

砌块砌筑的主要工序主要包括:铺灰、砌块安装就位、校正、灌浆、镶砖等。

(1)铺灰

由于砌块的体积较大、重量较重,铺设砂浆时,一般可以采用 50 ~ 70 mm 的稠度良好的水泥砂浆,并保证铺灰厚度。对铺设的砂浆应注意平整饱满,铺灰可先铺 3 ~ 5 m 长的水平灰缝隙,如果天气炎热或天气寒冷,应适当缩短铺灰长度。铺灰的厚度如前所述。

(2)砌块安装就位

砌块安装时应首先根据已经设计好的砌块排列图,选择适当的砌块安装就位,安装时宜采用摩擦式夹具。应注意将砌块安装就位时,应尽量做到一次就位成功,这样不但可以减少校正的时间和工作量,而且有利于砂浆灰缝的饱满度,有利于砌块砌筑的质量控制。

砌块砌筑时应横平竖直、表面清洁。设计规定的洞口、沟槽、管道预留洞、预埋件等,一般应在砌筑时预留或预埋。

小型砌块用于砌筑框架填充墙时,应与框架结构中预埋的拉接钢筋连接牢固。对于砌块砌筑到框架梁底时应采取的砌筑方案同砖砌块,采用斜砌顶砖的方法(塞实)。

(3)校正

在安装就位后首先应根据挂的基准线检查砌块的水平度,用托线板检查其垂直度。在校正时间注意砂浆灰缝的厚度应满足施工规范要求。

(4)灌浆

砌筑砌块时应注意砂浆的饱满性。要求砌块的水平灰缝砂浆的饱满度不得低于 90% ,竖向灰缝的砂浆饱满度不得低于 80% 。在砌块就位、校正完毕,应注意竖向灰缝的灌缝。两侧用夹板夹紧砌块,灌入砂浆,严禁用水冲浆灌缝,砌筑中不得出现瞎缝、透明缝。当竖向灰缝的宽度大于 40 mm 时,应用与砌块同强度的细石混凝土填实。

当砂浆或混凝土收水后,即可对水平缝和竖缝进行原浆勾缝,勾缝的深度一般为 3 ~ 5 mm。当勾缝完成后,不得再撬动该砌块,以防止破坏砂浆或混凝土的黏接力。

(5)镶砖

当竖向灰缝较大时,应采用镶砌破普通黏土砖的方法来调整砌块的缝隙。镶砌的黏土砖标号一般不低于 MU10,黏土砖的砌筑方法不得采用竖向砌筑或斜向砌筑。镶砖砌体的竖向灰缝和水平灰缝应控制在 15 ~ 30 mm 以内。

镶砖的最后一皮砖和安放在梁、楼板等构件下的砖层,均需用顶砖镶砌。顶砖必须用无裂缝的完整砖。

每个楼层砌筑完成后应复合标高,如有误差必须进行找平校正。如需要移动已经砌好的砌块时,应清除原有的砂浆,重新铺设砂浆砌筑。

3.3.3 质量要求

中小型砌块在砌筑时,与砖砌体砌筑方法相似,但也存在不同,即使同样都属于砌块,由于型号、材料不相同,其施工工艺既具有相同点也有各自不同之处。常用砌块在砌筑时应特别注意以下问题:

3.3.3.1 小型混凝土空心砌块

(1)混凝土砌块的生产龄期不应小于 28 d;

(2)砌块砌筑时一般可不需浇水,如果天气炎热、干燥,可提前喷水湿润;

(3)砌块必须反砌,每皮砌块应使其低面朝上砌筑;砌筑时应对孔错缝搭砌

(4)空心砌块墙面不得预留或打凿水平沟槽,对设计规定的洞口、管道、沟槽和预埋件,应在砌筑墙体时预留或预埋。

(5)需要在墙体上留脚手架眼时,可用辅助规格的单孔砌块侧砌,利用其孔洞作为脚手架眼,墙体完工后用不低于 C15 的混凝土灌实;

(6)墙体中作为施工通道的临时洞口,其侧边距交接处的墙面不小于 600 mm,并在顶部设过梁。填砌临时洞口的砌筑砂浆强度等级宜提高一级;

(7)在墙体的下列部位,应采用 C15 混凝土灌实砌块的孔洞(先灌孔洞后砌在墙体上):

1)低层室内地面以下或防潮层以下的砌体;

2)无圈梁的楼板支撑面下的一皮砖砌块;

3)没有设置混凝土垫快的次梁支撑处,灌实宽度不应小于 600 mm,高度不应小于一皮砌块。

4)挑梁的悬挑长度不小于 1.2 m 时,其支撑部位的内外墙体交接处,纵横应各灌实 3 个孔洞,灌实高度不小于 3 皮砌块。

(8)空心砌块墙体的以下部位不得留置脚手架眼:

1)过梁上部与过梁轴线呈 60°角的三角形范围内的墙体;

2)宽度小于 800 mm 的窗间墙;

3)梁或梁垫下及其左右各 500 mm 的范围内;

4)门窗洞口两侧 200 mm 和墙体交接处 400 mm 的范围内;

5)设计不允许留设脚手架眼的部位。

(9)空心砌块墙每天砌筑的高度不宜超过 1.5 m(或一步脚手架高)。

3.3.3.2 加气混凝土砌块砌体

加气砌混凝土砌块主规格长度为 600 mm,宽度和高度有几种不同的组合。由于墙体厚度一般等于加砌混凝土砌块的厚度,因此砌筑形式一般只有一种全顺式。为保证墙体受力的整体性,特别要求砖上下皮灰缝相互不小于砌块长度的 1/3。如果不能满足时,应在水平灰缝中设置 $2\phi^{b}4$ 的钢筋网片,主筋长度应不少于 700 mm,但竖向通缝仍不得超过

2 皮砌块。在砌筑时，切割砌块应使用专用的工具，不得使用斧或瓦刀等工具任意砍砸，加砌混凝土砌块上墙体不得留设脚手架眼。

砌块与承重墙体或柱交接处，应在承重墙体或柱的水平灰缝内预埋拉接钢筋，拉接钢筋沿墙或柱高度方向设置，间距不超过 1 000 mm，在考虑拉接钢筋间距时，应计算砌块的高度和水平灰缝的厚度，具体尺寸应根据砌块的高度、灰缝的厚度适当选择，使得墙体预埋钢筋正好能埋入加砌混凝土砌块墙体的水平灰缝中。每道钢筋设置 2ϕ6，端头带弯钩，伸出墙或柱面长度不应小于 700 mm。同时应特别注意此处两块墙体的接缝严密。

在加气混凝土砌块的墙体底部，应采用烧结普通砖或多孔砖砌筑，其高度不宜小于 200 mm。加气混凝土砌块砌筑时，应向砌筑面适当浇水；不同干密度和强度等级的加气混凝土砌块不应混砌。加气混凝土砌块也不得与其他砖、砌块等混砌。但在墙底、墙顶及门窗洞口处局部采用烧结普通砖或多孔砖砌筑不视为混砌。如在墙体上开洞口，应根据规范规定在墙体洞口上部设置过梁，如洞口较小，可放置 2ϕ6 的钢筋，沿墙体每边伸过洞口长度不小于 500 mm。

加气混凝土砌块的墙体砌筑应注意每天砌筑高度不宜超过 1.8 m。

3.3.3.3 粉煤灰砌块砌体

在进行材料进场时，应注意粉煤灰砌块在砌筑时应保证有 28 d 的龄期才可砌筑墙体。砌筑时，砌块应错缝，浆砌坐浆应挤紧，施工完成后应采用砂浆进行原浆勾缝，不得有空洞、瞎缝现象。在预留洞口处，因为粉煤灰的抗拉性较差，因此应注意在洞口上面通过设置过梁、增加钢筋等方式进行加固。过梁或钢筋伸入粉煤灰砌块墙体中的长度应满足相应规范的要求。

严禁用干粉煤灰砌块直接砌筑，并且不得随砌随浇。浇水润湿宜在砌筑前 2 d，控制砌块在砌筑时的含水率为 8% ~12%，严禁下雨天砌筑，砌块表面有浮水时也不能进行砌筑。

粉煤灰砌块的主规格尺寸为 880 mm，宽度有 380，430 mm。墙体的厚度一般等于砌块的宽度，粉煤灰砌块的砌筑形式只有一种——全顺法。为保证墙体受力的整体性，特别要求砖上下皮灰缝相互不小于砌块长度的 1/3 以上。如果不能满足时，应在水平灰缝中设置 $2\phi^{b}4$ 的钢筋网片，主筋长度应不少于 700 mm，但竖向通缝仍不得超过 2 皮砌块。

粉煤灰砌块墙与普通砖承重墙或柱交接处，应沿墙高 1 000 mm 左右设置 3ϕ6 的墙体拉接钢筋，拉接钢筋伸入砌块墙体内长度不应小于 700 mm；拉接钢筋的根数计算按照墙体厚度，每 120mm 布置一根，每道墙至少布置 2 根。粉煤灰砌块的切割应采用专门的手锯，不得用斧或瓦刀任意砍砸，粉煤灰砌块墙体上不得留置脚手架眼。

粉煤灰砌块的墙体砌筑应注意每天砌筑高度不宜超过 1.5 m。

3.3.3.4 轻骨料混凝土空心砌块砌体

轻骨料混凝土空心砌块的主规格尺寸为 390 mm × 190 mm × 190 mm，墙体的厚度一般等于砌块的宽度，粉煤灰砌块的砌筑形式只有一种砌筑形式——全顺法。为保证墙体受力的整体性，特别要求砖上下皮灰缝相互错开砌块长度的 1/2。如果不能满足时，应在水平灰缝中设置 $2\phi^{b}4$ 的钢筋网片，主筋长度应不少于 700 mm，但竖向通缝仍不得超过 2 皮砌块。

砌筑用砌块同粉煤灰砌块要求一样，首先应保证有 28 d 的龄期，也应提前浇水润湿，砌块的含水率也不宜过高，砌块表面有浮水时不能砌筑。砌筑时应注意遵守“反砌”原则，即将砌块的底部向上砌筑。

砌筑时应注意上下皮对孔错缝搭接。砌筑时应注意灰缝的饱满度和灰缝的平直性。轻骨料混凝土砌块墙体的砌筑应注意每天砌筑高度不宜超过 1.8 m。

3.4　石砌体

3.4.1　概述

砖和砌块材料是通过人类加工、生产而形成的建筑材料，可根据需要来调整其特点，因此其品种较多，质量容易控制，市场容易获得，设计方便。石砌体是良好的天然建筑材料，用石砌体砌筑的房屋既有古朴庄重的气势，又具有冬暖夏凉的优势，石材较砖砌块具有强度高，耐腐蚀等优点，又容易就地取材，因此在砌体结构中也广泛采用；石材料也经常作为装饰材料，用于室内外装修，如常见的有花岗石（火成岩）、石灰石（水成岩俗称大青石）和大理石（变质岩），其中大理石、花岗岩加工后常作为饰面装修材料，大理石的下角料可以作为磨石子饰面的骨料。但由于石砌体的材料形状不太规则，材料质量、强度等不容易控制，使用时相对受到一定的限制，因此石砌块多使用在墙体基础、挡土墙、桥梁墩台等建筑物或构筑物中，在砌筑时应注意清除石块表面的泥土等杂质，以利于石块与砂浆的黏接。

砌筑用石块，应首先应选择那些质地坚硬、没有裂纹、无风化的石块；石砌块的强度等级应不低于 MU20。砂浆应采用水泥砂浆或水泥混合砂浆，砂浆强度等级选择是：石基础应不低于 M5，墙体应不低于 M2.5，根据石块的尺寸，合理搭配使用。

建筑中常用的石材包括毛石和料石。

3.4.2　石砌体施工与砌筑质量

3.4.2.1　毛石

毛石是指爆破后直接得到，或稍做平整加工得到的形状不规则的块石。块石按照其平整度可分为乱毛石（形状不规则）和平毛石（有两个及以上面大致平整）。砌筑用毛石的外形尺寸一般在 200 ~ 400 mm，其中部厚度要求不小于 200 mm，重量为 20 ~ 30 kg，主要用于砌筑毛石基础和毛石挡土墙等。

毛石基础一般采用 M5 水泥砂浆铺灰法砌筑。砌筑基础前，必须首先放出石砌体的中心线及边线并复核准确，并复核各砌筑部分原有标高，如存在高低不平，应采用细石混凝土填平。一般砌筑毛石基础应双边拉准线砌筑；基础大放脚第一层及转角处应首先应首先坐浆，然后选择大而平的石块，大面朝下平放安砌，砌好后要以双脚左右晃摇不动为好，使地基受力均匀，基础稳固；否则应采用石块加浆填塞密实或更换石块。毛石基础可作为墙下条形基础和柱下独立基础；毛石基础按其断面形状可以分为矩形、梯形和阶梯形等。基础顶面宽度应比墙体底面宽度大 200 mm，基础地面宽度根据设计计算确定。如采用梯形基础,应注意基础的斜边坡度应不少于 60°。阶梯基础每个阶梯厚度不应少于 300 mm,挑出宽度应不大于 200 mm,使整个石基础满足刚性砌体大放脚的砌筑要求。毛石基础扩大部分一般都做成阶梯形,每阶内至少砌筑两皮毛石。上级阶梯的石块至少应压砌下级阶梯石块的 1/2。相邻阶梯的毛石应相互错缝搭砌。如图 3.25 所示为某砌体结构的毛石基础。

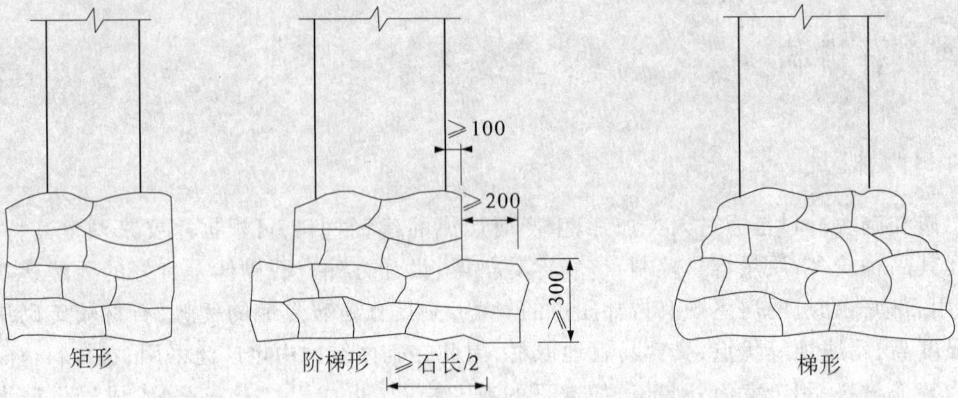

图 3.25　毛石基础(单位:mm)

毛石砌块应分皮卧砌,上下错缝,内外搭砌,不能采用外面侧立石块中间填心的砌筑方法。毛石砌体应采用铺灰法砌筑,灰缝厚度一般为 20 ~ 30 mm。要求石块间不得出现空洞、瞎缝,要求石块间不得有相互接触现象。石块间如出现较大的缝隙,应先填塞砂浆,然后嵌入相应规格的小石头,用手锤敲紧,再用砂浆填满剩余的空间,使各石块搭砌紧密,石块间基本吻合。一般每皮毛石砌块厚度为 300 mm,上下皮毛石间搭接不少于 80 mm,而且不得有通缝。每个楼层(包括基础)砌体的最上一皮,应选择较大毛石砌筑。

砌筑毛石砌体前,应根据不同的砌筑部位选择适当大小的石块,应注意选一个面作为墙面,原则是"有面取面,无面取凸",对凸面可将不需要的部分用手锤找平然后再上墙砌筑。

毛石砌体的转角和交接处应同时砌筑,否则应留踏步槎,但踏步槎的高度不应超过一步架。为了增强毛石墙体的整体稳定性,应根据规定设置拉接石(顶头石)。顶头石是长条形石块,如基础宽度或墙体厚度不大于 400 mm,拉接石的长度一般与墙或基础的厚度相同。如果基础宽度大于 400 mm,可以有两块拉接石内外搭接,搭接长度不小于 150 mm,且其中任一块长度不小于基础宽度或墙体厚度的 2/3。上下层拉接石应均匀分布,相互错开,在立面上分布呈梅花状。毛石基础的拉接石中距不应大于 2 000 mm,毛石墙体一般每 0.7 m^2 墙面至少应设置一块,且同皮内拉接石的中距不应大于 2 m。如图 3.26 所示为拉接石布置图。

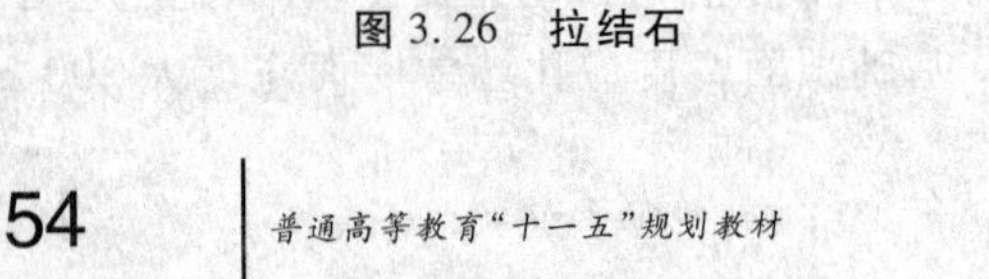

图 3.26　拉结石

在进行毛石砌施工过程中时,毛石间的灰缝一般应进行勾缝处理。灰缝勾缝时一般应先剔缝,即首先将墙面表层的灰缝间浮灰渣、碎石片、垃圾等杂务彻底清除干净,一般需将灰缝向墙内刮深 20 ~ 30 mm,

以便进行勾缝处理,墙面用水喷洒湿润,不整齐的地方加以修整。勾缝可采用 1:1 水泥砂浆统一勾缝,也可以用青灰或石灰浆加入麻刀、纸筋等砂浆进行勾缝,应注意勾缝的线条均匀一致,深浅相同;勾缝可采用平缝或凸缝,但应尽量保持砌筑缝隙的自然性。

如毛石砌体与砖墙相接时应同时砌筑,两种材料间的空隙应用砂浆和小石头填满。如利用毛石砌筑挡土墙时,挡土墙的基础、主动面土和被动面土的密实度都应满足规范要求,防止出现挡土墙四周土体滑动。应特别注意在挡土墙上留设泄水孔;泄水孔的设置一般按每米高度上间隔 2 m 设置一个。并在泄水孔与土体间设置碎石作为疏水层,便于挡土墙后土体内的水可以轻松的排出挡土墙外。另外在砌筑毛石挡土墙时,要求每砌筑 3 ~4层为一个分层高度,应找平一次。

考虑到砌筑时砂浆的强度很低、毛石几何形状的不规则和整个墙体的稳定性,毛石砌体每日砌筑的高度不应超过 1.2 m。

3.4.2.2　**料石**

毛石经过加工,使外形有一定的规则的石材叫料石;料石根据加工的精细程度可分为毛料石、粗料石、半细料石和细料石等类型;按砌筑后外露面加工形式可分为蘑菇石、雨点石(钻花石)、剁斧石、磨光面石和冰纹石面等。

砌筑料石基础或墙面时应采用双面拉线砌筑,砌筑方法同砖砌体,首先同样是先盘脚,然后向墙中间砌筑。料石墙基础和料石墙体的第一皮及每层楼的最上面的一皮料石,都应采用丁砌方式。砌筑前应根据料石及灰缝的厚度预先计算出需要砌筑的层数,使其符合砌体竖向尺寸;料石砌体的灰缝厚度,应按料石的种类确定:粗料石砌体不宜大于 20 mm,细料石砌体不宜大于 5 mm。如图 3.27 所示为料石墙体的砌筑形式。

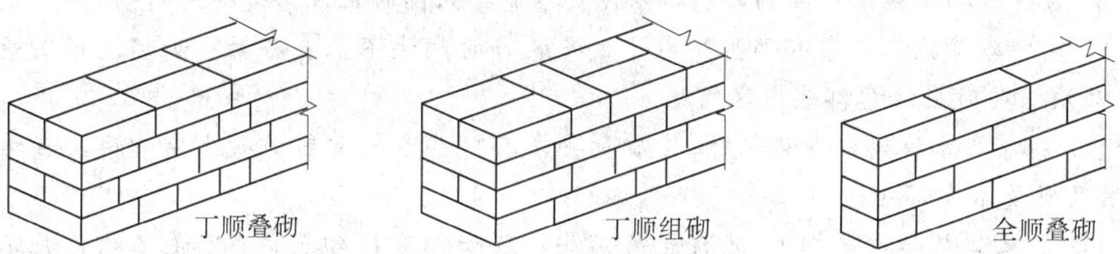

图 3.27　料石墙砌筑形式

在料石砌体施工时,应将料石放置平稳,铺设砂浆厚度应略高于规定灰缝厚度:细料石、半细料石宜高出 3 ~5 mm;粗料石、毛料石宜高出 6 ~8 mm。料石墙体砌筑时也应注意灰缝上下错缝搭接;墙体厚度大于或等于两块料石宽度时,如同皮料石全部顺砌,则应砌一皮丁砌层,如同皮内采用丁顺组合丁砌石应交错设置,其中距应不大于 2 m。砌体应采用铺浆法砌筑,垂直灰缝应填满砂浆并插捣至溢出。砌体转角处或交接处,应用石块相互搭接砌筑。

在料石和毛石或砖组合砌筑时,各种砌块应同时砌筑,并每隔 2 ~3 皮料石用丁砌层与毛石砌体或砖砌体拉接组砌,丁砌料石的长度宜与组合墙体厚度相同。

料石砌体亦应上下错缝搭砌,砌体厚度大于或等于两块料石宽度时,如同皮内全部采用顺砌,每砌两皮后,应砌一皮丁砌层;如同皮内采用丁顺组砌,丁砌石应交错设置,丁砌石中距不应大于 2 m。

同毛石墙体原理，料石墙每天的砌筑高度不宜超过1.2 m。如果是砌筑料石清水墙，在墙面上不得留设脚手架眼。

思考题

1. 砌体结构中，砂浆的作用是什么？砂浆有哪些种类，其适用范围如何？其原材料有什么要求？砂浆在拌制、试验取样、使用时应注意哪些问题？

2. 砖砌体施工前为什么要首先给砖进行浇水？提前的时间及如何控制砌筑时砖的含水率？

3. 砖的砌筑工序有哪些？抄平放线时应注意哪些问题？施工中为什么要在砌筑前摆砖样？皮数杆的作用是什么？什么是“三一砌法”？为什么要推广这种砌筑工艺？

4. 砖砌体墙体的组砌形式有哪些？其特点是什么？砖砌体的砌筑工程质量要求有哪些？为什么严禁使用包心砌法？为什么砖柱上不得留设脚手架眼？

5. 在施工中墙体的防潮层一般如何处理？

6. 什么是构造柱？为什么构造柱要做成为马牙槎？马牙槎的构造要求有哪些？如何生根？如何与墙体连接？施工时应注意哪些问题？

7. 砌体结构中圈梁的作用是什么？圈梁的截面如何？一般其设置的位置在哪里？其设置的原则是什么？如果圈梁不能交圈，应如何处理？圈梁和过梁位置发生重叠应如何处理？

8. 为什么砌块施工前要画砌块排列图？绘制排列图时应注意哪些问题？

9. 砌块砌筑施工工序有哪些？为什么安装好的砌块不应在移动？如何进行灰缝灌缝？砌块镶砖时应注意哪些内容啊？

10. 粉煤灰砌块砌体在施工时，其质量要求有哪些？轻骨料混凝土空心砌块在施工时，其质量要求有哪些？

11. 石砌体与砖砌体相比，其特点有哪些？应如何选择砌筑材料？毛石砌体施工时应注意哪些？砌筑毛石挡土墙时应注意什么问题？料石砌体施工时应注意哪些问题？

12. 现场用脚手架的作用有哪些？在脚手架搭设时应考虑哪些问题？在脚手架安装时应注意哪些问题？在使用时应注意哪些问题？脚手架的拆除应注意什么？

第 4 章　混凝土结构工程

4.1　模板工程

4.1.1　模板的基本要求和分类

模板是新浇混凝土成型用的模型板，模板系统由模板和支架两部分组成。模板的作用就是使混凝土构件按设计的形状和尺寸浇筑成型；支架则是用来保持模板的空间设计位置。模板是混凝土构件成型的一个十分重要的组成部分，现浇混凝土结构中模板工程的造价约占钢筋混凝土工程总造价的 30%，其搭设和拆除过程约占用混凝土结构工程施工 70% 的工期，因此模板的选材和构造的合理性，以及模板制作和安装的质量，都直接影响混凝土结构工程的质量、工期及成本。

4.1.1.1　模板的基本要求

1) 保证工程结构和构件各部分形状、尺寸和相互位置的正确；

2) 具有足够的强度、刚度和稳定性，能可靠地承受新浇混凝土的重量和侧压力以及施工过程中所产生的荷载；

3) 构造简单，装拆方便，能多次周转使用；

4) 接缝应严密，不得漏浆。

4.1.1.2　模板的分类

(1) 按材料分类

模板按所用的材料不同，分为木模板、钢模板、胶合板模板、塑料模板、玻璃钢模板、钢木(竹)组合模板等。

(2) 按结构类型分类

按结构类型分类，模板可分为基础模板、柱模板、墙模板、梁模板、楼板模板、楼梯模板等。

(3) 按施工方法分类

1) 拆移式模板　在施工现场按照设计要求的结构形状、尺寸及空间位置，现场组装，当混凝土达到拆模强度后拆除模板，稍加清理和修理再周转使用。常用的木模板和组合钢模板以及大模板、台模、隧道模等皆属拆移式模板。

2) 活动式模板　组装后随着混凝土的浇筑，模板可沿垂直方向或水平方向移动，直至工程结束才拆除，如滑升模板、提升模板等。

4.1.2 木模板

木模板加工方便，能适应各种复杂形状模板的需要，因此在一些工程上仍有广泛应用，但其周转率低，耗用木材多，设法增加其周转次数是十分重要的。

木模板通常事先由工厂或木工棚加工成拼板，然后在现场进行拼装。拼板由板条用拼条拼钉而成，由于使用位置不同，荷载差异教大，板条的厚度也不同，作梁侧模使用时，荷载较小，一般采用 25 mm 厚的木板制作，作承受较大荷载的梁底模使用时，板条厚度加大到 40 ~ 50 mm，板条的宽度不宜超过 200 mm（工具式模板不超过 150 mm），以保证干缩时缝隙均匀，湿水后易于密封。拼条间距根据混凝土的侧压力和板条的厚度而定，一般为 400 ~ 500mm。

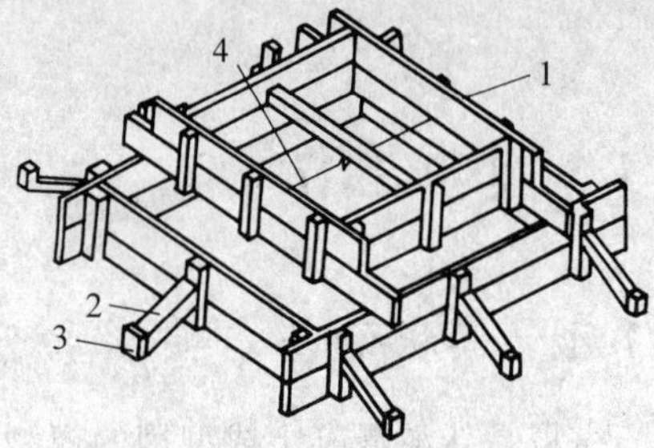

图 4.1　阶梯形基础模板

1. 拼板；2. 斜撑；3. 木桩；4. 铁丝

4.1.2.1　基础模板

图 4.1 所示为阶梯形基础模板。如土质良好，阶梯形基础模板的最下一级可不用模板而进行原槽浇筑。安装时，要保证上下模板不发生相对位移，如为杯形基础，还要在其中放入杯口模板。

4.1.2.2　柱子模板

柱模板由两块相对的内拼板夹在两块外拼板之间拼成（图 4.2），也可利用短模板（门子板）代替外拼板钉在内拼板上。由于柱子的特点是断面尺寸不大而高度较高，因此，为承受混凝土的侧压力，在拼板外设柱箍，其间距与混凝土侧压力、拼板厚度有关，上疏下密。柱模板底部应留有清理孔，以便于清理安装时掉下的木屑垃圾，待垃圾清理干净混凝土浇筑前再钉牢。沿高度每隔 2 m 设置一个浇筑孔，以便浇筑混凝土。柱底一般有一钉在底部混凝土上的木框，用以固定柱模板的位置；柱模板顶部根据需要开有与梁模板连接的缺口。

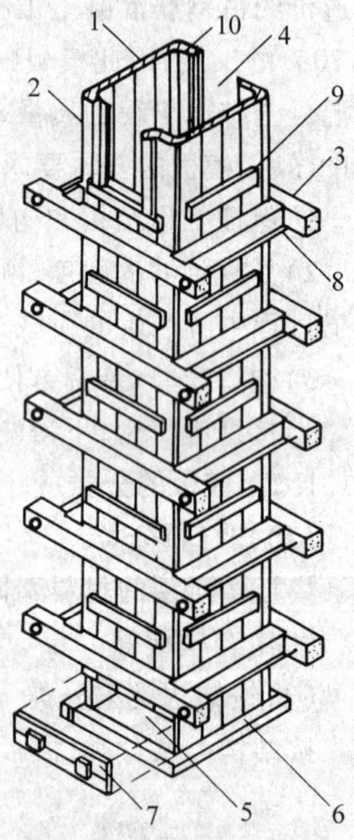

图 4.2　柱子的模板

1. 内拼板；2. 外拼板；3. 柱箍；4. 梁缺口；5. 清理孔；6. 木框；7. 盖板；8. 拉紧螺拴；9. 拼条；10. 三角木条

4.1.2.3　梁、楼板模板

梁模板由底模和侧模组成。底模承受垂直荷载，一般较厚。底模下有支柱（顶撑）或桁架承托。为减少梁的变形，支柱的压缩变形或弹性挠度不超过结构跨度的 1/1000。支柱应支承在坚实的地面或楼面上，以防下沉，如地面松软，则支柱底部应垫木板，以加大支承面。为便于调整高度，易用伸缩式顶撑或在支柱底部垫以木楔。多层建筑施工中，安装上层楼的模板时，其下层楼板应达到足够的强度，或设有足够的支柱，且上下层支柱应在同一竖向中心线上，支柱间应用水平杆和斜杆拉牢，以增加其稳定性。当层间高度大于 5 m 时，宜用桁架支撑或多层支架支模。

梁侧模承受混凝土的侧压力，为防止侧向变形，底部用夹条夹住，顶部可由支撑楼板模板的搁栅顶或用斜撑支牢(图 4.3)。梁的跨度大于或等于 4 m 时，底模应起拱，起拱高度一般应为梁跨度的 1‰～3‰。楼板模板多用定型模板，它支撑在搁栅上，搁栅支承在梁侧模板外的横档上。

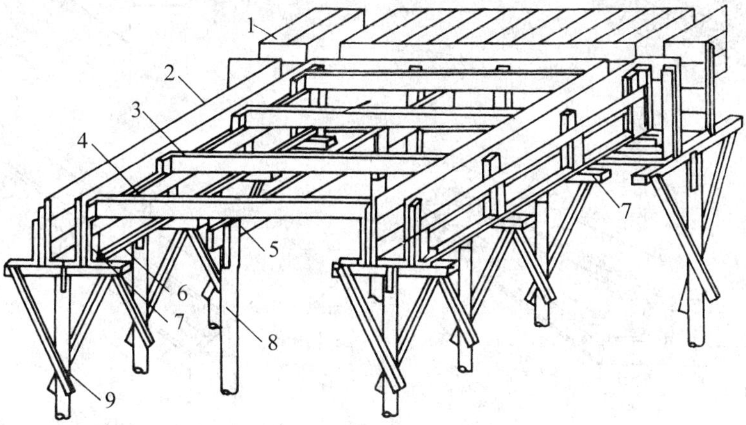

4.3　**有梁楼板一般支撑法**

1. 楼板模板；2. 梁侧模板；3. 搁栅；4. 横档；5. 牵杠；6. 夹条；7. 短撑木；8. 牵杠撑；9. 支柱(琵琶撑)

4.1.3　组合钢模板

组合钢模板由模板、连接件及支承件组成，由于模板具有一定的模数，因此，可以用它组合成多种尺寸和几何形状，以适应各种类型建筑物的基础、柱、梁、墙、板等施工的需要，施工时可以在现场直接组装，也可以预先拼装成大模板、台模等，用起重机吊运安装。组合钢模板具有组装灵活、通用性强、装拆方便、工效高、周转次数多、成型后尺寸准确、表面光滑等特点，是工程施工中使用广泛的一种模板。

4.1.3.1　模板

模板包括平面模板、阴角模板、阳角模板和连接角模，如图 4.4 所示。平面模板由面板、边框、纵横肋构成。为便于板块之间的连接，钢模板边框上设连接孔，孔距均为 150 mm，端部孔距边肋为 75 mm。模板采用模数制设计，宽度模数以 50mm 进级，有 300，250，200，150，100 mm 五种规格，长度模数以 150 mm 进级，有 1 500，1 200，900，750，600，450mm 六种规格，因而可以拼接成以 50 mm 进级的任何尺寸的模板。如拼装时出现不足模数的空缺，则用镶嵌的木条补缺，用钉子或螺栓将木条与钢模板边框上的孔洞连接。阴角模板、阳角模板用以成型混凝土结构的阴、阳角，连接角模用作两块平面模板拼成 90°角的连接件。

4.1.3.2　连接件

定型组合钢模板的连接件包括 U 形卡、L 形插销、钩头螺栓、对位螺栓、紧固螺栓和扣件等。

U 形卡　如图 4.5(a)所示，用于相邻模板的拼接。其安装的距离不大于 300 mm，即每隔一孔卡插一个，安装方向一顺一倒相互交错，以抵消因打紧 U 行形卡可能产生的位移。

L 形插销　如图 4.5(b)所示，用于插入钢模板端部横肋的插孔内，以加强两相邻模

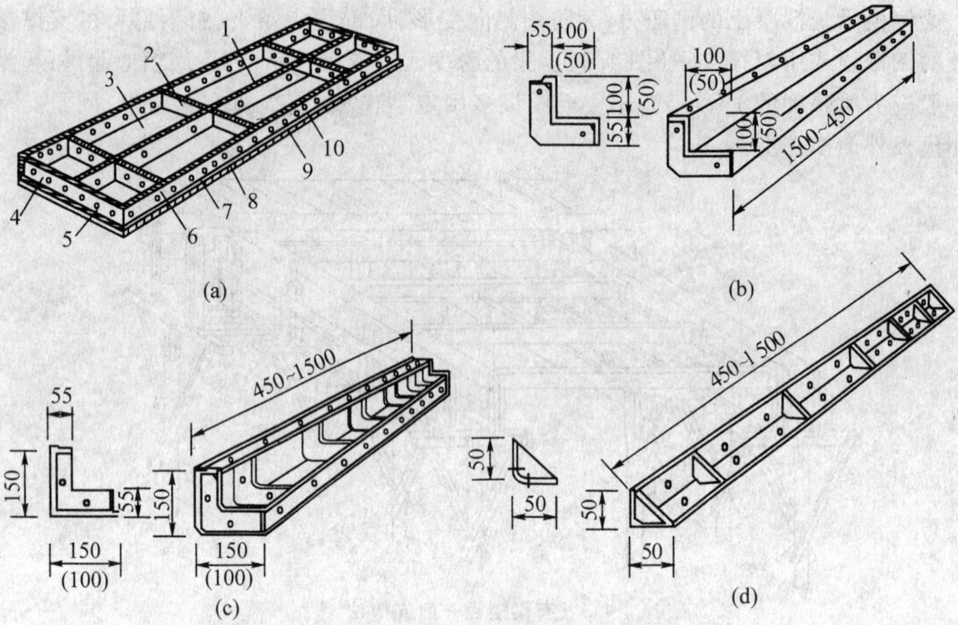

图 4.4 钢模板类型(mm)

(a)平面模板;(b)阳角模板;(c)阴角模板;(d)连接角模

1. 中纵肋;2. 中横肋;3. 面板;4. 横肋;5. 插销孔;6. 纵肋;7. 凸棱;8. 凸鼓;9. U 形卡孔;10. 钉子孔

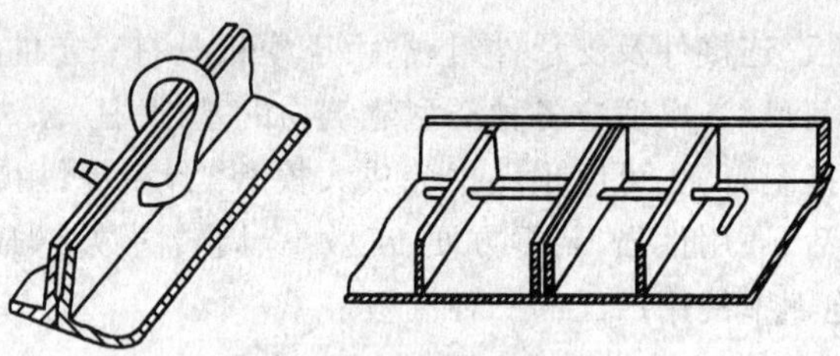

图 4.5 钢模板连接件

(a)U 形卡连接;(b)L 形插销连接

板接头处的刚度和保证接头处板面平整。

4.1.3.3 支承件

定型组合钢模板的支承件包括柱箍、钢楞、支架、斜撑、工具式钢桁架等。

1)工具式钢桁架 如图 4.6 所示,其两端可支承在钢筋托具、墙和梁侧模板的横档以及柱顶梁底横档上,以支承梁或板的模板。图 4.6(a)所示为整榀式桁架,一个桁架的承载能力约为 30 kN(均匀放置);图 4.6(b)所示为组合式桁架,可调范围为 2.5 ~ 3.5 m,一榀桁架的承载能力约为 20 kN(均匀放置)。

2)钢支架 常用钢支架如图 4.7(a)所示,它由内外两节钢管制成,其高低调节距模数为 100 mm,支架底部除垫板外,均用木楔调整,以利于拆除。另一种钢管支架本身装有调节螺杆,能调节一个孔距的高度,使用方便,但成本较高,如图 4.7(b)所示。当荷载较大单根支架承载力不足时,可用组合钢支架或钢管井架,如图 4.7(c)所示。还可以用扣件式钢管脚手架、门型脚手架作支架,如图 4.7(d)所示。

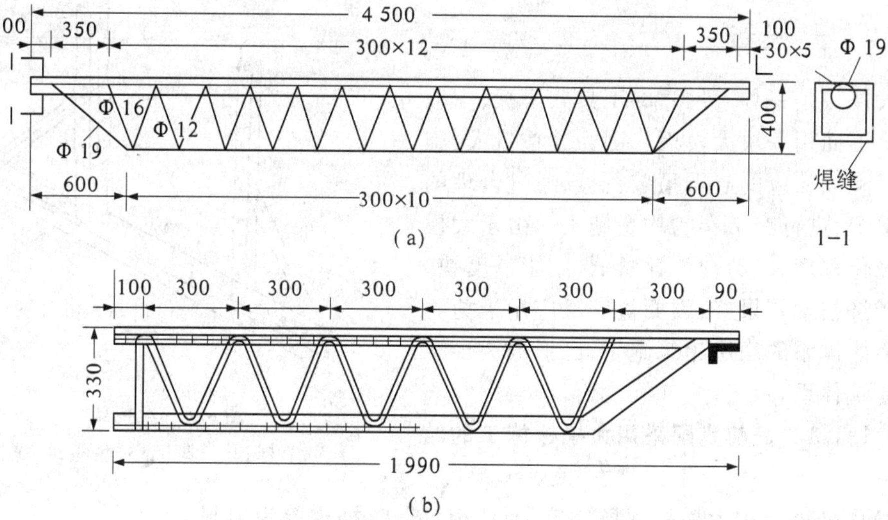

图 4.6　钢桁架示意图(尺寸单位:mm)

(a)整榀式;(b)组合式

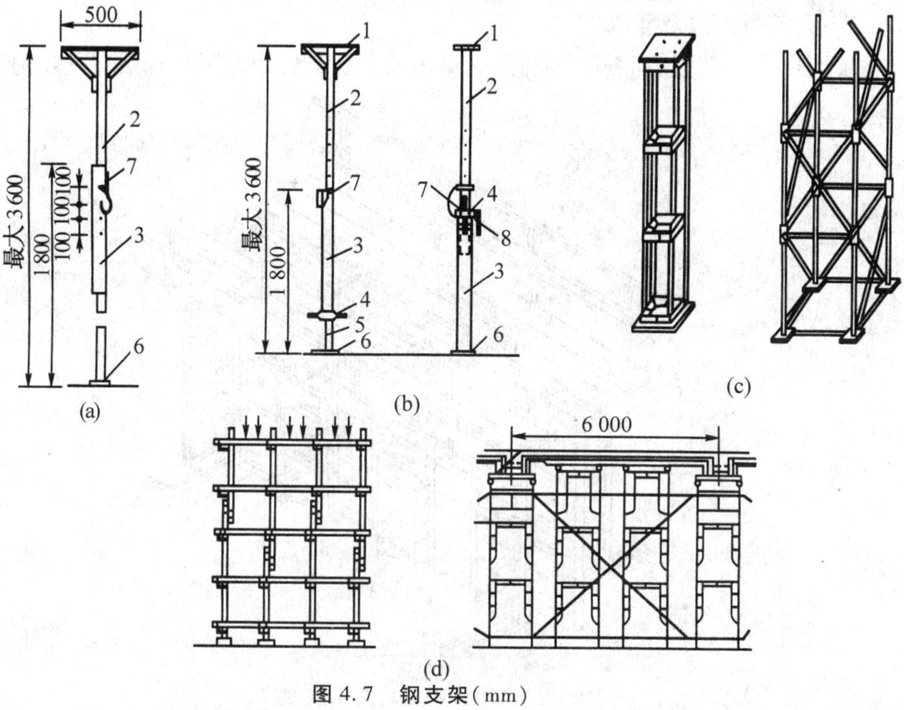

图 4.7　钢支架(mm)

(a)钢管支架;(b)调节螺杆钢管支架;(c)组合钢支架和钢管支架;(d)扣件式钢管和门型脚手架支架

1. 顶板;2. 插管;3. 套管;4. 转盘;5. 螺杆;6. 底板;7. 插销;8. 转动手柄

3)梁托架　如图 4.8 所示,用于支托梁底模和夹固梁侧模,可节约斜撑等材料。

采用组合钢模板施工时,由于同一构件的模板可以用不同规格尺寸的钢模板组成多种不同的配板方案,所以施工前要对钢模进行配板设计,选择一种钢模块数少,木模嵌补量少的配板方案。

4.1.4 大模板

大模板是一种大尺寸的工具式模板，一般是一块墙面用一块大模板。因为其重量大，施工时需配以相应的起重吊装机械，通过合理的施工组织，进行有节奏的均衡施工。由于大模板机械化程度高，劳动消耗量低，施工进度快，综合经济技术效果好，因而被广泛应用于剪力墙和筒体体系的高层建筑施工，已形成一种工业化建筑体系。

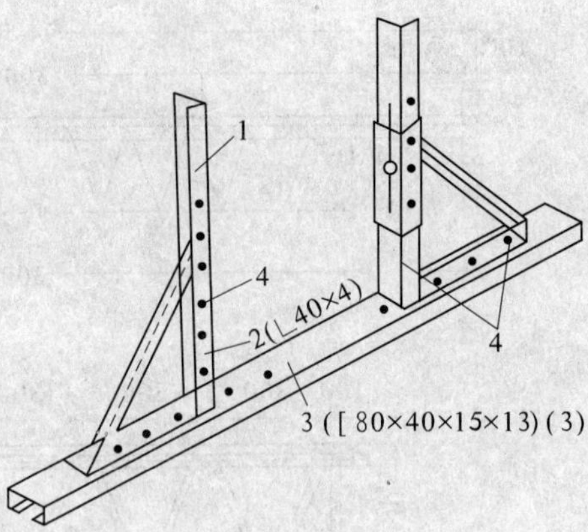

图 4.8 梁托架

1. 调节杆；2. 三脚架；3. 底座；4. 螺栓

4.1.4.1 目前我国采用大模板施工的结构体系

1) 内外墙皆用大模板现场浇筑，而楼板、隔墙、楼梯等为预制吊装；

2) 横墙、内纵墙用大模板现场浇筑，而外墙板、隔墙板、楼板为预制吊装；

3) 横墙、内纵墙用大模板现场浇筑，外墙、隔墙用砖砌筑，楼板为预制吊装。

4.1.4.2 大模板组成及要求

一块大模板由面板、加劲肋、竖楞、支撑桁架、稳定机构及附件构成(图 4.9)。

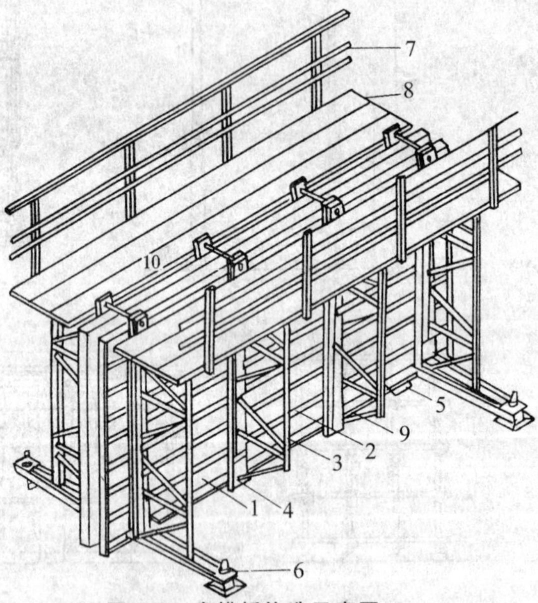

图 4.9 大模板构造示意图

1. 面板；2. 水平加劲肋；3. 支撑桁架；4. 竖楞；5. 调整水平用的螺旋千斤顶；6. 调整水平用的螺旋千斤顶；7. 栏杆；8. 脚手架；9. 穿墙螺栓；10. 卡具

面板要求平整、刚度好。平整度按抹灰质量要求确定。可用钢板或胶合板制作。钢面板厚度根据加劲肋的布置而不同，一般为 3 ~ 5 mm，可重复使用 200 次以上。胶合板面板常用七层或九层胶合板，板面用树脂处理，可重复使用 50 次以上。胶合板面板上易于做出线条或凹凸浮雕图案，使墙面具有线条或图案。面板设计由刚度控制，按照肋布置的方式,分单向板和双向板。单向板面板加工容易,但刚度小,耗钢量大;双向板面板刚度大,结构合理,但加工复杂、焊缝多易变形。单向板面板的大模板,计算面板时,取 1 m 宽的板条为计算单元,加劲肋视作支承,按连续梁计算,强度和挠度都要满足要求。双向板面板的大模板,计算面板时,取一个区格作为计算单元,其四边支承情况取决于混凝土浇筑情况,在满载情况下,三边固定、一边简支的不利情况进行计算。

加劲肋的作用是固定面板,把混凝土侧压力传递给竖楞,面板若按单向板设计,则只有水平(或垂直)加劲肋;面板若按双向板设计,则水平、垂直加劲肋皆有。加劲肋一般用 ∟65 角钢或[65 槽钢制作,间距一般为 300 ~ 600 mm。计算简图为以竖楞为支承点的连续梁。

竖楞是穿墙螺栓的固定支点,承受由模板传来的水平力计和垂直力。竖楞常用两个[65 或[80 槽钢制作,间距为 1 ~ 1.2 m,其计算简图为以穿墙螺栓为支点的连续梁。

亦可用定型组合钢模板拼装成大模板,用后拆卸仍可用于其他构件,虽然重量较大但机动灵活,亦有其优点。

4.1.4.3　大模板的平面组合方案

大模板平面组合有三种方案;即平模方案、小角模方案及大角模方案。

平模方案是一整面墙采用一块模板(图 4.10)。墙转角处不设角模,纵、横墙体的混凝土分开进行浇筑,一般先浇筑横墙,后浇筑纵墙,施工缝较多,影响结构的整体性,但模板的规格少,适用性强,模板清理时,可不需从楼面吊到地面,所有模板接缝均在纵横墙交接的阴角处,便于接缝处理,且墙面较平整。平模方案常用于内墙和山墙为现浇的钢筋混凝土、外墙为预制墙板或砖墙的建筑中。

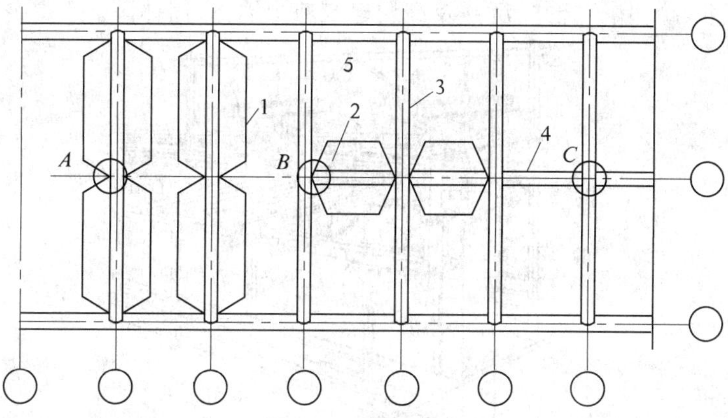

图 4.10　平模方案

1. 横墙平模;2. 纵墙平模;3. 横墙;4. 纵墙;5. 预制外墙板

大角模方案[图 4.11(b)]是一个房间的内模采用四个大角模(对于长方形房间,中间还可配平模)以形成一个封闭体系。此时,纵、横墙可同时浇筑,故整体性好,墙体阴角方整,但接缝在中部,墙平整度较差,且大角模构造比小角模构造复杂,装拆、清理较费时。大角模方案常用于内外墙均为现浇的结构中。

小角模方案是在墙的转角处有 ∟100 × 10 角钢或用方木作小角模[图 4.11(c)],其余则用平模连接,从而每个房间的内模形成封闭体系,此时,纵、横墙可以同时浇筑,故整体性好，但墙面接缝较多，阴阳角不够平整。小角模方案常用于内外墙皆现浇，或内纵墙与横墙同时浇筑。

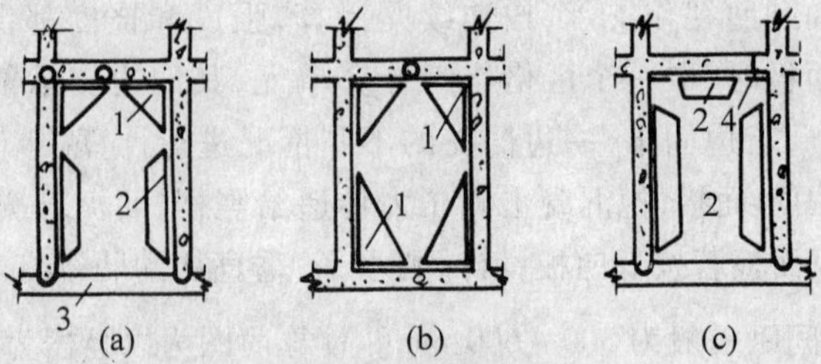

图 4.11　角模方案

(a)大角模与平模组拼；(b)大角模组拼；(c)小角膜与平模组拼

1. 大角模；2. 平模；3. 预制外墙板；4. 小角模

4.1.5　滑升模板

滑升模板是一种具有自升设备，能随混凝土的浇筑自行向上滑升的模板装置。它由模板系统，操作平台系统和提升系统三部分组成，如图 4.12 所示。施工时在构筑物或建筑物底部，沿其墙、柱、梁等构件的周边组装高 1.2 m 左右的滑升模板，随着向模板内不断地分层浇筑混凝土，用液压提升设备使模板不断地向上滑升，直到需要浇筑的高度为止。用滑升模板施工，可以节约模板和支撑材料，施工速度快，结构整体性好，但模板一次性投资多，耗钢量大，对于构件立面变化有一定的限制，宜用于现场浇筑高耸的构筑物和建筑物，如烟囱、筒仓、冷却塔、竖井、沉井及高层建筑剪力墙体、筒体等。

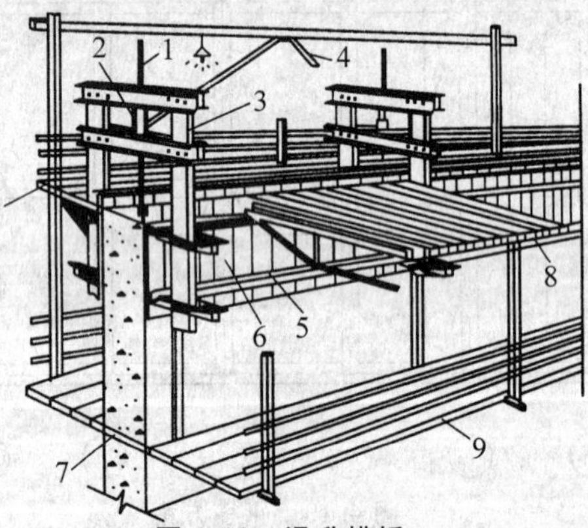

图 4.12　滑升模板

1. 支承杆；2. 液压千斤顶；3. 油管；4. 提升架；5. 围圈；6. 模板；7. 混凝土墙体；8. 操作平台桁架；9. 内吊脚手架；10. 外脚手架

4.1.6　爬升模板

爬升模板简称爬升，它是采用整片式大平模，模板由面板及肋组成，而不需要支撑系统，在混凝土墙体浇筑完毕后，利用提升装置将模板自行提升到上一个楼层，浇筑上一层墙体的垂直移动式模板。由于模板能自爬，不需起重运输机械吊运，减少了施工中的起重运输机械的工作量,能避免大模板受大风的影响,并且由于自爬的模板上还可悬挂脚手架,可以省去结构施工阶段的外脚手架,因此经济效果比较好。爬升模板宜用于钢筋混凝土高层建筑或筒体结构的施工。

爬升模板由钢模板、提升架和提升装置三部分组成。

图 4.13 是利用液压千斤顶作为提升装置的外墙面爬升模板示意图。

提升架是一格构式钢桁架,桁架下部用螺栓固定在已浇筑好的混凝土墙壁上(墙壁上要预留螺栓孔)。在提升架上端设有挑横梁,在挑横梁上,悬吊千斤顶爬杆,固定在模板背面的爬模千斤顶,沿爬杆上升,带动模板向上提升到上一个楼层。在大模板上端设有挑横梁,在模板挑横梁上悬吊爬杆,当提升架需上升时,爬架千斤顶沿吊在模板上的爬杆向上爬升,使提升架上升,此时提升架的全部荷载通过爬杆传给模板,提升架提升到位后用螺栓固定在墙壁上。

模板背面还装设水平脱模用的液压千斤顶进行钢模板的脱模。用爬模施工时,底层墙仍须用一般支模方法进行浇筑。

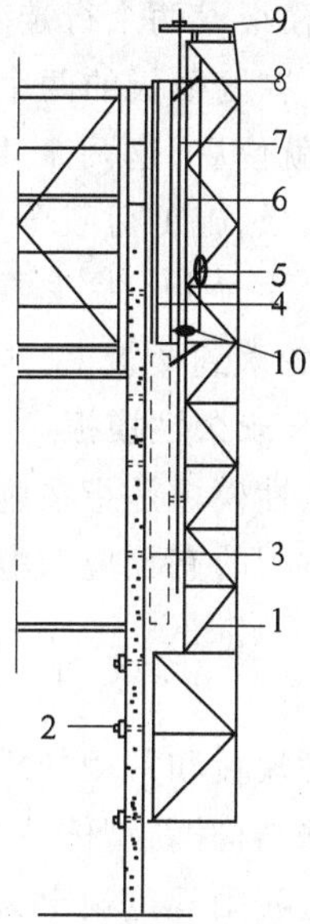

图 4.13　爬升模板

1. 爬架;2. 螺栓;3. 预留爬架孔;4. 爬模;5. 爬架千斤顶;6. 爬模千斤顶;7. 爬架;8. 模板挑横梁;9. 爬架挑横梁;10. 脱模千斤顶

4.1.7　其他模板

4.1.7.1　台模(飞模)

台模是浇筑钢筋混凝土楼板的一种大型工具式模板,一般一个房间一块台模,有时甚至更大,在施工中可以整体脱模和转运。

台模由台架和面板组成,台架可以升降。当台架就位并将面板升至设计标高后,即可绑扎钢筋、浇筑混凝土,当混凝土达到脱模强度后,台架下降,混凝土与面板分离,利用台架滚轮可将台模推出墙面放在临时挑台上,然后利用起重机整体吊运至上一层或其他施工段处施工。由于利用起重机械,台模在转移过程中不再落地,所以亦称“飞模”。

在钢筋混凝土楼板施工中利用台模可以节省模板的装拆时间,加快施工速度,降低劳动量的消耗,但一次性投资大。

4.1.7.2　隧道模

隧道模是将楼板和墙体一次支模的一种工具式模板,相当于将台模和大模板组合起来,将各开间沿水平方向逐段逐间整体浇筑墙体和楼板。因此,利用隧道模施工的建筑物整体性好、抗震性能好,施工速度快,但模板的一次性投资大,且需要较大的起重机械。

隧道模有整体式隧道模和双拼式隧道模两种。整体式隧道模自重大、移动困难,目前已很少应用;双拼式隧道模应用较广泛,特别是内浇外挂和内浇外砌的高、多层建筑中应用较多。

双拼式隧道模由两个半隧道模和一道独立的插入模板组成,如图 4.14。在两个半隧道模之间加一道独立的模板,用其宽度的变化,使隧道模适用于不同的开间;在不拆除中间模板的情况下，半隧道模可提早拆除，增加周转次数。半隧道模的竖向墙模板和水平楼板模板间用斜撑连接，在半隧道模下部设行走装置，在模板长度方向，沿墙模板设两个行走轮，在模板宽度方向设一个行走轮。在墙模板的两个行走轮附近设置两个千斤顶，模板就位后，这两个千斤顶将模板顶起，使行走轮离开楼板，施工荷载全部由千斤顶承担。脱模时，松动两个千斤顶，半隧道模在自重作用下，下降脱模，行走轮落到楼板上。

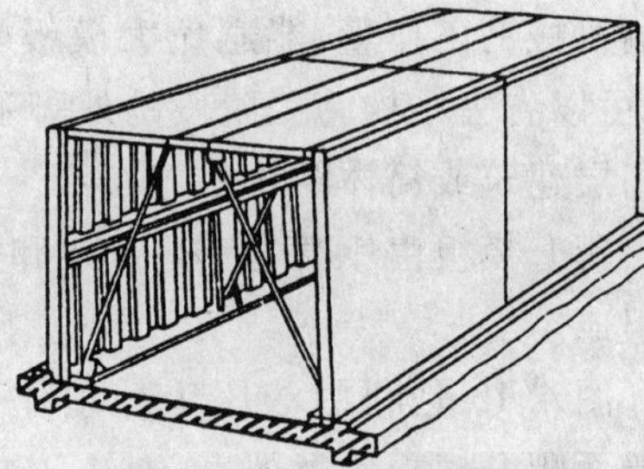

图 4.14　隧道模

4.1.7.3　永久性模板

永久性模板是指在施工时起模板作用而浇筑混凝土后又是结构本身组成部分的模板型式。常用的有预应力混凝土薄板、压型钢板、玻璃纤维水泥模板、钢桁架型混凝土板等。

4.1.8　模板设计

定型模板和常用的模板拼板，在其适用范围内一般不需要进行设计或验算。但对于一些特殊结构、新型体系的模板，或超出适用范围的一般模板则应进行设计和验算。

根据我国规范规定，模板及其支架应根据工程结构形式、荷载大小、地基土类别、施工设备和材料供应等条件进行设计。

模板和支架的设计，包括选型、选材、荷载计算、结构计算、拟定制作、安装和拆除方案、绘制模板图等。

4.1.8.1　荷载及荷载组合

在设计和验算模板、支架时应考虑下列荷载：

(1)模板及支架自重

模板及其支架的自重，可根据模板设计图纸确定。肋形楼板及无梁楼板模板的自重可参考表 4.1 确定。

表 4.1　楼板模板自重标准值

模板构件	组合钢模板(kN/m^2)	木模板(kN/m^2)
平板模板及小楞自重	0.5	0.3
楼板模板自重(包括梁模板)	0.75	0.5
楼板模板及其支架自重(楼层高度 4 m 以下)	1.1	0.75

(2)新浇混凝土的自重标准值

普通混凝土可采用 24 kN/m^3，其他混凝土可根据实际重力密度确定。

(3)钢筋自重标准值

根据设计图纸确定。对一般梁板结构每立方米钢筋混凝土结构的钢筋自重标准值可采用下列数值：楼板 1.1 kN；梁 1.5 kN。

(4)施工人员及设备荷载标准值

计算模板及直接支承模板的小楞时：均布活荷载为 2.5 N/m^2，另应以集中荷载 2.5kN 进行验算，取两者中较大的弯矩值；

计算支承小楞的构件时：均布活荷载为 1.5 N/m^2；

计算支架立柱及其他支承结构构件时：均布活荷载为 1.0 N/m^2。

对大型浇筑设备如上料平台、混凝土输送泵等按实际情况计算；木模板板条宽度小于 150 mm 时，集中荷载可以考虑由相邻两块板共同承受；如混凝土堆集料的高度超过 100 mm时，则按实际高度计算。

(5)振捣混凝土时产生的荷载标准值

水平面模板为 2.0 kN/m^2；垂直面模板为 4.0 kN/m^2(作用范围在新浇混凝土侧压力的有效压头高度之内)。

(6)新浇筑混凝土对模板侧面的压力标准值

新浇筑混凝土对模板侧压力的影响因素很多，如水泥品种与用量、骨料种类、水灰比、外加剂等混凝土原材料和混凝土的浇筑速度、混凝土的温度、振捣方式等外界施工条件及模板情况、构件厚度、钢筋用量及排放位置等，都是影响混凝土对模板侧压力的因素。其中混凝土的容重、混凝土的浇筑速度、混凝土的温度以及振捣方式等影响较大，它们是计算新浇筑混凝土对模板侧面的压力的控制因素。

当采用内部振动器时，新浇筑的混凝土对模板的最大侧压力，可按下列两式计算，并取两式中的较小值作为侧压力的最大值：

$$F = 0.22\gamma_c t_o \beta_1 \beta_2 V^{\frac{1}{2}} \tag{4.1}$$

$$F = \gamma_c H \tag{4.2}$$

式中　F——新浇混凝土对模板的最大侧压力(kN/m^2)；

γ_c——混凝土的重力密度(kN/m^3)；

t_o——新浇混凝土的初凝时间(h)，可按实测确定。当缺乏试验资料时，可采用 $t_o = 200/(T+15)$ 计算(T 为混凝土的温度，℃)；

V——混凝土的浇筑速度(m/h)；

H——混凝土侧压力计算位置处至新浇筑混凝土顶面的总高度(m)；

β_1——外加剂影响修正系数，不掺外加剂时取 1.0，掺具有缓凝作用的外加剂时取 1.2；

β_2——混凝土坍落度影响修正系数，当坍落度小于 300 mm 时，取 0.85；当坍落度为 50 ~ 90 m，取 1.0；当坍落度为 110 ~ 150 mm 时，取 1.15。

混凝土侧压力的计算分布图形如图 4.15。图中 h 为有效压头高度(m)，可按 $h = F/24$ 计算。

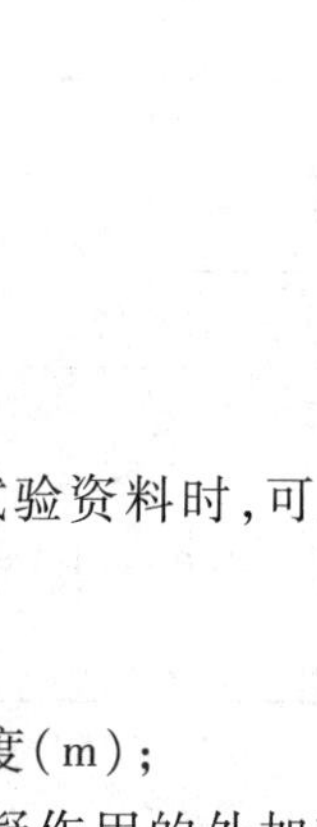

图 4.15　混凝土侧压力的计算分布图

(7)倾倒混凝土时产生的水平荷载标准值

倾倒混凝土时对垂直面模板产生的水平荷载标准值，按表 4.2 采用。

表 4.2　向模板中倾倒混凝土时产生的水平荷载标准值

项次	向模板中供料方法	水平荷载标准值(kN/m^2)
1	用溜槽、串筒或由导管输出	2
2	用容量为 $<0.2\ m^3$ 的运输器具倾倒	2
3	用容量 $0.2 \sim 0.8\ m^3$ 的运输器具倾倒	4
4	用容量 $>0.8\ m^3$ 的运输器具倾倒	6

注:作用范围在有效压头高度以内。

计算滑升模板、水平移动式模板等特种模板时,荷载应按专门的规定计算。对于利用模板张拉和锚固预应力筋等产生的荷载亦应另行计算。

计算模板及其支架时的荷载设计值,应采用荷载标准值乘以相应的荷载分项系数求得,荷载分项系数按表 4.3 采用。

表 4.3　荷载分项系数

项次	荷载类别	分项系数
1	模板及支架自重	
2	新浇筑混凝土自重	1.2
3	钢筋自重	
4	施工人员及施工设备荷载	
5	振捣混凝土时产生的荷载	1.4
6	新浇筑混凝土对模板侧面的压力	1.2
7	倾倒混凝土时产生的荷载	1.4

参与模板及其支架荷载效应组合的各项荷载,应符合表 4.4 的规定。

表 4.4　参与模板及其支架荷载效应组合的各项荷载

模板类别	参与组合的荷载项	
	计算承载能力	验算刚度
平板和薄壳的模板及支架	1,2,3,4	1,2,3
梁和拱模板的底板及支架	1,2,3,5	1,2,3
梁、拱、柱(边长≤300 mm)、墙(厚≤100 mm)的侧面模板	5,6	6
大体积结构、柱(边长>300 mm)、墙(厚>100 mm)的侧面模板	6,7	6

4.1.8.2　计算规定

计算钢模板、木模板及支架时都要遵守相应结构的设计规范。

验算模板及其支架的刚度时,其最大变形值不得超过下列允许值:对结构表面外露的模板,为模板构件计算跨度的 1/400;对结构表面隐蔽的模板,为模板构件计算跨度的 1/250,对支架的压缩变形值或弹性挠度,为相应的结构计算跨度的 1/1 000。

支架的立柱或桁架应保持稳定,并用撑拉杆件固定。验算模板及其支架在自重和风荷载作用下的抗倾倒稳定性时,应符合有关的专门规定。

4.1.9　模板拆除

在进行模板设计时,就应考虑模板的拆除顺序和拆除时间,以便提高模板的周转率,减少模板用量,降低工程成本。

4.1.9.1　拆除要求

现浇结构的模板及其支架拆除时的混凝土强度应符合设计要求,当设计无具体要求时应符合下列规定:

1)侧模应在混凝土强度能保证其表面及棱角不因拆除模板而受损坏时,方可拆除;

2)底模应在与结构同条件养护的试块达到表4.5的规定强度时,方可拆除。

表4.5　底模板拆除时的混凝土强度要求

结构类型	构件跨度(m)	达到设计的混凝土立方体抗压强度标准值的百分率
板	≤2	≥50
	>2,≤8	≥75
	>8	≥100
梁、拱、壳	≤8	≥75
	>8	≥100
悬臂构件		≥100

4.1.9.2　拆模顺序

拆模应按一定的顺序进行,一般应遵循先支后拆后支先拆、先非承重部位后承重部位以及自上而下的原则。重大复杂模板的拆除,事前应制定拆除方案。

4.1.9.3　拆模时注意事项

1)拆模时,操作人员应站在安全处,以免发生安全事故;

2)拆模时应尽量不要用力过猛过急,严禁用大锤和撬棍硬砸硬撬,以避免混凝土表面或模板受到损坏;

3)拆下的模板及配件,严禁抛扔,要有人接应传递、按指定地点堆放,并做到及时维修和涂好隔离剂,以备待用。

在拆除模板过程中,如发现混凝土有影响结构安全的质量问题时,应暂停拆除,经过处理后,方可继续拆除。对已拆除模板及其支撑的结构,应在混凝土强度达到设计混凝土强度等级的要求后,才允许承受全部使用荷载。

拆模后如发现有缺陷,应及时修补,对数量不多的小蜂窝或露石的结构,可先用钢丝刷或压力水清洗,然后用1∶2~1∶2.5的水泥砂浆抹平。对蜂窝和露筋,应凿去全部深度内的薄弱混凝土层和个别突出的骨料,用钢丝刷和压力水冲洗后,用比原强度等级高一级的细骨料混凝土填塞,并仔细捣实。对影响结构承重性能的缺陷,要会同有关单位研究后慎重处理。

4.2 钢筋工程

4.2.1 钢筋的验收

钢筋进场时,应按现行国家标准的规定抽取试件作力学性能检验,其质量必须符合有关标准的规定。

检查数量:按进场的批次和产品的抽样检验方案确定。

检验方法:检查产品合格证、出厂检验报告和进场复验报告。

对有抗震设防要求的框架结构,其纵向受力钢筋的强度应满足设计要求;当设计无具体要求时,对一、二级抗震等级,检验所得的强度实测值应符合下列规定:

1)钢筋的抗拉强度实测值与屈服强度实测值的比值不应小于1.25;

2)钢筋的屈服强度实测值与强度标准值的比值不应大于1.3。

当发现钢筋脆断、焊接性能不良或力学性能显著不正常等现象时,应对该批钢筋进行化学成分检验或其他专项检验。

4.2.2 钢筋的冷加工

4.2.2.1 钢筋冷拉

钢筋冷拉是指在常温下,以超过钢筋屈服点的拉应力拉伸钢筋,使钢筋产生塑性变形,从而达到提高强度,节约钢材的目的,冷拉过程也对钢筋起到了调直、除锈的作用。冷拉Ⅰ级钢筋多用于钢筋混凝土结构中的受拉钢筋,冷拉Ⅱ、Ⅲ、Ⅳ级钢筋多用作预应力混凝土构件中的预应力筋。

(1)冷拉原理

钢筋冷拉原理如图4.16所示,图中 *oabcde* 为钢筋的拉伸特性曲线。冷拉时,拉应力超过屈服点 *b* 达到 *c* 点,然后卸荷。由于钢筋已产生塑性变形,卸荷过程中应力应变沿 co_1 降至 o_1 点。如再立即重新拉伸,应力应变图将沿 o_1cde 变化,并在高于 *c* 点附近出现新的屈服点,该屈服点明显高于冷拉前的屈服点 *b*,这种现象称"变形硬化"。其原因是冷拉过程中,钢筋内部结晶面滑移,晶格变化,内部组织发生变化,因而屈服强度提高,但塑性降低,弹性模量也降低。

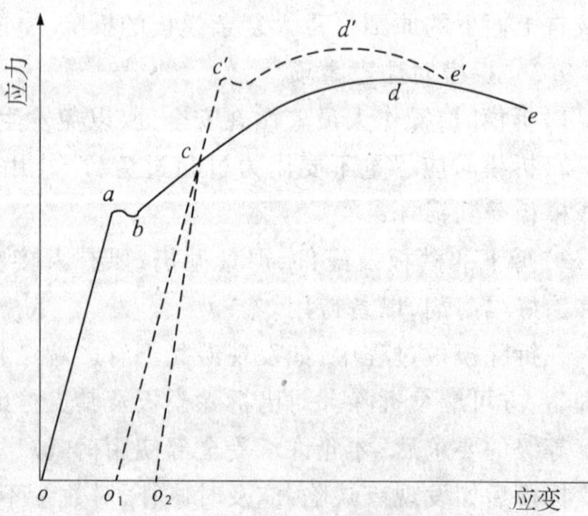

图4.16 钢筋冷拉原理

钢筋冷拉后的新的屈服点并非保持不变,而是伴随着时间的推移有所提高,其原因是钢筋冷拉后有内应力存在,内应力将促使钢筋晶体自行调整,使得钢筋的屈服点随时间又有所提高,塑性进一步降低,这种现象称为"时效硬化"。并随着时间的增长而逐步稳定,也就是说冷拉钢筋要通过时效硬化后才有稳定的屈服强度。时效后,钢筋的拉伸特性曲线改变为 $o_1c'd'e'$。时效的发展与温度有关,对于Ⅰ、Ⅱ级钢筋在常温下一般需要15~28 d才能完成时效(这称为自然时效);但在100℃温度下则只需2 h就能完成时效(这称为人工时效)。因此,为了加速冷拉钢筋的时效硬化,必要时可以利用蒸气或电热对冷拉钢筋进行人工时效,尤其是Ⅲ、Ⅳ级钢筋常温下难以完成时效,一般通电加热至150℃~200℃,保持15~20 min即可完成。但需注意的是,加温不宜过高,否则会得到相反的结果。所以对于Ⅰ、Ⅱ级钢筋最好在使用前15~28 d进行冷拉,以便有充足的时间进行自然时效,而不必采用人工时效。

(2)冷拉控制方法

图4.18中 c 点的应力,即为钢筋冷拉时的控制应力,oo_2 即为相应的冷拉率。钢筋冷拉的控制应力与冷拉率是影响钢筋冷拉质量的两个主要参数,在一定限度范围内,冷拉应力越大,钢筋强度提高越多,而塑性降低越多。为了保证钢筋冷拉后仍具有一定的塑性,需要进行冷拉控制,使冷拉钢筋的机械性能满足表4.6中的规定。冷拉控制方法有控制应力法和控制冷拉率法两种。

表4.6　冷拉钢筋的力学性能

钢筋级别	钢筋直径(mm)	屈服强度(N/mm^2)	抗拉强度(N/mm^2)不小于	伸长率 δ_{10}(%)	冷弯	
					弯曲角度	弯曲直径
Ⅰ级	≤12	280	370	11	180°	$3d$
Ⅱ级	≤25	450	510	10	90°	$3d$
	28~40	430	490	10	90°	$4d$
Ⅲ级	8~40	500	570	8	90°	$5d$
Ⅳ级	10~28	700	835	6	90°	$5d$

1)控制应力法　采用这种方法冷拉钢筋时,其冷拉控制应力及该应力下的最大冷拉率应符合表4.7的规定。如果钢筋已达到表4.7中的控制应力,而冷拉率超过表中的最大冷拉率,则原材料的抗拉强度可能不够,还应按表4.6进行力学性能检验,合格后才可按正常情况使用。

控制应力法的优点是钢筋冷拉后的屈服点比较稳定,不合格钢筋易于发现,对预应力混凝土构件中作预应力筋的钢筋冷拉时,宜采用此方法。

表4.7　钢筋冷拉的冷拉控制应力及最大冷拉率

钢筋级别	钢筋直径(mm)	冷拉控制应力(N/mm^2)	最大冷拉率(%)
Ⅰ级	≤12	480	10.0
Ⅱ级	≤25	450	5.5
	28~40	430	
Ⅲ级	8~40	500	5.0
Ⅳ级	10~28	700	4.0

2)控制冷拉率法　采用这种方法冷拉钢筋时,需要先通过试验确定钢筋的冷拉率控制值。对同炉批钢筋测定的试件不能少于 4 个,每个试件都按表 4.8 规定的冷拉应力值在万能试验机上测定其相应的冷拉率,并取其平均值作为该炉批钢筋的冷拉率控制值。如钢筋强度偏高,平均冷拉率低于 1% 时,仍按 1% 进行冷拉。冷拉时只需将钢筋拉长到一定的长度即可。钢筋冷拉伸长值 ΔL 可按下式计算:

$$\Delta L = \delta L \tag{4.3}$$

式中　δ——试验所得钢筋的冷拉率控制值(%);

L——钢筋冷拉前的长度。

控制冷拉率法的优点是设备及工艺都较简单,但材质不匀或混炉批的钢筋,冷拉率波动比较大,不易保证冷拉应力。因此不同炉批的钢筋,不宜用控制冷拉率法进行钢筋冷拉。冷拉钢筋时,无论采用哪种控制方法,钢筋的冷拉速度都不易过快,待拉到规定的控制应力或冷拉率后,须稍停,然后放松钢筋,冷拉时正对钢筋端头不许站人或跨越钢筋。

表 4.8　测定冷拉率时钢筋的冷拉应力(N/mm^2)

钢筋级别	钢筋直径(mm)	冷拉应力
Ⅰ级	≤12	310
Ⅱ	≤25	480
	28~40	460
Ⅲ	8~40	530
Ⅳ	10~28	730

(3)钢筋冷拉设备

钢筋冷拉设备主要由拉力装置、承力结构、钢筋夹具及测量装置等组成。

钢筋冷拉可用卷扬机或千斤顶。当采用卷扬机冷拉时,其布置方案如图 4.17 所示。

卷扬机冷拉设备的拉力 Q,可按下式计算:

$$Q = T \cdot m \cdot \eta - F \tag{4.4}$$

式中　Q——设备拉力(kN);

T——卷扬机牵引力(kN);

m——滑轮组工作线数;

η——滑轮组总效率,查表 4.9;

F——设备阻力(kN),由冷拉小车与地面摩擦力及回程装置阻力组成,一般可取 5~10 kN。

设备拉力 Q 应大于或等于钢筋冷拉时所需最大拉力的 1.2~1.5 倍。

表 4.9　滑轮组总效率 η

滑轮组数	3	4	5	6	7	8
工作线数	7	9	11	13	15	17
总效率	0.88	0.85	0.83	0.80	0.77	0.74

钢筋的冷拉速度 V,可按下式计算:

$$V = \pi Dn/m \quad (m/min) \tag{4.5}$$

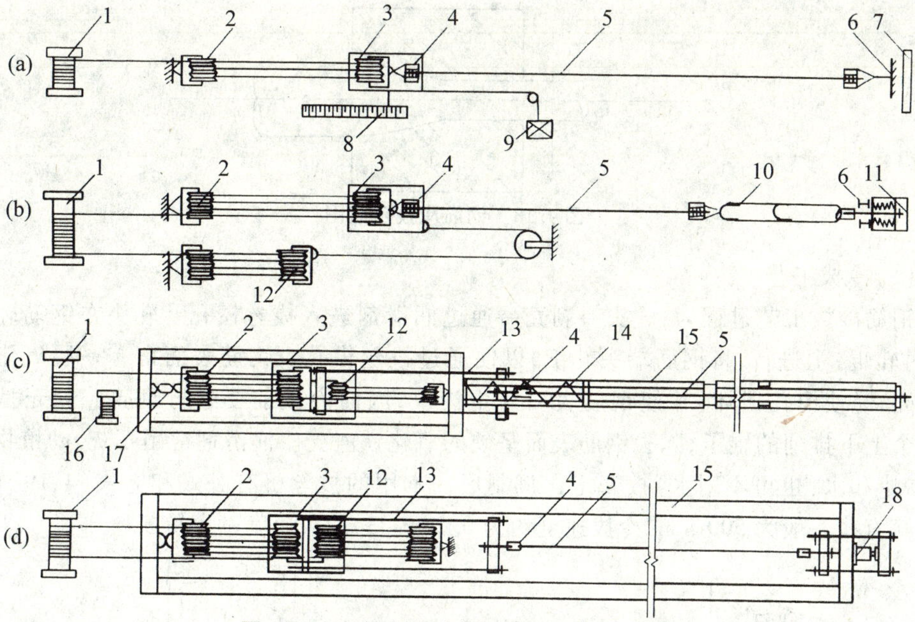

图 4.17 用卷扬机冷拉钢筋设备布置方案

1. 卷扬机;2. 滑轮组;3. 冷拉小车;4. 钢筋夹具;5. 钢筋;6. 地锚;7. 防护套;8. 标尺;9. 回程荷重架;10. 连接杆;11. 弹簧测力器;12. 回程滑轮组;13. 传力器;14. 钢压柱;15. 槽式台座;16. 回程卷扬机;17. 电子科;18. 液压千斤顶

式中 D——卷扬机卷筒直径,(m);

n——卷扬机卷筒转速,(r/min);

m——滑轮组工作线数。

钢筋的冷拉速度,以不大于 1.0 m/min 为宜(拉直细钢筋时可不受此限制)。

(4)冷拉钢筋的验收

冷拉钢筋的检查验收,应符合下列规定:

1)应分批进行验收,每批由不大于 20 t 的同级别、同直径冷拉钢筋组成;

2)钢筋表面不得有裂纹和局部颈缩,当用作预应力筋时,应逐根检查;

3)从每批冷拉钢筋中抽取两根钢筋,每根取两个试样分别进行拉力和冷弯试验,当有一项试验结果不符合表 4.6 中的规定时,应另取双倍数量的试样重做各项试验,当仍有一个试样不合格时,则该批冷拉钢筋不合格。

4.2.2.2 钢筋的冷拔

钢筋的冷拔是将直径为 6 ~ 8 mm 的Ⅰ级钢筋通过钨合金拔丝模孔进行强力冷拔,钢筋沿轴向被拉伸、径向被压缩变细变长(图 4.18)。

在这种立体应力的作用下,钢筋产生明显的塑性变形,内部晶格产生滑移,使得钢筋抗拉强度显著提高,可达 40% ~90%,塑性降低,没有明显的屈服阶段,呈硬钢特性。Ⅰ级钢筋经冷拔后称冷拔低碳钢丝。冷拔低碳钢丝分为甲、乙两级。其力学性能有所不同。甲级冷拔低碳钢丝主要用作预应力筋,乙级冷拔低碳钢丝用于非预应力筋,如焊接网、焊接骨架、箍筋和构造钢筋等。

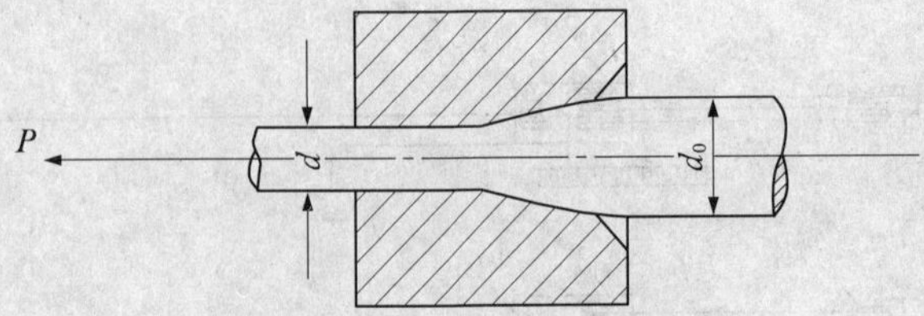

图 4.18 钢筋冷拔示意图

(1)冷拔工艺

钢筋冷拔工艺过程为:轧头→剥壳→通过润滑剂进入拔丝模孔。轧头在钢筋轧头机(一对轧辊)上进行,将钢筋端头轧细,以便通过拔丝模孔。钢筋表面常有一层氧化铁锈渣硬壳,易使模孔损坏,并使钢筋表面产生沟纹,因而冷拔前要进行剥壳。剥壳是通过3~6个上下排列的辊子,除去钢筋表面坚硬的氧化铁渣壳。润滑剂常用石灰、动植物油肥皂、白蜡和水(也可不用水)按一定比例制成。常用的拔丝机有卧式和立式(4.19)两种,其鼓筒直径一般为500 mm,冷拔速度约为0.2~0.3 m/s,速度过大易断丝。

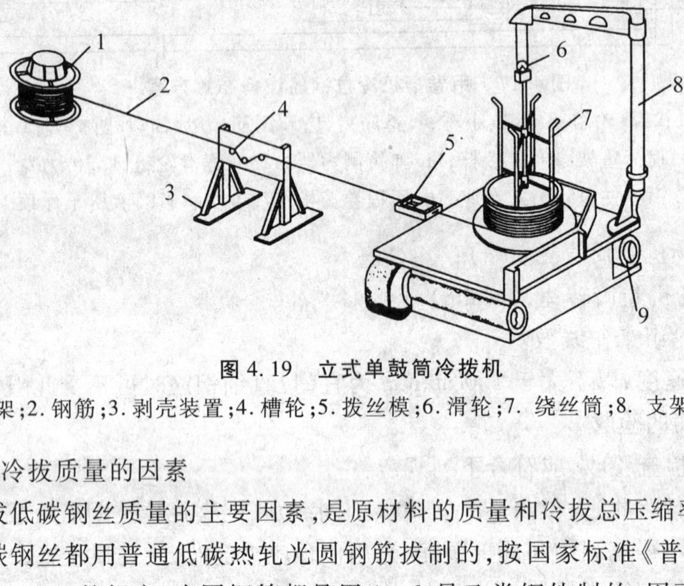

图 4.19 立式单鼓筒冷拔机

1. 盘圆架;2. 钢筋;3. 剥壳装置;4. 槽轮;5. 拔丝模;6. 滑轮;7. 绕丝筒;8. 支架;9. 电动机

(2)影响冷拔质量的因素

影响冷拔低碳钢丝质量的主要因素,是原材料的质量和冷拔总压缩率。

冷拔低碳钢丝都用普通低碳热轧光圆钢筋拔制的,按国家标准《普通低碳钢热轧圆盘条》(GB701-92)的规定,光圆钢筋都是用1~3号乙类钢轧制的,因而强度变化较大,直接影响冷拔低碳钢丝的质量,为此应严格控制原材料。冷拔低碳钢丝分甲、乙两级。对主要用作预应力筋的甲级冷拔低碳钢丝,宜用符合Ⅰ级钢标准的3号钢圆盘条进行拔制。

冷拔总压缩率(β)是光圆钢筋拔成钢丝时的横截面缩减率。若原材料光圆钢筋直径为d_0,冷拔后成品钢丝直径为d,则总压缩率$\beta=(d_0^2-d^2)/d_0^2$。总压缩率越大,则抗拉强度提高越多,而塑性下降越多,故β不宜过大。一般直径5 mm的冷拔低碳钢丝,宜用直径8 mm的圆盘条拔制;直径4 mm和小于4 mm者,宜用直径6.5 mm的圆盘条拔制。

冷拔低碳钢丝有时是经过多次冷拔而成,一般不是一次冷拔就达到总压缩率。冷拔次数要选择适宜,冷拔次数过多,易使钢丝变脆,且降低冷拔机的生产率,冷拔次数过多,每次压缩率过大,拔丝模易损耗,且易断丝。一般前道钢丝和后道钢丝直径之比为1:0.87为宜。如由φ8拔至φ^b5时,其过程为φ8→φ7→φ6.3→φ5.7→φ5。由φ6.5拔至φb4

时，其过程为 ϕ6.5→ϕ5.5→ϕ4.6→ϕ4。

冷拔低碳钢丝经调直机调直后，抗拉强度约降低 8% ~10%，塑性有所改善，使用时应注意。

(3)冷拔钢丝质量要求

冷拔低碳钢丝的检查验收应符合下列规定：

1)逐盘检查外观，钢丝表面不得有裂纹和机械损伤；

2)甲级钢丝的力学性能应逐盘检验，从每盘钢丝上任一端截去不少于 500 mm 后再取两个试样，分别作拉力和 180°反复弯曲试验，并按其抗拉强度确定该盘钢丝的组别；

3)乙级钢丝的力学性能可分批抽样检验。以同一直径的钢丝 5 t 为一批，从中任取三盘，每盘各截取两个试样，分别作拉力和反复弯曲试验；如有一个试样不合格，应在未取过试样的钢丝盘中，另取双倍数量的试样，再做各项试验；如仍有一个试样不合格，则应对该批钢丝逐盘检验，合格者方可使用。

冷拔低碳钢丝的力学性能应符合施工规范的规定。

4.2.3　钢筋的连接

钢筋的连接方法有绑扎连接、焊接连接和机械连接。绑扎连接和焊接连接是传统的连接方法，与绑扎连接相比，焊接连接可节约钢材，改善结构受力性能，提高工效，降低成本，目前对直径大于 28 mm 的受拉钢筋和直径大于 32 mm 的受压钢筋已不推荐采用绑扎连接。机械连接由于其具有连接可靠，作业不受气候影响，连接速度快等优点，目前已广泛应用于粗钢筋的连接。

4.2.3.1　绑扎连接

钢筋可在现场进行绑扎，或预制成钢筋骨架(网)后，在现场进行安装。钢筋绑扎一般采用 20 ~22 号铁丝或镀锌铁丝。

纵向受力钢筋绑扎搭接接头的最小搭接长度按《混凝土结构工程施工质量验收规范》的规定执行。同一构件中相邻纵向受力钢筋的绑扎搭接接头易相互错开。绑扎搭接接头中钢筋的横向净距不应小于钢筋直径，且不应小于 25 mm。钢筋绑扎搭接接头连接区段的长度为 $1.3l_l$(l_l 为搭接长度)，凡搭接接头中点位于该连接区段长度内的搭接接头均属于同一连接区段。同一连接区段内，纵向受拉钢筋搭接接头面积百分率(为该区段内有搭接接头的纵向受力钢筋截面面积与全部纵向受力钢筋截面面积的比值)应符合设计要求；当设计无具体要求时，应符合下列规定：对梁类、板类及墙类构件，不宜大于 25%；对柱类构件，不宜大于 50%；当工程中确有必要增大接头面积百分率时，对梁类构件，不应大于 50%；对其他构件，可根据实际情况放宽。

4.2.3.2　焊接连接

钢筋常用的焊接方法有：闪光对焊、电弧焊、电渣压力焊、电阻点焊、气压焊等。钢筋的焊接效果除与钢材的可焊性(即与钢材的含碳量及含合金元素的量)有关外，还与焊接工艺有关。采用适宜的焊接工艺，即使可焊性较差的钢材，也可获得良好的焊接质量。因此，改善焊接工艺是提高焊接质量的有效措施。

(1)闪光对焊

闪光对焊用于钢筋的接长及预应力筋与螺丝端杆的焊接。如图 4.20 所示，利用对焊机使需焊的两段钢筋接触，通以低电压的强电流，把电能转化为热能，使钢筋加热至白热状态，随即施加轴向压力顶锻，使钢筋焊合，接头冷却后便形成对焊接头。焊接时，由于钢筋端部不平，轻微接触，开始只有一点或数点接触，接触面小，电流密度和接触电阻大，接触点很快熔化，产生金属蒸汽飞溅，形成闪光形象，故名闪光焊。

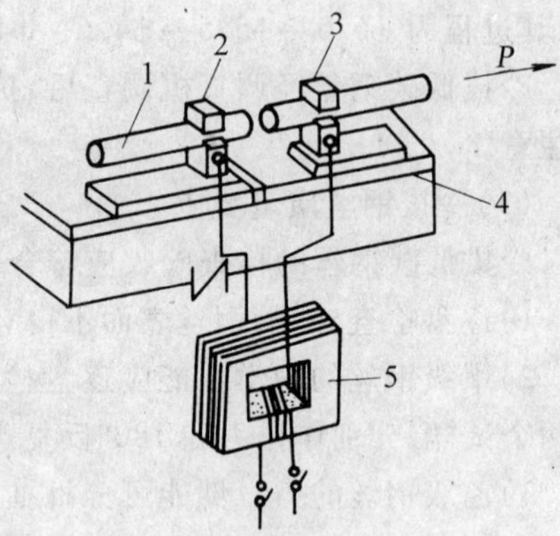

图 4.20 钢筋对焊原理图

1. 钢筋；2. 固定电极；3. 可动电极；4. 机座；5. 焊接变压器

1)闪光对焊工艺

闪光对焊根据工艺的不同可以分为连续闪光焊、预热闪光焊和闪光—预热—闪光焊三种。

①连续闪光焊　采用连续闪光焊时，先闭合电源，然后使两钢筋端面轻微接触，形成闪光。闪光一旦开始，就慢慢移动钢筋，使钢筋继续接触，形成连续闪光现象，待钢筋达到一定的烧化留量后，迅速加压顶锻并立即断开电源，使两根钢筋焊合。连续闪光焊最适宜焊接直径较小的钢筋，宜用于直径 25 mm 以下的Ⅰ～Ⅲ级钢筋的焊接。

②预热闪光焊　当钢筋直径较大，端面比较平整时宜采用预热闪光焊。它是在连续闪光焊前增加一个预热的过程，以扩大焊接热影响区，使钢筋端部受热均匀以保证焊接接头质量。当接通电源后闪光一开始，便将接头做周期性的接触和断开，使得钢筋接触处出现间断的闪光现象，形成预热过程。当钢筋烧化到规定的预热留量后，再进行连续闪光和加压顶锻，形成焊接接头。

③闪光—预热—闪光焊　适用于端部不平整的粗钢筋。在预热闪光焊前加一次闪光过程，目的是使不平整的钢筋端面烧化平整。接通电源后，两根钢筋端部连续接触，出现连续闪光现象，使端部不平部分熔化掉，然后再进行断续闪光，预热钢筋，接着进行连续闪光，最后加压顶锻。

2)闪光对焊参数

钢筋的焊接质量与对焊参数有关，对焊参数主要有调伸长度、预热留量、烧化留量、顶锻留量、烧化速度(闪光速度)、顶锻速度及变压器级数等(图 4.21)。

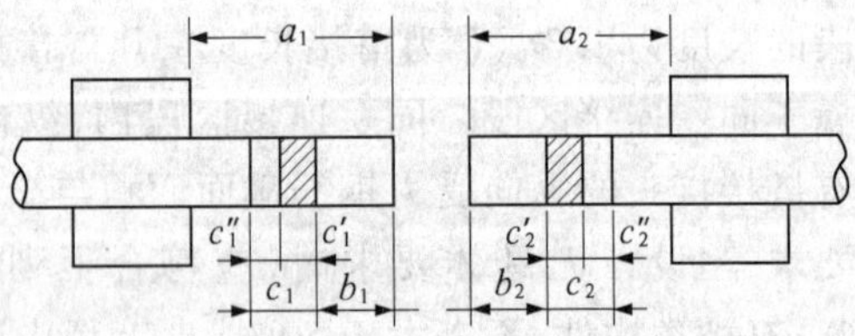

图 4.21 调伸长度、闪光留量及顶锻留量

a_1、a_2. 左、右钢筋调伸长度；b_1+b_2. 闪光留量；c_1+c_2. 顶锻留量；$c_1'+c_2'$. 有电锻留量；$c''_1+c''_2$. 无电顶锻留量

①调伸长度　调伸长度是指焊接前钢筋从电极钳口伸出的长度。其数值取决于钢筋的品种和直径，应能使接头加热均匀，且顶锻时钢筋不致弯曲。调伸长度的取值：Ⅰ级钢筋为 $0.75\sim1.25d$；Ⅱ～Ⅲ级钢筋为 $1.0\sim1.5d$(d 为钢筋直径)；直径小的钢筋取大值。

②烧化留量与预热留量　烧化留量与预热留量是指在闪光和预热过程中烧化的钢筋

长度。连续闪光焊烧化留量长度等于两段钢筋切断时刀口严重压伤部分之和另加 8 mm；预热闪光焊的预热留量为 4 ~ 7 mm，烧化留量为 8 ~ 10 mm；闪光→预热→闪光焊的一次烧化留量等于两段钢筋切断时刀口严重压伤部分之和，预热留量为 2 ~ 7 mm，二次烧化留量为 8 ~ 10 mm。

③顶锻留量与顶锻速度　顶锻留量是指接头顶压挤出而消耗的钢筋长度。顶锻时，先在有电流作用下顶锻，使接头加热均匀、紧密结合，然后在断电情况下顶锻而后结束，所以分为有电顶锻留量与无电顶锻留量两部分。顶锻留量随着钢筋直径的增大和钢筋级别的提高而增大，一般为 4 ~ 6.5 mm。其中，有电顶锻留量约占 1/3，无电顶锻留量占 2/3。顶锻时速度越快越好，有电顶锻时间约为 0.1 s，断电后继续顶锻至要求的顶锻留量，这样可使接头处熔化的金属迅速闭合而避免氧化，以保证接头连接良好并有适当的镦粗变形。

④变压器级数　变压器级数用来调节焊接电流的大小，根据钢筋直径来选择，直径大级别高的钢筋需采用级数大的变压器。

3）对焊接头质量检查

①外观检查　外观检查时，每批抽查 10% 的闪光对焊接头，并不少于 10 个。每次以不大于 200 个同类型、同工艺、同焊工的焊接接头为一批，且时间不超过 1 周。外观检查时有如下内容：钢筋表面不得有横向裂纹；Ⅰ、Ⅱ、Ⅲ级钢筋表面不得有明显的烧伤，Ⅳ级钢筋不得有烧伤；接头处弯折应不大于 4°；接头处两根钢筋轴线偏差不得超过 10% 钢筋直径，且不大于 2 mm。

②机械性能试验　钢筋闪光对焊接头的机械性能试验包括拉力试验和弯曲试验，应从每批接头中抽取 6 个试件进行试验，其中 3 个作拉力试验，三个作弯曲试验。

作拉力实验时，应满足：三个试件的抗拉强度均不低于该强度等级钢筋的抗拉强度标准值；三个试件中至少有两个试件的断口位于焊接影响区外，并表现为塑性断裂。作弯曲试验时，要求对焊接头外侧不得出现宽度超过 0.15 mm 的横向裂缝。

（2）电弧焊

电弧焊（图 4.22）是利用弧焊机在焊条与焊件之间产生高温电弧，使得焊条和电弧燃烧范围内的金属焊件很快熔化，金属冷却后，形成焊接接头，其中电弧是指焊条与焊件金属之间空气介质出现的强烈持久的放电现象。电弧焊的应用非常广泛，常用于钢筋的接头、钢筋与钢板的焊接、装配式钢筋混凝土结构接头的焊接、钢筋骨架的焊接及各种钢结构的焊接等。电弧焊使用的弧焊机有交流弧焊机、直流弧焊机两种，常用的为交流弧焊机。钢筋电弧焊常用接头型式有帮条焊、搭接焊、坡口焊等。

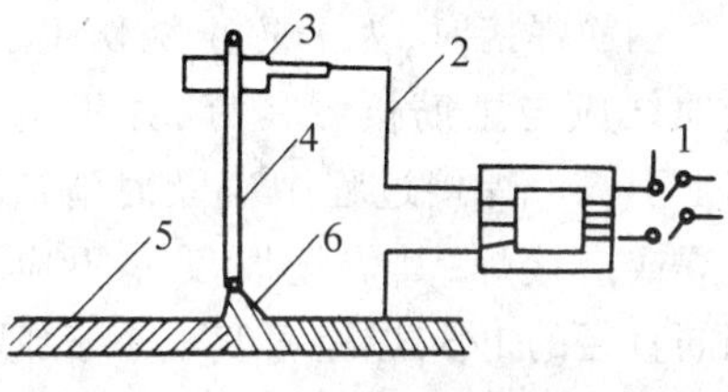

图 4.22　电弧焊示意图

1. 变压器；2. 导线；3. 焊钳；
4. 焊条；5. 焊件；6. 电弧

1）搭接焊　搭接焊适用于Ⅰ ~ Ⅱ级钢筋的焊接，其接头型式如图 4.23 所示，可分为双面焊缝和单面焊缝两种，双面焊缝受力性能较好，应尽可能双面施焊，不能双面施焊时，才采用单面焊接。图中括号内数值适用于Ⅱ级钢筋。

2）帮条焊　帮条焊适用于Ⅰ ~ Ⅲ级钢筋的焊接。其接头型式如图 4.24 所示，亦可分为单面焊接和双面焊接两种，一般宜优先采用双面焊缝。帮条宜用与主筋同级别、同直径的钢筋，如帮条级别与主筋相同时，帮条直径可比主筋直径小一个规格；如帮条直径与主筋相同时，帮条级别可比主筋低一个级别。

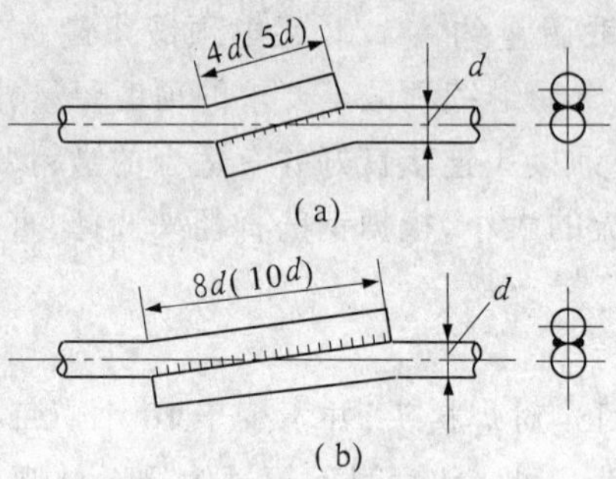

图 4.23　搭接焊

(a)双面焊；(b)单面焊

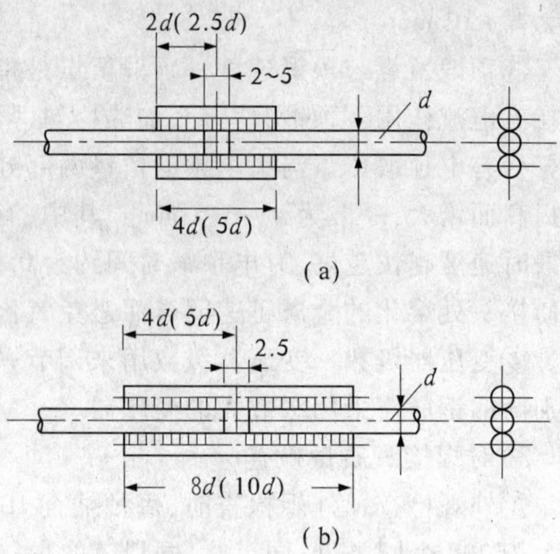

图 4.24　帮条焊

(a)双面焊；(b)单面焊

3)坡口焊　坡口焊耗钢材少、热影响区小，适应于现场焊接装配式结构中直径 18 ~ 40 mm 的Ⅰ—Ⅲ级钢筋。坡口焊接头如图 4.25 所示，分平焊和立焊两种型式，钢筋端部须先剖成如图 4.25 所示的坡口，然后加钢垫板施焊。

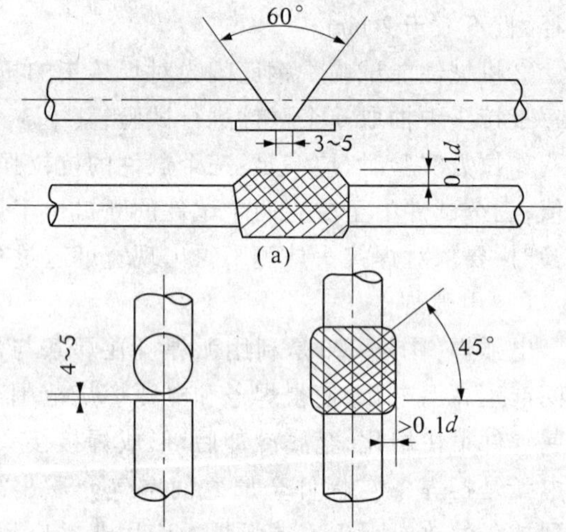

图 4.25　坡口焊

(a)平焊；(b)立焊

钢筋焊接时，为了防止烧伤主筋，焊接地线应与主筋接触良好，并不应在主筋上引弧。焊接过程中应及时清渣。帮条焊或搭接焊，其焊缝厚度 h 不应小于钢筋直径的1/3，焊缝宽度不小于钢筋直径的 0.7 倍。装配式结构接头焊接，为了防止钢筋过热引起较大的热应力和不对称变形，应采用几个接头轮流施焊。

电弧焊接头焊缝表面应平整，不应有较大的凹陷、焊窝，接头处不得有裂纹，咬边深度、气孔、夹渣及接头偏差不得超过规范规定。接 头抗拉强度不低于该级别钢筋的规定抗拉强度值，且三个试件中至少有两个呈塑性断裂。

(3)电渣压力焊

电渣压力焊(图 4.26)是利用电流通过渣池产生的电阻热将钢筋端部熔化，然后施加压力使钢筋焊接在一起。电渣压力焊的操作简单、易掌握、工作效率高、成本较低、施工条件比较好，主要用于现浇钢筋混凝土结构中竖向或斜向钢筋的接长，适用于直径 14 ~ 40mm 的 Ⅰ ~ Ⅱ级钢筋。

焊接前先将钢筋端部 120 mm 范围内的铁锈、污物等杂质清除干净；将夹具的下夹头夹牢下钢筋，再将上钢筋扶直并夹牢于活动电极中，使上下钢筋在同一轴线上；然后在上下钢筋间安装引弧导电铁丝圈（可采用 12 ~ 14 号无锈火烧丝，圈高约 10 ~ 12 mm）；再安放焊剂盒，用石棉布塞封焊剂盒下口，同时装满焊剂。通电后，将上钢筋上提 2 ~ 4 mm 引弧，用人工直接引弧继续上提钢筋 5 ~ 7 mm，使电弧稳定燃烧；随着钢筋的熔化，上钢筋逐渐插入渣池中，此时电弧熄灭，转为电渣过程，焊接电流通过渣池而产生大量的电阻热，使钢筋端部继续熔化；待钢筋端部熔化到一定程度后，在切断电流的同时，迅速进行顶压形成接头并持续几秒钟，以免接头偏斜或结合不良，冷却 1 ~ 3 min后，即可打开焊剂盒，回收焊剂卸下夹具。

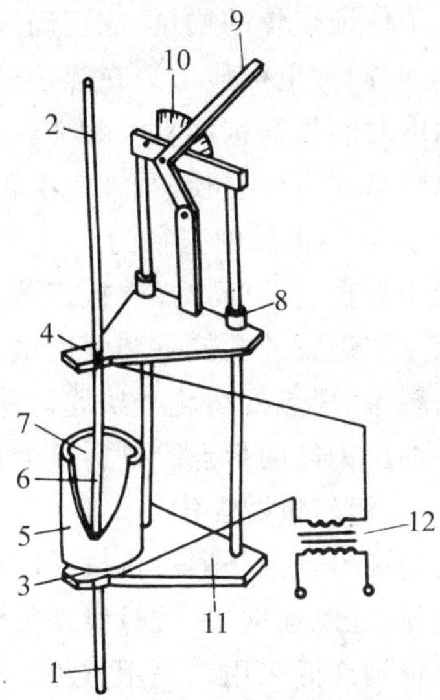

图 4.26　手动电渣压力焊示意图

1、2. 钢筋；3. 固定电极；4. 活动电极；5. 焊剂盒；6. 导电剂；7. 焊剂；8. 滑动架；9. 操动杆；10. 标尺；11. 固定架；12. 变压器

电渣压力焊的工艺参数为焊接电流、渣池电压和通电时间，根据钢筋直径选择，钢筋直径不同时，根据较小直径的钢筋选择参数。电渣压力焊的接头，亦应按规定检查外观质量和进行试件拉伸试验。

（4）电阻点焊

电阻点焊用于交叉钢筋的焊接。如图 4.27 所示，就是将钢筋的交叉点放在电焊机的两电极间，通电时，由于交叉钢筋的接触点只有一点，且接触电阻较大，在接触的瞬间，电流产生的全部热量都集中在一点上，因而使金属受热而熔化，同时在电极加压下使焊点金属得到焊合。

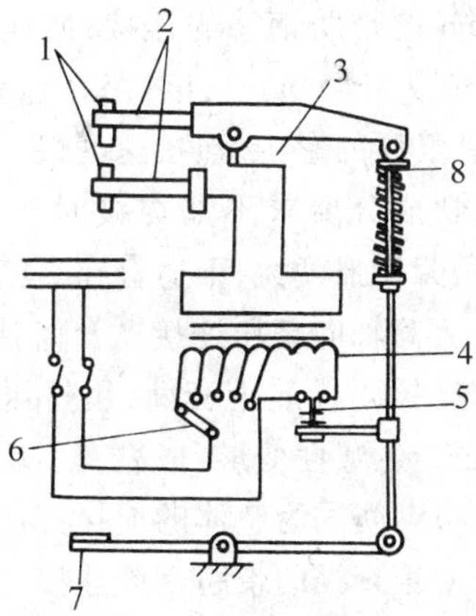

图 4.27　点焊机工作示意图

1. 电极；2. 电极臂；3. 变压器的次级线圈；4. 变压器的初级纹圈；5. 断路器；6. 变压器调节级数开关；7. 踏板；8. 压紧机构

利用点焊机进行交叉钢筋焊接，使单根钢筋成型为各种网片、骨架，以代替人工绑扎，是实现生产机械化、提高工效、节约劳动力和材料（钢筋端部不需弯钩）、保证质量、降低成本的一种有效措施。而且采用焊接骨架或焊接网，可使钢筋在混凝土中能更好地锚固，可提高构件的抗裂性，因此钢筋骨架成型应优先采用点焊。

常用的点焊机有单点点焊机、多头点焊机

(一次可焊数点,用于焊接宽大的钢筋网)、悬挂式点焊机(可焊钢筋骨架或钢筋网)、手提式点焊机(用于施工现场)。

为了保证点焊的质量,应正确选择点焊参数。电阻点焊的主要工艺参数为:变压器级数、通电时间和电极压力。在焊接过程中,应保持一定的预压和锻压时间。

通电时间根据钢筋直径和变压器级数而定。电极压力则根据钢筋级别和直径选择。

电阻点焊不同直径钢筋时,如较小钢筋的直径小于 10 mm,大、小钢筋直径之比不宜大于 3;如较小钢筋的直径为 12 mm 或 14 mm 时,大、小钢筋直径之比则不宜大于 2。应根据较小直径的钢筋选择焊接工艺参数。

焊点应进行外观检查和强度试验。点焊焊点应无脱落、漏焊、裂纹、多孔性缺陷及明显烧伤现象,焊点处熔化金属均匀并有适量的压入深度。热轧钢筋的焊点应进行抗剪试验。冷加工钢筋的焊点除进行抗剪试验外,还应进行拉伸试验。

4.2.3.3 钢筋机械连接

钢筋机械连接是通过机械手段将两根钢筋进行对接,它具有工艺简单、技术易掌握、节约钢材、施工速度快、质量稳定等优点,近年来在我国得到推广,尤其是在大直径钢筋现场连接中被广泛采用。常用方法有套筒挤压连接和螺纹套筒连接。

(1)套筒挤压连接

这是我国最早出现的一种钢筋机械连接方法。按挤压方向不同,分为套筒径向挤压连接和套筒轴向挤压连接两种,以套筒径向挤压连接为多用。

1)套筒径向挤压连接　套筒径向挤压连接是将两根待接钢筋插入优质钢套筒,用挤压设备沿径向挤压钢套筒,使之产生塑性变形,依靠变形后的钢套筒与被连接钢筋纵、横肋产生的机械咬合作用使套筒与钢筋成为整体的连接方法。如图 4.28 所示。这种方法适用于直径 18 ~40 mm 的带肋钢筋的连接,所连接的两根钢筋的直径之差不宜大于 5 mm。该方法具有工艺简单、可靠程度高、不受气候的影响、连接速度快、安全、无明火、节能、对钢筋化学成分要求不如焊接时严格等优点。但设备笨重,工人劳动强度大,不适合在高密度布筋的场合适用。

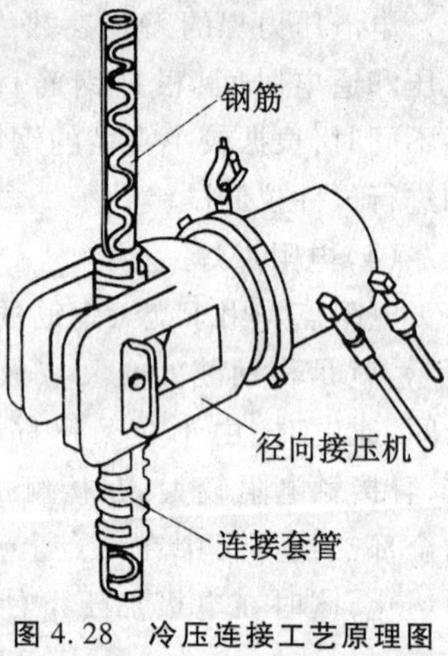

图 4.28　冷压连接工艺原理图

2)套筒轴向挤压连接　套筒轴向挤压连接是将两根待接钢筋插入优质钢套筒,用挤压设备沿轴向挤压钢套筒,使之产生塑性变形,依靠变形后的钢套筒与被连接钢筋纵、横肋产生的机械咬合作用使套筒与钢筋成为整体的连接方法。这种方法一般用于直径 25 ~ 32 mm 的同直径或相差一个型号直径的带肋钢筋连接。

(2)螺纹套筒连接

螺纹套筒连接是将需连接的钢筋端部加工出螺纹,然后通过一个内壁加工有螺纹的套管将钢筋连接在一起。它分锥螺纹连接与直螺纹连接两种。

1)锥螺纹套筒连接　锥螺纹套筒连接是将两根待接钢筋端头用套丝机做出锥形丝扣,然后用带锥形内丝的钢套筒将钢筋两端拧紧的连接方法,如图 4.29 所示。这种方法适用于直径 16 ~ 40 mm 的各种钢筋的竖向、水平或任何倾角的连接，所连接钢筋的直径之差不宜大于 9 mm。该方法具有接头可靠、工艺简单、不用电源、全天候施工、对中性好、施工速度快等优点。

钢筋锥螺纹的加工是在钢筋套丝机上进行，可在施工现场或预制加工厂进行预制。为保证丝扣精度，对已加工的丝扣端要用牙形规和卡规逐个进行自检，要求钢筋丝扣的牙形必须与牙形规吻合，小端直径不超过卡规的允许误差，丝扣完整牙数不得小于规定值，不合格者切掉重新加工。锥螺纹套筒的加工宜在专业工厂进行，以保证产品质量。

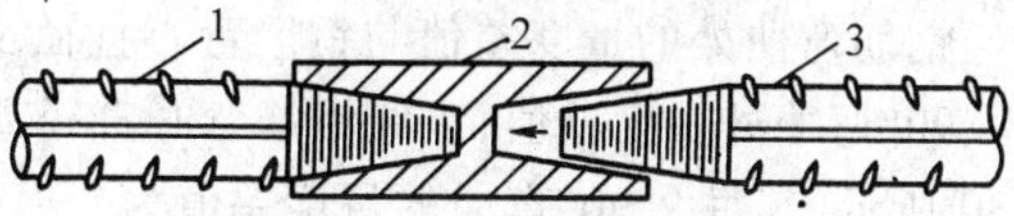

图 4.29　钢筋锥螺纹套筒连接

1. 已连接的钢筋；2. 锥螺纹套筒；3. 未连接的钢筋

钢筋锥螺纹连接预先将套筒拧入钢筋的一端，在施工现场再拧入待接钢筋。连接钢筋前，将钢筋未拧套筒的一端的塑料保护帽拧下来露出丝扣，并将丝扣上的污物清理干净。连接钢筋时，将已拧套筒的钢筋拧到被连接的钢筋上，并用扭力扳手按规定的力矩值拧紧钢筋接头，便完成钢筋的连接。

2）直螺纹套筒连接　直螺纹套筒连接有两种形式：一种是在钢筋端头先采用对辊滚压，将钢筋端头的纵横肋滚掉，而后采用冷压螺纹（滚丝）工艺加工成钢筋直螺纹端头，套筒采用快速成孔切削成内螺纹钢套筒，简称为滚压直螺纹接头或滚压切削直螺纹接头；另一种是在钢筋端头先采用设备顶、压增径（墩头），而后采用套丝工艺加工成等直径螺纹端头，套筒采用快速成孔切削成内螺纹钢套筒，简称为墩头直螺纹接头或墩粗切削直螺纹接头。这两种方法都能有效地增加钢筋端头母材强度，可等同于钢筋母材强度而设计的直螺纹接头。这种接头形式使结构强度的安全度和地震情况下的延性具有更大的保证，大大地方便了设计与施工，接头施工仅采用普通扳手旋紧即可，对丝扣少旋 1 ~ 2 扣不影响接头强度，省去了锥螺纹力矩扳手检测和疏密质量检测的繁杂程序，可提高施工工效；套筒丝距比锥螺纹套筒丝距少，可节省套筒钢材；此外，尚有设备简单、经济合理等优点，是目前工程应用最广泛的粗钢筋连接方法。

4.2.4　钢筋配料与代换

4.2.4.1　钢筋配料

钢筋配料就是根据构件配筋图，分别计算构件各钢筋的直线下料长度、根数及重量，然后编制钢筋配料单作为备料、加工和结算的依据。

钢筋下料长度与钢筋图中所注尺寸是不同的，钢筋图中所注明的钢筋尺寸是其外包尺寸，即钢筋外边缘至外边缘之间的长度，这是施工中度量钢筋长度的基本依据。钢筋加工前按直线下料，经弯曲成型后，在弯曲处外边缘伸长，内边缘缩短而中心线长度不变，造成钢筋外包尺寸大于轴线长度，因此钢筋不能直接根据图中所注尺寸下料，而应按轴线长度下料，否则钢筋长度大于要求长度，造成浪费，或弯曲成型后钢筋尺寸大于要求长度，造成保护层不够，甚至钢筋尺寸大于模板尺寸而造成返工。

在直线段，钢筋的外包尺寸与轴线长度并无差别；在弯曲处，钢筋外包尺寸与轴线长度间存在一个差值，这一差值被称为“量度差值”。因此，钢筋的下料长度应为：

$$钢筋下料长度 = 各段外包尺寸之和—量度差值 + 端头弯钩增加长度$$

$$箍筋下料长度 = 箍筋周长 + 箍筋调整值$$

(1)钢筋弯曲处的量度差值

钢筋弯曲处的量度差值与钢筋弯心直径及弯曲角度有关。

90°弯曲处量度差值，Ⅰ级钢筋弯心直径 $D=2.5d_0$，Ⅱ级钢筋弯心直径 $D=4\ d_0$，如图4.30所示，其每个90°弯曲的量度差值为

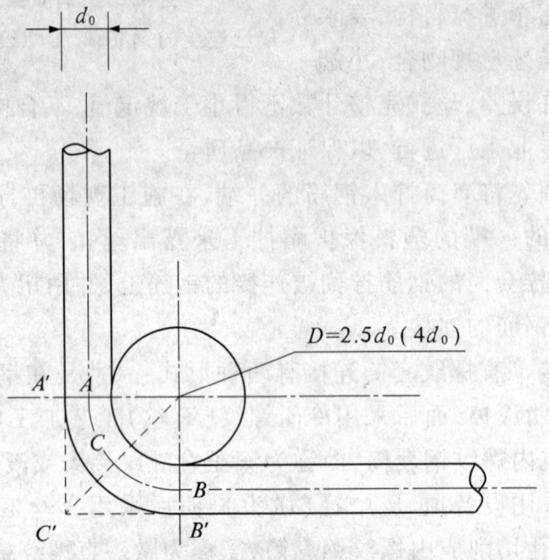

图4.30　钢筋弯曲90°尺寸图

$$A'C'+C'B'-ABC=2(D/2+d_0)-\pi/4(D+d_0)=0.2145D+1.215d_0$$

当弯心直径 $D=2.5d_0$ 代入上式，得量度差值为 $1.75d_0$。

当弯心直径 $D=4d_0$ 代入上式，得量度差值为 $2.07d_0$。

为了计算方便，两者都近似取 $2d_0$。同理可得，30°弯曲时的量度差值为 $0.35d_0$；45°弯曲时量度差值为 $0.5d_0$；60°弯曲时的量度差值为 $0.85d_0$；135°弯曲时的量度差值为 $2.5d_0$。

(2)钢筋弯钩增加长度

根据规范规定，Ⅰ级钢筋的两端应做180°弯钩，其弯心直径 $D=2.5d_0$，平直部分长度为 $3d_0$，如图4.31所示。度量方法以外包尺寸度量，其每个弯钩增加长度为

$$E'F=\widehat{ABC}+EC-AF=\frac{1}{2}\pi(D+d_0)+3d_0-\left(\frac{D}{2}+d_0\right)$$

$$=\frac{1}{2}\pi(2.5d_0+d_0)+3d_0-\left(\frac{2.5d_0}{2}+d_0\right)$$

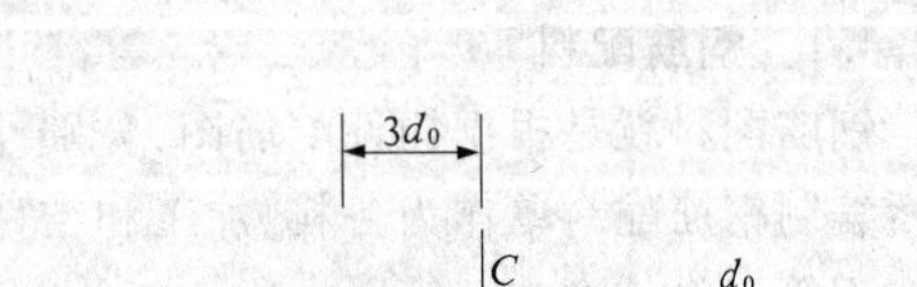

图4.31　曲180°尺寸图

6.25 d_0(已考虑量度差值)

例 4.1　如图 4.32 所示,求钢筋的下料长度。

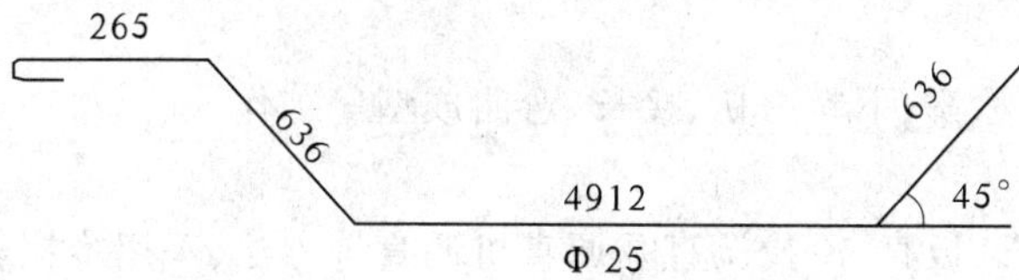

图 4.32　钢筋外包尺寸图

解　$L = (265 + 636 + 4912 + 636 + 265) - 4 \times 0.5 \times 25 + 2 \times 6.25 \times 25$

$= 6\ 976.5$ mm

(3)箍筋调整值

箍筋调整值为弯钩增加长度与弯曲量度差值两项之和。其数值根据箍筋外包尺寸或内包尺寸而定,见表 4.10。

表 4.10　箍筋的调整值

箍筋量度方法	箍筋直径(mm)			
	4～5	6	8	10～12
量外包尺寸(mm)	40	50	60	70
量内包尺寸(mm)	80	100	120	150～170

4.2.4.2　钢筋代换

施工中如果钢筋的品种或规格与设计图纸要求不符时,在征得设计单位同意后,可以对钢筋进行代换,但必须遵守以下代换原则:

1)等强度代换。当构件受强度控制时,钢筋可按强度相等原则进行代换,代换方法为:

$$n_2 d_2^2 f_{y2} \geqslant n_1 d_1^2 f_{y1} \tag{4.6}$$

式中　d_1, n_1, f_{y1}——分别为原设计钢筋的直径、根数和设计强度;

d_2, n_2, f_{y2}——分别为拟代换钢筋的直径、根数和设计强度。

2)等面积代换。当构件按最小配筋率配筋时,钢筋可按面积相等原则进行代换,代换方法为:

$$A_{s1} \leqslant A_{s2} \tag{4.7}$$

式中　A_{s1}——原设计钢筋的计算面积;

A_{s2}——拟代换钢筋的计算面积。

3)当构件受裂缝宽度或挠度控制时,代换后应进行裂缝宽度或挠度验算。

4)钢筋代换后,应满足混凝土结构设计规范中所规定的钢筋间距、最小配筋率、锚固长度、最小钢筋直径、根数等要求。

5)对重要受力构件,不宜用Ⅰ级光面钢筋代换变形钢筋。

6)梁的纵向受力钢筋和弯起钢筋应分别进行代换,以保证正截面与斜截面强度。

7)有抗震要求的梁、柱和框架,不宜以强度等级较高的钢筋代换原设计中的钢筋。如必须代换时,应符合钢筋抗震的要求。

4.2.5 钢筋加工、绑扎与安装

4.2.5.1 钢筋加工

钢筋加工包括调直、除锈、下料剪切、接长、弯曲成型等工作。

(1)钢筋调直

钢筋调直可采用锤直、扳直、冷拉调直及调直机调直等方法,采用冷拉调直时,其冷拉率:Ⅰ级钢筋不宜大于4%,Ⅱ、Ⅲ级钢筋不宜大于1%。调直机只用于调直冷拔低碳钢丝及直径14 mm以内的钢筋。经调直的钢筋应平直、无局部曲折,调直机调直后的冷拔低碳钢丝表面不得有明显擦伤,抗拉强度不得低于设计要求。

(2)钢筋除锈

为保证钢筋与混凝土之间的握裹力,在钢筋使用之前,应将其表面的油渍、漆污、铁锈等清除干净。经冷拉、冷拔或调直机调直的钢筋,一般不必再行除锈。未经冷拉、冷拔的钢筋可采用机动或手工钢丝刷除锈、喷砂除锈和酸洗除锈等方法。

(3)钢筋剪切

钢筋下料时须按下料长度切断。钢筋剪切可采用钢筋切断机或手动切断机,前者可切断40 mm以内的钢筋,后者一般只用于切断直径小于12 mm的钢筋,大于40 mm的钢筋常用氧乙炔焰或电弧切割。

钢筋的下料长度应力求准确,其允许偏差为±10 mm。

(4)钢筋弯曲成型

钢筋下料后,弯曲前应定出相应的弯曲点,以便弯曲成设计所要求的尺寸。钢筋弯曲可采用弯曲机或手动扳手。钢筋弯曲成型后,顺长度方向全长尺寸偏差不超过±10 mm,弯起位置偏差不超过±20 mm。

4.2.5.2 钢筋的绑扎与安装

加工完毕的钢筋即可运到施工现场进行安装、绑扎。钢筋绑扎时其交叉点应采用铁丝扎牢;板和墙的钢筋网,除靠近外围两排钢筋的交叉点全部扎牢外,中间部分交叉点可间隔交错扎牢,但必须保证受力钢筋不发生位置偏移;双向受力的钢筋,其交叉点应全部扎牢;梁柱箍筋,除设计有特殊要求外,应与受力钢筋垂直设置,箍筋弯钩叠合处,应沿受力主筋方向错开设置;柱中竖向钢筋搭接时,角部钢筋的弯钩平面与模板面的夹角,对矩形柱应为45°角,对多边形柱应为模板内角的平分角;对圆形柱钢筋的弯钩平面应与模板的切平面垂直;中间钢筋的弯钩面应与模板面垂直;当采用插入式振捣器浇筑小型截面柱时,弯钩平面与模板面的夹角不得小于15°。

钢筋的安装绑扎应该与模板安装相配合,柱筋的安装一般在柱模板安装前进行;而梁的施工顺序正好相反,一般是先安装好梁底模,再安装梁筋,当梁高较大时,可先留下一面侧模不安,待钢筋绑扎完毕,再支余下一面侧模,以方便施工;楼板模板安装好后,即可安装板筋。

为了保证钢筋的保护层厚度,工地上常采用预制的水泥砂浆块垫在模板与钢筋间,垫块的厚度即为保护层厚度。垫块一般布置成梅花形,间距不超过1 m。构件中有双层钢筋时,上层钢筋一般是通过绑扎短筋或设置垫块来固定。对于基础或楼板的双层筋,固定时一般采用钢筋撑脚来保证钢筋位置,间距 1 m。

钢筋绑扎安装完毕后应进行检查验收。检查内容为:①钢筋的级别、直径、根数、间距位置和预埋件的规格、位置、数量是否与设计图相符,要特别注意悬挑结构如阳台、挑梁、雨棚等上部钢筋位置是否正确,浇灌混凝土时是否会被踩下;②钢筋接头位置、数量、搭接长度是否符合规定;③钢筋绑扎是否牢固,钢筋表面是否清洁,有无油污、铁锈;④混凝土保护层是否符合要求等。

在浇混凝土前应进行验收,并作好隐蔽工程记录。

4.3　混凝土工程

混凝土工程是钢筋混凝土结构工程的一个重要组成部分,它的施工不但要保证结构具有设计所要求的形状和尺寸,而且还要获得良好的强度、密实性和整体性,并满足设计和施工的特殊要求。混凝土工程包括配料、搅拌、运输、浇筑和养护等施工过程,各个施工过程紧密联系又相互影响,任一过程处理不当都会影响混凝土的最终质量,因而在混凝土的施工中,对每一个施工环节都要认真对待,以确保混凝土工程获得优良的质量。

4.3.1　混凝土的配料

混凝土的配料就是将各种符合质量要求的原材料按照一定的配合比配制成工程所需的混凝土。在混凝土配料时,除应保证结构设计对混凝土强度等级的要求外,还应满足施工对混凝土和易性的要求,并应符合合理使用材料、节约水泥、减轻劳动强度等原则,必要时还须满足抗冻性、抗渗性等设计提出的特殊要求。

4.3.1.1　混凝土施工配制强度的确定

混凝土制备之前按下式确定混凝土的施工配制强度,以达到 95% 的保证率:

$$f_{cu,0}=f_{cu,k}+1.645\sigma \tag{4.8}$$

式中　$f_{cu,0}$——混凝土的施工配制强度(N/mm^2);

$f_{cu,k}$——设计的混凝土强度标准值(N/mm^2);

σ——施工单位的混凝土强度标准值(N/mm^2)。

当施工单位具有近期的同一品种混凝土强度的统计资料时,σ 可按下式计算:

$$\sigma=\sqrt{\frac{\sum_{i=1}^{n} f_{cu,i}^{2}-n\bar{f}_{cu}^{2}}{n-1}} \tag{4.9}$$

式中　$f_{cu,i}$——统计周期内同一品种混凝土第 i 组试件强度(N/mm^2);

$\bar{f}_{cu}$——统计周期内同一品种混凝土 N 组强度的平均值(N/mm^2);

n——统计周期内相同混凝土强度等级的试件组数,$n\geq25$。

当混凝土强度等级为 C20 或 C25 时,如计算得到的 $\sigma<2.5$ N/mm^2,取 $\sigma=2.5$ N/mm^2;当混凝土强度等级高于 C25 时,如计算得到的 $\sigma<3.0$ N/mm^2,取 $\sigma=3.0$ N/mm^2。

对预拌混凝土厂和预制混凝土的构件厂,其统计周期可取为 1 个月;对现场拌制混凝土的施工单位，其统计周期可根据实际情况确定，但不宜超过 3 个月。

施工单位如无近期同一品种混凝土强度统计资料时，σ 可按表 4.11 取值。

表 4.11　混凝土强度标准值

混凝土强度等级(N/mm^2)	低于 C20	C20 ~ C35	高于 C35
σ	4.0	5.0	6.0

注：表中 σ 值，反映我国施工单位的混凝土施工技术和管理的平均水平，采用时可根据本单位情况作适当调整。

4.3.1.2　混凝土施工配合比及施工配料

混凝土的配合比是在实验室根据混凝土的配制强度经过试配和调整而确定的，称为实验室配合比。实验室配合比所用砂、石都是不含水分的。而施工现场砂、石采用露天堆放，都有一定的含水率，且含水率大小随气温等条件不断变化。施工中应按砂、石实际含水率对原配合比进行修正，才能保证混凝土配合比的准确，从而保证混凝土的质量。根据现场砂、石含水率调整后的配合比称为施工配合比。

若混凝土的实验室配合比为水泥∶砂∶石∶水 $=1:s:g:w$，而现场测出砂的含水率为 w_s，石的含水率为 w_g，则换算后的施工配合比为：

$$1:\ s(1+w_s):g(1+w_g):[w-s\cdot w_s-g\cdot w_g] \tag{4.10}$$

施工配料是确定每拌一次需用的各种原材料量，它根据施工配合比和搅拌机的出料容量计算。

例 4.2　已知某混凝土的实验室配合比为 300∶790∶1150∶180（为每立方米混凝土用量），已测出砂的含水率为 3.3%，石的含水率为 1.2%，搅拌机的出料容积为 350 L，若采用袋装水泥（50 kg 一袋），求每搅拌一罐混凝土所需各种材料的用量。

解　混凝土的实验室配合比折算为 $1:s:g:w=1:2.63:3.83:0.6$

将原材料的含水率考虑进去计算出施工配合比为 1∶2.72∶3.88∶0.47

每搅拌一罐混凝土水泥用量为：$300\times0.35=105$ kg，实用两袋水泥 100 kg

则搅拌一罐混凝土砂用量为：$100\times2.72=272$ kg

搅拌一罐混凝土石用量为：$100\times3.88=388$ kg

搅拌一罐混凝土水用量为：$100\times0.47=47$ kg

为了严格控制混凝土的配合比，用料称量必须准确，其每盘称量偏差不得超过以下规定：水泥和混合材料为 ±2%；砂石为 ±3%；水及外加剂为 ±2%。同时应对各种衡量器进行定期校验，保持准确；经常测定砂石含水率，雨天施工应增加测定次数。

4.3.2　混凝土的拌制

混凝土的拌制就是指将水泥、水、粗细骨料和外加剂等原材料混合在一起进行拌和，从而获得质地均匀、颜色一致、具备一定流动性的混凝土拌和物。

4.3.2.1　混凝土搅拌机的选择

混凝土的拌制，除工程量小且分散时，采用人工搅拌外，一般均采用搅拌机搅拌。按其搅拌原理混凝土搅拌机分为自落式搅拌机和强制式搅拌机两大类(图 4.33)。

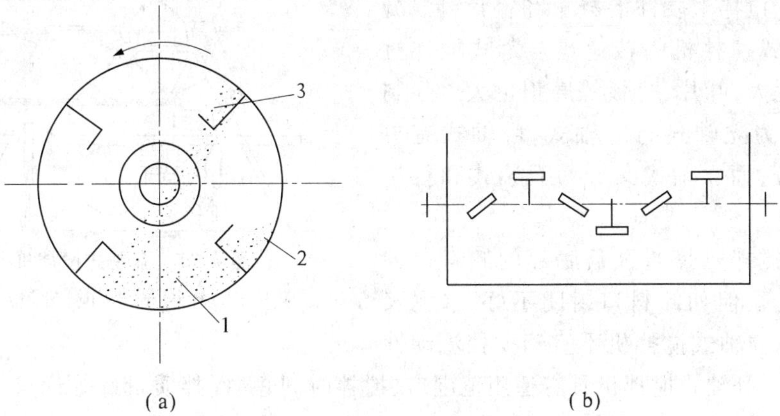

图 4.33　混凝土搅拌原理

(a)自落式搅拌;(b)强制式搅拌

1.混凝土拌合物;2.搅拌筒;3.叶片

(1)自落式搅拌机

自落式搅拌机主要是利用搅拌筒内材料的自重进行工作,它的搅拌筒内壁焊有弧形叶片,当搅拌筒绕水平轴旋转时,弧形叶片不断将物料颗粒提升到一定高度,然后自由落下,由于下落时间、落点和滚动距离不同,使物料颗粒相互穿插、混合而达到均匀。自落式搅拌机宜于搅拌塑性混凝土。

双锥反转出料式搅拌机(图 4.34)是自落式搅拌机中较好的一种,宜于搅拌塑性混凝土。双锥反转出料式搅拌机的搅拌筒为双锥形,内壁焊有叶片,效率较高而且叶片布置较好,物料一方面被提升后靠自落进行拌和,另一方面又迫使物料沿轴向左右窜动,搅拌作用强烈。它正转搅拌,反转出料,构造简易。

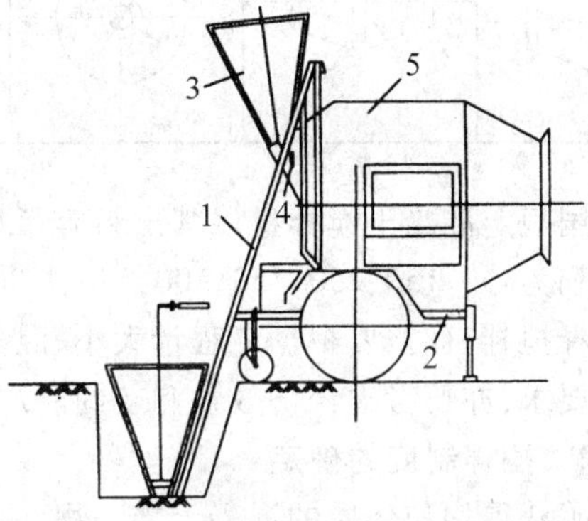

图 4.34　双锥反转出料式搅拌机

1.上料架;2.底盘;3.料斗;4.下料口;5.锥形搅拌筒

双锥倾翻出料式搅拌机适合大容量、大骨料、大坍落度混凝土搅拌,在我国多用于水电工程、桥梁工程和道路工程。

(2)强制式搅拌机

强制式搅拌强制式搅拌机(图 4.35)主要是根据剪切搅拌机理设计的,它是利用搅拌筒内运动着的叶片强 迫物料朝着各个方向(环向、径向、竖向)运动,由于各物料颗粒的运动方向、速度各不相同,相互之间产生剪切滑移而相互穿插、扩散,从而在很短的时间内,使物料拌和均匀。

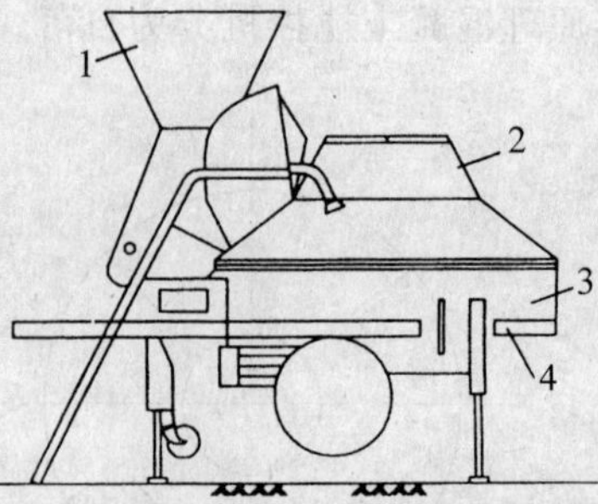

图 4.35　强制式搅拌机

1. 进料口;2. 拌筒罩;3. 搅拌筒;4. 出料口

强制式搅拌机的搅拌作用比自落式搅拌机强烈,宜于搅拌干硬性混凝土和轻骨料混凝土。但强制式搅拌机的转速比自落式搅拌机高,动力消耗大,叶片、衬板等磨损也大。强制式搅拌机分为立轴式与卧轴式,卧轴式有单轴、双轴之分,而立轴式又分为涡浆式和行星式(表 4.12)。

立轴式搅拌机是通过盘底部的卸料口卸料,卸料迅速。但如卸料口封闭不好,水泥浆易漏掉,所以立轴式搅拌机不宜于搅拌流动性大的混凝土。卧轴式搅拌机具有适用范围广、搅拌时间短、搅拌质量好等优点,是目前国内外在大力发展的机型。

表 4.12　混凝土搅拌机类型

双锥自落式		强制式			
		立轴式			卧轴式 (单轴、双轴)
			行星式		
反转出料	倾翻出料	涡浆式	定盘式	盘转式	
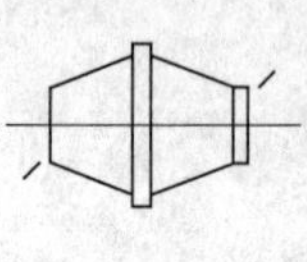	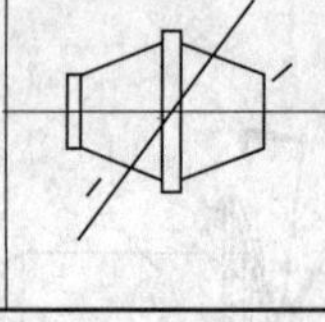		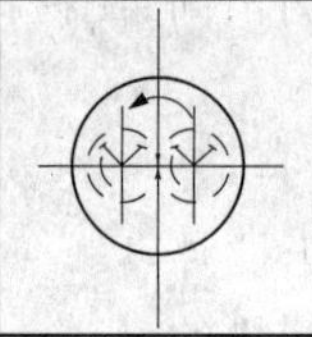		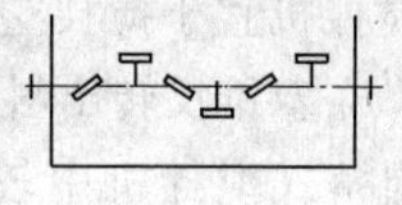

我国规定混凝土搅拌机以其出料容量(m^3)×1 000 为标定规格,故我国混凝土搅拌机的系列为:50,150,250,350,500,750,1 000,1 500 和 3 000。

选择搅拌机时,要根据工程量大小、混凝土的坍落度、骨料尺寸等而定。既要满足技术上的要求,亦要考虑经济效益和节约能源。

4.3.2.2　搅拌制度的确定

为了获得均匀优质的混凝土拌和物,除合理选择搅拌机的型号外,还必须正确地确定搅拌制度,即搅拌时间、进料容量以及投料顺序等。

(1)搅拌时间

搅拌时间应从全部材料投入搅拌筒算起,到开始卸料为止所经历的时间。它与搅拌质量密切相关。搅拌时间过短,混凝土不均匀,强度及和易性都将下降;搅拌时间过长,不但降低搅拌机生产效率,同时会使不坚硬的粗骨料,在大容量搅拌机中因脱角、破碎等而影响混凝土的质量。对于加气混凝土也会因搅拌时间过长而使含气量下降。混凝土搅拌的最短时间可按表 4.13 采用。

(2)投料顺序

投料顺序应从提高搅拌质量,减少叶片、衬板的磨损,减少拌和物与搅拌筒的黏结,减少水泥飞扬改善工作环境,提高混凝土强度,节约水泥等方面综合考虑确定。常用一次投料法、二次投料法和水泥裹砂法等。

表 4.13　混凝土搅拌的最短时间(s)

混凝土坍落度(cm)	搅拌机机型	搅拌机容量(L)		
		<250	250~500	>500
≤3	自落式	90	120	150
	强制式	60	90	120
>3	自落式	90	90	120
	强制式	60	60	90

注:(1)掺有外加剂时,搅拌时间应适当延长;

(2)全轻混凝土宜采用强制式搅拌机搅拌,砂轻混凝土可用自落式搅拌机搅拌,但搅拌时间应延长 60~90 s;

(3)轻骨料宜在搅拌前预湿,采用强制式搅拌机搅拌的加料顺序是先加粗细骨料和水泥搅拌 60 s,再加水继续搅拌;采用自落式搅拌机的加料顺序是:先加 1/2 的用水量,然后加粗细骨料和水泥,均匀搅拌 60 s,再加剩余用水量继续搅拌;

(4)当采用其他形式的搅拌设备时,搅拌的最短时间应按设备说明书的规定或经试验确定。

1)一次投料法　一次投料法是在上料斗中先装石子,再加水泥和砂,然后一次投入搅拌机内。水泥夹于砂、石之间,既不飞扬,又不黏于上料斗内,且水泥和砂先进入搅拌筒内形成水泥砂浆,可缩短包裹石子的时间。对于自落式搅拌机,投料前宜先向搅拌筒内加一部分水,以减少水泥黏结;对于强制式搅拌机,因其卸料口在下部,为防密封不良漏水,不要先加水,应在投料的同时,缓慢均匀地加水。

2)二次投料法　它又分为预拌水泥砂浆法和预拌水泥净浆法。

预拌水泥砂浆法是先将水泥、砂和水加入搅拌筒内进行充分搅拌,成为均匀的水泥砂浆后,再加入石子搅拌约 1~1.5 min。国外对这种工艺还设计了一种双层机(称为复式搅拌机),其上层机搅拌水泥砂浆,搅拌均匀后,再送入下层搅拌机与石子一起搅拌成混凝土。

预拌水泥净浆法是先将水泥和水充分搅拌成均匀的水泥净浆后,再加入砂和石搅拌成混凝土。国外曾设计一种搅拌水泥净浆的高速搅拌机,其不仅能使水泥净浆均匀,而且对水泥还有活化作用。

国内外的试验表明,二次投料法搅拌混凝土与一次投料法相比较,混凝土强度可提高约 15%,在强度等级相同的情况下,可节约水泥约 15%~20%。

(3)进料容量

进料容量是将搅拌前各种材料的体积累积起来的容量,又称干料容量。进料容量 V_j 与搅拌机搅拌筒的几何容量 V_g 有一定的比例关系,一般情况下 $V_j/V_g=0.22\sim0.40$。如任意超载(进料容量超过 10% 以上),就会使材料在搅拌筒内无充分的空间进行掺和,影响混凝土拌和物的均匀性。反之,如装料过少,则又不能充分发挥搅拌机的效率。

对拌制好的混凝土,应经常检查其均匀性与和易性,如有异常情况,应检查其配合比和搅拌情况,及时加以纠正。

4.3.3 混凝土运输

4.3.3.1 对混凝土运输的要求

混凝土自搅拌机中卸出后,应及时运至浇筑地点,为保证混凝土的质量,对混凝土运输的基本要求是:

1)混凝土运输过程中要能保持良好的均匀性,不离析、不漏浆;

2)保证混凝土具有设计配合比所规定的坍落度;

3)保证混凝土在初凝前浇入模板并捣实完毕:应以最少的转运次数和最短的时间将混凝土从搅拌地点运至浇筑现场,混凝土搅拌结束后,至浇筑完毕所经历的时间,不应超过规定的时间:当气温低于25℃时,C30以内混凝土,不超过2 h;C30以上混凝土,不超过1.5 h;当气温高于25℃时,则应相应缩减0.5 h。

4)保证混凝土浇筑能连续进行。

4.3.3.2 运输工具

混凝土运输分为地面运输、垂直运输和楼面运输三种。

地面运输工具有双轮手推车、机动翻斗车、混凝土搅拌运输车和自卸汽车。双轮手推车和机动翻斗车多用于路程较短的现场内运输。但混凝土需要量较大,运距较远或使用商品混凝土时,则多采用自卸汽车和混凝土搅拌运输车。

楼面运输可用双轮手推车、皮带运输机,也可以用塔式起重机、混凝土泵等。楼面运输应采取措施保证模板和钢筋位置,防止混凝土离析等。

混凝土垂直运输,多采用塔式起重机加料斗、井架或混凝土泵等。

目前我国正在发展商品混凝土,它有很多优点。因此从商品混凝土厂将混凝土运至施工现场之间的距离相应增加。为防止混凝土在长途运输过程中产生离析或初凝,可用混凝土搅拌运输车。

混凝土搅拌运输车有安装在汽车底盘上的混凝土搅拌筒,搅拌筒在运输过程中可按规定要求慢速转动,从而使从商品混凝土工厂装入筒内的混凝土拌和物连续得到搅拌,使其不致产生离析现象。在运输距离很长时,还可将配合好的混凝土干料装入筒内,在运输途中加水搅拌,这样能减少由于长途运输而引起的混凝土坍落度损失。

利用混凝土泵输送混凝土是当今混凝土工程施工中的一项先进技术,也是今后的发展趋势。混凝土泵的工作原理就是利用泵体的挤压力将混凝土挤压进管路系统并到达浇筑地点,同时完成水平运输和垂直运输。混凝土泵连续浇筑混凝土,中间不停顿,施工速度快,生产效率高,工人劳动强度明显降低,还可提高混凝土的强度和密实度。混凝土泵适用于一般多高层建筑、水下及隧道等工程的施工。

混凝土泵的种类很多,有活塞泵,气压泵和挤压泵等类型,目前应用最为广泛的是活塞泵,根据其构造和工作机理的不同,活塞泵又可分为机械式和液压式两种,常采用液压式。与机械式相比,液压式是一种较为先进的混凝土泵,它省去了机械传动系统,因而具有体积小、重量轻、使用方便、工作效率高等优点。液压泵还可进行逆运转,迫使混凝土在管路中作往返运动，有助于排除管道堵塞和处理长时间停泵问题。其工作原理见图 4.36。

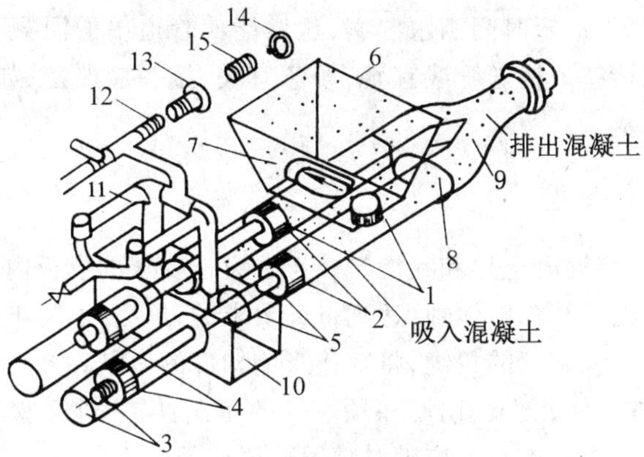

图 4.36　液压式混凝土泵的工作原理图

1. 混凝土缸;2. 推压混凝土活塞;3. 液压缸;4. 液压活塞;5. 活塞杆;6. 料斗;7. 吸入阀门;8. 排除阀门;9. Y 形管;10. 水箱;11. 水洗装置换向阀;12. 水洗用高压软管;13. 水洗用法兰;14. 海绵球;15. 清洗活塞

混凝土拌和料进入料斗后，吸入端片阀打开，排出端片阀关闭，液压作用下活塞左移，混凝土在自重和真空吸力作用下进入液压缸。由于液压系统中压力油的进出方向相反，使得活塞右移，此时吸入端片阀关闭，压出端片阀打开，混凝土被压入到输送管道。液压泵一般采用双缸工作，交替出料，通过 Y 形管后，混凝土进入同一输送管从而使混凝土的出料稳定连续。

活塞式混凝土泵的规格很多，性能各异，一般以最大泵送距离和单位时间最大输出量作为其主要指标。目前，混凝土泵的最大运输距离，水平运输可达 800 m，垂直运输可达 300 m。混凝土输送管一般采用钢管制作，管径有 100，125，150 mm 几种规格，标准管长 3 m，还有 1 m 和 2 m 的配套管，另外还有 90°，45°，30°，15°等不同角度的弯管，用于布管时管道弯折处使用。管径的选择根据混凝土骨料的最大粒径、输送距离、输送高度和其他工程条件来决定，为防止堵塞，石子的最大料径与输送管径之比：碎石为 1:3，卵石为 1:2.5。

管道布置时应符合“路线短、弯道少、接头密”的原则。布置水平管道时，应由远到近，将管道布置到最远的浇筑点，然后在浇筑过程中逐渐向泵的方向拆管。地面水平管一般是固定的，楼面水平管则需每浇筑一层就重新铺设一次。垂直管可以沿建筑物外墙或外柱铺接，也可利用塔吊的塔身设置，垂直管道应在底部设置基座，以防止管道因重力和冲击而下沉，并在竖管下部设逆止阀，防止停泵时混凝土倒流。

在采用混凝土泵泵送混凝土前，应先开机用水湿润管道，然后泵送水泥浆或水泥砂浆，使管道处于充分湿润状态后，再正式泵送混凝土。若开始时就直接泵送混凝土，管道在压力状态下大量吸水，导致混凝土坍落度明显减少，则会出现堵管等质量事故，因而在泵送混凝土前充分湿润管道非常必要。混凝土的供应能力应保证混凝土泵连续工作，尽量避免中途停歇。若混凝土供应能力不足时，宜减慢泵送速度，以保证混凝土泵连续工作。如果中途停歇时间超过 45 min 或混凝土出现离析时，应立即用压力水冲洗管道，避免混凝土凝固在管道内。压送时,不要把料斗内剩余的混凝土降低到 200 mm 以下,否则混凝土泵易吸入空气,导致堵塞。高温条件下施工时,需在水平输送管上覆盖两层湿草袋,以防止阳光直照,并每隔一定时间洒水湿润,这样能使管道中的混凝土不至于吸收大量热量而失水,导致管道堵塞。输送管线宜直,转弯宜缓,接头应严密,如管道向下倾斜,应防止混入空气,产生阻塞。

4.3.4 混凝土浇筑成型

混凝土浇筑成型就是将混凝土拌和料浇筑在符合设计要求的模板内,加以捣实,使其具有良好的均匀性、密实性及结构整体性,达到设计要求的强度。混凝土浇筑成型过程包括浇筑和捣实,是混凝土工程施工的关键,将直接影响构件的质量。

混凝土浇筑前应检查模板、支架、钢筋和预埋件的正确性,并进行验收。由于混凝土工程属于隐蔽工程,因而对混凝土施工应随时填写施工记录。

4.3.4.1 混凝土浇筑的一般要求

1)混凝土应在初凝前浇筑,如已有初凝现象,则应进行一次强力搅拌,使其恢复流动性后,方可入模;如有离析现象,亦须重新拌和后才能浇筑。

2)为防止混凝土浇筑时产生分层离析现象,混凝土自高处倾落时的自由高度一般不宜超过 2 m,在竖向结构中浇筑混凝土的自由倾落高度不得超过 3 m,否则应采取串筒、斜槽、溜管等下料。

3)在浇筑竖向结构混凝土前,应先在底部填以 50 ~ 100mm 厚与混凝土成分相同的水泥砂浆,以避免构件下部由于砂浆含量减少而出现蜂窝、麻面、露石等质量缺陷。

4)为保证混凝土的密实性和整体性,混凝土施工时必须分层浇筑、分层捣实,并应在前层混凝土凝结前,将次层混凝土浇筑完毕。分层厚度,应使混凝土能捣固密实,当采用插入式振动器时,为振动棒长的 1.25 倍;当采用表面振动器时,为 200 mm;当用人工捣固时,根据钢筋疏密程度不同,一般为 250 ~ 150 mm。

5)为保证混凝土的整体性,混凝土的浇筑工作应连续进行。当由于施工技术或施工组织上的原因必须间歇时,其间歇时间应尽量缩短,并应在前层混凝土初凝前完成次层混凝土的浇筑。规范规定混凝土运输、浇筑和间歇的全部时间不得超过表 4.14 的规定,若超过此时间,该部位应设置为施工缝。

表 4.14 混凝土运输、浇筑和间歇的允许时间(min)

混凝土强度等级	气温	
	不高于 25℃	高于 25℃
不高于 C30	210	180
高于 C30	180	150

6)混凝土施工缝的留设及处理,为使混凝土结构具有较好的整体性,混凝土的浇筑应连续进行。若因技术或组织的原因不能连续进行浇筑,且中间的停歇时间有可能超过混

凝土的初凝时间,则应在混凝土浇筑前确定在适当的位置留设施工缝。施工缝就是指先浇混凝土已凝结硬化、再继续浇筑混凝土的新旧混凝土间的结合面,它是结构的薄弱环节,因而宜留在结构受剪力较小且便于施工的部位。柱应留水平缝,梁、板、墙应留垂直缝。

施工缝的留置位置应符合下列规定:①柱宜留置在基础的顶面、梁或吊车梁牛腿的下面、吊车梁的上面、无梁楼板柱帽的下面,如图 4.37;②与板连成整体的大截面梁,留置在板底面以下 20 ~30 mm 处,当板下有梁托时,留置在梁托下部;③单向板留置在平行于板的短边的任何位置;④有主次梁的楼板宜顺着次梁方向浇筑,施工缝应留置在次梁跨度的中间 1/3 范围内,如图 4.38;⑤双向受力楼板、大体积混凝土结构、拱、弯拱、薄壳、蓄水池、斗仓、多层钢架及其他结构复杂的工程,施工缝的位置应按设计要求留置。

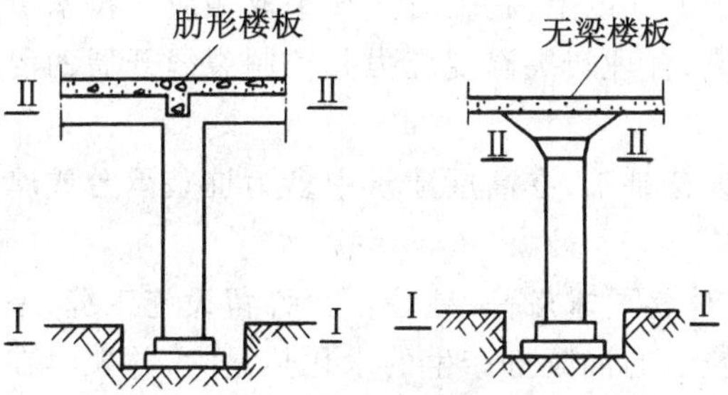

图 4.37　浇筑柱的施工缝留设位置

Ⅰ—Ⅰ、Ⅱ—Ⅱ表示施工缝的位置

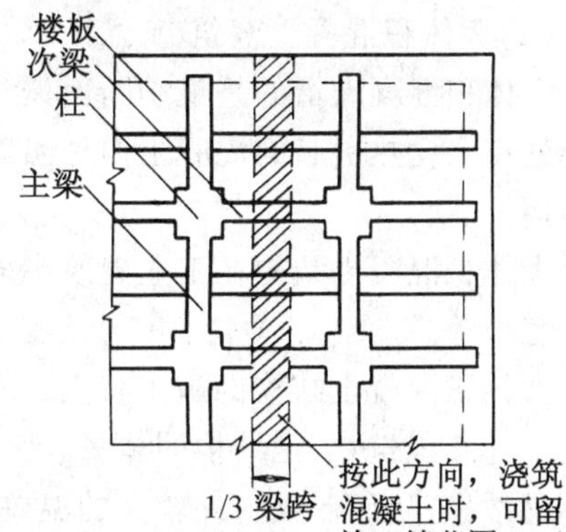

图 4.38　有主次梁楼板施工缝留设位置

当在施工缝处继续浇筑混凝土时,须待已浇筑的混凝土抗压强度达到 1.2 N/mm^2 后才能进行,先在已硬化的混凝土表面上,清除水泥薄膜和松动石子以及软弱混凝土层,并加以充分湿润、冲洗干净,且不得留有积水;然后在浇筑混凝土时,需仔细振捣密实,使新旧混凝土结合紧密,尽量降低施工缝对结构整体性带来的不利影响。

4.3.4.2　混凝土结构的浇筑方法

(1)现浇框架结构混凝土

框架结构的主要构件有基础、柱、梁、楼板等。其中柱、梁、板等构件是沿垂直方向重复出现的,施工时,一般按结构层来划分施工层。当结构平面尺寸较大时,还应划分施工段,以便组织各工序流水施工。

框架柱基形式多为台阶式基础。台阶式基础施工时一般按台阶分层浇筑,中间不允许留施工缝;倾倒混凝土时宜先边角后中间,确保混凝土充满模板各个角落,防止一侧倾倒混凝土挤压钢筋造成柱插筋的位移;各台阶之间最好留有一定时间间歇,以给下面台阶混凝土一段初步沉实的时间,以避免上下台阶之间出现裂缝,同时也便于上一台阶混凝土的浇筑。

根据结构特点和工程量大小不同,每层框架有两种施工程序:当楼层不高或工程量不大时,柱、梁板可一次整体浇筑,柱与梁板间不留施工缝;当楼层较高或工程量大时,柱与梁板分两次浇筑。柱、梁板一次整体浇筑时,在柱浇筑后,须停顿 1 ~1.5 h,待柱混凝土初步沉实后,再浇筑其上的梁板,以避免因柱混凝土下沉,在梁、柱接头处形成裂缝。柱、梁板分两次浇筑时，柱施工缝留在梁底（或梁托下），待柱混凝土达到1.2 N/mm^{2}强度后，再浇筑梁板。

浇筑柱时，一施工段内的柱应按排或列由外向内对称地依次浇筑，不要从一端向另一端推进，以避免柱模因混凝土单向浇筑受推倾斜而使误差积累难以纠正。柱（或墙）浇筑高度超过3 m时，应采用串筒或溜管下料，或从柱模侧的浇筑孔灌注混凝土。柱或墙浇筑前，其底部应先填50～100 mm厚与混凝土成分相同的水泥砂浆，然后分层浇筑混凝土，当浇筑至柱顶出现较厚的砂浆层时，则应加干净骨料仔细捣实。

梁和板一般同时浇筑，顺次梁方向从一端向前推进。较大尺寸的梁（梁高大于1 m）可单独浇筑，其施工缝留在板底以下20～30 mm处。

(2)大体积混凝土浇筑

大体积混凝土指的是最小断面尺寸大于1 m以上，施工时必须采取相应的技术措施妥善处理水化热引起的混凝土内外温度差值，合理解决温度应力并控制裂缝开展的混凝土结构。

大体积混凝土结构在工业建筑中多为设备基础，在高层建筑中多为桩基承台或厚大基础底板等。

大体积混凝土结构的施工特点：一是整体性要求较高，往往不允许留设施工缝，一般都要求连续浇筑；二是结构的体量较大，浇筑后的混凝土产生的水化热量大，并聚集在内部不易散发，从而形成内外较大的温差，引起较大的温差应力。因此，大体积混凝土的施工时，为保证结构的整体性应合理确定混凝土浇筑方案；为保证施工质量应采取有效的技术措施降低混凝土内外温差。

1)整体浇筑方案

为保证结构的整体性，混凝土应连续浇筑，要求每一处的混凝土在初凝前就被后一部分混凝土覆盖并捣实成整体，根据结构特点不同，有全面分层，分段分层、斜面分层等浇筑方案（图4.39）。

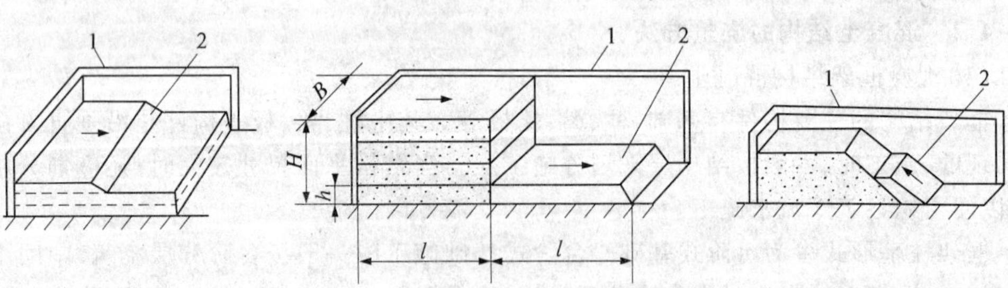

图4.39　大体积混凝土浇筑方案

(a)全面分层；(b)分段分层；(c)斜面分层

1. 模板；2. 新浇筑的混凝土

①全面分层　当结构平面面积不大时，可将整个结构分为若干层进行浇筑，即第一层全部浇筑完毕后，再浇筑第二层，如此逐层连续浇筑，直至结束。为保证结构的整体性，要求次层混凝土在前层混凝土初凝前浇筑完毕。若结构平面面积为F(m^2)，浇筑分层厚为

h(m),每小时浇筑量为 Q(m^3/h),混凝土从开始浇筑至初凝的延续时间为 T 小时(一般等于混凝土初凝时间减去混凝土运输时间),为保证结构的整体性,则应满足:

$$F \cdot h \leqslant Q \cdot T, \text{故 } F \leqslant Q \cdot T/h \tag{4.11}$$

即采用全面分层时,结构平面面积应满足式(4.11)的条件。

②分段分层　当结构平面面积较大时,全面分层已不适应,这时可采用分段分层浇筑方案。即将结构分为若干段,每段又分为若干层,先浇筑第一段各层,然后浇筑第二段各层,如此逐段逐层连续浇筑,直至结束。为保证结构的整体性,要求次段混凝土应在前段混凝土初凝前浇筑完毕并与之捣实成整体。若结构的厚度为 H(m),宽度为 b(m),分段长度为 L(m),为保证结构的整体性,则应满足

$$L \leqslant Q \cdot T/b(H-h) \tag{4.12}$$

③斜面分层　当结构的长度超过厚度的 3 倍时,可采用斜面分层的浇筑方案。这时,振捣工作应从浇筑层斜面下端开始,逐渐上移,且振动器应与斜面垂直。

2)早期温度裂缝预防

厚大钢筋混凝土结构由于其体积大,水泥水化热聚积在内部不易散发,内部温度显著升高,外表散热快,形成较大的内外温差,内部产生压应力,外表产生拉应力,如内外温差过大(25℃以上),则混凝土表面将产生裂纹。当混凝土内部逐渐散热冷却,产生收缩,由于受到基底或已硬化混凝土的结束,不能自由收缩,而产生拉应力。温差越大,约束程度越高,结构长度越大,则拉应力越大。当拉应力超过混凝土的抗拉强度时即产生裂纹,裂缝从基底开始向上发展,甚至贯穿整个基础。这种裂缝比表面裂缝危害更大。要防止混凝土早期产生温度裂缝,就要降低混凝土的温度应力。控制混凝土的内外温差,使之不超过 25℃,以防表面开裂;控制混凝土冷却过程中的总温差和降温速度,以防止基底开裂。要优先采用水化热低的水泥(如矿渣硅酸盐水泥);在保证混凝土强度的条件下,尽量减少水泥用量;掺入适量的粉煤灰或在浇筑时投入适量的毛石;降低浇筑速度和浇筑厚度或采用人工降温措施(拌制时,用低温水,养护时用循环水冷却);浇筑后应及时覆盖,以控制内外温差,减缓降温速度,尤应注意寒潮的不利影响。必要时,取得设计单位同意后,可分块浇筑,块和块间留 1 m 宽后浇区,待各分块混凝土干缩后,再浇筑后浇区。分块长度可根据有关手册计算,当结构厚度在 1 m 以内时,分块长度一般为 20 ~ 30 m。

(3)水下浇筑混凝土

深基础、地下连续墙、沉井及钻孔灌注桩等常需在水下或泥浆中浇筑混凝土。水下或泥浆中浇筑混凝土时,应保证水或泥浆不混入混凝土内,水泥浆不被水带走,混凝土能借压力挤压密实。水下浇筑混凝土常采用导管法。

导管法如图 4.40 所示,导管直径约 250 ~ 300 mm,且不小于骨料粒径的 8 倍,每节管长 3 m,用法兰密封连接,顶部有漏斗,导管用起重机吊住,可以升降。浇筑前,用铅丝吊住球塞堵住导管下口,然后将管内灌满混凝土,并使导管下口距地基约 300 mm,距离太小,容易堵管,距离太大,则开管时冲出的混凝土不能及时封埋管口下端,而导致水或泥浆渗入混凝土内。漏斗及导管内应有足够的混凝土,以保证混凝土下落后能将导管下端埋

土木工程施工

入混凝土内0.5～0.6 m。剪断铅丝后，混凝土在自重作用下冲出管口，并迅速将管口下端埋住。此后，一面不断灌筑混凝土，一面缓缓提起导管，且始终保持导管在混凝土内有一定的埋深 h_2，埋深越大则挤压作用越大，混凝土越密实，但也越不易浇筑，一般埋深 h_2 为0.5～0.8 m。这样，最先浇筑的混凝土始终处于最外层，与水接触，且随混凝土的不断挤入而不断上升，故水或泥浆不会混入混凝土内，水泥浆不会被带走，而混凝土又能在压力下自行挤密。为保证与水接触的表层混凝土能呈塑性状态上升，每一灌注点应在混凝土初凝前浇至设计标高。混凝土应连续浇筑，导管内应始终注满混凝土，以防空气混入，并应防止堵管，如堵管超过半小时，则应立即换插备用管进行浇筑。一般情况下，每一导管灌筑范围以4 m×4 m为限，面积更大时，可用几根导管同时浇筑，或待一浇筑点浇筑完毕后再将导管换插到另一浇筑点进行浇筑，而不应在一浇筑点将导管作水平移动以扩大浇筑范围。浇筑完毕后，应清除与水接触的表层厚约0.2 m的松软混凝土。

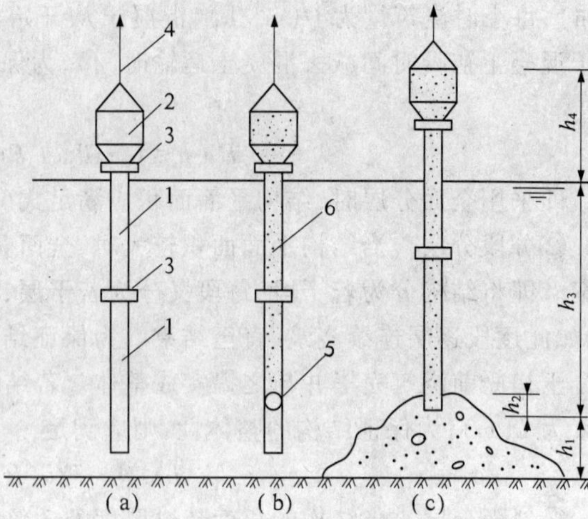

图4.40 导管法水下浇筑混凝土

1. 钢导管；2. 漏斗；3. 密封接头；4. 吊索；5. 球塞；6. 铁丝或绳子

4.3.4.3 混凝土密实成型

混凝土浇入模板以后，其内部是疏松的，有一定体积的空洞和气泡，还需经密实成型，才能达到要求的密实度，满足其强度、抗冻性、抗渗性和耐久性等设计要求。混凝土密实成型途径有三：一是借助于机械外力（如机械振动）来克服拌和物的剪应力而使之液化；二是在拌和物中适当加多水分以提高其流动性，使之便于成型，成型后用离心法、真空抽吸法将多余的水分和空气排出；三是在拌和物中掺高效减水剂，使其坍落度大大增加，以自流浇注成型。目前现场常用机械振捣成型方法。

(1)混凝土机械捣实原理

混凝土机械捣实的原理是由混凝土振动机械产生简谐振动，并把振动力传给混凝土，使其发生强迫震动，破坏混凝土拌合物的凝聚结构，使水泥浆的黏结力和骨料间的摩阻力显著减小，流动性增加，骨料在重力作用下下沉，水泥浆则均匀分布填充骨料间的空隙，气泡逸出，孔隙减少，游离水分挤压上升，且使混凝土充满模板内，提高密实度。振动停止后，混凝土又重新恢复其凝聚结构并逐渐凝结硬化。

(2)振捣机械的选择

振捣机械按其工作方式分为：内部振动器、表面振动器、外部振动器和振动台（图4.41）。

1)内部振动器又称插入式振动器，它由电动机、软轴和振动棒三部分组成，如图4.42所示，工作时依靠振动棒插入混凝土产生振动力而捣实混凝土。

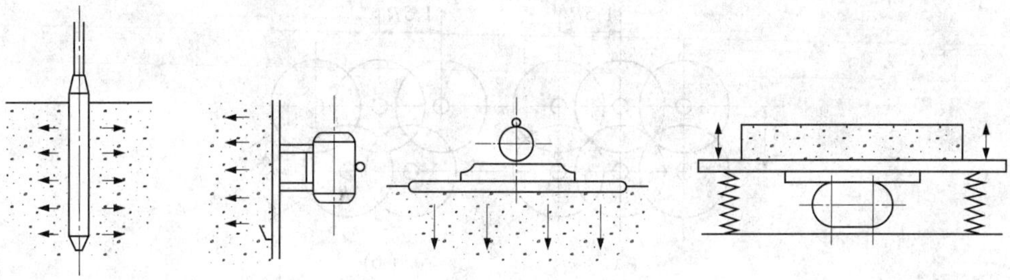

图 4.41　振动机械示意图

(a)内部振动器;(b)外部振动器;(c)表面振动器;(d)振动台

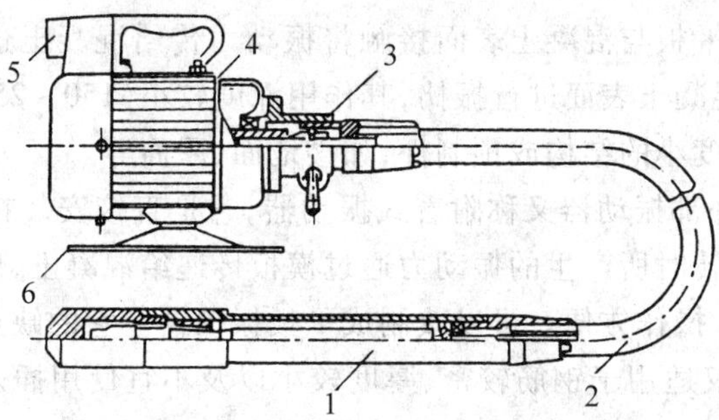

图 4.42　电动软轴行星式内部振动器

1. 振动棒;2. 软轴;3. 防逆装置;4. 电动机;5. 电器开关;6. 支座

插入式振动器常用于振捣基础、柱、梁、墙及大体积结构混凝土。使用时,一般应垂直插入,并插到下层尚未初凝的混凝土中约 50 ~ 100 mm(图 4.43),以使上、下层互相结合。操作时,要做到快插慢抽。如插入速度慢,会先将表面混凝土振实,与下部混凝土发生分层离析现象;如拔出速度过快,则由于混凝土来不及填补而在振动器抽出的位置形成空洞。振动器的插点要均匀排列,排列方式有行列式和交错式两种(图 4.44)。插点间距不宜大于 1.5*R*(*R* 为振动器的作用半径)。振动器距模板不应大于 0.5*R*,并避免碰振钢筋、模板、吊环及预埋件等。每一插点的振捣时间一般为 20 ~ 30 s,用高频振动器时不应少于 10 s,过短不易捣实,过长可能使混凝土分层离析,一般振捣至混凝土表面呈现浮浆,不再显著下沉为止。

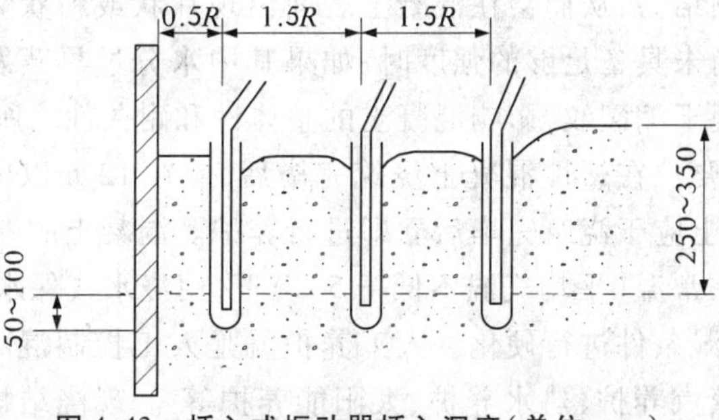

图 4.43　插入式振动器插入深度(单位:mm)

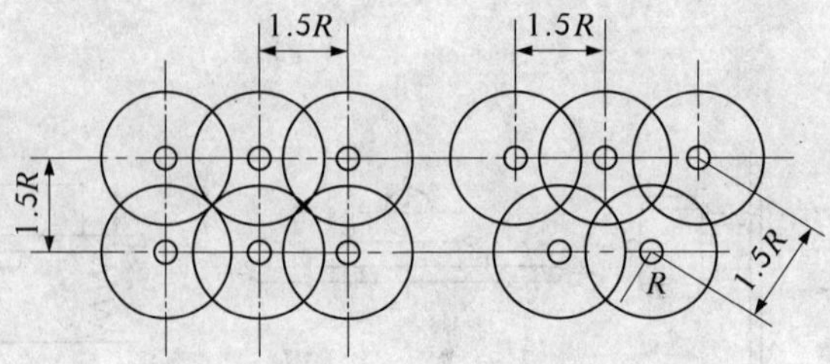

图 4.44　插点布置

(a)行列式;(b)交错式

2)表面振动器　表面振动器又称平板振动器,它将一个带有偏心块的电动振动器安装在一块平板上,通过平板与混凝土表面接触将振动力传给混凝土达到捣实的目的。由于平板振动器是放在混凝土表面进行振捣,其作用深度较小(150~250 mm),因此仅适用于表面积大而平整、厚度小的结构或预制件,如楼地面、屋面等。

3)外部振动器　外部振动器又称附着式振动器,它是直接安装在模板外侧的横档或竖档上,利用偏心块旋转时所产生的振动力通过模板传递给混凝土,使之振实。附着式振动器体积小、结构简单、操作方便。可以改制成平板振动器。它的缺点是振动作用的深度小(约 250 mm),因此仅适用于钢筋较密、厚度较小以及不宜使用插入式振动器的结构和构件中,并要求模板有足够的刚度。一般要求混凝土的水灰比亦比内部振动器的大一些。

4)振动台　振动台是一个支承在弹性支座上的工作平台,在平台下面装有振动机构,当振动机构运转时,即带动工作台做强迫振动,从而使在工作台上制作构件的混凝土得到振实。振动台是成型工艺中生产效率较高的一种设备。是预制构件常用的振动机械。利用振动台生产构件,当混凝土厚度小于 200 mm 时,可将混凝土一次装满振捣;如厚度大于 200 mm 则可分层浇筑,每层厚度不大于 200 mm,亦可随浇随振。

4.3.5　混凝土的自然养护

浇筑后的混凝土所以能凝结硬化,主要是因为水泥水化作用的结果,而水泥水化作用必须在适当的温度和湿度条件下才能进行。养护的目的就是使混凝土具有一定的温度和湿度,而逐渐硬化。混凝土浇筑后,如气候炎热,空气干燥,不及时进行养护,混凝土中水分蒸发过快,出现脱水现象,使已形成凝胶体的水泥颗粒不能充分水化,不能转化为稳定的结晶,缺乏足够的黏结力,从而会在混凝土表面出现片状或粉状剥落,影响混凝土的强度。此外,在混凝土尚未具备足够的强度时,如果其中水分过早蒸发,还会使混凝土产生较大的收缩变形,出现干缩裂纹,影响混凝土的整体性和耐久性。所以浇筑后的混凝土初期阶段的养护非常重要。在塑性混凝土浇筑完毕后,应在 12 h 以内加以养护;干硬性混凝土和真空脱水混凝土应于浇筑完毕后立即进行养护。混凝土的养护分自然养护和人工养护,自然养护就是在常温(平均气温不低于 5℃)下,用浇水或保水方法使混凝土在规定的时期内有适宜的潮湿条件进行硬化。人工养护就是人工控制混凝土的温度和湿度,使混凝土强度增长,如蒸汽养护、热水养护、太阳能养护等 。现浇结构多采用自然养护,自然养护又分为覆盖浇水养护和塑料薄膜养护等。

4.3.5.1　**覆盖浇水养护**

覆盖浇水养护是指混凝土在浇筑完毕后，用吸水保温能力较强的材料如草帘、芦席、麻袋、锯末等将混凝土表面覆盖，并经常浇水使混凝土表面处于湿润状态的养护方法。混凝土的养护时间与水泥品种有关，对于采用硅酸盐水泥、普通硅酸盐水泥或矿渣硅酸盐水泥拌制的混凝土，不得少于 7 d，对掺用缓凝型外加剂或有抗渗性要求的混凝土，不得少于 14 d。每日浇水的次数以能保持混凝土具有足够的湿润状态为宜。一般气温在 15℃ 以上时，在混凝土浇筑后最初 3 昼夜中，白天至少每 3 h 浇水一次，夜间也应浇水两次；在以后的养护中，每昼夜应浇水 3 次左右；在干燥气候条件下，浇水次数应适当增加。

4.3.5.2　**塑料薄膜养护**

塑料薄膜养护就是以塑料薄膜为覆盖物，使混凝土表面与空气隔绝，可防止混凝土内的水分蒸发，水泥依靠混凝土中的水分完成水化作用而凝结硬化，从而达到养护目的。塑料薄膜养护有两种方法。

1）薄膜布直接覆盖法　是指用塑料薄膜布把混凝土表面敞露部分全部严密地覆盖起来，保证混凝土在不失水的情况下得到充分的养护。其优点是不必浇水，操作方便，能重复使用，能提高混凝土的早期强度，加速模板的周转。

2）喷洒塑料薄膜养生液法　是指将塑料溶液喷涂在混凝土表面，落液挥发后在混凝土表面结成一层塑料薄膜，使混凝土表面与空气隔绝，封闭混凝土内的水分不再被蒸发，从而完成水泥水化作用。这种养护方法一般适用于表面积大或浇水养护困难的情况。

已浇筑的混凝土，强度达到 1.2 N/mm^2 后，才允许在其上来往人员，进行操作。

4.3.6　混凝土的质量检查

混凝土的质量检查包括施工过程中的质量检查和施工后的质量检查。

施工中的检查主要是对混凝土拌制和浇筑过程中材料的质量及用量、搅拌地点和浇筑地点的坍落度等进行检查。在拌制和浇筑过程中，对组成材料的质量检查每一个工作班至少两次；拌制和浇筑地点坍落度的检查每一个工作班至少两次；在每一个工作班内，如混凝土配合比由于外界影响而有变动时，应及时检查；对混凝土搅拌时间应随时检查。

对于预拌混凝土，应在商定的交货地点进行坍落度检查，混凝土的坍落度与指定坍落度之间的允许偏差应符合表 4.15 的规定。

表 4.15　混凝土坍落度与要求坍落度之间的允许偏差

混凝土要求坍落度(mm)	允许偏差(mm)
<50	±10
50～90	±20
>90	±30

混凝土养护后的质量检查，一般指抗压强度检查，如设计有特殊要求如抗渗、抗冻等，则还应作专项检查。为了判断结构或构件的混凝土是否能达到设计的强度等级，可根据标准立方体试件（边长 150 mm）在标准条件下（20℃ ±3℃温度和相对湿度 90% 以上的湿

润环境)养护 28 d 后的试压结果确定。试件应在浇筑地点制作。标准养护的试件组数，每拌制 100 盘且不超过 100 m^3 的同配合比混凝土，其取样不少于 1 组(三个)；每工作班拌制的同配合比混凝土不足 100 盘时，其取样不少于 1 组；现浇楼层，每层取样不少于 1 组。为了检查结构或构件的拆模、出池、出厂、吊装、预应力张拉、放张，以及施工期间临时负荷的需要，尚应留置与结构或构件同养护条件的试件，试件组数可按实际需要确定。

每组(三个)试件应在同盘混凝土中取样制作。其强度代表值，取三个试件试验结果的平均值，作为该组试件强度代表值：当三个试件中的最大或最小的强度值，与中间值相比超过中间值 15% 时，以中间值代表该组试件强度；当三个试件中的最大和最小强度值与中间值相比均超过中间值的 15%，其试验结果不应作为强度评定的依据。

混凝土强度应分批验收。同一验收批的混凝土应由强度等级相同、龄期相同以及生产工艺和配合比基本相同的混凝土组成。按单位工程的验收项目划分验收批，每个验收项目应按有关规定确定。同一验收批的混凝土强度，应以同批内全部标准试件的强度代表值评定。

当混凝土的生产条件在较长时间内能保持一致，且同一品种混凝土的强度变异性能保持

稳定时，由连续三组试件代表一个验收批，其强度应同时满足下列要求：

$$\bar{f}_{cu} \geqslant f_{cu,k} + 0.7\sigma_0 \tag{4.13}$$

$$f_{cu,\min} \geqslant f_{cu,k} - 0.7\sigma_0 \tag{4.14}$$

当混凝土强度等级不高于 C20 时，强度的最小值尚应满足下式要求：

$$f_{cu,\min} \geqslant 0.85 f_{cu,k} \tag{4.15}$$

当混凝土强度等级高于 C20 时，强度的最小值则应满足下式要求：

$$f_{cu,\min} \geqslant 0.90 f_{cu,k} \tag{4.16}$$

式中 $\bar{f}_{cu}$——同一验收批混凝土强度的平均值(N/mm^2)；

$f_{cu,k}$——设计的混凝土强度标准值(N/mm^2)；

σ_0——验收批混凝土强度的标准差(N/mm^2)；

$f_{cu,\min}$——同一验收批混凝土强度的最小值(N/mm^2)。

验收批混凝土强度的标准差，应根据前一个检验期内同一品种混凝土试件的强度数据，按下式计算：

$$\sigma_0 = \frac{0.59}{m} \sum f_{cu,i} \tag{4.17}$$

式中 $\Delta f_{cu,i}$——前一批检验期内第 i 验收批混凝土试件强度中最大值与最小值之差；

m——前一检验期内验收批总批数。

每个检验期不应超过三个月，且在该期间内验收总批数不得少于 15 组。

当混凝土的生产条件不满足上述规定时，或在前一个检验期内的同一品种混凝土没有足够的数据来确定验收批混凝土强度标准差时，应由不少于 10 组的试件代表一个验收批，其强度应同时满足下列要求：

$$\bar{f}_{cu} - \lambda_1 S_{fcu} \geqslant 0.9 f_{cu,k} \tag{4.18}$$

$$f_{cu,\min} \geqslant \lambda_2 f_{cu,k} \tag{4.19}$$

式中　S_{fcu}——验收批混凝土强度的标准差(N/mm²),按下式计算:

$$s_{fcu}=\sqrt{\frac{\sum_{i=1}^{n}f_{cu,i}^{2}-n\bar{f}_{cu}^{2}}{n-1}} \tag{4.20}$$

$f_{cu,i}$——验收批内第 i 组混凝土试件的强度值(N/mm²);

n——验收批内混凝土试件的总组数;

λ_1,λ_2——合格规定系数,按表 4.16 取值。

表 4.16　合格判定系数

试件组数	10~14	15~24	≥25
λ_1	1.70	1.65	1.60
λ_2	0.90	0.85	

当 S_{fcu} 的计算值小于 $0.06f_{cu,k}$ 时,取 $S_{fcu}=0.06f_{cu,k}$

对零星生产的预制构件混凝土或现场搅拌的批量不大的混凝土,可不采用上述统计法评定,而采用非统计法评定。此时,验收批混凝土的强度必须同时满足下述要求:

$$\bar{f}_{cu}\geqslant 1.15f_{cu,k} \tag{4.21}$$

$$f_{cu,\min}\geqslant 0.95f_{cu,k} \tag{4.22}$$

式中,符号同前。

非统计法的检验效率较差,存在将合格产品误判为不合格产品,或将不合格产品误判为 合格产品的可能性。

如由于施工质量不良、管理不善、试件与结构中混凝土质量不一致,或对试件检验结果有怀疑时,可采用从结构或构件中钻取芯样的方法,或采用非破损检验方法,按有关规定对结构或构件混凝土的强度进行推定,作为处理混凝土质量问题的一个重要依据。

4.4　混凝土冬期施工

4.4.1　混凝土冬期施工及其原理

4.4.1.1　温度与混凝土凝结硬化的关系

混凝土的凝结硬化是由于水泥的水化作用的结果。水泥的水化作用的速度在合适的湿度条件下主要取决于环境的温度,温度愈高,水泥的水化作用就越迅速、完全,混凝土的硬化速度和强度增长就越快;当温度较低时,混凝土的硬化速度和强度增长就较慢。当温度降至0℃以下时,混凝土中的水会结冰,水泥颗粒不能与冰发生化学反应,水化作用基本停止,强度也就无法提高。因此,为确保混凝土结构的质量,我国规范规定:根据当地多年气温资料,室外日平均气温连续 5 d 低于5℃时,即进入冬期施工阶段,混凝土结构工程应采取冬期施工措施,并应及时采取气温突然下降的防冻措施。

4.4.1.2　冻结对混凝土质量的影响

混凝土中的水结冰后,体积膨胀(8%~9%),在混凝土内部产生冰胀应力,很容易使强度较低的水泥石内部产生微裂纹，同时，减弱了水泥与砂石和钢筋之间的黏结力，从而使混凝土后期强度降低。受冻的混凝土在解冻后，其强度虽然能继续增长，但已不能达到原设计的强度等级。试验证明，混凝土遭受冻结带来的危害与遭冻的时间早晚、冻结前混凝土的强度、水灰比等有关。遭冻时间愈早、受冻前强度愈低、水灰比愈大，则后期混凝土强度损失愈多；反之则损失愈少。当混凝土达到一定强度后，再遭受冻结，由于混凝土已具有的强度足以抵抗冰胀应力，其最终强度将不会受到损失。因此为避免混凝土遭受冻结带来危害，使混凝土在受冻前达到的这一强度值称为混凝土冬期施工的临界强度。它与水泥品种、混凝土强度有关，规范规定冬期施工的混凝土，受冻前须达到的临界强度值为：硅酸盐水泥或普通硅酸盐水泥配制的混凝土，为设计的混凝土强度标准值的30%；矿渣硅酸盐水泥配制的混凝土，为设计的混凝土强度标准值的40%，但不大于C10的混凝土，不得小于5.0 N/mm^2。

冬期施工中，就是尽量不让混凝土受冻，或让其受冻时，已达到临界强度值而保证混凝土最终强度不受到损失。

4.4.2 混凝土冬期施工的工艺要求

4.4.2.1 混凝土材料选择与要求

配制冬期施工的混凝土，应优先选用硅酸盐水泥或普通硅酸盐水泥（早期强度增长快，水化热高等特点），要求选用的水泥强度等级不应低于42.5级，最小水泥用量不宜少于300 kg/m^3，水灰比不应大于0.6。

冬期施工中要保证混凝土结构不受破坏，至少需要混凝土在受冻前达到临界强度，这就需要混凝土早期具备较高的温度，以满足强度较快增长的需要，温度升高需要热量，一部分热量来源是水泥的水化热，另一部分则只有采用加热的方法获得。首先最有效、最经济的方法是加热水，因为水不但容易加热，而且比热也大。当加热水不能获得足够的热量时，可加热粗、细骨料，一般采用蒸汽加热。任何情况下，不得直接加热水泥，可在使用前把水泥运入暖棚，使其缓慢均匀提高一定温度。

由于温度较高时，水泥会出现假凝现象，而影响混凝土的强度增长，故规范对原材料的最高加热温度作了限制。水的加热极限温度视水泥强度等级和品种而定，当水泥强度等级小于52.5时，不得超过80℃；当水泥强度等级等于和大于52.5时，不得超过60℃，如加热温度超过此值，则搅拌时应先与砂石拌合，然后加入水泥以防止水泥假凝。砂石的加热极限温度亦与水泥强度等级和品种有关，当水泥强度等级小于52.5时，不应超过60℃；当水泥强度等级等于和大于52.5时，则不应超过40℃。当骨料不需加热时，也必须除去骨料中的冰棱后再进行搅拌。

冬期施工中，混凝土拌和物所需要的温度是由当时的外界气温和混凝土入模温度等因素来决定，然后再决定材料需要的加热温度。

4.4.2.2 混凝土的运输与浇筑

混凝土搅拌完毕从搅拌机卸出后，需要经过运输才能入模浇筑，在这一过程中要防止混凝土的热量散失冻结。

混凝土在浇筑前，应清除模板和钢筋上的冰雪和污垢，运输和浇筑混凝土用的容器应具有保温措施。

冬期施工时,不允许在强冻胀性地基上浇筑混凝土;当在弱冻胀性地基土上浇筑混凝土时,应采取保温措施,保障基土不遭冻;当在非冻胀性地基土上浇筑混凝土时,应保证混凝土在受冻前达到临界强度。

对于加热养护的现浇混凝土结构,应注意温度应力的危害。当停止加热养护后,结构处于降温阶段,混凝土体积收缩,而由于一些外界条件或结构自身的约束,混凝土不能自由收缩,而处于受拉状态,当温度应力超过一定程度,就会导致混凝土结构开裂,甚至产生贯穿性裂缝,危害极大。规范规定:加热养护时应合理安排混凝土的浇筑程序和施工缝位置,以避免产生较大的温度应力;当加热养护温度超过 40℃时,应征得设计单位同意,并采取一系列防范措施。

分层浇筑大体积混凝土时,为防止上层混凝土的热量被下层混凝土过多吸收,则分层浇筑的时间间隔不宜过长。规范规定已浇筑层的混凝土温度,在被上一层混凝土覆盖前,不得低于按热工计算的温度,且不得低于 2℃。

对于装配式结构,浇筑承受内力接头的混凝土或砂浆,宜先将结合处的表面加热到正温;浇筑后接头混凝土或砂浆在温度不超过 45℃的条件下,应养护至设计要求强度;当设计无要求时,其强度不得低于设计的混凝土强度标准值的 75%。

4.4.3　混凝土冬期养护方法

混凝土浇筑后应采用适当的方法进行养护,保证混凝土在受冻前至少已达到临界强度,才能避免混凝土受冻发生强度损失。冬期施工中混凝土的养护方法很多,有蓄热法、外部加热法、掺外加剂法等,各自有不同的适用范围。

4.4.3.1　蓄热法

蓄热法就是采用保温材料覆盖在混凝土的表面,尽量减少混凝土中水泥水化热和热拌混凝土中的原有热量的散失,延缓混凝土的冷却速度,保证混凝土在冻结前达到所要求的强度的一种冬期施工方法。

蓄热法适用于室外最低气温不低于 -15℃的地面以下的工程或表面系数不大于 15(结构冷却的表面积与其全部体积的比值)的结构混凝土的冬期养护。

蓄热法养护具有施工简单、不需外加热源、节能、施工费用低等特点,因此在混凝土冬期施工时应优先考虑采用。若根据工程的实际情况和当地气温条件,把一些其他的有效方法与蓄热法结合起来使用,可扩大其使用范围,既节约成本又方便施工。

在混凝土中掺用早强型外加剂,可尽早使混凝土达到临界强度;或加热混凝土原材料,提高混凝土的入模温度,既可延缓冷却时间,又可提高混凝土硬化速度;或采用高效保温材料,如聚苯乙烯泡沫塑料和岩棉;或采用快硬早强水泥,以提高混凝土的早期强度等措施都可应用于蓄热法施工中,以增强其养护效果。

4.4.3.2　加热养护

当混凝土在一定龄期内采用蓄热法达不到要求时,可采用加热养护等其他养护方法。具体加热养护的方法很多,有蒸汽加热、电热法等。

(1)蒸汽加热法

蒸汽加热法就是利用低压(不高于0.07 MPa)饱和蒸汽对新浇筑的混凝土构件进行加热养护。此法各类构件皆可应用,需要锅炉等设备,消耗能源多,费用高。此法宜优先选用矿渣硅酸盐水泥,因其后期强度损失比普通硅酸盐水泥少。

蒸汽加热法除去预制构件厂用的蒸汽养护窑之外,还有汽套法、毛细管法和构件内部通汽法等。用蒸汽加热法养护混凝土,当用普通硅酸盐水泥时温度不宜超过80℃,用矿渣硅酸盐水泥时可提高到85℃~95℃,升温、降温速度亦有限制,并应设法排除冷凝水。

汽套法,即在构件模板外再加密封的套板,模板与套板间的空隙不宜超过150mm,在套板内通入蒸汽加热养护混凝土。此法加热均匀,但设备复杂、费用大,只在特殊条件下用于养护水平结构的梁、板等。

毛细管法,即在模板内侧做成沟槽(断面可做成三角形、矩形或半圆形),间距200~250 mm,在沟槽上盖以0.5~2 mm的铁片,使之成为通蒸汽的毛细管,通人蒸汽进行加热。此法用汽少、加热均匀,适用于垂直结构。此外大模板施工,亦有在模板背面加装蒸汽管道,再用薄铁皮封闭并适当加以保温,用于大模板工程冬期施工。

构件内部通汽法,即在构件内部预埋外表面涂有隔离剂的钢管或胶皮管,浇筑混凝土后隔一定时间将管子抽出,形成孔洞,再于一端孔内插入短管即可通人蒸汽加热混凝土。加热时混凝土温度一般控制在30℃~60℃,待混凝土达到要求强度后,用砂浆或细石混凝土灌入通汽孔加以封闭。内部通汽法节省蒸汽、费用较低,但入汽端易过热产生裂缝。适用于梁、柱、桁架等构件。

用蒸汽养护时,根据构件的表面系数,混凝土的升温速度有一定限制。冷却速度和极限加热温度亦有限制。养护完毕,混凝土的强度至少要达到混凝土冬期施工临界强度。对整体式结构,当加热温度在40℃以上时,有时会使结构物的敏感部位产生裂缝,因而应对整体式结构的温度应力进行验算,对一些结构要采取措施降低温度应力,或设置必要的施工缝。

(2)电热法

电热法是利用电流通过不良导体混凝土(或通过电阻丝)所发出的热量来养护混凝土。它虽然设备简单,施工方便有效,但耗电量大,施工费用高,应慎重选用。电热法养护混凝土,常用的有电极法和电热器法。

电极法,即在新浇筑的混凝土中,按一定间距(200~400 mm)插入电极(Φ6~Φ12短钢筋),接通电源,利用混凝土本身的电阻,变电能为热能进行加热。加热时要防止电极与构件内的钢筋接触而引起短路。对于较薄构件,亦可将薄钢板固定在模板内侧作为电极。

电热器法是利用电流通过安有电阻丝的电热器发热来对结构或构件进行加热养护。根据需要,电热器可制成多种形状,如加热现浇楼板可用板状电热器;加热装配整体式钢筋混凝土框架的接头可用针状电热器;对于大模板施工的现浇墙板,可用电热模板(大模板背面装电阻丝形成热夹层,其外用铁皮包矿渣棉封严)等进行加热。

电热养护属高温干热养护,温度过高会出现热脱水现象。混凝土加热有极限温度的限制,升、降温速度亦有限制。混凝土电阻随强度发展而增大,当混凝土达到50%设计强度时电阻增大,养护效果不显著,而且电能消耗增加,为节省电能,用电热法养护混凝土只宜加热养护至设计强度的 50%。对整体式结构亦要防止加热养护时产生过大的温度应力。

4.4.3.3　掺外加剂法

在混凝土中加入适量的外加剂,可使混凝土强度迅速增长,在冻结前达到要求的临界强度;或降低水的冰点,使混凝土能在负温下凝结、硬化。这是混凝土冬期施工的有效方法,可简化施工工艺,节约能源,改善其性能,减少附加设施,降低冬期施工费用。目前工程施工中常用的外加剂有抗冻剂、早强剂、减水剂及加气剂等。

加入抗冻剂可降低混凝土中水的冰点,使之在一定负温下不冻结,为水泥水化提供必要的水分。加入早强剂可使混凝土在液相存在的条件下,加速水泥水化的过程,使混凝土早期强度迅速增长。加入减水剂,在混凝土和易性不变的情况下,可大量减少用水量,以减轻因水分冻胀对混凝土的危害。掺入加气剂后,能在混凝土中产生大量微小的封闭气泡,可缓解冰冻应力并提高混凝土的抗冻耐久性。

各种外加剂其性能不同,氯化钠($NaCl$)、氯化钙($CaCl_2$)有抗冻、早强作用,但对钢筋有腐蚀作用,在一般钢筋混凝土结构中,其掺量不应超过水泥用量的 1%。由于其掺量有限,故只宜用于 -10℃以内的负温情况。亚硝酸钠($NaNO_3$)有抗冻、阻锈、减水的作用,用于 -10℃以内的负温情况。碳酸钾(K_2CO_3)、尿素、胺水有抗冻作用,可用于更低温条件下施工。但碳酸钾促凝作用强烈,胺水、尿素有缓凝作用,宜分别加入缓凝剂及促凝剂以调节其凝结时间。硫酸钠(Na_2SO_4)有早强作用,但对混凝土后期强度不利,其掺量一般不宜超过水泥用量的 3%。三乙醇胺[$NH_3(C_2H_4OH)_2$]有早强作用,其用量不少于水泥量的 0.02%,也不大于 0.05%。木素磺酸钙、MF 有减水作用,但木素磺酸钙还有缓凝作用。加气剂目前国内常采用松香加热起泡。

混凝土冬期施工外加剂配方,应满足抗冻早强的需要,不应腐蚀钢筋,不应影响混凝土后期强度和其他物理力学性能或产生其他不良影响。随着新型外加剂的不断出现,其效果愈来愈好。目前单一的外加剂常不能满足混凝土冬期施工的需要,一般宜采用复合配方。理想的配方应由抗冻剂、早强剂、减水剂和加气剂组成,而以抗冻剂为核心,抗冻剂的成分与分量应根据大气负温值、结构特点等选用。

思考题

1. 试述模板的作用。对模板的基本要求有哪些?
2. 模板有哪些类型?各有何特点?适用范围怎样?
3. 基础、柱、梁、楼板结构的模板构造有何特点?
4. 模板设计应考虑哪些荷载?
5. 现浇结构拆模时应注意哪些问题?
6. 试述钢筋冷拉原理及冷拉控制方法。
7. 试述钢筋冷拔工艺。冷拔与冷拉相比有何区别?
8. 试述钢筋的焊接方法。如何保证焊接质量?

9. 简述钢筋机械连接的方法。

10. 怎样计算钢筋的下料长度？

11. 试述钢筋代换的原则及方法。

12. 混凝土施工配合比怎样根据实验室配合比求得？施工配料怎样计算？

13. 混凝土搅拌制度包括哪些内容？

14. 混凝土运输有哪些要求？有哪些运输工具机械？各适用于何种情况？

15. 混凝土浇筑基本要求是什么？怎样防止离析？

16. 试述施工缝留设的原则和处理方法。

17. 大体积混凝土施工特点有哪些？如何确定浇筑方案？其温度裂缝有几种类型？防止开裂有哪些措施？

18. 试述振捣器的种类、工作原理和适用范围。

19. 什么是混凝土自然养护？自然养护有哪些方法？具体做法怎样？

20. 混凝土质量检查包括哪些内容？对试块制作有哪些规定？强度评定标准怎样？

21. 什么是混凝土受冻临界强度？混凝土冬期施工应采用哪些措施？

习　题

1. 一根长 30 m 长 Φ22 钢筋，采用控制应力的方法进行冷拉，试计算伸长值及拉力。

2. 某混凝土实验室配合比为 1∶2.49∶5.30，$w/c=0.6$，每立方米混凝土水泥用量为 297 kg，实测现场砂含水率为 3%，石含水率为 1%。试求：

(1)混凝土的施工配合比；

(2)当用 250 L(出料容量)搅拌机搅拌时，每拌投料水泥、砂、石、水各多少？

3. 某高层建筑基础钢筋混凝土底板长 × 宽 × 高 = 28 m × 15 m × 1.2 m，要求连续浇筑混凝土，不留施工缝。搅拌站设有三台 250 L 搅拌机，每台实际生产率为 5 m^3/h，混凝土运输时间为 24 min，气温为 25℃，混凝土 C20，浇筑分层厚 300 mm，。试确定：

(1)混凝土浇筑方案；

(2)完成浇筑工作所需时间。

第 5 章　预应力混凝土工程

5.1　预应力混凝土工程概述

预应力混凝土技术自问世以来，以其强大的生命力，在世界各国都得到了广泛的应用。实践证明，预应力钢筋混凝土是当前很有发展前途的结构材料之一。其使用范围和数量是衡量一个国家建筑技术水平的重要标志。近年来，随着高强钢材和高强度混凝土的发展，随着现代建筑工业的发展，更推动着预应力混凝土施工技术和工艺的不断进步和提高，使预应力混凝土的应用范围愈来愈广阔。

普通钢筋混凝土结构虽然应用广泛，具有很多优点，但也存在着一些缺点，最主要的缺点表现在混凝土的抗压强度虽然较大，但其抗拉强度和极限应变很低。这一特性将导致结构工作时其受拉部位会过早地达到极限应变而出现裂缝，此时混凝土的拉应变约为 0.0001 ~ 0.00015，即相当于每米只拉长 0.1 ~ 0.15 mm。构件产生裂缝后，裂缝处构件截面上的混凝土退出工作，拉力全部由此处的受拉钢筋承受，此时构件中与混凝土具有相同拉伸应变的钢筋应力通过虎克定律换算出约为 20 ~ 30 N/mm^2。这一事实表明：在普通钢筋混凝土结构中，若要构件在工作时不开裂，则开裂前钢筋的应力约为其抗拉强度设计值的十分之一左右。即使对允许出现裂缝的构件，也由于受裂缝宽度的限制，钢筋应力也只能达到 150 ~ 250 N/mm^2。这仅相当于低强度的 I 级钢筋强度设计值。换言之，若设计中选用高强度钢筋承受更大的拉应力，将导致构件受拉区裂缝过度开展，变形增加从而使构件变形超过规范限制和在工作中因变形过大而无法应用。

为了提高混凝土构件的抗裂度和刚度，充分利用高强度钢材，以适应现代化建筑的需要。最好的方法就是采用预应力技术。其基本原理是在构件承受荷载以前，对构件的受拉区混凝土预先施加压应力，当构件在荷载作用下混凝土受拉区产生拉应力时，根据构件截面上应力的叠加原理，截面上原来施加的压应力逐渐减小，当荷载产生的拉应力等于预先施加的压应力时，截面上受拉区混凝土的应力为零。然后随着荷载的不断增加，受拉区混凝土才逐渐受拉开裂，推迟了裂缝的出现和限制了裂缝的开展，使构件的抗裂度和刚度得以提高。

预应力混凝土与普通钢筋混凝土比较，具有构件截面小、自重轻、抗裂度高、刚度大、耐久性好、节省材料等优点，为建造现代化大跨度结构创造了条件，为高强钢材和高强混凝土的应用提供了广阔的应用前景。但预应力混凝土的施工需要专门的机械设备，施工工艺也较复杂，操作要求较高；预应力混凝土的单方造价虽高于普通钢筋混凝土，但由于其具有抗裂度高、刚度大、耐久性好、节省材料等明显优点,其综合经济效益较好。

施加预应力的方法,一般有机械先张法、机械后张法、电热先张法、电热后张法以及后张无黏结预应力法等。本章主要介绍工程中常用的机械先张法、机械后张法和后张无黏结预应力方法的施工。

5.2 先张法施工

先张法是先张拉预应力筋,临时锚固在台座或钢模上,然后浇筑混凝土,待混凝土养护达到不低于75%设计强度后,保证预应力筋与混凝土有足够的黏结时,放松预应力筋,借助混凝土与预应力筋的黏结,对混凝土施加预应力的施工工艺。先张法一般仅适用与生产中小型预制构件,多在固定的预制厂生产,也可以在施工现场生产。

先张法生产可采用台座法或机组流水法。用台座法生产时,预应力钢筋张拉后临时锚固在台座的横梁上,全部预应力筋的张拉力由台座承受。如图5.1所示。台座法生产设备和工序简单。若采用长线法生产,一次张拉可同时生产多个构件,生产效率高,锚具造成的预应力损失相对较小,适于大批量生产中小型构件,是一种经济实用的生产方法。

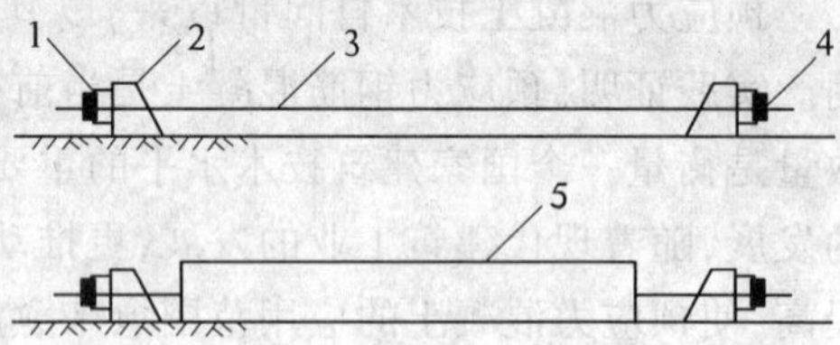

图5.1 先张法生产示意图

1. 承力横梁;2. 台座牛腿;3. 预应力钢筋;4. 夹具;5. 构件

用机组流水法生产时,预应力钢筋锚固在钢模上,全部预应力筋的张拉力由钢模承受,钢筋张拉完毕后,混凝土就浇筑在钢模内,构件连同钢模在流水生产线上通过张拉、浇注、加热养护等完成一个连续的生产过程。机组流水法是工业化生产,其机械化程度较高,有利于改善工人的劳动条件,生产速度快。但机组流水法生产需要大量的钢模和较高的机械化程度,相应的厂房和蒸汽加热养护设施,故只适用于永久性的预制厂大批量生产定型构件。

5.2.1 台座

台座是先张法生产的重要设备之一,在施工中承受全部预应力筋产生的拉力。台座应有足够的强度,以免在张拉时发生结构破坏;应有足够的刚度和稳定性,以免受力后产生变形、滑移而使预应力减小甚至发生倾覆。按构造形式的不同,台座可以分为墩式台座和槽式台座两类。

5.2.1.1 墩式台座

墩式台座由混凝土台墩、横梁、台面组成。一般用于产生中小型构件。台座长度通常为100~150 m左右,用于长线法生产,张拉一次可以生产多根构件。这样不但减少了张拉及临时锚固工作,提高了劳动生产率,又可减少锚固时锚具变形、钢筋滑移和台座横梁变形引起的预应力损失。

台面是预应力构件成型的底模,也是施工的主要活动场地。在施工中承受台墩传来的压力,是一个受力构件。为避免其因温度变化开裂,影响生产,降低使用寿命。一般是在素土夯实后的碎石垫层上浇筑一层厚度为 60 ~ 100 mm，强度等级为 C15 到 C20 的素混凝土面层而成。要求台面平整、光滑、沿长度方向每隔 10 m 左右设置一条伸缩缝，台面宽度一般为 2 ~ 3 m。

台墩是墩式台座的主要承力构件。这种台座依靠墩台自重和土压力平衡预应力张拉产生的倾覆力。为了让抵抗倾覆的力矩尽量大，台墩一般设计承带外伸板的部分，以减少台座的用料与埋深，如图 5.2 所示。

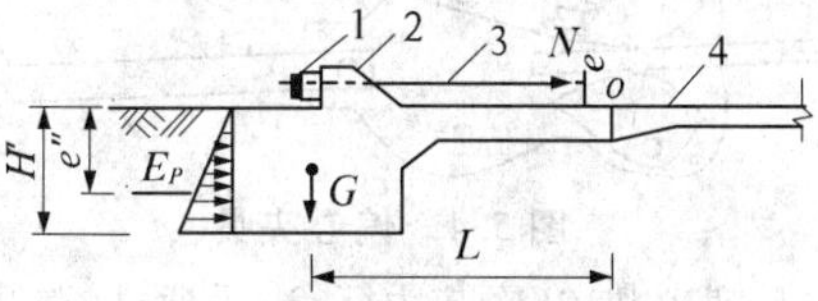

图 5.2　墩式台座抗倾覆计算简图

1. 承力横梁；2. 台座牛腿；3. 预应力钢筋；4. 混凝土台面

对于台座，为了保证生产正常进行和生产安全，要对其进行各种验算。在结构上，需对外伸板和牛腿进行强度验算；对横梁作强度和挠度验算。外伸板可按偏心受压构件计算；牛腿按钢筋混凝土柱子牛腿计算；横梁按简支梁计算，其挠度应控制在 2 mm 以内，并不得产生翘曲，以免预应力损失过大，具体计算可参考钢筋混凝土结构的计算方法。

5.2.1.2　**槽式台座**

生产吊车梁、屋架等预应力构件时，由于张拉力和倾覆力矩都较大，墩式台座的抗倾覆和抗滑移、台面抵推力等均难以满足要求，通常采用槽式台座如图 5.3 所示。它是由钢筋混凝土传力端柱和中柱，下横梁及台面组成。传力端柱上带有牛腿，其作用类似于墩式台座中的墩台。传力中柱一般为长度 5 m 左右的受压短柱，代替了台面受力。台座应便于装卸转移，其装配后的总长应便于批量生产多种构件，一般为 45 ~ 76 m。为便于构件制作和蒸汽养护，台座宜低于地面，在槽两侧传力墙上加砌砖墙。

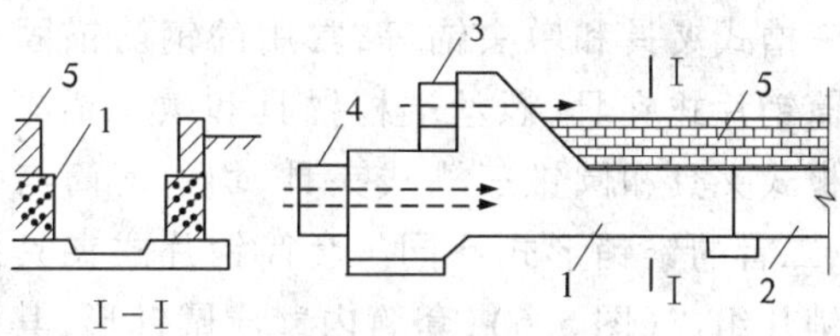

图 5.3　槽式台座

1. 台座；2. 传力柱；3. 上承力横梁；4. 下承力横梁；5. 砖墙

槽式台座最大特点就是用传力柱代替台面承受张拉力产生的压力。因此，能承受较大的张拉力且台座位移(滑移量)很小；再则，台座截面做成槽式，不但便于预应力构件施工和蒸汽养护，且张拉构件下部钢筋的下横梁位于传力端柱倾覆转动点以下；这意味着张拉构件下部钢筋的张拉力不构成倾覆力矩且对抗倾覆有利。

5.2.2　张拉机具与夹具

5.2.2.1　**夹具**

夹具是先张法中张拉时用于夹持钢筋和张拉完毕后用于临时锚固钢筋的工具。前者称为张拉夹具，后者称为锚固夹具，两种夹具均可重复使用。对夹具的 要求是工作可靠，构造简单，加工容易，使用方便。根据预应力筋类型不同，又分钢丝夹具和钢筋夹具两类。

(1)张拉夹具

张拉夹具种类较多，常用的有用于夹持钢丝的偏心式夹具和钳式夹具；用于夹持钢筋的压销式夹具等。偏心式夹具(图 5.4)是利用一对带齿的偏心块夹紧钢筋；钳式夹具(图 5.5)是利用处于锥槽中的带齿的楔块夹紧钢丝，这两种夹具均按压手柄即可插入或退出钢丝,使用灵活方便。

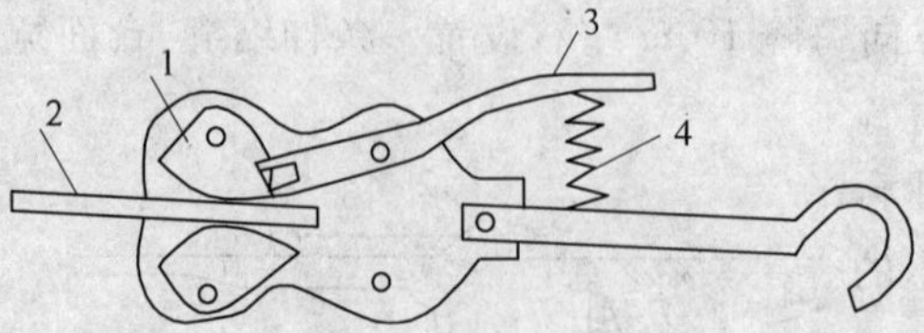

图 5.4 偏心夹具

1. 偏心块;2. 预应力筋;3. 手柄;4. 弹簧

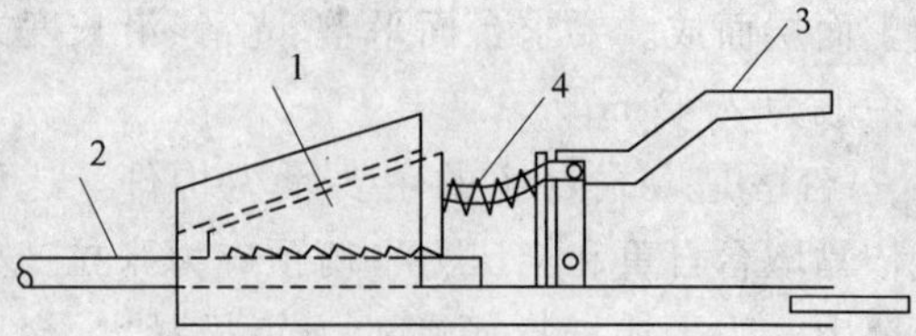

图 5.5 钳式夹具

1. 楔块;2. 预应力筋;3. 手柄;4. 弹簧

压销式夹具是利用打入的楔形压销,压紧夹持钢筋的上下两个楔块,再靠张拉力带动楔块移动而夹紧钢筋,楔块上加工有与钢筋直径相应的半圆形槽,以增加楔块与钢筋接触面,槽内刻有齿纹以增加夹片与钢筋的摩擦力。张拉完毕后敲退即可退出钢筋。

(2)锚固夹具

常用的钢丝锚固夹具有:圆锥齿板式夹具、圆锥三槽式夹具和墩头锚等;常用的钢筋锚固夹具有套筒销片式夹具、螺丝端杆锚具和墩头锚等。圆锥齿板式夹具和圆锥三槽式夹具,均由套筒与锥销组成,二者的锥销形式不同。套筒销片式夹具由套筒和销片组成(图 5.6),套筒内壁成圆锥形,其锥度与销片锥度吻合,锚固时打入夹片,使钢筋夹紧在销片的凹槽内。

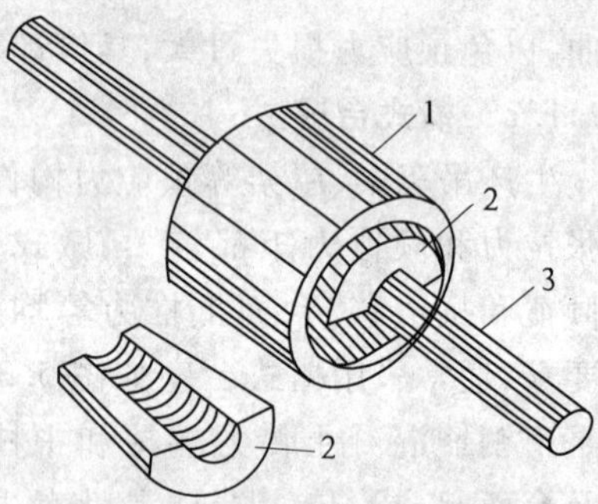

图 5.6 套筒销片式夹具

1. 套筒;2. 销片;3. 预应力筋

镦头锚即把钢筋或钢丝的端头镦粗,形成一个扩大了的锚固头,冷拔低碳钢丝可采用冷镦或热镦,碳素钢丝应采用冷镦,大直径钢筋的镦头可用加热锻打成型。

张拉时,螺丝端杆锚具常用连接器与钢筋连接(图 5.7),连接器也可用于钢筋与钢筋的连接,钢筋端头应作镦头处理。

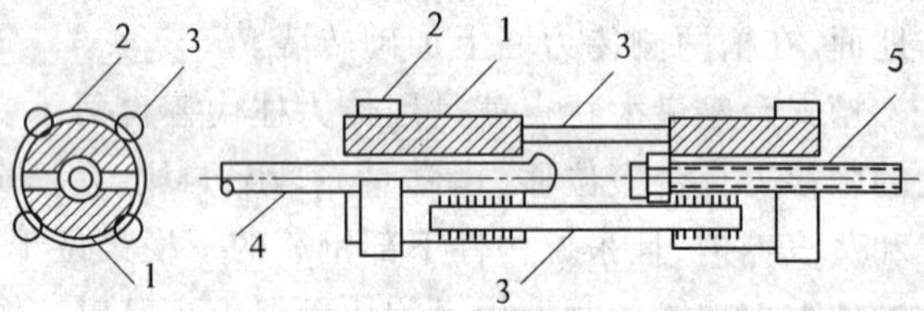

图 5.7 连接器

1. 半圆套筒;2. 钢圈;3. 连接钢筋;4. 预应力筋;5. 螺杆

夹具是预应力施工中的重要受力部件,工作应安全可靠,夹具应有出厂证明书,进场时应按混凝土结构工程施工及验收规范要求抽取试件作外观、硬度检查,并组装成夹具和预应力筋组装件作静载锚固性能试验和疲劳性能试验,试验要求同后张法锚具中的Ⅰ类锚具。

(3)张拉机具

张拉机具要求操作方便、安色可靠,能准确控制预应力并能以稳定速率加载。预应力筋张拉时,可以单根张拉,也可以成组张拉。单根张拉时,可采用电动螺杆张拉机(图 5.8),穿心式千斤顶(图 5.9)和卷扬机等设备张拉,在长线台座上生产时,由于钢筋较长,张拉时钢筋伸长量较大,千斤顶行程(一般为 200 mm)不够,可在张拉达到一个行程之后,临时用锚固夹具锚住钢筋(YC－20 型穿心式千斤顶为双作用式,张拉完后可同时完成顶压锚固夹具锥销,而实现锚固钢筋的作用),千斤顶卸载后再二次重新张拉直至达到设计应力。

成组张拉时,一组钢筋锚固在一个活动横梁上,由于张拉力较大,一般采用油压千斤顶。

张拉力大小的控制,当采用电动螺杆张拉机,卷扬机时,一般在张拉端挂上弹簧测力计,张拉时,可从弹簧测力计上直接读出张拉力。当采用油压千斤顶时,可由指示其油缸油压的油压表读数,推算出张拉力,此时还需考虑油缸的工作阻力影响。弹簧测力计、千斤顶和油压表,都要经过定期检验和校正。

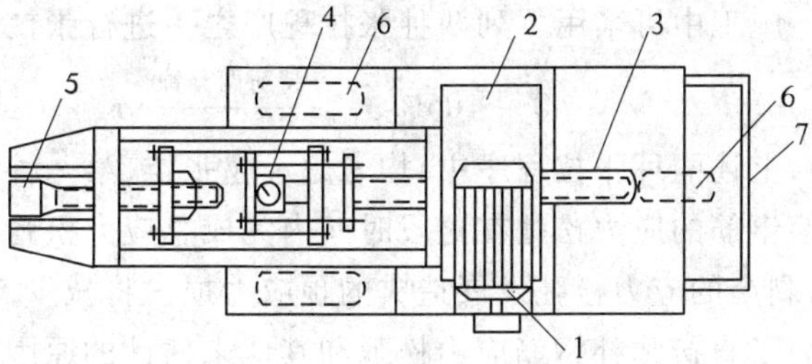

图 5.8　电动螺杆张拉机

1. 电动机;2. 变速箱;3. 螺杆;4. 测力计;5. 张拉夹具;6. 轮子;7. 扶手

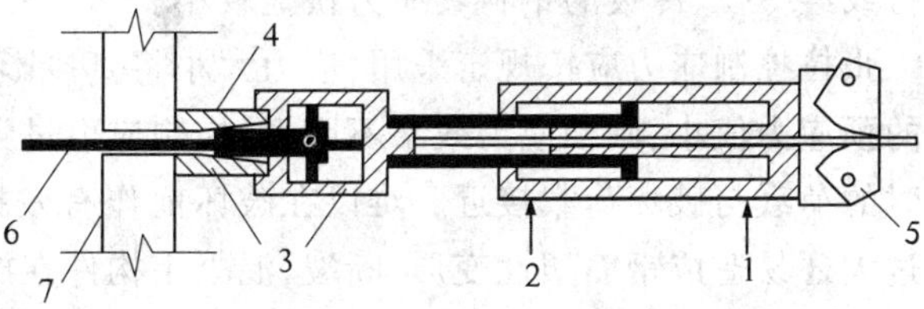

图 5.9　穿心式千斤顶 YC－20

1、2. 油嘴;2. 顶压头;3. 销片式夹具;5. 偏心夹具;6. 预应力筋;7. 承力横梁

5.2.3　先张法施工工艺

在先张法施工过程中,为了便于构件脱模,台面及侧模上应先刷隔离剂,待隔离剂干燥后再铺放预应力筋,以免预应力筋沾上隔离剂而影响其与混凝土的黏结力。隔离剂一般不使用油溶性的如废机油等,以免其不易干燥而沾污预应力筋。

5.2.3.1　预应力筋张拉

预应力筋可采用单根张拉或成组张拉。成组张拉时,一组钢筋若长短不一会造成张拉完毕后各根钢筋应力不等,甚至造成较短钢筋断裂。因此,施工规范规定对长度不大于 6 m 的先张法预应力构件,当钢丝成组张拉时,同组钢丝下料长度的相对差值,不得大于 2 mm,为了保证钢丝长度的准确,钢丝下料长度一般采用应力下料法,即将钢丝拉到一个规定应力后,测量其长度,然后做标记,放松惑截断钢丝,张拉前,还应预先检查调整钢丝的初应力,使其相互间的应力一致。

预应力钢筋的控制应力一般按设计规定采用,如表 5.1 所示,为了弥补预应力筋某些应力损失,一般还要进行超张拉,但施工时的最大张拉控制应力允许值不得超过表 5.1 中最大张拉控制应力允许值的规定,否则,可能会使得钢筋的应力超过流限,产生塑性变形。

表 5.1　先张法张拉控制应力和最大张拉控制应力允许值

钢种	张拉控制应力	最大张拉控制应力
碳素钢丝、刻痕钢丝、钢绞线	$0.75f_{ptk}$	$0.8f_{ptk}$
热处理钢筋、冷拉低碳钢丝	$0.7f_{ptk}$	$0.75f_{ptk}$
冷拉钢筋	$0.9f_{ptk}$	$0.95f_{pyk}$

注: f_{ptk} 为预应力筋极限抗拉强度标准值;

f_{pyk} 为预应力筋屈服强度标准值。

施工中可采用下列两种张拉程序之一进行张拉：

$$0 \rightarrow 105\%\sigma_{con} \xrightarrow{\text{持荷两分钟}} \sigma_{con} \quad \text{或} \quad 0 \rightarrow 103\%\sigma_{con}$$

上述两种张拉程序中，均考虑了超张拉，第一种程序中超张拉5%并维持荷载2 min，可使钢筋的应力松弛在这段时间内完成总应力松弛的50%以上，即将来在长期应力状态下，剩余的应力松弛发展造成的预应力损失将减少50%以上；第二种程序中，超张拉3%，是为了直接弥补钢筋应力松弛和其他未估计的原因造成的预应力损失。

预应力钢筋往往采用强度较高的钢种，采用低碳钢丝或热轧钢筋时，须先进行冷拔或冷拉，使用高强度钢筋除了可充分发挥应力的优势，节约材料外，还有一个优点就是高强钢材或经冷拉、冷拔的钢材其应力松弛较小。

张拉控制应力应按规定采用，应力大小将直接影响构件的工作效果，控制应力小所建立的预应力值小，则预应力效果不明显；控制应力过大，所建立的预应力值大；构件出现裂缝时的荷载与破坏荷载接近。难以在破坏前作有效措施，这在工程中是不允许的。张拉力过大还易造成钢筋塑性变形，断裂，混凝土构件在施工中损坏等问题。一定要严格控制预应力值的大小。

预应力筋张拉完毕后，其应力应经过校核。规范规定，如实际伸长值比计算伸长值大于10%或小于5%，应暂停张拉，应采取措施予以调整后，方可继续张拉。

5.2.3.2 混凝土浇筑与养护

在选用原材料和设计混凝土配合比时，应尽量考虑减少混凝土的收缩和徐变，减少预应力的损失。

浇筑混凝土时，每条生产线上的构件必须一次连续浇完，并应振捣密实。振捣时，振动器不应碰钢筋，否则锚具可能会因为受钢筋传来振动力影响，造成摩阻力减小使钢筋滑脱，施工时，混凝土养护期间强度未达1.2 N/mm^{2}前不允许碰撞和踩动预应力钢筋。

台座法生产一般进行自然养护，当气温较低或必须加快生产周期时，可采用蒸汽养护。此时应注意升温过快过高，会造成预应力筋的温度应力损失。在这种情况下混凝土逐渐硬结，造成的预应力损失则不能再恢复。因此，应采用二次升温方法进行养护，具体做法是；第一次升温，允许温差一般不超过20℃，在此期间，养护混凝土强度达到一定值后，进行第二次升温，并按正常的升温制度加热养护混凝土。采用机组流水法生产时，由于钢模与预应力钢筋受热后伸长值相同，故蒸汽 养护不引起温差应力损失。

5.2.3.3 预应力筋放松

预应力筋放松前，张拉力由台座承受，构件并未受到预应力，待预应力筋放张后，张拉力即靠钢筋与混凝土的黏结力施加于混凝土构件上。所以，放张前必须按同条件养护的混凝土试块确定混凝土强度，强度达到一定值且混凝土和钢筋有相当的黏结力时，才可放张预应力筋。施工规范规定放张预应力筋时，混凝土强度必须符合设计要求；当设计无专门要求时，不得低于设计的混凝土强度标准值的75%。

预应力筋的放张顺序，应符合设计要求。当设计无专门要求时，应符合下列规定：

1）对承受轴心预压力的构件（如压杆、桩等），预应力筋应同时放张；

2）对承受偏心预压力的构件（如吊车梁等），应先同时放张预压力较小区域的预应力

筋,再同时放张预压力较大区域的预应力筋;

3)当不能按上述规定放张时,应分阶段、对称、相互交错地放张。放张后预应力筋的切断顺序,宜由放张端开始,逐次切向另一端。

预应力放张前,应先拆除构件的侧模板。

5.3　后张法施工

后张法施工是先制作混凝土构件,在放置预应力筋的部位预先留设孔道,然后在构件端部用张拉机具对预应力筋予以张拉;当应力达到规定后,借助于锚具将预应力筋锚固在构件端部;最后进行孔道灌浆。钢筋应力通过锚具传给构件混凝土,使混凝土产生预压应力。这与先张法中靠混凝土和钢筋的黏结力传递应力不同。后张法的锚具将永远留在构件上,与构件共同工作,所以后张法的锚具也叫做工作锚具。

后张法的施工工艺较先张法要复杂,每个构件均需单独张拉,不便于高效大规模地生产,且需要工作锚具,所以生产成本较高,但后张法不需要较大场地,也不用台座,特别适合于施工现场生产数量不多的中、大型构件,也常用于块体拼装和对已建工程的修复。

5.3.1　锚具及预应力筋的制作

锚具是后张法预应力混凝土构件中或结构中为保持预应力筋的拉力并将其传递到混凝土上所用的永久性锚固装置(夹具是先张法预应力混凝土构件施工时为保持预应力筋拉力并将其固定在张拉台座上的临时锚固装置)。后张法张拉用的夹具又称工具锚,是将千斤顶(或其他张拉设备)的张拉力传递到预应力筋上的装置。连接器是在预应力施工中将预应力从一根预应力筋传递到另一根预应力筋上的装置。在后张法施工中,预应力筋锚固体系包括锚具、锚垫板、螺旋筋等。

目前我国后张法预应力施工中采用的预应力钢材主要有钢绞线、钢丝和精轧螺纹钢筋等,下面分别叙述其制作和配套使用的锚具。

5.3.1.1　钢绞线预应力筋及锚具

钢绞线预应力筋是由多根钢丝在绞线机上成螺旋形绞合,并经消除应力回火处理而成,钢绞线的整根承载力大,柔韧性好,施工方便。

(1)锚具

钢绞线锚具可分为单孔和多孔。单孔夹片锚具由锚环和夹片组成(图5.10)。当预应力筋受力时(张拉后回缩力),由于夹片内孔有齿咬合预应力筋,而带动夹片(不得产生滑移)进入锚环锥孔内。由于楔形原理,越楔越紧。夹片的种类很多,按片数可分为三片式和二片式,预应力筋锚固时夹片自动跟进,不需要顶压。单孔夹片锚固体系如图5.11所示。

多孔夹片锚具由多孔锚板、锚垫板(也称铁喇叭管、锚座)、螺旋筋等组成。这种锚具是在一块多孔的锚板上,利用每一个锥形孔装一副夹片,夹持一根钢绞线。其优点是任何一根钢绞线锚固失效,都不会引起整体锚固失效,多孔夹片锚具在后张法有黏结预应力混凝土结构中应用最广。

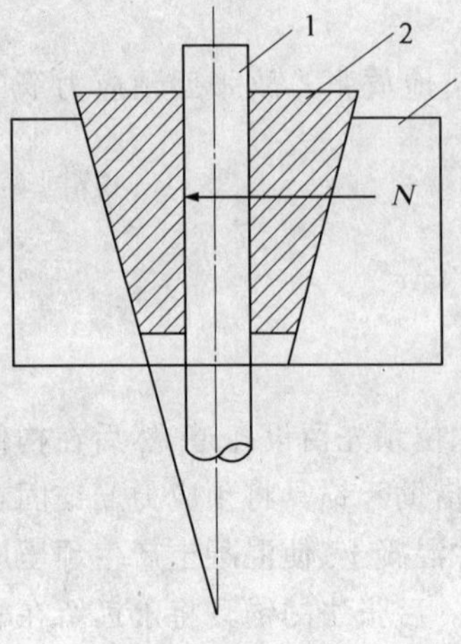

图 5.10　锚固原理示意图

1. 预应力筋;2. 夹片;3. 锚环

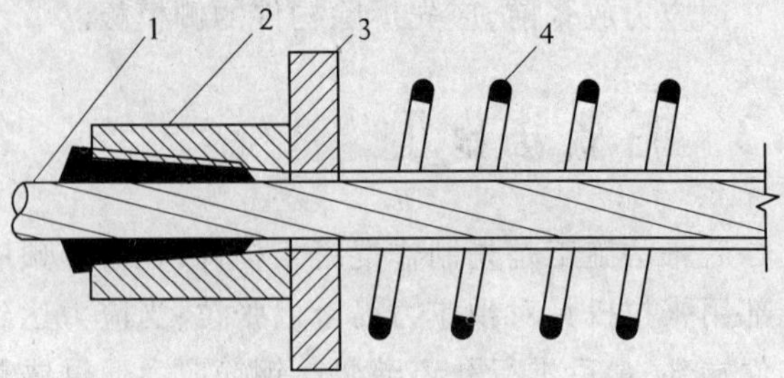

图 5.11　单孔夹片锚固体系

1. 钢绞线;2. 单孔夹片锚具;3. 承压钢板;4. 螺旋筋

钢绞线固定端锚具有挤压锚具、压花锚具等。其中挤压锚具可埋在混凝土结构内，也可安装在结构之外，对有黏结钢绞线预应力筋和无黏结钢绞线预应力筋都适用，应用范围较广。压花锚具仅适用于固定端空间较大且有足够的黏结长度的情况，但成本较低。P型挤压锚具是在钢绞线端部安装异形钢丝衬圈和挤压套，利用专用挤压机挤过模孔后，使其产生塑性变形而握紧钢绞线，形成可靠的锚固(图 5.12)。

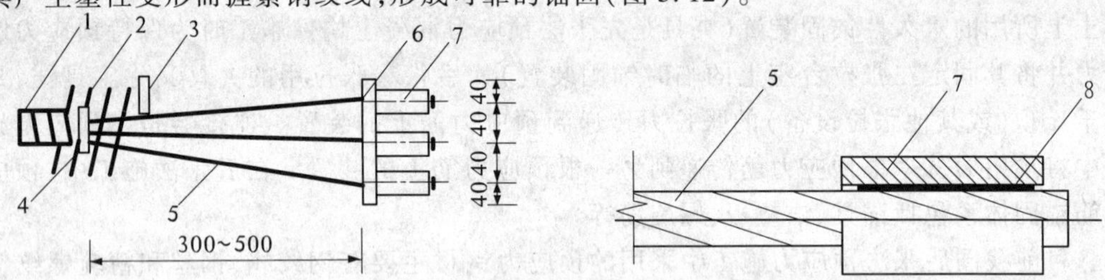

图 5.12　挤压锚具(单位:mm)

1. 金属波纹管;2. 螺旋筋;3. 排气管;4. 约束圈;5. 钢绞线;6. 锚板垫;7. 挤压锚具;8. 异形钢丝衬圈

H 型压花锚具是利用专用压花机将钢绞线端头压成梨形散花头的一种握裹式锚具图(5.13)

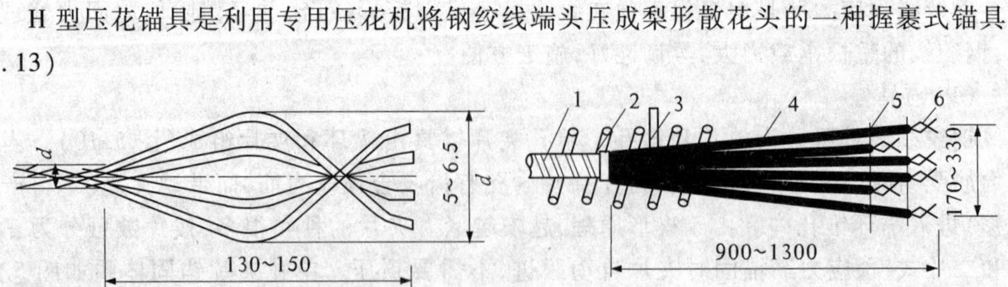

图 5.13　压花锚具(单位:mm)

(a)、(b)两种压花锚具

(2)钢绞线预应力筋的制作

钢绞线的质量大、盘卷小、弹力大，为了防止在下料过程中钢绞线紊乱并弹出伤人，事先应制作一个简易的铁笼，下料时，将钢绞线盘卷装在铁笼内，从盘卷中逐步抽出，较为安全。

钢绞线下料宜用砂轮锯或切断机切断，不得采用电弧切割。钢绞线编束宜用 20 号铁丝绑扎，间距 2 ~ 3 m，编束时应先将钢绞线理顺，并尽量使各根钢绞线一致。如钢绞线单根穿入孔道，则不编束。

5.3.1.2　钢丝束预应力筋及锚具

用作预应力筋的钢丝称为碳素钢丝、用优质高碳钢盘条经索氏体处理、酸洗、镀铜或磷化后冷拔而成，碳素钢丝的品种有：冷拉钢丝、消除应力钢丝、刻痕钢丝、低松弛钢丝和镀锌钢丝等。

(1)锚具

钢丝束预应力筋的常用锚具有钢质锥形锚具、镦头锚具和锥形螺杆锚具。

1)钢质锥形锚具　钢质锥形锚具由锚环和锚塞组成(图 5.14)。它适用于锚固 6 ~ 30 根 ϕ5 mm 的和 12 ~ 24 根 ϕ7 mm 的钢丝束。

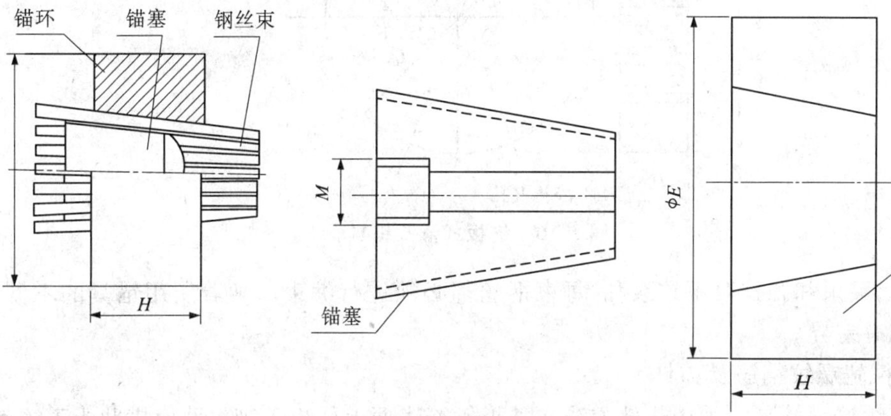

图 5.14　钢质锥形锚具

(a)装配图；(b)锚塞；(c)锚环

锚环和锚塞均用 45 号钢制作。锚环不得有裂纹，经调质热处理后，硬度为 HB220 ~ HB250。锚塞表面加工成螺纹状小齿，以保证钢丝与锚塞的啮合，由于碳素钢丝表面硬度为 HRC40 ~ HRC50，所以锚塞热处理后的硬度应达 HRC55 ~ HRC58。

2)镦头锚具　钢丝束镦头锚具是利用钢丝本身的镦头而锚固钢丝的一种锚具，可以锚固任意根数的钢丝束，张拉时，需配置工具式螺杆。

这种锚具加工简单、锚固性能良好，张拉操作方便，成本较低，适用性广，但对钢丝下料的等长度要求较严。镦头锚具具有张拉端和固定端两种形式。张拉端用锚环式锚具(图 5.15)，由锚环和锚塞组成。固定端用锚板式镦头锚具(图 5.16)，它比张拉端用的锚环式镦头锚具成本低廉。

(2)钢丝束预应力筋的制作

钢丝束预应力筋的制作一般需经过下料、编束和组装锚具等工作。消除应力钢丝放开后是直的，可直接下料。采用镦头锚具时，钢丝的等长要求较严。为了达到这一要求，钢丝下料可用钢管限位法或用牵引索在拉紧状态下进行。为保证钢丝束两端钢丝的排列

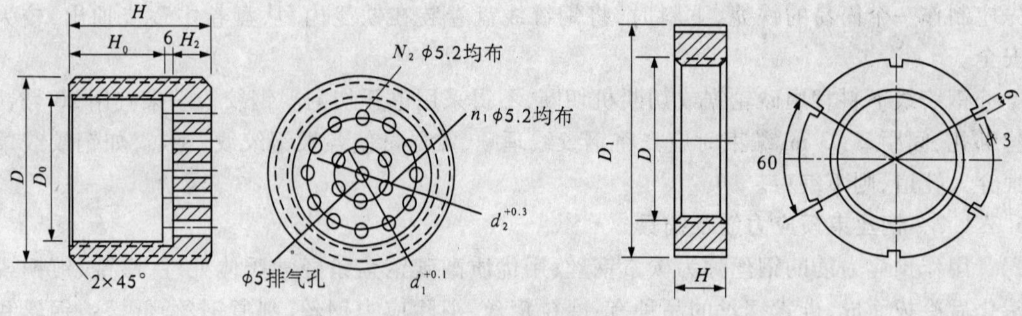

图 5.15　镦头锚具

(a)锚环；(b)螺母

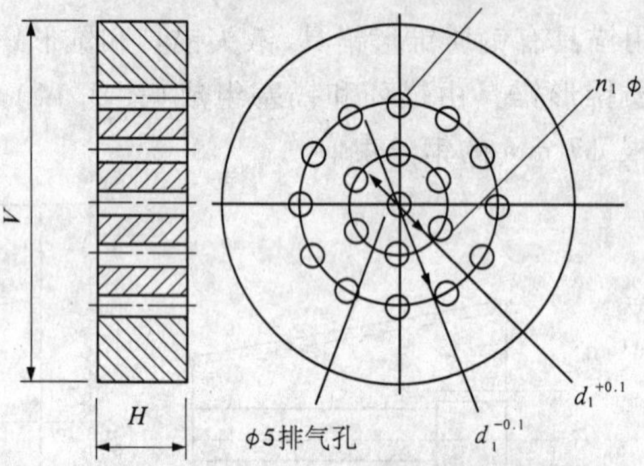

图 5.16　锚板式镦头锚具

顺序一致，穿束和张拉时不致紊乱，每束钢丝都必须进行编束。随着所用锚具的不同，编束方法也有差异。

(3)精轧螺纹钢筋及锚具

精轧螺纹钢筋是一种用热轧方法在整根钢筋表面上轧出不带纵肋而横肋为不连续的梯形螺纹的直条钢筋(图 5.17)。该钢筋在任意截面处都能拧上带内螺纹的连接器进行接长或拧上特制的螺母进行锚固，无需冷拉和焊接，施工方便，主要用于房屋、桥梁与构筑物等直线筋。

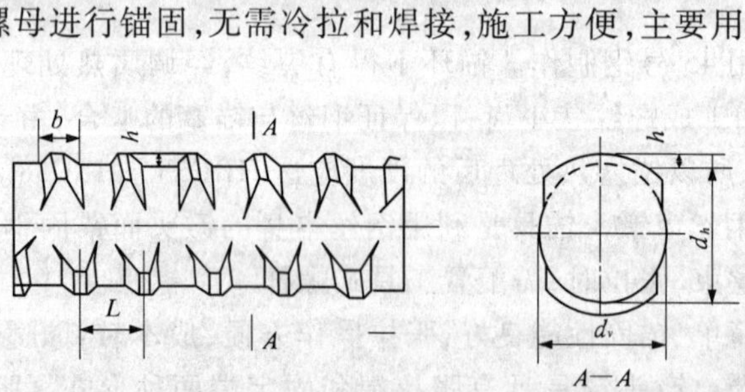

图 5.17　精轧螺纹钢筋外形示意图

精轧螺纹钢筋锚具是利用与该钢筋螺纹匹配的特制螺母锚固的一种支承式锚具。精轧螺纹钢筋锚具包括螺母与垫板(图 5.18)。

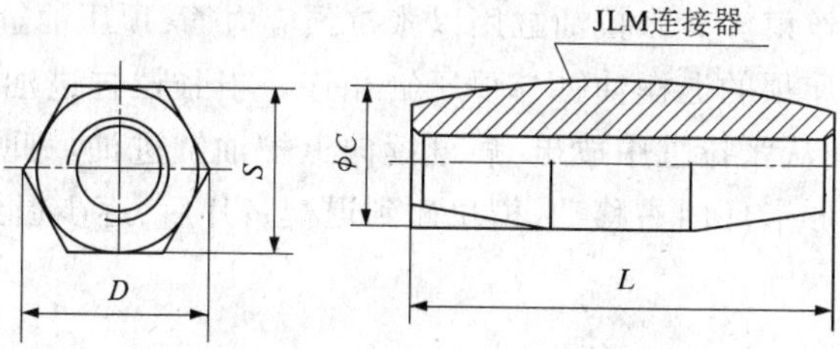

图 5.18　JLM 精轧螺纹钢筋锚具

5.3.2　张拉机具设备

预应力筋的张拉工作必须配置有成套的张拉机具设备。后张法预应力施工所用的张拉设备由液压千斤顶、高压油泵和外接油管等组成。张拉设备应装有测力仪器,以准确建立预应力值。张拉设备应由专人使用和保管,并定期维护和校验。

5.3.2.1　千斤顶

预应力液压千斤顶按机型不同可以分为:拉杆式千斤顶、穿心式千斤顶、锥锚式千斤顶等几种。其中,拉杆式千斤顶是利用单活塞杆张拉预应力筋的单作用千斤顶,只能张拉吨位不大(≤600 kN)的支承式锚具,多年来已逐步被多功能的穿心式千斤顶代替。

(1)穿心式千斤顶

穿心式千斤顶是一种具有穿心孔,利用双液缸张拉预应力筋和顶压锚具的双作用千斤顶。这种千斤顶适应性强,既可张拉需要顶压的锚具,配上撑脚与拉杆后,也可用于张拉螺杆锚具和镦头锚具。穿心式千斤顶的张拉力一般有 180,200,600,1200,1500 和 3000 kN 等,张拉行程由 150 ~ 800 mm 不等。该系列产品有 YCl20D,YC60,YCl20 等。现在简单介绍一下 YC60 型千斤顶(图 5.19)。其主要部件为:张拉油缸顶压油缸顶压活塞穿心套、保护套、端盖堵头、连接套、撑管、回程弹簧和动静封套组成。主要工作原理是:油嘴进油时,顶压油缸、连接套和撑管廉成一体右移顶住锚环,而张拉油缸、端盖螺母及堵头和穿心套则成为一体,带动工具锚向左移动,从而张拉预应力钢筋。

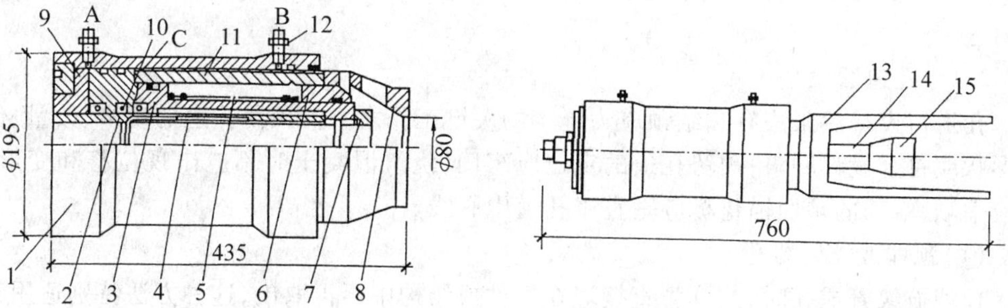

图 5.19　YC60 型千斤顶

1. 大缸缸体;2. 穿心套;3. 顶压活塞;4. 保护套;5. 回程弹簧;6. 连接套;7. 顶压套;8. 撑套;9. 堵头;10. 密封圈;11. 二缸缸体;12. 油嘴;13. 撑脚;14. 拉杆;15. 连接套筒

(2)锥锚式千斤顶

锥锚式千斤顶(图5.20)是一种具有张拉、顶锚和退楔功能的三作用千斤顶,仅用于带钢质锥形锚具的钢丝束。其张拉油缸用以张拉预应力筋,顶压油缸用以顶压锥塞,故又称双作用千斤顶。千斤顶的退楔油缸与顶压缸相连。当张拉缸进油张拉预应力钢筋,顶压缸顶压锚塞后,将油从张拉缸中放出,病继续向退楔油缸进油。此时,退楔油缸中的压力将使张拉缸带回锥形卡环向右移动,楔块碰到退楔簧片后,逐步退到相应位置松开预应力钢筋。

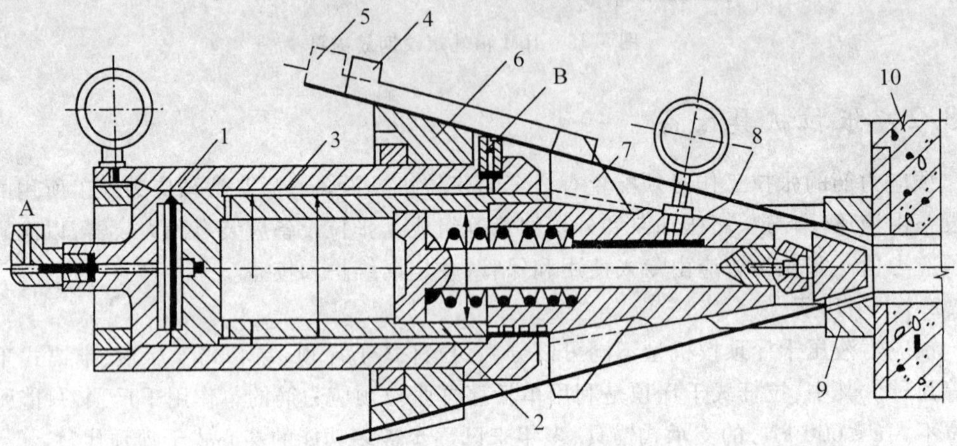

图5.20　锥锚式千斤顶

1. 张拉缸;2. 顶压缸;3. 退楔缸;4. 楔块(张拉时位置);5. 楔块(退出时位置);6. 锥形卡环;7. 退楔翼片;8. 钢丝;9. 锥形锚具;10. 构件;A、B. 油嘴

5.3.2.2　**高压油泵**

高压油泵主要与各类千斤顶配套使用,提供高压的油液,高压油泵的类型比较多,性能不一。

5.3.3　后张法施工工艺

在后张法施工工艺中,我们主要介绍孔道留设、穿筋、预应力筋张拉和锚固、孔道灌浆等内容。

5.3.3.1　**孔道留设**

孔道留设是后张法有黏结预应力施工的关键工作之一。预留孔道的规格、数量、位置和形状应符合设计要求;预留孔道的定位应牢固,浇筑混凝土时不应出现位移和变形;孔道应平顺,端部的预埋锚垫板应垂直于孔道中心线。

(1)预埋波纹管留孔

预埋波纹管成孔时,波纹管直接埋在构件或结构中不再取出,这种方法特别适用于留设曲线孔道。按材料不同,波纹管分为金属波纹管和塑料波纹管。

金属波纹管又称螺旋管,是用冷轧钢带或镀锌钢带在卷管机上压波后螺旋咬合而成。按照截面形状可分为圆形和扁形两种;按照钢带表面状况可分为镀锌和不镀锌两种。预应力混凝土用金属波纹管应满足径向刚度、抗渗漏、外观等要求。

金属波纹管的连接,采用大一号的同型波纹管。接头管的长度为 200 ~ 300 mm,其两端用密封胶带或塑料热缩管封裹。

波纹管的安装,应事先按设计图中预应力筋的曲线坐标在箍筋上定出曲线位置。波纹管的固定(图 5.21)应采用钢筋支托,支托钢筋间距为 0.8 ~ 1.2 m。支托钢筋应焊在箍筋上,箍筋底部应垫实。波纹管固定后,必须用铁丝扎牢,以防止浇筑混凝土时波纹管上浮而引起严重的质量事故。

塑料波纹管用于预应力筋孔道,具有以下优点:

1)提高预应力筋的防腐保护,可防止氯离子侵入而产生的电腐蚀;

2)不导电,可防止杂散电流腐蚀;

3)密封性好,保护预应力筋不生锈;

4)强度高,刚度大,不怕踩压,不易被振动棒凿破;

5)减小张拉过程中的孔道摩擦损失;

6)提高了预应力筋的耐疲劳能力

安装时,塑料波纹管的钢筋支托间距不大于 0.8 ~1.0 m。塑料波纹管接长采用溶焊法或高密度聚乙烯塑料套管。塑料波纹管与锚垫板连接,采用高密度聚乙烯套管。

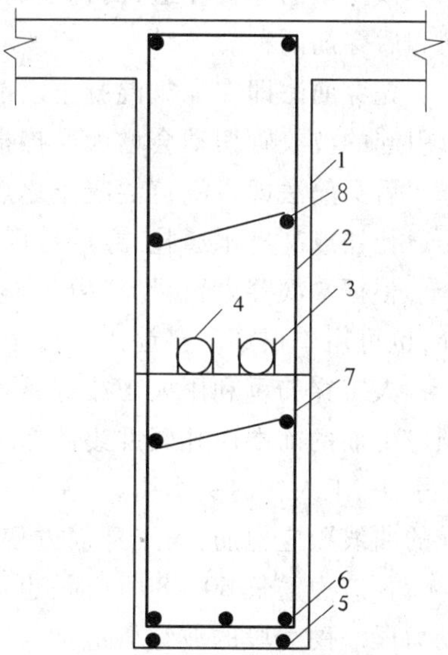

图 5.21　金属波纹管的固定

1. 梁侧模;2. 箍筋;3. 钢筋支托;4. 波纹管;5. 垫块 6. 下部主筋;7. 箍筋;8. 腰筋

(2)钢管抽芯法

制作后张法预应力构件时,在预应力筋位置预先埋设钢管,待混凝土初凝后再将钢管旋转抽出的留孔方法。为防止在浇筑混凝土时钢管产生位移,每隔 1.0 m 用钢筋井字架固定牢靠。钢管接头处可用长度为 300 ~400 mm 的铁皮套管连接。在混凝土浇筑后,每隔一定时间慢慢同向转动钢管,使之不与混凝土黏结,待混凝土初凝后、终凝前抽出钢管,即形成孔道,钢管抽芯法仅适用于留设直线孔道。

(3)胶管抽芯法

制作后张法预应力混凝土构件时,在预应力筋的位置处预先埋设胶管,待混凝土结硬后再将胶管抽出的留孔方法。采用 5 ~7 层帆布胶管。为防止在浇筑混凝土时胶管产生位移,直线段每隔 600 mm 用钢筋井字架固定牢靠,曲线段应适当加密。胶管两端应有密封装置。在浇筑混凝土前胶管内充人压力为 0.6 ~0.8 MPa 的压缩空气或压力水,管径增大约 3 mm,待浇筑的混凝土初凝后,放出压缩空气或压力水,管径缩小,混凝土脱开,随即拔出胶管,胶管抽芯法适用于留设直线与曲线孔道。在预应力筋孔道两端,应设置灌浆孔和排气孔。灌浆孔可设置在锚垫板上或利用灌浆管引至构件外,其间距对抽芯成型孔道不宜大于 12 m,孔径应能保证浆液畅通,一般不宜小于 20 mm,曲线孔道的曲线波峰部位应设置排气兼泌水管,必要时可在最低点设置排水孔,泌水管伸出构件顶面的高度不宜小于 0.5 m。

灌浆孔的作法,对一般预制构件,可采用木塞留孔。木塞应抵紧钢管、胶管或螺旋管,并应固定,严防混凝土振捣时脱开。现浇预应力结构金属螺旋管留孔作法是在螺旋管上开口,用带嘴的塑料弧形压板与海绵垫片覆盖并用铁丝扎牢,再接增强塑料管(外径 20 mm,内径 16 mm)。为保证留孔质量,金属螺旋管上可先不开孔,在外接塑料管内插一根钢筋,待孔道灌浆前,再用钢筋打穿螺旋管。

5.3.3.2 预应力筋出入孔道

预应力筋穿人孔道,简称穿筋。根据穿筋与浇筑混凝土之间的先后关系,可分为先穿筋和后穿筋两种。

先穿筋法即在浇筑混凝土之前穿筋。此法穿筋省力,但穿筋占用工期,预应力筋的自重引起的波纹管摆动会增大摩擦损失,预应力筋端保护不当易生锈。

后穿筋法即在浇筑混凝土之后穿筋。此法可在混凝土养护期内进行,不占工期,便于用通孔器或高压水通扎,穿筋后即行张拉,易于防锈,但穿筋较为费力。

根据一次穿入数量,可分为整束穿和单根穿。钢丝束应整束穿;钢绞线宜采用整束穿,也可用单根穿。穿筋工作可由人工、卷扬机和穿筋机进行。

人工穿筋可利用人工或起重设备将预应力筋吊起,工人站在脚手架上逐步穿入孔内。预应力筋的前端应扎紧并裹胶布,以便顺利通过孔道,多波曲线预应力筋,宜采用特制的牵引头,工人在前头牵引,后头推送,用对讲机保持前后两端同时出现。对长度不大于 60 m 的曲线预应力筋,人工穿筋方便。

预应力筋长 60 ~ 80 m 时,也可采用人工先穿筋,但在梁的中部留设约 3 m 长的穿筋助力段。助力段的波纹管应加大一号,在穿筋前套接在原波纹管上留出穿筋空间,待钢绞线穿入后再将助力段波纹管旋出接通,该范围内的箍筋暂缓绑扎。

对长度大于 80 m 的预应力筋,宜采用卷扬机穿筋。钢绞线与钢丝绳间用特制的牵引头连接。每次牵引 2 ~ 3 根钢绞线,穿筋速度快。

用穿筋机穿筋适用于大型桥梁与构筑物单根穿钢绞线的情况。穿筋机有两种类型:一是由油泵驱动链板夹持钢绞线传送,速度可任意调节,穿筋可进可退,使用方便。二是由电动机经减速箱减速后由两对滚轮夹持钢绞线传送,进退由电动机正反转控制。穿筋时,钢绞线前头应套上一个子弹头形壳帽。

5.3.3.3 预应力筋的张拉

预应力筋张拉时,混凝土强度应符合设计要求,当设计无具体要求时,不应低于设计混凝土强度等级的 75%。

后张法预应力筋的张拉控制应力按表 5.2 规定采用。当考虑减少钢筋应力松弛损失和施工中其他因素造成的预应力损失需要超张拉时,最大张拉控制应力允许值不得超过表 5.2 的规定。

由表 5.2 和表 5.1 比较可知,后张法的张拉控制应力小于先张法。这是因为后张法张拉时直接在构件上进行,张拉过程中构件就受到预应力作用而被压缩,即构件压缩发生在预应力筋锚固之前,故构件压缩不造成预应力损失;而先张法在预应力筋锚固时,并没有构件,预应力筋放张时构件被压缩变短,钢筋缩短必然造成预应力的损失。因此,后张法的张拉控制应力较先张法小。

表 5.2　后张法张拉控制应力和最大张拉控制应力允许值

钢种	张拉控制应力	最大张拉控制应力
碳素钢丝、刻痕钢丝、钢绞线	$0.7f_{ptk}$	$0.75f_{ptk}$
热处理钢筋、冷拉低碳钢丝	$0.65f_{ptk}$	$0.7f_{ptk}$
冷拉钢筋	$0.85f_{ptk}$	$0.9f_{pyk}$

注：f_{ptk}为预应力筋极限抗拉强度标准值；

f_{pyk}为预应力筋屈服强度标准值。

后张法预应力筋的张拉程序与先张法相同。

后张法中，往往因为施工方法和张拉顺序的不同而造成预应力的损失，施工中必须考虑采用计算或重新补张拉的方法补足这部分由施工原因造成的损失。

(1)分批张拉造成的损失

对配有多根预应力筋的构件，由于施工操作受限，不可能同时张拉，只能采取分批张拉的方式进行，分批张拉时，应尽量对称张拉，不使构件截面承受过大偏心力的影响。当分批张拉时，预应力时分批加于构件上的，预应力筋也是分批锚固的，所以构件的混凝土压缩量也是分批产生的。这时，后批张拉预应力钢筋造成的构件的压缩，必然会使先批张拉并已锚固的预应力筋的长度缩短从而造成应力损失。

(2)构件叠层施工造成的损失

构件叠层施工，可节省场地和减少放线支模工作量。但由于叠层施工时，上层构件的重量产生的水平摩擦力，会阻止下层构件在预应力张拉时混凝土弹性压缩的自由变形，待施工完毕上层构件起吊后，下层构件的压缩变形会比构件起吊前有所增加，从而使已锚固的预应力筋缩短造成预应力损失。

对于分批张拉的构件，也可以采用补张拉的方法进行施工，即当后批张拉钢筋锚固后，重新补张拉先批锚固的预应力钢筋。

预应力筋张拉时，以设计控制应力作为基础，需考虑增加张拉程序中规定的超张拉应力和分批张拉、叠层张拉时的损失应力，应注意增加后的实际张拉应力不应超过表 5.2 中最大张拉控制应力允许值；否则，可能会使钢筋应力超过流限，产生塑性变形。

5.3.3.4　孔道灌浆

预应力筋张拉完毕后，即可进行孔道灌浆。孔道灌浆可有效防止钢筋锈蚀，增加构件的耐久性、整体性和抗裂性。

灌浆水泥浆的水灰比宜为 0.4 左右，搅拌后三小时泌水率宜控制在 2%，最大不得超过 3%，当需要增加孔道灌浆密实性时，水泥浆中可掺入对预应力筋无腐蚀作用的外加剂，如可掺入水泥用量 0.01% 的铝粉或 0.25% 的木质磺酸钙。

灌浆前，用压力水冲洗和湿润孔道，灌浆用的水泥浆要过筛，灌浆顺序宜先灌注下层孔道，灌浆应缓慢均匀进行，不得中断，并应排气通顺；在灌浆孔并封闭排气孔后，宜再继续加压至 0.5 ~ 0.6 MPa，稍后再封闭灌浆孔。

不掺外加剂的水泥浆，可采用二次灌浆法提高灌浆的密实性。

灌完浆的构件，当灰浆强度达到15 N/mm^{2}时，方能移动构件，灰浆强度达100%设计强度时，才允许吊装构件。

5.4 无黏结预应力混凝土施工

无黏结预应力是近年发展的一项后张法新工艺，其作法是在预应力筋表面涂刷沥青或油脂后，外面套上塑料管或包上塑料布制成无黏结筋；在浇筑混凝土前将其按设计位置放入模板内，然后浇筑混凝土，待混凝土养护达一定强度后，对无黏结筋进行张拉并锚固。该方法的特点是不需预留孔道和灌浆，施工工艺简单，预应力筋可按设计要求弯成曲线形状等。但也存在着预应力强度不能充分发挥，对锚具要求较高，无黏结筋制作成本较高等不足之处。

5.4.1 无黏结预应力钢筋的制作

预应力钢筋为防止钢筋锈蚀，并使钢筋与混凝土隔离，减少张拉时的摩阻损失，在钢筋表面涂刷油脂或沥青涂料，油脂涂料有专门产品，也可用工业凡士林掺石墨制成，沥青涂料是用30号沥青加20号柴油和一定量的石棉粉经搅拌均匀而成。涂层施工可由人工完成也可由机械涂油机完成。

无黏结筋用的包裹物应具有足够的抗拉延展性和防水性能。其作用是防止预应力钢材与混凝土黏结、保护涂层，常用的包裹物有半硬塑料管和塑料布。

目前建筑市场上，可直接向工厂订购已包裹成型的无黏结筋。

包裹好的无黏结筋应堆放在干燥并通风良好的棚内，以免烈日暴晒后温度过高造成涂料流淌，气温不高时可露天堆放在架板上，并加以覆盖。运输、堆放或铺设时，均应防止外层破损，否则浇注混凝土时会流入水泥浆导致阻力增大影响张拉。

无黏结筋在使用前应逐根检查外包层的完好程度，对有轻微破损者，可包塑料带补好，对破损严重者应予以报废。

铺设无黏结筋时，应严格按设计要求的形状和位置，正确就位并固定牢靠。

5.4.2 无黏结预应力施工

当混凝土强度达到设计要求，或如设计无要求，混凝土强度不低于设计强度的75%时，即可开始张拉。当无黏结筋长度大于25 m时，为减少摩擦阻力，宜采用两端张拉。钢筋的张拉顺序，如设计无特殊要求，一般可按顺序依次张拉。

无黏结筋张拉过程中，当有个别钢丝发生滑脱或断裂时，可相应降低张拉力，但滑脱或断裂的数量，不应超过结构同一截面无黏结预应力筋总量的2%。

无黏结筋张拉一般采小型千斤顶，其张拉与锚固第二节后张法预应力相同。

无黏结预应力筋使用的锚具应符合Ⅰ类锚具的规定。锚具常用类型主要有两种。通常对钢丝束的张拉端可用镦头锚具，固定端用锚板；对单根钢绞线，在张拉端用夹片式锚具，固定端可将钢绞线打散后压花成型锚固。

无黏结筋张拉完毕后，应尽快用防腐油脂或水泥浆通过灌注孔将端部空腔灌注密实，且无黏结筋的锚固区,必须有严格的密封防护措施,严防水汽进入,锈蚀预应力筋。对外露的预应力筋应分散弯折后,再浇注在封头混凝土内。

5.5　预应力混凝土工程的质量保证及安全措施

5.5.1　张拉设备的测定及选用

目前普遍使用千斤顶对预应力进行张拉。用千斤顶张拉预应力筋时,张拉力的大小主要由油泵上的压力表读数来表达。压力表所指示的读数,表示千斤顶主缸活塞单位面积上的压力值。理论上,将压力表读数乘以活塞面积,即可求得张拉力的大小。

但是,实际张拉力往往比计算值小,其主要原因是一部分力被活塞与油缸之间的摩阻力所抵消,而摩阻力的大小又与许多因素有关,具体数值很难通过计算确定。因此,施工中常采用张拉设备(尤其是千斤顶和压力表)配套校验的方法,直接测定千斤顶的实际张拉力与压力表读数之间的关系,制成表格或绘制户与 N 的关系曲线或回归成线性方程,供施工中使用。压力表的精度不宜低于 1.5 级,校验张拉设备的试验机或测力计精度不得低于 ±2%,张拉设备的校验期限,不应超过半年,如在使用过程中,张拉设备出现反常现象或千斤顶检修以后,应重新校验。

千斤顶与压力表配套校验时,可用标准测力计(如测力环、水银标准箱、传感器等)和试验机(如万能试验机、长柱压力机等)进行。其中以试验机校验方法较为普遍。

5.5.2　常见的质量事故及处理

预应力张拉过程中,应特别注意安全,构件两端应预先设置防护设施,如用砂袋或土袋筑成矮墙,操作时正面严禁站人,以防止钢筋断裂伤人。冬期施工气温较低时,尤其要防止钢筋断裂。

思考题

1. 试比较先张法与后张法施工的不同特点及适用范围。
2. 常用的张拉夹具锚具型式有那些？试述各种夹具和锚具的工作原理。
3. 常用的张拉机械有哪些？怎样选择张拉机械？
4. 先张法与后张法的控制应力取值有何不同？为什么？
5. 为什么在施工中应严格控制预应力值的大小？
6. 预应力张拉的两种程序中,为什么要规定超张拉？
7. 后张法孔道留设方法有几种？留设孔道应注意哪些问题？
8. 后张法孔道灌浆有何作用？对灌浆材料有何要求？如何设置灌浆孔和泌水孔？
9. 后张法无黏结预应力有何特点？

第6章 结构安装工程

6.1 运输及起重机械

6.1.1 索具设备

在结构安装工程中,需要使用许多辅助工具及设备。如卷扬机、钢丝绳、滑轮组、横吊梁等,现将主要的设备性能介绍如下:

6.1.1.1 卷扬机

在结构安装施工中,卷扬机是起重机械的重要部分。常用的卷扬机按其速度有快速和慢速两种。快速卷扬机又分单筒和双筒两种,其钢丝绳牵引速度为25~50 m/min,单头牵引力为4.0~80 kN,如配以井架、龙门架、滑车等可作垂直、水平运输和打桩作业。慢速卷扬机多为单筒式,钢丝绳牵引速度为6.5~22 m/min,单头牵引力为5.0~100 kN,如配以拔杆、人字架、滑车组等可作结构吊装、钢筋冷拉和预应力钢筋张拉作业。

卷扬机在使用时必须有可靠的锚固,以防止在工作中产生滑移或倾覆。根据牵引力的大小,卷扬机的固定方法有四种,如图6.1所示。卷扬机的安装位置应选在地势较高,且地基又坚实的地方,一般距起吊处应大于起吊高度,以便于起吊构件时的观察。使用时电气线路要勤加检查,电动机要良好,电磁抱闸要有效,全机接地无漏电现象;传动机要啮合正确,无杂音,加润滑剂;钢丝绳应与卷筒卡牢,在吊重物后放松钢丝绳卷筒上最少应保留四周。

6.1.1.2 钢丝绳

钢丝绳是吊装作业的常用绳索,具有强度高、弹性大、韧性好、耐磨损、能承受冲击载荷等优点,且磨损后它的表面能产生毛刺,易于发现,便于预防事故的发生。

钢丝绳先由若干根钢丝捻成股,再由若干股围绕绳芯捻成绳,其规格有6×19和6×37两种(6股,每股分别由19、37根钢丝捻成)。前者钢丝直径较粗,坚硬、耐磨、不易弯曲,一般作缆风绳之用。后者钢丝较柔软,用于吊索和穿滑车组。

钢丝绳的允许拉力应满足下式要求:

$$S \leqslant \frac{aR}{K} \tag{6.1}$$

式中 S——钢丝绳允许拉力(N);

R——钢丝绳的破断拉力总和(N);

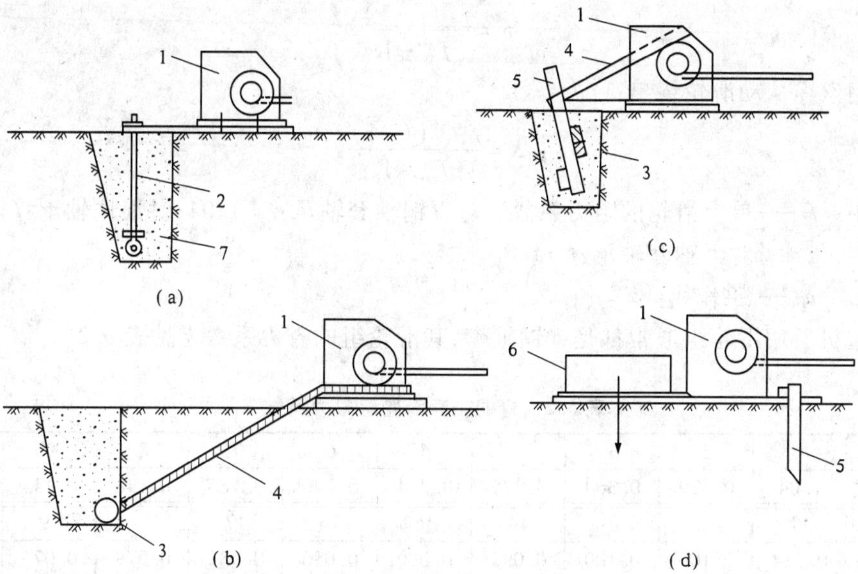

图 6.1

(a)螺栓锚固法;(b)水平锚固法;(c)立桩锚固法;(d)压置锚固法

1. 卷扬机;2. 地脚螺栓;3. 横木;4. 拉索;5. 木桩;6. 压重;7. 压板

a——钢丝绳破断拉力换算系数(或受力不均匀系数)。钢丝绳为 6 ×19 取 0.85; 6 ×37 取 0.82。

K——钢丝绳安全系数,按表 6.1 规定选用。

表 6.1　钢丝绳安全系数 K

用　途	安全系数	用　途	安全系数
作缆风绳	3.5	作吊索、无弯曲时	6 ~ 7
用于手动起重设备	4.5	作捆绑吊索	8 ~ 10
用于电动起重设备	5 ~ 6	用于载人升降机	14

6.1.1.3　**滑轮组**

滑轮组是由一定数量的定滑轮和动滑轮以及绕过它们的绳索组成。滑轮组具有省力和改变力的方向的功能,是起重机械的重要组成部分。滑轮组共同负担构件重量的绳索根数称为工作线数。一般,滑轮组的名称以组成滑轮组的定滑轮与动滑轮的数目来表示。如由 5 个定滑轮和 4 个动滑轮所组成的滑轮组称为五四滑轮组。

滑轮组钢丝绳的跑头拉力 S,可按下式计算:

$$S = KQ \tag{6.2}$$

式中　S——跑头拉力(KN);

Q——计算荷载;

K——滑轮组省力系数。

当钢丝绳从定滑轮绕出:

$$K=\frac{f^{n}(f-1)}{f^{n}-1} \tag{6.3}$$

当钢丝绳从动滑轮绕出：

$$K=\frac{f^{n-1}(f-1)}{f^{n}-1} \tag{6.4}$$

式中 f——单个滑轮的阻力系数。对青铜轴套轴承：$f=1.04$；对滚珠轴承：$f=1.02$；对无轴套轴承：$f=1.06$。

n——工作线数。

起重机所用滑轮组通常都是青铜轴套，其滑轮组的省力系数 k 见表 6.2。

表 6.2 青铜轴套滑轮组省力系数

工作线数	1	2	3	4	5	6	7	8	9	10
省力系数	1.04	0.529	0.360	0.275	0.224	0.190	0.166	0.148	0.134	0.123
工作线数	11	12	13	14	15	16	17	18	19	20
省力系数	0.114	0.106	0.100	0.095	0.090	0.086	0.082	0.079	0.076	0.074

6.1.1.4 横吊梁

横吊梁又称铁扁担，在吊装中可减小起吊高度，满足吊索水平夹角的要求，使构件保持垂直、平衡、便于安装。横吊梁的形式有滑轮横吊梁（如图 6.2 所示），一般用于吊小于 8 t 重的柱；钢板横吊梁（如图 6.3 所示），用于吊 10 t 以下的柱；钢管横吊梁（如图 6.4 所示），长 6 ~ 12 m，一般用于吊屋架。

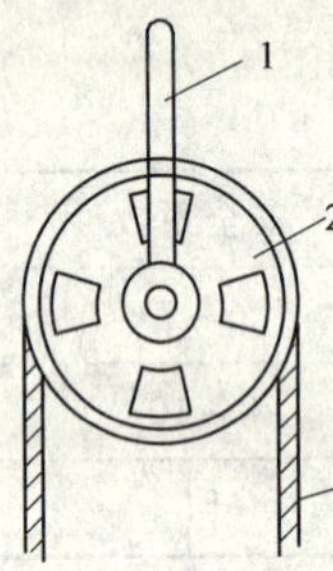

图 6.2 滑轮横吊梁

1. 吊环；2. 滑轮；3. 吊索

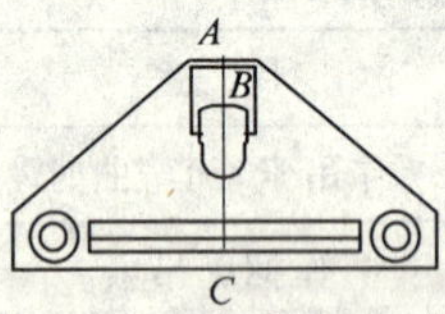

图 6.3 钢板横吊梁

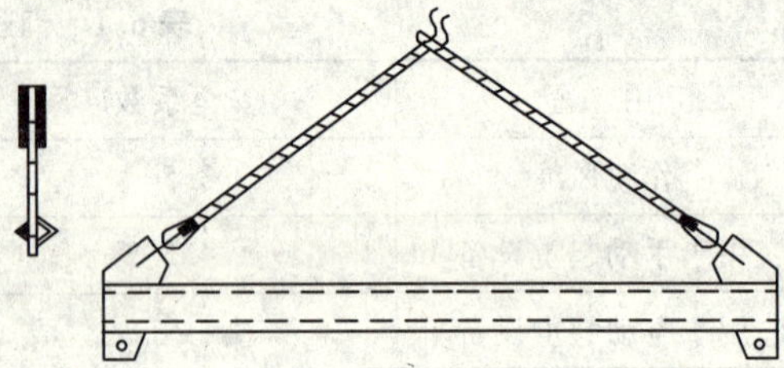

图 6.4 钢管横吊梁

6.1.2 运输设备

结构吊装工程中的构件运输和履带式起重机的中距离转移，均需用运输车辆来完成。

起重机转移，一般需使用平板拖车；构件运输则根据构件重量和外形尺寸选用载重汽车、平板拖车和拖拉机等。对于重量较轻、外形尺寸不大的构件（如 1.5 m×6 m 屋面板、6 m 长吊车梁等），一般选用载重汽车运输，因为载重汽车和平板拖车相比较，具有运输效率高、对道路的转弯半径要求较小等特点；而运输重而长的构件（如柱子、屋架等），则常使用平板拖车；在较偏僻地区，有时使用拖拉机作为牵引车进行运输。

平板拖车由牵引车（拖车头）和平板（拖板）两部分组成，有全拖式和半拖式两种，如

图 6.5 所示。

6.1.3　起重机械

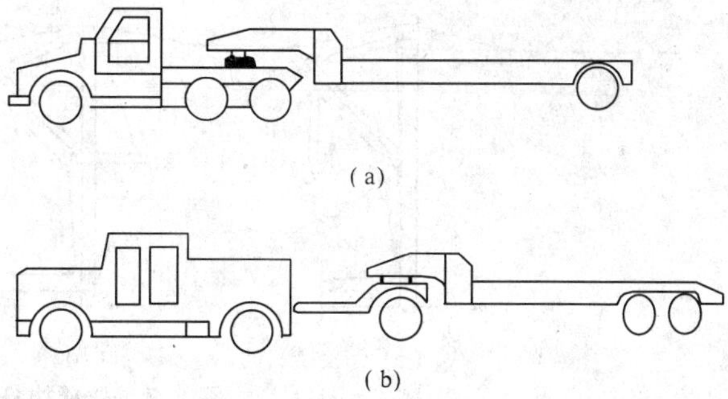

图 6.5　平板拖车

(a)半拖式(半挂式);(b)全拖式(全挂式)

起重机械是建筑结构安装工程中不可少的重要设备,起重机的种类很多,在结构安装工程中常用的起重机械有:有桅杆式起重机、自行式起重机和塔式起重机等。

6.1.3.1　桅杆式起重机

桅杆式起重机是用木材或金属材料制作的起重设备,在结构安装中使用较多。其特点是容易就地取材在现场制作,构造简单、装拆方便,受地形条件限制小,起重量也比较大(可达 100 t 以上);但是施工作用半径小、移动困难,需要设置较多的缆风绳,一般多用于起吊安装工程量比较集中的工程,尤其是在交通不便的地区进行结构安装时,因大型设备不能运入现场,桅杆式起重机有着不可替代的作用。常用的桅杆式起重机有独脚拔杆、悬臂拔杆、人字拔杆和牵缆式桅杆起重机等。

(1)独脚拔杆

独脚拔杆按制作的材料分类有木独脚拔杆和钢管独脚拔杆等,主要由拔杆、起重滑轮组、卷扬机、缆风绳和锚锭等组成,如图 6.6 所示。木独角拔杆通常用一根圆木做成,梢径 20 ~ 32 cm,起重高度一般为 8 ~ 15 m,起重量在 10 t 以内;钢管独脚拔杆它的起重高度一般在 20 m 以内,起重量不超过 30 t;格构式金属拔杆,起重高度可达 70 ~ 80 m,起重量在 100 t 以上。

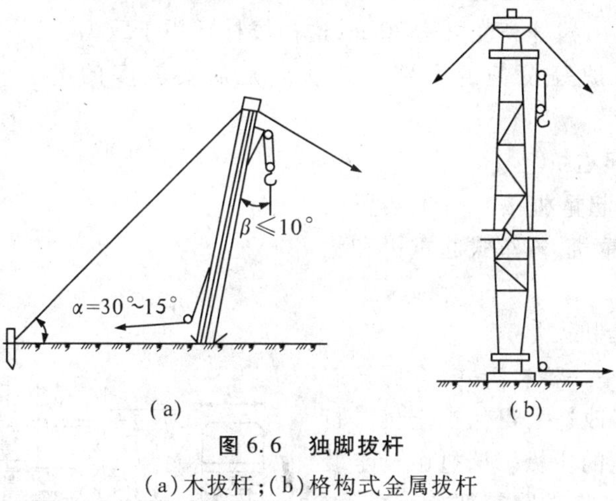

图 6.6　独脚拔杆

(a)木拔杆;(b)格构式金属拔杆

(2)悬臂拔杆

悬臂拔杆是在独脚拔杆的中部或 2/3 高处装一根起重臂,如图 6.7 所示。它的特点是起重高度和起重半径都较大,悬臂起重杆左右摆动角度较大(120° ~ 270°),使用方便。但因起重量较小,多用吊装轻型构件。

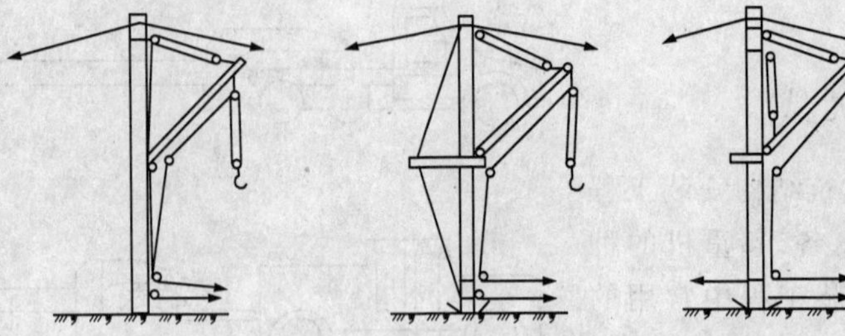

(a)　　(b)　　(c)

图 6.7　悬臂拔杆

(a)一般形式;(b)带加劲杆;(c)起置臂杆可沿拔杆升降

(3)人字拔杆

人字拔杆由两根圆木(或钢管、格构式构件)用钢丝绳绑扎(或用铁件铰接)而成,如图 6.8 所示。其优点是起重量大、侧向稳定比独脚拔杆好,但构件起吊后活动范围小,可用于吊装重型柱或作为辅助设备以吊装厂房屋盖体系上的轻型构件。人字拔杆在吊装构件过程中,严禁调整拔杆的前倾角度和挪动拔杆的位置,以防发生事故。

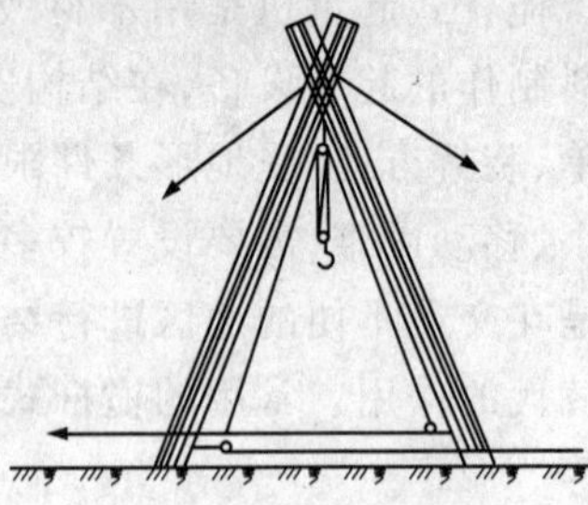

图 6.8　人字拔杆

(4)牵缆式拔杆

牵缆式拔杆是在独脚拔杆的根部装一根可以回转和起伏的起重臂。如图 6.9 所示。起重量在 5 t 以下时,多用圆木制作;起重量在 10 t 左右时,应用无缝钢管制作,拔杆高度可达 25 m,多用于一般工业厂房构件的吊装;起重量在 60 t 时,拔杆和吊臂均用角钢组成的格构式截面杆件,桅杆高度可达 80 m,这种拔杆适用于重型工业厂房的构件和高炉等设备的安装。其缺点是需要较多的缆风绳。

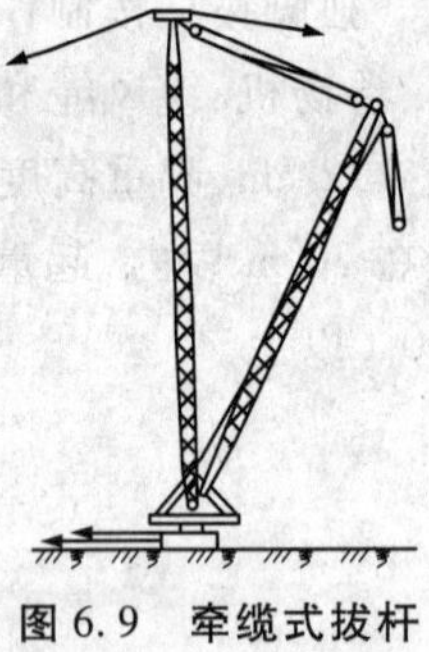

图 6.9　牵缆式拔杆

6.1.3.2　自行式起重机

常用的自行式起重机按其行走装置的不同分为履带式起重机、汽车式起重机和轮胎式起重机。

(1)履带式起重机

履带式起重机是一种自行式、全回转起重机,其工作装置经改造后可作挖土机或打桩架,是一种多功能的机械。该机由行走装置、回转机构、机身、起重臂等部分组成,如图 6.10 所示。履带式起重机具有操作方便、机动灵活、起吊高度较大,可在一般道路上行走,有较大的起重能力及工作速度,在平整坚实的道路上还可负载行走。但履带

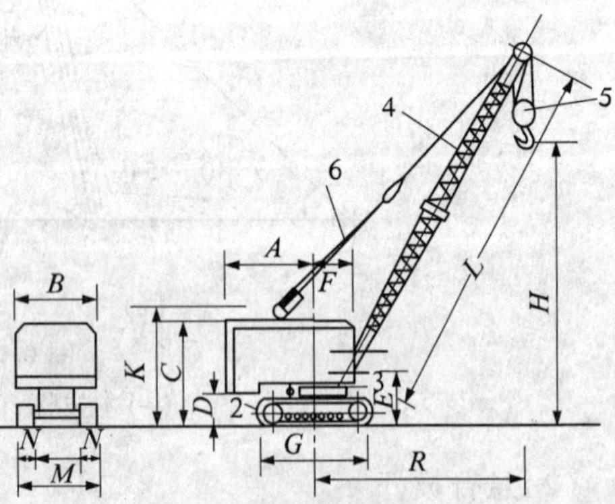

图 6.10　履带式起重机

1. 机身;2. 行走装置;3. 回转机构;4. 起重臂;5. 起重滑轮组;6. 变幅滑轮组

式起重机行走时速度慢，履带对路面破坏性较大，且稳定性差；不宜超负荷吊装，当进行长距离转移时，多用平板拖车或铁路平车运输。

目前，履带式起重机是结构安装中的主要起重机械，特别适用于一般单层工业厂房结构安装。常用的履带式起重机有以下几种型号：W_1-50 型、W_1-100 型、W_1-200 型和西北 78D(80D) 型等，不同型号履带式起重机的外形尺寸见表 6.3。

表 6.3　履带式起重机外型尺寸(mm)

符号	名　　称	型　　号			
		W_1-50	W_1-100	W_1-200	西北 78D(80D)
A	机身尾部到回转中心距离	2 900	3 300	4 500	3 450
B	机身宽度	2 700	3 120	3 200	3 500
C	机身顶部到地面的距离	3 220	3 675	4 125	—
D	机身底部到地面的高度	1 000	1 045	1 190	1 220
E	起重臂下铰中心距地面的高度	1 555	1 700	2 100	1 850
F	起重臂下铰中心至回转中心距离	1 000	1 300	1 600	1 340
G	履带长度	3 420	4 005	4 950	4 500(4 450)
M	履带架宽度	2 850	3 200	4 050	3 250(3 500)
N	履带板宽度	550	675	800	680(760)
J	行走底架距地面高度	300	275	390	310
K	机身上部支架距地面高度	3 480	4 170	6 300	4 720(5 270)

1）履带式起重机的技术性能　履带式起重机主要技术性能包括三个主要参数：起重量 Q、起重半径 R 和起重高度 H。起重量一般不包括吊钩、滑轮组的重量，起重半径是指起重机回转中心至吊钩的水平距离，起重高度是指起重吊钩中心至停机面的距离。履带式起重机的主要技术性能见表 6.4。此外还可以用性能曲线来表示起重机的性能，如图 6.11 所示，即为 W_1-200 型起重机的性能曲线。

表 6.4　履带式起重机技术性能表

参　　数		单位	型　　号										
			W_1-50		W_1-100		W_1-200			西北 78D(80D)			
起重臂长度		m	10	18	13	23	15	30	40	18.3	24.4	30.25	37
最大起重半径		m	10.0	17.0	12.5	17.0	15.5	22.5	30.0	18.0	18.0	17.0	17.0
最小起重半径		m	3.7	4.5	4.23	6.5	4.5	8.0	10.0	4.7	7.5	8.0	10.0
起重量	最小起重半径时	t	10.0	7.5	15	8.0	50.0	20.0	8.0	20.0	10.0	9.0	3.0
	最大起重半径时	t	2.6	1.0	3.5	1.7	8.2	4.3	1.5	3.3	2.9	3.5	1.0
起重高度	最小起重半径时	m	9.2	17.2	11.0	19.0	12.0	26.8	36.0	18.0	23.0	29.1	36.0
	最大起重半径时	m	3.7	7.6	5.8	16.0	3.0	19.0	25.0	7.0	16.4	24.3	34.0

从起重机性能表和性能曲线中可看出：起重量、起重半径、起重高度的大小，取决于起重臂长度及其仰角的大小。即当起重臂长度一定时，随着仰角的增加，起重量和起重高度增加，而起重半径减小。当起重臂仰角不变时，随着起重臂长度增加，则起重半径和起重高度增加，而起重量减小。

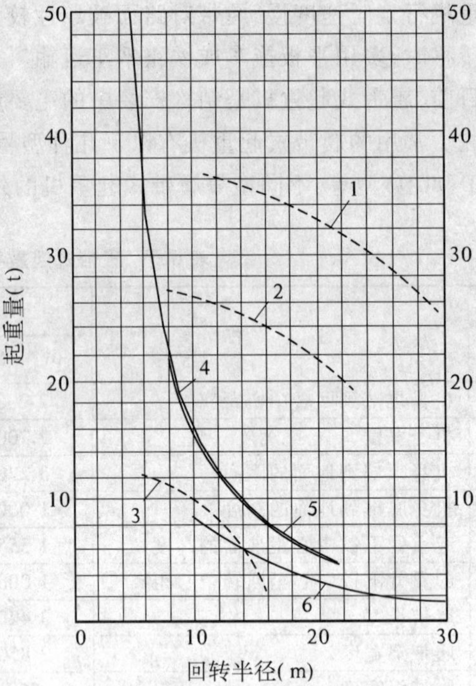

图 6.11　W_1-200 型起重机性能曲线

1. 起重臂长 40 m 时起重高度曲线；2. 起重臂长 30 m 时起重高度曲线；3. 起重臂长 15 m 时起重高度曲线；4. 起重臂长 40 m 时起重量曲线；5. 起重臂长 30 m 时起重量曲线；6. 起重臂长 15 m 时起重量曲线

为了保证履带式起重机安全工作，在使用上应注意以下要求：在安装时需保证起重机吊钩中心与臂架顶部定滑轮之间有一定的最小安全距离，一般取 2.5 ~3.5 m。起重机工作时的地面允许最大坡度不应超过 3°，起重臂的最大仰角不超过生产厂家规定，若无资料可查，不得超过 78°。起重机一般不宜同时进行起重和旋转操作，也不宜边起重边改变起重臂架幅度。起重机如必须负载行驶，载荷不得超过允许起重量的 70%，且道路应坚实平整，施工现场应满足履带对地面的压强要求：当空车停止时为 80 ~100 kPa，空车行驶为 100 ~190 kPa，起重时为 170 ~300 kPa。若起重机在松软土地上面工作，宜采用枕木或钢板焊成的路基箱垫好道路，以加快施工速度。起重机负荷行驶时重物应在行走的正前方，重物离地不得超过 50 cm，并拴好拉绳。

2）履带式起重机的稳定性验算　履带式起重机在正常条件下工作，机身可以保持稳定。当起重机进行大负荷吊装或接长臂杆时，为了保证起重机在吊装过程不会发生倾覆事故，需进行稳定性验算。

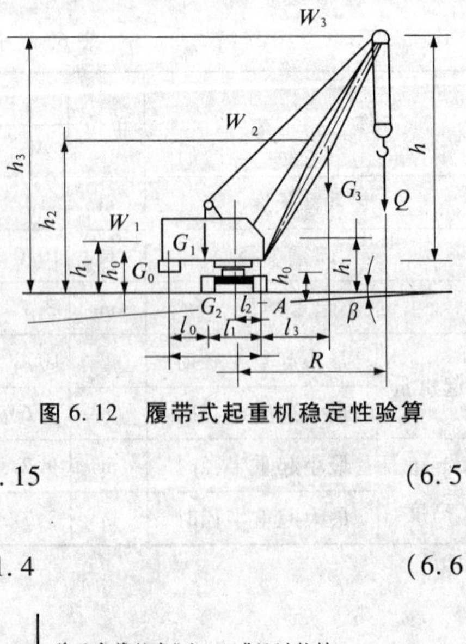

图 6.12　履带式起重机稳定性验算

在图 6.12 所示情况下（即机身与行驶方向垂直）稳定性最差，此时，履带的轨链中心 A 为倾覆中心，起重机的稳定性按以下方法进行验算：

①当考虑吊装荷载及附加荷载时　稳定安全系数：

$$K_1 = M_{稳}/M_{倾} \geqslant 1.15 \tag{6.5}$$

②当仅考虑吊装荷载时　稳定安全系数：

$$K_2 = M_{稳}/M_{倾} \geqslant 1.4 \tag{6.6}$$

即：

$$K_1=\frac{G_1l_1+G_2l_2+G_0l_0-(G_1h_1+G_2h_2+G_0h_0+G_3h_3)\sin\theta-G_3l_3-M_F-M_G-M_L}{(Q+q)(R-l_3)}\geqslant 1.15 \quad (6.7)$$

$$K_2=\frac{G_1l_1+G_2l_2+G_0l_0-G_3l_3}{(Q+q)(R-l_3)}\geqslant 1.4 \quad (6.8)$$

式中　G_0——起重机平衡重的重量；

G_1——起重机机身可转动部分的重量；

G_2——起重机机身不转动部分的重量；

G_3——起重臂重量；

Q——起重荷载(包括构件和索具重量)；

q——起重机滑轮组重量；

l_1——G_1 重心至 A 点距离(地面倾斜影响忽略不计,下同)；

l_2——G_2 重心至 A 点距离；

l_3——G_3 重心至 A 点距离；

l_0——G_0 重心至 A 点距离；

h_1——G_1 重心至地面距离；

h_2——G_2 重心至地面距离；

h_3——G_3 重心至地面距离；

h_0——G_0 重心至地面距离；

θ——地面倾角($\leqslant 3°$)；

R—起重半径；

M_F——风载引起的倾覆力矩。考虑 6 级以上风时,不能进行高空安装作业,而 6 级以下风对起重机影响较小。因此,当起重机的臂长小于 25 m 时,不计风载力矩的影响。

M_G——重物下降时突然刹车惯性力引起的倾覆力矩；

$$M_G=\frac{(Q+q)v}{gt}(R-l_2) \quad (6.9)$$

v——吊钩下降速度(m/s),取吊钩起重速度的 1.5 倍；

g——重力加速度(9.8 m/s^2)；

t——制动时间(由 $v\to 0$),取 1 s；

M_L——起重机回转时离心力引起的倾覆力矩；

$$M_L=\frac{(Q+q)Rn^2}{900-n^2h}H \quad (6.10)$$

n——起重机回转速度(r/min)；

h——所吊构件于最低位置时,其重心至起重杆顶端距离；

H——起重杆顶端至地面距离。

③起重臂接长验算　当起重机的起重高度或起重半径不能满足吊装需要时,则可采用接长起重臂杆的方法予以解决其起重量 Q'按图 6.13 计算。根据起重力矩等量换算原

理，可由 $\Sigma M_A=0$ 求得：

$$Q'\left(R'-\frac{M-N}{2}\right)+G'\left(\frac{R+R'}{2}-\frac{M-N}{2}\right)\leqslant Q\left(R-\frac{M}{2}\right)$$

整理得：

$$Q'=\frac{1}{2R'-M}\left[Q(2R-M)-G'(R+R'-M)\right] \tag{6.11}$$

式中 R'——接长起重臂后的最小起重半径；

R——起重机原有最大臂长的最小回转半径；

M——起重机两履带板之间的距离；

G——起重臂接长部分的重量。

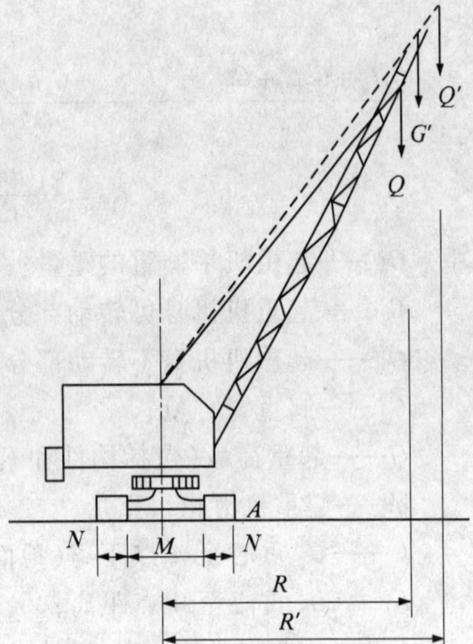

图 6.13 起重臂接长验算

当计算的 Q'值大于所吊构件重量，即满足稳定安全条件；若 Q'值小于所吊构件重量，则采取相应措施，如在起重臂顶端拉设临时性缆风绳，以加强起重机的稳定性。必要时，还需要用前面公式进行验算。

(2)汽车式起重机

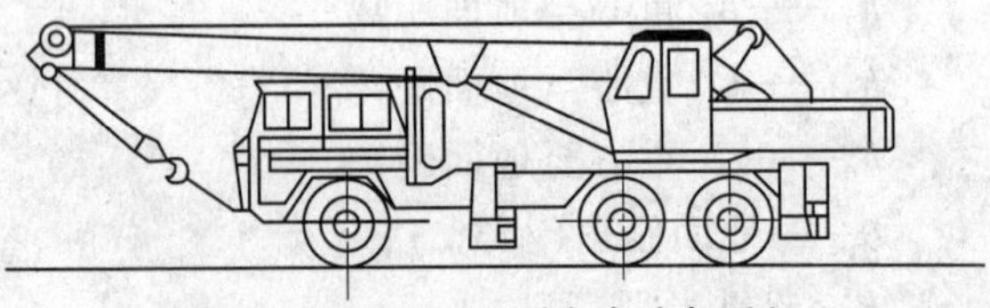

图 6.14 QY－16 型汽车式起重机

汽车式起重机是将起重结构安装在载重汽车上的一种全回转起重机，起重机构动力由汽车发动机供给，其行驶的驾驶室与起重操纵室分开设置，如图 6.14 所示。其特点是行驶速度快、移动迅速、机动性好，对路面损伤小，但起吊重物时稳定性差，工作时必须将可伸缩支腿落地，所以不能带负荷行驶，也不适合在松软或泥泞的地面上工作。一般用于构件运输装卸作业和吊装作业。

我国常用的汽车式起重机有：国产 Q2 系列、QY 系列等。QY－32 型汽车式起重机，最大起重量可达 32 t，起重臂长 32 m，用于一般工业厂房的结构安装。目前，国产汽车式起重机最大起重量已达 65 t。引进的大型汽车式起重机有日本的 NK 系列，如 NK－800 型起重机起重量可达 80 t，而德国的 GMT 型汽车式起重机最大起重量可达 120 t，最大起重高度可达 75.6 m，均能满足重型构件的安装要求。

(3)轮胎式起重机

轮胎式起重机在构造上与履带式起重机基本相似，但其行走装置采用轮胎，如图 6.15 所示。其特点是：行驶速度较快、不损伤路面、起重量较大。但不适宜在松软或泥泞的地面工作，对作业场地的路面要求较高。目前，我国常用的轮胎式起重机有：QL3 系列及 QYL 系列等。均用于一般工业厂房结构吊装。

6.1.3.3 塔式起重机

塔式起重机是一种塔身直立，起重臂安装在塔身顶部可做 360°回转。它具有较高的起重高度、工作幅度和起重能力，工作速度快、生产效率高，机械运转安全可靠，操作和装拆方便等优点,在多层、高层房屋结构安装中应用最广。

塔式起重机按行走机构、变幅方式、回转机构位置及爬升方式的不同而分成若干类型。下面就轨道式、爬升式和附着式塔式起重机作重点介绍。

(1)轨道式塔式起重机

轨道式塔式起重机的行走机构安装在一条专用的轨道上,能同时完成垂直和水平运输,作业范围大、安装部位高,安全可靠,是目前运用较广泛的一种起重机械。由于这种起重机需铺设轨道,因此安装和拆除困难,施工费用高,所以多用于工程量大而建筑又集中的建筑群。常用的型号有 QTl-2 型、QTl-6 型、QT60/80 型等。

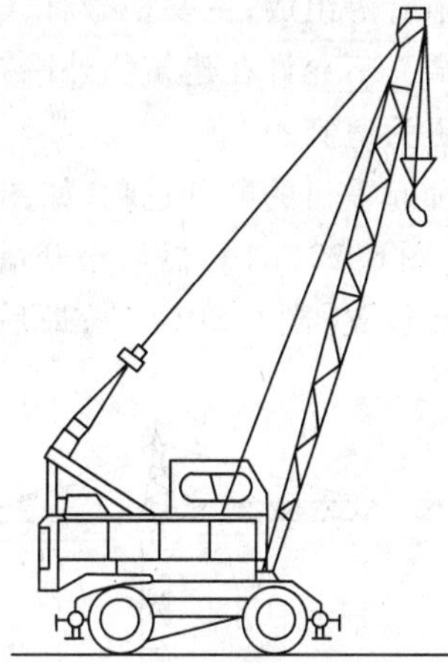

图 6.15　QL3-16 型轮胎式起重机

1)QTl-2 型塔式起重机　它是塔身回转式轻型起重机,由塔身、起重臂和底盘组成,回转机构位于塔身下部。该机重心低,稳定性好,塔身与起重臂可折叠,能整体运输,如图 6.16 所示。起重量为 1~2 t,起重力矩为 160 kN·m。适用于 5~6 层的民用建筑的结构安装。

2)QTl-6 型塔式起重机　它是塔顶旋转式起重机,主要由底盘、塔身、起重臂、塔顶及平衡臂组成,如图 6.17 所示。起重量为 2~6 t,起重半径 8~20 m,最大起重力矩为 400~500 kN·m,起重量高度 40 m。适用于构件较轻的多层框架或 8~10 层民用建筑的结构安装。

3)QT60/80 型塔式起重机　它是上回转动臂变幅式起重机。如图 6.18 所示。起重量可达 10 t,起重力矩为 600~800 kN·m,起升高度可达 70 m 左右。一般用于多层装配式民用房屋和多层工业厂房施工。

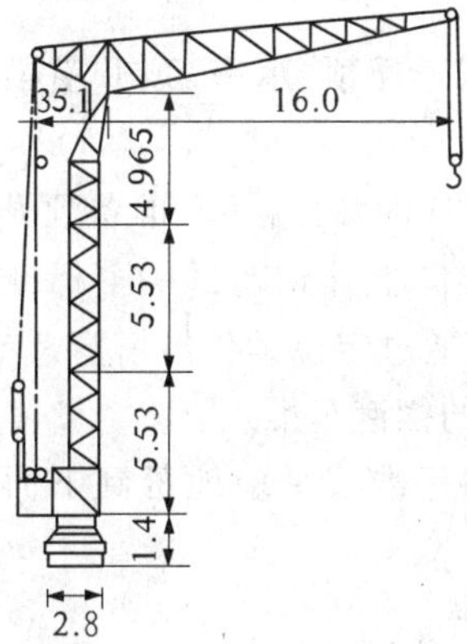

图 6.16　QT1-2 塔式起重机

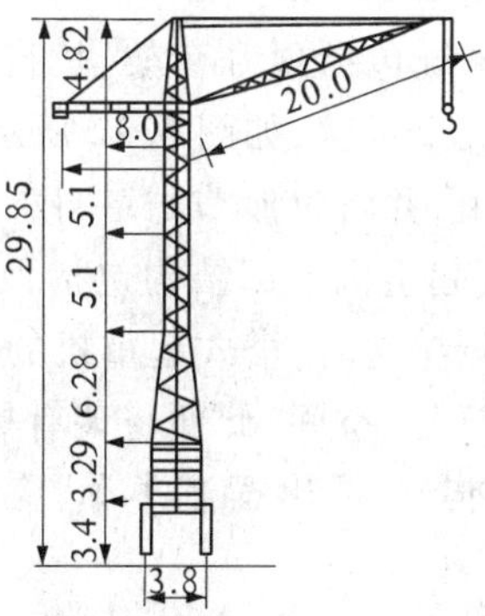

图 6.17　QT1-6 型塔式起重机

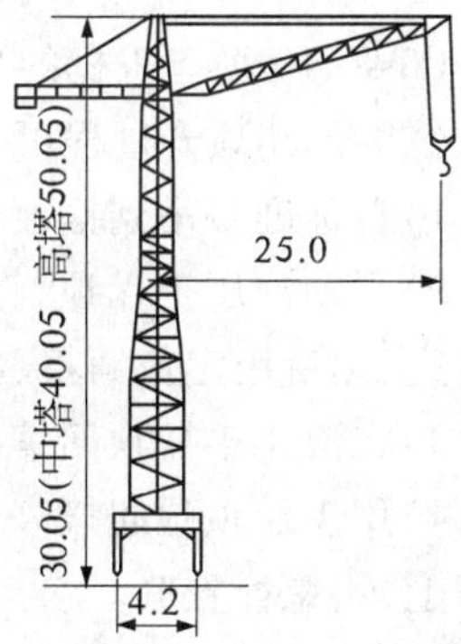

图 6.18　QT60/80 型塔式起重机

(2)爬升式塔式起重机

爬升式塔式起重机是一种安装在建筑物内部(电梯井或特设开间)的结构上,借助套架托梁和爬升系统自行爬升的起重机,如图 6.19 所示。由底座、套架、塔身、塔顶、起重臂和平衡臂等组成，主要型号有：QT5－4/40 型，QT5－4/60 型和 QT3－4 型。主要适应于现场狭窄又不允许在建筑物外围布置固定塔式起重机的地点，尤其是建造 30 层以上的高层建筑更为适宜。

这种起重机的爬升过程，如图 6.20 所示。首先用起重钩将套架提升到一个塔位处予以固定[图 6.20(b)]，然后松开塔身底座梁与建筑物骨架的联接螺栓，收回支腿，将塔身提至需要位置[图 6.20(c)]；最后旋出支腿，扭紧联接螺栓，即可再次进行安装作业[图 6.20(a)]。

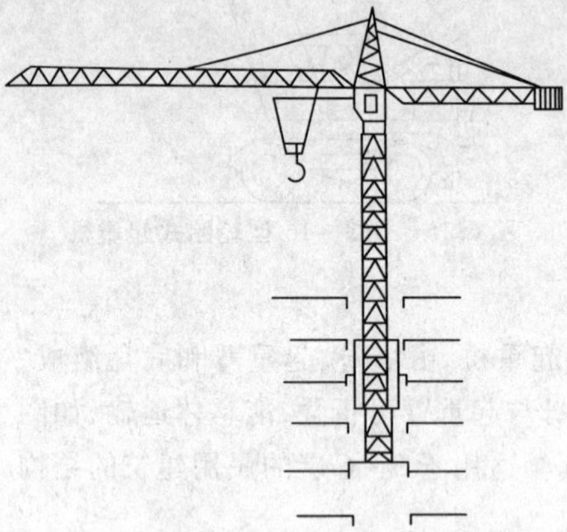

图 6.19　爬升式塔式起重机

1. 爬升套架；2. 塔身底座；3. 塔身

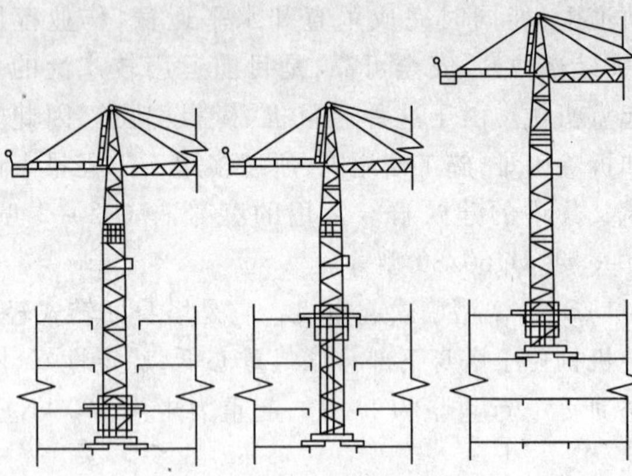

图 6.20　爬升过程示意图

(a)准备状态；(b)提升套架；(c)提升塔身

(3)附着式塔式起重机

附着式塔式起重机是直接固定在建筑物旁的钢筋混凝土基础上的起重机，它可借助顶升系统将塔身自行向上接高，从而满足施工进度的要求。该塔式起重机多用于高层建筑施工。如图 6.21 所示，即为 QT4－10 型自升式四用塔式起重机（可附着、可固定、可行走、可爬升）。其起重量为 5～10 t，起重半径为 3～35 m（小车变幅），起重高度 160 m，最大起重力矩 1600 kN·m，每次接高 2.5 m。

QT4－10 型起重机的自升系统包括顶升套架、长行程液压千斤顶、承座、顶升横梁及定位销等。其顶升过程可分为五个步骤，如图 6.22 所示。

1)将标准节吊到摆渡小车上，并将过渡节与塔身标准节相连的螺栓松开，准备顶升。

2)开动液压千斤顶，将塔式起重机上部结构包括顶升套架向上升到超过一个标准节的高度，然后用定位销将套架固定，这时，塔式起重机的重量便通过定位销传给塔身。

3)将液压千斤顶回缩，形成引进空间，此便将装有标准节的摆渡车推入。

4)用千斤顶顶起接高的标准节，退出摆渡小车，将待接的标准节平稳地落到下面的塔身上，用螺栓拧紧。

5)拔出定位销，下降过渡节，使之与已接高的塔身联成整体。

近年来，国内外新型塔式起重机不断涌现。国内研制的有 QT60，QT80，QT100，QT250 等塔吊。QT250 型起重臂长 60 m，最大起重量达 16 t，附着时最大起重高度 160 m，均适用于超高层建筑施工。国外发展的重点则是轻型快速安装塔式起重机，如 311A/A 系列，TK2008、VK20A－1 等，其起重量为 0.55～1.4 t，起升速度可达 40 m/min。

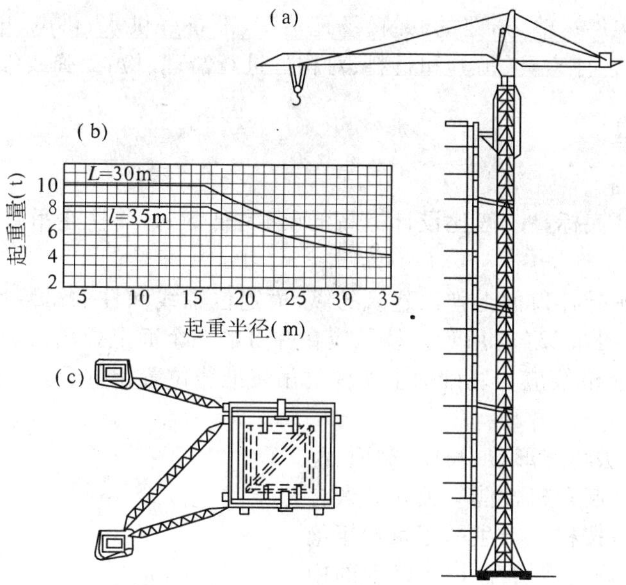

图 6.21　QT4－10 型塔式起重机

(a)全貌图;(b)性能曲线;(c)锚固装置图

1. 液压升斤顶;2. 顶升套架;3. 锚固装置;4. 塔身套箍;5. 撑杆;6. 柱套箍

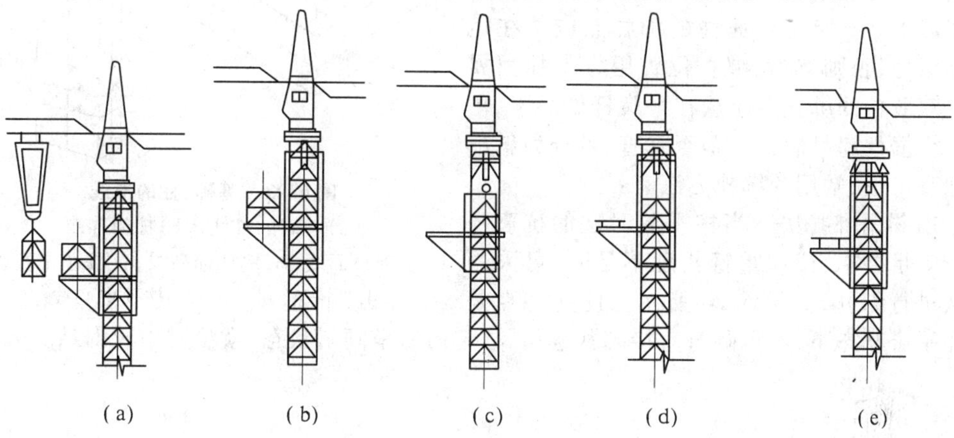

图 6.22　附着式起塔式起重机的自升过程

(a)准备状态;(b)顶升塔顶;(c)推入标准节;(d)安装标准节;(e)塔顶与塔身联成整体

6.2　单层工业厂房结构安装

单层工业厂房平面空间大、高度较高,构件类型少,数量多,有利于机械化施工。现阐述如下:

6.2.1　构件吊装工艺

单层工业厂房的结构构件有柱、吊车梁、连系梁、屋架、天窗架、屋面板及支撑等。构件的吊装工艺:绑扎→吊升→对位→临时固定→校正→最后固定。构件吊装前必须做好各项准备工作，如构件运输、道路的修筑、场地清理、准备好供水、供电、电焊机等设备，还需备好吊装常用的各种索具、吊具和材料，对构件进行清理、检查、弹线编号及对基础杯口标高抄平等工作。

6.2.1.1　**柱的吊装**

(1)基础的准备

柱基施工时，杯底标高一般比设计标高低(通常低5 cm)，柱在吊装前需要对基础底标高进行一次调整。

此外，还要在基础杯口面上弹出建筑的纵、横定位轴线和柱的吊装准线，作为柱对位和校正的依据。如图6.23(a)所示。柱子应在柱身的三个面上弹出吊装准线。如图6.23(b)所示。柱的吊装准线应与基础面上所弹的吊装准线位置相重合。

(2)柱的绑扎

柱子的绑扎方法与其形状、长度、截面、配筋部位、吊装方法和起重机性能有关。其最合理的绑扎点位置，应按柱子产生的正负弯矩绝对值相等的原则来确定。自重13 t以下的中小型柱绑扎一点，细长柱或重型柱应绑扎两点，甚至三点。有牛腿的柱，一点绑扎的位置，常选在牛腿以下，如上部柱较长，也可绑扎在牛腿以上。工字形断面柱的绑扎点应选在矩形断面处，否则，应在绑扎位置用方木加固翼缘。双肢柱的绑扎点应选在平腹杆处。

根据柱起吊后柱身是否垂直，可分为斜吊法和直吊法，常用的绑扎方法有：

1)斜吊绑扎法　当柱平放时柱的抗弯强度能满足要求，或起重臂长度不足时，可采用此法进行绑扎，如图6.24所示。此法特点是柱在平卧状态下，不需翻身直接绑扎起吊，柱起吊后呈倾斜状态，就位对中较困难。

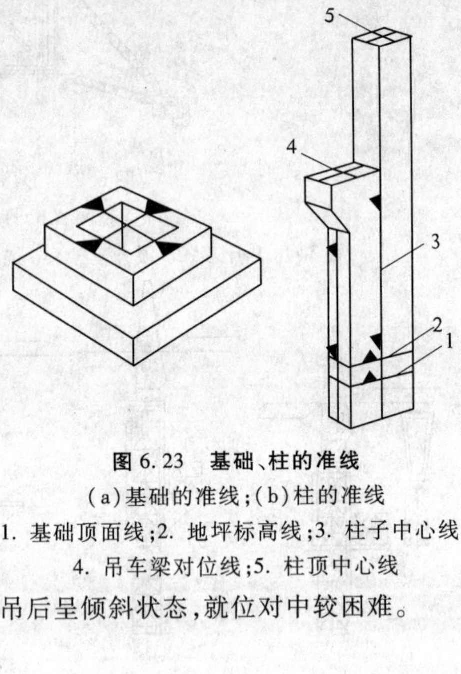

图6.23　基础、柱的准线

(a)基础的准线；(b)柱的准线

1. 基础顶面线；2. 地坪标高线；3. 柱子中心线；4. 吊车梁对位线；5. 柱顶中心线

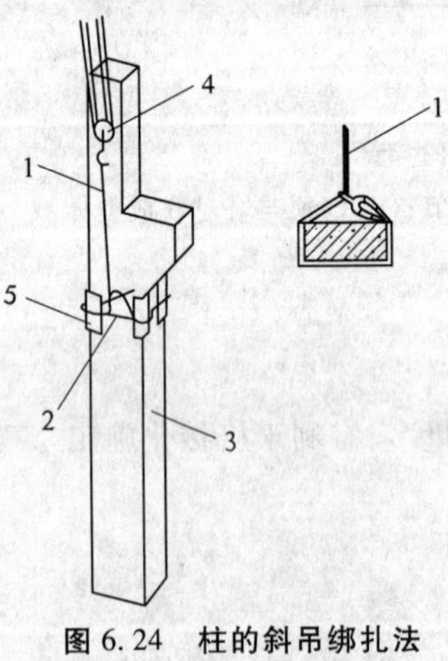

图6.24　柱的斜吊绑扎法

1. 吊索；2. 活络卡环；3. 柱；4. 滑车；5. 方木

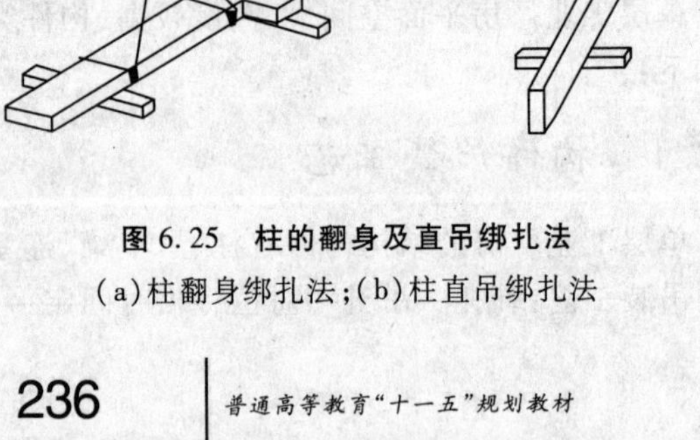

图6.25　柱的翻身及直吊绑扎法

(a)柱翻身绑扎法；(b)柱直吊绑扎法

2）直吊绑扎法　当柱平放起吊的抗弯强度不足时，需将柱翻身，然后起吊。这种绑扎方法是用吊索从柱子两侧引出，上端通过卡环或滑轮挂在铁扁担上，再与横吊梁相连，起吊后柱与基础杯底垂直，容易对位，如图 6.25 所示。铁扁担高于柱顶，须用较长的起重臂。

此外，当柱较重较长、需要用两点起吊时，也可采用两点斜吊和直吊绑扎法，如图 6.26 所示。

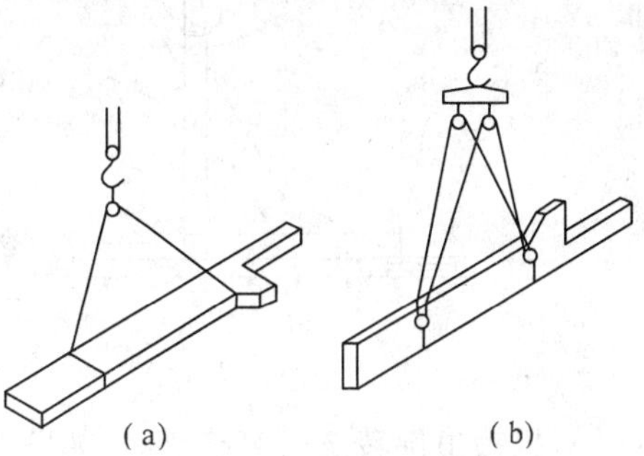

图 6.26　柱的两点绑扎法

（a）斜吊；（b）直吊

（3）柱的吊升方法

根据柱在吊升过程中的特点，柱的吊升可分为旋转法和滑行法两种。对于重型柱还可采用双机抬吊的方法。

1）旋转法　起重机边升钩、边回转起重臂，使柱子绕柱脚旋转而呈直立状态，然后将其插入杯口，如图 6.27（a）所示。柱子在平面布置时，柱脚宜靠近基础，要做到绑扎点、柱脚中心与杯基础杯口中心三点共弧，如图 6.27（b）所示。该弧所在的中心即为起重机的回转中心，半径为圆心到绑扎点的距离。如条件限制不能布置时，可采用绑扎点与杯口两点共弧或柱脚中心点与杯口中心点两点共弧布置。但在起吊过程中，需改变回转半径和起重臂仰角，工效低且安全度较差。旋转法吊升过程中对柱振动小，生产效率较高。多用中小型柱的吊装。

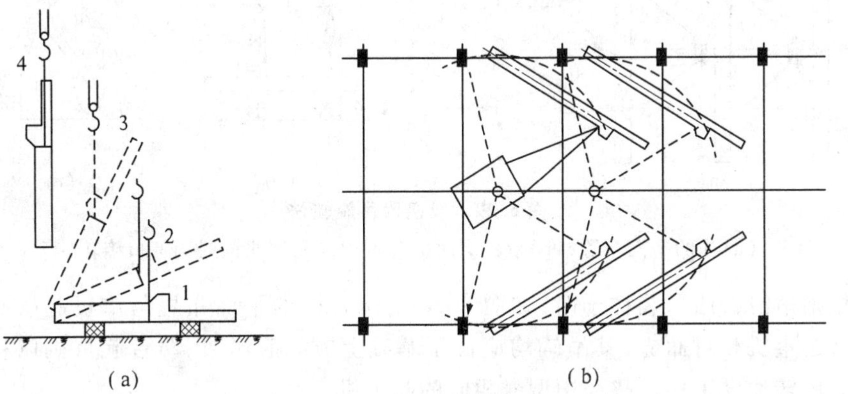

图 6.27　旋转法

2）滑行法　滑行法吊升柱时，起重机只升钩，起重臂不转动，使柱脚沿地面滑行逐渐直立，然后插入杯口，如图 6.28（a）所示。采用此法吊装柱时，柱子的绑扎点应布置在杯口附近，并与杯口中心位于起重机的同一工作半径的圆弧上，以便将柱子吊离地面后，稍转动吊臂即可就位，如图 6.28（b）所示。

滑行法的特点是柱的布置较灵活；起重半径小，起重臂不转动，操作简单。用于吊装较重、较长的柱子或起重机在安全荷载下的回转半径不够，现场较狭窄柱无法按旋转法排放布置；或采用桅杆式起重机吊装等情况。但滑行过程中柱受一定的震动，耗用一定的滑行材料。为了减少滑行时柱脚与地面间的摩阻力，需要在柱脚下设置托木、滚筒，并铺设滑行道。

3）双机抬吊　当柱子的体型、重量较大，一台无法吊装，可采用双机抬吊。其起吊方法可采用旋转法（两点抬吊）和滑行法（一点抬吊）。

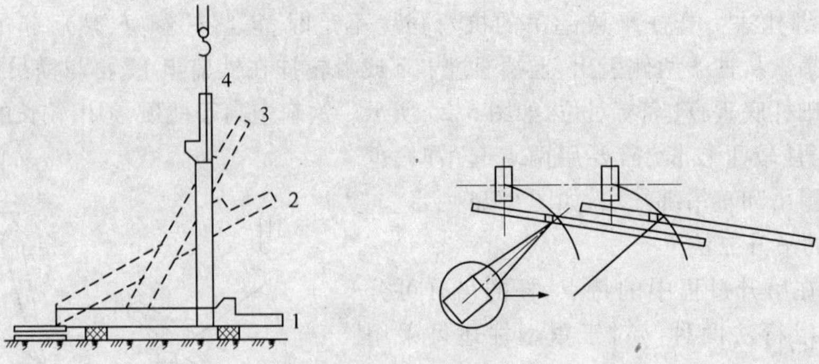

图 6.28　滑行法

双机抬吊旋转法吊装柱子时,如图 6.29 所示。双机位于柱子的一侧,主吊机吊柱子上端,副吊机吊下端,柱的布置应使两个吊点与基础中心分别处于起重半径的圆弧上。起吊时,两机同时同速升钩,至柱离地面 0.3 m 高度时,停止上升;然后,两起重机的起重臂同时向杯口旋转;此时,副起重机 *A* 只旋转不提升,主起重机 *B* 则边旋转边提升吊钩直至柱直立,双机以等速缓慢落钩,将柱插入杯口中。

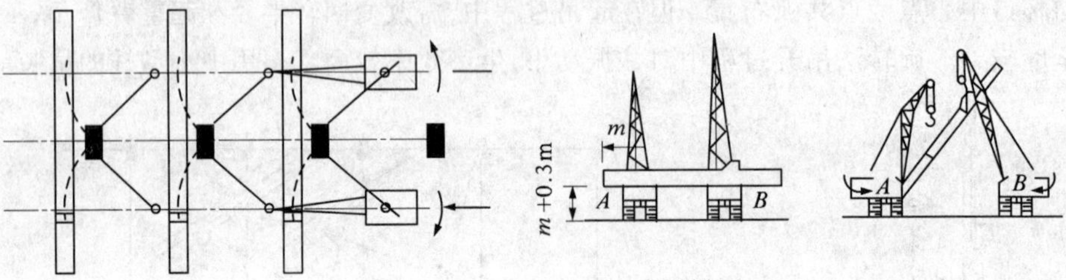

图 6.29　双机抬吊旋转法

(a)柱的平面布置;(b)双机同时提升吊钩;(c)双机同时向杯口旋转

双机抬吊滑行法吊装柱子时,如图 6.30 所示。柱的平面布置与单机起吊滑行法相同。两台起重机相对而立,其吊钩均应位于基础上方。起吊时,两台起重机以相同的升钩、降钩、旋转速度工作。故采用型号相同的起重机。

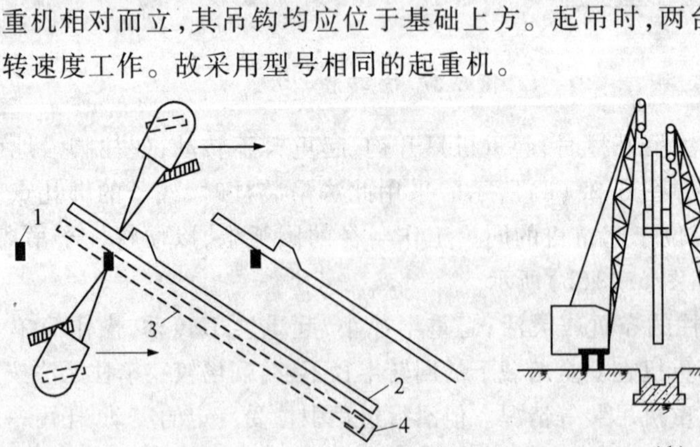

图 6.30　双机抬吊滑行法

(a)俯视图;(b)立面图

1. 基础;2. 柱预制位置;3. 柱翻身后位置;4. 滚动支座

采用双机抬吊，为使各机的负荷均不超过该机的起重能力，应进行负荷分配，其计算方法为（如图 6.31 所示）：

$$P_1 = 1.25Qd_1/(d_1 + d_2) \tag{6.12}$$

$$P_2 = 1.25Qd_2/(d_1 + d_2) \tag{6.13}$$

式中　Q——柱的重量(t)；

P_1——第一台起重机的负荷(t)；

P_2——第二台起重机的负荷(t)；

d_1, d_2——分别为起重吊点至柱重心的距离(m)；

1.25——双机抬吊可能引起的超负荷系数，若有不超负荷的保证措施，可不乘此系数。

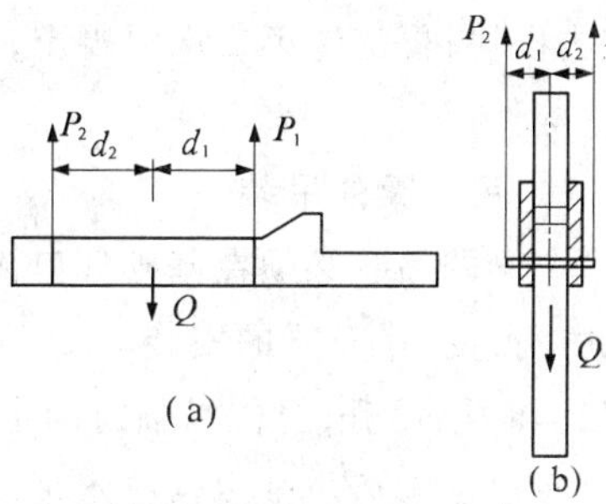

图 6.31　负荷分配计算简图

(a)两点抬吊；(b)一点抬吊

(4)柱的对位与临时固定

柱脚插入杯口后，应悬离杯底 30 ~ 50 mm 处进行对位。对位时，应先从柱子四周向杯口放入 8 只楔块，并用撬棍拨动柱脚，使柱的安装中心线对准杯口的安装中心线，保持柱子基本垂直。当对位完成后，即可落钩将柱脚放入杯底，并复查中线，待符合要求后，即将四边楔块打紧，使柱临时固定，再将起重机吊钩脱开柱子，如图 6.32 所示。

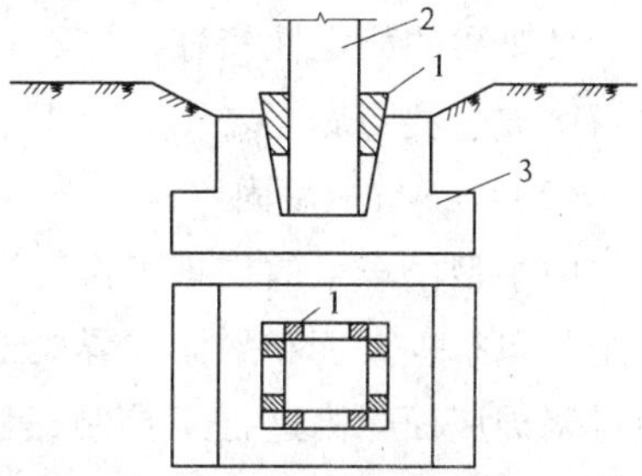

图 6.32　柱的临时固定

1. 楔子；2. 柱子；3. 基础

(5)柱的校正

柱的校正包括平面位置、垂直度和标高。平面位置的校正，在柱子临时固定前进行，对位时就已完成，而柱的标高则在吊装前已通过按实际柱长调整杯底标高的方法进行了校正。垂直度的校正在柱子临时固定后进行，用两台经纬仪从柱的两个相互垂直的方向同时观测柱的吊装中心线的垂直度，其允许偏差值：当柱高小于或等于 5 m 时，为 5 mm；柱高大于 5 m 时，为 10 mm；柱高大于或等于 10 m，为 1/1000 柱高且不大于 20 mm。常用的校正方法，对中小型柱或垂直偏差较小时，可用敲打楔块法；对重型柱，可用千斤顶法、钢管撑杆

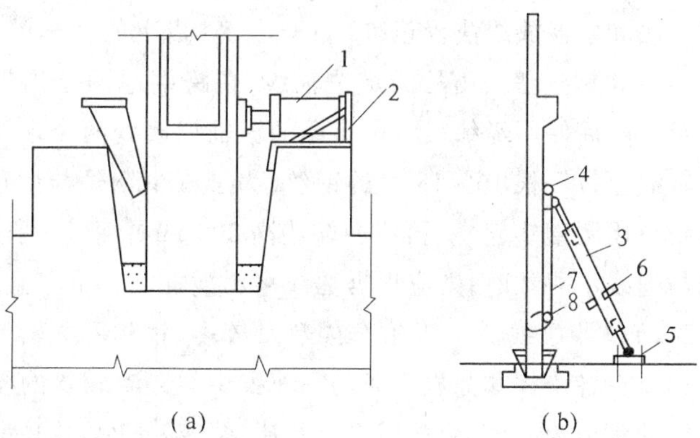

图 6.33　柱的校正

(a)螺旋千斤顶校正；(b)钢管撑杆斜顶法

1. 螺旋千斤顶；2. 千斤顶支座；3. 钢管；4. 头部摩擦板；5. 底板；6. 转动手柄；7. 钢丝绳；8. 卡环

法或缆风绳校正法,如图 6.33 所示。

(6)柱的最后固定

柱经校正后,应立即进行最后固定,即在柱脚与杯口空隙中浇筑比柱混凝土强度等级高一级的细石混凝土。混凝土分两次浇筑:第一次浇至楔块底面,待混凝土强度达 25% 时,拔去楔块;再浇注第二次混凝土,至杯口顶面,待第二次混凝土强度达 70% 后,方可吊装上部构件。

6.2.1.2 吊车梁的吊装

吊车梁的吊装必须在基础杯口内第二次浇筑的混凝土强度达到设计强度的 70% 以上时,方可进行吊车梁的安装。

(1)绑扎、吊升、对位与临时固定

吊车梁吊起后应基本保持水平。绑扎时,两根吊绳要等长,绑扎点要对称布置在梁的两端,吊钩对准梁的重心。吊车梁两头需要设置溜绳,避免悬空时碰撞柱子。

对位时应缓慢落钩,使吊车梁端面中心线与牛腿面的轴线对准。

吊车梁的稳定性较好,一般对位后,无须采取临时固定措施,起重机即可松钩移走。但当梁的高度与底宽之比大于 4 时,可用连接钢板与柱子点焊做临时固定。

(2)校正与最后固定

中小型吊车梁的校正工作宜在屋盖吊装后进行;常采用边吊边校正法。吊车梁的校正主要包括垂直度和平面位置校正,两者应同时进行。吊车梁的标高,由于柱子吊装时已通过基础底面标高进行了控制,且吊车梁与吊车轨道之间尚需作较厚的垫层,一般不需校正。

吊车梁垂直度的校正,可用靠尺、线锤检查,其允许偏差为 5 mm。若发现偏差,需在吊车梁底端与柱牛腿面之间垫入斜垫块纠正。每迭垫块不超过三块。

吊车梁平面位置校正包括直线度和跨距两项。一般长 6 m、5 t 以内的吊车梁可用拉钢丝法和仪器放线法校正;12 m 长及 5 t 以上的吊车梁常采取边吊边校法校正。

1)拉钢丝法　由柱的定位轴线,在跨端地面定出吊车梁的轴线位置,再用钢尺检查跨距。然后使用经纬仪将吊车梁的纵轴线放到两个端跨四角的吊车梁顶面上,分别在两条轴线上拉一根 16 ~ 18 号的钢丝(为了减少钢丝与梁顶面的摩阻力,在钢丝中段每隔一定距离用圆钢垫起)。再将两端垫高 200 mm,钢丝下挂重物拉紧。如吊车梁的吊装纵轴线与通线不一致时,则应根据通线来用撬杠拨正吊车梁的吊装中心线,如图 6.34 所示。

2)仪器放线法　当吊车梁数量较多、钢丝不太容易拉紧时,可采用仪器放线法。用经纬仪在各个柱侧面放一条与吊车梁中线距离相等的校正基准线。校正基准线至吊车梁中线的距离为 a 值,由放线者自行决定。校正时,凡是吊车梁中线至校正基准线的距离不等于 a 时,即用撬杠拨正。如图 6.35 所示。

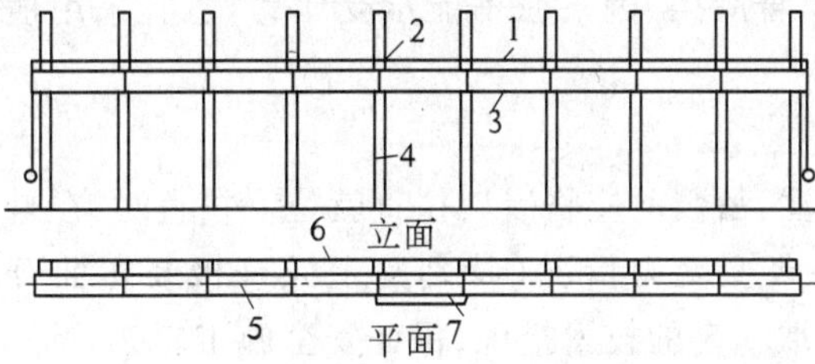

图 6.34　拉钢丝法校正吊车梁的平面位置

1. 钢丝;2. 圆钢;3. 吊车梁;4. 柱;5. 吊车梁设计中线;6. 柱设计轴线;7. 偏离中心线的吊车梁

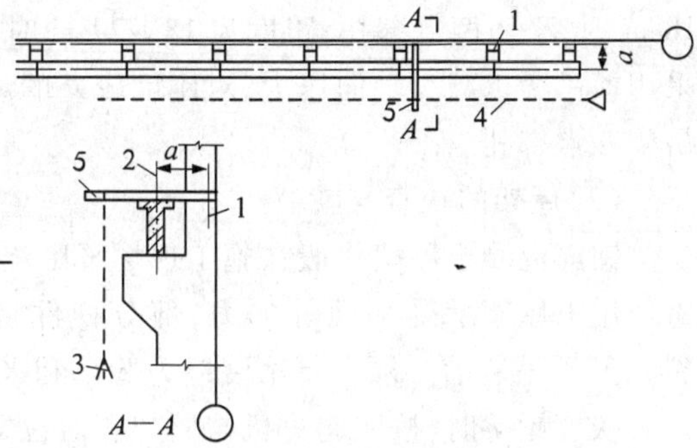

图 6.35　仪器放线法校正吊车梁的平面位置

1. 校正基准线;2. 吊车梁中线;3. 经纬仪;4. 经纬仪视线;5. 木尺

3)边吊边校法　较重的吊车梁脱钩后移动困难,所以宜边吊边校正,如图 6.36 所示。校正时,用经纬仪在柱内侧引一条与柱纵轴线平行的视线 3,在木尺上弹两条短线 A 和 B,两短线间距离 a 为经纬仪视线与吊车梁纵轴线间距离。

吊装时,将木尺 A 点与吊车梁顶面所弹中心线吻合,用经纬仪观测木尺上的 B,同时指挥移动吊车梁,使木尺上的 B 点与经纬仪内的纵丝相重合,则吊车梁位置正确。

吊车梁校正完毕后,将吊车梁与柱子的预埋铁件用连接钢板焊牢,并在吊车梁与柱的空隙处浇筑细石混凝土。

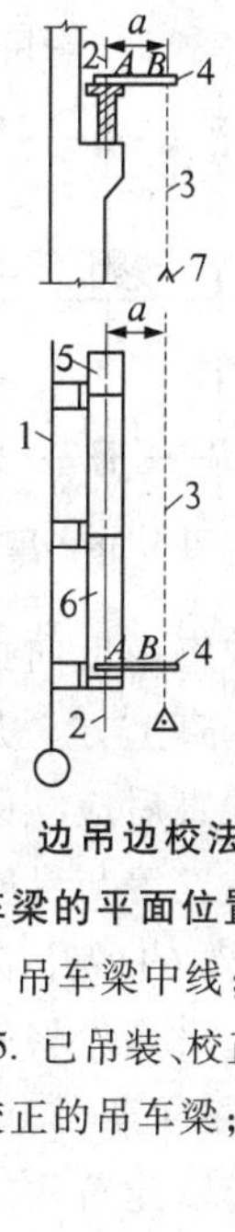

图 6.36　边吊边校法校正吊车梁的平面位置

1. 柱轴线;2. 吊车梁中线;3. 经纬仪视线;4. 木尺;5. 已吊装、校正的吊车梁;6. 正吊装、校正的吊车梁;7. 经纬仪

6.2.1.3　屋架的吊装

单层工业厂房的钢筋混凝土屋架,一般是在现场平卧叠浇。屋架安装的高度较高,屋架跨度大,厚度较薄,吊装过程中易产生平面变形,甚至会产生裂缝。所以要采取必要的加固措施,方可进行吊装。

(1)屋架的绑扎

屋架的绑扎点应选在上弦节点处或附近,对称于屋架中心。各吊索拉力的合力作用点要高于屋架重心。吊索与水平线的夹角不宜小于 45°(以免屋架承受过大的横向压力),必要时,应采用横吊梁。屋架两端应设置溜绳,以控制屋架的转动。

吊点数目及位置与屋架的跨度和形式有关,如图 6.37 所示。一般当屋架跨度小于

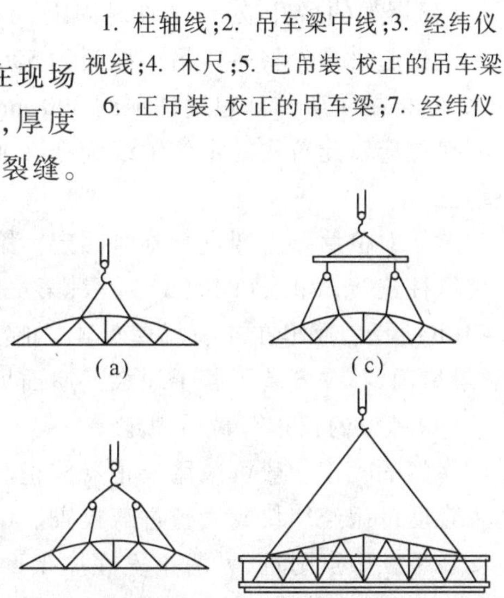

图 6.37　屋架的绑扎方法

18 m 时,采用两点绑扎;跨度为 18 ~ 24 m 时,采用四点绑扎;跨度为 30 ~ 36 m 时,应考虑采用横吊梁以减少轴向压力;对刚度较差的组合屋架,因下弦不能承受压力,也宜采用横吊梁四点绑扎。

(2)屋架的扶直与就位

钢筋混凝土屋架一般在施工现场平卧浇注,吊装前应将屋架扶直就位。扶直时,在自重作用下屋架承受平面外的力,部分杆件将改变受力情况(特别是上弦杆极易扭曲开裂),所以吊装前必须进行吊装应力验算和采取一定的技术措施,保证安全施工。

扶直屋架时,按照起重机与屋架相对位置的不同,有正向扶直和反向扶直两种方式。

1)正向扶直　起重机位于屋架下弦一边,吊钩对准屋架上弦中点,收紧吊钩,起臂约为 2°左右时使屋架脱模,然后升钩、起臂,使屋架以下弦为轴旋转成直立状态,如图 6.38 所示。

2)反向扶直　起重机位于屋架上弦一边,吊钩对准屋架上弦中心,收紧吊索,起臂约为 2°左右,随之升钩降臂,使屋架绕下弦转动为直立状态,如图 6.39 所示。

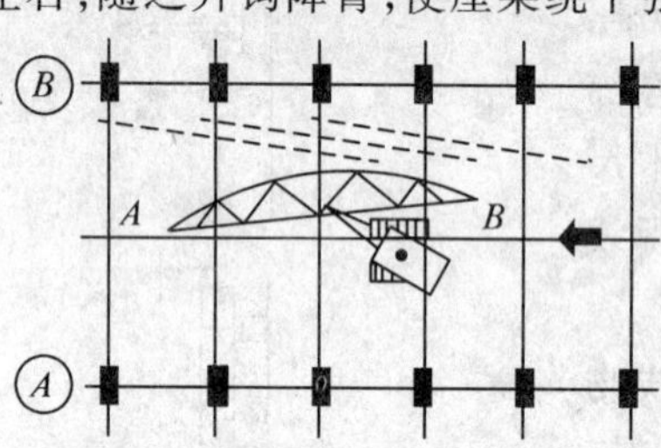

图 6.38　屋架的正向扶直

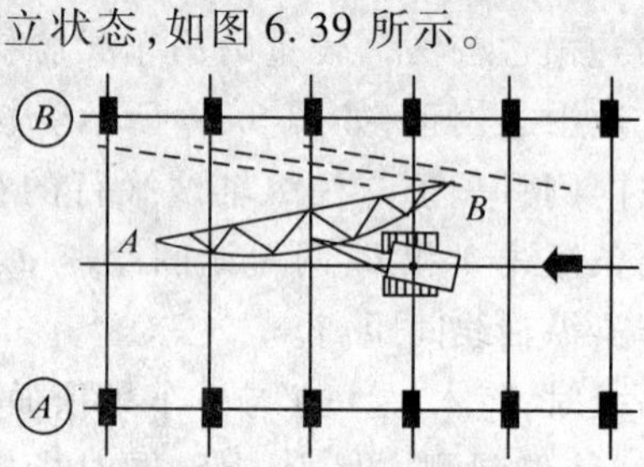

图 6.39　屋架的反向扶直

正向扶直与反向扶直的不同点,即正向扶直为升臂,反向扶直为降臂,吊钩始终在上弦中点的垂直上方。升臂比降臂安全,操作易于控制,所以尽可能采用正向扶直方法。

屋架扶直后应立即就位。一般靠柱边斜放或 3 ~ 5 榀为一组平行柱边纵向就位,用支撑或 8 号铁丝等与已安装好的柱或已就位的屋架拉牢,以保持稳定。

(3)屋架的吊升、对位与临时固定

屋架起吊是先将屋架吊离地面约 500 mm,然后将屋架转至吊装位置下方,应基本保持水平,再将屋架吊升超过柱顶约 300 mm,即停止升钩,将屋架缓缓放至柱顶,进行对位。

对位应以建筑物的定位轴线为准。如柱顶截面中线与定位轴线偏差过大,可逐步调整纠正。

屋架对位后要立即进行临时固定。第一榀屋架用四根缆风绳在屋架两侧拉牢或将其与抗风柱连接,如图 6.40(a)所示;第二榀及其以后的屋架均用两根工具式支撑(如图 6.40(b)所示)撑牢在前一榀屋架上。临时固定稳妥后,起重机才能脱钩。当屋架经校正、最后固定,并安装了若干块大型屋面板后,才能将支撑取下。

(4)屋架的校正与最后固定

屋架的校正一般可采用校正器校正。对于第一榀屋架则可用缆风绳进行校正。屋架的垂直度可用经纬仪或线锤进行检查。用经纬仪检查方法是在屋架上安装三个卡尺,一个安在上弦中点附近,另两个安在屋架两端。自屋架几何中心向外量出一定距离(一般 500 mm)在卡尺上作出标志,然后在距离屋架中线同样距离处安置经纬仪,观察三个卡尺上的标志是否在同一垂直面上。

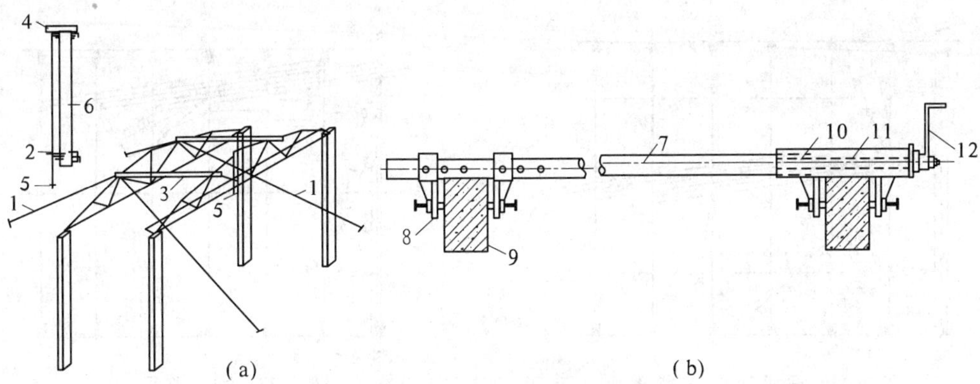

图 6.40　屋架的临时固定与校正

(a)屋架临时固定;(b)工具式支撑

1. 第一榀屋架上缆风;2. 卡在屋架下弦的桂线卡子;3. 校正器;4. 卡在屋架上弦的挂线卡子;5. 线锤;6. 屋架;7. 钢管;8. 撑脚;9. 屋架上弦;10. 螺母;11. 螺杆;12. 摇把

用锤球检查屋架垂直度,与上述步骤相同,但标志距屋架几何中心距离可短些(一般为 300 mm),在两端卡尺的标志连一通线,自屋架顶卡尺的标志处向下挂锤球,检查三卡尺的标志是否在同一垂直面上,如图 6.41 所示。若存在偏差,可通过转动工具式支撑上的螺栓加以纠正,并在屋架两端的柱顶上嵌入斜垫块。

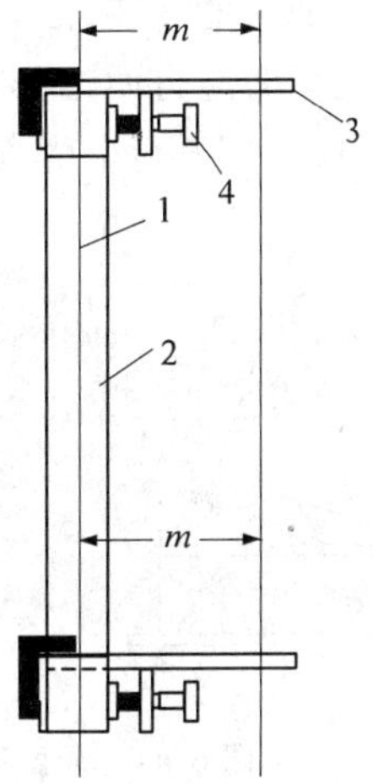

图 6.41　屋架垂直度校正

1. 屋架轴线;2. 屋架;3. 标尺;4. 固定螺杆

校正无误后,立即用电焊焊牢,进行最后固定。电焊时应在屋架两端同时对角施焊,避免两端同侧施焊,以防焊缝收缩使屋架倾斜。

(5)屋架的双机抬吊

当屋架的重量较大时,一台起重机的起重量不能满足要求时,则可采用双机抬吊,其方法为:

1)一机回转,一机跑吊　屋架布置在跨中,两台起重机分别位于屋架的两侧,如图 6.42 所示。1 号机在吊装过程中只回转不移动,因此其停机位置距屋架起吊前的吊点与屋架安装至柱顶后的吊点应相等。2 号机在吊装过程中需回转及移动,其行车中心线为屋架安装后各屋架吊点的连线。开始吊装时,两台起重机同时提升屋架至一定高度,2 号机将屋架由起重机一侧转至机前,然后两机同时提升屋架至超过柱顶,2 号机带屋架前进至屋架安装就位的停机点,1 号机则作回转以相配合,最后两机同时缓缓将屋架下降至柱顶就位。

2)双机跑吊　如图 6.43 所示,屋架在跨内一侧就位,开始两台起重机同时将屋架提升至一定高度,使屋架回转时不至碰及其他屋架或柱。然后 1 号机带屋架后退至停机点,2 号机带屋架前进,使屋架达到安装就位的位置。两机同时提升屋架超过柱顶,再缓缓下降至柱顶对位。

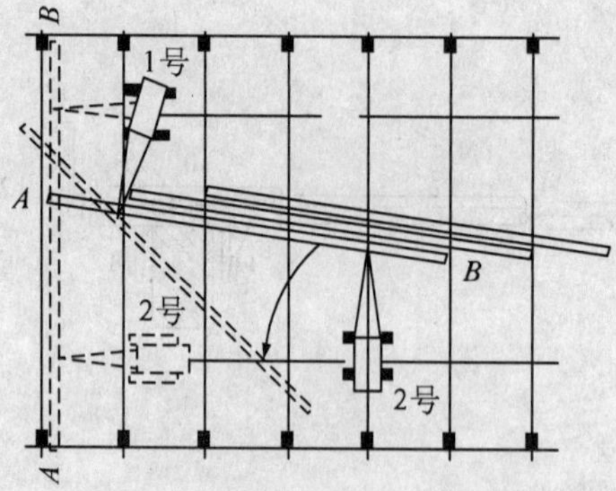

图 6.42　一机回转、一机跑吊

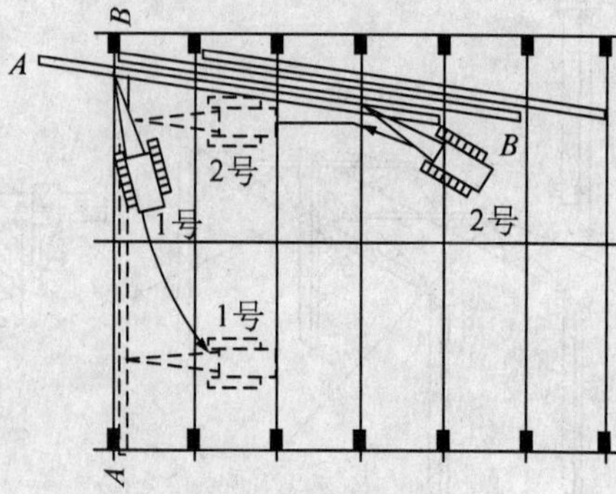

图 6.43　双机跑吊

6.2.1.4　天窗架及屋面板的吊装

天窗架常采用单独吊装;也可与屋架拼装成整体同时吊装。单独吊装时,需待两侧屋面板安装后进行,并应用工具式夹具或绑扎圆木进行临时加固,如图 6.44 所示。

屋面板的吊装,因其均埋有吊环,一般多采用一钩多块迭吊或平吊法,如图 6.45 所示。安装时应自两边檐口左右对称地逐块铺向屋脊,避免屋架承受半边荷载。屋面板对位后,应立即进行电焊固定,每块屋面板至少焊三点。

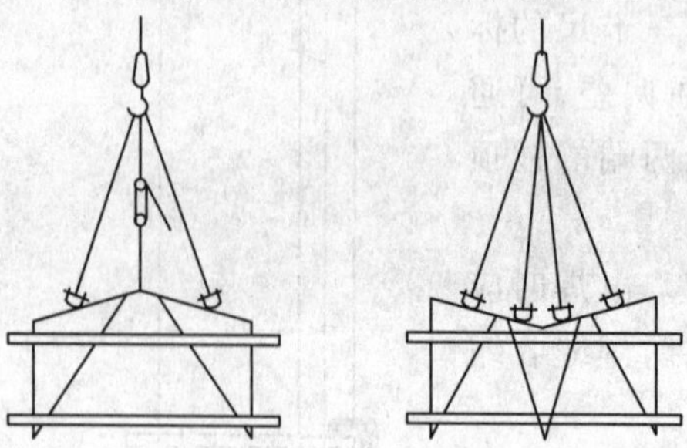

(a)　(b)

图 6.44　天窗架的绑扎

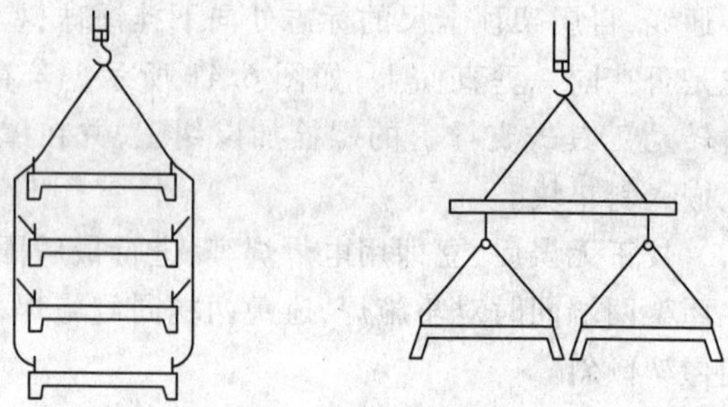

(a)　(b)

图 6.45　屋面板吊装

(a)多块迭吊;(b)多块平吊

6.2.2　构件吊装方案

单层工业厂房结构安装前,应先拟定结构安装方案。结构安装方案内容包括:起重机的选择及开行路线、结构吊装方法、构件的平面布置等问题。

6.2.2.1　起重机选择

起重机的选择直接影响构件的吊装方法、起重机开行路线与停机点位置、构件平面布置等问题。首先应根据厂房跨度、构件重量、吊装高度以及施工现场条件和当地现有的机械设备确定机械类型。一般中小型厂房结构吊装多采用自行式起重机;当厂房的高度和跨度较大时,可选用塔式起重机。在缺乏自行式起重机或受地形限制时,可采用拔杆吊装。对于大跨度的重型工业厂房,则可选用自行式起重机、牵缆式起重机、塔式起重机等进行吊装。

选择起重机的原则是:所选起重机的三个工作参数,即起重量 Q、起重高度 H 和起重

半径 R 均必须满足结构吊装要求。下面以履带式起重机为例，说明起重机型号的选择方法。

(1)起重量

起重量 Q 应满足下式要求：

1)单机吊装起重量应满足：

$$Q \geqslant Q_1 + Q_2 \tag{6.14}$$

式中　Q_1——构件的重量(t)；

Q_2——索具的重量(t)。

2)双机抬吊起重量应满足：

$$K(Q_{主} + Q_{副}) \geqslant Q_1 + Q_2 \tag{6.15}$$

式中　$Q_{主}$——主机起重量；

$Q_{副}$——副机起重量；

K——起重量降低系数，一般取0.8；

Q_1,Q_2—含义与上式相同。

(2)起吊高度

起重机的起吊高度 H 应满足下式，如图6.46所示：

$$H \geqslant h_1 + h_2 + h_3 + h_4 \tag{6.16}$$

式中　H——起重机的起重高度(m)，从停机面至吊钩的垂直距离；

h_1——安装支座表面高度(m)，从停机面算起；

h_2——安装间隙(m)，一般不小于0.3 m；

h_3——绑扎点至起吊后构件底面的距离(m)；

h_4——索具高度(m)，自绑扎点至吊钩中心的距离，不小于1 m。

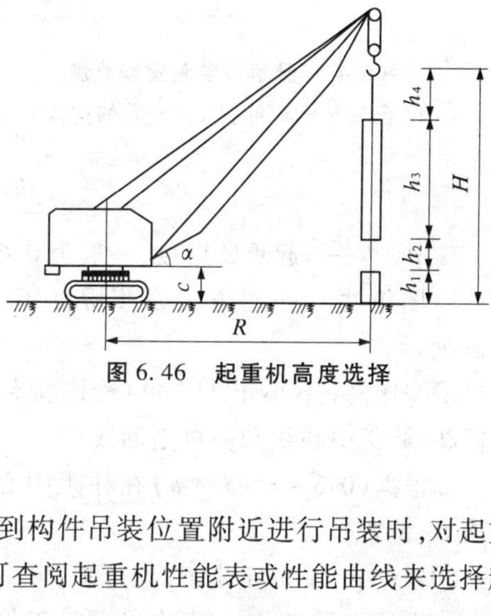

图6.46　起重机高度选择

(3)起重半径

在一般情况下，当起重机可以不受限制地开到构件吊装位置附近进行吊装时，对起重半径没有要求，在计算起重量及起重高度后，便可查阅起重机性能表或性能曲线来选择起重机型号及起重臂长。

当起重机不能直接开到构件吊装位置附近进行吊装时，需根据起重量、起重高度和起重半径三个参数，查起重机性能表或性能曲线来选择起重机型号及起重臂长。当起重机的起重臂需要跨过已安装好的结构去吊装构件时，为了避免起重臂与已安装结构相碰，则需要求出起重机的最小臂长及相应的起重半径。其方法有数解法和图解法。

1)数解法　求所需最小起重臂长，如图6.47所示：

$$L \geqslant L_1 + L_2 = \frac{h}{\sin\alpha} + \frac{a}{\cos\alpha} \tag{6.17}$$

$$\alpha = \mathrm{arctg}\sqrt[3]{\frac{h}{a}} \tag{6.18}$$

式中 L——起重臂长度(m)；

α——起重臂仰角(°)；

a——吊钩伸距(m)；

h——起重臂 L_1 部分在垂直轴上的投影，$h = h_1 + h_2 - h_3$；

其中 h_1—构件安装高度(m)；

h_3—起重臂下铰点离地面高度(m)；

h_2—起重臂中心线至安装构件顶面的垂直距离，(m)，如图 6.48 所示。

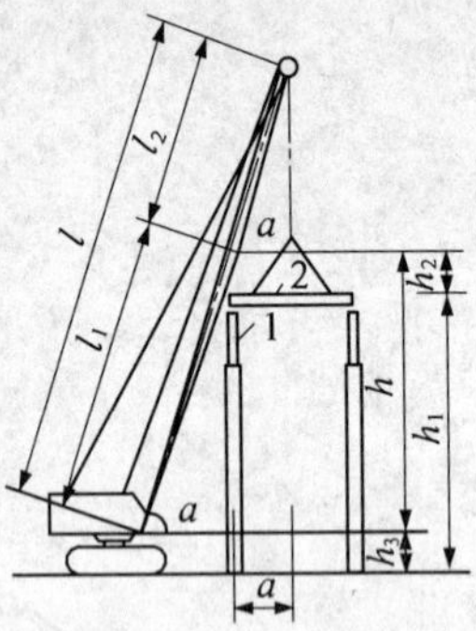

图 6.47 数解法求起重臂长度

1. 已安装的构件；2. 正安装的构件

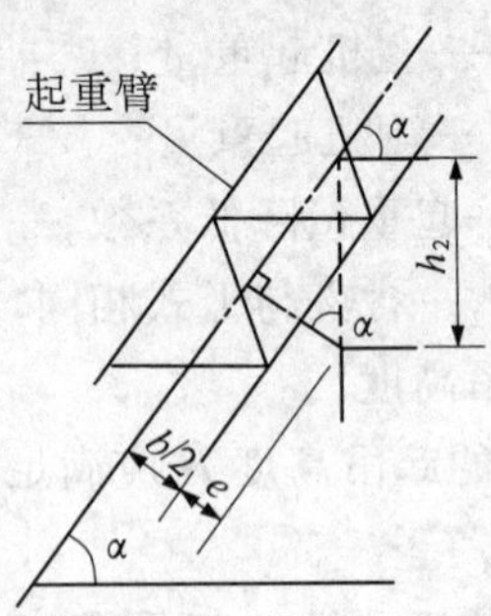

图 6.48 求起重臂中心线至安装构件顶面的垂直距离

$$h_2 = \frac{b/2 + e}{\cos\alpha} \tag{6.19}$$

其中 b——起重臂厚度，一般为 0.6 ~1 m。

2) 图解法 作图方法及步骤如下，如图 6.49 所示。

①按比例(不小于 1∶200)绘出构件的安装标高，柱距中心线和停机地面线；

②根据$(0.3 + n + h + b)$在柱距中心线上定出 P_1 位置；

③根据 $g = 1$ m 定出 P_2 点位置；

④根据起重机的 E 值绘出平行于停机面的水平线 GH；

⑤连接 P_1P_2，并延长使之与 GH 相交于 P_3(此点即为起重臂下端的铰点)；

⑥量出 P_1P_2 的长度，即为所求的起重臂的最小长度。

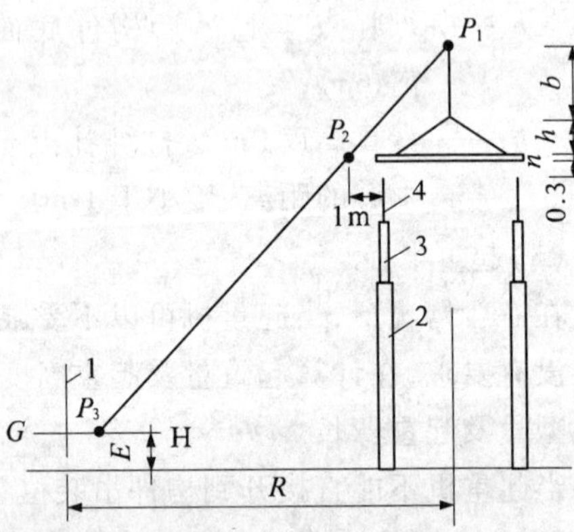

图 6.49 用图解法求起重臂的最小长度

1. 起重机回转中心线；2. 柱子；3. 屋架；4. 天窗架；5. 屋面板

屋面板的吊装，也可不增加起重臂，而采用在起重臂顶端安装一个鸟嘴架来解决。一般设在鸟嘴架的副吊钩与起重臂顶端中心线的水平距离为 3 m，如图 6.50 所示。

6.2.2.2　结构吊装方法

单层工业厂房的结构吊装方法，有分件吊装法、节间吊装法和综合吊装法。

(1)分件吊装法

分件吊装法是指起重机每开行一次，仅吊装一种构件。如图 6.51 所示。

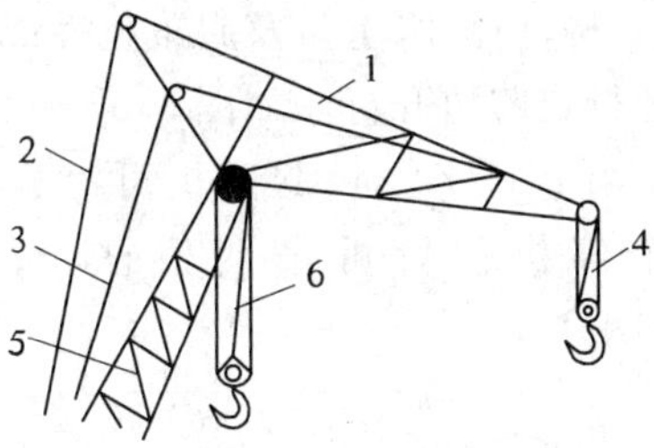

图 6.50　鸟嘴架的构造示意

1. 鸟嘴架;2. 拉绳;3. 起重钢丝绳;4. 副钩;5. 起重臂;6. 主钩

第一次开行，吊装全部的柱子，并对柱子进行校正和最后固定。

第二次开行，吊装吊车梁、连系梁及柱间支撑等；

第三次开行，分节间吊装屋架、天窗架、屋面板及屋面支撑等。

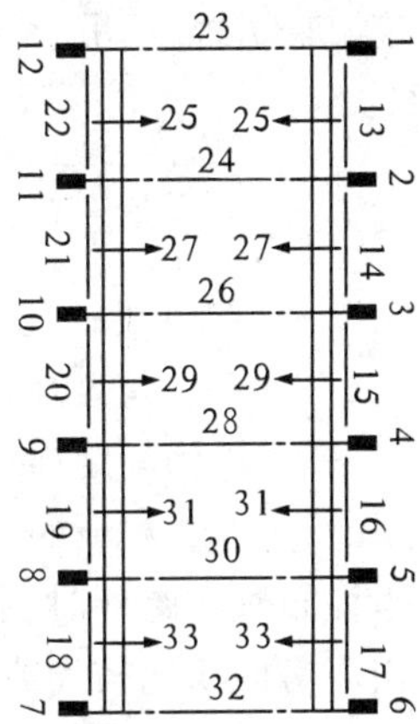

图 6.51　分件吊装

1、2、3……为吊装构件顺序

分件吊装法的优点：每次开行均安装同类型的构件，所用索具及安装程序基本相同，便于工人操作，所以速度快、能充分发挥起重机的能力，另外构件的供应与现场平面布置比较简单。缺点是不能为后续工作及早提供工作面，起重机的开行路线长，屋面板吊装往往另需辅助起重设备。

(2)节间吊装法

节间吊装法是指起重机在车间内仅开行一次，按照每一停机点上吊装尽可能多的构件的原则，分节间吊装完各种类型的构件。即先吊装 4 ~ 6 根柱子，校正固定后，随即吊装吊车梁、连系梁、屋架、屋面板等构件，待吊装完一个节间的全部构件后，起重机再移至下一个节间进行吊装。如图 6.52 所示。节间吊装法的优点：起重机行走路线短，可及早按节间为下道工序创造工作面。缺点：要同时吊装完各种类型构件，不能充分发挥起重机的效能；且构件供应紧张，平面布置复杂，校正困难；必须有严密的施工组织，否则会造成施工混乱，故此法很少采用。只有在某些特殊结构(如门式结构)或某些移动比较困难的起重机(如桅杆式起重机)时采用。

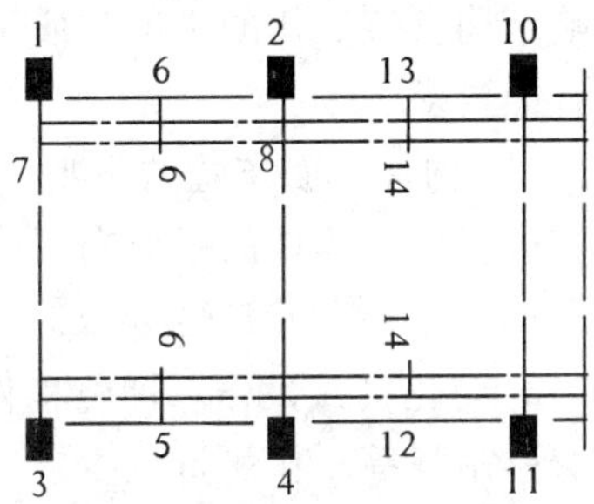

图 6.52　分节间吊装法

1、2、3……为吊装顺序

(3)综合吊装法

综合吊装法是指建筑物内一部分构件采用分件吊装法，一部分构件采用节间吊装法吊装的方法。此法吸取了分件吊装法和节间吊装法的优点，是建筑结构中较常用的方法。一般做法是：采用分件吊装法吊装柱、吊车梁、连系梁等构件；采用节间吊装法吊装屋盖的全部构件。

6.2.2.3　起重机的开行路线及停机位置

起重机的开行路线和停机位置与起重机的性能、构件的尺寸及重量、构件的平面布置、构件的供应方法、安装方法等有关。

当安装屋架、屋面板等屋面构件时，起重机大多沿跨中开行；当安装柱子时，则视跨度

土木工程施工

大小、构件尺寸、重量及起重机性能，可沿跨中开行或跨边开行。如图6.53所示。

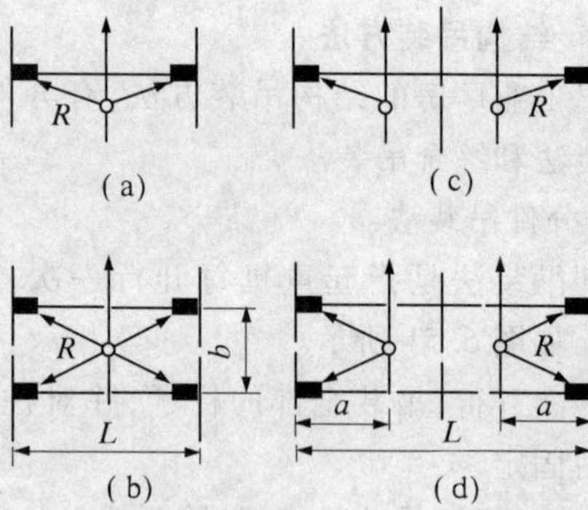

图6.53　起重机吊装柱时的开行路线及停机位置

当 $R \geqslant L/2$ 时，起重机可沿跨中开行，每个停机位置可吊两根柱子，如6.53(a)图。

当 $R \geqslant \sqrt{(\frac{L}{2})^2+(\frac{b}{2})^2}$，则可吊装四根柱子，如6.53(b)图；

当 $R < L/2$ 时，起重机可沿跨边开行，每个停机位置可吊一根柱子，如6.53(c)图；

当 $R \geqslant \sqrt{a^2+(\frac{b}{2})^2}$ 时，则可吊装两根柱子，如6.53(d)图。

式中　R——起重机的起重半径(m)；

L——厂房跨度(m)；

b——柱的间距(m)；

a——起重机开行路线到跨边轴线的距离(m)。

当柱布置在跨外时，起重机一般沿跨外开行，停机位置与跨边开行相似。

当厂房面积比较大或为多跨结构时，为加快安装进度，可将建筑物划分为若干区段，用多台起重机同时作业，也可采用分工合作组织大流水的方法进行流水施工。

6.2.2.4　构件的平面布置与运输堆放

单层工业厂房构件的平面布置是结构安装工程中的重要工作，布置的是否合理直接影响结构安装工作的进度与质量。下面通过实例说明现场预制构件布置和预制构件堆放布置的要求。

(1)构件平面布置的原则

进行结构构件的平面布置时，应注意以下问题：

1)满足吊装顺序的要求。

2)简化机械操作。即将构件堆放在适当的位置，使起吊安装时，起重机的跑车、回转和起落吊杆等动作尽量减少。

3)保证起重机的行车路线畅通和安全回转。

4)"重近轻远"。即将重型构件堆放在距起重机停点比较近的地方，轻型构件堆放在机停机点比较远的地方。单机吊装接近满荷载时，应将绑扎中心布置在起重机的安全回转半径内，并尽量避免起重机负荷行驶。

5)要便于进行下述工作：检查构件的编号和质量；清除预埋件上的水泥砂浆块；对空心板进行堵头；在屋架上、下弦安装或焊接支撑连接件；对屋架进行拼装、穿筋和张拉等。

6)构件布置的方式应便于支模及混凝土的浇注工作，预应力构件尚应考虑有足够的抽管、穿筋和张拉的操作场地。

7)便于堆放。重屋架应按上述第4点办理，对于轻屋架，如起重机可以负荷行驶，可两榀或三榀靠柱子排放在一起。

(2)现场预制构件布置实例

如图 6.54 所示,为使用 W_1 - 100 型起重机吊装 18 m 跨厂房的柱、屋架现场预制布置的情况。柱子分两侧纵向布置,一侧在跨内,一侧在跨外。屋架平卧纵向布置。起重机吊装距杯口近的一排柱子时回转半径为 7 m;吊距杯口远的一排柱子时回转半径为 8 m。用斜吊法吊装柱子时,所有柱子的牛腿均向跨内排放。

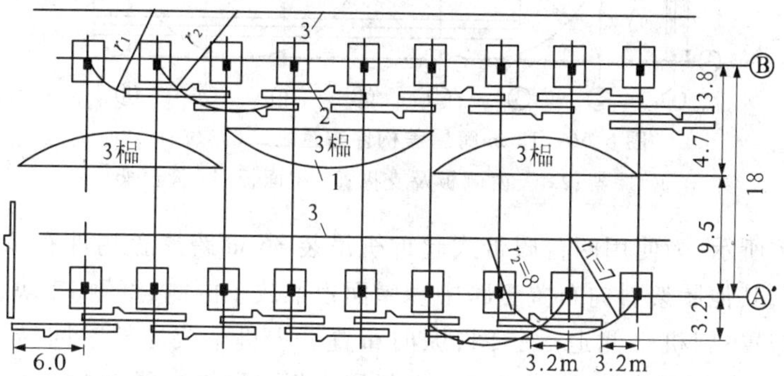

图 6.54　18 m 跨厂房的柱、屋架现场预制布置(单位:m)

1. 屋架(叠制 3 榀);2. 柱子;3. 起重机行驶路线

如图 6.55 所示,为 36 m 跨厂房的柱子、屋架现场预制布置。柱子使用三台履带式起重机抬吊(两台主吊一台递送),其中一台主吊行驶于路线 1,另一台主吊和副吊行驶于路线 2。每榀屋架分成两个块体预制,每堆 3 个半榀,扶直后堆放于跨中,拼装后采用双机抬吊。

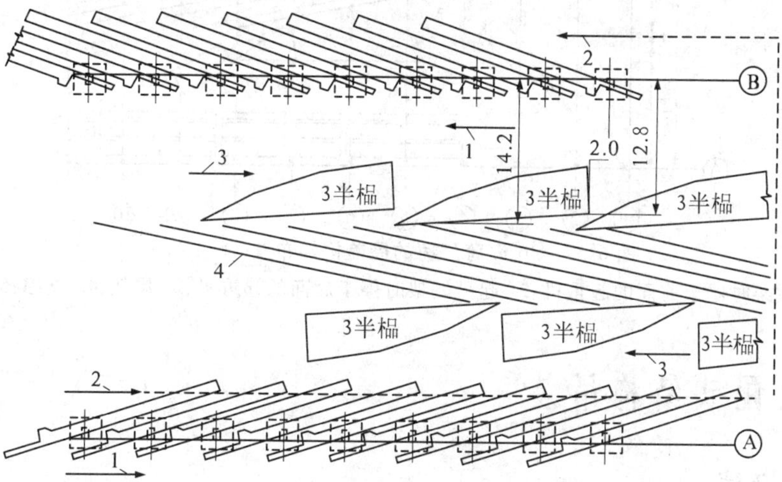

图 6.55　36 m 跨厂房的柱子、屋架现场预制布置(单位:m)

1、2. 起重机吊柱子行驶路线;3. 起重机扶直屋架行驶路线;4. 屋架翻身后堆放位置

(3)预制构件现场堆放实例

如图 6.56 所示,为使用 W_1 - 100 型起重机吊装 18 m 跨带天窗架屋盖构件布置情况。第一榀屋架横向布置,其他各榀屋架每三榀纵向排列在一起。屋面板分两堆布置,每堆 6 块,第一间的板退后三间半。起重机吊装屋架时回转半径为 9 m,吊装屋面板时回转

半径为 12 ~ 13 m,每次吊 2 块。天窗架布置在跨外。

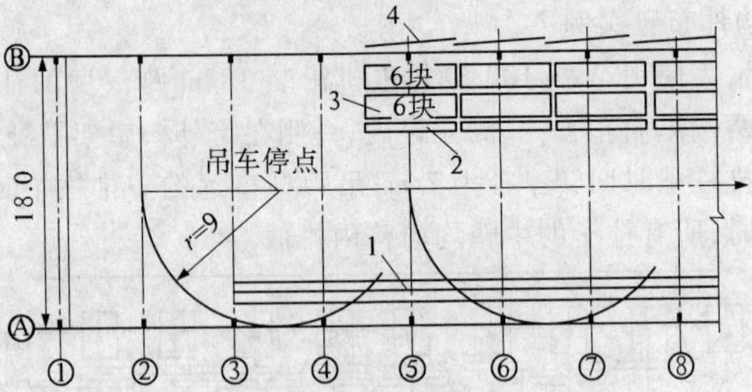

图 6.56　18 m 跨屋盖构件布置之二(单位:m)

1. 屋架;2. 天窗侧板及支撑;3. 屋面板;4. 天窗架

如图 6.57 所示,为使用两台履带式起重机吊装 36 m 跨屋盖构件布置情况。第一榀屋架横向布置,其他屋架斜向布置于跨中。屋面板堆放于两侧,每侧 12 块,主机一侧退后三间半,横向布置;副机一侧退后三间,纵向布置。主机吊装屋架时回转半径为 6.5 ~ 7 m,副机吊装屋架时回转半径为 8 ~ 8.5 m。吊屋面板时回转半径为 12 ~ 14 m,每次吊 2 ~ 3 块。

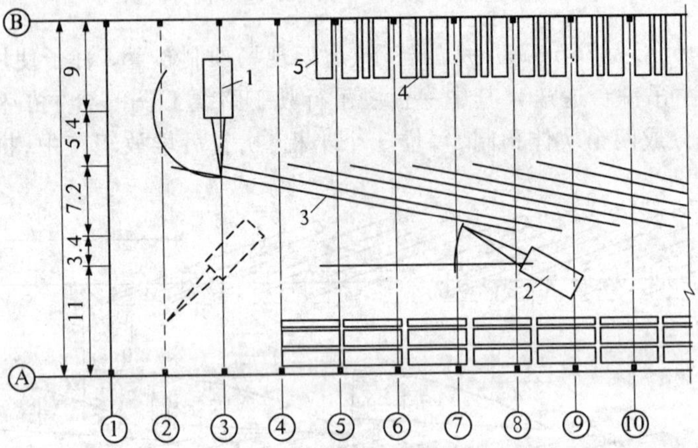

图 6.57　36 m 跨厂房的屋盖构件布置(单位:m)

1. 起吊屋架时停于前面的起重机;2. 起吊屋架时停于后面的起重机;3. 屋架;4. 支撑;5. 屋面板

6.3　装配式结构吊装

6.3.1　概述

在多层框架和墙板结构中,装配式施工方法得到了广泛的应用。如化工、仪表、电子、食品、电站、冶金、公寓及办公楼等。其施工特点是:房屋高度大而占地面积小,节约模板,提高建筑工业化水平,施工速度快,节约水泥,便于使用预应力混凝土,但构件类型多、数量大、接头复杂、技术要求高。多层装配式框架结构的型式,主要分为梁板式和无梁式两种。

梁板式结构由柱、主梁、次梁和楼板组成。主梁多沿横向框架方向布置，次梁沿纵向布置。柱子的长度取决于起重机械的起重能力，条件可能时尽量加大柱子的长度（二、三甚至四层一节），以减少柱子接头数量，也可提高吊装效率。如起重条件允许，还可以采用梁柱整体式构件（如 H 型、T 型构件）。每层楼上柱的接头应设在同一高度处，以统一构件规格。

无梁式结构由柱、柱帽、柱间板和跨间板组成，跨间板搁在柱间板上，柱间板搁在柱帽的凹缘上，而柱帽支承在有四面牛腿的柱子上。无梁式结构近年来多做成升板结构进行升板施工。

6.3.2　吊装方案

装配式房屋的主导工程是结构安装工程，因此，在考虑结构吊装方案时，应着重解决吊装机械的选择和布置、吊装顺序和吊装方法等问题。其中，吊装机械的选择是主导，选用的吊装机械不同，结构吊装方案也不同。现就以自行式塔式起重机的吊装方案，简述如下：

6.3.2.1　起重机的选择

自行式塔式起重机在低层装配式框架结构吊装中使用广泛。其型号选择，主要根据房屋的高度与平面尺寸、构件重量及安装位置，以及现有机械设备而定。

6.3.2.2　起重机的布置

起重机的布置，一般有以下四种方案，如图 6.58 所示。

(1)单侧布置[图 6.58(a)、(b)]

当房屋宽度小，构件重量较轻时采用单侧布置。此时，其重半径 R 应满足：

$$R \geqslant b + a \tag{6.20}$$

式中　b——房屋宽度(m)；

a——房屋外侧至塔轨中心线距离($a = 3 \sim 5$ m)。

此种布置的优点是轨道长度较短，并在起重机的外侧有较宽的构件堆放场地。

(2)双侧布置[图 6.58(c)]

适用用于房屋宽度较大或构件较重的情况下。起重半径应满足：

$$R = \frac{b}{2} + a \tag{6.21}$$

若吊装工程量大，且工期紧迫时，可在房屋两侧各布置一台起重机；反之，则可用一台起重机环行吊装。

(3)跨内单行布置[图 6.58(d)]

这种方案往往是因场地下窄，在房屋外侧不可能布置起重机，或由于房屋宽度较大、构件较重时才采用。其优点是可减少轨道长度，并节约施工场地。缺点是只能采用竖向综合安装，结构稳定性差；构件多布置在起重半径之外，需增加二次搬运；对房屋外侧围护结构吊装也困难；同时房屋的一端还应有 20 ~ 30 m 的场地。作为塔吊装拆之用。

(4)跨内环行布置

当房屋较宽、构件较重、起重机跨内单行布置不能起吊全部构件，而场地限制又不可

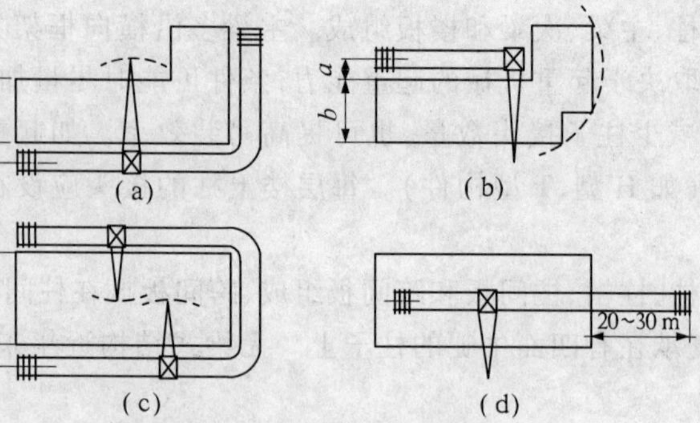

图 6.58　塔式起重机布置方案

(a)、(b)单侧布置；(c)双侧布置；(d)跨内单行布置

能跨外环行布置时，则宜采用跨内环行布置。

6.3.2.3　预制构件现场布置

构件的现场布置是否合理，对提高吊装效率、保证吊装质量及减少二次搬运都有密切关系。因此，构件的布置也是多层框架吊装的重要环节之一。一般应遵循以下几个原则：

1)应尽可能布置在起重半径的范围内，避免二次搬运。在布置有困难时，一部分小型构件可集中堆放在吊装点附近，吊装时再运到吊装地点。

2)重型构件应尽量布置在起重机附近，中小型构件可布置在外侧。

3)构件布置地点应与该构件吊装到建筑物上的位置相配合，以便在吊装时减少起重机的移动和变幅；

4)构件迭层预制时，应满足安装顺序要求，先吊装的底层构件在上，后吊装的上层构件在下。

柱为现场预制的主要构件，布置时应预先考虑。其布置方式有与塔式起重机轨道相平行、倾斜及垂直三种方案，如图 6.59 所示。采用平行布置方案的优点是柱可叠层统长预制，能减少柱接头的偏差；较长的柱可斜向布置，可采用旋转法起吊；当起重机在跨内开行时，为了使柱的吊点在起重半径范围内，柱可垂直布置。

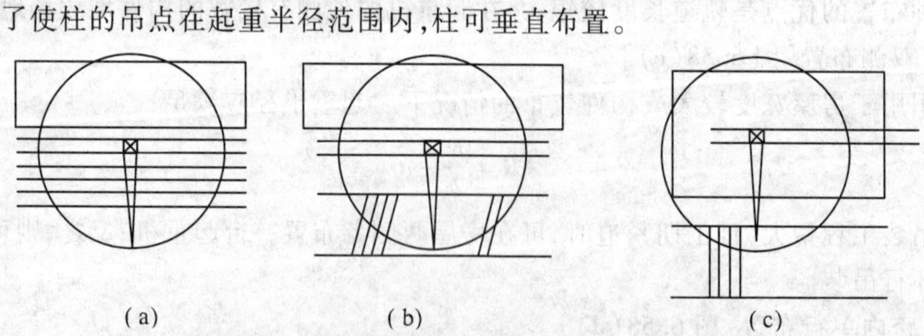

图 6.59　使用塔式起重机吊装柱的布置方案

(a)平行布置；(b)倾斜布置；(c)垂直布置

采用自行式塔式起重机吊装框架结构的优点是：它具有较大的有效安装空间，起重臂不至于与已吊装好的构件相碰，且服务范围大，有利于分层分段吊装；塔式起重机吊装效率高，不但能吊装所有的构件，同时还能吊运其他建筑材料；构件的现场布置亦较灵活。其缺点是拆装费工，需铺轨道。

6.3.3　构件的吊装与校正

对于多层装配式框架结构的安装，无论采用分件安装法还是综合安装法，其安装顺序都是先安装柱子，再安装梁，后安装楼面板，最后安装屋面板。

6.3.3.1　柱的吊装与校正

各层柱的截面一般为方形或矩形截面，上下各层柱的截面一般保持不变，以便于预制和吊装。当采用塔式起重机进行吊装时，柱长以 1 ~ 2 层楼高为宜；对 4 ~ 5 层框架结构，若采用履带式起重机吊装，柱长则采用一节到顶的方案。柱与柱的接头应设在弯矩较小地方或梁柱节点处，每层楼的柱接头应设在同一标高处，以便统一构件的规格，减少构件类型。

框架柱由于长细比较大，吊装时必须合理选择吊点位置和吊装方法，以避免产生吊装断裂现象。在一般情况下，当柱长在 10 m 以内时，应采用一点绑扎和旋转法起吊。对于 14 ~ 20 m 的长柱，则采用两点绑扎起吊，并进行吊装验算，以防止在吊装过程中产生裂缝或断裂。

柱的校正需要进行 2 ~ 3 次，首先在脱钩后电焊前进行初校；在柱接头电焊后进行第二次校正，观测电焊钢筋因受热收缩不均匀而引起的偏差。此外，在梁和楼板安装后还需要检查一次，以消除焊接应力和荷载产生的偏差。柱在校正时，力求下节柱准确，以免导致上层柱的积累偏差。但当下节柱经最后校正仍存在偏差，若在允许范围内，可以不再进行调整。在这种情况下吊装上节柱时，一般可使上节柱底部中心线对准下节柱顶部中心线和标准中心线的中点，如图 6.60 所示，即 $a/2$ 处，而上节柱的顶部，在校正时仍以标准中心线为准，以此类推。在柱的校正过程中，当垂直度和水平位移有偏差时，若垂直度偏差较大，则先校正垂直度，后校正水平位移。以减少柱顶倾覆的可能性。柱的垂直度允许偏差值 $\leqslant H/1000$（H 为柱高），且不大于 10 mm，水平位移允许在 5 mm 以内。

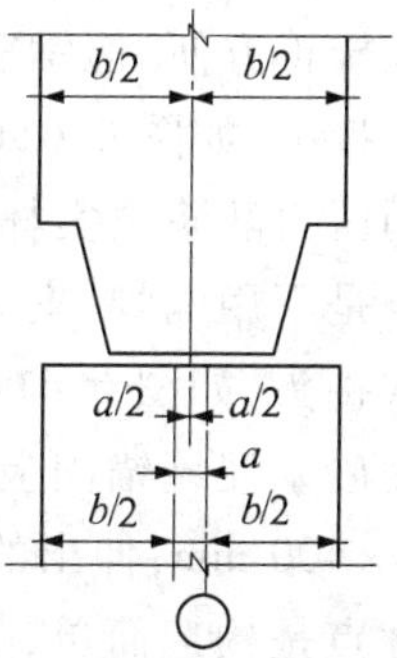

图 6.60　上下节柱校正时中心线偏差调整

a. 下节柱顶部中心线偏差；b. 柱宽

另外，多层框架柱细而长，在强烈的日光照射下，由于温差会使柱子产生弯曲变形，这种温差变形有时会影响校正精度，必须引起重视。为此，建议采取以下措施：对温差影响大和垂直度要求高的柱子，最好在无阳光影响的情况下进行校正。对同一轴线上的柱子，可选择第一根柱子在无温差影响下精确校正作为标准柱，其余的柱子校正时以这一柱子为准。

6.3.3.2　梁的吊装

梁的吊装需在柱子固定后进行。绑扎时用两根等长的吊索进行绑扎。绑扎点要对称设置，以便梁在起吊后达到基本水平状态。梁的两端需用缆绳控制方向和对位。梁和柱对位时应缓慢落钩就位，就位时应用垫铁垫平。

6.3.3.3　板的吊装

多层建筑的楼板(屋面板)一般为空心板或双T板等。每块板一般都要预埋吊环,每次吊装一块时,钩住吊环即可。每次吊装两块以上的板时,应将每块板的吊索都直接挂在起重机吊钩上,各板之间的距离应适当加大些,以减小吊索对板的压力。也可采用平吊或兜吊方法进行钩挂起吊。

6.3.4 构件接头

在多层装配式框架结构中,构件接头的质量直接影响整个结构的稳定和刚度,必须加以充分重视。

6.3.4.1 柱的接头

柱子的接头一般常用榫式接头、插入式接头和浆锚式接头三种。

榫式接头,如图6.61(a)所示,是上下柱预制时各向外伸出一定长度(不小于25d)的钢筋,上柱底部带有突出的榫头,上下柱外露钢筋用剖口焊接,配置若干箍筋,最后浇灌接头混凝土以形成整体。为保证上下钢筋位置相对,常采用柱整根通长制作最后割断主筋的方法。采用榫式接头施工时,榫头可以承受施工荷载。这种接头型式,耗钢量少,整体性好,安装、校正方便,但钢筋不易控制容易错位。

插入式接头,如图6.61(b)所示,是将上柱做成榫头,下柱顶部做成杯口,上柱榫头插入杯口后用压力灌浆填实杯口间隙形成整体。灌浆的压力在2~5 kN/mm^{2}之间。这种接头的优点是不用电焊,安装方便,造价低,使用在截面较大的小偏心受压柱中。

浆锚式接头,如图6.61(c)所示,是将上柱伸出的受力钢筋插入下柱的预留孔洞中,然后用水泥砂浆灌缝锚固上柱钢筋形成整体。凡采用这种接头型式,柱的截面一般不小于400 mm×400 mm,伸出的钢筋为4根,下柱预留孔的直径为4d,且不少于80 mm。这种接头的优点是构造简单,无需电焊,安装固定较快,但连接质量较低。

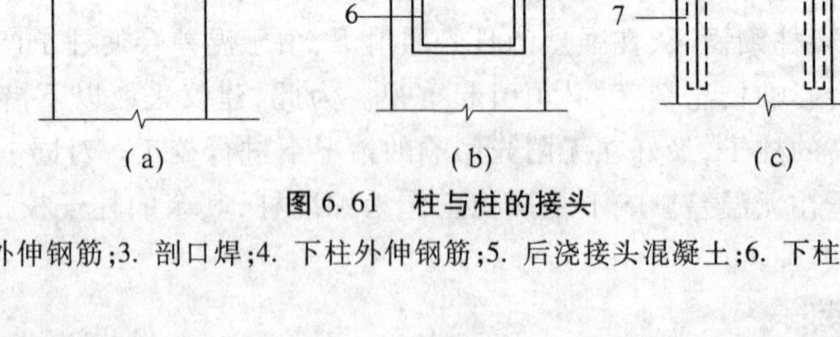

图6.61 柱与柱的接头

1. 榫头;2. 上柱外伸钢筋;3. 剖口焊;4. 下柱外伸钢筋;5. 后浇接头混凝土;6. 下柱杯口;7. 下柱预留孔

6.3.4.2 柱与梁的接头

在多层装配式框架结构中,柱与梁的接头可做成刚接,也做成铰接。梁与柱的接头型式一般有明牛腿式、齿槽式和整体浇注式。

明牛腿式接头,如图6.62(a)所示,在梁就位时,只要将梁端预埋钢板和柱上的预埋钢板焊接后起重机方可脱钩,然后进行梁柱的钢筋焊接,最后灌以混凝土,将梁、柱连成整体。

齿槽式接头,如图6.62(b)所示,是依靠梁柱接头处的齿槽来传递梁端剪力的,施工就位时由于梁临时搁置在牛腿上,面积较小,为确保安全,需将梁端的上部接头钢筋焊好两根后才能松钩。这种接头需设临时支托,接缝混凝土达到一定强度后,才能承担上部荷载,施工工序较复杂。

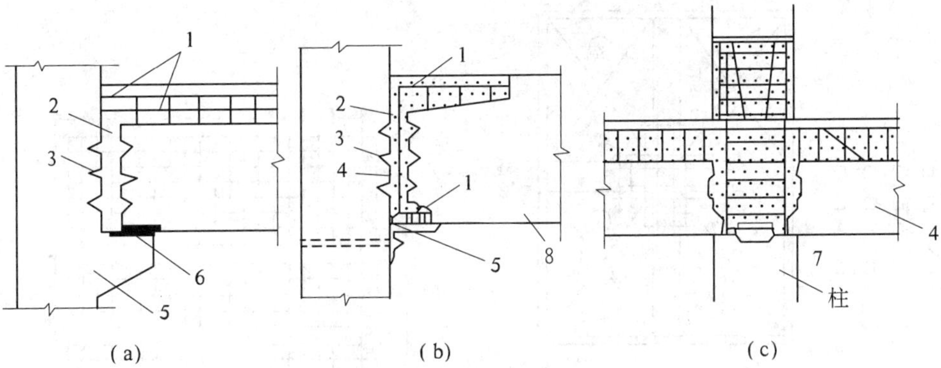

图6.62 梁与柱的接头

1. 剖口焊钢筋;2. 浇捣细石混凝土;3. 齿槽;4. 附加钢筋;5. 牛腿;6. 垫板;7. 柱;8. 梁

整体浇注式接头连接时,如图6.62(c)所示,柱为每层一节,梁搁在柱上,梁底钢筋按锚固长度要求弯上或焊接。混凝土第一次浇筑到楼板面,当强度大于10 MPa后即可吊上柱,上下柱的钢筋采用搭接连接,搭接长度为不小于$20d$,第二次灌筑混凝土到上柱的榫头上部,留35 mm左右的空隙,用细石混凝土灌缝。此种接头整体性好,但施工工序多。

6.4 大跨度结构吊装

6.4.1 概述

大跨度结构安装方法,不仅直接和结构的类型、起重机有关,而且对工程造价、施工进度也是一个决定因素。结构的体系分平面结构和空间结构两大类。平面结构有桁架、刚架与拱等结构;空间结构有网架、薄壳、悬索等结构。我国已经建成的工程,不仅对安装方案提供了很多有益的经验,也创造了许多独特的安装方法。下面就目前常用几种吊装方法做一扼要介绍。

6.4.2 常用的吊装方法

6.4.2.1 分块(条)吊装法

分块(条)吊装法就是为了适应起重机械的起重能力和减少高空拼装工作量,把网架分割成条块状或条状单元,然后分别吊装就位拼装成整体的安装方法。

如图6.63所示,即为某体育馆斜放四角锥网架采用分块吊装的实例。该网架平面尺为 45 m×36 m,从中间十字对开分为四块(每块之间留出一节间),每个单元尺寸为 15.75 m×20.25 m,重约 12 t,用一台悬臂式拔杆在跨外移动吊装就位。就位时,利用网架中央搭设的井字架作为临时支撑。

如图 6.64 所示,为某体育馆双向正交方形网架采用分条吊装的实例。该网架平面尺寸为 45 m×45 m,重 52 t,分割成三条吊装单元,就地错位拼装后,用两台 40 t 汽车式起重机抬吊就位。

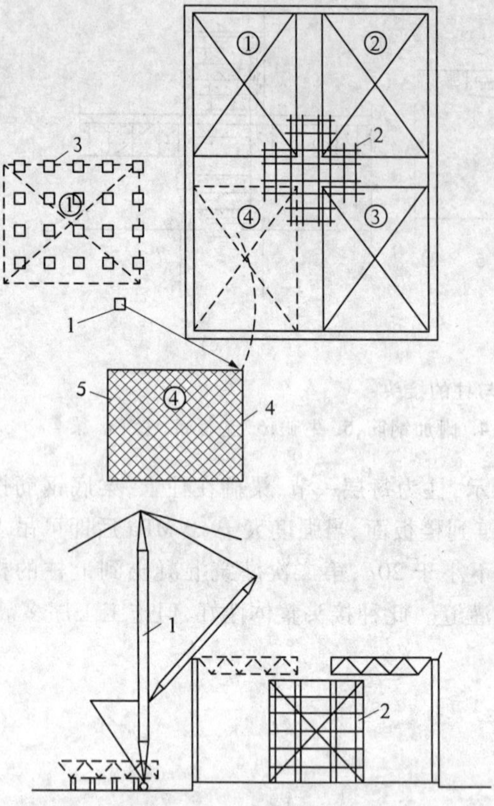

图 6.63 分块吊装法

1. 悬臂扒杆;2. 井字架;3. 拼装砖墩;

①~④. 网架分块编号;4. 临时封闭杆;5. 吊点

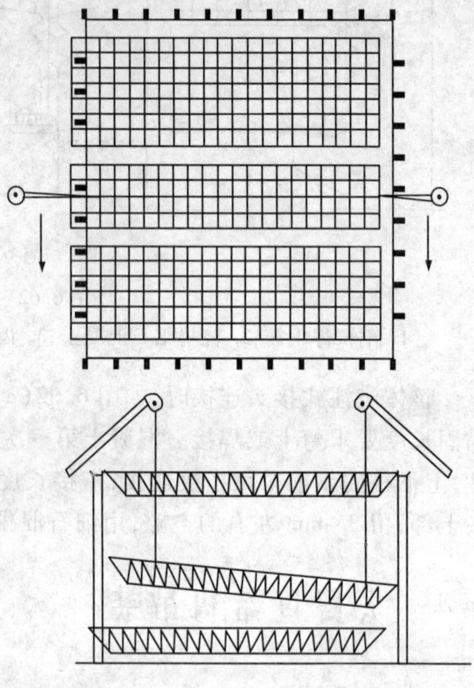

图 6.64 分条吊装

6.4.2.2 **整体吊装法**

整体吊装法,是指网架就地错位拼装后,直接用起重机吊装就位的方法。此法不需要搭设高的拼装架,高空作业少,易于保证接头焊接质量,但需要起重能力大的设备,吊装技术也复杂。

又如:上海体育馆圆形三向网架,直径为 124.6 m,重 600 t,支承在周边 36 根钢筋混凝土柱上,也是采用 6 根拔杆整体吊装,如图 6.65 所示。均充分显示了我国网架吊装所特有的高超技术。

6.4.2.3 **高空滑移法**

高空滑移法是条状单元安装法的发展,是将网架条状单元组合体在建筑物上空进行水平滑移对位总拼的一种施工方法。按滑移方式分逐条滑移法和逐条积累滑移法两种；按摩擦方式，又分为滚动式滑移和滑动式滑移两类。

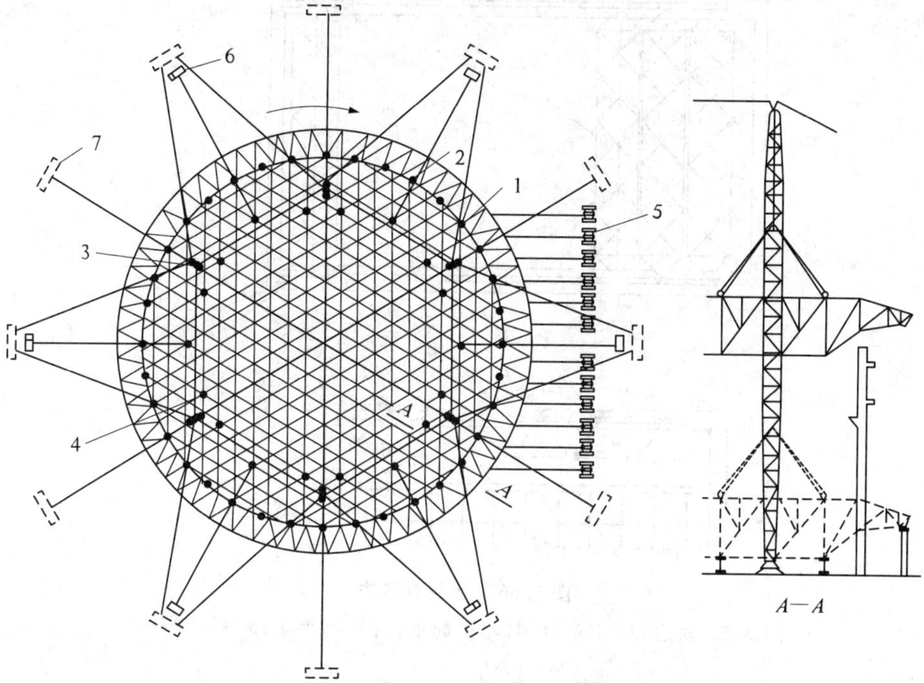

图 6.65　用 6 根扒杆整体吊装

1. 柱；2. 网架；3. 扒杆；4. 吊点；5. 起重卷扬机；6. 校正卷扬机；7. 地锚

例如：某剧院舞台屋盖 31.51 m×23.16 m 的正方形四角锥网架，就是用两台履带式起重机，将在地面拼装的条状单元分别吊至特制的小车上，然后用人工撬动逐条滑移至设计位置。就位时，先用千斤顶顶起条状单元，撤出小车，随即下落就位，如图 6.66 所示。

又如：某体育馆斜放四角锥网架为 45 m×45 m，则是采用逐条积累滑移法施工。如图 6.67 所示。先在地面拼装成半跨的条状单元，然后用悬臂拔杆吊至拼装台上组成整跨的条状单元，再进行滑移。当前一单元滑出组装位置后，随即又拼装另一单元，再一起滑移，如此每拼装一个单元就滑移一次，直至滑移到设计位置为止。由于该网架是直接在支承结构的滑轨上滑移，故属逐条积累滑动式滑移法。滑移的动力，可用卷扬机牵引，亦可用千斤顶。本例是用 2 台同型号的 3 t 卷扬机牵引。

6.4.2.4　整体提升法

整体提升法，是将网架在地面上拼装后，利用提升设备将其整体提升到设计标高安装就位。随着我国升板、滑模施工技术的发展，现已广泛采用升板机和液压千斤顶作为网架整体提升设备，并创造了升梁抬网、升网提模、滑模升网等新工艺，开拓了利用小型设备安装大型网架的新途径。

例如，某网架为 44 m×60.5 m 的斜放四角锥网架，重 116 t，就是采用升梁抬网的施工方案，该网架支承在 38 根钢筋混凝土柱的框架上，如图 6.68(a)所示，事先将框架按结构平面位置分间在地面架空预制，网架支承于梁的中央，每根梁的两端各设置一个提升吊

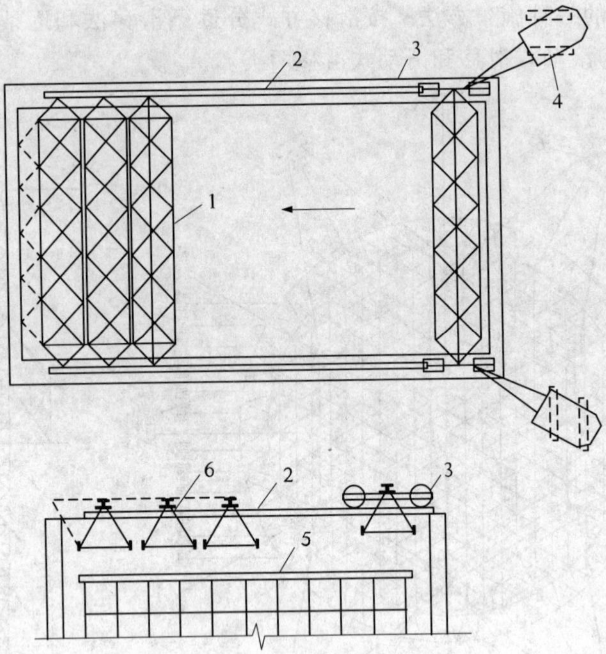

图 6.66　逐条滑移法

1. 网架;2. 轨道;3. 小车;4. 履带式起重机;5. 脚手架;6. 后装的杆件

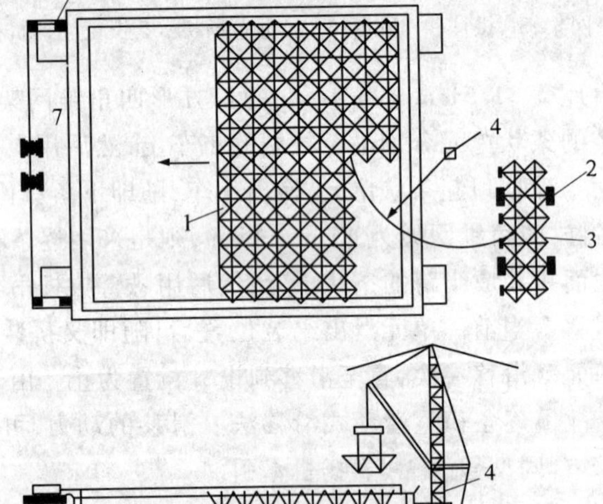

图 6.67　逐条积累滑移

1. 网架;2. 拖拉架;3. 网架分块单元;4. 悬臂扒杆;5. 牵引滑轮组;6. 反力架;7. 卷扬机;8. 脚手

点,梁与梁之间用10#槽钢横向拉接,升板机安装在柱顶,通过吊杆与梁端吊点连接,在升梁的同时,梁也抬着网架上升,如图 6.68(b)所示。

又如,某风雨球场40 m×60 m斜放四角锥网架,周边支承于劲性钢筋混凝土柱上,如

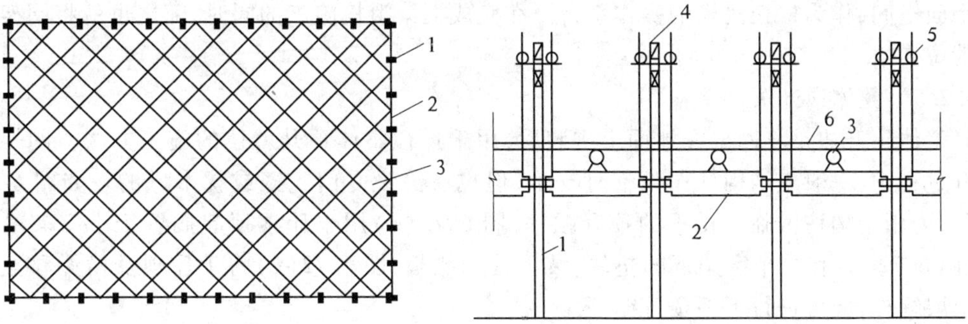

(a)　　　　(b)

图 6.68　升梁抬网法

(a)网架平面图;(b)升梁抬网工艺

1. 柱;2. 框架梁;3. 网架;4. 工具柱;5. 升板机;6. 屋面板

图 6.69 所示,则是采用升网提模的施工方案,即网架在现场就地拼装后,用升板机整体提升网架,在升网同时提升柱子模板,浇注柱子混凝土,使升网、提模、浇注同时进行,如图 6.70 所示。

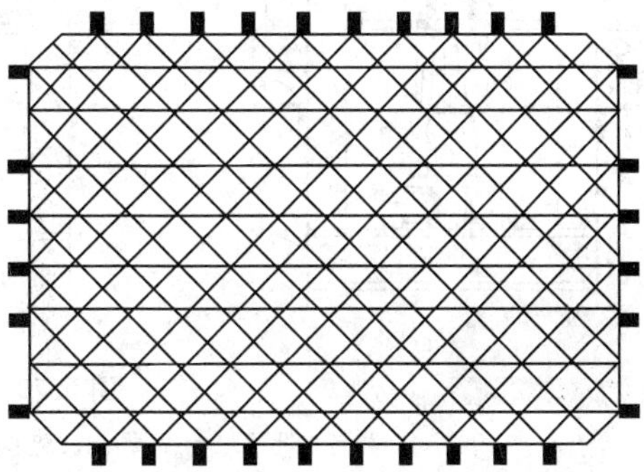

图 6.69　网架平面图

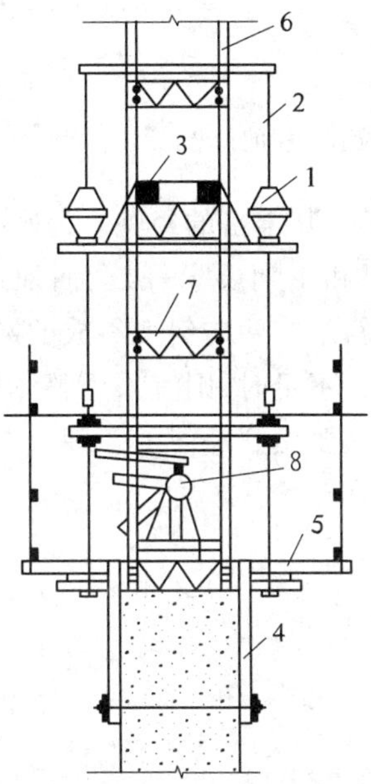

图 6.70　升网提模工艺

1. 升板机;2. 螺杆;3. 承重销;4. 柱子模板;5. 操作平台;6. 角钢柱肢;7. 桁架式缀板;8. 网架支座

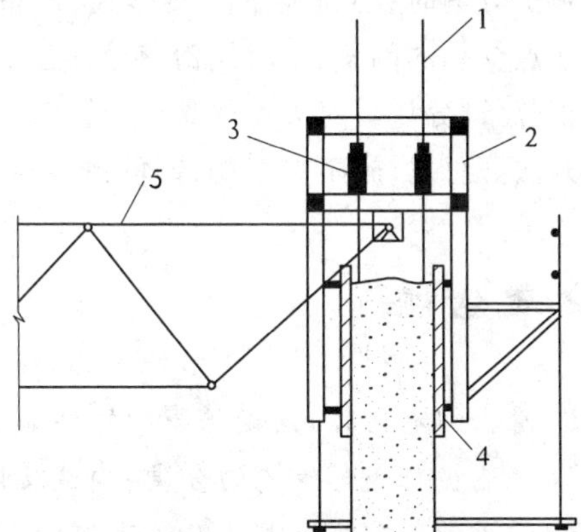

图 6.71　滑模升网法

1. 支承杆;2. 拉升架;3. 液压千斤顶;4. 模板;5. 网架

如图 6.71 所示,则是采用滑模升网的施工方案。网架支承在钢筋混凝土框架柱上,利用框架液压滑模同步、匀速、平稳的特点,作为整体提升网架的功能;利用网架的整体刚度和平面空间，作为框架滑模的操作平台。在完成框架滑模施工的同时，随之也就将网架提升就位。

6.4.2.5 整体顶升法

整体顶升法是将网架在地面上拼装后，用千斤顶整体顶升就位的施工方法。网架在顶升过程中，一般用结构柱作为临时支承，但也有另设专门支架或枕木垛的。如图6.72所示，为用结构柱做临时支承的顶升顺序，图6.72(a)用千斤顶顶起搁置于十字架的网架；图6.72(b)移去十字架下的垫块，装上柱的缀板；图6.72(c)将千斤顶及横梁移至柱的上层缀板，便可进行下一顶升循环。

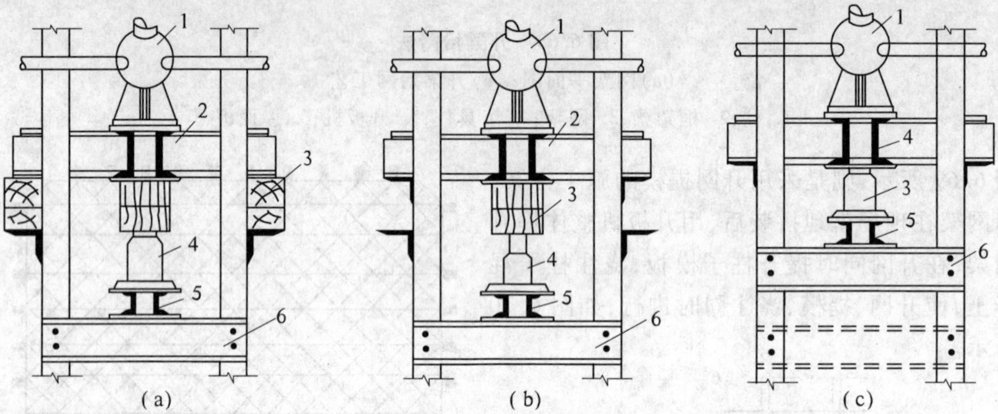

图6.72 网架顶升工艺

1. 网架；2. 十字架；3. 垫块；4. 千斤顶；5. 横梁；6. 柱的缀板

综上所述，我国的网架施工技术，在工程实践中创造了及其丰富的经验。但在拟定网架的施工方案时，必须根据网架形式、设备条件、现场情况和工期要求等，全面地进行考虑。如点支承的网架，不宜用滑移法施工；三向、两向正交斜放或两向斜交斜放的网架，不适于于分条、分块。对大型网架，当施工现狭窄，起重机能力不足时，则宜采用整体提升法或顶升法。总之，施工方案的选择，既要满足技术上可行，又要做到经济上合理。

思考题

1. 滑轮组有何作用，钢丝绳的规格如何表示？

2. 试述桅杆式起重机的分类、构造及性能？

3. 常用的起重机有哪些？各有何特点？如何选择？

4. 试述履带式起重机的主要技术参数及其相互关系，如何使用起重机的特性曲线及性能表？

5. 试述柱子的吊升工艺及方法，吊点选择应考虑什么原则？

6. 试比较旋转法和滑行法的优缺点及适用范围，对柱的布置各有何要求？

7. 怎样对柱子进行校正和固定？

8. 怎样校正吊车梁的安装位置？

9. 屋架的扶直排放有哪些方法？要注意哪些问题？

10. 结构安装选用起重机需考虑哪些问题？

11. 屋架吊升时，屋架绑扎有哪些要求？吊点如何选择？

12. 试述屋架吊升，校正和固定的方法。为什么屋架固定时，两端要同时采用对角施焊？

13. 屋面板就位和吊装顺序有何要求？能否做到屋面板四个角都能点焊？

14. 起重机的开行路线与构件预制的平面布置和安装阶段的平面布置有何关系？

15. 试比较分件吊装和节间吊装的优缺点。

16. 多层装配式框架安装时，如何选择起重机？起重有哪些平面布置方法？如何布置？

17. 试述多层装配式框架柱的吊装、校正和接头方法及与梁的接头方法？

18. 大跨度结构有哪几种吊装方法？简述其施工工艺。

习　题

1. 某厂房柱的牛腿标高 8 m，吊车梁长 6 m，高 0.8 m，当起重机停机面标高为 -0.3 m 时，试计算安装吊车梁的起重高度。

2. 某车间跨度 24 m，柱距 6 m，天窗架顶标高为 18 m，屋面板厚 0.24 m，现采用履带式起重机安装天窗、屋面板，其停机面为 -0.2 m，起重机底铰距地面高 $E = 2.1$ m，试分别用数解法和图解法确定起重机的最小臂长。

3. 某厂房柱重 30 t，柱宽 1.0 m，现采用一点绑扎双机抬吊，试对起重机进行负荷分配。要求最大负荷一台为 20 t，一台为 15 t。

第7章 防水工程

7.1 地下防水工程

随着建筑事业的不断蓬勃发展,地下建筑日益增多。由于地下工程常年受到潮湿和地下水的有害影响,所以对地下工程防水的处理要求更严格,防水技术难度更大,故必须认真对待,确保良好防水效果,满足使用上的要求。

目前我国地下工程的防水形式主要有:

①防水混凝土结构 ;②加防水层;③渗排水措施。

7.1.1 防水混凝土结构的施工

防水混凝土是以调整混凝土配合比或掺外加剂等方法,来提高混凝土本身的密实性和抗渗性,使其具有一定防水能力的特殊混凝土。防水混凝土具有取材容易、施工方便、工期较短、耐久性好、工程造价低等优点,因此,在地下工程中得到了广泛的应用。

目前,常用的防水混凝土主要有分为普通防水混凝土和掺外加剂的防水混凝土两类。

7.1.1.1 防水混凝土的性能及配制方法

(1)普通防水混凝土

普通防水混凝土即是在普通混凝土骨料级配的基础上,通过调整和控制配合比的方法,提高自身密实度和抗渗性的一种混凝土。它不仅要满足结构的强度要求,还须根据设计抗渗等级来配制。在普通防水混凝土中,水泥砂浆在石子周围形成一定数量和质量良好的砂浆包裹层,减少混凝土内部毛细管、缝隙的形成,切断石子间相互连通的渗水通路,满足结构抗渗防水的要求。

1)对原材料的要求　水泥强度等级不低于32.5级,宜采用普通硅酸盐水泥、火山灰硅酸盐水泥和粉煤灰硅酸盐水泥,如掺外加剂,也可采用矿渣硅酸盐水泥。普通防水混凝土的骨料级配要好,一般可采用碎石、卵石和碎矿渣,石子含泥量不大于1%,针状、片状颗粒不大于15%,最大粒径不宜大于40 mm,吸水率不大于1.5%。砂宜采用含泥量不大于3%的中、粗砂,平均粒径为0.4 mm左右。普通防水混凝土所用的水应为不含有害物质的洁净水。

2)普通防水混凝土的配制方法　普通防水混凝土配制应通过实验选定,以控制水灰比,适当增加砂率和水泥用量的方法,来提高混凝土的密实性和抗渗性。水灰比一般不大于0.6,每立方米混凝土的水泥用量不少于320 kg,砂率以35% ~40%为宜,灰砂比应为

1:2 ~1:2.5,坍落度以 3 ~5 cm 为宜,当采用泵送工艺时,可不受此限制。普通防水混凝土配合比设计,一般采用绝对体积法进行。但必须注意,在实验室试配时,考虑实际实验条件与实际施工条件的差别,应将设计的抗渗标号提高 0.2 Mpa 来选定配合比。实验室固然可以配出满足各种抗渗标号的防水混凝土,但在实际工程中由于各种因素的制约往往难于做到,所以,更多的是采用掺外加剂的方法来满足防水的要求。

(2)掺外加剂的防水混凝土

掺外加剂的防水混凝土,是在混凝土中掺入适量的外加剂,以改善混凝土的密实度,提高其抗渗能力,达到防水要求。目前常用的方法有:

1)加气剂防水混凝土　它是在普通混凝土中掺加微量的加气剂配制而成的。硬化后的混凝土,形成了一个封闭的水泥浆壳,堵塞了内部毛细管通道,从而提高了混凝土的抗渗性。常用的加气剂有松香酸钠、松香热聚物、烷基磺酸钠和烷基苯磺酸钠。我国对加气混凝土的含气量要求控制在 3% ~5% 范围;松香酸钠掺量为水泥重量的 0.03%;松香热聚物的掺量为水泥重量的 0.005% ~0.015%;水灰比控制在 0.5 ~0.6 之间;水泥用量为 250 ~300 kg,砂率为 28% ~35%。砂石级配、坍落度与普通混凝土要求相同。

2)三乙醇胺防水混凝土　这种防水混凝土是在混凝土中掺入水泥重量 0.05% 的三乙醇胺防水剂配制而成的。三乙醇胺能增强水泥颗粒的吸附分散和化学分散作用,加快水泥的水化作用,水化生成物增多,使水泥结晶变细,结构密实,因而提高了混凝土的抗渗能力。

3)减水剂防水混凝土　这种防水混凝土是在混凝土中掺入适量的减水剂配制而成。混凝土掺入减水剂后,在满足施工和易性的条件下,可大大降低拌合用水量,使混凝土硬化后的毛细孔减少,从而提高了混凝土的抗渗性。采用木质素磺酸钙,其掺量为水泥质量的 0.15% ~0.3%;采用 MF、NNO,其掺量为水泥质量的 0.5% ~1.0%;采用糖蜜,其掺量为水泥质量的 0.2% ~0.35%。减水剂防水混凝土,在保持混凝土和易性不变的下,可使混凝土用水量减少 10% ~20%,混凝土强度等级提高 10% ~30%,抗渗性可提高一倍以上。适合于一般防水工程及对施工工艺有特殊要求的防水工程。

7.1.1.2　防水混凝土工程的施工

(1)施工要点

防水混凝土工程的模板应平整且拼缝严密不漏浆,模板构造应牢固稳定,通常固定模板的螺栓或铁丝不宜穿过防水混凝土结构,以免水沿缝隙渗入,当墙较长需要对拉螺栓固定模板时,应在预埋套管或螺栓上加焊止水环,阻止渗水通路。

绑扎钢筋时,应按设计要求留足保护层,一般不小于 30 mm,不得有负误差。留设保护层应以相同配合比的细石混凝土或水泥砂浆制成垫块,严禁钢筋垫钢筋或将钢筋用铁钉、铅丝直接固定在模板上,以防止水沿钢筋渗入。

防水混凝土应用机械搅拌,搅拌时间不得少于 2 min,掺外加剂时,应延长为 2 ~3 min。机械振捣,浇筑时应严格作到分层连续进行,每层厚度不宜超过 300 ~400 mm。两层浇筑时间间隔不应超过 2 h,夏季适当缩短。混凝土进入终凝(一般浇后 4 ~6 h)即应覆盖,浇水湿润养护不少于 14 d。

(2)施工缝

施工缝是防水的薄弱部位之一,施工中应尽量不留或少留。底板混凝土应连续浇筑,不得留施工缝。墙体一般只许留水平施工缝,一般留在高出底板上表面不小于 200 mm 的墙身上,距穿墙孔洞边缘不少于 300 mm。施工缝的形式有平口缝、凸缝、高低缝、金属止水缝等,如图 7.1 所示。

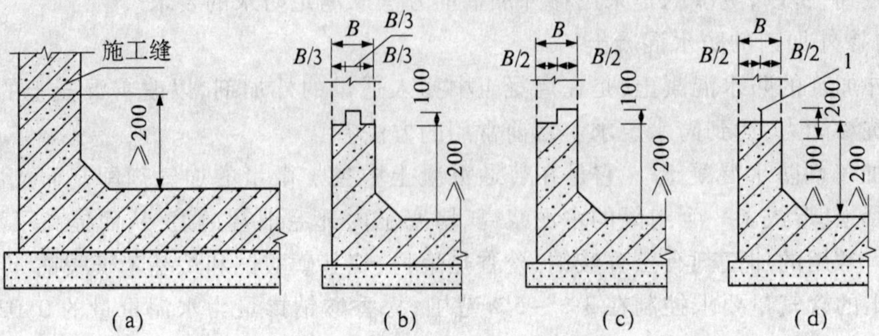

图 7.1 施工缝接缝形式(单位:mm)

(a)平口缝;(b)凸缝;(c)高低缝;(d)金属止水缝

1.金属止水片

为了使接缝严密,应在继续浇筑混凝土前,将施工缝处混凝土凿毛,然后清除杂质,用水冲洗并保持湿润,再铺一层厚 20 ~ 50 mm 与混凝土成分相同的水泥砂浆,然后继续浇筑混凝土。

7.1.2 水泥砂浆防水层施工

水泥砂浆防水层是一种刚性防水层。即在构筑物的底面和两侧分层涂抹一定厚度的水泥砂浆,利用砂浆本身的憎水性和密实性来达到抗渗防水的效果。但这种防水层抵抗变形能力差,固不适用于受振动荷载影响的工程或结构上易产生不均匀沉陷的工程,亦不适用于受腐蚀、高温及反复冻融的砖砌体工程。

常用的水泥砂浆防水层主要有刚性多层防水层、掺外加剂的防水砂浆防水层和膨胀水泥或无收缩性水泥砂浆防水层等类型。

7.1.2.1 刚性多层防水层

刚性多层防水层是利用素灰和水泥砂浆分层交替抹压均匀密实,构成一个多层的整体防水层。这种防水层,做在迎水面时,宜采用五层交叉抹面,如图 7.2 所示;做在背水面时,宜采用四层交叉抹面,即将第四层表面抹平压光即可。

具体做法是:第一、三层为素灰层,水灰比为 0.37 ~ 0.4,稠度为 70 mm 的水泥浆,其厚度为 2 mm,分两次抹压密实,主要起防水作用。第二、四层为水泥砂浆层,配合比为 1:2.5(水泥:砂),水灰比为 0.6 ~ 0.65,稠度为 70 ~ 80 mm,每层厚度 4 ~ 5 mm。水泥砂浆层主要起着对素灰层的保护、养护和加固作用,同时也起一定的防水作用。第五层为水泥浆层,厚度 1 mm,水灰比为 0. 55 ~ 0. 6,在第四层水泥砂浆抹压两遍后,用毛刷均匀涂刷水泥浆一道并随第四层一道压光。

刚性多层防水层，各层粘贴紧密，密实性好，当外界温度变化时，每一层的收缩变形均受到其他层的约束，不易发生裂缝；同时各层配合比、厚度及施工时间均不同，毛细孔形成也不一致，后一层施工能对前一层的毛细孔起堵塞作用，所以具有较高抗渗能力，能达到良好的防水效果。

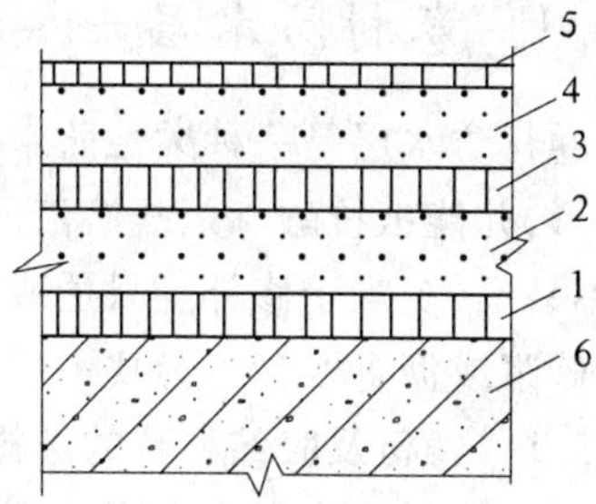

图7.2 五层交叉抹面做法

1、3. 素灰层；2、4. 砂浆层；

5. 水泥浆层；6. 结构基层

每层防水层施工要连续进行，不留施工缝。若必须留施工缝时，则应留成阶梯坡形槎，如图7.3所示，接槎要依照层次顺序操作，层层搭接紧密。接槎一般宜留在地面上，亦可留在墙面上，但均需离开阴阳角处200 mm。

7.1.2.2 掺外加剂防水砂浆防水层

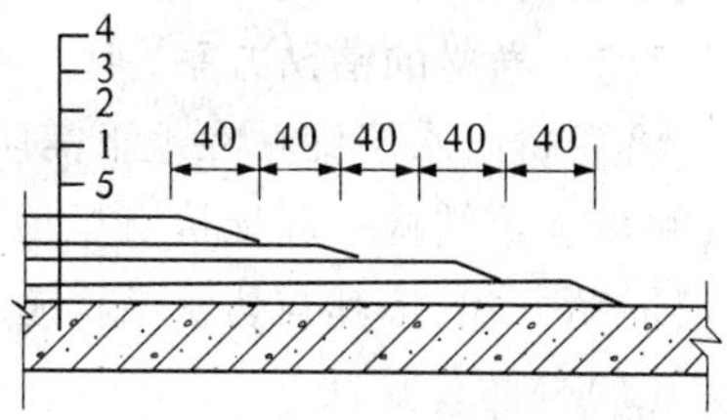

图7.3 防水层留槎方法

（单位：mm）

1、3. 素灰层；2、4. 砂浆层；

5. 结构基层

在普通水泥砂浆中掺入一定量的防水剂形成防水砂浆，防水剂与水泥水化作用而形成不溶性物质或憎水性薄膜，可填充填塞或封闭水泥砂浆中的毛细管道，提高其密实性，增强其抗渗能力。常用的有防水浆、避水浆、防水粉、氯化铁防水剂、硅酸钠防水剂等。以氯化铁防水砂浆防水层施工为例，作一介绍：氯化铁防水砂浆防水层施工时，在清理好的基层上，先刷水泥浆一道，然后分两次抹垫层的防水砂浆，其配合比为1:2.5:0.3（水泥:砂:防水剂），水灰比为0.45～0.5，其厚度为12 mm，抹垫层防水砂浆后，一般隔12 h左右，再刷一道水泥浆，并随刷随抹面层防水砂浆，其配合比1:3:0.3（水泥:砂:防水剂），水灰比为0.5～0.55，其厚度为13 mm，也分二次抹。面层防水砂浆抹完后，在终凝前应反复多次抹压密实并压光。

7.1.2.3 膨胀水泥或无收缩性水泥砂浆防水层

这种防水层主要是利用水泥膨胀和无收缩的特性来提高砂浆的密实性和抗渗性，其砂浆的配合比为1:2.5（水泥:砂），水灰比为0.4～0.5。涂抹方法与防水砂浆相同，但由于砂浆凝结快，故在常温下配制的砂浆必须在1 h内使用完毕。

在配制防水砂浆时，宜采用强度等级不低于32.5级的普通硅酸盐水泥、膨胀水泥、矿渣硅酸盐水泥；宜采用中砂或粗砂。基层表面要坚实、粗糙、平整、洁净。涂刷前基层应洒水湿润，以增强基层与防水层的黏结力。阴阳角均应做成圆弧或钝角。其半径一般为：阳角10 mm，阴角50 mm。水泥砂浆防水层其高度均应至少超出室外地坪150 mm。水泥砂浆防水层施工时，气温不应低于5℃，掺用氯化物金属盐类防水剂及膨胀剂的防水砂浆，不应在35℃以上或烈日照射下施工。防水层做完后，应立即进行养护，养护时的环境温度不宜低于5℃，并保持防水层湿润，养护时间不应少于14昼夜。

7.1.3 卷材防水层

卷材防水层是一种柔性防水层，它有良好的韧性和较好防水性，能适应结构振动和微小变形，并能抵抗酸、碱、盐溶液的侵蚀，运用较广。但卷材吸水率大，机械强度低，耐久性差，不易操作，难于修补。只适应于型式简单的整体钢筋混凝土结构基层和以水泥砂浆、沥青砂浆或沥青混凝土为找平层的基层。

7.1.3.1 卷材及胶结材料的选择

地下卷材防水层宜采用耐腐蚀的卷材和胶结材料，如胶油沥青卷材、沥青玻璃布卷材，再生胶卷材等。铺贴石油沥青卷材必须用石油沥青胶结材料.铺贴胶油沥青卷材必须用胶油沥青胶结材料。防水层所用的沥青，其软化点应比基层及防水层周围介质可能达到的最高温度高出20℃～25℃，且不低于40℃。沥青胶结材料的加热温度、使用温度及冷底子油的配制方法参见屋面防水部分。

7.1.3.2 卷材的铺贴方案

将卷材防水层铺贴在地下需防水结构的外表面时，称为外防水。可以借助土压力压紧，并与承重结构一起抵抗有压地下水的渗透和侵蚀作用，防水效果好。外防水的卷材防水层铺贴方式，按其与防水结构施工的先后顺序，可分为外防外贴法和外防内贴法两种。

(1)外防外贴法

外防外贴法是在垫层上先铺贴好底板卷材防水层，进行地下需防水结构的混凝土底板与墙体施工，待墙体侧模拆除后，再将卷材防水层直接铺贴在墙面上，然后砌筑保护墙，如图7.4所示。其施工顺序是先在混凝土底板垫层上做1:3的水泥砂浆找平层，待其干燥后，再铺贴底板卷材防水层，并在四周伸出与墙身卷材防水层搭接。保护墙分为两部分，下部为永久性保护墙，高度不小于$(B+200)$mm(B为底板厚度)；上部为临时保护墙，高度一般为450～600 mm，用石灰砂浆砌筑，以便拆除。保护墙砌筑完毕后，再将伸出的卷材搭接接头临时贴在保护墙上。然后进行混凝土底板与墙身施工，墙体拆模后，在墙面上抹水泥砂浆找平层并刷冷底子油，再将临时保护墙拆除，找出各层卷材搭接接头，并将其表面清理干净。此处卷材应错槎接缝，如图7.5所示，依次逐层铺贴，最后砌筑永久性保护墙。

(2)外防内贴法

外防内贴法是在垫层四周先砌筑保护墙，然后将卷材防水层铺贴在垫层与保护墙上，最后进行地下需防水结构的混凝土底板与墙体施工，如图7.6所示。其施工顺序是先在混凝土底板垫层四周永久性砌筑保护墙，在垫层表面上及保护墙内表面上抹1:3水泥砂浆找平层，待其基本干燥并满涂冷底子油后，沿保护墙及底板铺贴防水卷材。铺贴完毕后，在立面上，应在涂刷防水层最后一道沥青胶时，趁热黏上干净的热砂或散麻丝，待其冷却后，立即抹一层10～20 mm厚的1:3水泥砂浆保护层；在平面上铺设一层30～50 mm厚的1:3水泥砂浆或细石混凝土保护层，最后再进行需防水结构的混凝土底板和墙体施工。

内贴法与外贴法相比，其优点是：卷材防水层施工较简便，底板与墙体防水层可一次铺贴完，不必留接搓，施工占地面积较小。但也存在着结构不均匀沉降，对防水层影响大，易出现渗漏水现象;竣工后出现渗漏水,修补较难等缺点。工程上只有当施工条件受限时,才采用内贴法施工。

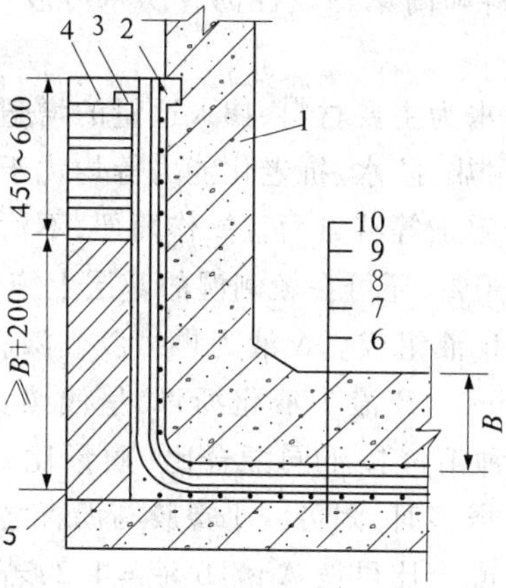

图7.4 外防外帖法(单位:mm)

1.需防水结构墙体;2.永久性木条;
3.临时性木条;4.临时性保护墙;
5.永久性保护墙;6.垫层;7.找平层;
8.卷材防水层;9.保护层;10.底板

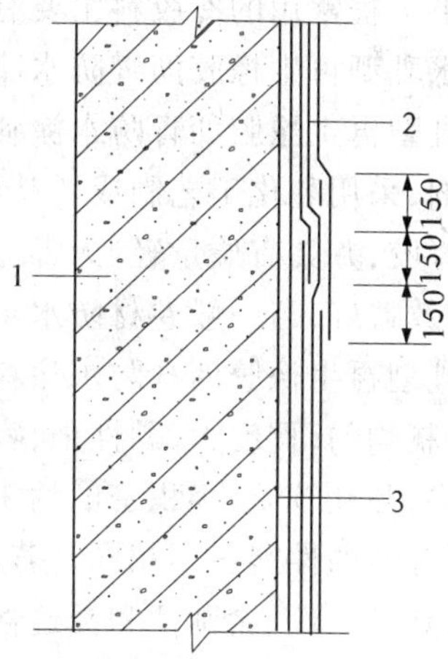

图7.5 防水错槎接缝

1.需防水结构;2.防水层;
3.找平层

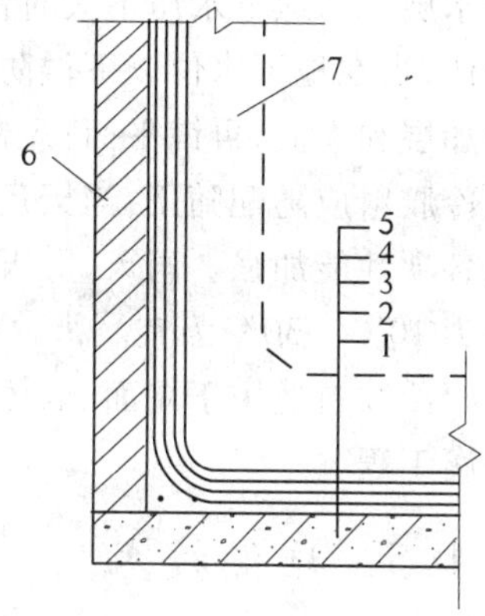

图7.6 外防内帖法
(单位:mm)

1.垫层;2.找平层;
3.卷材防水层;4.保护层;
5.底板;6.保护墙;
7.需防水结构墙体;

7.1.3.3 卷材防水层的施工

铺贴卷材的基层必须牢固,无松动现象,基层表面应平整洁净,阴阳角处均应做成圆弧形或钝角。卷材铺贴前,宜使基层表面干燥,在平面上铺贴卷材时,若基层表面干燥有困难,则第一层卷材可用沥青胶结材料铺贴在潮湿的基层上,但应使卷材与基层贴紧。必要时卷材层数应比设计增加一层。在立面上铺贴卷材时,为提高卷材与基层的黏结,基层表面应涂满冷底子油,待冷底子油干燥后再铺贴。铺贴卷材时,每层沥青胶涂刷应均匀,其厚度一般为1.5~2.5mm。外贴法铺贴卷材应先铺平面,后铺立面,平立面交接处应交叉搭接;内贴法宜先铺立面,后铺平面。铺贴立面卷材时,应先铺转角后铺大面。卷材的搭接长度要求,长边不应小于100 mm,短边下应小于150 mm。上下两层和相邻两幅卷材的接缝应相互错开1/3幅宽,并不得相互垂直铺贴。在平面与立面的转角处,卷材的接缝应留在平面上距离立面不小于600 mm处。所有转角处均应铺贴附加层。附加层可用两层同样的卷材或一层抗拉强度较高的卷材。附加层应按加固处的形状仔细粘贴紧密,卷材与基层和各层卷材间必须粘贴紧密,多余的沥青胶接材料应挤出,搭接缝必须用沥青胶仔细封严。最后一层卷材铺贴好后,应在其表面上均匀地涂刷一层厚为1~1.5 mm的热沥青胶结材料。

7.1.4 冷胶料防水层

地下工程常用的冷胶料主要有沥青基防水冷胶料和高聚物改性沥青防水冷胶料等。这里以水乳型再生橡胶沥青防水冷胶料为例做介绍：

水乳型再生橡胶沥青防水涂料是以沥青、橡胶和水为主要材料，掺入适量的增塑剂及抗老化剂，采用乳化工艺制成。其黏结、柔韧、耐寒、耐热、防水、抗老化能力等均优于纯沥青和沥青胶，并具有质量轻、无毒、无味、不易燃烧、冷施工等特点而且操作简便，不污染环境，经济效益好，与一般卷材防水层相比可节约造价30%，还可在较潮湿的基层上施工。

水乳型再生橡胶沥青防水涂料由水乳型A液和B液组成。A液为再生胶乳液，呈漆黑色，细腻均匀，稠度大，黏性强，容积密度约1.1 g/cm^3。B液为液化沥青，呈浅黑黄色，水分较多，黏性较差，容积密度约1.04 g/cm^3。当两种溶液按不同配合比(质量比)混合时，其混合料的性能各不相同。若混合料中沥青成分居多时，则可减小橡胶与沥青之间的内聚力，其黏结性、涂刷性和浸透性能良好，此时施工配合比可按A液:B液=1:2；若混合料中橡胶成分居多时，则具有较高的抗裂性和抗老化能力，此时施工配合比可按A液:B液=1:1。所以在配料时，应根据防水层的不同要求，采用不同的施工配合比。

水乳型再生橡胶沥青防水冷胶料既可单独涂布形成防水层，也可衬贴玻璃丝布作为防水层。当地下水压不大时做防水层或地下水压较大时做加强层，可采用二布三油一砂做法；当在地下水位以下做防水层或防潮层，可采用一布二油一砂做法。铺贴顺序为先铺附加层和立面，再铺平面；先铺贴细部，再铺贴大面，其施工方法与卷材防水层相类似。施工冷胶料应随配随用，当天用完；两层的施工间隔时间不宜少于12 h，最好24 h，以利结膜和各项性能加强。雨天、雾天、大风天，以及负温条件下不得施工。冷胶料的施工适宜温度为10℃～30℃为宜。

冷胶料适用于屋面、墙体、地面、地下室等部位及设备管道防水防潮、嵌缝补漏、防渗防腐工程。

7.1.5 堵漏技术

渗漏水主要是由于结构层存在孔洞、裂缝和毛细孔。堵漏前，必须查明其原因，确定其位置，弄清水压大小。根据不同情况，采取相应的措施。堵漏的原则是：先把大漏变小漏，缝漏变点漏，片漏变孔漏，然后堵住漏水。

堵漏方法和材料较多，如水泥胶浆、环氧树脂、丙凝浆液、甲凝浆液、氰凝浆液等。

7.1.5.1 快硬性水泥胶浆堵漏

这种胶浆直接以水泥和促凝剂拌制，按1:(0.5～1)拌和而成，其凝结时间很快(一般1 min左右)，以达到迅速堵住渗漏水的目的。使用时，注意随拌随用。促凝剂配合比见表7.1。堵漏前先做试配，一般从开始拌和到凝固，以1～2 min为宜，如凝固过快或过慢时，适当加水或调整配合比。

(1)孔洞漏水堵漏方法

孔洞和水压较小时，可直接采用堵塞法处理。堵漏时，将漏点剔成10～30 mm、深20～50 mm的小洞，用水清洗干净，把配好的胶浆待开始凝固时，迅速压入小洞内，挤压密实,不再渗漏后,在其表面抹素灰和砂浆各一层并扫毛。待一定强度后,与结构层一起做防水层。

如孔洞和水压较大,可采用下管堵漏法处理,如图7.7所示。此法按以大变小原则,先剔洞并冲洗干净,按图示插入胶管引流,用胶浆将洞堵住,不渗漏水后,抹素灰和砂浆各一道,待砂浆有一定强度后拔出胶管,再用上述直接堵寒法将胶管洞堵死。

表7.1 促凝剂配合比表

材料名称	分子式	配合比	色泽
硫酸铜(胆矾)	$CuSO_4 \cdot 5H_2O$	1	水蓝色
重铬酸钾(红矾)	$K_2Cr_2O_7 \cdot 2H_2O$	1	橙红色
硫酸亚铁(绿矾)	$FeSO_4 \cdot 7H_2O$	1	蓝绿色
硫酸铬钾(蓝矾)	$KCr(SO_4)_2 \cdot 12H_2O$	1	紫红色
硫酸铝钾(明矾)	$KAl(SO_4)_2$	1	白色
硅酸钠(水玻璃)	$NaSiO_4$	400	无色
水	H_2O	60	无色

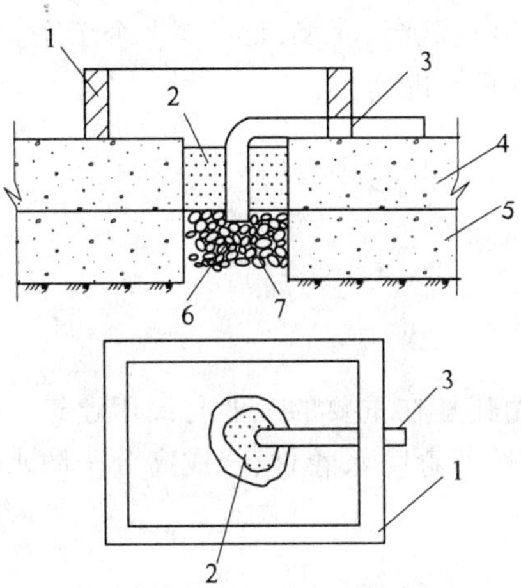

图7.7 下管堵漏法

1.挡水墙;2.填胶浆;3.胶皮管;4.泥凝土基层;5.垫层;6.碎石;7.油毡一层

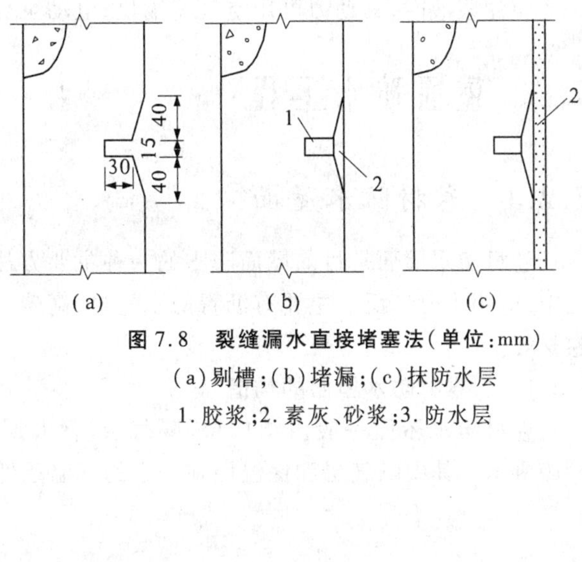

图7.8 裂缝漏水直接堵塞法(单位:mm)

(a)剔槽;(b)堵漏;(c)抹防水层

1.胶浆;2.素灰、砂浆;3.防水层

(2)裂缝漏水堵漏方法

水压较小的裂缝。可采用直接堵塞法,如图7.8所示。堵漏时,先剔槽,在缝中堵塞胶浆,最后做防水层。如缝较长,可分段进行,接缝成斜槎。

如水压较大的裂缝漏水,则采用下线堵塞法进行,如图7.9所示。剔槽洗净后,在槽内底部沿裂缝放置一根合适的小绳,缝长可分段,段间留20 mm空隙。操作时,每段用胶浆压紧、抽出小绳后,使水从绳孔中流出。段间空隙用下钉法缩小孔洞。如图示,用胶浆包住钉子塞进空隙,快凝固时拔出钉子,钉孔洞漏水用直接堵塞法堵住。

7.1.5.2 氰凝灌浆堵漏

氰凝又名聚异氰酸脂它是由多种化学原料按一定比例、一定顺序配制而成的氰凝浆液。氰凝浆液的特点是：当浆液没有遇到水之前，不发生化学反应，是稳定的，故要密闭贮存；当浆液遇水后、立即反应，黏度逐渐增加，生成不溶于水又不透水的凝固体，且具有较高的抗压强度。由于水是化学反应的组成部分，因此浆液不会被水冲淡或流失；浆液遇水反应时，放出二氧化碳，使浆液发生膨胀，向四周渗透扩散，直到反应结束时才停止膨胀和渗透。

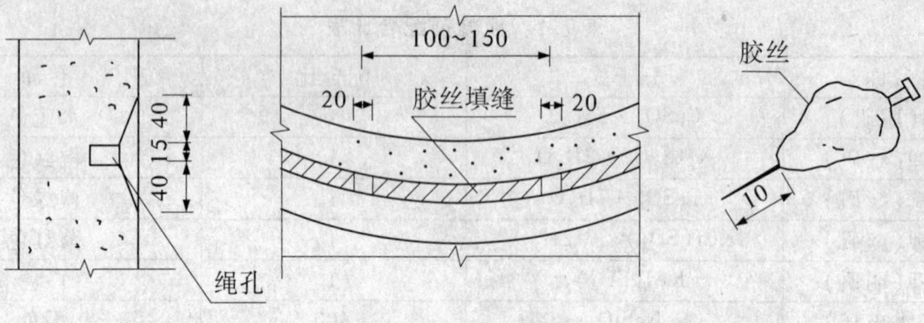

图 7.9　下线堵漏法与下钉法（单位：mm）

堵漏时，施工操作可分为基层处理、布置灌浆孔、埋设注浆嘴、封闭漏水孔（除注浆嘴外，其他漏水部位均用快硬胶浆堵住，以免氰凝浆液漏出）、试灌、灌浆，封口等七个工序。

灌注浆液时，其动力可用空气压缩机、电动泵、手掀泵等机具。

7.2　屋面防水工程

7.2.1　卷材防水屋面

卷材防水屋面是目前屋面防水的一种主要方法，尤其是在重要的工业与民用建筑工程中，应用十分广泛。主要有沥青防水卷材、高聚物改性沥青防水卷材、合成高分子防水卷材等。

7.2.1.1　卷材防水屋面的构造

卷材防水屋面一般由结构层、隔气层、保温层、找平层、防水层和保护层组成，如图7.10所示。其中隔气层和保温层在一定的气温条件和使用条件下可不设。

图 7.10　卷材防水屋面构造示意图

(a)不保温卷材防水屋面；(b)保温卷材防水屋面

1. 保护层；2. 卷水防水层；3. 结合层；4. 找平层；

5. 保温层；6. 隔气层；7. 结构层

卷材防水屋面属柔性防水屋面,其优点是:重量轻,防水性能较好,尤其是防水层具有良好的柔韧性,能适应一定程度的结构振动和胀缩变形。缺点是:造价高,特别是沥青卷材易老化、起鼓、耐久性差,施工工序多,工效低,维修工作量大,产生渗漏时修补找漏困难等。

7.2.1.2 卷材防水屋面的材料

(1)沥青

沥青是一种有机胶凝材料。在土木工程中,目前常用的是石油沥青。按其用途可分为建筑石油沥青、道路石油沥青和普通石油沥青三种。建筑石油沥青黏性较高,多用于建筑物的屋面及地下工程防水;道路石油沥青则用于拌制沥青混凝土和沥青砂浆或道路工程;普通石油沥青因其温度稳定性差,黏性较低,在建筑工程中一般不单独使用,而是与建筑石油沥青掺配经氧化处理后使用。

沥青贮存时,应按不同品种、牌号分别存放,避免雨水、阳光直接淋晒,并要远离火源。

(2)卷材

1)沥青卷材　沥青防水卷材,按制作方法的不同可分为浸渍(有胎)和辊压(无胎)两种。建筑工程中常用的有石油沥青油毡和石油沥青油纸两种。根据每一平方米原纸质量(克),石油沥青有200号、350号和500号三种标号,油纸有200号和350号两种标号。卷材防水屋面工程用油毡一般应采用标号不低于350号的石油沥青油毡。油毡和油纸在运输、堆放时应竖直搁置,高度不超过两层;应贮存在阴凉通风的室内,避免日晒雨淋及高温高热。

2)高聚物改性沥青卷材　高聚物改性沥青防水卷材是以合成高分子聚合物改性沥青为涂盖层,纤维织物或纤维毡为胎体,粉状、粒状、片状或薄膜材料为覆盖材料制成可卷曲的片状材料。目前,我国所使用的有SBS改性沥青柔性卷材、APP改性沥青卷材、铝箔塑胶卷材、化纤胎改性沥青卷材、废胶粉改性沥青耐低温卷材等。

3)合成高分子卷材　合成高分子防水卷材是以合成橡胶、合成塑脂或二者的共混体为基料,加入适量的化学助剂和填充料等,经不同工序加工而成可卷曲的片状防水材料;或把上述材料与合成纤维等复合形成两层或两层以上的可卷曲的片状防水材料。目前,常用的有三元乙丙橡胶防水卷材、氯化聚乙烯防水卷材、氯化聚乙烯—橡胶共混体防水卷材、氯硫化聚乙烯防水卷材等。

(3)冷底子油

冷底子油是用10号或30号石油沥青加人挥发性溶剂配制而成的溶液。慢挥发性冷底子油(石油沥青:轻柴油或煤油为4:6);快挥发性冷底子油(石油沥青与汽油或苯为3:7)。

冷底子油具有较差的渗透性和憎水性,并使沥青胶结材料与找平层之间的黏结力增强。喷涂涂底子油的时间,一般应待找平层干燥后进行。若需在潮湿的找平层上涂喷冷底子油,则应待找平层水泥砂浆略具强度能够操作时,方可进行。冷底子油可喷涂或涂刷,涂刷应薄而均匀,不得有空白、麻点或气泡。待冷底子油油层干燥后,即可铺贴卷材。

(4)沥青胶结材料

沥青胶是用石油沥青按一定配合量掺人填充料(粉状或纤维状矿物质)混合熬制而

成。用于粘贴油毡作防水层或作为沥青防水涂层以及接头填缝之用。

沥青胶结材料的配制，一般采用10号、30号、60号石油沥青，或上述两种或三种牌号的沥青熔合。当采用两种标号沥青进行熔合时，其配合比可按下列公式计算：

$$B_g = \frac{T - T_2}{T_1 - T_2} \times 100\% \tag{7.1}$$

$$B_d = 100\% - B_g \tag{7.2}$$

式中 B_g——熔合物中高软化点石油沥青含量(%)；

B_d——熔合物中低软化点石油沥青含量(%)；

T——熔合后沥青胶结材料所需的软化点(℃)；

T_1——高软化点石油沥青的软化点(℃)；

T_2——低软化点石油沥青的软化点(℃)。

(5)胶黏剂

胶黏剂是高聚物改性沥青卷材和合成高分子卷材的粘贴材料。

7.2.1.3 卷材防水屋面的施工

(1)沥青卷材防水屋面的施工

1)基层的处理　要求基层要有足够的强度和刚度，承受荷载时不产生显著变形，一般采用水泥砂浆、沥青砂浆和细石混凝土找平层作基层。水泥砂浆配合比(体积比)1:2.5～1:3，水泥强度等级不低于32.5级；沥青砂浆配合比(重量比)1:8；细石混凝土强度等级为C15，找平层厚度为15～35 mm。找平层应留分格缝，缝宽为20 mm留设在预制板支承端的拼缝处，其纵横向最大间距，当找平层为水泥砂浆或细石混凝土时，不宜大于6 m；当找平层为沥青砂浆时，则不宜大于4 m。并于缝口上加铺200～300 mm宽的油毡条，并用沥青胶结材料单边点贴。在突出屋面结构的连接处以及基层转角处，均应做成边长为100 mm的钝角或半径为100～150 mm的圆弧。找平层应平整坚实，无松动、翻砂和起壳现象。

2)卷材铺贴　卷材铺贴前应先熬制好沥青胶和清除卷材表面的撒料。沥青胶的沥青成分应与卷材中沥青成分相同。卷材铺贴层数一般为2～3层，沥青胶铺贴厚度一般在1～1.5 mm之间，最厚不得超过2 mm。

卷材的铺贴方向应根据屋面坡度或是否受震动荷载而确定。当屋面坡度小于3%时，宜平行于屋脊铺贴；屋面坡度大于15%或屋面受震动时，应垂直于屋脊铺贴；屋面坡度在3%～15%之间时，可平行或垂直于屋脊铺贴。卷材防水屋面的坡度不宜超过25%，否则应在短边搭接处将卷材用钉子钉入找平层内固定，以防卷材下滑。此外，在铺贴卷材时，上下层卷材不得相互垂直铺贴。

平行于屋脊铺贴时，由檐口开始，各层卷材的排列，如图7.11(a)所示。两幅卷材的长边搭接(又称压边)，应顺水流方向；短边搭接(又称接头)，应顺主导风向。平行于屋脊铺贴效率高，材料损耗少。此外，由于卷材的横向抗拉强度远比纵向抗拉强度高，因此，此方法可以防止卷材因基层变形而产生裂缝。

垂直于屋脊铺贴时，则应从屋脊开始向檐口进行，各层卷材的排列如图7.11(b)所示。压边应顺主导风向，接头应顺水流方向。同时，屋脊处不能留设搭接缝，必须使卷材相互越过屋脊交错搭接以增强屋脊的防水性和耐久性。

当铺贴连续多跨或高低跨房屋屋面时，应按先高跨后低跨，先远后近的顺序进行。对同一坡面，则应先铺好水落口天沟女儿墙和沉降缝等地方，特别应做好泛水处，然后顺序铺贴大屋面的卷材。

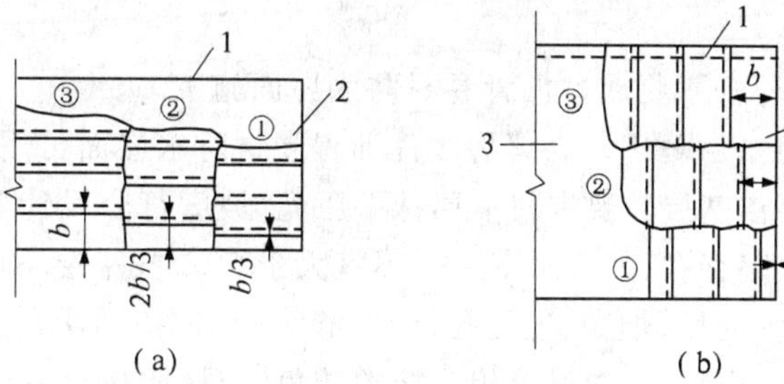

图 7.11　卷材铺帖方向

(a)平行于屋脊铺帖；(b)垂直于屋脊铺帖；

①②③. 卷材层次；b 卷材幅宽；

1. 屋脊；2. 山墙；3. 主导风向

为防水卷材接缝处漏水，卷材间应具有一定的搭接宽度，通常各层卷材的搭接宽度，长边不应小于 70 mm，短边不应小于 100 mm，上下两层及相邻两幅卷材的搭接缝均应错开，搭接缝处必须用沥青胶结材料仔细封严。

卷材的铺贴方法有浇油法、刷油法、刮油法和撒油法等四种。浇油法是将沥青胶浇到基层上，然后推着卷材向前滚动使卷材与基层沽贴紧密；刷油法是用毛刷将沥青胶刷于基层，刷油长度以 300 ~ 500 mm 为宜，出油边不应大于 50 mm，然后快速铺压卷材；刮油法是将沥青胶浇到基层上后，用 5 ~ 10 mm 的胶皮刮板刮开沥青胶铺贴；撒油法是在铺第一层卷材时，先在卷材周边涂满沥青，中间用蛇形花撒的方法撒油铺帖，其余各层则仍按浇油、刷油、刮油方法进行铺贴，此法多用于基层不太干燥需做排气屋面的情况。待各层卷材铺贴完后，在其面层上浇一层 2 ~ 4 mm 后的沥青胶，趁热撒上一层粒径为 3 ~ 5 mm 的小豆石(绿豆砂)，并加以压实，使豆石和沥青胶黏结牢固，未黏结的豆石随即清扫干净。

沥青卷材防水层最容易产生的质量问题是：防水层起鼓、开裂、沥青流淌、老化、屋面漏水等，为防止起鼓，要求基层干燥，其含水率在 6% 以内，避免雨、雾、霜天气施工，隔气层良好；防止卷材受潮；保证基层平整，卷材铺贴涂油均匀、封闭严密，各层卷材粘贴密实，以免水分蒸发空气残留形成气囊而使防水层产生起鼓现象。在潮湿环境下解决防水层起鼓的有效方式是将屋面做成排气屋面，即在铺贴第一层卷材时，采用条铺、花铺等方法使卷材与基层间留有纵横相互贯通的排气道，如图 7.12 所示，并在屋面或屋脊上设置一定的排气孔与大气相通，使潮湿基层中的水分能及时排走，从而避免卷材起鼓。

为防止沥青胶流淌，要求沥青胶有足够的耐热度，较高的软化点，涂刷均匀，其厚度不得超过 2 mm，且屋面坡度不宜过大。

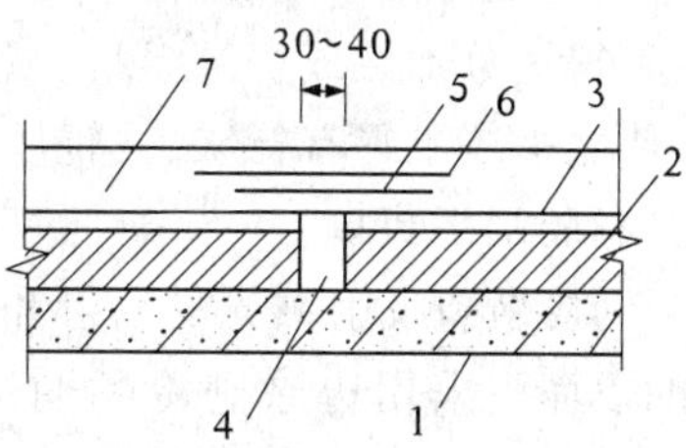

图 7.12　排气物面(单位 mm)

1. 屋面板；2. 保温层；3. 找平层；

4. 排气道；5. 卷材条点帖；

6. 卷材条加固层；7. 防水层

防水层破裂的主要原因是：结构层变形、找平层开裂屋面；刚度不够，建筑物不均匀下沉；沥青胶流淌，卷材接头错动；防水层温度收缩，沥青胶变硬、变脆而拉裂；防水层起鼓后内部气体受热膨胀等。

此外，沥青在热能阳光空气等的长期作用下，内部成分将逐渐老化，为延长防水层的使用寿命，通常设置保护层是一项重要措施，保护层材料有绿豆砂、云母、蛭石、水泥砂浆、细石混凝土和块体材料等。

(2)高聚物改性沥青卷材防水屋面施工

1)基层处理　高聚物改性沥青卷材防水屋面可用水泥砂浆、沥青砂浆和细石混凝土找平层作基层。要求找平层抹平压光，坡度符合设计要求，不允许有起砂、掉灰和凹凸不平等缺陷存在，其含水率一般不宜大于9%，找平层不应有局部积水现象。找平层与突起物（如女儿墙、烟囱、通气孔、变形缝等）相连接的阴角，应做成均匀光滑的小圆角；找平层与檐口、排水口、沟脊等相连接的转角，应抹成光滑一致的圆弧形。

2)施工要点　高聚物改性沥青卷材施工方法有冷黏剂粘贴法和火焰热熔法两种。

冷黏法施工的卷材主要是指SBS改性沥青卷材、APP改性沥青卷材、铝箔面改性沥青卷材等。施工前应清除基层表面的突起物，并将尘土杂物等扫除干净，随后用基层处理剂进行基层处理，涂刷时要均匀一致。待基层处理剂干燥后，可先对排水口、管根等容易发生渗漏的薄弱部位，在其中心200 mm范围内，均匀涂刷一层胶黏剂，涂刷厚度以1 mm左右为宜。干燥后即可形成一层无接缝和弹塑性的整体增强层。铺贴卷材时，应根据卷材的配置方案（一般坡度小于3%时，卷材应平行于屋脊配置；坡度大于15%时，卷材应垂直于屋脊配置；坡度在3% ~15%之间时，可据现场条件自由选定），在流水坡度的下坡开始弹出基准线，边涂刷胶黏剂边向前滚铺卷材，并及时辊压压实。用毛刷涂刷时，蘸胶液应饱满，涂刷要均匀。滚铺卷材不要卷入空气和异物。平面与立面相连接处的卷材，应由下向上压缝铺贴，并使卷材紧贴阴角，不允许有明显的空鼓现象存在。当立面卷材超过300 mm时，应用氯丁系胶黏剂（404胶）进行粘贴或用木砖钉木压条与粘贴并用的方法处理，以达到粘贴牢固和封闭严密的目的。卷材纵横搭接宽度为100 mm，一般接缝用胶黏剂黏合，也可采用汽油喷灯进行加热熔接，以后者效果更为理想。对卷材搭接缝的边缘以及末端收头部位，应刮抹膏状胶黏剂进行黏合封闭处理，其宽度不应小于10 mm。必要时，也可在经过密封处理的末端收头处，再用掺人水泥重量20%的107胶水泥砂浆进行压缝处理。

热熔法施工的卷材主要以APP改性沥青卷材较为适宜。采用热熔法施工可节省冷黏剂，降低防水工程造价，特别是当气温较低时或屋面基层略有湿气时尤其适合。基层处理时，必须待涂刷基层处理剂8 h以上方能进行施工作业。火焰加热器的喷嘴距卷材面的距离应适中，一般为0.5 m左右，幅宽内加热应均匀。以卷材表面熔融至光亮黑色为度，不得过分加热或烧穿卷材。卷材表面热熔后应立即铺贴，滚铺时应排除卷材下面的空气，使之平展不得有折皱，并辊压粘贴牢固。搭接部位经热风焊枪加热后粘贴牢固，溢出的自黏胶刮平封口。

为屏蔽或反射阳光的辐射和延长卷材的使用寿命，在防水层铺设工作完成后，可在防水的表面上采用边涂刷冷黏剂边铺撒蛭石粉保护层或均匀涂刷银色或绿色涂料作保护层。

高聚物改性沥青卷材严禁在雨天雪天施工，五级风及其以上时不得施工，气温低于0℃时不宜施工。

(3)合成高分子卷材防水屋面施工

合成高分子卷材防水屋面应以水泥砂浆找平层作为基层，其配合比为1:3（体积比），厚度为 15 ~ 30 mm，其平整度用 2 m 长直尺检查最大空隙不应超过 5 mm，空隙仅允许平缓变化。如预制构件（无保温层时）接头部位高低不齐或凹坑较大时，可用掺水泥量 15% 107 胶的 1:2.5 ~ 1:3 水泥砂浆找平，基层与突出屋面结构相连的阴角，应抹成均匀一致和平整光滑的圆角，而基层与檐口、天沟、排水口等相连接的转角则应做成半径为 100 ~ 200 mm的光滑圆弧。基层必须干燥，其含水率一般不应大于 9%。

待基层表面清理干净后，即可涂布基层处理剂，一般是将聚氯酯涂膜防水材料的甲料、乙料、二甲苯按 1:1.5:3 的配合比搅拌均匀，然后将其均匀涂布在基层表面上，干燥 4 h以上，即可进行后续工序的施工。在铺贴卷材前需有聚氯酯甲料和乙料按 1:1.5 的配合比搅拌均匀后，涂刷在阴角、排水口和通气孔根部周围作增强处理。其涂刷宽度为距离中心 200 mm 以上，厚度以 1.5 mm 左右为宜，固化时间应大于 24 h。

待上述工序均完成后，将卷材展开摊铺在平整干净的基层上，用滚刷蘸满氯丁系胶黏剂（404 胶等），均匀涂布在卷材上，涂布厚度要均匀，不得漏涂，但沿搭接缝部位 100 mm 处不得涂胶。涂胶黏剂后静置 10 ~ 20 min，待胶黏剂结膜干燥到不黏手指时，将卷材用纸筒芯卷好，然后再将胶黏剂均匀涂布在基层处理剂已基本干燥的洁净基层上，经过 10 ~ 20 min 干燥，接触时不黏手指，即可铺贴卷材。卷材铺贴的一般原则是铺设多跨或高低跨屋面时，应先高跨后低跨，先远后近的顺序进行；铺设同一跨屋面时，应先铺设排水比较集中的部位，按标高由低向高进行。卷材应顺长方向进行配制，并使卷材长方向与水流坡度垂直，其长边搭接应顺流水坡度方向。卷材的铺贴应根据配制方案，沿先弹出的基准线，将已涂布胶黏剂的卷材圆筒从流水下坡开始展铺，卷材不得有折皱，也不得用力拉伸卷材，并应排除卷材下面的空气，辊压粘贴牢固。卷材铺好后，应将搭接部位的结合面清扫干净，采用与卷材配套的接缝专用胶黏剂（如氯丁系胶黏剂），在搭接缝结合面上均匀涂刷，待其干燥不黏指后，辊压黏牢。除此之外，接缝口应采用密封材料封严，其宽度不应小于 10 mm。

合成高分子卷材防水屋面保护层施工与高聚物改性沥青卷材防水屋面保护层施工要求相同。

7.2.1.4　屋面构造层次

（1）传统式保温屋面

传统式保温屋面的构造层次为：现浇或预制钢筋混凝土结构层、隔气层、保温层、找平层、防水层、保护层。这类屋面由于构造层次间存在制约因素较多，易发生屋面渗漏和保温层失效等问题。由于保温层大多采用松散保温材料或与水性胶结材料拌和铺设，并使用水泥砂浆找平层，从而使不能得到充分干燥的保温层和找平层内的剩余水分在隔气气层和防水层的封闭下蒸发不出去，不但影响保温效果，并在防水层受到暴晒后就会导致防水层产生膨胀、鼓泡、开裂；最后出现渗漏。防水层一旦渗漏，又会导致保温层蓄水而丧失保温功能。

（2）倒置式屋面

倒置式屋面的构造层次依次为：结构层、找平层、防水层、保温层、隔离层、保护层。即在构造层次上将传统式保温屋面的防水层与保温层的设置部位互相倒置，故称倒置式屋面。倒置式屋面目前在我国还较少应用，而在发达国家已有 20 ~ 30 年的应用历史，可以较好克服传统式保温屋面存在的诸多问题,其主要优点是:由于防水层置于保温层之下,可以保护防水层免受阳光紫外线的直接照射,大幅度降低防水层和结构层的热应力,避免防水层产生由温差变形引起的裂纹或裂缝,防止防水层早期破坏,从而有效地提高防水层的耐久性有利于发挥屋面的绝热效能和节能效果。当然,从施工角度看,这类屋面做法对防水层的施工质量特别是细部构造防水的要求很高,必须确保不出现渗漏,否则维修较为困难。

倒置式屋面采用的保温材料必须具有良好的憎水性或高抗湿性,低吸水率,最常用的是发泡聚苯乙烯板。使用板状保温材料制品施工非常简便,可采用干铺,亦可采用与防水层材性相容的胶黏剂进行点黏。板材的厚度应根据材料导热系数由设计决定,在寒冷地区使用,其厚度一般在 50 mm 左右即可。

7.2.2 涂膜防水屋面

涂膜防水是指以高分子合成材料为主体的防水涂料,涂布在结构物表面结成坚韧防水膜。它适用于各种混凝土屋面的防水,其中以装配式钢筋混凝土施工中应用较为普遍。

7.2.2.1 防水材料

(1)防水涂料

防水涂料是指以液体高分子合成材料为主体,在常温下呈无定型状态,涂刷在结构物的表面能形成具有一定弹性的防水膜物料。防水涂料有以下优点:防止板面风化,延伸性好,重量轻,能形成无接缝的完整防水膜,施工简单,维修方便等。

防水涂料品种很多,常用的板面防水涂料有如下几种:

1)沥青基防水涂料　沥青基防水涂料主要包括石棉乳化沥青涂料和石灰膏乳化沥青涂料等乳化沥青涂料。乳化沥青涂料是一种冷施工防水涂料,系由石油沥青在乳化剂水溶液作用下,经过乳化剂的强烈搅拌分散,沥青被分散成 1 ~ 6 μm 的细颗粒,被乳化剂包裹起来形成乳化液,涂刷在板面上。水分蒸发后,沥青颗粒聚成膜,形成均匀稳定,黏结良好的防水层。其灰膏乳化沥青配合比见表 7.2。

表 7.2　石灰膏乳化沥青配合化

石油沥青	石灰膏(干石灰质量)	石棉绒	水
30 ~ 35	14 ~ 18	3 ~ 5	45 ~ 50

2)高聚物改性沥青防水涂料　高聚物改性沥青防水涂料又称橡胶沥青类防水涂料,其成膜物质中的胶黏材料是沥青和橡胶(再生橡胶或合成橡胶)。该类涂料有水乳型和溶剂型两种,是以橡胶对沥青进行改性作为基础,用再生橡胶进行改性,以减少沥青的感温性,增加弹性,改善低温下的脆性和抗裂性;用氯丁橡胶进行改性,使沥青的气密性、耐化学腐蚀性、耐光性等显著改善。目前,我国使用较多的溶剂型橡胶沥青防水涂料有:氯丁橡胶沥青防水涂料、再生橡胶沥青防水涂料、丁基橡胶沥青防水涂料等;水乳型橡胶沥青防水涂料有:水乳型再生橡胶沥青防水涂料、水乳型氯丁橡胶沥青防水涂料等。溶剂型涂料具有如下特点:能在各种复杂表面形成无接缝的防水膜,具有较好的韧性和耐久性,涂料成膜较快,同时具备良好的耐水性和抗腐蚀剂,能在常温或较低温度下冷施工。但一

次成膜较薄，以汽油或苯为溶剂，在生产贮运和使用过程中有燃爆危险，氯丁橡胶价格较贵，生产成本较高。水乳型涂料具有如下特点：能在复杂表面形成无接缝的防水膜，具有一定的柔韧性和耐久性，无毒、无味、不燃，安全可靠，可在常温下冷施工，不污染环境，操作简单，维修方便，可在稍潮湿但无积水的表面施工。但需多次涂刷才能达到厚度要求，稳定性较差，气温低于 5℃时不宜施工。

3）合成高分子防水涂料　合成高分子防水涂料是以合成橡胶或合成树脂为主要成膜物质，配制成的单组分或多组分的防水涂料。最常用的有聚氨酯防水涂料和丙烯酸酯防水涂料等。聚氨酯防水涂料是双组分化学反应固化型的高弹性防水涂料，涂刷在基层表面上，经过常温交联固化，能形成一层橡胶状的整体弹性涂膜，可以阻挡水对基层的渗透而起到防水作用。聚氨酯涂膜具有弹性好、延伸能力强，对基层的伸缩或开裂适应性强，温度适应性好，耐油、耐化学药品腐蚀性能好，涂膜无接缝。适用于高层建筑屋面结构复杂的设有刚性保护层的上人屋面，施工方便，应用广泛。丙烯酸酯防水涂料是一种丙烯酸酯类共聚树脂乳液为主体配制而成的水乳型涂料。可与水乳型氯丁橡胶沥青防水涂料和水乳型再生橡胶沥青防水涂料等配合使用，使防水层具有浅色外观。该涂料形成的涂膜成橡胶状，柔韧性、弹性好，能抵抗基层龟裂时产生的应力。可以冷施工，可涂刷、刮涂和喷涂，施工方便，该涂料以水为稀释剂，无溶剂污染，不燃、无毒，施工安全除此之外，还可调制成各种色彩，使屋面具有良好的装饰效果。

（2）密封材料

建筑工程用的密封材料，系指充填于建筑物及构筑物的接缝、门窗框四周、玻璃镶嵌部位以及裂缝处，能起到水密、气密性作用的材料。目前，我国常用的屋面密封材料包括改性沥青密封材料和合成高分子密封材料两大类。

1）改性沥青密封材料　改性沥青密封材料是以沥青为基料，用合成高分子聚合物进行改性，加人填充料和其他化学助剂配制而成的膏状密封材料。主要有改性沥青基嵌缝油膏等。改性沥青基嵌缝油膏是以石油沥青为基料，掺以少量废橡胶粉、树脂或油脂类材料以及填充料和助剂制成的膏状体。适于钢筋混凝土屋面板板缝嵌填。它具有炎夏不流淌，寒冬不脆裂，黏结力强，延伸性、耐久性、弹塑性好及常温下可冷施工等特点。

2）合成高分子密封材料　合成高分子密封材料是以合成高分子材料为主体，加入适量的化学助剂、填充料和着色剂，经过特定的生产工艺加工而成的膏状密封材料。主要有聚氯乙烯胶泥、水乳型丙烯酸酯密封膏、聚氨酯弹性密封膏等。聚氯乙烯胶泥具有良好的耐热性、黏结性、弹塑性、防水性以及较好的耐寒、耐腐蚀性和抗老化能力。不但可用于屋面嵌缝，还可用于屋面满涂，其价格适中。适用于各种坡度的屋面防水工程，并适用于有硫酸、盐酸、硝酸和氢氧化钠等腐蚀介质的屋面工程。水乳型丙烯酸酯密封膏具有良好的黏结性、延伸性、耐低温性、耐热性、及抗大气老化性；可提供多种色彩与密封基层配色；并且可在潮湿基层上施工，操作方便等。聚氨酯弹性密封膏是一种新型密封材具有模量低、延伸率大、弹性高、黏结性好、耐低温、耐水、耐油、耐酸碱、抗疲劳及使用年限长，并且价格适中等特点，可用于防水要求中等或偏高的工程。

7.2.2.2　涂膜防水屋面施工

（1）自防水屋面板的制作要求

自防水屋面板应具有足够的密实性、抗渗性和抗裂性,同时,还必须做好附加层,以满足防水的要求。制作屋面板时,混凝土宜用不低于 32.5 级普通硅酸盐水泥;粗骨料的最大粒径不超过板厚的1/3,一般为不超过 15 mm,细骨料宜采用中砂或粗砂,粗细骨料含泥量应分别不超过 1% 和 2%;每立方米混凝土中水泥的最小用量不少于 330 kg,水灰比不大于 0.55,还可掺人适量的外加剂。浇筑时,宜采用高频低振幅的小型平板振动器振捣密实,混凝土收水后应再次压实抹光,自然养护时间不得少于 14 昼夜。

(2)板缝嵌缝施工

1)板缝要求　当屋面结构采用装配式钢筋混凝土板时,板缝上口的宽度,应调整为 20 ~ 40 mm;当板缝宽度大于 40 mm 或上窄下宽时,板缝应设构造钢筋。板缝下部应用不低于 C20 的细石混凝土浇筑并捣固密实,且预留嵌缝深度,可取接缝深度的 0.5 ~ 0.7倍,如图 7.13 所示。板缝在浇混凝土之前,应充分浇水湿润,冲洗干净。在浇筑混凝土时,必须随浇随清除接缝处构件表面的水泥浆。混凝土养护要充分,接触嵌缝材料的混凝土表面必须平整、密实,不得有蜂窝、露筋、起皮、起砂和松动现象。板缝必须干燥。

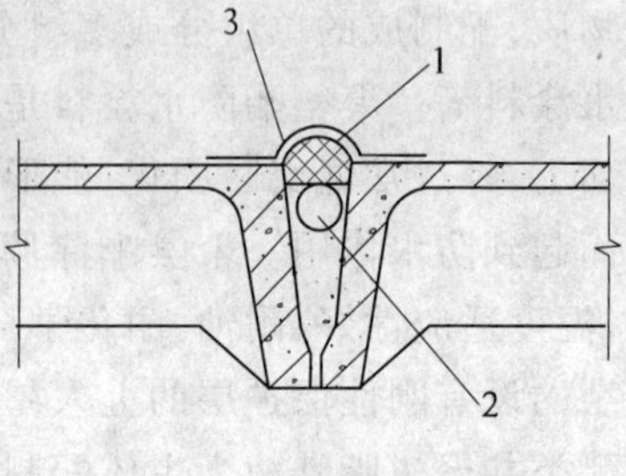

图 7.13　板缝密封防水处理

1. 密封材料;2. 背衬材料;3. 保护层;

2)嵌缝材料防水施工　在嵌缝前,必须先用刷缝机或钢丝刷清除板缝两侧表面浮灰、杂物并吹净。随即用基层处理剂涂刷,涂刷宜在铺放背衬材料后进行,涂刷应均匀,不得漏涂。待其干燥后,及时热灌或冷嵌密封材料。当采用改性沥青密封材料热灌施工时,应由下向上进行,尽量减少接头数量,一般应先灌垂直于屋脊的板缝,后灌平行于屋脊的板缝,同时,在纵横交叉处宜沿平行于屋脊的两侧板缝各延伸浇灌 150 mm,并留成斜槎;当采用改性沥青密封材料冷嵌法施工时,应先用少量密封材料批刮在缝槽两侧,分次将密封材料嵌填在缝内,用力压嵌密实,并与缝壁黏结牢固。嵌填时,密封材料与缝壁不得留有空隙,并防止裹入空气,接头应采用斜槎。当采用合成高分子密封材料施工时,单组分密封材料可直接使用,多组分密封材料应根据规定的比例准确计量,拌和均匀。每次拌和量、拌和时间和拌和温度应按所用密封材料的要求严格控制。密封材料可使用挤出枪或腻子刀嵌填。嵌填应饱满,防止形成气泡和孔洞。若采用挤出枪施工,应根据接缝的宽度选用口径合适的挤出嘴,均匀挤出密封材料嵌填,并由底部逐渐充满整个接缝。多组分密封材料拌和后应按规定的时间用完,未混合的多组分密封材料和未用完的单组分密封材料应密封存放。密封材料严禁在雨天或雪天施工,并且当风力在五级及其以上不得施工。此外,还应考虑密封材料施工的气温环境。

(3)板面防水涂膜施工

板面防水涂膜施工应在嵌缝完毕后进行,一般采用手工抹压、涂刷或喷涂等方法。防水涂膜应分层分遍涂布。待先涂的涂层干燥成膜后,方可涂布后一层涂料。当采用涂刷方法时,上下层应交错涂刷,接槎宜在板缝处,每层涂刷厚度应均匀一致。涂膜防水层的厚度:沥青基防水涂膜在Ⅲ级防水屋面单独使用时不应小于 8 mm,在Ⅳ级防水屋面或复合使用时不小于 4 mm;高聚物改性沥青防水涂膜应不小于 3 mm,在Ⅲ防水屋面上复合使用时不小于 1.5 mm；合成高分子防水涂膜不小于 2 mm，在Ⅲ级防水屋面上复合使用时不小于 1 mm。防水涂膜施工，需铺设胎体增强材料，当屋面坡度小于 15% 时，则可平行于屋脊铺设；而屋面坡度大于 15% 时，则应垂直于屋脊铺设，并由屋面最低处向上操作。胎体长边搭接宽度不得小于 50 mm；短边搭接宽度不得小于 70 mm。若采用两层胎体增强材料时，上下层不得互相垂直铺设，搭接缝应错开，其间距不应小于幅宽的 1/3。在天沟、檐口、檐沟、泛水等部位，均加铺有胎体增强材料的附加层。水落口周围与屋面交接处，应作密封处理，并加铺两层有胎体增强材料的附加层。

沥青基防水涂膜施工时，施工顺序为先做节点、附加层，再进行大面积涂布；涂层中夹铺胎体增强材料时，应边涂边铺胎体，胎体应刮平排除气泡，并与涂料黏牢；屋面转角和立面涂层，应涂布多遍，不得流淌、堆积。用细砂、云母、蛭石等撒布材料作保护层时，应筛去粉砂，在涂刷最后一遍涂料时，边涂边撒布均匀，不得露底。待涂料干燥后，清除多余的撒布材料，施工气温宜为 5℃ ~35℃。

在高聚物改性沥青防水涂膜施工时，屋面基层的干燥程度应根据涂料的特性而定，若采用溶剂型涂料，则基层应干燥，基层处理剂应充分搅拌，涂刷均匀，覆盖完整，干燥后方可进行涂膜施工。其最上层涂层的涂刷不应少于两遍，其厚度不应小于 1 mm。若用水乳型涂料，以撒布料作保护层，则在撒布后应进行辊压黏牢，溶剂型涂料施工环境气温宜为 -5℃ ~35℃，水乳型涂料施工环境气温宜为 5℃ ~35℃。

在合成高分子防水涂膜施工时，应待屋面基层干燥后，涂布基层处理剂。涂布要均匀，不得过厚或过薄，不允许见底，在底胶涂布后干燥固化 24 h 以上，才能进行防水涂膜施工。防水涂料可用涂刮或喷涂方法进行涂布，当采用涂刮时，每遍涂刮的方向宜与前一方向垂直，重涂的时间间隔应以前遍涂膜干燥的时间来确定，如聚氨酯涂膜宜为 24 ~72 h。多组分涂料应按配合比准确计量；搅拌均匀，配制后应及时使用。配料时可加入适量的缓凝剂或促凝剂；在涂层中夹铺胎体增强材料时，位于胎体下面的涂层厚度不宜小于 1 mm，最上面的涂层不应少于两遍。当保护层为撒布材料，应在涂刷最后一遍涂层后，在涂层尚未固化前，再将撒布材料撒在涂层上；当保护层为块材，应在涂膜完全固化后，再进行块材铺贴，并按规范要求留设分格缝，分格面积不宜大于 100 m^2，分格缝宽度不宜小于 20 mm。

7.2.3　细石混凝土防水屋面

刚性防水屋面可分为普通细石混凝土防水屋面、补偿收缩混凝土防水屋面及块体刚性防水屋面。现重点介绍细石混凝土刚性防水屋面。

7.2.3.1　屋面构造

细石混凝土刚性防水屋面，一般是在屋面板上浇筑一层厚度不小于 40 mm 的细石混凝土，作为屋面防水层，如图 7.14 所示。刚性防水屋面的坡度宜为 2% ~3%，并应采用结构找坡，其混凝土不得低于 C20，水灰比不大于 0.55，每立方米水泥最小用量不应小于 330 kg，灰砂比为 1:2 ~1:2.5，在混凝土中应配置直径为 ϕ4 ~ϕ6，间距为 100 ~200 mm 的双向钢筋网片，且钢筋网片在分格缝处应断开，其保护层厚度不小于 10 mm 。

宜用普通硅酸盐水泥，当采用矿渣硅酸盐水泥时应采取减小泌水性措施；水泥强度等级不低于 32.5 级，防水层的细石混凝土和砂浆中，粗骨料的最大粒径不宜大于 15 mm，含泥量不应大于 1%；细骨料应采用中砂或粗砂，含泥量不应大于 2%，拌和水应采用不含有害物质的洁净水。

7.2.3.2 施工工艺

(1)分格缝设置

防水层必须设置分格缝，其位置应按设计要求确定，宜留在结构应力变化较大的部位，如设置在装配式屋面结构的支承端、屋面转折处、防水层与突出屋面板的交接处，并应与板缝对齐，其纵横间距不宜大于 6 m。一般情况下，屋面板支承端每个开间应留横向缝，屋脊应留纵向缝，分格的面积以 20 m^2 左右为宜。

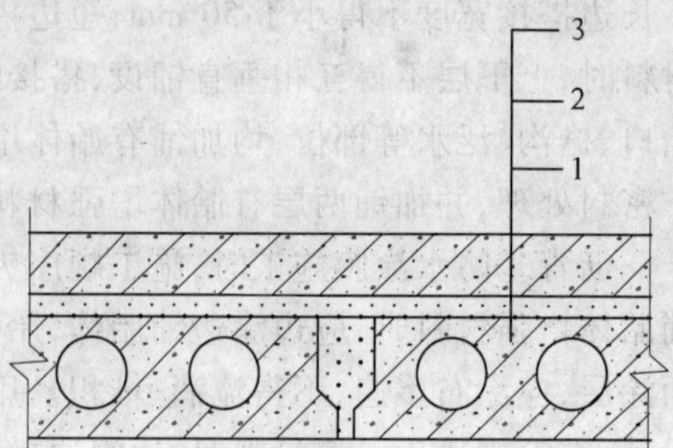

图 7.14 细石混凝土刚性防水屋面

1. 预制板；2. 隔离层；3. 细石混凝土防水层

(2)细石混凝土防水层施工

在浇筑防水层细石混凝土前，宜在防水层与基层间设置隔离层。在隔离层做好后，便在其上定好分格缝位置，再用分格木条隔开作为分格缝，一个分格缝范围内的混凝土必须一次浇筑完毕，不得留施工缝。浇筑混凝土时应保证双向钢筋网片设置于防水层中部，防水层混凝土应采用机械捣实，表面泛浆后抹平，收水后再次压光。待混凝土初凝后，将分格木条取出，分格缝处必须有防水措施，通常采用油膏嵌缝，有的在缝口上再做覆盖保护层。

细石混凝土防水层施工时，屋面泛水与屋面防水层应一次做成，否则会因混凝土或砂浆不同收缩和结合不良造成渗漏水，泛水高度不应低于 120 mm，如图 7.15 所示。以防止雨水倒灌或爬水现象引起渗漏水。

细石混凝土防水层，由于其收缩弹性很小，对地基不均匀沉降、外荷载等引起的位移和变形，对温差和混凝土收缩、徐变引起的应力变形等敏感性大，容易产生开裂．因此，这种屋面多用于结构刚度好，无保温层的钢筋混凝土屋盖上。只要设计合理，施工措施得当，防水效果是可以得到保证的。此外，在施工中还应注意：防水层细石混凝土所用水泥的品种、最小用量、水灰比以及粗细骨料规格和级配等应符合规范的要求；混凝土防水层的施工气温宜为 5℃ ~35℃，不得在负温和烈日暴晒下施工；防水层混凝土浇筑后，应及时养护，并保持湿润，补偿收缩混凝土防水层宜采用水养护，养护时间不得少于 14 昼夜。

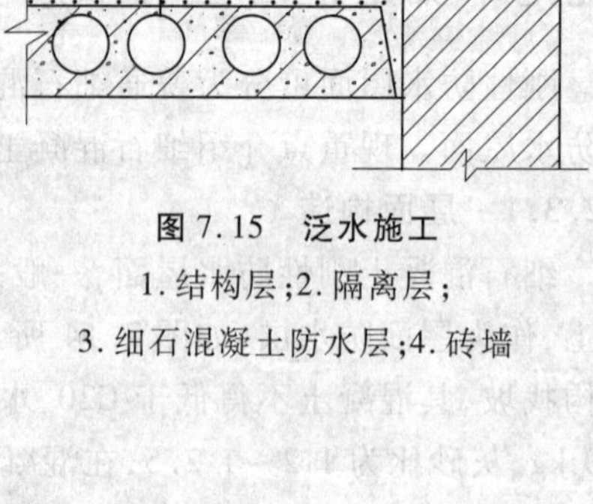

图 7.15 泛水施工

1. 结构层；2. 隔离层；3. 细石混凝土防水层；4. 砖墙

思考题：

1. 地下工程防水方案有哪些？
2. 地下防水层的卷材铺贴方案有哪些？各具什么特点？
3. 试述防水混凝土的防水原理、配制方法及其适用范围？
4. 试述下管堵漏堵漏法和下线堵漏法的原理？
5. 试述卷材防水屋面的组成及对材料的要求。
6. 卷材屋面的沥青胶有什么要求？如何配制？
7. 什么叫冷底子油，作用有哪些？如何配制？
8. 卷材防水屋面找平层为何要留分格缝，如何留设？
9. 如何进行沥青卷材的铺贴？有哪些铺贴方法？
10. 试比较传统屋面与倒置式屋面的构造层次及优缺点。
11. 试述刚性防水屋面各层的构造。
12. 刚性防水屋面的质量要求是什么？
13. 常用的防水涂料有哪些？各有何特点？
14. 简述涂膜防水的施工方法？

第8章　装饰工程

8.1　概述

建筑装饰装修工程按施工工艺和装修部位划分为抹灰工程、门窗工程、吊顶工程、轻质隔墙工程、饰面板(砖)工程、幕墙工程、涂饰工程、裱糊与软包工程和细部工程等分部工程。

建筑装饰装修工程是利用各种装饰材料对建筑物内外表面进行装饰,以满足使用功能的要求,同时又增加建筑物的美观及艺术效果,从而美化生活环境,改善卫生条件,提高生活质量,且能起到保护建筑物免受外界条件侵蚀的作用,延长建筑物的使用寿命。

随着我国经济的快速发展和人民生活水平的提高,建筑装饰装修行业已经成为一个集产品、技术、文化、艺术、工程于一体的重要新兴行业,特别是国外新型建筑材料和施工机具的引进、国内新型装饰材料的研制开发、室内设计与环境艺术设计水平的提高,促进了我国建筑装饰施工技术水平的不断发展和提高。建筑装饰装修行业为公众营造出了美观、舒适的居住场所和公共活动空间,为社会积累了财富,已经成为现代生活中不可或缺的一个组成部分。

建筑装饰装修工程施工具有工程量大、耗用劳动量多、工期长、造价高等特点,因此在建筑工程中占有重要地位。

8.2　抹灰工程

抹灰工程按使用材料及建筑装饰效果不同可分为一般抹灰和装饰抹灰两类;按工程部位不同,又可分为墙面抹灰、顶棚抹灰和地面抹灰三种。

一般抹灰适用于石灰砂浆、水泥混合砂浆、水泥砂浆、聚合物水泥砂浆、膨胀珍珠岩水泥砂浆、麻刀石灰、纸筋石灰、石膏灰等抹灰工程的施工。一般抹灰是最基本的,它在各类建筑中被广泛地应用。

装饰抹灰适用于面层为水刷石、水磨石、斩假石、干黏石、假面砖等的施工。

装饰抹灰与一般抹灰的区别在于两者具有不同的装饰面层,而其底层和中层的做法基本相同。

8.2.1　一般抹灰施工

8.2.1.1　抹灰的组成及质量要求

(1)抹灰层的组成

抹灰层一般由底层、中层及面层组成(如图 8.1 所示)。

底层主要起与基体(层)的牢固黏结和初步找平作用。底层所用材料随着基体不同而异,对室内砖墙面多用石灰砂浆和水泥混合砂浆;混凝土墙面采用水泥混合砂浆或水泥砂浆。对外墙(砖墙或混凝土墙)面和有防潮、防水要求的内墙面(如厨房、卫生间内墙面等)则应采用水泥砂浆或掺有防水剂的防水砂浆。

中层主要起找平作用。所用材料与底层基本相同。

面层主要起装饰作用。内墙面及顶棚面层抹灰材料一般多用纸筋灰、麻刀灰、石膏灰等,也可用混合砂浆压实抹光。外墙面层应采用水泥砂浆表面压光。

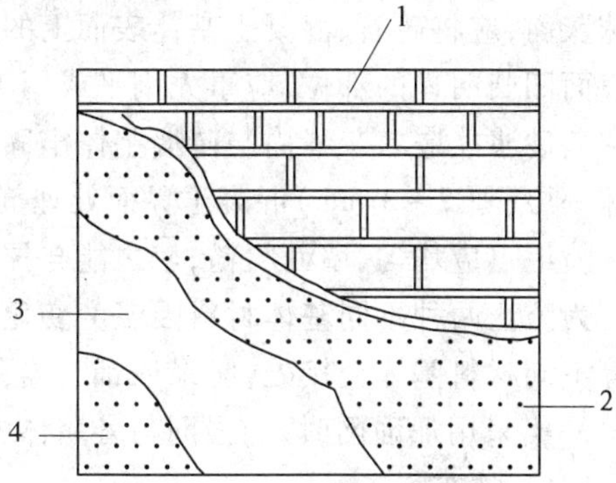

图 8.1　抹灰层的组成

1. 基层;2. 底层;3. 中层;4. 面层

(2)一般抹灰质量要求

一般抹灰按质量要求分为以下两个等级:

1)普通抹灰　抹灰层一般由一层底层、一层中层和一层面层组成。

外观质量要求:表面光滑、洁净、接槎平整,分格缝应清晰。

2)高级抹灰　抹灰层一般由一层底层、数层中层和一层面层组成。

外观质量要求:表面光滑、洁净,颜色均匀、无抹纹,分格缝和灰线应清晰美观。高级抹灰用于重要的大型公共建筑、高级宾馆或纪念性建筑物等。

抹灰层的施工是分层进行的,各抹灰层的厚度根据基体的材料、抹灰砂浆种类、墙体表面的平整度和抹灰质量要求以及各地气候情况而定。抹水泥砂浆每遍厚度宜为 7 ~ 10 mm;抹石灰砂浆和水泥混合砂浆每遍厚度宜为 5 ~ 7 mm;抹灰面层用麻刀灰、纸筋灰、石膏灰等罩面时,经赶平压实后,其厚度一般不大于 3 mm。因为罩面灰厚度太大,容易收缩产生裂缝,影响质量与美观。抹灰层的总厚度,应视具体部位及基体材料而定。顶棚为板条、空心砖、现浇混凝土时,总厚度不大于 15 mm;顶棚为预制混凝土板时,总厚度不大于 18 mm。内墙为普通抹灰时总厚度不大于 18 mm;中级抹灰和高级抹灰总厚度分别不大于 20 mm 和 25 mm。外墙抹灰总厚度不大于 20 mm;勒脚和突出部位的抹灰总厚度不大于 25 mm。

每层抹灰厚度必须严格控制,因为抹灰层过厚,自重增大,灰浆易下坠脱离基体,也易出现空鼓,而且由于砂浆内外干燥速度相差过大,表面易产生收缩裂缝。还有,当抹灰总厚度大于或等于 35 mm 时,还应采取加强措施。

8.2.1.2　材料质量要求

建筑装饰装修工程所用材料的品种、规格和质量应符合设计要求和国家现行标准的规定。当设计无要求时应符合国家现行标准规定,且应符合国家有关建筑装饰装修材料有害物质限量标准的规定,严禁使用国家明令淘汰的材料。

1)石灰膏　抹灰用石灰膏的熟化期,常温下一般不少于 15 d;使用时,石灰膏内不得含有未熟化的颗粒和其他杂质。罩面用的磨细石灰粉的熟化期不应少于 30 d。

2)砂　抹灰用的砂最好为中砂,细度模数大于2.5,砂的颗粒坚硬洁净,含泥量不得超过3%,砂在使用前需过筛。

3)水泥　抹灰用水泥应对其凝结时间和安定性进行复验,合格后方可使用。

8.2.1.3　**基体表面处理**

为了保证抹灰层与基体之间能牢固黏结,抹灰层不致出现脱落、空鼓和裂缝等现象,在抹灰前,应将砖石、混凝土基体表面上的尘土、污垢和油渍等清除干净并洒水湿润。基体表面凹凸明显的部位,应事先剔平或用1:3水泥砂浆补平。对砖墙灰缝应勾成凹缝式,使抹灰砂浆能嵌入灰缝内与砖墙基体牢固黏结;对较为光滑的混凝土墙面,应适当凿毛后涂抹一层(厚2~3 mm)混凝土界面处理剂,或采用1:1水泥砂浆(另加入适量胶黏剂)喷毛。喷毛点应均匀,墙面粗糙,使之能与抹灰层牢固黏结。

为防止两种不同基体材料因温度变化胀缩不同出现裂缝,在砖墙和混凝土墙或木板墙等不同材料基体交接处,应采取铺钉金属网或丝绸纤维布等防止开裂的加强措施(图8.2)。当采用加强网时,加强网与各基体的搭接宽度不应小于100 mm。

8.2.1.4　**抹灰施工**

(1)施工顺序

抹灰施工顺序的确定,对整体来说,应考虑施工过程的合理组织和成品保护。一般应遵循的施工顺序是:先室外后室内、先上面后下面、先地面后顶墙。先室外后室内,是指先完成室外抹灰,拆除外脚手,堵上脚手眼再进行室内抹灰。先上面后下面,是指在屋面工程完成后室内外抹灰最好从上层往下层进行。高层建筑施工,当采取立体交叉流水作业时,也可以采取从下往上的施工方法,但必须采取相应的成品保护措施。先地面后顶墙,是指室内抹灰一般可采取先完成地面抹灰,再开始顶棚和墙面抹灰,但对于装饰要求较高的地面,为了保护成品亦应后做。室内抹灰一般应在屋面防水工程完工后进行,以防止漏水造成抹灰层损坏及污染。

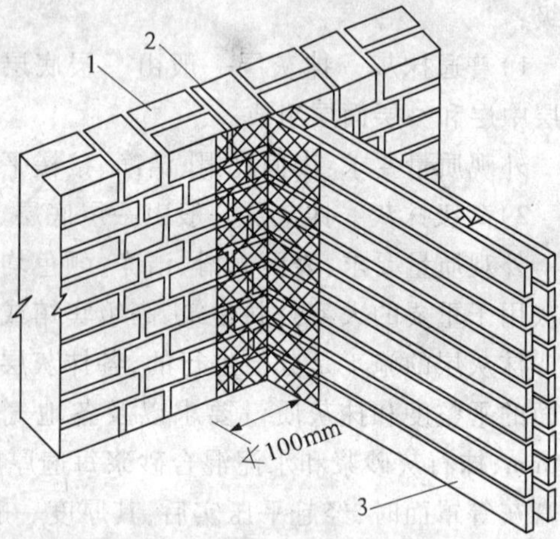

图8.2　砖木交接处基层处理

1.砖墙;2.钢丝网;3.板条墙

此外,室内抹灰应待门、窗框及给排水、采暖、煤气等管道安装完毕,并将管道穿越的墙洞和楼板洞用1:3水泥砂浆或水泥混合砂浆(加少量麻刀)分层填嵌密实后进行。外墙抹灰前,应先安装好钢、木或铝合金窗框、阳台栏杆和预埋铁件等,并将外墙上各种施工孔洞按防水要求堵塞密实。

(2)施工方法

1)设置标志或标筋　为了控制墙面抹灰层的厚度和垂直、平整度,抹灰前先在墙面上设置与抹灰层相同的砂浆做成的约40 mm×40 mm的灰饼作为标志,在上下灰饼间用砂浆涂抹一条宽70~80 mm的垂直灰梗,以灰饼面为准用约2 m长的刮尺刮平即为标筋(如图8.3)。标志或标筋设置完成后即可进行底层抹灰。

2)做护角 室内墙面、柱面和门洞口的阳角,做法应符合设计要求,设计无要求时,宜用1:2水泥砂浆做暗护角,以防止碰坏,护角高度不应低于2 m,每侧宽度不应小于50 mm。

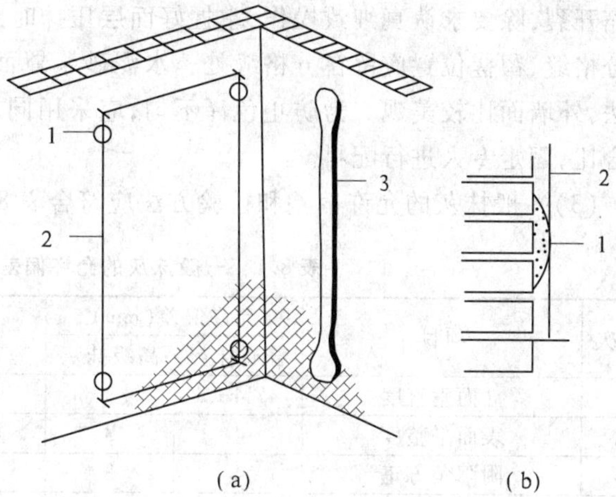

图8.3 抹灰中的标志和标筋
(a)标志和标筋;(b)标志的剖面;
1.标志;2.引线;3.标筋;

3)抹灰层涂抹 为使底层砂浆与基体黏结牢固,抹灰前基体要洒水湿润,以防止基体过干而吸去砂浆中的水分,造成抹灰层空鼓或脱落。砖墙面一般宜洒水2遍,使砖面渗水深度达7~8 mm,混凝土墙面宜在抹灰前一天洒水,使水渗入混凝土表层2~3 mm。如果各层抹灰相隔时间较长,已抹灰砂浆层较干时,亦应洒水湿润,方可抹下一层砂浆。

墙面抹灰,如前所述应分层进行。对砖砌体基体,应待砌体充分沉实后方抹底层灰,以防砌体沉陷拉裂抹灰层。分层涂抹时,对水泥砂浆和水泥混合砂浆的抹灰层,应待前一层抹灰层凝结后,方可涂抹后一层;石灰砂浆的抹灰层,应待前一层有七八成干后,方可涂抹后一层,使抹灰层之间加强黏结。中层涂抹之后,在灰浆凝结之前应每隔一定距离交叉划出斜痕,以便与面层能更好的黏结。待中层干至50%~60%时,即可涂抹面层。

顶棚抹灰,是在靠近顶棚四周的墙面上弹一条水平线,以控制抹灰层厚度,并作为抹灰找平的依据,然后沿顶棚四周向内抹灰并找平。涂抹时要求表面平顺,无抹纹及接槎现象,与墙面交角应成一直线。如有线脚,宜先用准线拉出线脚,再抹顶棚大面,罩面应两遍压光。顶棚抹灰,特别要注意抹灰层与基体之间必须黏结牢固,严防顶棚抹灰层脱落伤人。

有排水要求的部位应做滴水线(槽)。滴水线(槽)应整齐顺直,滴水线应内高外低;滴水槽的宽度和深度不应小于10 mm。

不同抹灰层的砂浆强度不同,选用时应注意中层砂浆强度不宜高于底层,以免砂浆在凝结过程中产生较大的收缩应力,破坏强度较低的抹灰底层,导致抹灰层产生空鼓、脱落或裂缝。另外,底层砂浆强度与基体强度相差过大时,由于收缩变形性能相差悬殊,也容易产生开裂和脱落,故混凝土基体上不能直接抹石灰砂浆。还有,水泥砂浆不得抹在石灰砂浆层上,罩面石灰膏不得抹在水泥砂浆层上。

为便于抹灰操作,对砂浆稠度的要求一般为:底层抹灰砂浆为10~20 cm;中层抹灰砂浆为7~9 cm;面层抹灰砂浆为7~8 cm。

面层施工时,室内抹灰常用麻刀灰、纸筋灰、石膏灰或白水泥罩面。面层施工也应分层涂抹,每遍厚度为1~2 mm,一般抹两遍(即纵横各一遍),最后用钢抹子压光,不得留抹纹。室外抹灰常用水泥砂浆罩面。由于面积大,为了不显露接槎,防止水泥砂浆抹面层收缩开裂,除要求认真细致操作,掌握好面层压抹时间,加强在潮湿条件下养护外,还应设置分格缝,留槎位置应留在分格缝处。水泥砂浆罩面通常多用木抹子抹成细毛面。这种做法,外墙面比较美观。为防止色泽不匀,应采用同一品种与规格的原材料,采用统一的配合比,固定专人进行配料。

(3)一般抹灰的允许偏差和检验方法应符合表8.1的规定。

表8.1　一般抹灰的允许偏差和检验方法

项次	项目	允许偏差(mm)		检验方法
		普通抹灰	高级抹灰	
1	立面垂直度	4	3	用2 m垂直检测尺检查
2	表面平整度	4	3	用2 m靠尺和塞尺检查
3	阴阳角方正	4	3	用直角检测尺检查
4	分格条(缝)直线度	4	3	拉5 m线,不足5 m拉通线,用钢直尺检查
5	墙裙、勒脚上口直线度	4	3	拉5 m线,不足5 m拉通线,用钢直尺检查

注:(1)普通抹灰,本表第3项阴角方正可不检查。

(2)顶棚抹灰,本表第2项表面平整度可不检查,但应平顺。

8.2.2　机械喷涂抹灰

机械喷涂抹灰可将搅拌好的砂浆,经振动筛后倾入灰浆输送泵,通过管道再借助于空气压缩机的动力,把灰浆均匀地从喷枪口喷涂于墙面和顶棚上,再经过找平搓实,完成抹灰。机械喷涂的特点是喷射力强,砂浆与墙面的黏结强度高;每台班可喷涂1 000 m^2左右,工作效率高;灰浆水平输送距离可达150 m,垂直输送距离可达40 m;但机械喷涂落地灰多,清理用工多;砂浆稠度稀,易干裂;目前多用于底层和中层,而找平、搓毛等工序仍须手工操作。但近年来随着“小容量三级出灰量挤压泵”的问世,已开始用于喷涂罩面灰,从而为实现抹灰工程的全面机械化创造了条件。

8.2.2.1　主要机具设备

机械喷涂抹灰的主要机具设备有组装车、管道、喷枪以及与手工抹灰不同的一些木制工具。

组装车:是将砂浆搅拌机、灰浆输送泵、空气压缩机、砂浆斗、振动筛和电气设备等都装在一辆拖车上,组成喷灰组装车,它的特点是便于移动。

输送管道:室外输送砂浆管道采用钢管,在管道最低处安装三通,以便冲洗管道砂浆时打开三通阀门使污水流出,管道连接采用法兰盘形式,接头处垫以橡皮垫。室内输送砂浆管道采用胶管,胶管的连接采用铸铁卡具。在靠近操作地点的胶管使用分岔管,分成两条线喷灰。

喷枪:由三节直径不同的管材接成。一、三节为无缝钢管制成,内径分别为50 mm和39 mm,第一节和第二节轴线成30°角,枪尾为蛇尾接头,便于和输送管连接,枪尾与枪身通过一个枪尾螺丝缩接连接。空气管采用12 mm黑铁管与枪身连接一起。

8.2.2.2　施工要点

应合理布置机具,尽量缩短管路,减少转弯,力争管径内壁一致。在操作时橡胶管道应避免弯曲太多,拐弯半径越大越好,以防管道堵塞。当地面工程结束后,进行墙面顶棚喷灰时,在胶管接头处需垫木板,以防胶管移动时擦坏地面。

每天开始输送砂浆之前,用灰浆泵先将清水,后将少量石灰膏压人管道起润滑作用。当工作接近结束时,也要加少量石灰膏,再压送清水冲洗管道中剩余砂浆,以保持管道内壁光滑。

严格掌握砂浆的配合比和稠度。充分保证搅拌时间,应尽量使用中砂或在砂浆中加适量的塑化剂来增加砂浆的和易性。一般墙面喷涂砂浆稠度:当为混凝土基层时,为 9 ~ 10 cm;砖墙面时,为 8 ~ 12 cm;喷 1:3 水泥砂浆,要加适量的塑化剂。顶棚喷涂,第一遍使用 1:1:6 水泥石灰砂浆,稠度为 10 ~ 12 cm,为了改善砂浆和易性,可掺灰膏重量 1/10000 的加气剂,第二道用 1:3 石灰砂浆,使砂浆在压力管道中顺利输送。

内墙面喷灰方法可按由下往上和由上往下 S 形巡回进行。由上往下喷射时表面较平整,灰层均匀,容易掌握厚度,无鱼鳞状,但操作不熟练时容易掉灰。由下往上喷射时,喷涂过程中由于已喷在墙上的灰浆对连续喷涂的上部灰浆能起截挡作用,因而减少了掉灰现象。上述两种喷涂法都要重复喷射两次以上才能达到厚度,待第一遍稍干后再喷第二遍。

应根据墙面干燥程度、吸水性大小以及喷涂厚度,调整喷枪口距墙面的距离和角度。喷枪口与墙面的距离一般控制在 10 ~ 30 cm 范围内。同一房间不同基层材料,应先喷基层吸水性小的墙面,再喷基层吸水性大的墙面。喷涂踢脚板上部时,喷嘴口宜向上成仰角 30°左右。喷涂门窗口时,喷嘴应偏向墙面一边,距离墙面 8 ~ 10 cm,成 30° ~ 40°夹角,沿门窗口边从下而上喷涂。喷涂顶棚时宜先从门口开始,喷枪口离顶棚 15 ~ 20 cm,采用 S 形巡回路线法。外墙喷涂时,从脚手架以上部分开始,以窗与窗(或窗与门)之间为一分仓,将枪头朝下,先沿门窗边缘 2 cm 处,枪嘴距离墙面 6 ~ 10 cm,上下喷起 2 ~ 3 条垂直线,再在要喷射墙面喷起一条水平横线,自下而上地巡回喷射。

机械喷灰要采取随喷、随托(托大板)、随刮(利木工)工序。托大板要紧跟喷灰,将喷涂在墙上的砂浆取高补低,初步找平,为刮杠工序创造条件,也是减少落地灰的关键工序。刮杆是根据冲筋厚度把多余的砂浆刮掉,井稍加搓揉压实工作,保证墙面平直,为下一道搓木抹子工序创造条件。

8.2.3　装饰抹灰施工

装饰抹灰是采用装饰性强的材料,或用不同的处理方法以及加入各种颜料,使建筑具备某种特定的色调和光泽。随着建筑工业生产的发展和人民生活水平的提高,这方面有很大的发展,也出现不少新的工艺。

装饰抹灰的底层和一般抹灰要求相同,只是面层根据所用的装饰材料和施工方法的不同而有多种多样,现将几种常用的介绍如下:

8.2.3.1　水刷石

水刷石面层主要用于外墙装饰抹灰。为防止面层开裂,需设置分格缝,粘贴分格条。分格条目前多用塑料条,完工后不取出,施工较方便。

面层抹灰前,先在已硬化的中层上浇水湿润,并刮素水泥浆一遍(水灰比为 0.37 ~

0.40)，随后即抹水泥石子浆面层。水泥石子浆的配合比视石子粒径而定，水泥:石子 = 1:(1.25 ~ 1.50)；稠度宜为 5 ~ 7 cm。

待面层开始终凝时，先用棕刷蘸水或喷雾器自上而下将表面一层水泥浆洗刷掉；洗刷后，使彩色石子面外露 1 ~ 2 mm 为宜。每个分格面层刷洗应一次完成，不宜留施工缝。

水刷石的外观质量要求是：石粒清晰，分布均匀，紧密平整，色泽一致，不得有掉粒和接槎痕迹。

8.2.3.2 斩假石

斩假石又称剁斧石，是仿天然石料(如花岗石、青条石等)的一种建筑饰面，属于中高档外墙装饰，装饰效果近于花岗岩，但耗费工时较多。

面层施工前，对中层的处理要求及分格缝的设置等与做水刷石时相同。

斩假石面层采用厚度为 10 mm 的水泥石子浆涂抹，涂抹宜分两遍进行，即先抹一薄层，稍收水后再抹一层，待收水后用木抹子抹平压实。面层抹完后注意养护，防止烈日暴晒或遭受冻结，养护时间在常温下一般为 2 ~ 3 d，当面层强度约 5 MPa 时即可进行试剁，以石子不脱落为准。

剁石时一般自上而下，先剁转角和四周边缘，后剁中间墙面，一般剁两遍。在墙角、柱子等边棱部位，宜横向剁出 15 ~ 20 mm 宽边条或留出窄小边条不剁。剁完后用钢丝刷将墙面刷净。

剁斧工作量很大，后来出现仿斩假石的新施工方法。其做法与斩假石基本相同，只是面层厚度减为 8 mm，不同处是表面纹路不是剁出，而是用钢篦子拉出。钢篦子用一段锯条夹以木柄制成。待面层收水后，钢篦子沿导向的长木引条轻轻划纹。随划随移动引条。待面层终凝后，仍按原纹路自上而下拉刮几次，即形成与斩假石相似效果的外表。

斩假石的外观质量要求是：剁纹均匀顺直，深浅一致，不得有漏剁处。阳角处应横剁或留出不剁的边条，应宽窄一致，棱角不得有损坏。

8.2.3.3 水磨石

水磨石面层多用于室内门厅、过道等地面装饰。按装饰效果要求，水磨石可分为普通水磨石和美术水磨石。其差别在于美术水磨石是以白水泥或彩色水泥为胶结料，掺入不同色彩的石粒所制成，二者施工工艺基本相同。水磨石面层厚度一般为 12 ~ 18 mm，视石粒粒径大小而定。

水磨石地面具有整体性能好、耐磨不起灰、光滑美观及可根据设计要求做成各种彩色图案、装饰效果好等优点。但最大缺点是湿作业量大，工序多，工期也较长等。

(1)材料要求

1)水泥　水泥强度等级不小于 32.5 级，白色或浅色的水磨石面层应采用白水泥；同颜色的面层应使用同一批水泥，以保证面层色泽一致。

2)石粒　又称石米、石渣，水磨石面层所用石粒应由质地密实、磨面光亮的大理石及白云石等岩石加工而成。其粒径一般为 4 ~ 12 mm。使用前应用水冲洗干净，晾干待用。

3)颜料　应采用耐光、耐碱和着色力强的矿物颜料，不得使用酸性颜料，否则面层易产生变色、褪色现象。颜料的掺入量宜为水泥重量的 3% ~ 6%，并以不降低水泥的强度等级为宜。同一彩色面层应使用同厂同批的颜料，以求色彩和着色力一致。

4)分格镶条　亦称嵌条(图 8.4),水磨石面层的分格镶条,常用玻璃条、铝条或黄铜条,也可用彩色的塑料条或不锈钢条。铜条主要用于美术水磨石面层。

(2)施工要点

1)镶嵌分格条　在基层上按设计的分格和图案设置分格嵌条。分格时从中间向四周分,非整块分格设在周边。嵌条时应用靠尺板按分格线靠直并与分格对齐,用水泥稠浆在嵌条根部两侧抹成小八字形予以黏埋固定(图 8.4),分格条应横平竖直、顶面标高一致,并作为铺设面层的标准。

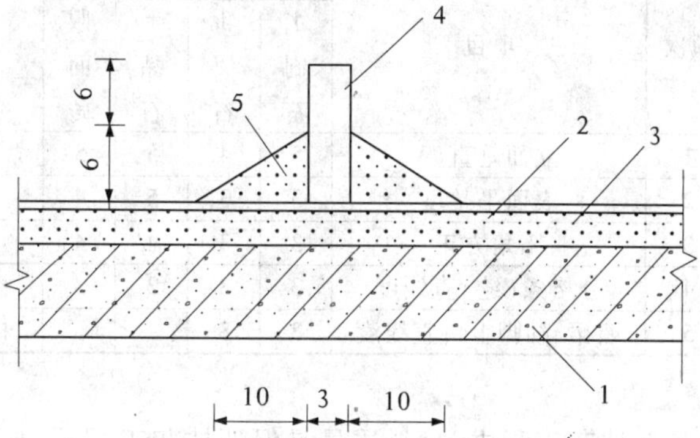

图 8.4　水磨石施工

1. 钢筋混凝土基层;2. 素水泥浆;3. 水泥砂浆底层;4. 嵌条(铜条、铝条、玻璃条);5. 素水泥膏

2)铺设水泥石粒浆　分格条镶嵌养护后,在基层表面上刷一遍素水泥浆作为结合层。随刷随铺设面层的水泥石粒浆。其配合比为水泥:石粒为 1:1 ~ 1:1.25(体积比)。先将水泥与颜料过筛干拌,再掺入石粒,拌和后加水搅拌均匀,拌和物稠度为 6 cm,水磨石拌合物的铺设厚度要比嵌条高出 1 ~ 2 mm。用滚筒滚压密实,待表面出浆后,再用钢抹子抹平压光。罩面 24 h 后浇水养护,在 2 ~ 7 d 内,要注意浇水保湿;如果温度在 15℃ 以上时,每天至少保证浇水两次。

3)磨光　磨光是将面层的水泥浆磨掉,石粒磨平,使表面平整光滑。开磨前应先试磨,表面石粒不松动方可开磨。一般开磨时间:当平均温度 10℃ ~20℃ 时,从面层抹光后算起为 3 ~4 d。水磨石面层应使用磨石机分遍磨光,一般分三遍进行,即粗磨、中磨、细磨。每次磨光后,用同色水泥浆涂抹,以填补砂眼、磨痕,经养护 2 ~3 d 后再磨。最后,表面用草酸水溶液擦洗,使石子表面残存的水泥浆分解,石子清晰显露,晾干后进行打蜡,使其光亮如镜。

水磨石面层外观质量要求:表面平整光滑,石子显露均匀,无砂眼、磨纹和漏磨处,分格条位置准确且全部露出。

8.2.3.4　干黏石

在水泥砂浆上面直接干黏石子的做法,称为干黏石法。其做法同样是在已硬化的 1:3 底层水泥砂浆层上按设计要求弹线分格,根据弹线镶嵌分格木条。将底层浇水湿润后,抹上一层 6 mm 厚 1:2 ~1:2.5 的水泥砂浆层,随即紧跟着再抹一层 2 mm 厚的 1:0.5 水泥石灰膏浆黏结层,同时将配有不同颜色或同色的粒径为 4 ~6 mm 的石子甩黏拍平压实。拍时不得将砂浆拍出来,以免影响美观,要使石子嵌入深度不小于石子粒径的 1/2,待有一定强度后洒水养护。上述为手工甩石子,亦可用喷枪将石子均匀有力地喷射于黏结层上,用铁抹子轻轻压一遍,使表面搓平。

干黏石的质量要求:石粒黏结牢固、分布均匀,不掉石粒,不露浆,不漏黏,表面色泽一致,阳角处应无明显黑边。

装饰抹灰的允许偏差和检验方法应符合表 8.2 的规定。

表 8.2　装饰抹灰的允许偏差和检验方法

项次	项目	允许偏差(mm)				检验方法
		水刷石	斩假石	干黏石	假面砖	
1	立面垂直度	5	4	5	5	用 2 m 垂直检测尺检查
2	表面平整度	3	3	5	4	用 2 m 靠尺和塞尺检查
3	阳角方正	3	3	4	4	用直角检测尺检查
4	分格条(缝)直线度	3	3	3	3	拉 5 m 线,不足 5 m 拉通线,用钢直尺检查
5	墙裙、勒脚上口直线度	3	3	-	-	拉 5 m 线,不足 5 m 拉通线,用钢直尺检查

在抹灰工程中,材料质量是保证抹灰工程质量的基础,因此,抹灰工程所用的材料应有产品合格证书和性能检测报告,材料的品种、规格和性能应符合设计要求和国家现行产品标准的规定,材料进场时应进行现场验收,对影响抹灰工程质量与安全的主要材料性能(如水泥的凝结时间和安定性)进行现场抽样复验,不合格的材料不得用在抹灰工程上。

抹灰工程质量的关键是要确保抹灰层与基体黏结牢固,无空鼓,无开裂,无脱落。工程实践表明,抹灰层之所以出现空鼓、开裂、脱落等质量问题,主要原因是:基体表面的尘土、污垢、油渍等清理不干净;基体表面光滑,抹灰前未作毛化处理或没有处理好;抹灰前基体表面浇水湿润不透;一次抹灰层过厚等。这些都会影响抹灰层与基体的黏结牢固程度。

8.3　饰面板(砖)工程

8.3.1　概述

饰面板(砖)工程是指将天然石饰面板、人造石饰面板和饰面砖以及金属饰面板、塑料饰面板等安装或粘贴到室内外墙面、柱面与地面上,以形成装饰面层的施工做法。由于饰面板与饰面砖表面平整,边角整齐,具有各种不同色彩和光泽,故装饰效果好,多用于较高级建筑物的装饰和一般建筑物的局部装饰。

8.3.2　饰面板安装

8.3.2.1　材料质量要求

(1)天然石饰面板

天然石饰面板常用的主要有大理石与花岗石饰面板等。

大理石饰面板是由荒料经锯、磨、切等多道工序加工而成的板材,是一种高级饰面材料。但由于其易风化,一般不宜用于室外工程装饰。

对大理石饰面板的质量要求是:石质细密,无隐伤、无腐蚀斑点,棱角齐全,表面平整,几何尺寸准确,光泽度高,色泽美丽。

花岗石饰面板的加工方法同大理石。花岗石具有质感粗犷，岩质坚硬密实，强度高，耐久性好，坚固不易风化，色泽经久不变，耐冻、耐酸碱以及装饰效果好等优点。是一种高级装饰材料，广泛用于室内外墙面、柱面等部位装饰。

对花岗石饰面板的质量要求是：表面平整，棱角方正，几何尺寸准确，颜色一致，无裂纹、砂眼、隐伤和缺角等现象。

(2)人造石饰面板

人造石饰面板常用的主要有仿天然大理石、仿天然花岗石及预制水磨石、水刷石饰面板等。

人造石饰面板材料是用天然大理石、花岗石之碎石、石屑与石粉作为填充材料，由不饱和聚酯树脂为黏结剂(或用水泥为黏结剂)，经配料搅拌、成型、加压、蒸养、磨光、抛光等工序制成与天然大理石、花岗石相似的板材。

人造石饰面板不仅花纹图案可由设计控制确定，而且其重量轻，强度高，厚度薄，耐腐蚀、抗污染，有较好的加工性，能制作成弧形、曲面，施工方便，装饰效果好，是现代建筑室内墙面、柱面装饰的理想材料。

对人造石饰面板的质量要求是：板材表面平整，几何尺寸准确，面层石粒均匀，洁净，颜色一致。

(3)金属饰面板

金属饰面板有铝合金板、镀塑板、镀锌板、彩色压型钢板和不锈钢板等多种。金属板饰面具有典雅庄重，质感丰富的特点；尤其是铝合金板墙面，因其具有价格便宜，易于加工成型，轻质、高强、经久耐用、便于运输和施工，表面光亮，可反射太阳光及防火、防潮、耐腐蚀等特点且装饰效果别具一格，是一种高档次的建筑装饰，应用广泛。同时，当表面经阳极氧化或喷塑处理后，在提高材料耐久性的同时，还可获得所需要的各种色彩，具有良好的装饰效果。

(4)塑料饰面板

塑料饰面板，新颖美观，品种繁多，常用的有聚氯乙烯塑料板(PVC)、三聚氰胺塑料板、塑料贴面复合板、有机玻璃饰面板等。其特点是：板面光滑、色彩鲜艳，有多种花纹图案，质轻、耐磨、防水、耐腐蚀，硬度大，吸水性小，应用范围广。

(5)安装饰面板用的铁制锚固件、连接件应镀锌或经防锈处理

镜面和光面的大理石、花岗石饰面板应用铜制或不锈钢制的连接件。各种饰面板均应具有产品合格证书、性能检测报告，进场验收记录和复验报告；对后置埋件应有现场拉拔强度检测报告；饰面板的品种、规格、颜色和性能必须符合设计要求；饰面板安装必须牢固。

8.3.2.2　饰面板安装方法

根据饰面板单块面积的大小不同，安装方法通常有湿挂安装法和干挂安装法两种。

(1)湿挂安装法

1)安装饰面板的墙面、柱面抄平后，分块弹线，并按弹线尺寸及花纹图案进行排板，排板计算时应将拼缝宽计算在内，然后绘出分块图与节点加工图，并进行编号，作为加工和安装的依据。

2)剔凿出事先预埋在墙面或柱面内的锚固件，绑扎或焊接作为系固饰面板用的钢筋

网,并将钢筋网与预埋的锚固件连接牢固。

3)将已选定的饰面板侧面和背面清扫干净后,进行修边钻孔,每块饰面板的上下边钻孔数量一般不少于 2 个(见图 8.5),然后孔眼穿出板材背面。板材钻孔后即穿入防锈金属丝(铜丝或镀锌铅丝)备用。

4)饰面板安装顺序一般由下往上进行,每层板块由中间或一端开始,柱面则先从正面开始顺时针进行,按部位编号将饰面板就位,用防锈金属丝将饰面板与墙(或柱)表面的预埋钢筋网绑扎固定(见图 8.6)。对较大的饰面板在找正吊直后还应采取临时固定措施,防止灌注水泥砂浆时板面位置移动。在安装固定过程中,要随时用托线板靠直靠平,接缝宽度可垫木楔调整,并应确保板材外表面平整、垂直及上沿平顺,板与板交角处四角平整。

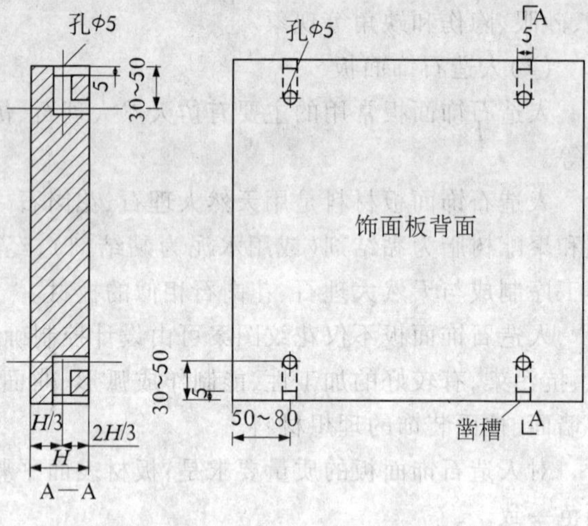

图 8.5　饰面板修边钻孔(单位:mm)

5)饰面板与基层间的间隙一般为 20 ~ 50 mm,灌注水泥砂浆前应用石膏灰将饰面板之间的缝隙封严,并浇水将板材背面和基层表面湿润,再分层灌注 1∶3 水泥砂浆,每层灌注高度为 150 ~ 200 mm,插捣密实。待初凝后,经检查板面位置无移动时,再灌注上层面砂浆,直至距板上口 50 ~ 80 mm为止。砂浆终凝后,将饰面板上口清理干净,按同样方法依次自下而上进行饰面板安装。

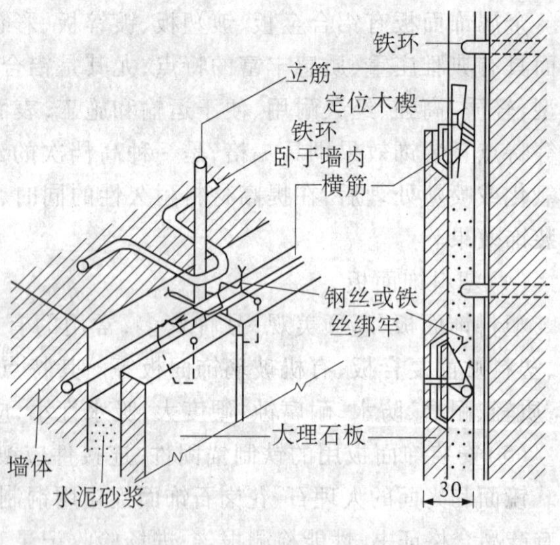

图 8.6　湿挂安装法固定示意图

6)饰面板安装完毕后,表面应清理干净,接缝处宜用与板材相同颜色的水泥浆或嵌缝胶填抹,边抹边擦,使缝隙嵌浆密实,颜色一致。光面和镜面的饰面板,经清洗晾干后,方可打蜡擦亮。

注意:当采用湿挂安装法时,石材应进行防碱背涂处理,使石材表面无泛碱等污染。

(2)干挂安装法

干挂安装法是利用高强度和耐腐蚀的连接固定件,将饰面板挂在建筑物结构墙或柱的外表面上,饰面板与基层之间留有 40 ~ 50 mm 空腔(见图 8.7)

干挂法安装饰面板多采用上下边支承方式,其所用的连接固定件由托板、舌板和钢针组成(图 8.8),并均用不锈钢制成。托板与舌板厚度为 6 mm,两者通过椭圆孔用螺栓连接，钢针直径为 4 mm，长度为 50 mm。按所用钢针规格要求，在每块饰面板上下边各钻 2 个垂直孔，孔径为 6 mm，孔深为 30 mm。饰面板安装时，托板竖向边紧贴混凝土基体表面，通过不锈钢膨胀螺栓将托板固定在混凝土基体上。钢针穿过舌板，两端插入上下两块饰面板的直孔内，并用 1:1.5 的白水泥环氧树脂胶（或结构胶）灌孔加以固定。由于托板和舌板上所开孔洞均为椭圆形，故连接件可作三向移动，以调整饰面板的位置。

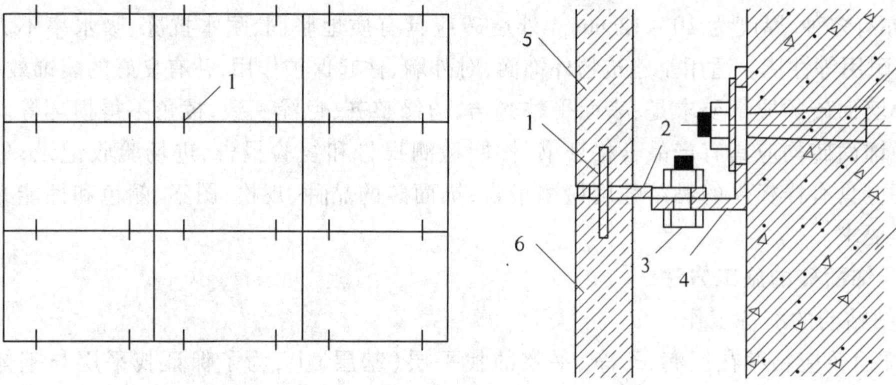

(a)　　(b)

图 8.7　干挂法安装固定示意图

(a)立面示意图；(b)安装节点构造图

1. 钢针；2. 舌板；3. 连接螺栓；4. 托板；5. 上饰面板；6. 下饰面板；7. 膨胀螺栓；8. 混凝土基体

干挂安装法的优点是：安装精度高，墙面平整。由于取消了砂浆黏结层，因此，除饰面板不受砂浆析碱污染影响外，还可减轻结构自重，提高施工效率。同时，因饰面板与基层之间留有空腔，还具有保温隔热和节能效果。此法多用于钢筋混凝土结构，不适宜用于砖墙结构。

饰面板安装的质量要求：饰面板安装用的预埋件、连接件的数量、规格、位置、连接方法和防腐处理必须符合设计要求；饰面板安装必须牢固；饰面板表面应平整、洁净、色泽一致、无裂痕和缺损；嵌缝应密实、平直，嵌缝材料色泽应一致，缝宽度和深度应符合设计要求；室内用板材需进行放射性检测；饰面板安装的允许偏差必须符合施工质量验收规范的规定。

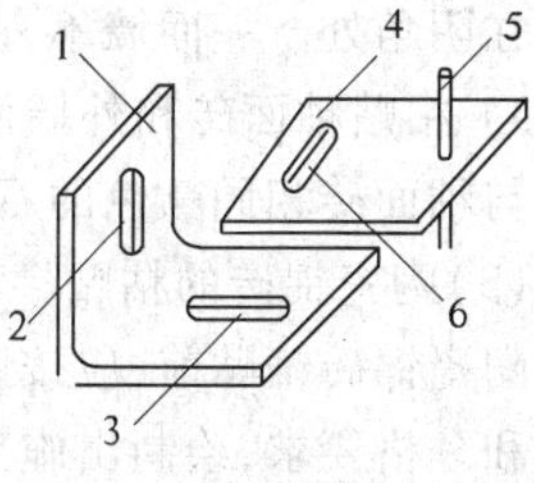

图 8.8　组合连接件三向调节

1. 托板；2. 竖向椭圆孔；3. 纵向椭圆孔；4. 舌板；5. 钢针；6. 横向椭圆孔

8.3.3　饰面砖施工

8.3.3.1　材料质量要求

饰面砖常用的主要有釉面砖、外墙面砖、陶瓷锦砖和玻璃锦砖等。

(1)釉面砖

釉面砖又叫釉面瓷砖或瓷砖，是用瓷土或优质陶土烧制而成的。颜色有白色、彩色、印花、图案等多样品种，表面光滑美观，易于清洗，且防潮耐碱，具有较好的装饰效果。形状有正方形和长方形。另有阳角条、阴角条、压顶条、腰线等配件砖。多用于厨房、卫生间、浴室等内墙饰面材料。

对釉面砖的质量要求是:表面光洁,质地坚固,尺寸、色泽一致,不得有暗痕和裂纹,无缺角、掉棱、缺釉、脱釉及扭曲不平现象,吸水率不得大于 10%。

(2)外墙面砖

外墙面砖通常以陶土为原料,经压制成型后煅烧而成,分为毛面和釉面两类;颜色有多种,规格亦有多种.厚度为 10~12 mm。外墙砖应具有质地坚固、耐水抗冻、吸水率不大于 8%、经久耐用等性能。适用于建筑物外饰面,对外墙、柱起保护作用,并有良好的装饰效果。

对外墙面砖的质量要求是:表面平整光洁,边缘整齐,色泽一致,棱角不得损坏等。

各种饰面砖均应具有产品合格证书、性能检测报告和复验报告、进场验收记录;外墙饰面砖还应具有样板件的黏结强度检测报告;饰面砖的品种、规格、图案、颜色和性能必须符合设计要求。

8.3.3.2 **饰面砖的施工方法**

(1)粘贴前的准备工作

1) 饰面砖应粘贴在湿润、干净、平整的找平层(基层)上,为了保证找平层与基体黏结牢固,根据不同的基体,应进行不同的基体表面处理,其具体的处理方法与抹灰工程基体表面处理基本相同。

2) 粘贴饰面砖前应预排、弹线、立标志,以使接缝均匀,符合图案要求。

3) 饰面砖的接缝宽度应符合设计的要求,如粘贴釉面砖时,接缝宽度为 1~1.5 mm。

4) 粘贴前,应将饰面砖清扫干净,并浸水 2 h 以上,待表面晾干后方可使用。

(2)面砖、釉面砖的粘贴

1) 粘贴面砖宜用 1:1.5~1:2 的水泥砂浆,厚度为 6~10 mm,将黏结砂浆铺满在瓷砖背面,逐块进行粘贴。此外,还可采用胶黏剂粘贴饰面砖的方法。

2) 粘贴面砖必须按弹线和标志自下而上逐行进行,每行粘贴宜从阳角开始,把非整砖留在阴角处。一面墙不宜一次粘贴到顶,以防塌落。

3) 粘贴釉面砖和外墙面砖接缝时,室外接缝应用水泥浆或水泥砂浆勾缝,室内接缝宜用与釉面砖相同颜色的石膏灰或水泥浆嵌缝。但潮湿的房间不得用石膏灰嵌缝。

(3)陶瓷锦砖的粘贴

陶瓷锦砖镶贴前,应按照设计图案及设计图纸要求,核实墙面的实际尺寸,根据排砖模数和分格要求,绘制出施工大样图,加工好分格条,并对陶瓷锦砖统一编号,便于镶贴时对号入座。

基层上用 12~15 mm 厚 1:3 水泥砂浆打底,找平划毛,洒水养护。镶贴前弹出水平、垂直分格线,找好规矩。然后在湿润的底层上刷素水泥浆一道,再抹一层 2~3 mm 厚 1:0.3水泥纸筋灰,或 3 mm 厚 1:1 水泥砂浆(掺 2% 乳胶)黏结层,用靠尺刮平,抹子抹平。同时将锦砖底面铺在木垫板上,缝里撒灌 1:2 干水泥砂,并用软毛刷子刷净底面浮砂,薄薄涂上一层黏结灰浆,然后逐张拿起,清理四边余灰,按平尺板上口沿线由下往上对齐接缝粘贴于墙上。粘贴时应仔细拍实,使其表面平整。待水泥砂浆初凝后,用软毛刷将护纸刷水湿润,约半小时后揭纸,并检查缝的平直大小,校正拨正。粘贴 48 h 后,将取出米厘条的缝隙用 1:1 水泥砂浆嵌填,并用同色水泥浆将其他小缝填平。待嵌缝材料硬化后,用稀盐酸溶液清洗,并随即用清水冲洗干净。

饰面砖粘贴的质量要求是:饰面砖粘贴必须牢固,表面应平整、洁净、色泽一致、不得有歪斜翘曲、空鼓、缺棱、掉角和裂缝等缺陷。饰面砖接缝应平直、光滑、宽度一致,嵌填应连续、密实,宽度和深度应符合设计要求。饰面砖粘贴允许的偏差必须符合施工质量验收规范的规定。

8.3.4　铝合金饰面板施工

铝合金饰面板常用的固定方法有两大类:一类是将饰面板用螺钉固定到型钢或木骨架上;另一类是将饰面板卡在特制的龙骨上。其施工工艺是:放线→骨架连接件的固定→固定骨架→安装铝合金板→收口构造处理。

(1)放线

就是将骨架的位置弹到基层上,以保证骨架施工的准确性;放线最好一次放完,如有差错,可随时进行调整。

(2)骨架连接件的固定

骨架的横竖杆件是通过连接件与基层固定,而连接件可与基层结构的预埋件焊接,亦可打设膨胀螺栓。要求连接件固定牢固,位置准确,不易锈蚀。

(3)固定骨架

骨架应预先进行防腐处理,安装位置要准确,结合要牢固,横杆标高一致,骨架表面要平整。

(4)安装铝合金饰面板

板的安装要牢固、平整、无翘起、卷边等现象。板与板之间的间隙一般为 10 ~ 20 mm,用橡胶条或密封胶等弹性材料处理。安装完毕后,在易于被污染的部位,要用塑料薄膜覆盖保护;易被碰撞的部位,应设安全栏杆保护。

(5)收口构造处理

系指饰面板安装后对水平部位的压顶,端部的收口,伸缩缝、沉降缝的处理,以及两种不同材料交接处的处理。因这些部位往往是饰面施工的重点和难点,直接影响美观和功能,所以必须用特制的铝合金成型板进行妥善处理。

8.3.5　塑料饰面板的施工

塑料饰面板品种很多,现就聚氯乙烯塑料板的饰面施工简介如下。

(1)基层处理

基层必须垂直、平整、坚硬、整洁,不宜过光,不应有水泥浮浆;如有麻石,应先用乳胶腻子修补平整,再用乳胶水溶液涂刷一遍,以增强黏结力。

(2)粘贴方法

粘贴前,基层表面应按分块尺寸弹线预排。胶黏剂宜用脲醛、聚酯酸乙烯、环氧树脂等,也可用氯丁胶黏剂,以保证黏结强度。涂胶时应同时在基层表面和饰面板背面涂刷,胶液不宜太稀或太稠,应涂刷均匀,无砂粒等杂物。涂胶后,当用手触试胶液,感到黏性较大时,即可进行粘贴。粘贴时要挤压密实,以防空鼓、翘边;粘贴后应采取临时措施固定,同时将挤压在板缝中多余的胶液刮除,否则胶干结后难以清除。对硬厚型的硬聚氯乙烯饰面板,当用木螺钉和垫圈或金属压条固定时,木螺丝的钉距一般为400~500 mm。在固定金属压条时。应先用钉将饰面板临时固定,然后加盖金属压条。塑料板贮存和运输时,应严禁暴晒、高温或撞击,已损坏的板,如缺棱少角或裂缝严重,一般不应使用。

8.4 裱糊工程

裱糊工程是指把壁纸或墙布用胶黏剂裱糊到室内墙面、顶棚和柱面上以形成装饰层的施工做法。各种新型的壁纸和墙布具有色彩丰富,质感性强,耐用、美观,装饰效果好的特点,因而裱糊饰面得到了较为广泛的应用。

8.4.1 裱糊施工

8.4.1.1 材料及质量要求

裱糊饰面常用的材料主要有壁纸、墙布和胶黏剂等。

壁纸种类很多,目前常用的有聚氯乙烯(简称 PVC)塑料壁纸与复合壁纸等。

塑料壁纸又可分为三类,即普通壁纸(如印花涂塑壁纸、压花涂塑壁纸等)、发泡壁纸(又称浮雕壁纸,其表面呈凹凸花纹)和特种壁纸(如耐水壁纸、耐火壁纸和防静电壁纸等)

墙布按所用基材不同分类主要有:玻璃纤维墙布、无纺墙布和装饰墙布等。

胶黏剂应按壁纸和墙布的品种选配,并应具有防霉、耐久性等性能,如有防火要求,则胶黏剂应具有耐高温不起层性能。

所用壁纸、墙布的种类、规格、图案、颜色和燃烧性能等级必须符合设计要求及国家现行标准的有关规定。材料进场必须具有产品合格证书、性能检测报告和进场验收记录,使用前进行复验,合格后才能使用。

8.4.1.2 基层处理

裱糊前,应将基体或基层表面的污垢、尘土清除干净。新建建筑物的混凝土或抹灰基层墙面在刮腻子前应涂刷抗碱密封底漆;旧墙面在裱糊前应清除疏松的旧装修层,并涂刷界面剂。

裱糊工程基体或基层不能过于潮湿,以免基层的碱性和水分使壁纸(或墙布)变色、起泡、开胶,故要严格控制基层的含水率:混凝土和抹灰基层的含水率不得大于8%,木材基层的含水率不得大于12%。

基层表面局部有麻点、凹坑、裂缝等缺陷时,应先刮腻子修补填平,再用砂纸磨平。基层腻子应平整、坚实、牢固、无粉化、起皮和裂缝。

基层表面平整度、立面垂直度及阴阳角方正等的允许偏差均不得大于3 mm。

为避免基层吸水过快使胶黏剂脱水而影响黏结能力,裱糊前应以底胶涂刷基层一遍,作表面封底处理,待底胶干后,方可弹线、裱糊。

8.4.1.3 施工工艺

壁纸和墙布裱糊施工的主要工序见表8.3。

表 8.3　裱糊的主要工序

项次	工序名称	抹灰面、混凝土面				石膏板面				木料面			
		复合壁纸	PVC壁纸	墙布	带背胶壁纸	复合壁纸	PVC壁纸	墙布	带背胶壁纸	复合壁纸	PVC壁纸	墙布	带背胶壁纸
1	墙面划准线	+	+	+	+	+	+	+	+	+	+	+	+
2	壁纸浸水润湿		+		+		+		+		+		+
3	壁纸涂刷胶黏剂	+				+				+			
4	基层涂刷胶黏剂	+	+	+		+	+	+		+	+	+	
5	纸上墙、裱糊	+	+	+	+	+	+	+	+	+	+	+	+
6	拼缝、搭接、对花	+	+	+	+	+	+	+	+	+	+	+	+
7	赶压胶黏剂、气泡	+	+	+	+	+	+	+	+	+	+	+	+
8	裁边		+				+				+		
9	擦净挤出的胶液	+	+	+	+	+	+	+	+	+	+	+	+
10	清理修整	+	+	+	+	+	+	+	+	+	+	+	+

注：(1)表中“+”号表示应进行的工序。

(2)混凝土表面和抹灰表面必要时可增加满刮腻子数遍。

(3)“裁边”工序，在使用宽为 920，1 000，1 100 mm 等需重叠对花的 PVC 压延壁纸时进行。

(1)墙面划准线

为使裱糊壁纸(或墙布)垂直，花饰图案连贯一致，裱糊前，应在墙面弹垂直线，作为裱贴第一幅壁纸(或墙布)的找直准线，从第二幅起则可对缝依次裱贴。在按壁纸(或墙布)的标准宽度找规矩时，应将窄条壁纸(或墙布)的裁切留在阴角处，而在阳角部位不得有接缝。

顶棚裱糊时，应弹一条平行于房间长度方向临近主窗的基准线。

(2)壁纸(或墙布)裁切

为保证整幅墙面对花一致，取得整体装饰效果，裱糊前，根据弹线找规矩的实际尺寸，按照壁纸(或墙布)的品种、图案、颜色和规格等进行统一规划，选配分类，拼花裁切，编号后平放待用。裱糊时按编号顺序粘贴。

裁切时每幅壁纸(或墙布)的下料长度比裱贴部位实际长度增加 20 mm 左右，以便壁纸、墙布裱贴完成后裁剪修齐。

(3)壁纸润湿

由于纸基塑料壁纸(如 PVC 壁纸、带背胶壁纸等)具有遇水后会吸水膨胀，干后会收缩的特性，因此，在裱糊前，需先将壁纸在水槽中浸泡 2 ~ 3 min，俗称闷水，取出后把多余的水抖掉，再静置 2 ~ 3 min，然后进行裱糊。这种壁纸通过润湿处理，可避免壁纸裱贴后出现气泡、皱折等现象。对复合壁纸和墙布，无吸水膨胀特性，故裱糊前，无须进行润湿处理。

(4)涂刷胶黏剂

在墙面上裱糊 PVC 壁纸时，应在墙表面上涂刷胶黏剂。裱糊顶棚时，为增加黏结强度，基层与壁纸背面均应涂刷胶黏剂。

裱糊复合壁纸时，严禁浸水，应先将壁纸背面涂刷胶黏剂，放置数分钟，裱糊时，基层表面也应涂刷胶黏剂。

带背胶的壁纸，其背面及墙面均无须涂刷胶黏剂。但裱糊顶棚时，为增强黏结力，带胶壁纸背面应再涂刷一层稀释的胶黏剂。

裱糊墙布时，应先将墙布背面清理干净。裱贴时，仅在基层表面涂刷胶黏剂。

胶黏剂的涂刷应薄而均匀，不裹边，不堆起，以防溢出弄脏壁纸，也不得漏刷。

(5)裱糊

裱糊的顺序是先垂直面后水平面；先小面后大面；垂直面是先上后下；水平面是先高后低。

裱糊时，首先要保证纸幅垂直，然后对花拼缝，再用刮板由上而下赶压，由拼缝开始向外向下顺序刮平压实。挤出纸边的多余胶黏剂应及时用湿毛巾抹去，以免壁纸表面残留胶液。发泡壁纸与复合壁纸则不能用刮板赶压，只可用毛巾、海绵或毛刷赶平，以免压平花型或出现压褶。

为保证壁纸拼缝处的图案、花纹吻合，一般宜采用搭接法裱糊。即裱贴时对于无图案的壁纸，可在拼缝处重叠搭接 20～30 mm，对于有图案花纹的壁纸，则使两张壁纸按图案花纹重叠搭接，然后用钢直尺与裁割刀在搭接处的中间将两层壁纸切断，撕去两边切下的余纸，再将纸缝对齐，粘贴压实。刮出的胶黏剂用湿毛巾擦拭干净。

壁纸裱糊后，若出现翘边张口现象，应加刷胶黏剂，重新粘贴压实。若出现气泡，则应将泡面切开、挤出气体加胶黏剂压实。

刚裱糊后的房间应尽量封闭通行，白天加强通风，但应防止穿堂风。夜间应关闭门窗，防止潮气侵袭。

8.4.2 裱糊工程的质量标准与检验

(1)质量标准

裱糊工程的质量要求是：壁纸、墙布必须粘贴牢固，无空鼓、翘边、皱折等缺陷；裱糊表面应色泽一致，无斑污、无胶痕；各幅拼接应横平竖直，图案端正，拼接处图案、花纹吻合，距墙 1.5 m 处正视不显拼缝，阴角处搭接顺光，阳角处无接缝；裱糊与挂镜线、踢脚线交接紧密，无缝隙，无漏贴和补贴，未糊盖需拆卸的活动件。

(2)检验方法

裱糊工程完工并干燥后，即可验收。检查数量每检验批(50 间为一批)至少抽查 10%，并不得少于 3 间。验收时，应检查材料品种、颜色和图案是否符合设计要求。

检验方法为手轻触和观察检查。

8.5 涂料工程

8.5.1 概述

建筑涂料是指涂敷于建筑物的基层表面上，能与建筑物表面材料很好黏接、形成完整涂膜的材料。早期使用的涂料大多是以油料为原料制备的,故称为油漆。随着石油化工和有机合成工业的发展,目前以合成树脂和乳液为原料的涂料已大大超过油料,以无机硅酸盐和硅溶胶为基料的无机涂料也已被大量应用,故油漆已成为涂料的一个分支。因此,标准规定油漆与涂料应统称为涂料,因“油漆”的称呼已被人们习用,所以目前市场上的许多涂料仍以“漆”来命名。但常讲的“建筑装饰涂料”已不含“油漆”内容。

建筑装饰涂料可起保护墙体、美化建筑物和多功能(隔声、吸音、防火、防腐、防霉、防静电等)作用。

建筑装饰涂料按用途分为外墙涂料、内墙涂料、顶棚涂料、地面(或地板)涂料和门窗涂料等;按材质分为有机涂料、无机涂料和有机无机复合型涂料,其中有机涂料又分为水溶性涂料、乳液涂料、溶剂型涂料等;按质感分为薄质涂料、厚质涂料、复层涂料和多彩涂料等。

复层建筑涂料,原称喷塑涂料,又称浮雕型涂料。它由封底涂料、主层涂料和罩面涂料组成。封底涂料的作用是封闭基层,抗碱并增加基层与主层涂料的黏结力;主层涂料又称骨料(如丙烯酸骨料),是用喷涂方法将骨料喷涂在封底涂层上,其喷点大小和疏密应均匀,不得连成片状,然后用滚涂方法滚压出带有立体质感、自然型的花纹图案,同时具有增加涂层黏结力和耐久性的作用;罩面涂料是涂膜的表面层,一般施涂两遍,用以保护主涂层和提高复层涂料耐候性、耐污染性,并使饰面层带有符合设计要求的色彩和光泽,起美化涂层的作用。

对建筑标准要求比较高的外墙涂料,除可用浮雕型涂料外,还可选用喷砂涂料、弹性涂料等。弹性涂料具有良好的抗裂性能,但造价高。

建筑装饰涂料的品种繁多,且还在不断发展,使用时,应在充分了解各种建筑涂料性能和实际使用效果的基础上,根据基层状况、建筑标准、建筑物所处的环境条件、环保要求、设计要求、价格等因素进行合理的、正确的选择。

8.5.2　油漆施工

(1)建筑工程中常用油漆的种类及其主要特征

1)清油　清油又称鱼油、熟油,干燥后漆膜柔软,易发黏。多用于调稀厚漆和红丹防锈漆,也可单独涂于金属、木材表面或打底子及调配腻子。

2)厚漆　厚漆又称铅油,使用时需加清油、松香水等稀释。漆膜柔软,与面漆黏结性好,但干燥慢,光亮度、坚硬性较差。可用于各种涂层打底或单独做表面涂层,亦可用来调配色油和腻子。

3)调和漆　调和漆分油性和磁性两类。油性调和漆的漆膜附着力强,有较高的弹性,不易粉化、脱落及龟裂,经久耐用,但漆膜较软,干燥缓慢,光泽差,适用于室外面层涂刷。磁性调和漆常用的有酯胶调和漆和酚醛调和漆等,漆膜较硬,颜色鲜明,光亮平滑,能耐水洗,但耐气候性差,易失光、龟裂和粉化,故仅用于室内面层涂刷。

4)清漆　清漆分油质清漆和挥发性清漆两类。油质清漆又称凡立水,常用的有酯胶清漆、酚醛清漆、钙酯清漆和醇酸清漆等。漆膜干燥快,透明光泽,适用于木门窗、板壁及金属表面罩光。挥发性清漆又称泡立水,常用的有漆片,漆膜干燥快,坚硬光亮,但耐水、

土木工程施工

耐热、耐气候性差,易失光,多用于室内木材面层的油漆或家具罩面。

5)聚酯酸乙烯乳胶漆　是一种性能良好的新型涂料和墙漆,适用于高级建筑室内抹灰面、木材面的面层涂刷,亦可用于室外抹灰面。其优点是漆膜坚硬平整,附着力强,干燥快,耐暴晒和水洗,新墙面稍干燥即可涂刷。

(2)油漆施工

油漆施工工艺过程为:基层处理、打底子、抹腻子和涂刷油漆等工序。

1)基层处理　为了使油漆与基层表面黏结牢固,节省材料,必须对涂刷在木料、金属、抹灰层和混凝土基层的表面进行处理。

当基层为木材表面时,应将木料表面的灰尘、污垢等清除干净,并将表面的缝隙、毛刺、掀岔和脂囊修整后,用腻子填补,再用砂纸磨光。较大的脂囊应采用木纹相同的材料用胶镶嵌。之后,木材表面还要作打底处理,使基层表面具有均匀吸收油漆的性能,保证面层色泽均匀一致。砂磨时,不能磨穿油底,磨损棱角,但要打磨光滑。

金属基层表面油漆前,应除去锈斑、尘土、油渍、焊渣等杂物。

当基层为混凝土及砂浆抹灰表面时,为保证涂层与基层表面黏结牢固,基层表面的灰尘、污垢、黏附砂浆等应清除干净,对酥松的表面应予铲除。对基层缺棱掉角处应采用1:3水泥砂浆(或聚合物水泥砂浆)修补,表面麻面、缝隙及凹陷处应用腻子补平,或者在基层上满批腻子。基层腻子应平整牢固,无粉化、起皮和裂缝。

2)打底子　在处理好的基层表面上刷底子油一遍(可适当加色),并使其厚薄均匀一致,以保证整个油漆面色彩均匀。

3)抹腻子　腻子是油料加上填料(石膏粉、大白粉)、水或松香水拌制成的膏状物。抹腻子的目的是使表面平整。对于高级油漆施工,需在基层上全部抹一层腻子,待其干后用砂纸打磨,然后再抹腻子,再打磨,直到表面平整光滑为止,有时,还要和涂刷油漆交替进行。腻子磨光后,表面清理干净,再涂刷一道清漆,以便节约油漆。

4)涂刷油漆　油漆施工按质量要求不同分为普通油漆、中级油漆和高级油漆三种(表8.4)。

一般松软木材面、金属面以采用普通或中级油漆较多;硬质木材面、抹灰面则采用中级或高级油漆。涂饰的方法有刷涂、喷涂、擦涂、揩涂及滚涂等多种。

刷涂是人工用漆刷、排笔等将涂料刷涂在物体表面上的一种方法。此法工具简单,操作技术较易掌握,适用性强,大部分油漆施工均可采用;但工效低,不适用于快干性和扩散性不良的油漆施工。

喷涂是用喷雾器或喷浆机将油漆喷射在物体表面上,喷射时每层往复进行,纵横交错,一次不能喷得过厚,需分几次喷涂,以达到厚而不流。要求喷嘴均匀移动,离物面距离控制在250~350 mm,速度为10~18 m/min,气压为0.3~0.4 MPa,用大喷枪时应为0.5~0.7 MPa。此法优点是工效高,漆膜分散均匀,平整光滑,干燥快。缺点是油漆消耗量大,需要喷枪、空气压缩机等设备,施工时还应有通风、防火、防爆等安全措施。

擦涂是用棉花团包布蘸油漆在物面上擦涂几遍,待漆膜稍干后再连续转团揩擦多遍,直到均匀擦亮为止。此法漆膜光亮、质量好,但费工、效率低。

揩涂仅用于生漆的施工,它是用布或丝团浸油漆在物体表面上来回左右滚动,反复搓

表 8.4　油漆等级划分及组成

基层种类	油漆名称	油漆等级		
		普通	中级	高级
木材面	混色漆	底层:干性油 面层:一遍厚漆	底层:干性油 面层:一遍厚漆 一遍调和漆	底层:干性油 面层:一遍厚漆 一遍调和漆 一遍树脂漆
	清漆		底层:酯胶清漆 面层:酯胶清漆	底层:酚醛清漆 面层:酚醛清漆
金属面	混色漆	底层:防锈漆 面层:防锈漆	底层:防锈漆 面层:一遍厚漆 一遍调和漆	
抹灰面	混色漆		底层:干性油 面层:一遍厚漆 一遍调和漆	底层:干性油 面层:一遍厚漆 一遍调和漆 一遍无光油

揩,以达到漆膜均匀一致。

滚涂是人工用滚筒蘸取油漆,再施加轻微压力,将其涂布在物体表面上的一种方法。滚筒表面可粘贴合成纤维长毛绒或其他多孔性吸附材料。滚涂施工时,滚筒在物体表面上应轻缓平稳地来回滚动,直上直下,避免歪扭蛇行,以保证涂层厚度均匀一致,色泽、质感一致。此法漆膜均匀,无流挂现象,可使用较稠的油料,适于墙面滚花涂饰。但边角处不易滚涂到位,仍须用刷涂配合完成。

在整个涂刷油漆过程中,油漆不得任意稀释,最后一遍油漆不宜加催干剂。涂刷中,应待前一遍油漆干燥后方可涂刷后一遍油漆。

(3)油漆施工的质量要求

油漆工程质量验收应待漆面结成牢固的漆膜后进行,表 8.5 和表 8.6 所列,即为涂刷清漆和混色油漆的质量要求。

表 8.5　清漆表面质量要求

项次	项目	中级油漆	高级油漆
1	漏刷、脱皮、斑迹	不允许	不允许
2	木纹	棕眼刮平、木纹清楚	棕眼刮平、木纹清楚
3	光滑和光亮	光亮足、光滑	光亮柔和、光滑无挡手感
4	裹楞、流坠、皱皮	大面不允许,小面明显处不允许	不允许
5	颜色、刷纹	颜色基本一致,无刷纹	颜色一致,无刷纹
6	五金、玻璃等	洁净	洁净

注:“大面”及“小面明显处”见表 8.6 注

表 8.6　混色漆表面质量要求

项次	项目	普通漆	中级漆	高级漆
1	脱皮、漏刷、反锈	不允许	不允许	不允许
2	透底、流坠、皱皮	大面不允许	大面和小面明显处不允许	不允许
3	光亮和光滑	光亮均匀一致	光亮、光滑均匀一致	光亮足，光滑无挡手感
4	分色裹楞	大面不允许，小面允许偏差 3 mm	大面不允许，小面允许偏差 2 mm	不允许
5	装饰线、分色线平直（拉 5 m 线检查，不足 5 m 拉通线）	偏差不大于 3 mm	偏差不大于 2 mm	偏差不大于 1 mm
6	颜色、刷纹	颜色一致	颜色一致，刷纹通顺	颜色一致，无刷纹
7	五金、玻璃等	洁净	洁净	洁净

注：(1) 大面是指门窗关闭后的里、外面；

(2) 小面明显处是指门窗开启后，除大面外，视线所能见到的地方；

(3) 设备、管道喷刷银粉洒，漆膜应均匀一致，光亮足；

(4) 涂刷无光乳胶漆、无光漆，不检查光亮。

8.5.3　常见内外墙涂料施工

8.5.3.1　材料质量要求

1) 涂饰工程所用的建筑涂料必须具有品名、种类、颜色、制作时间、贮存有效期限、产品合格证书、产品性能检测报告和复验报告。

2) 用于外墙的涂料应具有耐水、耐碱、耐老化和黏结力强等性能，并使用具有耐碱和耐光性能的颜料。

3) 用于厨房、厕所、浴室等内墙的涂料，应具有耐水、耐碱和耐洗刷等性能。

4) 涂饰工程所用腻子的塑性与易涂性应满足施工操作要求，干燥后应坚实牢固，不得粉化、起皮。应根据基层、底层涂料和面层涂料的性能配套选用相应的腻子。

5) 涂料干燥时间，最好不大于 2 h。

8.5.3.2　基层处理

基层处理方法基本同油漆。对于厨房、卫生间墙面必须使用耐水腻子。

在混凝土或抹灰基层上涂刷溶剂型涂料时，基层的含水率不得大于 8%；涂刷水溶性和乳液型涂料时，含水率不得大于 10%。

木料制品表面涂料施涂前，其含水率不得大于 12%。

潮湿环境，金属表面不得施涂涂料。

8.5.3.3　涂料施工

(1) 基本要求

1) 涂料工程施工时，施工环境应清洁干净，环境温度一般不宜低于 5℃。因为乳液型和水溶性涂料气温过低不易成膜。因此，涂料施涂时的环境温度，应按涂料产品说明书的温度，严格控制。

2) 涂料施工时应注意气候条件的变化，当遇有大风（ >5 级）、雨、雾天气时，不得施工。

3)涂料的工作黏度或稠度,应调整合适,使其在施涂时不流坠、不显刷纹。所有涂料在施涂前和施涂过程中均应充分搅拌。

4)外墙涂料工程分段进行时,应以分格缝、墙的阴角处或水落管等为分界线。同一墙面应用同一批号的涂料;每遍涂料不宜施涂过厚;涂层应均匀,颜色一致。

5)涂料的施涂遍数应根据涂料工程的质量等级而定(如内墙采用溶剂型薄涂料时分二级,普通级施涂 3 遍;高级涂 4 遍。外墙不分级,一般施底涂 1 遍,面涂 2 遍)。施涂溶剂型涂料时,后一遍涂料必须在前一遍涂料干燥后进行;施涂水溶性和乳液型涂料时,后一遍涂料必须在前一遍涂料表干后进行。每遍涂料应施涂均匀,各层必须结合牢固。

(2)施涂方法

涂料的施涂方法主要有刷涂、滚涂和喷涂等,其方法和油漆施工基本相同。

刷涂顺序是先左后右、先上后下,先刷小面后刷大面。刷涂时,蘸涂料量应适量均匀,涂料方向和行程长短均应一致,施涂垂直面时,最后一道涂料应由上向下刷。刷涂水平面时,最后一道涂料应顺光线照射方向刷。刷涂木材表面时,最后一道涂料应顺木纹方向刷。

刷涂质量要求:涂膜厚薄均匀,平整光滑,色泽一致,无漏刷、无流挂、无刷纹和无起皮等。

喷涂的涂层较均匀,颜色也较一致,施工效率高,适用于大面积墙面施工。各种涂料均可使用,尤其是外墙涂料用得较多。

喷涂施工时,涂料稠度要适中,太稠不便施工,太稀易流淌,影响涂层厚度。喷枪与喷涂表面应保持垂直,喷射距离一般为 200 ~ 400 mm,过近涂层厚度难以控制,过远则涂料损耗大。空气压力在 0.5 ~ 0.7 MPa 之间选择确定,压力过低涂层质感差,过高涂料损耗大。喷枪移动时,应与喷涂墙面平行,运行速度应保持一致,以使涂层厚度不致变化太大。

采用机械喷涂时,应将门窗等不喷涂的部位认真遮盖好,以防玷污,做好成品保护。万一有污染,务必在涂料未干时就揩干净。

涂饰工程在涂层养护期满后,方可进行质量验收。

检查数量:室外涂饰工程每 100 m^2 应至少检查一处,每处不得少于 10 m^2;室内涂饰工程每个检验批(同类涂料涂饰的墙面每 50 间划分为一个检验批)应至少抽查 10%,并不得少于 3 间。应检查所用的材料品种、颜色是否符合设计和选定的样品要求。对各种涂料施涂的涂饰质量,必须符合施工质量验收规范的要求,以水性薄涂料为例,其涂饰质量应符合(表 8.7)的规定。

表 8.7　薄涂料的涂饰质量和检验方法

项次	项目	普通涂饰	高级涂饰	检验方法
1	颜色	均匀一致	均匀一致	观察
2	泛碱、咬色	允许少量轻微	不允许	
3	流坠、疙瘩	允许少量轻微	不允许	
4	砂眼、刷纹	允许少量轻微砂眼、刷纹通顺	无砂眼,无刷纹	
5	装饰线、分色线直线度允许偏差(mm)	2	1	拉 5 m 通线,不足 5 m 拉通线,用钢直尺检查

8.6 外墙保温工程

外墙保温技术按工程部位不同,可分为外墙外保温、外墙内保温和外墙夹芯保温三大类。由于外墙内保温与外墙外保温相比有很多缺点,在我国的一些主要城市已限制使用。

外墙保温技术根据使用的保温材料不同,又可分为板类保温和涂抹类保温两种。

8.6.1 构造做法及施工简介

(1)粘贴聚苯板薄抹灰外墙外保温系统

该系统做法:将阻燃型模塑(挤压)聚苯乙烯泡沫塑料板(简称:聚苯板,EPS,XPS)粘贴于外墙外表面,然后在聚苯板表面薄抹抹面层抗裂砂浆,同时铺设增强网,再做饰面层。聚苯板与墙体基面的联结有黏结和黏锚结合两种方式。

(2)聚苯板现浇混凝土外墙外保温系统

该系统做法:采用内表面带有凹凸型齿槽的聚苯板(EPS,XPS),作为现浇混凝土外墙的外保温材料,聚苯板内外表面喷涂界面剂,安装于墙体钢筋之外,用尼龙锚栓将聚苯板与墙体钢筋绑扎,安装内外大模板,浇灌混凝土墙体并拆模后,聚苯板与混凝土墙体联结成一体,在聚苯板表面薄抹抹面抗裂砂浆,同时铺设玻纤网格布,再做饰面层。

(3)钢丝网聚苯板现浇混凝土外墙外保温系统

该系统做法:采用外表面有梯形凹槽和带斜插丝的单面钢丝网架聚苯板(EPS,XPS),在聚苯板内外表面及钢丝架上喷涂界面剂,将带网架的聚苯板安装于墙体钢筋之外,在聚苯板上插入经防锈处理的L型ϕ6钢筋或尼龙锚栓,并与墙体钢筋绑扎,安装内外大模板,浇灌混凝土墙体并拆模后,有网聚苯板与混凝土墙体联结成一体,在有网聚苯板表面厚抹掺有抗裂剂的水泥砂浆,再做饰面层。

(4)胶粉聚苯颗粒保温浆料外保温系统

该系统做法:将胶粉聚苯颗粒保温浆料直接抹在外墙外表面上,并达到设计要求的厚度,然后薄抹抹面抗裂砂浆,同时铺设增强网,再做饰面层。

(5)胶粉聚苯颗粒保温浆料外墙内保温系统

该系统做法:将胶粉聚苯颗粒保温浆料直接抹在外墙内表面上,达到设计要求的厚度,再抹水泥抗裂砂浆,压入耐碱涂塑玻纤网格布,面层抹抗裂柔性腻子。

8.6.2 材料要求

保温所用材料和半成品、成品进场后,应做质量检查、验收和抽样复检,其品种、规格、性能必须符合设计和有关标准要求。

(1)保温材料性能指标应符合表8.8要求

表8.8 保温材料性能指标要求

项目	模塑聚苯乙烯泡沫塑料板	硬质聚氨酯泡沫塑料	胶粉聚苯颗粒保温浆料
表观密度(kg/m^3)	≥18	≥30	180～250
压缩强度(MPa)	≥0.10	≥0.10	≥0.25
抗拉强度(MPa)	≥0.10	≥0.10	≥0.25
水蒸气透湿系数(ng/Pa·m·s)	≤4.5	≤6.5	…
尺寸稳定性(%)	≤4	≤1.0(70℃48 h)	…
线性收缩性(%)	…	…	≤0.30
吸水率[%(v/v)]	≤4.0	≤4.0	≤4.0
软化系数	…		≥0.50
燃烧性能	B2		B1
导热系数(W/m·K)	≤0.041	≤0.027	≤0.060

(2)胶黏剂、界面剂及抹面抗裂砂浆性能指标应符合表8.9要求

表8.9 胶黏剂、界面剂及抹面抗裂砂浆性能指标要求

项目		胶黏剂	界面剂	抹面抗裂砂浆
拉伸黏结强度[MPa(与聚苯板)]	常温常态	≥0.10	≥0.10(与聚苯板) ≥0.20(与聚氨酯)	≥0.10
	耐水	≥0.10	≥0.10(与聚苯板) ≥0.20(与聚氨酯)	≥0.10
	耐冻融	…	…	≥0.10
柔韧性	抗压强度/抗折强度(水泥基)	…	…	≤3.0
	开裂应变(非水泥基),%	…	…	≥1.5
拉伸黏结强度[MPa(与水泥砂浆)]	常温常态	≥0.70	≥0.70	…
	耐水	≥0.50	≥0.50	…
压剪黏结强度[MPa(与水泥砂浆)]	常温常态	…	≥0.70	…
	耐水	…	≥0.50	…
	耐冻融		≥0.50	…

(3)增强网性能指标应符合表8.10要求

表8.10 增强网性能指标要求

项目	耐碱型玻纤网格布	镀锌钢丝网(黏结聚苯板薄抹灰做法)	镀锌钢丝网(胶粉聚苯颗粒保温浆料做法)
网孔中心距(mm)	4～6	19.05～25.40	12.05
丝径(mm)	…	0.88～1.0	0.9
公称单位面积质量(g/m^2)	≥130	…	…
断裂应变(%)	≤5.0	…	…
断裂强力(N/50mm)	≥1500	…	…
耐碱断裂强力保留率(经纬向)%	≥50	…	…
耐碱断裂强力保留值(N/50mm)	≥750	…	…
钢丝网编制方法	…	焊接网片	
防腐处理	…	后热镀锌	后热镀锌

8.6.3 施工要求

不同的保温构造做法,其施工工艺有所不同。涂抹类保温施工类同于抹灰工程施工;板类保温,根据构造做法不同,其施工工艺有所差异,现就外墙外贴聚苯板施工介绍如下:

施工工艺:基层处理→聚苯板施工→保护层施工→饰面层施工

1)基层要求　基层墙体应平整坚实,不得有开裂、起皮、起砂现象;不能有突出物,墙面不能有影响黏结的污染物,墙面应清洁、干净。

2)聚苯板施工　聚苯板与墙体的连接可采用胶黏剂粘贴和胶黏剂粘贴辅以锚栓固定两种方式。

胶黏剂的施涂方法有满贴法、框点法和条贴法三种。满贴法即黏结层由 15 mm 厚黏结型胶粉聚苯颗粒保温浆料抹于墙体表面,再粘贴已开好槽并涂刷界面剂的聚苯板;聚苯板间留 10 mm 宽的拼缝,用黏结保温浆料处理;聚苯板表面用 10 mm 厚的黏结型胶粉聚苯颗粒保温浆料找平。框点法,即聚苯板四周 80 mm 宽抹黏结剂,中间为梅花形点黏结剂。当基层墙体平整度良好时,可采用条黏法,条黏法即在聚苯板四周与中间涂抹条状胶黏剂。

框点法、条黏法的涂胶面积应大于 40%,且胶黏剂应涂刷在聚苯板上,不应涂刷在基层墙体及聚苯板侧边上。聚苯板粘贴时,相邻板应保持齐平,板缝应挤紧,板间缝隙不得大于 2 mm。板间缝隙大于 2 mm 时,应用聚苯板条将缝隙塞满,板条不得黏接。

黏结聚苯板的胶黏剂初凝后,钻孔并进行锚栓的安装。

3)保护层施工　聚苯板粘贴牢固后(至少 24 h),方可进行保护层的施工。保护层为聚合物抗裂砂浆,内嵌埋耐碱涂塑玻纤网格布;保护层的施涂方法同一般抹灰;保护层施工以前,应在洞口四角部位铺贴附加耐碱涂塑玻纤网格布。

4)饰面层施工　同一般涂料工程。

思考题

1. 试述装饰工程的作用、特点及发展方向。
2. 试述抹灰工程的分类及组成。
3. 试述一般抹灰的分层做法、操作要点及质量标准。
4. 简述机械抹灰的工作原理及施工要点。
5. 装饰抹灰有哪些种类? 简述其做法和质量要求。
6. 常用的饰面板(砖)有哪些? 如何选用?
7. 简述饰面板的施工安装方法和操作要点、质量要求。
8. 简述饰面砖的粘贴方法。
9. 简述铝合金饰面板、塑料饰面板的施工工艺过程。
10. 简述壁纸的裱糊工艺及质量要求。
11. 简述建筑涂料的分类方法。

12. 试述油漆的施工工艺过程和质量要求。

13. 试述内外墙涂料的施涂方法、质量要求和检验方法。

14. 外墙外保温的构造做法有哪些？简介其施工工艺。

15. 外墙外贴聚苯板施工工艺过程有哪些？有何要求？

第9章 路桥工程

9.1 路面基层施工

9.1.1 概述

路面结构层可由面层、基层、底基层和垫层组成。如图9.1所示。

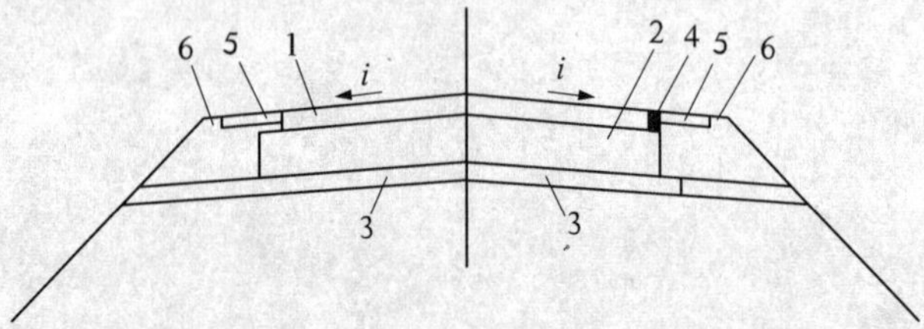

图9.1 路面结构层

i. 路拱横坡度;1. 面层;2. 基层(有时包括底基层);3. 垫层;4. 路缘石;5. 加固路肩;6. 土路肩

面层是直接承受车轮荷载反复作用和自然因素影响的结构层。面层材料应具有较高的力学强度和稳定性,应当耐磨、平整、不透水;表面还应有良好的抗滑性、防渗性。

路面基层是设置在面层之下,并与面层一起将车轮荷载的反复作用传递到底基层、垫层、土基,是起主要承重作用的层次。基层材料应具有足够的强度、水稳定性和扩散荷载的性能。底基层是设置在基层之下,并与面层、基层一起承受车轮底基层反复作用,是起次要承重作用的层次。底基层材料的强度要求比基层材料略低。

垫层是设置在底基层与土基之间的结构层,可调节和改善土基的水温状况,起排水、隔水、防冻和防污等作用,扩散由基层传来的荷载应力,以减少土层所产生的变形。

基层(或底基层)按组成材料分为碎砾石、稳定土和石灰工业废渣等三大类。同时又可以分为粒料类和无机结合料(水泥、石灰)稳定类。粒料类基层(或底基层)又称为刚性基层;而无机结合料(水泥、石灰)稳定类则称为半刚性基层,本节主要就这三大类基层(或底基层)的技术要求和施工方法进行介绍。

9.1.2 常用路面基层施工

9.1.2.1 级配碎石、砾石基层(或底基层)施工

级配碎石、砾石基层是由各种粗细集料(碎石和石屑或砾石和砂)按最佳级配原理修

筑而成。级配碎石、砾石是用大小不同的材料按一定比例配合、逐级填充空隙,并借黏土粘结的,经过压实后,能形成充实的结构。级配碎石、砾石基层的强度是由摩阻力和黏结力构成,具有一定的水稳性和力学强度。

(1)级配碎、砾石基层(底基层)材料要求

1)级配碎石

粗细碎石集料和石屑各占一定比例的混合料,当其颗粒组成符合密实级配要求时,称级配碎石。级配碎石可用未筛分碎石和石屑组成,缺乏石屑时,也可以添加细砂砾或粗砂,但其强度和稳定性不如添加石屑的级配碎石。也可以用颗粒组成合适的含细集料较多的砂砾与未筛分碎石配合成级配碎砾石,但其强度和稳定性不如级配碎石。

级配碎石用作基层时,在高速公路和一级公路上,碎石的最大粒径不应超过 30 mm(其他公路不应超过 40 mm);用作底基层时,碎石的最大粒径不应超过 50 mm。粒径过大,石料易离析,也不利于机械摊铺、拌和及整平。级配碎石(或级配碎砾石)的用石料的集料压碎值应不大于 25% ~35%,级配碎石(或级配碎砾石)基层的颗粒组成和塑性指数应满足表 9.1 的规定。

表 9.1　级配碎石基层的集料级配范围

序号	通过下列筛孔(mm)的质量百分率(%)								液限(%)	塑性指数
	40	30	20	10	5	2	0.5	0.075		
1		100	85 ~ 100	60 ~ 80	30 ~ 50	15 ~ 30	10 ~ 20	2 ~ 8	小于 28	小于 6
2	100	90 ~ 100	75 ~ 90	50 ~ 70	30 ~ 55	15 ~ 35	10 ~ 20	4 ~ 10	小于 28	小于 6

未筛分碎石指控制最大粒径后,由碎石机轧制的未经筛分的碎石料,并具有较好的级配,可直接用作底基层。其轧制碎石的材料可以是各种类型的坚硬岩石、圆石或矿渣,但圆石的粒径应是碎石最大粒径的 3 倍以上,矿渣应是已崩解稳定的,其干松密度和质量应比较均匀。未筛分碎石用作底基层时,其颗粒组成和塑性指数应满足表 9.2 的规定。

表 9.2　未筛分碎石基层的集料级配范围

序号	通过下列筛孔(mm)的质量百分率(%)								液限(%)	塑性指数
	40	30	20	10	5	2	0.5	0.075		
1	85 ~ 100	35 ~ 65	42 ~ 67	20 ~ 40	10 ~ 50	8 ~ 20	5 ~ 18	0 ~ 15	小于 28	小于 9
2	100	80 ~ 100	56 ~ 87	30 ~ 60	30 ~ 55	10 ~ 33	5 ~ 20	0 ~ 15	小于 28	小于 9

注:潮湿多雨地面地区的基层塑性指数不大于 6。

石屑或其他细集料是指碎石场的细筛余料,也可以利用轧制沥青表面处治和贯入式用石料时的细筛余料,或专门轧制的细碎石集料。其颗粒组成常为 0 ~ 10 mm,并具有良好的级配。

天然砂砾的颗粒尺寸应该合适,必要时应筛除其中的超尺寸颗粒。天然砂砾或粗砂

应有较好的级配。

2)级配砾石

粗细砾石集料和砂各占一定比例的混合料,当其颗粒组成符合密实级配要求时,称级配砾石。天然砂砾是常用的一种级配砾石。当天然砂砾符合规定的级配要求,且塑性指数在6以下时,可以直接用作基层。级配不符合要求的天然砂砾,需要筛除超尺寸颗粒或掺加另一种砂砾或砂,使其符合级配要求。当砂砾中砂或土含量偏大时,可以用筛除一部分砂或土的办法,使其符合级配要求。塑性指数偏大的砂砾,有时可用无塑性的砂或石屑进行掺配,使其塑性指数降低到符合要求,或塑性指数与细土(小于0.5 mm的颗粒)的乘积符合要求。如在天然砂砾中掺加部分碎石或轧碎砾石,可以提高混合料的强度和稳定性(天然砂砾掺加部分未筛分碎石组成的混合料称级配碎砾石,其强度和稳定性介于级配碎石和级配砾石之间)。

级配砾石用做基层时,砾石的最大粒径不应超过40 mm;石料的集料压碎值应不大于30%~35%。用作底基层时,砾石的最大粒径不应超过50 mm,且要求砾石颗粒中细长及扁平颗粒含量不应超过20%。形状不合格的颗粒含量过多时,应掺入部分符合规格的石料,使其颗粒组成和塑性指数满足表9.3的规定。

表9.3 级配砾石基层的集料级配范围

序号	通过下列筛孔(mm)的质量百分率(%)									液限(%)	塑性指数
	50	40	30	20	10	5	2	0.5	0.075		
1	100			65~85	45~70	30~55	15~35	10~20	4~10	小于28	小于9
2		100	90~100	75~90	50~70	30~55	15~35	10~20	4~10	小于28	小于9
3			100	85~100	60~80	30~50	15~30	10~20	2~8	小于28	小于9

注:潮湿多雨地面地区的基层塑性指数不大于6。

用做底基层的砂砾、砂砾土或其他粒状材料,也应有好的级配,并符合表9.4的要求。当底基层集料在最佳含水率下制件,集料的干压实密度与工地规定达到的干压实密度相同时,浸水4 d的承载比值应不小于40%(轻交通道路)~60%(中等交通道路)。

表9.4 砂砾底基层的集料级配范围

通过下列筛孔(mm)的质量百分率(%)						液限(%)	塑性指数
50	40	10	5	0.5	0.075		
100	80~100	40~100	25~85	8~45	0~15	小于28	小于9

(2)级配碎、砾石基层(底基层)施工

级配碎、砾石基层(底基层)施工工艺流程如图9.2所示。

1)路拌法施工

路拌法施工的主要工序为:准备下承层→施工测量→备料→运输和摊铺→拌和及整形→碾压。

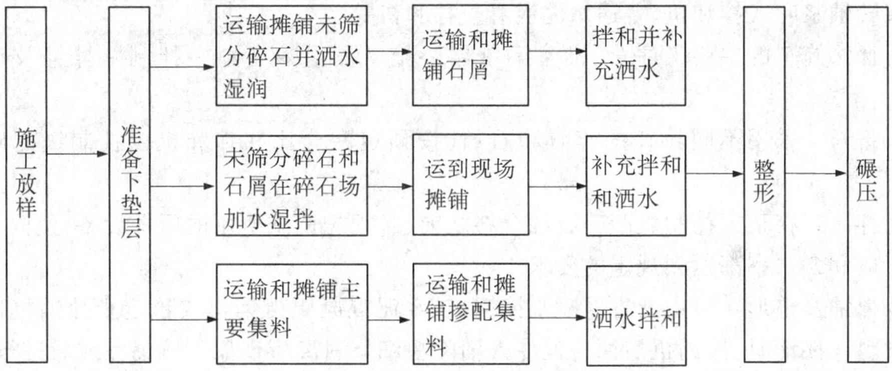

图 9.2　级配碎、砾石基层(底基层)施工流程

①准备下承层　下承层是底基层及其以下部分,表面平整度和压实度应符合规范规定并具有规定的路拱。逐一断面检查下承层标高,必须符合设计要求。新完成的底基层,必须按规范规定进行验收。在槽式断面的路段,两侧路肩上每隔一定距离交错开挖泄水沟。

②施工测量　在下承层上恢复中线。直线段每 15 ~ 20 m 设一桩,平曲线段每 10 ~ 15 m 设一桩,并在两侧路面边缘外 0.3 ~ 0.5 m 设指示桩。进行水平测量。在两侧指示桩上明确标出基层边缘的设计标高。

③备料　根据各路段基层或底基层的宽度、厚度及预定的干压实密度,计算干集料用量。对于级配碎石,分别计算未筛分碎石和石屑(细砂砾或粗砂)的数量。根据集料的含水率以及运料车辆的吨位,计算每车料的堆放距离。

④运输和摊铺　集料装车时,应控制每车料的数量基本相等。在同一料场供料的路段,由远到近将料按要求的间距卸置于下承层上。集料在下承层上的堆置时间不宜过长。摊铺前通过试验确定集料的松铺系数。用机械将集料均匀地摊铺在预定的宽度上,要求表面应平整,并具用规定的路拱。级配碎石、砾石基层设计厚度一般为 8 ~ 16 cm,当厚度大于 16 cm 时,应分层铺筑。

⑤拌和及整形　用稳定土拌和机拌和,拌和 2 遍以上。拌和深度应到级配碎石、砾石基层底。拌和过程中应洒足水分,拌和结束时,混合料的含水率应均匀,达到最佳含水率,粗细颗粒没有离析现象。拌和均匀后,用平地机进行整平和整形,刮出路拱。

⑥碾压　用 12 t 以上三轮压路机、振动压路机或重型轮胎压路机进行碾压。直线段由两侧路肩开始向路中心碾压;在有超高的路段上,由内侧路肩开始向外侧路肩进行碾压。路肩的两侧应多压 2 ~ 3 遍。凡含土的级配碎石、砾石基层,都应进行滚浆碾压,直压到碎石、砾石层中无多余细土泛到表面为止。碾压全过程均应随时洒水,使其保持最佳含水率。一直碾压到要求的密实度。开始时应用相对较轻的压路机稳压,稳压 2 遍后,及时检测、找补。如发现砂窝或梅花现象应将多余的砂或砾石挖出,分别掺入适量的碎砾石或砂,彻底翻拌均匀。两作业段的衔接处,应搭接拌和。第一段拌和后,留 5 ~ 8 m 不进行碾压,第二段施工时,将前段留下未压部分,重新拌和,并与第二段一起碾压。

2)厂拌法施工

厂拌法是指级配碎石混合料在中心站用多种机械进行集中拌和,如用强制式拌和机、卧式双转轴浆叶式拌和机、普通水泥混凝土拌和机等。

厂拌法施工的主要工序为：准备下承层→施工测量→备料→拌制→摊铺及整形→碾压。

①备料　采用不同粒径的碎石和石屑，按预定配合比在拌和机内拌制级配碎石混合料。

②拌制　在正式拌制级配碎石混合料之前，必须先调试所用的厂拌设备，使混合料的颗粒组成和含水率都达到规定的要求。

③摊铺及整形　可用沥青混凝土摊铺机、水泥混凝土摊铺机或稳定土摊铺机摊铺碎石混合料。摊铺时，摊铺机后面应设专人消除粗细集料离析现象。摊铺完成后进行整形，整形方法与路拌法相同。

④碾压　用振动压路机、三轮压路机进行碾压，碾压方法同路拌法。

9.1.2.2　水泥稳定土基层施工

采用一定的技术措施，使土具有一定强度与稳定性的筑路材料，以此修筑的路面基层称为稳定土基层。稳定土方法的选择应根据结构物对加固的要求，搀加剂或原材料的供应情况，施工条件及当地土的性质等因素综合考虑后确定。

最基本的稳定土基层有石灰稳定土基层、水泥稳定土基层和沥青稳定土基层。以下主要介绍水泥稳定土基层的施工。

在粉碎的或原来松散的土（包括各种粗、中、细粒土）中，掺入足量水泥和水，经拌和得到的混合料在压实及养护后，其抗压强度符合规定的要求时，称为水泥稳定土。用水泥稳定土铺筑的路面基础和底基层，分别称为水泥稳定土基层和水泥稳定土底基层。

(1)强度的形成

1)强度形成原理

在水泥稳定土中，由于水泥用量很少，水泥的水化完全是在土中进行的，土对这一过程起着很大的影响，故凝结速度比在水泥混凝土中进行得缓慢。水泥与土拌和后，水泥矿物与土中的水分发生强烈的水解和水化反应，同时从溶液中分解出氢氧化钙并形成其他水化物。当水泥的各种水化物生成后，有的自身继续硬化形成水泥石骨架，有的则同活性的土进行反应。归纳为土的团粒化作用、硬凝反应、碳酸化作用。

2)影响水泥土强度的因素

①土质对水泥土强度的影响　土的类别和性质是影响水泥土强度的重要因素之一。除有机质或硫酸盐含量高的土以外，各种沙砾土、砂土、粉土和黏土均可用水泥稳定。重黏土由于难以粉碎和拌和，以及水泥用量过高而不经济，不宜用水泥稳定。

②水泥的成分和剂量对水泥土强度的影响　各种类型的水泥都可以用于稳定土。对于同一种土，水泥矿物成分是决定水泥土强度的主导因素。通常情况下，硅酸盐水泥的稳定效果较好，而铝酸盐水泥则较差。当水泥的矿物成分相同时，水泥土的强度随着水泥比表面和活性的增大而提高。水泥土的强度还在很大程度上取决于水泥的数量，即随着水泥剂量的增加，水泥土的物理-力学性质也将显著改善。

③含水率对水泥土强度的影响　水泥土混合料中的含水率对水泥土的强度有很大的影响。当混合料中含水率不足时，水泥要与土争水，若土对水有更大的亲和力，就不能保

证水泥的完全水化和水解作用。水泥正常水化所需要的水量约为水泥重量的20%。另外,水泥土的含水率不适宜时,也不能保证大土团被粉碎和水泥在土中的均匀分布,更不能保证达到最大压实度的要求。

④工艺过程及养生条件对水泥强度形成的影响　水泥、土和水拌和得愈均匀,水泥土的强度和稳定性愈高。拌和不均匀会使水泥剂量少的地方强度不能满足设计要求,而水泥剂量多的地方则裂缝增加。从开始加水拌和到完成压实的延迟时间,对水泥土的密实度和强度也有很大的影响。间隔过长,水泥会部分结硬,一方面影响到水泥土的压实度,而压实度对强度的影响很大。另一方面将破坏已结硬水泥的胶凝作用,使水泥土的强度下降。水泥土的强度还随龄期而增长。为保证水泥的水化,在初期养生阶段应洒水保持潮湿,每天洒水的次数和养生天数视当地气候条件而定。

(2)材料要求

1)土

①对于二级和二级以下公路,水泥稳定土用做底基层时,颗粒的最大粒径不应超过50 mm,水泥稳定土用做基层时,颗粒的最大粒径不应超过40 mm。土的颗粒组成在表9.5的范围内。

②对于高速和一级公路,水泥稳定土用做底基层时,集料的最大粒径不应超过40 mm,集料的颗粒组成在表9.6中1号级配的所列范围内,水泥稳定土用做基层时,颗粒的最大粒径不应超过30 mm。土的颗粒组成在表9.6中2号级配的所列的范围内。

表9.5　二级和二级以下公路适宜用水泥稳定土的颗粒组成范围

筛孔尺寸(mm)	40	20	10	5	2	1	0.5	0.25	0.074
通过百分率(%)	90~100	55~100	40~100	30~90	18~68	10~55	6~45	3~36	0~30

表9.6　高速和一级公路适宜用水泥稳定土的颗粒组成范围

序号	通过下列筛孔(mm)的质量百分率(%)								液限(%)	塑性指数
	40	30	20	10	5	2	0.5	0.075		
1	100	90~100	75~90	50~70	30~55	15~35	10~20	0~7	<25	<6
2		100	9~100	60~80	30~50	15~30	10~20	0~7	<25	<6

2)水泥、石灰和水

①水泥　普通硅酸盐水泥、矿渣水泥或火山灰质水泥都可用于稳定土,但应选用终凝时间较长(宜在6 h以上)的水泥。快硬水泥、早强水泥以及受潮变质的水泥不应使用。宜采用强度等级较低(如32.5级)水泥。

②石灰　石灰应是消石灰粉或生石灰粉。

③水　凡人或牲畜的饮用水均可用于水泥稳定土施工。

(3)混合料组成设计

水泥稳定混合料的组成设计包括:根据水泥稳定土的强度标准,通过试验选取最适宜稳定的土,确定必需的水泥剂量和混合料的最佳含水率。在需要改善土的颗粒组成时,还包括所掺料的比例。在水泥稳定土结构层施工前,应在所定料场中选取有代表性的土样进行下列试验:颗粒分析检测;液限和塑性指数检测;相对密度检测;重型击实试验;碎石或砾石的压碎值试验;有机质含量试验;硫酸盐含量试验。只有经试验证明土料符合质量要求后才能采用。此外,对水泥也应试验其强度等级和终凝时间。混合料的设计步骤:

①确定水泥剂量,制备同一种土样,不同水泥剂量的水泥土混合料。一般情况按表9.7所列水泥剂量配制。

②确定各种混合料的最佳含水率和最大干压实密度(至少做3个不同水泥剂量混合料的击实试验,即最小剂量、中间剂量和最大剂量)。其他两个剂量混合料的最佳含水率和最大干压实密度用内插法确定。

③按工地预定达到的压实度,分别计算不同水泥剂量时试件应有的干压实密度。

④按最佳含水率和计算得到的干压实密度制备试件。进行强度试验时,作为平行试验的试件数量应符合表9.8中的规定。

⑤试件在规定温度下保湿养生6 d,浸水1 d后,进行侧限抗压强度试验,计算试验结果的平均值和偏差系数。不同交通类别道路上,水泥稳定土的6 d无侧限抗压强度标准规定见表9.9。

⑥根据强度标准,选定合适的水泥剂量。

⑦工地实际采用的水泥剂量应比室内试验确定的剂量多0.5% ~1.0%。同时从拌和均匀性考虑,水泥的最小剂量应符合表9.10的规定。

表9.7　水泥剂量建议值

结构层	土类	水泥剂量(%)
基层	中粒和粗粒土	3,4,5,6,7
	塑性指数小于12的土	5,7,8,9,11
	其他细粒土	8,10,12,14,16
底基层	中粒和粗粒土	3,4,5,6,7
	塑性指数小于12的土	4,5,6,7,8
	其他细粒土	6,8,9,10,12

表9.8　最小的试验数量

稳定土类型	下列偏差系数时的试验数量		
	小于10%	10% -15%	小于20%
细粒土	6		
中粒土	6	9	
粗粒土		9	13

表9.9　水泥稳定土的强度标准(MPa)

公路等级 / 用的层位	其他公路	高速和一级公路
基层	2.0～3.0	3.0～4.0
底基层	>1.5	>1.5

表9.10　水泥最小剂量百分比

拌和方法 / 土类	路拌法	集中(厂)拌和法
中粒和粗粒土	4%	3%
粗粒土	5%	4%

(4)施工

水泥稳定土施工时,必须采用流水作业法,使各工序紧密衔接。特别是要尽量缩短从拌和到完成碾压之间的延迟时间。在施工时应做延迟时间对强度影响的试验,以确定合适的延迟时间,并使水泥稳定土的强度仍满足设计要求。

水泥稳定土基层的施工方法主要有路拌法和中心站集中拌和(厂拌)法两种。

1)路法施工

水泥稳定土路拌法施工的工艺流程如图9.3所示。

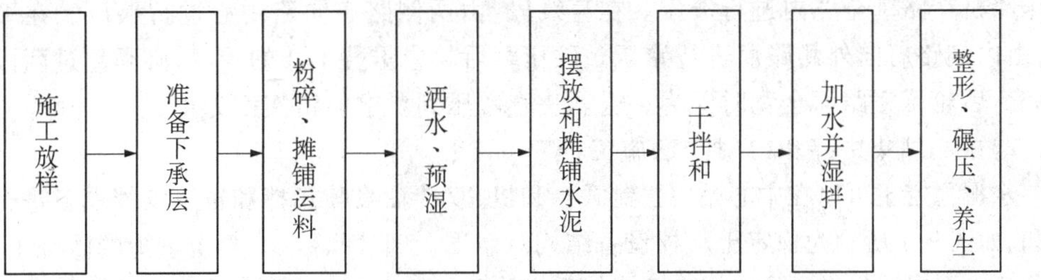

图9.3　水泥稳定土路拌法施工工艺流程

①准备工作　包括准备下承层、测量、确定合理作业长度、备料及计算材料用量等工作。当水泥稳定土用作基层时,要准备底基层;当水泥稳定土用作底基层时,要准备底土基。无论底基层还是土基,都必须按规范进行验收。凡验收不合格的路段,必须采取措施,使其达到标准后,方可铺筑水泥稳定土层。下承层工作完成后,进入测量阶段。首先在底基层或土基上恢复中线。直线段每15～20 m设一桩,平曲线段每10～15 m设一桩,并在对应断面路肩外侧设指示桩。其次进行水平测量,在两侧指示桩上用红漆标出水泥稳定土层边缘的设计高。测量工作结束后,还要确定路拌法施工每一作业段的合理长度。确定时考虑如下因素:如水泥的终凝时间;延迟时间对混合料密实度和抗压强度的影响;施工机械和运输车辆的效率和数量;操作的熟练程度;尽量减少接缝,施工季节和气候条件等。一般宽7～8 m的稳定层,每一流水作业段以200 m为宜。最后的准备工作是采集

准备集料和计算材料用量。采集集料时,应在预定采料深度范围内自上而下进行,不应分层采集,不应将不合格的集料采集一起。最后,根据各段水泥稳定土层的宽度、厚度和预定压实度计算各路段需要的材料用量。根据料场集料的含水率和运料车辆的吨位,计算每车料的堆放距离;根据水泥稳定土层的厚度计算每平方米水泥稳定土层需用的水泥量。

②集料运输与摊铺　对预定堆料的下层在堆料前应先洒水使其湿润;集料装车时,应控制每车料的数量基本相等;在同一料场供料的路段,由远到近将料按计算的距离卸置于下承层中间或上侧。摊铺集料时,应事先通过试验确定集料的松铺系数。摊铺集料后,用平地机将集料均匀摊铺在预定的宽度上,表面平整并有规定的路拱。

③拌和　在摊铺的集料上,用6～8 t两轮压路机碾压一遍,使其表面平整,然后按计算的每袋水泥的纵横间距,划出摊铺水泥的边线。打开的水泥倒在集料层上后,用刮板将水泥均匀摊开,使每袋水泥的摊铺面积相等。然后,用稳定土拌和机干拌和。拌和深度应达稳定层底,专人跟随拌和机,随时检查拌和深度并配合拌和机操作手调整拌和深度,通常应拌和两遍以上。干拌和过程结束后,开始进入湿拌。洒水车应连续洒水,水车起洒处和另一端掉头处都应超出拌和段2 m以上。洒水后,应再次进行拌和,使水分在混合料中分布均匀。拌和机应紧跟洒水车后面进行拌和,尤其在纵坡大的路段上应配合紧密,以减少水分流出,还应及时检查混合料的含水率,混合料的含水率可用含水率快速测定仪测定。

④整形与碾压　混合料拌和均匀后,先用平地机初步整形。在直线段,平地机由两侧向路中心进行刮平。在平曲线段,平地机由内侧向外侧进行刮平。用平地机或轮胎压路机快速碾压1～2遍。整形后,当混合料处于最佳含水率时,立即用重型轮胎压路机或振动压路机在路基全宽内进行碾压。在直线段,由两侧路肩向路中心进行碾压。在平曲线段,由内侧路肩向外侧路肩进行碾压。碾压时后轮应重叠1/2的轮宽,必须超过两段的接缝处。后轮压完路面全宽时即为一遍。一直碾压到要求的密实度为止。

2)中心站集中拌和(厂拌)法施工

水泥稳定土可以在中心站用强制式拌和机、双转轴浆叶式拌和机等场拌设备进行集中拌和,如图9.4所示为稳定土厂拌设备结构示意图。塑性指数少、含土量少的砂砾土,级配碎石、砂、石屑等集料也可以用自落式拌和机拌和。其施工方法可分为如下几个过程:

①备料　集料的最大粒径和级配都应符合要求,必要时,应先筛除集料中不符合要求的颗粒。

②拌制　正式拌制稳定土混合料之前,应先调试所用的厂拌设备,使混合料的颗粒组成和含水率都达到规定的要求。应根据集料和混合料的含水率及时调整添加的水量,拌和要均匀。

③运输　已拌成的混合料应尽快运送到铺筑现场,应防止水分过多蒸发。

④摊铺及碾压　摊铺应采用稳定土摊铺机摊铺混合料。在摊铺机后面应设专人消除粗细集料离析现象,特别是局部粗集料“窝”应该铲除,并用新混合料填补。摊铺后应用振动压路机、三轮压路机和轮胎压路机及时进行碾压。

9.1.2.3　石灰工业废渣基层施工

工业废渣包括:粉煤灰、煤渣、高炉矿渣、钢渣、其他冶金矿渣和煤矸石等。路用工业

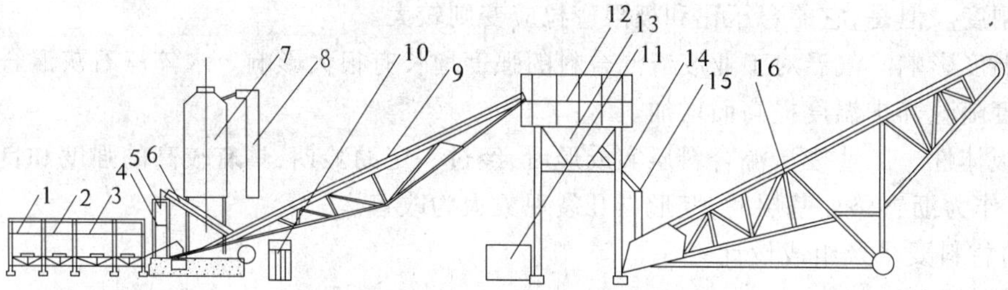

图9.4　稳定土厂拌设备结构示意图

1. 配料斗;2. 皮带供料机;3. 水平皮带输送机;4. 小仓;5. 叶轮供料器;6. 螺旋送料器;7. 大仓;8. 垂直提升机;9. 斜皮带输送机;10. 控制柜;11. 水箱水泵;12. 拌和筒;13. 混合料储仓;14. 拌和筒立柱;15. 溢料管;16. 大输料皮带机

矿渣一般用石灰进行稳定,通常称为石灰稳定工业废渣(简称石灰工业废渣)。它包括两大类:石灰粉煤灰类和石灰其他废渣类。用石灰工业废渣铺筑的路面基层和底基层,分别称石灰工业废渣基层和石灰工业废渣底基层。

石灰工业废渣中的石灰粉煤灰,简称为二灰,而石灰粉煤灰土,简称为二灰土。二灰材料具有良好的力学性能、板体性、水稳性和一定的抗冻性。石灰工业废渣的初期强度低,但随着龄期增长幅度变大。二灰土中粉煤灰用量越多,初期强度越低,3个月龄期的强度增长也越大。石灰工业废渣可适用于各种交通类别道路的基层和底基层,但二灰和二灰土不宜用作高级沥青路面的基层,而宜作底基层。

(1)强度形成及其特性

1)强度形成

各种工业废渣能用于修筑道路基层,主要是由于废渣中含有较多二氧化硅、氧化铝或氧化钙。活性二氧化硅和氧化铝本身在水中不会结硬,但在饱和的氢氧化钙溶液中会产生火山灰反应,生成水化硅酸钙和铝酸钙凝胶,把颗粒胶凝在一起。因而,含活性二氧化硅和氧化铝较多的煤渣或水淬渣,同一定比例的石灰渣或电石渣相拌和,就能形成强度高,整体性好的石灰煤渣或石灰水淬渣混合料。

2)石灰工业废渣基层的特性

①水硬性　工业废渣来源虽不同,但是主要化学均为钙、硅、铝及少量的镁和其他物质,属硅酸盐一类的材料,经过配合、拌和、加水、压实成型后都具有明显的水硬性。因此,这类材料强度的增长速率与养护湿度有密切关系。这是因为组成混合料强度的水化硅酸钙、水化铝酸钙等水化产物在形成过程中都离不开水,水是强度形成的重要条件。混合料的"水硬性"要求在碾压时保持适度的水分和提供一定湿度的养护条件。

②缓凝性　缓凝性是相对于水泥混凝土而言。水泥混凝土28 d的抗压强度约为一年龄期28%,而水淬渣石灰混合料、煤渣石灰混合料和粉煤灰石灰混合料仅为17%~25%,而且在2~3年内继续增长。"缓凝性"给施工创造了有利条件,各施工工序间的衔接可以不需要像水泥混凝土那样严格。混合料湿度高,搁置1~2 d后,再碾压,仍能获得良好的成效。但是,"缓凝性"给早期开放交通带来不利。

③抗裂性　与水泥混凝土相比,工业废渣混合料在一定的龄期后,具有较低的抗弯拉

强度和刚度。但是,它的弯压比和极限弯拉应变则较大。

④温度影响　气温对工业废渣混合料的强度增长有很大影响。水淬渣石灰混合料的抗压强度随着养护温度提高而增加。

⑤板体性　工业废渣混合料压实成形后,经过一定的龄期,具有较高的强度和良好的板体性,作为沥青路面基层时,变形与开裂现象大为改善。

(2)材料要求及组成设计

1)材料要求

①结合料　工业废渣基层所用的结合料,可以是石灰或石灰下脚料。石灰质量要符合《石灰的技术指标》(GB1594－97)规定的Ⅲ级消石灰的技术指标。石灰下脚料是指含有氧化钙成分的各种工业废渣,常用的有电石渣、贝壳石灰、珊瑚石灰、炼钢厂下脚料、造纸厂下脚料。在工业废渣基层的施工中,除要保证石灰下脚料有一定的活性氧化钙含量外,还要注意充分消解。

②活性材料　活性材料有水分存在时,能在常温下和石灰起化学反应,使混合料的强度逐渐增高。在道路中用得较广泛的煤渣、粉煤灰、水淬渣、硫铁矿渣、钢渣等材料都具有一定的活性,在饱和的氢氧化钙溶液中会发生火山灰反应,能产生氢氧化钙结晶和硅酸钙、硅酸钙结晶,形成有一定强度的整体性水硬材料。

水淬渣系热溶状的铁渣经水骤冷,加速分解成松散状态的一种材料。水淬后的铁渣成为无定形玻璃体的稳定粒状材料,活性高,稳定性好,质地轻脆容易破碎。

煤渣是煤经锅炉燃烧后的残渣。煤渣的颗粒组成宜以粗细搭配、略有级配、不含杂质为佳。煤渣的最大粒径不应大于30 mm,煤渣中的含煤量最好不超过20%。

粉煤灰是火力发电厂燃烧煤粉产生的粉状灰渣。主要成分是二氧化硅、三氧化二铝和三氧化二铁,其总含量应大于70%。粉煤灰的粒径在0.01～0.1 mm之间。从施工角度考虑,粗颗粒材料对含水率的敏感性比细颗粒小,应尽量选用偏粗的粉煤灰。

钢渣是炼钢副产品,主要有平炉和转炉钢渣两种,其物理力学性质见表9.11。平炉、转炉钢渣存放一年以上,呈灰褐色,有微孔,密实时较重。严禁使用新渣、冶炼前期渣。

表9.11　钢渣的物理力学性质

类别	松密度(kg/m^3)	密度(kg/m^3)	吸水率(%)	压碎率(%)
平炉混合钢渣	1 500～1 800	3 300～3 500	1.28～3.42	大于28
转炉混合钢渣	1 500～1 800	3 300～3 160	0.54～3.16	大于26

③集料　在石灰稳定工业废渣中还可掺入一些集料,包括细粒土、中粒土和粗粒土,高炉重矿渣、钢渣及性质坚韧、稳定、不再分解的其他废渣等。石灰工业废渣混合料中掺入适量粗集料,目的是提高混合料的初期承载能力,因为工业废渣初期的化学反应不显著,加入粗骨料能增进颗粒间的锁结力。对需要早期开放重车的交通道路宜掺加粗集料。

2)混合料组成设计

石灰工业废渣混合料的组成设计包括:根据二灰混合料的强度标准,通过试验选取最适宜于稳定的土,确定石灰与粉煤灰、石灰与煤渣及石灰与其他废渣的比例,确定石灰粉煤灰、石灰煤渣或其他废渣与土的比例,确定混合料的最佳含水率。

①原材料的试验　在石灰工业废渣层混合料配比设计前,应取有代表性的样品按《公路工程无机结合料稳定材料试验规程》(JTJ057－94)和《公路土工试验规程》(JTJ051－93)进行煤渣等的颗粒分析;液限和塑性指数、粒料的压碎值试验、有机质含量、石灰的有效钙和氧化镁含量、废渣的化学成分分析等试验。

②混合料配比范围　采用石灰粉煤灰做基层或底基层时,石灰与粉煤灰的常用比例1:2～1:9;采用石灰粉煤灰土做基层或底基层时,石灰与粉煤灰土的常用比例1:2～1:4;采用石灰粉煤灰粒料土做基层时,石灰与粉煤灰的常用比例1:2～1:4;采用石灰煤渣做底基层时,石灰与煤渣的常用比例20:80～15:85;采用石灰煤渣土做基层或底基层时,石灰与煤渣的常用比例1:1～1:4;采用石灰煤渣粒料做基层或底基层时,石灰:煤渣:粒料的常用比例为(7～9):(26～33):(67～58)。

③混合料的设计步骤　第一步,制备同一种土样,4～5种不同配合比的二灰土混合料。

第二步,确定各种二灰土混合料的最佳含水率和最大干压实密度。

第三步,按工地预定达到的压实度,分别计算不同配合比时二灰土的厂压实密度。

第四步,按最佳含水率和计算得的干压实密度制备试件。进行强度试验时,作为平行试验的试件数量应符合表9.12中的规定。如试验结果的偏差系数大于表中规定的值,则应重做试验,并找出原因加以解决。如不能降低偏差系数,则应增加试验数量。

表9.12　最少试验数量

稳定土类型	下列偏差系数时的试验数量		
	小于10%	15%～19%	小于20%
细粒土	6		
中粒土	6	9	
粗粒土		9	13

第五步,试件在规定温度下保湿养生6 d,浸水1 d后,进行无侧限抗压强度试验,计算试验结果的平均值和偏差系数。

第六步,二灰混合料的7 d浸水抗压强度标准规定如表9.13。

表9.13　二灰混合料的强度标准(MPa)

层位 \ 公路等级	二级及以下公路	高速和一级公路
基层	>0.6	>0.8
底基层	>0.5	>0.6

第七步,根据上条的强度标准,选定混合料的配合比。

(3)施工工艺

1)路拌法施工

石灰工业废渣的路拌法施工工艺流程如图 9.5 所示。

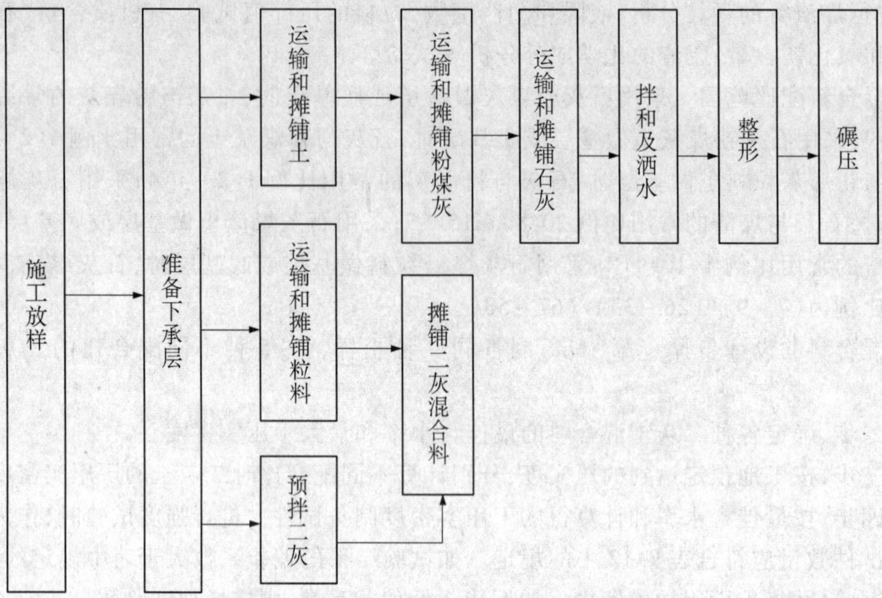

图 9.5　石灰工业废渣路拌法施工工艺流程

①施工准备　准备下承层,当石灰工业废渣用做基层时,要准备底基层;当石灰工业废渣用做底基层时,要准备土基。对下承层总的要求是:平整、坚实、具有规定的路拱,没有任何松散的材料和软弱地点。对底基层或土基,必须按规范规定进行验收。凡验收不合格的路段,必须采取措施使其达到标准后,方能在其上铺筑石灰工业废渣层。

测量,测量的主要内容是在底基层或土基上恢复中线。直线段每 15 ~ 20 m 设一桩,平曲线段每 10 m 设一桩,并在两侧边缘外设指示桩,然后进行水平测量。

备料,粉煤灰运到现场或场内场地后,通常露天堆放,并且含有足够的水分以防飞扬。应在预定采料深度范围内自上而下采集集料,不应分层采集。石灰宜选在公路两侧宽敞而邻近水源且地势较高的场地集中堆放。

②运输和摊铺集料　预定堆料的下承层在堆料前应先洒水,使其表面湿润。

材料装车前,应控制每车料的数量基本相等。

采用二灰混合料时,先将粉煤灰运到路上;采用二灰土时,先将土运到路上;采用二灰混合料时,先将粒料运到路上。

应事先通过试验确定各种材料及混合料的松铺系数。

采用机械路拌时,应采用层铺法。

在摊铺集料前,应先在未堆料的下承层上洒水,使其表面湿润,然后再用平地机将料均匀摊铺在预定的宽度上。表面应力求平整,并具有规定的路拱。

③拌和及洒水　机械拌和时,应采取稳定土拌和机或粉碎拌和机。在无专用拌和机械的情况下,也可采用平地机进行拌和。

用洒水车将水均匀地喷洒在干拌后的混合料,洒水距离应长些,水车起洒处和另一端调头处都应超出拌和段 2 m 以上。

拌和机械紧跟在洒水车后面进行拌和。洒水及拌和过程中,应及时检查混合料的含水率。水分宜略大于最佳含水率 1% ~2%。尤其在纵坡大的路段上应配合紧密,以减少水分流失。拌和过程中,要及时检查拌和深度,要使石灰工业废渣层全深都拌和均匀。

④整形与碾压　整形:混合料拌和均匀后,先用平地机初步整平和整形。在直线段,平地机由两侧向路中心进行刮平。在平曲线段,平地机由内侧向外侧进行刮平。然后用轮胎压路机碾压 1 ~2 遍。再用平地机整形,并用上述机械再碾压一遍。每次整形都要按照规定的坡度和路拱进行。初步整形后,检查混合料的松铺厚度,必要时进行补料或减料。

碾压:整形后,当混合料处于最佳含水率 ±1% 时,进行碾压。其压实厚度与压实度要求与水泥稳定土相同。应用 12 t 以上三轮压路机、重型轮胎压路机或振动压路机在路基全宽内进行碾压。直线段由两侧路肩向路中心碾压。平曲线段由内侧路肩向外侧路肩进行碾压。用 12 ~15 t 三轮压路机碾压时,每层的压实厚度不应超过 15 cm;用 18 ~20 t 三轮压路机碾压时,每层的压实厚度不应超过 20 cm。碾压过程中,二灰稳定土的表面应始终保持湿润。如表面水蒸发的快,应及时补洒少量的水。在碾压结束之前,用平地机再终平一次,使其纵向顺适,路拱和超高符合设计要求。

2)中心站集中拌和(厂拌)法施工

石灰工业废渣混合料可以在中心站用多种机械进行集中拌和。集中拌和时,应做到:土块、粉煤灰块要粉碎;配料要准确;含水率要略大于最佳值,使混合料运到现场、摊铺后碾压时的含水率能接近最佳值;拌和要均匀。石灰工业废渣的集中拌和流程如图 9.6 所示。

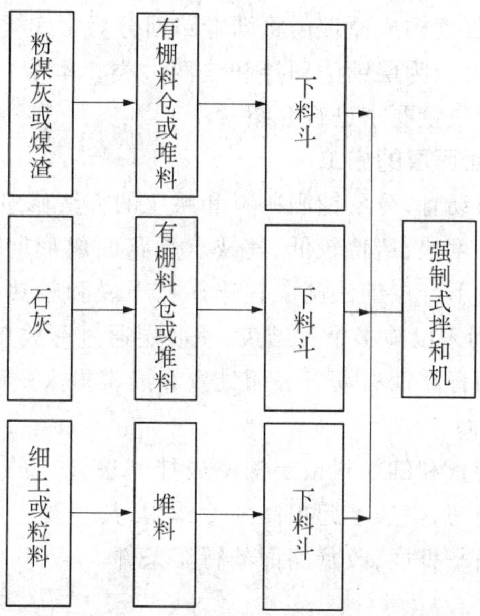

图 9.6　石灰工业废渣集中拌和施工工艺流程

9.2 沥青路面施工

9.2.1 概述

沥青路面是用沥青材料作结合料铺筑面层并与各类基层和垫层所组成的路面结构。沥青路面具有平整、无接缝、行车舒适、耐磨、噪音低、施工期短、养护维修简便,且适宜于分期修建等优点,因此得到广泛应用。目前在国内外的高等级公路路面,最常见的类型是沥青混凝土和沥青碎石路面。但沥青路面也有其缺点,即沥青面层的温度稳定性较差,施工受季节影响大,表面易被磨光而影响安全,易被履带车辆和坚硬物体破坏。

沥青路面属于柔性路面,其力学强度和稳定性主要依赖于基层与土基的特性。由于沥青路面的抗湾拉能力较低,要求基础有足够的强度和稳定性,因此翻浆路段的土基必须事先处理,强度不足的路段要预先补强。

修筑沥青路面一般要求等级高的矿料,等级稍差的矿料借助于沥青的粘结作用,也可用来修路面。当沥青与矿料之间粘附得不好时,在水分作用下会逐步剥落,因此在潮湿地区修筑沥青路面时,应采用碱性矿料,或采取一定的技术措施提高矿料与沥青间粘结力。

沥青类路面施工时要求一定的温度和气候条件,各工序紧密配合。沥青路面完工后通常要有一定的成形期,在成形期内必须加强初期养护。在整个使用期间,沥青路面均需及时维修和养护。

9.2.2 沥青路面的施工与质量控制

沥青路面可分为沥青混凝土、热拌沥青碎石、乳化沥青碎石混合料、沥青贯入式和沥青表面处置五种类型;按强度构成原理可将沥青路面分为密实类和嵌挤类两大类;按施工工艺的不同,沥青路面又可分为层铺法和拌和法两大类。本节主要就层铺法和拌和法这两大类面层的施工方法和质量要求进行介绍。

9.2.2.1 层铺法沥青路面面层的施工

层铺法是用分层洒布沥青,分层铺洒矿料和碾压的方法修筑,其主要优点是工艺和设备简便,功效较高,施工进度快,造价较低,其缺点是路面成形期较长,需要经过炎热季节行车碾压之后路面才能成形。层铺法施工宜选择在干燥和较热的季节施工,并在雨季前和日最高温度低于15℃到来以前半个月结束,使面层通过开放交通压实,成行稳定。

用这种方法修筑的沥青路面有沥青表面处置和沥青贯入式两种。

(1)沥青表面处置路面

沥青表面处置是用沥青和细粒料按层铺法或拌和法施工的厚度不超过3 cm的薄层路面面层。由于处置层很薄,一般不起提高强度作用,其主要作用是抵抗行车的磨耗和大气作用,增强防水性,提高平整度,改善路面的行车条件。

1)材料规格和用量

沥青表面处置通常采用层铺法施工。按照洒布沥青及撒铺矿料的层次多少,沥青表面处置可分为单层式、双层式和三层式三种。单层式为浇洒一次沥青,撒布一次集料铺筑而成，厚度为 1～1.5 cm（乳化沥青表面处置为 0.5 cm）；双层式为浇洒两次沥青，撒布两次集料铺筑而成，厚度为 1.5～2.5 cm（乳化沥青表面处置为 1 cm）；三层式为浇洒三次沥青，撒布三次集料铺筑而成，厚度为 2.5～3 cm。

沥青表面处置所用的集料最大粒径应与处置层的厚度相等，其规格和用量宜按《公路沥青路面施工技术规范》（JTJF 40－2004）选用，见表 9.14 中的规定。

表 9.14　沥青表面处置材料规格和用量（方孔筛）

沥青种类	类型	厚度（cm）	集料（$m^3/1000m^2$）						沥青或乳液用量（kg/m^2）			
			第一层		第二层		第三层		第一次	第二次	第三次	合计用量
			粒径规格	用量	粒径规格	用量	粒径规格	用量				
石油沥青	单层	1.0	S12	7～9					1～1.2			1～1.2
		1.5	S10	12～14					1.4～1.6			1.4～1.6
	双层	1.0	S12	10～12	S14	5～7			1.2～1.4	0.8～1		2～2.4
		1.5	S10	12～14	S12	7～8			1.4～1.6	1～1.2		2.4～2.8
		2.0	S9	16～18	S12	7～8			1.6～1.8	1～1.2		2.6～3
		2.5	S8	18～20	S12	7～8			1.8～2	1～1.2		2.8～3.2
	三层	2.5	S9	18～20	S11	9～11	S14	5～7	1.6～1.8	1.1～1.3	0.8～1	3.5～4.1
		2.5	S8	18～20	S10	12～14	S12	7～8	1.6～1.8	1.2～1.4	1～1.2	3.8～4.4
		3.0	S6	20～22	S10	12～14	S12	7～8	1.8～2	1.2～1.4	1～1.2	4～4.6
乳化沥青	单层	0.5	S14	7～9					0.9～1			0.9～1
	双层	1.0	S12	9～11	S14	4～6			1.8～2	1～1.2		2.8～3.2
	三层	3.0	S6	20～22	S10	9～11	S12，S14	4～6，3.5～4.5	2～2.2	1.8～2	1～1.2	4.8～5.4

当采用乳化沥青时，为减少乳液流失，可在主层集料中掺加 20% 以上的较小粒径的集料。当集料最大粒径与规范不符时，只要与其他材料配合后的级配符合各类沥青表面层的矿料使用要求时，也可使用。

沥青表面处置可采用道路石油沥青、煤沥青或乳化沥青。当采用石油沥青、煤沥青时，沥青标号按表 9.15 中的规定选用；当采用乳化沥青时，乳化沥青的类型及标号，在施工规范中均有规定。

2）施工工序

层铺法沥青表面处置一般采用“先油后料”法，即先洒布一层沥青，后铺撒一层矿料，以双层沥青表面处置为例，其施工工艺如下：

备料→清理基层及放样→浇洒透层沥青→洒布第一层沥青→铺撒第一层集料→碾压→洒布第二层沥青→铺撒第二层集料→碾压→初期养护。

单层式和三层式沥青表面处置的施工程序与双层式相同，仅需相应地减少或增加一次洒布沥青、一次集料和碾压工序。

3）主要工序的施工及质量控制

①清理基层　在沥青表面处置之前，应将路面基层清扫干净，使基层矿料大部分外露，并保持干燥。对有坑槽、不平整的路段应先修补和整平。如基层强度不足，应先予以补强。

表 9.15　各类沥青路面选用的沥青标号

气候分区	沥青种类	沥青路面类型			
		沥青表面处置	沥青贯入式	沥青碎石	沥青混凝土
寒区	石油沥青	A－140 A－180 A－200	A－140 A－180 A－200	AH－90 AH－110 AH－130 A－100 A－140	AH－90 AH－110 AH－130 A－100 A－140
	煤沥青	T－5 T－6	T－6 T－7	T－6 T－7	T－7 T－8
温区	石油沥青	A－100 A－140 A－180	A－100 A－140 A－180	AH－90 AH－110 A－100 A－140	AH－70 AH－90 AH－60 AH－100
	煤沥青	T－6 T－7	T－6 T－7	T－7 T－8	T－7 T－8
热区	石油沥青	A－60 A－100 A－140	A－60 A－100 A－140	AH－50 AH－70 AH－90 A－100 A－60	AH－50 AH－70 A－100 A－60
	煤沥青	T－6 T－7	T－7	T－7 T－8	T－7 T－8 T－9

②浇洒透层沥青　在沥青路面的级配砂砾、级配碎石基层和水泥、石灰、粉煤灰等无机结合料稳定土或粒料的半刚性基层上必须浇洒透层沥青。浇洒透层沥青是使沥青面层与非沥青材料基层结合良好，并透入基层表面。透层沥青宜采用慢裂的洒布型乳化沥青，也克采用中、慢凝液体石油沥青或煤沥青。

③洒布沥青　当透层沥青充分渗透后，或在透层做好并开放交通的基层清扫后，就可以洒布沥青。沥青的洒布温度应根据气温及沥青标号选定，一般石油沥青为 130～170℃，煤沥青为 80℃～120℃，乳化沥青不得超过 60℃。洒布时要均匀，不应有空白或积聚现象。沥青的洒布可以采用汽车洒布车，也可采用手摇洒布车。

④铺撒矿料　洒布沥青后，应趁热铺撒矿料并按规定一次撒足。

⑤碾压　铺撒矿料后立即用 60～80 kN 双轮压路机或轮胎压路机碾压。碾压应从一侧路缘向路中心，每次碾压轮迹应重叠 30 cm，碾压 3～4 遍，其行驶速度开始为 2 km/h，以后可适当提高。第二层、第三层的施工方法和要求与第一层相同。

⑥初期养护　碾压结束后即可开放交通，但应控制车速不超过 20 km/h，并控制车辆行驶的路线。对局部泛油、松散、麻面等现象，应及时修理处理。

(2)沥青贯入式路面

沥青贯入式是指在初步压实的碎石或破碎砾石上，分层浇注沥青、撒布嵌缝料，或再在上部铺筑热拌沥青混合料封层，经压实而成的沥青面层。其厚度宜为 4～8 cm，但乳化沥青贯入式路面的厚度不宜超过 5 cm。当贯入式上部加铺拌和的沥青混合料封层时，总厚度宜为 6～10 cm，其中拌和层的厚度宜为 2～4 cm。

沥青贯入式路面具有较高的强度和稳定性，其强度的构成，主要以矿料的嵌挤为主，沥青的黏结力为辅而构成。由于沥青贯入式路面是一种多孔隙结构，为防止路表面水的浸入和增强路面的水稳定性，最上层应撒布封层料或加铺拌和层。乳化沥青贯入式路面铺筑在半刚性基层上时，应铺筑下封层。沥青贯入层作为联结层使用时，可不撒表面封层料。

1)材料规格和用量

①集料　集料应选用棱角、嵌挤性好的坚硬石料,其规格和用量可按表9.16选定。其他层集料中大于粒径中值的数量不得少于50%。

表9.16　沥青贯入式面层材料规格和数量

沥青品种	石油沥青										乳化沥青			
贯入厚度(cm)	4		5		6		7		8		4		5	
规格和用量	规格	用量	规格	用量	规格	用量	规格	用量	规格	用量	规格	用量	规格	用量
封层料	S14	3~5	S14	3~4	S13 (S14)	4~6		4~6	S13 (S14)	4~6	S14	4~6	S14	4~6
第五遍沥青														0.8~1.0
第四遍嵌缝料													S14	5~6
第四遍沥青												0.8~1.0		1.2~1.4
第三遍嵌缝料											S14	5~6	S12	7~9
第三遍沥青		1.0~1.2		1.0~1.2		1.0~1.2		1.0~1.2		1.0~1.2		1.4~1.6		1.5~1.7
第二遍嵌缝料	S12	6~7	S11 (S10)	10~12	S11 (S10)	10~12	S10 (S11)	11~13	S10 (S11)	11~13	S12	7~8	S10	9~11
第二遍沥青		1.6~1.8		1.8~2.0		2.0~2.2		2.4~2.6		2.6~2.8		1.6~1.8		1.6~1.8
第一遍嵌缝料	S10 (S9)	12~14	S8	16~18	S8 (S6)	16~18	S6 (S8)	18~20	S6 (S8)	20~22	S9	12~14	S8	10~12
第一遍沥青		1.8~2.1		2.4~2.6		2.8~3.0		3.3~3.5		4.0~4.2		2.2~2.4		2.6~2.8
主层石料	S5	45~50	S4	55~60	S3	66~76	S3	80~90	S1 (S2)	95~100	S5	40~45	S4	50~55
沥青总用量	4.4~5.1		5.2~5.8		5.8~6.4		6.7~7.3		7.6~8.2		6.0~6.8		7.5~8.5	

注:表中数据单位:集料 m^3/km^2,沥青为 kg/m^2。

②沥青材料　沥青材料可采用粘稠石油沥青、煤沥青或乳化沥青,其用量宜按表9.16选定。但分次用量宜根据施工气温及沥青标号等在总量不变的原则下酌情调整。

2)施工工艺:

整修和清扫基层→浇洒透层或粘层沥青→撒布主层集料→第一次碾压→浇洒第一层沥青→撒布第一层嵌缝料→第二次碾压→浇洒第二层沥青→撒布第二层嵌缝料→第三次碾压→浇洒第三层沥青→撒布封层料→最后碾压→初期养护。

3)主要工序的施工及质量控制

①浇洒透层或粘层沥青　浇洒透层沥青前面已经介绍,这里介绍粘层。粘层是使新铺沥青面层与下层表面黏结良好而浇洒的一种沥青薄层。适用于以下情况:

第一,旧沥青路面作基层时;

第二,在修筑沥青面层的水泥混凝土路面或桥面上;

第三,在沥青面层容易产生推移的路段的基层上;

第四,所有与新铺沥青混合料接触的侧面。

第五,粘层沥青宜用沥青洒布车喷洒,喷洒粘层沥青应注意:

第六，要均匀洒布或涂刷；

第七，路面有杂物、尘土时应清除干净；

第八，当气温低于10℃或路面潮湿时，不得浇洒粘层沥青；

第九，浇洒粘层沥青后，严禁沥青混合料运输车外的其他车辆、行人通过。

②铺撒主层集料　摊铺集料应避免大、小颗粒集中，并应检查其松铺厚度。应严禁车辆在铺好的矿料层上通行。

③第一次碾压　主层矿料摊铺后应先用6～8 t的压路机初压，速度宜为2 km/h，直到石料基本稳定，无显著推移为止。然后用10～12 t的压路机进行碾压，直至主层矿料嵌挤紧密，无显著轮迹为止。

④浇洒第一层沥青　主层矿料碾压完毕后，即应浇洒第一层沥青。其作业要求与沥青表面处治相同。当采用乳化沥青贯入时，为防止乳液下漏过多，可在主层集料碾压稳定后，先洒布一部分上一层嵌封料，再浇洒主层沥青。乳化沥青在常温下洒布，当气温低需要加速破乳速度时，可将乳液加温后洒布，但温度不超过60℃。

⑤撒布第一层嵌缝料　主层沥青洒布后，应立即趁热撒铺第一层嵌缝料，铺洒应均匀。当使用乳化沥青时，石料撒布必须在乳液破乳前完成。

⑥第二次碾压　嵌缝料扫匀后应立即用8～12 t的压路机进行碾压，使嵌缝料均匀嵌入，宜碾压4～6遍。

碾压密实后，可浇洒第二层沥青，撒布第二层嵌缝料，第三次碾压，浇洒第三层沥青，撒布封层料，最后碾压，施工要求同上。最后碾压采用6～8 t压路机，碾压2～4遍即可开放交通。

对沥青贯入式路面的施工质量要求与沥青表面处置的基本相同。适度的碾压在贯入式路面施工中极为重要，碾压不足或过度碾压都会影响施工质量。因此，应根据矿料的等级、沥青材料的标号、施工气温等因素来确定各次碾压所使用的压路机吨位和碾压遍数。

9.2.2.2　拌和法沥青路面面层的施工

拌和法施工的沥青路面包括沥青混凝土、沥青碎石和沥青表面处置，其施工过程可分为沥青混合料的拌制与运输、现场铺筑两个阶段。

(1)沥青混合料的拌制与运输

沥青混合料宜在沥青拌和厂(场、站)采用拌和机械拌制。热拌沥青混合料可采用间歇式拌和机或连续式拌和机拌制。各类拌和机均应有防止矿粉飞扬散失的密封性能及除尘设备，并有检测拌和温度的装置。沥青与矿料的加热温度应调节到能使拌和的沥青混合料出厂温度符合表9.17的要求。

沥青混合料拌和时间以混合料拌和均匀，所有矿料颗粒全部裹覆沥青结合料为度，并经试拌确定。间歇式拌和机每盘拌和时间宜为30～60 s。

沥青混合料用自卸汽车运至工地，车厢底版及周壁应涂一薄层油水混合液。

(2)铺筑

1)基层准备和放样　铺筑沥青混合料前，应检查下承层的质量。当下承层的质量不符合要求，或未按规定洒布透层油、铺筑下封层时，不得摊铺沥青面层。

表 9.17　沥青混合料出厂温度(℃)

<table>
<tr><td colspan="2">沥青种类</td><td colspan="3">石油沥青</td><td colspan="2">煤沥青</td></tr>
<tr><td colspan="2">沥青标号</td><td>AH－50
AH－70
AH－90
A－60</td><td>AH－110 AH－130
A－100 A－140
A－180</td><td>A－200</td><td>T－8
T－9</td><td>T－5
T－6
T－7</td></tr>
<tr><td colspan="2">沥青加热温度</td><td>150～170</td><td>140～160</td><td>130～150</td><td>100～130</td><td>80～120</td></tr>
<tr><td rowspan="2">矿料温度</td><td>间歇式拌和机</td><td colspan="3">比沥青加热温度高 10～20</td><td colspan="2">比沥青加热温度高 15</td></tr>
<tr><td>连续式拌和机</td><td colspan="3">比沥青加热温度高 5～10</td><td colspan="2">比沥青加热温度高 8</td></tr>
<tr><td colspan="2">沥青混合料出厂正常温度</td><td>140～165</td><td>125～160</td><td>120～150</td><td>90～120</td><td>80～110</td></tr>
<tr><td colspan="2">混合料贮料仓贮存温度</td><td colspan="3">贮料过程中温度降低不超过 10</td><td colspan="2">贮料过程中温度降低不超过 10</td></tr>
<tr><td colspan="2">运输到现场温度</td><td colspan="3">不低于 120～150</td><td colspan="2">不低于 90</td></tr>
<tr><td rowspan="2">摊铺温度</td><td>正常施工</td><td colspan="3">不低于 110～130 不超过 165</td><td colspan="2">不低于 80 不超过 120</td></tr>
<tr><td>低温施工</td><td colspan="3">不低于 120～140 不超过 175</td><td colspan="2">不低于 100 不超过 140</td></tr>
<tr><td rowspan="2">碾压温度</td><td>正常施工</td><td colspan="3">110～140 不低于 110</td><td colspan="2">80～110 不低于 75</td></tr>
<tr><td>低温施工</td><td colspan="3">120～150 不低于 110</td><td colspan="2">90～120 不低于 85</td></tr>
<tr><td rowspan="3">碾压终了温度</td><td>钢轮压路机</td><td colspan="3">不低于 70</td><td colspan="2">不低于 50</td></tr>
<tr><td>轮胎压路机</td><td colspan="3">不低于 80</td><td colspan="2">不低于 60</td></tr>
<tr><td>振动压路机</td><td colspan="3">不低于 65</td><td colspan="2">不低于 50</td></tr>
<tr><td colspan="2">开放交通温度</td><td colspan="3">路面冷却后</td><td colspan="2">路面冷却后</td></tr>
</table>

施工放样包括标高测定与平面控制两项内容。根据正式施工前铺筑试验段所得的松铺系数、下层标高确定松铺厚度。当采用自动调平摊铺机时,还在一侧放出引导摊铺机运行走向和标高的控制基准线。

2)摊铺　热拌沥青混合料宜采用机械摊铺。路面狭窄部分,平曲线半径过小的匝道或加宽部分以及小规模工程可用人工摊铺。摊铺温度应符合表 9.17 的要求。摊铺沥青混合料应缓慢、均匀、连续不间断。

3)碾压　碾压是沥青路面施工的最后一道工序,优质的路面质量最终要通过碾压来实现,沥青混合料摊铺后,应趁热及时碾压。碾压过程分为初压、复压和终压三个阶段,初压应在较高温度下进行,复压应紧接在初压后进行。终压应紧接在复压后进行,路面初压和最终压实成型的温度均应符合表 9.17 的要求。

(3)开放交通

热拌沥青混合料路面应待摊铺层完全自然冷却,混合料表面温度低于 50℃后,方可开放交通。需提早开放交通时,可洒水冷却降低混合料温度。

9.3 水泥混凝土路面施工

土木工程施工

9.3.1 概述

水泥混凝土路面具有刚度大、强度高、稳定性好、耐久性好、平整度和粗糙度好、养护维修费用低、运输成本低、抗滑性能好、夜间能见度好等优点。同时,由于我国路面沥青受石油资源分布的限制,而水泥产量大、分布广、可就近供应。因此,近年来水泥混凝土路面在我国高等级、重交通的道路上有较大的发展。但水泥混凝土路面同时也存在接缝较多、对超载较敏感、造价高、噪声大、铺筑后不能立即开放交通、养护修复困难等缺点。

水泥混凝土路面是由混凝土面板、基层和垫层所组成路面。根据对材料的要求及组成不同分为:素混凝土路面、钢筋混凝土路面、连续配筋混凝土路面、预应力混凝土路面、装配式混凝土路面、钢纤维混凝土路面和混凝土小块铺砌路面等。目前采用最广泛的是就地浇筑的素混凝土路面,简称混凝土路面。这种路面的混凝土面板只在接缝区和局部范围(边缘和角隅)配置钢筋,其余部位均不配钢筋的混凝土面板。本节主要介绍这种路面的路面构造和施工质量要求。

混凝土路面板下常采用水泥稳定粒料或碾压式水泥混凝土等基层,或者具有足够刚度的老路面。

在水温状况不良路段的路基与基层之间宜设置垫层,垫层应具有一定的强度和较好的水稳定性,在冰冻地区尚需具有较好抗冻性。

9.3.2 水泥混凝土路面构造

水泥混凝土路面具有以下构造特点:

(1)板厚

理论分析表明,汽车轮载作用于板中部时板所产生的最大应力约为轮载作用于板边部时产生应力的2/3。因此,面层板的横断面应采用中间薄两边厚的形式,以适应荷载应力的变化。一般边部厚度较中部约厚25%,是从路面最外两侧板的边部,在0.6~1.0 m宽度范围内逐渐加厚。但是厚边式路面对于土基和基层的施工整型带来不便,而且使用经验也表明,在厚度变化转折处,易引起板的折裂。因此,目前国内常采用等边厚式路面,或在等中厚式断面板的最外两侧板边部配置边缘钢筋予以加固。

(2)横缝

混凝土路面具有热胀冷缩的性质,由于热胀冷缩会在混凝土板内产生温度胀缩应力,而在一昼夜中,白天气温高,夜间气温低,在板顶与板底之间会产生温差,使混凝土板发生翘曲变形,当这种翘曲受阻和在汽车荷载的作用下,会在板内产生过大的温度翘曲应力,造成板的断裂或拱胀等破坏。为避免这些缺陷,混凝土路面不得不在纵横两个方向建造许多接缝,把整个路面分成许多板块。

横向接缝是垂直于行车方向的接缝,共有三种:缩缝、胀缝和施工缝。缩缝保证板因温度和湿度的降低而收缩时沿该薄弱断面缩裂,从而避免产生不规则的裂缝。胀缝保证板在温度升高时能部分伸张，从而避免产生路面板在热天的拱胀和折断破坏，同时胀缝也能起到缩缝的作用。另外，混凝土路面每天完工及因雨天或其他原因不能继续施工时，应尽量做到胀缝处或缩缝处，并做成施工缝的构造形式。

缩缝的间距一般为 4 ~ 6 m，缝宽 5 ~ 10 mm，深为 4 ~ 6 cm，胀缝应少设或不设，但在邻近桥梁或建筑物处，小半径曲线和纵坡变换处，应设置胀缝。胀缝宽 18 ~ 25 mm，上部约为板厚 1/4 或 5 mm 深度内浇灌填缝料，下部则设置富有弹性的嵌缝板。图 9.7 所示为横缝的构造形式。

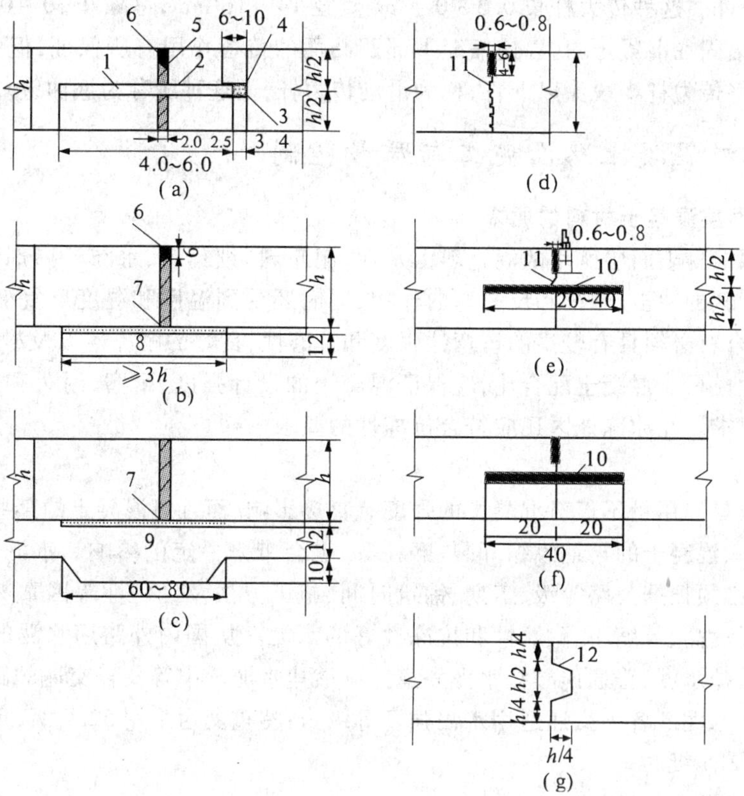

图 9.7　胀缝、缩缝和施工缝的构造形式　(单位：cm)

(a)传力杆式胀缝；(b)枕垫式胀缝；(c)基层枕垫式胀缝；(d)无传力杆式的假缝；(e)有传力杆式的假缝；(f)有传力杆式的工作缝；(g)企口式工作缝；

1. 传力杆固定端；2. 传力杆活动端；3. 金属黏套筒；4. 弹性材料；5. 软木板；6. 沥青填缝料；7. 沥青砂；8. 混凝土预制枕垫；9. 炉渣石灰土；10. 传力杆；11. 自行断裂缝；12. 涂沥青

(3)纵缝

纵缝是指平行于行车方向的接缝。纵缝一般按 3 ~ 4.5 m 设置。

(4)钢筋

当采用板中计算厚度时的等厚式板或混凝土板，纵、横向自由边缘下的基础有可能产生较大塑性变形时，应在其自由边缘和角隅处设置边缘钢筋和角隅钢筋。

(5)传力杆

对于交通繁重的道路,为保证混凝土板之间能有效地传递荷载,防止形成错台,可在胀缝处板厚中央设置传力杆。传力杆一般长 0.4 ~0.6 m、直径 20 ~25 mm 的光圆钢筋,每隔0.3 ~0.5 m 设一根。杆的半端固定在混凝土内,另半端涂以沥青,套上长约 8 ~10 cm的铁皮或塑料套筒。在同一条胀缝上的传力杆,没有套筒的活动端最好在缝的两边交错布置。

缩缝处一般不必设置传力杆,但对于交通繁重或地基水文条件不良路段,也应在板厚中央设置传力杆。这种传力杆长 0.3 ~0.4 m、直径 14 ~16 mm,每隔 0.30 ~0.75 m 设一根,一般全部锚固在混凝土内,以使缩缝下部凹凸面的传荷作用有所保证;但为便于板的翘曲,有时也将传力杆半段涂以沥青,称为滑动传力杆,而这种缝称为翘曲缝。

9.3.3 水泥混凝土路面施工与质量控制

9.3.3.1 对面层混凝土材料的要求

修筑水泥混凝土面层所用的混合料由水泥、粗集料、细集料、水与外掺剂组成。因为面层受到动荷载的冲击、摩擦和反复弯曲作用,同时还受到温度和湿度反复变化的影响,因此,面层混合料必须具有较高的抗弯拉强度和抗磨性,良好的耐冻性以及尽可能低的膨胀系数和弹性模量。混凝土配合比,应保证混凝土的设计强度、耐磨、耐久和混凝土拌和物和易性的要求。在冰冻地区还应符合抗冻性的要求。

(1)水泥

水泥的质量和用量不仅对混凝土的强度有直接影响,而且对混凝土的某些性质,如凝结和硬化速率、混凝土的早期收缩开裂、磨耗等,也会带来一定的影响。水泥品种及强度等级的选择,必须根据公路等级、工期、铺筑时间、施工方法及经济性等因素考虑决定,原则上应采用强度高、收缩小、耐磨性和抗冻性好的水泥。从国内外路用水泥的情况来看,主要采用硅酸盐水泥、普通硅酸盐水泥和道路硅酸盐水泥。中等及轻交通的路面,也可采用矿渣硅酸盐水泥。各种交通适用水泥强度等级为:特重交通采用 52.5 级;重、中交通及轻交通采用 42.5 级。

(2)粗集料

为获得密实、高强、耐久性好、耐磨耗的混凝土,粗集料(碎石或砾石)必须质地坚硬、耐久、洁净,有良好的级配。

粗集料的粒状以接近正方体为佳。长度大于平均粒径 2.4 倍的称针状颗粒,厚度小于平均粒径 0.4 倍的称片状颗粒。表面粗糙且多棱角的粗集料,同水泥浆的黏附性好,配置的混凝土具有较高的强度,在相同水泥浆用量条件下,砾石配制的混凝土具有较好的和易性。

粗集料的磨耗率,用双筒式磨耗机测定时,应不大于 4%。用于寒冷地区的混凝土,集料的坚固性要求在硫酸钠溶液中浸湿和烘干 5 次循环后的质量损失小于 5%(寒冷地区)或 3%(严寒地区)。

粗集料的最大粒径,应不大于 40 mm。其级配可采用连续级配或间断级配,连续级配的优点是所配制的混凝土较密实,具有优良的和易性,不易产生离析现象。间断级配同连续级配相比，配制相同强度的混凝土所用的水泥用量可少些，但容易产生离析现象，并需采用强力振捣。

(3)细集料

细集料的粒径范围为 0.15 ~ 5 mm。细集料分为天然砂(如河砂、海砂)和人工轧制石料得到的人工砂(如石屑)两种。人工砂具有较多棱角，其和易性不及天然砂。

路面混凝土用砂应具有高的密度和小的比面，以保证新拌混凝土有适宜的和易性，硬化后混凝土有足够的强度和耐久性，同时又达到节约水泥的目的。因此，要求细集料应质地坚硬、耐久、洁净，并具有良好级配。

(4)水

清洗集料、拌和混凝土及养生所用的水，不应含有影响混凝土质量的油、酸、碱、盐类、有机物等。饮用水一般均适用于混凝土。非饮用水经化验：硫酸盐含量小于 2.7 mg/cm^2，含盐量不超过 5 mg/cm^2；pH 值大于 4 时，也可使用。

(5)外加剂

混凝土外加剂已被列为混凝土混合料的必备成份。外加剂的用量一般不超过水泥用量的 5%，常用的外加剂有以下 3 类。

1)为改善所拌混凝土工作性的减水剂或塑化剂，如木质素等减水剂，萘系减水剂，水溶性树脂类减水剂等。

2)为调节水泥凝结时间的缓凝剂，如羟基盐类(酒石酸等)、多羟基碳水化合物类(糖蜜等)和无机化合物类等；速凝剂如“红星 I 型”等；早强剂如氯化钙、三乙醇复合早强剂等。

3)为增加耐冻性和对除冰化合物之抵抗力的引气剂，如松香热聚物等阳离子表面活性剂。

9.3.3.2 水泥混凝土路面施工机械

水泥混凝土路面的施工机械主要有水泥混凝土搅拌和水泥混凝土摊铺成型两大类机械设备，它们直接影响着水泥混凝土路面的浇筑质量和成型质量。

(1)搅拌设备

水泥混凝土搅拌设备，可分为水泥混凝土搅拌机和水泥混凝土搅拌站(楼)两大类，水泥混凝土搅拌机按其搅拌原理分为自落式和强制式两大类。

(2)摊铺设备

水泥混凝土摊铺设备按其施工方法可分为轨道式和滑模式两大类。

1)轨道式摊铺机　轨道式摊铺机是支撑在平底型轨道上，它既可以固定在宽基钢边架上，也可以安放在预制的混凝土板上或补强处理后的路面基层上。轨道式摊铺机是由轨道的平整度来控制水平调整，而垂直调整则根据摊铺机的类型，采用不同的调整控制方式。

轨道式摊铺设备主要由进料器、摊铺机、压实机和修整机、传力杆和拉杆放置机、路面纹理加工机和养生剂喷洒机等机械组成。如图 9.8 所示为轨道式摊铺机械中的箱式摊铺机施工示意图。

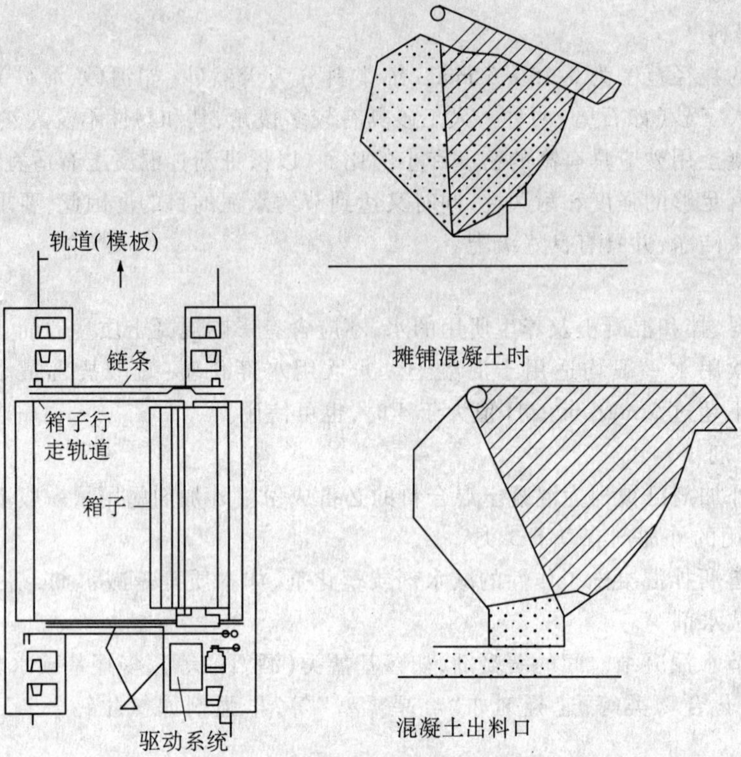

图 9.8 箱式摊铺机施工示意图

2)滑模式摊铺机 滑模式摊铺设备是20世纪60年代初发展起来的一种新型水泥混凝土路面施工机械。滑模式摊铺设备是安装在履带底盘上,行走装置在模板外侧移动,支撑侧边的滑动模板沿机械长度方向安装。机械的方向和水平位置靠固定在路面两侧柱上拉紧的导向钢丝和高强尼龙绳来控制。机械底盘的水平位置靠与导向钢丝相接触的传动装置来自动控制。附设的传感器也同时制约摊铺机的转向装置,以使导向钢丝和滑模之间保持一定的距离。滑模式摊铺机作业时,不需要另架设轨道和模板,能按照要求使路面板挤压成型。滑模式摊铺设备主要由摊铺机、传力杆或拉杆放置机、路面纹理加工机、养生剂喷洒机、切缝机等机械组成。

9.3.3.3 **水泥混凝土路面施工**

(1)施工准备工作

1)材料准备和混合料配合比设计

根据施工进度计划,在施工前分别备好所需水泥、砂、石料及外加剂等材料,并在实际使用前检验核查。已备水泥除应查验其出厂质量报告单外,还应逐批抽验其细度、凝结时间、安定性及抗压强度是否符合要求。

混合料配合比设计主要包括工作性的检验与调整、强度的检验,以及选择不同用水量、不同水灰比、不同砂率或不同级配等配制混合料,通过比较,从中选出经济合理的方案。

2)基层检验与整修

主要包括基层质量检验和测量放样。基层的质量检查项目为基层强度、压实度、平整度、宽度、纵坡高程和横坡,这些项目均应符合规范的要求。基层完成后,应加强养护,控制行车,不许出现车槽。

测量放样是水泥混凝土路面施工的一项重要工作,首先应根据设计图纸放出路中心线以及路边线,设置胀缝、缩缝、曲线起始点和纵坡转折点等中心桩,同时根据放好中心线和边线,在现场核对施工图纸和分块线。

3)选择混凝土拌和场地

根据施工线路的长短和所采用的运输工具,混凝土可集中在一个场地拌制,也可以在沿线选择几个场地,随工程进展情况迁移。拌和场地的选择首先要考虑使运送混合料的运距最短。同时拌和场地还要接近水源和电源。此外,拌和场应有足够的面积,以供堆放砂石材料和搭建水泥库房。

(2)水泥混凝土面层施工程序

1)边模的安装

在摊铺混凝土前,应先安装两侧模板,当采用半幅路面施工时,还应安装纵缝模板。

模板高度应与路面厚度相同,并按预先规定的位置放在基层上,两侧用钢钎打入基层以固定位置。模板内侧应涂刷脱模剂,以利拆模。模板的平面位置和高程控制都很重要,稍有歪斜和不平,都会反映到基层,使其边线不齐,厚度不准和表面呈波浪线。因此,施工时必须经常校验,严格控制。

2)传力杆的安装

当两侧模板安装好后,即在需要设置传力杆的胀缝或缩缝位置上安装传力杆。混凝土板连续浇筑时设置胀缝传力杆的做法,一般采用支架固定传力杆的安装方法。

对于混凝土板不连续浇筑,浇筑结束时设置的胀缝,宜用顶头木模固定传力杆的安装方法。

3)混凝土拌和物的搅拌和运输

①混凝土拌和物应采用机械搅拌施工,其搅拌站宜根据施工顺序和运输工具设置,搅拌机的容量应根据工程量大小和施工进度配置。

②投入搅拌机每盘的拌和物数量,应按混凝土施工配合比和搅拌机容量计算确定,并应符合规定:进入拌和机的砂、石料必须过秤;散装水泥必须过秤;严格控制加水量。

③搅拌第一盘混凝土拌和物前,应先用适量的混凝土拌和物或砂浆搅拌,然后再按规定的配合比进行搅拌。

④搅拌机装料顺序,宜为砂、水泥、碎(砾)石。进料后,边搅拌边加水。

⑤混凝土拌和物每盘的搅拌时间,应根据搅拌机的性能和拌和物的和易性确定。混凝土拌和物的最短搅拌时间,自材料全部进入搅拌鼓起,至拌和物开始出料止的连续搅拌时间,应符合表 9.18 的规定。搅拌最长时间不得超过最短时间的 3 倍。

⑥混凝土拌和物的运输,宜采用自卸机动车运输。当运距较远时,宜采用搅拌运输车运输。混凝土拌和物从搅拌机出料后,运至铺筑地点进行摊铺、振捣、做面,直至浇筑完毕的允许最长时间,由试验室根据水泥初凝时间及施工气温确定,并应符合表 9.19 的规定。

表 9.18 混凝土拌和物最短搅拌时间

搅拌机容量(L)		转速(r/min)	搅拌时间(s)	
			低流动性混凝土	干硬性混凝土
自由式	400	18	105	120
	800	14	165	210
强制式	375	38	90	100
	1 500	20	180	240

表 9.19 混凝土从搅拌机出料至浇筑完毕的允许最长时间

施工气温(℃)	允许最长时间(h)
5 ~ 10	2
10 ~ 20	1.5
20 ~ 30	1
30 ~ 35	0.75

⑦装运混凝土拌和物,不应漏浆,并应防止离析。

4)混凝土拌和物的浇筑和振捣

混合料运到工地后,一般直接倒向安装好侧模的基层上,并用人工找补均匀。要注意防止出现离析现象。

混凝土混合料的振捣器具,应由平板振捣器、插入式振捣器和振动梁配套作业。混凝土板厚在 220 mm 以内时,一般可一次摊铺,用平板振捣器振实,凡振捣不到之处,可用插入式振捣器进行振实;当混凝土板厚大于 220 mm 时,可分二次摊铺,下部厚度宜为总厚的五分之三;先用插入式振捣器振捣,再用平板振捣器振捣,以免出现蜂窝现象。平板振捣后,用带有振捣器的、底面符合路拱横坡的振动梁,沿摊铺方向振捣拖平。

5)真空吸水

真空吸水是混凝土的一种机械脱水方法,目前在混凝土路面施工中已经推广使用。由于真空吸水工艺利用真空负压的压力作用和脱水作用,提高了混凝土的密实度,降低了水灰比,从而改善了混凝土的物理力学性能,是解决混凝土和易性与强度的矛盾,缩短养护时间,提前开放交通的有效措施。同时,由于真空吸水后的混合料含水率减少,使凝固时的收缩量大大减少,有效地防止了混凝土在施工期间的塑性开裂,可延长路面的使用寿命。

6)接缝施工

①胀缝　先浇筑胀缝一侧混凝土,取去胀缝模板后,再浇筑另一侧混凝土,钢筋支架浇在混凝土内不取出。在混凝土振捣后,先抽动一下,而后最迟在终凝前将压缝板条抽出。

②横向缩缝　由于缩缝只在上部 40 ~ 60 mm 范围内有缝,所以又称假缝。缩缝的施工方法,应采用切缝法。当受条件限制时,可采用压缝法。民航机场道面和高速公路必须采用切缝法。

③施工缝　施工缝的位置与胀缝或缩缝设计位置吻合。施工缝应与路面中心线垂直;多车道路面及民航机场道面的施工缝应避免设在同一横断面上。

④纵缝　纵缝一般采用平缝加拉杆型。具体应按纵缝设计要求确定。纵缝设置拉杆时,拉杆应采用螺纹钢筋,并应设置在板厚中间。

7)表面整修与防滑

混凝土终凝前必须用人工或机械抹平其表面。为保证行车安全,混凝土表面应具有粗糙抗滑的表面。最普通的做法是用棕刷顺横向在抹平后的表面上轻轻刷毛。近年来,采用了一种更有效的方法,即在完全凝固的面层上用锯缝机锯出防滑槽。

8)养护与填缝

混凝土完工后宜进行 14 ~ 21 d 的养护,一般视气温而定,可浇水湿润,并用草袋、草帘等加以覆盖养护。也可在混凝土表面均匀喷洒塑料薄膜养护剂,而形成不透水的薄膜黏附于表面,从而阻止混凝土中水分的蒸发,保证混凝土的水化作用。

填缝工作宜在混凝土初步结硬后及时进行。填缝前,首先将缝隙内泥砂杂物清除干净,然后浇灌填缝料。填缝料可用聚氯乙烯类胶泥或沥青橡胶等。

填缝可采用灌入式填缝施工或采用制嵌缝条的施工。

9)开放交通

待混凝土强度达到设计强度的 90% 以上时,方可开放交通。

9.3.3.4　水泥混凝土路面质量控制

工程质量控制应以施工规范和设计文件要求为标准。为了保证混凝土路面的施工质量,要求在过程中对每一道工序进行严格检查和控制。

(1)原材料质量检验

混凝土用的水泥、砂、碎(砾)石、水、外加剂和钢筋等原材料,应按规定进行检查和试验,并应做好记录。原材料质量是影响混凝土质量的一个重要因素,对其各组成材料,都有相应的质量标准。因此,对进场的原材料必须按有关标准的规定进行合格检验。

(2)基层强度和质量检查

铺筑混凝土路面之前,应检查基层的强度和质量。基层强度应以基层顶面的当量回弹模量值作为强度检查指标,其值不得低于设计规定。

(3)钢筋安装质量检查

钢筋混凝土板的钢筋网片允许误差,应符合设计规定。传力杆必须与板面平行并垂直于伸缩缝,其偏差不得超过 5 mm,传力杆间距偏差不超过 10 mm。

(4)混凝土工作性测试

坍落度试验目前世界各国普遍采用。坍落度是新拌混凝土自重引起的变形,它适合于流动性混凝土。

维勃稠度试验适合测定坍落度小于 10 mm 的新拌混凝土的工作性,即稠硬性混凝土。

(5)混凝土强度检测

混凝土强度检验,应以 28 d 龄期的抗弯强度为标准。一般采用梁式试件测定抗弯拉强度,也可用圆柱劈裂强度测定结果由经验公式推算小梁抗弯拉强度。

强度快速测定可采用压蒸法和现场快速检测方法。现场快速检测方法常见的有超声仪回弹法和射钉法两种。

(6)表面功能检测

表面功能检测包括抗滑性、舒适性和耐磨性。采用表面构造深度来衡量抗滑性，并用铺砂法进行检测；混凝土路面的平整度可用平整度仪检测；混凝土的耐磨性用混凝土钻孔磨耗机和混凝土磨耗机检测。

9.4 墩台施工

9.4.1 概述

9.4.1.1 桥梁的组成

桥梁由上部结构和下部结构组成。上部结构是跨越部分，又称跨越结构或桥跨结构，承担线路荷载，跨越障碍，由桥面系、主要承重结构和支座组成。桥面系一般由桥面、纵梁和横梁组成。主要承重结构承担上部结构所受的全部荷载并传给支座，如桁架梁桥的主桁、实腹梁桥的主梁、拱桥的拱肋(拱圈)。支座设于桥台(墩)顶部，支承上部结构并将荷载传给下部结构的装置。桥梁下部结构是桥台、桥墩及桥梁基础的总称，下部结构是支承部分，又称支承结构。用以支承上部结构并将荷载传给地基。

桥梁墩台是桥墩和桥台的合称，是支承桥梁上部结构的建筑物。桥台位于桥梁两端，并与路堤相接，兼有挡土作用；桥墩位于两桥台之间。桥梁墩台和桥梁基础统称为桥梁下部结构。

9.4.1.2 墩台的类型

中国周代以前，在河中堆集石块供涉水。秦代在咸阳渭水上架了一座用石柱作桥墩的横桥，“广六丈，南北三百八十步，六十八间，七百五十柱，百二十二梁”(《三辅黄图》)。唐代长安中桥“岁为洛水冲注，……李德昭创意积石为脚，锐其前以分水势，自是更无漂损”(《中国石桥》)，这种类型桥墩形式沿用至今。近代，墩台由石砌向混凝土浇筑发展。同时，随着桥梁技术的发展，有些桥梁的桥墩桥台成为桥梁上部结构的组成部分。例如T型刚构桥、斜腿刚构桥的上部结构同桥梁墩台的上部是连为一体的；悬索桥锚索的锚固部分一般是同桥台结合在一起的；开启桥的衡重部分常设置在桥墩台体之内；斜拉桥的索塔架往往包括基础以上的墩身部分等。

(1)桥墩

由帽盖(顶帽、墩帽)和墩身组成。帽盖是桥墩支承桥梁支座或拱脚的部分，其作用是把桥梁上部结构荷载传给墩身，并加强和保护墩身顶部。桩柱式墩的桩柱靠帽盖联结为整体。墩身是桥墩承重的主体结构，其作用是把桥梁上部结构荷载传给桥梁基础和地基。

1)实体墩　也称重力式墩，依靠自身重量保持稳定的桥墩。它的整体性和耐久性好。实体墩的墩身常用抗压强度高的石料砌筑或混凝土浇筑。当墩身较大时，可在混凝土中掺入不超过墩身体积25%的片石，以节省水泥。实体墩也可用预制的块件在工地砌筑,各块件用高强度钢丝束串联施加预应力。砌筑时,块件要错缝。用这种方法建造的实体墩又称为装配式桥墩。

2)薄壁墩　钢筋混凝土制作的实体薄壁桥墩或空心薄壁桥墩。实体薄壁桥墩适用于中小跨径桥梁。空心薄壁桥墩多用于大跨径桥和高桥墩桥。

3)柱式墩　在基础上灌筑混凝土单柱或双柱、多柱所建成的墩。中国通常采用两根直径较大的钻孔桩作基础,在其上面建立柱做成双柱墩,并在两柱之间设横系梁以增加刚度。此外,也常用单桩单柱墩。

4)排架桩墩　由单排桩或双排桩组成的桥墩。一排桩的桩数一般同上部结构的主梁数目相等。将各桩顶联系一起的盖梁可用混凝土制作。这种桥墩所用的桩尺寸较小,因此通常称这种桥墩为柔性桩墩。它按柔性结构设计可考虑水平力沿桥的纵轴线在各墩上的分配。

5)构架式桥墩　以两棣或多棣构架做成的桥墩,多用钢筋混凝土制作。构架式桥墩轻型美观,但不宜在有漂流物或流冰的河流中建造。

(2)桥台

由帽盖(顶帽、台帽)和台身组成。台身有前墙和侧墙(冀墙)两部分。前墙是桥台的主体,它将上部结构荷载和土压力传达于基础。侧墙位于前墙的侧后方,主要支挡路堤土方并可增加前墙的稳定性。前墙和侧墙均可用石料或混凝土砌筑。当上部结构为拱式体系时,除在桥面系同前墙相会处需设置台帽之外,在台身支承拱脚之处需另设拱座。和台帽相连的胸墙同桥面系端部之间应留伸缩缝。

1)重力式桥台　依靠自重来保持桥台稳定的刚性实体,它适于用石料砌筑,要求地基土质良好。重力式桥台的平面形状有 U 形、T 形以及山形等。U 形的整体性好,施工方便,但是台背易积水,故在台后填土中应设盲沟排水,以免发生土的冻胀。在土质地基上,翼墙同前墙相会合处应设置隔缝,将两者分开砌筑,以避免两者沉降不均,产生破坏。

2)置式桥台　埋置于路堤锥体护坡中的桥台,它仅露出台帽以上的部分以支承桥梁上部结构。由于是埋置土中,所以这种桥台所受的土压力很小,稳定性好。但是锥体护坡往往伸入河道,侵占了泄水面积,并易受到水流冲刷,因此必须十分重视护坡的保护;在设计中应验算护坡万一被冲刷毁坏时的桥台稳定性和强度。

3)薄壁桥台　以 L 形薄壁墙做成的桥台。这种桥台有前墙和扶壁,前墙是主要承重部分,扶壁设于前墙背面,支撑于墙底板上。扶壁有若干道,其作用是增加前墙的刚度。台帽置于前墙顶部。底板上方的填土有助于保持桥台的稳定。

4)木墩台　主要用于木桥。目前仅在一些易于取材的林区采用这类墩台,其他形式桥梁在维修抢险时也用木墩台或木垛作为临时支承。

墩台按照施工方法不同可分为沉井施工和围堰施工;按照构造和材料不同又可分为石砌墩台和混凝土墩台两种。

沉井基础是桥梁墩台常用的深基础类型,施工方法与墩台基础所在地点的地质和水文情况有关,沉井基础的施工,通常可分为旱地施工、水中筑岛施工和浮运施工三种。围堰属于临时性结构,其主要作用是确保主体结构工程及附属设施在施工过程中不受水流的侵袭,创造正常的施工条件。河流中修筑墩台时,为了保证主航道顺利通航,一般采用墩台基础在围堰内施工。

本节主要介绍石砌墩台和混凝土墩台的施工方法。

9.4.2 石砌墩台施工

石砌墩台有就地取材、经久耐用、造价低廉等优点,在石料充足的山区修建桥梁,应充分利用当地石料修建墩台。

9.4.2.1 石砌体的施工操作工艺要求

(1)施工准备

在砌筑石砌体前,应做好以下准备工作:

1)石砌体用石应选质地坚实、无风化剥落和裂纹的石块,并按石块规格对各砌筑部位进行分配,每个砌筑部位所用石块要大小搭配,不可先用大块后用小块。

2)砌筑前,应清除石块表面的泥垢、水锈等杂质,必要时用水清洗。

3)在砌筑部位放出石砌体的中心线及边线。

4)复核各砌筑部位的原有标高,如有高低不平,应用细石混凝土填平。

5)按石砌体的每皮高度及灰缝厚度等制作皮数杆,在皮数杆之间拉准线,依准线逐皮砌石。

6)选用的石块,其强度等级不低于 MU20,制备的砂浆应为水泥砂浆或水泥混合砂浆。

(2)施工要点

1)砌筑石砌体应双面拉准线,第一皮按所放的基础边线砌筑,以上各皮按准线砌筑。

2)毛石砌体的第一皮及转角处、交接处和洞口处,应用较大的平毛石砌筑。

3)毛石砌体应分皮卧砌,各皮石块间利用自然形状,经敲打修整使能与先砌石块基本吻合、搭砌紧密。应上下错缝,内外搭砌,不得采用先砌外面石块后中间填心的砌筑方法。

4)毛石基础的每皮毛石内每隔 2 m 左右设置一块拉结石。

5)灰缝厚度:毛石宜为 20 ~ 30 mm,砂浆应饱满,石块间不得有相互干接现象;细料石不宜大于 5 mm;半细料石不宜大于 10 mm。

6)石砌体转角处和交接处应同时砌筑,如不能同时砌筑又必须留槎时,应留成斜槎,斜槎长度不应小于斜槎高度,继续砌时应将斜槎面清理干净,浇水湿润。

7)有高低台的毛石基础,应从低处砌起,并由高台向低台搭接,搭接长度不小于基础高度。

8)石砌体每天的砌筑高度不应超过 1.2 m。

9)砌筑毛石挡土墙时,除符合上述有关砌筑要点外,尚应注意以下几点:毛石的中部厚度不小于 200 mm,每砌 3 ~ 4 皮毛石为一个分层高度,每个分层高度应找平一次;外露面的灰缝宽度不得大于 40 mm。料石挡土墙,当中间部分用毛石砌时,丁砌料石伸入毛石部分的长度不应小于 200 mm。

9.4.2.2 石砌墩台质量控制

石砌墩台施工时允许一定的偏差,偏差范围见表 9.20 石砌墩台允许偏差表。

表9.20 石砌墩台允许偏差表

项目	允许偏差(mm)				检验方法
	片石		块石	粗料石	
	基础	墩台、墙身	墩台、墙身	墩台、墙身	
砌体边线距设计中心线尺寸	±50	±30	±20	±15	用经纬仪复查
顶面标高	±30	±15	±15	±15	用水准仪复查
两相邻接石块边线彼此错开			5	3	检查
砌体厚度		±30	±20	±10	检查

9.4.3 混凝土墩台施工

9.4.3.1 混凝土墩台模板类型及构造

(1)拼装木模板

将墩台表面划分为若干小块,尽量使每部分板扇尺寸相同,便于周转使用。板扇高度通常与墩台分节灌注高度相同,一般可为3~6 m,宽度可为1~2 m。具体可视墩台尺寸与起吊条件而定,务使立模方便,施工安全。

板扇以木板与肋木组成,板扇间的连接以肋木互相搭接。圆形或圆端形圆端部分,需做成弧形板扇,木板用拱形肋木连接。组装成型后,平面板扇外侧用立柱固定,两侧相对立柱间,穿过模板用钢筋拉紧,圆端部分则用扁钢或钢筋箍紧,以抵消混凝土的侧向水平力。在拉筋收紧前,需在模内临时支撑,以保持模板的间距。

墩台拉筋宜采用可撤式螺栓拉筋,该螺栓可使模板拆除方便,卸下外面螺帽后,用与墩身同一配合比的砂浆填塞小孔抹光,使墩台身表面光滑美观。

拼装木模板的板厚一般为2.5~5.0 cm。每平方米约需木料0.05~0.1 m^3,铁件约为3~10 kg。木模板扇尺寸要准确,接缝严密,并有足够的刚性与强度。

(2)整体吊装模板

整体吊装的钢模或木模,是将墩台模板

水平分成若干段,每段模板组成一个整体,在地面拼装后吊装就位。分段高度,可视起吊能力考虑,一般为2~4 m。灌注完底节混凝土后,即可将以拼好的上节模板整体吊起安装,继续施工。

1)整体吊装模板有以下优点:

①模板安装时间短,墩台混凝土无需设立施工接缝,不但加快了施工进度,也提高了施工质量。

②将拼装模板的高空,作业改为平地操作有利于施工安全。

③整体吊装模板本身刚性较强,可不设拉筋或少设拉筋,节约钢材。

④利用模外框架,可作简易脚手,不需另搭施工脚手架。

⑤结构简单,装拆方便。

2)整体吊装模板的拼装方法

①将已制成的四片木模板按中线位置在拼装场地组成盒状。

②在四侧组拼单面框架。

③将每片框架与模板方木用平头螺栓连成整体。

④将四侧框架互相用螺栓连接起来,组成整体框架模板。

(3)滑动钢模板

滑动钢模板适用于各种类型的桥墩,特别是高墩用来施工,更能显示其优越性。

1)滑动模板的主要优点

①施工进度快　在一般气温下,每昼夜平均进度,能抽高 5~6 m。

②混凝土质量好　采用半干硬性混凝土,机械振捣,连续作业,提高墩台质量。

③节省木材与劳力　以钢模代替木模,可节省大量木材及相应的加工劳力。

④施工安全　滑动模板本身附带内外吊栏、平台、栏杆等,随模移动,安全可靠。

2)滑动模板构造

滑动模板的构造,由于桥墩类型、提升工具的不同,模板构造也稍有不同,但其主要部件与作用则大致相同。一般可分为顶架、辐射梁、内外圈、内外支架、模板、平台及吊栏等。

3)滑动模板提升设备

滑动模板提升设备主要有提升千斤顶、液压控制装置及支撑顶杆几部分组成。

①提升千斤顶　提升千斤顶的分类见表 9.21。

表 9.21　提升千斤顶分类表

千斤顶类型	规格	提升动力	常用顶杆规格
螺丝杆千斤顶	实心螺丝杆千斤顶	人力推动	φ38mm 工具式短顶杆
	空心螺丝杆千斤顶	人力推动	φ38mm 工具式长顶杆
		电力传动	φ38mm 工具式长顶杆
油压千斤顶	YQ 型千斤顶	人力压油	φ25mm 工具式长顶杆
	HQ 型千斤顶(钢珠式)	电动压油	φ25mm 工具式长顶杆
	HQ 型千斤顶(卡块式)		φ25mm~φ28mm 工具式长顶杆

提升千斤顶有螺丝杆千斤顶和液压千斤顶两大类。螺丝杆千斤顶又可分为实心螺丝杆千斤顶和空心螺丝杆千斤顶;液压千斤顶又可分人力油压 YQ 型千斤顶和电动油压 HQ 型千斤顶。

②液压控制装置　液压控制装置是控制液压千斤顶提升和回油的机械,分成液压系统和电控系统两部分。

③支撑顶杆　顶杆是承受滑模及平台上临时荷载的支撑杆件,多用圆钢制作。

(4)组合型钢模板

组合型钢模板是以各种长度、宽度及转角标准构件,用定型的连接件将钢模拼成结构的模板。它具有体积小、重量轻、运输方便、装拆简单、接缝紧密等优点。尤其是组合模板的速接件,不用螺栓而采用 U 形卡及 L 形插销,使安装与拆除简化,大大加速了施工进度。组合钢模适用在地面拼装，整体吊装的结构上。

组合构件可分为平面、阳角、阴角、拼角及柔性模板等几种。组合模板精度较高，组拼时要求预拼场地平整，宜用砂浆抹平。在使用、搬运时必须轻拿轻放，不得抛摔。使用完毕后，要及时清理整修，涂油防锈。

9.4.3.2　混凝土墩台的施工

(1)一般墩台施工

混凝土及钢筋混凝土墩台的施工配合比、混凝土灌注、养生、拆模以及冬季施工的要求与规定，要按照混凝土工程施工质量验收规范进行。

桥梁墩台混凝土的施工，要合理安排自混凝土工厂（或拌和机）至墩台的水平运输和从墩台地面到墩台顶面的垂直运输。结合工地施工条件、墩台结构形式，选用各种运输机具，尽量减少混凝土在运输过程中的倒装次数，减少离析、漏浆，保证入模混凝土的质量。

桥梁墩台混凝土的水平与垂直运输互相配合方式与适用条件可参照表 9.22 选用。

表 9.22　桥梁墩台混凝土的运输方式与适用条件

<table>
<tr><th>水平运输</th><th>垂直运输</th><th colspan="2">适用条件</th><th>附注</th></tr>
<tr><td rowspan="8">人力混凝土手推车、内燃翻斗车或混凝土吊斗</td><td>手推车</td><td rowspan="8">中、小桥梁，水平运距较近</td><td>墩高 H < 10 m</td><td>塔设脚手平台，铺设坡道，用卷扬机拖拉手推车上平台</td></tr>
<tr><td>轨道爬坡翻斗车</td><td>墩高 H < 10 m</td><td>同上</td></tr>
<tr><td>皮带输送机</td><td>墩高 H < 10 m</td><td>倾角不宜超过 15%，速度不超过 1.2 m/s。高度不足时，可用二台串联使用</td></tr>
<tr><td>履带（或轮胎）起重机起吊高度</td><td>墩高 10 < H < 20 m</td><td>用吊斗输送混凝土</td></tr>
<tr><td>木制或钢制扒杆</td><td>墩高 10 < H < 20 m</td><td>同上</td></tr>
<tr><td>墩外井架提升</td><td>墩高 H > 20 m</td><td>或在井架上安装扒杆提升吊斗</td></tr>
<tr><td>墩内井架提升</td><td>墩高 H > 20 m</td><td>适用于空心桥墩</td></tr>
<tr><td>无井架提升</td><td>墩高 H > 20 m</td><td>适用于滑动模板</td></tr>
<tr><td rowspan="5">轨道牵引车输送混凝土吊斗、汽车倾卸车、汽车运送混凝土吊斗、内燃翻斗车</td><td>履带（或轮胎）起重机起吊高度</td><td rowspan="5">大、中桥水平运距较远</td><td>墩高 20 < H < 50 m</td><td>用吊斗输送混凝土</td></tr>
<tr><td>塔式吊机</td><td>墩高 30 < H < 50 m</td><td>同上</td></tr>
<tr><td>墩外井架提升</td><td>H < 50 m</td><td>井架可用万能杆件组装</td></tr>
<tr><td>墩内井架提升</td><td>墩高 H > 50 m</td><td>适用于空心桥墩</td></tr>
<tr><td>无井架提升</td><td>墩高 H > 50 m</td><td>适用于滑动模板</td></tr>
<tr><td>索道吊机</td><td colspan="4">墩高 H > 50 m</td></tr>
<tr><td>混凝土输送泵</td><td colspan="3">H < 50 m</td><td>可用于大体积实心墩台</td></tr>
</table>

墩台混凝土的灌注宜连续不间断施工，如必须或因故停工时，要做好接缝处理。灌注

墩台的混凝土自由倾落高度，一般不应超过 1.5 m，超过时应用滑槽、串筒或减速串筒借以降低自由倾落距离，尽量减少离析现象。

(2)高桥墩施工

目前桥梁墩高已发展到 60 ~ 70 m，结构多为薄壁空心。墩身模板多采用整体吊装或滑动模板，因此高墩的施工也有新的发展。

1)施工机械

高桥墩垂直提升混凝土的主要机械可用缆索吊机、吊机以及各种井架等。

①缆索吊机　根据地形、跨距、吊重及索道垂度等因素进行设计。缆索吊机的设施，一般在桥台后一定距离设立塔架及地垅。当两侧为陡坡，高度能满足施工要求时，也可不设塔架，将索道直接固定在地垅上，索鞍用地面枕木代替，设备简易，安装方便。

②各种吊机　可按桥梁施工高度及混凝土运送条件，选用各式履带或轮胎吊机、塔式吊机等。塔式吊机宜用于地形平坦且桥墩数量较多的工地。

③井架　在只有少量高墩的工地，宜采用井架提升混凝土，或以井架为杆，另安装扒杆来吊送混凝土。井架一般可用型钢或万能杆件组装。

④无井架滑模　利用滑动模板本身携带的扒杆提升混凝土，起吊混凝土与起动扒杆的钢丝绳则从墩孔内通到地面卷扬机操纵。

2)滑动模板施工

①模板的组装　第一步，准备工作。滑动模板在使用前，应将主要杆件进行预拼，并检查各部分尺寸及模板锥度是否符合设计要求。

第二步，拼装顺序。按先内后外，先上后下的步骤进行。按桥墩中心拼装内围圈，安装辐射梁，再连接外围圈，待整个内外圈、辐射梁呈水平时，方可拧紧连接螺栓。再安装顶架或内外支架，安装内外模板。墩壁钢筋应先绑好。最后铺设平台木板，安装栏杆。千斤顶等。

第三步，滑模检查及试压。模板在拼装过程中要随时检查及时纠正。拼装完毕的滑模不能超过允许偏差。液压提升部分，要逐个检试千斤顶，加压到 10 MPa，半小时后无漏油情况；对软油管接头将其连接起来，加压到 12 MPa 不漏油，方能进行安装。主令控制台先试运转，检查各压力表与元件性能是否良好，安装后，接通各组输油管路进行总试压，加压至 10 MPa 作 4 ~ 5 次循环，最后安装顶杆。

②混凝土配合比要求　滑动模板是随混凝土的连续灌注，不断滑升。施工所选用的混凝土配合比既要能满足设计规定的强度，又能适应滑模施工的工艺需要，并具有早强和有良好和易性的特点。滑模提升脱模时间，一般为 4 ~ 5 h，混凝土强度应在 0.2 ~ 0.4 MPa 范围内较为合适。

滑模施工的混凝土配合比宜选用低塑性混凝土；水灰比为 0.5 ~ 0.65，初凝时间控制在 2 h 左右。为使和易性良好，可选用细粒料多于粗粒料的骨料，含砂率可增加 1 ~ 3%。在温度偏低时，应用高强度等级普通水泥，或掺用速凝剂，同时适当延长提升时间。

③混凝土灌注与滑模提升　灌注混凝土前，先向模内铺灌一层 2 ~ 3 cm 砂浆。混凝土入模时，要四周均匀对称分布，每层表面应基本水平。宜用小型内插式震动器捣实，震动时避免接触钢筋、套管及模板。插入已捣实好的前一层混凝土中不超过 5 cm。

整个桥墩灌注过程分为初灌滑升、正常滑升与末次滑升三个阶段。从开始灌注混凝土到模板首次试升为初灌滑升阶段。初灌混凝土的高度一般为 60 ~ 70 m，分为三次灌注。在底层混凝土强度达到 0.2 ~ 0.4 MPa 时，即可试升。将所有千斤顶同时缓慢升5 cm左右，以观察底层混凝土的凝固情况。现场鉴定时，可用手指按刚脱模混凝土表面，基本按不动，但留有指痕，砂不沾手，用指甲划过有痕，滑升时能耳闻“沙沙”的摩擦声。这些现象表明混凝土已具有 0.2 ~ 0.4 MPa 的脱模强度，可以开始再缓慢提升 20 cm 左右。经初升后，应全面检查所有设备，认为符合要求，即可进入正常滑升阶段。

正常滑升阶段，即每灌注一层混凝土，模板即滑升一次，使每次灌注的厚度与每次提升的高度基本一致。在正常气温条件下，提升时间不宜超过 1h. 末次滑升阶段，是混凝土已经灌注到需要高度，不再继续灌注，但模板尚需继续滑升的阶段。灌完最后一层混凝土后，每隔 1 ~ 2 h 将模提升 5 ~ 100 m，滑动 2 ~ 3 次后即可避免混凝土与模板胶合。

在桥墩灌注，滑动的间隙中，要绑焊，接长钢筋，调整坡度等工作。为不影响提升的时间，钢筋接头均应事先配好，将接头错开。每次灌注混凝土顶面应低于模板上口 5 ~ 100 m，不要把最上面一层水平筋覆盖，使以后继续绑扎钢筋有所依据。对预埋件或预埋的接头钢筋，滑模抽离后，要及时清理，使之外露。

④模板收坡　直坡桥墩，自开始灌注到结束、无需调整坡度。对收坡桥墩，要随滑升高度调整模板半径。调坡是依靠内外模板的调模丝杆或是辐射梁上的调径丝杆来完成，每滑升一次就需调整一次，每当墩身升高一定距离应用仪器核查校正。

收坡墩身随着模板半径不断缩小，迫使固定模板与活动模板互相重叠，当活动模板的有效宽全部重叠后，应立即将它抽出来。用螺旋固定的活动模板，要先将横带上螺栓卸下后，才能抽出。

⑤修补与养生　混凝土脱模后，由于模板的接缝不平或灌注时捣固不实，混凝土表面可能出现凹凸不平的缺陷，必须及时修补。表面有麻面时，用刷子蘸与混凝土配合比相同的砂浆涂刷，再用抹子抹平。如有拉裂情况，可将裂缝掏开，以砂浆修补后抹平。

脱模的混凝土，根据气温和太阳照射等条件，要及时养生。

⑥横隔板与墩顶混凝土施工　横隔板一般在墩身全部抽完后，再灌注横隔板。滑升预埋时在滑模上口将通过横隔板位置前，将横隔板的预埋钢筋及施工脚手的预埋铁件按要求位置预埋在墩壁内。待滑模通过后，及时将横隔板预埋钢筋及其他铁件清理出来，待墩壁滑升完毕后，再灌注横隔板混凝土。

对于墩顶施工，可利用滑模外模灌注。

(3)轻型桥墩施工

轻型桥墩包括薄壁空心桥墩、柔性桥墩及其他拼装式桥墩。

1)薄壁空心桥墩

薄壁空心桥墩，一般多用滑动模板施工。其施工方法可见高桥墩施工中滑动模板施工内容。

2)柔性桥墩

柔性桥墩的特点是把一座桥梁的部分活动制座更换为固定支座，将桥墩与钢筋混凝土梁分组串联在一起，形成一个共同受力体系，使桥上因动载而产生的纵向水平力，传递到刚性墩台上，使其他桥墩仅承受垂直荷载，这种桥墩即为柔性桥墩。

柔性桥墩由于截面大大减少，可以节约大量圬工，但不宜设在有漂流物的河道或山坡有滚石的地区。柔性桥墩的类型可分为刚架式、排架式与板壁式等几种。

柔性桥墩的施工方法与一般桥墩相同。但其截面尺寸较小，特别是刚架式柔性桥墩，钢筋密集，截面更狭窄。为保证柔性桥墩的整体性，要求混凝土连续灌注，宜一次完成。故对模板制作安装，钢筋绑扎焊接，以及混凝土配合比的控制等，均应事先详细安排，以达到一次灌注完毕。在施工中应严格控制模板垂直方向的移动，否则将会影响柔性桥墩的受力情况。柔性桥墩的模板，可分为木模或滑模。

3）拼装式桥墩

将桥墩分解成若干轻型部件，在工厂或工地集中预制，再运往现场拼装成桥墩即为拼装式桥墩。拼装式桥墩可以加速施工速度，宜用于水源、砂石料困难地区。

拼装式桥墩可分成双柱式拼装墩、排架式拼装墩、板凳式拼装墩和刚架式拼装墩四种。

拼装接头是拼装化桥梁的重要组成部分，既要牢固、安全，又要结构简单便于施工。常用的拼装接头有以下几种。

①承插式接头　预制构件插入相应的预留孔内，插入长度一般为1.2~1.5倍的构件宽度，底部铺设2 cm砂浆，四周以半干硬性混凝土填充。承插式接头施工简便，一般立柱与基础多采用这种接头连接。

②钢筋锚固接头　构件上预留钢筋或型钢，插入另一构件的预留槽内，或将钢筋互相焊接，再灌注半干硬性混凝土。钢筋锚固接头多用于立柱与顶帽处的连接。

③焊接接头　将预埋在构件中的铁件与另一构件的预埋铁件用电焊连接。这种接头易于调整误差，外部用混凝土封闭。多用于水平连接杆件与立柱的连接。

④扣环式接头　相互连接的构件按预定位置预埋环式钢筋，安装时柱脚先座落在承台的柱芯上，上下环式钢筋互相错接，扣环间插入U形短钢筋焊牢，四周绑扎钢筋一圈，再立模板灌注外围接头混凝土。上下扣环预埋位置要正确，施工较为复杂。

⑤法兰盘接头　在相连接构件两端安装法兰盘，连接时用螺栓连接，要求法兰盘预埋位置必须与构件垂直。接头可不用混凝土封闭。

预制构件制作和拼装时，要注意以下几点：

①预制构件的台座基础要平稳、牢固，在受静载与震动力时不得有沉落变形。

②预制构件的模板，应有足够的强度和刚性，结构要简单牢固，拆装方便，彝、宜尽量采用钢模。

③构件宜采用高强度等级干硬性混凝土，可节约水泥、减少收缩，提高早期强度、加速模板周转。

④拆模后的构件，要继续养生，并检查各部分尺寸，做成记录。

⑤预制构件的拼装是拼装桥墩的关键工序，安装位置的正确与否和填充混凝土的密实程度，直接影响到桥墩质量与行车安全，必须精心施工。施工前，应根据构件块体的形状与重量选用合适的起吊机械。

（4）轻型桥台施工

1)拼装式桥台　施工方法与拼装墩台相同,也分排架式和立柱式等多种。

2)U型薄壁桥台　U型薄壁桥台,其前墙与侧墙均为20~30 cm的钢筋混凝土薄壁结构,为增加前墙的刚度与强度,应在前墙后增设几道扶壁墙。

3)联合式桥台　联合式桥台,一般桥台上端以钢筋混凝土梁为支撑,下部另设支撑,互相顶紧成为一个联合结构来承受土压力。

4)锚定板桥台　锚定板桥台,是利用锚定板的结构来承受土压力,从而使桥台自重大大减少。

(5)桥梁墩台允许偏差　桥梁墩台建成后允许偏差见表9.23。

表9.23　桥梁墩台允许偏差表

<table>
<tr><th colspan="3">项目</th><th>允许偏差(mm)</th><th>检验方法</th></tr>
<tr><td colspan="3">基础前后、左右距设计中心线尺寸</td><td>±50</td><td rowspan="7">测量检查</td></tr>
<tr><td colspan="3">墩台前后、左右距设计中心线尺寸</td><td>±20</td></tr>
<tr><td colspan="3">基础顶面标高</td><td>±30</td></tr>
<tr><td colspan="3">墩台顶面垫石标高</td><td>±10</td></tr>
<tr><td rowspan="3">简支钢梁支撑垫石顶面高差</td><td colspan="2">钢梁一端两支撑垫石顶面标高</td><td>B/1500</td></tr>
<tr><td rowspan="2">每一主梁两端支撑垫石顶面高差</td><td>跨度≤55 m</td><td>≯5</td></tr>
<tr><td>跨度>55 m</td><td>≯10</td></tr>
</table>

9.5　桥梁施工

9.5.1　概述

9.5.1.1　桥梁上部结构的组成

桥梁是跨越空间的结构物,简称桥跨或桥跨结构。桥梁上部结构通过支座支承于桥墩和桥台上,它的结构类型,决定了桥梁的形式。

桥梁上部结构由桥面、主梁和支座三部分组成。

1)桥面　供车辆和行人直接走行的部分。铁路桥面有钢轨和轨枕支承于纵、横梁系统的明桥面;有道砟槽板、道砟、轨枕、钢轨组成的道砟桥面;有钢轨直接联结于桥面板或主梁上的无碴无枕桥面。

2)主梁　桥梁主要承重结构,是桥梁上部结构的主体。铁路桥的主梁,一般为两片。小跨度的主梁间距不大,桥面可直接铺在主梁上。也有采用多片主梁的。主梁可做成实腹的板梁,杆件连成的刚架或桁架,主梁与桥面、联结系结合而成的箱梁。

3)支座　桥梁上部结构的支承部分。其作用是将上部结构的支承反力(包括竖向力、水平力)传递给桥梁墩台,并保证上部结构在荷载的作用和温度变化的影响下,具有设计要求的静力条件。支座有活动支座和固定支座两种,可用钢、橡胶或一定强度等级的钢筋混凝土制作。橡胶支座是一种新型支座,具有重量轻、高度低、构造简单、加工制造容易、用钢量少、成本低廉及安装方便等优点。

9.5.1.2　**桥梁的分类**

(1)按上部结构的建筑材料分,有木桥、石桥、混凝土桥、钢筋混凝土桥、预应力混凝土桥、钢桥和结合梁桥等。木材易腐蚀多用于临时性桥梁。石料和混凝土抗压强度高而抗拉强度低,主要用于拱桥。钢筋混凝土桥为耐压的混凝土和抗拉、抗压性能均好的钢筋结合而成的桥,主要用于跨度不大的梁桥和拱桥。预应力混凝土桥是用高强度钢丝(筋)和高强度等级混凝土建成。

(2)按桥面置于上部结构的位置,桥梁上部结构可分为上承式、下承式(穿式或半穿式)和中承式。上承式、下承式和中承式的桥面分别置于上部结构的顶部、底部和中间。

(3)按上部结构主梁的结构形式或主要承重构件特征,桥梁上部结构可划分为板式梁、桁梁、拱桥、刚架(构)和斜腿刚构、斜拉桥、悬索桥等类型。

1)板式梁　板式梁截面形式一般为矩形、I形、T形、□形和箱形,适用于中小跨度的简支梁及较大跨度的连续梁。常用的有混凝土板梁、钢板梁、结合梁、箱形梁和槽形梁。

①混凝土板梁　包括普通钢筋混凝土梁及预应力混凝土梁。可采用工业化和机械化施工,砂石骨料一般可就地取材,用钢量小;维修工作简单;行车时噪声小;使用寿命长。对中小跨度的铁路桥梁,各国都基本上采用预应力混凝土梁。并实行标准化、系列化和预制装配施工。

中国从20世纪50年代开始制订出全国铁路统一的钢筋混凝土梁和预应力混凝土梁(包括先张法、后张法)标准设计。1956年在东陇海线新沂河桥建成中国第一座预应力混凝土铁路桥梁。目前,无碴无枕预应力混凝土铁路桥梁及后张法预应力混凝土串联梁正在不断发展,两者最大跨度均达到40 m。

②钢板梁　其主要承重结构是两片I字形截面的板梁。上承板梁的构造较简单,钢料较省,可以整孔装运,整孔架设。下承板梁是将桥面布置在两片梁之间,列车在两片梁之间通过。一般将桥面搁置在纵梁上,使建筑高度(自轨底至梁底)大为缩小。下承板梁与上承板梁相比,结构复杂,用料较多,制造和施工都比较费工。但由于具有较小的建筑高度,适用于桥下净空受限制的地区。

中国从20世纪50年代初期即开始制订出铆接钢板梁标准设计。郑州黄河桥新桥即采用40m钢板梁标准设计,其桥孔为71个,每孔梁长40 m,双线共采用142孔。70年代制订出上、下承焊接板梁标准设计,跨度分别为24～40 m及20～40 m。

③结合梁　用钢筋混凝土道砟槽板和钢梁结合起来共同受力的桥跨结构。适用于曲线或陡坡地段的钢梁桥。中国在20世纪50年代首先在京广铁路十字江桥上修建了一座跨度32m的结合梁试验桥。1956年制订出跨度28～44 m铆接板梁的结合梁标准设计。

④箱形梁　主梁截面为箱形结构。多用于较大跨度的连续梁桥。箱形梁的优点是抗扭刚度大,适用于曲线桥及承受较大偏心荷载的直线桥。箱形梁主要有预应力混凝土箱形连续梁和钢箱形梁。

预应力混凝土箱形连续梁由于结构形式简洁,外形美观,抗扭性能好,偏载作用下的横向分布比其他形式的梁好,所以近年来很快得到推广。这种梁截面高度为适应内力的变化，通常沿跨度相应变化的，但也可采用等高度的。采用变高度梁适合用悬臂法施工，采用等高度梁适合用顶推法施工。

钢箱形梁是随着高强度钢和焊接技术在桥梁上的应用以及薄壁结构计算理论的发展，于 20 世纪 50 年代以来发展起来的。钢箱形梁在一定跨度范围内比其他类型的梁式桥节省钢材可达 10% ~20%；抗扭刚度和横向刚度较大；安装、制造及养护较简易，因而采用较多。钢箱形梁的截面形式有矩形及梯形两类。箱形梁是闭口的薄壁结构，其应力及应变按薄壁结构理论计算。

⑤槽形梁　这种梁的形状与半穿式梁相仿。其最大优点是底板薄，建筑高度低，最适用于立交桥，在满足桥下净空的要求下可以减少两端线路路堤的土方量。槽形梁可做成单线桥或双线桥，有简支梁，也有 4 ~5 孔的连续梁。两侧主梁有竖直的，也有斜的；有实心的，也有空心的。

2）桁梁　桥梁的主桁架常用的几何图式有四种基本类型，即三角形、斜杆形、K 形和双重腹杆形（带辅助竖杆的双重腹杆桁架又称菱形桁架）。选择桁架图式的原则是经济、构造简单和利于标准化。

3）拱桥　这种桥在竖直荷载作用下，拱端不仅有竖直反力，还有水平推力，适用于深谷大跨、地基坚实地区的桥梁。拱桥由拱圈、拱上结构、墩台及基础等部分组成，如图 9.9 所示。拱圈是桥跨结构的主要承载部分。拱圈以上的桥跨结构部分称为拱上结构，用以支承道砟桥面及活载。设计得合理的拱主要承受压力，而承受的弯矩和剪力较小。这样可利用抗压性能强而抗拉性能弱的材料建造，如石及混凝土等。也可以修建钢拱桥。

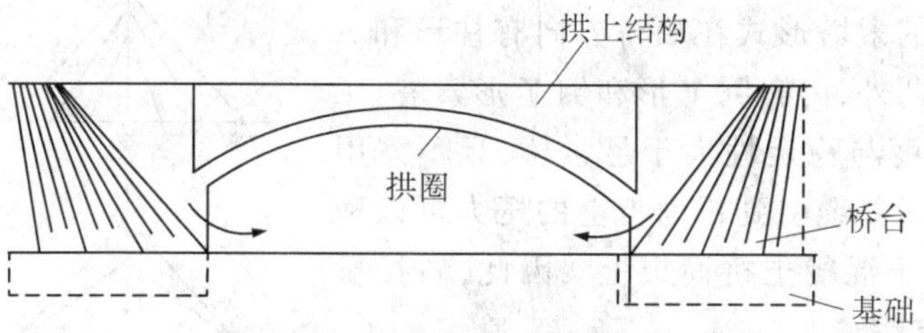

图 9.9　拱桥结构示意图

石拱桥的石料可以就地取材，因而能大大节约钢材和水泥；石拱桥坚实耐久，形式美观，几乎不需要养护。中华人民共和国成立后，在新建铁路上修建了许多中小跨度石拱桥，如在宝成铁路上共修建 156 座计 188 孔石拱桥。在成昆铁路上修建了中国最大跨度的一线天空腹石拱桥，其跨度为 54 m。

混凝土拱桥较石拱桥和一般钢筋混凝土梁的跨越能力大，可以做成无铰、两铰或三铰的拱。铰的制造复杂，价格贵，而且拱顶铰使拱的挠度曲线有明显转折，引起活载的附加冲击，因此铁路拱桥一般避免采用三铰拱，多采用无铰拱。混凝土拱桥一般为空腹拱。

系杆拱桥是拱与梁的组合结构，拱的推力由系杆承受而不传给墩台，和简支梁一样不受地基不均匀沉陷的影响，适用于地质条件较差的情况。其建筑高度较低，当建筑高度受限制时采用较为有利。系杆拱根据拱肋与系杆的刚度比分三种结构图式。当系杆与拱肋刚度比小于 1/80 ~1/100 时，系杆可视为只承受轴向力，不承受弯矩，称之为柔性系杆刚性拱；当系杆与拱肋刚度的比值大于 80 ~100 时，拱肋可视为只承受轴向力，不承受弯矩，称之为刚性系杆柔性拱;介于以上两者之间则称之为刚性系杆刚性拱。

4)刚架(构)桥　是上部结构和墩台(或支柱)整体相连的一种结构形式。这种桥的上部结构同墩台间属刚性连接,能提供较大的桥下净空,因此多用作跨线桥和栈桥。中国从20世纪50年代以来,陆续修建了大量刚架式立交桥。施工用不影响运输的顶进法。

5)斜腿刚构　是刚架桥的两个支腿向梁的两端斜置而成的结构形式。这种结构比同样跨度的桁架或拱桥都省料,外形轻巧,施工方便。其轴线比较接近荷载压力线,而两侧支承于桥台的伸出部分可以使梁的跨中弯矩进一步减小。因此,这种桥的跨度可以作得比较大而仍然经济。这种桥在河岸较高陡、峡谷较深和需建造立交桥的地方采用较多。

6)斜拉桥　由梁、斜拉索及索塔三部分组成。其主要特点是利用索塔引出斜拉索悬吊梁跨。这种悬吊作用相当于在梁跨下面设置若干弹性中间支承。这样可以大大减小梁跨的弯矩,提高梁的跨越能力。

组成斜拉桥的刚性梁、斜拉索和索塔有各种不同的形式。它们之间的组合方式亦有多种。斜拉索顺桥方向布置,常用的斜拉索形式有辐射形、竖琴形、扇形和星形,图9.10为斜拉索形式示意图。索塔的形式应根据拉索布置、主梁跨度以及桥面宽度等因素决定。常用的索塔形式在顺桥方向有柱形和A字形刚架两种。此外,尚有倒V形和倒Y形索塔。

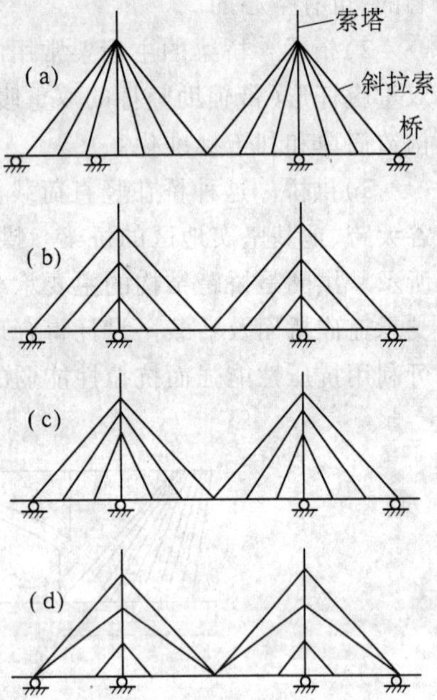

图9.10　斜拉索形式示意图

斜拉桥的刚度与稳定性大于悬索桥,且不需用沉重的钢索锚桩。斜缆引到桥面板上的压力可以利用来施加预应力于混凝土桥面板上。因此,斜拉桥刚度大,抗风稳定性好。

7)悬索桥　以缆索跨过索塔顶锚固在河岸上作为承重结构,在缆索上悬挂吊杆吊着桥面系,以供行车、行人的桥,是目前世界上跨度最大的一种桥梁形式。

9.5.2　桥梁常用的施工方法

总体上分为现场浇筑法和预制安装法两种。

9.5.2.1　现场浇筑法

现场浇筑法是在桥位处搭设支架,在支架上浇筑桥体混凝土,达到强度后拆除模板、支架。

现场浇筑法无需预制场地,而且不需要大型起吊、运输设备,梁体的主筋可不中断,桥梁整体性好。它的主要缺点是工期长,施工质量不容易控制;对预应力混凝土梁由于混凝土的收缩、徐变引起的应力损失比较大;施工中的支架、模板耗用量大,施工费用高;搭设支架影响排洪、通航,施工期间可能受到洪水和漂流物的威胁。

9.5.2.2 预制安装法

预制安装法是在预制工厂或在运输方便的桥址附近设置预制场进行梁的预制工作，然后采用一定的架设方法进行安装。预制安装法施工一般是指钢筋混凝土或预应力混凝土简支梁的预制安装，分预制、运输和安装三部分。如图 9.11 所示为预制安装法的支架便桥架设施工方法。图 9.12 所示为联合架桥机架设法的架设程序。

联合架桥机架设法的架设程序是：(a)(b)联合架桥机由一根两跨长的钢导梁，两套门式吊机和一个托架(又称蝴蝶架)三部分组成；(c)导梁顶面铺设运梁平车和托架行走的轨道；(d)门式吊车顶横梁上设有吊梁用的行走小车，为了不影响架梁的净空位置，其立柱底部还可做成在横向内倾斜的小斜腿，这样的吊车俗称拐脚龙门架。

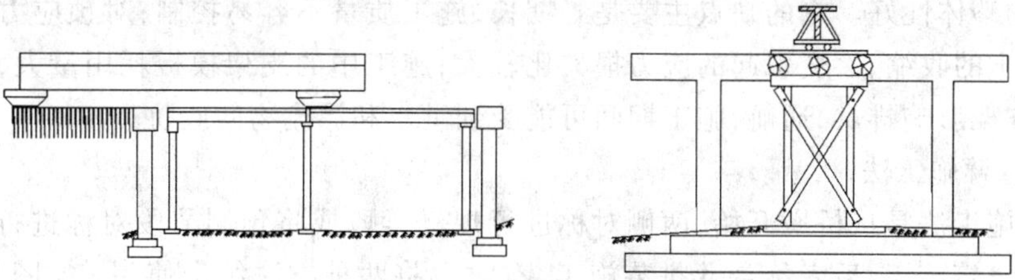

图 9.11　支架便桥架设法

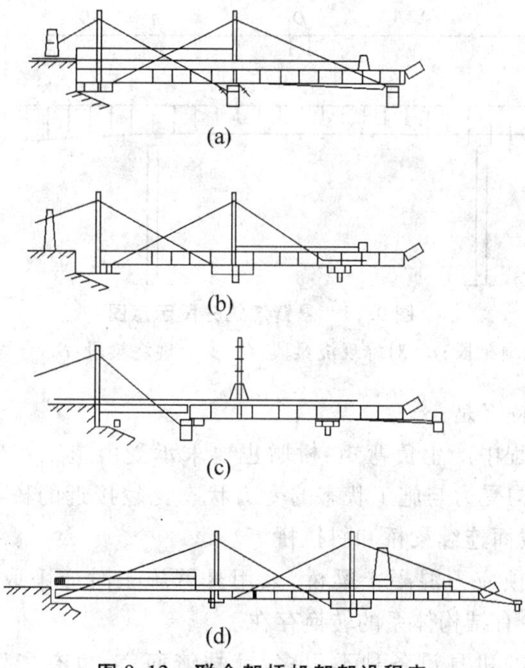

图 9.12　联合架桥机架架设程序

(a)架桥机吊机；(b)架桥机导梁；(c)铺设轨道；(d)行走小车

预制安装施工法的主要特点是：

1)由于是工场生产制作，构件质量好，有利于确保构件的质量和尺寸精度，并尽可能多的采用机械化施工。

2)上下部结构可以平行作业，因而可缩短现场工期。

3)能有效的利用劳动力,并由此而降低了工程造价。

4)由于施工速度快,可适用于紧急施工工程。

5)将构件预制后由于要存放一段时间,因此在安装时已有一定龄期,可减少混凝土收缩、徐变引起的变形。

9.5.2.3 具体施工方法

(1)固定支架就地浇筑法

就地浇筑法是在桥位处搭设支架,在支架上浇筑桥体混凝土,达到强度后拆除模板、支架。

就地浇筑法施工无需预制场地,而且不需要大型起吊、运输设备,梁体的主筋可不中断,桥梁的整体性好。它的缺点主要是工期长,施工质量不容易控制;对预应力混凝土梁由于混凝土的收缩、徐变引起的应力损失比较大;施工中的支架模板耗用量大,施工费用高;搭设支架影响排洪、通航,施工期间可能受到洪水和漂流物的威胁。

(2)悬臂施工法

悬臂施工法是从桥墩开始,两侧对称进行现浇梁段或将预制节段对称进行拼装。前者称悬臂浇筑施工,后者称悬臂拼装施工,有时也将两种方法结合使用。如图 9.13 所示为悬臂浇筑分段示意图。

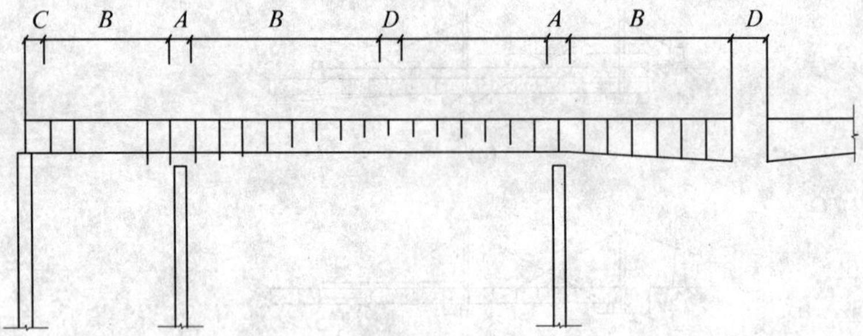

图 9.13 悬臂浇筑分段示意图

A. 墩顶梁段;*B.* 对称现浇梁段;*C.* 支架现浇梁段;*D.* 合拢梁段

悬臂施工的主要特点是:

1)桥梁在施工过程中产生负弯矩,桥墩也要求承受由施工产生的弯矩,因此悬臂施工宜在营运状态的结构受力与施工状态的受力状态比较接近的桥梁中选用,如预应力混凝土 T 型刚构桥、变截面连续梁桥和斜拉桥等。

2)非墩桥固接的预应力混凝土梁桥,采用悬臂施工时应采取措施,使墩、梁临时固结,因而在施工过程中有结构体系的转换存在。

3)采用悬臂施工的机具设备种类很多,就挂篮而言,也有桁架式、斜拉式等多种类型,可根据实际情况选用。

4)悬臂浇筑施工简便,结构整体性好,施工中可不断调整位置,常在跨径大于 100 的桥梁上选用;悬臂拼装法施工速度快,桥梁上、下部结构可平行作业,但施工精度要求比较高,可在跨径 100 m 以下的大桥中选用。

5)悬臂施工法可不用或少用支架,施工不影响通航或桥下交通。

(3)转体施工法

转体施工是将桥梁构件先在桥位处岸边(或路边及适当位置)进行预制,待混凝土达到设计强度后旋转构件就位的施工方法。转体施工其静力组合不变,它的支座位置就是施工时的旋转支承和旋转轴,桥梁完工后,按设计要求改变支撑情况。转体施工可分为平转、竖转和平竖几何的结合的转体施工。

转体施工的主要特点是:

1)可以利用地形,方便预制构件。

2)施工期间不断航,不影响桥下交通,并可在跨越通车线路上进行桥梁施工。

3)施工设备少,装置简单,容易制作并便于掌握。

4)节省木材,节省施工用料。采用转体施工与缆索无支架施工比较,可节省木材80%,节省施工用钢60%。

5)减少高空作业,施工工序简单,施工迅速;当主要构件先期合拢后,给以后施工带来方便。

6)转体施工适合于单跨和三跨桥梁,可在深水、峡谷中建桥采用,同时也适应在平原区以及用于城市跨线桥。

7)大跨径桥梁采用转体施工将会取得较好的技术经济效益,转体重量轻型化、多种工艺综合利用,是大跨径及特大跨径桥梁施工有利的竞争方案。

(4)顶推施工法

顶推施工是在沿桥纵轴方向的台后设置预制场地,分节段预制,并用纵向预应力筋将预制节段与施工完成的梁体连成整体,然后通过水平千斤顶施力,将梁体向前顶推出预制场地。之后继续在预制场地进行下一节段梁的预制,循环操作直至施工完成。如图 9.14 所示为顶推法施工概貌及辅助设施。

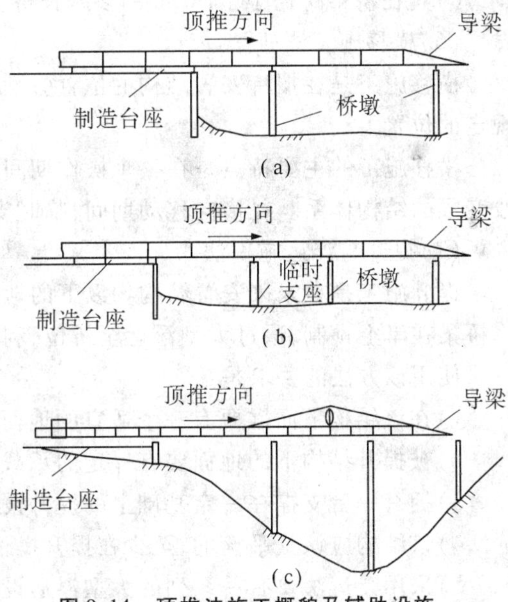

图 9.14　顶推法施工概貌及辅助设施

(a)短跨径情况;(b)长跨径情况;(c)长跨径情况

顶推施工法的特点:

1)顶推法可以使用简单的设备建造长大桥梁,施工费用低,施工平稳无噪声,可在水深、山谷和高桥墩上采用,也可在曲率相同的弯桥和坡桥上采用。

2)主梁分段预制,连续作业,结构整体性好;由于不需要大型起重设备,所以施工节段的长度一般可取用 10 ~ 20 m。

3)桥梁节段固定在一个场地预制,便于施工管理改善施工条件,避免高空作业。同时,模板、设备可多次周转使用,在正常情况下,节段的预制周期 7 ~ 10 d。

4)顶推施工时,梁的受力状态变化很大,施工阶段的梁的受力状态与运营时期的受力状态差别较大,因此在梁截面设计和布索时要同时满足施工与运营的要求,由此而造成的用钢量较高;在施工时也可采取加设临时墩,设置前导梁和其他措施,用以减少施工内力。

5)顶推法宜在等截面梁上使用,当桥梁跨径较大时,选用等截面梁会造成材料用量的不经济,也增加施工难度,因此以中等跨径的桥梁为宜,桥梁的总长也以 500 ~ 600 m 为宜。

(5)逐孔施工法

逐孔施工是中等跨径预应力混凝土连续梁中的一种施工方法,它使用一套设备从桥梁的一端逐孔施工,直到对岸。有用临时支承组拼预制节段的逐孔施工法、移动支架逐孔现浇施工法以及整孔吊装或分段节段施工法等。

采用逐孔施工的主要特点:

1)不需要设置地面支架,不影响通航和桥下交通,施工安全、可靠。

2)有良好的施工环境,保证施工质量,一套模架可多次周转使用,具有在预制场生产的优点。

3)机械化、自动化程度高,节省劳力,降低劳动强度,上下部结构可以平行作业,缩短工期。

4)通常每一施工梁段的长度取用一孔梁长,接头位置一般可选在桥梁受力较小的部位。

5)移动模架设备投资大,施工准备和操作都较复杂。

6)宜在桥梁跨径小于 50 m 的多跨长桥上使用。

(6)横移施工法

横移施工是在拟待安置结构的位置旁预制该结构,并横向移运该结构物,将它安置在规定的位置上。

横移施工的主要特点是在整个操作期间与该结构有关的支座位置保持不变,即没有改变梁的结构体系。在横向移动期间,临时支座需要支承该结构的施工重量。

(7)提升与浮运施工法

提升施工是在未来安置结构物以下的地面上预制该结构并把它提升就位。浮运施工将桥梁在岸上预制,通过大型浮运至桥位,利用船的上下起落安装就位的方法。

使用该方法的要求是:

1)在该结构下面需要有一个适宜的地面。

2)被提升结构下的地面要有一定的承载力。

3)拥有一台支撑在一定基础上的提升设备。

4)该结构应该是平衡的,至少在提升操作期间是平衡的。

5)采用浮运法要有一系列的大型浮运设备。

(8)拱桥施工

拱桥是以承受轴向压力为主的拱(称为主拱圈)作为主要承重构件的桥梁。

1)按照主拱圈的静力图式,拱轿可分为三铰拱、两铰拱和无铰拱,如图 9.15 所示。

三铰拱是静定结构,其整体刚度较低,尤其是挠曲线在拱顶铰处产生折角,致使活载对桥梁的冲击增强,对行车不利。拱顶铰的构造和维护也较复杂。因此,三铰拱除有时用于拱上建筑的腹拱圈外,一般不用做主拱圈。

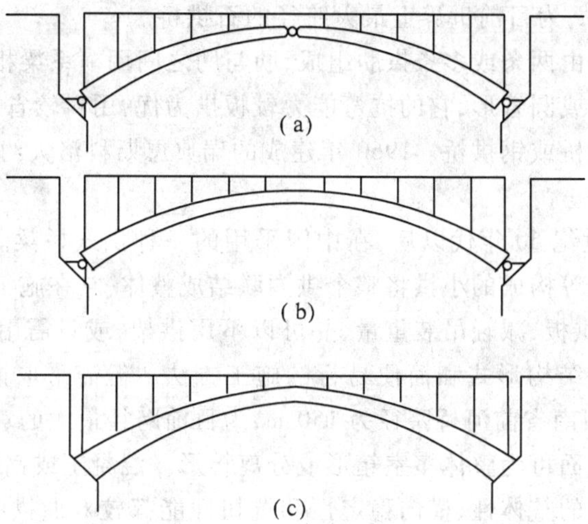

图 9.15　拱桥形式示意图

(a)三铰拱;(b)两铰拱;(c)无铰拱

①两铰拱取消了拱顶铰,构造较三铰拱简单,结构整体刚度较三铰拱为好,维护也较三铰拱容易,而支座沉降等产生的附加内力较无铰拱为小,因此在地基条件较差和不宜修建无铰拱的地方,可采用两铰拱桥。

②无铰拱属三次超静定结构,虽然支座沉降等引起的附加内力较大,但在荷载作用下拱的内力分布比较均匀,且结构的刚度大,构造简单,施工方便,因此无铰拱是拱桥中,尤其是圬工拱桥和钢筋混凝土拱桥中普遍采用的形式。

2)按照主拱圈的构成形式,拱又可分为板拱、肋拱、双曲拱、箱形拱、桁架拱等,如图 9.16 所示。

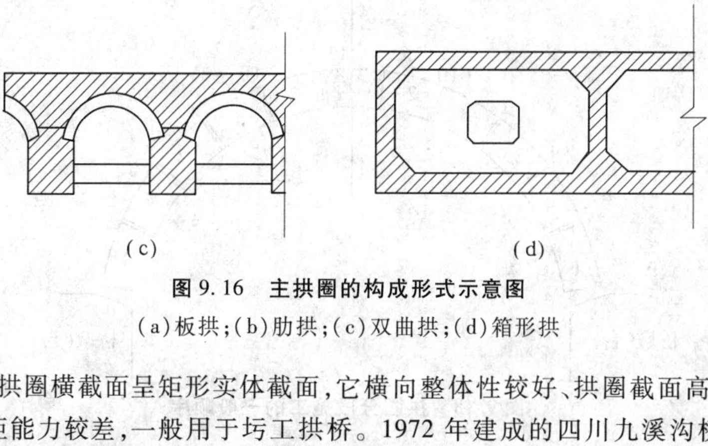

图 9.16　主拱圈的构成形式示意图

(a)板拱;(b)肋拱;(c)双曲拱;(d)箱形拱

①板拱　拱圈横截面呈矩形实体截面,它横向整体性较好、拱圈截面高度小、构造简单,但抵抗弯矩能力较差,一般用于圬工拱桥。1972 年建成的四川九溪沟桥为石砌的板

拱桥，跨径达到 116 m，为目前世界上最大跨径的石拱桥。

②肋拱　拱圈是由两条或多条拱肋组成，肋与肋之间用横系梁相联系，拱肋形状可以是矩形、工字形、箱形或圆管形，它的抗弯能力较板拱为优，用料较省，但制作较板拱复杂，多用于钢筋混凝土拱桥或钢拱桥。1960 年建成的瑞典恩斯科洛夫约桥，跨径为 278 m，为目前最大的钢管拱桥。

③双曲拱　20 世纪 60 年代以后，在中国采用的一种拱式桥梁。它在横向除有拱肋外，还有由拱波、拱板等构成的小拱将整个拱圈联结成整体，它在施工时可以将拱肋、拱波预制，安装后再浇筑拱板，减轻吊装重量，并可以不用拱架，或只需用简单支架，为混凝土拱桥提供了一种新的结构形式和简便易行的施工方法。但需采取措施保证拱圈的整体性。1969 年建成的河南省前河桥跨径为 150 m，为目前跨径最大的双曲拱桥。

④箱形拱　横截面可为整体多室箱形或分离箱形。混凝土或钢筋混凝土箱形拱也可采用无支架施工。它的整体性、横向稳定性和抗扭性能都较双曲拱的结构为好，但在中、小跨径时不如双曲拱简便和节省钢材。1979 年建成的南斯拉夫克拉克桥，跨径为 390 m，是当前世界上最大的钢筋混凝土箱形拱桥。

⑤桁架拱　拱圈由桁架构成，可做成桁肋拱或肩拱形式，如图 9.17 所示。桁架拱的材料用量较经济，但桁架的某些杆件将承受拉力，故主要用在钢拱桥或预应力混凝土拱桥中。1976 年建成的美国新河桥，跨径为 518 m，为目前跨径最大的钢桁架拱桥。

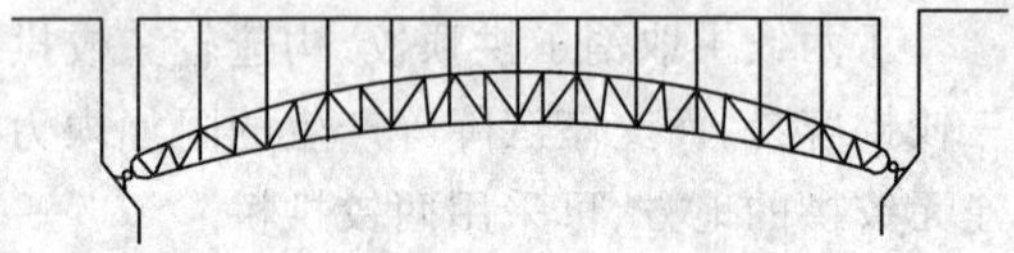

(a)

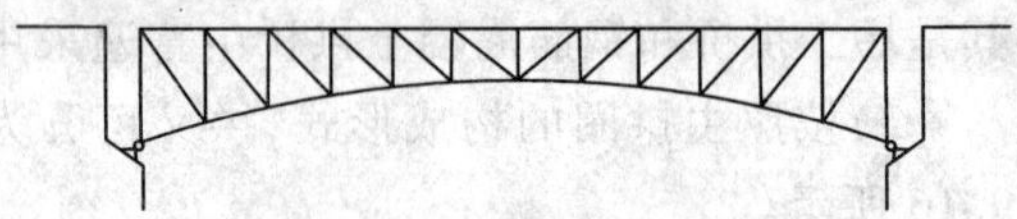

(b)

图 9.17　桁架拱的形式示意图

(a)桁肋拱桥；(b)肩拱桥

拱桥主拱圈沿桥跨方向的形状，可以做成横截面尺寸沿拱轴线不变的等截面拱，或者做成横截面尺寸由拱脚向拱顶逐渐变化的变截面拱。变截面拱能较好地适应拱圈内力的变化，用料较经济；等截面拱构造简单、施工方便，因而采用较普遍。图 9.18 所示为拱圈分段施工的一般顺序。

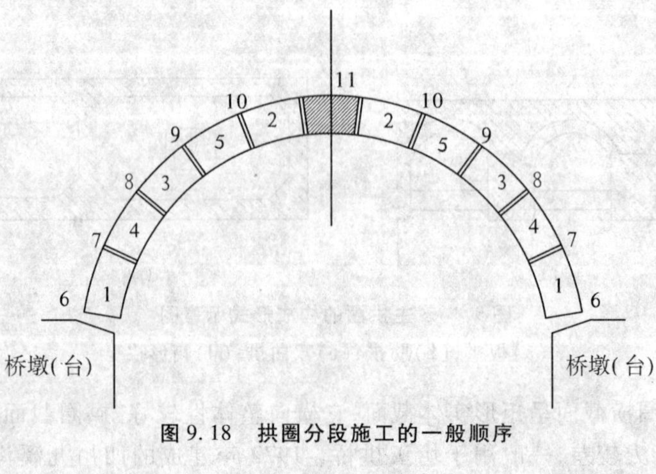

图 9.18　拱圈分段施工的一般顺序

主拱圈的拱轴线形状,对拱圈截面的应力大小将产生直接影响。一般尽量使拱轴线与荷载作用下的拱圈压力线相吻合,以减小截面的弯矩值。当不计拱圈弹性压缩及其他因素的影响时,拱在均布荷载作用下的压力线为抛物线;在由拱顶向拱脚按拱轴线形状逐渐增大的分布荷载作用下,拱的压力线将为悬链线;而圆弧线线形最简单,利于施工。故这几种线形成为拱桥中常用的拱轴线形状。

拱还可按拱上建筑的形式不同而分为实腹式拱和空腹式拱。实腹式拱是将主拱圈以上至桥面间的空间全部用填料填实,一般用于小跨径的桥梁;空腹式拱则在主拱圈以上设有横桥向贯通的腹孔,一般用于中等以上跨径的桥梁。赵州桥是现存修建最早的空腹式拱桥。

在竖直荷载作用下,作为承重结构的拱肋主要承受压力。拱桥的支座则不但要承受竖直方向的力,还要承受水平方向的力。因此拱桥对基础与地基的要求比梁桥要高。下图 9. 19 分别表示上承式拱桥(桥面在拱肋的上方)、中承式拱桥(桥面一部分在拱肋上方,一部分在拱助下方)与下承式拱桥(桥面在拱肋下方)。仅供人、言行走的拱桥可以把桥面直接铺在拱肋上。而通行现代交通工具的拱桥,桥面必须保持一定的平直度,不能直接铺在曲线形的拱肋上,因此要通过立柱或吊杆将桥面间接支承在拱肋上。

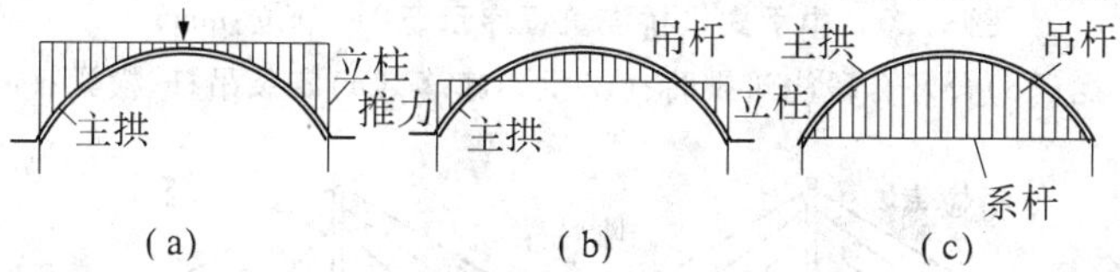

图 9. 19　拱肋的三种形式

(a)上承式拱;(b)中承式拱;(c)系杆拱(下承式)

下承式拱桥可做成系杆拱,即在拱脚处用一个称为系杆的纵向水平受拉杆件将两拱脚连接起来。此时作用于支座上的水平推力就由系杆来承受,支座不再承受水平方向的力。这样做可以减轻地基承受的荷载,特别是在地质状况不良时。如图 9. 20 所示为中承式拱桥浇筑程序示意图。

(9)斜拉桥施工

斜拉桥由主梁、斜向拉紧主梁的钢缆索以及支承缆索的索塔等部分组成,如图 9. 21 所示。斜拉桥的缆索张拉成直线形,整个结构为几何不变体,其刚度比悬索桥大。主梁同弹性支承上的连续梁的性能相似。斜拉桥的跨径一般在梁桥和悬索桥之间。1977 年法国建成的布鲁东纳桥,跨径达 320 m,是目前世界上跨径最大的预应力混凝土斜拉桥;1975 年法国建成的卢瓦尔河钢斜拉桥,主跨径为 404 m。斜拉桥在构造上有单塔或双塔、单面布索或两面布索、密索或少索等形式,索的布置也有不同的放射形式,塔、梁、墩之间铰接或固接等也有多种类型。

斜拉桥日文称“斜张桥”,德文称“斜索桥”,英文称“拉索桥(Cable Stayed Bridge)”。将梁用若干根斜拉索拉在塔在上,便形成斜拉桥,如图 9. 22 所示。与多孔梁桥对照起来看,一根斜拉索就是代替一个桥墩的(弹性)支点,从而增大了桥梁的跨度。

斜拉桥这种结构型式古已有之。但是由于斜拉索中所受的力很难计算和很难控制,所以一直没有得到发展和广泛应用。直到本世纪中,由于电子计算机的出现,解决了索力

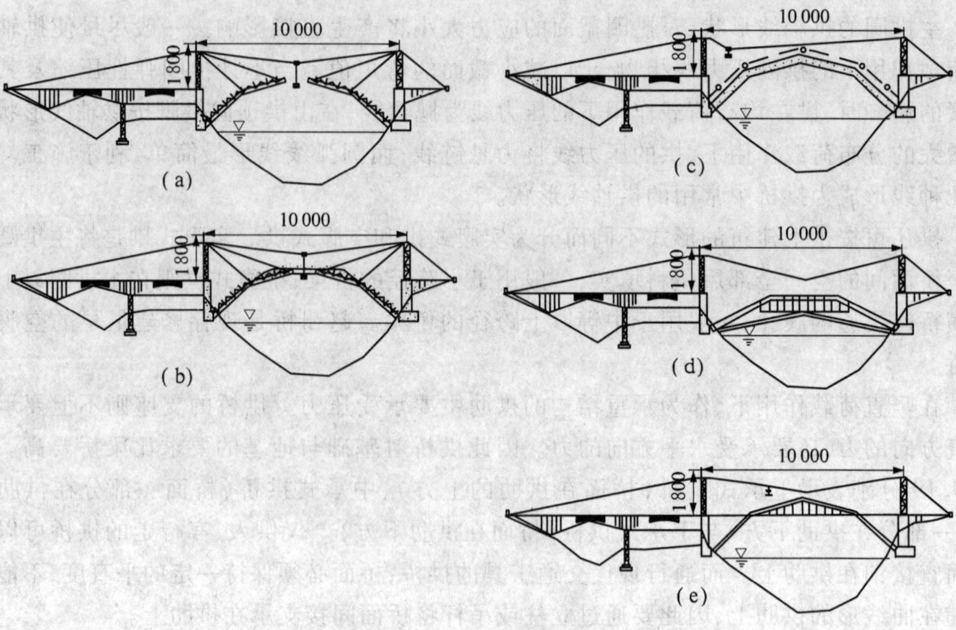

图 9.20 中承式拱桥浇筑程序示意图(单位:mm)

(a)拱架安装合拢;(b)分环分段浇筑拱肋;(c)拱架卸落;(d)安装吊杆、横梁;(e)桥面系施工

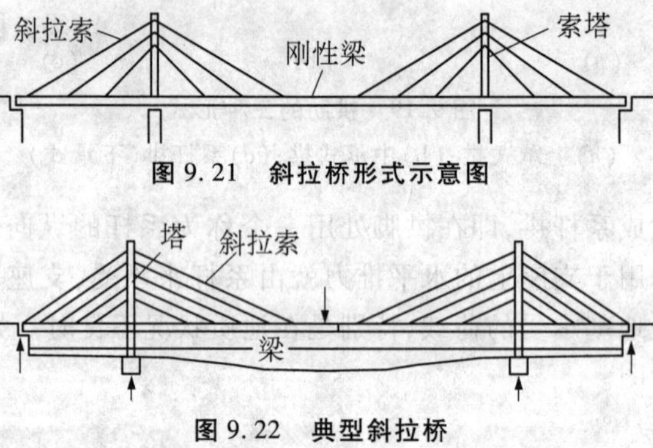

图 9.21 斜拉桥形式示意图

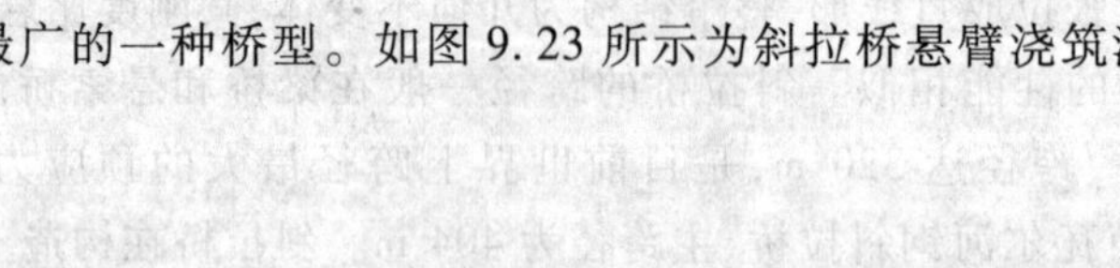

图 9.22 典型斜拉桥

计算难的问题,以及调整装置的完善,解决了索力的控制问题,使得斜拉桥成为近 50 年内发展最快,应用最广的一种桥型。如图 9.23 所示为斜拉桥悬臂浇筑法浇筑程序。

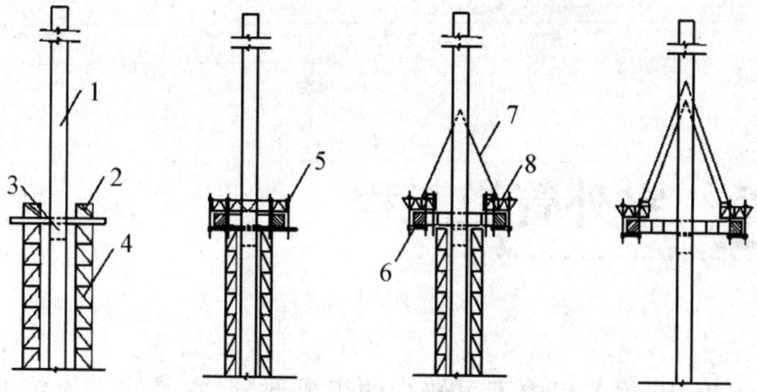

图 9.23　斜拉桥悬臂浇筑法浇筑程序

(a)支座上立模现浇;(b)拼装连体挂篮,对称浇筑梁段;(c)挂篮分解前移,对称悬浇梁段并挂索;(d)依次对称悬浇、挂索

1. 索塔;2. 立支架现浇梁段;3. 下横梁;4. 现浇支架;5. 连体挂篮;6. 悬浇梁段;7. 斜拉索;8. 悬浇挂篮

思考题

1. 试述路面结构的组成。
2. 路面的基层(底基层)可分为哪几类?
3. 试述稳定类路面基层(底层)的施工过程。
4. 试述水泥混凝土路面的优缺点。
5. 水泥混凝土路面的施工工序包括哪些?
6. 沥青类路面的类型有哪些? 各有何特点?
7. 桥梁上部结构的施工方法有哪几种? 各有何特点?
8. 装配式桥梁的安装方法有哪几种?
9. 预应力混凝土边续梁桥施工方法有哪几种? 各有何特点?
10. 悬臂施工法可分为哪几种? 各有何特点?
11. 顶推施工法的主要特点、施工程序及施工方法是什么?

第10章　室外管道工程

管道是建筑工程、市政工程中不可缺少的组成部分，它是输送流体的构件。根据用途，管道可分为给水管道、排水管道、雨水管道、热力管道、通风管道、空调管道、煤气及天然气管道、石油等燃料管道、通讯电缆线管道等；根据所用材料，管道可分为金属管和非金属管，金属管常用的是钢管、铸铁管等，非金属管常用的有塑料管（PVC）、石棉水泥管和混凝土系列的如混凝土管、钢筋混凝土管、预应力钢筋混凝土管等；根据管道与建筑物的关系，可将管道工程分为建筑工程管道（简称"室内管道"）和市政工程管道（简称"室外管道"）。本章节主要介绍市政工程管道的施工——室外管道工程。室外管道工程的施工，经常采用的方法有埋设法和架设法。

10.1　室外管道工程埋设法

室外管道工程埋设法是指将管道埋设于地面以下的方法，无论室外管道内设计考虑什么流体，室外管道工程的重点都是首先将管道根据设计要求埋入地下。它包括开槽埋管法、不开槽埋管法和水下敷设等。

10.1.1　室外管道工程开槽埋管法

室外管道工程开槽埋管法是指通过在室外开挖沟槽，将工艺设备所需要的管道埋入土体中，然后进行回填土隐蔽覆盖，并根据需要恢复原地貌的工艺施工过程。

开槽埋管法是工程实际中常用的一种方法，它具有施工方法简单的特点，特别是当管道基槽开挖深度较浅时，本方法更具有其优越性；基槽开挖后可根据不同的地质情况分别对管道及设备地基进行处理；管道布置灵活、安装方便；施工质量容易控制，工程造价比较低；可以配合挖土、回填压实等机械，施工速度快。此方法的缺点是需要将原有地面挖开，土方开挖量大；基槽开挖后，基槽开挖的深度与地下水位高低的关系、土质情况甚至天气等都会影响工程造价；如需开挖道路可能会严重影响交通，对于地面上已有而且无法移动的障碍物，此方法施工存在一定的困难。

开槽埋管法的施工工艺为：

找平、放线→基槽开挖→管沟基础垫层→管道就位、安装→管沟回填。

(1)找平、放线

室外管道工程找平、放线的方法与房屋建筑的找平、放线的方法基本一致。都是首先根据设计要求和具体方位角度，将设计要求内容在地面上放出大样；但两者间也有不同之

处,管道工程在找平、放线时更困难:

1)地理环境的影响性　根据初步放线结果,应首先对场地进行平整、找平。在建筑物放线时,由于其平面相对较小,且已经过了场地平整,场地的坡度等地理环境对放线的结果影响比较小。管道轴线放线时,由于管道长度太长,无法对整个施工平面统一找平,在测量时,地面坡度等地理环境对放线的结果影响较大,需根据具体情况进行修正。

2)放线的闭合性　建筑物放线时,可从建筑物的一个角出发,经过逐一对外围控制轴线的放线,一般总可以回到起始的那个角,从而形成一闭合的多边行;经过检查起始点与最终结束点是否重合,就可以很快复核出建筑物的放线是否正确,因此建筑物放线相对比较直观。管道工程放线则是从起点 A 出发,根据设计各段管道的方位与长度,经过逐一控制轴线的长度和方位角度的放线,最终达到管道的终点 B;管道的放线终点 B 可能会远离起始点 A,很难及时发现在放线过程中错误和超标误差,要检查放线结果很困难,因此管道工程放线工作比较困难,且不太直观。

3)误差的积累性　建筑物的每条轴线长度一般都比较短、形状比较有规则,测量距离和角度都很方便,所以测量速度比较快;管道工程中一般每段轴线比较长,距离和角度测量不规则,容易形成较大地累计误差,不宜及时发现。为减少管道工程轴线放线误差,一般首先根据设计要求,准确确定出管道的起点和终点的坐标,反算出各控制点的坐标,在放线时反复检查复核;如果管道两点间的距离较短,可采用经纬仪加测距仪的方法进行放线,如果管道线段间的距离比较远,一般应采用 GPS 定位测量法,以准确确定各控制点的具体位置;如果某管道的轴线长度太长,也可根据需要在较长的轴线的上多设定几个点,以作为进行细部测量放线的控制点。

在确定轴线放线无误后,一般应根据轴线再放出管沟的边线、闸阀门井、检查井等附属设施,以便于将来施工控制管沟开挖宽度和附属设施的尺寸等。

(2)基槽开挖

根据室外管道工程的管沟开挖的土质、管道沟的截面、开挖工程量大小及现场实际情况等综合确定管沟既经济合理,又方便可行的基槽开挖的施工方案。管沟基槽开挖时的土质分类及场地平整、挖运土方的机械设备等内容,详见第一章建筑物基坑、基槽开挖的相应内容。

管沟基槽土方在开挖前,应根据地质勘探部门的地质报告,编制经济合理、技术可行的施工方案,特别是应搞清地下管线等障碍物的情况;根据相关资料的要求,将施工区域内的地下、地上障碍物清除或处理完毕。场地表面应清理平整,做好排水坡度,在施工区域内,要挖临时性排水沟。对于危险地段应设置明显的安全警示标志。管沟在开挖前必须首先认真熟悉设计图纸,落实施工组织设计要求,对管沟的尺寸要求应注意落实,严禁超深开挖,在施工过程中应特别应注意地下障碍物。

管沟的位置及场地的定位控制线(桩),标准水平控制桩及基槽的灰线尺寸,必须经过认真测量、反复核对,检查验收合格,并办理完成预检手续。开挖的工艺流程是:

确定管沟基槽开挖的顺序和开挖基槽坡度→沿灰线切出槽边轮廓线→选择适当的机械设备或采用人工分层开挖→修整管沟基槽→清底挖至设计标高

管沟开挖时应严格按照设计图纸、施工规范和施工组织设计认真施工。管沟开挖不宜在雨季进行,否则工作面不宜过大,同时应注意尽量减少周围的雨水流入管沟内;如果管沟长度较大,应考虑在不影响敷设管道的前提下分段、分层完成;如果管道比较长、管沟横截面比较大,一般可采用机械开挖比较方便;施工管理人员在管沟基槽开挖前应认真计算好土方的调配工作,合理调配好土方。对确需土方外运的,应考虑好开挖机械与运输机械的合理配置,做到各种机械功效最高,尽量避免土方的二次搬运等工作和机械的闲置。具体内容参见第一章土方机械开挖相应内容;当地面坡度大于 18 %,且采用机械法施工时,施工机械应采取稳定措施。如采用开挖槽边弃土时,应抛于距沟槽边 0.8 m 以外,应注意下雨对管沟壁和弃土的影响,防止管沟产生塌方。

管沟开挖时,如发现地下管线,应采取有效保护措施,报有关管理部门并取得书面同意后方可按照要求进行处理。对于管沟的开挖宽度应注意考虑管道两侧工作面的尺寸,应考虑管道安装时必须具备的操作空间,在开挖前应与管道安装人员密切结合,以保证管沟截面的准确性。根据《给水排水管道工程施工及验收规范》(GB 50268 - 97)沟槽开挖要求,管道沟槽底部的开挖宽度,宜按下式计算:

$$B = D_1 + 2(b_1 + b_2 + b_2) \tag{10.1}$$

式中:B——管道沟槽底部的开挖宽度(mm);

D_1——管道结构的外缘宽度(mm);

b_1——管道一侧的工作面宽度(mm),可以按照下表 10.1 采用;

b_2——管道一侧的支撑厚度,可取 150 ~200 mm;

b_3——现场浇筑混凝土或钢筋混凝土管渠一侧模板的厚度(mm)。

表 10.1　管道一侧的工作面宽度(mm)

管道结构的外缘宽度 D_1	管道一侧的工作面宽度 b_1	
	非金属管道	金属管道
$D_1 \leqslant 500$	400	300
$500 < D_1 \leqslant 1\,000$	500	400
$1\,000 < D_1 \leqslant 1\,500$	600	600
$1\,500 < D_1 \leqslant 3\,000$	800	800

注:(1)管底需要设排水沟时,工作面宽度 b_1 应适当增加;

(2)管道有现场施工的外防水层时,每侧工作面宜取 800 mm。

管沟的开挖质量应满足:

1)不扰动天然地基或地基处理符合设计要求;

2)槽壁平整,边坡坡度符合设计施工设计要求;

3)沟槽中心线每侧的净宽不小于管道沟槽底部开挖宽度的一半;

4)槽底高程的允许偏差:开挖土方时 ±20 mm;开挖石方 -200 mm~ +20 mm。

管沟开挖与建筑基槽开挖不同处是,管沟开挖更注意标高问题;即管沟的深度确定和控制,特别应注意管沟的沟底是否需要起坡。一般按有利于排水的原则,管道沟都有一定的排水坡度,特别是排水管道,水的流动速度取决于管道的坡度,排水坡度必须满足设计要求,而且排水坡度方向还应正确。

(3)管沟基础垫层

管沟基底的土质和标高必须满足设计要求,管沟的截面必须满足设计和施工操作要求,严禁扰动基底土体;如出现超挖现象或地基需要处理等问题,应提请设计单位及时提出相应的加固处理意见。管沟基槽验收通过后,如设计要求有管沟基础垫层的,应尽快浇注管沟基础垫层,如设计不需要做垫层的,应尽快开始下一道工序,不得将开挖到位的基槽长时间地暴露在空气中。

在进行管道基础(支架)施工前,应再次复核管道基础轴线尺寸,应确保基底标高和地质情况均符合地质勘探和设计要求;根据需要和施工组织设计确定是否需要安装模板;在槽帮上或模板上划好混凝土上平标记;需要布置钢筋的应绑扎完毕,并根据要求在相关工序完成后办理相应的隐蔽手续。需要预埋基础螺栓、钢筋、预埋件等构件的,应根据设计及施工验收规范要求等,采取相应的措施确保连接可靠,并办理相应的隐蔽验收手续,确保施工结束后预埋件位置准确,在浇筑混凝土时应进行技术交底。

在浇筑混凝土时应首先将模板内的杂物清除干净,洒水润湿模板;浇筑混凝土时应注意混凝土的下料口距所浇筑混凝土表面高度不得超过 2 m,否则应设串筒或溜槽;在浇筑混凝土时应经常注意观察模板、支架、螺栓、管道、预埋件预留洞口等是否有变形或位移现象,如发生有变形或位移现象应及时进行加固;完全处理好后再继续浇筑混凝土。在冬、雨季施工时,应编制季节性施工方案,采取必要的措施,确保混凝土质量,否则不得开始施工。

管道基础施工方法类似于基槽基础施工,具体参见第一章的基槽施工部分,在管道施工时需要注意的是管道基础上表面需要具有一定的坡度,在放线时及浇注混凝土时应特别注意。

(4)管道就位、安装

按照材料划分,管道包括金属管道和非金属管道,不同材质的管道,其就位、安装的方法不相同,对管道的处理要求也不一样,具体内容参见第 10.3 节“管道安装”。

新建管道拟与已建管道相连接时,必须先复核已建管道接口高程、平面位置及水流方向等,检查结果与资料表示一致、误差在允许范围内,如确信可设计方案可行后方可开挖实施。

(5)管沟回填

管道敷设就位、安装完成后,应及时回填。回填前应具备的条件包括管道结构和水压试验两个方面,其中管道结构应满足:

1)管道施工完毕并经检验合格;

2)预制管道铺设管道现场浇筑混凝土基础的强度、接口抹带或预制构件现场装配的接缝水泥砂浆强度等级不应小于 5 N/mm^2;

3)现场浇筑混凝土管渠的强度应达到设计要求;

4)砖石砌体水泥砂浆强度应达到设计规定。压力管道沟槽回填前应满足:

5)无压管道如排水管道等的沟槽应在闭水试验合格后及时回填;

6)有压管道如给水管道在回填前应做水压试验。水压试验前,除接口外管道两侧及管顶以上的回填高度不应小于500 mm；水压试验合格后，应及时回填其余部分；

7）管径大于900 mm的钢管道，应控制管顶的竖向变形。在回填前先在管道内加支撑，将管顶略顶起，使管道的竖向直径略大；在回填完毕后再撤除支撑，使管顶回落到设计正常状态。

管沟一般用土作为回填材料，回填土的含水率，宜按土的类别和采取的压实工具控制在最佳含水率附近。应注意槽底至管顶以上500 mm范围内，不得含有有机物、冻土及颗粒大于50 mm的砖、石等硬块；在抹带接口处、防腐绝缘层或电缆周围应采用细颗粒土回填，如采用石灰土、砂、砂砾等材料作回填材料时，其质量要求应按照设计规定执行；需要拌和的回填材料，应在运入管沟内前拌和均匀，满足回填要求，不得在槽内拌和；沟槽回填时，沟槽内不得有积水，如有淤泥应清除干净，并将管沟内的砖、石、木块等杂物清除干净。

在向管沟内运送回填土或其他回填材料时，应严禁损伤管节和接口，管道两侧和管顶以上500 mm范围内的回填材料，应由沟槽两侧对称运入槽内，不得直接扔在管道上；回填其他部位时，应均匀运入沟槽内，不得集中推入。如同一沟槽内有双排或多排管道的基础底面位于同一标高时，管道之间的回填压实应与管道与槽壁间的回填压实对称进行；如高程不同时，应先回填基础较低的沟槽，当回填到较高基础底面高程时，按同高程施工工艺进行。

如管沟长度较长，可采用分段回填压实；分段压实时，相邻段的接茬应呈阶梯形，且不得漏夯。回填时，管沟内回填土或其他材料应分层压实，而且注意不得损伤管道；管道两侧和管顶500 mm范围内，应采用轻夯压实，管道两侧压实面的高差不应超过300 mm。根据采用的压实工具和要求的压实度确定回填土每层虚铺厚度。一般回填土的虚铺厚度可按表10.2采用。

表10.2　回填土每层虚铺厚度

压实工具	虚铺厚度(mm)
木夯、铁夯	≤200
蛙夯、火力夯	200～250
压路机	200～300
震动压路机	≤400

回填土每层的压实遍数，应按要求的压实度、压实工具、虚铺厚度和含水率经现场试验确定。采用木夯、铁夯、蛙夯等压实工具时，应注意夯夯相连；一般采用一夯压半夯的夯进速度。采用压路机时，其碾压重叠宽度不得小于200 mm，其行驶速度不得超过2 km/h。应根据一层虚铺厚度的用量将回填材料运入管沟内，且不得在影响压实的范围内堆料。

管道两侧回填土的压实度对混凝土、钢筋混凝土和铸铁圆形管道，其压实度不应小于90%；对钢管道，其密实度不应小于95%。有特殊要求管道的压实度，应按设计要求确定。如管道沟槽位于路基范围内时，管顶以上250 mm范围内回填土表层的压实度不应低于 87%。其他部位回填土的压实度要求参见表 10.3。

表 10.3　沟槽回填土作为路基的最小压实度

由路基底算起的深度范围（mm）	道路类别	最低压实度（%）	
		重型击实标准	轻型击实标准
≤800	快速路及主干路	95	98
	次干路	93	95
	支路	90	92
800～1 500	快速路及主干路	93	95
	次干路	90	92
	支路	87	90
≥1500	快速路及主干路	87	90
	次干路	87	90
	支路	87	90

注：(1)回填土的要求压实度，除注明者外，均为轻型击实标准的压实度；

(2)表中重型击实标准的压实度和轻型击实标准的压实度，分别以相应的标准击实试验法求得的最大干密度为 100%。

管道上面的覆土较浅，管道的承载力较低，压实工具的荷载较大，或原土回填达不到要求的压实度时，可与设计人员协商采用石灰土、砂、砂砾等材料回填，对管道采取加固措施等，以提高管道的承载能力。

对管渠等，在回填过程中如发现可能发生裂缝、位移或失稳，应在回填前采取防止措施。依具体情况确定采取相应的办法，一般可以在管渠内加支撑等。

10.1.2　室外管道工程不开槽埋管法

10.1.2.1　顶管法

(1)概述

顶管法是一种地下管道的施工方法，它不需要开挖面层，并且能够穿越公路、铁路、河川、地面建筑物、地下构筑物以及各种管线等，最早应用在 1896 年美国北太平洋铁路铺设工程施工中。我国 1953 年已开始使用此技术。1984 年前后，我国的北京、上海、南京等地先后引进国外的先进的机械式顶管设备，使我国的顶管技术上了一个新的台阶。随后也引进了一些顶管理论、施工技术和管理经验，土压平衡理论、泥水平衡理论、管接口形式和制管新技术逐渐发展起来。到目前，顶管施工随着城市建设的发展已经越来越普及，应用范围越来越广；现在的顶管长度从一次连续顶进百米已经是司空见惯的事了，最长的一次连续顶进距离可达数千米。

(2)顶管施工的基本方法

顶管施工就是借助于主顶油缸及管道中继间等的推力，把工具或掘进机从工作坑内穿过土层一直推到接收坑内吊起。与此同时，也就把紧随工具管或掘进机后的管道埋设在两坑之间，这是一种非开挖的敷设地下管道的施工方法。如图 10.1 所示为顶管施工原理图。

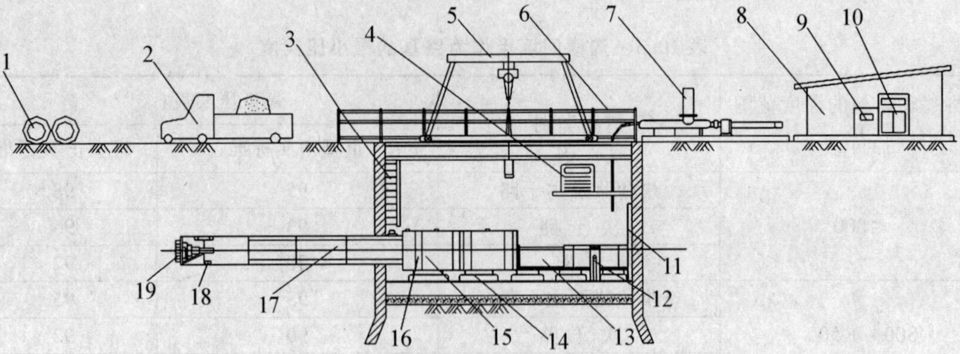

图 10.1　顶管施工

1. 混凝土管;2. 运输车;3. 扶梯;4. 主顶油泵;5. 行车;6. 安全扶梯;7. 润滑注浆系统;8. 操作房;9. 配电系统;10. 操作系统;11. 后座;12. 测量系统;13. 主顶油缸;14. 导轨;15. 弧形顶铁;16. 环形顶铁;17. 混凝土管;18. 运土车;19. 机头

顶管施工的工艺流程为:

工程开始→测量准备→放样复核→基坑构筑→工作坑设备安装(地面设备安装)→出洞准备(注浆材料准备)→挖土、运土→推进(注浆)→测量→卸管、接口安装(至挖土、运土阶段的循环施工)→进洞→取工具→全线测量→收坑→工作结束。

(3)顶管法与开槽埋管法的比较

1)顶管法与开槽相比的优点

①开挖部分仅有工作坑和接收坑,土方开挖量少,在顶管过程中,只挖去管道截面的土,比开槽施工挖土量少很多,而且安全;

②对交通影响少,建设公害少,文明施工程序比开槽埋管法施工好;

③管道不必设置基础和管座;

④施工作业人员比较少;

⑤在覆土深度大的情况下比开槽埋管法经济,工期比较短;

⑥特别适用于管道敷设距离长、埋设深度大、管道呈直线布置的工程;

⑦有些情况下,条件不允许采用开槽埋管法施工,如放坡过大,影响地面上部原有建筑或已存在的环境等。

2)顶管法与开槽相比的缺点

①顶管施工在软土层中容易发生偏差,而且纠正偏差比较困难;

②在顶管推进过程中如果遇到障碍物时,处理方法复杂;

③顶管法对曲率半径小而且多种曲线组合到一起的管道,施工难度大;

④采用此方案施工的管道容易产生不均匀沉降;

⑤在覆土浅的情况下不太经济。

⑥顶管施工具体内容详见第 11 章第 5 节顶管施工内容。

10.1.2.2　**盾构法**

盾构法是地下管道不开槽施工的工法之一,它是采取先将盾构顶进,而后用管片拼装衬砌的施工方法,广泛应用于铁路隧道、地下管沟、地下隧道等构筑物的修建工程。

盾构为一钢壳体,称为盾构壳体,是地下掘进和衬砌的施工设备,由三部分组成:按掘进方向,前部为切削环,中部为支撑环,后部为衬砌环,如图10.2 为盾构构造示意图。它是利用切削环进行切土,同时又作为工人施工的保护罩,保护工人在环内挖土、运土;在支撑环内沿掘进方向安装千斤顶等推进设备它是地下掘进和衬砌的施工设备;在衬砌环内,沿掘进隧道壁砌筑、拼装衬砌用的管片、砌块,形成与掘进隧道壁紧密相连的封闭环。当砌筑完成并达到设计要求时,可作为支撑环的反力台,利用千斤顶顶进盾构本身,如此循环直到终点,如图 10.3 盾构施工过程示意图。

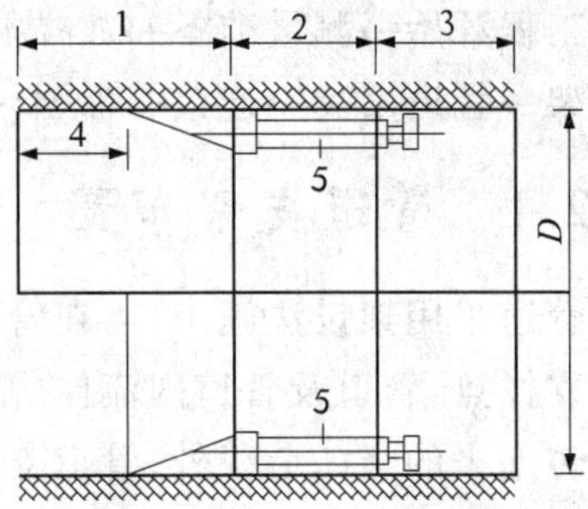

图 10.2　盾构构造示意

1. 切削环;2. 支撑环;3. 衬砌环;4. 盾檐;5. 千斤顶;*D*. 盾构直径

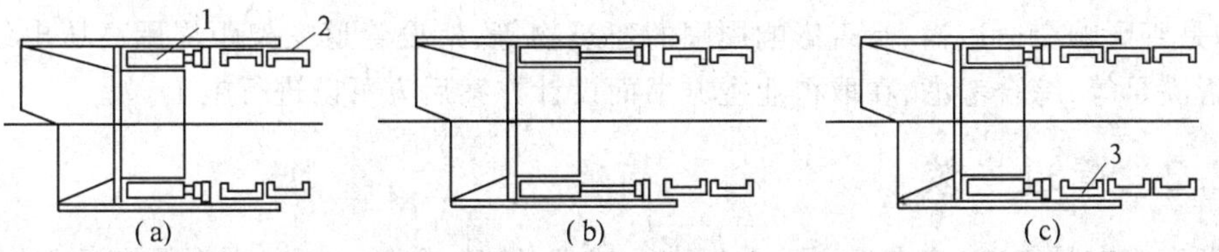

图 10.3　盾构施工过程示意图

(a)砌砌块 2;(b)顶进盾构;(c)砌砌块 2

1. 盾构千斤顶;2.3. 砌块

盾构断面可为任何形状,从受力角度考虑,多采用圆形截面。

(1)盾构法与顶管法相比的优点

1)盾构法适用的土质范围更广泛,如采用不同的掘进设备,盾构可以在岩层、砂卵石层、密实砂层、黏土层、流砂层和淤泥层中掘进,经常用于软土地层的施工;

2)在施工中就完成了隧道壁衬砌工作,洞壁塌方少,效率比较高;

3)在前进中遇见障碍物时处理比较容易;

4)可开挖曲线形隧道。

(2)盾构法与顶管法相比的缺点

1)盾构法施工时人员需要进洞内在盾构工作面施工,安全性较差;

2)盾构法一般经常用于修建大口径隧道的施工,对小洞口不经济;

10.2　室外管道工程架设法

如地下管线繁多,管道相互交叉穿行严重,地下水位高、土质差,管线经过河流或要求架空敷设等情况时,常采用管道架设法施工。管道的架设法是利用管架将管道架设在空中的施工方法,与埋设法相比,采用架设法敷设管道,管道施工方便,敷设进度快;质量容易检查、控制,对场地的地基及土质要求不高;管道维修很方便,不需要破坏地面。其施工工艺为：

工程开始→测量准备→放样复核→管道支架基础施工和管道支架加工制作→安装管道支架→管道吊装→连接→保温→试压验收→工作结束。

10.2.1 管道支架布置

管道采用架设法施工，需在管道敷设的路线上设置管道支架。管道支架是管道线路中的支撑点，管道及管道内流体的重量等荷载通过管道支架传递到地面上。除考虑承受管道传递来的竖向荷载外，管道支架还需要考虑管道轴线外的变形，抵抗风荷载产生的管道轴线外的侧向变相等，因此管道支架的基础设计、形式选择、截面尺寸、管道支架的间距和管道安装的高度等应根据管道工艺要求及使用情况综合考虑。

根据形状不同，管道支架常用的形式有T型、倒L型、门型等；根据所用的材料不同，管道支架又可以分为金属支架、非金属支架；非金属支架常采用钢筋混凝土材料。

管道支架的高度选择应首先考虑管道安装工艺要求及管道安装高度对周围环境的影响，如是否影响交通运输、是否影响周围的建筑物等，架设管道支架距周围高压电线的间距是否满足等；综合考虑，在取得业主方书面设计方案后方可以进行施工。

10.2.2 管道安装

管道应在吊装前，应在地面上首先进行校直、坡口、除锈、油漆、保温等准备工作；能够在地面上制作、安装的工作尽量在地面上进行，尽量减少高空作业的工作量；根据管道的管径、起重高度等合理选择起重设备；安装应按照设计要求先吊装就位，临时固定后进行轴线、标高检查，复核验收合格后应按照设计要求进行连接、固定，确保连接可靠、固定牢靠。

10.2.3 试压验收

管道安装完毕，必须进行气密行和压力试验，试验方法根据设计要求或规范规定进行。

10.2.4 注意事项

如采用架设法敷设管道时，需根据城市规划布置、自然环境条件、工程地质条件等合理确定管道的架设高度，管道的敷设高度应满足设计要求，不得影响交通运输，不得对其他行业或功能造成较大影响；管道的支架及管道立管敷设安装应尽量布置在不易被碰撞的地方。

管道暴露在空气中，可能会受到气温和管道内流体温度的影响较大，需考虑管道的保温、防腐等问题，特别应注意由于热胀冷缩而造成管道沿长度方向的变形，需要注意管道沿轴向方向可能产生的水平力；这个水平力可能来自管道在轴线方向无法自由膨胀、收缩变形而造成对管道支架的水平荷载，另外还有管道的挠度变形而在支架上产生的水平力，这些水平力是不能被忽视的。另外由于露天的管道容易受到天气气温和管道内流体的温度的变化的影响，在管道支架布置时应注意考虑管道的热胀冷缩现象，同时管道安装时应安装变形补偿器。在设计施工中应特别注意这类问题。

当管道内的流体可能会对管道下方的其他物体或设施造成危险时,应适当改变管道的敷设路线或采取必要的措施,确保危险不会发生。对于空旷地区,还应注意管道的避雷和接地等。

10.3　管道安装

10.3.1　概述

根据城市美化要求,一般应尽量将管道埋入地下。对于室外地下管道,应根据城市规划、自然条件及用户要求等主要因素,进行综合考虑,确定出安全可靠、经济合理的管道系统。在管道布置时应注意简短、安全、既经济合理又便于维修,一般管道应沿道路布置。在布置时一般将不需经常维修且能够承受较大荷载的管道靠道路中,而将需经常维修或不能承受较大荷载的管道沿道路旁布置,如排水管道一般布置在人行道上;注意管道内流体是否相互影响,如遇水、天然气等可能会发生危险的管道分开布置;另外对给水管道和排水管道间可能会发生污染的流体也需间隔一定的距离。

室外管道的布置应简洁,并尽可能浅埋。管道的埋深应考虑:

1)冰冻深度　为了使管道不被冻坏,要求管道必须埋设到冰冻线以下;

2)地面活荷载　为了避免管壁被地面荷载压坏,要求管道上应有一定的覆土厚度,如在车行道下管道的覆土厚度不宜小于 0.7 m,如采取措施能确保管道不受损坏时,可将覆土厚度适当减少。

3)管道与管道间的衔接　地下管道应布置合理,尽量减少位置相互矛盾事件的发生;另外对于无压力流体管道,其流动的动力是来源与该流体自身的重力,这就需要,无压力管道在敷设时应有一定的坡度,而且此坡度不能太小;如排水管,污水在流动过程中,如果排水管坡度太小,可能污水内的杂质就会在管道内沉淀,从而堵塞管道,影响管道内流体的流动。因此,地下管道应综合考虑其埋设深度。

室外管道内输送的是流体,当两管道空间位置出现矛盾时,管道敷设的原则是有压管让无压管:让无压管如排水管直线通过,让有压管如给水管从排水管上面绕过并满足一定的间距要求;如受到条件限制只能从排水管下面通过时,应将该段排水管道增加套管,确保排水管道不漏水或漏水不会影响给水的水质。

10.3.2　管道安装施工

(1)材料进场堆放

管道进入现场的堆放应选择使用方便、平整、坚实的场地,堆放时必须垫稳,堆放层高应根据管道材料、直径和场地布置等情况综合考虑,并不得超过规范规定的堆放高度。管道的橡胶密封圈应按照相应的条件及要求存放。

(2)就位入管沟

在进行管道安装时,首先将管、管件按施工设计要求摆放,摆放的位置应便于管道运送就位;如是金属管应注意选用管径相差最小的管节组对对接。在进行管道拼装时应考虑管道的起吊,如对关键部分的加强或加固、起重机械可起吊的管线长度和起吊重量等。如采用起重机时,应注意起重臂是否会碰到周围的电线等障碍物;管及管件的吊装应采用兜身吊带或专门的工具起吊,应注意轻装、轻放,不得相互撞击,也不得与管沟槽壁碰撞,如需要应适当增加管道的起吊点;在就位后应检查管线的内外防腐层和连接部件等,应对未做或有损坏的部分应进行修复。

(3)接口

管道应在沟槽地基、管基质量检验合格后安装,安装时宜自下游开始,承口朝向施工方向;接口时如果是预制管道应注意接口材料填充打实、抹平后,应注意及时覆盖养护;如果是钢管,在管节焊接时应先修口、清根、管端端面的坡口角度、钝边等,不得在对口间隙夹帮条或加热法缩小间距施焊,管径大于 800 mm 时,应采用双面焊接。如钢管采用螺纹连接,管节的切口断面应平整,偏差不得超过一扣,丝扣应光滑,不得有毛刺、乱丝、断丝,缺丝总长不得超过丝扣全长的 10%。接口紧固后易露出 2 ~3 扣螺纹。

管道安装过程中,应将管节的中心及高程逐节调整正确,安装后的管节应进行复测,合格后才可进行下道工序施工。如果合槽施工时,应先安装埋设较深的管道,当回填高程与临近管道基础高程相同时,再安装相邻的管道。管道接口时应随时清扫管内的杂物,给水管道停止安装时,两端应临时封堵;管道阀门在安装前应进行外观及启闭检验。

应注意,当管道进入建筑物地下室墙体、基础或其他构件时,需在建筑物等墙体或基础上施工时预先设置套管,让管道从套管中穿过,使管件在水平方向能自由伸缩变形;在选择套管型号时还应考虑能够使管道在套管内能有适当的变形能力,以适应建筑物、构筑物与管道间可能产生相对沉降。在考虑管道与建筑物或构筑物间可能产生水平和垂直变形的同时,还应该注意在建筑物等墙体或基础上埋设的套管处,包括管道与套管间塞封的处理等,都是容易产生渗水,因此在此处要特别注意预埋套管的施工工艺、做好防水、按照设计要求及规范塞封,确保此处既能够自由变形,又能够防水。

(4)管道闭水试验

为保证工程质量,当管道工作压力不小于 0.1 MPa 时,给排水规范规定,对管道应进行压力管道的强度及严密性试验;当管道工作压力小于 0.1 MPa 时,除设计另有规定外,管道应进行无压力管道严密性试验。因此在管节、管件安装完毕后必须进行管道水压、闭水试验。通过进行管道水压试验,可以检查和测试管道的安装是否正确,管路是否通畅,管道流量是否能够满足使用,管道的安装质量是否存在问题,是否会出现管道承压能力不够或漏水现象以及用户所需的供水压力是否能够满足要求等。

管道水压试验分段长度不宜大于 1.0 km。管道水压、闭水试验前,应做好水源的引接及排水的疏导线路的设计;试验时水应从管道的下游缓缓注入,同时在试验管段上游的中间突起处和管顶处设立排气阀,将管道内暂存的空气排除,以减小管道内空气对试验结果的影响。试验管段管满水后,宜在不大于工作压力条件下充分浸泡后再进行加压,浸泡的时间应符合规范相应的要求。水压加大到试验压力后,需保持恒压径≥10 min,检查接口、管身无破损或漏水现象,管道强度试验合格。

根据施工验收规范,管道严密性试验时,不得有漏水现象,且渗水量不超过规定允许渗水量值。例如管内径≤ϕ400 mm,且长度≤1.0 km 时,在试验压力作用下,10 min 降压≤0.05 MPa 时,可以认为管道的严密性试验合格。

对无压力管道如排水管、雨水管等,应进行管道的严密性试验。试验管段应按井距分段,且其长度≤1.0 km,带井试验;管道闭水试验时,管道及检查井外观质量已验收合格,管道未回填土及沟槽内无积水,全部预留孔洞应封堵,并不得渗水等。试验方法应严格按照规范规定的操作步骤认真实施。管道严密性试验时,应进行外观检查,不得有漏水现象,且符合允许渗水量等要求后,管道严密性试验为合格。

冬天进行管道压力强度及严密性试验时应注意气温条件的选择,以避免水在管道内受冻;试验结束后,应及时将管道内的水清放完毕,避免冬天由于冰冻而造成管道损坏。

(5)防腐、保温、回填

对埋地的金属管道应考虑防腐,钢管道的防腐包括管道内防腐和外防腐。外防腐层的构造一般常用三油两布、四油两三布和五油四布,如有设计应符合设计图纸要求;管道的外防腐应尽量在管道就位时完成。对于钢管的焊缝、接头和防腐破坏处在焊缝完成、水压试验合格后进行修补完成。对钢管内防腐层的施工,应首先将管道内的浮锈、氧化铁皮、油污等彻底清除干净,在管道的水压试验和土方回填验收合格,且管道变形基本稳定后进行。管道的防腐处理应严格按施工规范施工。

管道保温层的施工应在管道焊接、水压试验合格后进行;保温层与滑动支座、吊架、支架处应留有空隙,硬质量保温结构应留伸缩缝,施工期间,不得使保温材料受潮。

试验合格后应尽快回填,进行隐蔽,在回填时应注意打夯时不得损坏管道的保温和防腐,否则应重新挖开重新修补合格后在回填,具体回填要求参见第一节内容。

(6)冲洗消毒

给水管道在水压试验后,竣工前应对管道内部进行冲洗消毒。由于所用的水量比较大,因此冲洗时应避开用水高峰期;冲洗时以流速≥1.0 m/s 的冲洗水连续冲洗,直到从出水口处浊度、色度与管道入口处的浊度和色度相同时为止,冲洗时应保证排水管道畅通安全。另外管道应采用含量不低于 20 mg/L 氯离子浓度的清洁水浸泡 24 h,再冲洗,再直至水质管理部门取样化验合格为止。

(7)竣工验收

每道工序检验合格后,方可进行下道工序施工;施工结束并竣工验收合格后,方可以投入使用。竣工验收时,应认真核实竣工验收资料,并进行必要的复核和检查,应注意检查:

1)复核管道的位置及高程;

2)复核管道及附属构筑物的截面尺寸;

3)给水管道配件安装的位置和数量;

4)给水管道的冲洗和消毒;

5)综合的外观评价等,并填写竣工验收签定书。

管道工程竣工验收后,建设单位应按不同的专业,将有关设计、施工及验收的文件和技术资料立卷归档。

10.3.3　管道的隐蔽标志

如需要,管道在地面以上应做好明显标志,标注出地下管道内流体的内容、管道的走向、管道的埋设位置等,防止在此处再开挖时损坏管道。

思考题

1. 建筑物放线与室外管沟放线有哪些相同和不同点?
2. 管沟的开挖时应注意哪些问题?开挖质量应满足哪些?
3. 管沟回填前应具备哪些条件?回填施工时应注意哪些?
4. 不开槽埋管法有哪些?各自有什么特点?与开槽埋管法比较有哪些特点?
5. 室外管道埋设时应注意哪些?管道的埋设深度应如何考虑?
6. 压力管道与无压力管道在埋设时关系如何?如发生位置矛盾时应如何处理?
7. 管道基础(支架)施工时与建筑物基础施工相比应注意哪些问题?
8. 管道安装时应注意哪些问题?
9. 管道安装时为什么要进行水压试验?试验时应注意哪些问题?
10. 管道竣工验收时,应注意重点检查哪些内容?

第 11 章　特殊工艺施工

11.1　升板法施工

11.1.1　概述

升板法施工是多层钢筋混凝土板柱结构体系的一种施工方法。其施工工艺过程是：挖土→基础施工→回填土→柱子预制→吊装柱子→浇筑室内地坪→以地坪为胎模就地叠浇各层楼板和屋面板→柱上安设提升设备→提升屋面板及楼板→节点的最后固定及后浇柱帽→后浇板带混凝土→围护结构施工→装饰工程。图 11.1 是升板施工示意图。

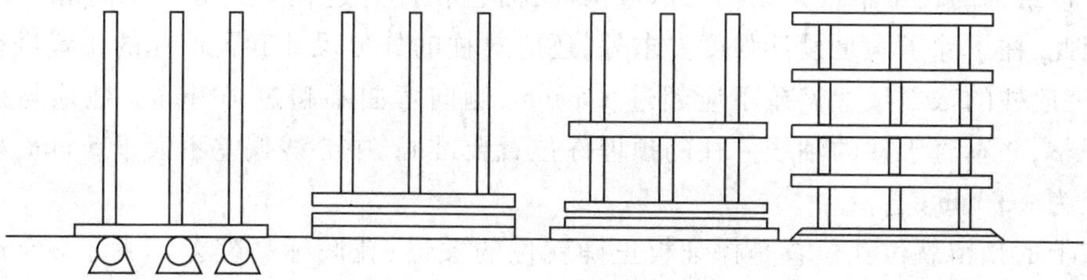

(a)　(b)　(c)　(d)

图 11.1　升板施工示意图

(a)主柱、浇筑地坪；(b)叠浇板；(c)提升板；(d)就位固定

升板施工的优点是：利用地坪作底模板叠浇楼板与屋面板，可节约大量模板；减少高空作业，降低了劳动强度，从而保证了施工安全；工序简化，施工速度快；节省施工用地；勿需大型起重设备；结构单一，装配整体式节点数量少；柱网布置灵活。但不足之处，是板的耗钢量较大；不过，如采用双向预应力板或密肋板和采用盆式提升、盆式搁置的新工艺后，便可克服耗钢量大的缺点，达到节约钢材的目的。

11.1.2　提升设备

升板法施工的关键设备是提升机。提升机分电动提升机和液压提升机两大类。目前，我国使用最广的是自升式电动螺旋千斤顶提升机，简称电动提升机或升板机。

图 11.2 所示，为电动螺旋千斤顶沿柱自升装置的简图，该装置主要包括：电动螺旋千斤顶、螺杆固定架及提升架等。

电动螺旋千斤顶是由电动机、齿轮减速箱、蜗轮与蜗杆、螺母与螺杆等组成。这种提升机在提升过程中能自行爬升，这就消除了其他提升设备需要设置在柱顶上面从而影响柱子稳定性的弊病及升差不易控制的缺点。此种提升机具有加工方便、传动可靠、提升差异小等优点；其不足之处是传动效率低，螺杆、螺帽磨损大，需经常更换。

电动螺旋千斤顶的自升过程是：①在提升的楼板下面柱上的停歇孔内插入承重销，使楼板临时支承在承重销上；②放下提升机底部的四个撑脚顶柱楼板；③去掉悬挂提升机的承重销；④开动提升机使螺母反转，此时螺杆被楼板顶住不能下降而迫使提升机沿螺杆上升，当升至螺杆顶端时停止开动，插入承重销挂住提升机；⑤取掉螺杆下端支承，抽出板下承重销继续升板。如此反复进行，使各层楼板与提升机交替上升，楼板升至楼层高即加以固定；最后在柱顶上安装一节短钢柱，用以悬挂提升机，这样便可将屋面板提升到设计标高。

所有提升机均用电路控制箱集中控制，可分别使一台、几台或全部提升机同时启闭。选择提升设备时，需考虑板的自重、施工荷载、板与板之间开始提升时的黏结力、提升过程中的振动和提升差异所引起的附加荷载。一般电动螺旋千斤顶适用于柱网为 6 m×6 m、板厚 20 cm 的升板结构。如超过上述范围，宜选用自动液压千斤顶。

11.1.3 混凝土构件的预制

11.1.3.1 柱的预制和安装

升板结构的柱子不仅是结构的承重构件，而且在提升过程中还起着承重和导向的作用。因此，柱子除了满足设计强度要求外，还应对柱的外形尺寸和预留孔的位置进行严格控制，一般柱的截面尺寸偏差不应超过 ±5 mm，侧向弯曲不超过 10 mm。柱顶与柱底表面要平整，并垂直于柱的轴线。柱的预埋件位置要准确，中心线偏差不大于 5 mm，标高允许偏差为 ±3 mm。

柱上的预留就位孔位置是保证板正确就位的关键；孔底标高偏差不大于 ±5 mm，孔的断面尺寸偏差不大于 10 mm，轴线偏差不大于 5 mm。柱上除预留就位孔外，还应根据需要按提升程序预留停歇孔，其间距按提升螺杆一次提升高度而定，一般为 1.8 m 左右。停歇孔应尽量与就位孔统一，否则，两者净距不宜小于 300 mm，其断面尺寸及质量要求与就位孔相同。

柱子安装可用一般吊装方法，如柱子较长需分段制作时，应注意保证接头质量。柱安装后的竖向偏差应控制在 1/1000 的柱高以内，同时不得大于 20 mm。

11.1.3.2 板的制作

(1)地坪的处理

柱安装后，先做混凝土地坪，再以地坪为胎模依次叠浇各层楼板和屋面板。要求地坪地基必须密实，防止不均匀沉降；地坪表面要平整，特别是柱的周围部分，更应严格控制，以确保板的底面在同一平面上，以减少搁置差异；地坪表面要光滑，以减少与板的粘结。如果地坪有伸缩缝时，应采用有效的隔离措施，以防止由于温度变化而造成板的开裂。

(2)板的分块

当建筑平面较大时，可根据结构平面布置和提升设备的数量，将板划分为若干块，每块板为一提升单元；一个提升单元的面积不宜过大，约为 20～24 根柱范围的面积；柱过

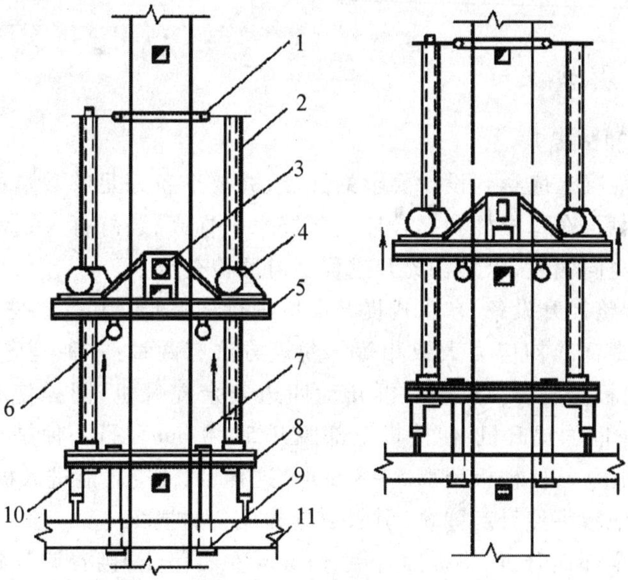

图 11.2　自动式电动穿心式提升机结构图

(a)屋(数)面板提升;(b)提升机自升

1. 螺杆固定架;2. 螺杆;3. 承重销;4. 电动螺旋千斤顶;

5. 提升机底盘;6. 导向轮;7. 柱子;8. 提升架;9. 吊杆;10. 提升架支腿;11. 楼板

多,不易控制同步,同时会增加电力供应、油压损失和设备数量。

板的分块,要求每块板的两个方向大致相等,这样能减少由于提升差异所引起的内力,对群柱稳定有利;同时也应避免出现阴角,因为提升时阴角处易出现裂缝。后浇板带的位置必须留在跨中,其宽度由于钢筋搭接长度的需要,一般为 1.0 ~ 1.5 m 左右。

(3)板的类型

板的类型一般可分为:平板式、密肋式和格梁式。

平板的厚度不宜小于柱网长边尺寸的 1/35。这种板构造简单、施工方便,且能有效利用建筑空间;但刚度差,抗弯能力弱,耗钢量大。为了增强板的刚度,降低耗钢量,则宜采用预应力平板。

密肋板由于肋间放置塑料模壳或轻质填充材料,故刚度大,自重轻,能显著地降低耗钢量。

格梁式结构是先就地叠层浇筑格梁,而将预制板在各层格梁提升前铺上,也可浇筑一层格梁即铺一层预制板,待格梁提升固定后,再在其上浇筑面层。这种结构刚度大,适用荷载及柱网大的房屋或楼层有开孔和集中荷载的房屋。但施工较复杂,需用较多的模板,且需要起重能力较大的提升设备。

(4)隔离层

板叠浇时,隔离层是关键。隔离效果不好,会使板粘结或产生过大的吸附力,从而使板在提升脱模时产生裂缝,甚至造成提升设备的损坏。

隔离层应选用易于操作、来源充足、成本低廉、效果良好的隔离材料。常用的隔离层有柴油石蜡、皂脚滑石粉和黄土石灰等隔离剂;此外,也可用乳化机油、树脂涂料、油纸、塑料布等作隔离层。

11.1.4 升板法施工

(1)提升准备和试提升

板在提升时,混凝土应达到设计要求的强度,并要准备好足够数量的停歇销、钢垫片和楔子等工具。然后,在每根柱和提升环上测好水平标高,装好标尺;板的四周准备好大线锤,并复查柱的竖向偏差,以便在提升过程中对照检查。

为了脱模和调整提升设备,在正式提升前应进行试提升。其方法是,在脱模前先逐一开动提升机,使各螺杆的初应力大致相等。脱模方法有两种:一种是先开动四角的提升机,时间约 10 s,使板分离 5 ~ 8 mm;再开动四边其余提升机,同样使板脱模,分离 5 ~ 8 mm;最后,开动中间的提升机,使楼板全部脱开 5 ~ 8 mm。另一种是从边排开始,依次逐排开动提升机约 10 s,使楼板分离 5 ~ 8 mm。这样,以便空气能进入板缝,抵消吸附力。如吸附力过大,应防板突然升起弹跳,引起裂缝和设备的损坏。

脱模后,启动全部提升机,将板提升到 30 mm 左右停止,接着调整各点提升高度,使板保持水平或形成盆状,并将观测各提升点上升高度的标尺定至零点,同时检查各提升设备的工作情况,准备正式提升。

(2)提升程序

板正式提升前,应先确定提升程序。提升程序即是各层楼板的提升顺序,它关系到柱在施工阶段的稳定性。在提升阶段柱子相当于一根底部固定的悬臂柱,提升机位置越低对稳定性越有利。因此,确定提升程序时应考虑以下两点:①提升时中间停歇,尽可能缩小板间的距离,使上层板处于较低位置时将下层板在设计位置上固定,以减少柱子的自由长度;②螺杆和吊杆拆卸次数少,并便于安装承重销。

(3)提升差异的控制

升板结构技术规范规定:提升差异不大于 10 mm;板的就位差异不大于 5 mm。因为平板在提升过程中是按等代连续梁计算的,各吊点即为连续梁的支点。各提升机如不同步,则相当于吊点位置出现不均匀支座沉陷,梁内相应产生附加弯矩。差异越大弯矩也越大,将会使板在提升过程中开裂。故升板法施工,必须严格控制提升差异,做到同步提升。

造成升差的原因主要有三方面:①调紧螺杆所产生的初始差异;②由于群机共同工作不可能完全同步而产生的提升差异;③楼板就位和中间搁置由承重销支承,由于提升积累误差和孔洞水平误差等导致承重销不在一个基准线上而产生的就位差异。

控制升差简而易行的方法是采用标尺法,即在柱上标注各层板的标高,并每隔 200 ~ 300 mm 划一条标志线;在柱边板面竖立 1 m 长的标尺,通过每根柱的标尺读数来检查升差并予以调整。此外,也可采取对提升机进行同步控制,或采用液位控制、数字控制和激光控制等方法。

为了避免板在提升过程中由于提升差异过大而产生开裂现象;亦为了减少附加弯矩,以降低耗钢量,近年在升板法施工中已采用盆式提升或盆式搁置的方法,即:使板提升后自然形成盆状,而不至于产生附加弯矩而增大用钢量。

(4)板的固定

板的固定方法，取决于板柱节点的构造，常用的有后浇柱帽、剪力块和承重销节点。

图 11.3 所示，为后浇柱帽节点，是目前升板结构中常用的一种。板搁置在承重销上就位，校正后用电焊将柱上预埋件与板孔四周预埋件以扁铁焊牢。拉出附在柱四周的柱帽钢筋，扎上箍筋，支膜后由板面上的灌浆孔灌入混凝土。

(5)提升注意事项

板在提升过程中，应经常检查机具运转情况、磨损程度，吊杆、套筒接头是否可靠，并随时观察竖向偏移情况。要求板搁置、停歇时平面位移不大于 30 mm，就位差异不大于 5 mm，提升差异不大于 10 mm。中间临时停歇时，停歇销必须放平，不得漏插，复升时不得漏拔。板应按规定的位置停歇，不得在中途悬挂停歇，如遇特殊情况不能在规定的位置停歇时，应采取必要的措施进行固定。板提升时，不得任意堆放材料设备。若需用升板提运材料设备，应经验算，在允许荷载范围内指定位置堆放。也不允许作为其他设施的支承点或缆索的支点。

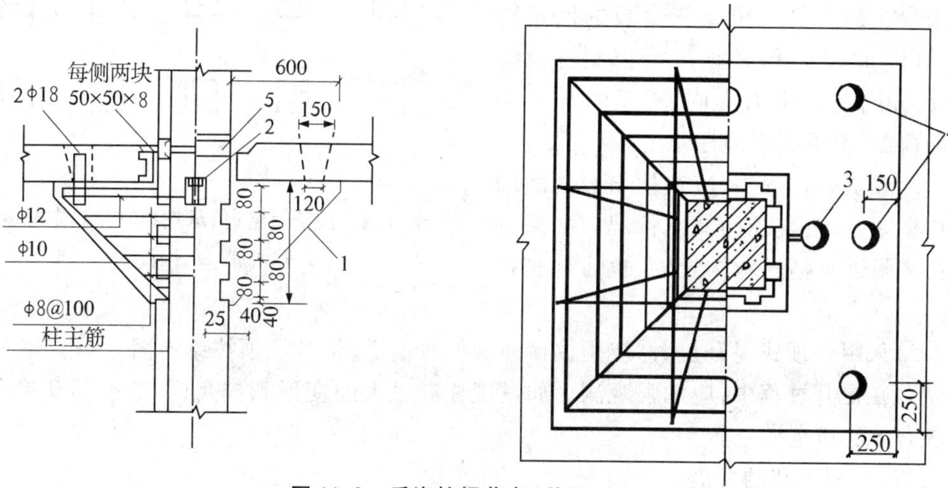

图 11.3　后浇柱帽节点(单位:m)

1. 后浇柱帽;2. 承重销;3. 提升孔;4. 满浆孔;5. 柱上埋设件

(6)提升阶段群柱的稳定

升板结构在使用阶段类似现浇无梁楼盖结构，柱与板之间为刚接，其计算简图按等代框架确定。但在提升阶段，板是通过承重销搁置在柱上，板与销之间的摩阻力只能传递横向力，不能传递弯矩，因此，板柱节点在提升阶段只能视为铰接。柱子在提升阶段为一根独立而细长的构件，除承受全部结构自重与施工荷载外，还承受水平风力。在提升阶段，各层板就位临时固定后，群柱之间即由刚度很大的平板联系在一起，可以视作铰接排架结构。所以，升板结构在使用阶段和提升阶段的计算简图有着本质的差别，柱子的长细比在提升阶段要比使用阶段大得多，而柱子的截面和配筋则又主要根据使用阶段和吊装验算确定，因此稳定问题在提升阶段变得非常突出，必须对提升阶段的柱子进行稳定验算。

在提升阶段，一般中柱受荷载较大，两边角柱受荷载较小，孤立来看，中柱会先于边角柱达到临界状态而失稳。但由于平板在平面内的刚度极大，承重销的摩阻力相当于与柱铰接的水平联杆，因此中柱的失稳要受到荷载较小的边角柱的约束，边角柱则受中柱的牵连迫使同时失稳。所以,在升板结构中的提升阶段柱不可能单独失稳,而总是群柱失稳。因此,规范规定:升板结构在提升阶段,应分别按各个提升单元进行群柱稳定验算。

升板结构在提升阶段需进行两种状态的稳定性验算,一是各层板均处于搁置状态;二是其中有一块板处于提升状态,而卿他各层板处于搁置状态。绝大多数情况是前者不利,故实际工程中,一般只对各层板处于最不利搁置状态进行验算。若验算结果表明稳定性不够时,可调整板的提升程序,或采取相应措施来提高其稳定性。其具体措施有:

1)尽早地使底层楼板达到设计标高并与柱固定。

2)吊装柱时,应使各排柱的承重销孔的方向垂直交叉(图 11.4),使柱和板的两个方向都有一定的抗弯能力。

3)对楼层高、荷载大的升板结构,可以采取在最上面两块或三块板的四角拉缆风(图 11.5),但必须严格控制各根缆风受力相同,如受力不同,等于附加一个侧向荷载,更不利于群柱稳定。

4)在提升过程中,应在柱与板之间用楔块楔紧,以改变柱的支承情况。如果升板结构附近有坚固的构筑物,也可与其拉结。

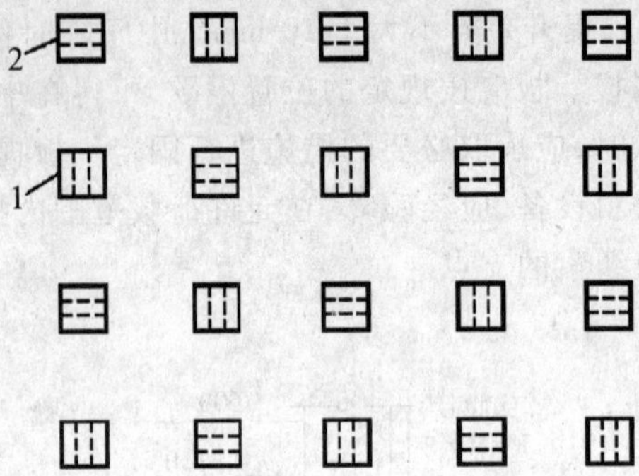

图 11.4　柱子吊装时,承重销互相垂直就位

1. 垂直销;2. 水平销

5)采用柱顶式提升机时,应用柱顶间的临时走道,将各柱顶拉结牢固。

6)在提升过程中,应加强观测。如发现柱有过大的变形和摇晃时,应及时研究原因,采取有效的稳定措施。

(7)升板工艺的发展

为了减少升板结构的耗钢量,使其具有更好的经济效果,除在设计方面要进行计算理论的探讨,简化节点构造,大力推广刚度大、自重轻的预应力平板和采用塑料模壳或轻质填充料的密肋板外;在施工方面则应不断改进施工工艺,采用盆式提升、盆式搁置,以减少提升差异和升差应力,并应尽可能地简化提升程序,提高工效,缩短工期。

目前升板结构已发展到采用"集成升板"或"升层法"施工;并将升板工艺与"滑模"、"提模"相结合,利用屋面板做工作平台和悬挂模板,在升板的过程中同时完成柱、剪力墙等主体结构的浇筑;此外,亦广泛利用升板原理和提升设备来整体提升大跨度的网架结构和重型结构。

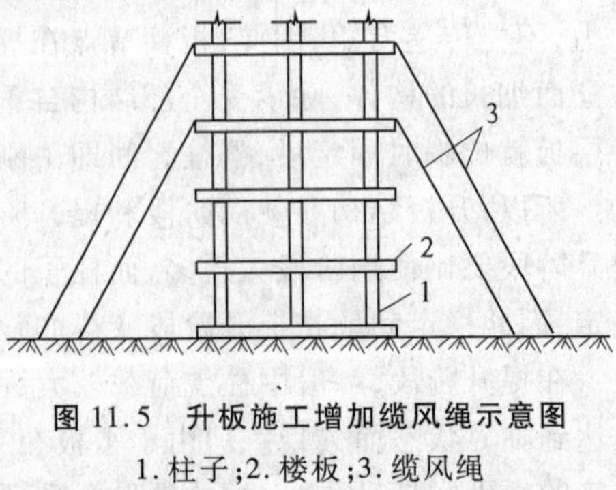

图 11.5　升板施工增加缆风绳示意图

1. 柱子;2. 楼板;3. 缆风绳

其中,"集成升板法"是将全部楼板一起提升,每到一层楼面标高处即搁置一层楼板,这样提升机只需一次行程就可完成全部楼板的提升。此法可简化提升程序,提高工效。缩短工期,进一步发挥了升板工艺的优点;但它需要大功率的提升设备和工具式的钢管柱作提升设备的支承。

"升层法"施工是从上到下将整层楼板、墙板,甚至全部建筑设备和管道安装后一起提升。此法在提升阶段亦需用工具私的钢柱作提升设备的支承。

11.2　升模法施工

11.2.1　概述

升模法是升板法的扩展,也是升板与滑模、提模工艺相结合的综合应用。其基本原理均是利用提升设备来提升模板,或在升板(升梁)的同时进行提模或滑模施工。其施工工艺原理,是将建筑物一层的墙、梁、柱的模板,通过承力架和吊杆等悬挂在固定于工具式钢柱(或劲性柱)上的电动升板机上,待混凝土浇筑拆模后,即用电动升板机将所有的模板一次提升一个楼层高度,然后重新组装和浇筑混凝土,如此逐层提升浇筑直至顶层。在模板逐层提升的同时,外挂脚手架亦随模板逐层提升,为施工操作服务,待结构施工结束,还可利用电动升板机再逐层降落外挂脚手架进行外装修。

升模施工的特点是提升不连续,需反复进行升降提升。由于墙和柱的钢筋是在操作平台和承力架之间绑扎,第一次升模后,须等绑扎完一个提升高度墙、柱的钢筋后再提升一个提升高度,然后再绑扎一个提升高度的钢筋。待一个层高内的墙、柱钢筋扎完,才能连续提升两次,使墙、柱模板下端高出楼面 1.8 m 左右,以便在楼板模板上面安装管道,绑扎楼板钢筋和浇筑混凝土。待楼板施工完后,再将墙、柱模板下降到楼板面上重新组装。如此反复进行,直至施工结束。

此法的优点是:①只需采用一套大模板进行组装,可以节约模板,尤其对超高层建筑,效果更为显著;②由于模板的垂直运输由升板机承担,从而可减少塔式起重机的运输量,且可避免 6 级以上大风对塔式起重机吊装大模板的影响,同时还可在承力架上设随升塔吊,以解决垂直运输问题;③大模板原位进行提升、组装和拆卸,能简化大模板施工,提高工效,且易于控制建筑物的垂直度;④当利用劲性钢柱代替结构中的受力筋,利用屋面结构代替承力架时,还可进一步降低工程造价。

11.2.2　升滑法施工

升滑法施工是将升板与滑模工艺相结合,利用升板的同时,带动墙体、筒体的模板往上滑升,以浇筑结构混凝土。

升滑系统的悬臂钢梁一般用槽钢制作,一端用锚栓与顶层板固定,另一端与提升架相连,模板与吊脚手均固定在提升架上。当顶层板提升至第一个停歇孔停歇后,即可开始模板组装,其顺序为:按滑模系统的设计,安装悬臂钢梁,锚栓螺母暂不扭紧;安装提升架,校正后扭紧锚栓螺母;安装滑模模板,钢筋绑扎与其配合;安装外操作平台;安装吊脚手。

在组织升滑法施工时,可采取日班提升顶层板、浇筑混凝土和滑模,夜班进行其他楼板的提升,合理利用一套自升式提升设备,使升板与滑模有机地结合,充分发挥一机多用的作用。

在升滑法施工中，当顶层板暂停歇时，为了防止模板与混凝土墙体黏结，应采取空滑措施，空滑高度不小于模板1/3的高度。同时，还应采取措施确保墙体的稳定，并应尽早地使墙体与已就位固定的板连接，形成整体。

11.2.3 升提法施工

升提法施工是，在模板中浇筑混凝土，待达到脱模强度后将模板松开，使其与混凝土墙体脱离；然后开动升板机，使顶层板带动模板往上提升一个行程；然后再固定模板，再浇混凝土和往上提升。其模板构造和组装与升滑法基本相同。

由于升提法施工，是将模板脱开墙体而提升，此时墙体处于悬空状态，为此必须采取有效措施保证墙体稳定，一般采取限制顶层板的提升高度，墙与板临时拉结，以及逐层进行墙、板、柱永久固结，以形成整体框架等稳定措施。此外，在施工中，应及时观测墙体的竖向偏差，做到每提模一次观测一次。

升提法施工，要按一定的提升程序进行，把墙体钢筋绑扎、提升顶层板、浇筑混凝土等工序有机衔接起来。一般安排是：当天上午和下午浇一个模板高的混凝土，晚上拔出对销螺栓；翌日上午松开上端松紧螺栓使模板脱开；提升顶层板；模板就位固定，墙体钢筋绑扎穿插进行。当浇筑墙体混凝土时，可按提升程序提升其他楼板。

11.3 地下连续墙及逆作法

11.3.1 地下连续墙概述

地下连续墙是近几十年来在地下工程和深基础工程中发展起来并应用较广泛的一项技术。近年来，高层建筑、地铁及各种大型地下设施日益增多，其基础埋置深度大，再加上周围环境和施工场地的限制，无法采用传统的施工方法，地下连续墙便成为深基础施工的有效手段。地下连续墙可以用作深基坑的支护结构，亦可以既作为深基坑的支护又用作建筑物的地下室外墙，后者更为经济。我国的广州白天鹅宾馆、花园饭店；北京的王府宾馆；上海的金茂大厦、国际贸易中心、地铁1号线和2号线的各车站等基础工程和地下工程皆有效地采用了地下连续墙。

地下连续墙有截水、防渗、承重、挡土等功能。多用于地下深坑的侧墙、高层建筑的基础及水工建筑结构或临时维护结构工程中。具有刚度大，整体性好，施工时无振动，噪音低，可用于任何土质，还可用于逆作法施工，也可利用土层锚杆与地下连续墙组成地下挡土结构，形成锚杆地下连续墙，对深基础施工创造更有利的条件。其缺点是成本高，施工技术较复杂，需配备专用设备，施工中用的泥浆有一定的污染性，需妥善处理，避免产生环境污染。

地下连续墙的施工过程，是利用专用的挖槽机械在泥浆护壁下开挖一定长度（一个单元槽段），挖至设计深度并清除沉渣后，插入接头管，再将在地面上加工好的钢筋笼用起重机吊入充满泥浆的沟槽内，最后采用导管法浇筑混凝土，待混凝土初凝后拔出接头管，一个单元槽段即施工结束，如此逐段施工，即形成地下连续的钢筋混凝土墙。

11.3.2　地下连续墙的施工

地下连续墙在成槽之前先要沿设计轴线施工导墙。导墙的作用是挖槽导向、防止槽段上口塌方、存蓄泥浆和作为测量的基准。导墙多呈“┐ ┌”形，深度一般 1 ~ 2 m，顶面高出施工地面，防止地面水流入槽段；内墙面应竖直，内外两导墙墙面间距为地下连续墙设计厚度加施工余量(40 ~ 60 mm)，导墙顶面应水平。导墙多为现浇钢筋混凝土结构，宜筑于密实的黏性土地基上，墙背侧用黏性土回填并夯实，防止漏浆。导墙拆模后，应立即在墙间加设支撑，且在混凝土达到规定强度之前禁止重型机械在导墙附近作业、停置和行驶，以防导墙开裂和位移。

挖槽是地下连续墙施工中的主要工序，槽宽取决于设计墙厚，一般为 600，800，1 000 mm。挖槽是在泥浆中进行，目前我国常用的挖槽设备为导板抓斗、导杆抓斗和多头钻成槽机。挖槽按单元槽段进行，挖至设计标高后要进行清槽换浆，验槽合格后放入导管压入清水，不断将槽底泥浆稀释自流或吸出，至泥浆相对密度在 1.1 ~ 1.2 以下为止。清槽后尽快地下放接头管和钢筋笼，并立即浇筑混凝土，以防槽段塌方。有时在下放钢筋笼后需要进行二次清槽。

泥浆是在挖槽过程中用来护壁，以防止槽壁塌方；在用多头钻成槽时还利用泥浆的循环将钻下的土屑携带出槽段。泥浆的成分为膨润土、水和加重剂、增黏剂、堵漏剂、分散剂等掺合物。

单元槽段的接头管是在成槽后、吊人钢筋笼之前插入，浇筑混凝土初凝后逐渐拔出的。如果地下连续墙用作主体结构侧墙或结构的地下墙，则除要求接头抗渗外，还要求接头具有足够的抗剪能力，此时就需要在接头处增加钢板使相邻槽段有机地联成整体。

钢筋笼为现场加工，为便于起重机整体(过长者亦可分段制作)起吊，需加强其刚度。插入槽段时要对准槽段徐徐下放，防上碰撞槽壁造成塌方而加大清槽的工作量。

混凝土的浇筑是在泥浆中进行的，用导管法进行水下浇筑。

11.3.3　逆作法

逆作法即地面以下工程自上向下施工。先沿工程周围施工地下连续墙，此墙即为建筑物外墙或是基坑挡土结构，同时打入框架支承柱、灌注桩或打设临时支承柱。然后开挖第一层土方到第一层地下室底面标高，施工该层的纵横梁、楼板与地下连续墙交圈，实际是利用地下室梁板作支撑系统。按照上述方法继续向下开挖并向下逐层施工；同时在已完成的地面层底面梁板结构处向上接柱子或墙板。

逆作法施工的优点是利用地下室工程的梁板作支撑，挡墙的变形小，节约大量支撑工具和投资；可以上下施工，交叉作业，施工速度快。其缺点为挖土施工比较困难；梁柱节点、纵横梁与地下连续墙的节点留筋插筋须考虑周到；吊车在楼板及梁柱上施工要有足够的承载力。

11.4　液压滑模施工

11.4.1　概述

液压滑模装置(图 11.6)是由模板系统、操作平台系统和液压滑升系统三部分组成。

模板系统包括模板、围圈和提升架等，其主要作用是成型混凝土。操作平台系统包括操作平台、辅助平台、内外吊脚手架等，是施工操作场所。液压滑升系统包括支承杆液压千斤顶和操作控制装置等，是滑升动力。这三部分通过提升架连成整体，再通过固定在提升架上的液压千斤顶支承在支承杆上。当液压千斤顶沿着支承杆向上爬升时，即带动整个滑模装置一起上升。随着滑升模板的上升，依次在模板内浇筑混凝土和绑扎钢筋，即可逐步完成结构混凝土的浇筑工作，直至达到设计所要求的标高为止。当滑升模板不断上升时，由于混凝土出模强度已能承受自重和上部新浇筑混凝土重量，故能保证已获得的结构断面不会塌落变形。

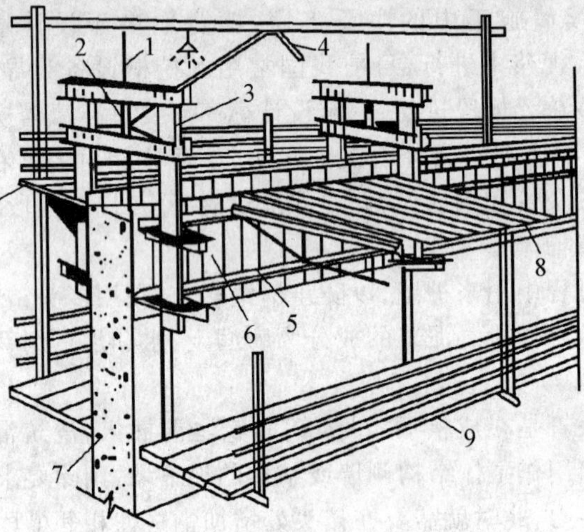

图 11.6 滑升模板组成示意图

1. 支承杆；2. 液压千斤顶；3. 油管；4. 提升架；5. 围圈；6. 模板；7. 混凝土墙体；8. 操作平台桁架；9. 内吊脚手架；10. 外吊脚手架

由于液压滑模施工具有机械化程度高、速度快、质量好；施工占地面积小，现场整洁、文明，施工安全；可大量节约模板和劳动力；可减轻劳动强度，降低工程成本等优点，故在施工中得到了广泛应用，是高层建筑和各种整体现浇混凝土结构的主要施工方法之一。

11.4.1.1 **模板系统**

(1)模板

模板宜采用 1.5 ~ 2.0 mm 厚的钢板冷弯成型，或加∟30 ×4 或∟40 ×4 的角钢肋条制成，要求形状尺寸准确，表面光滑，有足够的强度、刚度，能承受混凝土的侧压力、冲击力和滑升时的摩阻力，不发生扭曲变形，以保证滑出的混凝土表面平整。

模板应具有通用性和互换性，规格型号要尽可能少。为适应结构断面尺寸的变化，可设计一定数量的收分模板；在变截面处可设置衬板；在门、窗孔洞处可设置框模或活动模板；在梁、柱交接面的柱上可设置堵头板；在阴、阳角处宜做成整体角模。

模板可悬挂或搁置在围圈上。为减少滑升时的摩阻力，便于脱模，模板安装时，应形成上口小下口大的倾斜度(图 11.7)。单边模板的倾斜度以 0.3% ~0.4% 为宜，过大会产生漏浆现象，过小会阻碍模板滑升，使混凝土产生横向裂纹，有时甚至将新浇混凝土拉裂连同模板上升。

(2)围圈

围圈又称围檩,其作用是固定模板位置,承受模板传来的水平力和垂直力。若操作平台支承在围圈上时,还应考虑平台荷载。围圈分上下两层,沿模板外侧布置用以将模板与提升架连成整体。

(3)提升架

提升架又称千斤顶架或门架,其作用是固定围圈的位置,防止模板侧向变形,把模板系统和操作平台连成整体,承受模板和操作平台荷载,并将荷载通过千斤顶传给支承杆。

11.4.1.2 操作平台系统

(1) 操作平台

操作平台又称工作平台,平台宽度一般为 0.8 ~ 1.0 m。供运输和堆放材料、机具、设备及施工人员操作之用,有时还利用操作平台安设随升塔吊。

操作平台铺板的顶面标高,不宜低于模板上口,一般与模板上口齐平。当操作平台面积较小,或材料、设备堆放不下时,还可在操作平台上搭设一层辅助平台。利用上辅助平台作为堆放材料、设备之用,操作平台仅供浇筑混凝土、绑扎钢筋等操作之用。

(2) 内外吊脚手

内外吊脚手又称挂脚手。外吊脚手挂在提升架和外挑三角架上;内吊脚手挂在提升架和操作平台上,以供修饰混凝土表面、检查质量、调整拆除模板、支设梁底模之用。吊脚手的铺板宽度为 500 ~ 800 mm。外侧应挂安全网,每个吊杆必须安装双螺母,以确保安全。

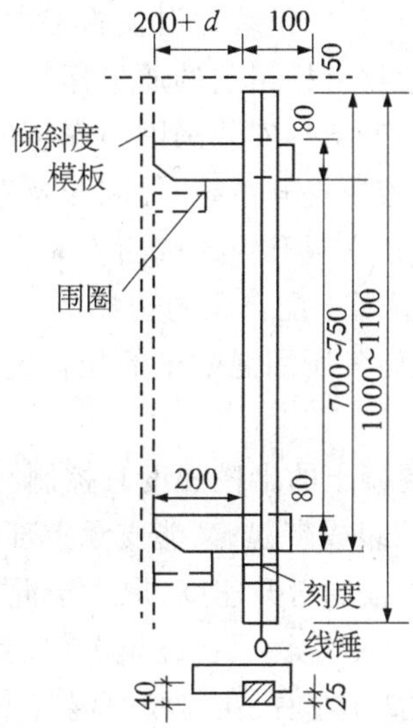

图 11.7 模板倾斜度样板(单位:mm)

d.倾斜度要求的尺寸

11.4.1.3 液压滑升系统

(1) 支承杆

支承杆又称爬杆或千斤顶杆,它埋设在混凝土内,是千斤顶向上爬行的轨道,又是滑升模板的承重轴,用以承受施工过程中的全部荷载。支承杆一般用 Φ25 mm 的 Q235 圆钢或用 Φ25 ~ Φ28 mm 的螺纹钢制成。为便于施工,支承杆的长度宜为 3 ~ 5 m,制作时,若采用圆钢需经冷拉调直,其冷拉率不大于 3%。支承杆的布置应均匀、对称且与千斤顶一致。支承杆的连接方法有丝扣连接、榫接和焊接三种;相邻支承杆的接头要相互错开,不小于 500 mm,在同一标高的接头数量不大于 25%。为此,应将最下面第一段支承杆做成四种不同的长度,每种长度相差 500mm,以后均用同一长度的支承杆接长,便能保证同一标高接头数量和接头错开的要求。

(2) 液压千斤顶

液压千斤顶按其起重能力的大小,可分为小型,起重能力为 30 ~ 50 kN;中型,起重能力为 60 ~ 120 kN；大型，起重能力为 120 kN 以上。目前我国以小型千斤顶应用最为广泛。

液压千斤顶按其卡头构造不同，可分为钢珠式和楔块式两种，并且均为穿心式单作用千斤顶。

(3) 液压控制装置

液压千斤顶的工作是通过液压传动装置来进行控制，为了便于操纵和维修，通常将电动机、油泵、油箱、压力表和控制调节装置集中安装在一起，组成液压控制台。工作时，电动机带动油泵，将压力油经换向阀、分流器、针阀和油路输送给各台千斤顶，使千斤顶带动模板系统和操作平台系统沿着支承杆向上爬升。当千斤顶达到一个行程后，电磁换向阀回油，再进行下一循环工作。

11.4.2 液压滑模的施工

(1)液压滑模的组装

滑升模板的组装是滑模施工中的重要环节，组装质量的好坏直接影响工程质量。因此，必须根据滑模组装的质量标准，严格按照技术要求和操作规程进行组装，其组装顺序为：安装提升架→安装围圈→安装模板（与扎筋配合）→组装内操作平台→安装外操作平台→安装液压提升系统、控制台及垂直运输设备→联动试运转→插人支承杆→初升检查与调整→正常提升约 3 m 后安装内外吊脚手及安全网。

(2)混凝土配合比的选择

滑模施工所用混凝土的配合比，除必须满足设计强度要求外，还应满足滑模施工的工艺要求。

1) 混凝土的出模强度宜控制在 0.2 ~ 0.4 MPa，以保证混凝土出模后，既易于抹光表面，不致拉裂或带起；又能支承上部混凝土的自重，不致流淌、塌落或变形。

2) 模板的滑升速度，取决于混凝土的出模强度、支承杆的受压稳定性和施工过程中结构的整体稳定性。在浇筑上层混凝土时，下层混凝土仍处于塑性状态。故要求初凝时间控制在 2 h 左右，在出模时混凝土应接近终凝，故要求终凝时间控制在 4 ~ 6 h。

3) 要求混凝土应有良好的和易性，宜用细粒多、粗粒少的骨料。石子最大粒径不宜大于构件截面最小尺寸的 1/8。混凝土坍落度要综合考虑滑升速度和混凝土垂直运输机械等因素。规范规定，混凝土浇筑时间的坍落度为：墙、板、梁、柱为 4 ~ 6 cm；筒壁结构及细柱为 5 ~ 8 cm；配筋特密的结构为 8 ~ 10 cm。当采用人工振捣时，坍落度可适当增加。如果由于气温条件、施工条件、水泥品种等因素的影响，混凝土凝结时间过快或过慢，在规定的滑升速度下，不能保证最优出模强度要求时，则可在混凝土中掺人缓凝剂或促凝剂。

混凝土配合比应根据工程特点、预计滑升速度、现场气温变化情况分别试配，找出几种在不同温度下初凝、终凝及强度随时间增长的关系曲线，供施工时选用。

(3)混凝土浇筑

混凝土必须分层分段均匀对称交圈浇筑，不应自一端开始单方向浇筑。以免引起操作平台的扭转。分段分层浇筑时，应做到各段在同一时间内浇完同一层混凝土。分层的厚度为 20 ~ 30 cm。每层表面高度需保持在模板上口以下 100 ~ 150 mm，并留出最上一层水平钢筋，以便继续绑扎钢筋。在浇筑混凝土的同时，应随时清理黏在模板内表面的砂浆或混凝土,以免结硬增加滑行摩阻力,影响表面光滑,造成质量事故。在模板滑升过程中,不得同时浇筑混凝土,以免产生过振和漏振现象。当气温较高时,宜先浇筑内墙,后浇筑阳光直射的外墙;先浇筑直墙,后浇筑墙角和墙垛;先浇筑较厚的墙,后浇筑薄墙。混凝土宜用振捣器或人工捣实;振捣时,不得触及钢筋、模板和支承杆;振捣棒插入下层混凝土中的深度不得超过 5 cm。混凝土浇筑要求连续进行,不留施工缝,如果特殊原因暂时停工时,应使千斤顶每隔 1 h 左右提升一次,以免混凝土与模板黏结。继续浇筑混凝土之前,尚需对施工缝进行处理。

(4)模板的滑升

模板的滑升可分为初次滑升、正常滑升和最后滑升三个阶段。

初次滑升时,应先浇筑 60 ~ 70 cm 高的混凝土,分 2 ~ 3 层浇筑,约 3 ~ 4 h 后,当混凝土达到出模强度时,将模板试升 5 cm,以观察混凝土凝固情况,判断能否脱模,滑升时间是否适宜。如混凝土不坍落,用手指按压混凝土表面,可压出指印且不黏浆,则表明可以滑升,即可进行初升。随即将模板滑升 20 ~ 30 cm,检查整个模板系统能否正常工作。

模板经初升检查调整后,便可进入正常滑升阶段。正常滑升时,绑扎钢筋、混凝土浇筑和模板滑升相互交替进行,则应以正常滑升速度分层浇筑混凝土。模板滑升速度的快慢直接影响混凝土质量和工程进度;实际滑升速度应根据混凝土凝固速度、出模强度、气温变化、劳动力组织、混凝土制备及运输能力等因素全面考虑予以确定。滑升速度过快,会造成混凝土出模后坍落、变形;过慢,会增大混凝土与模板的黏结力和摩阻力,造成滑升困难,甚至使混凝土被拉裂。适宜的滑升速度,应使出模后的混凝土表面湿润,手按有指痕,砂浆不黏手,能用抹子抹平。在正常气温条件下,滑升速度一般控制 20 ~ 25 cm/h。每次滑升的间隔时间,一般不超过 1 h,并保证在浇筑上一层混凝土时,下一层混凝土尚未凝结。若混凝土稠度大、气温高或为薄壁结构时,更宜采取在保持一定滑升速度下分多次滑升,这样可减少滑升摩阻力,避免混凝土拉裂。在滑升过程中,尤其应注意千斤顶的同步情况,及时调整升差。每次滑升时,必须使最远的千斤顶全部达到上升额定行程后方停止进油;回油时,也必须使最远千斤顶充分回油。以免因加压、回油不充分而造成升差不一致。

当混凝土浇筑至距设计标高 1 m 左右时,即进人最后滑升阶段。此时,混凝土浇筑及模板滑升速度应放慢,对模板应进行准确的找平校正工作,对混凝土顶面要抹平收光,然后继续滑升,直至模板下口与混凝土顶面脱离为止。

在模板滑升过程中,应严格控制平台和模板的水平及结构物的垂直度,并随时注意检查校正。预埋件和门窗洞口留设也应与滑升相配合,既要保证标高、尺寸、数量和位置的准确性,又不影响滑升模板的正常滑升。此外,当混凝土出模后,应随后对表面缺陷加以修补抹光,并对混凝土进行养护。

(5)建筑物垂直度的观测

高层建筑物的允许垂直偏差为建筑物高度的 1/1 000,且总偏差不得大于 50 mm。常用的观测方法有线锤观测法、经纬仪观测法和激光铅直仪观测法。线锤观测法是在操作平台上对应于建筑物中心点和四角控制点,用铅丝吊挂重约 15 ~ 25 kg 的线锤,并使线锤始终位于建筑物的底部,对照建筑物预先设置好的中心点和控制点,测量建筑物的垂直偏差和扭转程度。

经纬仪观测法是利用经纬仪，根据地面所设的控制桩，建筑物中心线桩与建筑物上所标出的对应测点进行测量，观测两点间是否在同一垂直线上。

激光铅直仪观测是利用激光铅直仪发出的竖向激光束，射到设置在操作平台中心的激光接收器上，根据激光束光斑在激光接收靶上的位置，即可观测建筑物的垂直偏差情况。采用两束垂直激光束，则可以直接观测建筑物的扭转。

11.4.3 质量事故的预防和处理

(1)支承杆失稳

支承杆失稳的原因，主要有支承杆本身不直或安装不直；操作平台荷载过大或承受荷载不均匀；遇有障碍时强行提升；相邻两千斤顶升差太大以及脱空长度过长等。当支承杆失稳而产生弯曲时必须及时处理，以免引起严重的质量安全事故。

当支承杆通过门窗孔洞或无墙楼层之间时，由于支承杆脱空过长，极易失稳而弯曲，故事先应采取木枋，或拼装的小构架、柱盒等加固措施。此外，为了预防支承杆失稳，也可将支承杆与横向钢筋连接或在支承杆外加套管等方法，以减少其自由长度。

(2)建筑物发生倾斜

建筑物发生倾斜的原因主要是操作平台不水平，使模板向一侧倾斜。影响平台水平度的因素有：平台上荷载分布不均；支承杆负载不一；产生升差后未及时调整；混凝土浇筑不均匀对称；操作平台刚度差；支承杆布置不均匀，本身不直或安装、接头不直；以及施工中受风向、日照的影响等。

纠偏的方法通常是调整平台的高差，即通过千斤顶将操作平台调升一倾斜度，其方向与建筑物倾斜方向相反，其倾斜度值最大不要超过模板的倾斜度，然后继续滑升浇筑混凝土，直至建筑物的垂直度归于正常，再将操作平台恢复水平。

此外，亦可在与倾斜方向相反的操作平台一边堆放重物；或调整混凝土浇筑方向和顺序；或在千斤顶下垫斜铁；以及用倒链、卷扬机对平台施加水平外力等方法进行纠偏。

(3)建筑物发生扭转

建筑物发生扭转的原因有：千斤顶升差不一；模板收分不均；操作平台上起重机的影响；以及浇筑混凝土时沿一个方向进行等，都可使平台产生环向力矩而导致平台和建筑物发生扭转。

纠正扭转的方法可用：浇筑混凝土时与操作平台扭转的方向相反进行；或施加一反向扭转的环向力；当建筑物为圆筒形结构时，可沿圆周等距离地布置4~8对双千斤顶，将双千斤顶设置于槽钢挑梁上，挑梁与提升架横梁相接，使提升架由双千斤顶承担，通过调整两个千斤顶的不同提升高度来纠正操作平台和模板的扭转。

(4)混凝土出现水平裂缝或断裂

混凝土出现水平裂缝或断裂的原因有：滑升速度慢，混凝土与模板黏在一起；模板内混凝土自重小于混凝土与模板的摩阻力；模板安装未预留倾斜度或产生反倾斜度；滑升过程中模板产生严重的倾斜等。

其处理方法是：加快滑升速度；调整混凝土的配合比，或加入缓凝剂；保证模板有足够的倾斜度,避免产生反倾斜度;及时纠正滑升过程中模板的倾斜状况;必须保证混凝土自重大于混凝土与模板的摩阻力,这是能否采用液压滑模施工的前提。混凝土表面已出现的细小裂纹可抹平压实;如裂缝较大,则应采用压力注浆法补强。

(5)混凝土局部坍塌

这主要是由混凝土出模强度不够,或滑升速度过快所致。可采取暂停滑升,或降低滑升速度,或在混凝土中加入早强剂等措施予以解决。已坍落的混凝土应及时清理干净,补上比原强度等级高一级的细石混凝土。

(6)混凝土表面出现"穿裙"

"穿裙"现象即是混凝土表面向外胀凸。这是由于模板一次滑升过高;每层浇筑的混凝土太厚;模板的倾斜度太大;或振捣混凝土的侧压力太大,模板刚度不够等所致。防止措施是控制每次提升高度;调整模板的倾斜度;加强模板的刚度。

11.5　顶管施工

11.5.1　概述

对于穿越铁路、公路、河流、建筑物等障碍物的铺管,或在城市交通道路繁忙区段地下铺管,不便开槽施工时,常采用顶管施工,以保证铁路、公路及城市交通道路的正常使用。

顶管施工常用的管道形状一般为各种圆形预制管,管材有钢管、普通钢筋混凝土管、各种金属管和非金属管道等。也可采用方形、矩形和其他非圆形的预制或现浇的钢筋混凝土管。

顶管施工一般用于非岩性土层,施工中若遇到岩石层、含水层或地下障碍物时再采取相应措施解决。

根据管道顶进方式不同,顶管法施工可分为掘进式顶管法和挤压式顶管法。掘进顶管法按掘土方式又分为人工掘进顶管和机械挖掘顶管;挤压式顶管法又分不出土挤压顶管和出土挤压顶管两种。

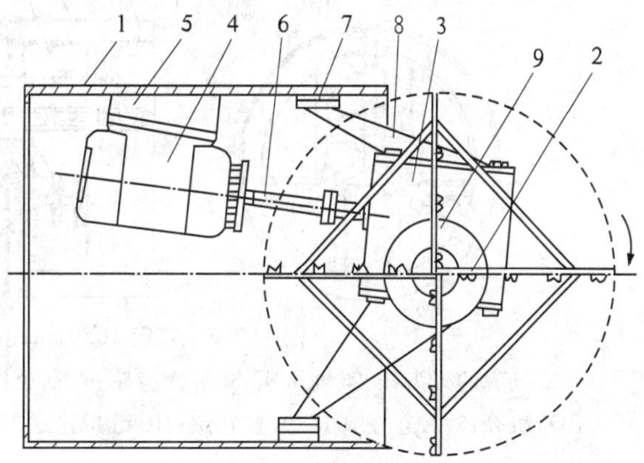

图 11.8　纵向切削挖掘设备

1. 工具管;2. 刀臂;3. 减速箱;4. 电机;5. 机座;6. 传动轴;7. 底架;8. 支撑翼板;9. 锥形筒架图

11.5.2　顶管施工的设备

顶管施工的主要设备有纵向切削挖掘设备(图 11.8)、千斤顶、导轨(图 11.9)、整体水平钻机(图 11.10)等。

11.5.3　顶管的施工

顶管法施工方法的选择,应根据管道所处土层性质、管径、地下水位、附近地上与地下建筑物、构筑物和各种设施等因素,经技术经济比较后确定。一般情况下,在黏性土或砂性土层，且无地下水影响时，宜采用人工掘进或机械挖掘式顶管法；当土质为砂砾土时，可采用具有支撑的工具管或注浆加固土层的措施，防止土体坍塌，影响顶进；在软土层且无障碍物的条件下，管顶以上土层较厚时，宜采用挤压式顶管法。

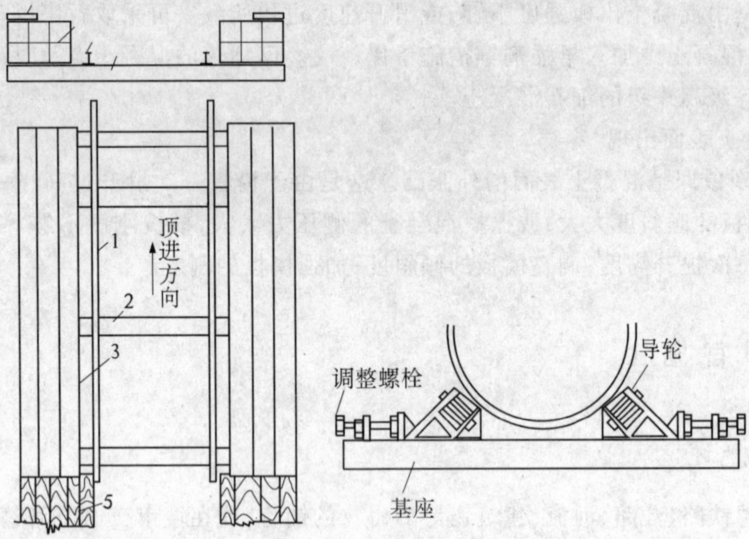

图 11.9　导轨形式

(a)轻便钢轨导轨；(b)滚轮式导轨

1. 钢轨导轨；2. 方木轨枕；3. 护木；4. 铺板；5. 平板；6. 混凝土基础

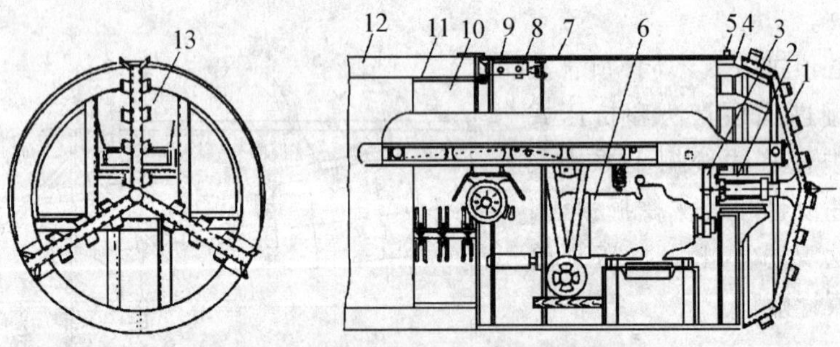

图 11.10　直径 1050 mm 整体水平钻机

1. 机头的刀齿架；2. 轴承座；3. 减速齿轮；4. 刮泥板；5. 偏心环；6. 摆钱针轮减速电机；7. 机壳；8. 校正千斤顶；9. 校正室；10. 键带输送器；11. 内涨圈；12. 管子；13. 切削刀齿

11.5.3.1　掘进顶管法

(1) 掘进顶管法施工工艺过程

开挖工作坑→工作坑底修筑基础、设置导轨→制作后背墙→顶进设置(千斤顶)安装→安放第一节管子(在导轨上)→开挖管前坑道→管子顶进→安接下一节管道→循环，见图 11.11。

(2)施工方法

掘进顶管法施工，当管径过小（小于 900 mm）时，如采用人工掘进，人在管内难以操作，也不便于在管内安放运土车辆；如采用管端机械挖土可避免上述缺点，因此当管径在 300 ~ 1 000 mm 时，宜采用螺旋水平钻进。

1）人工掘进顶管

①工作坑及其布置

a. 工作坑　工作坑又称竖井，其位置按下列条件选择：管道井室的位置；可利用坑壁土体作后背；便于排水、出土和运输；对地上与地下建筑物、构筑物易于采取保护和安全施工的措施；距电源和水源较近，交通方便；单向顶进时宜设在下游一侧。工作坑有单向坑（只向一个方向顶进的工作坑）和双向坑（向两个不同方向顶进的工作坑）。向一个方向顶进而不会因顶力增大而导致管端压裂或后背破坏所能达到的最大长度，称为一次顶进长度，单向坑最大顶进距离为一次顶进长度。一次顶进长度根据管材、顶进土质、后背和后座墙种类和强度、顶进技术、管子埋设深度等因素确定。此外工作坑还有：转向坑、多向坑、交汇坑、接收坑（每段顶进管的另一端工作坑）等，见图 11.12。工作坑坑底宽度 B，根据施工（操作面）、设备尺寸和同一坑内同时或先后顶进管道条数决定。

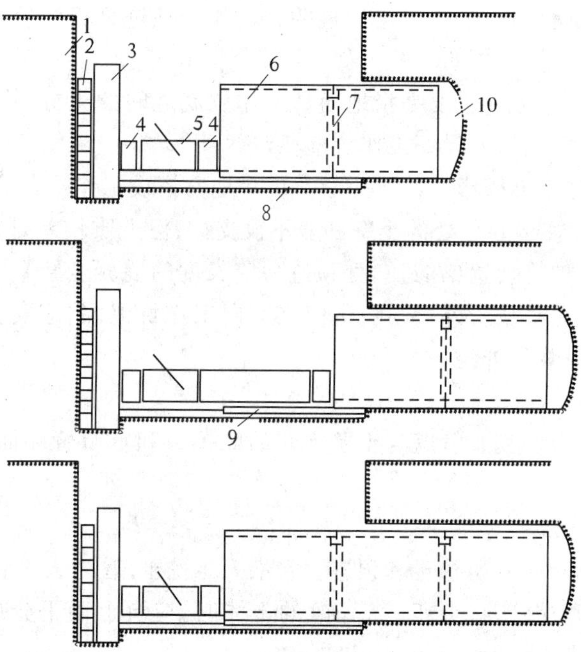

图 11.11　掘进顶管过程示意图

1. 后座墙；2. 后背；3. 立铁；4. 横铁；5. 千斤顶；6. 管子；7. 内胀圈；8. 基础；9. 导轨；10. 掘进工作面

工作坑坑底宽度，应根据施工方法及设备尺寸而定，一般可取 2.4 ~ 3.2 m。

工作坑的坑底长度按布置情况及接口形式需要决定（焊接接口的操作长度）；坑深由管道埋深和导轨基础决定。工作坑的形状一般为直槽形、阶梯形，在松散土层或饱和土层内，土质不稳定的工作坑壁应加以支护，确保施工顺利进行。此外，在工作坑内应设有测管位置的中心桩和高程桩，便于校正测量。

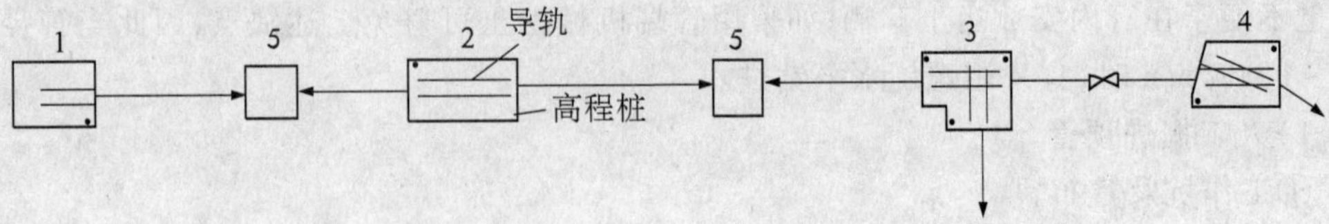

图 11.12　工作坑种类

1. 单向坑；2. 双向坑；3. 多向坑；4. 转向坑；5. 交汇坑

b. 导轨　导轨是引导管子按设计的中心线和坡度顶入土中，保证管子在顶入土中前的位置正确的装置。导轨用轻轨、重轨、型钢或滚轮做成。导轨应根据管径和管重选择确定。

c. 后座墙与后背　它是顶管设备（千斤顶）后座力的主要支承结构。后座墙经常采用厚土后座墙，用做厚土后座墙的土质一般为黏土、粉质黏土，当管顶埋深 2 ~ 4 m 浅覆土时，厚土后座墙的长度一般需 4 ~ 7 m，无法建立厚土后座墙时可修建人工后座墙。后背的作用是减少对后座墙的单位面积压力，主要有方木后背和钢板桩后背（适用于弱土层）。当工作坑为双向顶进坑时，用已顶进的管段作未顶进管段的后背，就不必设后背和后座墙。

d. 工作坑的垂直运输　主要是指地面与工作坑底之间的土方、管子和顶管设备等垂直运输。现多采用塔吊，但要保证工作坑壁稳定。

e. 工作平台　对于直槽形工作坑一般在坑口地面搭设工作平台。

f. 顶进口处理　管子入土处的土壁一般不设支撑，但土质较差时，为了防止管顶处土方塌方，可设混凝土护管装置（在进口处顶进一定长度的混凝土管）。若采用注浆加固土层顶管时，为了防止泥浆从管外壁与坑道壁之间向工作坑泄漏，应安置顶进口装置，使钢环上的橡胶垫阻止泥浆的外溢。

②顶进

顶管施工中，顶力要克服管壁与土壁之间的摩擦力和首节管端面上的抗剪强度而把管子向前顶进。

③前方人工挖土和运土

工作坑布置完毕，便开始挖土和顶进。管端人工挖土，管内人工和机械运土。

a. 挖土顺序　开挖管前（或工具管前）的土体时，应自上而下分层开挖，避免开挖不当可能给操作人员带来危险。

b. 挖掘深度　人工挖土每次挖掘深度，一般等于千斤顶的顶程。若需超挖，超挖部位和超挖量应符合以下规定：管下部 135°范围内不得超挖，以便控制管道高程；管顶以上超挖量不得大于 1.5 cm（坑壁与管顶外壁之间的空隙）；管前超挖应根据不同地区的具体情况分别确定，并制定安全保护措施？

c. 顶进注意问题　除上述超挖量外，在土质松散或有流砂时，为了保证安全和便于施工，在管前端可安装管檐，如图 11.13 所示，施工时，先将管檐顶入土中，工人在檐下挖土。或采用工具管（图 11.14）装在顶进管段的最前端，施工时把工具管先顶入土中，工人在工具管内挖土;管道在顶进过程中,应随时测量纠偏,确保偏移和旋转在允许范围内,为此有些单位要求,勤顶、勤挖、勤测、勤纠的“四勤”工作原则。

d. 运土　管前所挖土方,应及时从管内运出,以免影响顶进,或因管端堆土过多而下沉。

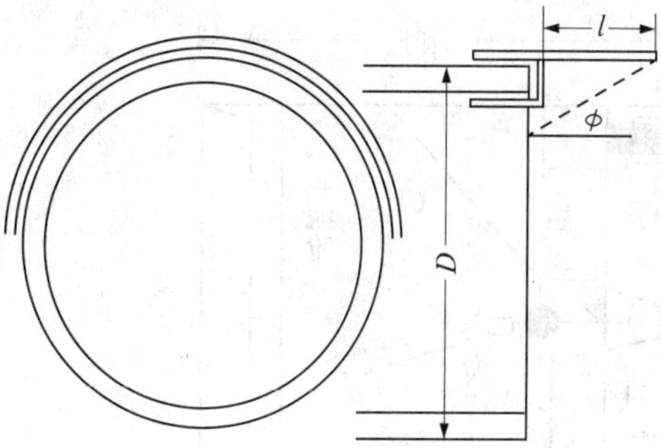

图 11.13　管檐

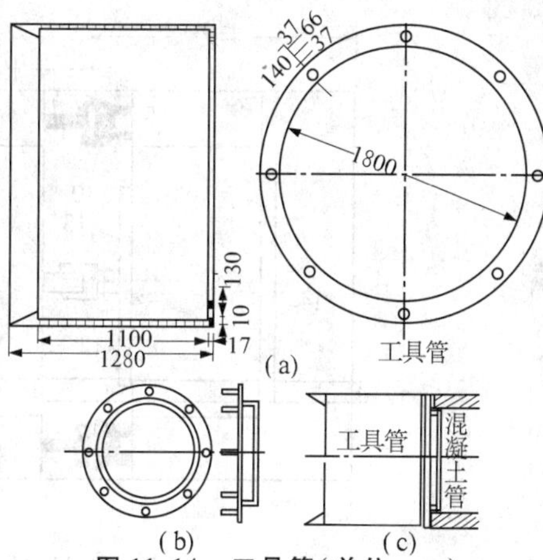

图 11.14　工具管(单位:mm)

(a)工具管;(b)工具管与钢筋混凝土管的连接设备;(c)连接方式

2) 机械掘进

由于人工掘进挖土劳动强度大,生产率低,环境恶劣,较小直径管子人工无法进入挖土,因此改用管端机械挖土方式。

机械掘进与人工掘进的工作坑布置一般相同,不同之处主要是管端挖土与运土的方法。

机械挖土方式有:切削掘进输送带运土或螺旋输送器运土,水力掘进——泥浆输送两种方式。

①切削掘进　切削掘进有工作面呈平锥形的切削轮偏心径向切削、工作面呈锥形的偏心纵向切削和偏心水平钻进法等。

②水力掘进法(图 11.15)是利用高压水枪射流将切入工作管管口的土冲碎,水和土混合成泥浆状态输送出工作坑。这种方法一般用于高地下水头的弱土层、流砂层或穿越水下的(河底、海底)饱和土层。

管子的临时连接,一节管子顶完,再将另一节管子下入工作坑。继续顶进前,应将两节管子连接好,以提高管段的整体性和减少误差。

3) 中继间顶进

顶管施工的一次顶进长度取决于顶力大小、管材强度、后座墙强度、顶进操作技术水平等。通常情况下,一次顶进长度最大达 60 ~ 100 m。当顶进距离超过一次顶进长度时,可以采用中继间顶进。中继间顶进是指当工作坑达一次顶进长度时,安设中继间继续顶进的施工方法。

中继间有两种:图 11.16 为第一种,施工结束后,拆除中继间千斤顶,而中继间钢外套环留在坑道内;所以中继间与前后管之间的连接要具有止水性能。图 11.17 为第二种,施工结束后,拆除中继间千斤顶和中继间接力环?用后中继间将前段管顶进,弥补前中继间千斤顶拆除后所留下的间隙。中继间的启动和拆除应由前向后依次进行,采用中继间的主要缺点是顶进速度降低。通常情况下,每安装一个中继间,实际每延长米顶进速度降慢一倍。但是当安装多个中继间时,间隔的中继间可以同时工作,以提高顶进速度。

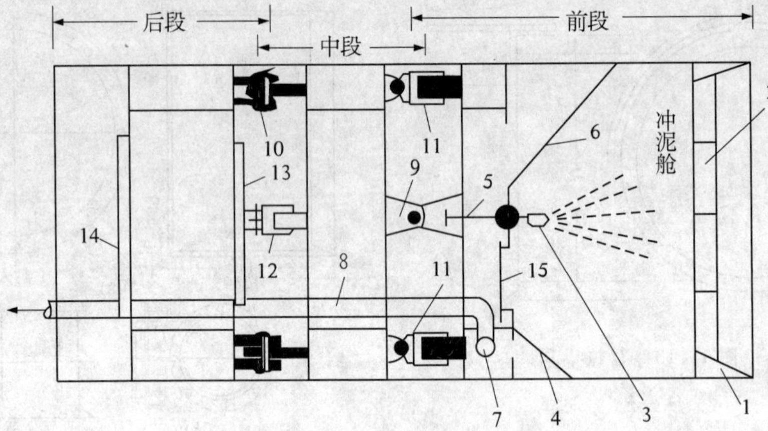

图 11.15　水力掘进工具管

1. 刃脚;2. 网络;3. 水枪;4. 格栅;5. 水枪操作氢;6. 观察窗;7. 泥浆吸口;
8. 泥浆管;9. 水平铰;10. 垂直铰;11. 上下纠偏千斤顶;12. 左右纠偏千斤顶;
13. 气阀门;14. 大水密门;15. 小水密门

11.5.3.2　挤压式顶管法

挤压式顶管法常用不出土挤压顶管(又称挤密土层法顶管)法。

不出土挤压顶管就是在管最前端安装管尖或管帽,利用千斤顶、卷扬机等设备将管子直接顶进土层内,管周围土被挤密。这种方法不出土减少了土方量,但所需顶力较大,顶力取决于管径、土质、含水量和管前设备。顶进时利用管尖可减少土与管壁的摩阻力,管尖中心角宜为:砂性土层时不宜大于 60°;粉质黏土,不宜大于 50°;黏土,不宜大于 40°。管前端若安装开口管帽,管子开始顶进时,土顶入管帽,形成塞土后,才能阻止土继续进入管内而挤密管外周围土。管前阻力较大(土塞长度一般为管径的 5 ~7 倍)。

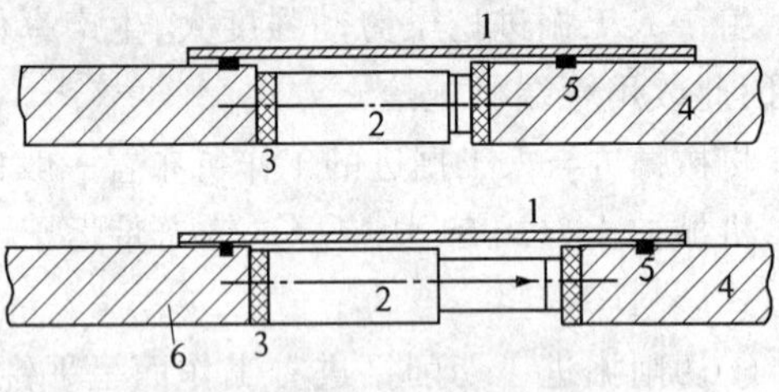

图 11.16　顶进中继间之一

1. 中继间外套;2. 中继间千斤顶;3. 垫料;
4. 前管;5. 密封环;6. 后管

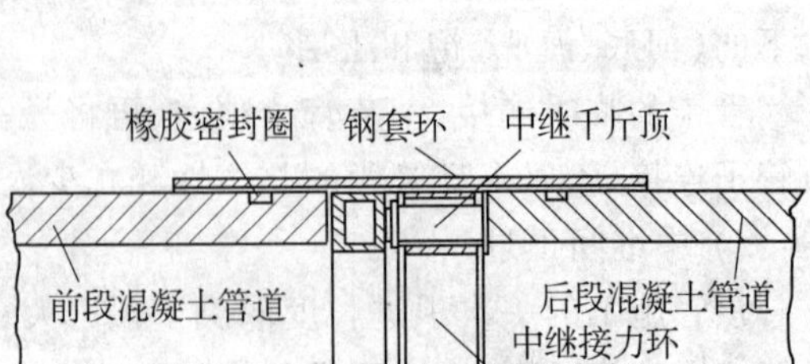

图 11.17　顶进中继间之二

在低压缩性土层中,如管道埋设较浅,或相邻管道间的净距过小,则会出现相邻管道被挤损坏及地面隆起现象。在一般土层中,采用这种方法应根据施工设计(施工方案)控制与相邻管道间的净距及距地面的深度。

这种方法适用于直径较小的钢管和水、煤气管。

11.5.4　质量检查及控制

在顶管中,管道测量分中心测量和高程测量,中心测量指管道中心位置测量,可用经纬仪测量或垂线检查;高程测量是用水准仪在工作坑内测量。但上述方法的测量精度并不准确。现常采用激光仪测量,提高测量精度。

管道在顶进过程中,每顶进 100 cm,其中心和高程测量不应少于一次;工具管进入土层过程中,每顶进 30 cm,测量不应少于一次。管道中心的误差多数发生在顶进过程中,所以校正时最常用挖土方法纠正,即管子偏向一侧少挖些土,另一侧多挖些土。

高程误差由管段下陷,管子发生错口等原因造成。

管子顶进完毕,工作坑内各种机具设备拆除后,用起重机械吊到地面。

思考题

1、试述升板施工的原理及特点?

2、升板施工中对柱的预制? 安装和板的制作有何要求?

3、升板施工时,如何控制和减少提升差异?

4、确定提升程序时应考虑哪些问题?

5、升板施工中造成升差的原因有哪些?

6、升板施工阶段为何可能产生群柱失稳,如何预防群柱失稳?

7、试述升模系统的组成及施工工艺?

8、试述“升滑”、“升提”结合工艺的原理及施工特点?

9、简述地下连续墙的作用及施工工艺过程,

10、液压滑升模板系统由哪几部分组成,各有何作用?

11、试述滑模施工工艺及液压滑升的原理?

12、滑模施工中对混凝土有何要求? 如何控制出模强度。

13、试分析滑模施工中容易出现的质量事故及相应的预防措施?

14、顶管施工的方法及常用的设备有哪些?

15、简述顶管施工的方法及其工艺过程。

第12章　施工组织概论

12.1　概论

近代的建筑施工过程是一项十分复杂的活动,其主要特点是:建筑工程的产品(房屋、构筑物)是固定的,而生产是流动的(施工工人和使用的材料、机具经常移动工作地点)。这就构成了在建筑施工中空间上的布置与时间上的排列的主要矛盾。加上建筑施工的生产周期长,综合性强,技术间歇性强,露天作业多,受自然条件影响大,产品单一,工程性质复杂;施工任务往往由不同专业的施工单位和不同工种的工人,使用各种不同的建筑材料和施工机械来共同完成,其协作配合关系亦较复杂,这就进一步增加了建筑施工中矛盾的复杂性。为了迅速完成一个建筑产品,在保证材料、物资供应的前提下,最好有尽可能多的工人和机具同时进行生产。但是建筑产品的固定性、单一性,工程性质和技术要求不同,又受气候、地形条件的影响,使它受到了限制。在建筑生产过程中,各种工人和机具,只能在同一场所,但在不同时间进行生产活动;或者在同一时间,但在不同场所进行生产活动。要顺利地进行施工,就必须优化施工组织,正确地处理这种空间上的布置和时间上的排列之间的矛盾。这个矛盾解决得好,可以保证所有的工人、机具各得其所,各得其时,各尽其能,多快好省地完成施工任务;解决得不好,就会使各种工人、机具互相妨碍,互相牵制,形成施工混乱,造成浪费,拖延工期,影响质量和安全。为此,在工程建设中,必须强化施工组织工作,充分作好施工准备,编好施工组织设计,拟定有效的施工方案,合理地规划、部署,确保施工能正常连续进行。这些问题的解决,既涉及到施工全局性的规律,也涉及到施工局部性的规律。

所谓局部性的施工规律,系指每一个工种工程的工艺原理、施工方法、操作技术、机械选用、劳动组织、工作场地布置等方面的规律。

所谓全局性的施工规律,系指凡是带有需要照顾施工的各个方面和各个阶段的联系配合问题,如全场性的施工部署、开工程序、进度安排、材料供应、生产和生活基地的规划等问题。所以,在组织施工时,一定要针对建筑施工的特点,遵循施工局部和全局的规律,从系统观点出发,深入地进行分析、论证,才能作出正确的决策,有效地、科学地组织施工。

12.2　施工组织的基本理论

12.2.1　施工组织的概念

建筑工程施工组织是研究和制定组织建筑安装工程施工全过程既合理又经济的方法和途径。它是针对不同工程施工的复杂程度来研究工程建设的统筹安排与系统管理的客观规律的一门学科。具体地说，建筑工程施工组织的任务是根据建筑产品生产的技术经济特点，以及国家基本建设方针和各项具体的技术规范、规程、标准，实现工程建设计划和设计的要求，提供各阶段的施工准备工作内容，对人、资金、材料、机械和施工方法等进行合理安排，协调施工中各专业施工单位、各工种、资源与时间之间的合理关系。

现代建筑工程是许许多多施工过程的组合体，每一种施工过程都能用多种不同的方法和机械来完成，即使是同一种工程，由于施工速度及其他许多因素的关系，所采用的方法也不同。施工组织者要善于在每一独特的场合下，找到最合理的施工方法和组织方法，并善于应用它。为此，必须运用一定的科学方法来解决建筑施工组织的问题。

12.2.2　施工组织的基本原则

(1)贯彻执行《建筑法》，坚持建设程序

《建筑法》是规范建筑活动的大法，它将我国多年来的改革与管理实践中一些行之有效的重要制度，诸如：施工许可制度、从业资格管理制度、招标投标制度、总承包制度、发承包合同制度、工程监理制度、建筑安全生产管理制度、工程质量责任制度、竣工验收制度等给予了法律肯定，这对建立和完善建筑市场的运行机制，加强建筑活动的实施与管理，提供了重要的法律依据。为此，我们在进行施工组织时，必须认真地学习《建筑法》，充分理解《建筑法》，严格贯彻执行《建筑法》，以《建筑法》作为指导建设活动的准绳。

建设程序，是指建设项目从决策、设计、施工到竣工验收整个建设过程中各个阶段及其先后顺序。上一阶段的工作为开展下一阶段创造条件，而下一阶段的实践，又检验上一阶段的设想；前后、左右、上下之间有着不容分割的联系，但不同的阶段有着不同的内容，既不能相互代替，也不许颠倒或跳越。如没有计划，设计就失去了设计的课题；而没有设计，施工就失去了技术依据；不经过竣工验收，就无法保证整个建设项目的成套投产和工程质量。

实践证明，凡是坚持建设程序，基本建设就能顺利进行，就能充分发挥投资的经济效益；反之，违背了建设程序，就会造成施工混乱，影响质量、进度和成本，甚至对建设工作带来严重的危害。因此，坚持建设程序，是工程建设顺利进行的有力保证。

(2)合理安排施工顺序

施工顺序的安排应符合施工工艺，满足技术要求，有利于组织立体交叉、平行流水作业，有利于对后续工程施工创造良好的条件，有利于充分利用空间、争取时间。例如，先准备工作，后正式工程施工；准备工作应从全场性工程开始，应先场外，后场内；先地下工程，后地上工程，地下工程又应先深后浅；先基础，后主体；先主体后装饰等。这些施工顺序，均反映了施工本身的客观规律，必须予以遵守。

(3)用流水作业法和网络计划技术组织施工

流水作业法，是组织建筑施工的有效方法，可使施工连续地、均衡地、有节奏地进行，以达到合理地使用资源，充分利用空间、争取时间的目的。

网络计划技术是当代计划管理的有效方法，具有逻辑严密、层次清晰、关键问题明确，可进行计划方案优化、控制和调整，有利于电子计算机在计划管理中的应用等优点。

(4)加强季节性施工措施，确保连续施工

为了确保连续施工，减少季节性施工的技术措施费用，在组织施工时，应充分了解当地的气象条件和水文地质条件。尽量避免把土方工程、地下工程、水下工程安排在雨季和洪水期施工，把混凝土现浇结构安排在冬期施工，高空作业、结构吊装则应避免在风季施工。对那些必须在冬雨期施工项目，则应采用相应的技术措施，既要确保连续施工、均衡施工，更要确保工程质量和施工安全。

(5)贯彻工厂预制和现场预制相结合的方针

提高建筑工业化程度.建筑技术进步的重要标志之一是建筑工业化，建筑工业化的前提条件是广泛采用预制装配式构件。在拟定构件预制方案时，应贯彻工厂预制和现场预制相结合的方针，把受运输和起重机设备限制的大型、重型构件放在现场预制，将大量的中小型构件由工厂预制。这样，既可发挥工厂批量生产的优势，又可解决受运输、起重设备限制的主要矛盾。

(6)充分发挥机械效能，提高机械化程度

机械化施工可加快工程进度，减轻劳动强度，提高劳动生产率。为此，在选择施工机械时，应充分发挥机械的效能，并使主导工程的大型机械，如土方机械、吊装机械能连续作业，以减少机械台班费用；同时，还应使大型机械与中小型机械相结合，机械化与半机械化相结合，扩大机械化施工范围，实现施工综合机械化，以提高机械化施工程度。

(7)采用国内外先进的施工技术和科学管理方法

采用先进的施工技术和科学管理方法，是促进技术进步、提高企业素质、保证工程质量、加速工程进度、降低工程成本的有力措施。为此，在拟定施工方案时，应尽可能采用行之有效的新材料、新工艺、新技术和现代化管理方法。

(8)合理地部署施工现场，尽可能地减少暂设工程

精心地进行施工总平面图的规划，合理地部署施工现场，是节约施工用地、实现文明施工、确保安全生产的重要环节。尽量利用正式工程、原有建筑物、已有设施、地方资源为施工服务，是减少暂设工程费用、降低工程成本的重要途径。

12.2.3 施工组织的依据

(1)建筑产品的特点

1) 建筑产品的固定性　一般建筑产品都是在选定的地点上建造，在建造过程中直接与地基基础连接，因此只能在建造地点固定地使用，而无法转移。这种一经建造就在空间固定的属性，叫做建筑产品的固定性。固定性是建筑产品与一般工业产品最大的区别。

2) 建筑产品的体积庞大性　建筑产品与一般工业产品相比，其体形远比工业产品

庞大,自重也大。因为无论是复杂还是简单的建筑产品,均是为构成人们生活和生产活动空间或满足某种使用功能而建造的,所以,建筑产品要占有大片的土地和大量的空间。

3) 建筑产品的多样性　建筑产品不能像一般工业产品那样批量生产,因为建筑产品不仅要满足使用功能的要求,还具有艺术价值以及体现地方或民族风格。同时,也受到建设地点的自然条件诸因素的影响,而使建筑产品在建筑形式、构造结构、装饰等方面具有千变万化的差异。

4) 建筑产品的综合性　建筑产品是一个完整的固定资产实物体系,不仅土建工程的艺术风格、建筑功能、结构构造、装饰做法等方面堪称是一种复杂的产品,而且工艺设备、采暖通风、供水供电、卫生设备、办公自动化系统、通讯自动化系统等各类设施错综复杂。

(2) 建筑施工的特点

1) 建筑施工的流动性　建筑产品的固定性决定了建筑施工的流动性。一般工业产品,生产者和生产设备是固定的产品在生产线上流动,而建筑产品则相反,产品是固定的,生产者和生产设备不仅要随着建筑物地点的变更而流动,而且还要随着建筑物施工部位的改变而在不同的空间流动。这就要求事先有一个周密的施工组织设计,使流动的人、机、物等互相协调配合,做到连续、均衡施工。

2)建筑施工的周期长　建筑产品的庞大性决定了建筑施工的工期长。建筑产品在建造过程中要投人大量的劳动力、材料、机械等,因而与一般工业产品相比,其生产周期较长,少则几个月,多则几年。这就要求事先有一个合理的施工组织设计,尽可能缩短工期。

3)建筑施工的单件性　建筑产品的多样性决定了建筑施工的单件性。不同的甚至相同的建筑物,在不同的地区、季节条件下,施工准备工作、施工工艺和施工方法等也不尽相同,因此,建筑产品的生产基本上是单个"订做",这就要求施工组织设计根据每个工程特点、条件等因素制定出可行的施工方案。

4) 建筑施工的复杂性　建筑产品的综合性决定了建筑施工的复杂性。建筑产品是露天、高空作业,甚至有的是地下作业,加上施工的流动性和个别性,必然造成施工的复杂性,这就要求施工组织设计不仅从质量技术组织方面考虑措施,还要从安全等方面考虑施工方案,使建筑工程顺利地进行施工。

5) 建筑施工协作单位多　建筑产品施工涉及面广,在建筑企业内部,要组织多专业、多工种的综合作业。在建筑企业外部,需要不同种类的专业施工企业以及城市规划、土地征用、勘察设计、公安消防、环保、质量监督、科研试验、交通运输、银行业务、物资供应等单位和主管部门协作配合。

基于以上特点,我们在施工组织初期要着眼于工程勘察、技术经济调查、基础工作准备、全工地性施工准备、单位工程施工条件准备、分部分项工程作业条件的准备。

12.3　施工组织设计

12.3.1　概念

建筑工程施工组织设计是规划和指导建筑工程投标、签订承包合同、施工准备和施工全过程的技术经济文件。

建筑工程施工组织设计的种类可以根据编制时间和编制对象的不同来划分。

若按建筑工程施工组织设计的编制时间分类,施工组织设计可以划分为两类:一类是投标前编制的施工组织设计,简称"标前设计";另一类是中标后、施工前编制的施工组织设计,简称"标后设计"。

若按建筑工程施工组织设计的工程对象分类,施工组织设计可分为三类:施工组织总设计、单位工程施工组织设计、分部工程施工组织设计。

根据《中华人民共和国建筑法》第38条的规定,对专业性较强的工程项目,应当编制专项安全施工组织设计,并采用安全技术措施。

12.3.2 内容

12.3.2.1 "标前设计"的作用及内容

(1)"标前设计"的作用

投标前的施工组织设计是为满足编制投标书和签订合同的需要编制的,它必须对投标书所要求的内容进行筹划和决策,并附入投标文件中。它的作用除了指导工程投标与签订承包合同及作为投标书的内容以外,还是总包单位进行分包招标和分包单位编制投标书的重要依据,同时也是建设单位与承包单位进行合同谈判、提出要约和进行承诺的依据,是拟定合同文本中相关条款的基础资料。

(2)"标前设计"的内容

1)工程概况　建设项目的特征、施工条件及其他有关项目建设情况。

2)施工方案　施工程序、施工方法选择、施工机械选用、劳动力和主要材料以及半成品投入量等。

3)施工进度计划　工程开工竣工日期,分期分批施工工程的开工竣工日期、施工进度控制图及说明等。

4)主要技术组织措施　保证质量的技术组织措施、保证文明安全的技术组织措施、保证进度的技术组织措施、环境污染防治的技术组织措施等。

5)其他有关投标所要求的内容。

12.3.2.2 "标后设计"的作用及内容

(1)"标后设计"的作用

中标后编制的施工组织设计的作用是满足施工项目准备和实施的需要。具体地说是指导施工前一次性准备和各阶段施工准备工作,指导施工全过程活动,提出工程施工中进度控制、质量控制、成本控制、安全控制、现场管理、各项生产要素管理的目标及技术组织措施,以达到提高综合效益的目的。

(2)"标后设计"的主要内容

施工组织设计有三种:施工组织总设计、单位工程施工组织设计及分部工程施工组织设计。其所包含的内容不尽相同,本节介绍其综合内容。

1)工程概况　工程概括中应概要地说明工程的性质、规模、建设地点、结构特点、建筑面积、施工期限、合同的要求;本地区地形、地质、水文和气象情况;施工力量、劳动力、机具、材料、构件等供应情况;施工环境及施工条件等。

2)施工部署　项目经理部的组织结构和人员配备,质量、进度、成本、安全和文明施工控制目标的决策,总包和分包的分工范围和交叉施工部署,拟投入的施工力量总规模和物资供应方式。

3)施工方案　施工程序、施工方法和施工机械的选择,新工艺、新技术、新机具、新材料、新管理方法的使用及科学实验安排等。应高度重视五新与科学实验,因为引进先进技术和科学管理方法是提高科技水平和劳动生产水平的需要。

4)施工技术组织措施　保证质量的技术组织措施、保证安全防护组织措施、控制施工进度和保证工期的措施、环境污染的防护措施、文明施工措施、降低费用措施。考虑上述措施时,应重点放在组织措施上,因它可挖掘的潜力大,效果显著。

5)施工进度计划　施工进度计划反应了最佳施工方案在时间上的安排,采用计划的形式,使得工期、成本、资源等方面通过计算和调整也达到优化配置,符合目标的要求;使工程有序地进行,做到连续和均衡施工。其中要确定施工顺序,划分施工项目,计算工程量、劳动量和机械台班量,确定各施工过程的持续时间并绘制施工进度计划图。

6)资源供应计划　根据施工进度计划编制出劳动力供应计划、材料供应计划、施工机械和大型工具供应计划、半成品供应计划、资金收支计划。上述计划既是保证施工进度计划的实施,又是市场供应的依据,是取得经济效益的主要影响因素。

7)施工平面图　布置施工所需机械、加工场地、材料、构件堆场、道路和临时设施。布置施工平面图时,应以合理用地、节约费用、文明施工为宗旨。

8)施工准备计划　施工准备工作应明确责任和完成时间,对所涉及的相关单位关系的处理重点予以安排。

9)技术经济指标　技术经济指标是用以评价施工组织设计的技术水平和综合经济效益,一般包括劳动生产率、工程质量、降低成本、施工安全、机械使用、临时工程,三材节约、施工工期等多方面。

施工组织设计的编制只是为实施拟建工程施工提供了一个可行的理想方案。这个方案正确与否,必须通过实践去检验。为此,更重要的是在施工实践中要认真贯彻、执行施工组织设计,这就是要求在开工以前应组织有关人员熟习和掌握施工组织设计的内容,逐级进行交底,提出对策措施,保证施工组织设计的贯彻执行;要建立和完善各项管理制度,明确各部门的职责范围,保证施工组织设狡的顺利实施;要加强动态管理,及时处理和解决施工中发生的突变事件和出现的主要矛盾;要不断地对施工组织设计进行检查、调整和补充,以适应变化的、动态的施工活动,达到控制目标的要求。

施工组织设计的贯彻、检查和调整,是一项经常性的工作,必须随着施工的进展情况,不断地反复进行,贯穿拟建工程项目施工过程的始终。

思考题

1. 建筑施工具有哪些特点?

2. 试述施工组织的基本原则。

3. 施工组织设计按编制时间如何分类,其特点和作用有哪些不同?

4. 试述施工组织设计的作用,如何贯彻、执行?

5. 试述建筑产品的施工特点。

6. 中标后施工组织设计的内容有哪些?

第 13 章　流水施工基本原理

13.1　流水施工概述

13.1.1　基本概念

工业生产的实践证明,流水作业法是组织生产的有效方法。流水作业法的原理同样也适用于土木工程的施工。土木工程的流水施工与一般工业生产流水线作业十分相似,不同的是,在工业生产的流水作业中,专业生产者是固定的,而各产品或中间产品在流水线上流动,由前一个工序流向后一个工序;而在土木工程施工中,产品或中间产品是固定不动的,专业施工队则是流动的,他们由前一个施工段流向后一个施工段。

在土木工程中,流水施工是指所有的施工过程按一定的时间间隔依次投入施工,各个施工过程陆续开工、陆续竣工,使同一施工过程的施工班组保持连续、均衡施工,不同施工过程尽可能平行搭接施工的组织方式,如图 13.1 所示。

在土木工程施工中,除了采用流水施工这种组织方法外,还可以采用依次施工、平行施工两种施工组织方法。我们通过以下的例题来比较三种施工组织方法,从而进一步理解土木工程施工中采用的流水施工的特点。

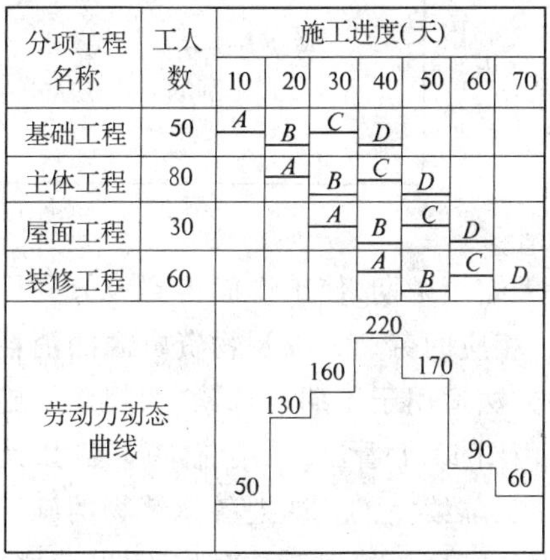

图 13.1　流水施工

例 13.1　某建筑群有 A、B、C、D 四幢相同的建筑物来组成,每幢建筑物有基础工程、主体工程、屋面工程和装修工程四个分部工程组成,完成每个分部工程的施工作业所需的时间均为 10 天,试用依次施工、平行施工和流水施工三种不同的施工组织方法对该建筑群组织施工。

由图 13.2 看出,采用依次施工时,是当第一幢建筑物竣工后才开始第二幢建筑物的施工,即按着次序一幢接一幢地进行施工。这种方法同时投入的劳动力和物资资源较少,施工现场管理简单,但各专业工作队在该工程中的工作是有间隙的,工期也拖得较长。它适用于工作面有限,规模小的工程。

由图 13.3 看出,采用平行施工时,四幢建筑物同时开工、同时竣工。这样施工显然可

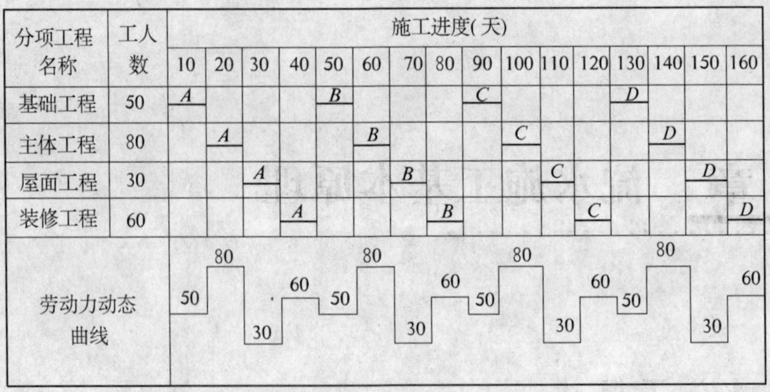

图 13.2 依次施工

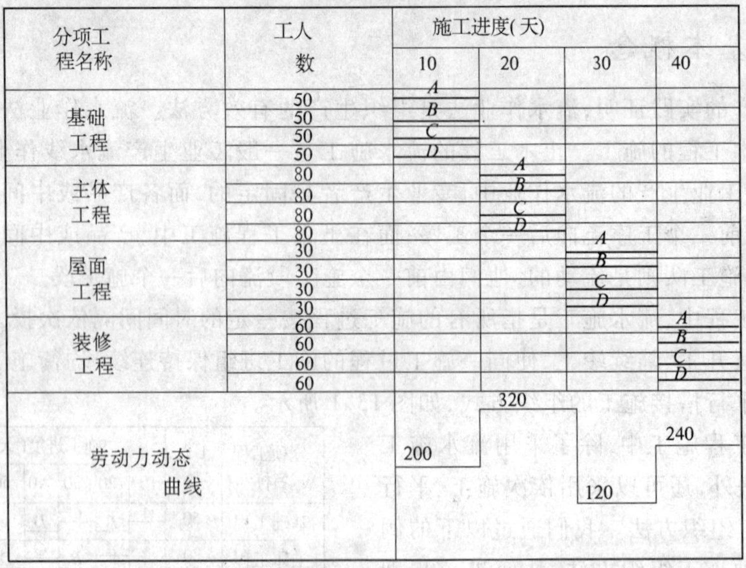

图 13.3 平行施工

以大大缩短工期,使工作面得到充分利用,但是各专业工作队同时投入工作的人数却成倍增加,相应的劳动力以及物资资源的消耗量较集中,这都会给施工带来不良的经济效果。这种方法适用于工期要求紧、大规模的施工群。

由图 13.1 看出,采用流水施工时,是将四幢建筑物依次保持一定的时间搭接起来,陆续开工,陆续完工。即把各建筑物的施工过程搭接起来,使各专业工作队的工作具有连续性,而物资资源的消耗具有均衡性,流水施工与依次施工相比工期也较短。

通过比较,可以看出流水施工的特点是:

1)单位时间内投入施工的物资资源需求量较为均衡,有利于资源供应的组织工作;

2)科学地利用了工作面,争取了时间,工期比较合理;

3)专业工作队及其工人能够连续作业,使相邻的专业工作队之间实现了最大限度的合理的搭接;

4)工作队及其工人实现了专业化施工,可使工人的操作技术熟练,更好的保证工程

质量,提高劳动生产率;

5)为文明施工和进行现场的科学管理创造了有利条件。

流水施工是一种合理的、科学的施工组织方法,它可以在土木工程施工中带来良好的经济效益。主要表现为:

1)前后施工过程衔接紧凑,消灭了不必要的时间间歇,使施工得以连续进行,后续工作尽可能提前在不同的工作面上开展,从而加快施工进度,缩短工程工期。根据各施工企业开展流水施工的效果比较,比依次施工总工期可缩短 1/3 左右;

2)各个施工过程均采用专业班组操作,可提高工人的熟练程度和操作技能,从而提高工人的劳动生产率,同时,工程质量也易于保证和提高;

3)采用流水施工,使得劳动力和其他资源的使用比较均衡,从而可避免出现劳动力和资源的使用大起大落的现象,减轻施工组织者的压力,为资源的调配、供应和运输带来方便;

4)由上述工期缩短、工作效率提高、资源消耗等因素共同作用,可以减少临时设施及其他一些不必要的费用,从而减少了工程的直接费,最终降低工程总造价。

上述经济效果都是在不需要增加任何费用的前提下取得的,可见,流水施工是实现施工管理科学化的重要组成内容,是与建筑设计标准化、构配件生产工厂化、施工机械化等现代施工内容紧密联系、相互促成的,是实现施工企业进步的重要手段。

13.1.2　流水施工图表

工程施工进度计划图表是反映工程施工时各施工过程按其工艺上的先后顺序、相互配合的关系和它们在时间、空间上的开展情况。流水施工的工程进度计划图表采用线条图表示时,按其绘制方法的不同分为水平指示图表(又称横道图)[图 13.4(a)]及垂直图表(又称斜线图)[图 13.4(b)]。

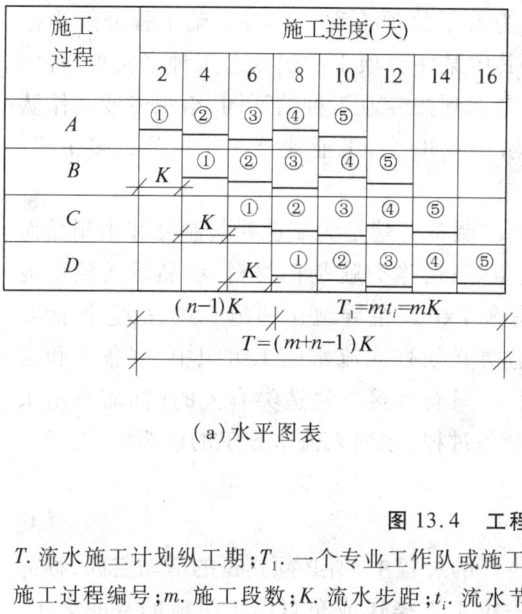

(a)水平图表

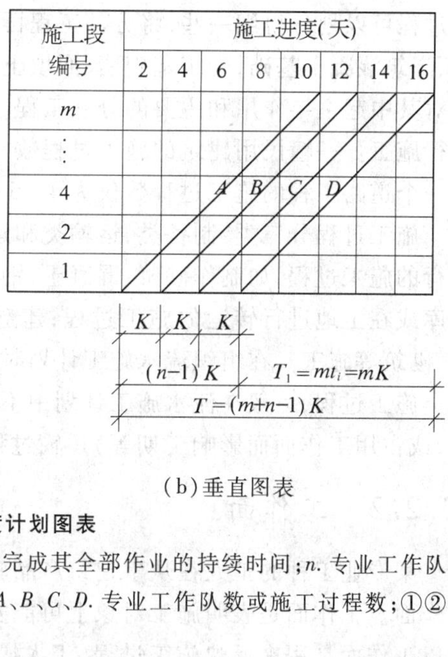

(b)垂直图表

图 13.4　工程进度计划图表

T. 流水施工计划纵工期;T_1. 一个专业工作队或施工过程完成其全部作业的持续时间;n. 专业工作队或施工过程编号;m. 施工段数;K. 流水步距;t_i. 流水节拍;A、B、C、D. 专业工作队数或施工过程数;①②③④⑤. 施工段编号水平指示图表中水平坐标表示流水施工的持续时间，纵坐标表示开展流水施工的施工过程、专业工作队名称、编号和数目，呈梯形分布的水平线段表示流水施工的开展情况。如图 13.4(a) 所示。

垂直指示图表中水平坐标表示流水施工的持续时间，纵坐标表示开展流水施工的施工段编号，斜线段表示各专业工作队或施工过程开展流水施工的情况。如图 13.4(b) 所示。垂直图表中垂直坐标的施工对象编号由下而上编写。

水平图表具有绘制简单，流水施工形象直观的优点。垂直图表能直观地反映出在一个施工段中各施工过程的先后顺序和相互配合关系，而且可由其斜线的斜率形象地反映出各施工过程的流水强度。

13.2 流水施工参数

为了说明组织流水施工时，各施工过程在时间上和空间上的开展情况及相互依存关系，必须引入一些描述流水施工进度计划图表特征和各种数量关系的参数，这些参数称为流水施工参数。

13.2.1 施工过程数(n)

一个工程的施工，通常由许多施工过程(如挖土、支模板、绑扎钢筋、浇筑混凝土等)组成，其数量用"n"来表示，称施工过程数。

施工过程的划分应按照工程对象、施工方法及计划性质等来确定。当编制控制性施工进度计划时，组织流水施工的施工过程划分可粗一些，一般只列出分部工程名称，如基础工程、主体工程、吊装工程、装修工程、屋面工程等。当编制实施性施工进度计划时，施工过程可以划分得细一些，将分部工程再分解为若干分项工程。如将基础工程分解为挖土、浇筑混凝土基础，砌筑基础墙、回填土等。其中某些分项工程仍由多工种来实现，特别是对其中起主导作用和主要的分项工程，往往考虑到按专业工种的不同，组织专业工作队进行施工。一幢民用建筑的施工过程数一般为 20 ~ 30 个，工业建筑往往划分更多一些，而一个道路工程的施工过程数仅为 4 ~ 5 个。

施工过程分三类：制备类、运输类和建造类。制备类就是为制造建筑制品和半制品而进行的施工过程，如制作砂浆、混凝土、钢筋成型等；运输类就是把材料、制品运送到工地仓库或在工地进行转运的施工过程；建造类是施工中起主导地位的施工过程，它包括安装、砌筑等施工。在组织流水施工计划时，建造类必须列入流水施工组织中，制备类和运输类施工过程，一般在流水施工计划中不必列入，只有直接与建造类有关的(如需占用工期，或占用工作面而影响工期等)运输过程或制备过程，才列入流水施工的组织中。

13.2.2 工作面

某专业工种的工人在从事建筑产品施工生产的过程中，所必须具备的活动空间，称为工作面。工作面是表明施工对象上可能安置一定工人操作或布置施工机械的空间大小，所以工作面是用来反映施工过程(工人操作、机械布置)在空间上布置的可能性。

在工作面上,前一施工过程的结束就为后一个(或几个)施工过程提供了工作面。在确定一个施工过程必要的工作面时,不仅要考虑施工过程必须的工作面,还要考虑生产效率,同时应遵守安全技术和施工技术规范的规定。

有关工种的工作面可参考表 13.1。

13.2.3　施工段数(m)

在组织流水施工时,通常把施工对象在平面上划分为劳动量相等或大致相等的若干个区段,这些区段称为施工段。它的数目用“m”表示,称为施工段数。每一个施工段在某一段时间内只供给一个施工过程使用。

施工段可以是固定的,也可以是不固定的。在固定施工段的情况下,所有施工过程都采用同样的施工段,施工段的分界对所有施工过程来说都是固定不变的。在不固定施工段的情况下,对不同的施工过程分别规定出一种施工段划分方法,施工段的分界对于不同的施工过程是不同的。固定的施工段便于组织流水施工,采用较广,而不固定的施工段则较少采用。

表 13.1　主要工种工作面参考数据

工作项目	每个技工的工作面	说明
砌砖墙	8.5 m/人	以 1 砖计,1/2 砖乘以 0.71,2 砖乘以 0.57
毛石墙基础	3 m/人	以 60 cm 砖计
毛石墙	3.3 m/人	以 40 cm 砖计
混凝土柱、墙基础	8 m^3/人	机拌、机捣
混凝土设备基础	7 m^3/人	机拌、机捣
现浇钢筋混凝土柱	2.45 m^3/人	机拌、机捣
现浇钢筋混凝土梁	3.20 m^3/人	机拌、机捣
现浇钢筋混凝土墙	5 m^3/人	机拌、机捣
现浇钢筋混凝土楼板	5.3 m^3/人	机拌、机捣
预制钢筋混凝土柱	3.6 m^3/人	机拌、机捣
预制钢筋混凝土梁	3.6 m^3/人	机拌、机捣
预制钢筋混凝土屋架	2.7 m^3/人	机拌、机捣
预制钢筋混凝土平板、空心板	1.91 m^3/人	机拌、机捣
预制钢筋混凝土大型屋面板	2.62 m^2/人	机拌、机捣
混凝土地坪及面层	40 m^2/人	机拌、机捣
外墙抹灰	16 m^2/人	
内墙抹灰	18.5 m^2/人	
卷材屋面	18.5 m^2/人	
防水水泥砂浆屋面	16 m^2/人	
门窗安装	11 m^2/人	

施工段是组织流水作业的基础,划分施工段的主要目的在于使各个施工过程的施工队能在不同的施工段上进行作业,并使各施工班组能按一定的时间间隔转移到另一个施

工段上进行连续施工,即消除等待、停歇时间,又互不干扰。

在划分施工段时,应考虑以下几点:

1)施工段的分界同施工对象的结构界限(温度缝、沉降缝和建筑单元等)应尽可能一致,以有利于结构的整体性,保证工程质量;

2)各施工段工作面大小要合理。施工段工作面不易太小,没有足够的工作面,工人操作不便既影响工效,又不安全;施工段工作面也不易太大,工作面过大,会造成工作面利用的不充分而拖延工期;

3)各施工段上所消耗的劳动量尽可能相近,以保证各施工班组连续、均衡的施工,其相差幅度不宜超过 10% ~15% ;

4)划分的施工段数要适宜。施工段数过多势必要减少人数,使工期延长;施工段数过少则会引起劳动力、机械和材料供应的过分集中,有时还会出现"断流"现象。

5)有层间关系时,施工分段又分层,应使各施工队能够连续施工,即各施工过程的工作队做完第一段,应能立即转入第二段;做完本层的最后一段,应能立即转入上面一层的第一段。因而每层最少施工段数目 $m_{\min}$ 应满足:$m_{\min} \geqslant n$ 。

例 13.2　某两层的建筑物有支模板、绑扎钢筋、浇混凝土三个施工过程组成,若分别在平面上划分成二、三、四个施工段组织施工,其结果如图 13.5、13.6 和 13.7 所示。

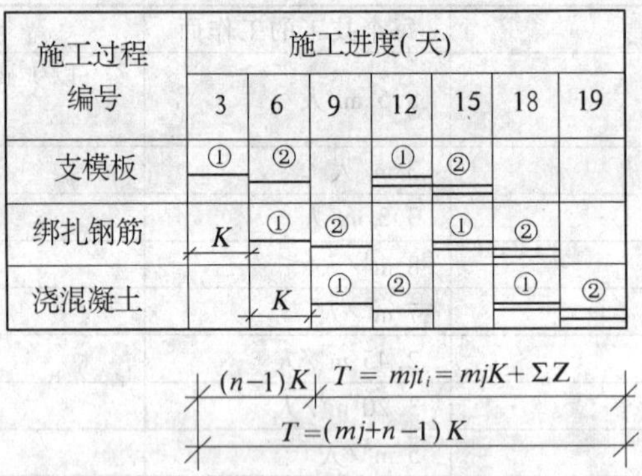

图 13.5　$m < n$ 时的流水施工图

由图 13.5 可知,当 $m < n$ 时,施工段上始终有工作队在工作,即没有停歇,工作面得到充分的利用,但工作队在一个施工过程中不能连续施工,有窝工现象,这是组织流水施工所不允许的。

由图 13.6 可知,当 $m = n$ 时,工作队连续施工,无窝工现象,而且施工段上始终有工作队在工作,即施工段上无停歇,工作面得到充分的利用,是比较理想的组织方式。

由图 13.7 可知,当 $m > n$ 时,工作队仍是连续施工,无窝工现象,但施工段有空闲停歇,而这种停歇有时是必要的。

13.2.4　施工层数(j)

在多高层建筑物的流水施工中,施工流向有两重意义。平面上,是按照施工段的划分而进行的,从一个施工段向另一个施工段逐步进行;而在垂直高度方向上则由下向上、逐层进行,第一层的各个施工过程完工后,自然就形成了第二层的工作面,于是不断循环,直

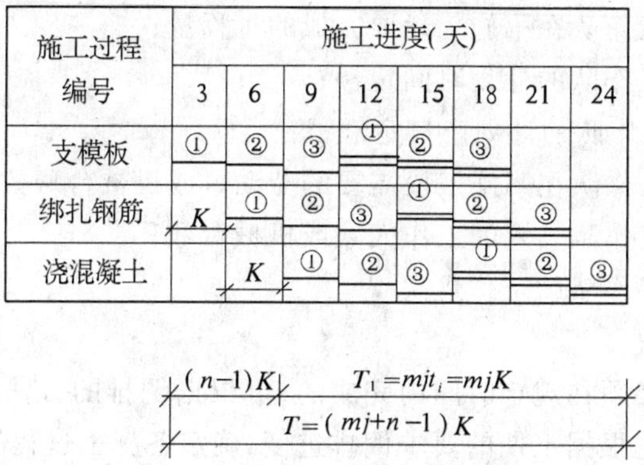

图 13.6 $m=n$ 时的流水施工图

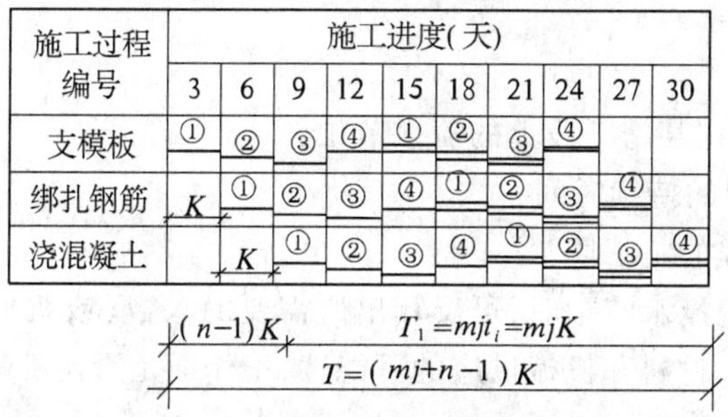

图 13.7　$m>n$ 时的流水施工图

至完成全部工作。这种将拟建工程项目在竖向上划分的若干个操作层,称为施工层,施工层数用"j"表示。一般以一个结构层为一个施工层,在墙体的砌筑工作中,由于可砌高度的影响,较高的墙体也需分层砌筑,其划分就是以可砌高度为依据,这时一个可砌高度为一个施工层。

13.2.5　流水节拍(t_i)

流水节拍(t_i)是一个专业工作队完成一个施工段上的作业所需要的持续时间。它的大小关系着投入的劳动力、机械和材料量的多少,决定着施工的速度和施工的节奏性。因此,流水节拍的确定具有很重要的意义。常用的确定流水节拍的方法有三种:定额计算法、工期计算法和经验估算法。

13.2.5.1　定额计算法

这种方法是根据各施工段的工程量、现有能够投入的资源量(劳动力、机械台数和材料量等)来确定流水节拍。其计算公式如:

$$t_i=\frac{Q_i}{S_i \cdot R_i \cdot N_i}=\frac{P_i}{R_i \cdot N_i} \tag{13.1}$$

或

$$t_i=\frac{Q_i \cdot H_i}{R_i \cdot N_i}=\frac{P_i}{R_i \cdot N_i} \tag{13.2}$$

式中　t_i——某专业工作队在第施工段的流水节拍;

Q_i——某专业工作队在第施工段要完成的工程量；

H_i——某专业工作队的计划时间定额；

S_i——某专业工作队的计划产量定额；

P_i——某专业工作队在第施工段需要的劳动量或机械台班数量；

R_i——某专业工作队投入的工作人数或机械台数；

N_i——某专业工作队的工作班次。

13.2.5.2 **工期计算法**

对某些施工任务必须在规定时间内完成的，可根据倒排的方法来确定各施工过程的流水节拍。其方法是先根据工期的要求倒排进度，确定各施工过程的延续时间，再根据公式13.3来确定各施工过程的流水节拍。

$$t_i = \frac{T_i}{m_i} \tag{13.3}$$

t_i——某施工过程在某施工段上的流水节拍；

T_i——某施工过程的持续时间；

m_i——某施工过程的施工段数。

根据工期要求确定流水节拍时，可反算出所需要的人数（或机械台班数）。在这种情况下，必须检查劳动力、材料和机械供应的可能性，工作面是否足够等。

13.2.5.3 **经验估算法**

经验估算法又称三时估算法，它是先根据经验估算法算出某施工过程流水节拍的最长、最短和正常（即最可能）三种时间，然后根据公式13.4计算出流水节拍。这种方法多适用于采用新工艺、新材料和新材料等没有定额可循的施工过程。

$$t_i = \frac{a + 4c + b}{6} \tag{13.4}$$

式中 t_i——某施工过程在某施工段上的流水节拍；

a——某施工过程在某施工段上的最短估算时间；

b——某施工过程在某施工段上的最长估算时间；

c——某施工过程在某施工段上的正常估算时间。

13.2.6 流水步距（K）

相邻两个专业工作队，在保证施工顺序、满足连续施工、最大限度搭接和保证工程质量要求的条件下，先后进入流水施工的最小时间间隔，叫流水步距。流水步距属于时间参数，它用符号 K 来表示。如钢筋工作队第1天进入第一施工段工作，工作2 d做完第一施工段（流水节拍为2天），第3天开始模板工作队进入第一施工段工作。钢筋工作队与模板工作队先后进入第一施工段的时间间隔为2 d，那么流水步距 $K=2$ d。

流水步距的数目取决于参加流水的施工过程数，如施工过程数为 n 个，则流水步距的总数为 $n-1$ 个。而流水步距的大小，应考虑施工工作面的允许，施工顺序的适宜，技术间歇的合理以及施工期间的均衡等。在施工段不变的情况下，流水步距小，平行搭接多，工期短，反之则工期长。流水步距具体的计算方法很多，应根据不同的流水施工方式确定。

确定流水步距的基本要求如图 13.9.

(1)始终保持合理的先后两个施工过程工艺顺序;

(2)尽可能保持各施工过程的连续作业;

(3)做到前后两个施工过程施工时间的最大搭接(即前一施工过程完成后,后一施工过程尽可能早地进入施工)。

13.2.7 间歇时间

在流水施工中,往往由于工艺要求或组织因素要求,在两个相邻的施工过程中间,需要增加一定的流水间隙时间,这种间隙时间是必要的,它们分别称为技术(工艺)间歇时间和组织间歇时间。

13.2.7.1 技术(工艺)间歇时间(*Z*)

根据施工过程的工艺性质,在流水施工中,除了考虑两个相邻施工过程之间的流水步距外,还需考虑增加一定的工艺间隙时间。如楼板混凝土浇筑后,需要一定的养护时间才能进行后道工序的施工;又如屋面找平层完成后,需等待一定时间,使其彻底干燥,才能进行屋面防水层施工等。这些由于施工技术(工艺)原因而需要在两个相邻的施工中间额外增加的等待时间,称为技术(工艺)间歇,用“*Z*”表示。

13.2.7.2 组织间歇时间(*G*)

由于施工组织因素,要求两个相邻的施工过程中间,在规定的流水步距以外,增加必要的间隙时间,如钢筋绑扎完之后的质量验收、安全检查等时间。这种间歇时间称为组织间歇时间,用“*G*”表示。

上述两种间歇时间在组织流水施工时,可根据间歇时间的发生阶段或一并考虑、或分别考虑,以灵活应用技术(工艺)间歇和组织间歇的时间参数特点,简化流水施工组织。但二者的概念、作用和内容是不同的,必须结合具体情况灵活处理。

13.2.8 流水施工工期(*T*)

流水施工工期是指从第一各专业施工队进入第一个施工段开始施工起,到最后一个专业施工队完成最后一个施工段上的作业为止的持续时间。由于一个工程项目往往有多个分项工程或单位工程组成,所以这里所说的工期不是整个项目的施工工期,但它要受项目总工期的制约,应确保工程总工期的实现。

流水施工工期的大小和施工组织方式有关,往往是通过计算确定的。

13.3 流水施工的分类及组织方法

13.3.1 流水施工的分类

在组织流水施工时,应根据工程项目的特点和实际工程的进度要求,选择相应的合理的流水施工组织形式。流水施工的类型一般可根据流水施工对象的范围和流水节奏的特征给予划分。

13.3.1.1　**按流水施工对象的范围划分**

根据组织流水施工对象的范围，可将流水施工分为分项工程流水施工、分部工程流水施工、单位工程流水施工和群体工程流水施工。

(1)分项工程流水施工(又称细部流水施工)

分项工程流水施工指一个专业工作队使用相同的施工机具，依次连续不断地在各施工段上完成同一施工过程的作业。即在一个专业工种内部组织的流水施工。如组织木工班组依次在各施工段上，连续完成支模或拆模作业。在项目施工进度计划表上，它是一条标有施工段或施工队编号的水平进度指示线段或斜向进度指示线段。

(2)分部工程流水施工(又称专业流水)

分部工程流水施工是指在一个分部工程内部组织各分项工程之间进行的流水施工。如基础工程就是由挖土、做垫层、砌基础和回填土等分项工程组织起来的工艺组合流水。在项目施工进度计划表上，它是若干组分项工程的进度指示线段，并由此构成一张分部工程施工进度计划。

(3)单位工程流水施工(又称工程项目综合流水)

单位工程流水施工指在一个单位工程内部组织各分部工程之间进行的流水施工。如一幢砖混结构住宅楼工程中可以组织基础工程、主体结构工程及装饰工程等分部工程之间的流水施工。在项目施工进度计划表上，它是若干组分部工程的进度指示线段，并由此构成一张单位工程施工进度计划。

(4)群体工程流水施工(又称群间大流水)

群体工程流水施工是指组织若干单位工程之间进行的流水施工。反映在项目施工进度计划上，它是一张项目施工总进度计划。

流水施工的分级和它们之间的相互关系，如图13.8所示

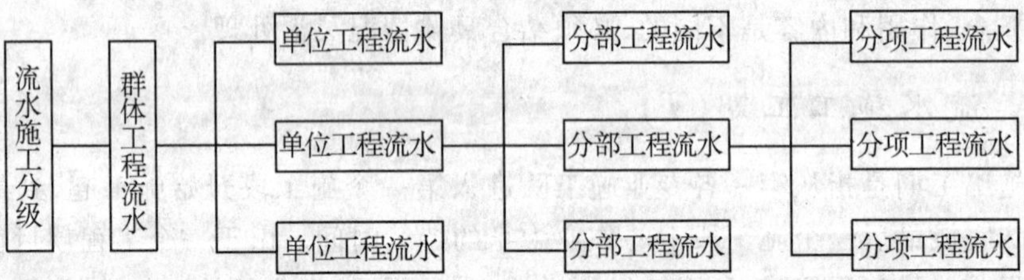

图13.8　流水施工分级示意图

13.3.1.2　**按流水节奏的特征分**

流水施工按照流水节奏的特征可以分为两大类：有节奏流水和无节奏流水。

(1)有节奏流水

有节奏流水是指组织流水施工的每一个施工过程本身在各施工段上流水节拍完全相同。有节奏流水根据参与流水的各施工过程之间的流水节拍的特征又分为固定节拍流水和异节奏流水。

(2)无节奏流水

无节奏流水是指对于组织流水施工的每一个施工过程在每一个施工段上的流水节怕

不一定完全相等,相互之间也无什么规律可寻。

13.3.2　流水施工的组织方法

专业流水是流水施工的最基本的组织方式,专业流水依靠各专业施工队的协作配合,彼此按照一定的顺序施工,形成一种节奏性的活动来完成工程对象的相关施工任务。

由于参与流水的各施工过程流水节拍的特点不同,组织流水施工的方式也不尽相同。

13.3.2.1　有节奏流水

(1)固定节拍流水施工(又称全等节拍流水施工)

1)固定节拍流水施工的特点

①各施工过程的流水节拍均相等,流水步距等于流水节拍,并且始终保持不变。即:$K_{i,i+1}=t_i=$常数;

②各专业施工队能够连续作业,施工段没有空闲;

③施工过程数与专业工作队数相等。

2)固定节拍流水施工的组织步骤

①确定项目施工起点流向,分解施工过程;

②根据等节拍流水施工的要求,计算流水节拍;

③计算流水步距:$K_{i,i+1}=t_i$;

④确定施工段数 m;

施工段数 m 的确定分无层间关系和有层间关系两种情况:

a. 无层间关系时:可取 $m-n$,或根据工程的具体情况和施工段划分的原则确定施工段数 m。

b. 有层间关系时:$m \geqslant n+\frac{\max\sum Z_1}{K}+\frac{\max\sum Z_1}{K}$　　(13.5)

$\sum Z_1$——同一楼层内各施工过程间的技术、组织间歇时间之和;

$\sum Z_2$——各楼层间技术、组织间歇时间之和;

K—流水步距。

⑤计算流水施工工期(T);

$$T=(m\cdot j+n-1)\cdot K+\sum Z_1 \qquad (13.6)$$

⑥绘制流水施工指示图表。

例 13.3　某分部工程由 A、B、C 三个施工过程组成,它在平面上划分为四个施工段,流水节拍均为 3 天,施工过程 B 完成后,其相应的施工段上至少有 3 天的技术间歇,试组织全等节拍流水施工。

解　由题意,已知 $n=3,m=4,t_A=t_B=t_C=3$ 天,$Z_{B-C}=3$ 天

则:$K=t=3$ 天

$$T=(m\cdot j+n-1)\cdot K+\sum Z_1=(4\times1+3-1)\times3+3=21\text{ 天}$$

绘横道图如图 13.9。

例 13.4　某分部工程由 A、B、C、D 四个施工过程组成,它在竖向上划分为两个施工层组织施工,流水节拍均为 2 天,施工过程 C 完成后,其相应的施工段上至少有 2 天的技

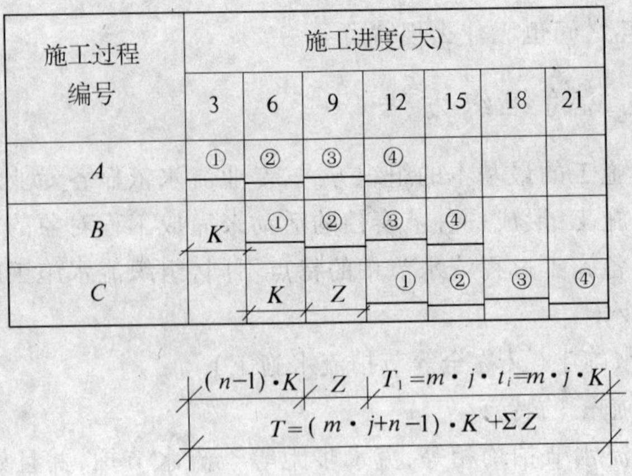

图 13.9 固定节拍流水施工进度

术间歇，且层间的技术间歇为 2 天。为保证工作队连续作业，试组织流水施工。

解 由题意，已知 $n=4, j=2, t_A=t_B=t_C=t_D=2$ 天，$Z_{C-D}=2$ 天，$Z_2=2$ 天

则：$K=t=2$ 天

$$m\geqslant n+\frac{\max\sum Z_1}{K}+\frac{\max\sum Z_2}{K}=4+\frac{2}{2}+\frac{2}{2}=6$$

取 $m=6$

$$T=(m\cdot j+n-1)\cdot K+\sum Z_1=(6\times2+4-1)\times2+2=32\text{ 天}$$

绘横道图如图 13.10。

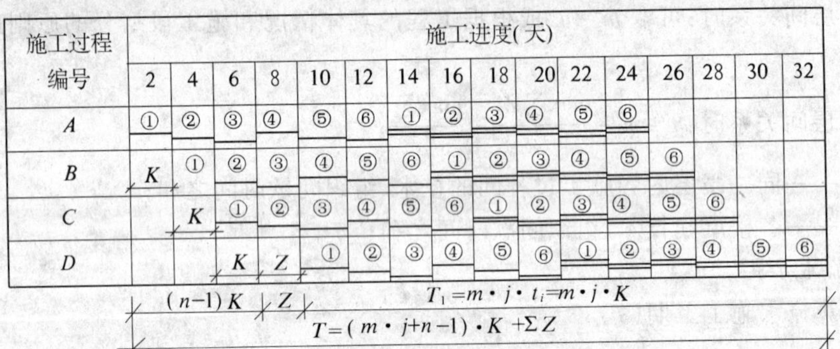

图 13.10 固定节拍流水施工进度

(2)异节奏流水

1)异节拍流水施工的特点

①每一施工过程本身的流水节拍在各施工段均相等，但不同的施工过程之间的流水节拍不完全相等；

②各施工过程之间的流水步距不完全相等；

③各专业施工队能够连续作业，但施工段有空闲；

④施工过程数与专业工作队数相等。

2)异节拍流水施工的组织步骤

异节拍流水施工的组织步骤和固定节拍流水施工的组织步骤相似，只是流水步距的

确定方法和流水施工工期的计算方法不同。

①计算流水步距；

$$\text{当 } t_i \leqslant t_{i+1} \text{ 时：} K_{i,i+1} = t_i \quad (13.7)$$

$$\text{当 } t_i > t_{i+1} \text{ 时：} K_{i,i+1} = t_i + (t_i - t_{i+1})(m-1) \quad (13.8)$$

其中：t_i——第 i 个施工过程的流水节拍；

t_{i+1}——第 $i+1$ 个施工过程的流水节拍；

m——施工段数；

$K_{i,i+1}$——第 i 个施工过程和第 $i+1$ 个施工过程间的流水步距。

②计算流水施工工期(T)；

$$T = \sum K + T_1 + \sum Z \quad (13.9)$$

③绘制流水施工指示图表。

例 13.5　某工程项目由 A、B、C 三个施工过程组成，它在平面上划分为三个施工段，各施工过程的流水节拍分别为 $t_A = 4$ 天，$t_B = 2$ 天，$t_C = 4$ 天，施工过程 B 完成后，其相应的施工段上至少有 2 天的技术间歇，试组织异节拍流水施工。

解　由题意，已知 $n = 3, m = 3$，$t_A = 4$ 天，$t_B = 2$ 天，$t_C = 4$ 天，$Z_{B-C} = 2$ 天

则：$K_{A-B} = t_A + (t_A - t_B)(m-1) = 4 + (4-2)(3-1) = 8$ 天

$K_{B-C} = t_B = 2$ 天

$T = \sum K + T_1 + \sum Z = (8+2) + 3 \times 4 + 2 = 24$ 天

绘横道图如图 13.11。

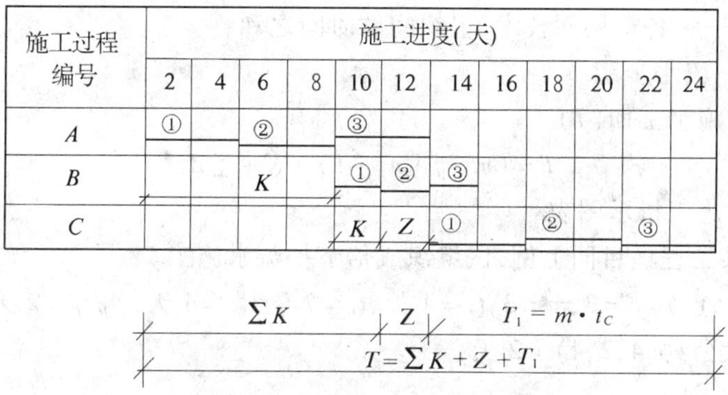

图 13.11　异节拍流水施工进度

(3)成倍节拍流水

我们研究图 13.11 的施工组织方案可知，如果要合理安排施工组织，缩短工程的工期，可以通过增加 A、C 工程施工工作队的方法来达到。比如说，A、C 工作施工的工作队都由原来的一个队增加到两个队，我们就可以组织一个工期较短、保持流水施工特点、类似全等节拍流水的施工组织方案，这就是成倍节拍流水，也称加快的异节拍流水。

成倍节拍流水施工在资源供应和工作面允许的情况下，能取得较好的经济效果。

1)成倍节拍流水施工的特点

①每一施工过程本身的流水节拍在各施工段上均相等，不同的施工过程之间的流水节拍不完全相等，但互为倍数关系；

②流水步距彼此相等,且等于流水节拍的最大公约数;

③各专业施工队能够连续作业,施工段没有空闲;

④施工过程数小于专业工作队数。

2)成倍节拍流水施工的组织步骤

①确定项目施工起点流向,分解施工过程;

②根据成倍节拍流水施工的要求,计算流水节拍;

③计算流水步距:K 为各流水节拍的最大公约数;

④确定各施工过程的专业工作队数;

$$b_i = \frac{t_i}{K} \tag{13.10}$$

$$n_1 = \sum b_i \tag{13.11}$$

⑤划分施工段,确定施工段数 m。

施工段数 m 的确定分无层间关系和有层间关系两种情况:

a. 无层间关系时:可取 $m = n$,或根据工程的具体情况和施工段划分的原则确定施工段数 m;

b. 有层间关系时:$m \geqslant n_1 + \dfrac{\max \sum Z_1}{K} + \dfrac{\max \sum Z_2}{K}$ (13.12)

式中:n_1——专业工作队数之和;

$\sum Z_1$——同一楼层内各施工过程间的技术、组织间歇时间之和;

$\sum Z_2$——各楼层间技术、组织间歇时间之和;

K——流水步距。

⑥计算流水施工工期(T)

$$T = (m \cdot j + n_1 - 1) \cdot K + \sum Z_1 \tag{13.13}$$

⑦绘制流水施工指示图表

例 13.6 某工程项目同上例,试组织成倍节拍流水施工。

解 由题意,已知 $n = 3, m = 3, t_A = 4$ 天,$t_B = 2$ 天,$t_C = 4$ 天,$Z_{B-C} = 2$ 天

则:$K =$ 最大公约$(4,2,4) = 2$ 天

$$b_A = \frac{t_A}{K} = \frac{4}{2} = 2 \text{ 个}$$

$$b_B = \frac{t_B}{K} = \frac{2}{2} = 1 \text{ 个}$$

$$b_C = \frac{t_C}{K} = \frac{4}{2} = 2 \text{ 个}$$

$$n_1 = \sum b_i = 2 + 1 + 2 = 5 \text{ 个}$$

$T = (m \cdot j + n_1 - 1) \cdot K + \sum Z_1 = (3 \times 1 + 5 - 1) + 2 + 2 = 16$ 天

绘横道图如图 13.12。

例 7 某项目由 A、B、C 三个施工过程组成,划分两个施工层,已知每层每段的流水节拍分别为 $t_A = 4$ 天,$t_B = 4$ 天,$t_C = 2$ 天。施工过程 B 完成后,相应施工段上至少有技术间歇 2

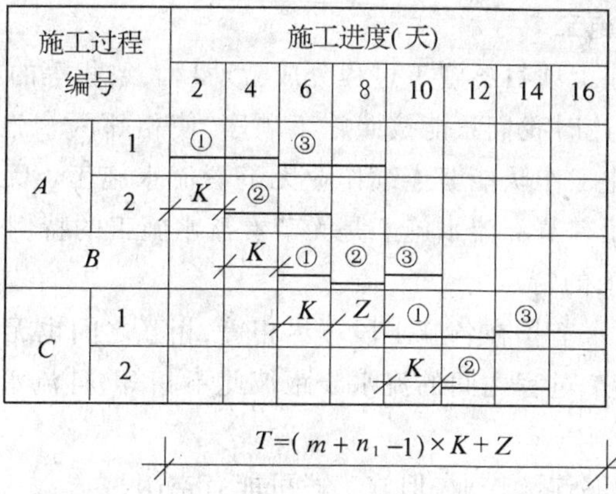

图 13.12　成倍节拍流水施工进度

天,且层间间歇为 2 天,试组织成倍节拍流水施工方案。

解　由题意,已知 $n=3, t_A=4$ 天, $t_B=4$ 天, $t_C=2$ 天, $Z_{B-C}=2$ 天, $Z_2=2$ 天

则: $K=$ 最大公约$(4,4,2)=2$ 天

施工班组数:
$$b_A=\frac{t_A}{K}=\frac{4}{2}=2\text{ 个}$$
$$b_B=\frac{t_B}{K}=\frac{4}{2}=2\text{ 个}$$
$$b_C=\frac{t_C}{K}=\frac{2}{2}=1\text{ 个}$$
$$n_1=\sum b_i=2+2+1=5\text{ 个}$$

施工段数: $m\geqslant n_1+\frac{\sum Z_1}{K}+\frac{\sum Z_2}{K}=5+\frac{2}{2}+\frac{2}{2}=7$ 个

取 $m=7$ 个

工期: $T=(m\cdot j+n_1-1)\cdot K+\sum Z_1=(7\times 2+5-1)\times 2+2=38$ 天

绘横道图如下:

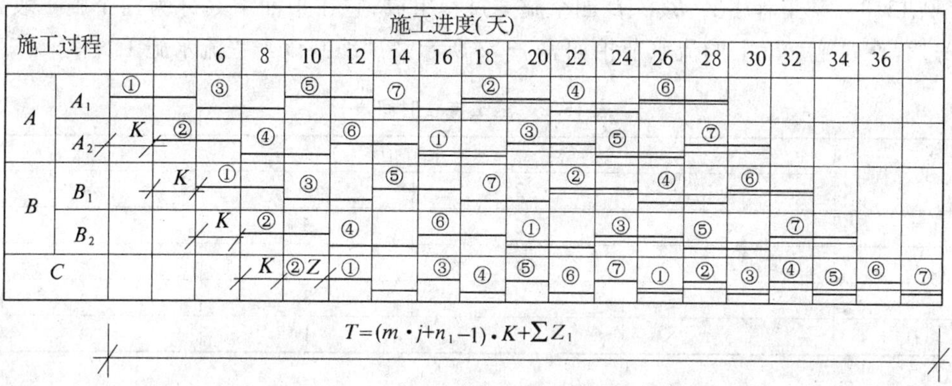

图 13.13　成倍节拍流水施工进度

13.3.2.2 **无节奏流水施工**

在实际工程中,将施工项目各施工过程分成劳动量大致相等的施工段是有难度的,有时甚至是不能实现的。这时我们只能按照施工顺序,使相邻两个施工过程之间最大限度的搭接,组织成每个专业工作队能够连续作业无节奏流水施工。无节奏流水施工是流水施工的普遍组织形式,而有节奏流水施工是无节奏流水施工的特例。

(1)无节奏流水施工的特点

1)各施工过程的流水节拍在各施工段不尽相等,相互之间也无什么规律可寻;

2)一般情况下各施工过程之间的流水步距彼此不相等,且流水步距和流水节拍之间存在某种函数关系;

3)各专业施工队能够连续作业,但施工段可能有空闲;

4)施工过程数与专业工作队数相等。

(2)无节奏流水施工的组织步骤

1)确定项目施工起点流向,分解施工过程;

2)确定施工顺序,划分施工段,即确定施工段数 m;

3)根据无节奏流水施工的要求,计算流水节拍;

4)计算流水步距。

流水步距的计算方法很多,潘特考夫斯基法又称大差法是一种简捷、准确的方法。其计算步骤如下:

①累加数列:根据专业工作队在各施工队上的流水节拍,求累加数列;

②错位相减:根据施工顺序,对所求相邻的两施工过程流水节拍的累加数列错位相减;

③取大差:根据错位相减的结果确定相邻专业工作队间的流水步距,即相减结果中数值最大者。

5)计算流水施工工期(T);

$$T = \sum K + T_1 + \sum Z \tag{13.14}$$

6)绘制流水施工指示图表。

例 13.8 某工程由 A、B、C、D 四个施工过程组成,它在平面上划分为四个施工段,各施工过程在各施工段上的流水节拍如表 13.2 所示。试编制该工程流水施工方案。

表 13.2 施工持续时间表

施工过程	流水节拍(天)			
	1	2	3	4
A	4	2	5	3
B	5	3	4	4
C	4	4	3	5
D	3	5	1	4

解 根据题设条件,该工程只能组织无节奏流水。

1)求各施工过程的累加数列:

A:4　6　11　14

B:5　8　12　16

C:4　8　11　16

D:3　8　9　13

2)错位相减,取大差求流水步距:

K_{A-B}:

$$\begin{array}{rrrrr} 4 & 6 & 11 & 14 & \\ -) & 5 & 8 & 12 & 16 \\ \hline 4 & 1 & 3 & 2 & -16 \end{array}$$

$K_{A-B} = \max(4,1,3,2,-16) = 4$ 天

K_{B-C}:

$$\begin{array}{rrrrr} 5 & 8 & 12 & 16 & \\ -) & 4 & 8 & 11 & 16 \\ \hline 5 & 4 & 4 & 5 & -16 \end{array}$$

$K_{B-C} = \max(5,4,4,5,-16) = 5$ 天

K_{C-D}:

$$\begin{array}{rrrrr} 4 & 8 & 11 & 16 & \\ -) & 3 & 8 & 9 & 13 \\ \hline 4 & 5 & 3 & 7 & -13 \end{array}$$

$K_{C-D} = \max(4,5,3,7,-13) = 7$ 天

3)确定计划工期:

$$T = \sum K + T_D = (4+5+7) + 13 = 29 \text{ 天}$$

4)绘横道图,如图 13.14 所示:

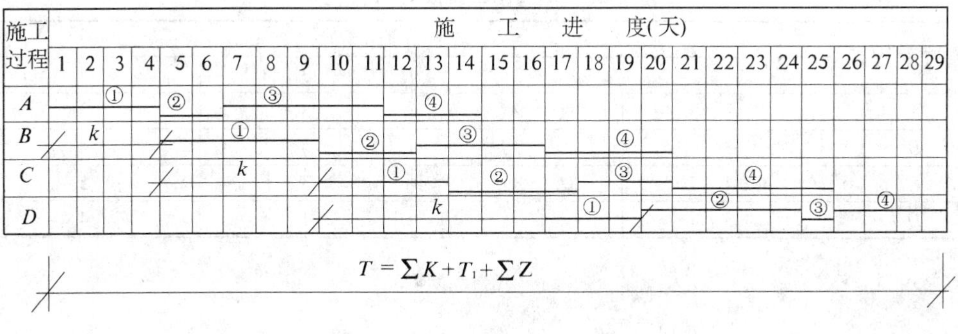

图 13.14　无节奏流水施工进度

思考题

1、流水施工组织有哪几种类型?

2、如何绘制流水施工水平指示图表和垂直指示图表？

3、试述流水参数的概念，如何确定流水节拍和流水步距？

4、试述固定节拍流水和成倍节拍流水的组织方法。

5、试述非节奏流水施工的组织方法，如何确定其流水步距？

习题

1、某分部工程由 A,B,C,D 四个施工过程组成，它在平面上划分为四个施工段，流水节拍均为4天，施工过程 B 完成后，其相应的施工段上至少有2天的技术间歇，试组织全等节拍流水施工。

2、某分部工程由 A,B,C 三个施工过程组成，它在竖向上划分为两个施工层组织施工，流水节拍均为3天，施工过程 A 完成后，其相应的施工段上至少有2天的技术间歇，且层间的技术间歇为2天。为保证工作队连续作业，试组织流水施工。

3、某工程项目由 A,B,C 三个施工过程组成，它在平面上划分为三个施工段，各施工过程的流水节拍分别为 $t_A=1$ 天，$t_B=2$ 天，$t_C=1$ 天，施工过程 A 完成后，其相应的施工段上至少有1天的技术间歇，试组织异节拍流水施工。

4、某工程项目同上例，试组织成倍节拍流水施工。

5、某项目由 A,B,C 三个施工过程组成，划分两个施工层，已知每层每段的流水节拍分别为 $t_A=3$ 天，$t_B=6$ 天，$t_C=6$ 天。施工过程 B 完成后，相应施工段上至少有技术间歇2天，且层间间歇为3天，试组织成倍节拍流水施工方案。

6、某工程由 A,B,C,D 四个施工过程组成，它在平面上划分为四个施工段，各施工过程在各施工段上的流水节拍如表13.3所示。试编制该工程流水施工方案。

表13.3　施工持续时间表

施工过程	流水节拍(天)			
	1	2	3	4
A	3	2	3	3
B	3	3	4	4
C	4	3	3	5
D	3	4	1	4

第 14 章　网络计划技术

14.1　网络计划概述

14.1.1　网络计划的概念

网络计划技术(或称统筹法)是一种有效的系统分析和优化技术,是指用规定的网络符号及其图形表示计划中各项工作之间的相互制约和依赖关系,在此基础上,通过各种计算分析,寻求最优计划方案的实用计划管理技术。它来源于工程技术和管理实践,又广泛地应用于军事、航天和工程管理、科学研究、技术发展、市场分析和投资决策等各个领域,并在诸如保证和缩短时间、降低成本、提高效率、节约资源等方面取得了显著的成效。

在土木工程施工中,应用网络计划技术编制土木工程施工进度计划具有以下作用:

1)能正确表达一项计划中各项工作开展的先后顺序及相互之间的关系。

2)通过网络图的计算,能确定各项工作的开始时间、完成时间、总时差、自由时差等时间参数,并能找出关键工作和关键线路,网络计划技术所提供的是动态的计划概念。

3)通过网络计划的优化可以寻求最优方案。

4)在计划的实施过程中进行有效的控制和调整,保证以最小的资源消耗取得最大的经济效果和最理想的工期。

5)网络计划能够和先进的电子计算机技术结合起来,从计划的编制、优化到执行过程中的调整和控制,都可借助电子计算机来进行,从而为计划管理现代化提供了基础。

14.1.2　网络计划的分类

为适应不同用途的需要,根据土木工程施工网络计划的内容和形式,网络计划可分为不同的类型。

(1)按应用范围分

网络计划按应用范围的大小,可分为局部网络计划、单位工程网络计划和群体工程综合网络计划。局部网络计划是按建筑物或构筑物的一部分或某一施工阶段编制的分部工程(或分项工程)网络计划。单位工程网络计划是按单位工程(一个建筑物或构筑物)编制的网络计划。例如,某公司楼施工网络计划图。群体工程综合网络计划是对一个新建建筑群编制的施工网络计划。

以上三种网络计划都是具体指导施工的文件。对于不复杂的、节点总数在 200 以下的工程对象或对应用大量标准设计的工作对象,通常可以只编制一张较详细的单位工程网络计划;对于复杂的或协作单位较多的群体工程,则可根据需要分别编制三种不同的网络计划。

(2)按详细程度分

网络计划按内容的详细程度可分为详图和简图。详图是按工作划分详细并把所有工程详细反映到网络计划中而形成的,这种计划相当于实施进度,多在基层工地使用,以便直接指导施工。简图是把某些工作组合成较大的项目,从而把工艺上复杂的、工程量较大的工作项目及主要工种之间的逻辑关系简明表示出来,这种计划相当于控制进度。

(3)按时间表示方法分

网络计划按网络计划的时间表示方法不同分为标时网络计划和时标网络计划。标时网络计划,其工作的持续时间用数字注明,与箭线的长短无关。时标网络计划用箭线在时间横坐标上的投影长度表示工作的持续时间,因而可以将网络图上各工作的持续时间直观地反映到时间坐标轴上。

(4)按管理目标的数量分

网络计划按网络计划管理目标的数量多少可分为单目标网络计划和多目标网络计划。本教材主要介绍单目标网络计划。

(5)按绘图符号不同分

网络计划按绘图符号不同可分为单代号网络图和双代号网络图。本章将详细介绍单代号网络图和双代号网络图的有关知识。

(6)按搭接关系的表达与否分

网络计划按是否表达不同工作间的搭接关系可分为搭接网络计划和非搭接网络计划。

14.2 网络图的绘制

14.2.1 双代号网络图

14.2.1.1 双代号网络图的概念

双代号网络图是应用较为普遍的一种网络计划形式。它是用节点和有向箭线构成,用以表达计划所要完成的各项工作之间的逻辑关系的网状图形,如图 14.1 所示。在双代号网络图中,用有向箭线表示工作,工作的名称写在箭线的上方,工作所持续的时间写在箭线的下方,箭尾表示工作的开始,箭头表示工作的结束。箭尾和箭头衔接的地方画上圆圈(或方框、三角形框)并编上号码,用箭尾和箭头的号码 $i-j$ 作为这个工作的代号,即两个代号表示一个工作,所以称之为双代号网络图。工作、节点、线路是构成网络图的三要素。

(1) 工作

工作也称活动,是指完成一项任务的过程。根据计划编制的粗细不同,工作既可以是一个建设项目、一个单项工程,也可以是一个分项工程乃至一个工序。一般情况下,工作需要消耗时间和资源(如支模板、浇筑混凝土等),有的则仅是消耗时间而不消耗资源(如混凝土养护、抹灰干燥等技术间歇),这两种工作都是实际存在的,在双代号网络图中用

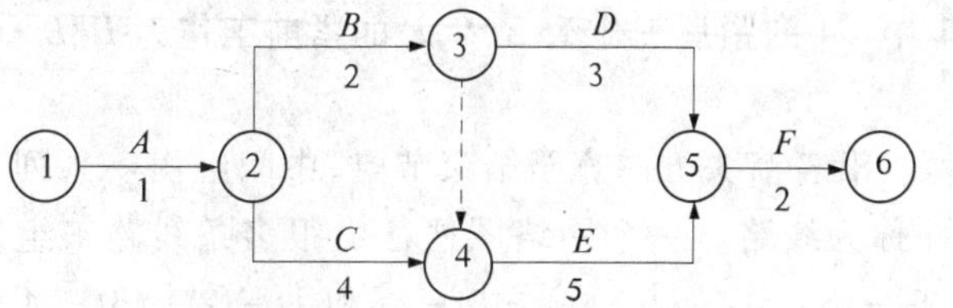

图 14.1　双代号网络图表示方法

实箭线表示。在双代号网络图中，还有一种既不消耗时间也不消耗资源的工作我们称之为虚工作，它在双代号网络图中用虚箭线表示，用以反映一些工作与另外一些工作之间的逻辑制约关系，如图 14.1 所示，其中 3 - 4 工作即为虚工作。

在双代号网络图中虚工作有三个作用：区分、断路和联系。如图 14.2 所示，在图14.2(a)中，*i* - *j* 既表示 *A* 工作又表示 *B* 工作，没法进行区分。在图 14.2(b)中，增加了虚工作 *m* - *j*，*i* - *j* 表示工作 *B*，*i* - *m* 表示工作 *A*，这样 *A*、*B* 工作就能很好的区分开来。图 14.3 中，如果没有虚工作 3 - 4，基础 1 的紧前工作就有挖土 2 和垫层 1 两个，实际上基础 1 的紧前工作只有垫层 1 一个，虚工作将这条线路断开，使基础 1 的紧前工作只有垫层 1 一个，符合逻辑关系。在图 14.4 中虚工作 2 - 3 将 *A*、*D* 工作联系在一起，使 *D* 的紧前关系为 *A*、*B* 两个。

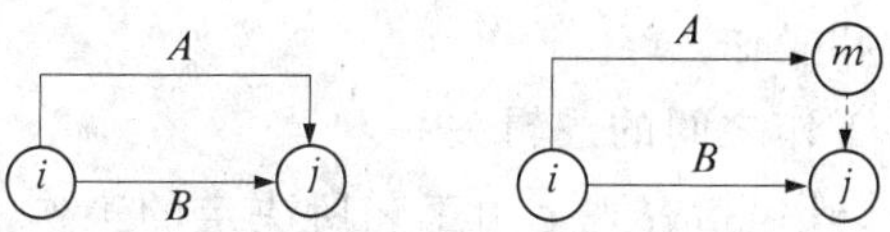

(a) 错误画法　　(b) 正确画法

图 14.2　虚工作的区分作用

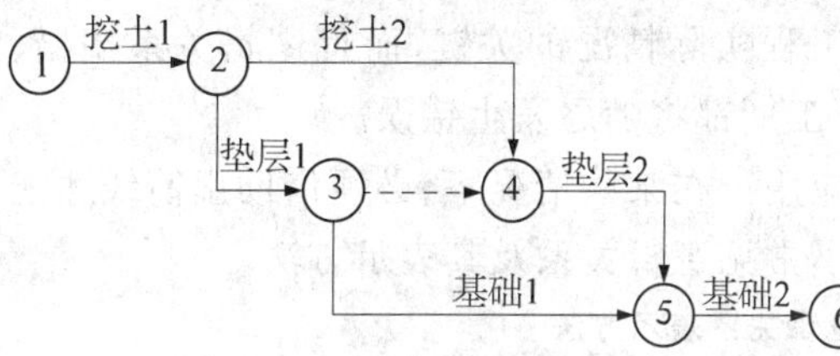

图 14.3　虚工作的断路作用

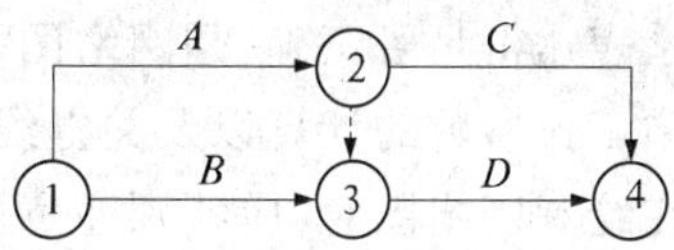

图 14.4　虚工作的联系作用

(2) 节点

节点也称事件，是指表示工作的开始、结束或连接关系的圆圈(或方框、三角形框)。箭线的出发节点叫作工作的开始节点，箭头指向的节点叫作工作的结束节点。双代号网络图中节点仅表示工作开始和结束的瞬间，起到承上启下的作用。任何工作都可以用其箭线前、后的两个节点的编码来表示，起点节点编码在前，终点节点编码在后，如图 14.1 中的 *B* 工作即可用 2 - 3 来表示，其中节点 2、3 分别表示工作开始和结束的瞬间。网络图的第一个节点为整个网络图的起点节点，最后一个节点为网络图的终点节点，其余的节点均称为中间节点。

网络图中，可以有许多工作通向一个节点，也可以有许多工作由同一节点出发。我们把通向某节点的工作称为该节点的紧前工作，而把由某节点出发的工作称为该节点的紧后工作。如图 14.1 中 ,A 的紧后工作为 B、C,F 的紧前工作为 D、E 。

(3) 线路

从起点节点出发,沿着箭头方向直至结束节点,中间经由一系列节点和箭线,所构成的若干条“通道”,即称为线路。一个网络图往往由很多条线路来组成,如图 14.1 中,总共有①-②-③-⑤-⑥, ①-②-④-⑤-⑥和①-②-③-④-⑤-⑥三条线路。一条线路上的各项工作所持续时间累加之和称为该线路的工期,它表示完成该线路上的所有工作需花费的时间。

各条线路中工期最长的线路,称为关键线路,关键线路的工期可作为该项工程的计划工期。该线路上的工作拖延或提前,则整个工程的完成时间将发生变化。如图 14.1 中,①-②-④-⑤-⑥为关键线路。

关键线路上的工作称为关键工作,用较粗的箭线或双箭线来表示,以示与非关键线路上的工作区别。非关键线路上的工作,既有关键工作,也有非关键工作。非关键工作均有一定的机动时间,该工作在一定幅度内的提前或拖延不会影响整个计划工期。

14.2.1.2 双代号网络图的绘制规则

绘制双代号网络图时,必须遵守一定的基本规则和要求,才能明确地表达出整个工程的施工工艺流程和各工作开展的先后顺序以及它们之间的相互制约、相互依赖的关系,并且使所绘出的图易于识读和操作。

(1) 必须正确表达各工作之间的逻辑关系。

各工作间的逻辑关系,既包括客观上由工艺所决定的工作上的先后顺序关系即工艺关系,如某一现浇钢筋混凝土柱的施工,必须在绑扎完柱子钢筋和支完模板以后,才能浇筑混凝土;也包括施工组织所要求的工作之间相互制约、相互依赖的关系即组织关系。逻辑关系表达得是否正确,是网络图能否反映工程实际情况的关键,而且逻辑关系搞错,图中各项工作参数的计算以及关键线路和工程工期都将随之发生错误。

在绘制网络图时,应特别注意虚工作的应用。在某些情况下,必须借助虚箭线才能正确表达工作之间的逻辑关系。表 14.1 给出了常见逻辑关系及其表示方法。

表 14.1 常见逻辑关系表示方法

序号	逻辑关系	双代号表示方法	单代号表示方法
1	A 完成后进行 B B 完成后进行 C	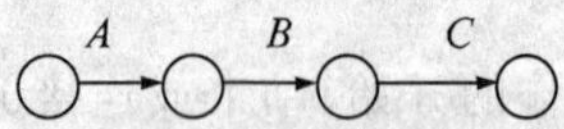	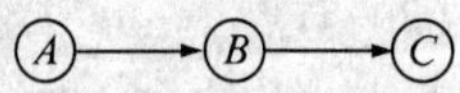
2	A 完成后进行 B 和 C	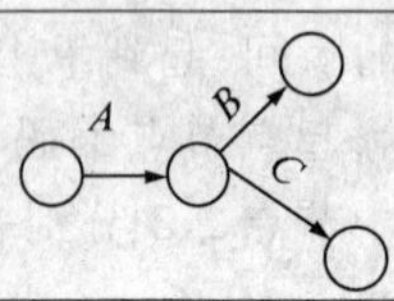	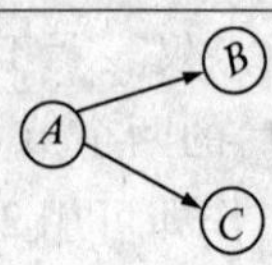
3	A 和 B 完成后进行 C	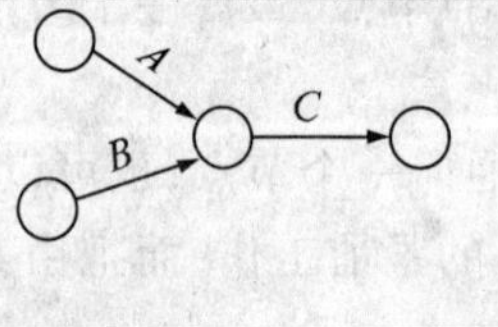	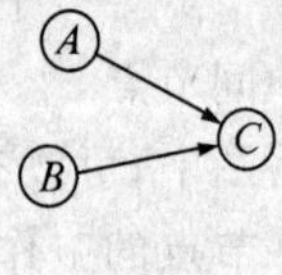

续表 14.1　常见逻辑关系表示方法

序号	逻辑关系	双代号表示方法	单代号表示方法
4	A 和 B 完成后进行 C 和 D	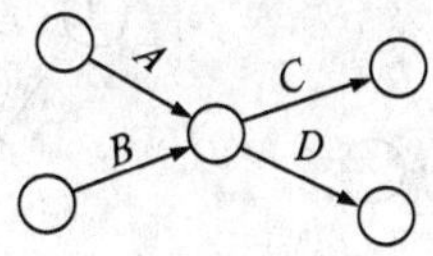	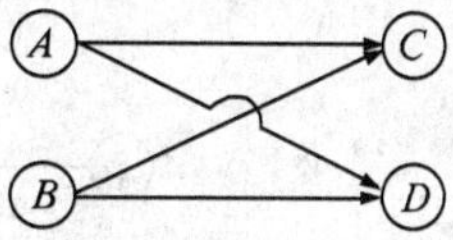
5	A 完成后进行 C A 和 B 都完成后进行 D	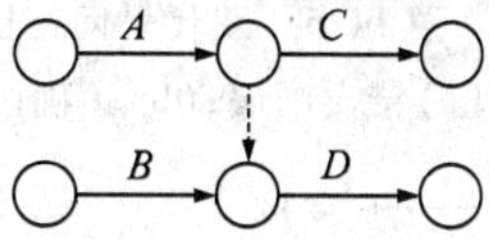	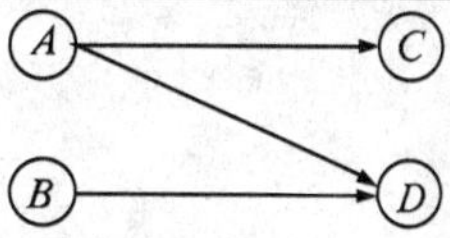
6	A、B 均完成后进行 D，A、B、C 均完成后进行 E，D、E 均完成后进行 F	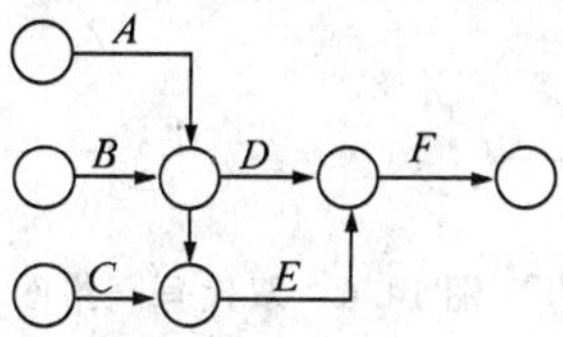	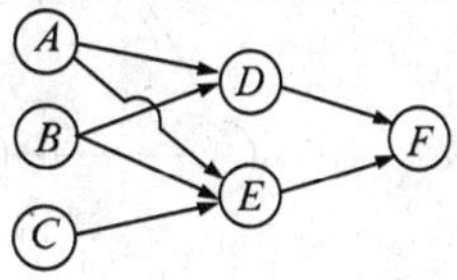
7	A、B 均完成后进行 C，B、D 均完成后进行 E	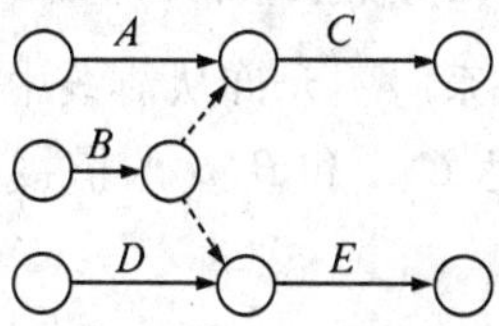	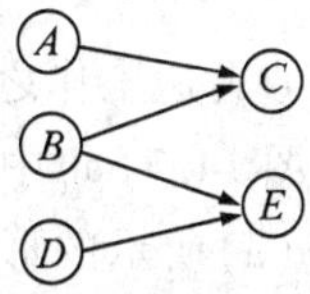
8	A 完成后进行 C，A、B 均完成后进行 D，B 完成后进行 E	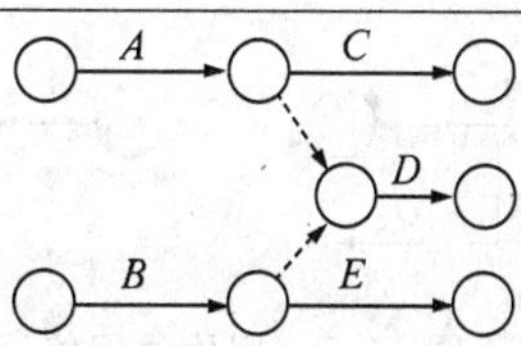	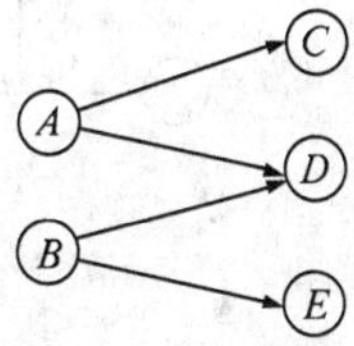
9	A、B 两项先后进行的工作，各为三段，A_1 完成后进行 A_2 和 B_1，A_2 完成后进行 A_3 和 B_2，A_3、B_2 完成后进行 B_3	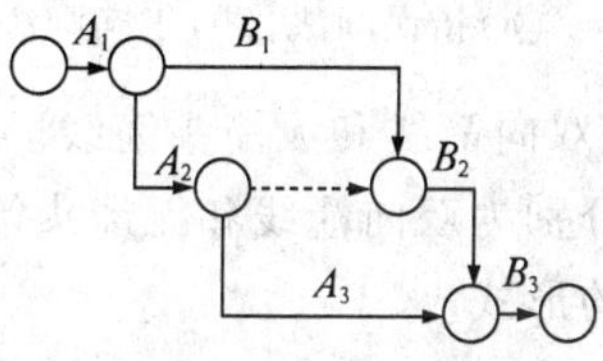	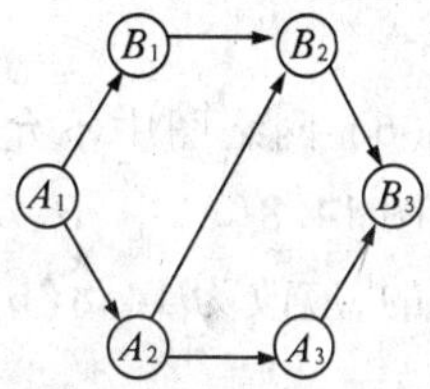

(2) 不得有两个或两个以上的箭线从同一节点出发且同时指向同一节点。

表达工作之间平行的关系时，可以增加虚工作来表达它们之间的关系。如图 14.2(a)必须改为图 14.2(b)才是正确的。

(3)一个网络图只能有一个起点节点，且在单目标网络图中也只能有一个终点节点。

如图 14.5(a)节点①，④都表示计划的开始，⑦、⑧都表示计划的完成，这是错误的。应引入虚工作① - ④和⑦ - ⑧，改成图 14.5(b)所示的形式，这时①为计划的原始节点，⑧为计划的结束节点，其余节点均为中间节点。

(4)在网络图中不得存在闭合回路。

如图 14.6(a)中，工作⑤ - ⑥ - ⑧ - ⑦形成了闭合回路，说明这个网络图是错误的，应改成图 14.6(b)所示的形式。

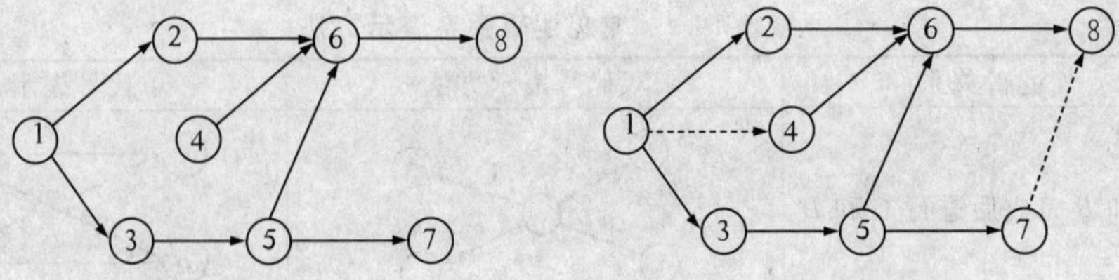

(a)　　　　(b)

图 14.5　双代号网络图

(a)错误画法;(b)正确画法

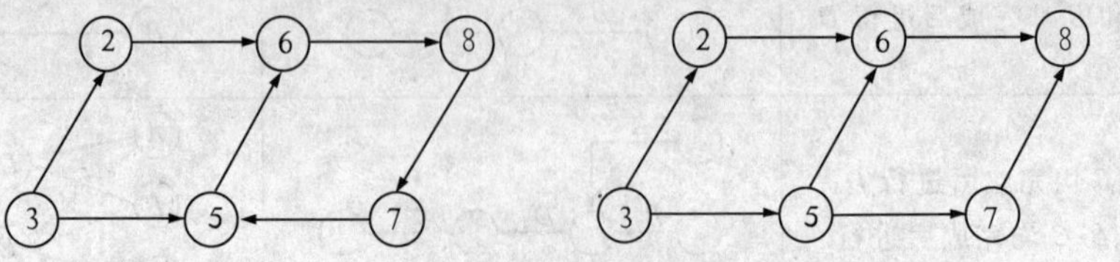

(a)　　　　(b)

图 14.6　双代号网络图

(a)错误画法;(b)正确画法

(5) 表达工作之间的搭接关系时不允许从箭线中间引出或引入另一条箭线。

如图 14.7(a)中,原本要表达 C、A 和 B、D 的搭接关系,但表达方式是错误的,应改为图 14.7(a)所示的形式。

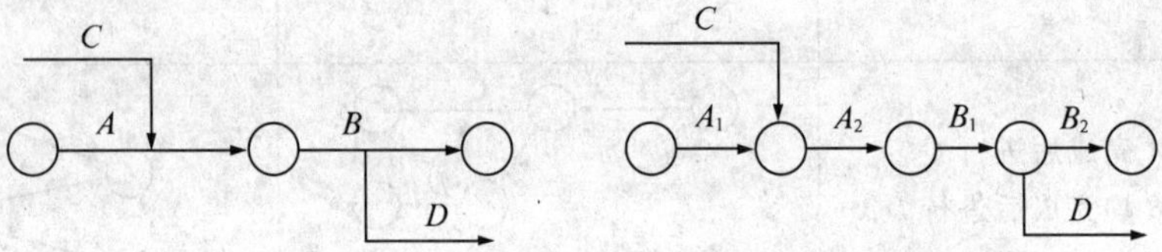

(a)　　　　(b)

图 14.7　双代号网络图

(a)错误画法;(b)正确画法

(6) 网络图中不允许出现双向箭线和无箭头箭线。

图 14.8(a)中,B、D 工作分别为双向箭线和无箭头箭线表示的工作,这种表达方式是错误的,应改为 14.8(b)所示的形式。

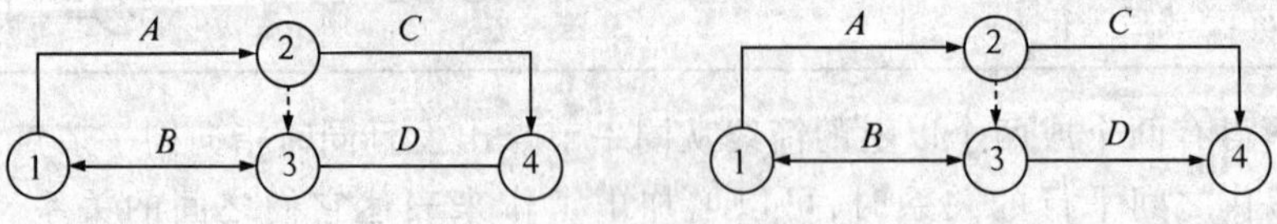

(a)　　　　(b)

图 14.8　双代号网络图

(a)错误画法;(b)正确画法

(7) 网络图中节点编号自左向右,由小到大,应确保工作的起点节点的编号小于工作终点节点的编号,并且所有的节点的编号不得重复。

编号可采用垂直编号法,由上而下然后自左向右进行编号,如图 14.9(a)所示;也可采用水平编号法,每行自左向右,然后自上而下逐行进行编号,如图 14.9(b)所示。编号可以用非连续的编号,以便于以后的修改。

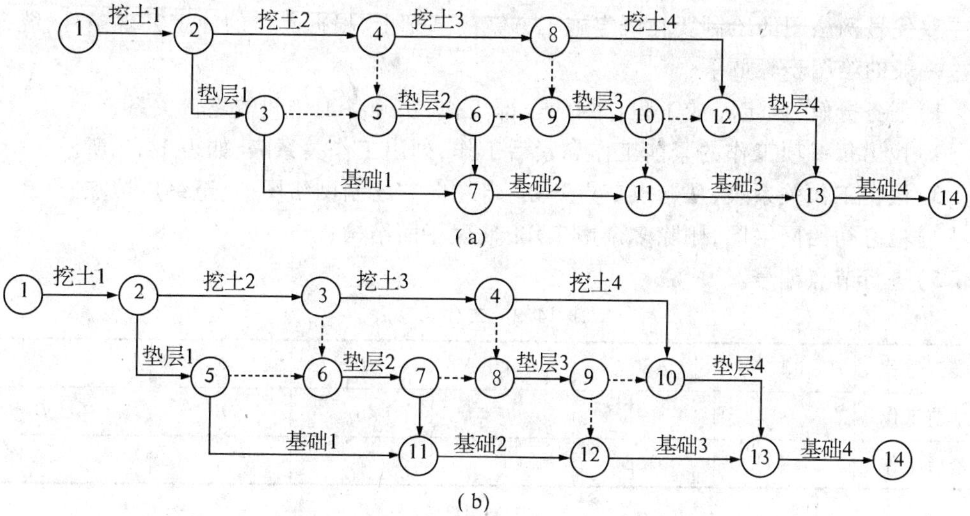

图 14.9　节点编号示例

(a)垂直编号法;(b)水平编号法

(8) 绘制网络图时,宜避免箭线交叉,难以避免时可采用“过桥法”、“断线法”或“指向法”表示。

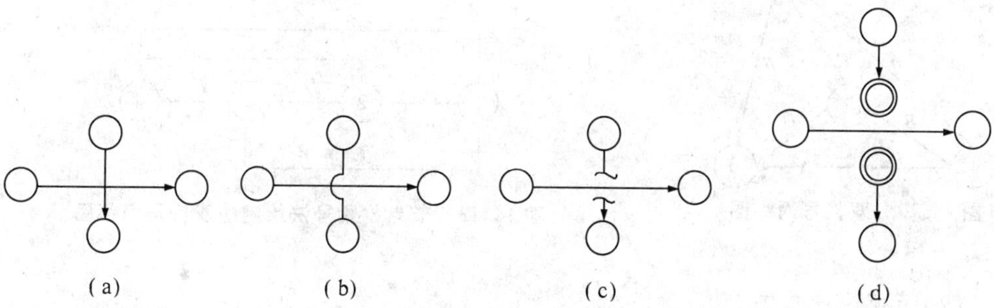

图 14.10　箭线交叉时的绘图方法

(a)错误画法;(b)过桥法;(c)断线法;(d)指向法

(9) 当网络图的某节点有多条引出箭线或有多条箭线同时指向某节点时,为使图形简洁,可采用母线法绘图(如图 14.11 所示)。

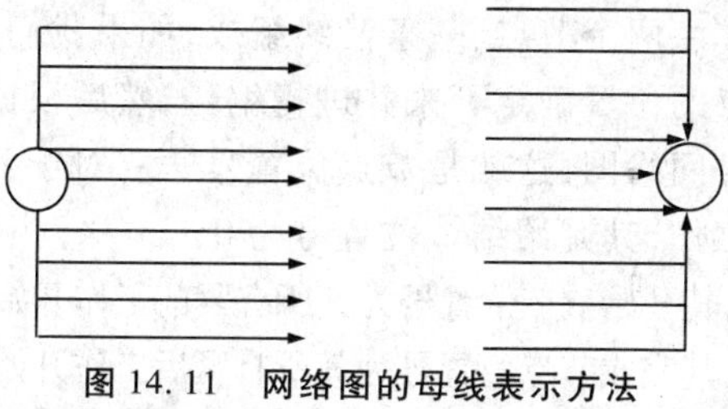

图 14.11　网络图的母线表示方法

(10) 网络图绘制时,应力求减少不必要的虚工作。

14.2.1.3　双代号网络图的绘制方法

(1)绘图步骤

土木工程施工

双代号网络图的绘制要在既定施工方案的基础上,根据具体的施工客观条件,统筹安排。一般的绘图步骤如下:

1)任务分解,确定完成工程计划的全部工作,明确各工作间的逻辑关系;

2)找出每一项工作的紧前工作和紧后工作,列出工作关系表,如表 14.2 所示;

3)根据工作关系表,从起点节点开始,自左向右绘制网络图,直至终点节点;

4)检查初始网络图,删除多余虚工作,整理图面结构;

5)进行节点编号。

表 14.2　工作关系表

施工过程	A	B	C	D	E	F
紧前工作	–	–	–	B	B	C、D
紧后工作	–	D、E	F	F	–	–

例 14.1　已知某分部工程各施工过程逻辑关系,见表 14.2,绘双代号网络图。

解　根据已知的各工作间的逻辑关系和绘图规则,用规定的符号可以自左向右可以绘出双代号网络图,见图 14.12。

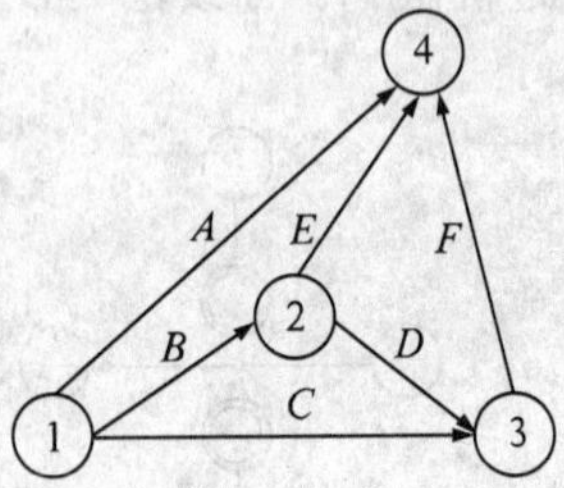

图 14.12　双代号网络图

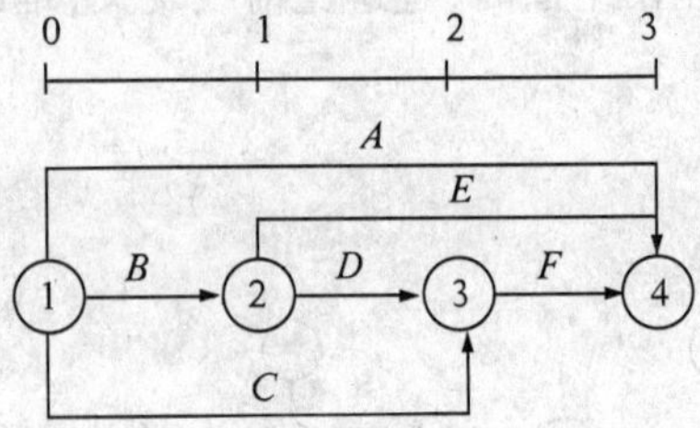

图 14.13　节点位置号法绘制的双代号网络图

(2)节点位置号法

根据已知的各工作间的逻辑关系和绘图规则,用规定的符号可以自左向右绘出双代号网络图,但由于这样画出的网络图一般比较凌乱,故需要多次调整才能得到满意的图形。为了提高绘图效率,双代号网络图的绘制可以用节点位置号法快而准确的完成。

1)节点位置号法法则

双代号网络图的工作由两个节点、一条箭线组成,如果我们在绘图的过程中把每个工作的开始节点和完成节点的位置确定下来并进行编号,然后根据逻辑关系进行连线,就可以快而准确的画出双代号网络图,这就是节点位置号法。对于此法有以下四点法则:

①没有紧前工作的工作,其开始结节位置号为 0;

②有紧前工作的工作,其开始节点位置号为其所有紧前工作开始节点位置号的最大值加 1;

③有紧后工作的工作,其完成节点位置号为其所有紧后工作开始节点位置号的最小值;

④没有紧后工作的工作,其完成节点位置号为已确定的所有位置号的最大值加 1。

2)节点位置号法应用举例

例 14.2　根据例 14.1 中各工作的逻辑关系,用节点位置号法绘出双代号网络图。

解　1)根据已知逻辑关系,用节点位置号法确定各工作的开始节点位置号和完成节点位置号。先确定各工作的开始节点位置号：

A、B、C 工作：根据法则①，A 工作没有紧前工作，其开始节点位置号为 0；

D、E 工作：根据法则②，D、E 工作的紧前工作均为 B，故其开始节点位置号均为 0 + 1 = 1。

F 工作：根据法则②，F 工作的紧前工作为 C、D 两个，故其开始节点位置号为 max(0, 1) + 1 = 2。

2）再确定各工作的完成节点位置号：

B 工作：根据法则③，其紧后工作为 C、D 两个，故其完成节点位置号为 min(1,1) = 1。

C、D 工作：根据法则③，其紧后工作均为 F，故其完成节点位置号为 2。

A、E、F 工作：根据法则④，其没有紧后工作，故其完成节点位置号为 max(0,1,2) + 1 = 3。

以上确定的各工作的开始节点位置号和完成节点位置号见表 14.3。

表 14.3　各工作的开始节点位置号和完成节点位置号

施工过程	A	B	C	D	E	F
紧前工作	-	-	-	B	B	C、D
紧后工作	-	D、E	F	F	-	-
开始节点位置号	0	0	0	1	1	2
完成节点位置号	3	1	2	2	3	3

3）根据已确定的节点位置号最大值为 3，最小值为 0，画出横坐标自左向右等分为 3 份，然后根据逻辑关系及各工作的开始节点位置号与完成节点位置号自左向右画出整个网络图。检查无误后，最后对各节点进行编号，即完成了整个图形的绘制（见图 14.13）。

（3）土木工程施工双代号网络计划的排列方法

为了使网络计划更条理化和形象化，在绘网络图时应根据不同的工程情况，不同的施工组织方法及使用要求等，灵活选用排列方法，以便简化层次，使各项工作之间在工艺上及组织上的逻辑关系准确清晰，便于施工组织者和施工人员掌握，也便于计算和调整。

1）按流水施工段排列

这种排列方法是把同一施工段的各项工作，按照施工顺序排在同一水平线上，能够反映出土木工程分段施工的特点，突出表示工作面的利用情况，如图 14.14 所示。

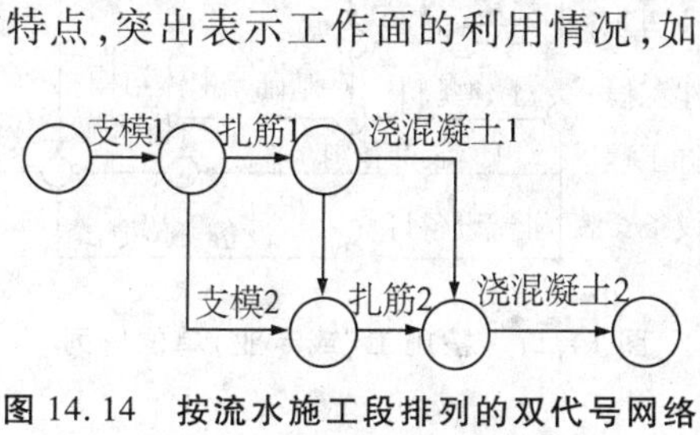

图 14.14　按流水施工段排列的双代号网络图

2）按工种排列

这种排列方法是把相同工种的工作，按照施工段号排在同一条水平线上，能够突出不同工种的工作情况，如图 14.9 所示。

3）混合排列

这种排列方法可以使网络图形看起来对称美观，但在同一水平方向既有不同工种的作业，也有不同施工段的作业，一般用于画较简单的网络图，如图 14.15 所示。

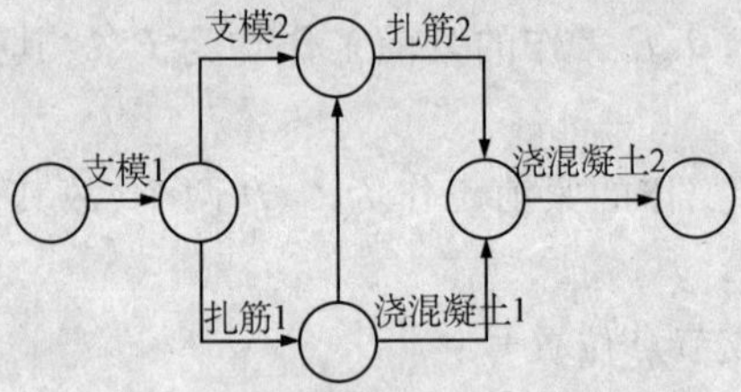

图 14.15　混合排列的双代号网络图

4）按楼层排列

在分段施工中，当若干项工作沿着建筑物的楼层展开时，其网络计划一般都可以按楼层排列，如装修工作一般是沿建筑物的楼层展开的，施工计划可按楼层排列。如下图 14.16所示。

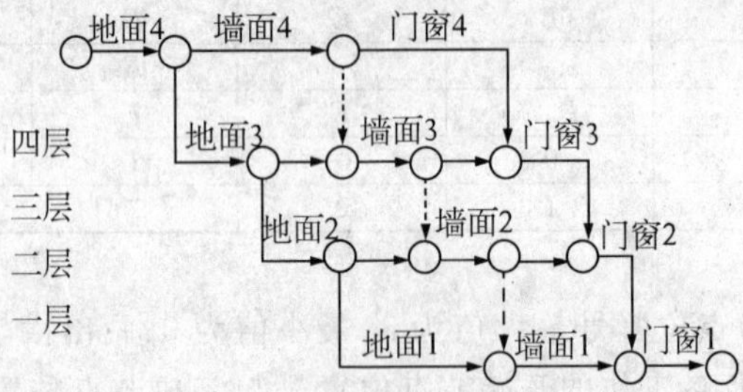

图 14.16　按楼层排列的双代号网络图

5）按施工（或专业）单位排列

一般建设项目或单项工程由若干不同施工单位或专业单位共同完成，如土建工程、水电卫暖工程、机械设备安装工程等。为了便于各施工单位或专业单位对自己负责的施工任务部分有更直观的了解，而将网络计划按施工单位或专业单位排列。如图 14.17 所示。

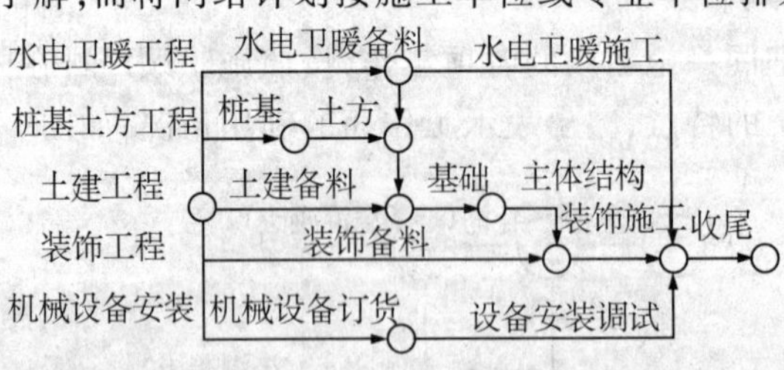

图 14.17　按施工（或专业）单位排列

14.2.2　单代号网络图

14.2.2.1　单代号网络图的概念

单代号网络图是另外一种应用较为普遍的网络计划形式。它也是用节点和有向箭线构成,用以表达计划所要完成的各项工作之间的逻辑关系的网状图形,如图 14.18 所示。但其基本符号的含义与双代号网络图不尽相同。在单代号网络图中,有向箭线不表示工作,仅表示工作之间的逻辑关系;而工作可用节点来表示,工作名称或内容、工作编号、工作持续时间以及工作时间参数都可以写在节点上,用节点的编号 i 作为这个工作的代号,即一个代号表示一个工作,所以称之为单代号网络图。

在单代号网络图中,用来表示工作的节点可以采用圆圈,也可以采用方框。工作名称或内容、工作编号、工作持续时间以及工作时间参数都可以写在圆圈上或方框上。常用的二种节点表示形式如图 14.19 所示。

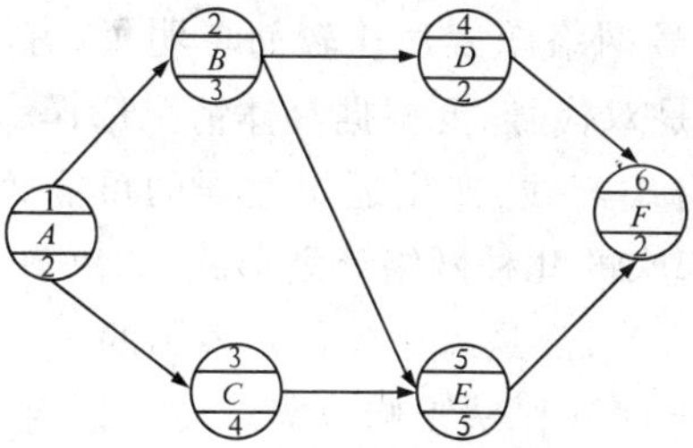

图 14.18　单代号网络图

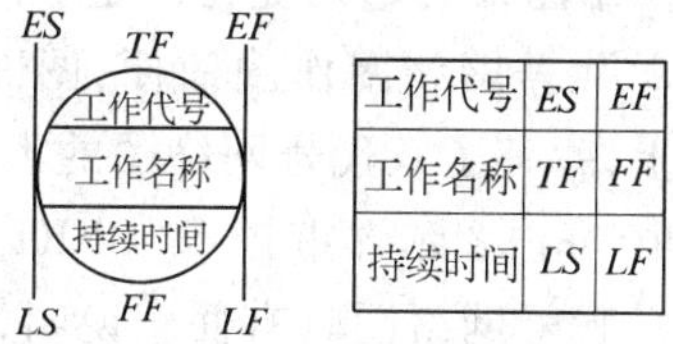

图 14.19　单代号网络图节点的几种表示形式

单代号网络图中的箭线仅表示工作间的逻辑关系,它既不占用时间也不消耗资源,这一点与双代号网络图中的箭线完全不同。箭线的箭头表示工作的前进方向,箭尾节点工作为箭头节点工作的紧前工作。另外,在单代号网络图中表达逻辑关系时并不需使用虚箭线,但可能会引进虚工作。这是由于单代号网络图也必须只有一个起点节点和一个终点节点,而当几个工作同时开始或同时结束时,就必须引入虚工作(节点),如图 14.20 所示。

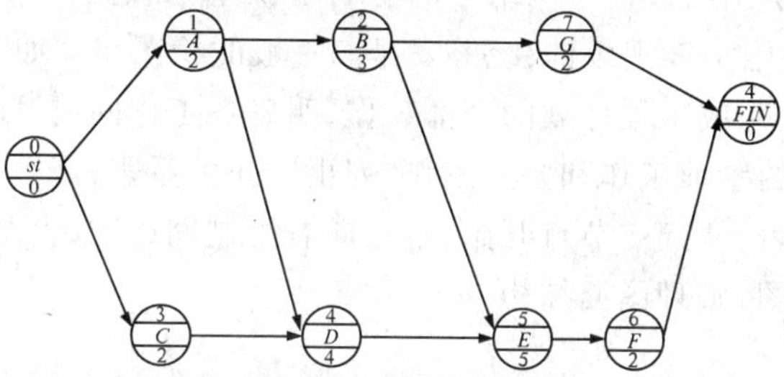

图 14.20　虚工作节点

14.2.2.2　单代号网络图的绘制规则

(1)单代号网络图的绘制规则

由于单代号网络图和双代号网络图所表达的计划内容是一致的,两者的区别仅在于绘图的符号不同,前者是单代号,后者为双代号。因此,在双代号网络图中所说明的绘图规则,在单代号网络中原则上都应遵守,可简述如下:

1)工作相互之间应严格遵守已知的逻辑关系(表 14.1 中,列出了常用的逻辑关系表示方法);

2)因为每个节点只能表示一项工作,所以各节点的代号不能重复;

3)用数字代表工作的名称时,宜由小到大按活动先后顺序编号;

4)不允许出现循环的线路;

5)不允许出现双向的箭线或无箭头的箭线；

6)除起点节点和终点节点外，其他所有节点都应有指向箭线和背向箭线；

7)一幅网络图只能有一个起点节点和一个终点节点；

8)一般必须而且只须引进一个表示计划开始的虚工作(节点)和一个表示计划结束的虚工作(节点)，单代号网络图中不允许再出现其他的虚工作；

9)在一幅网络图中，单代号和双代号的画法不能混用。

(2)单、双代号网络图的对比

1)逻辑关系的对比：在表14.1中，列出了常用的单代号网络图和双代号网络图的逻辑关系模型。通过对比，我们可以发现，有时用单代号网络图表达比较简单明了，有时用双代号网络图来表达则更为清楚。故采用单代号还是双代号，要根据具体情况选择。

2)单代号网络图作图简便，图面简洁，由于没有虚箭线，产生逻辑错误的可能较小。在此点上，弥补了双代号网络图的不足。最新发展起来的几种网络计划形式，如决策网络计划(DCPM)、图示评审技术(GERT)、前导网络(PN)等，都是采用单代号表示的；

3)单代号网络图具有便于说明，容易被使用者所理解和易于修改等优点。这对于推广应用统筹法编制工程进度计划，进行全面科学管理是有益的；

4)单代号网络图用节点表示工作，没有长度概念，不够形象，不便于绘制时标网络图。

5)双代号网络图更适合用计算机进行计算、优化和调整。这是因为双代号网络图两个代号代表一个工作，可直接反映其紧前或紧后工作的关系，而单代号网络图就必须按工作逐个列出其紧前或紧后工作的关系，这在计算机中需占用更大的空间。

14.2.2.3 单代号网络图的绘图步骤

单代号网络图的绘制与双代号网络图的绘制步骤基本相同，同样要在既定施工方案的基础上，根据具体的施工客观条件，统筹安排。一般的绘图步骤如下：

1)任务分解，确定完成工程计划的全部工作，明确各工作间的逻辑关系；

2)找出每一工作的紧前工作和紧后工作，列出工作关系表；

3)根据工作关系表，从起点节点开始，自左向右绘制网络图，直至终点节点；

4)检查初始网络图，整理图面结构；

5)进行节点编号。

14.3 网络计划时间参数的计算

14.3.1 双代号网络计划时间参数的计算

按照求取时间参数的途径不同，双代号网络计划时间参数的计算方法有图上计算法、表上计算法、矩阵计算法和电算法等，应用较广的是图上计算法和表上计算法。

14.3.1.1 图上计算法

当工作数目不太多时，直接在网络图上进行时间参数的计算，十分方便，尤其是用于手算时，应用较广。图上计算法用于双代号网络图计算时，又有工作计算法和节点计算法两种。为了便于理解说明，假设某网络计划由 n 个节点组成，其编号由小到大，即如果 i-

j 代表一个工作，则其紧前工作用 $h-i$ 表示，其紧后工作则用 $j-k$ 表示。

1. 工作计算法

1）工作的最早开始时间和工作的最早完成时间的计算

工作最早开始时间是指工作的最早可能开始时间，它取决于其紧前工作的全部完成，即其紧前工作全部完成后，本工作才有可能开始。所以工作的最早开始时间等于其所有紧前工作最早完成时间的最大值。而工作的最早完成时间为工作的最早开始时间加上工作的持续时间。工作的最早开始时间和工作的最早完成时间的计算应从网络计划的起点节点开始，沿着箭线方向，自左向右，依次逐项进行。用公式表达工作的最早可能开始时间和完成时间如下：

①当 $i-j$ 工作没有紧前工作时

$$ES_{i-j}=0 \tag{14.1}$$

$$EF_{i-j}=ES_{i-j}+D_{i-j}=D_{i-j} \tag{14.2}$$

②当 $i-j$ 工作有紧前工作时

$$ES_{i-j}=\max(EF_{h-i})=\max(ES_{h-i}+D_{h-i}) \tag{14.3}$$

$$EF_{i-j}=ES_{i-j}+D_{i-j}$$

式中　ES_{i-j}——$i-j$ 工作的最早可能开始时间；

EF_{i-j}——$i-j$ 工作的最早可能完成时间；

D_{i-j}——$i-j$ 工作的持续时间；

ES_{h-i}——$h-i$ 工作（代表 $i-j$ 工作的各项紧前工作）的最早可能开始时间；

EF_{h-i}——$h-i$ 工作（代表 $i-j$ 工作的各项紧前工作）的最早可能完成时间；

D_{h-i}——$h-i$ 工作的持续时间；

2）网络计划工期（T_p）的计算

网络计划的计划工期是指按照要求工期和计算工期确定的作为实施目标的工期。其计算一般按下列规定进行：

①当规定了要求工期（T_r）时

$$T_p \leqslant T_r$$

②当未规定要求工期（T_r）时

$$T_p=T_c$$

$$T_c=\max(EF_{i-n}) \tag{14.4}$$

式中　T_c——计算工期；

EF_{i-n}——以终点节点为箭头节点的工作的最早完成时间。

3）工作的最迟完成时间和工作的最迟开始时间

工作的最迟完成时间和最迟开始时间是指工作的最迟必须完成时间和最迟必须开始时间。即在不影响计划总工期的情况下，各工作开始时间和完成时间的最后期限。故某工作的最迟完成时间为其所有紧后工作最迟开始时间的最小值，而最迟开始时间，等于其最迟完成时间减去该工作的持续时间。工作的最迟完成时间和工作的最迟开始时间的计算应从网络计划的终点节点开始，逆着箭线方向，自右向左，依次逐项进行。具体计算公式如下：

①当 $i-j$ 工作没有紧后工作时

$$LF_{i-j}=T_p \tag{14.5}$$

$$LS_{i-j}=LF_{i-j}-D_{i-j} \tag{14.6}$$

②当 $i-j$ 工作有紧后工作时

$$LF_{i-j}=\min(LS_{j-k})=\min(LF_{j-k}-D_{j-k}) \tag{14.7}$$

$$LS_{i-j}=LF_{i-j}-D_{i-j}$$

式中 LS_{i-j}——$i-j$ 工作的最迟必须开始时间；

LF_{i-j}——$i-j$ 工作的最迟必须完成时间；

D_{i-j}——$i-j$ 工作的持续时间；

LS_{j-k}——$j-k$ 工作(代表 $i-j$ 工作的各项紧后工作)的最迟必须开始时间；

LF_{j-k}——$j-k$ 工作(代表 $i-j$ 工作的各项紧后工作)的最迟必须完成时间；

D_{j-k}——$j-k$ 工作的持续时间。

4)工作总时差的计算

时差反映工作在一定条件下的机动时间范围。总时差是指各项工作在不影响计划总工期的情况下所具有的机动时间,也就是在不影响其所有紧后工作最迟必须开始时间的前提下所具有的机动时间。工作的总时差 TF_{i-j}的计算公式如下：

$$TF_{i-j}=LS_{i-j}-ES_{i-j}=LF_{i-j}-EF_{i-j} \tag{14.8}$$

5)工作自由时差的计算

工作的自由时差又称局部时差,是指各项工作在不影响其所有紧后工作最早开始时间的前提下,所具有的机动时间。工作的自由时差 FF_{i-j}的计算公式如下：

①当工作 $i-j$ 没有紧后工作时

$$FF_{i-j}=T_p-EF_{i-j}=T_p-ES_{i-j}-D_{i-j} \tag{14.9}$$

②当工作 $i-j$ 有紧后工作时

$$FF_{i-j}=ES_{j-k}-EF_{i-j}=ES_{j-k}-ES_{i-j}-D_{i-j} \tag{14.10}$$

式中 ES_{j-k}——$j-k$ 工作(代表 $i-j$ 工作的各项紧后工作)的最早必须开始时间。

6)确定关键线路

持续时间最长的线路为关键线路。当网络计划的计算工期等于计划工期时,关键线路的总时差为零,此时所有总时差为零的工作(关键工作)组成的线路即为关键线路。当网络计划的计算工期小于计划工期时,关键线路的总时差不为零,此时总时差为最小的工作为关键工作,关键工作组成的线路即为关键线路。而当规定工期小于网络计划的结束节点最早(迟)时间时,某些工作的总时差会出现负值,在这种情况下,负时差绝对值最大的工作为关键工作。

各项工作的上述六个时间参数计算后,可标注在箭线之上,如图 14.21。确定出的关键线路在双代号网络图上用双箭线或黑粗线表示。

例 14.3 试计算图 14.22 所示双代号网络图的六个时间参数并确定关键线路。

解 (1)计算各工作的最早开始时间和工作的最早完成时间

从起点节点①开始,沿着箭线方向自左向右依次计算到终点节点⑥。

1) 没有紧前工作的工作的最早开始时间和工作的最早完成时间的计算

$ES_{1-2}=ES_{1-3}=0$

$EF_{1-2}=0+2=2$

$EF_{1-3}=0+4=4$

2）有紧前工作的工作的最早开始时间和工作的最早完成时间的计算

$ES_{2-4}=ES_{1-2}=2$

$EF_{2-4}=ES_{2-4}+D_{2-4}=2+3=5$

$ES_{2-3}=ES_{1-2}=2$

$EF_{2-3}=ES_{2-3}+D_{2-3}=2+5=7$

$ES_{3-5}=\max(EF_{2-3},EF_{1-3})=\max(7,4)=7$

$EF_{3-5}=ES_{3-5}+D_{3-5}=7+4=11$

$ES_{4-6}=\max(EF_{2-3},EF_{2-4},EF_{1-3})=\max(7,5,4)=7$

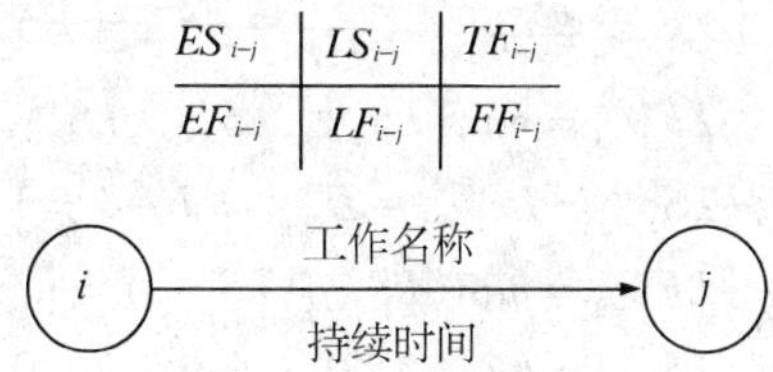

图 14.21　工作时间参数标注形式

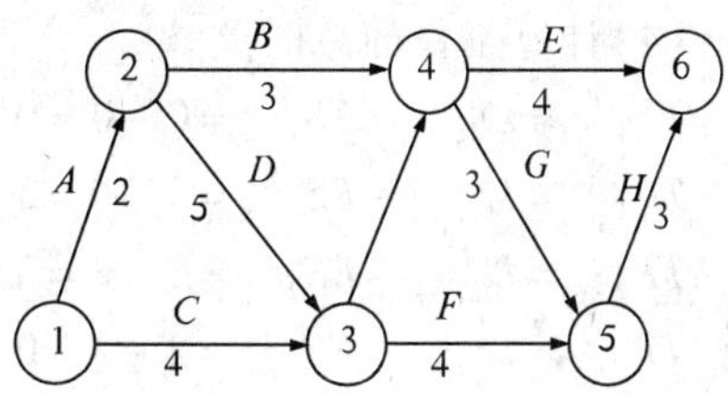

图 14.22　双代号网络图

$EF_{4-6}=ES_{4-6}+D_{4-6}=7+4=11$

$ES_{4-5}=\max(EF_{2-3},EF_{2-4},,EF_{1-3})=\max(7,5,4)=7$

$EF_{4-5}=ES_{4-5}+D_{4-5}=7+3=10$

$ES_{5-6}=\max(EF_{4-5},EF_{3-5})=\max(10,11)=11$

$EF_{5-6}=ES_{5-6}+D_{5-6}=11+3=14$

将计算结果标注在图上的相应位置，见图 14.23。

(2)确定计算工期及计划工期

计算工期：$T_C=\max(EF_{4-6},EF_{5-6})=\max(11,14)=14$

由于没有要求工期，取计划工期等于计算工期，即：

$$T_P=T_C=14$$

(3)计算各工作的最迟完成时间和工作的最迟开始时间

从终点节点⑥开始，逆着箭线方向自右向左依次计算到起点节点①。

1）没有紧后工作的工作的最迟完成时间和工作的最迟开始时间的计算

$LF_{4-6}=T_P=14$

$LS_{4-6}=LF_{4-6}-D_{4-6}=14-4=10$

$LF_{5-6}=T_P=14$

$LS_{5-6}=LF_{5-6}-D_{5-6}=14-3=11$

2）有紧后工作的工作的最迟完成时间和工作的最迟开始时间的计算

$LF_{4-5}=LS_{5-6}=11$

$LS_{4-5}=LF_{4-5}-D_{4-5}=11-3=8$

$LF_{3-5}=LS_{5-6}=11$

$LS_{3-5}=LF_{3-5}-D_{3-5}=11-4=7$

$LF_{2-4}=\min(LS_{4-6},LS_{4-5})=\min(10,8)=8$

$LS_{2-4}=LF_{2-4}-D_{2-4}=8-3=5$

$LF_{2-3}=\min(LS_{4-6},LS_{4-5},LS_{3-5})=\min(10,8,7)=7$

$LS_{2-3}=LF_{2-3}-D_{2-3}=7-5=2$

$LF_{1-3}=\min(LS_{4-6},LS_{4-5},LS_{3-5})=\min(10,8,7)=7$

$LS_{1-3}=LF_{1-3}-D_{1-3}=7-4=3$

$LF_{1-2}=\min(LS_{2-4},LS_{2-3})=\min(5,2)=2$

$LS_{1-2}=LF_{1-2}-D_{1-2}=2-2=0$

将计算结果标注在图上的相应位置,见图 14.23。

(4)计算工作的总时差

$TF_{1-2}=LS_{1-2}-ES_{1-2}=0-0=0$

$TF_{1-3}=LS_{1-3}-ES_{1-3}=3-0=3$

$TF_{2-4}=LS_{2-4}-ES_{2-4}=5-2=3$

$TF_{2-3}=LS_{2-3}-ES_{2-3}=2-2=0$

$TF_{3-5}=LS_{3-5}-ES_{3-5}=7-7=0$

$TF_{4-6}=LS_{4-6}-ES_{4-6}=10-7=3$

$TF_{4-5}=LS_{4-5}-ES_{4-5}=8-7=1$

$TF_{5-6}=LS_{5-6}-ES_{5-6}=11-11=0$

将计算结果标注在图上的相应位置,见图 14.23。

(5)计算工作的自由时差

$FF_{1-2}=\min(ES_{2-3},ES_{2-4})-EF_{1-2}=\min(2,2)-2=0$

$FF_{1-3}=\min(ES_{4-6},ES_{4-5},ES_{3-5})-EF_{1-3}=\min(7,7,7)-4=3$

$FF_{2-4}=\min(ES_{4-6},ES_{4-5})-EF_{2-4}=\min(7,7)-5=2$

$FF_{2-3}=\min(ES_{4-6},ES_{4-5},ES_{3-5})-EF_{2-3}=\min(7,7,7)-7=0$

$FF_{3-5}=ES_{5-6}-EF_{3-5}=11-11=0$

$FF_{4-5}=ES_{5-6}-EF_{4-5}=11-10=1$

$FF_{4-6}=T_P-EF_{4-6}=14-11=3$

$FF_{5-6}=T_P-EF_{5-6}=14-14=0$

将计算结果标注在图上的相应位置,见图 14.23。

(6)确定关键线路

本网络计划的计算工期等于计划工期时,关键线路的总时差为零,此时所有总时差为零的工作(关键工作)组成的线路即为关键线路。本网络计划的关键线路为①-②-③-⑤-⑥,如图 14.23 黑粗线所示。

2. 节点计算法

1)节点最早时间的计算

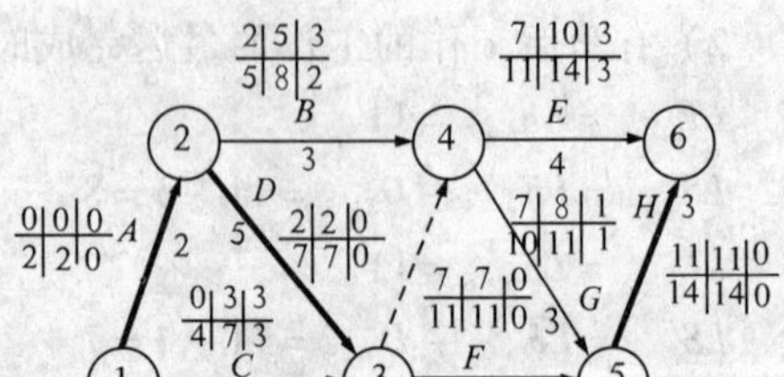

图 14.23　时间参数计算图

节点最早时间是指节点最早可能开始时间,它是表示该节点的紧前工作全部完成,从这个节点出发的各项紧后工作最早能够开始的时间。如果进入该节点的紧前工作没有全部结束,从这个节点出发的紧后工作就不能开始,因此,几个箭线同时指向同一节点时,应取进入该节点的紧前工作的结束时间的最大值,作为该节点的最早可能开始时间。计算时，一般是把原始节点的时间作为零，从原始节点开始由左向右依次进行，具体的计算公式如下：

①当 i 节点为网络计划的起点节点时

$$ET_i = 0 \tag{14.11}$$

②当 i 节点不是网络计划的起点节点时

$$ET_i = \max(ET_h + D_{h-i}) \tag{14.12}$$

式中　ET_i——节点 i 的最早时间；

ET_h——节点 h 的最早时间；

D_{h-i}——工作 $h-i$ 的持续时间。

2）网络计划工期（T_p）的计算

网络计划的计划工期是指按照要求工期和计算工期确定的作为实施目标的工期。其计算一般按下列规定进行：

①当规定了要求工期（T_r）时

$$T_p \leqslant T_r$$

②当未规定要求工期（T_r）时

$$T_p = T_c$$

$$T_c = ET_n \tag{14.13}$$

式中　T_c——计算工期；

E_{Tn}——终点节点的最早时间。

3）节点最迟时间的计算

节点最迟时间是指节点最迟必须完成时间，就是在计划工期确定的情况下，以该节点为完成节点的各项工作最迟必须完成的时刻。节点最迟时间的计算，应从网络图的终点节点开始，逆向推算。具体的计算公式如下：

①当 i 节点为网络计划的终点节点时

$$LT_i = T_p \tag{14.14}$$

②当 i 节点不是网络计划的终点节点时

$$LT_i = \min(LT_j - D_{i-j}) \tag{14.15}$$

式中　LT_i——节点 i 的最迟时间；

LT_j——节点 j 的最迟时间；

D_{i-j}——工作 $I-j$ 的持续时间式中。

4）工作时间参数的计算

①工作最早开始时间的计算：$ES_{i-j} = ET_i$　(14.16)

②工作最早完成时间的计算：$EF_{i-j} = ET_i + D_{i-j}$　(14.17)

③工作最迟完成时间的计算：$LF_{i-j} = LT_j$　(14.18)

④工作最迟开始时间的计算：$LS_{i-j} = LT_j - D_{i-j}$　(14.19)

⑤工作总时差的计算：$TF_{i-j} = LT_j - D_{i-j} - ET_i$　(14.20)

⑥工作自由时差的计算：$FF_{i-j} = ET_j - ET_i - D_{i-j}$　(14.21)

5）确定关键线路

关键线路的确定方法与图上计算法相同。

3. 图上计算法标注形式

图上计算法是依据上述时间参数的计算公式,直接在网络图上计算的一种比较直观、简捷的方法。其标注形式如图 14.24 所示。

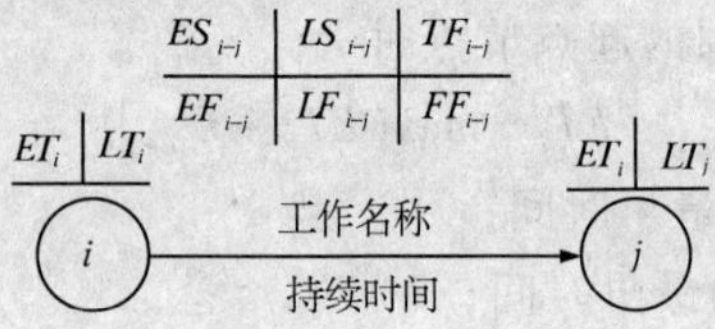

图 14.24 图上计算法标注

例 14.4 同上例数据,用节点计算法进行计算。

解 (1)节点最早时间的计算

1)网络计划的起点节点最早时间的计算

$$ET_1 = 0$$

2)网络计划其他节点最早时间的计算

$ET_2 = ET_1 + D_{1-2} = 0 + 2 = 2$

$ET_3 = \max(ET_1 + D_{1-3},\ ET_2 + D_{2-3}) = \max(0+4, 2+5) = 7$

$ET_4 = \max(ET_3 + D_{3-4},\ ET_2 + D_{2-4}) = \max(7+0, 2+3) = 7$

$ET_5 = \max(ET_3 + D_{3-5},\ ET_4 + D_{4-5}) = \max(7+4, 7+3) = 11$

$ET_6 = \max(ET_4 + D_{4-6},\ ET_5 + D_{5-6}) = \max(7+4, 11+3) = 14$

将计算结果标注在图上的相应位置,见图 14.25。

(2)网络计划工期(T_p)的计算

本网络计划未规定要求工期(T_r),所以取 $T_p = T_c = ET_6 = 14$

(3)节点最迟时间的计算

1)网络计划的终点节点最迟时间的计算

$$LT_6 = T_p = 14$$

2) 网络计划其他终点节点的最迟时间的计算

$LT_5 = LT_6 - D_{5-6} = 14 - 3 = 11$

$LT_4 = \min(LT_6 - D_{4-6}, LT_5 - D_{4-5}) = \min(14-4, 11-3) = 8$

$LT_3 = \min(LT_4 - D_{3-4}, LT_5 - D_{3-5}) = \min(8-0, 11-4) = 7$

$LT_2 = \min(LT_4 - D_{2-4}, LT_3 - D_{2-3}) = \min(8-3, 7-5) = 2$

$LT_1 = \min(LT_2 - D_{1-2}, LT_3 - D_{1-3}) = \min(2-2, 7-4) = 0$

将计算结果标注在图上的相应位置,见图 14.25。

(4)工作时间参数的计算

1)工作最早开始时间和最早完成时间的计算

$ES_{1-2} = ES_{1-3} = ET_1 = 0$

$EF_{1-2} = ES_{1-2} + D_{1-2} = 0 + 2 = 2$

$EF_{1-3}=ES_{1-3}+D_{1-3}=0+4=4$

$ES_{2-4}=ET_2=2$

$EF_{2-4}=ES_{2-4}+D_{2-4}=2+3=5$

$ES_{2-3}=ET_2=2$

$EF_{2-3}=ES_{2-3}+D_{2-3}=2+5=7$

$ES_{3-5}=ET_3=7$

$EF_{3-5}=ES_{3-5}+D_{3-5}=7+4=11$

$ES_{4-6}=ET_4=7$

$EF_{4-6}=ES_{4-6}+D_{4-6}=7+4=11$

$ES_{4-5}=ET_4=7$

$EF_{4-5}=ES_{4-5}+D_{4-5}=7+3=10$

$ES_{5-6}=ET_5=11$

$EF_{5-6}=ES_{5-6}+D_{5-6}=11+3=14$

2)工作最迟完成时间和最迟开始时间的计算

$LF_{4-6}=LT_6=14$

$LS_{4-6}=LF_{4-6}-D_{4-6}=14-4=10$

$LF_{5-6}=LT_6=14$

$LS_{5-6}=LF_{5-6}-D_{5-6}=14-3=11$

$LF_{4-5}=LT_5=11$

$LS_{4-5}=LF_{4-5}-D_{4-5}=11-3=8$

$LF_{3-5}=LT_5=11$

$LS_{3-5}=LF_{3-5}-D_{3-5}=11-4=7$

$LF_{2-4}=LT_4=8$

$LS_{2-4}=LF_{2-4}-D_{2-4}=8-3=5$

$LF_{2-3}=LT_3=7$

$LS_{2-3}=LF_{2-3}-D_{2-3}=7-5=2$

$LF_{1-3}=LT_3=7$

$LS_{1-3}=LF_{1-3}-D_{1-3}=7-4=3$

$LF_{1-2}=LT_2=2$

$LS_{1-2}=LF_{1-2}-D_{1-2}=2-2=0$

3)工作总时差的计算

$TF_{1-2}=LT_2-D_{1-2}-ET_1=2-2-0=0$

$TF_{1-3}=LT_3-D_{1-3}-ET_1=7-4-0=3$

$TF_{2-4}=LT_4-D_{2-4}-ET_2=8-3-2=3$

$TF_{2-3}=LT_3-D_{2-3}-ET_2=7-5-2=0$

$TF_{3-5}=LT_5-D_{3-5}-ET_3=11-4-7=0$

$TF_{4-6}=LT_6-D_{4-6}-ET_4=14-4-7=3$

$TF_{4-5}=LT_5-D_{4-5}-ET_4=11-3-7=1$

$TF_{5-6}=LT_6-D_{5-6}-ET_5=14-3-11=0$

4)工作自由时差的计算：$FF_{i-j}=ET_j-ET_i-D_{i-j}$

$FF_{1-2}=ET_2-ET_1-D_{1-2}=2-0-2=0$

$FF_{1-3}=ET_3-ET_1-D_{1-3}=7-0-4=3$

$FF_{2-4}=ET_4-ET_2-D_{2-4}=7-2-3=2$

$FF_{2-3}=ET_3-ET_2-D_{2-3}=7-2-5=0$

$FF_{3-5}=ET_5-ET_3-D_{3-5}=11-7-4=0$

$FF_{4-6}=ET_6-ET_4-D_{4-6}=14-7-4=3$

$FF_{4-5}=ET_5-ET_4-D_{4-5}=11-7-3=1$

$FF_{5-6}=ET_6-ET_5-D_{5-6}=14-11-3=0$

将计算结果标注在图上的相应位置，见图 14.25。

(5)确定关键线路

本网络计划的计算工期等于计划工期时，关键线路的总时差为零，此时所有总时差为零的工作(关键工作)组成的线路即为关键线路。本网络计划的关键线路为①－②－③－⑤－⑥，如图 14.25 黑粗线所示。

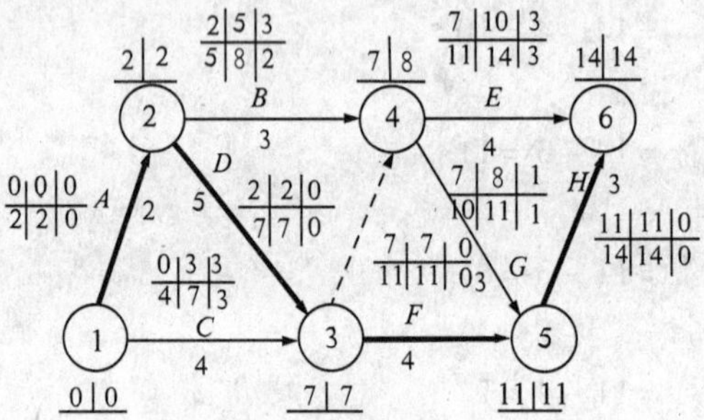

图 14.25　双代号网络图节点计算法

14.3.1.2　表上计算法

表上计算法是依据上述时间参数的计算公式，用表格形式进行时间参数计算的一种方法。现以例题的形式来说明用表上计算法计算双代号网络图时间参数的步骤。

例 14.5　用表上计算法进行计算，相关资料见表 14.4。

解　(1)计算前应先将网络图中的各个节点按其号码从小到大依次填入表的第(1)栏内，然后各项工作 $i-j$ 也要分别按 i,j 号码从小到大顺次填入第(2)栏内(如①－②、①－③、②－③、②－④等)，同时把相应的每项工作的持续时间填入第(3)栏内。以上所求的都是已知数，也是下列计算的基础。

(2)表上计算法的步骤和方法

1)求表中的 ET_i 和 EF_{i-j} 值，计算顺序：自上而下，逐行进行。

①已知条件

$ET_1=0$(计划从相对时间 0 天开始，因此，ET_1 值为 0)，EF_{i-j}(表中第 5 栏)$=ET_i$(表中第 4 栏)$+D_{i-j}$(表中第 3 栏)则 $EF_{1-2}=0+1$；$EF_{1-3}=0+5=5$。

②求 ET_3

从表 14.4 中可以看出节点 3 的紧前工作有①－③和②－③，应选这两项工作 EF_{2-3}

和 EF_{1-3} 的最大值填入 ET，现已知 $EF_{1-3}=5$；$EF_{2-3}=4$；故 $ET_3=5$。同样由(4)栏 +(3)栏 =(5)栏，得 $EF_{3-4}=5+6=11$；$EF_{3-5}=5+5=10$。

表 14.4　网络计划时间参数计算表

工作			时间参数						关键线路
节点	工作	持续时间	节点最早时间	工作最早完成时间	工作最迟开始时间	节点最迟时间	工作总时差	工作自由时差	关键线路
i	$i-j$	D_{i-j}	ET_i	EF_{i-j}	LS_{i-j}	LT_i	TF_{i-j}	FF_{i-j}	CP
(1)	(2)	(3)	(4)	(5)	(6)	(7)	(8)	(9)	(10)
①	① - ② ① - ③	1 5	0	1 5	1 0	0	1 0	0 0	√
②	② - ③ ② - ④	3 2	1	4 3	2 9	2	1 8	1 8	
③	③ - ④ ③ - ⑤	6 5	5	11 10	5 8	5	0 3	0 1	√
④	④ - ⑤ ④ - ⑥	0 5	11	11 16	13 11	11	2 0	0 0	√
⑤	⑤ - ⑥	3	11	14	13	13	2	2	
⑥			16			16			

③求 ET_4

节点 4 的紧前工作有② - ③和③ - ④，现已知 $EF_{2-4}=3$，$EF_{3-4}=11$，故 $EF_4=11$。并计算得：

$EF_{4-5}=5+6=11$；$EF_{3-5}=5+5=10$。

④求 ET_5

节点的紧前工作有④ - ⑤和③ - ⑤，已知 $EF_{4-5}=11$，$EF_{3-5}=10$，故 $ET_5=11$。并计算得：$EF_{5-6}=11+3=14$。

⑤求 ET_6

节点的紧前工作有④ - ⑥和⑤ - ⑥，已知 $EF_{4-6}=16$，$EF_{5-6}=11$，取两者的最大值，得：$EF_6=16$

2)求 LT_i 和 LS_{i-j} 值

计算顺序：自下而上，逐行进行。

①已知条件 $ET_6=16$，而且整个网络图的终点(终点节点)的 LT 值在没有规定工期的时候应与 ET 值相同，即 $LT_6=ET_6$；则 $LT_6=16$

从表中可以看出节点 6 的紧前工作有④ - ⑥和⑤ - ⑥，则有：

$LS_{4-6}=LT_6-D_{4-6}=16-5=11$

$LS_{5-6}=LT_6-D_{5-6}=16-3=13$

②求 LT_5

表中,由节点出发的工作(节点 5 的紧后工作)只有⑤ - ⑥,已知 $LS_{5-6}=13$,故 $LT_5=13$(如果有两个或更多的紧后工作,则要选取其中 LS 的最小值作为该节点的 LT 值),节点 5 的紧前工作有③ - ⑤和③ - ⑤,则算得:

$LS_{3-5}=LT_5-D_{3-5}=13-5=8$

$LS_{4-5}=LT_5-D_{4-5}=13-0=13$

③求 LT_4

从表中可以看出,由节点 4 出发的工作有④ - ⑤和④ - ⑥,已知:$LS_{4-5}=13$,$LS_{4-5}=11$,选其最小值 $\min LS$ 填入 LT_4 得 $LT_4=11$。

节点 4 的紧前工作有② - ④和③ - ④,则有

$LS_{2-4}=LT_4-D_{2-4}=11-2=9$

$LS_{3-4}=LT_4-D_{3-4}=11-6=5$

④求 LT_3

由节点 3 出发的工作有③ - ④和③ - ⑤,已知 $LS_{3-4}=5$,$LS_{2-4}=9$,选其 $\min LS$ 值填入 LT_3,得 $LT_3=5$。同样可算出节点 3 的紧前工作① - ③和② - ③的 LS 值为;

$LS_{1-3}=LT_3-D_{1-3}=5-5=0$

$LS_{1-3}=LT_3-D_{2-3}=5-3=2$

⑤求 LT_2

由节点 2 出发的工作有② - ③和② - ④,已知 $LS_{2-3}=2$,$LS_{2-4}=9$,选其 $\min LS$ 值填入 LT_2,得 $LT_2=2$,节点 2 的紧前工作只有① - ②则:

$LS_{1-2}=LT_2-D_{1-2}=2-1=1$

⑥求 LT_1

由节点 1 出发的工作有① - ②和① - ③,已知 $LS_{1-2}=1$,$LS_{1-3}=0$,选其 $\min LS$ 值填入 LT_1,则 $LT_1=0$。由于节点 1 是整个网络图的起点节点,所以它前面没有工作,到此,LT 和 LS 值全部计算完毕。

3)求 TF_{i-j}

表 14.5 中的第(8)栏等于第(6)栏减去第(4)栏。

4)求 EF_{i-j}:$EF_{i-j}=ET_j-ET_i-D_{i-j}$

如:工作③ - ⑤的 $EF_{3-5}=ET_3-ET_3-D_{3-5}=11-5-5=11$;其余类推,计算结果见表 14.5。

5)判别关键线路

因本例无规定工期,因此在表 14.4 中,凡总时差 $TF_{i-j}=0$ 的工作就是关键工作,在表的第(10)栏中注明"√",由这些工作首尾相接而形成的线路就是关键线路。

14.3.2 单代号网络计划时间参数的计算

14.3.2.1 单代号网络图图上计算法标注规则

用节点表示工作是单代号网络图的特点,节点编号就是工作的代号,箭线只表示工作的顺序关系,因此并不像双代号网络图那样,要区分节点时间和工作时间。单代号网络图

时间参数的计算方法也很多，常用的有分析计算法、图上计算法、表上计算法、矩阵计算法和电算法等。尽管方法很多，但都是以分析计算法为基础，而采用的不同的计算形式。下面以图上计算法来叙述单代号网络图的时间参数计算。在单代号网络图计算中，常用的符号和双代号网络图相同，常用如图 14.26 所示的标注法来标注各种时间参数。

14.3.2.2　单代号网络图时间参数的计算程序

单代号网络图时间参数的计算可以按照和双代号网络图一样的顺序来进行，即先自左向右计算工作的最早开始时间和最早完成时间，从而确定出计算工期和计划工期，再自右向左计算工作的最迟开始时间和最迟完成时间，最后计算工作的自由时差和总时差。也可以采用另外一种计算顺序，即先自左向右计算工作的最早开始时间和最早完成时间，从而确定出计算工期和计划工期，再计算各工作间的时间间隔，并根据时间间隔计算工作的自由时差和总时差，最后根据工作的最早开始时间和最早完成时间以及工作的总时差计算工作的最迟开始时间和最迟完成时间。其具体的计算步骤如下：

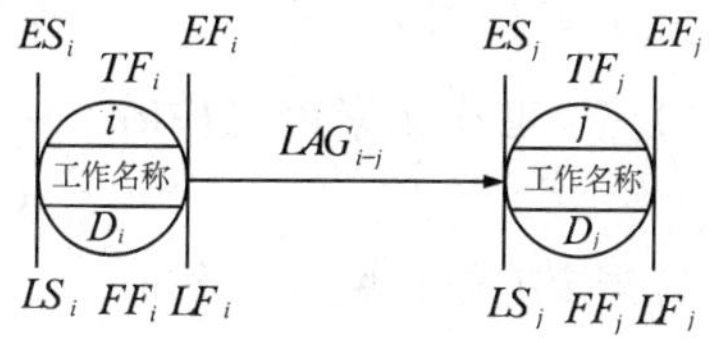

图 14.26　单代号网络图时间参数标注法

(1)工作最早开始时间和最早完成时间的计算

1)当 i 工作没有紧前工作时

$$ES_i = 0 \tag{14.22}$$

$$EF_i = ES_i + D_i = D_i \tag{14.23}$$

2)当 i 工作有紧前工作时

$$ES_i = \max(EF_h) = \max(ES_h + D_h) \tag{14.24}$$

$$EF_i = ES_i + D_i \tag{14.25}$$

式中　ES_i——i 工作的最早可能开始时间；

EF_i——i 工作的最早可能完成时间；

D_i——i 工作的持续时间；

ES_h——h 工作(代表 i 工作的各项紧前工作)的最早可能开始时间；

EF_h——h 工作(代表 i 工作的各项紧前工作)的最早可能完成时间；

D_h——h 工作的持续时间。

(2)工作间时间间隔的计算

为便于计算工作时差，我们引进时间间隔参数 LAG_{i-j}，它表示某项工作 i 的最早可能完成时间 EF_i，至其某一项紧后工作 j 的最早可能开始时间 ES_j 的时间间隔，即

$$LAG_{i-j} = ES_j - EF_i \tag{14.26}$$

(3)工作自由时差的计算

工作的自由时差，是工作在不影响其所有紧后工作的最早开始时间的前提下所具有的机动时间。

1)当 i 工作无紧后工作时

$$FF_i = T_P - EF_i \tag{14.27}$$

2)当 i 工作有紧后工作时

$$FF_i = \min(LAG_{i-j}) \tag{14.28}$$

(4)工作总时差的计算

总时差是指各项工作在不影响计划总工期的情况下所具有的机动时间,也就是在不影响其所有紧后工作最迟必须开始时间的前提下所具有的机动时间。所以总时差是属于一条线路的,对于一个工作来说,当时间间隔已知的情况下,工作的总时差 TF_{i-j}的可以据此进行计算。

1)当 i 工作无紧后工作时

$$TF_i = 0 \tag{14.29}$$

2)当 i 工作有紧后工作时

$$TF_i = \min(TF_j + LAG_{i-j}) \tag{14.30}$$

计算各工作的总时差时,结束节点工作的最迟必须结束时间等于规定工期或最早可能结束时间,从而可以确定最后一个节点工作的总时差,然后从后向前逆向求出各节点的总时差。

(5)工作最迟开始时间和最迟完成时间的计算

由总时差与工作最早时间和最迟时间的关系式:

$$TF_i = LS_i - ES_i = LF_i - EF_i \tag{14.31}$$

可得

$$LS_i = TF_i + ES_i \tag{14.32}$$

$$LF_i = TF_i + EF_i \tag{14.33}$$

(6)确定关键线路

和双代号网络图一样,在单代号网络图中,总时差最小的工作为关键工作。关键线路的确定按以下规定:从起点节点开始到终点节点均为关键工作且所有工作的时间间隔为零的线路为关键线路。

例 14.6　已知单代号网络计划如图 14.27 所示,若计划工期等于计算工期,试计算单代号网络计划的时间参数,将其标注在网络计划上;并用双箭线标示出关键线路。

解　(1)计算最早开始时间和最早完成时间

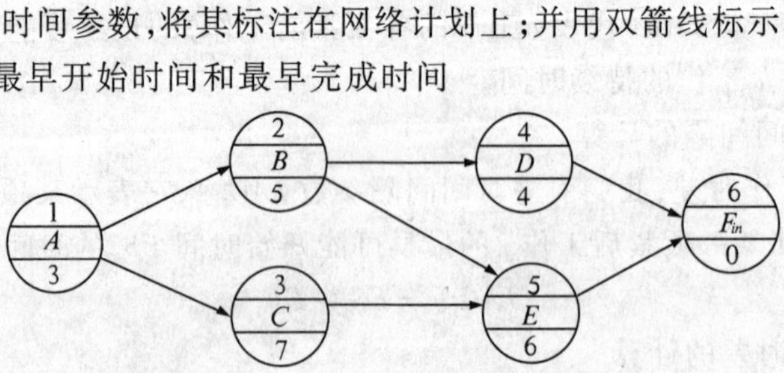

图 14.27　单代号网络计划计算示例

$ES_1 = 0$　$EF_1 = ES_1 + D_1 = 0 + 3 = 3$

$ES_2 = EF_1 = 3$　$EF_2 = ES_2 + D_2 = 3 + 5 = 8$

$ES_3 = EF_1 = 3$　$EF_3 = ES_3 + D_3 = 3 + 7 = 10$

$ES_4 = EF_2 = 8$　$EF_4 = ES_4 + D_4 = 8 + 4 = 12$

$ES_5 = \max(EF_2, EF_3) = \max(8,10) = 10$

$EF_5 = ES_5 + D_5 = 10 + 5 = 15$

$ES_6 = \max(EF_4, EF_5) = \max(12,15) = 15$

$EF_6 = ES_6 + D_6 = 15 + 0 = 15$

已知计划工期等于计算工期,故有:$T_P = T_C = EF_6 = 15$

(2)计算相邻两项工作之间的时间间隔 LAG_{i-j}

$LAG_{1-2} = ES_2 - EF_1 = 3 - 3 = 0$

$LAG_{1-3} = ES_3 - EF_1 = 3 - 3 = 0$

$LAG_{2-4} = ES_4 - EF_2 = 8 - 8 = 0$

$LAG_{2-5} = ES_5 - EF_2 = 10 - 8 = 2$

$LAG_{3-5} = ES_5 - EF_3 = 10 - 10 = 0$

$LAG_{4-6} = ES_6 - EF_4 = 15 - 12 = 3$

$LAG_{5-6} = ES_6 - EF_5 = 15 - 15 = 0$

(3)计算工作的总时差 TF_i

已知计划工期等于计算工期:$T_P = T_C = 15$,故终节点⑥节点的总时差为零,即:

$TF_6 = 0$ 其他工作总时差为:

$TF_5 = TF_6 + LAG_{5-6} = 0 + 0 = 0$

$TF_4 = TF_6 + LAG_{4-6} = 0 + 3 = 3$

$TF_3 = TF_5 + LAG_{3-5} = 0 + 0 = 0$

$TF_2 = \min[(TF_4 + LAG_{2-4}), (TF_5 + LAG_{2-5})] = \min[(3+0), (0+2)] = 2$

$TF_1 = \min[(TF_2 + LAG_{1-2}), (TF_3 + LAG_{1-3})] = \min[(2+0), (0+0)] = 0$

(4)计算工作的自由时差 FF_i

已知计划工期等于计算工期:$T_P = T_C = 15$,故终节点⑥节点的自由时差为:

$FF_6 = T_P - EF_6 = 15 - 15 = 0$

$FF_5 = LAG_{5-6} = 0$

$FF_4 = LAG_{4-6} = 3$

$FF_3 = LAG_{3-5} = 0$

$FF_2 = \min(LAG_{2-4}, LAG_{2-5}) = \min(0,2) = 0$

$TF_1 = \min(LAG_{1-2}, LAG_{1-3}) = \min(0,0) = 0$

(5)计算工作的最迟开始时间 LS_i 和最迟完成时间 LF_i

$LS_1 = ES_1 + TF_1 = 0 + 0 = 0$　　$LF_1 = EF_1 + TF_1 = 3 + 0 = 3$

$LS_2 = ES_2 + TF_2 = 3 + 2 = 5$　　$LF_2 = EF_2 + TF_2 = 8 + 2 = 10$

$LS_3 = ES_3 + TF_3 = 3 + 0 = 3$　　$LF_3 = EF_3 + TF_3 = 10 + 0 = 10$

$LS_4 = ES_4 + TF_4 = 8 + 3 = 11$　　$LF_4 = EF_4 + TF_4 = 12 + 3 = 15$

$LS_5 = ES_5 + TF_5 = 10 + 0 = 10$　　$LF_5 = EF_5 + TF_5 = 15 + 0 = 15$

$LS_6 = ES_6 + TF_6 = 15 + 0 = 15$　　$LF_6 = EF_6 + TF_6 = 15 + 0 = 15$

将以上计算结果标注在图 14.28 中的相应位置。

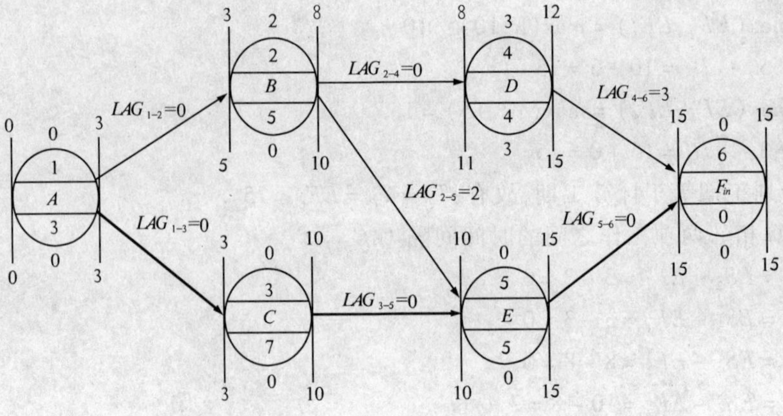

图 14.28　单代号网络计划时间参数计算结果

(6)关键工作和关键线路的确定

根据计算结果,总时差为零的工作:A、C、E、F 为关键工作;

从起点节点①节点开始到终点节点⑥节点均为关键工作,且所有工作之间时间间隔为零的线路:①-③-⑤-⑥为关键线路,用双箭线标示在图 14.28 中。

14.4　双代号时标网络计划

14.4.1　双代号时标网络计划的编制

14.4.1.1　双代号时标网络计划的概念和特点

双代号时标网络计划是双代号时间坐标网络计划的简称,它是将双代号网络计划的节点标在时间坐标系中,通过用时间坐标为尺度表示工作时间箭线的长短和所在的位置来表示工作的时间进度。时标网络计划是综合应用横道图的时间坐标和网络计划的原理,吸取了二者长处,使其结合起来应用的一种网络计划方法,双代号时标网络计划方法提供了一套编制和调整计划的完整技术。网络计划方法的核心就是,它提供了一种描述计划任务中各项活动相互间(工艺或组织)逻辑关系的图解模型。利用这种图解模型和有关的计算方法,可以看清计划任务的全局,分析其规律,以便揭示矛盾,抓住关键,并用科学的方法调整计划安排,找出最好的计划方案。

时标网络计划是目前普遍受欢迎的计划表达形式,其主要特点有:

1)将网络计划和水平进度进度计划相结合,形象表明计划的进度;

2)箭杆的长短与时间有关;

3)可直接在图上看出时间参数和关键线路,而不必计算;

4)不会产生闭合会路;

5)可直接在坐标下面绘出资源动态图;

6)便于进行网络计划的优化;

7)网络计划的调整比较麻烦。

14.4.1.2　双代号时标网络计划的编制

(1)基本符号

时标网络计划以实箭线表示实际的工作,虚箭线表示虚工作,以波形线表示工作的自由时差。如图 14.29 所示的双代号时标网络计划,所有的符号均绘制在时标图上,其在时间坐标上的位置及水平投影,都必须与其所代表的时间值相对应。节点的中心必须对准时标的刻度线。虚箭线一般情况下必须以垂直虚线表示,有自由时差时加波形线表示。

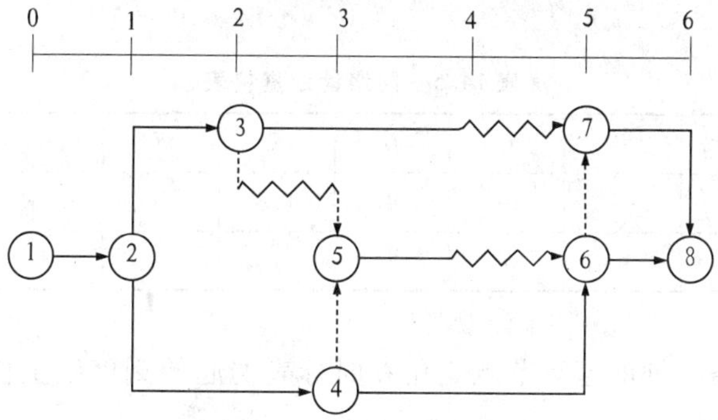

图 14.29　双代号时标网络计划

(2)双代号时标网络计划的编制方法和步骤

时标网络计划宜按最早时间绘制(称为早时标网络计划),这样可为时差应用带来灵活性,并具有实用价值。时标网络计划也可按最迟时间绘制(称为迟时标网络计划),但时差画在最迟开始时间之前,则该工作失去了时差使用价值。当使用了该时差时,该工作变成了关键工作。所以,工程网络计划不宜按最迟时间编制时标网络计划。

时标网络计划的绘制方法有间接绘制法和直接绘制法两种。

1)间接绘制法

这种方法是先计算网络计划的时间参数,再绘制时标网络计划。这种方法便于对计算结果进行分析与对比。其具体步骤是:

①绘制一般双代号网络计划;

②计算网络计划各工作或各节点的最早开始时间,标注在标时网络计划上,确定计算工期;

③ 按确定的时间单位和计算工期绘出时间坐标,并在时间坐标的顶部或低部标注时标和时标的长度单位。

④按各工作最早开始时间确定各节点在时间坐标上的位置;

⑤用水平实箭线按各工作的时间长度,绘出各工作的实际工作时间,用波形线绘出自由时差,将实线和其紧后工作的开始节点连接,用垂直虚箭线绘出各虚工作。

2)直接绘制法

这种方法是不计算网络计划的时间参数,直接按草图绘制时标网络计划。这种方法可节省绘图时间,但不便于对绘制的结果进行检查和调整。其具体步骤是:

① 绘制一般双代号标时网络计划;

② 将起点节点定位在时间坐标的起点刻度线上；

③ 用水平实箭线按各工作的时间长度，绘出所有起点节点的外向箭线；

④ 按所有内线箭线中实线最长处的时刻来确定其他各节点的位置；

⑤ 用波形线将实线和该工作的完成节点相连接；

⑥ 用垂直虚箭线绘出各虚工作。

例 14.7　已知网络计划的资料如表 14.5 所示，试用直接法绘制双代号时标网络计划。

表 14.5　网络计划资料表

工作名称	*A*	*B*	*C*	*D*	*E*	*F*	*G*	*H*	*I*
紧前工作	—	—	—	*A*	*A*、*B*	*D*	*C*、*E*	*C*	*D*、*C*
持续时间（天）	3	4	7	5	2	5	3	5	4

解　(1)将网络计划的起点节点定位在时标表的起始刻度线上位置上，起点节点的编号为 1，如图 14.30 所示。

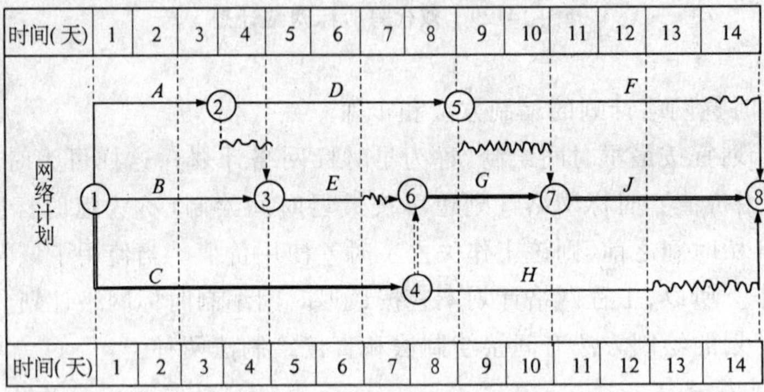

图 14.30　双代号时标网络计划

(2)画节点①的外向箭线，即按各工作的持续时间，画出无紧前工作的 *A*、*B*、*C* 工作，并确定节点②、③、④的位置，如图 14.30 所示。

(3)依次画出节点②、③、④的外向箭线工作 *D*、*E*、*H*，并确定节点⑤、⑥的位置。节点⑥的位置定位在其两条内向箭线的最早完成时间的最大值处，即定位在时标值 7 的位置，工作 *E* 达不到节点，则用波形线补足，如图 14.30 所示。

(4)关键线路和计算工期的确定

1)时标网络计划关键线路的确定，应自终点节点逆箭线方向朝起点节点逐次进行判定；

从终点到起点不出现波形线的线路即为关键线路。如图 14.30 中，关键线路是：①－④－⑥－⑦－⑧，用双箭线表示，如图 14.30 所示。

2)时标网络计划的计算工期，应是终点节点与起点节点所在位置之差。如图 14.30 中，计算工期 $T_C = 14 - 0 = 14$（天）

14.4.2　双代号时标网络计划关键线路的判定和时间参数的计算

14.4.2.1 关键线路的判定

在双代号早时标网络图上,没有波形线的线路为关键线路。因为在双代号早时标网络图中,波形线表示自由时差,没有波形线就表示整条线路上的工作没有自由时差和总时差,也就是说,当计划工期等于计算工期时,工作的最早开始时间和最迟开始时间是相等的,所以这些工作时关键工作,那么有关键工作组成的线路即为关键线路。

14.4.2.2 时间参数的计算

在时标网络计划中,六个工作时间参数的确定步骤如下:

(1)最早时间参数的确定

按最早开始时间绘制时标网络计划,最早时间参数可以从图上直接确定:

1)最早开始时间 ES_{i-j}

每条实箭线左端箭尾节点(i 节点)中心所对应的时标值,即为该工作的最早开始时间。

2)最早完成时间 EF_{i-j}

如箭线右端无波形线,则该箭线右端节点(j 节点)中心所对应的时标值为该工作的最早完成时间;如箭线右端有波形线,则实箭线右端末所对应的时标值即为该工作的最早完成时间。

如图 14.30 中可知:$ES_{1-3}=0$,$EF_{1-3}=4$;$ES_{3-6}=4$,$EF_{3-6}=6$。以此类推确定。

(2)自由时差的确定

时标网络计划中各工作的自由时差值为表示该工作的箭线中波形线部分在坐标轴上的水平投影长度。

如图 14.30 中可知:工作 E、H、F 的自由时差分别为:$EF_{3-6}=1$;$EF_{4-8}=2$;$EF_{5-8}=1$。

(3)总时差的确定

时标网络计划中工作的总时差的计算应自右向左进行,且符合下列规定:

1)以终节点($j=n$)为箭头节点的工作的总时差 TF_{i-n} 应按网络计划的计划工期 T_P 计算确定,即:

$$ES_{i-n}=T_P-EF_{i-n}$$

如图 14.30 中可知,工作 F、J、H 的总时差分别为:

$$TF_{5-8}=T_P-EF_{5-8}=14-13=1$$

$$TF_{7-8}=T_P-EF_{7-8}=14-14=0$$

$$TF_{4-8}=T_P-EF_{4-8}=14-12=2$$

2)其他工作的总时差等于其紧后工作 $j-k$ 总时差的最小值与本工作的自由时差之和,即:

$$TF_{i-j}=\min[TF_{j-k}]+FF$$

图 14.30 中,各项工作的总时差计算如下:

$$TF_{6-7}=TF_{7-8}+FF_{6-7}=0+0=0$$

$$TF_{3-6}=TF_{6-7}+FF_{3-6}=0+1=1$$

$$TF_{2-5}=\min(TF_{5-7},TF_{5-8})+FF_{2-5}=\min(2,1)+0=1+0=1$$

$$TF_{1-4}=\min(TF_{4-6},TF_{4-8})+FF_{1-4}=\min(0,2)+0=0+0=0$$

$$TF_{1-3}=TF_{3-6}+FF_{1-3}=1+0=1$$

$$TF_{1-2}=\min(TF_{2-3},TF_{2-5})+FF_{1-2}=\min(2,1)+0=1+0=1$$

(4)最迟时间参数的确定

时标网络计划中工作的最迟开始时间和最迟完成时间可按下式计算：

$$LS_{i-j}=ES_{i-j}+TF_{i-j}$$

$$LF_{i-j}=EF_{i-j}+TF_{i-j}$$

如图 14.30 中，工作的最迟开始时间和最迟完成时间为：

$$LS_{1-2}=ES_{1-2}+TF_{1-2}=0+1=1$$

$$LF_{1-2}=EF_{1-2}+TF_{1-2}=3+1=4$$

$$LS_{1-3}=EF_{1-3}+TF_{1-3}=0+1=1$$

$$LF_{1-3}=EF_{1-3}+TF_{1-3}=4+1=5$$

其余类推，可计算出各项工作的最迟开始时间和最迟完成时间。由于所有工作的最早开始时间、最早完成时间和总时差均为已知，故计算容易，此处不再一一列举。

14.5 单代号搭接网络图

在建设工程工作实践中，搭接关系是大量存在的，要求控制进度的计划图形能够表达和处理好这种关系。然而传统的单代号和双代号网络计划却只能表示两项工作首尾相接的关系，即前一项工作结束，后一项工作立即开始，而不能表示搭接关系，遇到搭接关系，不得不将前一项工作进行分段处理，以符合前面工作不完成后面工作不能开始的要求，这就使得网络计划变得复杂起来，绘制、调整都不方便。针对这一重大问题和普遍需要，各国陆续出现了许多表示搭接关系的网络计划，我们统称为“搭接网络计划法”，其共同特点是当前一项工作没有结束的时候，后一项工作即可插入进行，将前后工作搭接起来。这就大大简化了网络计划，但也带来了计算工作的复杂化，可借助计算机进行计算。

14.5.1 搭接关系

常用的搭接关系有 4 种，见图 14.31。

1）*STS*（开始到开始）关系，其单代号搭接网络关系表达方式见图 14.32(a)。表示 i 工作开始 3 天后 j 工作可以开始。

2）*STF*（开始到结束）关系，其单代号搭接网络关系表达方式见图 14.32(b)。表示 i 工作开始 2 天后 j 工作完成。

3）*FTS*（结束到开始）关系，其单代号搭接网络关系表达方式见图 14.32(c)。表示 i 工作完成后 3 天 j 工作可以开始。

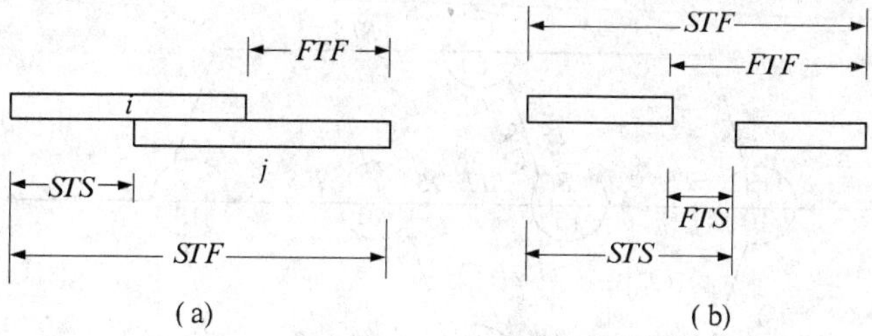

图 14.31　搭接关系

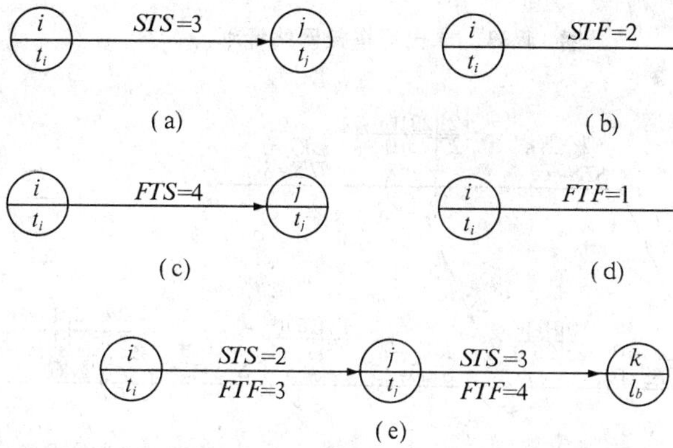

图 14.32　单代号搭接网络计划各种搭接关系表达方式

4) *FTF*(结束到结束)关系,其单代号搭接网络关系表达方式见图 14.32(d)。表示 i 工作完成 3 天后 j 工作完成。

5)混合关系,一般是同时用 *STS* 和 *FTF* 两种关系来表达,当然也可以是别的结合形式,见图 14.32(e)。

在制定计划时空间采用什么时距并确定其数值,要根据计划对象的具体情况决定。图 14.33 就是一个完整的单代号搭接网络计划。

14.5.2　单代号搭接网络计划时间参数的计算

单代号搭接网络计划的时间参数计算与单代号和双代号网络计划时间参数的计算原理基本相同,计算的参数种类也基本相同。现对图 14.33 进行计算,计算结果见图 14.34。

14.5.2.1 单代号搭接网络计划工作最早时间的计算

最早时间的计算使用下列公式:

$$ES_j = ES_i + STS_{i-j} \tag{14.34}$$

$$ES_j = EF_i + FTS_{i-j} \tag{14.35}$$

$$EF_j = ES_i + STF_{i-j} \tag{14.36}$$

$$EF_j = EF_i + FTF_{i-j} \tag{14.37}$$

$$ES_j = EF_j - D_j \tag{14.38}$$

$$EF_j = ES_j + D_j \tag{14.39}$$

根据已知的时距关系选择上述公式就可以自始至终把最早时间计算出来

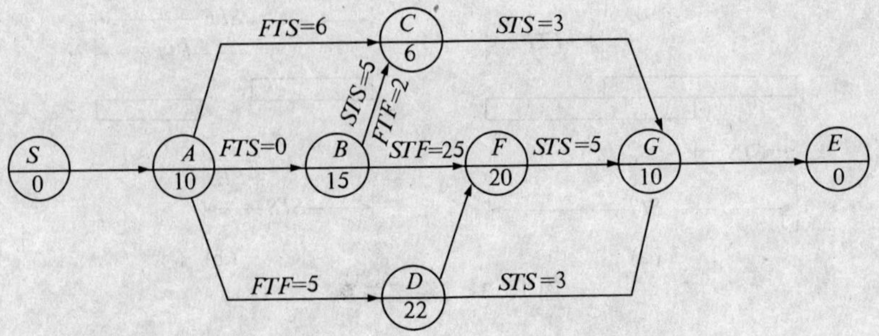

图 14.33 单代号搭接网络计划

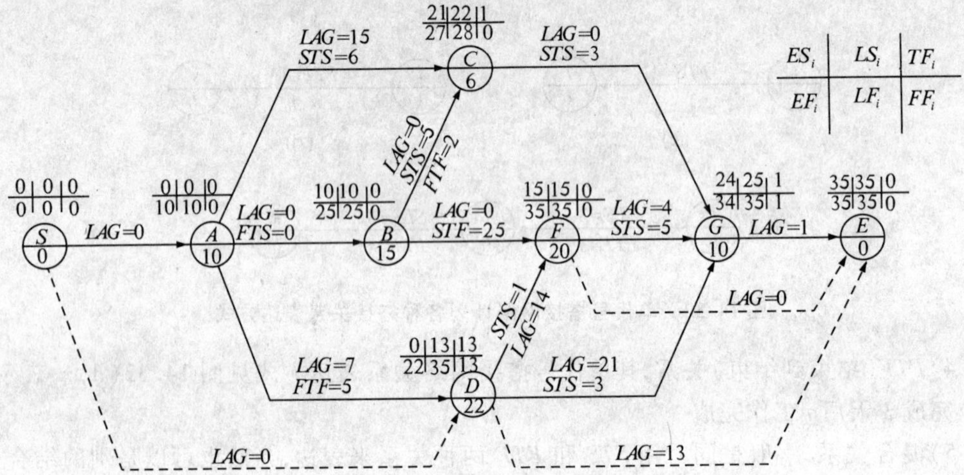

图 14.34 单代号搭接网络计划工作时间参数计算

(1)计算与虚拟节点相连接的工作 A：

$$ES_A = 0$$

$$EF_A = 0 + 10 = 10$$

(2)套用公式(14.35)得：

$$ES_B = EF_A + FTS_{A-B} = 10 + 0 = 10$$

$$EF_B = 10 + 15 = 25$$

(3)套用公式(14.34)和(14.37)得：

$$ES_C = ES_A + STS_{A-C} = 0 + 6 = 6$$

$$ES_C = ES_B + STS_{B-C} = 10 + 5 = 15$$

$$ES_C = EF_B + FTF_{B-C} - D_C = 25 + 2 - 6 = 21$$

在以上三数中取大数，则：

$$ES_C = 21$$

$$EF_C = 21 + 6 = 27$$

(4)套用公式(14.37)得

$$EF_D = EF_A + FTF_{A-D} = 10 + 5 = 15$$

$$ES_D = 15 - 22 = -7$$

最早时间是负值显然是不合理的，于是要将 D 与虚拟节点相连，则：

$$ES_D = 0$$

$$EF_C = 0 + 22 = 22$$

(5)套用公式(14.37)、公式(14.38)和公式(14.34)得

$$EF_F = EF_B + STF_{B-F} = 10 + 25 = 35$$

$$ES_F = 35 - 20 = 15$$

$$ES_F = ES_D + STS_{D-F} = 0 + 1 = 1$$

在 15 和 1 两个 ES_F 中取大数，则

$$ES_F = 15$$

$$EF_F = 15 + 20 = 35$$

(6)用同样的思路可以求出

$$ES_G = 24$$

$$EF_F = 34$$

14.5.2.2　**总工期的确定**

计算完最早时间以后，便可以确定总工期。为此，观察各项工作的最早完成时间，可以发现，与虚拟节点相连的工作 G 的 $EF_G = 34$，而不与 E 相连接的工作 F 的 $EF_F = 35$，显然总工期应取 35。于是应将 F 与 E 用虚箭线相连，形成通路，如图 14.35 所示。

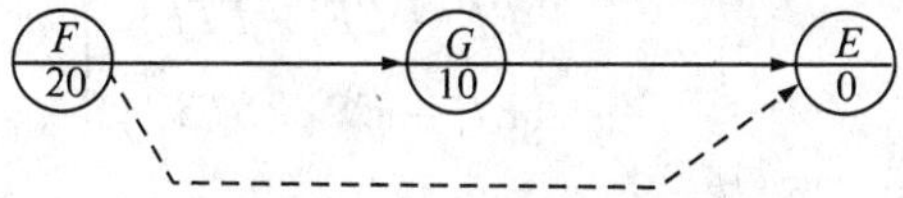

图 14.35　工作 F 用虚箭线与 E 相连接

14.5.2.3　**工作最迟时间的计算**

工作最迟时间的计算使用下列公式

$$LF_i = LF_j - FTF_{i-j} \quad (14.40)$$

$$LF_i = LS_j - FTS_{i-j} \quad (14.41)$$

$$LS_i = LS_i - STS_{i-j} \quad (14.42)$$

$$LS_i = LF_i - STF_{i-j} \quad (14.43)$$

$$LS_i = LF_i - D_i \quad (14.44)$$

$$LF_i = LS_i + D_i \quad (14.45)$$

(1)与虚拟终节点相加的工作的最迟结束时间就是总工期值，故有

$$LF_G = 35 \qquad LS_G = 35 - 10 = 25$$

$$LF_F = 35 \qquad LS_F = 35 - 20 = 15$$

(2)求工作 D 的最迟时间

据公式(14.42)得

$$LS_D = LS_F - STS_{D-F} = 15 - 1 = 14$$
$$LF_D = 14 + 22 = 36$$
$$LS_D = LS_G - STS_{D-G} = 25 - 3 = 22$$
$$LF_D = 22 + 22 = 44$$

以上两个 D 的最迟结束时间都大于总工期值，显然是不合理的，故 LF_D 应取总工期的值

$$LF_D = 35 \qquad LS_D = 35 - 22 = 13$$

然后将 D 点与终点节点 E 用虚线相连。

(3)根据公式(14.42)得

$$LS_C = LS_G - STS_{C-G} = 25 - 3 = 22$$
$$LF_C = LS_C + 6 = 28$$

(4)同理可算得

$$LS_B = 10 \qquad LF_B = 10 + 15 = 25$$
$$LF_A = 10 \qquad LS_A = 10 - 10 = 0$$

14.5.2.4 求间隔时间(LAG_{i-j})

计算 LAG_{i-j}的公式如下：

$$LAG_{i-j} = \min\begin{Bmatrix} ES_j - EF_i - FTS_{i-j} \\ ES_j - ES_i - STS_{i-j} \\ EF_j - EF_i - FTF_{i-j} \\ EF_j - ES_i - STS_{i-j} \end{Bmatrix} \tag{14.46}$$

例如 C、G 间的关系为 STS，故

$$LAG_{C-G} = 24 - 21 - 3 = 0$$

D 和 E 之间没有时距，故：

$$LAG_{D-E} = 35 - 22 = 13$$

C 和 B 有两种关系，故：

$$LAG_{B-C} = \min\begin{Bmatrix} ES_C - ES_B - STS_{B-C} = 21 - 10 - 5 = 6 \\ EF_C - EF_B - FTF_{B-C} = 27 - 25 - 2 = 0 \end{Bmatrix} = 0$$

余可类推，算后全部标在图 14.34 上。

14.5.2.5 计算工作时差

(1)工作总时差的计算与单代号网络计划相同

(2)工作自由时差(FF_i)的含义与单代号网络计划相同，其计算方法如下：

1)如果一项工作只有一项紧后工作，则该工作与紧后工作之间的 LAG_{i-j}就是它的自由时差值；

2)如果一项工作有两个以上紧后工作，则该工作的自由时差值是其与紧后工作之间的 LAG_{i-j}的最小值，如 D 之后有三个 LAG_{i-j}，则：

$$FF_D = \min\begin{Bmatrix} LAG_{D-F} \\ LAG_{D-G} \\ LAG_{D-E} \end{Bmatrix} = \min\begin{Bmatrix} 14 \\ 21 \\ 13 \end{Bmatrix} = 13 \tag{14.47}$$

14.5.2.6　**判别关键线路**

单代号搭接网络计划的关键线路是自起点节点到终点节点总时差为 0 的节点及其间的 LAG_{i-j} 为 0 的通路连接起来形成的通路。图 14.34 的关键线路是 S-A-B-F-E。

14.6　网络计划的优化、控制

14.6.1　网络计划的优化

用网络计划编制的施工进度计划可能有潜在的矛盾和缺点,如时间可能会超过工期,或者资源供不应求,这时有必要用网络优化技术调整和改善原始网络计划,作出符合施工要求的进度安排。所谓网络计划优化就是通过时差不断地改变网络计划初始方案,在满足即定约束条件下,按照某一目标(工期、费用、资源)寻求最优方案。衡量一项计划方案的优劣,应用包括工期、费用、资源在内的综合指标评价,但是目前还没有一个能全面反映这些指标的综合数学模型用作评价最优计划方案的依据,只能根据实际项目计划任务的需要和条件按照某一希望实现的指标来衡量。

网络计划优化的目标包括工期目标、费用目标、资源目标,根据所要求的目标不同,已有各种各样的优化理论和方法。

14.6.1.1　**工期优化**

初始网络计划编制后,有时会出现初始网络计划的计算工期大于要求工期,这时可以通过改变计划的施工方案或组织方案来满足工期要求。但在有些情况下,通过上述方法仍然不能满足要求,我们只能通过压缩关键线路上工作的持续时间,即通过增加这些关键工作的资源(人力、材料、机械等)供应,使其工作持续时间缩短,从而压缩关键线路长度,达到缩短计划工期的目的。

采用这种方法时应注意:关键工作持续时间的缩短,往往会引起关键线路的转移,因此,每压缩一次均应求出新的关键线路,再次压缩时,压缩对象应是新的关键线路上的关键工作。

(1)压缩关键工作时应考虑下列因素

1)应优先选择缩短工作时间所需增加费用较少的方案。

2)工作持续时间缩短以后,使得相应工作对资源的需求强度加大,故应保证被压缩的工作有充足的备用资源。当资源供应充足时,只需向要压缩的工作增加资源供应;当资源供应受限时,则可利用非关键工作的机动时间,减少向某些非关键工作的资源供应(此时这些非关键工作持续时间延长),而把这些资源抽调至要压缩的关键工作上。

3)资源供应增加的幅度还受工作面限制,应保证工作有足够的工作面来展开。否则,即使资源供应可无限增加但工作面不足时,工作并不能全面展开,而达不到压缩工作时间的目的。

4)应保证缩短工作持续时间对工程质量和生产安全影响不大。当有较大影响时,应有充分的补救措施。

(2)工期优化的步骤

1)通过计算确定初始网络计划的计算工期、关键工作和关键线路;

2)确定需要压缩的时间;

3)确定各关键工作能压缩的持续时间;

4)选择关键工作压缩其持续时间,并重新计算网络计划计算工期。

5)当计算工期仍然超过要求工期时,则重复以上步骤,直至计算工期满足要求工期;

6)当所有关键工作的持续时间都已达到其可以压缩的极限时间而工期仍然不能满足要求时,应对原组织方案进行调整或对要求工期重新审定。

例 14.8 某网络计划如图 14.36 所示,图中括号内数据为工作最短持续时间,假定要求工期为 100 天,优化的步骤如下:

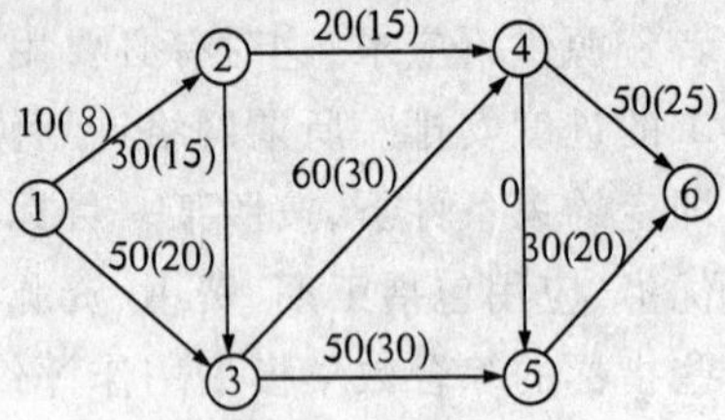

图 14.36 某网络计划

(1)用工作正常持续时间计算节点的最早时间和最迟时间找出网络计划的关键工作及关键线路,如图 14.37 所示。其中关键线路用粗箭线表示,为①-③-④-⑥,关键工作为①-③,③-④,④-⑥。

(2)计算需缩短时间,根据图 14.37 所计算的工期需要缩短时间 60 d。根据图中数据,关键工作①-③可缩短 30 d,③-④可缩短 30 d,④-⑥可缩短 25 d,共计可缩短 85 d,但考虑前述原则,因缩短工作①-③、④-⑥增加劳动力较多,故分别缩短 20 d 和 10 d,重新计算网络计划工期如图 14.38 所示。图 14.38 的关键线路为①-②-③-⑤-⑥,关键工作为①-②,②-③,③-⑤,⑤-⑥;工期为 120 d。

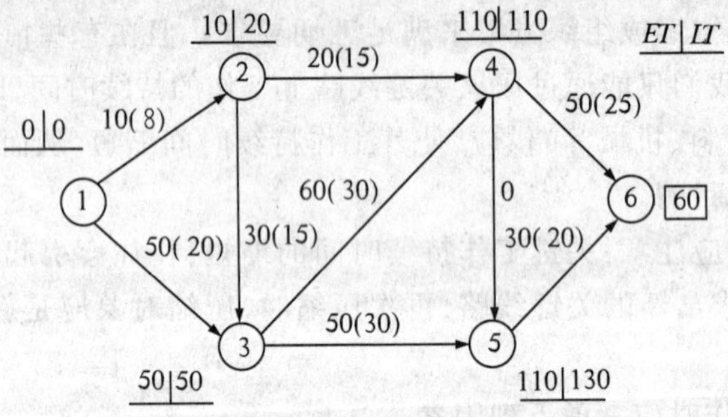

图 14.37 某网络计划节点时间

按上级要求工期尚需压缩 20 d。仍根据前述原则,选择工作②-③,③-⑤较宜,用最短工作持续时间置换工作②-③和③-⑤的正常持续时间,重新计算网络计划参数,如图 14.39 所示。经计算,关键线路为①-③-④-⑥,工期 100 d,满足要求。

14.6.1.2 工期优化资源优化

资源(人力、材料、机具设备、资金等)的优化,就是要解决网络计划实施中的资源供求矛盾或实现资源的均衡利用,以保证工程的顺利完成,并取得良好的技术经济效果。通常,资源优化有两种不同的目标:资源有限,工期最短;工期一定,资源均衡。

(1)资源有限、工期最短的优化

资源有限,工期最短的优化是指在资源供应有限的前提下,保持各个工作的每日资源

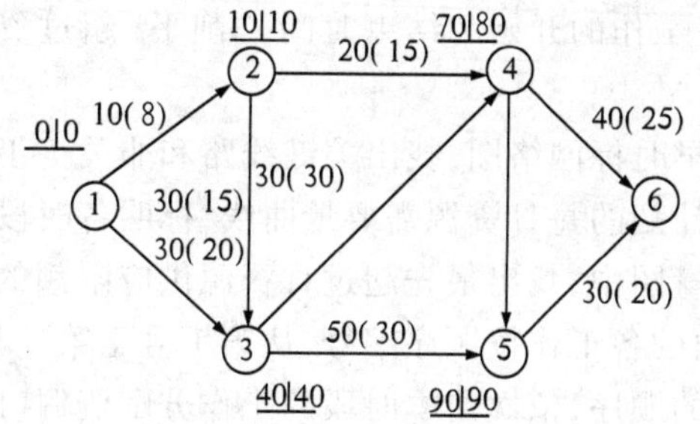

图 14.38　某网络计划第一次调整结果

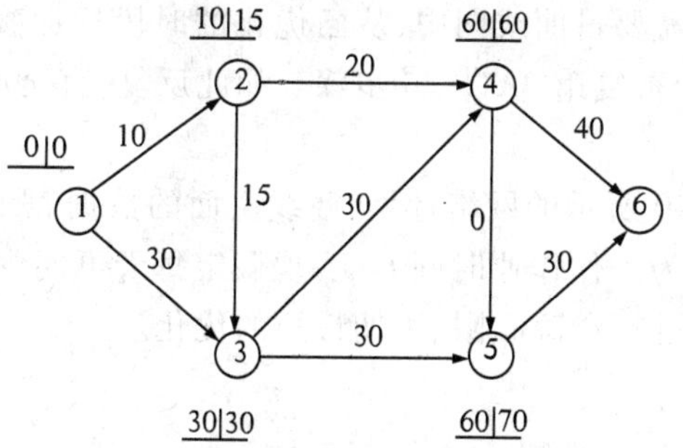

图 14.39　优化后的某网络计划

需求量(强度)是常数,合理地安排资源分配,寻找最短计划工期的过程。

1)资源有限、工期最短优化的前提条件

①优化过程中不改变网络计划的逻辑关系;

②在优化过程中,网络计划的各工作持续时间不予变更;

③各工作的每天资源需要量是常数,且是合理的;

④除规定可中断的工作外,一般不允许中断工作,应保持其连续性。

2)资源优化分配的原则

资源优化分配,是指根据各工作对网络计划工期的影响程度,将有限的资源进行科学的分配,从而实现工期最短。其原则如下:

①关键工作优先满足,按每日资源需求量大小,从大到小顺序供应资源;

②非关键工作在满足关键工作的资源需求以后再供应资源。在优化过程中,前面时段已开始被供应而又不允许中断的工作,按其开始的先后顺序优先供应资源;其他非关键工作,按总时差由小到大的顺序供应资源,总时差相等时,以叠加量不超过资源供应限额的工作优先供应资源。

3)优化的步骤

为了把问题简化,我们假定所有的工作需要同样的一种资源,在各工作每日资源需求量为常数的前提下,网络计划的每日资源需要量曲线为一阶梯形的曲线。曲线的每一突变,说明有工作在该时间点开始或结束。每日资源需要量不变且连续的一段时间(即每一阶梯所对应的时间),称为一个时段。资源有限、工期最短的优化是按分配原则逐时段

进行,也就是合理调整各工作的开始和结束时间,"削平"超过资源限制条件的"台阶"的过程。具体步骤如下:

①将网络计划绘成早时标网络图,找出关键线路和非关键工作的自由时差和总时差;

②计算并画出网络计划的每日资源需要量曲线,标明各时段的每日资源需要量数值;

③在每日资源需要量图中,找出最先超过日资源供应限额的时段,然后根据资源优化分配的原则,将该时段内的各工作按顺序编号,从第 1 号至第 n 号;

④按编号由小到大的顺序,依次给本时段的工作分配资源,以不超过日资源供应限额 R 为限。当第 x 号工作首次出现时,将第 x 号至第 n 号工作移出本时段;

⑤绘出工作推移后的时间坐标网络图,并绘出新的每日资源需要量曲线;

⑥在新的每日资源需要量曲线图中,从已优化的时段后面找出首先超过日资源供应限额的时段进行优化,即重复第③,④,⑤步骤。如此反复,直至所有的时段均不超过每日资源供应限额为止。

例 14.9 如图 14.40 所示的网络计划,箭线上面的数据表示该工作每天的资源需用量 r_{i-j},箭线下面的数据为工作作业时间 t_{i-j}。现假定每天可能供应的资源数量为 14 个单位,工作不允许中断,试进行资源有限、工期最短的优化。

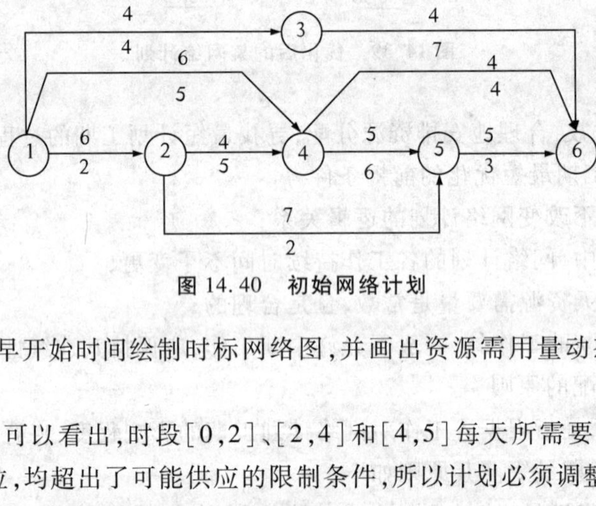

图 14.40 初始网络计划

解 (1)按最早开始时间绘制时标网络图,并画出资源需用量动态曲线,如图 14.41 所示。

从图 14.41 中可以看出,时段[0,2]、[2,4]和[4,5]每天所需要的资源数量分别为 16、21 和 15 个单位,均超出了可能供应的限制条件,所以计划必须调整。

调整工作首先从时段[0,2]开始。

处于该时段内同时进行的工作有①-②、①-③、①-④,按照资源分配原则,它们的编号顺序见表 14.5。

表 14.5 [0,2]时段工作排序

编号顺序	工作名称 $i—j$	每天资源需要量 γ_{i-j}	编号依据
1	①-②	6	关键线路 $TF_{1-2}=0$
2	①-③	4	非关键工作 $FF_{1-3}=0, TF_{1-3}=5$
3	①-④	6	非关键工作 $FF_{1-4}=TF_{1-4}=2$

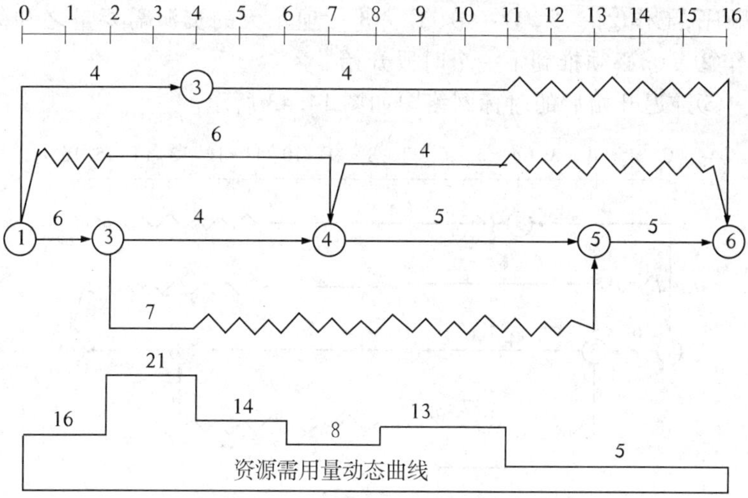

图 14.41　原始早时标网络计划

按编号顺序,对各工作每天资源需要量 $\gamma_{i-j}=6$,第二项分配 $\gamma_{1-3}=4$,两项相加为 $6+4=10$,资源供应条件为 $R=14$,而第三项工作①-④每天需要量是 6,已经不够分配,因此,工作①-④应推迟到下一时段开始。

①-④推迟开始后的时标网络如图 14.42 所示。

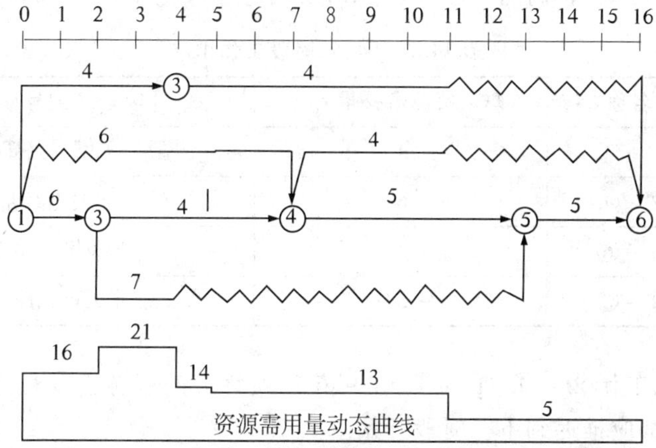

图 14.42　工作①-④推迟开始时间后的时标网络图

再研究时段[2,4]的调整,处于该时段内同是时进行的工作有①-③、①-④、②-④、②-⑤,根据分配原则,它们的顺序见下表 14.6。

表 14.6　[2,4]时段工作排序

编号顺序	工作名称 $i—j$	每天资源需要量 γ_{i-j}	编号依据
1	②-④	4	关键线路 $TF_{2-4}=0$
2	②-④	6	非关键线路 FF_{1-4} $=TF_{1-4}=0$(时差已用完)
3	①-③	4	非关键线路 $TF_{1-3}=3$
4	②-⑤	7	非关键线路 $TF_{2-5}=8$

按编号顺序，工作②－④、①－④、①－③三项每天的资源需要量之和为 $4+6+6=14=R$，故工作②－⑤必须推到下一个时段开始。

工作②－⑤推迟开始后的时标网络图如图 14.43 所示。

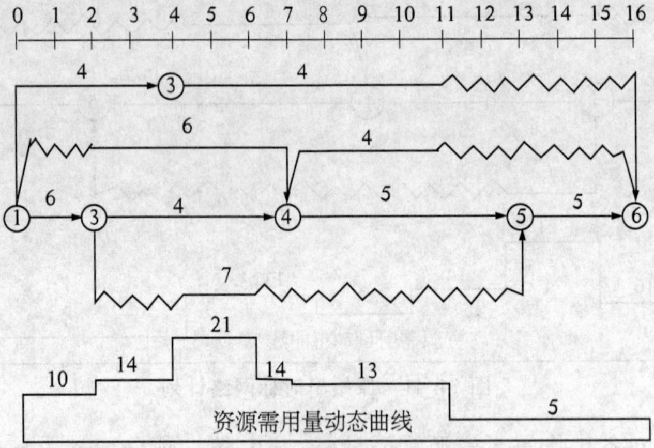

图 14.43　工作②－⑤推迟开始时间后的时标网络图

再研究时段[4,6]的调整，处于该时段内同时进行的工作有②－④、①－④、②－⑤、③－⑥，根据分配原则，它们的顺序如表 14.7 所示。

表 14.7　[4,6]时段工作排序

编号顺序	工作名称 $i-j$	每天资源需要量 r_{i-j}	编号依据
1	②－④	4	关键线路 $TF_{2-4}=0$
2	②－④	6	非关键线路已用完
3	③－⑥	4	非关键线路 $TF_{3-6}=5$
4	②－⑤	5	非关键线路 $TF_{2-5}=7$

按编号顺序，工作②－④、①－④、③－⑥三项每天的资源需要量之和为 $4+6+4=14$，因此，②－⑤都应推迟到下一时段开始。

依此类推，继续以下各步调整，最后可得图 14.44 所示的资源有限、工期最短的图解。

(2)工期一定，资源均衡

工期一定，资源均衡就是在工期固定的情况下，使资源的需要量大体均衡，也就是我们希望的如图 14.45 所示的资源曲线。对图 14.45 的资源曲线如何进行评价呢？也就是用数学语言来表达我们的希望。众所周知，平价均衡性的指标常用方差（σ 的平方）和标准差（σ）指标，方差（标准差）越大说明计划的均衡性越差。

方差和标准差可按下式计算：

$$\sigma^2=\frac{1}{T}\sum_{t=1}^{T}(R_t-\bar{R})^2$$

$$=\frac{1}{T}[(R_1-\bar{R})^2+(R_2-\bar{R})^2\cdots\cdots(R_t-\bar{R})^2]$$

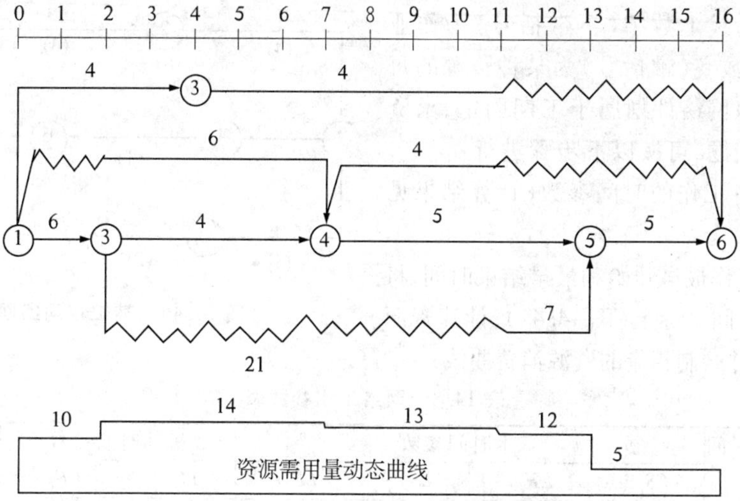

图 14.44　资源有限、工期最短的图解

$$=\frac{1}{T}[R_1^2-R_2^2)\cdots\cdots+R_T^2)+T\bar{R}-2\bar{R}(R_1+R_2+\cdots\cdots R_T)]$$

$$=\frac{1}{T}[\sum_{t=1}^{T}R_t^2+T\bar{R}^2-2\bar{R}\sum_{t=1}^{T}R]$$

$$\because\quad R=\frac{R_1+R_2+\cdots\cdots R_T}{T}=\sum_{t=1}^{T}R_t/T$$

$$\therefore\quad \sigma^2=\frac{1}{T}[\sum R_t^2+T\bar{R}^2-2\bar{R}\cdot T\bar{R}]$$

$$=\frac{1}{T}\sum_{T}^{1}R_t^2-T\bar{R}^2$$

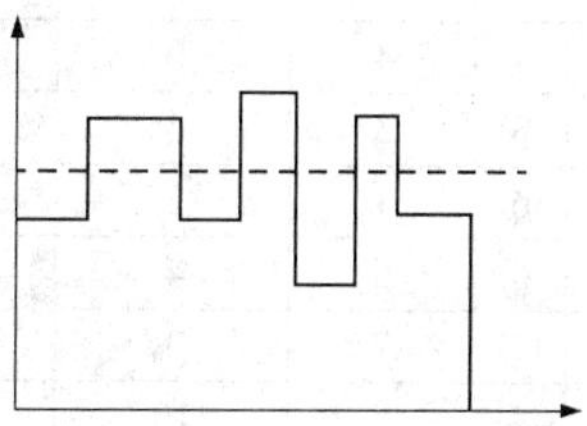

图 14.45　资源曲线示意图

$$\sigma^2=\frac{1}{T}\sum_{t=1}^{T}R_t^2-\bar{R}^2$$

或
$$\sigma=\sqrt{\frac{1}{T}\sum_{t=1}^{T}R_t^2-\bar{R}^2}$$

式中　σ^2——资源消耗的方差；

σ——资源消耗的标准方差；

T——计划工期；

R_t——资源在第 t 天的消耗量；

$\bar{R}$ ——资源每日平均消耗量；

由公式可看出，T 和 $\bar{R}$ 皆为常量，欲使 σ^2 或 σ 为最小，必须设法使 $\sum_{t=1}^{T}R_t^2$ 为最小值。即使 $W=\sum_{t=1}^{T}R_t^2=R_1^2+R_2^2+R_3^2+\cdots\cdots R_i^2+\cdots\cdots R_T^2$。

由于计划工期 T 是固定的(工期固定)，所以求解 σ 的平方或 σ 为最小值问题，只能在各工序总时差范围内调整其开始或结束时间，从中找出一个 σ 平方或 σ 最小的计划方案，即为最优方案。

设某符合工期要求的计划网络图为图 14.46。起点节点编号为①，终点节点编号为⑦。图中箭线上数字(不带括号)为作业时间;箭线下数字(带括号)为某种资源的每日消费量。该网络计划属于工期固定,求资源利用最优问题,可按以下步骤进行:

1)计算各工作的时间参数(计算结果见表 14.8)

2)按照工作最早开始和最早结束时间,将网络图绘在时间坐标上(图 14.47);计算资源逐日消费量,并绘制相应的资源消费曲线;

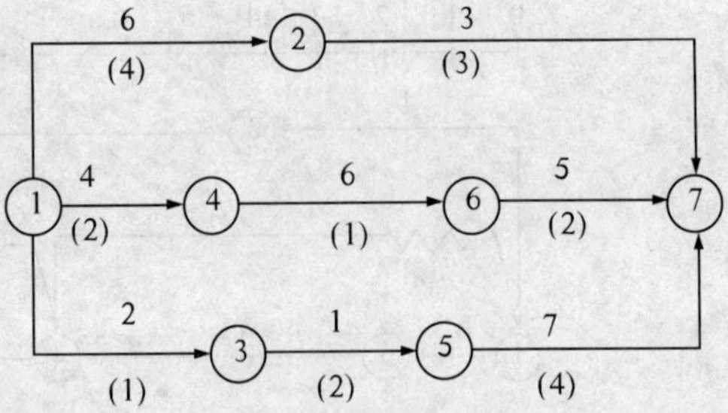

图 14.46 某工程网络图

表 14.8 网络工作参数表

工作		作业时间	基本时间参数				机动时间参数		关键工作
i	j	D_{i-j}	ES_{i-j}	EF_{i-j}	LS_{i-j}	LF_{i-j}	TF_{i-j}	FF_{i-j}	
①	②	6	0	6	6	12	6	0	
①	③	2	0	2	5	7	5	0	
①	④	4	0	4	0	4	0	0	是
②	⑤	3	6	9	12	15	6	6	
③	⑥	1	2	3	7	8	5	0	
④	⑥	6	4	10	4	10	0	0	是
⑤	⑦	7	3	10	8	15	5	5	
⑥	⑦	5	10	15	10	15	0	0	是

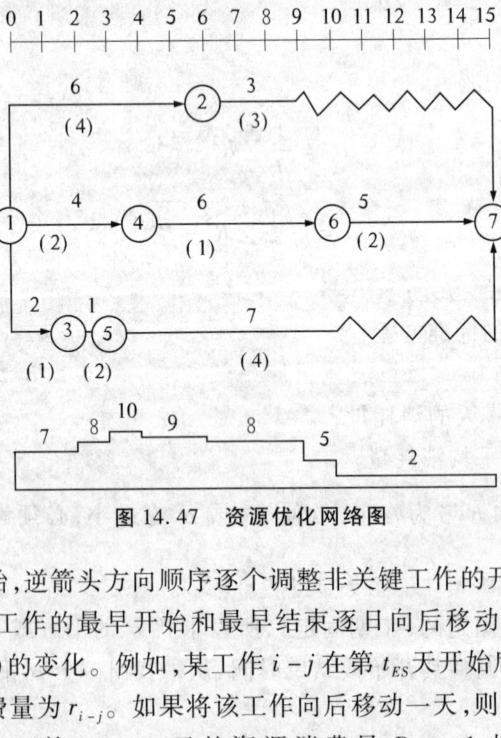

图 14.47 资源优化网络图

3)由终点节点开始,逆箭头方向顺序逐个调整非关键工作的开始和结束时间。

调整的方法是:令工作的最早开始和最早结束逐日向后移动,每移动一天检查一次 σ^2 或(σ,一般均用 σ^2)的变化。例如,某工作 $i-j$ 在第 t_{ES}天开始后第 t_{EF}天结束,该工作的某项资源的每日消费量为 r_{i-j}。如果将该工作向后移动一天,则第 $t_{ES}+1$ 天的资源消费量 $R_{ES}+1$ 将减少 r_{i-j};而第 $t_{EF}+1$ 天的资源消费量 $R_{ES}+1$ 将增加 r_{i-j}。根据公式

(14.48),任一工作每后移一天 W 值的变化量 ΔW 为:

$$\Delta W=(R_{ES+1}-r_{i-j})^2+(R_{EF+1}+R_{i-j})^2-(R_{ES+1}^2+R_{EF+1}^2)$$

$$\therefore \quad \Delta W=2r_{i-j}(R_{EF+1}-R_{ES+1}+r_{i-j}) \qquad (14.48)$$

显然,$\Delta W<0$ 时,表示 σ^2 减小,工作 $i-j$ 可向后移动;如果 $\Delta W>0$ 时,即 σ^2 增加,不宜移动,据此可以定出该工作最优的开始和结束时间。

由于计划工期是固定的,故每一工作的时间调整范围要受该工作总时差的限制。

如果移动第 k 天出现 $\Delta W>0$,此时,还要计算该天至以后各天的 ΔW 的累计值:

$$\sum \Delta W=\Delta W_K+\Delta W_{k+1}+\cdots\cdots \qquad (14.49)$$

如发现该天至某一天的 $\sum \Delta W \leqslant 0$,说明该工作还可以后移到该天。

以上计算最好列表进行(参阅表 14.9)。

表 14.9 中列出所有非关键工作的优化计算过程。首先计算工作 5-7,开始和结束时间取最早时间,即 3 与 10。

表 14.9　网络资源优化表

工序 $i-j$	作业时间 D_{i-j}	开始时间	结束时间	总时差 TF_{i-j}	σ^2	ΔW	$\sum \Delta W$
⑤-⑦	7	3(ES)	10(EF)	5	8.86		
		4	11	4	6.73	-32	
		5	12	3	5.13	-24	
		6	13	2	3.35	-16	
		7	14	1	2.46	-16	
		8(LS)	15(LF)	0	1.43	0	
②-⑦	3	6(ES)	9(EF)	6	1.43		
		7	10	5	2.99	+24	
		8	11	4	4.99	+30	+54
		9	12	3	5.79	+6	+60
		10	13	2	5.79	+6	+66
		11	14	1	5.79	0	
		12(LS)	15(LF)	0	5.79	0	
③-⑤	1	2(ES)	3(EF)	5	1.43		
		3	4	4	1.43	0	
		4	5	3	1.12	-4	
		5	6	2	1.12	0	
		6	7	1	0.9	-4	
		7(LS)	8(LF)	0	0.9	0	
①-③	2	0(ES)	2(EF)	5	0.9		
		1	3	4	0.9	0	
		2	4	3	0.9	0	
		3	5	2	0.73	-2	
		4	6	1	0.59	-2	
		5(LS)	7(LF)	0	0.46	-2	

$$\frac{1}{T}\sum_{t=1}^{T}R_t^2 = \frac{1}{15}(2\times7^2 + 8^2 + 10^2 + 2\times9^2 + 3\times8^2 + 5^2 + 5\times2^2)$$

$$= 44.06$$

$$\bar{R}^2 = \left[\frac{2\times7 + 8 + 10 + 2\times9 + 3\times8 + 5 - 5\times2}{15}\right]$$

$$= \left(\frac{89}{15}\right)^2 = 35.20$$

$$\sigma^2 = \frac{1}{T}\sum_{t=1}^{T}R_t^2 - \bar{R}^2 = 44\cdot06 - 35.20 = 8.86$$

$$\Delta W = 2S_{ij}(R_{EF+1} - R_{ES+1} + r_{i-j})$$

$$= 2\times4(2 - 10 + 4) = -32$$

由于 ΔW 小于 0，故工作⑤－⑦可以向后移动 1 天，此时，

$$R_{3+1} = 10 - 4 = 6$$

$$R_{10+1} = 2 + 4 = 6$$

据此，再求 σ 平方和 ΔW 值。结果 $\sigma = 6.73$，比原来减少且 $\Delta W = -24$，故工作还要后移；如此继续下去直至工作的开始时间变为 8，结束时间变为 15，即变成了 LS 和 LF 值，此时 $TF = 0$，无法再移动。

再计算工作 2－7，同样先使开始和结束时间为最早时间，即 6 与 9。计算结果 $\sigma = 2.99$，比原来增加，且 $\Delta W = 30$ 大于 0，核算 $\Sigma\Delta W$ 值。

$\Sigma\Delta W = 24 + 30 = 54$ 大于 0，但此时还能停止，继续后移，再核算 $\Sigma\Delta W$ 直至算完，未发现有 $\Sigma\Delta W$ 小于 0 的情况，因此该工作应保持最早开始和结束时间不动。然后继续计算其他工作。按步骤(3)将所有非关键工作调整(优化)一遍后，还需进行第二次、第三次……调整(优化)，直至 σ 平方不再减少为止。此时才算得到最优化计划方案。

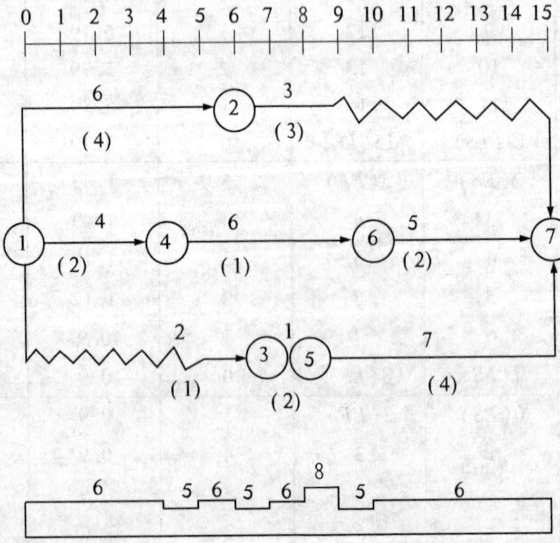

图 14.48　资源优化网络图

图 14.48 为本例经优化后得到的最优方案网络图，下面为相应资源消费曲线。由上

可知,资源优化计算工作量十分庞大,对于大中型网络,用手工计算是难以实现的,只能依靠电子计算机进行计算。

14.6.1.3　**费用优化**

费用优化是通过不同工期及其相应工程费用的比较,寻求与工程费用最低时相对应的最优工期。

(1)工期与费用的关系

工程费用由直接费用和间接费用组成。在一定范围内,直接费用随工期的延长而减少,而间接费用则随工期的延长而增加,见图 14.49 。

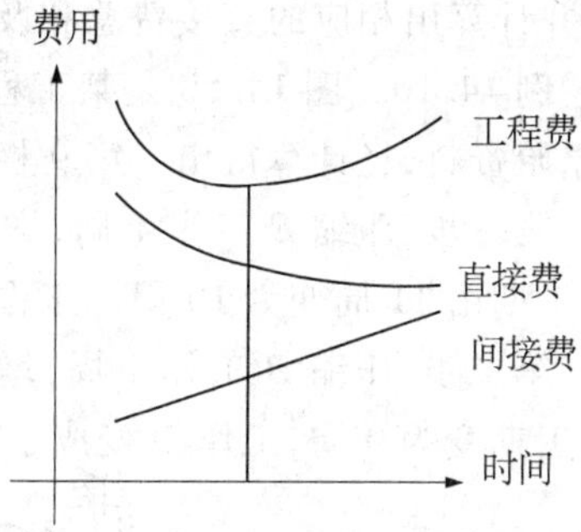

图 14.49　工程费用关系示意图

由图 14.49 可见,间接费用曲线表示间接费和时间成正比关系,其斜率表示间接费用在单位时间内增加或减少。间接费用与施工单位的管理水平、施工条件、施工组织等有关。直接费用在一定范围内和时间成反比关系,因施工时要缩短工期,须采取加班加点多班制作业,增加许多非熟练工人,并且增加机械设备和材料,照明费用,所以直接费用也随之增加。然而工期缩短存在一个极限,也就是工期缩短到某一程度,无论增加多少直接费,也不能再缩短,此极限称为临界点,此时的时间为最短工期,此时的费用叫最短时间直接费。反之,若延长时间,则可减少直接费,然而时间延长至某一极限,则无论将工期延长多少,也不能再减少直接费,此极限点称为正常点,此时的工期为正常工期,此时的费用为最低费用或正常费用。

直接费用曲线实际上并不像途中那样圆滑,而是由一系列线段组成的折线,并且越接近最高费用,其曲线越陡。为简化计算,一般将其曲线近似表示为直线,其斜率称为费用率,表示单位时间内所需增加的直接费。工作 $i-j$ 的直接费用率用 ΔC_{i-j} 表示,其计算公式如下:

$$\Delta C_{i-j}=(C_1-C_2)/(D_2-D_1) \tag{14.50}$$

式中　C_1——最短工期时的直接费;

C_2——正常工期时的直接费;

D_2——正常工期;

D_1——最短工期。

工程费用曲线是由直接费用曲线和间接费用曲线叠加而成的,曲线上的最低点就是工程计划的最优方案之一,此时方案成本最低,相对应的工程持续时间称为最优工期。费用优化的目的就在于寻求直接费与间接费总和最低的最优工期,以及与此相对应的网络计划中各工作的进度安排。

(2)费用优化的步骤

由于费用优化是要求出不同工期下的最小费用总和,而关键线路的持续时间是决定工期长短的依据,因此,缩短工期首先要缩短关键工作的持续时间。由于各工作的直接费用率不同,即缩短单位持续时间所增加的费用不一样,所以在关键工作中,首先应缩短费用率最小的关键工作的持续时间。其具体步骤如下：

1)当关键线路只有一条时，首先将这条线路上直接费用率最小的工作的持续时间缩短 Δt。此时，应保持被缩短持续时间的工作 $i-j$ 仍为关键工作（即其压缩幅度小于或等于工作的总时差）。

2)如果关键线路有两条以上时，那么每条线路都需要缩短持续时间 $\triangle t$，才能使计划工期也相应缩短 Δt。为此，必须找出费用率总和 $\sum \Delta C_{i-j}$ 为最小的工作组合，我们把这种工作组合称为“最小切割”。

3)步骤1)或步骤2)的工作应进行多次，以逐步缩短工期，使计划工期满足规定的要求，并计算出相应的直接费总和及各工作的时间参数。

例 14.10 图 14.50 是某工程的网络计划及其正常作业时间的算例。表 14.10 是它的原始资料，经计算得出了第9栏中的数字。要求进行工期－成本优化。

第一步，压缩 E 工作1周，增加费用100元，工程直接费增至 19 900＋100＝20 000元，工期由11周变为10周。工作 C 变成了关键工作。（计算结果列于表14.11中）。

第二步，压缩 B 工作1周，增加费用120元，工程直接费增至 20 000＋120＝20 120元，工期变为9周，工作 D 变成了关键工作。

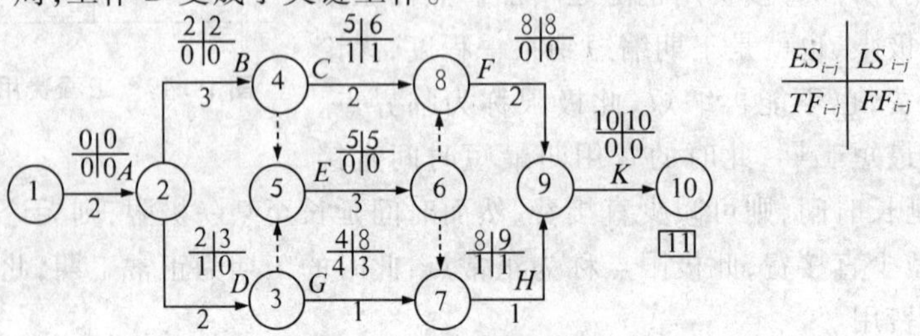

图 14.50 某工程网络计划

表 14.10 赶工费率计算表

工作代号	工作名称	正常持续时间（周）	正常时间费用（元）	最短作业时间（周）	最短时间费用（元）	时间差额（周）	费用差额（元）	赶工费率（元/周）
(1)	(2)	(3)	(4)	(5)	(6)	(7)	(8)	(9)＝(8)÷(7)
1－2	*A*	2	2 000	1	2 180	1	180	180
2－3	*B*	3	2 800	1	3 040	2	240	120
4－8	*C*	2	1 800	1	1 980	1	180	180
2－3	*D*	2	2 100	1	2 250	1	150	150
5－6	*E*	3	3 000	1	3 200	2	200	100
8－9	*F*	2	2 600	1	2 750	1	150	150
3－7	*G*	1	1 400	1	1 400	0	0	－
7－9	*H*	1	2 300	1	2 300	0	0	－
9－10	*K*	1	1 900	1	1 900	0	0	－
总计			19 900		21 000			

表 14.11　每次压缩计算结果

调整次数	压缩工作名称	压缩时间（周）	赶工费率（元/周）	费用增加额（元）	工程直接费（元）	工程总工期（周）
(1)	(2)	(3)	(4)	(5)	(6)	(7)
0					19 900	11
1	*E*	1	100	100	20 000	10
2	*B*	1	120	120	20 120	9
3	*F*	1	150	150	20 270	8
4	*A*	1	180	180	20 450	7
5	*B*、*D*	1	270	270	20 720	6
6	*C*、*E*	1	280	280	21 000	5
7						

第三步，压缩工作 *F*1 周，增费 150 元，工程直接费增至 20 120 + 150 = 20 270 元，工期变为 8 周，工作 *H* 变成了关键工作。

第四步，压缩 *A* 工作 1 周，增费 180 元，工程直接费增至 20 270 + 180 = 20 450 元，工期变为 7 周。关键工作没有增加。

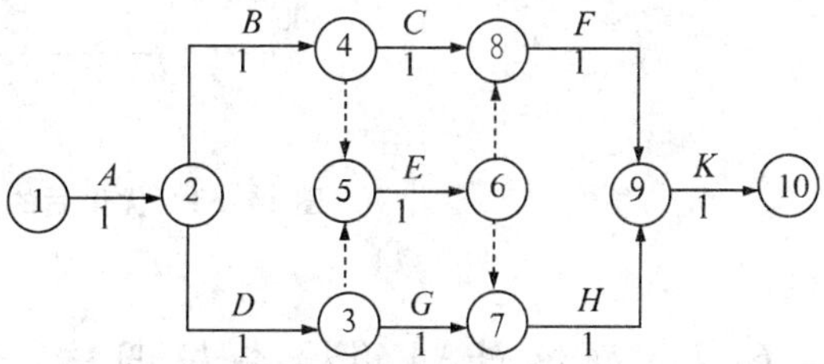

图 14.51　优化后的网络计划

第五步，压缩工作 *B* 和 *D* 各 1 周，增费 120 + 150 = 270 元，直接费增至 20 450 + 270 = 20 720 元，工期缩至 6 周。*G* 成为关键工作。

第六步，压缩工作 *C* 和 *E* 各 1 周，增费 180 + 100 = 280 元，直接费增至 20 720 + 280 = 21 000 元，工期缩至 5 周。

至此，各条线路均变成了关键线路，各项工作的压缩潜力已经用完，故压缩停止。图 14.51 是压缩完成后的网络计划。

现假定每周间接费是 160 元，则该网络计划的总成本见表 14.12。

表 14.12　每次压缩后网络计划的总成本

工期（周）	5	6	7	8	9	10	11
直接费（元）	21 000	20 720	20 450	20 270	20 120	20 000	19 900
间接费（元）	800	960	1 120	1 280	1 440	1 600	1 760
总成本（元）	21 800	21 680	21 570	21 550	21 560	21 600	21 660

从表 14.12 中可见，工期为 8 周时总成本最低。

将优化过程所得的各项费用绘制成工期 - 成本曲线，见图 14.52。

从正常施工工期加快到最短工期，平均每加快一周增直费为 $\frac{21\ 000 - 19\ 900}{6} = 183.3$ 元，减间接费 160 元，实际增加费用 23.3 元。

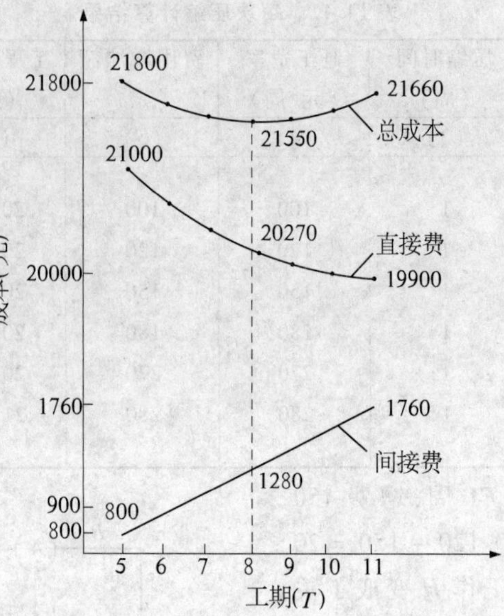

图 14.52　优化后的工期 - 成本曲线

14.6.2　网络计划的检查与调整

将正式网络计划报请有关部门审批后,即可组织实施。在网络计划执行过程中,由于资源、环境、自然条件等因素的影响,往往会造成工程实际进度与计划进度产生偏差,如果这种偏差不能及时纠正,必将影响工程进度目标的实现。因此,在计划执行过程中采取相应措施来进行控制,对保证计划目标的顺利实现具有重要意义。

网络计划实施中的调整与控制工作主要包括检查并掌握工程实际进展情况;分析产生进度偏差的主要原因;确定相应的纠偏措施或调整方法。

14.6.2.1　网络计划的检查

(1)网络计划的检查方法

1)计划执行中的跟踪检查

在网络计划的实施过程中,必须建立相应的检查制度,定时定期地对计划的实际执行情况进行跟踪检查,收集反映工程实际进度的有关数据。

2)收集数据的加工处理

收集反映工程实际进度的原始数据量大面广,必须对其进行整理、统计和分析,形成与计划进度具有可比性的数据,以便在网络图上进行记录。根据记录的结果可以分析判断进度的实际状况,及时发现进度偏差,为网络图的调整提供信息。

3)实际进度检查记录的方式

①当采用时标网络计划时,可采用实际进度前锋线记录计划实际执行状况,进行工程实际进度与计划进度的比较。

实际进度前锋线是在原时标网络计划上,自上而下地从计划检查时刻的时标点出发,用点划线依此将各项工作实际进度达到前锋点连接而成的折线。实际进度前锋点的标定方法有两种：

a. 按已完成的实物工程(工作)量比例进行标定　假设项目中各项工作均按匀速进行，且时标网络图上箭线的长短与相应工作的持续时间对应，也与其实物工程量的多少成正比。检查时刻某工作的实物工程量完成了几分之几，其前锋点就从表示该工作的箭线起点由左至右标在箭线长度几分这几的位置。

b. 按尚需时间来标定　有些工作的持续时间难以按实物工程量来计算，只能凭经验估算，估算出检查时刻起到该工作全部完成尚需要的时间，从该工作的箭线末端反过来标出实际进度前锋点的位置。

通过实际进度前锋线与原进度计划中各工作箭线交点的位置可以判断实际进度与计划进度的偏差。

例如，图 14.53 是一份时标网络计划用前锋线进行检查记录的实例。该图有两条前锋线，分别记录了第 6 天和第 12 天两次检查的结果。

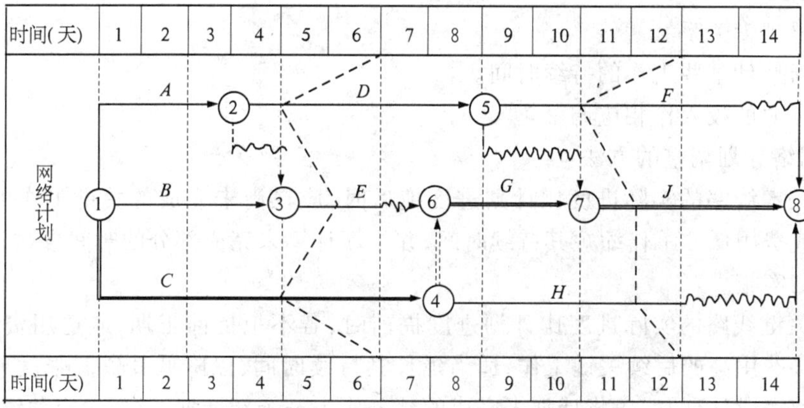

图 14.53　双代号时标网络计划

②当采用无时标网络计划时，可在图上直接用文字、数字、适当符号、或列表记录计划的实际执行状况，进行工程实际进度与计划进度的比较。

(2)网络计划检查的主要内容

1)关键工作进度；

2)非关键工作的进度及时差利用情况；

3)实际进度对各项工作之间逻辑关系的影响；

4)资源状况；

5)成本状况；

6)存在的其他问题。

(3)对检查结果进行分析判断

通过对网络计划执行情况的结果应进行分析判断，可为计划的调整提供依据。一般应进行如下分析判断：

1)对时标网络计划宜利用绘制的实际进度前锋线，分析计划的执行情况及其发展趋势，对未来的进度做出预测、判断，找出偏离计划目标的原因及可供挖掘的潜力所在。

2)对无时标网络计划宜按表 14.13 记录的情况对计划中未完成的工作进行分析判断。

表 14.13 网络计划检查结果分析表

工作编号	工作名称	检查时尚需作业时间	到计划最迟完成时尚有时间	原有总时差	尚有总时差	原有自由时差	尚有自由时差	情况判断

14.6.2.2 网络计划的调整

(1)网络计划调整的内容

1)调整关键线路的长度。

2)调整非关键工作时差。

3)增、减工作项目。

4)调整逻辑关系。

5)重新估计某些工作的持续时间。

6)对资源的投入作相应调整。

(2)网络计划调整的方法

1)当关键线路的实际进度比计划进度拖后时,应在尚未完成的关键工作中,选择资源强度小或费用低的工作缩短其持续时间,并重新计算未完成部分的时间参数,将其作为一个新计划实施。

2)当关键线路的实际进度比计划进度提前时,若不拟提前工期,应选用资源占用量大或者直接费用高的后续关键工作,适当延长其持续时间,以降低其资源强度或费用;当确定要提前完成计划时,应将计划未完成的部分作为一个新计划,重新确定关键工作的持续时间,按新计划实施。

3)非关键工作时差的调整方法

非关键工作时差的调整应在其时差的范围内进行,以便更充分地利用资源、降低成本或满足施工的需要。每一次调整后都必须重新计算时间参数,观察该调整对计划全局的影响。可采用以下几种调整方法:

①将工作在其最早开始时间与最迟开始时间范围内移动;

②延长工作的持续时间;

③缩短工作的持续时间。

4)增、减工作项目的调整方法

当采用增、减工作项目进行调整时,应符合下列规定:

①不打乱网络计划总的逻辑关系,只对局部逻辑关系进行调整;

②在增减工作后应重新计算时间参数,分析对原网络计划的影响。当对工期有影响时,应采取调整措施,以保证计划工期不变。

5)调整逻辑关系

逻辑关系的调整只有当实际情况要求改变施工方法或组织方法时才可进行。调整时应避免影响原定计划工期和其他工作的顺利进行。

6)调整工作的持续时间

当发现某些工作的原持续时间估计有误或实现条件不充分时,应重新估算其持续时间,并重新计算时间参数,尽量使原计划工期不受影响。

7)调整资源的投入

当资源供应发生异常时,应采用资源优化方法对计划进行调整,或采取应急措施,使其对工期的影响最小。

网络计划的调整,可以定期进行,亦可根据计划检查的结果在必要时进行调整。通过不断对网络计划的实施过程进行检查、调整,才能确保进度目标的顺利实现。

思考题

1. 单代号网络图和双代号网络图有何区别?
2. 双代号网络图的三要素是什么?简述其含义。
3. 何为虚工作?它在双代号网络图中的作用是什么?
4. 什么叫线路、关键线路、关键工作?
5. 常用的时差有几种?简述其含义。
6. 时标网络、搭接网络各有何特点?
7. 试述工期优化、费用优化、资源优化的基本原理和优化步骤。

习题

1. 已知各工作的逻辑关系如下表,绘制双代号网络图。

工作	A	B	C	D	E	F	G	H
紧前工作	—	—	A	A	B、C	B 、C	D、E	F、G
持续时间	1	5	3	2	6	5	3	5

2. 计算题 1 中的双代号网络图,并将其变成双代号早时标网络图。
3. 根据题 1 中的逻辑关系绘制单代号网络图,并计算其时间参数。
4. 计算下列搭接网络图。

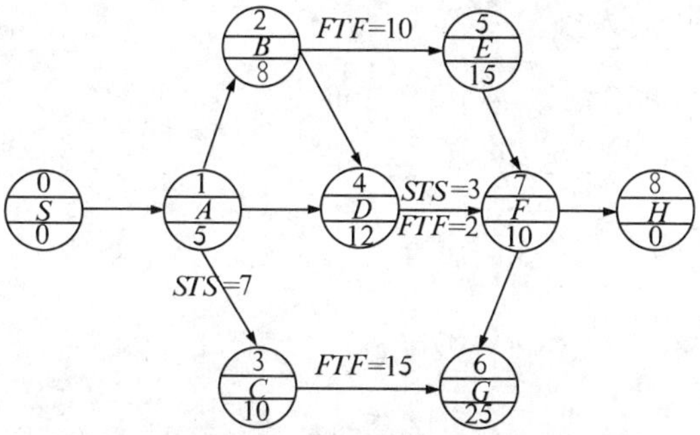

图 14.54　习题 4 图

5. 某资源的供应计划见本章图 14.40,试对本网络计划进行工期一定,资源均衡的优化。

6. 某工程的网络计划如图 14.55，已知箭线上方括号外为正常时间直接费，括号内为最短时间直接费。箭线下方括号外为正常持续时间，括号内为最短持续时间。假定平均每天的间接费为 100 元，试对其进行费用优化。

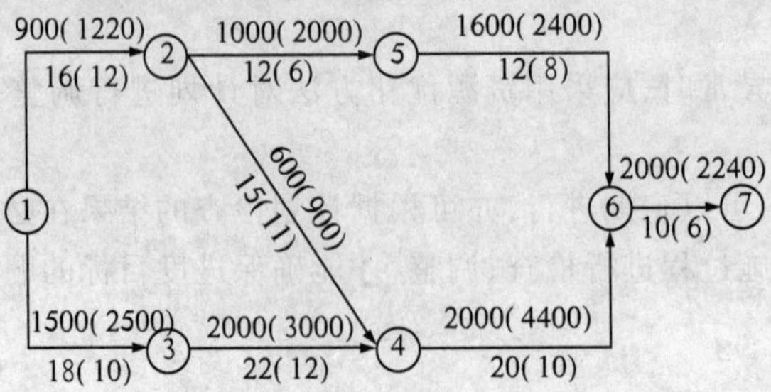

图 14.55　习题 6 图

第 15 章　施工组织总设计

15.1　施工组织设计概述

现代建筑工程施工是一项十分复杂的生产活动,不论在技术方面还是在组织方面,通常都有许多可行的方案供施工人员选择,但是不同的方案其经济效果是不一样的。怎样结合建筑工程的性质、规模、工期、人员、机械、材料等实际情况及地质条件、气候条件等具体的技术经济条件,从政治、经济和技术统一的全局出发,从许多可能方案中选定最合理的方案,是施工技术人员必须解决的问题,再者随着现代技术的日趋发展,新材料、新工艺、新技术、新结构的广泛应用,使本来复杂的工程项目更加复杂。因此,施工组织设计不仅是施工企业规划和部署整个施工活动的技术经济文件,也是自身施工组织管理水平的综合体现。经验证明,一个工程如果施工组织设计编制得好,并且认真地贯彻执行,施工就可以有条不紊地进行,使施工组织与管理工作经常处于主动地位,取得好、快、省、安全的效果。若没有施工组织设计或者施工组织设计脱离实际或者虽有质量优良的施工组织设计而未得到很好的贯彻执行,就很难正确地组织具体工程的施工,使工作经常处于被动状态,造成不良的后果。因此,施工组织设计的编制及实施是项目施工成败的关键。

15.1.1　施工组织设计的任务

施工组织设计的任务是在国家的建设路线、方针和政策指导下,从施工全局出发,根据各种具体条件,拟定工程方案,确定施工程序、施工流向、施工顺序、施工方法、劳动组织、技术组织措施,安排施工进度和劳动力、机具、材料、构件与各种半成品的供应,对运输、道路、场地利用、水电能源保证等现场设施的布置和建设做出规划,把设计和施工、技术和经济、前方和后方、企业的全局活动和工程的施工组织,把施工中各单位、各部门、各阶段以及各项目之间的关系等更好地协调起来,使施工建立在科学合理的基础上,收到人尽其才,物尽其用的效果,取得最好的经济效益。具体来讲,施工组织设计的任务的宗旨就是要对具体的拟建工程(建筑群或单位建构筑物)的施工准备工作和整个的施工过程,在人力和物力,时间和空间,技术和组织上做出一个全面而合理的,符合好、快、省、安全要求的优化方案。

15.1.2　施工组织设计的作用

施工组织设计是规划和指导拟建工程从施工招投标到施工准备,再到竣工验收全过程的一个合理的综合性的技术经济文件，是沟通工程设计、监理、施工等各方面关系的桥梁。它既要体现拟建工程的设计特点和使用要求，又要体现施工技术的先进性和科学性，还要符合现代工程项目管理的程序性和客观规律性，对整个施工全过程的质量、工期、安全、效益等目标起战略部署或战术安排的作用，其作用具体体现在以下几个方面：

1）指导工程投标与签订工程承包合同，作为投标书的主要内容。

2）施工组织设计既是施工准备工作的重要组成部分，又是做好施工准备工作的重要依据和重要保证。

3）施工组织设计是对施工过程实行科学管理的重要手段，是编制施工预算、结算、决算和施工计划的主要依据，是建筑企业合理组织施工和加强项目管理的重要措施。

4）施工组织设计是监理按照规划实施现场监督管理的重要的施工技术资料。

5）施工组织设计是竣工验收资料的重要组成部分。

6）施工组织设计是检查工程施工进度、质量、投资（成本）三大目标的依据，是建设单位、监理单位、施工单位之间履行合同、处理关系的重要依据。

15.1.3 施工组织设计的编制依据

（1）投标前施工组织设计的编制依据

1）招标文件和工程量的清单；

2）施工现场踏勘情况；

3）进行社会、市场和技术经济调查的资料；

4）可行性研究报告、设计文件和各种参考资料；

5）企业的生产经营能力。

（2）投标后施工组织设计的编制依据

1）计划文件：包括国家批准的基本建设计划文件、单位工程项目一览表、分期分批投产的要求、投资指标和设备材料订货指标、建设地点所在地区主管部门的批件、施工单位主管上级下达的施工任务等；

2）设计文件：包括批准的初步设计或技术设计、设计说明书、总概算或修正总概算、可行性研究报告；

3）合同文件：即施工单位与建设单位签订的工程承包合同；

4）标前施工组织设计；

5）建设地区的调查资料：包括气象、地形、地质和其他地区性条件等；

6）定额、规范、建设政策法令、类似工程项目建设的经验资料等。

15.1.4 施工组织编制的程序及步骤

（1）编制的程序

按投标前及工程中标签订合同后的编制程序分别为：

1）投标前施工组织设计的编制程序　学习招标文件→进行调查研究→编制施工方案并选用主要施工机械→编制施工进度计划→确定开竣工日期→分期分批开工与竣工日期、总工期→绘制施工平面图→确定标价及钢材、水泥等主要材料用量→保证质量和工期的技术组织措施→提出合同谈判方案(包括谈判组织、目标、准备和策略等)。

2)中标后施工组织设计的编制程序　进行调查研究,获得编制依据→确定施工部署→似拟定施工方案→编制施工计划→编制施工准备工作计划及资源计划→编制供水、供热、供电计划→设计施工平面图→计算技术经济指标。

(2)编制的步骤

1)根据施工组织设计的程序可分为四个阶段编制施工组织设计:

第一阶段:编制前的准备工作;

第二阶段:拟定施工方案编制阶段;

第三阶段:技术经济分析调整阶段;

第四阶段:确定完整的施工组织设计阶段。

2)其具体步骤如下:熟悉图纸、招投标文件及相关资料→施工现场的踏察→建设地区各种条件和技术经济条件的调查→现场施工部署和施工程序→拟定施工方案和估算工程量→按业主要求的工期编制进度计划→按进度计划编制各资源计划→确定生产生活设施,现场临时水、电布置→拟定现场平面布置图→制定各项保证措施→编制各项技术经济指标。

15.2　施工组织总设计

施工组织总设计是以整个项目为编制对象,是指导全局的技术经济文件,对整个建设项目实现科学管理、文明施工、和预期施工目标具有战略指导作用,将对整个建设项目的整体目标的实现和项目动态协调管理起着决定性的作用。

15.2.1　施工组织总设计的作用

1)为建设单位或业主编制工程建设计划提供依据;

2)从全局出发,为整个项目的施工工作做出全面的战略部署;

3)是编制单位工程施工组织设计的指导、控制性文件;

4)是开展工程施工,组织施工力量、物资资源供应、安排生产、生活设施的主要依据;

5)为评定设计方案的施工可能性和经济合理性提供依据。

15.2.2　施工组织总设计的编制依据

(1)设计文件

包括已批准的初步设计文件或扩大初步设计文件(设计说明书、建设地区域平面图、建筑总平面图、总概算或修正概算及建筑竖向设计图);

(2)计划文件及相关合同

包括国家批准的基本建设计划文件,概、预算指标和投资计划,工程项目一览表,分期、分批投产交付使用的工程项目期限计划文件,工程所需材料和设备的订货计划,工程项目所在地区主管部门的批件,施工单位上级主管(主管部门)下达的施工任务计划,招投标文件及工程承包合同或协议等;

(3)工程勘察和调查资料

包括建设地区地形、地貌、工程地质、水文、气象等自然条件;能源、交通运输、建筑材料、预制件、商品混凝土及构件、设备等技术条件;当地政治、经济、文化、卫生等社会生活条件资料;

(4)工程主要涉及的国家或行业规范、标准、规程

包括现行的施工及验收规范、操作规程、定额、技术规定和其他技术标准等。

(5)企业ISO9002质量体系文件

包括本单位质量体系程序文件、项目质量保证手册、职责汇编文件等;

(6)项目管理规划

当编制的施工组织设计代替项目管理规划时,施工组织设计应满足项目管理规划的要求:建立高效的项目管理组织机构,项目管理目标明确,计划科学、实际,建立健全管理目标责任体系;

(7)参考资料

包括类似建设项目的施工经验、工期定额、劳动定额及有关参考数据,上级有关指示精神及施工组织设计实例等。

15.2.3 施工组织总设计编制程序

施工组织总设计的编制程序,如图15.1所示。从编制程序可知:

1)施工组织总设计,首先是从战略的全局出发,对建设地区的自然条件和技术经济条件、对工程特点和施工要求进行全面系统的分析研究,找出主要矛盾,发现薄弱环节,以便在确定施工部署时采取相应的对策、措施,及早克服和清除施工中的障碍,避免造成损失和浪费。

2)根据工程特点和生产工艺流程,合理安排施工总进度,确保施工能均衡连续进行,确保建设项目能分期分批投产使用,充分发挥投资效益。

3)根据施工总进度计划,提出资金、材料、设备、劳力等资源供需计划。

4)为了保证总进度计划的实现,应制订机械化、工厂化、冬雨期施工的技术措施和主要工程项目的施工方案,主要工种工程施工的流水方案。

5)编制施工组织总设计尤应重视施工准备工作,包括附属企业、加工厂、办公临时设施,交通运输、仓库堆场,供水、供电,排水、防洪,通讯系统等的规划和布置,这些是保证顺利施工的物质基础。

6)施工组织总设计系编制各项单位工程施工组织设计的纲领和依据;并为制定作业计划,实现科学管理,进行质量、进度、投资三大目标控制创造了条件。施工组织总设计使各项准备工作有计划、有预见地做在开工之前,使所需各种物质供应有保证,避免停工待料;并可根据当地气候条件,采取季节性技术组织措施,做到常年不间断地连续施工。

15.2.4 施工组织总设计的编制

15.2.4.1 工程概况

工程概况是对拟建建设项目或建筑群所作的一个简单扼要、突出重点的文字介绍,目

的是对整个建设项目的基本情况作一个总的分析说明，为了补充文字说明的不足，有时还需要附上建设项目设计总平面图及主要示意图及有关表格。施工组织总设计的工程概况一般包括建设项目的特点、建设地区特征和施工条件及其他内容。

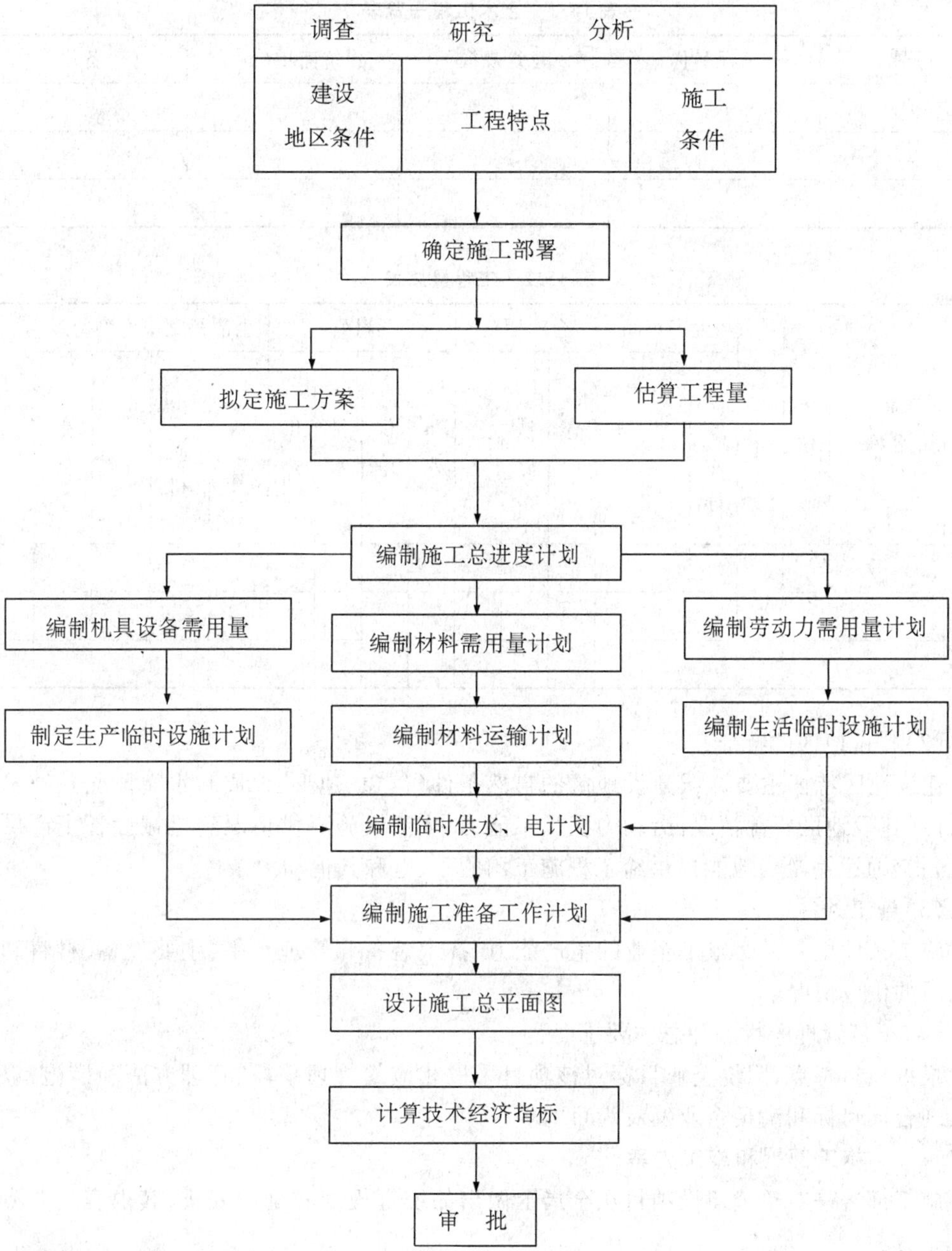

图 15.1　施工组织总设计编制程序

(1)建设项目的特点

建设项目的特点是对拟建工程项目的主要特征的描述。主要内容包括：建设地点、结构特点、建筑特点、平面布局、工程土质、建设总规模、总投资、总工期、分期分批投入使用的项目和期限；占地总面积、总建筑面积、意投资源；生产流程及工艺特点等。为使这部分内容反映得清晰简洁，可利用附图或表格表示，表 15.1、表 15.2。

表 15.1　土木工程一览表

序号	工程名称	建筑规模	建筑面积(m^2)	备注
1				
2				
⋮				

表 15.2　工程量总表

序号	工程量名称	单位	合计	生产车间			仓库运输			管网				生活福利		大型暂设		备注
				××车间	⋮	⋮	仓库	铁路	公路	供水	供电	排水	供热	宿舍	文化福利	生产	生活	
1																		
2																		
⋮																		

(2)建设地区的特征

建设地区特征主要介绍建设地区的自然条件(气象、地形、地质和水文情况)；技术经济条件(建设地区资源情况、劳动力及施工能力、生活设施提供情况和机械设备生产供应情况)；交通运输及当地能提供给工程施工用的水、电和其他动力条件。

(3)施工条件

施工条件主要说明施工企业的生产能力、技术装备和管理水平，主要设备、材料和特殊物质的供应情况。

(4)项目管理的特点和总体要求

根据项目特点，围绕企业目标对该项目采取相应的管理手段、管理方法和措施，以最终实现合同目标和满足企业发展为目的。

15.2.4.2　**施工部署和施工方案**

施工部署是对整个建设项目从全局上做出的统筹规划和全面安排，其内容主要有以下几个方面：

(1)建立组织机构，明确任务分工

根据工程的规模和特点，僵立有效的组织机构和管理模式；明确各施工单位的工程任务，提出质量、工期、成本等控制目标及要求；确定分期分批施工交付投产使用的主攻项目和穿插施工的项目；正确处理土建工程、设备安装及其他专业工程之间相互配合协调的关

系。其具体为:

1)确定工程的施工程序　为了对整个施工项目进行科学的规划和控制,应对施工任务从总体上进行区分,并对施工任像做出程序安排。

施工任务区分主要是明确项目经理部组织机构,形成统一的工程指挥系统;明确工程总的目标;明确工程总包范围的分包工程;确定综合的或专业的施工组织;划分各施工单位的任务项目和施工区段;明确主攻项目和穿插施工的项目及其建设期限。

对施工任务做出程序安排时主要是从总体上把握各项目的施工程序,并应注意如下几点:

①在保证工期的前提下,实行分期分批建设,既可使各具体项目迅速建成,尽早投入使用,又可在全局上实现施工的连续性和均衡性,减少暂设工程数量,降低工程成本,充分发挥国家基本建设投资的效果。一般大中型工业建设项目都应该在保证工期的前提下分期分批建设。至于分几期施工,各期工程包含哪些项目,则要根据生产工艺要求、建设部分要求、工程规模大小和施工难易程度、技术资源等情况来确定。对于小型企业或大型企业建设项目的某个系统,亦可不必分期分批建设,采取一次性建成投产。

②统筹安排各类项目施工,保证重点,兼顾其他,确保工程项目按期投产。按照各工程项目的重要程序,应优先安排的工程项目是:按生产工艺要求,须先期投入生产或起主导作用的工程项目;工程量大、施工难度大、工期长的项目;运输系统、动力系统,如厂区内外道路、铁路和变电站等;生产上需先期使用的机修车间、办公楼及部分家属宿舍等;供施工使用的工程项目,如采砂(石)场、木材加工厂、各种构件加工厂、混凝土搅拌站等施工附属企业及其他为施工服务的临时设施。对于建设项目中工程量小,施工难度不大,周期较短而又不急于使用的辅助项目,可以考虑与主体工程相配合,作为平衡项目穿插在主体工程的施工中进行。

③所有工程项目均应按照先地下、后地上;先深后浅;先干线后支线的原则进行安排。如地下管线和修筑道路的程序,应该先铺设管线,后在管线上修筑道路。

④注意季节性影响。对合理地安排施工顺序起着很重要的作用。通常采用的办法是把不利于季节性施工的工程,有意识地提到季节来临之前或者推迟至季节终了之后进行,但这种做法必须符合全面安排,保证工程质量和不拖延进度、不违反缩短工期的原则。北方地区为了减少冬季施工增加的困难,可以把基础工程、土方工程的施工安排在严冬来临之前或在冬季前完成工程建筑外壳,妥加封闭,提前给建筑送暖,然后在冬季进行室内及收尾工程。南方的雨季、夏季对施工也会带来困难,在安排施工顺序时也要妥善考虑到这一季节特点。

2)明确施工任务划分与组织安排　在明确施工项目管理体制、机构的条件下,划分各参与施工单位的工作任务,明确总包与分包的关系,建立施工现场统一的组织领导机构及职能部门,确定综合和专业化的施工队伍,明确各单位之间的分工协作关系,划分施工阶段,确定各单位分期分批的主攻项目和穿插项目。

(2)重点工程的施工方案

这些重点工程是指建设项目中工程量大、施工难度大、工期长,对整个建设项目的建成起关键性作用的建筑物(或构筑物),以及全场范围内工程量大、影响全局的特殊分项工程。对于重点工程、分部工程或特种结构工程，应在施工组织总设计中拟定其施工方案，如深基础的桩基、人工降水、支护结构、大体积混凝土浇筑的方案；高层建筑主体结构所采用的滑模、爬模、飞模、大模板等浇筑方案；重型构件、大跨度结构、整体结构的组运、吊装方案等，主要包括：施工工艺流程、施工方法、施工机械设备等。工艺流程要先进，并具有全局的观点；施工方法要技术与经济要统一；所选择的主导设备与辅助设备要先进、配套等。按此拟定出符合实际的施工方案，以便事先进行技术和资源的准备，为工程施工的顺利开展和施工现场的合理布局提供依据。

(3)主要工种工程施工方法

重点应拟定工程量大、施工技术复杂的工种工程(如土方工程、打桩工程、混凝土结构工程、结构安装工程等)的施工方法，施工方法的确定，要兼顾技术的先进性和经济的合理性，同时采用先进的施工工艺流程，充分利用工作面，缩短间歇时间，为实现工程目标提供技术条件和保障；对施工机械的选择，应使主导机械的性能满足工程的需要，又能发挥其效能，在各个工程上能够实现综合流水作业，减少其拆、装、运的次数；对于辅助配套机械，其性能应与主导施工机械相适应，以充分发挥主导施工机械的工作效率。

(4)施工准备工作规划

主要指全场的准备工作，如土地征购，居民迁移，“三通一平”，测量控制网的设置，生产、生活基地的规划，材料、构件的加工订货及供应，加工厂站、材料仓库的布置，施工现场排水、防洪、环保、安全等所采取的技术措施。

根据施工开展程序和重点工程方案，施工准备工作规划其内容为：

1)安排好场内外运输、施工用主干道、水电气来源及其引入方案；

2)安排场地平整方案和全场性排水、防洪；

3)安排好生产和生活基地建设。包括商品混凝土搅拌站，预制构件厂，钢筋、木材加工厂，金属结构制作加工厂，机修等厂以及职工生活设施等；

4)安排建设材料、成品、半成品的货源和运输、储存方式；

5)安排现场区域内的测量工作，设置永久性测量标志，为放线定位做好准备；

6)编制新技术、新工艺、新结构的试验计划和职工技术培训计划；

7)冬、雨季施工所需要的特殊准备工作。

15.2.4.3 施工总进度计划

施工总进度计划是根据施工部署和施工方案，以拟建项目交付使用时间为目标，对全工地的所有工程项目做出的时间上的安排。其作用在于确定、控制施工项目的总工期 和各单位工程的施工期限与相互搭接关系。正确地编制施工总进度计划是保证各项目以及整个建设工程按期交付使用、充分发挥投资效益、降低建筑工程成本的重要条件。

(1)施工总进度计划的编制原则

1)合理安排施工顺序，保证在劳动力、物资以及资金消耗量最少的情况下，按规定工期完成拟建工程施工任务。

2)采用合理的施工方法，使建设项目的施工连续、均衡地进行。

3)节约施工费用。

据此必须引起足够地重视，在编制施工总进度计划时，除应遵循第十二章中所述的施

工组织基本原则外,还应考虑以下几点:

①严格遵守合同工期,把配套建设作为总进度的指导思想。这是使建设项目形成新的生产力,充分发挥投资效益的有力保证。因此,在工业建设项目的内部,要处理好生产车间和辅助车间之间、原料与成品之间、动力设施和加工部门之间,生产性建筑和非生产性建筑之间的先后顺序,有意识地做好协调配套,形成完整的生产系统;在外部则有水源、电源、市政、交通、原料供应、三废处理等项目需要统筹安排。民用建筑不解决好供水、供电、供暖、通讯、市政、交通等工程也不能交付使用。

②以配套投产为目标,区分各项工程的轻重缓急,把工艺调试在前的、占用工期较长的、工程难度较大的项目排在前面;把工艺调试靠后的、占用工期较短、工程难度一般的项目排列在后。所有单位工程,都要考虑土建、安装的交叉作业,组织流水施工,力争加快进度,合理压缩工期。这样分批开工,分批竣工,在组织施工中可体现均衡施工的原则,平缓物资设备供应,避免过分集中,有效地削减高峰工程量;也可调整试车分批进行、先后有序,从而保证整个建设项目能按计划、有节奏地实现配套投产。

③从货币时间价值观念出发,在年度投资额分配上应尽可能将投资额少的工程项目安排在最初年度内施工;投资额大的工程项目安排在最后年度内施工,以减少投资货款的利息。

④充分估计设计出图的时间和材料、设备、配件的到货情况,务使每一个施工项目的施工准备、土建施工、设备安装和试车运转的时间合理衔接。

⑤确定一些调剂项目,如办公楼、宿舍、附属或辅助车间等穿插其中,以达到既能保证重点、以能实现均衡施工的目的。

⑥将土建工程中的主要分部分项工程(土方、基础、现浇混凝土、构件预制、结构吊装、砌筑和装修等)和设备安装工程分别组织流水作业、连续均衡施工,以此达到土方、劳动力、施工机械、材料和构件的五大综合平衡。

⑦在施工顺序安排上,除应本着先地下后地上,先深后浅,先干线后支线,先地下管线后道路的原则外,还应使为进行主要工程所必需的准备工程及时完成;主要工程应从全工地性工程开始;各单位工程应在全工地性工程基本完成后立即开工;充分利用永久性建筑和设施为施工服务,以减少暂设工程费用开支;充分考虑当地气候条件,尽可能减少雨冬季施工的附加费用。如大规模土方和深基础施工应避开雨季;现浇混凝土结构应避开冬季;高空作业应避开风季等。

此外,总进度计划的安排还应遵守技术法规、标准,符合安全、文明施工的要求,并应尽可能做到各种资源的平衡。

(2)施工总进度计划的编制依据

1)工程的初步设计或扩大初步设计。

2)有关概(预)算指标、定额、资料和工期定额。

3)合同规定的进度要求和施工组织规划设计。

4)施工总方案(施工部署和施工方案)。

5)建设地区调查资料。

(3)施工总进度计划的编制方法和步骤

1)施工进度计划的形式

目前,现场常用的施工进度计划有:横道图、网络计划两种形式。

①横道图通常按照一定的格式编制,如表 15.3 所示,一般应包括下列内容:分部分项工程名称、工程量、劳动量、人数和施工时间等。表格分两部分,左边是各分部分项工程的名称和相应的施工参数,右边是时间图表即横道图的部位。

表 15.3 施工进度计划

项次	分部分项工程名称	工程量		定额	劳动量		机械		每天工作班	每天工人数	工作日	施工进度													
												月						月						月	
		单位	数量		工种	工日	名称	台班				5	10	15	20	25	30	35	40	45	50	55	60	65	70
1																									
2																									
· ·																									

②网络计划的形式也有两种:一是双代号网络计划;另一是单代号网络计划。目前,国内工程施工中,所采用的网络计划大都是双代号网络计划,且多为时标网络计划,其格式在第 13 章中讲过,这里就不再重复了。

2)施工总进度计划的编制的方法和步骤

①划分工程项目并确定其施工顺序　首先根据建设项目的特点划分项目,然后确定其施工顺序。由于施工总进度计划主要起控制性作用,因此项目划分不宜过细,一般以单位工程及分部工程为主进行划分,一些附属项目、辅助工程及临时设施可以合并列出。确定整个工程的施工顺序是编制施工总进度计划的主要工作之一。排定施工顺序时,一般是先进行准备工程,再进行全场性工程,最后安排单项工程施工,并注意妥善安排分期分批工程的施工顺序。在具体安排各项目的施工顺序时,可按上述施工部署中确定施工程序的要求进行。

②估算各项目的工程量并确定其施工工期　各项目的工程量可按初步设计或扩大初步设计图样,依据各种定额手册确定。各项工程(包括准备工程)的施工期限可根据工程规模结构类型、建筑面积、层数等,查找有关工期定额确定。

③搭接各施工项目并编制初步进度计划　为了把各项工程合理搭接起来,组织全场性的流水作业,以保持均衡施工,一般从工程量较大的工种工程或大型机械施工的工种工程着手,组成全场性的流水作业。一般工业企业建筑的施工,土建部分可分别组成几条流水线,如挖土、桩基、构件预制或现浇框架结构、吊装、砌砖等。地下工程可组织平整场地、管道敷设、路等工程的流水线,依次流水作业。民用建筑一般是砌筑、抹灰、吊装等以砌砖为主导工程组织流水施工。它们的工程量可根据扩大指标计算出来,然后根据工期确定每季(或月、旬)应完成的工程量,并使依次施工的各项目的主要工程量的总和大致与每

季(或月、旬)应完成的工程量相符,这样,工程的流水施工就可以组织起来了,各项目之间的搭接关系也可以相应地确定下来。据此可以初步确定施工总进度计划。

④调整初步进度计划,并最终确定总进度计划　初步施工总进度排定后,还得经过检查、调整,最后才能确定较合理的施工总进度计划。一般的检查方法是观察劳动力和物资需要量的变动曲线。这些动态曲线如果有较大的高峰出现时,则可用适当的移动穿插项目的时间或调整某些项目的工期等方法逐步加以改进,最终使施工趋于均衡。

施工总进度计划常以表格形式表示,主要其控制总工期的作用,不宜过细,过细不利于于调整。对于跨年度的工程,通常第一年度按月划分,第二年度按季度划分。图 15.2 为某汽车制造厂施工总进度计划的实例。

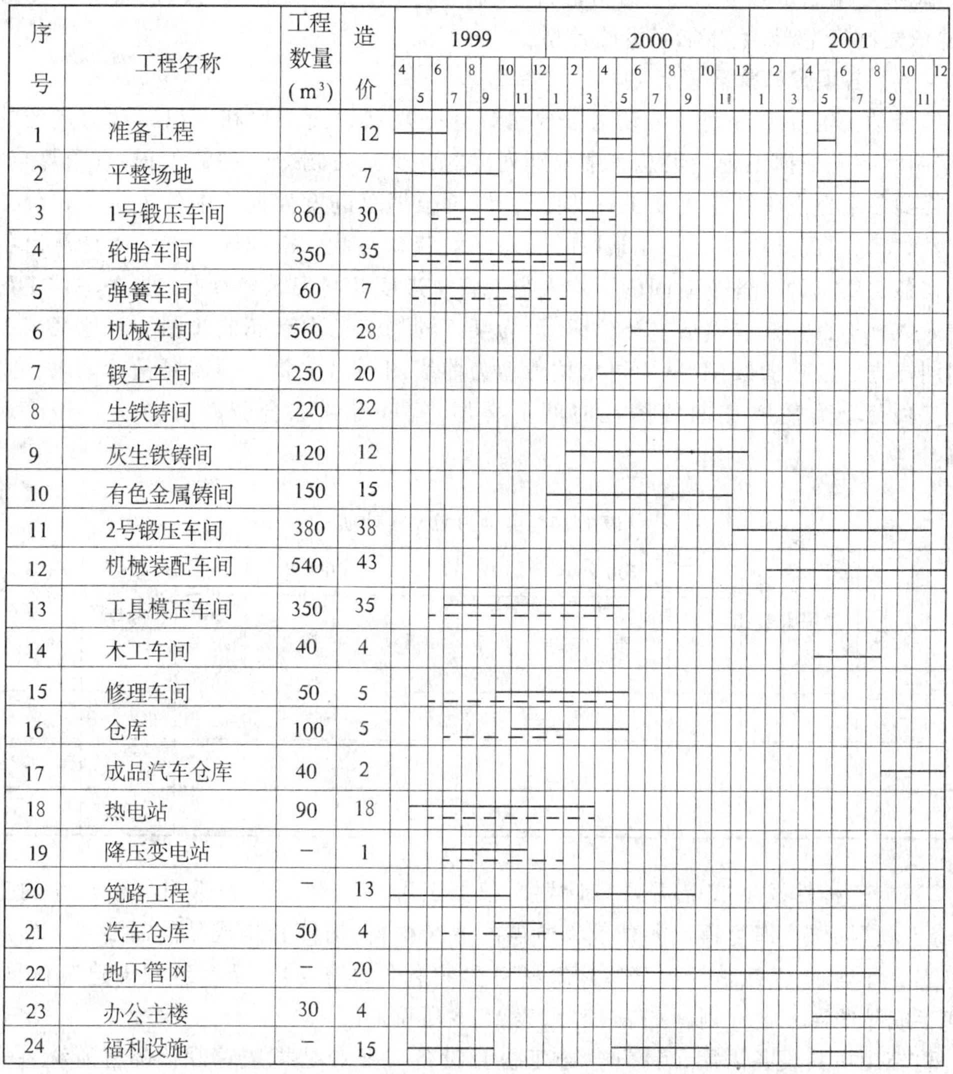

图 15.2　某汽车制造厂施工总进度计划

从图中可知,该厂分为三期建设,第一期工程包括可供施工服务的修理车间、车库、和部分仓库；能够单独生产零件和产品的轮胎车间、弹簧车间和锻压车间的一部分；为配套投产和为施工服务的部分动力构筑物及管网。第二期工程包括其余的制品车间（铸工车间、锻工车间），为前一类车间产品再进行加工的机械车间。第三期工程，包括其他车间及建筑物，修筑道路，敷设上下水管道、电力网以及全厂性工程。第三期工程均应配合各期主要工程施工，为主要工程顺利开展创造条件，并保证各车间竣工后能配套投入生产。为了使主要工种工程量及劳动力均衡，已将第一期的进度进行了调整，把原进度（图中的虚线）改为实际采用的进度（图中的实线）。这样使土方工程、混凝土工程和吊装工程的工程量都很均衡，因而也就保证了第一期工程施工的均衡性。

施工总进度计划必须保证土木工程项目在规定的期限内连续、均衡、保质保量地完成，在总进度编制定案后，即可编制材料、预制构件、劳动力、施工机具、设备等需用量计划，并依之制订生产、生活临时设施计划。

15.2.4.4 各项资源需要量计划

1）劳动力需要量计划　劳动力需要量计划是规划暂设工程和组织劳动力进场的依据，编制时首先根据工程量汇总表中分别列出的各个建筑物分工种的工程，查预算定额，便可得到各个建筑物几个主要工种的劳动量，再根据总进度计划表中各单位工程分工种的技术时间，得到某单位工程在某段时间里平均劳动力数。按同样的方法可计算出各个建筑物各主要工种在各个时间的平均人数。将总进度计划表纵坐标方向上各单位工程同工种人数叠加在一起并编成一条曲线，即为某工种的劳动力动态曲线图。其他几个工种也用同样方法绘成曲线图，从而可根据劳动力曲线图列出主要工种需要量计划表。将各主要工种劳动力需要量曲线图在时间上叠加，就可得到综合劳动力曲线图和计划表15.4。

表 15.4　劳动力需要量计划

序号	工程名称	施工高峰需用人数（人）	200×年				200×年				现有人数（人）	多余（+）或不足（-）
			一季	二季	三季	四季	一季	二季	三季	四季		

2）材料、构件及半成品需要量计划　根据工种工程量汇总表所列各建筑物的工程量，查“概算指标”即可得出各建筑物所需的建筑材料、构件和半成品的需要量。然后根据总进度计划表，大致估计出某些建筑材料在某季度的需要量，从而编制出建筑材料、构件和半成品的需要量计划。如表15.5，表15.6所示。

3）施工机具设备需用量计划　施工机具设备需要量是指按总设计部署所统一安排的机械设备和运输工具的需要数量，结合施工总进度计划确定其进场时间。据此编制其需要量计划表见表15.7。

表 15.5　主要材料需要量计划

材料名称	品种规格	计算依据		材料需要量		供应时间
		计算量	指标	单位	数量	

表 15.6　构配件需要量计划表

主要名称	品种规格	提供依据	计算依据		使用部位	供应时间	加工单位
			单位	数量			

表 15.7　主要机具设备需要量计划表

机械名称	机械型号或规格	需用量		进退场时间(月)							提供来源
		单位	数量	1	2	3	4	5	6	---	

15.2.4.5　施工总平面布置图

施工总平面图是拟建项目施工场地的总布置图。它是按照施工部署、施工方案和施工总进度计划的要求绘制的。它将施工现场的交通道路、材料仓库、附属生产或加工厂、临时建筑及临时水、电、管线等合理规划和布置，并用 1∶50 或 1∶100 图纸的形式表达出来，从而正确处理全工地施工期间所需的各项设施与永久建筑、拟建工程之间的空间关系，指导现场进行有组织、有计划的文明施工。对大型建设项目，当工期较长或受场地所限，应按照几个阶段布置施工总平面图。

(1)施工总平面图的设计原则

1)在保证顺利施工的前提下，尽量不占、少占、或缓占良田好土，应充分利用山地、荒地，重复使用空地。

2)尽可能地降低临时工程费用，充分利用已有或拟建房屋，管线、道路和缓拆、暂不拆除的项目为施工服务。

3)在保证运输方便的前提下，运输费用最小。这就要求合理布置仓库、起重设备等临时设施的位置，正确选择运输方式和铺设运输道路，减少二次搬运。

4)有利于生产，方便生活和管理，并应遵守防火、安全、消防、环保、卫生等有关技术标准法规。

(2)施工总平面图的设计依据

1)建筑区域平面图及施工设计平面图。

2)各种勘测设计资料和建设地区自然条件及技术经济条件。

3)建设项目的概况、施工部署和主要工程的施工方案、施工总进度计划及各种资源需要量计划。

(3)施工总平面图的内容

1)整个建设项目的建筑总平面图包括:地上、地下建筑物、构筑物、道路、管线以及其他设施的位置和尺寸。

2)一切为全工地施工服务的临时设施的布置,包括施工用地范围,施工用各种道路、加工厂、制备站及有关机械的位置;各种建筑材料、半成品、构件的仓库和主要堆场;取土及弃土位置;行政管理用房、宿舍、文化生活和福利建筑等;水源、电源、临时给排水管线和供电、动力线路及设施;一切安全防火设施;特殊图例、方向标志和比例尺等。

3)永久性测量及半永久性测量放线桩、标桩位置。

4)取土及弃土位置。

(4)施工总平面图设计的方法步骤

施工总平面图的设计步骤为:场外交通道路的引入→材料堆场、仓库和加工厂的布置→搅拌站布置→场内运输道路布置→全场性垂直运输机械的布置→行政、生活福利临时房屋布置→临时水、电管网和其他动力设施布置→绘制正式施工总平面图。

1)场外交通道路的引入　场外交通道路的引入是指将地区或市政交通路线引入至施工场区入口处。设计全工地性施工总平面图时,首先应从考虑大宗材料、成品、半成品、设备等进入工地的运输方式入手。当大批材料由铁路运来时,要解决铁路的引入问题;当大批材料是由水路运来时,应考虑原有码头的运用和是否增设专用码头问题;当大批材料是由公路运入工地时,由于汽车线路可以灵活布置,一般先布置场内仓库和加工厂,然后再布置场外交通的引入。

场外交通道路的引入,应结合地区或市政交通,选取最短线路来布置临时引入道。

2)材料堆场、仓库和加工厂的布置　施工组织总设计中主要考虑那些需要集中供应的材料和加工件的场(厂)库的布置位置和面积。不需要集中供应的材料和加工件可放到各单位工程施工组织设计中去考虑。

首先要确定场(厂)库的布置位置,仓库和材料堆场通常应根据不同材料、设备和运输方式来考虑设置在运输方便、位置适中、运距较短并且安全防火的地方。

各种加工厂的布置,应以方便使用、安全防火、运输费用最少,不影响建筑安装工程施工的正常进行为原则。一般应将加工厂集中布置在同一个地区,且处于工地边缘。各种加工厂应与相应的仓库或材料堆场布置在同一地区。

其次要确定场(厂)库面积,场(厂)库面积大小的确定,可按材料储备量和计算指标等方法计算确定,可根据具体情况选取其中适合本工程的数值而定。

按材料储备量要求计算场(厂)库面积的计算式为:

$$\text{场(厂)库面积} = \frac{\text{材料不均系数} \times \text{材料储备期} \times \text{材料总需要或总加工量}}{\text{施工总天数或加工期限} \times \text{材料储备定额} \times \text{有效利用系数}} \tag{15.1}$$

式中　材料不均匀系数——指材料在储存或加工时因数量变化受到影响的系数,查表15.8;

材料储备期——指存放该材料所考虑的存放期限,加工厂不考虑此值,查表15.8;

材料总需要量或总加工量——指在计划施工期或加工期内，所需要该种材料的总数量，可用概算指标或概算定额算出；

施工总天数或加工期限——指在施工期内，使用或加工该种材料的总天数。可在总施工进度计划内逐项逐段查出累计；

材料储备定额——指规定该种材料在单位面积上所储存的数量，查表 15.8；

有效利用系数——指因各种原因而影响计划面积不可能全被使用的系数 查表 15.8

按计算指标计算场(厂)库面积的计算公式：

场(厂)库面积 = 计算基数(或加工产量) × 计算指标(系数)　　(15.2)

式中的计算基数(或加工产量)和计算指标(系数)见表 15.9。

表 15.8　材料堆场、仓库面积计算系数

序号	材料及半成品	贮备天数	不均匀系数	每平方米储存定额		有效利用系数	仓库类别	备注
				数量	单位			
1	水泥	30 ~ 60	1.3 ~ 1.5	1.5 ~ 1.9	t	0.65	封闭库棚	堆高 10 ~ 12 袋
2	生石灰	30	1.4	1.7	t	0.7	棚	堆高 2 m
3	砂子(人工堆放)	15 ~ 30	1.4	1.5	m^3	0.7	露天	堆高 1 ~ 1.5 m
4	砂子(机械堆放)	15 ~ 30	1.4	2.5 ~ 3	m^3	0.8	露天	堆高 2.5 ~ 3 m
5	石子(人工堆放)	15 ~ 30	1.5	1.5	m^3	0.7	露天	堆高 1 ~ 1.5 m
6	石子(机械堆放)	15 ~ 30	1.5	2.5 ~ 3	m^3	0.8	露天	堆高 2.5 ~ 3 m
7	块石	15 ~ 30	1.5	10	m^3	0.7	露天	堆高 1.0 m
8	预制槽型板	30 ~ 60	1.3	0.20 ~ 0.30	m^3	0.6	露天	
9	梁	30 ~ 60	1.3	0.8	m^3	0.6	露天	堆高 1.0 ~ 1.5 m
10	柱	30 ~ 60	1.4	1.2	m^3	0.6	露天	堆高 1.2 ~ 1.5 m
11	钢筋(直筋)	30 ~ 60	1.4	2.5	t	0.6	露天	占全部钢筋 80%，堆高 0.5 m
12	钢筋(盘筋)	30 ~ 60	1.5	0.9	t	0.6	封闭库棚	占全部钢筋 20%，堆高 1 m
13	钢筋成品	10 ~ 20	1.4	0.07 ~ 0.10	t	0.6	露天	
14	型钢	45	1.4	1.5	t	0.6	露天	堆高 0.5 m
15	金属结构	30	1.4	0.2 ~ 0.3	t	0.6	露天	
16	原木	30 ~ 60	1.4	1.3 ~ 1.5	m^3	0.6	露天	堆高 2 m
17	成材	30 ~ 45	1.4	0.7 ~ 0.8	m^3	0.5	露天	堆高 1 m
18	废木材	15 ~ 20	1.2	0.3 ~ 0.4	m^3	0.5	露天	约占锯木量 10% ~ 15%
19	门窗扇	30	1.2	45	m^3	0.6	露天	堆高 2 m
20	门窗框	30	1.2	20	m^3	0.6	露天	堆高 2 m
21	木屋架	30	1.2	0.6	m^3	0.6	露天	
22	木模板	10 ~ 15	1.4	4 ~ 6	m^3	0.7	露天	
23	模板整理	10 ~ 15	1.2	1.5	m^3	0.65	露天	
24	砖	15 ~ 30	1.2	0.7 ~ 0.8	千块	0.6	露天	堆高 1.5 ~ 1.6 m
25	泡沫混凝土制件	30	1.2	1	m^3	0.7	露天	堆高 1 m

表 15.9 场(厂)库计算基数和计算指标系数

序号	名称	计算基数	单位	系数
1	仓库(综合)	按年平均全员人数(工地)	m^2/人	0.7~0.8
2	水泥库	按当年水泥用量的40%~50%	m^2/t	0.7
3	其他仓库	按当年工作量	m^2/万元	1~1.5
4	五金杂品库	按年建安工作量	m^2/万元	0.1~0.2
5	五金杂品库	按年平均在建建筑面积	$m^2/100m^2$	0.5~1.0
6	土建工具库	按高峰年(季)平均全员人数	m^2/人	0.1~0.2
7	水暖器材库	按年平均在建建筑面积	$m^2/100m^2$	0.2~0.4
8	电气器材库	按年平均在建建筑面积	$m^2/100m^2$	0.3~0.5
9	化工油漆危险品库	按年建安工作量	m^2/万元	0.05~0.1
10	三大工具堆场(脚手、跳板、模板)	按年平均在建建筑面积 按年建安工作量	$m^2/100m^2$ m^2/万元	1~2 0.3~0.5

3)搅拌站的布置　工地混凝土搅拌站的布置有集中、分散、集中与分散布置相结合三种方式。当运输条件较好时,以采用集中布置较好;当运输条件较差时,则以分散布置在使用地点或井架等附近为宜。一般当砂、石等材料由铁路或水路运入,而且现场又有足够的混凝土输送设备时,宜采用集中布置方式。若利用城市的商品混凝土搅拌站,只要考虑其供应能力和输送设备能否满足需要,并及时做好订货联系即可,工地则可不考虑布置搅拌站。除此之外,还可采用集中和分散相结合的方式。混凝土搅拌站的布置选点应注意如下要点:搅拌站的位置应尽量布置在场区下风方向的空地;搅拌站的位置与生活、办公等临时设施的距离应尽可能远一点;搅拌站附近要有足够的空地以布置砂石堆场;与施工道路紧密结合,使进、出料的交通比较方便。

4)场内运输道路的布置　根据各加工厂、仓库及各施工对象的相应位置,研究货物转运图,区分主要道路和次要道路,进行道路的规划。规划厂区道路时,应考虑以下几点:

首先,要合理规划临时道路与地下管网的施工程序。在规划临时道路时,应充分利用拟建的永久性道路,提前修建永久性道路或者先修路基和简易路面,作为施工所需的道路,以达到节约投资的目的。若地下管网的图纸尚未出全,必须采取先施工道路、后施工管网的顺序,临时道路就不能完全建造在永久道路的位置,而应尽量布置在无管网地区或扩建工程范围地段上,以免开挖管道沟而破坏路面。

其次,要保证运输通畅。道路应有两个以上进口,道路末端应设置回车场地,且尽量避免临时道路与铁路交叉。厂内道路干线应采用环形布置,主要道路宜采用双车道,宽度不小于6 m;次要道路采用单车道,宽度不小3.5 m。

最后,要选择合理的路面结构。临时道路的路面结构,应当根据运输情况和运输工具的不同类型而定。一般场外与省、市公路相连的干线,因其以后会成为永久性道路,因此一开始就建成混凝土路面;场区的干线和施工机械行驶路线,最好采用碎石级配路面,以利修补;场内支线一般为土路或砂石路。

5)全场性垂直运输机械的布置　垂直运输机械的布置应根据施工部署和施工方案

所确定的内容而定，一般来说，小型垂直运输机械可由单位工程施工组织设计或分部工程作业计划作出具体安排；为全场服务的大型垂直运输机械由施工组织总设计根据工程特点和规模，按工程特点和结构形式选择类型。塔吊的布置要满足现场施工安全的要求，同时又能发挥机械设备的效率。尽量减少现场二次搬运和吊装死角，使工作面全部位于起重设备的服务范围以内。

6）行政与生活福利临时设施的布置　行政管理临时设施包括工地办公室、警卫室、汽车库等临时用房；生活临时设施包括职工宿舍、食堂、厕所、开水房、招待所等临时房屋；生活福利临时设施包括俱乐部、托儿所、图书馆、浴室、理发室、商店、邮亭、医务所等临时房屋。

以上临时设施应根据工地的具体情况和需要进行设置。

在施工组织总设计中，规划临时房屋时，主要是根据临时房屋使用人数，可按公式 15.3 确定临时修建房屋的面积。

$$临时房屋的修建面积 = 使用人数 \times 建筑面积指标 \quad (15.3)$$

式中，建筑面积指标可参见表（15.10）。

表 15.10　行政、生活福利设施建筑面积指标参考表

临时房屋名称		指标使用方法	面积指标	
			数量	单位
办公室		按技职人员人数	3 ~ 4	m^2/人
宿舍	单层通铺	按工地高峰人数	2.5 ~ 3.0	
	双层床	扣除不在工地住宿人数	2.0 ~ 2.5	
	单层床		3.5 ~ 4.0	
家属宿舍			16 ~ 25	m^2/户
食堂		按工地高峰人数	0.5 ~ 0.8	m^2/人
其他	医务室		0.05 ~ 0.07	
	浴室		0.07 ~ 0.1	
	理发室	按工地高峰人数	0.01 ~ 0.03	
	俱乐部		0.1	
	小卖部		0.03	
	招待所		0.06	m^2/人
	托儿所		0.03 ~ 0.06	m^2/人
	子弟学校		0.06 ~ 0.08	m^2/人
	其他房屋		0.05 ~ 0.1	m^2/人
现场小型设施	开水方	按工地平均人数	10 ~ 40	m^2
	厕所		0.02 ~ 0.07	m^2/人
	工人休息室		0.15	

临时设施的平面布置,可根据工程具体情况按如下要求进行进行。尽量利用附近已有的建筑物或新建成的永久性建筑物为施工服务,其不足部分再修建一些临时建筑物;在考虑当地气候条件和工期长短的前提下,要本着节约、适用和装拆方便原则,分别选择帐篷、活动房或简易房屋等结构型式;为方便职工使用,食堂、浴室和诊所可设在工地内部;而传达室、办公室和汽车库可设在工地内部或其毗邻地带;职工宿舍可设在工地内部或附近地区,尽量减少上下班时间;小卖部可设在生活区或工人上、下班经过的地方。

7)临时水、电管网的布置　可分两种:一种情况利用自己有的水源、电源,此时应从外部接入工地,沿主要干道布置干管主线,然后与各用户接通,但从高压线引入时需在引入处设变压站,其位置在较隐蔽地方,并要采取安全防护措施。另一种情况是无法利用现有的水源、电源时,则应另行规划临时供水、发电站和管网线路。主要水、电管网应环状布置;供电线路应避免与其他管道设在同一侧;按消防规定设置消防栓、消防站,并有畅通的道路能使消防车行驶。并进行临时供水、供电计算:

①临时供水计算:

a. 一般生产用水

$$q_1 = 1.1 \times \frac{\sum Q_1 N_1 K_1}{t \times 8 \times 3600} \tag{15.4}$$

式中　q_1—— 生产用水量(L/s);

Q_1—— 年(季、月)度工程量,可以总进度计划及主要工种工程量中求得;

N_1—— 各工种工程施工用水定额;

K_1—— 每班用水不均衡系数(取1.25 ~ 1.5)

t——Q_1 与相应的工作日(d),按每天一班计;

1.1—— 未预见用水量的修正系数。

b. 施工机械用水

$$q_2 = 1.1 \times \frac{\sum Q_2 N_2 K_2}{8 \times 3600} \tag{15.5}$$

式中　q_2—— 施工机械用水量(L/s);

Q_2—— 同一种机械台班数;

N_2—— 该种机械台班的用水定额;

K_2—— 施工机械用水不均衡系数(取1.1 ~ 2);

1.1—— 未预见用水量的修正系数。

c. 生活用水

$$q_3 = 1.1 \times \frac{P N_3 K_3}{24 \times 3600} \tag{15.6}$$

式中　q_3—— 生活用水量(L/s);

P—— 建筑工地最高峰工人数;

N_3—— 每人每日生活用水定额;

K_3—— 每日用水不均衡系数(取1.5 ~ 2.5);

1.1—— 未预见用水量的修正系数。

d. 消防用水　消防用水量 q_4,应根据建筑工地工地大小及居住人数确定,可参考表15.11取值。

表 15.11　消防用水量

序号	用水名称	火灾同时发生次数	单位	用水量
1	居民区消防用水			
	5 000 人以内	一次	L/s	10
	10 000 人以内	二次	L/s	10 ~ 15
	25 000 人以内	二次	L/s	15 ~ 20
2	施工现场消防用水			
	施工现场在 25 hm^2 以内	一次	L/s	10 ~ 15
	每增加 25 hm^2 递增			5

e. 总用水量 Q

当 $(q_1 + q_2 + q_3) \leqslant q_4$ 时，则：$Q = q_4 + \frac{1}{2}(q_1 + q_2 + q_3)$ (15.7)

当 $(q_1 + q_2 + q_3) > q_4$ 时，则：$Q = q_1 + q_2 + q_3$ (15.8)

当工地面积小于 5 hm^2，且 $(q_1 + q_2 + q_3) < q_4$ 时，则：$Q = q_4$ (15.9)

至于供水管径的大小，则根据工地总的需水量经计算确定。

即：$$D = \sqrt{\frac{4Q \times 1000}{\pi v}} \tag{15.10}$$

式中　D—— 供水管直径(mm)；

Q—— 总用水量(L/s)；

v—— 管网中的水流速度(m/s)，考虑消防供水时取 2.5 ~ 3。

② 临时供电计算

建筑工地临时供电组织有：计算用电量，选择电源；确定变压器，布置配电线路等。

a. 用电量计算　施工用电主要分动力用电和照明用电量两部分，其用电量为：

$$P = (1.05 \sim 1.1) \times \left[K_1 \frac{\sum P_1}{\cos\varphi} + K_2 \sum P_2 + K_3 \sum P_3 + K_4 \sum P_4\right] \tag{15.11}$$

式中　P—— 变压器的功率(kVA)；

P_1—— 电动机额定功率(kW)；

P_2—— 电焊机额定容量(kVA)；

P_3—— 室内照明容量(kW)；

P_4—— 室外照明容量(kW)；

$\cos\varphi$—— 电动机的平均功率因数(一般为 0.65 ~ 0.75；最高为 0.75 ~ 0.78)；

K_1, K_2, K_3, K_4、—— 需要系数(表 15.12)。

施工现场的照明用电量所占的比重较动力用电量要少得多，所以在估算用电量时可以不考虑照明用电量，只要在动力用电量之外再加上 10% 作为照明用电量即可。

b. 选择电源　工地临时供电的电源，应优先选用城市或地区已有的电力系统，只有无法利用或电源不足时，才考虑设临时电站供电。一般是将附近的高压电通过设在工地的变压器引入工地，这是最经济的方案，但事先应将用电量向供电部门申请批准。变压器的功率则可按下式的计算：

$$P = K \times \left[\frac{\sum P_{max}}{\cos\varphi} \right] \tag{15.12}$$

式中 P—— 变压器的功率(kVA)

K—— 功率损失系数，取1.05；

$\sum P_{max}$—— 施工区的最大计算负荷(kW)；

$\cos\varphi$—— 功率因数。

根据计算所得容量，可从变压器产品目录中选用相近的变压器。

表15.12 需要系数(K值)

用电名称	数量	需要系数				注
		K_1	K_2	K_3	K_4	
电动机	3～10台	0.7				如施工上需要电热时，将其用电量计算进去。式中各动力照明用电应根据不同工作性质分类计算
	11～30台	0.6				
	30台以上	0.5				
加工厂动力设备		0.5				
电焊机	3～10台		0.6			
	10台以上		0.5			
室内照明				0.8		
主要道路照明					1.0	
警卫照明					1.0	
场地照明					1.0	

c.配电线路和导线截面的选择　配电线路的布置方案有技状、环状和混合式三种，主要根据用户的位置和要求、永久性供电线路的形状而定。一般3～10 kV的高压线路宜采用环状，380/220 V的低线路可用枝状。线路中的导线截面，则应满足机械强度、允许电流和允许电压降的要求。通常导线截面是先根据负荷电流的大小选择，然后再以机械强度和允许的电压损失值进行换算。

水电管网的布置顺序一般是：首先要确定电源和水源，可以由场外引入，也可以由工地内部设置，然后沿主干道布置主管和主线，再用支线和各用户接通。

上述布置应采用标准图例绘制在总平面图，在进行各项内容布置后并作必要的文字说明，标上图例，比例尺，指北针，经分析比较，调整修改，形成施工总平面图，施工总平面图的布置是一项系统工程，应全面分析、综合考虑，正确处理各项内容的相互联系和相互制约关系，使其施工用地、临时建筑面积少；临时道路、水电管网短；施工场地的利用率高。

图15.3所示，为某开发小区的施工总平面分区布置图，图中西区的商业大厦正在施

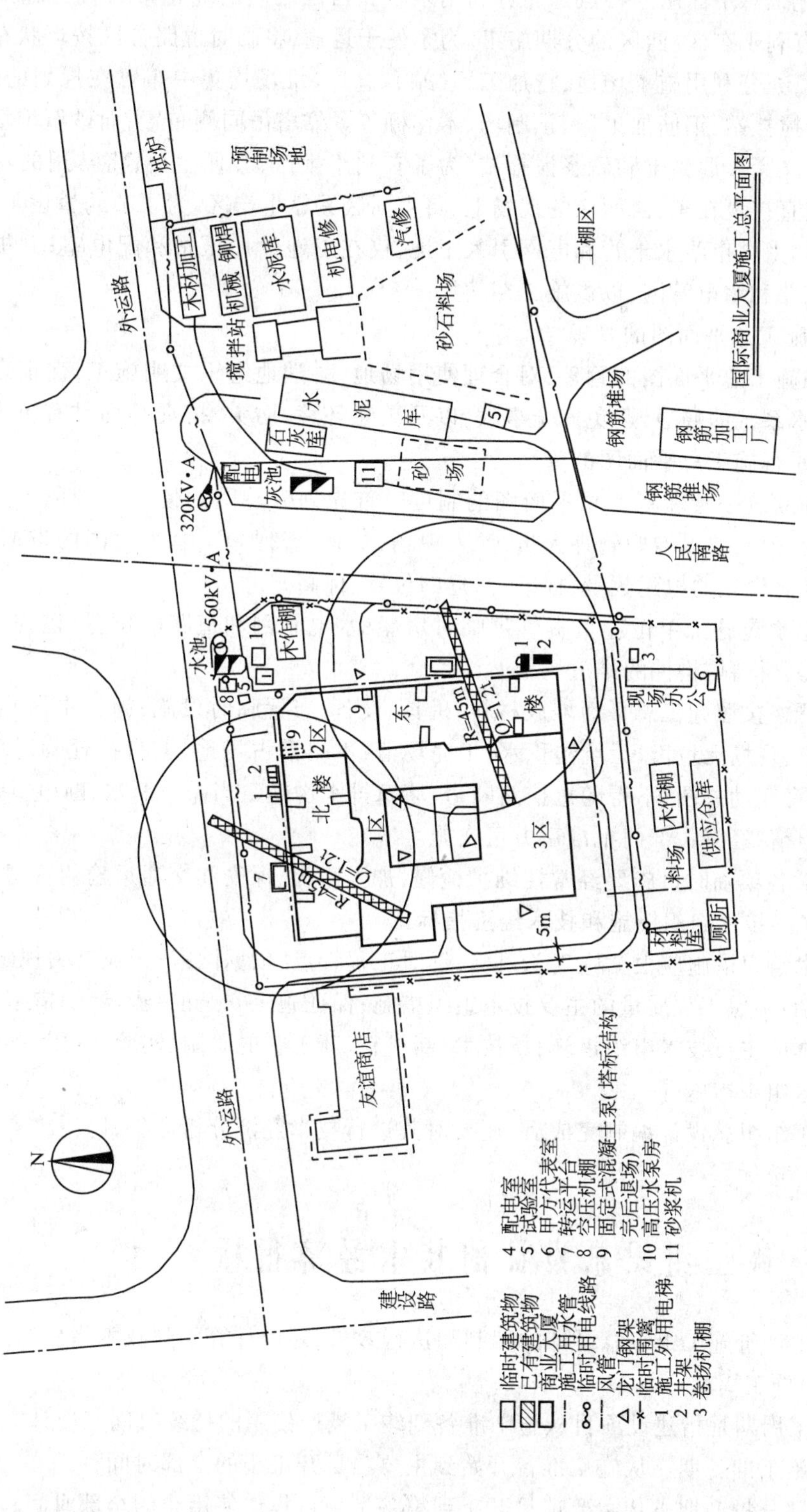

图 15.3　某开发小区施工平面图

工中。该施工总平面图的特点是充分利用东区和西区之间的绿化带布置为施工服务的临时设施，有利于东区、西区的分期施工。为了便于运输，将临时道路分区按环状布置；为了便于管理，充分利用施工场地，将加工厂（站）、仓库、堆场均集中布置在规划的绿化带上。将混凝土搅拌站、钢筋加工厂、预制场、木作棚等紧靠塔吊同侧布置；而砂石堆场、水泥库、化灰池等又紧靠混凝土和砂浆搅拌站。为了有利于生产，方便生活，将常用的材料库和工地办公室直接设在东、西两区的现场上；将生活区紧靠生产区。为了节约暂设工程费用，水源、电源均由城市给水干管和电网引入工地，仅在工地设加压站和配电室；并提前修建了永久性道路和水电管网，以供施工期使用。

(5)施工总平面图的管理

加强施工总平面图的管理，对合理使用场地，科学地组织文明施工，保证现场交通道路、给排水系统的畅通，避免安全事故，以及美化环境、防灾、抗灾等均具有重大意义。为此，必须重视施工总平面图的管理。

1)建立统一管理施工总平面图的制度。首先划分总图的使用管理范围，实行场内、场外分片管理；要设专职管理人员，深入现场，检查、督促施工总平面图的贯彻；要严格控制各项临时设施的拟建数量、标准，修建的位置、标高。

2)总承包施工单位应负责管理临时房屋、水电管网和道路的位置，挖沟、取土、弃土地点，机具、材料、构件的堆放场地。

3)严格按照施工总平面堆放材料、机具、设备，布置临时设施；施工中做到余料退库，废料入堆，现场无垃圾、无坑洼积水，工完场清；不得乱占场地、擅自拆迁临时房屋或水电线路、任意变动总图；不得随意挖路断道、堵塞排水沟渠。当需要断水、断电、堵路时，须事先提出申请，经有关部门批准后方可实施。

4)对各项临时设施要经常性维护检修，加强防火、保安和交通运输的管理。

15.2.4.6 技术组织措施和技术经济指标

技术组织措施应根据施工总目标，针对工程特点，依据国家，行业有关规定进行制定。一般包括：确保工程质量的主要技术组织措施；保证施工安全的技术组织措施；节约投资，降低成本的主要技术组织措施；新技术、新材料、新工艺的研制、实验、试用、推广；冬、雨季施工技术组织措施等。

施工组织总设计编制完成后，还要对其进行技术经济分析评价，以便改进方案或对多方案进行选优。

15.3 施工组织总设计的技术经济指标

为了评价施工组织总设计的编制和执行效果，还应计算下列技术指标。

(1)施工周期

施工周期是指建设项目从施工准备到竣工投产使用的持续时间。应计算的指标：

1)施工准备期。从施工准备开始到主要项目开工止的全部时间；

2)部分投产期。从主要项目开工到第一批项目投产使用止的全部时间；

3)单位工程工期。批整个建设项目中各个单位工程从开工到竣工的全部时间。

(2)劳动生产率

1)全员劳动生产率(元/人·年);

2)单位用工(工日/m^2 竣工面积);

3)劳动力不均衡系数

$$劳动力不均衡系数 = \frac{施工期高峰数}{施工期平均人数} \tag{15.13}$$

(3)工程质量

说明合同要求达到的质量等级和分项、分部、单位工程项目质量评定等级。

(4)降低成本

1)降低成本额

$$降低成本额 = 承包成本 - 计划成本 \tag{15.14}$$

2)降低成本率

$$降低成本率 = \frac{降低成本额}{承包成本额} \tag{15.15}$$

(5)安全指标

以发生的安全事故频率控制数表示。

(6)机械指标

1)机械化程度

$$机械化程度 = \frac{机械化施工完成工作量}{总工作量} \tag{15.16}$$

2)施工机械完好率;

3)施工机械利用率。

(7)预制化施工水平

$$预制化施工程度 = \frac{在工厂及现场预制的工作量}{总工作量} \tag{15.17}$$

(8)临时工程

$$临时工程投资比 = \frac{全部临时工程投资}{建安工程总值} \tag{15.18}$$

思考题

1. 试述施工组织总设计编制的程序及依据。
2. 试述施工总进度计划的作用、编制的原则和方法。
3. 试分析施工总进度计划与基本建设投资经济效益的关系。
4. 如何根据施工总进度计划编制各种资源供应计划?
5. 设计施工总平面图时应具备哪些资料?考虑哪些因素?
6. 试述施工总平面图设计的步骤和方法。
7. 评介施工组织总设计有哪些技术经济指标?

第16章 单位工程施工组织设计

16.1 单位工程施工组织设计的概述

单位工程施工组织设计是以一个单位工程(如一栋房屋、一座桥梁等)为编制对象;用以指导其施工全过程的各项施工活动的技术、经济和组织的综合性文件。其任务就是根据组织施工的原则和工程实际特点和条件,从整个土木工程施工全局出发,选择最有效的施工方案和方法,确定各分部分项工程的搭接和配合,以最少的劳动力、资金、材料、机械消耗作全面地、科学地、合理地安排。在规定的工期内保质、保量地完成或提前完成该项工程。因此单位工程的施工组织设计必须与实际联系;要切实考虑技术上的先进性,经济上的合理性和现实性,从而形成指导施工活动的文件。

目前,在实际工程实践中,单位工程施工组织设计表现为两类:一类是用于施工单位投标的单位工程施工组织设计;另一类用于指导施工,二者的时间关系和侧重点不同,前者以获得工程为目的,其施工方案可能较为粗糙,而工程的质量、工期和单位的机械化程度、技术水平、劳动生产率等,则可能较为详细,而后者重点是施工方案,是以指导实际工程为目的。本章介绍的是后一类。

16.1.1 单位工程施工组织设计编制依据

1)主管部门的批示文件及有关要求。如上级机关对工程的指示,建设单位对施工的要求,施工合同中的有关规定等。

2)经过会审的施工图。包括单位工程的全部施工图纸、会审记录及有关标准图等。

3)施工企业年度施工计划。如本工程开竣工日期的规定,以及其他项目穿插施工的要求等。

4)施工组织总设计。如果本单位工程是整个建设项目中的一个分项目,应把施工组织总设计的总体施工部署以及对本工程施工的有关规定和要求作为编制依据。

5)工程预算文件及有关定额。应有详细的分部、分项工程量,必要时应有分层分段或分部位的工程量,使用的预算定额和施工定额。

6)建设单位对工程施工可能提供的条件。如供水、供电的情况以及可借用作为临时办公、仓库的施工用房等。

7)本工程的施工条件。包括配备的劳动力、材料、施工机具等。

8)施工现场的勘察资料。如地形、地质、水文、气象、交通运输、现场障碍物等情况,以及工程地形图、测量控制网。

9)有关的国家规定和标准。如施工验收规范、质量标准及操作规程等。

16.1.2　单位工程施工组织设计编制程序

单位工程施工组织设计编制程序如图 16.1 所示，由于单位工程施工组织设计是施工单位用于指导施工的文件，在编制过程中，项目部技术负责人主持，会同有关部门和人员，在调查研究工程实际的基础上进行编写。

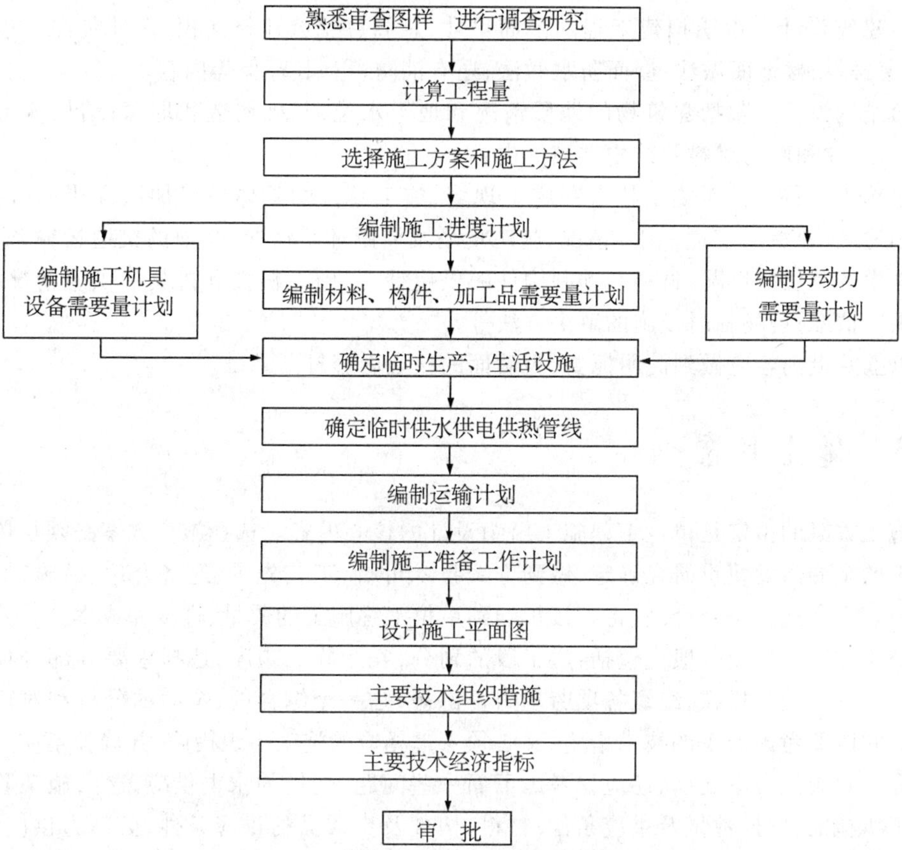

图 16.1　单位工程施工组织设计编制程序

16.1.3　单位工程施工组织设计的内容

1)工程概况及施工条件；

2)施工方案的拟定；

3)施工进度计划；

4)施工平面图。

另外，单位工程施工组织设计的内容还包括劳动力，材料、构件、施工机械等需要量计划，主要技术经济指标，确保工程质量和安全的技术组织措施等内容。如果工程规模较小，可以编制简单的施工组织设计，其内容是：施工方案、施工进度计划、施工平面图，简称

"一案一表一图"。

16.2 工程概况及施工条件

单位工程施工组织设计首先应由对拟建工程和施工条件作简要而重点突出的文字说明,同时附有拟建工程的平面、立面、剖面简图。其内容主要有以下几点:

1)工程概况　说明拟建工程的建设单位、建设地点、工程性质、用途和规模;工程造价、开工日期及工期;施工单位、设计单位;及其他应说明的内容。

2)建筑设计　说明拟建工程的平面尺寸、总高、层数、建筑面积;内外装饰工程的做法;门窗材料;楼地面做法;屋面防水做法;还有消防、空调、环保等内容。

3)结构设计　包括建筑物的地质情况和地下水位、基础构造和埋深;结构体系和类型;梁、板、柱和墙的材料及结构类型等内容。

4)施工条件　针对施工特点和施工现场、施工单位的具体情况加以说明,其内容包括现场地质、地貌、"三通一平"情况,施工现场及周围环境情况,当地的交通运输条件,预制构件生产及供应情况,材料和预制构件的供应情况;施工机械和机具的供应情况;劳动力的供应情况;现场临时设施的解决方法等。

以上几点内容应做到简明扼要,为后面的核心内容打下基础。

16.3 施工方案

施工方案的拟定是单位工程施工组织设计的核心内容。选择施工方案必须从单位工程施工的全局出发慎重研究确定,做到方案技术可行、工艺先进、经济合理、措施得力、操作方便。方案选择是否合理,将直接影响到单位工程施工的质量、进度和成本。

施工方案的拟定一般应包括:施工段的划分,安排施工顺序,选择主要分部分项工程的施工方法和施工机械,组织各项劳动力资源等,是一个综合的、全面的分析和对比决策过程。它既要考虑施工的技术措施,又必须考虑相应的施工组织措施,并确保落实。

在拟定施工方案之前,还应先考虑下面一些问题:现场的水电供应条件;施工阶段主导施工机械的型号、数量及供应条件;材料、构件及半成品的供应条件;劳动力供应情况;工期的限制等。这些问题作为编制施工方案时的初始依据,并在施工方案编制过程中逐步调整和完善。

对于不同结构的单位工程,其施工方案拟定的侧重点不同。砖混结构房屋施工,以主体工程施工为主,重点在基础工程的施工方案;单层工业厂房施工,以基础工程、预制工程和吊装工程的施工方案为重点;多层框架则以基础工程和主体框架施工方案为主。另外,施工技术比较复杂、施工难度大或者采用新技术、新工艺、新材料的分部分项工程,还有专业性很强的特殊结构、特殊工程,也应为施工方案的重点内容。

16.3.1 确定施工流向

根据施工段的划分原则,针对不同的土木工程特点划分成施工段(详见第13章),以此正确确定施工流向以满足流水施工的需要。

施工流向是指单位工程在平面或空间上施工的开始部位及其展开方向,这主要取决于生产需要、缩短工期和保证质量等要求。一般来说,对土木工程只要按其工段、跨间分区分段地确定平面上的施工流向;对多层建筑物,除了确定每层平面上的施工流向外,还要确定其层间或单元空间上的施工流向。

施工流向的确定,牵扯到一系列施工过程的开展和进程,是组织施工的重要环节。为此,应考虑以下几个因素:

1)生产工艺或使用要求　生产工艺上影响其他工段试车投产的或生产使用上要求急的工段或部分可先安排施工。例如:工业厂房内要求先试车生产的工段应先施工;高层宾馆、饭店等,可以在主体结构施工到相当层数后,即进行设备安装与室内外装修。

2)单位工程各部分的繁简程度　对技术复杂、施工进度较慢、工期较长的工段或部位应先施工。例如,高层现浇钢筋混凝土结构房屋,主楼部分应先施工,裙房部分后施工。

3)房屋高低层或高低跨　柱的吊装应从高低层或高低跨并列处开始;高低层并列的多层建筑物中,层数多的区段先施工;屋面防水层施工应先高后低;基础施工应先深后浅。

4)工程现场条件和施工方案　施工场地大小、道路布置和施工方案所采用的施工方法及机械也是确定施工流向的主要因素。例如:土方工程施工中,边开挖边外运余土,则施工起点应确定在远离道路的部位,由远及近地开展施工。

5)施工组织的分层分段　划分施工层、施工段的部位,如伸缩缝、沉降缝、施工缝,也是决定其施工流向应考虑的因素。

6)分部工程或施工阶段的特点　如基础工程由施工机械和施工方法决定其平面的施工流向;主体结构工程从平面上看,从哪一边先开始都可以,但竖向一般应自下而上施工。

装饰工程竖向的流向比较复杂,室外装饰一般采用自上而下的工程流向;室内装饰则有自上而下、自下而上及自中而下再自上而中三种流向。

16.3.2　确定施工程序

施工程序是指单位工程中各分部工程之间的先后顺序。在单位工程施工组织设计中,各分部工程之间的施工程序,应根据先地下、后地上,先主体、后围护,先结构、后装饰的一般原则,结合具体工程的结构特征、施工条件和建设要求,合理确定该建筑物的施工程序。但是,对某些特殊的工程或随着新技术、新工艺的发展,施工程序往往改变一般规律,如工业化建筑中的全装配式民用房屋施工,某些地下工程采用的“逆作法”施工等,这些均是打破了一般传统的施工程序。因此,施工程序应根据实际的工程施工条件和采用的施工方法来确定。常表现为施工顺序。施工顺序是指分项工程或施工过程之间的先后次序。

16.3.2.1　影响施工顺序的主要因素

合理地确定施工顺序是确定施工程序的具体要求。它的确定既是为了按照客观的施工规律组织施工,也是为了解决工种在时间的搭接和在空间上的配合问题。在保证质量与安全施工的前提下,充分利用空间,争取时间,实现缩短工期的目的。确定施工顺序时一般应考虑以下因素：

1）遵循施工顺序　施工顺序确定了施工阶段或分部工程之间的先后次序，确定施工顺序时必须遵循施工程序。例如，先地下后地上的程序。

2）必须符合施工工艺的要求　这种要求反映出施工工艺上存在的客观规律和相互之间的制约关系，一般是不可违背的。如预制钢筋混凝土柱的施工顺序为：支模板→绑钢筋→浇混凝土→养护→拆模，而现浇钢筋混凝土柱的施工顺序为：绑钢筋→支模板→浇混凝土→养护→拆模。

3）与施工方法协调一致　如单层工业厂房结构吊装工程的施工顺序，当采用分件吊装法时，则施工顺序为吊柱→吊梁→吊屋盖系统→第二节间吊柱、梁和屋盖系统→……→最后节间吊柱、梁和屋盖系统。

4）按照施工组织的要求　如安排室内外装饰工程施工顺序时，可按照施工组织规定的先后顺序。

5）考虑施工安全、质量及成品保护　如安全施工，屋面采用卷材防水时，外墙装饰安排在屋面防水施工完成后进行；为了保证质量，楼梯抹面在全部墙面、地面和天棚抹灰完成之后，自上而下一次完成。

6）考虑受当地气候条件的影响　如冬季室内装饰施工时，应先安装门窗和玻璃，后做其他装饰工程。

16.3.2.2　**确定施工顺序**

（1）多层砖混结构房屋的施工顺序

多层混合结构居住房屋的施工，一般可划分为基础工程、主体结构工程，屋面及装饰工程三个阶段，如图16.2所示，三层混合结构居住房屋的施工顺序示意图。

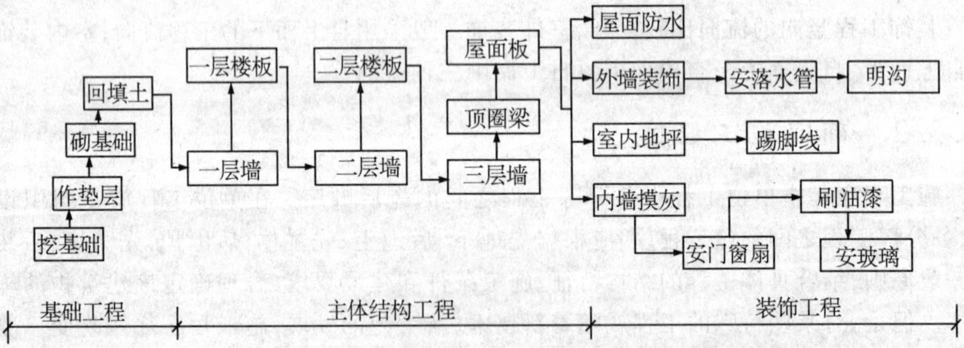

图16.2　三层混合结构居住房的施工顺序示意图

一般说来，各分项工程分别有自己的施工顺序。

1）基础工程的施工顺序　基础工程是指室内地坪（±0.00）以下的所有工程。其施工顺序一般是：挖土→做垫层→砌基础→铺设防潮层→回填土。如果有地下障碍物、坟穴、防空洞、软弱地基等，需要事先进行处理；如有地下室，则在基础砌筑完或砌筑完一部分后，砌地下室墙，做完防潮层后，浇筑地下室楼板，最后回填土。

需要注意：挖土与垫层之间搭接应紧凑，以防积水浸泡或曝晒地基，影响其承载能力；

垫层施工后,留有技术间歇时间,使其具有一定强度后,再进行下一道工序的施工。

基础施工时应注意预留孔洞。一般回填土在基础完工后一次分层夯填,为后续施工创造条件。对零标高以下室内回填土,好与基槽回填土同时进行,如不能也可留在装饰工程之前,与主体结构施工交叉进行。

2)主体结构工程的施工顺序　主体结构工程阶段的工作,通常包括:搭脚手架、砌筑墙体、安装门窗框、安装预制楼板、现浇圈梁、安装屋面板等分项工程。其中砌筑墙体和安装楼板是主导工程。现浇卫生间楼板,多层预制楼梯段的安装必须与砌筑墙体和安装楼板紧密配合,一般应在砌墙,安装楼板的同时或相继完成。当采用现浇楼梯时,更应与楼层施工紧密配合,否则由于养护时间的影响,会使工期延长。

3)屋面和装饰工程的施工顺序　该阶段具有施工内容多,劳动消耗量大、手工操作多和需要时间长的特点。

屋面工程主要是卷材防水屋面和刚性防水屋面。卷材防水屋面一般按:找平层→隔气层→保温层→找平层→防水层→保护层的顺序;刚性防水屋面主要是现浇钢筋混凝土防水层应在主体完成后或部分完成,尽快开始分段施工,以便为室内装饰工程创造条件。一般情况屋面工程和室内装饰过程可以搭接平行施工。

4)装饰工程分为室外装饰工程和室内装饰工程　室外和室内装饰工程的施工顺序通常可分为先内后外、先外后内和室内外同时进行三种顺序。具体选用哪种顺序可根据施工条件和气候条件等确定。通常室外装饰应避开冬季和雨季。有时为了加速外脚手架材料的周转也采取先外后内的顺序。

室外装饰施工顺序:一般按外墙抹灰(或其他饰面)→勒脚→散水→台阶→明沟。外墙装饰一般是自上而下,同时安装落水斗,落水管和拆外脚手架。

室内装饰的主要内容有:天棚、地面和抹灰;门窗扇安装和油漆;门窗安玻璃、油墙裙、做踢脚线和楼梯抹灰等。

同一层的室内抹灰的施工顺序有两种:一是地面→天棚→墙面;二是天棚→墙面→地面。前一种施工顺序的优点是:地面质量容易保证,便于收集落地灰、节省材料。缺点是地面需要养护时间和采取保护措施,影响工期。后一种施工顺序的优点是:墙面抹灰与地面抹灰之间不需要养护时间,工期可以缩短,缺点是落地灰不易收集,地面的质量不易保证,容易产生地面起壳。

其他的室内装饰工程之间也有通常采用的施工顺序,底层地面一般多是在各层天棚、墙面和楼地面做好后进行,楼梯间和楼梯抹面通常在整个抹灰工程完成之后,自上而下统一施工,以免施工期间使其损坏;门窗扇的安装一般是在抹灰之前或之后进行,视气候和施工条件而定,若室内装饰工程是在冬季施工,为防止抹灰冻结和加速干燥,门窗扇和玻璃应在抹灰前安装好。钢门窗一般采用框和扇在加工厂拼装完,运至现场在抹灰前或后进行安装;为了防止油漆弄脏玻璃,采用先油漆门窗框和扇,后安装玻璃的施工顺序。

5)水暖电卫等工程的施工顺序　水暖电卫工程不像土建工程,分成几个明显的施工阶段,它一般是与土建工程中有关分部分项工程紧密配合,穿插进行。其顺序如下:

①在基础工程施工时,在回填土之前,完成上下水管沟和暖气沟垫层和墙壁的施工。

②在主体结构施工时,应在砌砖砌墙或现浇钢筋混凝土楼板时,预留上下水和暖气管

孔、电线孔槽、预埋木砖或其他预埋件。但抗震房屋除外,应按有关规范进行。

③在装饰工程施工前,安装相应的各种管道和电气照明用的附墙暗管、接线盒等。水、暖、电、卫及其他设备安装均穿插在地面或墙面的抹灰前后进行。但采用明线的电线,则应在室内粉刷之后进行。

室外上下水管道等工程的施工,可以安排在土建工程之前或其中进行。

(2)装配式单层工业厂房施工顺序

单层工业厂房施工主要分基础工程、预制工程、结构安装工程、屋面工程、围护及装饰工程等五个阶段。其中基础工程与预制工程之间没有相互制约的关系,但如果柱子和屋架是在现场预制,那么,现场预制工程一般是在基础工程完成以后进行。

1)基础工程　单层工业厂房的基础一般为现浇钢筋混凝土杯形基础。施工顺序:挖基坑→混凝土垫层→放线后扎钢筋→支基础模→浇筑基础混凝土→回填土。若是重型厂房基础或地基土质较差,则需要打桩。柱下独立基础开挖时,一般为人工开挖;如果杯口基础较大,相邻的基坑较近,甚至相连时,可采用整条轴线开挖,此时,可使用机械开挖,这样施工速度快且经济。

工业厂房内一般都有设备基础,其施工顺序应考虑其埋深。一般有下两种方案:

一种是当厂房柱基础的埋深大于设备基础的埋深时,先施工厂房基础,设备基础在主体工程完成后施工,即"封闭式"施工。"其优点是有利于厂房主体工程的施工,且不受气候的影响;缺点是设备基础的土方工程的施工条件差,有时出现将柱基回填土重新开挖,造成重复劳动。故一般用于埋深不大的设备基础。

另一种是当设备基础的埋深大于厂房柱基础的埋深时,厂房柱基础和设备基础应同时施工,即"敞开式"施工。其优点是施工工作面大,施工方便,有利于机械开挖,并为设备提前安装创造条件;其缺点是对主体结构安装和构件的现场预制带来不便。故一般用于大型设备基础且工程量大的电力、冶金、石化等厂房施工。

2)预制工程　单层工业厂房构件的预制方式,主要分为现场预制和构件厂预制两种,一般情况下,大型构件运输不便,在现场预制(如柱子、屋架);中小型构件在构件厂预制(如连系梁、支撑、大型屋面板等);吊车梁、托架梁等则可根据实际情况来确定。

预制工程的施工顺序为:构件的支模(先底模后侧模)→绑扎钢筋(包括预埋件)→浇筑混凝土→养护→预应力筋的张拉→锚固→灌浆。

现场构件的预制需要近一个月的养护,工期较长,可以将柱子和屋架分批、分段组织流水施工,以缩短工期。预制顺序原则上先安装的构件先预制,但考虑到预应力屋架需要张拉、灌浆,有两次养护的技术间歇时间,其预制时间可以提前。构件现场预制还需要满足有利于安装、有利于起重机开行。

3)结构安装工程　结构安装工程是单层工业厂房的主导施工过程,其安装顺序为:柱子、吊车梁、连系梁、屋盖(包括:屋架、屋面板、天窗架、支撑等)。

在安装构件之前,应做好各项准备工作,包括:现场场地的平整,临时道路的修筑,基础杯口底抄平、杯口弹线,构件的准备,起重机械和索具的准备等。要求柱子和屋架的混凝土强度必须分别达到75%和100%设计强度后才能吊装,预应力屋架的混凝土强度达到100%设计强度后才能张拉预应力筋。现场起重的选择,一般选用一台起重机,当厂房面积较大且工期较紧时,才考虑两台以上数量的起重机。

单层工业厂房的结构吊装方案有两种:一种是分件吊装,先吊完所有柱子,再吊装所有吊车梁,最后吊装屋盖;这种方法起重机每次仅吊同一种构件,不需换索具,能充分发挥起重机的效率;缺点是起重机的开行路线长,不能为后续工作及早提供工作面。另一种是综合吊装,即起重机仅开行一次就分节间吊完各种构件,其顺序是在一个节间内,先吊好四个柱子,再吊好吊车梁和屋盖;这样起重机的开行路线短,能及早地为后续工程提供工作面;缺点是需经常更换索具,现场的构件布置复杂。上述两种方法中,单层工业厂房常用分件吊装,只有在工期紧张或起重机移动不便的情况下,才采用综合吊装。

另外,厂房两端抗风柱的吊装顺序也有两种:一种是一端抗风柱与其他柱子一起吊装,待厂房主体结构全部吊装完后,再吊装另一端的抗风柱;另一种是待厂房主体结构全部吊装完后,最后吊装抗风柱。由于抗风柱的截面强度较小,在吊装时,应注意进行验算,防止抗风柱开裂、损坏。

4)围护及装饰工程　厂房主体结构吊装完毕后,可以充分利用工作面,组织围护工程、屋面防水、地面、装饰工程进行平行施工。

围护工程可以在屋盖吊装完毕的开间提前施工,包括搭脚手架、墙体砌筑、安门窗框等;脚手架的搭设应配合墙体砌筑、屋面防水和室内外装饰工程进行,在室外装饰完成后,散水明沟施工前拆除;砌墙结束后,马上进行内外墙的粉刷;屋面防水工程在屋面板吊装固定后即可进行灌缝、找平、做防水层;地面在屋面板灌缝后开始;最后进行天棚、墙面刷白,门窗油漆,安玻璃。

16.3.3　施工方法及施工机械

确定施工方法及主要施工机械。选择施工方法和施工机械是施工方案中的关键问题,它直接影响施工进度、质量、安全及工程成本。选择施工方法往往必须涉及施工机械的选择问题,机械化施工是改变建筑工业生产落后面貌、实现建筑工业化的基础。因此,施工机械的选择往往成为施工方法选择的中心环节。

选择施工方法及施工机械时,应重点考虑影响整个单位工程施工的分部分项工程的施工方法及施工机械。主要是选择工程量大且在单位工程中占有重要地位的分部、分项工程、施工技术复杂或采用新技术、新工艺及对工程质量起关键作用的分部、分项工程、不熟悉的特殊结构工程或由专业施工单位施工的特殊专业工程的施工方法,要求详细而具体,必要时应编制单独的分部、分项工程的施工作业设计,提出质量要求及达到这些质量要求的技术措施。指出可能发生的问题,并提出预防措施和必要的安全措施。而对于按照常规做法和工人熟悉的方法进行的分项工程,则不必详细拟订作业指导书,提出应注意的一些特殊问题即可。

16.3.3.1　主要工种工程施工方法的选择

(1)测量放线

说明测量工作的总要求,操作人员必须按照操作程序、操作规程进行操作,经常进行仪器观测和测量设备的检查验证,配合好各工序的穿插和检查验收工作。

工程轴线的控制说明实测前的准备工作、建筑物平面位置的测定方法,首层及各楼层轴线的定位、放线方法及轴线控制要求。

垂直度控制,说明建筑物垂直度控制的方法,包括外围垂直度和内部每层垂直度的控制方法,并说明确保控制质量的措施。如某框架剪力墙结构工程,建筑物垂直度的控制方法为:外围垂直度采用经纬仪进行控制,在浇混凝土前后分别进行施测,以确保将垂直度偏差控制在规范内;内部每层垂直度采用线锤进行控制,并用激光铅直仪进行复核,加强控制力度。

沉降观测可根据设计要求,说明沉降观测的方法、步骤和要求。如某工程根据设计要求,在室外地坪上 0.6 m 处设置永久沉降观测点,设置完毕后进行一次观测,以后每施工完一层作一次沉降观测,且相邻两次观测时间间隔不得大于 2 个月,竣工后每 2 个月做一次观测,直到沉降稳定为止。

(2)土石方工程

选择土石方工程施工机械;确定 土石方工程开挖或爆破方法;确定土壁放坡开挖的边坡坡度及土壁支护方案;地下水、地表水的处理方法及有关配套设备;计算土石工程量并确定土石方平衡调配方案。

(3)基础工程

确定浅基础的垫层、混凝土基础和钢筋混凝土基础施工的技术要求,以及地下室施工的技术要求;桩基础施工方法及施工机械选择。

(4)钢筋混凝土结构工程

确定模板的类型及支模方法、拆模时间和有关要求,对复杂工程尚需进行模板设计和绘制模板放样图;钢筋的加工、运输和安装方法;选择混凝土的制备方案(商品混凝土或现场拌制混凝土),确定搅拌、运输及浇筑顺序和方法以及泵送混凝土和普通垂直运输混凝土的机械选择;确定混凝土搅拌、振捣设备的类型和规格及施工缝的位置;预应力钢材、锚夹具、张拉设备的选用和验收,成孔材料及成孔方法(包括灌浆孔、泌水孔),端部和梁柱节点处的处理方法,预应力张拉力、张拉程序以及灌浆方法、要求等;混凝土的养护及质量评定等。

(5)结构安装工程

选择起重机械,确定结构安装方法,拟定安装顺序,起重机开行路线及停机位置;构件平面布置设计,工厂预制构件的运输、装卸、堆放方法;现场预制构件的就位、堆放的方法,吊装前的准备工作、主要工程量和吊装进度的确定。

(6)砌筑工程

确定墙体的组砌方法和质量要求,砌块砌筑的排列图;确定脚手架搭设方法及安全网的布置;砌体标高及垂直度的控制方法;垂直运输及水平运输机具的确定;砌体的流水施工组织方式的选择等等。

(7)屋面及装饰工程

确定层面及材料的运输方式,屋面工程各分项工程的施工操作及质量要求;装饰材料运输储存方式,各分项工程的操作及质量要求,新材料的特殊工艺及质量要求。

(8)设备安装工程

对给排水、采暖、通风空调、电气、弱电、消防、电梯等工程,应说明其施工工艺、施工方法、主要材料、施工要求等。

(9)特殊项目

说明冬季施工的各主要分部、分项目的施工方法、主要应对措施、要求。说明“四新”(新结构、新工艺、新材料、新技术)项目的类别、名称、应用部位及成果使用情况。必要时应详细说明施工方法、工艺流程、劳动组织、施工进度、技术要求与质量、安全措施、材料、构件及机具设备需要量。

16.3.3.2　主要施工机械的选择应考虑以下问题

1)应根据工程特点选择适宜的主导工程施工机械。例如,在选择装配式单层工业厂房结构安装用的起重机械时,若工程量大而集中,可选用生产效率较高的塔式起重机或桅杆式起重机;若工程量较小或虽大却较分散时,则采用无轨自行式起重机械;在选择起重机型号时,应使起重机性能满足起重量、起重高度、起重半径和起重臂长等的要求。

2)施工机械之间的生产能力应协调一致。为了充分发挥主导施工机械的效率,在选择与之配套的各种辅助机械和运输工具时,应注意它们间的协调。如挖土机与运土自卸汽车的配套协调,使挖土机能充分发挥其生产效率。

3)在同一建筑工地上的施工机械的种类和型号应尽可能少。为了便于现场施工机械的管理及减少转移,对工程量大的工程应采用专用机械;对于工程量小而分散的工程,则应尽量采用多用途的施工机械。

4)在选用施工机械时,应尽量选用施工单位现有机械,以减少资金的投入,若现有机械不能满足工程需要,则可考虑租赁或购买。

5)对于高层建筑或结构复杂的建筑物(构筑物),其主体结构施工的垂直运输机械最佳方案往往是多种机械的组合。

16.3.4　施工方案的技术经济比较

施工方案应在对若干个不同而又可行方案作对比分析后确定,因为任何一个施工方案在技术经济上各有其优缺点,对拟定的方案既要重视技术的先进性和可行性,又要考虑市场经济下的成本,只有认真对可行性方案进行深入细致的技术经济分析,才能进行全面优化调整,避免施工方案的盲目性、片面性,保证方案的科学性和经济性,达到在最短的工期内保质保量地完成项目的施工任务,进而提高整个项目的社会效益和经济效益。

施工方案的技术经济分析方法有定性分析和定量分析两种:

1)定性分析是结合实际的施工经验分析各方案的优缺点,主要考虑:工期是否符合要求,能否保证工程质量和施工安全,机械和设备供应的可能性,能否为后续工程提供有利的条件,冬雨季对施工的影响程度等等。评价时受评价人的主观因素影响较大,因此只用于施工方案的初步评价。

2)定量分析是对各方案的投入与产出进行计算,即计算出各方案的劳动力、材料与机械台班消耗量、工期、成本等。直接进行计算对比后,用数据说话,因此定量分析方法比较客观,是方案评价的主要方法。

施工方案的技术经济分析主要指标有:一是技术性指标,指各种技术参数,例如主体结构的混凝土用量等;二是经济性指标,包括:工程施工成本、施工中主要工种工人需要量、劳动力消耗量等等;三是工程效果指标,指采用该施工方案后预期达到的效果,例如施工工期、工程效率、成本降低率、资源节约率等等;还有其他一些定性或定量指标。

例如:某宾馆的基础工程降低地下水位施工方案的技术经济分析如下:

从以下表16.1、表16.2、表16.3三个表中所列技术经济指标来分析,深井降水虽费用较大(比轻型井点降水高约6%),但是可与打桩平行施工,不占工期,与轻型井点降水相比,相当于缩短工期60 d,除较少的施工管理费用外,还有可能提前交付营业(该项节约费用尚未算入)。缩短工期是本工程的关键问题之一,因此,对于本工程,深井降水的方案比轻型井点降水的为优。

表16.1 降低地下水方案的费用比较

降水方案	费用(万元)	百分率比较(%)	说明
轻型井点降水	8.98	93.6	费用中还包括埋管、挖井及值班人员的费用
深井降水	9.59	100	

表16.2 降低地下水方案的劳动力消耗比较

降水方案	劳动力(工)	百分率比较(%)	说明
轻型井点降水	8 400	215	劳动力中还包括埋管、挖井及值班管理人员
深井降水	3 900	100	

表16.3 降低地下水方案的工期比较

降水方案	工期(d)	说明
轻型井点降水	延长总工期60 d	因井管埋设后,影响打桩,故必须在打完桩后才能埋设井管,需延长工期60 d
深井降水	对总工期无影响	挖深井可与打桩工程平行施工,故对总工期无影响

16.4 单位工程施工进度计划

单位工程施工进度计划是施工方案在时间上的具体安排,是单位工程施工组织设计的重要内容之一。它的任务是按照组织施工的基本原则,以选定的施工方案为依据,安排单位工程中各施工过程的顺序施工的施工时间,以最少的投入,在规定的时间内,保质保量地完成任务。

施工进度计划的主要作用是控制单位工程的施工进度,协调各施工过程之间的相互关系;为编制季度、月度生产计划提供依据;也为平衡劳动力,调配和供应各种施工机械和各种材料提供依据;同时,它也是施工准备工作的基本依据。

由于工程施工是一个十分复杂的过程,受许多因素的影响和约束,如地质、气候、资金、材料供应、设备周转等各种难以预测的情况,因此,在编制施工进度计划时,既要强调各施工过程之间紧密协调,又要求适当留有余地,以应付各种难以预测的情况,避免陷于被动的局面;另外在实施过程中,也便于不断地修改和调整,使进度计划总是处于最佳状态。

16.4.1　编制单位工程施工进度计划的依据

1)施工图;

2)施工方案;

3)各种定额(包括预算定额、施工定额、劳动定额等);

4)当地的地质、水文、气象资料;

5)建设单位要求的开工、竣工日期;

6)资源供应情况等等。

16.4.2　编制单位工程施工进度计划的程序

单位工程施工进度计划的编制程序是:收集编制依据→划分项目→计算工程量→套用施工定额→计算劳动量和机械台班需用量→确定持续时间→确定各项目之间的关系及搭接→绘制进度计划图→判别进度计划并作必要调整→绘制正式进度计划→检查、调整。

16.4.3　编制单位工程施工进度计划的主要步骤

16.4.3.1　确定工程项目

编制施工进度计划应首先按照施工方案所确定的施工顺序,把拟建工程的各施工过程按先后顺序列出,并将其填入施工进度计划表中。

工程项目划分的粗细程度主要取决于实际需要。对控制性进度计划,项目可以划分得粗些,列出分部工程中的主导工程就可以了。对实施性进度计划,工程项目划分必须详细、具体,以提高计划的精确度,便于指导施工,例如框架结构工程施工,除要列出各分部工程外,还应列出分项工程,如现浇混凝土工程,可先分为柱的浇筑、梁的浇筑等项目,然后再将其分为(柱、梁、板的)支模、扎钢筋、浇混凝土、养护、拆模等项目。

工程项目的划分还要结合施工条件、施工方法和施工组织等因素。同时为了避免划分过细而重点不明,可以将某些过程合并在一起或合并到某个主要分项工程中去。对于一些次要的、零星的施工过程,可合并在一起,作为"其他工程"单独列项,在计算劳动量时应综合考虑。

16.4.3.2　计算工程量

工程量的计算应严格按照施工图和工程量计算规则进行。如有预算文件,则可直接利用预算文件中有关的工程量,若有某些项目不一致,则应根据实际情况加以调整或补充,甚至重新计算。计算工程量时应注意以下几个问题:

1)各项目的计量单位应与现行施工定额的计量单位一致,以便计算劳动量、材料、机械台班时直接套用定额。

2)结合施工方法和技术安全的要求计算工程量。例如,土方开挖应考虑挖土方法、边坡的稳定或支护方法、地下水的处理等情况。

3)按照施工组织的要求分层、分段计算工程量。

16.4.3.3　**确定劳动量和机械台班数**

计算施工过程的劳动量或机械台班数,应根据各施工过程的工程量和现行的施工定额计算。

$$P_i = \frac{Q_i}{S_i} \text{ 或 } P_i = Q_i Z_i \tag{16.1}$$

式中　P_i—— 劳动量(工日)或机械台班数(台班);

Q_i—— 工程量;

S_i—— 产量定额;

Z_i—— 时间定额。

当某一施工过程是由若干不同类型的项目合并而成时,应根据各个不同类型项目的劳动定额和工程量按合并前后的总劳动量不变的原则计算合并后的综合劳动定额。计算公式如下:

$$\bar{S} = \frac{\sum_{i=1}^{n} Q_i}{\frac{Q_1}{S_1} + \frac{Q_2}{S_2} + \cdots + \frac{Q_n}{S_n}} \text{ 或 } \bar{Z} = \frac{\sum_{i=1}^{n} Q_i}{Q_1 Z_1 + Q_2 Z_2 + \cdots + Q_n Z_n} \tag{16.2}$$

式中　$\bar{S}$—— 综合产量定额;

$\bar{Z}$—— 综合时间定额;

$Q_1, Q_2, \cdots, Q_n$—— 合并前各分项的工程量;

$S_1, S_2, \cdots, S_n$—— 合并前各分项的产量定额;

$Z_1, Z_2, \cdots, Z_n$—— 合并前各分项的时间定额。

实际应用时,一是注意劳动定额的取值,应根据工人实际达到的水平确定;二是特别注意合并前各项目的工作内容和工程量的单位,如合并前各项目的工作内容和工程量的单位不一致时,最终取哪一单位,应根据使用方便而定。

16.4.3.4　**确定各施工过程的工作天数**

单位工程各施工过程的工作天数,按下式确定:

$$t = \frac{P}{RN} \tag{16.3}$$

式中　P—— 完成某工作需要的劳动量或机械台班数;

R—— 每天的劳动力出勤人数或劳动力限额或机械台数;

N—— 每天安排的工作组数。

施工过程的各工作天数也可以根据要求工期倒推,然后再计算完成该工作所需的劳动力限额或机械台数:

$$R = \frac{P}{tN} \tag{16.4}$$

在一般情况下,每天宜采用一班制,只有在特殊情况下才可以采用二班制或三班制。在劳动力供应无限制时,还须考虑最小工作面的要求。在选择施工机械时,还须考虑机械供应的可能性。

16.4.3.5　**安排施工进度计划**

各分部分项工程的施工顺序和施工天数确定后,将各分部分项工程相互搭接、配合、协调成单位工程施工进度计划。安排时，先考虑主导施工过程的进度，最后再将其他施工过程插入、配合主导施工过程的施工。

当采用横道图表示施工进度计划时，应尽可能地组织流水施工；但将整个单位施工一起安排流水施工是不可能的，可以分两步进行：一是将单位工程分成基础、主体、装饰三个分部工程。分别确定各分部工程的流水施工进度计划（横道图）；二是将三个分部工程的横道图，相互协调、搭接成单位工程的施工进度计划。

当采用网络计划时，有两种安排方式：一是单位工程规模较小时，可以绘制一个详细的网络计划，确定方法及步骤与横道图相同，先绘制各分部工程的网络计划，再用节点或虚工作将各分部工程的子网络计划连接成单位工程网络图计划；另一个是单位工程规模较大时，如绘制一个详细的网络计划，可能太复杂，图也太大，不利于施工管理。此时，可绘制分级的网络计划，先绘制整个单位工程的控制性网络计划，在此网络计划中，施工过程的内容较粗（例如，在高层建筑施工上，一根箭线可能就代表整个基础工程或一层框架结构的施工），它主要用于对整个单位工程作宏观的控制；在具体指导施工时，再编制详细的实施性网络计划，例如：基础工程实施性网络计划、主体结构标准层实施性网络计划等等。

16.4.3.6　施工进度计划的检查与调整

编制施工进度计划时，需考虑的因素很多，初步编制往往会出现这样或那样的问题。因此，初步进度计划完成后，还须进行检查、调整。对于初步施工进度计划时，主要检查其各分部分项工程的施工顺序、施工时间和单位工程的工期是否合理，劳动力、材料、机械设备的供应能否满足且是否均衡，另外，还要检查进度计划在绘制过程中是否有错误。经过检查，如发现有不合理的地方，就要调整。调整进度计划可以通过调整施工过程的工作天数、搭接关系或改变某些施工过程的施工方法等来实现。在调整某一分项工程时要注意它对其他分项工程的影响。通过调整可使劳动力、材料的需要量更为均衡，主要施工机械的利用更为合理，避免或减少短期内资源供应的过分集中。

16.5　资源需要量计划

单位工程施工进度计划编制确定以后，根据施工图样、工程量计算资料、施工方案、施工进度计划等有关技术资料，着手编制劳动力需要量计划，各种主要材料、构件和半成品需要量计划及各种施工机械的需要量计划。它们不仅是为了明确各种技术工人和各种物质的需要量，而且还是做好劳动力与物质的供应、平衡、调度、落实的依据，也是施工单位编制月、季生产作业计划的主要依据之一。

（1）劳动力需要量计划

劳动力需要量计划，主要是作为安排劳动力的平衡、调配和衡量劳动力耗用指标、安排生活福利设施的依据，其编制方法是将施工进度计划表内所列各施工过程（工序 ）每天（或旬、月）所需工人人数按工程汇总而得。

（2）主要材料需要量计划

主要材料需要量计划是备料、供料和确定仓库、堆场面积及组织运输的依据，其编制方法是将施工进度计划表中各施工过程的工程量,按材料名称、规格、数量、使用时间进行计算汇总。

(3)构件和半成品需要量计划

建筑结构构件、配件和其他加工半成品的需要量计划主要用于落实加工订货单位,并按所需规格、数量、时间进行组织施工、运输、确定仓库或堆场。

(4)施工机具设备需要量计划

施工机具设备需要量计划主要用于确定施工机具设备的类型、数量、进场时间,可据此落实施工机具、设备来源,并组织进场。其编制方法为:将单位工程施工进度计划表中的每一个施工过程每天所需的机具设备类型、数量按施工日期进行汇总,即得出施工机具设备需要计划。

16.6 单位工程施工平面图

单位工程施工平面图是用于指导单位工程施工的现场平面布置图,是施工方案在施工现场平面上、空间上的具体反映,是在施工现场布置施工机械、仓库、堆场、临时设施、道路等的依据。施工平面图是施工组织设计和施工准备工作的主要内容,是实现文明施工的基本条件。施工平面图一般按1: 200 ~1: 500 比例绘制。

16.6.1 工平面图设计的依据

1)与工程有关的设计资料。如:标有现场一切已建和拟建建筑物、构筑物的地形地貌的建筑总平面图,现场原有的地下管网图,土方调配图等。

2)现场可利用的建筑设施、场地、道路、水源、电源、通讯源等条件。

3)环境对施工的限制条件。包括:施工现场周围的建筑物和构筑物的影响,交通运输条件,以及对施工现场的废气、废液、废物、噪音和环境卫生的特殊要求。

4)组织设计资料。包括:施工方案、进度计划、资源需要量计划等等,以确定各种施工机械、材料和构件堆场,施工人员办公和生活用房的位置、面积和相互关系。

16.6.2 单位工程施工平面图设计的内容

(1)施工现场内已建和拟建的地上和地下的一切建筑物、构筑物及其他设施。

(2)塔式起重机的位置、运行轨道,施工电梯或井架的位置,混凝土和砂浆搅拌站等生产机械位置。

(3)测量轴线及定位线标志,测量放线桩和永久水准点的位置。

(4)为施工服务的一切厂(场)地临时设施的位置和面积。主要有:

1)场地内外的临时道路、可利用的永久性道路;

2)各种材料、构件、半成品的堆场及仓库;

3)装配式结构构件制作和拼装的地点;

4)行政、生产和生活用的临时设施如办公室、加工车间、食堂、宿舍、门卫围墙等;

5)临时水、电、气管线;

6)一切安全和消防设施的位置,如高压线、消防栓的位置等。

16.6.3　施工平面图的原则

1)在满足施工的条件下,平面布置要力求紧凑,尽可能减少施工用地。

2)在保证施工顺利进行的前提下,尽可能减少临时设施,减少施工用临时管线,尽可能利用施工现场或附近的原有建筑物作为临时用房,以达到降低施工费用的目的。

3)最大限度地缩短场内运输,减少场内材料、构件的二次搬运;各种材料、构件应按计划分期分批进场,以充分利用场地;材料、构件的堆场应尽可能靠近使用地点和垂直运输机械的位置,以减少劳动力和材料运转中的消耗。

4)临时设施的位置,应有利于施工管理和工人的生产、生活。如:办公室应靠近施工现场,生活福利设施最好能与施工区分开。

5)施工平面布置要符合劳动保护、技术安全和消防的要求。例如:施工现场的灰浆池和沥青锅应布置在生活区的下风,木工棚和易燃品仓库也应远离生活区,且要注意防火。

总之,施工现场的一切设施都要有利于生产,有利于安全施工。设计施工平面图除考虑以上基本原则外,还必须结合施工现场的实际情况,施工总平面图的要求和施工方法、施工进度,设计几个施工平面布置方案,进行比较,考虑施工用地面积、临时道路和管线长度、临时设施的面积和费用等技术经济指标,择优采用。

16.6.4　单位施工平面图的设计步骤

确定起重机的位置→确定搅拌站、仓库、材料和构件堆场、加工厂的位置→布置运输道路→布置行政管理、文化、生活、福利用临时设施→布置水电管线→计算技术经济指标。

16.6.5　单位工程施工平面图的设计方法

16.6.5.1　确定垂直运输机械的位置

垂直运输机械的位置直接影响搅拌站、材料堆场、仓库的位置及场内运输道路和水电管网的布置,因此必须首先确定。

固定式垂直运输机械(如井架、龙门架、固定式塔吊等)的布置,注意根据机械的运输能力和性能、建筑物的平面形状和大小、施工段的划分、材料的来向和已有运输道路的情况而定。其目的是充分发挥起重机械的能力,并使地面和楼面的运输距离最小。通常,当建筑物各部位的高度相同时,布置在施工段的分界处;当建筑物各部位的高度不相同时,布置在高低分界处。这样布置的优点是:楼面上各施工段水平运输互不干扰。井架、龙门架最好布置在有窗口的地方,以避免墙体留槎,减少井架拆除后的修补工作;井架的卷扬机不应距离起重机过近,以便司机的视线能够看到整个升降过程。点式高层建筑,可选用附着式或自升式塔吊,布置在建筑物的中间或转角处。

有轨式起重机的轨道布置,主要取决于建筑物的平面形状、尺寸和周围场地的条件。应尽量使起重机的工作幅度能够将材料和构件直接运至建筑物的任何地点,尽量避免出现“死角”。起重机轨道通常在建筑物的一侧或两侧布置,在满足施工的前提下,争取轨道长度最短。

16.6.5.2 确定搅拌站、材料、构件、半成品的堆场及仓库的位置

搅拌站的位置主要由垂直运输机械决定,布置搅拌机时,应考虑以下因素:

1)根据施工任务的大小和特点,选择适用的搅拌机及台数,然后根据总体要求,将搅拌机布置在使用地点和起重机械附近;并与混凝土运输设备相匹配,以提高机械的利用率。

2)搅拌机的位置可能布置在场地运输道路附近,且与场外运输相连,以保证大量的混凝土材料顺利进场。

材料、构件的堆场位置应根据施工阶段、施工部位和使用时间的不同,各种材料、构件的堆场或仓库的位置应尽量靠近使用位置或在塔式起重机服务范围之内,并考虑到运输和装卸的方便。砂、石堆场和水泥仓库应设置在厂区下风向,靠近搅拌站分开布置,其中,水泥仓库应尽量置于较偏僻之处,石子堆场的位置应考虑冲洗水源和便于污水排放。石灰仓库、淋灰池的位置应靠近搅拌站,并设在下风方向;沥青堆放场和熬制锅的位置应远离易燃物品,也应设在下风方向。基础施工时使用的各种材料(如标准砖、块石)可堆放在基础四周,但不宜距基坑(槽)边缘太近,以防止压塌土壁。成品预制构件的堆放位置要考虑到吊装顺序,先吊装的放在上面,后吊装的放在下面,预制构件的进场时间应吊装就位密切配合,力求直接卸到其就位位置,避免二次搬运。现场预制件加工厂应布置在人员较小往来的偏僻地区,并要求靠近砂、石堆场和水泥仓库。混凝土搅拌站与砂浆搅拌站应靠近布置,加工厂(如木工棚、钢筋加工棚)的位置,宜布置在建筑物四周稍远的位置,且应有一定的材料、成品的堆放场地,应远离办公、生活和服务性房屋,远离火种、火源和腐蚀性物质,各种材料的布置要随着不同的施工阶段动态调整,以形成不同阶段在同一位置上先后放置不同的材料。

16.6.5.3 现场运输道路的布置

布置单位工程场内临时运输道路应遵循以下原则和要求:现场运输道路应按照材料和构件运输的需要,沿着仓库和堆场进行布置;尽可能利用永久性道路或先做好永久性道路的路基,在交工之前铺路辅助面;道路宽度要符合规定,通常单行道应不小于3.5 m,双行道应不小于6 m;现场运输道路布置时应保证车辆行驶通畅,有回转的可能。因此,最好围绕建筑物布置成一条环形道路,便于运输车辆回转调头。若无条件布置成一条环形道路,应在适当的地点布置回车场。道路两侧一般应结合地形设置排水沟,沟深不小于1.4 m,底宽不小于0.3 m。

16.6.5.4 布置行政、生活、福利用临时设施的位置

单位工程现场临时设施很少,主要有办公室、工人宿舍、加工车间、仓库等,临时设施的位置一般考虑使用方便,并符合消防要求;为了减少临时设施费用,临时设施可以沿工地围墙布置;办公室应靠近现场,出入口设门卫,有条件最好将生活区与施工区分开,以免相互干扰。

16.6.5.5 布置水电管网

1)施工用的临时给水管:建筑工地的临时供水管一般由建设单位的干管或自行布置的干管接到用水地点,最好采用生活用水。应环绕建筑物布置,使施工现场不留死角,并力求管网总长度最短。管经的大小和龙头数目的设置需视工程规模大小通过计算而定。

管道可埋于地下，也可铺设在地面上，以当时当地的气候条件和使用期限的长短而定。工地内要设置消防栓，消防栓离建筑物不应小于 5 m，也不应大于 25 m，距离路边不大于 2 m。施工时，为防止停水，可在建筑物附近设置简单蓄水池，储存一定数量的生产和消防用水，若水压不足，还需设置高压水泵。

2）为便于排除地面水和地下水，要及时修通永久性下水道，并结合现场地形在建筑物周围设置排泄地面水和地下水的沟渠。

3）临时供电：单位工程施工用电，应在整个工地施工总平面图中一并考虑。独立的单位工程施工时，一般计算出施工期间的用电总数，提供给建设单位决定是否另设变压器。变压器的位置应布置在现场边缘高压线接入处，四周用铁丝网围住，不宜布置在交通要道路口。

总之，建筑施工是一个复杂多变的生产过程，各种施工机械、材料、构件等是随着工程进展而逐渐进场的，而且又随着工程的进展逐渐变动、消耗。因此，在整个施工过程中，它们在工地的布置情况随时在改变。为此，对于大型工程或场地狭小的工程，可以根据不同的施工阶段设计几张施工平面图，以便把现场不同施工阶段的合理布置生动地反映出来。在设计不同阶段施工平面图时，对整个施工期间使用的临时设施、道路、水电管网等，不要轻易变动以节省费用。设计施工平面图时，还应广泛征求各专业施工单位的意见，充分协商，以达到最佳布置。

16.7 技术组织措施

技术组织措施是指在技术和组织方面对保证工程质量、工期、安全、成本和文明施工所采用的管理办法。制定这些办法时，要针对单位工程施工中的主要环节，结合工程具体情况和施工条件，依据现有的规范、规程和以往工程的经验教训进行制定。

（1）质量技术措施

可以按照各主要分部、分项工程提出的质量要求或各工种工程提出的质量要求，提出控制和保证工程质量所采取的一些具体预防措施，应从以下各方面考虑：

1）确保拟建工程定位、放线、轴线尺寸、标高测量等准确无误的措施。

2）为确保地基承载能力符合规定的要求所采取的有关技术组织措施。

3）各种基础、地下结构、地下防水施工的质量措施。

4）确保主体承重结构各主要施工过程的质量要求，各种预制承重构件检查验收的措施，各种材料，半成品、砂浆、混凝土等检验及使用要求。

5）对新结构、新工艺、新材料、新技术的施工操作提出质量措施或要求。

6）冬、雨季施工的质量措施。

7）屋面防水施工、各种抹灰及装饰操作中，确保施工质量的技术措施。

8）解决质量通病的措施。

9）执行施工质量的检查、验收制度。

10）提出各分部工程的质量评定目标计划等。

（2）安全施工措施

安全施工措施应贯彻安全操作规程，对施工中可能发生的安全问题进行预测，有针对性地提出预防措施，杜绝施工中伤亡事故的发生。安全施工措施主要包括：

1)提出安全施工宣传、教育的具体措施。

2)提出易燃、易爆品严格管理及使用的安全措施。

3)高温、有毒、有尘、有害气体环境下操作人员的安全要求和措施。

4)防止高空坠落、机具伤害、触电事故、物体打击和土方塌落等安全措施。

5)狂风、暴雨雷电等各种特殊天气发生前后的安全检查措施及安全维护制度。

6)防火、消防措施。

(3)降低成本措施

降低成本措施的制定应以施工预算为尺度，以企业(或基层施工单位)年度、季度降低成本计划和技术组织措施计划为依据进行编制。要针对工程施工中降低成本潜力大的项目，把措施提出来，并计算出经济效益和指标，加以评价、决策。降低成本的措施必须是不影响质量且能保证安全的，应包括节约劳动力、材料费、机械设备费用、工具费用等直接和缩短工期降低间接费用等方面。一定要正确处理降低成本、提高质量，缩短工期三者的关系，对措施要计算出经济效果。

(4)现场文明施工措施

现场场容管理措施主要包括以下几个方面：

1)施工现场的围档与标牌，出入口与交通安全，道路畅通，场地平整。

2)暂设工程的规划与搭设，办公室、更衣室、食堂、厕所的布置与环境卫生。

3)各种材料、半成品、构件的堆放与管理。

4)散碎材料、施工垃圾的运输，以及其它各种环境污染。

5)成品保护。

6)施工机械保养与安全使用。

7)安全与消防等。

16.8 施工组织设计的技术经济分析

16.8.1 施工组织设计技术经济分析的目的与步骤

对施工组织设计进行技术经济分析的目的是论证所编制的施工组织设计在技术上是否可行、在经济上是否合理，从而选择满意的方案，并寻求节约途径。施工组织设计技术经济分析的步骤如图16.2所示，分成了五个步骤。其中，决策是根据综合分析提出的：

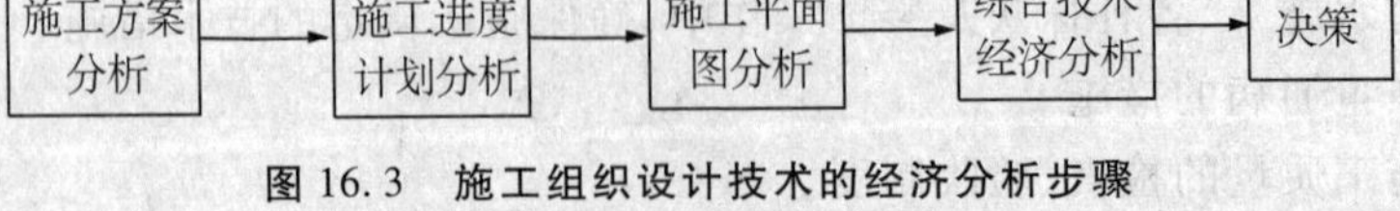

图16.3 施工组织设计技术的经济分析步骤

对施工方案作技术经济分析有助于在保证质量的前提下优化施工方案，并选择满意方案；对施工进度计划进行分析有助于优化进度与搭接关系、确定工期，选择满意的施工进度计划；对施工平面图进行分析，是为了使施工平面图布置合理、方便使用，有利使用、有利于节约并能辅助决策；综合分析的目的在于通过分析各主要指标，评价施工组织设计的优劣、并为领导批准施工组织设计提供决策依据。其程序如图 16.3 所示。

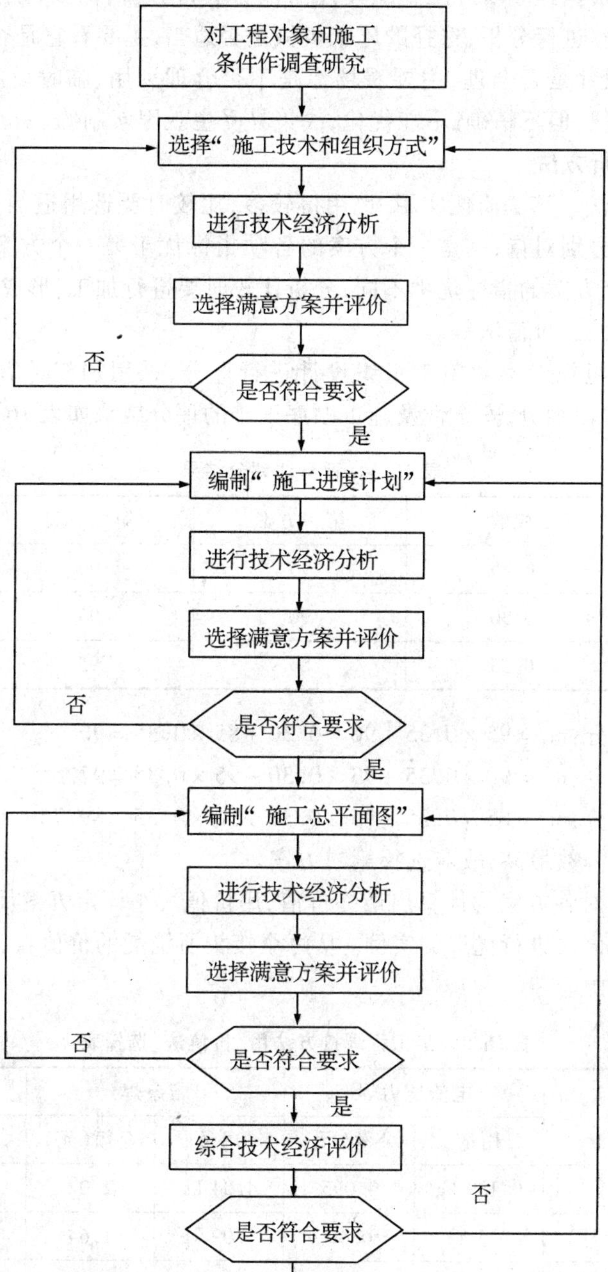

图 16.4　施工组织设计技术经济分析步骤框图

16.8.2 施工组织设计技术经济分析方法

16.8.2.1 定性分析方法

定性分析法是根据经验对施工组织设计的优劣进行分析;例如,工期是否适当,可按一般规律或工期定额进行分析;选择的施工机械是否适当,主要看它是否给流水施工带来方便;施工平面图设计是否合理,主要看场地是不否合理利用、临时设施费用是否适当。定性分析法比较方便,但不精确,不能优化,决策易受主观因素制约。

16.8.2.2 定量分析方法

1)多指标比较法　该法简便实用,也用得较多,比较时要选用适当的指标,注意可比性。有两种情况要分别对待:一是一个方案的各项指标优于另一个方案,优劣是明显的;二是通过计算,几个方案的指标优劣不同,分析比较时要进行加工,形成单指标,然后分析优劣,方法有评价分法、价值法等。

2)评分法　即组织专家对施工组织设计进行评分,采用加权计算总分,高者为优。例如,某工程的流水段划分,安全性及施工顺序安排的评分结果如表 16.4 所示。

表 16.4　评分法评分结果

指标	权数	第一方案	第二方案	第三方案
流水段	0.35	95	90	85
安全性	0.30	90	93	95
施工顺序	0.35	85	95	90

第一方案的总分:$m_1 = 95 \times 0.35 + 90 \times 0.30 + 85 \times 0.35 = 90$

第二方案的总分:$m_2 = 90 \times 0.35 + 93 \times 0.30 + 95 \times 0.35 = 92.65$

第三方案的总分:$m_3 = 85 \times 0.35 + 95 \times 0.30 + 90 \times 0.35 = 89.75$

由于第二方案分数最高,故应选择第二方案。

3)价值法　即对各方案均计算出最终价值,用价值大小评定方案优劣。表 16.5 是某工程焊接方法用价值法进行优选的实例。从每个接头所消耗的价值看,电渣压力焊最省,故应采用电渣压力焊。

表 16.5　某工程焊接方法用“价值法”选择表

项目	电渣压力焊		帮条焊		绑扎	
	用量	金额(元)	用量	金额(元)	用量	金额(元)
钢材	0.189 kg	0.095	4.04 kg	2.02	7.1 kg	3.55
材料(焊药、焊条、铅丝)	0.5 kg	0.40	1.09 kg	1.64	0.022 kg	0.023
人工	0.14 工日	0.28	0.20 工日	0.40	0.025 工日	0.05
电量消耗	2.1 度	0.168	25.2 度	2.02	—	—
合计	—	0.943	—	6.08	—	3.623

16.8.3　工程施工组织总设计经济技术分析

施工组织设计经济技术分析以定性分析为主,定量分析为辅。分析服从于施工组织总设计每项设计内容的决策,应避免忽视认真技术经济分析而盲目作出决定的倾向。进行定量分析时,主要应计算以下指标:施工周期、劳动生产率、工程质量优良率、成本降低率、安全指标等,具体的经济技术分析不再过多叙述。

16.8.4 单位过程施工组织设计技术经济分析

(1)单位工程施工组织设计技术经济分析

1)全面分析。要对施工的技术方法、组合方法及经济效果进行分析,对需要与可能进行分析,对施工的具体环节及全过程进行分析。

2)做技术经济分析时应抓住施工方案、施工进度计划和施工平面图三大重点内容,并据此建立技术经济分析指标。

3)在做技术经济分析时,要灵活运用定性方法和有针对性地应用定量分析的方法。在做定量分析时,应对主要指标、辅助指标区别对待。

4)技术经济分析应以设计方案的要求、有关国家规定及工程实际需要为依据。

(2)单位工程施工组织设计技术经济指标

包括:工期指标、劳动生产率指标、质量指标、安全指标、降低成本率、主要工种机械化程度、三大材料节约指标。这些指标应在施工组织设计完成后进行计算,并反映在施工组织设计的文件中,作为考核的依据。

16.9　施工组织设计的贯彻、检查、调整

16.9.1　施工组织设计的贯彻

(1)做好施工组织设计交底

经过审批的施工组织设计,在开工前要召开各级生产、技术会议,逐级进行交底,详细讲解其内容要求、施工关键和保证措施;责成生产计划部门,编制具体的实施计划;责成技术部门,拟定实施的技术细则。保证施工组织设计的顺利贯彻执行。

(2)制订贯彻施工组织设计的规章制度

经验证明,有了科学、健全的规章制度,施工组织设计才能顺利实施,企业正常生产秩序才能维持。因此,必须制定和健全各项规章制度。

(3)推行技术经济承包制

采用技术经济承包办法,把技术经济责任同职工的物质利益结合起来,便于相互监督和激励,这是贯彻施工组织设计的重要手段之一。如节约材料奖、技术进步奖和优良工程综合奖等,都是推行技术经济承包制的有效形式。

(4)统筹安排,综合平衡

工程开工后,要做好人力、物力和财力的统筹安排,保持合理的施工规模。这既能保

证施工顺利进行，又能带来好的经济效果。要通过月、旬作业计划，及时分析各种不平衡因素，综合各种施工条件，不断进行各专业工程间的综合平衡。完善施工组织设计，保证施工的节奏性、均衡性和连续性。

16.9.2 施工设计的检查

(1)主要指标完成情况检查

通常采用比较法，将各项指标完成情况同规定指标相对比，检查内容包括：工程进度、工程质量、材料消耗、劳动消耗、机械使用和成本费用等情况。要把主要指标的数量检查与其相应的施工内容、方法等检查结合起来，发现其差异；然后采用分析法和综合法，研究差异或问题的产生原因，找出影响施工组织设计贯彻的障碍，拟定切实可行的改进措施。

(2)施工平面图合理性检查

施工开始后，必须加强施工平面图的管理，严格执行其管理制度，随时检查其合理性。要根据施工阶段不同，及时制订改进方案，报请有关部门批准并实施。

16.9.3 施工组织设计的调整

根据对施工组织设计执行情况检查发现的问题及其产生原因，拟定改进措施，对其相关部分及其指标、逐项进行调整；对施工平面图的不合理部分，也要进行相应的修改；使施工组织设计适应变化需要，在新的基础上实现新的平衡。

施工组织设计的贯彻、检查和调整是一项经常性工作，必须加强反馈，随时决策，使其贯穿整个施工过程的始终。

16.10 单位工程施工组织设计实例

16.10.1 工程概况

某办公楼为整体预应力板柱结构，平面为工字形，结构平面布置见图16.4。共分A、B、C三段。A、C两段均有一层地下室，各段均为五层，总建筑面积15 160 m^2。A、C两段为全现浇箱型基础，基底落在−5.345 m的轻亚黏土层上。B段为扩底墩现浇柱基，柱底落在中细砂层上，深−9.50 m。各段的上部结构全部采用整体预应力结构。其中A段两跨9开间，东西长65.65 m，南北宽14.65 m；C段2跨10开间，东西长73.65 m，南北宽19.65 m；B段两跨6开间，南北长43.20 m，东西宽14.65 m。檐高均为17.30 m。

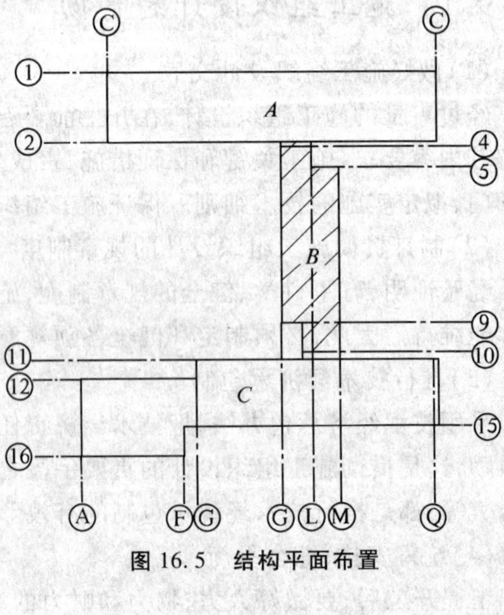

图 16.5 结构平面布置

本工程柱网尺寸为 7.2 m×7.2 m 及 6.6 m×7.2 m，首层层高 3.6 m，其余层高 3.3 m。楼板为三拼网格板（7.04 m×1.96 m，7.04 m×2.8 m，7.04 m×2.2 m），上面浇筑 50～80 mm 厚豆石混凝土叠合层。各段内按不同部位设置现浇钢筋混凝土剪力墙（δ=180 mm），作为结构的主要抗侧力构件，结构按 8 度抗震设防。

本工程各段楼层间设有每层三跑的现浇钢筋混凝土板式楼梯，电梯井全现浇。A 段在东端尚设有预制梯段的板式双跑步梯。围护外墙首层为 MU7.5 砖，M5 砂浆砌体，2～4 层为预制加气混凝土拼装大板，5 层为加气混凝土块砌体。内墙除了首层及各层厕所隔墙为砖砌体外，其余全部为加气混凝土块墙。外墙面首层为水刷石，2 层以上为干黏石。内墙面做法有乳胶漆和白瓷砖墙裙，预制水磨石。塑料和水泥踢脚板。楼地面有预制水磨石、塑料、马赛克和水泥楼地面。窗台板、楼梯踏步板、厕所隔断板均为预制水磨石。建筑防水采用三道设防，即：S10抗渗防水混凝土刚性防水和硫化型橡胶卷材防水。室外回填 3∶7 灰土。厕所楼地面采用聚酯涂膜防水。屋面防水为三毡四油一砂，上铺不上人架空隔离层。

本工程主要工程量在此省略。

16.10.2　施工部署

（1）施工部署的原则

1）本工程土方开挖、结构预应力张拉及地下室硫化型橡胶卷材防水施工由专业施工单位分包协作。钢窗及铝合金门窗由建设单位订货，加气混凝土组合外挂板、各种规格加气块由建设单位协助施工单位订货。

2）本工程自本年度 3 月初破土动工，要求在第二年度 11 月 30 日竣工。施工顺序为先 A 段，后 C 段，再 B 段，分段交付使用。

3）施工顺序坚持先地下、后地上的原则。A 段工期紧，为确保按期竣工，室外管线应与地下室同时破土施工。

4）因施工场地狭窄，各种预制构件应分层配套组织进场，减少二次搬运。

5）组织文明施工，安全生产，确保工程质量。

（2）施工顺序

1）分 A、B、C 三段施工。地下部分 A、C 段土方开挖完经钎探验槽合格后，即组织地下室结构施工。按底板→墙体（包括电梯井壁）→顶板→现浇柱及剪力墙顺序进行。地下室外墙粘贴硫化型橡胶卷材和护毡，施工完毕即回填肥槽土方至自然地坪标高。A、C 段结构（主体）完成后，再施工 B 段。B 段扩底墩桩基需经现场试验后确定墩底落深，桩孔挖完并经勘察单位检查合格后，方可进行基础施工。

2）上部结构吊装、预应力张拉由下而上分层进行，二、三、四层的围护结构加气混凝土外挂板与结构吊装相差一层进行安装。

3）剪力墙、电梯井壁、楼梯与结构吊装相差二层，自下而上分层施工。

4）现浇结构拆模后，进行叠合层施工，叠合层混凝土达到强度后，砌筑隔墙、安装门窗，做楼地面及内外檐抹灰。

5）水、暖、电预埋随结构施工进行。

（3）工艺流程

1）地下室工艺流程　平整场地→放定位线→放槽线→挖槽→清槽打钎→地基局部处理→打垫层→抹找平层→粘贴橡胶卷材防水层→抹护毡砂浆→放线→绑底板钢筋→支底板模、埋止水带→浇筑底板混凝土→拆模→填地下室房心土→浇筑地面混凝土→放线→绑墙体钢筋→水电预埋→支墙体模板→浇筑墙体混凝土→拆模→浇筑底板后浇带→支顶板模板→绑顶板钢筋→水电预埋→浇筑顶板混凝土(6 周后浇完后浇带)→抹外墙找平砂浆→贴外墙硫化型橡胶防水层→砌护毡墙→肥槽回填→拆顶板模板→放线→绑剪力墙及柱钢筋→支剪力墙及柱模板→浇剪力墙及柱混凝土→拆剪力墙及柱混凝土→放线抄标高弹线→结构吊装准备。

2）结构装配工艺流程　验轴线及标高→一、三、五层接柱(二、四层)→设柱托及垂直支撑→铺柱托及垂直支撑上模板→安装楼板、边梁、垫块→调整板底平整度→支设柱及垫块四周填缝模板，下层圈梁支模、穿筋→浇筑柱及垫块四周 C40 早强微膨胀砂浆，浇筑下层梁混凝土→养护→立边小柱挂下层外挂板，拆塞缝模板→穿除支撑→支板缝模板→整理板缝内锚固筋→柱孔压力灌浆→浇筑板缝混凝土→吊楼梯支撑板、休息平台板、楼梯段，下层剪力墙、电梯井、楼梯开始施工→浇筑柱节点接头混凝土→升外架子。

16.10.3　主要项目施工方法和技术措施

(1)土方工程

1）开挖前按开挖图放线，验线后再进行开挖。

2）本工程 A、C 段基槽及 B 段 -2.30 m 以上的土方均采用机械大开挖。根据现场土质情况，基槽按 1∶0.5 放边坡，人工清槽修坡，避免超挖现象。土方全部用自卸汽车运出场外。基槽局部加深部位和扩底墩桩孔用人工开挖。

3）A、C 段基底坐落在轻亚黏土层上，清槽必须至老土层。基槽钎探深度 1.50 m，孔距 1.50 m，梅花型布点，轴线上必须设点。经纤探验槽合格后方可进行垫层施工。B 段扩底墩桩坐落在中细砂层上，桩孔开挖要保证筒壁垂直，随挖随用线坠找正，扩孔部位要满足设计尺寸，孔底不得残存虚土。

4）房心和基槽回填土用自卸汽车由场外运进，分层回填夯实。采用人工铺设，蛙式打夯机夯实。

(2)基础工程

1）地下室结构分底板、墙体、顶板三部分施工，底板和墙体之间设一水平施工缝，并按企口形留设，以起止水作用。地下室后浇带处为垂直施工缝，应按设计要求在先浇的底板、墙体及顶板内埋置止水带，后浇带混凝土浇筑前应将接槎处凿毛，注意不得损坏止水带。

模板：主要采用组合式小钢模，局部木模(八字角、预留洞口侧模，止水带埋置部位等处)。墙体小钢模竖向拼接，钢脚手管作内外连杆，两侧模板间设 ϕ10 或 ϕ12 对位螺栓(螺栓应加焊止水环)。为便于墙体钢筋绑扎，模板的支设应分仓进行。顶板模板用 100 mm×100 mm 方木作楞，间距 1 m，下部用可调式钢管支撑。为保证需要支撑稳定，需设两道以上双向水平拉杆，每隔两排支撑设剪刀撑。

钢筋：底板钢筋分上下两层，且均为双向。为保证上下钢筋间净距，便于墙体模板支设，两层钢筋间应设置稳定可靠的马凳筋，墙体钢筋和柱钢筋均在底板生根，其中墙体在底板上生根的钢筋要隔点与底板上层筋点焊，并在底板与墙体间的企口形施工缝处设墙体钢筋高底接槎，使同一截面内搭接 50%。墙体钢筋下层筋间也应设马凳筋，底板和顶板钢筋绑扎时，应按底板下铁、顶板上铁在跨中搭接，底板上铁、顶板下铁在支座两侧 1/4 跨内搭接的原则进行。

混凝土：底板及外墙用 C25、S10防水混凝土，为保证强度和抗渗要求，应提前进行试配。内墙为 C25 普通混凝土，内外墙同时浇筑，两种混凝土的混合接槎在内墙上（距外墙内皮 0.50 m）。顶板为 C30 普通混凝土。A、C 两段地下室均按设计要求留一道宽 1.50 m 的后浇带，并以后浇带为界，分成两个施工流水段。后浇带为 C30 自应力混凝土。底板后浇带在顶板支模前浇筑，墙体和顶板后浇带的浇筑时间为顶板混凝土浇筑 6 周后。浇筑混凝土时，均搭设钢管脚手架，串筒下料。

2）地下室外墙橡胶卷材防水做法：切除墙体结构施工时留下的对拉螺栓。将墙面凿毛，并抹 1∶3 水泥砂浆找平层，待砂浆强度上升且含水率低于 8% 时做硫化型橡胶卷材防水层。经隐检合格后用 M5 水泥砂浆砌筑 240 mm 厚护毡砖墙，护毡墙施工搭单排钢管脚手架。

（3）扩底墩桩基础分柱及地梁两部分施工。柱体混凝土应在柱孔挖好后 2 d 内浇筑。地梁使用组合式小钢模，其主筋必须电焊焊接。下部主筋要分别延伸到 A、C 段，并与地下室墙体上的电器预埋件焊接。所有地梁主筋必须应穿过承台。柱和剪力墙的钢筋均生根在承台及地梁内，其材质、直径与首层柱和剪力墙相同。

（3）结构吊装

1）本工程主体结构为整体预应力板柱结构，是预制与现浇相结合的建筑体系。主要预制构件为非预应力柱、板、边梁、垫块等。结构吊装前应熟读图纸，以便准确地按设计图示构件型号、方向、标高组织构件进场并安装就位。

2）各段预制构件应分层配套组织进场，并对所有预制构件进行检查。

3）本工程预制柱均为榫式接头，吊装前在柱身的三面弹出上下口轴线及标高线。按图纸要求整理柱主筋位置，并割掉超长部分，在柱高的中上部位套上用∟ 40×4 角钢制作的柱箍，再在该柱箍上绑好找正用的带花篮螺丝的钢丝绳（直径 5 mm）。柱子吊装就位时，边柱的张拉锚板全部向外侧，柱身上的预应力孔道按设计要求长轴方向在上部，短轴方向在下部，柱接头标高用楔型垫铁调整。柱轴线和柱身垂直度用经纬仪双向检查，用带花篮螺丝的钢丝绳和撬棍调整。柱身就位后检查轴线、标高、预偏值均无误后，用电焊点牢柱四角钢筋（此时塔吊方可松钩）。柱接头主筋焊接时，按对称施焊原则进行，在 500 mm 搭接范围内采用单面间断焊，焊缝总长度 $10d$，焊缝厚度 $0.7d$。柱根接头处预埋件满焊，焊缝高度不得小于 6 mm。焊缝自然冷却后拆除钢丝绳拉撑。

4）楼层的预制构件（楼板、悬挑板、边梁垫块等）需搁置在临时支撑上，方可进行校正、调平、接缝灌浆、穿束、预应力张拉、压折等各项工作。本工程楼板采用三拼板结构，柱节点处预制构件就位的临时支撑采用可拆式角钢柱托的方法。柱托由一对∟ 125×80×8 角钢和 2 根 φ24 双头螺栓组成。角钢背面焊有凸板，柱托安装时凸板应卡在柱侧预留槽中，用双头螺栓将角钢坚固在柱身上，螺帽的扭紧力矩不得小于 100 Nm。

5)边梁就位后,其明槽一侧的预留筋应与相邻构件明槽一侧的预留筋用电焊连接,每跨距内最小连接三处,焊缝长度 $10d$。首层楼板吊装时,承受该层楼板的垂直支撑坐落在房心回填土上。因此除保证回填土质量外,还要在垂直支撑的搭设部位加设木垫板或 C10 素混凝土墩。垫块的安装在楼板与边梁安装完后进行,安装垫块时应注意预留孔道的方向,并使垫块上的预留力在柱内产生的孔道与柱上的预应力孔对正。为抵消或尽量减小已施加预应力在柱内产生的次生产力,设计要求 A 段的 C、E、G、N、P、Q 轴和 C 段的 G、H、P、Q 轴在 6.90 m、13.50 m 柱顶标高处,分别将柱顶轴线向纵轴两端推偏 3 mm,进行张拉前预偏。

(4)现浇混凝土及砂浆施工

1)现浇板缝及节点采用木模,其余现浇部位主要使用组合式小钢模,局部使用木模。混凝土用机械搅拌,用塔吊和竖井架垂直运输,手推车水平运输。微膨胀砂浆、柱上预应力孔道的灌孔砂浆、柱接头捻缝砂浆及加气混凝土组合外挂板槽孔用 791 胶水砂浆,均由人工随随拌随用。

2)柱上预应力孔道灌浆在张拉、压折后进行。灌浆时使用小型压力灌浆机,所用砂浆用 42.5 强度等级水泥配制,灰砂比为 1∶0.5,水灰比约 0.4。为保证灌注密实,应分两次进行。第一次尽量将灌浆管插入孔内稍深,待看到锚固端有浆流出时为止;第二次灌浆操作宜在第一次灌浆 30 min 后进行,直至孔道灌浆入口处流出砂浆。孔口不满的部位在浇筑板缝时用振捣出的混凝土浆补齐。

3)板缝浇筑在柱孔灌浆后进行。浇筑前应对板缝内钢筋进行隐检,水电管线的预埋也应作相应的检查记录,同时预检板缝模板,清除缝内杂物并淋水润湿模板,上述工作确认无误后组织混凝土浇筑。浇筑时应避免振捣棒直接触动预应力钢丝束。

4)柱子接头施工时,应先清除柱筋焊接接头处的电焊药皮,再绑扎箍筋,与剪力墙相交的柱子还应在矮头部位插好水平插筋。柱接头经隐检确认无误后支接头模板,经预检合格方可浇筑混凝土,采用人工捣固。

5)剪力墙、电梯井壁和楼梯在上层预应力张拉、压折后组织施工。剪力墙和电梯井壁均采用小钢模拼装,对位螺栓及钢脚手管加固,ϕ6 mm 钢筋和花篮螺丝找正。板式楼板的底模用小钢模,侧模及踏步用木模,支撑和板下纵肋用 100 mm × 100 mm 方木,支撑拉杆用 50 mm × 100 mm 方木。剪力墙及电梯井壁的竖向钢筋在 ±0.00 和各层结构楼面处搭接,同一截在搭接率为 50%,搭接长度 $35d$。剪力墙横向钢筋与柱上的预留插筋之间,楼梯板底纵向钢筋与楼梯梁上的预留插筋之间,均采用单面电焊焊接,焊缝长度 $10d$。三部分混凝土的浇筑分别在钢筋和模板的隐、预检后开始,其中剪力墙混凝土需在板缝中下料,由于钢筋交叉布置下料发生困难,故剪力墙宜使用细石混凝土,坍落度控制在 5 ~7 cm。在墙体模板高度的中间部位开设振捣孔,第次浇筑高度以 50 cm 为宜。

(5)预应力张拉与压折

1)预应力张拉、压折是板柱结构工程施工的关键之一,它不仅是预制构件的装配手段,而且是结构承载的关键,应精心施工。

2)本工各预应力钢丝束固定端所用锚具为镦头锚板,张拉端为锥形锚。全部锚具按设计图纸加工后,要进行外形尺寸和硬度检验,并对锚具进行锚固能力试验。全部合格后才准许于工程中。锚具在制作、储存、运输和使用过程中应妥善保管,避免锈蚀。

3）张拉及压折用的千斤顶、压折器及配套的油泵，使用前应进行标定。按规定标定好的配套设备在施工现场一般不得拆卸，遇有下列情况之一时，可重新进行标定：油压表失灵或更换新油压表时；钢丝束在张拉中突然断裂时；高压油管破裂更换以后；油泵更换油液以后；连续张拉 200 束以上和压折 500 点以上时；气温降至 0℃以下时；张拉中出现异常情况时。

4）钢丝束在现场制作，按下料→穿镦头锚板→镦头→编束的顺序进行。钢丝下料长度为两端锚具间的长度加 0.65 m，下料允许误差为 10 cm。可使用液压钢丝切断器或砂轮切割机切割钢丝。下料后穿入锹头锚板内。正式镦头前，先截取 10 cm 左右长的钢丝 4 ~ 6 根进行试镦。镦头的头型合格后，确定合格头型的油压读数为正式镦头时用。钢丝镦粗头的直径应大于钢丝直径的 1.45 倍，镦头不得歪斜，头上不得有贯通裂缝。所有镦头均应逐个检验，不合格者一律剪掉重镦。每束钢丝镦头后，将镦粗头靠紧锚板打齐。然后理顺钢丝，并随着随用 22 号铝丝每隔 1 m 左右捆扎一道，直至离端部 10 cm 处。在理顺捆好的钢丝束张拉端，用切割设备将钢丝切齐，随即把整束钢丝卷成圆盘备用。

5）接缝砂浆强度达设计要求的 50% 后，使可穿束。其方法是将钢丝束从固定端穿入，并有 16 号铝丝捆吊在楼板或边梁侧面的伸出筋上。为避免钢丝束扭结和穿错孔道，应先穿下部孔道的钢丝束，后穿上部孔道的钢丝束。穿束时，穿入端 2 人，中间部位每 5 m 左右 1 人，指挥 1 人。

6）按设计要求，接缝砂浆强度达 30 MPa 以上时，方可进行预应力张拉与压折工作。砂浆强度根据接缝浇筑时制作的同条件试块试压结果确定。常温条件下浇筑的接缝砂浆，1 h 后使可拆模浇水养护，1 昼夜后砂浆强度可达 30 MPa 以上。

7）预应力施工前，需确定张拉及压折顺序。本工程所用明槽多跨连续折线预应力配筋，沿柱轴线和拼装板缝的预应力钢丝束先进行直线预应力张拉。张拉顺序为：先张拉边轴线上的一半钢束，将楼层的预制构件箍住，再张拉纵横轴线及拼缝中的钢丝束，最后张拉边轴线上的另一半钢丝束。经直线预应力张拉后的钢丝束在锚固过程中，其应力产生部分损失，再对直线张拉后的钢丝束进行压折，可弥补上述应力损失。压折的顺序对各跨应力一定影响，一般以间隔均匀、对称为原则。其施工工艺是按设计确定的压折高度和位置，在每跨内压折两点（有剪力墙的位置不设压折点），并将压折点固定，从而使预应力钢丝束处于折线工作状态。

8）预应力束张拉的施工程序为：装锥形锚具→装张拉用千斤顶→卡固钢丝→张拉钢丝束→顶压锚固。

9）预应力束张拉后即可进行压折作业，压折固定方法是：在靠近柱子或垫子块一侧、距设计压折点位置 10 cm 处安放压折器，按设计要求的压折高度超压 5 ~ 10 cm 或压不下去时为止。在钢丝束折点处放入预制的压折垫块，放松取出压折器，完成全部压折固定工作。

10）全部预应力束张拉应详细填写记录。

（6）砌筑施工

本工程室内地坪以上砌体除首层内外墙和各层厕所隔墙用 MU7.5 砖外，其余砌筑墙体均为加气混凝土砌块。两种墙体全部使用 M5 混合砂浆，按常规砌筑。需要注意，凡与预制柱连接的墙体，砌筑前应剔出柱身预埋的模箍，然后在贴模箍上焊接 φ6 的拉接筋。

(7)装修施工

本工程装修种类较多,但基本按常规施工,装修各分项工程均按建筑安装分项工程工艺标准组织施工。

16.10.4 机械、设备计划

施工用工具分常用工具和专用工具。工具按所承担的项目,分工种按个人或班组配备,详见表16.6、表16.7。

表16.6 机械设备使用计划

序号	机具名称	型号	单位	数量
1	混凝土搅拌机	400 L	台	2
2	砂浆机	250 L	台	3
3	塔吊	TQ60/80 25 m 臂低塔	台	3
4	卷扬机	1.5~2 t	台	4
5	机动翻斗车	1.0 t	辆	4
6	钢筋切断机	GJ5-40	台	2
7	钢筋弯曲机	GJ7-40	台	1
8	电焊机	17~20kV·A	台	4
9	蛙式打夯机	Hw-20A	部	3
10	推土机	东-70	台	1
11	砂轮切割机	ϕ400	台	3
12	平板振动器		台	2
13	插入式振动器	HZ-50,HZ-30	台 套	6+2
14	架管调直器		台	1
15	小型空压机	0.5~0.8 m/min	台	1
16	自制灌浆机		台	1

表16.7 预应力施工用机械

序号	机具名称	型号	单位	实用数	备用数	合计
1	砂轮切割机	JCG-400	部	1		1
2	钢丝液压冷镦机	DL-10	台	2	1	3
3	液压拉伸千斤顶	YIII-38	台	3	1	4
4	高压变量油泵	BZB-72	台	3	1	4
5	高压电动小油泵	ZB0.8/500	台	2		2
6	压折器	YYY-6-160	台	4	2	6
7	高压手动液压泵	SYB-1	台	2		2

16.10.5　劳动力安排计划

根据工期和分段流水施工计划确定劳动组织及劳动计划。详见表 16.8

表 16.8　劳动力计划表

分部名称	工程名称	人数	劳动力分工及配备
结构工程	混凝土工	25	微膨胀砂浆灌缝及混凝土浇灌,孔道灌浆及挂板缝灌浆,其中混凝土浇灌 18 人
	钢筋工	14	钢筋钢丝束下料制作,钢筋绑扎及预应力施工配合,其中下料制作6 人
	木工	24	模板支拆,柱托安装、拆除,垂直支撑安装拆除,其中模板支拆 14 人
	瓦工	39 ~ 40	砖墙及加气块墙砌筑,其中供料 19 ~ 20 人
	架子工	15	内外架子搭拆,竖井架,张拉架搭拆,防护棚安全网支拆,结构吊装
	抹灰工	2 ~ 3	柱接头捻缝,现浇混凝土面刮毛及麻面处理
	油漆工	2	露明铁件及冬期施工期间墙体拉接筋刷红丹漆
	电工	6 ~ 7	电器管线、闸箱预埋
	水暖工	8	水暖、消防管线预埋及安装
	焊工	6	结构吊装、焊接 4 人,配合架子、水暖、电工、看火 2 人
装修工程	混凝土工	6	局部剔凿及零星浇筑
	钢筋工	3	配合木工吊顶
	木工	20	门窗安装、楼梯扶手安装、木装修、吊顶,其中门窗安装 12 人
	瓦工	8	零星砌体
	架子工	12	内外装修,架子搭拆
	抹灰	85	楼地面、水磨三种 、预制板铺设及内外抹灰,其中室内 40 人、室外 20 人
	油漆工	34	油漆、壁纸、塑料地面、防水处理、瓷砖、马赛克、喷涂珍珠岩、玻璃安装、喷浆,其中油漆、壁纸、玻璃 14 人
	电工	18	电视、电话、空调、灯具安装,消防、避雷系统安装及测试,其中灯具 10 人
	水暖工	18	上下水、消防、暖气管线及设备安装调试,其中上下水及消防 6 人
	焊工	3 ~ 4	配合水暖、电气及局部装修工作

16.10.6　质量、安全措施

(1)保证质量的措施

1)按国家施工验收规范和优质工程标准组织施工;按建安工程质量检验评定标准和优质工程质量标准和评定工程质量;施工操作按照工艺标准执行。

2)认真做好自检、互检、交接检,隐蔽项目未经验收不得进行下道工序施工。

3)在 ±0.00 以下基础、三层结构和主体结构完成后,认真组织三次结构中间检查,施工组织设计中间检查和文明施工中间检查。并做好检查验收记录。

4)各分部分项工程施工前,应进行认真的书面交底,严格按图纸及设计变更要求施工,发现问题应及时上报,经技术部门和设计单位核定后再处理。

5)不合格的材料及半成品一律不准用于工程上,破损构件未经设计单位及技术部门鉴定不得使用。

6)加强试块试样管理,按规定及时制作,取样送试。有关资料的收集要完整、准确和及时。

7)预应力施工应严格按工艺规程和要点进行,严格检验钢丝、锚具质量,认真标定设备,操作人员经培训考核合格后方准参加施工。

8)张拉、压折中如发现异常情况,要及时报告有关领导或设计人员,查明原因后采取有效处理措施,尽可能避免滑丝、断丝现象。张拉、压折后禁止在板缝附近电焊作业,严防电火花打断钢丝。

(2)安全措施

1)严格执行各种安全操作规程,施工前要有安全交底,每周定期进行安全教育。

2)各工种工人须经安全培训和考核合格后方准进行施工作业。

3)利用结构施工时搭设的双排架子作为张拉平台,要挂好防护网,绑扎高度适当的安全挡板。

4)结构吊装用卡具、索具应合理选用并经常检查。吊装时设专人指挥,风力五级以上停止吊装作业。楼层在直线预应力张拉之前,施工活荷载不行超过 5 kPa。

5)预应力张拉开始前,张拉区应设置明显标志,禁止非预应力施工人员进入张拉区域。

6)钢丝束沿轴线方向张拉锚固时,固定端外 2 m、张拉端外 3 m 范围内,应无人站立或行走。张拉人员应在钢丝束和千斤顶的两侧进行作业。张拉结束后应停 1~2 min 再拆卸千斤顶。

7)使用液压压折器时,操作人员应离开压折器 2 m;使用手动压折器时,应先检查压折器下端螺母是否拧紧,压折时操作人员要站在钢丝束一侧,严禁跨在压折轴线上。

8)张拉设备使用前,应对高压油泵、千斤顶等进行空载试运转,并调整高压油泵的安全阀,无异常情况方可正式使用。

9)非电工不得触动电气设备,各种手持电动工具需设安全断电保护装置。

10)使用电、气焊及熬沥青时,应向保卫部门申请点火证,并选派专人看火。

16.10.7 进度计划

本工程网络控制计划(图 16.6)按各段主要施工工序及总工期编制。

16.10.8 施工总平面布置

施工总平面布置如图 16.7。

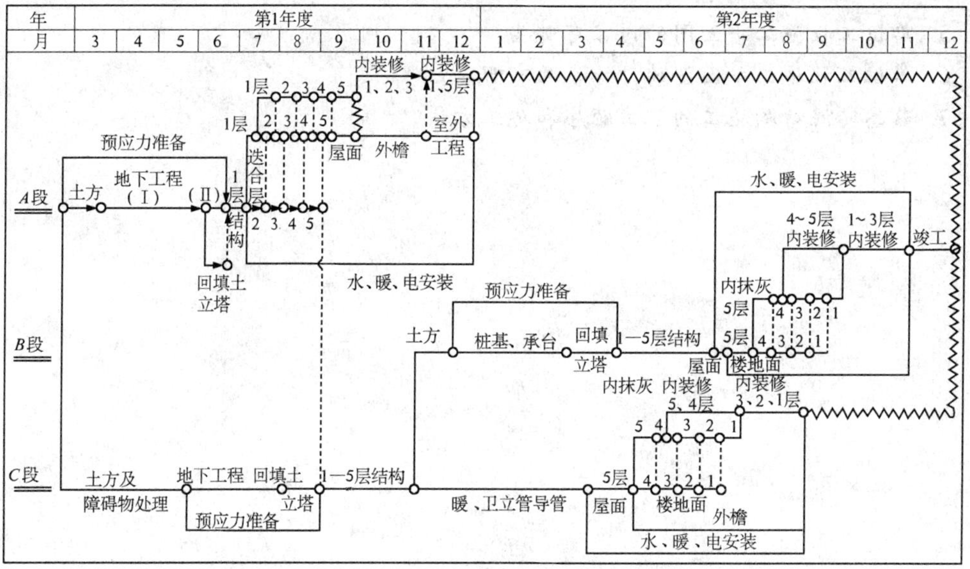

图 16.6　网络控制计划

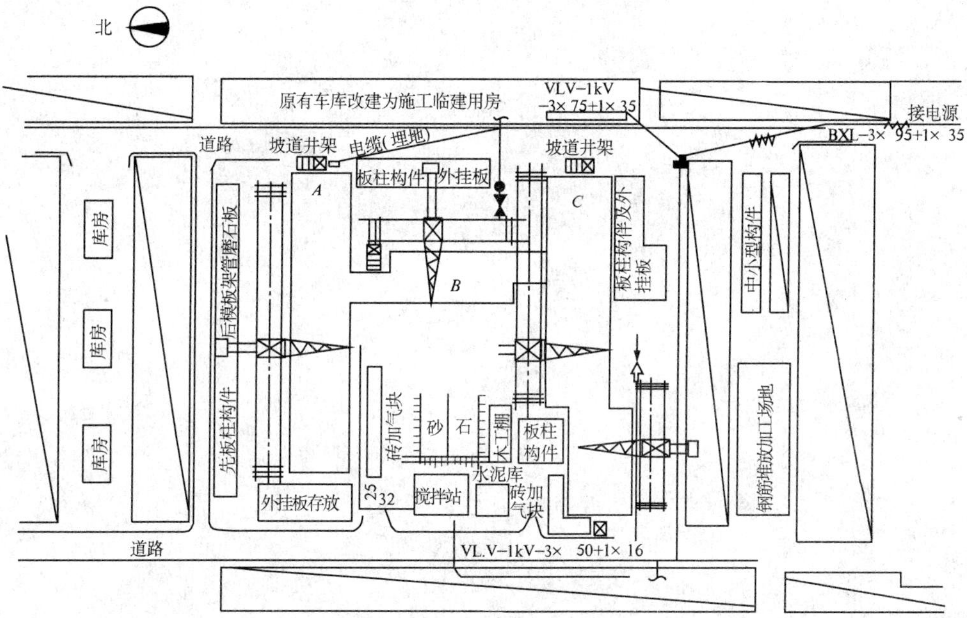

图 16.7　施工总平面布置图

思考题

1. 编制单位工程施工组织设计的依据有哪些？
2. 单位工程施工组织设计的内容有哪些？
3. 单位工程施工进度计划的编制步骤？

4. 单位工程各分部分项工程的工作日如何计算？
5. 单位工程施工平面图的内容有哪些？
6. 单位工程施工平面图的设计步骤有哪些？
7. 熟悉砖混结构施工的施工顺序和施工方法。

参考文献

[1]　重庆大学,同济大学,哈尔滨建筑大学. 建筑施工[M].3 版. 北京:中国建筑工业出版社, 1997.

[2]　本书编写组. 建筑施工手册[M].4 版. 北京:中国建筑工业出版社, 2003.

[3]　李书全. 土木工程施工[M]. 上海: 同济大学出版社, 2004.

[4]　应惠清. 土木工程施工[M]. 上海: 同济大学出版社, 2004.

[5]　黄生根, 张希浩,曹辉. 地基处理与基坑支护工程[M]. 武汉:中国地质大学出版社,1997.

[6]　赵志缙,应惠清. 建筑施工[M]. 上海:同济大学出版社,2004.

[7]　顾晓鲁,钱鸿缙,刘惠姗,等. 地基与基础[M]. 北京:中国建筑工业出版社,2003.

[8]　毛鹤琴. 土木工程施工[M]. 武汉:武汉理工大学出版社,2004.

[9]　重庆大学,同济大学,哈尔滨工业大学. 土木工程施工[M]. 北京:中国建筑工业出版社,2003.

[10]　梁建智. 简明结构吊装工程施工手册[M]. 北京: 中国环境科学出版社,2003.

[11]　彭圣浩. 建筑工程质量通病防治手册[M]. 3 版. 北京: 中国建筑工业出版社, 2002.

[12]　姚玲森. 桥梁工程[M]. 北京:人民交通出版社,1985.

[13]　从培经. 实用工程项目管理手册[M]. 北京:中国建筑工业出版社,2002.

[14]　张贵良,牛季收. 施工项目管理[M]. 北京:科学出版社,2004.